简明
机械设计手册

李连进 主编
王东爱 朱殿华 副主编

化学工业出版社
·北京·

图书在版编目（CIP）数据

简明机械设计手册/李连进主编. —北京：化学工业出版社，2017.6（2021.2 重印）
ISBN 978-7-122-28800-4

Ⅰ.①简… Ⅱ.①李… Ⅲ.①机械设计-技术手册
Ⅳ.①TH122-62

中国版本图书馆 CIP 数据核字（2016）第 321391 号

责任编辑：王 烨 项 潋　　文字编辑：陈 喆
责任校对：王 静　　装帧设计：刘丽华

出版发行：化学工业出版社（北京市东城区青年湖南街 13 号　邮政编码 100011）
印　　装：北京虎彩文化传播有限公司
787mm×1092mm　1/16　印张 42　字数 1136 千字　2021 年 2 月北京第 1 版第 4 次印刷

购书咨询：010-64518888　　售后服务：010-64518899
网　　址：http://www.cip.com.cn
凡购买本书，如有缺损质量问题，本社销售中心负责调换。

定　　价：169.00 元

京化广临字 2017——2

前言

FOREWORD

目前，市场上有多种版本的机械设计手册，大多数手册的内容涵盖面过宽、篇幅过多，使用不便。我们按照现代机械设计的体系和特点，深入设计院所、企业和学校，进行广泛的社会调查，邀请机械方面的专家、学者座谈，多方面收集国内外涌现出来的新技术和新方法，并结合多年来从事教学和科研的实践经验，选择实用性强、通用性好的内容，最大限度地满足广大机械设计人员的需要。

本书的特点是技术资料齐全，涵盖常用的数学公式、力学公式、机械设计规范及现行标准，将机械设计方法与设计实例融为一体，资料翔实可靠，使用简捷方便。

全书共分19章，主要内容包括：常用资料和力学公式、常用工程材料、设计常用标准和规范、零件结构设计工艺性、螺纹连接、键、花键、销及过盈连接、带传动、链传动、齿轮传动、蜗杆传动、轴、联轴器和离合器、滚动轴承、滑动轴承、弹簧、润滑与密封、常用液压元件、减速器、电动机等。

本书由李连进主编，王东爱、朱殿华任副主编。全书共分19章，第1、4、17、19章由李连进编写；第6～12章由王东爱编写；第13～16章及第18章由朱殿华编写；第5章、第3章的3.5～3.7节由代伟业编写；第2章由乔志霞编写；第3章的3.1节由梁艳书编写；第3章的3.2～3.4节由刘美华编写。李连进负责全书的策划、统稿、整理、补充及定稿。

在本书的编写过程中，得到了李牧，王明贤的帮助，参考了相关文献资料，在此一并表示谢意。

本书可供从事机械设计、制造、维修及管理的工程技术人员及销售人员使用，也可作为科研单位和大专院校技术人员的参考书。

由于水平有限，书中难免存在不足之处，恳请广大读者批评指正。

编　者

目录 CONTENTS

第1章 常用资料和力学公式

第2章 常用工程材料

第3章 设计常用标准和规范

第4章　零件结构设计工艺性

第5章　螺纹连接

第6章 键、花键、销及过盈连接

第7章 带传动

第8章 链传动

第9章 齿轮传动

第10章 蜗杆传动

第11章 轴

第12章 联轴器和离合器

第13章 滚动轴承

第14章 滑动轴承

第15章 弹簧

第16章 润滑与密封

第17章 常用液压元件

第18章 减速器

第19章 电动机

参考文献

第1章

常用资料和力学公式

1.1 常用标准代号

1.1.1 国内标准代号

国家标准分为强制性国标（GB）和推荐性国标（GB/T）。国家标准的编号由国家标准的代号、国家标准发布的顺序号和国家标准发布的年号（采用发布年份的后两位数字）构成。强制性国标是保障人体健康、人身、财产安全的标准和法律及行政法规规定强制执行的国家标准；推荐性国标是指生产、交换、使用等方面，通过经济手段或市场调节而自愿采用的国家标准。

《中华人民共和国标准化法》将我国标准分为国家标准、行业标准、地方标准、企业标准四级。常用标准代号见表1-1。

表1-1 常用国家标准代号

代号	标准名称	代号	标准名称
GB	强制性国家标准	GJB	国家军事标准
GB/T	推荐性国家标准	GBn	国家内部标准
GBJ	国家工程建设标准	GSB	国家实物标准
GBW	国家卫生标准	GB/Z	国家标准化指导性技术文件
BB	包装行业标准	CB	船舶行业标准
CH	测绘行业标准	CJ	城镇建设行业标准
DB	地震行业标准	DL	电力行业标准
DZ	地质矿业行业标准	EJ	核工业行业标准
FZ	纺织行业标准	GA	公共安全行业标准
HB	航空行业标准	HG	化工行业标准
HJ	环境保护行业标准	JB	机械行业标准
JC	建材行业标准	JG	建筑工业行业标准
JT	交通行业标准	LD	劳动和劳动安全行业标准
LY	林业行业标准	MH	民用航空行业标准
SC	水产行业标准	SH	石油化工行业标准
SJ	电子行业标准	SY	石油天然气行业标准

1.1.2 常用国际标准代号

常用国际标准代号见表1-2。

表 1-2 常用国际标准代号

代号	标准名称	代号	标准名称
ISO	国际标准化组织标准	CSA	加拿大标准协会标准
IEC	国际电工委员会标准	DIN	德国标准协会标准
OIML	国际法定计量组织标准	BS	英国标准协会标准
CEN	欧洲标准化委员会标准	NF	法国标准协会标准
ANSI	美国标准协会标准	SNV	瑞士标准协会标准
ASME	美国机械工程师协会标准	SFS	芬兰标准协会标准
ASTM	美国材料试验协会标准	SIS	瑞典标准协会标准
AGMA	美国齿轮制造业协会标准	NBN	比利时标准协会标准
AWS	美国焊接工程协会标准	NS	挪威标准协会标准
SAE	美国自动车工程师协会标准	ON	奥地利标准协会标准
JIS	日本工业规格协会标准	CNS	中国台湾中央标准局标准
JSME	日本机械学会标准	KS	韩国标准协会标准
JEM	日本电机工业会标准	MS	马来西亚标准协会标准
JGMA	日本齿车工业会标准	SS	新加坡标准及工业研究所标准
JASO	日本自动车标准组织标准	AS	澳洲标准协会标准

1.2 常用计量单位及换算

1.2.1 法定计量单位

法定计量单位是强制性的，各行业、各组织都必须遵照执行，以确保单位的一致。

(1) 国际单位制（SI）单位

国际单位制（SI）的基本单位见表 1-3。

表 1-3 国际单位制的基本单位

量的名称	单位名称	单位符号
长度	米	m
质量	千克(公斤)	kg
时间	秒	s
电流	安[培]	A
热力学温度	开[尔文]	K
物质的量	摩[尔]	mol
发光强度	坎[德拉]	cd

(2) 国际单位制的辅助单位

国际单位制的辅助单位见表 1-4。

表 1-4 国际单位制的辅助单位

量的名称	单位名称	单位符号
[平面]角	弧度	rad
立体角	球面度	sr

(3) 导出单位

在选定了基本单位和辅助单位之后，按物理量之间的关系，由基本单位和辅助单位以相乘或相除的形式所构成的单位称为导出单位（表 1-5）。

表 1-5 导出单位

量的名称	单位名称	单位符号	其他表示实例
频率	赫[兹]	Hz	s^{-1}
力,重力	牛[顿]	N	$kg \cdot m/s^2$

续表

量的名称	单位名称	单位符号	其他表示实例
压力,压强,应力	帕[斯卡]	Pa	N/m^2
能[量],功,热量	焦[耳]	J	N·m
功率,辐[射能]通量	瓦[特]	W	J/s
电荷[量]	库[仑]	C	A·s
电位,电压,电动势,(电势)	伏[特]	V	W/A
电容	法[拉]	F	C/V
电阻	欧[姆]	Ω	V/A
电导	西[门子]	S	A/V
磁通[量]	韦[伯]	Wb	V·s
磁通[量]密度,磁感应强度	特[斯拉]	T	Wb/m^2
电感	亨[利]	H	Wb/A
摄氏温度	摄氏度	℃	K
光通量	流[明]	lm	cd·sr
[光]照度	勒[克斯]	lx	lm/m^2

(4) 我国常用法定计量单位

我国的法定计量单位是以国际单位制（SI）为基础并选用少数其他单位制的计量单位来组成的。国家选定的非国际单位制单位见表 1-6。

表 1-6 国家选定的非国际单位制单位

量的名称	单位名称	单位符号	换算关系和说明
时间	分 [小]时 天(日)	min h d	1min=60s 1h=60min=3600s 1d=24h=86400s
平面角	[角]秒 [角]分 度	(″) (′) (°)	1″=(π/648000)rad(π 为圆周率) 1′=60″=(π/10800)rad 1°=60′=(π/180)rad
旋转速度	转每分	r/min	1r/min=(1/60)r/s
长度	海里	n mile	1n mile=1852m(只用于航程)
速度	节	kn	1kn=1n mile/h =(1852/3600)m/s(只用于航程)
质量	吨 原子质量单位	t u	1t=1000kg $1u\approx1.6605655\times10^{-27}kg$
体积	升	L,(l)	$1L=1dm^3=10^{-3}m^3$
能	电子伏	eV	$1eV\approx1.6021892\times10^{-19}J$
级差	分贝	dB	
线密度	特[克斯]	tex	1tex=1g/km

(5) 用于构成十进倍数和分数单位的词头

用于构成十进倍数和分数单位的 SI 词头见表 1-7。

表 1-7 用于构成十进倍数和分数单位的 SI 词头表

因数	词头名称		符号	因数	词头名称		符号
	英文	中文			英文	中文	
10^{18}	exa	艾[可萨]	E	10^{-1}	deci	分	d
10^{15}	peta	拍[它]	P	10^{-2}	centi	厘	c
10^{12}	tera	太[拉]	T	10^{-3}	milli	毫	m
10^{9}	giga	吉[咖]	G	10^{-6}	micro	微	μ
10^{6}	mega	兆	M	10^{-9}	nano	纳[诺]	n
10^{3}	kilo	千	k	10^{-12}	pico	皮[可]	p
10^{2}	hecto	百	h	10^{-15}	femto	飞[母托]	f
10^{1}	deca	十	da	10^{-18}	atto	阿[托]	a

1.2.2 常用物理量符号及其法定单位

常用物理量符号及其法定单位见表1-8。

表 1-8 常用物理量符号及其法定单位

类别	量的名称	量的符号	单位的名称	单位的符号
时间和空间	[平面]角	$\alpha,\beta,\gamma,\theta,\varphi$	弧度	rad
	立体角	Ω	球面度	sr
	长度	l,L	米	m
	半径	r,R	米	m
	直径	d,D	米	m
	距离	s	米	m
	面积	A,S	平方米	m^2
	体积	V	立方米	m^3
	时间	T	秒	s
	角速度	ω	弧度每秒	rad/s
	角加速度	ε	弧度每二次方秒	rad/s^2
	速度	v,u	米每秒	m/s
	加速度	a	米每二次方秒	m/s^2
	重力加速度	g	米每二次方秒	m/s^2
周期及有关现象	周期	T	秒	s
	频率	f	赫[兹]	Hz
	角频率	ω	弧度每秒	rad/s
	波长	λ	米	m
力学	质量	m	千克(公斤)	kg
	密度	ρ	千克每立方米	kg/m^3
	质量体积	v	立方米每千克	m^3/kg
	动量	p	千克米每秒	kg·m/s
	动量矩	L	千克二次方米每秒	$kg\cdot m^2/s$
	转动惯量	J	千克二次方米	$kg\cdot m^2$
	力	F	牛[顿]	N
	重力	W	牛[顿]	N
	力矩	M	牛[顿]米	N·m
	转矩	M,T	牛[顿]米	N·m
	压力	p	帕[斯卡]	Pa
	正应力	σ	帕[斯卡]	Pa
	切应力	τ	帕[斯卡]	Pa
	线应变	ε		
	切应变	γ		
	泊松比	μ,ν		
	弹性模量	E	帕[斯卡]	Pa
	体积压缩率	κ	每帕[斯卡]	Pa^{-1}
	惯性矩	I	四次方米	m^4
	极惯性矩	I_p	四次方米	m^4
	截面系数	W,Z	三次方米	m^3
	静摩擦因数	μ_s,f_s		
	动摩擦因数	μ,f		
	黏度	η,μ	帕[斯卡]秒	Pa·s
	运动黏度	ν	二次方米每秒	m^2/s
	功	W	焦[耳]	J
	动能	E_k	焦[耳]	J
	势能	E_p	焦[耳]	J
	功率	P	瓦[特]	W
	质量流量	q_m	千克每秒	kg/s
	体积流量	q_V	立方米每秒	m^3/s

续表

类别	量的名称	量的符号	单位的名称	单位的符号
热学	温度	t	摄氏度	℃
	膨胀系数	α	每开[尔文]	K^{-1}
	热量	Q	焦[耳]	J
	热流量	Φ	瓦[特]	W
	热导率	λ	瓦[特]每米开[尔文]	W/(m·K)
	传热系数	K	瓦[特]每平方米开[尔文]	$W/(m^2 \cdot K)$
	比热容	C	焦[耳]每千克开[尔文]	J/(kg·K)
	熵	S	焦[耳]每开[尔文]	J/K
	热扩散率	α	平方米每秒	m^2/s
电磁学	电流	I	安[培]	A
	电荷	Q	库[仑]	C
	电场强度	E	伏[特]每米	V/m
	电位势	V	伏[特]	V
	电动势	E	伏[特]	V
	电通量	Ψ	库[仑]	C
	电容	C	法[拉]	F
	介电常数	ε	法[拉]每米	F/m
	电流密度	J	安[培]每平方米	A/m^2
	电阻	R	欧[姆]	Ω
	(复数)阻抗	Z	欧[姆]	Ω
	电阻率	ρ	欧[姆]米	Ω·m
	自感	L	亨[利]	H
	互感	M	亨[利]	H
	磁场强度	H	安[培]每米	A/m
	磁通势	F	安[培]	A
	磁通密度	B	特[斯拉]	T
	磁通量	Φ	韦[伯]	Wb
	磁导率	μ	亨[利]每米	H/m
	磁化强度	M, H_i	特[斯拉]	T
	磁阻	R_m	每亨[利]	H^{-1}
	磁导	$A, (P)$	亨[利]	H
光学	辐射量(能)	Q, W	焦[耳]	J
	辐射功率	W	瓦[特]	W
	辐射强度	I	瓦[特]每球面度	W/sr
	光通量	$\Phi, (\Phi_V)$	流[明]	lm
	光量	$Q, (Q_V)$	流[明]秒	lm·s
	发光强度	$I, (I_V)$	坎[德拉]	cd
	[光]亮度	$L, (L_V)$	坎[德拉]每平方米	cd/m^2
	[光]照度	$E, (E_V)$	勒[克斯]	lx
	曝光量	H	勒[克斯]秒	lx·s
声学	声压	p	帕[斯卡]	Pa
	声速	c	米每秒	m/s
	声能密度	W	焦[耳]每立方米	J/m^3
	声强	I	瓦[特]每平方米	W/m^2
	声阻抗	Z_a	帕[斯卡]秒每立方米	$Pa \cdot s/m^3$
	声功率级	L_W	贝[尔]	B
	声压级	L_P	贝[尔]	B
	声强级	L_I	贝[尔]	B
	隔声量	R	贝[尔]	B

1.2.3 常用计量单位及换算

(1) 长度单位换算

长度单位换算见表 1-9。

表 1-9 长度单位换算

公里(km)	米(m)	厘米(cm)	(市)里	尺	寸	英里(mile)	英尺(ft)	英寸(in)
1	1000		2	3000		0.6214	3280.8	
0.001	1	100		3	30		3.2808	39.37
	0.01	1		0.03	0.3		0.0328	0.3937
0.5	500		1	1500		0.3107	1640.4	
	0.3333	33.333		1	10		1.0936	13.123
		3.333		0.1	1		0.1093	1.3123
1.6093	1609.3		3.2187	4828		1	5280	
	0.3048	30.48		0.9144	9.144		1	12
	0.0254	2.54		0.0762	0.762		0.0833	1

(2) 面积单位换算

面积单位换算见表 1-10。

表 1-10 面积单位换算

公顷(ha)	平方米(m^2)	平方厘米(cm^2)	亩	市分	市厘	英亩	平方英尺(ft^2)	平方英寸(in^2)	町(日)	步(坪)
1	10000		15	150	1500	2.471	107639		1.008	
0.0001	1	10000	0.0015	0.015	0.15		10.7639	1550		0.3025
	0.0001	1					0.00108	0.155		0.00003
0.0667	666.7		1	10	100	0.1647	7176		0.0672	201.646
	66.67		0.1	1	10	0.016	717.6		0.007	20.16
	6.667	66667	0.01	0.1	1	0.0016	7.97	10333		2.016
0.4047	4046.8		6.07	60.7	607	1	43560		0.408	1224
	0.0929	929.03			0.014		1	144		0.0281
		6.4516					0.0069	1		
0.9917	9917.35		14.87	148.7	1487	2.4506			1	3000
	3.3058	33057.9		0.05	0.496		35.5832	5123.98	0.0033	1

(3) 容积单位换算

容积单位换算见表 1-11。

表 1-11 容积单位换算

立方米(m^3)	升(L)	立方厘米(cm^3)	立方尺	立方寸	英加仑(Imp. gal)	美加仑(液)(U. S. gal)	立方英尺(ft^3)	立方英寸(in^3)
1	1000		27	27000	220.09	264.2	35.315	61030
0.001	1	1000	0.027	27	0.2201	0.2642		
	0.001	1		0.027				0.061
0.037	37.037	37037	1	1000	8.1515	9.7841	1.3079	2253
	0.037	37.037	0.001	1	0.0081	0.0098	0.0013	2.253
0.0045	4.5437	4543.7	0.1227	122.7	1	1.2003	0.1605	277.27
0.0038	3.7854	3785.4	0.1022	102.2	0.8331	1	0.1338	231
0.0283	28.317	28317	0.7646	764.6	6.2305	7.4805	1	1728
	0.0164	16.3871		0.443				1

注：1 美加仑（干）=268.8 立方英寸=0.125 美蒲式耳；1 英加仑=0.125 英蒲式耳。

(4) 质量单位换算

质量单位换算见表 1-12。

表 1-12 质量单位换算

吨(t)	千克(kg)	克(g)	(市)担	斤	两	英吨(tn)	美吨(sh·tn)	磅(lb)	盎司(oz)
1	1000		20	2000		0.9842	1.1023	2204.6	
	1	1000		2	20			2.2046	35.274
	0.001	1		0.002	0.02				0.0353
0.05	50		1	100	1000	0.0492		110.23	
	0.5	500	0.01	1	10			1.1023	17.637
	50			0.1	1			0.1102	1.7637
1.0161	1016.05		20.321	2032.1		1	1.12	2240	
0.9072	907.19		18.144	1814.4		0.8929	1	2000	
	0.4536	453.59		0.9072	9.072			1	16
	0.0284	28.35						0.0625	1

(5) 力的单位换算

力的单位换算见表 1-13。

表 1-13 力的单位换算

牛顿(N)	千牛顿(kN)或斯坦(sn)	达因(dyn)	千克力(kgf)	磅力(lbf)
1	10^{-3}	10^5	0.10197	0.22481
10^3	1	10^8	101.97	224.81
10^{-5}	10^{-8}	1	1.02×10^{-6}	2.25×10^{-6}
9.80665	9.81×10^{-3}	980665	1	2.2046
4.4483	4.45×10^{-3}	444830	0.4536	1

(6) 压力和应力单位换算

压力和应力单位换算见表 1-14。

表 1-14 压力和应力单位换算

帕[斯卡](Pa)或牛[顿]每平方米(N/m^2)	巴(bar)	标准大气压(atm)	工程大气压(at)或千克力每平方厘米(kgf/cm^2)	毫米汞柱(mmHg)或托(Torr)	毫米水柱(mmH_2O)	磅力每平方英寸(lbf/in^2)	英寸水柱(inH_2O)
1	10^{-5}	9.87×10^{-6}	1.02×10^{-5}	7.5×10^{-3}	0.101974	1.45×10^{-4}	4.015×10^{-3}
10^5	1	0.98692	1.01972	750.06	10197.4	14.50365	401.46
101325	1.01325	1	1.03323	760	10332.56	14.69582	406.73
98066.5	0.98067	0.96784	1	735.57	10000.28	14.2232	393.71
133.3224	0.00133	0.00132	0.00136	1	13.6	0.01934	0.5354
9.806375	9.81×10^{-5}	9.68×10^{-5}	10^{-4}	0.0736	1	0.00142	0.03937
6894.82	0.06895	0.06805	0.07031	51.71	703.1	1	27.681
249.08	0.00249	0.00246	0.00254	1.868	25.4	0.03613	1

(7) 功、能及热量单位换算

功、能及热量单位换算见表 1-15。

表 1-15 功、能及热量单位换算

焦[耳](J)	千克力米(kgf·m)	千瓦时(kW·h)	米制马力时(PS·h)	国际蒸汽表千卡($kcal_{IT}$)	热化学千卡($kcal_{th}$)	20℃千卡($kcal_{20}$)	15℃千卡($kcal_{15}$)	英热单位(Btu)
1	0.1019716	2.777778×10^{-7}	3.776727×10^{-7}	2.388459×10^{-4}	2.390057×10^{-4}	2.3914×10^{-4}	2.3892×10^{-4}	9.47814×10^{-4}
9.80665	1	2.724069×10^{-6}	3.703704×10^{-6}	2.342278×10^{-3}	2.343846×10^{-3}	2.3452×10^{-3}	2.3430×10^{-3}	9.29489×10^{-3}

续表

焦[耳] (J)	千克力米 (kgf·m)	千瓦时 (kW·h)	米制马力时 (PS·h)	国际蒸汽表千卡 ($kcal_{IT}$)	热化学千卡 ($kcal_{th}$)	20℃千卡 ($kcal_{20}$)	15℃千卡 ($kcal_{15}$)	英热单位 (Btu)
3.6×10^6	3.670978×10^5	1	1.359622	859.8452	860.4206	860.91	860.11	3412.13
2.647796×10^6	2.7×10^5	0.73549875	1	632.4151	632.8382	633.20	632.61	2509.62
4186.8	426.9348	1.163×10^{-3}	1.58124×10^{-3}	1	1.000669	1.0012	1.0003	3.9683
4184	426.6493	1.16222×10^{-3}	1.580182×10^{-3}	0.9993312	1	1.0006	0.99964	3.96566
4181.6	426.4	1.1616×10^{-3}	1.5793×10^{-3}	0.99876	0.99943	1	0.99967	3.96343
4185.5	426.8	1.1626×10^{-3}	1.5807×10^{-3}	0.99969	1.0004	1.0009	1	3.96707
1055.06	107.586	2.93072×10^{-4}	3.98467×10^{-4}	0.251997	0.252165	0.252307	0.252075	1

注：$1kcal_{20}$是在标准大气压下，1kg 纯水温度从 19.5℃升高到 20.5℃所需要的热量；$1kcal_{15}$是在标准大气压下，1kg 纯水温度从 14.5℃升高到 15.5℃所需要的热量；1Btu 是在标准大气压下，1lb 纯水温度从 32℉升高到 212℉所需要热量的 1/180。

(8) 功率单位换算

功率单位换算见表 1-16。

表 1-16 功率单位换算

瓦 (W)	千瓦 (kW)	千克力米每秒 (kgf·m/s)	千卡每秒 (kcal/s)	米制马力 (PS)	英制马力 (HP)	英热单位每秒 (Btu/s)
1	10^{-3}	0.1019716				
1000	1	101.9716	0.2388459	1.359621	1.341	0.947814
9.80665		1	2.342278×10^{-3}	0.0133333	0.01315	9.29489×10^{-3}
4186.8	4.1868	426.9348	1	5.692464	5.61451	3.9683
735.49875		75	0.17567086	1	0.986325	0.69712
745.7		76.04	0.1781	1.0139	1	0.70678
1055.06		107.586	0.251997	1.43448	1.41486	1

(9) 热导率单位换算

热导率单位换算见表 1-17。

表 1-17 热导率单位换算

瓦[特]每米开[尔文] [W/(m·K)]	卡每厘米秒摄氏度 [cal/(cm·s·℃)]	千卡每米小时摄氏度 [kcal/(m·h·℃)]	焦[耳]每厘米秒摄氏度 [J/(cm·s·℃)]	英热单位每英尺小时华氏度 [Btu/(ft·h·℉)]
1	2.388×10^{-3}	0.85985	0.01	0.5778
418.68	1	360	4.1868	241.91
1.163	2.778×10^{-3}	1	1.163×10^{-2}	0.672
100	0.2388	85.985	1	57.78
1.731	4.13×10^{-3}	1.488	1.731×10^{-2}	1

(10) 传热系数单位换算

传热系数单位换算见表 1-18。

表 1-18 传热系数单位换算

卡每平方厘米秒摄氏度 [cal/(cm²·s·℃)]	瓦[特]每平方米开[尔文] [W/(m²·K)]	千卡每平方米小时摄氏度 [kcal/(m²·h·℃)]	焦[耳]每平方厘米秒摄氏度 [J/(cm²·s·℃)]	英热单位每平方英尺小时华氏度 [Btu/(ft²·h·℉)]
1	41868	36000	4.1868	7373
2.388×10^{-5}	1	0.85985	1×10^{-4}	0.1761
2.778×10^{-5}	1.163	1	1.163×10^{-4}	0.2048
0.2388	1×10^4	8598.5	1	1761
1.356×10^{-4}	5.678	4.8828	5.678×10^{-4}	1

(11) 运动黏度 (ν) 单位换算

运动黏度单位换算见表 1-19。

表 1-19 运动黏度单位换算

斯托克斯(St)或平方厘米每秒(cm^2/s)	厘斯(cSt)或平方毫米每秒(mm^2/s)	平方米每秒(m^2/s)	平方米每小时(m^2/h)	平方英尺每秒(ft^2/s)	平方英尺每小时(ft^2/h)
1	100	1×10^{-4}	0.36	1.076×10^{-3}	3.875
0.01	1	1×10^{-5}	3.6×10^{-3}	1.076×10^{-5}	3.875×10^{-2}
1×10^{4}	1×10^{6}	1	3600	10.76	38750
2.7778	277.78	2.778×10^{-4}	1	2.989×10^{-3}	10.76
929.37	92937	0.0929	334.57	1	3600
0.25806	25.806	2.58×10^{-5}	0.0929	2.778×10^{-4}	1

(12) 动力黏度 (η) 单位换算

动力黏度单位换算见表 1-20。

表 1-20 动力黏度单位换算

泊(P)或达因秒每平方厘米($dyn\cdot s/cm^2$)	帕[斯卡]秒($Pa\cdot s$)	牛[顿]小时每平方米($N\cdot h/m^2$)	千克力秒每平方米($kgf\cdot s/m^2$)	千克力小时每平方米($kgf\cdot h/m^2$)	磅力秒每平方英尺($lbf\cdot s/ft^2$)
1	0.1	2.778×10^{-5}	1.02×10^{-2}	2.83×10^{-6}	2.088×10^{-3}
10	1	2.778×10^{-4}	0.10197	2.83×10^{-5}	2.088×10^{-2}
36000	3600	1	367.09	0.10197	75.2
98.0665	9.80665	2.724×10^{-3}	1	2.778×10^{-4}	0.20476
3.53×10^{5}	3.53×10^{4}	9.80665	3600	1	737
478.9	47.89	0.0133	4.88	1.357×10^{-3}	1

(13) 比热容单位换算

比热容单位换算见表 1-21。

表 1-21 比热容单位换算

焦[耳]每千克开尔文[$J/(kg\cdot K)$]	卡每克摄氏度[$cal/(g\cdot ℃)$]	英热单位每磅华氏度[$Btu/(lb\cdot ℉)$]
1	2.388459×10^{-4}	2.388459×10^{-4}
4186.8	1	1

(14) 温度单位换算

温度单位换算见表 1-22。

表 1-22 温度单位换算

开尔文(K)	摄氏度(℃)	华氏度(℉)
K	K－273.15	9/5K－459.67
℃＋273.15	℃	9/5℃＋32
5/9×(℉＋459.67)	5/9×(℉－32)	℉

1.2.4 优先数和优先数系

优先数系是国际上统一的数值分级制度，它是由公比分别为 10 的 5、10、20、40、80 次方根，且项值中含有 10 的整数幂的理论等比数列导出的一组近似等比的数列，分别用符号 R5、R10、R20、R40 和 R80 表示，称为 R5 系数、R10 系数、R20 系数、R40 系数和 R80 系数。优先数系的基本系列如表 1-23 所示。

表 1-23 优先数的基本系列（GB/T 321—2005）

R5	R10	R20	R40	R5	R10	R20	R40
1.00	1.00	1.00	1.00		3.15	3.15	3.15
			1.06				3.35
		1.12	1.12			3.55	3.55
			1.18				3.75
	1.25	1.25	1.25	4.00	4.00	4.00	4.00
			1.32				4.25
		1.40	1.40			4.50	4.50
			1.50				4.75
1.60	1.60	1.60	1.60		5.00	5.00	5.00
			1.70				5.30
		1.80	1.80			5.60	5.60
			1.90				6.00
	2.00	2.00	2.00	6.30	6.30	6.30	6.30
			2.12				6.70
		2.24	2.24			7.10	7.10
			2.36				7.50
2.50	2.50	2.50	2.50		8.00	8.00	8.00
			2.65				8.50
		2.80	2.80			9.00	9.00
			3.00				9.50
				10.00	10.00	10.00	10.00

1.3 常用数据

1.3.1 常用材料的弹性模量及泊松比

常用材料的弹性模量及泊松比见表 1-24。

表 1-24 常用材料的弹性模量及泊松比

材料名称	弹性模量 E /GPa	切变模量 G /GPa	泊松比 μ	材料名称	弹性模量 E /GPa	切变模量 G /GPa	泊松比 μ
灰铸铁	118～126	44.3	0.3	轧制锰青铜	108	39.2	0.35
白口铸铁	113～157	44.0	0.23～0.27	轧制铝	68	25.5～26.5	0.32～0.36
球墨铸铁	173	73～76	0.3	拔制铝线	69		
碳钢、镍铬钢	206	79.4	0.3	铸铝青铜	103	11.1	0.3
合金钢	206	79.4	0.25～0.3	铸锡青铜	103		0.3
铸钢	202		0.3	硬铝合金	70	26.5	0.3
轧制锌	82	31.4	0.27	电木	1.96～2.94	0.69～2.06	0.35～0.38
铅	16	6.8	0.42	夹布酚醛塑料	3.92～8.83		
玻璃	55	1.96	0.25	尼龙 100	1.07		0.34～0.35
有机玻璃	2.35～29.42			硬聚氯乙烯	3.14～3.92		0.34～0.35
橡胶	0.0078	2.9	0.47	聚四氟乙烯	1.14～1.42		
轧制纯铜	108	39.2	0.31～0.34	低压聚氯乙烯	0.54～0.75		
冷拔纯铜	127	48		高压聚氯乙烯	0.147～0.245		
轧制磷锡青铜	113	41.2	0.32～0.35	混凝土	13.73～39.2	4.9～15.69	0.1～0.18
冷拔黄铜	89～97	34.3～36.3	0.32～0.42	碳化硅(SiC)	150		

1.3.2 常用材料的密度

常用材料的密度见表 1-25。

表 1-25 常用材料的密度

材料名称	密度/(g/cm³)	材料名称	密度/(g/cm³)	材料名称	密度/(g/cm³)
碳钢	7.8～7.85	可铸铝合金	2.7	无填料的电木	1.2
铸钢	7.8	工业用铝	2.7	赛璐珞	1.4
合金钢	7.9	铅	11.37	酚醛层压板	1.3～1.45
球墨铸铁	7.3	锡	7.29	尼龙 6	1.13～1.14
灰铸铁	7.0	镁合金	1.74	尼龙 66	1.14～1.15
白口铸铁	7.55	硅钢片	7.55～7.8	尼龙 1010	1.04～1.06
可锻铸铁	7.3	锡基轴承合金	7.34～7.75	橡胶夹布传送带	0.8～1.2
紫铜	8.9	铅基轴承合金	9.33～10.67	纵纤维木材	0.7～0.9
黄铜	8.4～8.55	胶木板、纤维板	1.3～1.4	横纤维木材	0.7～0.9
锡青铜	8.7～8.9	玻璃	2.4～2.6	石灰石、花岗石	2.4～2.6
无锡青铜	7.5～8.2	有机玻璃	1.18～1.19	砌砖	1.9～2.3
碾压磷青铜	8.8	矿物油	0.92	混凝土	1.8～2.45
冷拉青铜	8.8	橡胶石棉板	1.5～2.0		

1.3.3 常用材料的线胀系数

常用材料的线胀系数见表 1-26。

表 1-26 常用材料的线胀系数

材料名称	线胀系数/$10^{-6}K^{-1}$			
	20℃	20～100℃	20～200℃	20～300℃
铸钢		8.7～11.1	8.5～11.6	10.1～12.2
碳钢		10.6～12.2	11.3～13.0	12.1～13.5
铬钢		11.2	11.8	12.4
40CrSi		11.7		
30CrMnSiA		11.0		
3Cr13		10.2	11.1	11.6
1Cr18Ni9Ti		16.6	17.0	17.2
镍铬合金		14.5		
工业用铜		16.6～17.1	17.1～17.2	17.6
纯铜		17.2	17.5	17.9
黄铜		17.8	18.8	20.9
锡青铜		17.6	17.9	18.2
铝青铜		17.6	17.9	19.2
砖	9.5			
水泥、混凝土	10～14			
胶木、硬橡皮	64～77			
玻璃		4.0～11.5		
赛璐珞		100		
有机玻璃		130		

1.3.4 常见金属材料的熔点、热导率及比热容

常见金属材料的熔点、热导率及比热容见表 1-27。

表 1-27 常见金属材料的熔点、热导率及比热容

材料名称	熔点/℃	热导率/[W/(m·K)]	比热容/[J/(kg·K)]
灰铸铁	1200	46.4～92.8	544.3
铸钢	1425		489.9
软钢	1400～1500	46.4	502.4
黄铜	950	92.8	393.6
青铜	995	63.8	385.2

续表

材料名称	熔点/℃	热导率/[W/(m·K)]	比热容/[J/(kg·K)]
纯铜	1083	392	376.9
铝	658	203	904.3
铅	327	34.8	129.8
锡	232	62.6	234.5
锌	419	110	393.6
镍	1452	59.2	452.2

1.3.5 常用材料的摩擦因数

常用材料的摩擦因数见表 1-28。

表 1-28 常用材料的摩擦因数

材料名称	摩擦因数 f			
	静摩擦		滑动摩擦	
	无润滑剂	有润滑剂	无润滑剂	有润滑剂
钢-钢	0.15	0.1～0.12	0.15	0.05～0.1
钢-软钢			0.2	0.1～0.2
钢-铸铁	0.3		0.18	0.05～0.15
钢-青铜	0.15	0.1～0.15	0.15	0.1～0.15
软钢-铸铁	0.2		0.18	0.05～0.15
软钢-青铜	0.2		0.18	0.07～0.15
铸铁-铸铁		0.18	0.15	0.07～0.12
铸铁-青铜			0.15～0.2	0.07～0.15
青铜-青铜		0.1	0.2	0.07～0.1
软钢-槲木	0.6	0.12	0.4～0.6	0.1
软钢-榆木			0.25	
铸铁-槲木	0.65		0.3～0.5	0.2
铸铁-榆、杨木			0.4	0.1
青铜-槲木	0.6		0.3	
木材-木材	0.4～0.6	0.1	0.2～0.5	0.07～0.15
皮革(外)-槲木	0.6		0.3～0.5	
皮革(内)-槲木	0.4		0.3～0.4	
皮革-铸铁	0.3～0.5	0.15	0.6	0.15
橡皮-铸铁			0.8	0.5
麻绳-槲木	0.8		0.5	

1.3.6 物体的摩擦因数

物体的摩擦因数见表 1-29。

表 1-29 物体的摩擦因数

材料名称			摩擦因数 μ	材料名称		摩擦因数 μ
滚动轴承	深沟球轴承	径向载荷	0.002	轧辊轴承	滚动轴承	0.002～0.005
		轴向载荷	0.004		层压胶木轴瓦	0.004～0.006
	角接触球轴承	径向载荷	0.003		青铜轴瓦(用于热轧辊)	0.07～0.1
		轴向载荷	0.005		青铜轴瓦(用于冷轧辊)	0.04～0.08
	圆锥滚子轴承	径向载荷	0.008		特殊密封全液体摩擦轴承	0.003～0.005
		轴向载荷	0.02		特殊密封半液体摩擦轴承	0.005～0.01
	调心球轴承		0.0015	加热炉内	金属在管子或金属条上	0.4～0.6
	圆柱滚子轴承		0.002		金属在炉底砖上	0.6～1.0
	长圆柱滚子轴承		0.006	密封软填料盒中填料与轴的摩擦		0.2
	滚针轴承		0.003	热钢在辊道上的摩擦		0.3
	推力球轴承		0.003	冷钢在辊道上的摩擦		0.15～0.18
	调心滚子轴承		0.004	制动器普通石棉制动带(无润滑) p=0.2～0.6MPa		0.35～0.48
滑动轴承	液体摩擦		0.001～0.008			
	半液体摩擦		0.008～0.08	离合器装有黄铜丝的压制石棉带 p=0.2～1.2MPa		0.43～0.4
	半干摩擦		0.1～0.5			

1.3.7 机械传动和轴承的效率值

机械传动和轴承的效率值见表 1-30。

表 1-30 机械传动和轴承的效率

种类		效率 η	种类		效率 η
圆柱齿轮传动	很好走合的 6 级精度和 7 级精度齿轮传动(油润滑)	0.98～0.99	丝杠传动	滑动丝杠传动	0.30～0.60
	8 级精度的一般齿轮传动(油润滑)	0.97		滚动丝杠传动	0.85～0.95
	9 级精度的齿轮传动(油润滑)	0.96	复滑轮组	滑动轴承($i=2\sim6$)	0.90～0.98
	加工齿的开式齿轮传动(脂润滑)	0.94～0.96		滚动轴承($i=2\sim6$)	0.95～0.99
	铸造齿的开式齿轮传动	0.90～0.93	联轴器	浮动联轴器(十字沟槽联轴器等)	0.97～0.99
圆锥齿轮传动	很好走合的 6 级精度和 7 级精度齿轮传动(油润滑)	0.97～0.98		齿式联轴器	0.99
	8 级精度的一般齿轮传动(油润滑)	0.94～0.97		挠性联轴器	0.99～0.995
	加工齿的开式齿轮传动(脂润滑)	0.92～0.95		万向联轴器($\alpha\leqslant3°$)	0.97～0.98
	铸造齿的开式齿轮传动	0.88～0.92		万向联轴器($\alpha>3°$)	0.95～0.97
蜗杆传动	自锁蜗杆传动(油润滑)	0.40～0.45		梅花形弹性联轴器	0.97～0.98
	单头蜗杆传动(油润滑)	0.70～0.75	滑动轴承	润滑不良	0.94(一对)
	双头蜗杆传动(油润滑)	0.75～0.82		润滑正常	0.97(一对)
	三头和四头蜗杆传动(油润滑)	0.80～0.92		润滑特好(压力润滑)	0.98(一对)
	圆弧面蜗杆传动(油润滑)	0.85～0.95		液体摩擦	0.99(一对)
带传动	平带无压紧轮的开式带传动	0.98	滚动轴承	球轴承(稀油润滑)	0.99(一对)
	平带有压紧轮的开式带传动	0.97		滚子轴承(稀油润滑)	0.98(一对)
	平带交叉传动	0.90	油池内油的飞溅和密封摩擦		0.95～0.99
	V 带传动	0.96	减(变)速器	单级圆柱齿轮减速器	0.97～0.98
	同步齿形带传动	0.96～0.98		双级圆柱齿轮减速器	0.95～0.96
链轮传动	焊接链轮传动	0.93		单级行星圆柱齿轮减速器(NGW 类型)	0.95～0.98
	片式关节链轮传动	0.95		单级圆锥齿轮减速器	0.95～0.96
	滚子链轮传动	0.96		双级圆锥-圆柱齿轮减速器	0.94～0.95
	齿形链轮传动	0.97		无级变速器	0.92～0.95
摩擦传动	平摩擦传动	0.85～0.92		摆线针轮减速器	0.90～0.97
	槽摩擦传动	0.88～0.90		轧机人字齿轮座减速器(滑动轴承)	0.93～0.95
	卷绳轮	0.95		轧机人字齿轮座减速器(滚动轴承)	0.94～0.96
卷筒		0.96		轧机主减速器(包括主接手和电机接手)	0.93～0.96

1.3.8 常用金属材料的硬度

常用金属材料的硬度见表 1-31。

表 1-31 常用金属材料的硬度

材料名称	状 态	硬度(HB)
钢	退火	80～220
	淬火和回火	225～400
	淬火	400～600
	表面渗碳	600～750
	装甲硬化	900～1250
铸铁	灰铸铁	100～250
	白口铸铁	550～650
硬铝	退火	40～55
硬铝	经过热处理的	90～120
硅铝合金	铸造	50～65
	经过热处理的	65～100
巴氏合金	铸造	18～30

续表

材料名称	状 态	硬度(HB)
铅青铜	铸造	20～25
铝	退火、冷轧	20～50
铜	退火、冷轧、冷精轧	20～55

1.3.9 黑色金属材料的硬度与强度换算关系

(1) 非合金钢材料的硬度与强度换算

非合金钢材料的硬度与强度换算见表 1-32。

表 1-32 非合金钢材料的硬度与强度换算表

硬度							抗拉强度 σ_b/MPa
洛氏	表面洛氏			维氏	布氏 HBS		
HRB	HR15T	HR30T	HR45T	HV	$F/D^2=10$	$F/D^2=30$	
60.0	80.4	56.1	30.4	105	102		375
60.5	80.5	56.4	30.9	105	102		377
61.0	80.7	56.7	31.4	106	103		379
61.5	80.8	57.1	31.9	107	103		381
62.0	80.9	57.4	32.4	108	104		382
62.5	81.1	57.7	32.9	108	104		384
63.0	81.2	58.0	33.5	109	105		386
63.5	81.4	58.3	34.0	110	105		388
64.0	81.5	58.7	34.5	110	106		390
64.5	81.6	59.0	35.0	111	106		393
65.0	81.8	59.3	35.5	112	107		395
65.5	81.9	59.6	36.1	113	107		397
66.0	82.1	59.9	36.6	114	108		399
66.5	82.2	60.3	37.1	115	108		402
67.0	82.3	60.6	37.6	115	109		404
67.5	82.5	60.9	38.1	116	110		407
68.0	82.6	61.2	38.6	117	110		409
68.5	82.7	61.5	39.2	118	111		412
69.0	82.9	61.9	39.7	119	112		415
69.5	83.0	62.2	40.2	120	112		418
70.0	83.2	62.5	40.7	121	113		421
70.5	83.3	62.8	41.2	122	114		424
71.0	83.4	63.1	41.7	123	115		427
71.5	83.6	63.5	42.3	124	115		430
72.0	83.7	63.8	42.8	125	116		433
72.5	83.9	64.1	43.3	126	117		437
73.0	84.0	64.4	43.8	128	118		440
73.5	84.1	64.7	44.3	129	119		444
74.0	84.3	65.1	44.8	130	120		447
74.5	84.4	65.4	45.4	131	121		451
75.0	84.5	65.7	45.9	132	122		455
75.5	84.7	66.0	46.4	134	123		459
76.0	84.8	66.3	46.9	135	124		463
76.5	85.0	66.6	47.4	136	125		467
77.0	85.1	67.0	47.9	138	126		471
77.5	85.2	67.3	48.5	139	127		475
78.0	85.4	67.6	49.0	140	128		480

续表

硬度							抗拉强度 σ_b/MPa
洛氏	表面洛氏			维氏	布氏		
					HBS		
HRB	HR15T	HR30T	HR45T	HV	$F/D^2=10$	$F/D^2=30$	
78.5	85.5	67.9	49.5	142	129		484
79.0	85.7	68.2	50.0	143	130		489
79.5	85.8	68.6	50.5	145	132		493
80.0	85.9	68.9	51.0	146	133		498
80.5	86.1	69.2	51.6	148	134		503
81.0	86.2	69.5	52.1	149	136		508
81.5	86.3	69.8	52.6	151	137		513
82.0	86.5	70.2	53.1	152	138		518
82.5	86.6	70.5	53.6	154	140		523
83.0	86.8	70.8	54.1	156		152	529
83.5	86.9	71.1	54.7	157		154	534
84.0	87.0	71.4	55.2	159		155	540
84.5	87.2	71.8	55.7	161		156	546
85.0	87.3	72.1	56.2	163		158	551
85.5	87.5	72.4	56.7	165		159	557
86.0	87.6	72.7	57.2	166		161	563
86.5	87.7	73.0	57.8	168		163	570
87.0	87.9	73.4	58.3	170		164	576
87.5	88.0	73.7	58.8	172		166	582
88.0	88.1	74.0	59.3	174		168	589
88.5	88.3	74.3	59.8	176		170	596
89.0	88.4	74.6	60.3	178		172	603
89.5	88.6	75.0	60.9	180		174	609
90.0	88.7	75.3	61.4	183		176	617
90.5	88.8	75.6	61.9	185		178	624
91.0	89.0	75.9	62.4	187		180	631
91.5	89.1	76.2	62.9	189		182	639
92.0	89.3	76.6	63.4	191		184	646
92.5	89.4	76.9	64.0	194		187	654
93.0	89.5	77.2	64.5	196		189	662
93.5	89.7	77.5	65.0	199		192	670
94.0	89.8	77.8	65.5	201		195	678
94.5	89.9	78.2	66.0	203		197	686
95.0	90.1	78.5	66.5	206		200	695
95.5	90.2	78.8	67.1	208		203	703
96.0	90.4	79.1	67.6	211		206	712
96.5	90.5	79.4	68.1	214		209	721
97.0	90.6	79.8	68.6	216		212	730
97.5	90.8	80.1	69.1	219		215	739
98.0	90.9	80.4	69.6	222		218	749
98.5	91.1	80.7	70.2	225		222	758
99.0	91.2	81.0	70.7	227		226	768
99.5	91.3	81.4	71.2	230		229	778
100.0	91.5	81.7	71.7	233		232	788

(2) 碳素钢、合金钢硬度与强度换算

碳素钢、合金钢硬度与强度换算见表 1-33。

表 1-33 碳素钢、合金钢硬度与强度换算

硬度								抗拉强度 σ_b/MPa								
洛氏		表面洛氏			维氏	布氏($F/D^2=30$)		碳钢	铬钢	铬钒钢	铬镍钢	铬钼钢	铬镍钼钢	铬锰硅钢	超高强度钢	不锈钢
HRC	HRA	HR15T	HR30T	HR45T	HV	HBS	HBW									
20.0	60.2	68.8	40.7	19.2	226	225		774	742	736	782	747		781		740
20.5	60.4	69.0	41.2	19.8	228	227		784	751	744	787	753		788		749
21.0	60.7	69.3	41.7	20.4	230	229		793	760	753	792	760		794		758
21.5	61.0	69.5	42.2	21.0	233	232		803	769	761	797	767		801		767
22.0	61.2	69.8	42.6	21.5	235	234		813	779	770	803	774		809		777
22.5	61.5	70.0	43.1	22.1	238	237		823	788	779	809	781		816		786
23.0	61.7	70.3	43.6	22.7	241	240		833	798	788	815	789		824		796
23.5	62.0	70.6	44.0	23.3	244	242		843	808	797	822	797		832		806
24.0	62.2	70.8	44.5	23.9	247	245		854	818	807	829	805		840		816
24.5	62.5	71.1	45.0	24.5	250	248		864	828	816	836	813		848		826
25.0	62.8	71.4	45.5	25.1	253	251		875	838	826	843	822		856		837
25.5	63.0	71.6	45.9	25.7	256	254		886	848	837	851	831		865		847
26.0	63.3	71.9	46.4	26.3	259	257		897	859	847	859	840	850	874		858
26.5	63.5	72.2	46.9	26.9	262	260		908	870	858	867	850	859	883		868
27.0	63.8	72.4	47.3	27.5	266	263		919	880	869	876	860	869	893		879
27.5	64.0	72.7	47.8	28.1	269	266		930	891	880	885	870	879	902		890
28.0	64.3	73.0	48.3	28.7	273	269		942	902	892	894	880	890	912		901
28.5	64.6	73.3	48.7	29.3	276	273		954	914	903	904	891	901	922		913
29.0	64.8	73.5	49.2	29.9	280	276		965	925	915	914	902	912	933		924
29.5	65.1	73.8	49.7	30.5	284	280		977	937	928	924	913	923	943		936
30.0	65.3	74.1	50.2	31.1	288	283		989	948	940	935	924	935	954		947
30.5	65.6	74.4	50.6	31.7	292	287		1002	960	953	946	936	947	965		959
31.0	65.8	74.7	51.1	32.3	296	291		1014	972	966	957	948	959	977		971
31.5	66.1	74.9	51.6	32.9	300	294		1027	984	980	969	961	972	989		983
32.0	66.4	75.2	52.0	33.5	304	298		1039	996	993	981	974	985	1001		996
32.5	66.6	75.5	52.5	34.1	308	302		1052	1009	1007	994	987	999	1013		1008
33.0	66.9	75.8	53.0	34.7	313	306		1065	1022	1022	1007	1001	1012	1026		1021
33.5	67.1	76.1	53.4	35.3	317	310		1078	1034	1036	1020	1015	1027	1039		1034
34.0	67.4	76.4	53.9	35.9	321	314		1092	1048	1051	1034	1029	1041	1052		1047
34.5	67.7	76.7	54.4	36.5	326	318		1105	1061	1067	1048	1043	1056	1066		1060
35.0	67.9	77.0	54.8	37.0	331	323		1119	1074	1082	1063	1058	1071	1079		1074
35.5	68.2	77.2	55.3	37.6	335	327		1133	1088	1098	1078	1074	1087	1094		1087
36.0	68.4	77.5	55.8	38.2	340	332		1147	1102	1114	1093	1090	1119	1108		1101
36.5	68.7	77.8	56.2	38.8	345	336		1162	1116	1131	1109	1106	1136	1123		1116
37.0	69.0	78.1	56.7	39.4	350	341		1177	1131	1148	1125	1122	1153	1139		1130
37.5	69.2	78.4	57.2	40.0	355	345		1192	1146	1165	1142	1139	1171	1155		1145
38.0	69.5	78.7	57.6	40.6	360	350		1207	1161	1183	1159	1157	1189	1171		1161
38.5	69.7	79.0	58.1	41.2	365	355		1222	1176	1201	1177	1174	1207	1187	1170	1176
39.0	70.0	79.3	58.6	41.8	371	360		1238	1192	1219	1195	1192	1226	1204	1195	1193
39.5	70.3	79.6	59.0	42.4	376	365		1254	1208	1238	1214	1211	1245	1222	1219	1209
40.0	70.5	79.9	59.5	43.0	381	370	370	1271	1225	1257	1233	1230	1265	1240	1243	1226
40.5	70.8	80.2	60.0	43.6	387	375	375	1288	1242	1276	1252	1249	1285	1258	1267	1244
41.0	71.1	80.5	60.4	44.2	393	380	381	1305	1260	1296	1273	1269	1306	1277	1290	1262
41.5	71.3	80.8	60.9	44.8	398	385	386	1322	1278	1317	1293	1289	1327	1296	1313	1280
42.0	71.6	81.1	61.3	45.4	404	391	392	1340	1296	1337	1314	1310	1348	1316	1336	1299
42.5	71.8	81.4	61.8	45.9	410	396	397	1359	1315	1358	1336	1331	1370	1336	1359	1319
43.0	72.1	81.7	62.3	46.5	416	401	403	1378	1335	1380	1358	1353	1392	1357	1381	1339
43.5	72.4	82.0	62.7	47.1	422	407	409	1397	1355	1401	1380	1375	1415	1378	1404	1361
44.0	72.6	82.3	63.2	47.7	428	413	415	1417	1376	1424	1404	1397	1439	1400	1427	1383

续表

硬度								抗拉强度 σ_b/MPa								
洛氏		表面洛氏			维氏	布氏($F/D^2=30$)		碳钢	铬钢	铬钒钢	铬镍钢	铬钼钢	铬镍钼钢	铬锰硅钢	超高强度钢	不锈钢
HRC	HRA	HR15T	HR30T	HR45T	HV	HBS	HBW									
44.5	72.9	82.6	63.6	48.3	435	418	422	1438	1398	1446	1427	1420	1462	1422	1450	1405
45.0	73.2	82.9	64.1	48.9	441	424	428	1459	1420	1469	1451	1444	1487	1445	1473	1479
45.5	73.4	83.2	64.6	49.5	448	430	435	1481	1444	1493	1476	1468	1512	1469	1496	1453
46.0	73.7	83.5	65.0	50.1	454	436	441	1503	1468	1517	1502	1492	1537	1493	1520	1479
46.5	73.9	83.7	65.5	50.7	461	442	448	1526	1493	1541	1527	1517	1563	1517	1544	1505
47.0	74.2	84.0	65.9	51.2	468	449	455	1550	1519	1566	1554	1542	1589	1543	1569	1533
47.5	74.5	84.3	66.4	51.8	475		463	1575	1546	1591	1581	1568	1616	1569	1594	1562
48.0	74.7	84.6	66.8	52.4	482		470	1600	1574	1617	1608	1595	1643	1595	1620	1592
48.5	75.0	84.9	67.3	53.0	489		478	1626	1603	1643	1636	1622	1671	1623	1646	1623
49.0	75.3	85.2	67.7	53.6	497		486	1653	1633	1670	1665	1649	1699	1651	1674	1655
49.5	75.5	85.5	68.2	54.2	504		494	1681	1665	1697	1695	1677	1728	1679	1702	1689
50.0	75.8	85.7	68.6	54.7	512		502	1710	1698	1724	1724	1706	1758	1709	1731	1725
50.5	76.1	86.0	69.1	55.3	520		510		1732	1752	1755	1735	1788	1739	1761	
51.0	76.3	86.3	69.5	55.9	527		518		1768	1780	1786	1764	1819	1770	1792	
51.5	76.6	86.6	70.0	56.5	535		527		1806	1809	1818	1794	1850	1801	1824	
52.0	76.9	86.8	70.4	57.1	544		535		1845	1839	1850	1825	1881	1834	1857	
52.5	77.1	87.1	70.9	57.6	552		544			1869	1883	1856	1914	1867	1892	
53.0	77.4	87.4	71.3	58.2	561		552			1899	1917	1888	1947	1901	1929	
53.5	77.7	87.6	71.8	58.8	569		561			1930	1951			1936	1966	
54.0	77.9	87.9	72.2	59.4	578		569			1961	1986			1971	2006	
54.5	78.2	88.1	72.6	59.9	587		577			1993	2022			2008	2047	
55.0	78.5	88.4	73.1	60.5	596		585			2026				2045	2090	
55.5	78.7	88.6	73.5	61.1	606		593								2135	
56.0	79.0	88.9	73.9	61.7	615		601								2181	
56.5	79.3	89.1	74.4	62.2	625		608								2230	
57.0	79.5	89.4	74.8	62.8	635		616								2281	
57.5	79.8	89.6	75.2	63.4	645		622								2334	
58.0	80.1	89.8	75.6	63.9	655		628								2390	
58.5	80.3	90.0	76.1	64.5	666		634								2448	
59.0	80.6	90.2	76.5	65.1	676		639								2509	
59.5	80.9	90.4	76.9	65.6	687		643								2572	
60.0	81.2	90.6	77.3	66.2	698		647								2639	
60.5	81.4	90.8	77.7	66.8	710		650									
61.0	81.7	91.0	78.1	67.3	721											
61.5	82.0	91.2	78.6	67.9	733											
62.0	82.2	91.4	79.0	68.4	745											
62.5	82.5	91.5	79.4	69.0	757											
63.0	82.8	91.7	79.8	69.5	770											
63.5	83.1	91.8	80.2	70.1	782											
64.0	83.3	91.9	80.6	70.6	795											
64.5	83.6	92.1	81.0	71.2	809											
65.0	83.9	92.2	81.3	71.7	822											
65.5	84.1				836											
66.0	84.4				850											
66.5	84.7				865											
67.0	85.0				879											
67.5	85.2				894											
68.0	85.5				909											

1.4 常用数学公式

1.4.1 代数

(1) 乘法与因式分解公式

$$a^2-b^2=(a+b)(a-b)$$

$$a^3-b^3=(a-b)(a^2+ab+b^2)$$

$$a^3+b^3=(a+b)(a^2-ab+b^2)$$

$$a^n-b^n=\begin{cases}(a-b)(a^{n-1}+a^{n-2}b+a^{n-3}b^2+\cdots+ab^{n-2}+b^{n-1})(n\text{ 为正整数})\\(a+b)(a^{n-1}+a^{n-2}b-a^{n-3}b^2+\cdots+ab^{n-2}-b^{n-1})(n\text{ 为偶数})\end{cases}$$

$$a^n+b^n=(a+b)(a^{n-1}-a^{n-2}b+a^{n-3}b^2-\cdots-ab^{n-2}+b^{n-1})(n\text{ 为奇数})$$

(2) 一元二次方程

一元二次方程 $ax^2+bx+c=0$ 的解为：

$$x_1=\frac{-b+\sqrt{b^2-4ac}}{2a},\quad x_2=\frac{-b-\sqrt{b^2-4ac}}{2a}$$

方程的根与系数的关系，由韦达定理：

$$x_1+x_2=-\frac{b}{a},x_1x_2=\frac{c}{a}$$

方程的判别式为：

$$b^2-4ac\begin{cases}>0,\text{方程有相异两实根}\\=0,\text{方程有相等两实根}\\<0,\text{方程有共轭复数根}\end{cases}$$

(3) 二项式定理

二项式展开公式为：

$$(a+b)^n=a^n+na^{n-1}b+\frac{n(n-1)}{2!}a^{n-2}b^2+\frac{n(n-1)(n-2)}{3!}a^{n-3}b^3+\cdots+\frac{n(n-1)\cdots(n-k+1)}{k!}a^{n-k}b^k+\cdots+b^n$$

(4) 数列的和

$$1+2+3+\cdots+n=\frac{n(n+1)}{2}$$

$$1^2+2^2+3^2+\cdots+n^2=\frac{n(n+1)(2n+1)}{6}$$

$$1^3+2^3+3^3+\cdots+n^3=\frac{n^2(n+1)^2}{4}$$

$$1\times2+2\times3+\cdots+n\times(n+1)=\frac{n(n+1)(n+2)}{3}$$

(5) 不等式

$$|a+b|\leqslant|a|+|b|$$

$$|a-b|\geqslant|a|-|b|$$

$$-|a|\leqslant a\leqslant|a|$$

$$|a|\leqslant b\Leftrightarrow-b\leqslant a\leqslant b$$

1.4.2 三角函数

(1) 两角和公式

$$\sin(\alpha\pm\beta)=\sin\alpha\cos\beta\pm\cos\alpha\sin\beta$$

$$\cos(\alpha\pm\beta)=\cos\alpha\cos\beta\mp\sin\alpha\sin\beta$$

$$\tan(\alpha\pm\beta)=\frac{\tan\alpha\pm\tan\beta}{1\mp\tan\alpha\tan\beta}$$

$$\cot(\alpha\pm\beta)=\frac{\cot\alpha\cot\beta\mp1}{\cot\beta\pm\cot\alpha}$$

(2) 倍角公式

$$\sin2\alpha=2\sin\alpha\cos\alpha$$

$$\cos2\alpha=\cos^2\alpha-\sin^2\alpha$$

$$\tan2\alpha=\frac{2\tan\alpha}{1-\tan^2\alpha}$$

$$\cot2\alpha=\frac{\cot^2\alpha-1}{2\cot\alpha}$$

(3) 半角公式

$$\sin\frac{\alpha}{2}=\pm\sqrt{\frac{1-\cos\alpha}{2}}$$

$$\cos\frac{\alpha}{2}=\pm\sqrt{\frac{1+\cos\alpha}{2}}$$

$$\tan\frac{\alpha}{2}=\pm\sqrt{\frac{1-\cos\alpha}{1+\cos\alpha}}=\frac{1-\cos\alpha}{\sin\alpha}=\frac{\sin\alpha}{1+\cos\alpha}$$

$$\cot\frac{\alpha}{2}=\pm\sqrt{\frac{1+\cos\alpha}{1-\cos\alpha}}=\frac{\sin\alpha}{1-\cos\alpha}=\frac{1+\cos\alpha}{\sin\alpha}$$

(4) 和差化积

$$\sin\alpha+\sin\beta=2\sin\frac{\alpha+\beta}{2}\cos\frac{\alpha-\beta}{2}$$

$$\sin\alpha-\sin\beta=2\cos\frac{\alpha+\beta}{2}\sin\frac{\alpha-\beta}{2}$$

$$\cos\alpha+\cos\beta=2\cos\frac{\alpha+\beta}{2}\cos\frac{\alpha-\beta}{2}$$

$$\cos\alpha-\cos\beta=-2\sin\frac{\alpha+\beta}{2}\sin\frac{\alpha-\beta}{2}$$

$$\tan\alpha\pm\tan\beta=\frac{\sin(\alpha\pm\beta)}{\cos\alpha\cos\beta}$$

$$\cot\alpha\pm\cot\beta=\pm\frac{\sin(\alpha\pm\beta)}{\sin\alpha\sin\beta}$$

1.4.3 导数与微分

(1) 求导与微分法则

$$\mathrm{d}c=0$$

$$\mathrm{d}(cv)=c\,\mathrm{d}v$$

$$d(u \pm v) = du \pm dv$$

$$d(uv) = v\,du + u\,dv$$

$$d\frac{u}{v} = \frac{v\,du - u\,dv}{v^2}$$

(2) 导数及微分公式

$$dx^n = nx^{n-1}dx$$

$$d\sqrt{x} = \frac{dx}{2\sqrt{x}}$$

$$d\ln x = \frac{dx}{x}$$

$$d\log_a x = \frac{dx}{x\ln a}$$

$$de^x = e^x dx$$

$$da^x = a^x \ln a\,dx$$

$$d\sin x = \cos x\,dx$$

$$d\cos x = -\sin x\,dx$$

$$d\tan x = \sec^2 x\,dx$$

$$d\cot x = -\csc^2 x\,dx$$

$$d\sec x = \sec x\tan x\,dx$$

$$d\csc x = -\csc x\cot x\,dx$$

$$d\arcsin x = \frac{dx}{\sqrt{1-x^2}}$$

$$d\arccos x = -\frac{dx}{\sqrt{1-x^2}}$$

$$d\arctan x = \frac{dx}{1+x^2}$$

$$d\,\text{arccot}\,x = -\frac{dx}{1+x^2}$$

$$d\,\text{arcsec}\,x = \frac{dx}{x\sqrt{x^2-1}}$$

$$d\,\text{arccsc}\,x = -\frac{dx}{x\sqrt{x^2-1}}$$

(3) 不定积分表（基本积分）

$$\int dx = x + C$$

$$\int x^n dx = \frac{x^{n+1}}{n+1} + C$$

$$\int \frac{dx}{x} = \ln x + C$$

$$\int \frac{dx}{a^2+x^2} = \frac{1}{a}\arctan\frac{x}{a} + C$$

$$\int \frac{dx}{x^2-a^2} = \frac{1}{2a}\ln\frac{x-a}{x+a} + C$$

$$\int \frac{\mathrm{d}x}{\sqrt{a^2-x^2}}=\arcsin\frac{x}{a}+C$$

$$\int \mathrm{e}^x\,\mathrm{d}x=\mathrm{e}^x+C$$

$$\int a^x\,\mathrm{d}x=\frac{a^x}{\ln a}+C$$

$$\int \sin x\,\mathrm{d}x=-\cos x+C$$

$$\int \cos x\,\mathrm{d}x=\sin x+C$$

$$\int \tan x\,\mathrm{d}x=-\ln\cos x+C$$

$$\int \cot x\,\mathrm{d}x=\ln\sin x+C$$

$$\int \sec^2 x\,\mathrm{d}x=\int\frac{\mathrm{d}x}{\cos^2 x}=\tan x+C$$

$$\int \csc^2 x\,\mathrm{d}x=\int\frac{\mathrm{d}x}{\sin^2 x}=-\cot x+C$$

$$\int \sec x\,\mathrm{d}x=\int\frac{\mathrm{d}x}{\cos x}=\ln(\sec x+\tan x)+C=\ln\tan\left(\frac{x}{2}+\frac{\pi}{4}\right)+C$$

$$\int \csc x\,\mathrm{d}x=\int\frac{\mathrm{d}x}{\sin x}=\ln(\csc x-\cot x)+C=\ln\tan\frac{x}{2}+C$$

$$\int \sec x\tan x\,\mathrm{d}x=\sec x+C$$

$$\int \csc x\cot x\,\mathrm{d}x=-\csc x+C$$

$$\int \frac{\mathrm{d}x}{x\sqrt{x^2-a^2}}=\frac{1}{a}\operatorname{arcsec}\frac{x}{a}+C$$

1.4.4 几何体的表面积和体积

(1) 平面图形的面积

平面图形的面积见表 1-34。

表 1-34 平面图形的面积

名称	图形	计算式	名称	图形	计算式
正方形	d, a	$S=a^2$	梯形	b, m, h, a	中线长：$m=\frac{a+b}{2}$ 面积：$S=\frac{a+b}{2}h=mh$
任意多角形	K, A, B, C	内角和： $\alpha=A+B+C+\cdots+K$ $=(n-2)\times180^\circ$ 式中，n 为多角形的边数（计算面积时，将多角形分成 n 个三角形计算）	正多角形	a, β, α, k, R, γ	边长： $a=2R\sin\frac{\alpha}{2}=2k\tan\frac{\alpha}{2}$ $\alpha=\beta=\frac{360^\circ}{n}$ $\gamma=180^\circ-\frac{360^\circ}{n}$ 面积：$S=\frac{ak}{2}n$ 式中，n 为边数；k 为边心距

续表

名称	图形	计算式	名称	图形	计算式
圆形	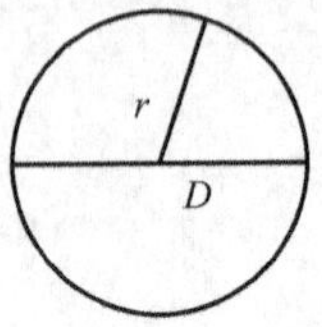	周长：$C=\pi D$ 面积：$S=\frac{1}{4}\pi D^2$	弧与扇形	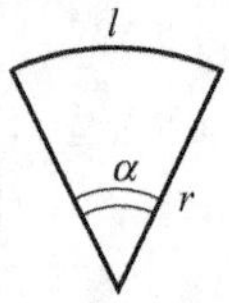	弧长：$l=\frac{\pi r\alpha}{180°}$ 面积：$S=\frac{\pi r^2\alpha}{360°}$
平行四边形与矩形	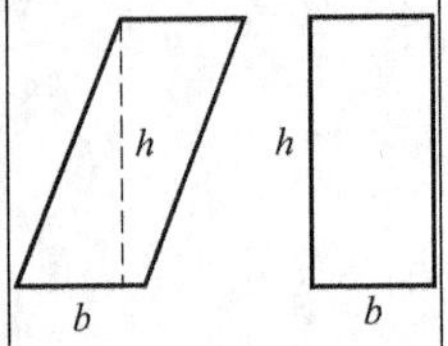	面积：$S=bh$	菱形	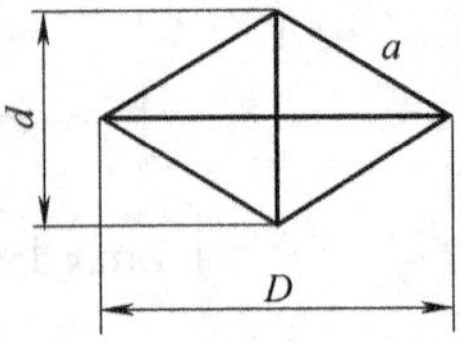	$D^2+d^2=4a^2$ 面积：$S=\frac{1}{2}Dd$
直角三角形	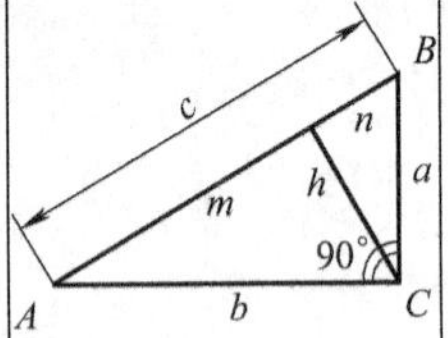	边长：$c^2=a^2+b^2$ 面积：$S=\frac{1}{2}ab$ 高度：$h=\sqrt{mn}$	等边三角形	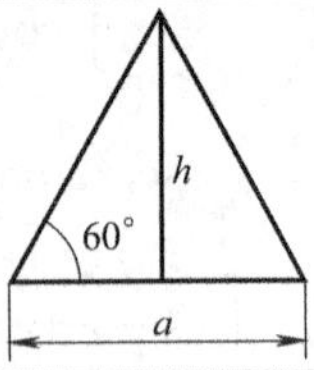	$h=0.866a$ $a=1.154h$ 面积：$S=0.433a^2$
任意三角形	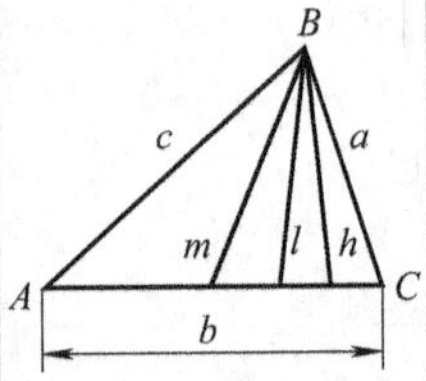	角度：$A+B+C=180°$ 面积： $S=\frac{bh}{2}=\sqrt{p(p-a)(p-b)(p-c)}$ 式中，$p=\frac{1}{2}(a+b+c)$ 中线长： $m=\frac{1}{2}\sqrt{2(a^2+c^2)-b^2}$	椭圆	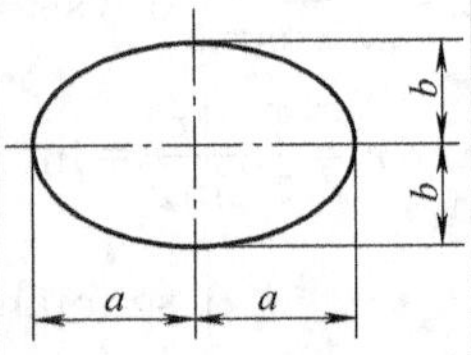	面积：$S=\pi ab$

(2) 几何体的表面积和体积

几何体的表面积和体积见表 1-35。

表 1-35 几何体的表面积和体积

名称	计算式	名称	计算式
平截正圆锥体 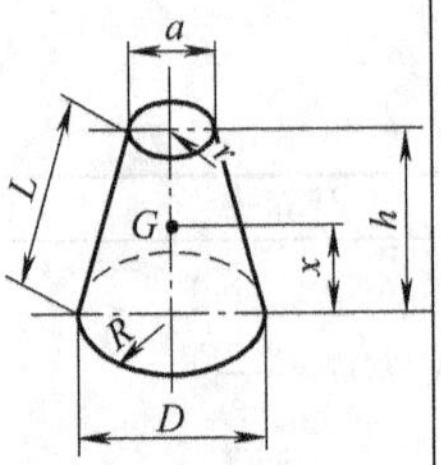	母线长度：$L=\sqrt{h^2+(R-r)^2}$ $S_q=\pi L(R+r)$ $S=\pi[R^2+r^2+L(R+r)]$ $V=\frac{\pi}{3}h(R^2+r^2+Rr)$ $x=\frac{h(R^2+2Rr+3r^2)}{4(R^2+Rr+r^2)}$	斜截直圆柱体 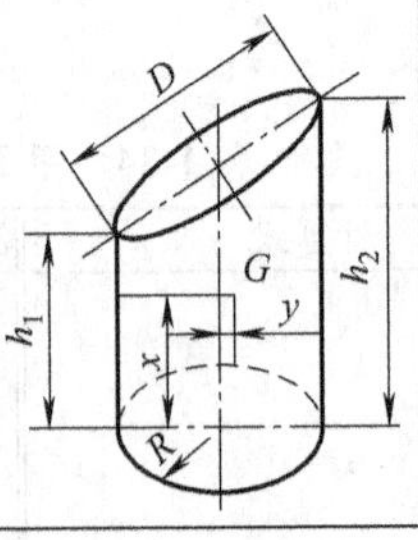	$V=\pi R^2\frac{h_1+h_2}{2}$ $S=\pi R(h_1+h_2)$ $D=\sqrt{4R^2+(h_2-h_1)^2}$ $x=\frac{h_2+h_1}{4}+\frac{(h_2-h_1)^2}{16(h_2+h_1)}$ $y=\frac{R(h_2-h_1)}{4(h_2+h_1)}$
空心圆柱体 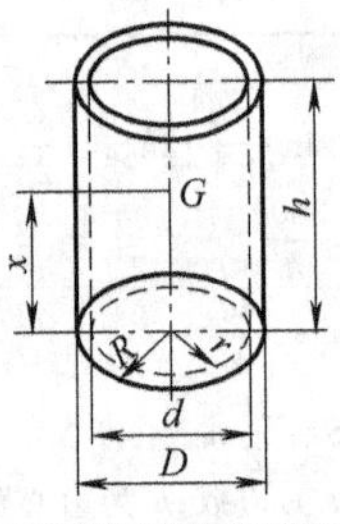	$S_q=2\pi h(R+r)$ $V=\pi h(R^2-r^2)$ $x=\frac{h}{2}$	平截四角锥体 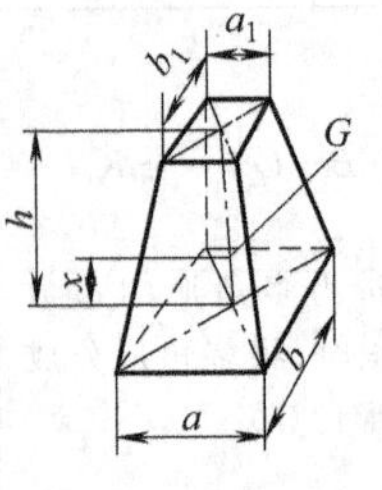	$V=\frac{h}{6}(2ab+ab_1+a_1b+2a_1b_1)$ $x=\frac{h(ab+ab_1+a_1b+3a_1b_1)}{2(2ab+ab_1+a_1b+2a_1b_1)}$

续表

名称	计算式	名称	计算式
平截正角锥体 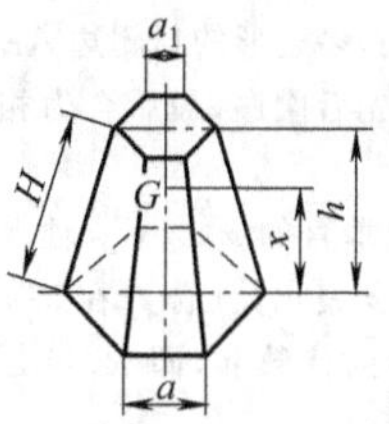	$V=\frac{1}{3}(B_0+\sqrt{B_0B}+B)$ $S_c=\frac{Hn}{2}(a+a_1)$ $x=\frac{h(B+2\sqrt{B_0B}+3B_0)}{4(B+\sqrt{B_0B}+B_0)}$ 式中，B 为底面积，B_0 为顶面积，n 为侧面的面数	平截抛物线体 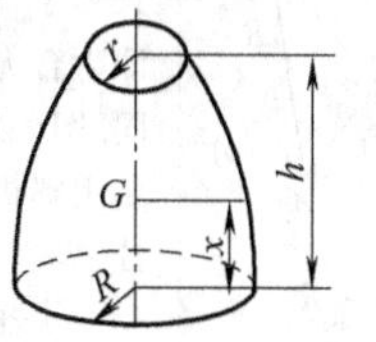	$V=\frac{\pi}{2}(R^2+r^2)h$ $S_c=\frac{2\pi}{3P}\left[\sqrt{(R^2+P^2)^3}-\sqrt{(r^2+P^2)^3}\right]$ $P=\frac{R^2-r^2}{2h}$ $x=\frac{h(R^2+2r^2)}{3(R^2+r^2)}$
球体 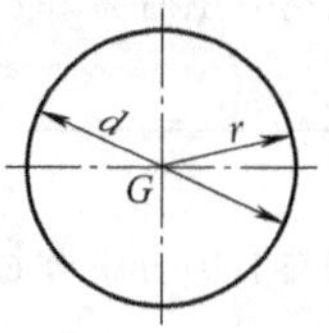	$S=4\pi r^2$ $V=\frac{4}{3}\pi r^3$	椭球体 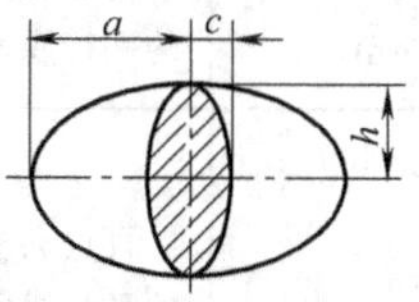	$V=\frac{4}{3}\pi ahc$
球缺 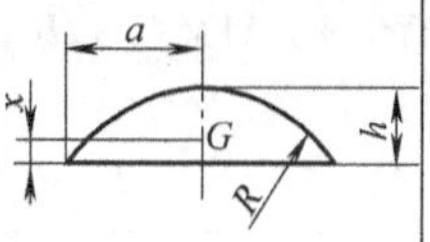	平截圆半径：$a=\sqrt{h(2R-h)}$ $S_q=2\pi Rh=\pi(a^2+h^2)$ $S=\pi(2Rh+a^2)=\pi(h^2+2a^2)$ $V=\frac{\pi}{6}h(3a^2+h^2)=\frac{1}{3}\pi h^2(3R-h)$ $x=\frac{h(2a^2+h^2)}{2(3a^2+h^2)}=\frac{h(4R-h)}{4(3R-h)}$	平截球台体 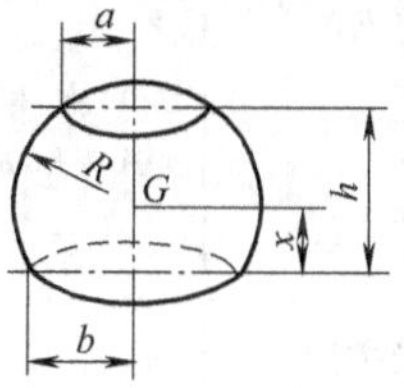	$V=\frac{\pi h}{6}(3a^2+3b^2+h^2)$ $S_c=2\pi Rh$ $R^2=b^2+\left(\frac{b^2-a^2-h^2}{2h}\right)^2$ $x=\frac{3(b^4-a^4)}{2h(3a^2+3b^2+h^2)}\pm\frac{b^2-a^2-h^2}{2h}$ 式中，“+”为球心在台球体之内；“−”为球心在台球体之外
圆环体 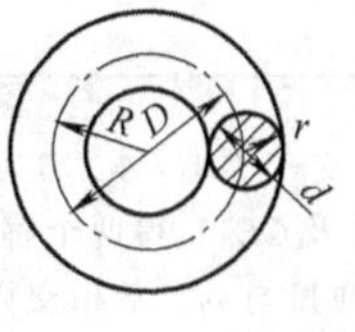	$S=4\pi^2Rr$ $V=2\pi^2Rr^2=\frac{1}{4}\pi^2Dd^2$	圆鼓 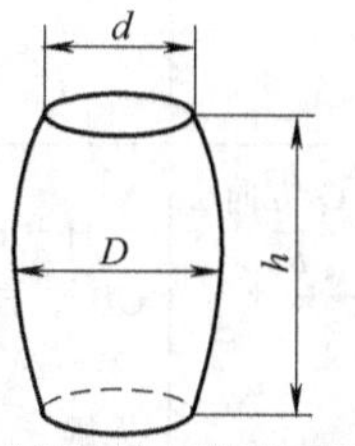	对于抛物线母线： $V=\frac{\pi h}{15}\left(2D^2+Dd+\frac{3}{4}d^2\right)$ 对于圆形母线： $V=\frac{\pi h}{12}(2D^2+d^2)$

注：S_q 为曲面面积；S_c 为侧面面积；S 为全部表面积；V 为体积；G 为重心。

1.5 常用力学公式

1.5.1 静力学的常用计算公式

静力学的常用计算公式见表 1-36。

表 1-36 静力学的常用计算公式

共面共点力的合成	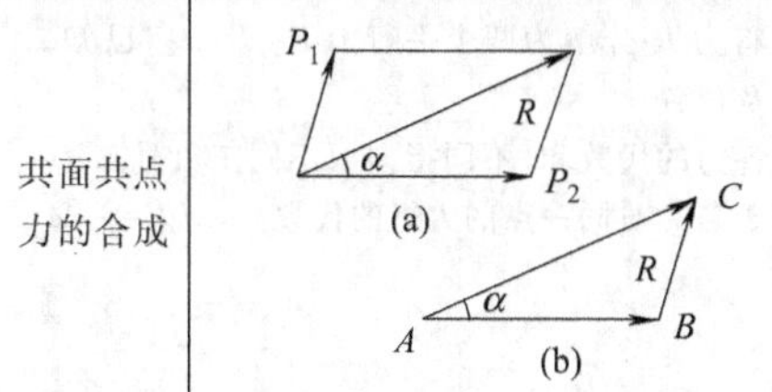	作用于一点的两个力 P_1 和 P_2 的合力，可以此两力为边，作出平行四边形，四边形的对角线即为合力 R[图(a)]。可以简化用三角形法则画出，作 AB 平行 P_2，BC 平行 P_1，AC 即为合力 R[图(b)]

续表

共面共点力的合成	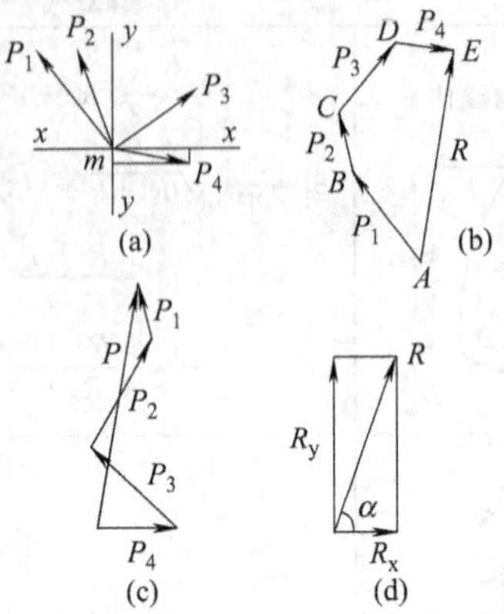	作用于1点的几个力 P_1、P_2、P_3、P_4，其合力可用力多边形的封闭边来表示。力多边形作法：按选定比例尺作 AB 平行且等于 P_1，BC 平行且等于 P_2，CD 平行且等于 P_3，DE 平行且等于 P_4，多边形的封闭边 AE 即为合力 R[图(b)]。作图时，可任意选定各力的先后次序，最后合力相同[图(c)] 用解析法求合力，则先将图(a)所示各力在互相垂直的 x-x、y-y 轴上分解成两个分力(P_{1x}、P_{1y}、P_{2x}、P_{2y}……图中未全表示)。合力在 x-x 及 y-y 轴上的分力为各力在 x-x 及 y-y 轴上分力的代数和，即 $R_x=\sum P_x$，$R_y=\sum P_y$。合力 $R=\sqrt{R_x^2+R_y^2}$，合力的方向为 $\tan\alpha=R_y/R_x$[图(a)、(d)] 自点 m 及 C 分别用半径 $mB=Q$、$CB=P$ 作圆弧交于 B；自 m 作 CB 的平行线段并等于 CB。得 $mA=P$，$mB=Q$
平面共点力的分解	①已知分力 P 及 Q 大小 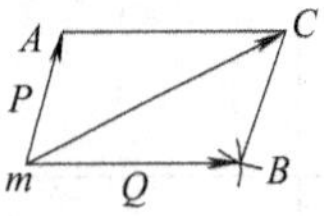	自点 m 及 C 分别用半径 $mB=Q$，$CB=P$ 作圆弧交于 B；自 m 作 CB 的平行线段并等于 CB。得 $mA=P$，$mB=Q$
	②已知分力方向 mx 及 my 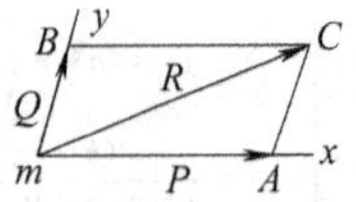	自 R 末端点 C 分别作 CB 平行于 mx，CA 平行于 my，得交点 A、B。$mA=P$，$mB=Q$
	③已知分力 P 的大小及方向 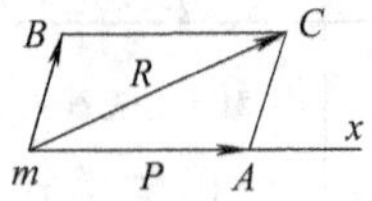	连接点 C 与点 A，作 mB 平行并等于 AC，$mB=Q$
	④已知分力 P 大小及分力 Q 方向 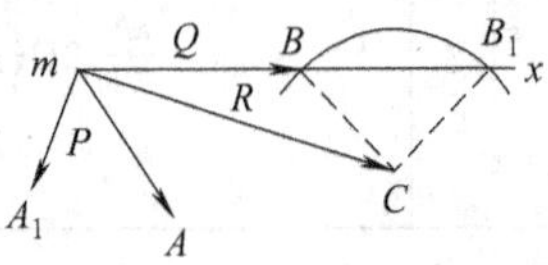	自点 C 作半径为 P 的圆弧与 Q 的方向线 mx 交于 BB_1，连 CB 及 CB_1。自点 m 作 mA 及 mA_1 分别平行并等于 CB 及 CB_1。得两个解：$P=mA$ 时，$Q=mB$；$P=mA_1$ 时，$Q=mB_1$。若圆弧与 mx 不相交则无解
平面平行力系的合成与分解	①二力指向相同 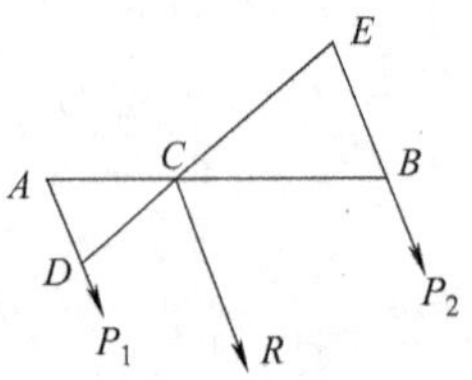	两个指向相同或相反的平行力(指向相反时，两力不相等)其合力大小等于两力的代数和。指向相同时 $R=P_1+P_2$；指向相反时 $R=P_1-P_2$，合力 R 的指向随同分力中较大的一个。合力的位置 C 在两力之间(指向相同)或两力之外(指向相反)，相互距离关系为：$\frac{AC}{P_2}=\frac{BC}{P_1}=\frac{AB}{R}$ 在图上可找出合力 R 的位置：在 P_1、P_2 上(或其延长线上)截取 $AD=P_2$、$BE=P_1$，DE 与 AB 的交点 C 即为 R 的作用点 应用上述比例式同样可将力 R 分解为两个平行力 P_1 及 P_2(已知二力作用点位置或一力大小及位置) 多个平行力的合力等于各力的代数和(不同指向取不同正负号)，$R=\Sigma P$。该合力 R 的力矩等于各力对同一点的力矩的代数和，$M_R=\Sigma M$
	②二力指向相反 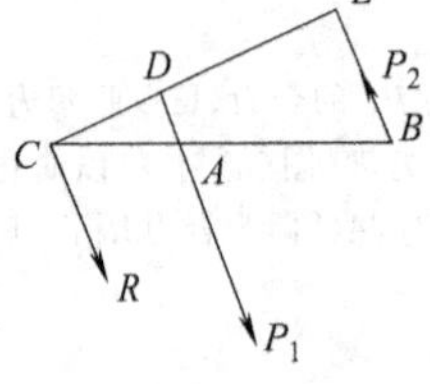	

续表

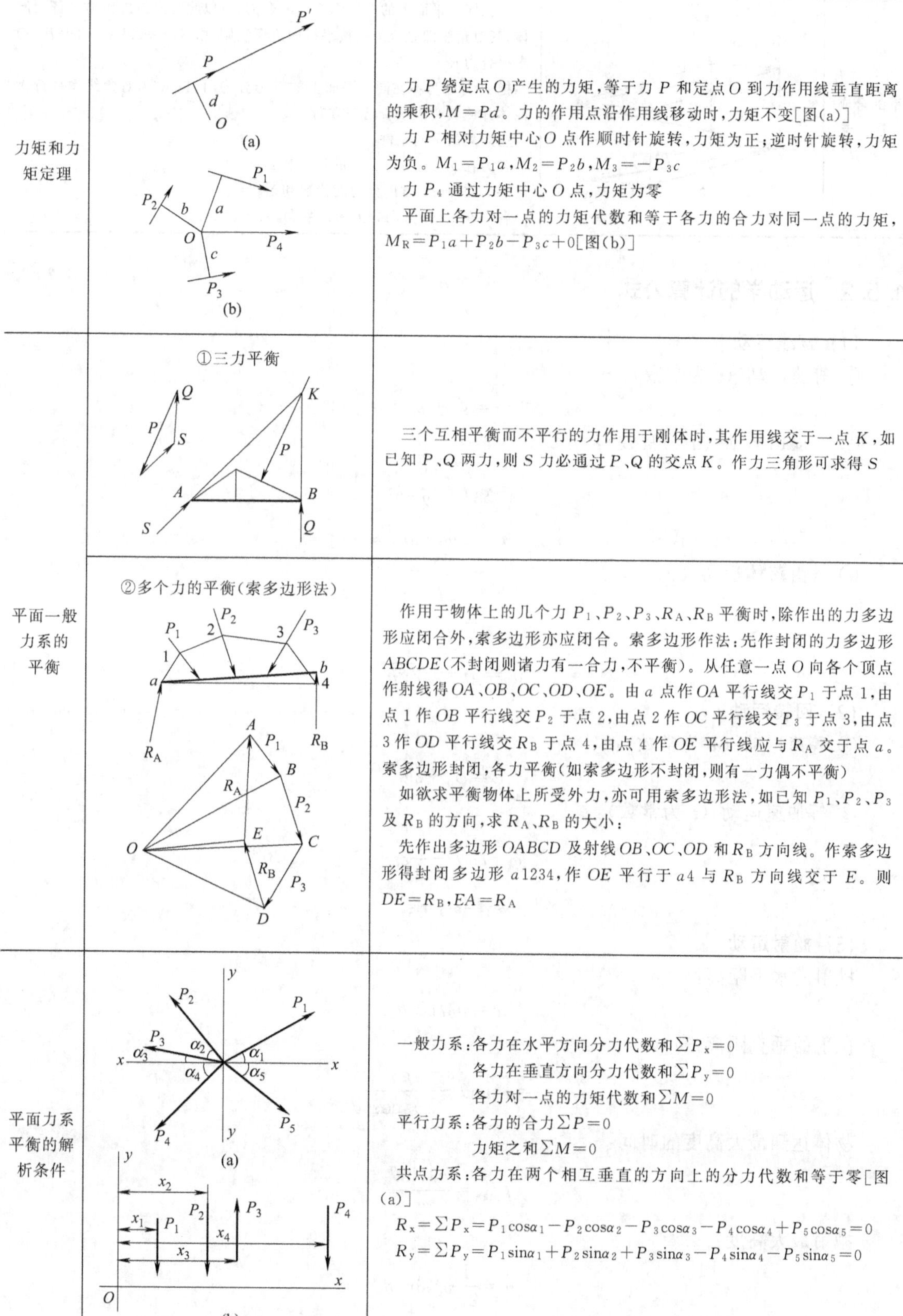

力矩和力矩定理	(a) (b)	力 P 绕定点 O 产生的力矩，等于力 P 和定点 O 到力作用线垂直距离的乘积，$M=Pd$。力的作用点沿作用线移动时，力矩不变[图(a)] 力 P 相对力矩中心 O 点作顺时针旋转，力矩为正；逆时针旋转，力矩为负。$M_1=P_1a$，$M_2=P_2b$，$M_3=-P_3c$ 力 P_4 通过力矩中心 O 点，力矩为零 平面上各力对一点的力矩代数和等于各力的合力对同一点的力矩，$M_R=P_1a+P_2b-P_3c+0$[图(b)]
平面一般力系的平衡	①三力平衡	三个互相平衡而不平行的力作用于刚体时，其作用线交于一点 K，如已知 P、Q 两力，则 S 力必通过 P、Q 的交点 K。作力三角形可求得 S
	②多个力的平衡(索多边形法)	作用于物体上的几个力 P_1、P_2、P_3、R_A、R_B 平衡时，除作出的力多边形应闭合外，索多边形亦应闭合。索多边形作法：先作封闭的力多边形 $ABCDE$(不封闭则诸力有一合力，不平衡)。从任意一点 O 向各个顶点作射线得 OA、OB、OC、OD、OE。由 a 点作 OA 平行线交 P_1 于点 1，由点 1 作 OB 平行线交 P_2 于点 2，由点 2 作 OC 平行线交 P_3 于点 3，由点 3 作 OD 平行线交 R_B 于点 4，由点 4 作 OE 平行线应与 R_A 交于点 a。索多边形封闭，各力平衡(如索多边形不封闭，则有一力偶不平衡) 如欲求平衡物体上所受外力，亦可用索多边形法，如已知 P_1、P_2、P_3 及 R_B 的方向，求 R_A、R_B 的大小： 先作出多边形 $OABCD$ 及射线 OB、OC、OD 和 R_B 方向线。作索多边形得封闭多边形 $a1234$，作 OE 平行于 $a4$ 与 R_B 方向线交于 E。则 $DE=R_B$，$EA=R_A$
平面力系平衡的解析条件	(a) (b)	一般力系：各力在水平方向分力代数和 $\sum P_x=0$ 各力在垂直方向分力代数和 $\sum P_y=0$ 各力对一点的力矩代数和 $\sum M=0$ 平行力系：各力的合力 $\sum P=0$ 力矩之和 $\sum M=0$ 共点力系：各力在两个相互垂直的方向上的分力代数和等于零[图(a)] $R_x=\sum P_x=P_1\cos\alpha_1-P_2\cos\alpha_2-P_3\cos\alpha_3-P_4\cos\alpha_4+P_5\cos\alpha_5=0$ $R_y=\sum P_y=P_1\sin\alpha_1+P_2\sin\alpha_2+P_3\sin\alpha_3-P_4\sin\alpha_4-P_5\sin\alpha_5=0$

续表

点空间力系的合成、分解与平衡	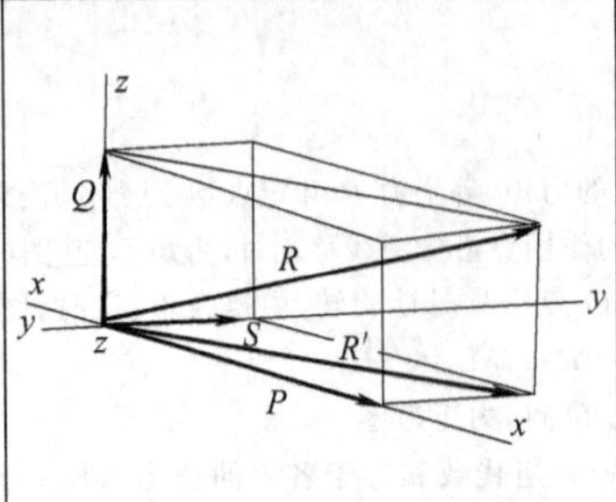	不在同一平面上的三个汇交力的合力，可以此三力为边作出平行六面体，其对角线即是合力。按平行四边形法则，由 S、P 求得 R'，再由 R'、Q 求得合力 R 把 R 分解为不在同一平面上的三个分力时，以 R 为对角线作平行六面体并使其棱边顺着已知方向 空间力的平衡条件： 各力在 $x-x$ 方向分力的代数和 $\sum x=0$ 各力在 $y-y$ 方向分力的代数和 $\sum y=0$ 各力在 $z-z$ 方向分力的代数和 $\sum z=0$

1.5.2 运动学的计算公式

(1) 直线运动

① 等速运动（s 为常数）：

$$s=s_0+vt$$

② 等加速运动（a 为常数）：

$$s=v_0t+\frac{1}{2}at^2$$

$$v_t=v_0+at$$

③ 自由落体运动（$v_0=0$）：

$$h=\frac{1}{2}gt^2$$

$$v_t=gt=\sqrt{2gh}$$

(2) 回转运动

① 等速运动（ω 为常数）：

$$\varphi=\varphi_0+\omega t$$

② 等加速运动（ε 为常数）：

$$\varphi=\omega_0t+\frac{1}{2}\varepsilon t^2$$

$$\omega_t=\omega_0+\varepsilon t$$

(3) 抛射运动

抛射的水平距离：

$$x=v_0t\cos\theta$$

抛射的垂直距离：

$$y=x\tan\theta-\frac{gx^2}{2v_0^2\cos^2\theta}$$

物体达到最大高度的时间：

$$t_{max}=\frac{v_0\sin\theta}{g}$$

抛射最大高度：

$$h=\frac{1}{2g}v_0^2\sin^2\theta$$

抛射的最大水平距离：

$$s=\frac{1}{g}v_0^2\sin 2\theta$$

(4) 简谐运动

$$x=A\sin(\omega t+\varphi)$$

$$f=\frac{1}{T}=\frac{\omega}{2\pi}=\frac{n}{60}$$

(5) 一般曲线运动

$$s=s(t)$$

$$v=\mathrm{d}s/\mathrm{d}t$$

$$v=\sqrt{\left(\frac{\mathrm{d}x}{\mathrm{d}t}\right)^2+\left(\frac{\mathrm{d}y}{\mathrm{d}t}\right)^2+\left(\frac{\mathrm{d}z}{\mathrm{d}t}\right)^2}$$

$$a=\sqrt{\left(\frac{\mathrm{d}^2x}{\mathrm{d}t^2}\right)^2+\left(\frac{\mathrm{d}^2y}{\mathrm{d}t^2}\right)^2+\left(\frac{\mathrm{d}^2z}{\mathrm{d}t^2}\right)^2}$$

式中 s_0——运动开始已经走过的距离，m；
s——运动的距离，m；
v——运动速度，m/s；
v_0——初速度，m/s；
v_t——瞬时速度，m/s；
t——运动时间，s；
a——加速度，m/s^2；
h——垂直高度，m；
g——重力加速度，m/s^2；
θ——抛射角，(°)；
φ——角位移，rad；
φ_0——运动开始时相对某一基线的角位移；
ω——角速度，rad/s；
ω_0——初角速度，rad/s；
ω_t——瞬时角速度，rad/s；
A——简谐运动的振动幅值，m；
T——简谐运动周期（运动一周的时间），s；
n——每分钟转速，r/min；
f——简谐运动频率，s^{-1}。

1.5.3 动力学的计算公式

(1) 直线运动

力：

$$F=ma \text{ (N)}$$

惯性力：

$$P=-ma \text{ (N)}$$

力矩：

$$M=Fl \text{ (N·m)}$$

功（能）：

$$W=Ps\ (\mathrm{J}),\ W=mgh\ (\mathrm{J})$$

功率：

$$N=Pv\ (\mathrm{W})$$

动量定理：

$$m(v_2-v_1)=pt(\mathrm{kg\cdot m/s})$$

动能定理：

$$W=\frac{1}{2}m(v_2^2-v_1^2)\ (\mathrm{J})$$

(2) 回转运动

惯性力：

法向惯性力 $P=-m\omega^2 r$ (N)，切向惯性力 $P=-m\varepsilon r$ (N)

转动惯量：

$$J=mi^2\ (\mathrm{kg\cdot m^2})$$

惯性平行轴定理：

$$J_z=J_c+mk^2\ (\mathrm{kg\cdot m^2})$$

力矩：

$$M=J\varepsilon\ (\mathrm{N\cdot m})$$

功（能）：

$$W=MP\ (\mathrm{J})$$

功率：

$$N=M\omega\ (\mathrm{W})$$

动量矩定理：

$$J(\omega_2-\omega_1)=Mt(\mathrm{kg\cdot m^2/s})$$

式中 m——质量，kg；
g——重力加速度，$g=9.8\mathrm{m/s^2}$；
a——加速度，$\mathrm{m/s^2}$；
l——力臂，m；
i——惯性半径，m；
J_z——物体对 z 轴的转动惯量；
J_c——物体对平行于 z 轴，并通过物体重心 C 轴的转动惯量；
k——z 轴与重心 C 轴的距离，m；
ε——角加速度，$\mathrm{rad/s^2}$；
s——移动距离，m；
h——移动高度，m；
v——移动速度，m/s；
ω——角速度，rad/s；
r——质点的转动半径，m；
t——时间，s；
v_1——初速度，m/s；
v_2——末速度，m/s；
ω_1——初角速度，rad/s；
ω_2——末角速度，rad/s。

1.5.4 物体转动惯量的计算

物体转动惯量的计算见表 1-37。

表 1-37 物体的转动惯量

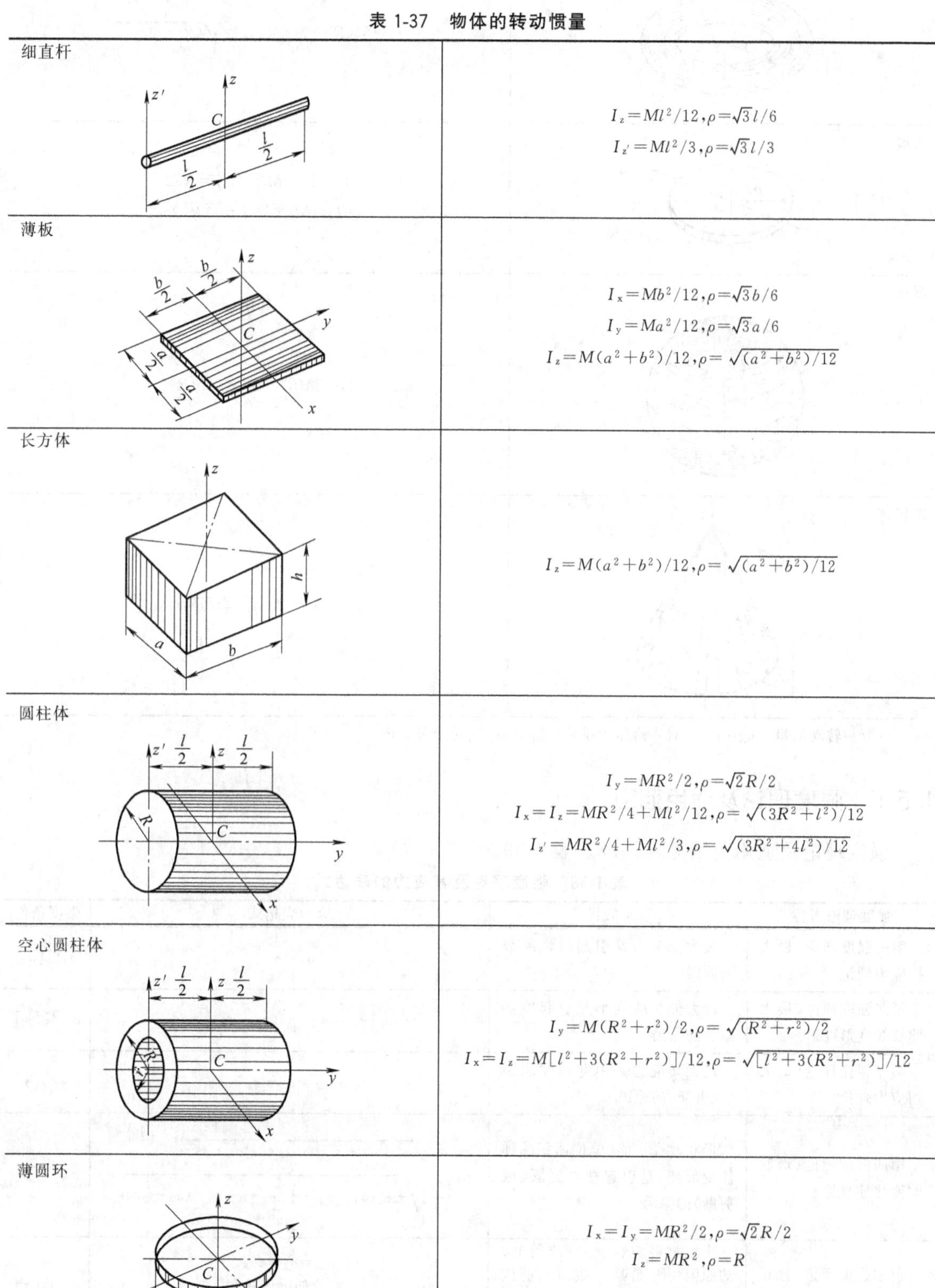

细直杆	$I_z=Ml^2/12,\rho=\sqrt{3}l/6$ $I_{z'}=Ml^2/3,\rho=\sqrt{3}l/3$
薄板	$I_x=Mb^2/12,\rho=\sqrt{3}b/6$ $I_y=Ma^2/12,\rho=\sqrt{3}a/6$ $I_z=M(a^2+b^2)/12,\rho=\sqrt{(a^2+b^2)/12}$
长方体	$I_z=M(a^2+b^2)/12,\rho=\sqrt{(a^2+b^2)/12}$
圆柱体	$I_y=MR^2/2,\rho=\sqrt{2}R/2$ $I_x=I_z=MR^2/4+Ml^2/12,\rho=\sqrt{(3R^2+l^2)/12}$ $I_{z'}=MR^2/4+Ml^2/3,\rho=\sqrt{(3R^2+4l^2)/12}$
空心圆柱体	$I_y=M(R^2+r^2)/2,\rho=\sqrt{(R^2+r^2)/2}$ $I_x=I_z=M[l^2+3(R^2+r^2)]/12,\rho=\sqrt{[l^2+3(R^2+r^2)]/12}$
薄圆环	$I_x=I_y=MR^2/2,\rho=\sqrt{2}R/2$ $I_z=MR^2,\rho=R$

续表

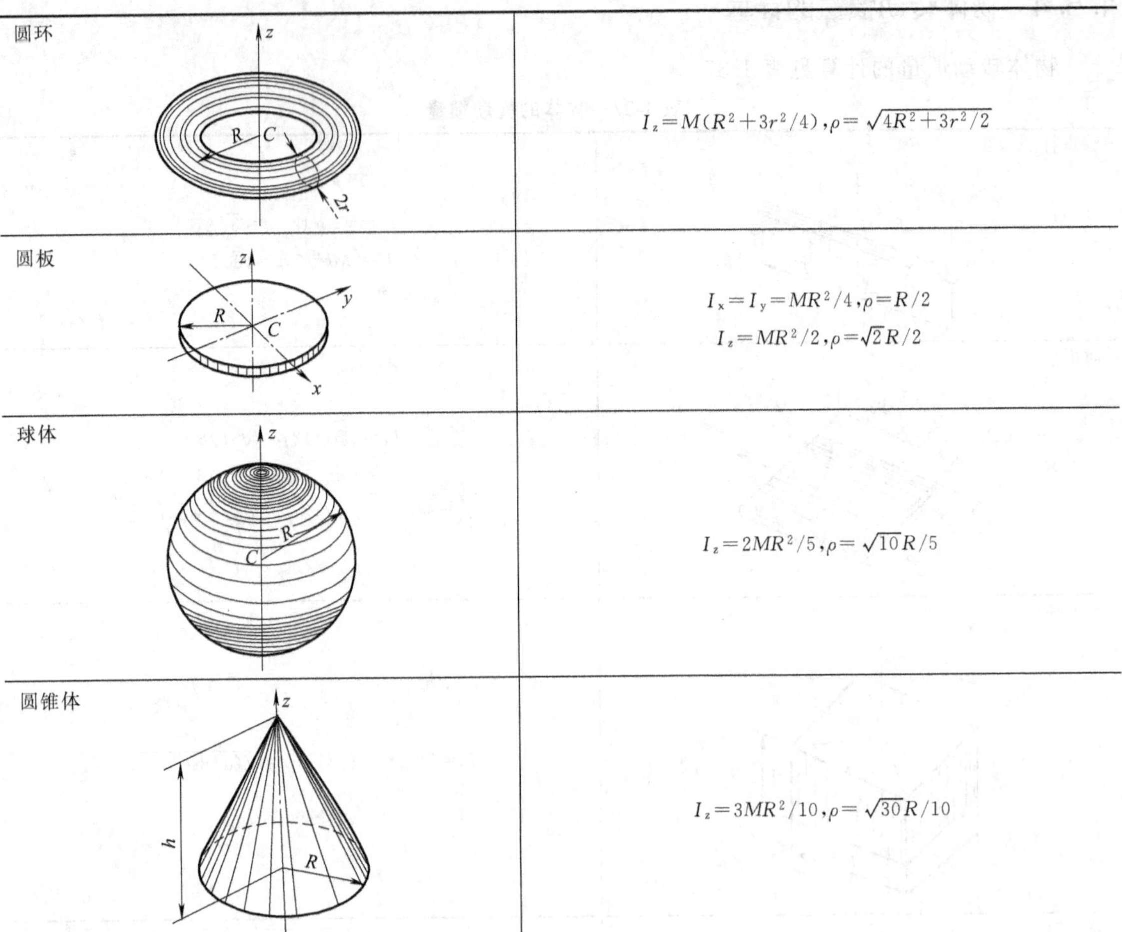

圆环	$I_z=M(R^2+3r^2/4),\rho=\sqrt{4R^2+3r^2}/2$
圆板	$I_x=I_y=MR^2/4,\rho=R/2$ $I_z=MR^2/2,\rho=\sqrt{2}R/2$
球体	$I_z=2MR^2/5,\rho=\sqrt{10}R/5$
圆锥体	$I_z=3MR^2/10,\rho=\sqrt{30}R/10$

注：I—转动惯量，kg·m^2；M—物体的质量，kg；ρ—回转半径，m。

1.5.5 强度理论及适用范围

强度理论及适用范围见表 1-38、表 1-39。

表 1-38 强度理论及其应力的表达式

强度理论名称	基本假设	应力表达式	强度条件
第一强度理论（最大拉应力理论）	最大拉应力是引起脆性断裂的原因	$\sigma_{\mathrm{I}}=\sigma_1$	$\sigma_{\mathrm{I}}\leqslant[\sigma]$
第二强度理论（最大伸长线变形理论）	最大伸长线变形是引起脆性断裂的原因	$\sigma_{\mathrm{II}}=\sigma_{\mathrm{I}}-\mu(\sigma_2+\sigma_3)$	$\sigma_{\mathrm{II}}\leqslant[\sigma]$
第三强度理论（最大切应力理论）	最大切应力是引起塑性屈服（或剪断）的原因	$\sigma_{\mathrm{III}}=\sigma_1-\sigma_3$	$\sigma_{\mathrm{III}}\leqslant[\sigma]$
第四强度理论（形状改变比能理论）	形状改变比能（单位体积的弹性变形能）是引起塑料屈服（或剪断）的原因	$\sigma_{\mathrm{IV}}=\sqrt{\sigma_1^2+\sigma_2^2+\sigma_3^2-\sigma_1\sigma_2-\sigma_2\sigma_3-\sigma_3\sigma_1}$ $=\sqrt{\frac{1}{2}[(\sigma_1-\sigma_2)^2+(\sigma_2-\sigma_3)^2+(\sigma_3-\sigma_1)^2]}$	$\sigma_{\mathrm{IV}}\leqslant[\sigma]$
莫尔强度理论（修正后的第三强度理论）	决定材料塑料屈服（或剪断）的原因主要是某一截面上剪应力达到某一极限，同时还与该截面的正应力有关	$\sigma_{\mathrm{M}}=\sigma_1-\nu\sigma_3$ $\nu=\frac{拉伸强度极限}{压缩强度极限}$	$\sigma_{\mathrm{M}}\leqslant[\sigma]$

表 1-39 选用强度理论的参考范围

<table>
<tr><th colspan="2" rowspan="2">应力状态</th><th rowspan="2">塑性材料（低碳钢、非淬硬中碳钢、退火球墨铸铁、铜、铝等）</th><th rowspan="2">极脆材料（淬硬工具钢、陶瓷等）</th><th colspan="2">拉伸与压缩强度极限不等的脆性材料或低塑性材料（铸铁、淬硬高强度钢、混凝土等）</th></tr>
<tr><th>精确计算</th><th>简化计算</th></tr>
<tr><td>单向应力状态</td><td>简单拉伸</td><td rowspan="5">第三或第四强度理论</td><td rowspan="5">第一强度理论</td><td rowspan="5">莫尔强度理论</td><td rowspan="4">第一强度理论</td></tr>
<tr><td rowspan="5">二向应力状态</td><td>二向拉伸应力（如薄壁压力容器）</td></tr>
<tr><td>一向拉伸、一向压缩，其中拉应力较大（如拉伸和扭转或弯曲和扭转等联合作用）</td></tr>
<tr><td>拉伸、压缩应力相等（如圆轴扭转）</td></tr>
<tr><td>一向拉伸，一向压缩，其中压应力较大（如压缩和扭转等联合作用）</td><td>近似采用第二强度理论</td></tr>
<tr><td>二向压缩应力（如压配合的被包容件的受力情况）</td><td colspan="4">第三或第四强度理论</td></tr>
<tr><td rowspan="2">三向应力状态</td><td>三向拉伸应力（如拉伸具有能产生应力集中的尖锐沟槽的杆件）</td><td colspan="4">第一强度理论</td></tr>
<tr><td>三向压缩应力（点接触或线接触的接触应力，如齿轮齿面间的接触应力）</td><td colspan="4">第三或第四强度理论</td></tr>
</table>

1.5.6 材料力学的计算公式

材料力学的计算公式见表 1-40。

表 1-40 材料力学的常用计算公式

载荷情况	计算公式	符号说明
中心拉伸和压缩 P P l C P P l $(l<3C)$	纵向力作用下的正应力： $\sigma=\dfrac{P}{F}\leqslant[\sigma]_{ls}$ （拉伸） $\sigma=\dfrac{P}{F}\leqslant[\sigma]_{ys}$ （压缩） $F\geqslant\dfrac{P}{[\sigma]}$ 纵向绝对变形：$\Delta l=\dfrac{Pl}{EF}$ 纵应变：$\varepsilon=\dfrac{\Delta l}{l}=\dfrac{\sigma}{E}$ 横应变：$\varepsilon_1=-\mu\varepsilon$	P——纵向力 E——材料拉压弹性模量 F——横截面面积 $[\sigma]$——材料许用应力 μ——泊松比
剪切 Q Q	横向力作用下的剪切应力： $\tau=\dfrac{Q}{F}\leqslant[\tau]$ 剪应变： $\gamma=\dfrac{\tau}{G}$	Q——剪力 $[\tau]$——材料许用剪切应力 F——横截面面积 G——材料切变弹性模量， $G=\dfrac{E}{2(1+\mu)}$

续表

载荷情况	计算公式	符号说明
扭转 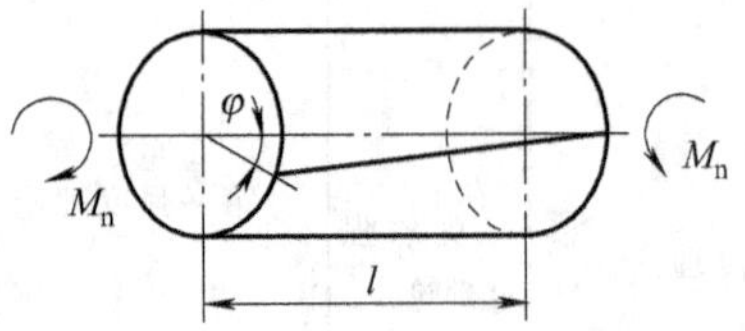 M_n φ M_n l	圆轴与圆管： 扭矩作用下的剪切应力： $$\tau_{max}=\frac{M_n}{W_n}\leqslant[\tau]$$ 最大扭转角： $$\varphi=\frac{M_n l}{GJ_n}\times\frac{180}{\pi}\leqslant[\varphi]$$ 非圆截面轴与异型管材： 最大剪切应力： $$\tau_{max}=\frac{M_n}{W_n}\leqslant[\tau]$$ 最大扭转角： $$\varphi=\frac{M_n l}{GJ_n}\times\frac{180}{\pi}\leqslant[\varphi]$$	M_n——扭矩 W_n——抗扭截面系数 J_n——抗扭惯性矩 l——杆件长度 $[\varphi]$——刚度条件允许的扭转角
横向弯曲 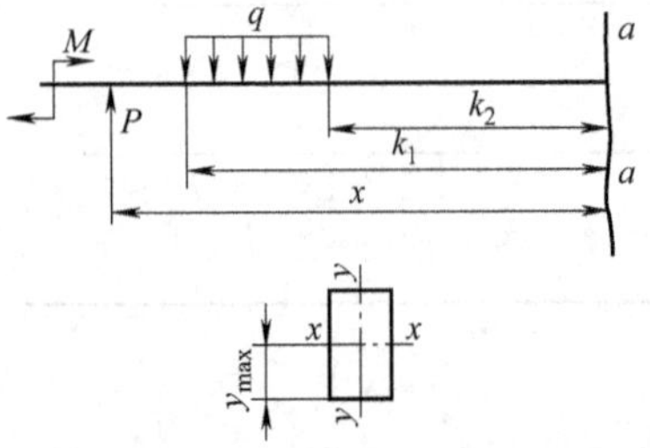 M q a P k_2 k_1 a x y x x y_{max} y	弯矩作用下的正应力： $$\sigma=\frac{My}{J_x}$$ 在受拉一边的最大拉应力： $$\sigma=\frac{My_{max}}{J_x}=\frac{M}{W_x}\leqslant[\sigma]_{ls}$$ 在受压一边的最大压应力： $$\sigma=\frac{M}{W_x}\leqslant[\sigma]_{ys}$$ 在 a—a 截面处的弯矩： $$M=M'+P_x-\frac{q(k_1^2-k_2^2)}{2}$$	y——截面中任意一点至中性轴 x-x 的距离 y_{max}——截面边缘至中性轴 x-x 的距离 J_x——截面对 x-x 轴的抗弯惯性矩 W_x——截面对 x-x 轴的抗弯截面系数 M'——作用在杆件上的力矩 q——一段杆件上的均匀分布载荷 P——作用在杆件上的一段集中载荷
斜弯曲 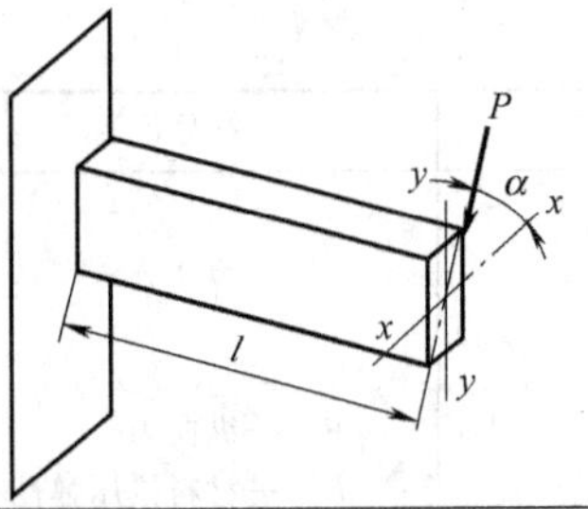 P y α x l x y	弯矩作用平面与截面主轴线 x-x、y-y 不重和时，弯矩的合应力：$\sigma=\pm\frac{M\cos\alpha}{W_y}\pm\frac{M\sin\alpha}{W_x}$ （式中：正负号代表拉伸或压缩应力，拉应力取＋，压应力取－）	α——弯矩向量与 x-x 轴的夹角 W_x——对 x-x 轴的截面系数 W_y——对 y-y 轴的截面系数 M——弯矩，$M=Pl$
拉伸（或压缩）与弯曲 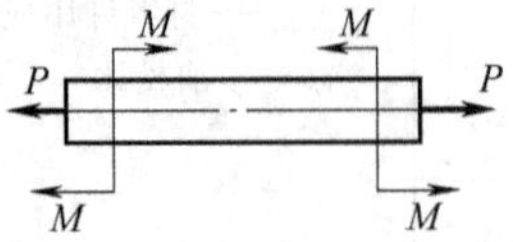 M M P P M M	拉伸（或压缩）与弯矩联合作用下的正应力： $$\sigma=\pm\frac{P}{F}=\pm\frac{M}{W}$$ （式中：拉应力取＋，压应力取－）	M——加在杆件上的弯矩 P——加在杆件上的纵向力 F——截面面积 W——抗弯截面系数
弯曲与扭转  M_n M_n M M	弯曲与扭转联合作用时： 正应力：$\sigma=\frac{M}{W}$ 剪切应力：$\tau=\frac{M_n}{W_n}$ 合成正应力：$\sigma_h=\sqrt{\sigma^2+3\tau^2}\leqslant[\sigma]$（用于钢材等塑性材料） $$\sigma_h=\frac{\sigma}{2}+\frac{\sqrt{\sigma^2+4\tau^2}}{2}\leqslant[\sigma]$$ （用于铸铁等脆性材料）	M——加在杆件上的弯矩 M_n——加在杆件上的扭矩 W——抗弯截面系数 W_n——抗弯截面系数 $[\sigma]$——材料许用应力

续表

载荷情况	计算公式	符号说明
纵向弯曲 一端自由一端固定 $\mu=2$ 两端铰接 $\mu=1$ 一端铰接一端固定 $\mu=\frac{1}{\sqrt{2}}$ 两端固定 $\mu=\frac{1}{2}$	当杆件柔度 $\lambda=\frac{\mu l}{i_{\min}}>100$ 时，可用欧拉公式计算杆件的临界载荷： $$P_1=\frac{\pi^2 EJ_{\min}}{\mu^2 l^2}$$ 当 $\lambda<100$ 时，应按下式计算杆件的临界载荷： $$P_1=(a-b\lambda)F$$ 式中的 a 和 b 由表 1-41 查询。 杆件的允许载荷： $$P\leqslant\frac{P_1}{[n]}$$ 当杆件柔度 $\lambda<200$ 时，按下式直接计算杆件的允许载荷： $P\leqslant\varphi[\sigma]_{ys}F$（稳定条件）	l——压杆长度 μ——长度系数（随杆件两端的约束情况而定） φ——折减系数（见表 1-42） $[\sigma]_{ys}$——许用压应力 E——弹性模量 $i_{\min}$——最小惯性半径， $i_{\min}=\sqrt{\frac{J_{\min}}{F}}$ $J_{\min}$——截面最小惯性矩 P——纵向力 F——杆件截面面积 $[n]$——稳定性系数，对于钢料支架构件取 1.7～3；对于传动及起重螺旋取 3.5～5；对于铸铁件取 5～6.5；对于铝合金件取 2.5～3.5；对于木料取 3～5
纵横弯曲 P Q f P	柔度 $\lambda>100$ 时，杆件受纵向及横向力后的总弯矩： $$M_{\max}\approx M+\frac{Pf}{1-\alpha}$$ 最大压应力： $$\sigma=-\frac{M_{\max}}{W}\leqslant[\sigma]_{ys}$$ 杆件的应力： $$\sigma=-\frac{M_{\max}}{W}-\frac{P}{\varphi F}\leqslant[\sigma]_{ys}$$	M——横向力 Q 产生的弯矩 P——纵向力 f——横向力作用下的最大挠度 α——纵向力与杆件临界载荷之比，$\alpha=\frac{P}{P_1}$ P_1——杆件临界载荷（见纵向弯曲） φ——折减系数（见表 1-42） W——截面系数

表 1-41 杆件的临界载荷系数

钢号	Q215	Q235	Q255,20	Q275	35	45
a	2500	3100	3430	3480	4200	5890
b	6.68	11.40	14.20	14.20	20.00	38.20

表 1-42 纵向弯曲时许用应力的折减系数

柔度 λ	碳素钢		合金钢	铸铁	木材	柔度 λ	碳素钢		合金钢	铸铁	木材
	Q235	Q275					Q235	Q275			
10	0.99	0.97	0.98	0.97	0.99	110	0.52	0.44	0.39		0.25
20	0.96	0.95	0.95	0.91	0.97	120	0.45	0.38	0.34		0.22
30	0.94	0.92	0.93	0.81	0.93	130	0.40	0.33	0.29		0.18
40	0.92	0.89	0.90	0.69	0.87	140	0.36	0.29	0.25		0.16
50	0.89	0.85	0.83	0.57	0.80	150	0.32	0.26	0.23		0.14
60	0.86	0.82	0.78	0.44	0.71	160	0.29	0.24	0.21		0.12
70	0.81	0.76	0.71	0.34	0.60	170	0.26	0.22	0.19		0.11
80	0.75	0.70	0.63	0.26	0.48	180	0.23	0.19	0.17		0.10
90	0.69	0.60	0.54	0.20	0.38	190	0.21	0.18	0.15		0.09
100	0.60	0.51	0.45	0.16	0.31	200	0.19	0.16	0.13		0.08

1.5.7 等截面梁的弯矩、挠度及转角等计算公式

等截面梁的弯矩、挠度及转角等计算公式见表1-43。

表1-43 等截面梁的弯矩、挠度及转角等计算公式

符号说明：
P——集中载荷，N
l——梁的长度，m
E——材料拉压弹性模量，MPa
Q——剪力，N
x——截面至支点或末端的距离，cm
$\theta_A,\theta_B,\theta_C$——梁的$A$点、$B$点及$C$点处的截面转角，rad
q——单位长度上的均布载荷，N/cm
R_A、R_B——梁的A点、B点处的支反力，N
J——截面对中性轴的抗弯曲惯性矩，cm^4
M——弯矩，N·cm
y——挠度，cm
M_A,M_B——梁的A点、B点处的反作用力矩，N·cm

简图	计算公式
悬臂梁（集中力作用在梁的末端上） 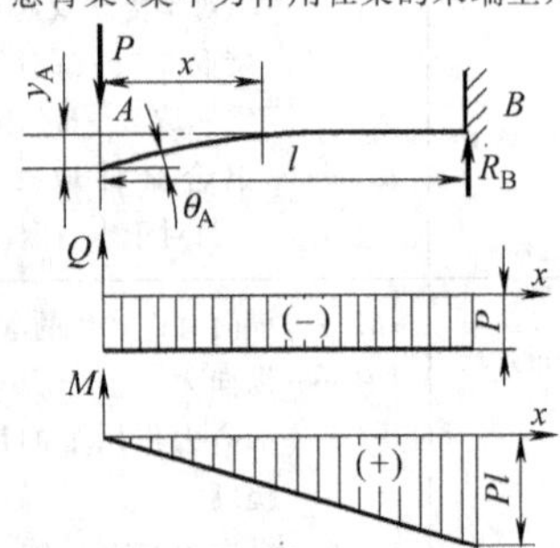	$R_B=P$ $Q_x=-P$ $M_x=-Px$ $M_{max}=-Pl$ $M_B=-Pl$ $y_A=-\dfrac{Pl^3}{3EJ}$ $\theta_A=\dfrac{Pl^2}{2EJ}$
悬臂梁（连续的均布载荷） 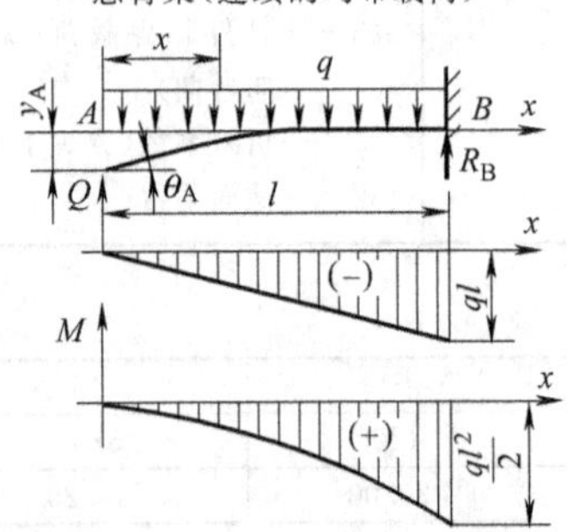	$R_B=ql$ $Q_x=-qx$ $M_x=-\dfrac{qx^2}{2}$ （x由0→l） $M_{max}=-\dfrac{ql^2}{2}$ $M_B=-\dfrac{ql^2}{2}$ $y_A=-\dfrac{ql^4}{8EJ}$ $\theta_A=\dfrac{ql^3}{6EJ}$
悬臂梁（力矩作用在梁的末端上） 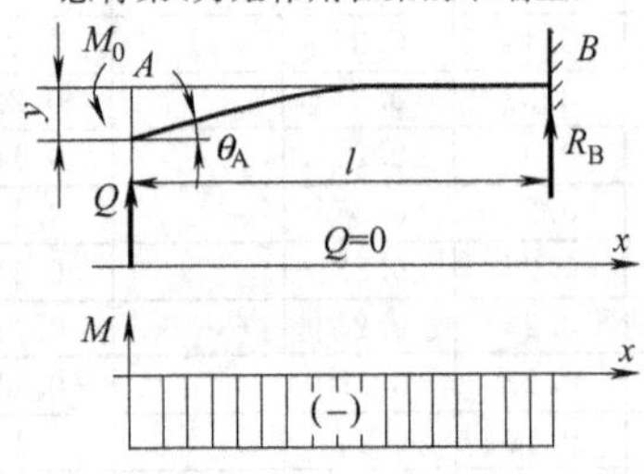	$R_B=0$ $Q_x=0$ $M_x=-M_0$ （x由0→l） $M_{max}=-M_0$ $M_B=-M_0$ $y_A=-\dfrac{M_0l^2}{2}$ $\theta_A=\dfrac{M_0l}{EJ}$

续表

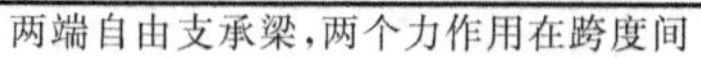
两端自由支承梁，两个力作用在跨度间

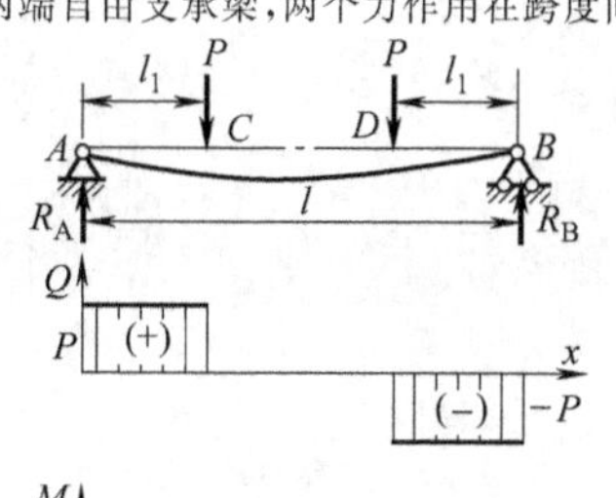

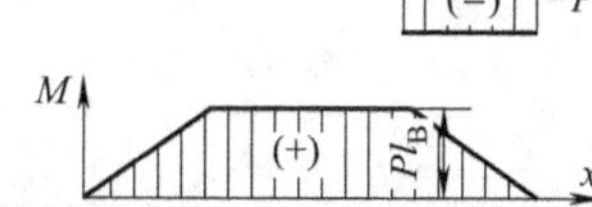

$R_A=R_B=0$

$Q_x=P$ （在 AC 间）

$Q_x=0$ （在 CD 间）

$Q_x=-P$ （在 DB 间）

$M_x=Px$ （在 AC 间）

$M_{max}=Pl_1$

$$y_{max}=-\frac{Pl_1}{24EJ}(3l^2-4l_1^2)$$

$$\theta_A=-\theta_B=-\frac{Pl_1(l-l_1)}{2EJ}$$

$$\theta_C=-\theta_D=-\frac{Pl_1(l-2l_1)}{2EJ}$$

两端自由支承梁，力矩作用在支承端

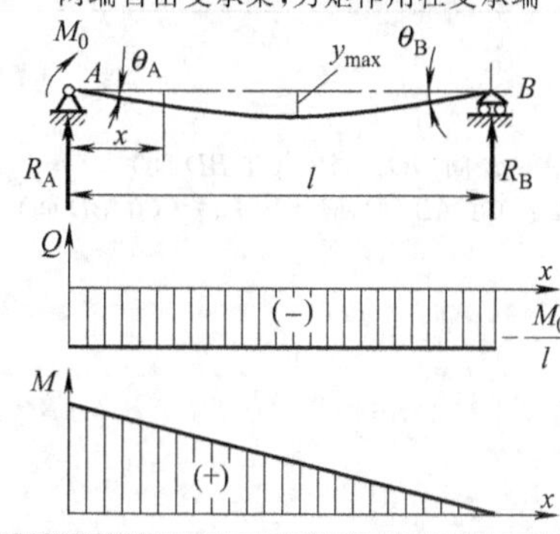

$$R_A=-R_B=-\frac{M_0}{l}$$

$$Q=-\frac{M_0}{l}$$

$M_x=M_0\left(1-\frac{x}{l}\right)$ （x 由 $0\to l$）

$M_{max}=M_0$ （在 A 处）

$y_{max}\approx-0.0642\frac{M_0l^2}{EJ}$ （在 $x=0.422l$ 处）

$$\theta_A=-\frac{M_0l}{3EJ}$$

$$\theta_B=\frac{M_0l}{6EJ}$$

两端自由支承梁，力矩作用在跨度间

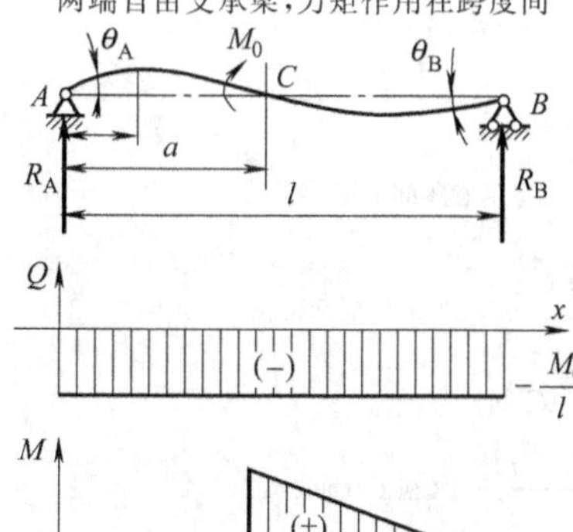

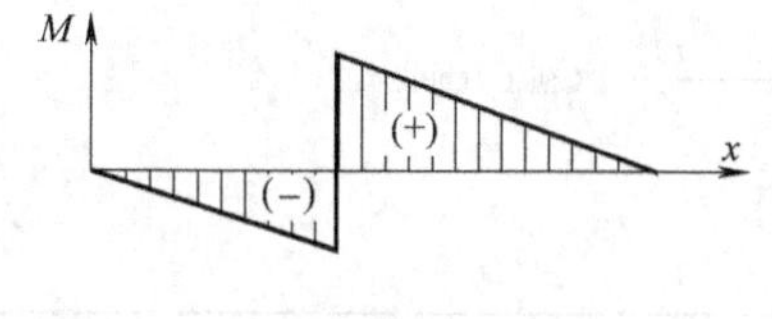

$$R_A=R_B=-\frac{M_0}{l}$$

$$Q=-\frac{M_0}{l}$$

$M_x=-\frac{M_0}{l}x$ （在 AC 间）

$M_x=M_0\left(1-\frac{x}{l}\right)$ （在 CB 间）

$M_{max}=-\frac{M_0}{l}a+M_0$ （在 C 点右一些）

$-M_{max}=-\frac{M_0}{l}a$ （在 C 点左一些）

$y=\frac{M_0}{6EJ}\left[\left(6a-3\frac{a^2}{l}-2l\right)x-\frac{x^3}{l}\right]$ （在 AC 间）

$y=\frac{M_0}{6EJ}\left[3a^2+3x^2-\frac{x^3}{l}-\left(2l+3\frac{a^2}{l}\right)x\right]$ （在 CB 间）

$$\theta_A=-\frac{M_0}{6EJ}\left(2l-6a+3\frac{a^2}{l}\right)$$

$$\theta_C=\frac{M_0}{6EJ}\left(a-\frac{a^2}{l}-\frac{l}{3}\right)$$

$$\theta_B=\frac{M_0}{6EJ}\left(l-3\frac{a^2}{l}\right)$$

两端自由支承梁，力作用在跨度间

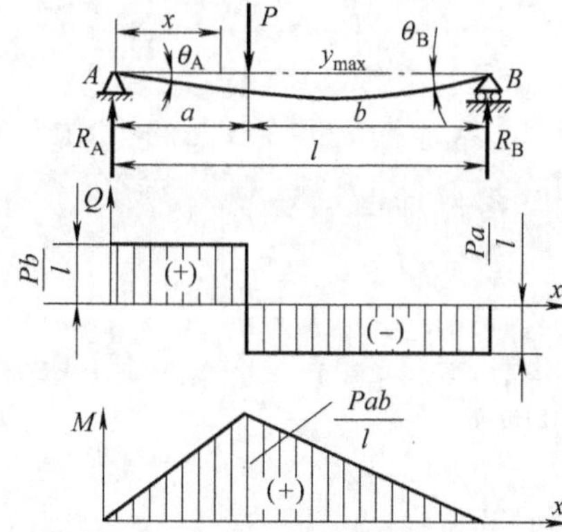

$$R_A=\frac{Pb}{l},R_B=\frac{Pa}{l}$$

$Q_x=R_A$ （在 $x<a$ 时），$Q_x=-R_B$ （在 $x>a$ 时）

$M_x=\frac{Pb}{l}x$ （x 由 $0\to x$），$M_x=\frac{Pa}{l}(l-x)$ （x 由 $a\to l$）

$M_{max}=\frac{Pab}{l}$ （在 $x=a$ 处）

$$y_{max}\approx-\frac{Pb}{48EJ}(3l^2-4b^2)$$

$$\theta_A=-\frac{Pl^2}{6EJ}\left(\frac{b}{l}-\frac{b^3}{l^3}\right)$$

$$\theta_B=\frac{P}{6EJ}\left(2bl+\frac{b^3}{l}-3b^2\right)$$

续表

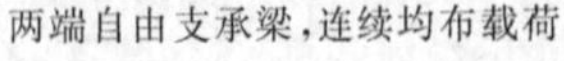 两端自由支承梁,连续均布载荷 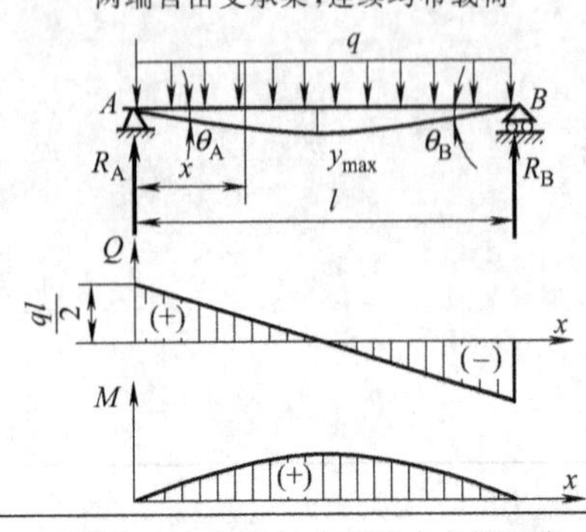	$R_A=R_B=\frac{ql}{2}$ $Q_x=\frac{ql}{2}-qx, Q_{max}=\frac{ql}{2}$ $M_x=\frac{ql}{2}x-\frac{qx^2}{2}$ （x 由 0→l） $M_{max}=\frac{ql^2}{8}$ （在 $x=l/2$ 处） $y_{max}=-\frac{5ql^4}{384EJ}$ （在 $x=l/2$ 处） $\theta_A=-\theta_B=-\frac{ql^3}{24EJ}$
两端自由支承梁,力作用在支点的两端 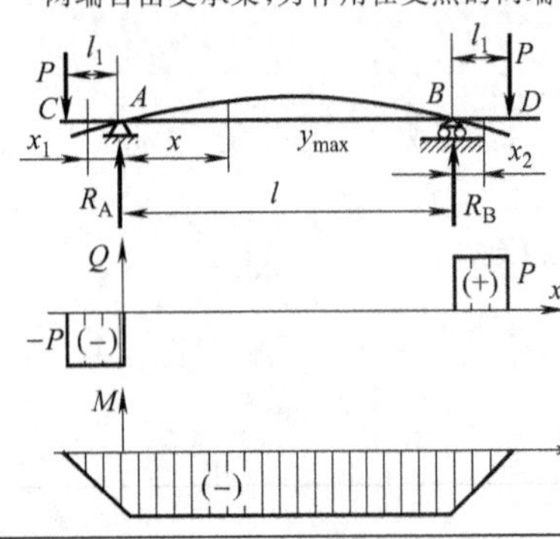	$R_A=R_B=P$ $Q_x=-P$ （在 CA 间）,$Q_x=0$ （在 AB 间）,$Q_x=P$ （在 BD 间） $M_x=-Px_1$ （在 CA 间）,$M_x=-Pl_1$ （在 AB 间）,$M_x=-Px_2$ （在 BD 间） $y_{max}=-\frac{Pl^2l_1}{8EJ}$ （在 $l/2+l_1$ 处） $y_C=y_D=\frac{Pl_1^2}{3EJ}\left(l_1+\frac{3l}{2}\right)$ $\theta_A=-\theta_B=\frac{Pl_1(l+l_1)}{2EJ}$
一端自由支承、一端刚性固定的梁,力作用在跨度间 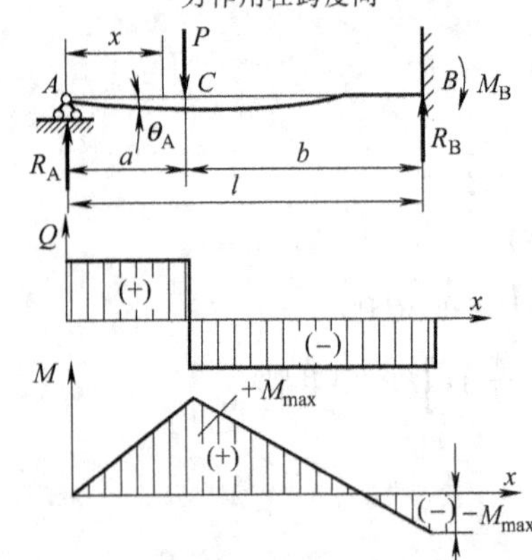	$R_A=\frac{P}{2}\times\frac{3b^2l-b^3}{l^3}, R_B=P-R_A$ $M_B=\frac{P}{2}\times\frac{b^3+2bl^2-3b^2l}{l^2}$ $Q_x=R_A$ （在 AC 间）,$Q_x=-R_B$ （在 CB 间） $M_x=R_Ax$ （在 AC 间） $M_x=R_Ax-P(x-l+b)$ （在 CB 间） $M_{max}=R_Aa$ （在 $x=a$ 处） $y=\frac{R_A(x^3-3l^2x)+3Pb^2x}{6EJ}$ （在 AC 间） $y=\frac{R_A(x^3-3l^2x)+3Pb^2x-P(x-a)^3}{6EJ}$ （在 CB 间） $\theta_A=\frac{P}{4EJ}\left(\frac{b^3}{l}-b^2\right)$
一端自由支承、一端刚性固定的梁,连续均布载荷 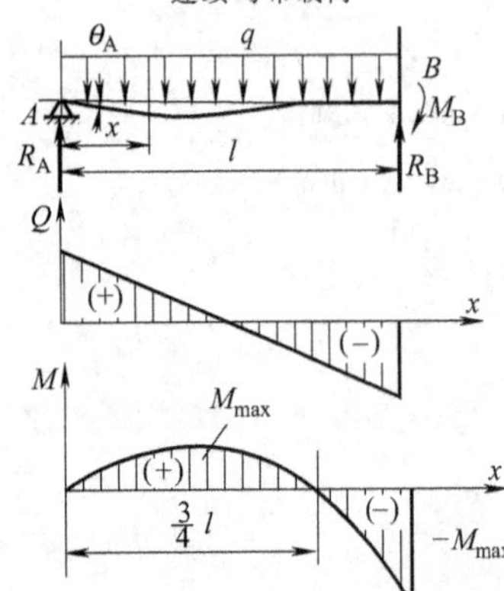	$R_A=\frac{3ql}{8}, R_B=\frac{5ql}{8}$ $Q_x=\frac{3ql}{8}-qx$ $M_x=\frac{3ql}{8}x-\frac{qx^2}{2}$ $M_B=\frac{ql^2}{8}$ $M_{max}=\frac{9ql^2}{128}$ （在 $x=3l/8$ 处） $-M_{max}=-\frac{ql^2}{8}$ （在 B 处） $y_{max}=-\frac{0.0054ql^4}{EJ}$ （在 $x=0.4215l$ 处） $\theta_A=-\frac{ql^3}{48EJ}$

续表

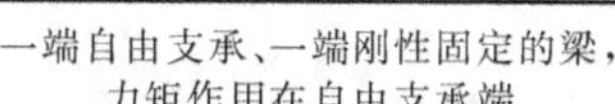一端自由支承、一端刚性固定的梁，力矩作用在自由支承端 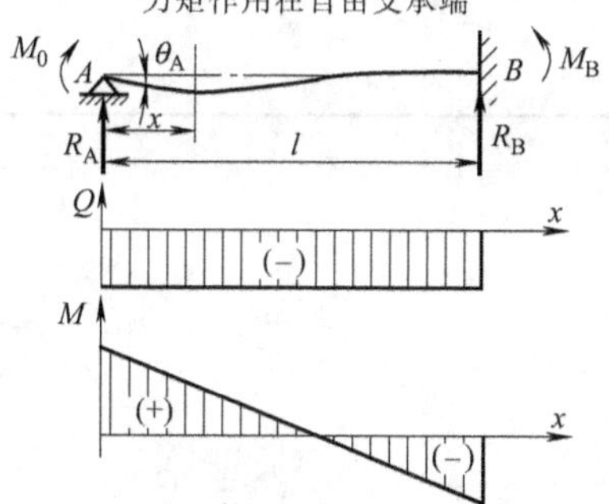	$R_A=-\frac{3M_0}{2l}$，$R_B=\frac{3M_0}{2l}$ $Q=-\frac{3M_0}{2l}$ $M_x=M_0-\frac{3M_0}{2l}x$ （x 由 $0\to l$） $M_B=\frac{M_0}{2}$ $M_{max}=M_0$ （在 A 点处），$-M_{max}=-\frac{M_0}{2}$ （在 B 点处） $y_{max}=-\frac{M_0l^2}{27EJ}$ （在 $x=l/3$ 处） $\theta_A=-\frac{M_0l}{4EJ}$
两端刚性固定梁，力作用在跨度间 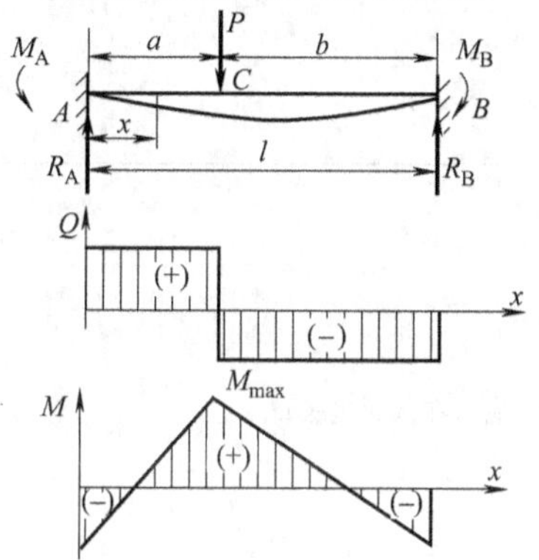	$R_A=\frac{Pb^2}{l^3}(3a+b)$，$R_B=\frac{Pa^2}{l^3}(3b+a)$ $M_A=P\frac{ab^2}{l^2}$，$M_B=P\frac{a^2b}{l^2}$ $Q_x=R_A$ （在 AC 间），$Q_x=-R_B$ （在 CB 间） $M_x=-M_A+R_Ax$ （在 AC 间） $M_x=-M_A+R_Aa$ （在 C 处） $M_{max}=R_Aa$ （在 $x=a$ 处） $M_{max}=M_A$ （当 $a<b$ 时） $M_{max}=M_B$ （当 $a>b$ 时） $y_{max}=-\frac{2Pa^3b^2}{3EJ(3a+b)^2}$ （当 $a>b$ 时，在 $x=\frac{2al}{3a+b}$ 处） $y_{max}=-\frac{2Pa^2b^3}{3EJ(3a+b)^2}$ （当 $a<b$ 时，在 $x=l-\frac{2bl}{a+3b}$ 处）
两端刚性固定梁，连续均布载荷 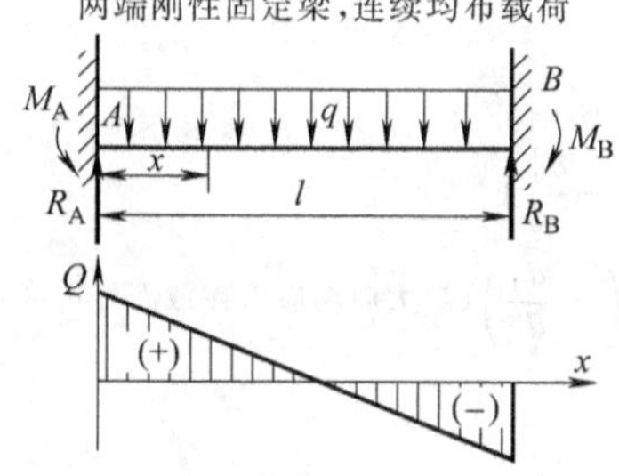	$R_A=R_B=\frac{ql}{2}$ 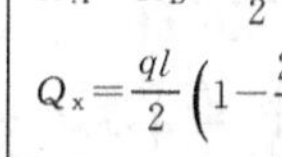$Q_x=\frac{ql}{2}\left(1-\frac{2x}{l}\right)$ $M_A=M_B=\frac{ql^2}{12}$ $M_x=\frac{ql}{2}\left(x-\frac{x^2}{l}-\frac{l}{6}\right)$ $M_{max}=\frac{ql^2}{24}$ （在 $x=l/2$ 处） $M_{max}=-\frac{ql^2}{12}$ （在 A 或 B 点处） $y_{max}=-\frac{ql^4}{384EJ}$ （在 $x=0.5l$ 处）
两端刚性固定梁，力矩作用在跨度间 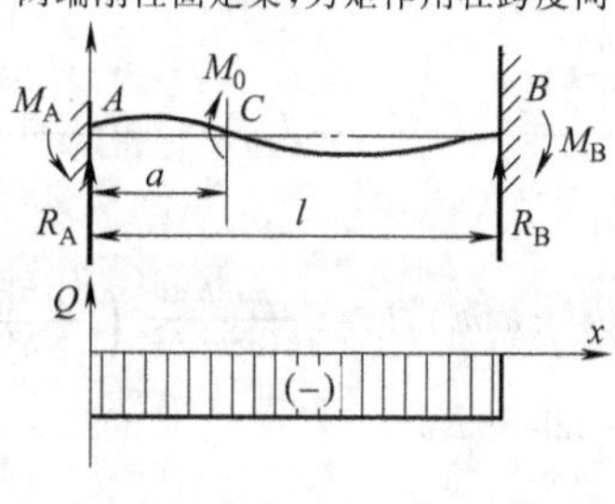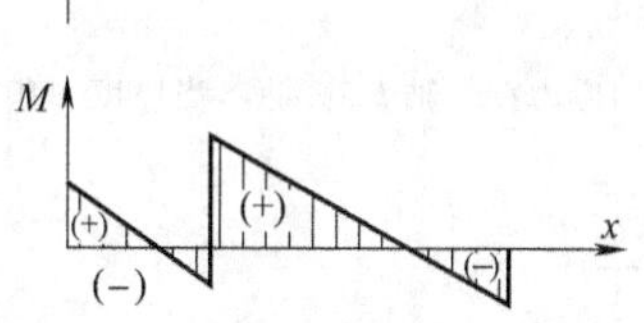	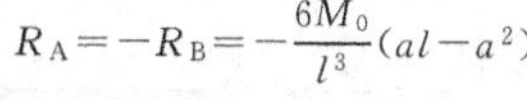$R_A=-R_B=-\frac{6M_0}{l^3}(al-a^2)$ $Q_x=R_A$ $M_A=-\frac{M_0}{l^2}(4la-3a^2-l^2)$，$M_B=-\frac{M_0}{l^2}(2la-3a^2)$ $M_x=-M_A+R_Ax$ （在 AC 间） $M_x=-M_A+R_Ax+M_0$ （在 CB 间） $M_{max}=M_0\left(\frac{4a}{l}-\frac{9a^2}{l^2}+\frac{6a^3}{l^3}\right)$ （在 C 点右一些） $-M_{max}=M_0\left(\frac{4a}{l}-\frac{9a^2}{l^2}+\frac{6a^3}{l^3}-1\right)$ （在 C 点左一些） $y=-\frac{1}{6EJ}(3M_Ax^2-R_Ax^3)$ （在 AC 间） $y=-\frac{1}{6EJ}[(M_0-M_A)(3x^2-6lx+3l^2)-R_A(3l^2x-x^3-2l^3)]$ （在 CB 间）

1.5.8 截面的几何特性

截面的几何特性见表 1-44。

表 1-44 截面的几何特性

符号说明：

F——截面面积，cm^2

J_x——轴 x 的抗弯惯性矩，cm^4

J_y——轴 y 的抗弯惯性矩，cm^4

J_n——抗扭惯性矩，cm^4

W_x——轴 x 的抗弯截面系数，cm^3

W_y——轴 y 的抗弯截面系数，cm^3

W_n——抗扭截面系数，cm^3

e_1, e_2, e'——重心 S 至相应边的距离，cm

δ——壁厚，cm

i_x, i_y——x 轴、y 轴的惯性半径，cm

P——薄壁中心线的展开长度，cm

F_0——薄壁中心线所包的面积，cm^2

实心圆

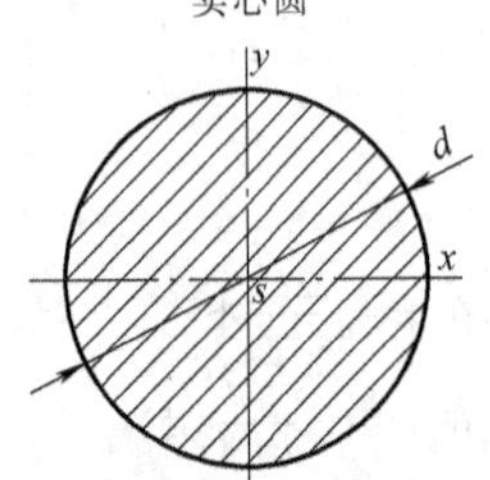

$$F=\frac{\pi d^2}{4}$$

$$J_x=\frac{\pi d^4}{64},J_n=\frac{\pi d^4}{32}$$

$$W_x=\frac{\pi d^3}{32},W_n=\frac{\pi d^3}{16}$$（最大剪切应力在截面边缘）

$$e_1=\frac{d}{2},i_x=\frac{d}{4}$$

空心圆

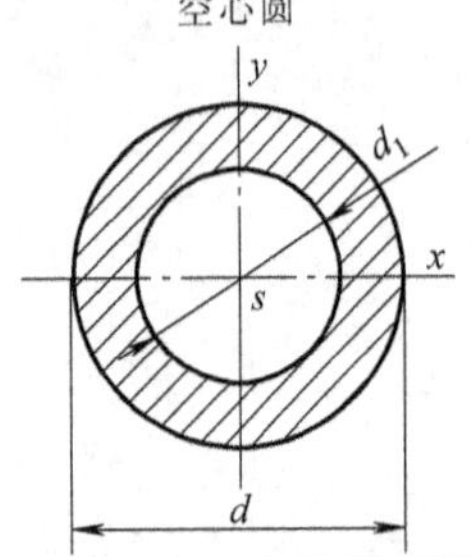

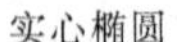

$$F=\frac{\pi d^2}{4}\left(1-\frac{d_1^2}{d^2}\right)$$

$$J_x=\frac{\pi d^4}{64}\left(1-\frac{d_1^4}{d^4}\right),J_n=\frac{\pi d^4}{32}\left(1-\frac{d_1^4}{d^4}\right)$$

$$W_x=\frac{\pi d^3}{32}\left(1-\frac{d_1^4}{d^4}\right),W_n=\frac{\pi d^3}{16}\left(1-\frac{d_1^4}{d^4}\right)$$（最大剪切应力在截面外边缘）

$$e_1=\frac{d}{2},i_x=\frac{1}{4}\sqrt{d^2+d_1^2}$$

实心椭圆

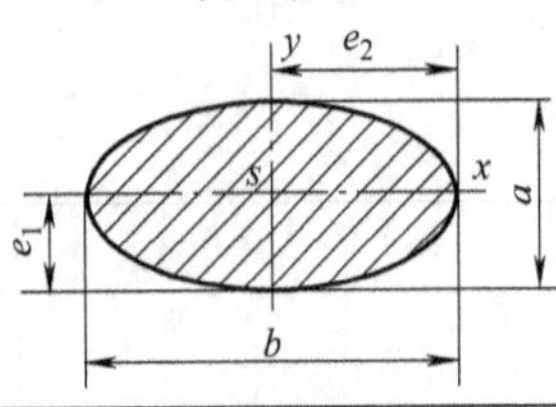

$$F=\frac{\pi ab}{4}$$

$$J_x=\frac{\pi a^3 b}{64},J_y=\frac{\pi ab^3}{64},J_n=\frac{\pi a^3 b^3}{16(a^2+b^2)}$$

$$W_x=\frac{\pi a^2 b}{32},W_y=\frac{\pi ab^2}{32},W_n=\frac{\pi a^2 b}{16}$$（最大剪切应力在长轴 b 的端点）

$$e_1=\frac{a}{2},e_2=\frac{b}{2},i_x=\frac{a}{4},i_y=\frac{b}{4}$$

空心椭圆

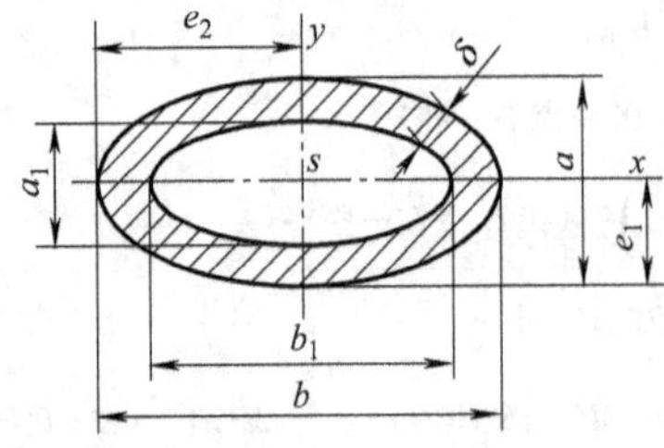

$$F=\frac{\pi}{4}(ab-a_1b_1)$$

$$J_x=\frac{\pi}{64}(ba^3-b_1a_1^3),J_y=\frac{\pi}{64}(ab^3-a_1b_1^3),J_n=\frac{\pi a^3b^3}{16(a^2+b^2)}\left(1-\frac{b_1^4}{b^4}\right)$$

$$W_x=\frac{\pi}{32b}(ba^3-b_1a_1^3),W_y=\frac{\pi}{32a}(ab^3-a_1b_1^3)$$

$$W_n=\frac{\pi}{16}a^2b\left(1-\frac{b_1^4}{b^4}\right)$$（最大剪切应力在长轴 b 的端点，当厚度 δ 很小时应力均匀分布）

$$e_1=\frac{a}{2},e_2=\frac{b}{2},i_x=\frac{a}{4},i_y=\frac{b}{4}$$

续表

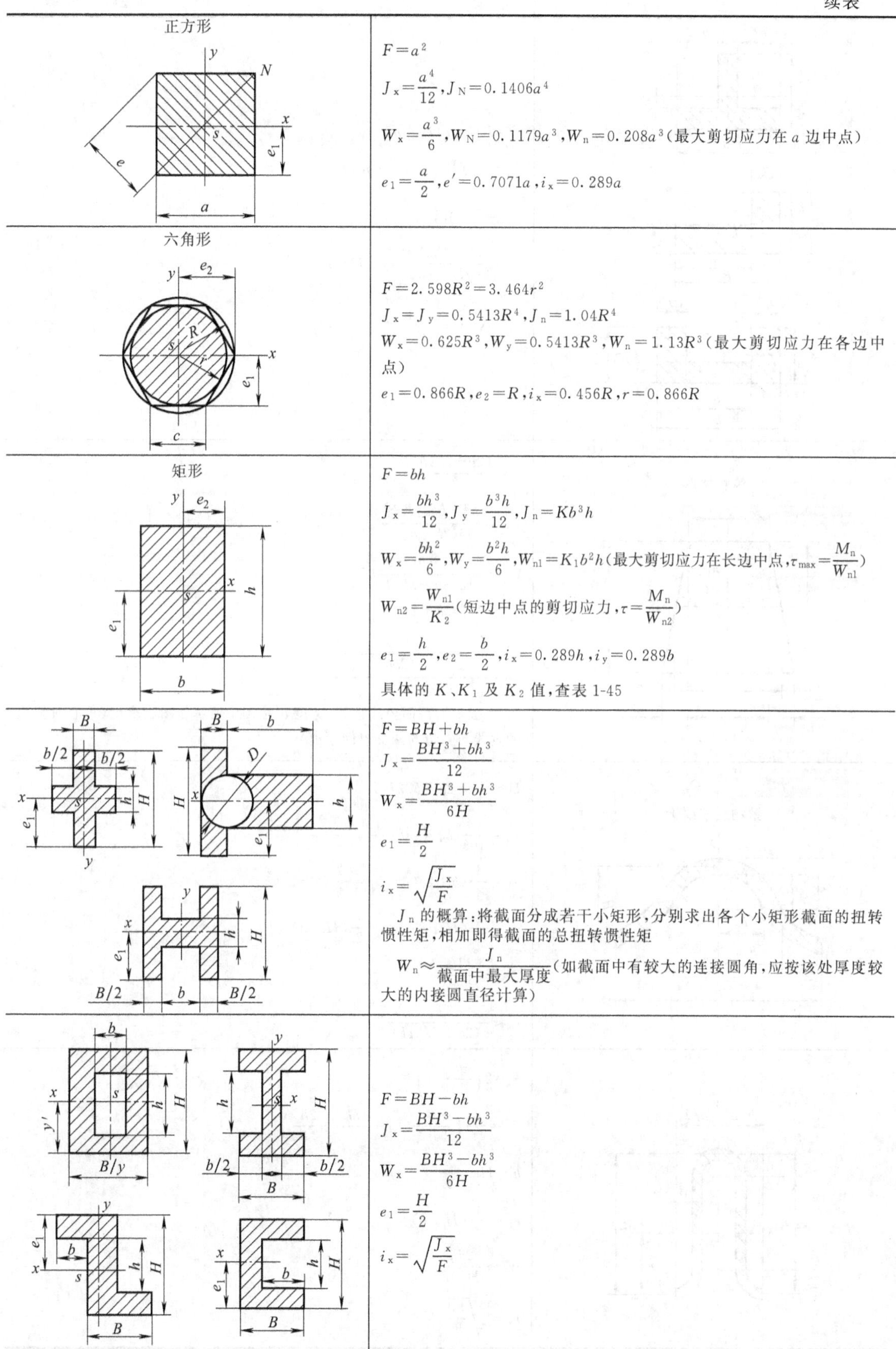

正方形	$F=a^2$ $J_x=\dfrac{a^4}{12}, J_N=0.1406a^4$ $W_x=\dfrac{a^3}{6}, W_N=0.1179a^3, W_n=0.208a^3$（最大剪切应力在 a 边中点） $e_1=\dfrac{a}{2}, e'=0.7071a, i_x=0.289a$
六角形	$F=2.598R^2=3.464r^2$ $J_x=J_y=0.5413R^4, J_n=1.04R^4$ $W_x=0.625R^3, W_y=0.5413R^3, W_n=1.13R^3$（最大剪切应力在各边中点） $e_1=0.866R, e_2=R, i_x=0.456R, r=0.866R$
矩形	$F=bh$ $J_x=\dfrac{bh^3}{12}, J_y=\dfrac{b^3h}{12}, J_n=Kb^3h$ $W_x=\dfrac{bh^2}{6}, W_y=\dfrac{b^2h}{6}, W_{n1}=K_1b^2h$（最大剪切应力在长边中点，$\tau_{max}=\dfrac{M_n}{W_{n1}}$） $W_{n2}=\dfrac{W_{n1}}{K_2}$（短边中点的剪切应力，$\tau=\dfrac{M_n}{W_{n2}}$） $e_1=\dfrac{h}{2}, e_2=\dfrac{b}{2}, i_x=0.289h, i_y=0.289b$ 具体的 K、K_1 及 K_2 值，查表 1-45
	$F=BH+bh$ $J_x=\dfrac{BH^3+bh^3}{12}$ $W_x=\dfrac{BH^3+bh^3}{6H}$ $e_1=\dfrac{H}{2}$ $i_x=\sqrt{\dfrac{J_x}{F}}$ J_n 的概算：将截面分成若干小矩形，分别求出各个小矩形截面的扭转惯性矩，相加即得截面的总扭转惯性矩 $W_n\approx\dfrac{J_n}{截面中最大厚度}$（如截面中有较大的连接圆角，应按该处厚度较大的内接圆直径计算）
	$F=BH-bh$ $J_x=\dfrac{BH^3-bh^3}{12}$ $W_x=\dfrac{BH^3-bh^3}{6H}$ $e_1=\dfrac{H}{2}$ $i_x=\sqrt{\dfrac{J_x}{F}}$

续表

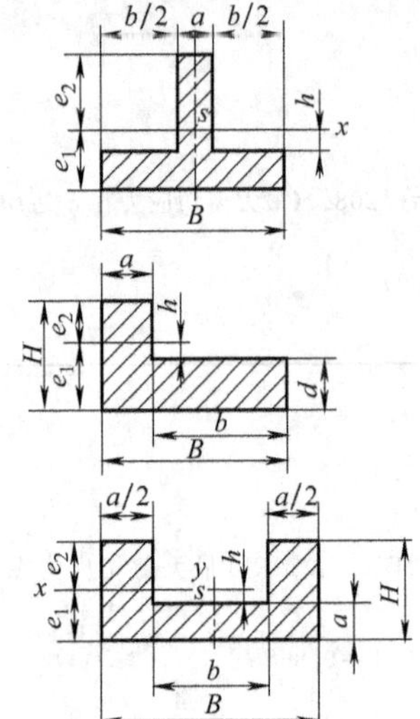	$F=BH-b(e_2+h)$ $J_x=\frac{1}{3}(Be_1^3-bh^3+ae_2^3)$ $W_x=\frac{J_x}{e_1}, W'_x=\frac{J_x}{e_2}$ $e_1=\frac{aH^2+bd^2}{2(aH+bd)}, e_2=H-e_1$ $i_x=\sqrt{\frac{J_x}{F}}$
等腰梯形 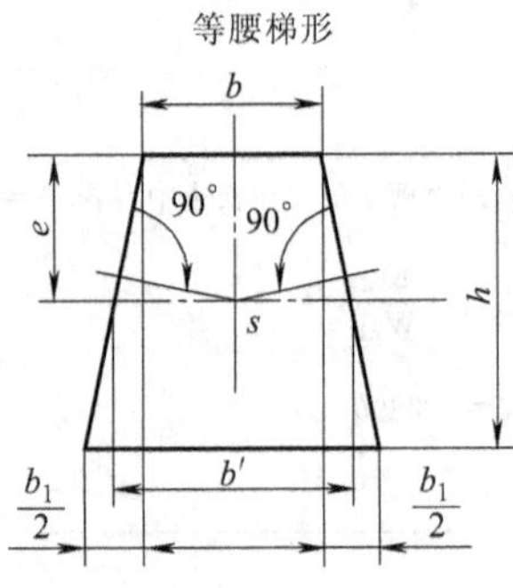	$F=\frac{(2b+b_1)h}{2}$ $J_x=\frac{6b^2+6bb_1+b_1^2}{36(2b+b_1)}h^3$ $W_x=\frac{6b^2+6bb_1+b_1^2}{12(3b+2b_1)}h^2$ $e_1=\frac{1}{3}\times\frac{3b+2b_1}{2b+b_1}\times h$ $i=\frac{h\sqrt{12b^2+12bb_1+2b_1^2}}{6(2b+b_1)}$ J_n 按矩形截面公式计算，宽度 b' 按图中所示作图法求出（重心对斜边的垂线与斜边的两交点间距离）
抛物线波纹管 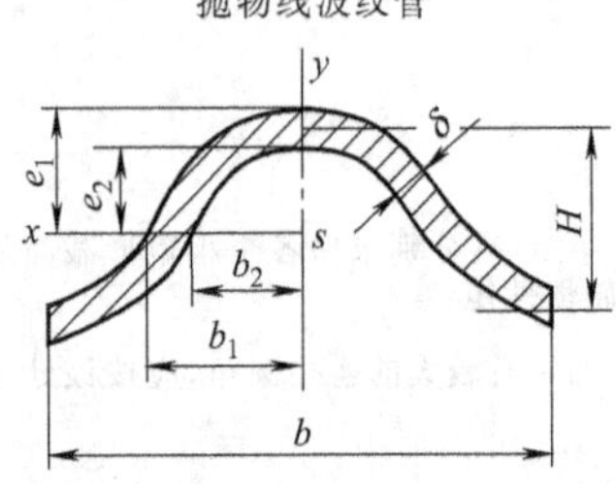	$F\approx\frac{1}{3}\delta(2b+5.2H)$ $J_x=\frac{64}{105}(b_1e_1^3-b_2e_2^3)$ $b_1=\frac{1}{4}(b+2.6\delta), b_2=\frac{1}{4}(b-2.6\delta)$ $e_1=\frac{1}{2}(H+\delta), e_2=\frac{1}{2}(H-\delta)$ $W_x\approx\frac{2J_x}{H+\delta}$ $i_x\approx\frac{3J_x}{\delta(2b+5.2H)}$
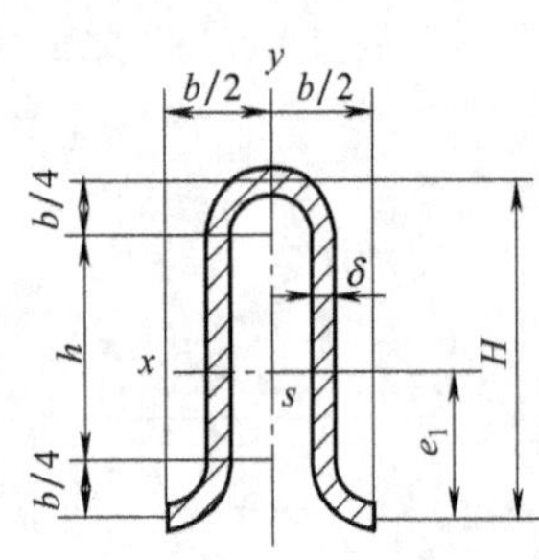	$F=2\left(\frac{\pi b}{4}+h\right)\delta$ $J_x=\frac{\delta}{4}\left(\frac{\pi b^3}{16}+b^2h+\frac{\pi bh^2}{2}+\frac{2h^3}{3}\right)$ $h=H-\frac{b}{2}$ $e_1=\frac{1}{2}(H+\delta)$ $W_x\approx\frac{2J_x}{H+\delta}$ $i_x=\sqrt{\frac{J_x}{F}}$

续表

部分薄环 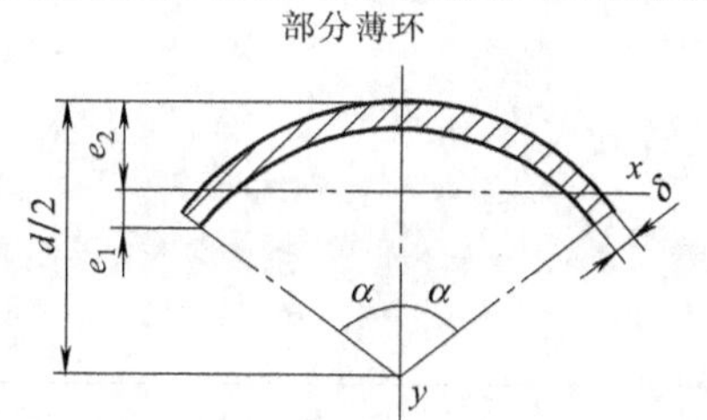	$F=\alpha d\delta$ $J_x=\frac{\delta(d-\delta)^3}{8}\left(\alpha+\sin\alpha\cos\alpha-\frac{2\sin^2\alpha}{\alpha}\right)$ $J_y=\frac{\delta(d-\delta)^3}{8}(\alpha-\sin\alpha\cos\alpha)$ $e_1=\frac{d-\delta}{2}\left(\frac{\sin\alpha}{\alpha}-\cos\alpha\right)$
薄壁异形管	$J_n=\frac{4\delta F_0}{P}$ $W_n=2\delta F_0$
各种不封闭的薄壁截面(轧制的角钢、槽钢、工字钢、开口圆环、波纹截面等)	对于角钢、工字钢、槽钢等： $J_n=\frac{1}{3}\alpha\sum b_i\delta_i^3$ $W_n=\frac{J_n}{\delta_{max}}$(最大剪应力在壁厚最大的矩形截面中间) 式中，$b_i$ 及 δ_i 分别为各个组成截面的小矩形面积的宽度及厚度($b_i>4\delta_i$)；α 为截面修正系数，工字钢 $\alpha=1.3$，槽钢 $\alpha=1\sim1.3$，角钢 $\alpha=1.0$，十字钢 $\alpha=1.17$；δ_{max}为各矩形截面中最大的壁厚 对于开口圆环、波纹截面： $J_n=\frac{1}{3}P\delta^3,W_n=\frac{1}{3}P\delta^2$ 式中，P 为截面壁厚中心线的展开长度；δ 为壁厚

表 1-45 K、K_1 及 K_2 值与 h/b 的关系

h/b	1	2	3	4	6	8	10	>10
K	0.141	0.229	0.263	0.281	0.299	0.307	0.312	0.333
K_1	0.208	0.246	0.267	0.282	0.299	0.307	0.312	0.333
K_2	1.00	0.790	0.750	0.740	0.740	0.740	0.740	0.740

第2章 ▸▸▸

常用工程材料

2.1 黑色金属材料

2.1.1 结构钢

(1) 碳素结构钢

碳素结构钢的力学性能及应用见表 2-1。

表 2-1 碳素结构钢的力学性能及应用（GB/T 700—2006）

牌号	等级	屈服强度①R_{eH}/MPa 不小于						抗拉强度②R_m/MPa	断后伸长率 A/% 不小于					冲击试验		应用
		厚度(或直径)/mm							厚度(或直径)/mm					温度/℃	冲击吸收功(纵向)/J 不小于	
		≤16	>16～40	>40～60	>60～100	>100～150	>150～200		≤40	>40～60	>60～100	>100～150	>150～200			
Q195	—	195	185	—	—	—	—	315～430	33	—	—	—	—	—	—	载荷较小的零件、垫块、铆钉、垫圈、地脚螺栓、薄板、开口销、拉杆、冲压零件及焊接件等
Q215	A	215	205	195	185	175	165	335～450	31	30	29	27	26	—	—	薄板、镀锌钢丝、钢丝网、焊管、地脚螺栓、铆钉、垫圈、渗碳零件及焊接件等
	B													+20	27	
Q235	A	235	225	215	215	195	185	370～500	26	25	24	22	21	—	—	薄板、钢筋、钢结构用各种型钢、建筑结构、桥梁、渗碳或碳氮共渗零件、焊接件、支架、受力不大的拉杆、连杆、销、轴、螺钉、螺母、套圈等
	B													+20	27③	
	C													0		
	D													+20		
Q275	A	275	265	255	245	225	215	410～540	22	21	20	18	17	—	—	钢筋混凝土结构配筋、钢构件，要求强度较高的零件，如齿轮、轴、链轮、键、制动杆、连杆、吊钩、螺栓、螺母、农机用型钢、输送链和链节等
	B													+20	27	
	C													0		
	D													+20		

① Q195 的屈服强度值仅供参考，不作交货条件。

② 厚度大于 100mm 的钢材，抗拉强度下限允许降低 20MPa。宽带钢（包括剪切钢板）抗拉强度上限不作交货条件。

③ 厚度小于 25mm 的 Q235B 钢材，如供方能保证冲击吸收功值合格，经需方同意，可不作检验。

注：标注示例，Q235AF，Q—钢材屈服强度“屈”字汉语拼音首位字母；A—质量等级，有 A、B、C、D 共 4 级；F—沸腾钢，另外还有 Z、TZ 分别代表镇静钢和特殊镇静钢，其中 Z、TZ 符号可以省略；数值代表屈服强度值。

(2) 优质碳素结构钢

优质碳素结构钢的力学性能及应用见表 2-2。

表 2-2 优质碳素结构钢的力学性能及应用 (GB/T 699—1999)

牌号	试样毛坯尺寸/mm	推荐热处理/℃			力学性能					钢材交货状态硬度(HBS 10/3000)不大于		应用
		正火	淬火	回火	σ_b/MPa	σ_s/MPa	δ/%	ψ/%	A_{kU2}/J	未热处理钢	退火钢	
					不小于							
08F	25	930			295	175	35	60		131		宜轧制成薄板、薄带、冷变形型材、冷拉钢丝。用作冲压件、拉深件,各类不承受载荷的覆盖件,渗碳、渗氮、碳氮共渗件,制作各类套筒、靠模、支架等
08	25	930			325	195	33	60		131		宜轧制成薄板、薄带、冷变形型材、冷拉钢丝、冷冲压件、焊接件、表面硬化件
10F	25	930			315	185	33	55		137		宜用冷轧、冷冲、冷镦、冷弯、热轧、热挤压、热镦等工艺成形,制造受力不大、韧性高的零件,如摩擦片、深冲器皿、汽车车身、弹体等
10	25	930			335	205	31	55		137		
15F	25	920			335	205	29	55		143		用于制作心部强度不高的渗碳或碳氮共渗零件,如套筒、挡块、支架、短轴、齿轮等;也可制作塑性良好的零件,如管子、垫块、垫圈等;还可制作摇杆、挂钩等;亦可适用于制作钣金件及各种冲压件(最深冲压、深冲压等)
15	25	920			375	225	27	55		143		用于制作受力不大、韧性要求较高的零件、渗碳件、冲模锻件、紧固件,不需热处理的低负载零件,焊接性较好的中、小结构件,如螺栓、螺钉、法兰盘、拉条、化工容器、蒸汽锅炉、小轴、挡铁、小模数齿轮、滚子套筒、球轴承的套圈和滚珠、起重钩、农机用链轮、链条、轴套等
20	25	910			410	245	25	25		156		在热轧或正火状态下制作负载不大但韧性要求高的零件,如重型及通用机械中锻压的拉杆、杠杆、钩环等;用于制作不太重要的中、小型渗碳、碳氮共渗零件,如杠杆轴、气阀挺杆等;还可制作压力低于 6.08MPa、温度低于 450℃的无腐蚀介质中使用的管子、导管等锅炉零件
25	25	900	870	600	450	275	23	50	71	170		用于制作焊接构件,以及经锻造、热冲压和切削加工且负载较小的零件,如辊子、轴、垫圈等;还用于制作压力小于6.08MPa、温度低于 450℃的应力不大的锅炉零件,如螺栓、螺母等,在汽车、拖拉机中,常用作冲击钢板;可制作强度和韧性良好的零件,如汽车轮胎螺栓等;还可制作心部强度不高、表面要求有良好耐磨性的渗碳和碳氮共渗零件
30	25	880	860	600	490	295	21	50	63	179		用于制作受力不大、工作温度低于150℃的截面尺寸小的零件,如化工机械中的螺钉、拉杆、套筒、丝杠、轴等;亦可制作心部强度较高,表面耐磨的渗碳及碳氮共渗零件、焊接构件及冷墩锻零件

续表

牌号	试样毛坯尺寸/mm	推荐热处理/℃			力学性能					钢材交货状态硬度(HBS 10/3000)不大于		应用
		正火	淬火	回火	σ_b/MPa	σ_s/MPa	δ/%	ψ/%	A_{kU2}/J	未热处理钢	退火钢	
					不小于							
35	25	870	850	600	530	315	20	45	55	197		广泛地用于制造负载较大但截面尺寸较小的各种机械零件、热压件，如轴销、轴、曲轴、横梁、连杆、杠杆、星轮、轮圈、垫圈、圆盘、钩环、螺栓、螺钉、螺母等，还可不经热处理制造负载不大的锅炉用(温度低于450℃)螺栓、螺母等紧固件。这种钢通常不用于制作焊接件
40	25	860	840	600	570	335	19	45	47	217	187	用于制造机器中的运动件，心部强度要求不高、表面耐磨性好的淬火零件及截面尺寸较小、负载较大的调质零件，应力不大的大型正火件，如传动轴、心轴、曲轴、曲柄轴、辊子、拉杆、连杆、活塞杆、齿轮、圆盘、链轮等。一般不适合用作焊接件
45	25	850	840	600	600	355	16	40	39	229	197	适用于制造高强度的运动零件，如空压机、泵的活塞；重型及通用机械中的轧制轴、连杆、蜗杆、齿条、齿轮、销子等，通常在调质或正火状态下使用，可代替渗碳钢用以制造表面耐磨的零件(此时不须经高频感应淬火或火焰淬火)，如曲轴、齿轮、机床主轴、活塞销、传动轴等，还用于制造农机中等负荷的轴、凹板钉齿、链轮、齿轮以及钳工工具等
50	25	830	830	600	630	375	14	40	31	241	207	主要用于制造动载荷、冲击载荷不大以及要求耐磨性好的机械零件，如锻造齿轮、轴摩擦盘、机床主轴、发动机曲轴、轧辊、拉杆、弹簧垫圈、不重要的弹簧、农机中翻上板、铲子、重载心轴及轴类零件
55	25	820	820	600	645	380	13	35		255	217	主要用于制造耐磨、强度较高的机械零件以及弹性零件，也可用于制造铸钢件，如连杆、齿轮、机车轮箍、轮缘、轮圈、轧辊、扁弹簧等
60	25	810			675	400	12	35		255	229	主要用于制造耐磨、强度较高、受力较大、摩擦工作以及相当弹性的弹性零件，如轴、偏心轴、轧辊、轮箍、离合器、钢丝绳、弹簧垫圈、弹簧圈、减振弹簧、凸轮及各种垫圈
65	25	810			695	410	10	30		255	229	主要用于制造弹簧垫圈、弹簧环、U形卡、气门弹簧、受力不大的扁形弹簧、螺旋弹簧等，在正火状态下，可制造轧辊、凸轮、轴、钢丝绳等耐磨零件
70	25	790			715	420	9	30		269	229	仅适用于制造强度不高、截面尺寸较小的扁形、圆形、方形弹簧，钢带，钢丝，车轮圈，电车车轮等
75	试样		820	480	1080	880	7	30		285	241	用于制造强度不高、截面尺寸较小的螺旋弹簧、板弹簧，也可用于制造承受摩擦工作的机械零件
80	试样		820	480	1080	930	6	30		285	241	

续表

牌号	试样毛坯尺寸/mm	推荐热处理/℃			力学性能					钢材交货状态硬度(HBS 10/3000)不大于		应用
		正火	淬火	回火	σ_b/MPa	σ_s/MPa	δ/%	ψ/%	A_{kU2}/J			
					不小于					未热处理钢	退火钢	
85	试样		820	480	1130	980	6	30		302	255	主要用于制造截面尺寸不大、强度不高的振动弹簧，如普通机械中的扁形弹簧、圆形螺旋弹簧，铁道车辆和汽车拖拉机中的板簧及螺旋弹簧，农机中的摩擦盘及其他用途的钢丝和钢带等
15Mn	25	920			410	245	26	55		163		主要用于制造心部力学性能较高的渗碳零件，如凸轮轴、曲柄轴、活塞轴、齿轮、滚动轴承(H级、轻载)的套圈以及圆柱、圆锥滚子轴承中的滚动体等；在正火或热轧状态下用于制造韧性高而应力较小的零件，如螺钉、螺母、支架、铰链及铆焊结构件；还可轧制成板材(厚度为4～10mm)，制作在低温条件下工作的油罐等容器
20Mn	25	910			450	275	24	50		197		
25Mn	25	900	870	600	490	295	22	50	71	207		一般用于制造低负荷的各种零件，如杠杆、拉杆、小轴等，还可用于制造高应力负荷的细小零件(采用冷拉工艺制作)，如农机中的钩环链的链环、刀片、横向制动机齿轮等
30Mn	25	880	860	600	540	315	22	45	63	217	187	
35Mn	25	870	850	600	560	335	18	45	55	229	197	一般用于制造载荷中等的零件，如传动轴、螺栓、螺钉、螺母等，还可用于制造受磨损的零件(采用淬火回火工艺)如齿轮、心轴、叉等
40Mn	25	860	840	600	590	355	17	45	47	229	207	经调质处理后，可代替40Cr使用，用于制造在疲劳负载下工作的零件，如曲轴、连杆、辊子、轴，以及高应力的螺栓、螺钉、螺母等
45Mn	25	850	840	600	620	375	15	40	39	241	217	一般用于较大负载及承受磨损工作条件的零件，如曲轴、花键轴、轴、连杆、万向节轴、汽车半轴、啮合杆、齿轮、离合器盘、螺栓、螺母等
50Mn	25	830	830	600	645	390	13	40	31	255	217	一般用于制造高耐磨性、高应力的零件，如直径小于80mm的心轴、齿轮轴、齿轮、摩擦盘、板弹簧等，高频感应淬火后还可制造火车轴、蜗杆、连杆及汽车曲轴等
60Mn	25	810			695	410	11	35		269	229	用于制造尺寸较大的螺旋弹簧，各种扁、圆弹簧，板簧，弹簧片，弹簧环，发条和冷拉钢丝(直径小于7mm)
65Mn	25	830			735	430	9	30		285	229	经淬火及低温回火或调质、表面淬火处理，用于制造耐磨、高弹性、高强度的机械零件，如收割机铲、切碎机切刀、机床丝杠等，经淬火、中温回火处理后，用于制造中等负荷的板弹簧、弹簧垫圈、弹簧卡环、制动弹簧、气门弹簧等
70Mn	25	790			785	450	8	30		285	229	用于制造耐磨、载荷较大的机械零件，如止推环、离合器盘、弹簧圈、弹簧垫圈、锁紧圈、盘簧等

注：1. 对于直径或厚度小于25mm的钢材热处理是在与成品截面尺寸相同的试样毛坯上进行的。

2. 表中所列正火推荐保温时间不少于30min，空冷；淬火推荐保温时间不少于30min，70、80和85钢油冷，其余钢水冷；回火推荐保温时间不少于1h。

(3) 低合金高强度结构钢

低合金高强度结构钢的力学性能及应用见表2-3。

表 2-3 低合金高强度结构钢的力学性能及应用（GB/T 1591—2008）

牌号	等级	下屈服强度 R_{eL}/MPa 不小于									抗拉强度 R_m/MPa							断后伸长率 A/%						试验温度/℃	冲击吸收能量 A_{kV2}/J 不小于		
		公称厚度(直径、边长)/mm									公称厚度(直径、边长)/mm							公称厚度(直径、边长)/mm							公称厚度(直径、边长)/mm		
		≤16	>16~40	>40~63	>63~80	>80~100	>100~150	>150~200	>200~250	>250~400	≤40	>40~63	>63~80	>80~100	>100~150	>150~250	>250~400	≤40	>40~63	>63~100	>100~150	>150~250	>250~400		12~150	>150~250	>250~400
Q345	A																	20	19	19	18	17		—	—	—	—
	B									—							—						—	20			—
	C	345	335	325	315	305	285	275	265		470~630	470~630	470~630	470~630	450~600	450~600		21	20	20	19	18		0	34	27	
	D									265							450~600						17	−20			27
	E																							−40			
Q390	A																							—	—	—	—
	B																							20			
	C	390	370	350	330	330	310	—	—	—	490~650	490~650	490~650	490~650	470~620	—	—	20	19	19	18	—	—	0	34	—	—
	D																							−20			
	E																							−40			
Q420	A																							—	—	—	—
	B																							20			
	C	420	400	380	360	360	340	—	—	—	520~680	520~680	520~680	520~680	500~650	—	—	19	18	18	18	—	—	0	34	—	—
	D																							−20			
	E																							−40			
Q460	C																							0			
	D	460	440	420	400	400	380	—	—	—	550~720	550~720	550~720	550~720	530~700	—	—	17	16	16	16	—	—	−20	34	—	—
	E																							−40			
Q500	C																							0	55	—	—
	D	500	480	470	450	440	—	—	—	—	610~770	600~760	590~750	540~730	—	—	—	17	17	17	—	—	—	−20	47	—	—
	E																							−40	31	—	—

续表

牌号	等级	下屈服强度 R_{eL}/MPa 不小于									抗拉强度 R_m/MPa							断后伸长率 A/%						试验温度/℃	冲击吸收能量 A_{kV2}/J 不小于		
		公称厚度(直径、边长)/mm									公称厚度(直径、边长)/mm							公称厚度(直径、边长)/mm							公称厚度(直径、边长)/mm		
		≤16	>16~40	>40~63	>63~80	>80~100	>100~150	>150~200	>200~250	>250~400	≤40	>40~63	>63~80	>80~100	>100~150	>150~250	>250~400	≤40	>40~63	>63~100	>100~150	>150~250	>250~400		12~150	>150~250	>250~400
Q550	C																							0	55	—	—
	D	550	530	520	500	490	—	—	—	—	670~830	620~810	600~790	590~780	—	—	—	16	16	16	—	—	—	−20	47	—	—
	E																							−40	31	—	—
Q620	C																							0	55	—	—
	D	620	600	590	570	—	—	—	—	—	710~880	690~880	670~860	—	—	—	—	15	15	15	—	—	—	−20	47	—	—
	E																							−40	31	—	—
Q690	C																							0	55	—	—
	D	690	670	660	640	—	—	—	—	—	770~940	750~920	730~900	—	—	—	—	14	14	14	—	—	—	−20	47	—	—
	E																							−40	31	—	—

牌号	特性及用途
Q345	综合力学性能良好，低温性能尚可，塑性和焊接性良好，用于制作中、低压容器，油罐，车辆，起重机，矿山设备，电站，桥梁等承受动载荷的结构、机械零件、建筑结构、一般金属结构件，热轧或正火状态使用，可用于制造在−40℃以下寒冷地区使用的各种结构
Q390	具有良好的综合力学性能，冲击韧性较好，正火状态下使用，焊接性良好，推荐使用温度为−20~520℃，适用于高、中压锅炉和化工容器，大型船舶，桥梁，车辆，起重机械及较高载荷的焊接结构。热轧状态厚度大于8mm的钢板，其塑性、韧性均差
Q420 Q460	小截面钢材在热轧状态下使用，板厚大于17mm的钢材经正火后使用。综合力学性能、焊接性能良好，低温韧性很好，适用于大型船舶、桥梁、车辆、高压容器、重型机械及其他焊接结构

注：1. 当屈服不明显时，可测量 $R_{p0.2}$ 代替下屈服强度。

2. 宽度不小于600mm的扁平材，拉伸试验取横向试样；宽度小于600mm的扁平材、型材及棒材取纵向试样，断后伸长率最小值相应提高1%（绝对值）。

3. 厚度在>250~400mm范围内的数值适用于扁平材。

4. 冲击试验取纵向试样。

(4) 合金结构钢

合金结构钢的力学性能及应用见表 2-4。

表 2-4 合金结构钢的力学性能及应用 (GB/T 3077—1999)

钢组	序号	牌号	试样毛坯尺寸/mm	热处理					力学性能					钢材退火或高温回火供应状态布氏硬度(HB100/3000)不大于	应用
				淬火			回火		抗拉强度 σ_b/MPa	屈服点 σ_s/MPa	断后伸长率 δ_5/%	断面收缩率 ψ/%	冲击吸收功 A_{kU2}/J		
				加热温度/℃ 第一次淬火	加热温度/℃ 第二次淬火	冷却剂	加热温度/℃	冷却剂	不小于						
Mn	1	20Mn2	15	850 880	—	水、油	200 440	水、空	785	590	10	40	47	187	在截面小时与 20Cr 相当,用于制作渗碳小齿轮、小轴、钢套、链板等。渗碳淬火后硬度为 56～62HRC
	2	30Mn2	25	840	—	水	500	水	785	635	12	45	63	207	用于制造冷镦的螺栓及截面较大的调质零件
	3	35Mn2	25	840	—	水	500	水	835	685	12	45	55	207	对于截面较小的零件可代替 40Cr,可用于制造直径≤15mm 的具有重要用途的冷镦螺栓及小轴等。表面淬火硬度为 40～50HRC
	4	40Mn2	25	84	—	水、油	540	水	885	735	12	45	55	217	截面较小时,与 40Cr 相当,直径在 50mm 以下时可代 40Cr 用于制造重要螺栓及零件。一般在调质状态下使用
	5	45Mn2	25	840	—	油	550	水、油	885	735	10	45	47	217	用于制造在较高应力与磨损条件下工作的零件。在直径≤60mm 时,与 40Cr 相当。可用于制造万向联轴器、齿轮轴、蜗杆曲轴、连杆、花键轴和摩擦盘等。表面淬火硬度为 45～55HRC
	6	50Mn2	25	820	—	油	550	水、油	930	785	9	40	39	229	用于制造汽车花键轴、重型机械的内齿轮、齿轮轴
MnV	7	20MnV	15	880	—	水、油	200	水、空	785	590	10	40	55	187	相当于 20CrNi 的渗碳钢,用于制造高压容器、冷冲压件、矿用链环等
SiMn	8	27SiMn	25	920	—	水	450	水、油	980	835	12	40	39	217	是低淬透性的调质钢。调质状态下用于制造要求高韧性和耐磨性的热冲压件,也可在正火或热轧状态下使用,如拖拉机履带销等
	9	35SiMn	25	900	—	水	570	水、油	885	735	15	45	47	229	除了要求低温(－20℃)及冲击韧性高的情况外,可全面代替 40Cr 作调质钢,亦可部分代替 40CrNi。可用于制造中小型轴类、齿轮等零件,以及在 430℃以下工作的重要紧固件。表面淬火硬度为 45～55HRC

续表

钢组	序号	牌号	试样毛坯尺寸/mm	热处理					力学性能					钢材退火或高温回火供应状态布氏硬度(HB100/3000)不大于	应用
				淬火			回火		抗拉强度σ_b/MPa	屈服点σ_s/MPa	断后伸长率δ_5/%	断面收缩率ψ/%	冲击吸收功A_{kU2}/J		
				加热温度/℃ 第一次淬火	加热温度/℃ 第二次淬火	冷却剂	加热温度/℃	冷却剂	不小于						
SiMn	10	42SiMn	25	880	—	水	590	水	885	735	15	40	47	229	与35SiMn钢相同,可代替40Cr、34CrMo钢制造大齿圈。适于制造表面淬火件,表面淬火硬度为45～55HRC
SiMnMoV	11	20SiMn2MoV	试样	900	—	油	200	水、空	1380	—	10	45	55	269	淬火并低温回火后,强度高、韧性好,可代替调质状态下使用的35CrMo、35CrNi3MoA等钢,用来制造石油机械中的吊环、吊卡等
	12	25SiMn2MoV	试样	900	—	油	200	水、空	1470	—	10	40	47	269	
	13	37SiMn2MoV	25	870	—	水、油	650	水、空	980	835	12	50	63	269	可代替34CrNiMo等,用于制造高强度重负荷轴、曲轴、齿轮、蜗轮等零件,表面淬火硬度为50～55HRC
B	14	40B	25	840	—	水	550	水	785	635	12	45	55	207	淬透性及强度稍高于40钢,可制造稍大截面的调质零件,可代替40Cr制作要求不高的小尺寸零件
	15	45B	25	840	—	水	550	水	835	685	12	45	47	217	淬透性及强度稍高于45优质碳素钢,可制造稍大些截面的机件
	16	50B	20	840	—	油	600	空	785	540	10	45	39	207	调质后,综合力学性能优于50钢,主要用于代替50、50Mn及50Mn2制作要求强度高、截面不大的调质零件
MnB	17	40MnB	25	850	—	油	500	水、油	980	785	10	45	47	207	可代替40Cr制作重要调质件,如齿轮、轴、连杆、螺栓等
	18	45MnB	25	840	—	油	500	水、油	1030	835	9	40	39	217	常用来代替40Cr、45Cr、45Mn2制造较耐磨的中、小截面的调质件和高频淬火件,如机床上的齿轮、钻床主轴、花键轴等
MnMoB	19	20MnMoB	15	880	—	油	200	油、空	1080	885	10	50	55	207	常用来代替20CrMnTi和12CrNi3A制造心部强度要求高的中等负荷的汽车、拖拉机使用的齿轮及负荷大的机床齿轮等

续表

钢组	序号	牌号	试样毛坯尺寸/mm	热处理					力学性能					钢材退火或高温回火供应状态布氏硬度(HB100/3000)不大于	应用
				淬火			回火		抗拉强度 σ_b/MPa	屈服点 σ_s/MPa	断后伸长率 δ_5/%	断面收缩率 ψ/%	冲击吸收功 A_{kU2}/J		
				加热温度/℃		冷却剂	加热温度/℃	冷却剂	不小于						
				第一次淬火	第二次淬火										
MnVB	20	15MnVB	15	860	—	油	200	水、空	885	635	10	45	55	207	用于淬火和低温回火后制造重要的螺栓，如汽车上的连杆螺栓、半轴螺栓、气缸盖螺栓等，代替40Cr钢调质件；也可制作中等负荷小尺寸的渗碳件，如小轴、小齿轮等
	21	20MnVB	15	860	—	油	200	水、空	1080	885	10	45	55	207	用来代替20CrMnTi、20Cr、20CrNi制造模数较大、负荷较重的中、小尺寸渗碳件，如重型机床上的齿轮与轴、汽车后桥齿轮等
	22	40MnVB	25	850	—	油	520	水、油	980	785	10	45	47	207	性能略优于40Cr，用作调质钢
MnTiB	23	20MnTiB	15	860	—	油	200	水、空	1130	930	10	45	55	187	用于代替20CrMnTi制造较高级的渗碳件，如汽车、拖拉机上截面较小、中等负荷的齿轮
	24	25MnTiBRE	试样	860	—	油	200	水、空	1380	—	10	40	47	229	有较高的弯曲强度、接触疲劳强度，可代替20CrMnTi、20CrMnMo、20CrMo，广泛用于中等负荷的拖拉机渗碳件，如齿轮。使用性能优于20CrMnTi
Cr	25	15Cr	15	880	780～820	水、油	200	水、空	735	490	11	45		179	用来制造截面小于30mm、形状简单、心部强度和韧性要求较高、表面受磨损的渗碳或碳氮共渗件，如齿轮、凸轮、活塞销等。渗碳表面硬度为56～62HRC
	26	15CrA	15	880	770～820	水、油	180	油、空	685	490	12	45		179	
	27	20Cr	15	880	780～820	水、油	200	水、空	835	540	10	40	47	179	
	28	30Cr	25	860	—	油	500	水、油	885	685	11	45	47	187	用于制造在磨损及很大冲击负荷下工作的重要零件，如轴、滚子、齿轮及重要螺栓等
	29	35Cr	25	860	—	油	500	水、油	930	735	11	45	47	207	
	30	40Cr	25	850	—	油	520	水、油	980	785	9	45	47	207	用于承受交变载荷、中等速度、中等载荷、强烈磨损及很大冲击的重要零件，如重要的齿轮、轴、曲轴、连杆、螺栓、螺母等零件；并用于制造直径大于400mm，对冲击韧性要求低的轴与齿轮等，表面淬火硬度为48～55HRC

续表

钢组	序号	牌号	试样毛坯尺寸/mm	热处理					力学性能					钢材退火或高温回火供应状态布氏硬度(HB100/3000)不大于	应用
				淬火			回火		抗拉强度σ_b/MPa	屈服点σ_s/MPa	断后伸长率δ_5/%	断面收缩率ψ/%	冲击吸收功A_{kU2}/J		
				加热温度/℃ 第一次淬火	加热温度/℃ 第二次淬火	冷却剂	加热温度/℃	冷却剂	不小于						
Cr	31	45Cr	25	840	—	油	520	水、油	1030	835	9	40	39	217	拖拉机离合器、齿轮、柴油机连杆、螺栓、挺杆等
Cr	32	50Cr	25	830	—	油	520	水、油	1080	930	9	40	39	229	用于制造支承辊心轴、强度和耐磨性要求高的轴、齿轮、油膜轴承的轴套等，在油中淬火与回火后能获得很高的强度
CrSi	33	38CrSi	25	900	—	油	600	水、油	980	835	12	50	55	255	用于制造拖拉机进气阀、内燃机油泵齿轮等
CrMo	34	12CrMo	30	900	—	空	650	空	410	265	24	60	110	179	用于制造蒸汽温度达510℃的主汽管，管壁温度不高于540℃的蛇形管、导管
CrMo	35	15CrMo	30	900	—	空	650	空	440	295	22	60	94	179	
CrMo	36	20CrMo	15	880	—	水、油	500	水、油	885	685	12	50	78	197	较高级的渗碳用钢，热强性好，可在500～520℃下工作
CrMo	37	30CrMo	25	880	—	水、油	540	水、油	930	785	12	50	63	229	调质后有很好的综合力学性能，高温（低于550℃）下亦有较高强度，用于制造截面较大的零件，如主轴、高负荷螺栓等，500℃以下受高压的法兰和螺栓，尤其适于制造在29000kPa、400℃条件下工作的管道与紧固件
CrMo	38	30CrMoA	15	880	—	油	540	水、油	930	735	12	50	71	229	
CrMo	39	35CrMo	25	850	—	油	550	水、油	980	835	12	45	63	229	用于制作较大截面齿轮、重载传动轴、汽轮发电机转子、锅炉上工作温度在480℃以下的螺栓及510℃以下的螺母。表面淬火硬度为40～50HRC，强度、韧度高，可制作大截面锻件
CrMo	40	42CrMo	25	850	—	油	560	水、油	1080	930	12	45	63	217	可代替含Ni较高的调质钢，用于制造重要的大型锻件、机车牵引大齿轮、增压器传动齿轮等
CrMoV	41	12CrMoV	30	970	—	空	750	空	440	225	22	50	78	241	用于制造蒸汽温度达540℃的主导管、转向导叶环、汽轮机隔板、隔板外环以及管壁温度小于570℃的各种过热器管、导管和相应的锻件

续表

钢组	序号	牌号	试样毛坯尺寸/mm	热处理					力学性能					钢材退火或高温回火供应状态布氏硬度(HB100/3000)不大于	应用
				淬火			回火		抗拉强度 σ_b/MPa	屈服点 σ_s/MPa	断后伸长率 δ_5/%	断面收缩率 ψ/%	冲击吸收功 A_{kU2}/J		
				加热温度/℃ 第一次淬火	加热温度/℃ 第二次淬火	冷却剂	加热温度/℃	冷却剂	不小于						
CrMoV	42	35CrMoV	25	900	—	油	630	水、油	1080	930	10	50	71	241	可制作涡轮鼓风机及压缩机转子、盖盘、轴盘；还可制作500℃以下的叶轮及较大尺寸、较高强度的锻件，如联轴器齿环、发电机中心环等
CrMoV	43	12Cr1MoV	30	970	—	空	750	空	490	245	22	50	71	179	用途同12CrMoV，但抗氧化性与热强性比12CrMoV好
CrMoV	44	25Cr2MoVA	25	900	—	油	640	空	930	785	14	55	63	241	用于制造汽轮机整体转子套筒，主汽阀，调节阀，蒸汽温度为535～550℃的螺母及在530℃以下的螺栓，氮化零件如阀杆、齿轮等
CrMoV	45	25Cr2Mo1VA	25	1040	—	空	700	空	735	590	16	50	47	241	用于制造蒸汽温度为565℃的汽轮机前气缸、螺栓、阀杆等
CrMoAl	46	38CrMoAl	30	940	—	水、油	640	水、油	980	835	14	50	71	229	用于制造要求高耐磨性、高疲劳强度和较高强度的氮化零件，如工作温度为450℃的阀杆、阀门、板簧、套筒、轴套、橡胶及塑料挤压机等。氮化表面硬度达1100～1200HV
CrV	47	40CrV	25	880	—	油	650	水、油	885	735	10	50	71	241	用于制造重要零件，如曲轴、齿轮、受负荷大的双头螺栓、机车连杆、高压锅炉给水泵轴等
CrV	48	50CrVA	25	860	—	油	500	水、油	1280	1130	10	40	—	255	用于制造蒸汽温度小于400℃的重要零件，及负荷大、疲劳强度高的大型弹簧
CrMn	49	15CrMn	15	880	—	油	200	水、空	785	590	12	50	47	179	用于制造齿轮、蜗轮、塑料模子、汽轮机密封轴套等
CrMn	50	20CrMn	15	850	—	油	200	水、空	930	735	10	45	47	187	较高级的渗碳用钢，有较高的热强性，可在500～520℃下工作
CrMn	51	40CrMn	25	840	—	油	550	水、油	980	835	9	45	47	229	对于截面不太大或温度不太高的零件，可代替42CrMo和40CrNi，用于制造在高速与高弯曲负荷下工作的齿轮轴、齿轮、水泵转子、离合器，在化工容器上可做高压容器盖板螺栓等

续表

钢组	序号	牌号	试样毛坯尺寸/mm	热处理：淬火：加热温度/℃：第一次淬火	热处理：淬火：加热温度/℃：第二次淬火	热处理：淬火：冷却剂	热处理：回火：加热温度/℃	热处理：回火：冷却剂	力学性能（不小于）：抗拉强度σ_b/MPa	力学性能（不小于）：屈服点σ_s/MPa	力学性能（不小于）：断后伸长率δ_5/%	力学性能（不小于）：断面收缩率ψ/%	力学性能（不小于）：冲击吸收功A_{kU2}/J	钢材退火或高温回火供应状态布氏硬度(HB100/3000)不大于	应用
CrMnSi	52	20CrMnSi	25	880	—	油	480	水、油	785	635	12	45	55	207	强度和韧性较高的低碳合金钢，用于制造要求强度较高的焊接件和要求韧性较高的拉力件，如矿山用的较大截面的链条、螺栓等，适合冷冲压、冷拉
	53	25CrMnSi	25	880	—	油	480	水、油	1080	885	10	40	39	217	用于制造高强度构件，渗碳后硬度为56～62HRC
	54	30CrMnSi	25	880	—	油	520	水、油	1080	885	10	45	39	229	淬火、回火后具有很高的强度和足够的韧性。淬透性也好，用于制造在振动负荷下工作的焊接结构和铆接结构，如高压鼓风机叶片，高速高负荷的砂轮轴、齿轮、链轮、离合器等，以及温度不高而要求耐磨的零件
	55	30CrMnSiA	25	880	—	油	540	水、油	1080	835	10	45	39	229	
	56	35CrMnSiA	试样	加热到880℃，于280～310℃等温淬火					1620	1280	9	40	31	241	强度比30CrMnSiA提高许多，而韧性下降不明显，其他特性和30CrMnSiA相同。用于制造重负荷、中等转速的高强度零件，如高压鼓风机叶轮、飞机上的高强度零件
			试样	950	890	油	230	空、油							
CrMnMo	57	20CrMnMo	15	850	—	油	200	水、空	1180	885	10	45	55	217	高级渗碳钢，渗碳淬火后具有较高的抗弯强度和耐磨性，有良好的低温冲击韧性，用于制造要求表面硬度高、耐磨性能好的渗碳件，如齿轮凸轮轴、连杆、活塞销等。渗碳表淬硬度≥62HRC
	58	40CrMnMo	25	850	—	油	600	水、油	980	785	10	45	63	217	相当于40CrNiMo的高级调质钢
CrMnTi	59	20CrMnTi	15	880	870	油	200	水、空	1080	850	10	45	55	217	强度、韧性均高，是铬镍钢的代用品。用于制造承受高速、中等或重负荷，以及冲击磨损等的重要零件，如渗碳齿轮、凸轮等。渗碳淬火硬度为50～55HRC
	60	30CrMnTi	试样	880	850	油	200	水、空	1470	—	9	40	47	229	用于制造汽车、拖拉机上用的截面较大的重要齿轮，如主动锥齿轮及要求心部强度特高的渗碳齿轮

续表

钢组	序号	牌号	试样毛坯尺寸/mm	热处理					力学性能					钢材退火或高温回火供应状态布氏硬度(HB100/3000)不大于	应用
				淬火			回火		抗拉强度 σ_b/MPa	屈服点 σ_s/MPa	断后伸长率 δ_5/%	断面收缩率 ψ/%	冲击吸收功 A_{kU2}/J		
				加热温度/℃		冷却剂	加热温度/℃	冷却剂	不小于						
				第一次淬火	第二次淬火										
CrNi	61	20CrNi	25	850	—	水、油	460	水、油	785	590	10	50	63	197	用于制造承受较高载荷的渗碳件，如齿轮、轴、键、活塞销、花键轴等
	62	40CrNi	25	820	—	油	500	水、油	980	785	10	45	55	241	用于制造要求强度高、韧性高的零件，如轴、齿轮、链条、连杆
	63	45CrNi	25	820	—	油	530	水、油	980	785	10	45	55	255	性能基本与40CrNi相同，但具有更高的强度和淬透性，可用来制造截面尺寸较大的齿轮和轴类零件
	64	50CrNi	25	820	—	油	500	水、油	1080	835	8	40	39	255	
	65	12CrNi2	15	860	780	水、油	200	水、空	785	590	12	50	63	207	用于制造尺寸大的齿轮、花键轴、大型压缩机的活塞销等渗碳件
	66	12CrNi3	25	860	780	油	200	水、空	930	685	11	50	71	217	淬火低温回火或高温回火后都有良好的综合力学性能，有较高的淬透性，可用于制造截面稍大的零件及要求强度高、表面硬度高、韧性好的渗碳件，如齿轮、凸轮轴万向联轴器十字头、油泵转子等
	67	20CrNi3	25	830	—	水、油	480	水、油	930	735	11	55	78	241	调质后有良好的综合力学性能，低温冲击韧性也较好，多用于制作在高负荷条件下工作的零件，如齿轮、轴、蜗杆等
	68	30CrNi3	25	820	—	油	500	水、油	980	785	9	45	63	241	用于制造承受扭转及冲击载荷较高的零件，如高强度螺杆、连杆、轴、键及螺母等调质件
	69	37CrNi3	25	820	—	油	500	水、油	1130	980	10	50	47	269	用于制造大截面、高载荷的调质件
	70	12Cr2Ni4	15	860	780	油	200	水、空	1080	835	10	50	71	269	用于制造高载荷的齿轮等渗碳件
	71	20Cr2Ni4	25	880	780	油	200	水、空	1180	1080	10	45	63	269	用于制造高载荷、大截面的渗碳件
CrNiMo	72	20CrNiMo	15	850	—	油	200	空	980	785	9	40	47	197	淬透性与20CrNi相近，强度比20CrNi钢高，此钢常用来制造中小型汽车、拖拉机发动机与传动系统的齿轮，可代12CrNi3制造心部要求较高的渗碳件，如矿山牙轮钻头的牙爪与牙轮体

续表

<table>
<tr><th rowspan="4">钢组</th><th rowspan="4">序号</th><th rowspan="4">牌号</th><th rowspan="4">试样毛坯尺寸/mm</th><th colspan="5">热处理</th><th colspan="5">力学性能</th><th rowspan="4">钢材退火或高温回火供应状态布氏硬度(HB100/3000)不大于</th><th rowspan="4">应用</th></tr>
<tr><th colspan="3">淬火</th><th colspan="2">回火</th><th rowspan="2">抗拉强度σ_b/MPa</th><th rowspan="2">屈服点σ_s/MPa</th><th rowspan="2">断后伸长率δ_5/%</th><th rowspan="2">断面收缩率ψ/%</th><th rowspan="2">冲击吸收功A_{kU2}/J</th></tr>
<tr><th>加热温度/℃ 第一次淬火</th><th>加热温度/℃ 第二次淬火</th><th>冷却剂</th><th>加热温度/℃</th><th>冷却剂</th></tr>
<tr><th></th><th></th><th></th><th></th><th></th><th colspan="5">不小于</th></tr>
<tr><td>CrNiMo</td><td>73</td><td>40CrNiMoA</td><td>25</td><td>850</td><td>—</td><td>油</td><td>600</td><td>水、油</td><td>980</td><td>835</td><td>12</td><td>55</td><td>78</td><td>269</td><td>用于制造承受冲击载荷的高强度零件，如卧式锻造机的传动偏心轴、锻压机曲轴等</td></tr>
<tr><td>CrMnNiMo</td><td>74</td><td>18CrMnNiMoA</td><td>15</td><td>830</td><td>—</td><td>油</td><td>200</td><td>空</td><td>1180</td><td>885</td><td>10</td><td>45</td><td>71</td><td>269</td><td rowspan="2">强度高，淬透性亦较好，主要用来制造在振动载荷条件下工作的减振器、重型汽车等承受高负荷的零件，飞机发动机曲轴、起落架，中小型火箭壳体等高强度结构零件，扭力轴、离合器轴等。淬火低温或中温回火后使用，也可制作调质件</td></tr>
<tr><td>CrNiMoV</td><td>75</td><td>45CrNiMoVA</td><td>试样</td><td>860</td><td>—</td><td>油</td><td>460</td><td>油</td><td>1470</td><td>1330</td><td>7</td><td>35</td><td>31</td><td>269</td></tr>
<tr><td rowspan="2">CrNiW</td><td>76</td><td>18Cr2Ni4WA</td><td>15</td><td>950</td><td>850</td><td>空</td><td>200</td><td>水、空</td><td>1180</td><td>835</td><td>10</td><td>45</td><td>78</td><td>269</td><td>用作渗碳和调质钢，用于制造连杆、曲轴、减速器轴、重载荷螺栓等</td></tr>
<tr><td>77</td><td>25Cr2Ni4WA</td><td>25</td><td>850</td><td>—</td><td>油</td><td>550</td><td>水、油</td><td>1080</td><td>930</td><td>11</td><td>45</td><td>71</td><td>269</td><td>调质钢，有优良的低温冲击韧性及淬透性，用于制作大截面、高负荷的调质件，如汽轮机主轴、叶轮等</td></tr>
</table>

注：1. 表中所列热处理温度允许调整范围：淬火±15℃，低温回火±20℃，高温回火±5℃。

2. 硼钢在淬火前可先经正火处理，正火温度应不高于其淬火温度，铬锰钛钢第一次淬火可用正火代替。

3. 拉伸试验时试样钢上不能发现屈服，无法测定屈服点 σ_s，可以测规定残余伸长应力 $\sigma_{r0.2}$。

(5) 冷轧钢板和钢带

冷轧钢板和钢带的产品形态、边缘状态所对应的尺寸精度的分类见表 2-5。

表 2-5 产品形态、边缘状态所对应的尺寸精度的分类（GB/T 708—2006）

<table>
<tr><th rowspan="3">产品形态</th><th colspan="9">分类及代号</th></tr>
<tr><th rowspan="2">边缘状态</th><th colspan="2">厚度精度</th><th colspan="2">宽度精度</th><th colspan="2">长度精度</th><th colspan="2">不平度精度</th></tr>
<tr><th>普通</th><th>较高</th><th>普通</th><th>较高</th><th>普通</th><th>较高</th><th>普通</th><th>较高</th></tr>
<tr><td rowspan="2">钢带</td><td>不切边 EM</td><td>PT. A</td><td>PT. B</td><td>PW. A</td><td>—</td><td>—</td><td>—</td><td>—</td><td>—</td></tr>
<tr><td>切边 EC</td><td>PT. A</td><td>PT. B</td><td>PW. A</td><td>PW. B</td><td>—</td><td>—</td><td>—</td><td>—</td></tr>
<tr><td rowspan="2">钢板</td><td>不切边 EM</td><td>PT. A</td><td>PT. B</td><td>PW. A</td><td>—</td><td>PL. A</td><td>PL. B</td><td>PF. A</td><td>PF. B</td></tr>
<tr><td>切边 EC</td><td>PT. A</td><td>PT. B</td><td>PW. A</td><td>PW. B</td><td>PL. A</td><td>PL. B</td><td>PF. A</td><td>PF. B</td></tr>
<tr><td>纵切钢带</td><td>切边 EC</td><td>PT. A</td><td>PT. B</td><td>PW. A</td><td>—</td><td>—</td><td>—</td><td>—</td><td>—</td></tr>
</table>

冷轧钢板和钢带（包括纵切钢带）的公称厚度为 0.30～4.00mm。公称厚度小于 1mm 的钢板和钢带按 0.05mm 倍数的任何尺寸；公称厚度不小于 1mm 的钢板和钢带按 0.1mm 倍数的任何尺寸。冷轧钢板和钢带的公称宽度为 600～2050mm，按 10mm 倍数的任何尺寸。冷轧钢板的公称长度为 1000～6000mm，按 50mm 倍数的任何尺寸。

规定的最小屈服强度小于 280MPa 的钢板和钢带的厚度允许偏差应符合表 2-6 所示的规定。

钢板的不平度应符合的规定值见表 2-7。

表 2-6 冷轧钢板和钢带厚度允许偏差（GB/T 708—2006） mm

公称厚度	厚度允许偏差[①]					
	普通精度 PT. A			较高精度 PT. B		
	公称宽度			公称宽度		
	≤1200	>1200～1500	>1500	≤1200	>1200～1500	>1500
≤0.40	±0.04	±0.0	±0.0	±0.0	±0.0	±0.0
>0.4～0.6	±0.0	±0.0	±0.0	±0.0	±0.0	±0.0
>0.6～0.8	±0.0	±0.0	±0.0	±0.0	±0.0	±0.0
>0.8～1.0	±0.0	±0.0	±0.0	±0.0	±0.0	±0.0
>1.00～1.20	±0.0	±0.0	±0.1	±0.0	±0.0	±0.0
>1.20～1.60	±0.1	±0.1	±0.1	±0.0	±0.0	±0.0
>1.60～2.00	±0.1	±0.1	±0.1	±0.0	±0.0	±0.0
>2.00～2.50	±0.1	±0.1	±0.1	±0.1	±0.1	±0.1
>2.50～3.00	±0.1	±0.1	±0.1	±0.1	±0.1	±0.1
>3.00～4.00	±0.1	±0.1	±0.1	±0.1	±0.1	±0.1

① 距钢带焊缝处 15m 内的厚度允许偏差比本表规定值增加 60%；距钢带两端各 15m 内的厚度允许偏差比本表规定值增加 60%。规定的最小屈服强度为 280～360MPa 的钢板和钢带的厚度允许偏差比本表规定值增加 20%；规定的最小屈服强度不小于 360MPa 的钢板和钢带的厚度允许偏差比本表规定值增加 40%。

表 2-7 钢板的不平度应符合的规定值（GB/T 708—2006） mm

规定的最小屈服强度/MPa	公称宽度	不平度 不大于					
		普通精度 PF. A			较高精度 PF. B		
		公称厚度					
		<0.70	0.70～<1.20	≥1.20	<0.70	0.70～<1.20	≥1.20
<280	≤1200	12	10	8	5	4	3
	>1200～1500	15	12	10	6	5	4
	>1500	19	17	15	8	7	6
280～<360	≤1200	15	13	10	8	6	5
	>1200～1500	18	15	13	9	8	6
	>1500	22	20	19	12	10	9

注：规定最小屈服强度≥360MPa 的钢板的不平度由供需双方协议确定。

2.1.2 特殊用途钢

(1) 弹簧钢

弹簧钢的力学性能及应用见表 2-8。

表 2-8 弹簧钢的力学性能及应用（GB/T 1222—2007）

牌号[②]	热处理制度[①]			力学性能 不小于					应用
	淬火温度/℃	淬火介质	回火温度/℃	抗拉强度 R_m /MPa	屈服强度 R_{eL} /MPa	断后伸长率 A/%	断后伸长率 $A_{11.3}$/%	断面收缩率 Z/%	
65	840	油	500	980	785		9	35	经热处理或冷作硬化后具有较高的强度与弹性，冷变形塑性低，淬透性低（只能淬透 12～15mm），承受动载荷和疲劳载荷的能力低。用于制造工作温度不高、尺寸较小的弹簧，或不太重要的较大尺寸弹簧，如汽车、拖拉机、铁道车辆及一般机械用的弹簧等
70	830	油	480	1030	835		8	30	

续表

牌号[②]	热处理制度[①]			力学性能 不小于					应用
	淬火温度/℃	淬火介质	回火温度/℃	抗拉强度 R_m/MPa	屈服强度 R_{eL}/MPa	断后伸长率 A/%	断后伸长率 $A_{11.3}$/%	断面收缩率 Z/%	
85	820	油	480	1130	980		6	30	具有很高的强度、硬度和屈强比，但淬透性差，耐热性不好，承受动载荷和疲劳载荷的能力低。用于制造火车、汽车、拖拉机等的扁形弹簧、圆形螺旋弹簧及一般机械用的弹簧等
65Mn	830	油	540	980	785		8	30	强度高，淬透性和综合力学性能较好，脱碳倾向小，但有过热敏感性及回火脆性，易出现淬火裂纹。用于制造尺寸稍大的普通弹簧，也可制作弹簧环、气门弹簧、制动弹簧、发条、减振器和离合器簧片，以及用冷拔钢丝制造冷卷螺旋弹簧等
55SiMnVB	860	油	460	1375	1225		5	30	有较高的淬透性和综合力学性能，以及较长的疲劳寿命，过热敏感性小，耐回火性好。主要用于制造中、小型汽车的板簧，也可制作其他中等截面尺寸的板簧、螺旋弹簧等
60Si2Mn	870	油	480	1275	1180		5	25	由于硅含量高，其强度和弹性极限均比55SiZMn高，耐回火性好，淬透性不高，易脱碳和石墨化，主要用于制作汽车、机车、拖拉机的减振板簧、螺旋弹簧、气缸安全阀弹簧、止回阀弹簧，也用于制作承受交变载荷及在高应力下工作的重要弹簧、抗磨损弹簧等
60Si2MnA	870	油	440	1570	1375		5	20	
60Si2CrA	870	油	420	1765	1570	6		20	与硅锰弹簧钢相比，当塑性相近时，具有较高的抗拉强度和屈服强度，淬透性较高，热处理工艺性能好，但有回火脆性；因强度高，卷制弹簧后应及时作消除内应力处理。用于制造250℃以下工作并承受高载荷的大型弹簧，如汽轮机气封弹簧、调节弹簧等。60Si2CrVA还用于制作极重要弹簧，如常规武器的取弹钩弹簧等
60Si2CrVA	850	油	410	1860	1665	6		20	
55SiCrA	860	油	450	1450～1750	1300 ($R_{p0.2}$)	6		25	强度、弹性和淬透性较55Si2Mn稍高。适于在铁道车辆、汽车拖拉机工业中制作承受较大负荷的扁形弹簧或线径在30mm以下的螺旋弹簧，也适于制作工作温度在250℃以下非腐蚀介质中的耐热弹簧以及承受交变负荷及在高应力下工作的大型重要卷制弹簧

续表

牌号②	热处理制度①			力学性能 不小于					应用
	淬火温度/℃	淬火介质	回火温度/℃	抗拉强度 R_m /MPa	屈服强度 R_{eL} /MPa	断后伸长率 A/%	断后伸长率 $A_{11.3}$/%	断面收缩率 Z/%	
55CrMnA	830～860	油	460～510	1225	1080 ($R_{p0.2}$)	9③		20	有较高的强韧性，淬透性好，热加工性能、抗脱碳性能好，过热敏感性比锰钢低而比硅锰钢高，对回火脆性较敏感，焊接性差。用于制作在重载荷、高应力条件下工作的大型弹簧，如汽车、拖拉机、机车的大截面板簧和直径较大的螺旋弹簧等
60CrMnA	830～860	油	450～520	1225	1080 ($R_{p0.2}$)	9③		20	
50CrVA	850	油	500	1275	1130	10		40	有较高的强度、屈强比和弹性抗力，较好的韧性，高的疲劳强度，并有高的淬透性和较低的过热敏感性，脱碳倾向减小，冷变形塑性低。用于制作极重要的承受高应力的各种尺寸螺旋弹簧，特别适宜制作工作应力振幅高、疲劳性能要求严格的弹簧，以及温度在300℃以下的阀门弹簧、喷油器弹簧、气缸胀圈等
60CrMnBA	830～860	油	460～520	1225	1080 ($R_{p0.2}$)	9③		20	基本性能与60CrMnA相同，但淬透性明显提高。用于制作尺寸更大的板簧、螺旋弹簧、扭转弹簧等
30W4Cr2VA④	1050～1100	油	600	1470	1325	7		40	有良好的室温和高温力学性能，强度高，淬透性好，高温抗松弛和热加工性能也很好。用于制造工作温度在500℃以下的耐热弹簧，如汽轮机主蒸汽阀弹簧、气封弹簧片等

① 除规定热处理温度上下限外，表中热处理温度允许偏差为：淬火，±20℃；回火，±50℃。根据需方特殊要求，回火可按±30℃进行。

② 28MnSiB的力学性能见GB/T 1222—2007。

③ 其试样可采用下列试样中的一种。若按GB/T 228规定作拉伸试验时，所测断后伸长率值供参考。试样一：标距为50mm，平行长度60mm，直径14mm，肩部半径大于15mm。试样二：标距为$4\sqrt{S_0}$（S_0表示平行长度的原始横截面积，mm^2），平行长度是标距长度的12倍，肩部半径大于15mm。

④ 30W4Cr2VA除抗拉强度外，其他力学性能检验结果供参考，不作为交货依据。

(2) 滚动轴承钢

滚动轴承钢的牌号、特性和用途见表2-9。

表2-9 滚动轴承钢的牌号、特性和用途（GB/T 18254—2002）

类别	牌号	性能特点	用途举例
高碳铬轴承钢	GCr4	低铬轴承钢，耐磨性比相同碳含量的碳钢高，冷加工塑性变形和可加工性尚好，有回火脆性倾向	用于制造一般载荷不大、形状简单的机械转动轴上的钢球和滚子
	GCr9	耐磨性和淬透性较高，可加工性及冷应变塑性中等，对白点形成较敏感，焊接性差，有回火脆性倾向，主要在淬火并低温回火状态使用	用于制造传动轴上尺寸较小的钢球和滚子及在一般条件下工作的大套圈及滚动体，是一种应用广泛的轴承钢，也可制作机床、微型轴承及一般轴承，还可制作对弹性、耐磨性、接触疲劳强度都要求高的重要机械零件

续表

类别	牌号	性能特点	用途举例
高碳铬轴承钢	GCr15	高碳铬轴承钢的代表钢种，综合性能良好，淬火与回火后具有高而均匀的硬度、良好的耐磨性和高的接触疲劳寿命，热加工变形性能和可加工性均好，但焊接性差，对白点形成较敏感，有回火脆性倾向	用于制造壁厚≤12mm、外径≤250mm的各种轴承套圈，也用于制造尺寸范围较宽的滚动体，如钢球、圆锥滚子、球面滚子、滚针等；还用于制造模具、精密量具以及其他要求高耐磨性、高弹性极限和高接触疲劳强度的机械零件
	GCr15SiMn	在GCr15的基础上适当增加硅、锰含量，其淬透性、弹性极限、耐磨性均有明显提高，冷加工塑性中等，可加工性稍差，焊接性能不好，对白点形成较敏感，有回火脆性倾向	用于制造大尺寸的轴承套圈、钢球、圆锥滚子、圆柱滚子、球面滚子等，轴承零件的工作温度小于180℃；还用于制造模具、量具、丝锥及其他要求硬度高且耐磨的零部件
	GCr15SiMo	在GCr15的基础上提高硅含量，并添加钼而开发的新型轴承钢。综合性能良好，淬透性高，耐磨性好，接触疲劳寿命高，其他性能与GCr15SiMn相近	用于制造大尺寸的轴承套圈、滚珠、滚柱，还用于制造模具、精密量具以及其他要求硬度高且耐磨的零部件
	GCr18Mo	在GCr15的基础上加入钼，并适当提高铬含量，从而提高钢的淬透性。其他性能与GCr15相近	用于制造各种轴承套圈，壁厚由≤16mm增加到≤20mm，扩大了使用范围；其他用途和GCr15基本相同
渗碳轴承钢	G20CrMo	低合金渗碳钢，渗碳后表面硬度较高，耐磨性较好，而心部硬度低，韧性好，适于制作耐冲击载荷的轴承及零部件	常用于制造汽车、拖拉机的承受冲击载荷的滚子轴承，也用于制造汽车齿轮、活塞杆、螺栓等
	G20CrNiMo	有良好的塑性、韧性和强度，渗碳或碳氮共渗后表面有相当高的硬度，耐磨性好，接触疲劳寿命明显优于GCr15钢，而心部碳含量低，有足够的韧性承受冲击载荷	用于制作耐冲击载荷轴承的良好材料及承受冲击载荷的汽车轴承和中小型轴承，也用于制作汽车、拖拉机齿轮及牙轮钻头的牙爪和牙轮体
	G20CrNi2Mo	渗碳后表面硬度高，耐磨性好，具有中等表面硬化性，心部韧性好，可耐冲击载荷，冷热加工塑性较好，能加工成棒、板、带及无缝钢管	用于制造承受较高冲击载荷的滚子轴承，如铁路货车轴承套圈和滚子，也用于制造汽车齿轮、活塞杆、万向接轴、圆头螺栓等
	G10CrNi3Mo	渗碳后表面碳含量高，具有高硬度，耐磨性好，而心部碳含量低，韧性好，可耐冲击载荷	用于制造承受冲击载荷较高的大型滚子轴承，如轧钢机轴承等
	G20Cr2Ni4A	常用的渗碳结构钢。渗碳后表面有相当高的硬度、耐磨性和接触疲劳强度，而心部韧性好，可承受强烈冲击载荷，焊接性中等，有回火脆性倾向，对白点形成较敏感	用于制作承受冲击载荷的大型轴承，如轧钢机轴承等，也用于制作其他大型渗碳件，如大型齿轮、轴等，还可用于制造要求韧性好的调质件
	G20Cr2Mn2MoA	渗碳后表面硬度高，而心部韧性好，可承受强烈冲击载荷。与G20Cr2Ni4A相比，渗碳速度快，渗碳层较易形成粗大碳化物，不易扩散消除	用于制造高冲击载荷条件下工作的特大型和大、中型轴承零件，以及轴、齿轮等
不锈轴承钢	9Cr18 9Cr18Mo	高碳马氏体型不锈钢，用于制造轴承，淬火后有较高的硬度和耐磨性，在大气、水以及某些酸类和盐类的水溶液中具有优良的防锈与耐蚀性能	用于制造在海水、河水、蒸馏水，以及海洋性腐蚀介质中工作的轴承，工作温度可达253～350℃，还可用于制作某些仪器、仪表上的微型轴承
	1Cr18Ni9Ti	奥氏体型不锈钢，用于制造轴承，具有优良的抗腐蚀性能，热加工和冷加工性能优良，焊接性能很好，过热敏感性也低	用于制造耐腐蚀套圈、钢球及保持架等，还可用于制作防磁轴承，经渗氮处理后，可用于制造在高温、高真空、低载荷、高转速条件下工作的轴承

(3) 碳素工具钢

碳素工具钢的力学性能及应用见表2-10。

表 2-10 碳素工具钢的力学性能及应用（GB/T 1298—2008）

牌号	交货状态		试样淬火		应用
	退火	退火后冷拉	淬火温度和冷却剂	洛氏硬度(HRC)不小于	
	布氏硬度(HBW)不大于				
T7	187	241	800～820℃，水	62	淬火、回火之后有较高强度、韧性和相当的硬度，淬透性低，淬火变形大。用于制造承受振动载荷、切削能力不高的各种工具，如小尺寸风动工具，木工用的凿和锯，压模、锻模、钳工工具，铆钉冲模、车床顶尖、钻头等
T8			780～800℃，水		经淬火、回火处理后，可得较高的硬度和耐磨性，但强度和塑性不高，淬透性低，高温硬度低。用于制造切削刃在工作中不变热的工具，如木工铣刀、斧、錾子、手锯、圆锯片、简单形状的模子、软金属切削刀具、钳工装配工具、铆钉冲模、台虎钳钳口、弹性垫圈等
T8Mn					性能与 T8、T8A 相近。但淬透性较好，可制造截面较大的工具
T9	192		760～780℃，水		性能与 T8 相近，用于制造硬度、韧性较高，不受强烈冲击振动的工具，如锉刀、丝锥、板牙、木工工具、切草机刀片、收割机中的切割零件等
T10	197				韧性较好、强度较高，耐磨性比 T8 和 T9 高，但高温硬度低，淬透性不高，淬火变形较大。用于制作刃口锋利、稍受冲击的各种工具，如车刀、刨刀、铣刀、切纸刀、冲模、冷镦模、拉丝模、卡板量具、钻头、丝锥、板牙，以及冲击不大的耐磨零件等
T11	207				具有较好的韧性、耐磨性和较高的强度、硬度，但淬透性低，高温硬度差，淬火变形大。用于制造钻头、丝锥、板牙、锉刀、量规、木工工具、手用金属锯条、形状简单的冲头和尺寸不大的冷冲模等
T12					具有高硬度、高耐磨性，但韧性较低，高温硬度差，淬透性不好，淬火变形大。用于制造冲击小、切削速度不高的各种高硬度工具，如铣刀、车刀、铰刀、丝锥、板牙等
T13	217				在碳素工具钢中硬度和耐磨性最好，但韧性差，不能受冲击，用于制造要求高硬度不受冲击的工具，如刮刀、剃刀、拉丝工具、刻锉刀纹的工具等

(4) 合金工具钢

合金工具钢的力学性能及应用见表 2-11。

表 2-11 合金工具钢的力学性能及应用（GB/T 1299—2000）

钢组	牌号	交货状态	试样淬火			应用
		布氏硬度(HBW 10/3000)	淬火温度/℃	冷却剂	洛氏硬度(HRC)不小于	
量具刃具用钢	9SiCr	241～197	820～860	油	62	ϕ45～50mm 的工件在油中可淬透，耐磨性好，热处理变形小，但脱碳倾向较大。适用于制造切削不剧烈且变形小的刃具，如板牙、丝锥、钻头、铰刀、拉刀、齿轮铣刀等，还可以作冷冲模
	8MnSi	≤229	800～820	油	60	韧性、淬透性与耐磨性均优于碳素工具钢。多用于制作木工凿子、锯条及其他木工工具，小尺寸热锻模与冲头，拔丝模、冷冲模及切削工具

续表

钢组	牌号	交货状态	试样淬火			应用
		布氏硬度(HBW 10/3000)	淬火温度/℃	冷却剂	洛氏硬度(HRC)不小于	
量具刃具用钢	Cr06	241～187	780～810	水	64	淬火后的硬度和耐磨性都很高，淬透性不好，较脆。多经冷轧成薄钢板。用于制作剃刀、刀片及外科医疗刀具，也可制作刮刀、刻刀、锉刀等
	Cr2	229～179	830～860	油	62	淬火后的硬度很高，淬火变形不大，高温塑性差。多用于制造低速、加工材料不很硬的切削工具，如车刀、插刀、铣刀、铰刀等，还可以制作量具、样板、量规、冷轧辊、钻套和拉丝模
	9Cr2	217～179	820～850	油	62	
	W	229～187	800～830	水	62	淬火后的硬度和耐磨性较碳素工具钢好，热处理变形小水淬不易开裂。多用于制造工作温度高、切削速度不大的刀具如小型铋钻、丝锥、板牙、铰刀、锯条等
耐冲击工具用钢	4CrW2Si	217～179	860～900	油	53	高温时有较好的强度和硬度，韧性较高。适用于制造剪切机刀片、冲击振动较大的风动工具、中应力热锻模
	5CrW2Si	255～207	860～900	油	55	特性同4CrW2Si，但在650℃时硬度稍高，可达41～43HRC。用于制造空气锤工具、铆钉工具、冷冲模、易熔金属压铸模
	6CrW2Si	285～229	860～900	油	57	特性同5CrW2Si，但在650℃时硬度可达43～45HRC。用于制造重载荷下工作的冲模、压模、风动錾子等，还可用于制造高温压铸轻合金的顶头、热锻模等
冷作模具钢	Cr12	269～217	950～1000	油	60	高碳高铬钢，具有高强度、高耐磨性和高淬透性，淬火变形小，较脆。多用于制造耐磨性能高且不承受冲击的模具及加工不硬材料的刃具，如车刀、铰刀、冷冲模、冲头及量规、样板、量具、偏心轮、冷轧辊、钻套和拉丝模等
	Cr12MoV	255～207	950～1000	油	58	淬透性、淬火回火后的强度、韧性比Cr12高，截面直径为300～400mm以下的工件可完全淬透，耐磨性和塑性也较好，高温塑性差。用于制作铸、锻模具，如各种冲孔凹模、切边模、滚边模、缝口模、拉丝模、标准工具和量具等
	9Mn2V	≤229	780～810	油	62	淬透性和耐磨性比碳素工具钢高，淬火后变形小。适用于制作各种变形小、耐磨性高的精密丝杠、磨床主轴、样板、凸轮、块规、量具及丝锥、板牙、铰刀等
	CrWMn	255～207	800～830	油	62	淬透性、耐磨性高，韧性较好，淬火后的变形比CrMn钢更小。多用于制造长而形状复杂的切削刀具，如拉刀、长铰刀、量规及形状复杂、高精度的冷冲模
	9CrWMn	241～197	800～830	油	62	特性与CrWMn相似，由于含碳量稍低，所以在碳化物偏析上比CrWMn好一些，因而力学性能更好，其应用与CrWMn相同
	Cr4W2MoV	≤269	960～980、1020～1040	油	60	我国自行研制的冷作模具钢，具有较高的淬透性、淬硬性，良好的力学性能和尺寸稳定性。用于制造冷冲模、冷挤压模、搓丝板等，也可制作1.5～6.0mm钢板弹簧冲孔凸模
	6W6Mo5Cr4V	≤269	1180～1200	油	60	我国自行研制的适合于钢铁材料挤压和模具钢，具有高强度、高硬度、良好的耐磨性及耐回火性，有良好的综合性能。适用于制作冲头、模具

续表

钢组	牌号	交货状态	试样淬火			应用
		布氏硬度（HBW 10/3000）	淬火温度/℃	冷却剂	洛氏硬度（HRC）不小于	
热作模具钢	5CrMnMo	241～197	820～850	油	—	不含镍的锤锻模具钢，具有良好的韧性、强度和高耐磨性，对回火脆性不敏感，淬透性好，适用于作中、小型热锻模（边长≤300～400mm）
	5CrNiMo	241～197	830～860	油		高温下强度、韧性及耐热疲劳性高于5CrMnMo，适用于制作形状复杂、冲击负荷重的中、大型锤锻模
	3Cr2W8V	≤255	1075～1125	油		常用的压铸模具钢，有高韧性和良好的导热性，高温下有高硬度、强度，耐热疲劳性良好，淬透性较好，断面厚度≤100mm。适于制作高温、高应力但不受冲击的压模
	8Cr3	255～207	850～880	油		热顶锻模具钢，淬透性较好。多用于制造冲击载荷不大、磨损较大、工作温度在500℃以下的模具，如热切边模、螺栓及螺钉热顶锻模等

注：1. 保温时间是指试样达到加热温度后保持的时间。试样在盐浴中进行加热，在该温度保持时间为5min，对Cr12Mo1V1钢是10min；试样在炉控气氛中进行加热，在该温度保持时间为：5～15min，对Cr12Mo1V1钢是10～20min。

2. 温度在200℃时应一次回火2h，550℃时应两次回火，每次2h。

3. 7Mn15Cr2Al3V2WMo钢可以热轧状态供应，不作交货硬度。

(5) 不锈钢

不锈钢的典型热处理制度及力学性能见表2-12，特性和用途见表2-13。

表2-12 不锈钢的典型热处理制度及力学性能（GB/T 1220—2007）

GB/T 20878中序号	统一数字代号	新牌号	旧牌号	典型热处理制度	规定非比例延伸强度 $R_{p0.2}$/MPa	抗拉强度 R_m/MPa	断后伸长率 A/%	断面收缩率 Z/%	冲击吸收功 A_{kU2}/J	硬度 HBW	HRB	HV
					不小于					不大于		
奥氏体型												
1	S35350	12Cr17Mn6Ni5N	1Cr17Mn6Ni5N	固溶处理	275	520	40	45		241	100	253
3	S35450	12Cr18Mn9Ni5N	1Cr18Mn8Ni5N		275	520	40	45		207	95	218
9	S30110	12Cr17Ni7	1Cr17Ni7		205	520	40	60		187	90	200
13	S30210	12Cr18Ni9	1Cr18Ni9		205	520	40	60		187	90	200
15	S30317	Y12Cr18Ni9	Y1Cr18Ni9		205	520	40	50		187	90	200
16	S30327	Y12Cr18Ni9Se	Y1Cr18Ni9Se		205	520	40	50		187	90	200
17	S30408	06Cr19Ni10	0Cr18Ni9		205	520	40	60		187	90	200
18	S30403	022Cr19Ni10	00Cr19Ni10		175	480	40	60		187	90	200
22	S30488	06Cr18Ni9Cu3	0Cr18Ni9Cu3		175	480	40	60		187	90	200
23	S30458	06Cr19Ni10N	0Cr19Ni9N		275	550	35	50		217	95	220
24	S30478	06Cr19Ni9NbN	06Cr19Ni10NbN		345	685	35	50		250	100	260
25	S30453	022Cr19Ni10N	00C18Ni10N		245	550	40	50		217	95	220
26	S30510	10C18Ni12	C18Ni121		175	480	40	60		187	90	200
32	S30908	06Cr23Ni13	0Cr23Ni13		205	520	40	60		187	90	200
35	S31008	06Cr25Ni20	0Cr25Ni20		205	520	40	50		187	90	200
38	S31608	06Cr17Ni12Mo2	0Cr17Ni12Mo2		205	520	40	60		187	90	200
39	S31603	022Cr17Ni12Mo2	00Cr17Ni14Mo2		175	480	40	60		187	90	200
41	S31668	06Cr17Ni12Mo2Ti	0Cr18Ni12Mo3Ti		205	530	40	55		187	90	200
43	S31658	06Cr17Ni12Mo2N	0Cr17Ni12Mo2N		275	550	35	50		217	95	220

续表

GB/T 20878 中序号	统一数字代号	新牌号	旧牌号	典型热处理制度	规定非比例延伸强度 $R_{p0.2}$ /MPa	抗拉强度 R_m /MPa	断后伸长率 A /%	断面收缩率 Z /%	冲击吸收功 A_{kU2} /J	硬度 HBW	硬度 HRB	硬度 HV
					不小于					不大于		
奥氏体型												
44	S31653	022Cr17Ni12Mo2N	00Cr17Ni13Mo2N	固溶处理	245	550	40	50		217	95	220
45	S31688	06Cr18Ni12Mo2Cu2	0Cr18Ni12Mo2Cu2		205	520	40	60		187	90	200
46	S31683	022Cr18Ni14Mo2Cu2	00Cr18Ni14Mo2Cu2		175	480	40	60		187	90	200
49	S31708	06Cr19Ni13Mo3	0Cr19Ni13Mo3		205	520	40	60		187	90	200
50	S31703	022Cr19Ni13Mo3	00Cr19Ni13Mo3		175	480	40	60		187	90	200
52	S31794	03Cr18Ni16Mo5	03Cr18Ni16Mo5		175	480	40	45		187	90	200
55	S32168	06Cr18Ni11Ti	0Cr18Ni10Ti		205	520	40	50		187	90	200
62	S34778	06Cr18Ni11Nb	0Cr18Ni11Nb		205	520	40	50		187	90	200
64	S38148	06Cr18Ni13Si4	0Cr18Ni13Si4		205	520	40	60		207	95	218
奥氏体-铁素体型												
67	S21860	14Cr18Ni11Si4AlTi	1Cr18Ni11Si4AlTi	固溶处理	440	715	25	40	63	—	—	—
68	S21953	022Cr19Ni5Mo3Si2N	00Cr18Ni5Mo3Si2		390	590	20	40	—	290	30	300
70	S22253	022Cr22Ni5Mo3N			450	620	25		—	290	—	—
71	S22053	022Cr23Ni5Mo3N			450	655	25		—	290	—	—
73	S22553	022Cr25Ni6Mo2N			450	620	20		—	290	—	—
75	S25554	03Cr25Ni6Mo3Cu2N			550	750	25		—	290	—	—
铁素体型												
78	S11348	06Cr13Al	0Cr13Al	退火	175	410	20	60	78	183	—	—
83	S11203	022Cr12	00Cr12		195	360	22	60	—	183	—	—
85	S11710	10Cr17	1Cr17		205	450	22	50	—	183	—	—
86	S11717	Y10Cr17	Y1Cr17		205	450	22	50	—	183	—	—
88	S11790	10Cr17Mo	1Cr17Mo		205	450	22	60	—	183	—	—
94	S12791	008Cr27Mo	00Cr27Mo		245	410	20	45	—	219	—	—
95	S130914	008Cr30Mo2	00Cr30Mo2		295	450	20	45	—	228	—	—
马氏体型												
96	S40310	12Cr12	1Cr12	淬火回火	390	590	25	55	118	170	—	—
97	S41008	06Cr13	0Cr13		345	490	24	60	—	—	—	—
98	S41010	12Cr13	1Cr13		345	540	22	55	78	159	—	—
100	S41617	Y12Cr13	Y1Cr13		345	540	17	45	55	159	—	—
101	S42020	20Cr13	2Cr13		440	640	20	50	63	192	—	—
102	S42030	30Cr13	3Cr13		540	735	12	40	24	217	—	—
103	S42037	Y30Cr13	Y3Cr13		540	735	8	35	24	217	—	—
104	S42040	40Cr13	4Cr13		—	—	—	—	—	—	50HRC	—
106	S43110	14Cr17Ni2	1Cr17Ni2		—	1080	10	—	39	—	—	—
107	S43120	17Cr16Ni2			700	900～1050	12		25 (A_{kV})		—	—
					600	800～950	14					
108	S44070	68Cr17	7Cr17		—	—	—	—	—	—	54HRC	—
109	S44080	85Cr17	8Cr17		—	—	—	—	—	—	56HRC	—
110	S44096	108Cr17	11Cr17		—	—	—	—	—	—	58HRC	—

续表

GB/T 20878中序号	统一数字代号	新牌号	旧牌号	典型热处理制度	规定非比例延伸强度 $R_{p0.2}$ /MPa	抗拉强度 R_m /MPa	断后伸长率 A /%	断面收缩率 Z /%	冲击吸收功 A_{kU2} /J	硬度		
										HBW	HRB	HV
					不小于					不大于		
马氏体型												
111	S44097	Y108Cr17	Y11Cr17	淬火回火	—	—	—	—	—	—	58HRC	—
112	S44090	95Cr18	9Cr18		—	—	—	—	—	—	55HRC	—
115	S45710	13Cr13Mo	1Cr13Mo		490	690	20	60	78	192	—	—
116	S45830	32Cr13Mo	3Cr13Mo		—	—	—	—	—	—	50HRC	—
117	S45990	102Cr17Mo	9Cr18Mo		—	—	—	—	—	—	55HRC	—
118	S46990	90Cr18MoV	9Cr18MoV		—	—	—	—	—	—	55HRC	—
沉淀硬化型												
136	S51550	05Cr15Ni5Cu4Nb		固溶处理	—	—	—	—	—	363	38HRC	—
				480℃时效	1180	1310	10	35	—	375	40HRC	—
				550℃时效	1000	1070	12	45	—	331	35HRC	—
				580℃时效	865	1000	13	45	—	302	31HRC	—
				620℃时效	725	930	16	50	—	277	28HRC	—
137	S51740	05Cr17Ni4Cu4Nb	0Cr17Ni4Cu4Nb	固溶处理	—	—	—	—	—	363	38HRC	—
				480℃时效	1180	1310	10	40	—	375	40HRC	—
				550℃时效	1000	1070	12	45	—	331	35HRC	—
				580℃时效	865	1000	13	45	—	302	31HRC	—
				620℃时效	725	930	16	50	—	277	28HRC	—
138	S51770	07Cr17Ni7Al	0Cr17Ni7Al	固溶处理	380	1030	20	—	—	229	—	—
				510℃时效	1030	1230	4	10	—	388	—	—
				565℃时效	960	1140	5	25	—	363	—	—
139	S51570	07Cr15Ni7Mo2Al	0Cr15Ni7Mo2Al	固溶处理	—	—	—	—	—	269	—	—
				510℃时效	1210	1320	6	20	—	388	—	—
				565℃时效	1100	1210	7	25	—	375	—	—

表 2-13 不锈钢的特性和用途（GB/T 1220—2007）

GB/T 20878中序号	统一数字代号	新牌号	旧牌号	特性和用途
1	S35350	12Cr17Mn6Ni5N	1Cr17Mn6Ni5N	节镍钢，性能与12Cr17Ni7(1Cr17Ni7)相近，可代替使用。在固溶态无磁，冷加工后具有轻微磁性。主要用于制造旅馆装备、厨房用具、水池、交通工具等
3	S35450	12Cr18Mn9Ni5N	1Cr18Mn8Ni5N	节镍钢，是Cr-Mn-Ni-N型最典型、发展比较完善的钢。在800℃以下具有很好的抗氧化性，且保持较高的强度，可代替12Cr18Ni9(1Cr18Ni9)使用。主要用于制作800℃以下经受弱介质腐蚀和承受负荷的零件，如炊具、餐具等
9	S30110	12Cr17Ni7	1Cr17Ni7	亚稳定奥氏体不锈钢，是最易冷变形强化的钢。经冷加工有高的强度和硬度，并仍保留足够的塑韧性，在大气条件下具有较好的耐蚀性。主要用于制造以冷加工状态承受较高负荷，又希望减轻装备重量和不生锈的设备和部件，如铁道车辆，装饰板、传送带、紧固件等
13	S30210	12Cr18Ni9	1Cr18Ni9	历史最悠久的奥氏体不锈钢，在固溶态具有良好的塑性、韧性和冷加工性，在氧化性酸和大气、水、蒸汽等介质中耐蚀性也好。经冷加工有高的强度，但伸长率比12Cr17Ni7(1Cr17Ni7)稍差。主要用于制造对耐蚀性和强度要求不高的结构件和焊接件，如建筑物外表装饰材料；也可用于制造无磁部件和低温装置的部件。但在敏化态或焊后，具有晶间腐蚀倾向，不宜用作焊接结构材料

续表

GB/T 20878 中序号	统一数字代号	新牌号	旧牌号	特性和用途
15	S30317	Y12Cr18Ni9	Y1Cr18Ni9	12Cr18Ni9(1Cr18Ni9)改进切削性能钢。最适用于快速切削(如自动车床)制作辊、轴、螺栓、螺母等
16	S30327	Y12Cr18Ni9Se	Y1Cr18Ni9Se	除调整12Cr18Ni9(1Cr18Ni9)钢的磷、硫含量外，还加入硒，提高了切削性能。用于小切削量加工，也适用于热加工或冷顶锻，如制造螺钉、铆钉等
17	S30408	06Cr19Ni10	0Cr18Ni9	在12Cr18Ni9(1Cr18Ni9)钢基础上发展演变的钢，性能类似，但耐蚀性更优，可用作薄截面尺寸的焊接件，是应用量最大、使用范围最广的不锈钢。适用于制造深冲成形部件和输酸管道、容器、结构件等，也可以制造无磁、低温设备和部件
18	S30403	022Cr19Ni10	00Cr19Ni10	为解决因$Cr_{23}C_6$析出致使06Cr19Ni10(0Cr18Ni9)钢在一些条件下存在严重的晶间腐蚀倾向而发展的超低碳奥氏体不锈钢，其敏化态耐晶间腐蚀能力显著优于06Cr18Ni9(0Cr18Ni9)钢。除强度稍低外，其他性能同06Cr18Ni9Ti(0Cr18Ni9Ti)钢，主要用于制造需焊接且焊接后又不能进行固溶处理的耐蚀设备和部件
22	S30488	06Cr18Ni9Cu3	0Cr18Ni9Cu3	在06Cr19Ni10(0Cr18Ni9)基础上为改进其冷成形性能而发展的不锈钢。铜的加入，使钢的冷作硬化倾向小，冷作硬化率降低，可以在较小的成形力下获得最大的冷变形。主要用于制作冷镦紧固件、深拉等冷成形的部件
23	S30458	06Cr19Ni10N	0Cr19Ni9N	在06Cr19Ni10(0Cr18Ni9)钢基础上添加氮，不仅防止了塑性降低，而且提高了钢的强度和加工硬化倾向，改善了钢的耐点蚀、耐晶间腐蚀性，使材料的厚度减小。用于制造有一定耐蚀性要求，并要求较高强度和减轻重量的设备或结构部件
24	S30478	06Cr19Ni9NbN	06Cr19Ni10NbN	在06Cr19Ni10(0Cr18Ni9)钢基础上添加氮和铌，提高了钢的耐点蚀和耐晶间腐蚀的性能，具有与06Cr19Ni10N(0Cr19Ni9N)钢相同的特性和用途
25	S30453	022Cr19Ni10N	00C18Ni10N	06Cr19Ni10N(0Cr19Ni9N)的超低碳钢。因06Cr19Ni10N(0Cr19Ni9N)钢在450～900℃加热后耐晶间腐蚀性能明显下降，故对于焊接设备构件，推荐用022Cr19Ni10N(00Cr18Ni10N)钢
26	S30510	10Cr18Ni12	1Cr18Ni12	在12Cr18Ni9(1Cr18Ni9)钢基础上，通过提高钢中镍含量而发展起来的不锈钢。加工硬化性比12Cr18Ni9(1Cr18Ni9)钢低。适宜用于旋压加工、特殊拉拔，如作冷镦钢用等
32	S30908	06Cr23Ni13	0Cr23Ni13	高铬镍奥氏体不锈钢，耐蚀性比06Cr19Ni10(0Cr18Ni9)钢好，但实际上多作为耐热钢使用
35	S31008	06Cr25Ni20	0Cr25Ni20	高铬镍奥氏体不锈钢，在氧化性介质中具有优良的耐蚀性，同时具有良好的高温力学性能，抗氧化性比06Cr23Ni13(0Cr23Ni13)钢好，耐点蚀和耐应力腐蚀能力优于18-8型不锈钢，既可用于耐蚀部件又可作为耐热钢使用
38	S31608	06Cr17Ni12Mo2	0Cr17Ni12Mo2	在10Cr18Ni12(1Cr18Ni12)钢基础上加入钼，使钢具有良好的耐还原性介质和耐点蚀的能力。在海水和其他各种介质中，耐蚀性优于06Cr19Ni10(0Cr18Ni9)钢，主要用作耐点蚀材料
39	S31603	022Cr17Ni12Mo2	00Cr17Ni14Mo2	06Cr17Ni12Mo2(0Cr17Ni12Mo2)的超低碳钢，具有良好的耐敏化态晶间腐蚀的性能。适用于制造厚截面尺寸的焊接部件和设备，如石油化工、化肥、造纸、印染及核能工业用设备的耐蚀材料
41	S31668	06Cr17Ni12Mo2Ti	0Cr18Ni12Mo3Ti	为解决06Cr17Ni12Mo2(0Cr17Ni12Mo2)钢的晶间腐蚀而发展起来的钢种，有良好的耐晶间腐蚀性，其他性能与06Cr17Ni12Mo2(0Cr17Ni12Mo2)钢相近，适合制造焊接部件

续表

GB/T 20878 中序号	统一数字代号	新牌号	旧牌号	特性和用途
43	S31658	06Cr17Ni12Mo2N	0Cr17Ni12Mo2N	在06Cr17Ni12Mo2(0Cr17Ni12Mo2)中加入氮，提高了强度，同时又不降低塑性，使材料的使用厚度减薄。用于耐蚀性好的高强度部件
44	S31653	022Cr17Ni 12Mo2N	00Cr17Ni 13Mo2N	在022Cr17Ni12Mo2(00Cr17Ni14Mo2)钢中加入氮，具有与022Cr17Ni12Mo2(00Cr17Ni14Mo2)钢同样的特性，用途与06Cr17Ni12Mo2N(0Cr17Ni12Mo2N)相同，但耐晶间腐蚀性能更好。主要用于化肥、造纸、制药、高压设备等领域
45	S31688	06Cr18Ni12 Mo2Cu2	0Cr18Ni12 Mo2Cu2	在06Cr17Ni12Mo2(0Cr17Ni12Mo2)钢基础上加入约2%Cu，其耐蚀性、耐点蚀性好。主要用于制作耐硫酸材料，也可用于制作焊接结构件和管道、容器等
46	S31683	022Cr18Ni14 Mo2Cu2	00Cr18Ni14 Mo2Cu2	06Cr18Ni12Mo2Cu2(0Cr18Ni12Mo2Cu2)的超低碳钢，比06Cr18Ni12Mo2Cu2(0Cr18Ni12Mo2Cu2)钢的耐晶间腐蚀性能好。用途同06Cr18Ni12Mo2Cu2 (0Cr18Ni12Mo2Cu2)钢
49	S31708	06Cr19Ni13Mo3	0Cr19Ni13Mo3	耐点蚀和抗蠕变能力优于06Cr17Ni12Mo2(0Cr17Ni12Mo2)。用于制作造纸、印染设备，石油化工及耐有机酸腐蚀的装备等
50	S31703	022Cr19Ni13Mo3	00Cr19Ni13Mo3	06Cr19Ni13Mo3(0Cr19Ni13Mo3)的超低碳钢，比06Cr19Ni13Mo3(0Cr19Ni13Mo3)钢的耐晶间腐蚀性能好，在焊接整体件时抑制碳的析出。用途与06Cr19Ni13Mo3(0Cr19Ni13Mo3)钢相同
52	S31794	03Cr18Ni16Mo5	03Cr18Ni16Mo5	耐点蚀性能优于022Cr17Ni12Mo2(00Cr17Ni14Mo2)和06Cr17Ni12Mo2Ti(0Cr18Ni12Mo3Ti)的一种高钼不锈钢，在硫酸、甲酸、醋酸等介质中的耐蚀性要比一般含2%～4%Mo的常用Cr-Ni钢更好。主要用于制造处理含氯离子溶液的热交换器、醋酸设备、磷酸设备、漂白装置等，以及在022Cr17Ni12Mo2(00Cr17Ni14Mo2)和06Cr17Ni12Mo2Ti(0Cr18Ni12Mo3Ti)钢不适用的环境中使用
55	S32168	06Cr18Ni11Ti	0Cr18Ni10Ti	钛稳定化的奥氏体不锈钢，添加钛提高了耐晶间腐蚀性能，并具有良好的高温力学性能。可用超低碳奥氏体不锈钢代替。除专用(高温或抗氢腐蚀)外，一般情况不推荐使用
62	S34778	06Cr18Ni11Nb	0Cr18Ni11Nb	铌稳定化的奥氏体不锈钢，添加铌提高了耐晶间腐蚀性能，在酸、碱、盐等腐蚀介质中的耐蚀性同06Cr18Ni11Ti(0Cr18Ni10Ti)，焊接性能良好。既可作耐蚀材料又可作耐热钢使用，主要用于火电厂、石油化工等领域，如制作容器、管道、热交换器、轴类等；也可作为焊接材料使用
64	S38148	06Cr18Ni13Si4	0Cr18Ni13Si4	在06Cr19Ni10(0Cr18Ni9)中增加镍，添加硅，提高了耐应力腐蚀断裂性能。用于制造在含氯离子环境下工作的设备，如汽车排气净化装置等
67	S21860	14Cr18Ni 11Si4AlTi	1Cr18Ni 11Si4AlTi	添加硅使钢的强度和耐浓硝酸腐蚀性能提高。可用于制作抗高温、浓硝酸介质的零件和设备，如排酸阀门等
68	S21953	022Cr19Ni5 Mo3Si2N	00Cr18Ni5 Mo3Si2	在瑞典3RE60钢基础上，加入0.05%～0.10%N形成的一种耐氯化物应力腐蚀的专用不锈钢。耐点蚀性能与022Cr17Ni12Mo2(00Cr17Ni14Mo2)相当，适用于含氯离子的环境，用于炼油、化肥、造纸、石油、化工等工业制造热交换器、冷凝器等。也可代替022Cr19Ni10(00Cr19Ni10)和022Cr17Ni12Mo2(00Cr17Ni14Mo2)钢在易发生应力腐蚀破坏的环境下使用

续表

GB/T 20878 中序号	统一数字代号	新牌号	旧牌号	特性和用途
70	S22253	022Cr22Ni5Mo3N		在瑞典 SAF205 钢基础上研制的，是目前世界上双相不锈钢中应用最普遍的钢，对含硫化氢、二氧化碳、氯化物的环境具有阻抗性，可进行冷、热加工及成形，焊接性良好，适用于作结构材料，用来代替 022Cr19Ni10（00Cr19Ni10）和 022Cr17Ni12Mo2(00Cr17Ni14Mo2)奥氏体不锈钢使用。用于制作油井管、化工储罐、热交换器、冷凝器等易产生点蚀和应力腐蚀的受压设备
71	S22053	022Cr23Ni5Mo3N		从 022Cr22Ni5Mo3N 基础上派生出来的，具有更窄的区间，特性和用途同 022Cr22Ni5Mo3N
73	S22553	022Cr25Ni6Mo2N		在 0Cr26Ni5Mo2 钢基础上调高钼含量、调低碳含量，添加氮，具有高强度、耐氯化物应力腐蚀、可焊接等特点，是耐点蚀最好的钢，代替 0Cr26Ni5Mo2 钢使用。主要应用于化工、化肥、石油化工等工业领域，主要制作热交换器、蒸发器等
75	S25554	03Cr25Ni6Mo3Cu2N		在英国 Ferraliunalloy 255 合金基础上研制的，具有良好的力学性能和耐局部腐蚀性能，尤其是耐磨损性能优于一般的奥氏体不锈钢，是海水环境中的理想材料。适用于制作舰船用的螺旋推进器、轴、潜艇密封件等，也适于在化工、石油化工、天然气、纸浆、造纸等领域应用
78	S11348	06Cr13Al	0Cr13Al	低铬纯铁素体不锈钢，非淬硬性钢。具有相当于低铬钢的不锈性和抗氧化性，塑性、韧性和冷成形性优于铬含量更高的其他铁素体不锈钢。主要用于 12Cr13(1Cr13)或 10Cr17(1Cr17)由于空气可淬硬而不适用的地方，如石油精制装置、压力容器衬里、蒸汽透平叶片和复合钢板等
83	S11203	022Cr12	00Cr12	比 022Cr13(0Cr13)碳含量低，焊接部位弯曲性能、加工性能、耐高温氧化性能好。用于制造汽车排气处理装置、锅炉燃烧室、喷嘴等
85	S11710	10Cr17	1Cr17	具有耐蚀性、力学性能好和热导率高的特点，在大气、水蒸气等介质中具有不锈性，但当介质中含有较多氯离子时，不锈性则不足。主要用于制造生产硝酸、硝铵的化工设备，如吸收塔、热交换器、贮槽等；薄板主要用于建筑内装饰、日用办公设备、厨房器具、汽车装饰、气体燃烧器等。由于它的脆性转变温度在室温以上，且对缺口敏感，故不适于制作室温以下的承受载荷的设备和部件，且通常使用的钢材其截面尺寸一般不允许超过 4mm
86	S11717	Y10Cr17	Y1Cr17	10Cr7(1Cr17)改进的切削钢。主要用于大切削量自动车床机加工零件，如螺栓、螺母等
88	S11790	10Cr17Mo	1Cr17Mo	在 10Cr17(1Cr17)钢中加入钼，提高钢的耐点蚀、耐缝隙腐蚀性及强度等，比 10Cr17(1Cr17)钢抗盐溶液腐蚀性强。主要用作汽车轮毂、紧固件以及汽车外装饰材料使用
94	S12791	008Cr27Mo	00Cr27Mo	高纯铁素体不锈钢中发展最早的钢，性能类似于 008Cr30Mo2(00Cr30Mo2)，适用于既要求耐蚀性又要求软磁性的场合
95	S130914	008Cr30Mo2	00Cr30Mo2	高纯铁素体不锈钢。脆性转变温度低，耐卤离子应力腐蚀破坏性好，耐蚀性与纯镍相当，并具有良好的韧性、加工成形性和焊接性。主要用于制造化学加工工业（醋酸、乳酸等有机酸，苛性钠浓缩工程）成套设备及食品工业、石油精炼工业、电力工业、水处理和污染控制等领域的热交换器、压力容器、罐和其他设备等
96	S40310	12Cr12	1Cr12	用于制造汽轮机叶片及高应力部件的良好的不锈耐热钢

续表

GB/T 20878 中序号	统一数字代号	新牌号	旧牌号	特性和用途
97	S41008	06Cr13	0Cr13	用于制造较高韧性及受冲击负荷的零件，如汽轮机叶片、结构架、衬里、螺栓、螺母等
98	S41010	12Cr13	1Cr13	半马氏体型不锈钢，经淬火回火处理后具有较高的强度、韧性，良好的耐蚀性和可加工性。主要用于制造韧性要求较高且具有不锈性的受冲击载荷的部件，如刃具、叶片、紧固件、水压机阀、热裂解抗硫腐蚀设备等；也可制作在常温条件耐弱腐蚀介质的设备和部件
100	S41617	Y12Cr13	Y1Cr13	不锈钢中切削性能最好的钢，用于自动车床领域
101	S42020	20Cr13	2Cr13	马氏体型不锈钢，其主要性能类似于12Cr13(1Cr13)。由于碳含量较高，其强度、硬度高于12Cr13(1Cr13)，耐韧性和耐蚀性略低。主要用于制造承受高应力负荷的零件，如汽轮机叶片、热油泵、轴和轴套、叶轮、水压机阀片等，也可用于造纸工业和医疗器械领域以及制造日用消费领域的刀具、餐具等
102	S42030	30Cr13	3Cr13	马氏体型不锈钢，较12Cr13(1Cr13)和20Cr13(2 Cr13)钢具有更高的强度、硬度和更好的淬透性，在室温的稀硝酸和弱的有机酸中具有一定的耐蚀性，但不及12Cr13(1Cr13)和20Cr13(2Cr13)钢。主要用于制造高强度部件，以及承受高应力载荷并在一定腐蚀介质条件下的磨损件，如300℃以下工作的刃具、弹簧，400℃以下工作的轴、螺栓、阀门、轴承等
103	S42037	Y30Cr13	Y3Cr13	改善30Cr13(3Cr13)切削性能的钢。用途与30Cr13(3Cr13)相似，需要更好的切削性能
104	S42040	40Cr13	4Cr13	特性与用途类似于30Cr13(3Cr13)钢，其强度、硬度高于30Cr13(3Cr13)钢，而韧性和耐蚀性略低。主要用于制造外科医疗用具、轴承、阀门、弹簧等。40Cr13(4Cr13)钢可焊性差，通常不制造焊接部件
106	S43110	14Cr17Ni2	1Cr17Ni2	热处理后具有较高的力学性能，耐蚀性优于12Cr13(1Cr13)和10Cr17(1Cr17)。一般用于制造既要求高力学性能和可淬硬性，又要求耐硝酸、有机酸腐蚀的轴类、活塞杆、泵、阀等零部件以及弹簧和紧固件
107	S43120	17Cr16Ni2		加工性能比14Cr17Ni2(1Cr17Ni2)明显改善，适用于制作要求较高强度、韧性、塑性和良好的耐蚀性的零部件及在潮湿介质中工作的承力件
108	S44070	68Cr17	7Cr17	高铬马氏体型不锈钢，与20Cr13(2Cr13)相比有较高的淬火硬度。在淬火回火状态下，具有高强度和高硬度，并兼有不锈、耐蚀性能，一般用于制造要求具有不锈性或耐稀氧化性酸、有机酸和盐类腐蚀的刀具、量具、轴类、杆件、阀门等部件
109	S44080	85Cr17	8Cr17	可淬硬性不锈钢。性能与用途类似于68Cr17(7Cr17)，但在硬化状态下，比68Cr17(7Cr17)硬，而比108Cr17(11Cr17)韧性高，如刃具、阀座等
110	S44096	108Cr17	11Cr17	在可淬硬性不锈钢中硬度最高，性能与用途类似于68Cr17(7Cr17)。主要用于制作喷嘴、轴承等
111	S44097	Y108Cr17	Y11Cr17	108Cr17(11Cr17)改进的切削性钢种，用于自动车床领域
112	S44090	95Cr18	9Cr18	高碳马氏体不锈钢。较Cr17型马氏体型不锈钢耐蚀性有所改善，其他性能与Cr17型马氏体型不锈钢相似。主要用于制造耐蚀高强度耐磨损部件，如轴、泵、阀件、杆类、弹簧、紧固件等。由于钢中极易形成不均匀的碳化物而影响钢的质量和性能，需在生产时予以注意

续表

GB/T 20878中序号	统一数字代号	新牌号	旧牌号	特性和用途
115	S45710	13Cr13Mo	1Cr13Mo	比12Cr13(1Cr13)钢耐蚀性高的高强度钢。用于制作汽轮机叶片,高温部件等
116	S45830	32Cr13Mo	3Cr13Mo	在30Cr13(3Cr13)钢基础上加入钼,改善了钢的强度和硬度,并增强了二次硬化效应,且耐蚀性优于30Cr13(3Cr13)钢。主要用途同30Cr13(3Cr13)钢
117	S45990	102Cr17Mo	9Cr18Mo	性能与用途类似于95Cr18(9Cr18)钢。由于钢中加入了钼和钒,热强性和耐回火性均优于95Cr18(9Cr18)钢。主要用来制造承受摩擦并在腐蚀介质中工作的零件,如量具、刃具等
118	S46990	90Cr18MoV	9Cr18MoV	
136	S51550	05Cr15Ni5Cu4Nb		在05Cr17Ni4Cu4Nb(0Cr17Ni4Cu4Nb)钢基础上发展的马氏体沉淀硬化不锈钢,除高强度外,还具有高的横向韧性和良好的可锻性,耐蚀性与05Cr17Ni4Cu4Nb(0Cr17Ni4Cu4Nb)钢相当。主要应用于要求具有高强度、良好韧性,又要求有优良耐蚀性的服役环境,如高强度锻件、高压系统阀门部件、飞机部件等
137	S51740	05Cr17Ni4Cu4Nb	0Cr17Ni4Cu4Nb	添加铜和铌的马氏体沉淀硬化不锈钢,强度可通过改变热处理工艺予以调整,耐蚀性优于Cr13型及95Cr18(9Cr18)和14Cr17Ni2(1Cr17Ni2)钢,抗腐蚀疲劳及抗水滴冲蚀的能力优于12%Cr马氏体型不锈钢,焊接工艺简便,易于加工制造,但较难进行深度冷成形。主要用于制造既要求具有不锈性又要求耐弱酸、碱、盐腐蚀的高强度部件,如汽轮机末级动叶片以及在腐蚀环境下、工作温度低于300℃的结构件
138	S51770	07Cr17Ni7Al	0Cr17Ni7Al	添加铝的半奥氏体沉淀硬化不锈钢,成分接近18-8型奥氏体不锈钢,具有良好的冶金和制造加工工艺性能。可用于350℃以下长期工作的结构件、容器、管道、弹簧、垫圈、计器部件,该钢热处理工艺复杂,在全世界范围内有被马氏体时效钢取代的趋势,但目前仍具有广泛应用的领域
139	S51570	07Cr15Ni7Mo2Al	0Cr15Ni7Mo2Al	以2%Mo取代07Cr17Ni7Al(0Cr17Ni7Al)钢中2%Cr的半奥氏体沉淀硬化不锈钢,使之耐还原性介质腐蚀能力有所改善,综合性能优于07Cr17Ni7Al(0Cr17Ni7Al)。用于制造宇航、石油化工和能源等领域有一定耐蚀要求的高强度容器、零件及结构件

2.1.3 铸钢、铸铁

(1) 铸造用碳钢

一般工程用铸造碳钢的力学性能及应用见表2-14。

表2-14 一般工程用铸造碳钢的力学性能及应用(GB/T 11352—2009)

牌号	下屈服强度R_{eH}($R_{p0.2}$)/MPa	抗拉强度R_m/MPa	伸长率A_5/%	根据合同选择			应用
				断面收缩率Z/%	冲击吸收功A_{kV}/J	冲击吸收功A_{kU}/J	
ZG200-400	200	400	25	40	30	47	机座、电气吸盘、变速箱体等受力不大但要求有韧性的零件
ZG230-450	230	450	22	32	25	35	用于制造载荷不大、韧性较好的零件,如轴承盖、底板、阀体、侧架、轧钢机架、铁道车辆摇枕、箱体等

续表

牌号	下屈服强度 R_{eH} ($R_{p0.2}$) / MPa	抗拉强度 R_m/ MPa	伸长率 A_5/%	根据合同选择			应用
				断面收缩率 Z/%	冲击吸收功 A_{kV}/J	冲击吸收功 A_{kU}/J	
ZG270-500	270	500	18	25	22	27	飞轮、车辆车钩、水压机工作缸、机架、蒸汽锤气缸、轴承座、连杆、箱体、曲拐
ZG310-570	310	570	15	21	15	24	用于制造重载零件，如联轴器、大齿轮、缸体、气缸、机架、制动轮、轴及辊子
ZG340-640	340	640	10	18	10	16	起重运输机齿轮、联轴器、齿轮、车轮、棘轮、叉头

注：1. 表中所列的各牌号性能，适用于厚度为100mm以下的铸件。当铸件厚度超过100mm时，表中规定的 R_{eH}($R_{p0.2}$) 屈服强度仅供设计使用。

2. 表中冲击吸收功 A_{kU}的试样缺口为2mm。

(2) 铸铁

铸铁的力学性能及应用见表2-15～表2-17。

表2-15 灰铸铁的力学性能及应用 (GB/T 9439—2010)

牌号	铸件壁厚/mm		最小抗拉强度 R_m(强制性值)(min)/MPa		铸件本体预期抗拉强度 R_m/MPa (min)	应用
	>	≤	单铸试棒	附铸试棒或试块		
HT100	5	40	100	—	—	机床中受轻载荷、轻磨损的无关紧要的铸件，如托盘、盖、罩、手轮、把手、重锤等形状简单且性能要求不高的零件；冶金矿山设备中的高炉平衡锤、炼钢炉重锤、钢锭模
HT150	5	10	150	—	155	承受中等弯曲应力、摩擦面间压强不高于0.49MPa的铸件，如多数机床的底座，有相对运动和磨损的零件，如工作台，汽车中的变速器、排气管、进气管等；拖拉机中的液压泵进出油管、鼓风机底座，内燃机车水泵壳，止回阀体，电动机轴承盖，汽轮机操纵座外壳，缓冲器外壳等
	10	20		—	130	
	20	40		120	110	
	40	80		110	95	
	80	150		100	80	
	150	300		*90*	—	
HT200	5	10	200	—	205	承受较大弯曲应力、要求保持气密性的铸件，如机床立柱、刀架、齿轮箱体、多数机床床身、滑板、箱体、液压缸、泵体、阀体、制动轮、飞轮、气缸盖、分离器本体、鼓风机座、带轮、叶轮、压缩机机身、轴承架、内燃机车风缸体、阀套、活塞、导水套筒、前缸盖等
	10	20		—	180	
	20	40		170	155	
	40	80		150	130	
	80	150		140	115	
	150	300		*130*	—	
HT225	5	10	225	—	230	炼钢用轨道板、气缸套、齿轮、机床立柱、齿轮箱体、机床床身、磨床转体、液压缸、泵体、阀体
	10	20		—	200	
	20	40		190	170	
	40	80		170	150	
	80	150		155	135	
	150	300		*145*	—	
HT250	5	10	250	—	250	承受高弯曲应力、拉应力、要求保持高度气密性的铸件，如重型机床床身，多轴机床主轴箱，卡盘齿轮，高压液压缸，泵体，阀体，水泵出水段，进水段，吸入盖，双螺旋分级机机座，锥齿轮，大型卷筒，轧钢机座，焦化炉导板，汽轮机隔板，泵壳，收缩管，轴承支架，主配阀壳体，环形缸座等
	10	20		—	225	
	20	40		210	195	
	40	80		190	170	
	80	150		170	155	
	150	300		*160*	—	

续表

牌号	铸件壁厚/mm		最小抗拉强度 R_m（强制性值）(min)/MPa		铸件本体预期抗拉强度 R_m/ MPa (min)	应　用
	>	≤	单铸试棒	附铸试棒或试块		
HT275	10	20	275	—	250	
	20	40		230	220	
	40	80		205	190	
	80	150		190	175	
	150	300		*175*	—	
HT300	10	20	300	—	270	齿轮、凸轮、车床卡盘、剪床、压力机的机身；导板、六角、自动车床及其他重负荷机床铸有导轨的床身；高压液压筒、液压泵和滑阀的壳体
	20	40		250	240	
	40	80		220	210	
	80	150		210	195	
	150	300		*190*	—	
HT350	10	20	350	—	315	
	20	40		290	280	
	40	80		260	250	
	80	150		230	225	
	150	300		*210*	—	

注：1. 当铸件壁厚超过300mm时，其力学性能由供需双方商定。

2. 当用某牌号的铁液浇注壁厚均匀、形状简单的铸件时，壁厚变化引起抗拉强度的变化，可从本表查出参考数据；当铸件壁厚不均匀，或有型芯时，此表只能给出不同壁厚处大致的抗拉强度值，铸件的设计应根据关键部位的实测值进行。

3. 表中斜体字数值表示指导值，其余抗拉强度值均为强制性值，铸件本体预期抗拉强度值不作为强制性值。

表 2-16　球墨铸铁的力学性能及应用（GB/T 1348—2009）

牌号	抗拉强度 R_m/MPa (min)	屈服强度 $R_{p0.2}$/MPa (min)	伸长率 A/%	布氏硬度 (HBW)	主要基体组织	应　用
QT350-22L	350	220	22	≤160	铁素体	
QT350-22R	350	220	22	≤160	铁素体	
QT350-22	350	220	22	≤160	铁素体	
QT400-18L	400	240	18	120～175	铁素体	韧性高，低温性能较好，具有一定的耐蚀性，用于制作汽车和拖拉机中的牵引枢、轮毂、驱动桥壳体、离合器壳体、差速器壳体、减速器壳、离合器拨叉、弹簧吊耳、阀盖、支架、收割机的导架、护刃器等
QT400-18R	400	250	18	120～175	铁素体	
QT400-18	400	250	18	120～175	铁素体	
QT400-15	400	250	15	120～180	铁素体	
QT450-10	450	310	10	160～210	铁素体	具有中等的强度和韧性，用于制作内燃机中的油泵齿轮、汽轮机的中温气缸隔板、水轮机阀门体、机车车辆轴瓦、输电线路的联板
QT500-7	500	320	7	170～230	铁素体＋珠光体	
QT550-5	550	350	5	180～250	铁素体＋珠光体	
QT600-3	600	370	3	190～270	珠光体＋铁素体	具有较高的强度、耐磨性及一定的韧性，用于制作部分机床的主轴、空压机、冷冻机、制氧机、泵的曲轴、缸体、缸套、球磨机齿轴、矿车轮、汽油机的曲轴、部分轻型柴油机及汽油机的凸轮轴、气缸套、进排气门座、连杆、小载荷齿轮等
QT700-2	700	420	2	225～305	珠光体	
QT800-2	800	480	2	245～335	珠光体或索氏体	
QT900-2	900	600	2	280～360	回火马氏体或屈氏体＋索氏体	具有高强度、高耐磨性，较高的弯曲疲劳强度，用于制作内燃机中的凸轮轴、拖拉机的减速齿轮、汽车中的准双曲面齿轮、农机中的耙片等

注：1. 如需求球墨铸铁 QT500-10 时，其性能要求见 GB/T 1348—2009 附录 A。

2. 字母"L"表示该牌号有低温（－20℃或－40℃）下的冲击性能要求；字母"R"表示该牌号有室温（23℃）下的冲击性能要求。

3. 伸长率是从原始标距 $L_0=5d$ 上测得的，d 是试样上原始标距处的直径。其他规格的标距见 GB/T 1348—2009 中 9.1 及附录 B。

表 2-17 可锻铸铁的力学性能及应用（GB/T 9440—2010）

牌号		试样直径 d①②/mm	抗拉强度 R_m/MPa (min)	屈服强度 $R_{p0.2}$/MPa (min)	伸长率 A ($L_0=3d$) /%(min)	布氏硬度 (HBW)	应用
黑心	KTH275-05③	12 或 15	275	—	5	≤150	具有高的冲击韧度和适当的强度，用于制造承受冲击、振动及扭转负荷下工作的零件。通常多用于制造农机零件、纺织机械零件、汽车、机床、运输机械、升降机械零件及管道配件
	KTH300-06③	12 或 15	300	—	6		
	KTH330-08	12 或 15	330	—	8		
	KTH350-10	12 或 15	350	200	10		
	KTH370-12	12 或 15	370	—	12		
珠光体	KTZ450-06	12 或 15	450	270	6	150～200	韧度较低，但强度大，耐磨性好，且加工性良好，可用来代替低碳、中碳、低合金钢及有色合金。用于制造要求强度和耐磨性较高的重要零件，如曲轴、连杆、齿轮、摇臂、凸轮轴、活塞环以及农具、军工用零件，是近代机械工业中得到广泛应用并且有发展前途的结构材料
	KTZ500-05	12 或 15	500	300	5	165～215	
	KTZ550-04	12 或 15	550	340	4	180～230	
	KTZ600-03	12 或 15	600	390	3	195～245	
	KTZ650-02④⑤	12 或 15	650	430	2	210～260	
	KTZ700-02	12 或 15	700	530	2	240～290	
	KTZ800-01④	12 或 15	800	600	1	270～320	
白心	KTB350-04	6	270	—	10	230	如果采用正确的工艺，所有牌号的白心可锻铸铁均可焊接 KTB380-12 适用于对强度有特殊要求和焊接后不需进行热处理的零件
		9	310	—	5		
		12	350	—	4		
		15	360	—	3		
	KT B360-12	6	280	—	16	200	
		9	320	170	15		
		12	360	190	12		
		15	370	200	7		
	KTB400-05	6	300	—	12	220	
		9	360	200	8		
		12	400	220	5		
		15	420	230	4		
	KTB450-07	6	330	—	12	220	
		9	400	230	10		
		12	450	260	7		
		15	480	280	4		
	KTB550-04	6	490	—	—	250	
		9	550	310	5		
		12	570	340	4		
		15	—	350	3		

① 如果需方没有明确要求，供方可以任意选取两种试样直径中的一种。
② 试样直径代表同样壁厚的铸件，如果铸件为薄壁件时，供需双方可以协商选取直径为 6mm 或者 9mm 的试样。
③ KTH275-05 和 KTH300-06 为专门用于保证压力密封性能，而不要求高强度或者高延展性的工作条件。
④ 油淬加回火。
⑤ 空冷加回火。

2.2 常用有色金属材料

2.2.1 铜和铜合金

(1) 铸造铜合金

铸造铜合金的力学性能及应用见表 2-18。

表 2-18 铸造铜合金的力学性能及应用（GB/T 1176—2013）

序号	牌号	铸造方法	室温力学性能 不小于				应用
			抗拉强度 R_m /MPa	屈服强度 $R_{p0.2}$ /MPa	伸长率 A / %	布氏硬度 (HBW)	
1	ZCu99	S	150	40	40	40	很高的导电、传热和延伸性能，在大气、淡水和流动不大的海水中具有良好的耐蚀性；凝固温度范围窄，流动性好，适用于砂型、金属型、连续铸造，适用于氩弧焊接。在黑色金属冶炼中用作高炉风口小套、渣口小套，冷却板，冷却壁；在电炉炼钢中用作氧枪喷头、电极夹持器、熔沟；在有色金属冶炼中用作闪速炉冷却用件；大型电机用屏蔽罩、导电连接件；另外还可用于制造饮用水管道、铜坩埚等
2	ZCuSn3Zn8Pb6Ni1	S	175		8	60	耐磨性能好，易加工，铸造性能好，气密性能较好，耐腐蚀，可在流动海水中工作。用于制造在各种液体燃料以及海水、淡水和蒸汽（≤225℃）中工作的零件，压力不大于 2.5MPa 的阀门和管配件
		J	215		10	70	
3	ZCuSn3Zn11Pb4	S、R	175		8	60	铸造性能好，易加工，耐腐蚀。用于制造在海水、淡水、蒸汽中工作，压力不大于 2.5MPa 的管配件
		J	215		10	60	
4	ZCuSn5Pb5Zn5	S、J、R	200	90	13	60	耐磨性和耐蚀性好，易加工，铸造性能和气密性较好。在较高负荷、中等滑动速度下工作的耐磨、耐腐蚀零件，如轴瓦、衬套、缸套、活塞离合器、泵件压盖以及蜗轮等
		Li、La	250	100	13	65	
5	ZCuSn10P1	S、R	220	130	3	80	硬度高，耐磨性较好，不易产生咬死现象，有较好的铸造性能和切削性能，在大气和淡水中有良好的耐蚀性。可用于制造在高负荷（20MPa 以下）和高滑动速度（8m/s）下工作的耐磨零件，如连杆、衬套、轴瓦、齿轮、蜗轮等
		J	310	170	2	90	
		Li	330	170	4	90	
		La	360	170	6	90	
6	ZCuSn10Pb5	S	195		10	70	耐腐蚀，特别是对稀硫酸、盐酸和脂肪酸具有耐腐蚀作用。用于制造结构材料，耐蚀、耐酸的配件以及破碎机的衬套、轴瓦
		J	245		10	70	
7	ZCuSn10Zn2	S	240	120	12	70	耐蚀性、耐磨性和切削加工性能好，铸造性能好，铸件致密性较高，气密性较好。用于制作在中等及较高负荷和小滑动速度下工作的重要管配件，以及阀、旋塞、泵体、齿轮、叶轮和蜗轮等
		J	245	140	6	80	
		Li、La	270	140	7	80	
8	ZCuPb9Sn5	La	230	110	11	60	润滑性、耐磨性能良好，易切削，可焊性良好，软钎焊性、硬钎焊性均良好，不推荐氧燃烧气焊和各种形式的电弧焊。用于制造轴承和轴套及汽车用衬管轴承
9	ZCuPb10Sn10	S	180	80	7	65	润滑性能、耐磨性能和耐蚀性能好，适合用作双金属铸造材料。用于制造表面压力高，又存在侧压的滑动轴承，如轧辊、车辆用轴承、负荷峰值 60MPa 的受冲击零件、最高峰值达 100MPa 的内燃机双金属轴瓦以及活塞销套、摩擦片等
		J	220	140	5	70	
		Li、La	220	110	6	70	
10	ZCuPb15Sn8	S	170	80	5	60	在缺乏润滑剂和用水质润滑剂的条件下，滑动性和自润滑性能好，易切削，铸造性能差，对稀硫酸耐蚀性能好。用于制造表面压力高，又有侧压力的轴承，也可用来制造冷轧机的铜冷却管、耐冲击负荷达 50MPa 的零件、内燃机的双金属轴瓦，主要用于制造最大负荷达 70MPa 的活塞销套、耐酸配件
		J	200	100	6	65	
		Li、La	220	100	8	65	
11	ZCuPb17Sn4Zn4	S	150		5	55	耐磨性和自润滑性能好，易切削，铸造性能差。用于制造一般耐磨件，高滑动速度的轴承等
		J	175		7	60	

续表

序号	牌号	铸造方法	室温力学性能 不小于				应用
			抗拉强度 R_m /MPa	屈服强度 $R_{p0.2}$ /MPa	伸长率 A / %	布氏硬度 (HBW)	
12	ZCuPb20Sn5	S	150	60	5	45	有较高滑动性能，在缺乏润滑介质和以水为介质时有特别好的自润滑性能，适用于双金属铸造材料，耐硫酸腐蚀，易切削，铸造性能差。用于制造高滑动速度的轴承，破碎机、水泵、冷轧机轴承，负荷达40MPa的零件，抗腐蚀零件，双金属轴承，负荷达70MPa的活塞销套
		J	150	70	6	55	
		La	180	80	7	55	
13	ZCuPb30	J				25	有良好的自润滑性，易切削，铸造性能差，易产生密度偏析。用于制造要求高滑动速度的双金属轴承、减磨零件等
14	ZCuAl8Mn13Fe3	S	600	270	15	160	具有很高的强度和硬度及良好的耐磨性能和铸造性能，合金致密性能高，耐蚀性好，作为耐磨件工作温度不大于400℃，可以焊接，不易钎焊。适用于制造重型机械用轴套，以及要求强度高、耐磨、耐压的零件，如衬套、法兰、阀体、泵体等
		J	650	280	10	170	
15	ZCuAl8Mn13Fe3Ni2	S	645	280	20	160	有很高的力学性能，在大气、淡水和海水中均有良好的耐蚀性，腐蚀疲劳强度高，铸造性能好，合金组织致密，气密性好，可以焊接，不易钎焊。用于制造要求强度高耐腐蚀的重要铸件，如船舶螺旋桨、高压阀体、泵体，以及耐压、耐磨的零件，如蜗轮、齿轮、法兰、衬套等
		J	670	310	18	170	
16	ZCuAl8Mn14Fe3Ni2	S	735	280	15	170	有很高的力学性能，在大气、淡水和海水中具有良好的耐蚀性，腐蚀疲劳强度高，铸造性能好，合金组织致密，气密性好，可以焊接，不易钎焊。用于制造要求强度高，耐腐蚀性好的重要铸件，是制造各类船舶螺旋桨的主要材料之一
17	ZCuAl9Mn2	S、R	390	150	20	85	有高的力学性能，在大气、淡水和海水中耐蚀性好，铸造性能好，组织致密，气密性高，耐磨性好，可以焊接，不易钎焊。用于制造耐蚀、耐磨的零件及形状简单的大型铸件，如衬套、齿轮、蜗轮，以及在250℃以下工作的管配件和要求气密性高的铸件，如增压器内气封
		J	440	160	20	95	
18	ZCuAl8Be1Co1	S	647	280	15	160	有很高的力学性能，在大气、淡水和海水中具有良好的耐蚀性，腐蚀疲劳强度高，耐空泡腐蚀性能优异，铸造性能好，合金组织致密，可以焊接。用于制造要求强度高、耐腐蚀、耐空蚀的重要铸件，主要用于制造小型快艇螺旋桨
19	ZCuAl9Fe4Ni4Mn2	S	630	250	16	160	有很高的力学性能，在大气、淡水和海水中耐蚀性好，铸造性能好，在400℃以下具有耐热性，可以热处理，焊接性能好，不易钎焊，铸造性能尚好。用于制造要求强度高、耐蚀性好的重要铸件，是制造船舶螺旋桨的主要材料之一，也可用于制作耐磨和在400℃以下工作的零件，如轴承、齿轮、蜗轮、螺母、法兰、阀体、导向套筒
20	ZCuAl10Fe4Ni4	S	539	200	5	155	有很高的力学性能.良好的耐蚀性，高的腐蚀疲劳强度，可以热处理强化，在400℃以下有高的耐热性。用于制造高温耐蚀零件，如齿轮、球形座、法兰航空发动机的阀座，以及抗蚀零件，如轴瓦、吊钩及酸洗筐、搅拌器、阀导管及蜗杆等
		J	588	235	5	166	
21	ZCuAl10Fe3	S	490	180	13	100	具有高的力学性能、耐磨性和耐蚀性能好，可以焊接，不易钎焊，大型铸件700℃空冷可以防止变脆。用于制造要求强度高、耐磨、耐蚀的重型铸件，如轴套、螺母、蜗轮以及在250℃以下工作的管配件
		J	540	200	15	110	
		Li、La	540	200	15	110	

续表

序号	牌号	铸造方法	室温力学性能 不小于				应用
			抗拉强度 R_m /MPa	屈服强度 $R_{p0.2}$ /MPa	伸长率 A / %	布氏硬度 (HBW)	
22	ZCuAl10Fe3Mn2	S、R	490		15	110	具有高的力学性能和耐磨性，可热处理，高温下耐蚀性和抗氧化性能好，在大气、淡水和海水中耐蚀性好，可以焊接，不易钎焊，大型铸件700℃空冷可以防止变脆。用于制造要求强度高、耐磨、耐蚀的零件，如齿轮、轴承、衬套、管嘴以及耐热管配件等
		J	540		20	120	
23	ZCuZn38	S	295	95	30	60	具有优良的铸造性能和较高的力学性能，切削加工性能好，可以焊接，耐蚀性较好，有应力腐蚀开裂倾向。用于制造一般结构件和耐蚀零件，如法兰、阀座、支架、手柄和螺母等
		J	295	95	30	70	
24	ZCuZn21Al5Fe2Mn2	S	608	275	15	160	有很高的力学性能，铸造性能良好，耐蚀性较好，有应力腐蚀开裂倾向。用于制造要求强度高、耐磨的零件，如小型船舶及军辅船螺旋桨
25	ZCuZn25Al6Fe3Mn3	S	725	380	10	160	有很高的力学性能，铸造性能良好，耐蚀性较好，有应力腐蚀开裂倾向，可以焊接。用于制造要求强度高、耐磨的零件，如桥梁支撑板、螺母、螺杆、耐磨板、滑块和蜗轮等
		J	740	400	7	170	
		Li、La	740	400	7	170	
26	ZCuZn26Al4Fe3Mn3	S	600	300	18	120	有很高的力学性能，铸造性能良好，在空气、淡水和海水中耐蚀性较好，可以焊接。用于制造要求强度高、耐蚀的零件
		J	600	300	18	130	
		Li、La	600	300	18	130	
27	ZCuZn31Al2	S、R	295		12	80	铸造性能良好，在空气、淡水、海水中耐蚀性较好，易切削，可以焊接。适用于压力铸造，如制造电机、仪表等压力铸件以及造船业和机械制造业的耐蚀零件
		J	390		15	90	
28	ZCuZn35Al2Mn2Fe2	S	450	170	20	100	具有高的力学性能和良好的铸造性能，在大气、淡水、海水中有较好的耐蚀性，切削性能好，可以焊接。用于制造管路配件和要求不高的耐磨件
		J	475	200	18	110	
		Li、La	475	200	18	110	
29	ZCuZn38Mn2Pb2	S	215		10	70	有较高的力学性能和耐蚀性，耐磨性较好，切削性能良好。用于制造一般用途的结构件及船舶、仪表等使用的外形简单的铸件，如套筒、衬套、轴瓦、滑块等
		J	345		18	80	
30	ZCuZn40Mn2	S、R	345		20	80	有较高的力学性能和耐蚀性，铸造性能好，受热时组织稳定。用于制造在空气、淡水、海水、蒸汽（小于300℃）和各种液体燃料中工作的零件和阀体、阀杆、泵、管接头，以及需要浇注巴氏合金和镀锡的零件等
		J	390		25	90	
31	ZCuZn40Mn3Fe1	S、R	440		18	100	有高的力学性能，良好的铸造性能和切削加工性能，在空气、淡水、海水中耐蚀性能好，有应力腐蚀开裂倾向。用于制造耐海水腐蚀的零件，300℃以下工作的管配件，以及船舶螺旋桨等大型铸件
		J	490		15	110	
32	ZCuZn33Pb2	S	180	70	12	50	结构材料，给水温度为90℃时抗氧化性能好，电导率为10～14MS/m。用于制造煤气和给水设备的壳体，机器制造业、电子技术、精密仪器和光学仪器的部分构件和配件
33	ZCuZn40Pb2	S、R	220	95	15	80	有好的铸造性能和耐磨性，切削加工性能好，耐蚀性较好，在海水中有应力腐蚀倾向。用于制造一般用途的耐磨、耐蚀零件，如轴套、齿轮等
		J	280	120	20	90	

续表

序号	牌号	铸造方法	室温力学性能 不小于				应用
			抗拉强度 R_m /MPa	屈服强度 $R_{p0.2}$ /MPa	伸长率 A / %	布氏硬度 (HBW)	
34	ZCuZn16Si4	S、R	345	180	15	90	具有较高的力学性能和良好的耐蚀性，铸造性能好，流动性高，铸件组织致密，气密性好。用于制造接触海水工作的管配件以及水泵、叶轮、旋塞和在空气、淡水、油、燃料以及工作压力在4.5MPa以下、工作温度在250℃以下的蒸汽中工作的铸件
		J	390		20	100	
35	ZCuNi10 Fe1Mn1	S、J、Li、La	310	170	20	100	具有高的力学性能和良好的耐海水腐蚀性能，铸造性能好，可以焊接。用于制造耐海水腐蚀的结构件和压力设备，如海水泵、阀和配件
36	ZCuNi30 Fe1Mn1	S、J、Li、La	415	220	20	140	具有高的力学性能和良好的耐海水腐蚀性能，铸造性能好，铸件致密，可以焊接。用于制造需要抗海水腐蚀的阀、泵体、凸轮和弯管等

(2) 加工用纯铜和铜合金

加工用纯铜和铜合金的主要特性和应用范围见表2-19。

表2-19 加工用纯铜和铜合金的主要特性和应用范围

组别	牌号	主要特性及应用举例
纯铜	T1，T2	一号铜含Cu+Ag99.95%，二号铜含Cu+Ag99.90% 导电、导热、耐蚀和加工性能好，可以焊接和钎焊，不宜在高温(≥370℃)还原性气体中加工(退火、焊接等)和使用。用于制造电线、电缆、导电螺钉、化工用蒸发器及各种管道
	T3	三号铜含Cu+Ag99.70%，有较好的导电、导热、耐蚀和加工性能，可以焊接和钎焊。含降低导电、导热性能的杂质较多，可以引起"氢病"。用于一般场合，如电气开关、垫圈、垫片、铆钉、油管及其他管道等
无氧铜	TU1，TU2	含铜99.97%(TU2)。纯度高，导电、导热性好，无"氢病"或极少"氢病"。加工性能和焊接、耐蚀、耐低温性好。主要用于电真空仪器、仪表器件
磷脱氧铜	TP1，TP2	焊接和冷弯性能好，一般无"氢病"倾向。可在还原气氛中加工、使用，但不宜在氧化性气体中加工、使用。TP1的导电、导热性能比TP2高。用于制作汽油或气体输送管、排水管、冷凝器、热交换器零件等
银铜	TAg0.1	含铜99.5%，银0.06%～0.12%。显著提高了软化温度(再结晶温度)和蠕变强度。有很好的耐磨性、电接触性和耐蚀性，用于制造电车线时，使用寿命比一般硬铜提高2～4倍。用于制造电机蒸馏小片、点焊电极、通信线、引线、电子管材料等
普通黄铜	H96	在普通黄铜中强度最低，但比纯铜高。导热导电性好，在大气和淡水中耐蚀性好。塑性良好，易加工、锻、焊和镀锡。用于制造导管、冷凝管和散热片等
	H80	有较高的耐温性，塑性较好，在大气、淡水中有较好的耐腐蚀性。用于制作造纸网、薄壁管、波纹管及房屋建筑用品等
	H68	在黄铜中塑性最好，有较高的强度，加工性好，易焊接，易产生腐蚀开裂，在普通黄铜中应用最广泛。常用于制作复杂的冷冲件和深冲件、波纹管、弹壳、垫片等
	H62	力学性能好，热态下塑性良好，易钎焊和焊接，易产生腐蚀破裂，价格便宜，应用广泛。常用于制作弯折和深拉零件、铆钉、垫圈、螺母、气压表弹簧、筛网、散热片等
铁黄铜	HFe59-1-1	有高的强度和韧性，减摩性良好，在大气和海水中的耐蚀性高，热态下塑性良好，但有腐蚀破裂倾向。用于制造在摩擦和受海水腐蚀条件下工作的零件
铅黄铜	HPb59-1	加工性能好，力学性能良好，易钎焊和焊接。常用于制作螺钉、垫圈、螺母、套筒等切削、冲压加工的零件
铝黄铜	HAl77-2	强度和硬度高，塑性好，可压力加工，耐海水腐蚀，有脱锌和腐蚀破裂倾向。在船舶和海滨热电站中作冷凝管及其他耐腐蚀零件
	HAl59-3-2	耐蚀性在各种黄铜中最好，强度高，腐蚀破裂倾向不大，冷态下塑性低，热态下压力加工性好。用于制造发动机和船舶业中在常温下工作的高耐蚀件

续表

组别	牌号	主要特性及应用举例
锰黄铜	HMn58-2	应用较广的黄铜品种。在海水和过热蒸汽、氯化物中有较高的耐蚀性，但有腐蚀破裂倾向。力学性能良好，导热、导电性低。在热态下易于进行压力加工。用于制造腐蚀条件下工作的重要零件和弱电流工业用零件
锡黄铜	HSn90-1	力学性能和工艺性能接近H90，但耐蚀性高，减摩性好，可用作耐磨合金。用于制造汽车、拖拉机弹性套管及其他腐蚀减摩零件等
	HSn62-1	在海水中耐蚀性好，力学性能良好，有冷脆性只宜热加工，易焊接和钎焊，有腐蚀破裂倾向。用于制造海轮上的耐蚀零件，与海水、油、蒸汽接触的导管，热加工设备零件等
硅黄铜	HSi80-3	耐蚀、耐磨性能好，无腐蚀破裂倾向，力学性能好，冷热压力加工性能好，易焊接和钎焊，导热、导电性能是黄铜中最低的。用于制作船舶零件、蒸汽管和水管配件
锡青铜	QSn4-3	耐磨性、弹性高，抗磁性良好，能冷态和热态加工，易焊接和钎焊。适用于制造弹簧等弹性元件，化工设备的耐蚀零件，抗磁零件，造纸机的刮刀
	QSn6.5-0.1	磷锡青铜，有高的强度、弹性、耐磨性和抗磁性，压力加工性能好，可焊接和钎焊，加工性能好，在淡水及大气中耐蚀性好。常用于制造弹簧和要求导电性好的弹簧接触片及要求耐磨的零件，如轴套、齿轮、蜗轮和抗磁零件等
铝青铜	QAl9-4	含铁的铝青铜，强度高，减摩性好，有良好的耐蚀性，可电焊和气焊，热态下压力加工性能良好。可作高锡青铜的代用品，但容易胶合，速度有一定限制。可用于制造轴承、蜗轮、螺母和耐蚀零件
	QAl5，QAl7	有较高的强度、弹性和耐磨性。在大气、海水、淡水和某些酸中有耐蚀性，可电焊、气焊，不易钎焊。常用于制造要求耐蚀的弹性元件、蜗轮轮缘等，可代替QSn4-3、QSn6.5-0.1等。QAl7强度较高
铍青铜	QBe2	含有少量镍，物理、化学、力学综合性能良好。淬火后具有高的强度、弹性、耐磨性和耐热性。还有高的导电性、导热性和耐寒性，无磁性。易于焊接和钎焊，在大气、淡水和海水中耐蚀性极好。常用于制作精密仪器的弹性元件，耐蚀件、轴承衬套，在矿山和炼油厂中要求冲击大、不产生火花的工具和各种深冲零件
硅青铜	QSi3-1	含有锰的硅青铜，有高的强度、弹性和耐磨性。塑性好，低温下不变脆。焊接和钎焊性能好，能与钢、青铜和其他合金焊接。在大气、淡水和海水中耐蚀性高。热处理不能硬化，常在退火和加工硬化状态下使用。用于制造在腐蚀介质中工作的弹性元件，如蜗轮、齿轮、轴套等，可用于代替锡青铜，甚至铍青铜

2.2.2 铝和铝合金

(1) 铸造铝合金

铸造铝合金的力学性能及应用见表2-20。

表2-20 铸造铝合金的力学性能及应用（GB/T 1173—2013）

合金种类	牌号	代号	铸造方法	合金状态	力学性能 不小于			应用
					抗拉强度 R_m/MPa	伸长率 A / %	布氏硬度 (HBW)	
Al-Si	ZAlSi7Mg	ZL101	S、J、R、K	F	155	2	50	耐蚀性、铸造工艺性能好，易气焊。用于制作形状复杂的零件，如仪器零件、飞机零件、工作温度低于185℃的气化器。在海水环境中使用时，铜含量≤0.1%（质量分数）
			S、J、R、K	T2	135	2	45	
			JB	T4	185	4	50	
			S、R、K	T4	175	4	50	
			J、JB	T5	205	2	60	
			S、R、K	T5	195	2	60	
			SB、RB、KB	T5	195	2	60	
			SB、RB、KB	T6	225	1	70	
			SB、RB、KB	T7	195	2	60	
			SB、RB、KB	T8	155	3	55	

续表

合金种类	牌号	代号	铸造方法	合金状态	力学性能 不小于			应用
					抗拉强度 R_m/MPa	伸长率 A/%	布氏硬度 (HBW)	
Al-Si	ZAlSi7MgA	ZL101A	S、R、K	T4	195	5	60	耐蚀性、铸造工艺性能好，易气焊。用于制作形状复杂的零件，如仪器零件、飞机零件、工作温度低于185℃的气化器。在海水环境中使用时，铜含量≤0.1%(质量分数)
			J、JB	T4	225	5	60	
			S、R、K	T5	235	4	70	
			SB、RB、KB	T5	235	4	70	
			J、JB	T5	265	4	70	
			SB、RB、KB	T6	275	2	80	
			J、JB	T6	295	3	80	
	ZAlSi12	ZL102	SB、JB、RB、KB	F	145	4	50	用于制作形状复杂、负荷耐蚀的薄壁零件和工作温度≤200℃的高气密性零件
			J	F	155	2	50	
			SB、JB、RB、KB	T2	135	4	50	
			J	T2	145	3	50	
	ZAlSi9Mg	ZL104	S、R、J、K	F	150	2	50	用于制作形状复杂的承受静载或冲击作用的大型零件，如风机叶片、水冷气缸头。工作温度≤200℃
			J	T1	200	1.5	65	
			SB、RB、KB	T6	230	2	70	
			J、JB	T6	240	2	70	
	ZAlSi5Cu1Mg	ZL105	S、J、R、K	T1	155	0.5	65	强度高、切削性好，用于制作形状复杂、在225℃以下工作的零件，如发动机气缸头
			S、R、K	T5	215	1	70	
			J	T5	235	0.5	70	
			S、R、K	T6	225	0.5	70	
			S、J、R、K	T7	175	1	65	
	ZAlSi5Cu1MgA	ZL105A	SB、R、K	T5	275	1	80	
			J、JB	T5	295	2	80	
	ZAlSi8Cu1Mg	ZL106	SB	F	175	1	70	用于制作工作温度在225℃以下的零件，如齿轮液压泵壳体等
			JB	T1	195	1.5	70	
			SB	T5	235	2	60	
			JB	T5	255	2	70	
			SB	T6	245	1	80	
			JB	T6	265	2	70	
			SB	T7	225	2	60	
			JB	T7	245	2	60	
	ZAlSi7Cu4	ZL107	SB	F	165	2	65	有优良的铸造性能和气密性能，力学性能也较好，焊接和切削加工性能一般，抗蚀性能稍差，适合制作承受一般动负荷或静负荷的结构件及有气密性要求的零件。多用砂型铸造
			SB	T6	245	2	90	
			J	F	195	2	70	
			J	T6	275	2.5	100	
	ZAlSi12Cu2Mg1	ZL108	J	T1	195		85	用于制作重载、工作温度在250℃以下的零件，如大功率柴油机活塞
			J	T6	255		90	
	ZAlSi12Cu1Mg1Ni1	ZL109	J	T1	195	0.5	90	用于制作工作温度在250℃以下的零件，如大功率柴油机活塞
			J	T6	245		100	
	ZAlSi5Cu6Mg	ZL110	S	F	125		80	
			J	F	155		80	
			S	T1	145		80	
			J	T1	165		90	

续表

合金种类	牌号	代号	铸造方法	合金状态	力学性能 不小于			应用
					抗拉强度 R_m/MPa	伸长率 A/%	布氏硬度(HBW)	
Al-Si	ZAlSi9Cu2Mg	ZL111	J	F	205	1.5	80	是复杂合金化的合金，由于还加入了Mn、Ti，使该合金有优良的铸造性能，较好的耐蚀性、气密性，高的强度。其焊接和切削加工性能一般。适合铸制形状复杂、承受重大负荷的动力结构件(如飞机发动机的结构件、水泵、油泵、叶轮等)，要求气密性较好和在较高温度下工作的零件。主要采用金属型和砂型铸造，也可采用压铸
			SB	T6	255	1.5	90	
			J、JB	T6	315	2	100	
	ZAlSi7Mg1A	ZL114A	SB	T5	290	2	85	
			J、JB	T5	310	3	95	
	ZAlSi5Zn1Mg	ZL115	S	T4	225	4	70	有较好的铸造性能和较高的力学性能，主要用作大负荷的工程结构件及其他零件，如阀门壳体、叶轮等。主要采用砂型和金属型铸造
			J	T4	275	6	80	
			S	T5	275	3.5	90	
			J	T5	315	5	100	
	ZAlSi8MgBe	ZL116	S	T4	255	4	70	因去掉了ZL115合金中的Zn、Sb，加入了Ti、Be两种微量元素，使合金的晶粒得到细化，杂质Fe的有害作用得到消减，从而使合金具有较好的铸造性能、气密性能及较高的力学性能。适合铸制承受大载荷的动力结构件，如飞机、导弹上的一些零件和民用品上要求综合性能较好的各种零件。主要用砂型和金属型铸造
			J	T4	275	6	80	
			S	T5	295	2	85	
			J	T5	335	4	90	
	ZAlSi7Cu2Mg	ZL118	SB、RB	T6	290	1	90	
			JB	T6	305	2.5	105	
Al-Cu	ZAlCu5Mg	ZL201	S、J、R、K	T4	295	8	70	焊接性能好，铸造性能差。用于制作工作温度为175～300℃的零件，如支臂、梁柱
			S、J、R、K	T5	335	4	90	
			S	T7	315	2	80	
	ZAlCu5MgA	ZL201A	S、J、R、K	T5	390	8	100	力学性能高于ZL201。用途同上，主要用于高强度铝合金铸件
	ZAlCu10	ZL202	S、J	F	104		50	有比较好的铸造性能和较高的高温强度、硬度及耐磨性能，但抗蚀性较差。适合铸制工作温度在250℃以下载荷不大的零件，如气缸头等。主要用砂型铸造和金属型铸造
			S、J	T6	163		100	
	ZAlCu4	ZL203	S、R、K	T4	195	6	60	用于制作受冲击载荷、循环负荷、在海水环境中工作和工作温度≤200℃的零件
			J	T4	205	6	60	
			S、R、K	T5	215	3	70	
			J	T5	225	4	70	

续表

合金种类	牌号	代号	铸造方法	合金状态	力学性能 不小于			应用
					抗拉强度 R_m/MPa	伸长率 A / %	布氏硬度 (HBW)	
Al-Cu	ZAlCu5MnCdA	ZL204A	S	T5	440	7	100	是高纯度、高强度铸造 Al-Cu 合金，也有较好的塑性和较好的焊接和切削加工性能，但铸造性能较差。适合铸制有较大载荷的结构件，如支承座、支臂等零件。多采用砂型铸造和低压铸造
	ZAlCu5MnCdVA	ZL205A	S	T5	440	3	100	是目前世界上使用强度最高的铝合金。有较好的塑性和抗蚀性，切削加工和焊接性能优良，但铸造性能比较差。适合铸制承受大载荷的结构件及一些气密性要求不高的零件。主要采用砂型铸造、低压铸造，也可用金属型铸造
			S	T6	470	2	120	
			S	T7	460		110	
	ZAlR5Cu3Si2	ZL207	S	T1	165		75	有很高的高温强度。铸造性能一般，焊接和切削加工性能也一般，但室温强度不高。适合铸制工作温度在400℃下的各种结构件，如飞机发动机上的活门壳体、炼油行业中的一些耐热构件等。多采用砂型铸造和低压铸造
			J	T1	175		75	
Al-Mg	ZAlMg10	ZL301	S、J、R	T4	280	9	60	用于制作受重载荷、表面粗糙度较高而形状简单的厚壁零件，工作温度≤200℃
	ZAlMg5Si	ZL303	S、J、R、K	F	143	1	55	适用于铸造同腐蚀介质接触和在≤220℃的温度下工作，承受中等载荷的船舶、航空及内燃机车的零件
	ZAlMg8Zn1	ZL305	S	T4	290	8	90	用途和 ZL301 基本相同，但工作温度≤200℃
Al-Zn	ZAlZn11Si7	ZL401	S、R、K	T1	195	2	80	铸造性能好、耐蚀性能低，用于制作工作温度≤200℃、形状复杂的大型薄壁零件
			J	T1	245	1.5	90	
	ZAlZn6Mg	ZL402	J	T1	235	4	70	用于制作高强度零件，如空压机活塞、飞机起落架
			S	T1	220	4	65	

(2) 加工铝及铝合金

铝及铝合金加工产品的主要特性和应用范围见表 2-21。

表 2-21 铝及铝合金加工产品的主要特性和应用范围

组别	合金牌号	主要特点及应用范围
工业纯铝	1060，1050A	有高的塑性、耐酸性、导电性和导热性。但强度低，热处理不能强化，切削性能差，可气焊、氢原子焊和接触焊，不易钎焊。易压力加工，可拉伸和弯曲。用于制造不承受载荷，但对塑性、焊接性、耐蚀性、导电性、导热性要求较高的零件或结构，如电线保护套管、电缆、电线等
	1035，8A06	
	1A85，1A90，1A93，1A97，1A99	工业用高纯铝。用于制造各种电解电容器用箔材及各种抗酸容器等

续表

组别	合金牌号	主要特点及应用范围
工业纯铝	1A30	纯铝，严格控制 Fe、Si 的含量，热处理和加工条件要求特殊，主要用于生产航天工业和兵器工业的零件
防锈铝	3A21	Al-Mn 系防锈铝，应用最广。强度不高，热处理不能强化，常用冷加工方法提高力学性能。退火状态下塑性高，冷作硬化时塑性低。用于制造油箱，汽油或润滑油导管，铆钉等
	5A02	Al-Mg 系防锈铝，强度较高，塑性与耐腐蚀性高。热处理不能强化，退火状态下可切削性不良，可抛光。用于焊接油箱，制造润滑油导管，车辆、船舶的内部装饰等
	5A03	Al-Mg 系防锈铝，性能与 5A02 相似，但焊接性能较好。用于制造在液体下工作的中等强度的焊接件，冷冲压的零件和骨架
	5A05，5B05	Al-Mg 系防锈铝，强度与 5A03 相当，热处理不能强化，退火状态塑性高，抗腐蚀性高。5A05 用于制造在液体中工作的焊接零件，油箱、管道和容器。5B05 用于制作铆接铝合金和镁合金结构的铆钉，铆钉在退火状态下铆接
	5A06	Al-Mg 系防锈铝，有较高的强度和腐蚀稳定性。气焊和点焊的焊接接头强度为基体强度的 90%～95%，切削性能良好。用于制造焊接容器、受力零件、飞机蒙皮及骨架零件
	5B06，5B13，5B33	新研制的高 Mg 合金，加入适量的 Ti、Be、Zr 等元素，提高了焊接性能，主要用作焊条线
	5B12	研制的新型 Mg 合金，中上等强度，用于制造航天和无线电工业用的原板、型材和棒材
	5A43	Al-Mg-Mn 系低成分的合金，用于生产冲制品的板材，如铝锅、铝盒等
硬铝	2A01	低合金低强度硬铝，铆接铝合金结构用的主要铆钉材料。用于制造中等强度和工作温度不超过 100℃ 的铆钉。耐蚀性低，铆入前应先经过阳极氧化处理再填充氧化膜
	2A02	强度较高的硬铝，有较高的热强性，属耐热硬铝。塑性高，可热处理强化。耐腐蚀性比 2A70，2A80 好。用于制造工作温度为 200～300℃ 的涡轮喷气发动机轴向压缩机叶片、高温下工作的模锻件，一般用作主要承力结构材料
	2A04	铆钉合金，有较高的抗剪强度和耐热性，用于制作结构的工作温度为 125～250℃ 的铆钉
	2B11	铆钉用合金，有中等抗剪强度，在退火、刚淬火和热态条件下塑性好，可以热处理强化。用于制作中等强度铆钉铆钉必须在淬火后 2h 内铆接
	2B12	铆钉用合金，抗剪强度与 2A04 相当，其他性能与 2B11 相似，但铆钉必须在淬火后 20min 内铆接，应用受到限制
	2A10	铆钉用合金，有较高的抗剪强度，耐蚀性不高，须经过阳极氧化等处理。用于工作温度不超过 100℃、强度要求较高的铆钉
	2A11	应用最早的硬铝，一般称为标准硬铝。具有中等强度，在退火、刚淬火和热态条件下的可塑性好，可热处理强化，在淬火或自然时效状态下使用，点焊焊接性良好。用于制作中等强度的零件和构件，如空气螺旋桨叶片、螺栓、铆钉等。铆钉应在淬火后 2h 内铆入结构
	2A12	高强度硬铝，可进行热处理强化，在退火和刚淬火条件下塑性中等，点焊焊接性良好，气焊和氩弧焊不良，抗蚀性不高。用于制作高负荷零件和构件（不包括冲压件和锻件），如飞机骨架零件、蒙皮、翼肋、铆钉等在 150℃ 以下工作的零件
	2A06	高强度硬铝。可作为在 150～250℃ 条件下工作结构的板材。对淬火自然时效后冷作硬化的板材，不宜在 200℃ 长期（>100h）加热的情况下使用
	2A16	耐热硬铝，在高温下有较高的蠕变强度，在热态下有较高的塑性，可热处理强化，电焊、滚焊、氩弧焊焊接性能良好。用于制造在 250～350℃ 条件下工作的零件
	2A17	与 2A16 的成分和性能大致相似，不同的是在室温下的强度和高温（225℃）下的持久强度超过 2A16。而 2A17 的可焊性差，不能焊接。用于制造工作温度在 300℃ 以下、要求高强度的锻件和冲压件

续表

组别	合金牌号	主要特点及应用范围
锻铝	6A02	工业上应用较为广泛的锻铝。具有中等强度(但低于其他锻铝),易于锻造、冲压,可点焊和气焊。用于制造形状复杂的锻件和模锻件
	2A50	高强度锻铝。在热态下有高塑性,易于锻造、冲压,可以热处理强化。抗腐蚀性较好,可切削性良好,接触焊、点焊性能良好,电弧焊和气焊性能不好。用于制造形状复杂的锻件和冲压件,如风扇叶轮
	2B50	高强度锻铝。成分、性能与2A50相近,可通用,热态下的可塑性比2A50好
	2A70	耐热锻铝。成分与2A80基本相同,但加入微量的钛,含硅较少,热强度较高。可热处理强化,工艺性能比2A80稍好。用于制造内燃机活塞和高温下工作的复杂锻件,如压气机叶轮等
	2A80	耐热锻铝,热态下可塑性稍低,可进行热处理强化,高温下强度高,无挤压效应,焊接性能、耐蚀性、可切削性及应用同2A70
	2A90	应用较早的耐热锻铝,特性与2A70相近,且前已被热强性很高而且热态下塑性很好的2A70、2A80代替
	2A14	成分与特性有硬铝合金的特点。用于制造承受高负荷和形状简单的锻件和模锻件。由于热压加工困难,限制了这种合金的应用
	6070	Al-Mg-Si系合金,相当于美国的6070合金,优点是耐蚀性较好,焊接性良好,可用以制造大型焊接构件
	4A11	Al-Mg-Si系合金,是锻、铸两用合金,主要用于制作蒸汽机和气缸用材料,热膨胀系数小,抗磨性好
	6061 6063	Al-Mg-Si系合金,使用范围广,特别是建筑业。用于生产门、窗等轻质结构的构件及医疗卫生、办公用具等,也适用于生产机械零部件。其耐蚀性好,焊接性能优良,冷加工性较好,强度中等
超硬铝	7A03	可以热处理强化,常温时抗剪强度较高,耐蚀性、可切削性好,用于制作受力结构的铆钉。当工作温度在125℃以下时,可代替2A10
	7A04	最常用的超硬铝。在退火和刚淬火状态下塑性中等,通常在淬火人工时效状态下使用,此时强度比一般硬铝高很多,但塑性较低。点焊焊接性良好,气焊不良,热处理的切削性良好。用于制造承受高载荷的零件,如飞机的大梁、蒙皮、翼肋、接头、起落架等
	7A09	高强度铝合金,塑性稍优于7A04,低于2A12;静疲劳强度、对缺口不敏感性等优于7A04。用于制造飞机蒙皮和主要受力零件
特殊铝	4A01	硅的质量分数为5%,是低合金化的二元铝硅合金,机械强度不高,抗蚀性极高,压力加工性能良好,用于制作焊条或焊棒,焊接铝合金制品

2.3 常用塑料

2.3.1 常用热塑性塑料的特性及应用

常用热塑性塑料的特性及应用见表2-22。

表2-22 常用热塑性塑料的特性及应用

名称	特性及应用
低密度聚乙烯 (LDPE)	有良好的柔软性、延伸性、电绝缘性和透明性,但机械强度、隔湿性、隔气性、耐溶剂性较差。用于制作各种薄膜和注射、吹塑制品,如包装袋、建筑及农用薄膜、挤出管材(饮水管、排灌管)
高密度聚乙烯 (HDPE0)	有较高的刚性和韧性,优良的机械强度和较高的使用温度(80℃),有较好的耐溶剂性、耐蒸气渗透性和耐环境应力破裂性。用于制作各种中空的耐腐蚀容器,自行车、汽车零件,硬壁压力管、电线电缆外套管,冷热食品、纺织品的高强度超薄薄膜,以及建筑装饰板等
中密度聚乙烯 (MDPE)	有较好的刚性、良好的成形工艺性和低温特性,其抗拉强度、硬度、耐热性不如HDPE,但耐应力破裂性和强度长期保持性较好。用作压力管道、各种容器及高速包装用薄膜;还可制造发泡制品

续表

名称	特性及应用
超高分子量聚乙烯(UHMW-PE)	除具有一般HDPE的性能外,还具有突出的耐磨性、低摩擦因数和自润滑性,耐高温蠕变性和耐低温性(即使在−269℃也可使用);优良的抗拉强度、极高的冲击韧度,且低温下也不下降;噪声阻尼性好;同时具有卓越的化学稳定性和耐疲劳性;电绝缘性能优良,无毒性。用途十分广泛,主要用于制造耐摩擦、抗冲击的机械零件,代替部分钢铁和其他耐磨材料,如制造齿轮、轴承、导轨、汽车部件、泥浆泵叶轮,以及人造关节、体育器械、大型容器、异型管材
硬质聚氯乙烯	机械强度较高,化学稳定性及介电性优良,耐油性和抗老化性也较好,易熔接及黏合,价格较低;缺点是使用温度低(在60℃以下),线胀系数大,成形加工性不良。制品有管、棒、板、焊条、工业型材和各种成形机械零件,以及用作耐蚀的结构材料或设备衬里材料(代替有色合金、不锈钢和橡胶)及电气绝缘材料
软质聚氯乙烯	抗拉强度、抗弯强度及冲击韧度均较硬质聚氯乙烯低,但破裂伸长率较高,质柔软,耐摩擦、挠曲,弹性良好,吸收性低,易加工成形,有良好的耐寒性和电气性能,化学稳定性强,能制成各种鲜艳而透明的制品;缺点是使用温度低,在−15～55℃。用途以制造工业、农业、民用薄膜(雨衣、台布)、人造革和电线、电线包覆等为主,还有各种中空容器及日常生活用品
聚丙烯	是最轻的塑料之一,优点是软化点高、耐热性好,连续使用温度高达110～120℃,抗拉强度和刚性都较高,硬度大、耐磨性好,电绝缘性能和化学稳定性很好,其薄膜阻水阻气性很好且无毒,冲击韧度高、透光率高,主要缺点是低温冲击性差、易脆化。主要用于制造医疗器具,家庭厨房用器具,家电零部件,化工耐腐蚀零件及包装箱、管材、板材;还可用于制造纺织品和食品包装的薄膜
聚苯乙烯(PS)	无色透明,几乎不吸水;具有优良的耐蚀性,电绝缘性好,是很好的高频绝缘材料。缺点是抗冲击性差,易脆裂,耐热性不高,耐油性有限。可用于制造纺织工业用的纱管、纱锭、线轴,电子工业用的仪表零件、设备外壳,化工业的储槽、管道、弯头,车辆上的灯罩、透明窗,电工绝缘材料等。由于透明度好,可用于制作光学仪器及透明模型。聚苯乙烯泡沫塑料相对密度极低,还是一种良好的绝热材料,是很好的隔音、包装、打捞、救生用材料
聚酰亚胺(PI)	能耐高温,强度高,可在260℃温度下长期使用,耐磨性能好,且在高温和真空下性能稳定,挥发物少,电性能、耐辐射性能好,不溶于有机溶剂和不受酸的侵蚀,但在强碱、沸水、蒸汽持续作用下会被破坏,主要缺点是质脆,对缺口敏感,不宜在室外长期使用。适于在高温、高真空条件下作减磨、自润滑零件和高温电动机、电器零件
聚砜(PSU)	有很高的力学性能、绝缘性能和化学稳定性,可在−100～150℃下长期使用,在高温下能保持常温下所具有的各种力学性能和硬度,蠕变值很小,用PTFE充填后,可制作摩擦零件,适于制造在高温下工作的耐磨受力传动零件,如汽车分速器盖、齿轮,以及电绝缘零件等
聚酚氧树脂	具有良好的力学性能,高的刚性、硬度和韧性。冲击强度可与聚碳酸酯相比,抗蠕变性能与大多数热塑性塑料相比属于优等,吸水性小,尺寸稳定,成形精度高,一般推荐的最高使用温度为77℃。适用于精密的、形状复杂的耐磨受力传动零件,仪表、计算机等零件,涂料及胶黏剂
聚苯醚(PPO) 改性聚苯醚(MPPO)	在高温下有良好的力学性能,特别是抗拉强度和蠕变性极好,有较高的耐热性(长期使用温度为−127～120℃),成形收缩率低,尺寸稳定,耐高浓度的无机酸、有机酸、盐的水溶液、碱及水蒸气,但溶于氯化烃和芳香烃中,在丙酮、苯甲醇、石油中龟裂和膨胀。适于制作在高温下工作的耐磨受力传动零件,和耐腐蚀的化工设备与零件,如泵叶轮、阀门、管道等,还可以代替不锈钢作外科医疗器械
氯化聚醚 (聚氯醚) (CPE)	具有独特的耐腐蚀性能,仅次于聚四氟乙烯,可与聚三氟乙烯相比,能耐各种酸碱和有机溶剂,在高温下不耐浓硝酸、浓双氧水和湿氯气等,可在120℃下长期使用,强度、刚性比尼龙、聚甲醛等低,耐磨性略优于尼龙,吸水性小,成品收缩率小,尺寸稳定,成品精度高,可用火焰喷镀法涂于金属表面。用于制造耐腐蚀设备与零件,在腐蚀介质中使用的低速或高速、低速、低负荷的精密耐磨受力传动零件,如泵、阀、轴承、密封圈、化工管道涂层、窥镜等
ABS塑料	具有良好的综合性能,即高的冲击韧度和良好的力学性能,优良的耐热、耐油性能和化学稳定性,易加工成形性,表面光泽性好,无毒,吸水性低,易进行涂装、着色和电镀等表面装饰,介电性能良好。用途很广,在工业中用作一般结构件或耐磨受力传动零件,如齿轮、泵叶轮、轴承;电机、仪表及电视机等外壳;建筑行业中的管材、板材;用ABS制成泡沫夹层可作小轿车车身
聚碳酸酯	具有突出的耐冲击韧度(为一般热塑性塑料之首)和抗蠕变性能,有很高的耐热性,耐寒性也很好,脆化温度达−100℃,抗弯、抗拉强度与尼龙相当,并有较高的伸长率和弹性模量,尺寸稳定性好,耐磨性与尼龙相当,有一定的抗腐蚀能力,透明度高,但易产生应力破裂。用于制作传递中小载荷的零部件,如齿轮、蜗轮、齿条、凸轮、轴承、螺钉、螺母、离心泵叶轮、阀门、安全帽、需高温消毒的医疗手术器皿,无色透明聚碳酸酯可用于制造飞机、车、船的挡风玻璃等

续表

名称	特性及应用
聚甲基丙烯酸甲酯（有机玻璃 PMMA）	最重要的光学塑料，具有优良的综合性能，优异的光学性能，其透明性可与光学玻璃媲美，几乎不吸收可见光的全波段光，透光率>91%，光泽好，轻而强韧，成形加工性良好，耐化学药品性好；缺点是表面硬度低易划伤，静电性强，受热吸水易膨胀。可用于制作光学透镜及工业透镜、光导纤维、各种透明罩、窗用玻璃、防弹玻璃及高速航空飞机玻璃和文化用品、生活用品
聚甲醛	抗拉强度、冲击韧度、刚度、疲劳强度、抗蠕变性能都很高，尺寸稳定性好、吸水性小，摩擦因数小，且有突出的自润滑性、耐磨性和耐化学药品性，价格低于尼龙；缺点是加热易分解。在机械、电器、建筑、仪表等方面代替铜、铸锌等有色金属和合金，广泛用于制作轴承、齿轮、凸轮、管材、导轨等，并可制作电动工具外壳，化工、水、煤气的管道和阀门等
线型聚酯（聚对苯二甲酸乙二醇酯）（PETP）	具有很高的力学性能，抗拉强度超过聚甲醛，抗蠕变性能、刚性和硬度都胜过多种工程塑料，吸水性小，线胀系数小，尺寸稳定性高，热力学性能和冲击性能很差，耐磨性同于聚甲醛和尼龙，增强的线型聚酯其性能相当于热固性塑料。用于制作耐磨受力传动零件，特别是与有机溶剂接触的传动零件，增强的聚酯可以代替玻纤填充的酚醛、环氧等热固性塑料
聚酰胺（尼龙 PA）	有尼龙-6、尼龙-66、尼龙-1010、尼龙-610、铸型尼龙、芳香尼龙等品种。尼龙坚韧、耐磨、耐疲劳、抗蠕变性优良；耐水浸但吸水性大。PA-6 的弹性、冲击韧度较高；PA-66 的强度较高、摩擦因数小；PA-610 的性能与 PA-66 相似，但吸水性和刚度都较小；PA-1010 半透明，吸水性、耐磨性好；铸型 PA 与 PA-6 相似，但强度和耐磨性均高，吸水性较小；芳香 PA 的耐热性较高，耐辐射性和绝缘性优良。尼龙用于制造汽车、机械、化工和电气零部件，如轴承、齿轮、凸轮、泵叶轮、高压密封圈、阀座、输油管、储油容器等；铸型 PA 可制大型机械零件
聚四氟乙烯	耐高、低温性能好，可在−250～260℃范围内长期使用，耐磨性好，静摩擦因数是塑料中最小的，自润滑性、电绝缘性优良，具有优异的化学稳定性，强酸、强碱、强氧化剂、油脂、酮、醚、醇在高温下对其也不起作用；缺点是力学性能较低，刚性差，有冷流动性，热导率低，热膨胀系数大，需采用冷压烧结法成型，加工费用较高。主要用于制作耐化学腐蚀、耐高温的密封元件，也可制作输送腐蚀介质的高温管道、耐腐蚀性衬里、容器，以及轴承、轨道导轨、无油润滑活塞环、密封圈等
聚三氟氯乙烯（PCTFE、F-3）	耐热性、电性能和化学稳定性仅次于 F-4，在 180℃的酸、碱和盐的溶液中亦不溶胀或侵蚀，机械强度、抗蠕变性能、硬度都比 F-4 好些；长期使用温度在−195～190℃之间，但要求长期保持弹性时，则最高使用温度为 120℃；涂层与金属有一定的附着力，其表面坚韧、耐磨、有较高的强度。用于制作耐腐蚀的设备与零件，悬浮液涂于金属表面可作防腐、电绝缘、防潮等涂层
聚全氟乙丙烯（FEP、F-46）	力学、电性能和化学稳定性基本与 F-4 相同，但突出的优点是冲击韧度高，即使是带缺口的试样也冲不断，能在−5～205℃温度范围内长期使用。同 F-4，用于制作要求大批量生产或外形复杂的零件，并用注射成形代替 F-4 的冷压烧结成形

2.3.2 常用热固性塑料的特性及应用

常用热固性塑料的特性及应用见表 2-23。

表 2-23 常用热固性塑料的特性及应用

名称	特性及应用
酚醛塑料（PF）	力学性能很好，耐热性较高，工作温度可以超过 100℃，在水润滑下摩擦因数很低（0.01～0.03），pv 值很高，电绝缘性能优良，抗酸碱腐蚀能力较好，成形简便，价廉。缺点是较脆，耐光性差，加工性差，只能模压。用于制造电器绝缘件、水润滑轴承、轴瓦、带轮、齿轮、摩擦轮等
脲醛塑料	由脲醛树脂和填料、颜料和其他添加剂组成。有优良的电绝缘性，耐电弧性好，硬度高，耐磨，耐弱碱、有机溶剂，透明度好，制品颜色鲜艳，价格低廉，无臭无味，但不耐酸和强碱。缺点是强度、耐水性、耐热性都不及酚醛塑料。用于制造电绝缘件、装饰件和日用品
三聚氰胺甲醛塑料	性能同上，但耐水、耐热性能较好，耐电弧性能很好，在 20～100℃之间性能无变化。使用矿物填料时，可在 150～200℃范围内使用。无臭无毒，但价格较贵。用于制造电气绝缘件，要求较高的日用品，餐具、医疗器具等
环氧树脂塑料（EP）	强度较高，韧性较好，电绝缘性能好，有防水、防霉的能力，可在−80～15℃下长期工作，在强碱及加热情况下容易被碱分解，脂环族环氧树脂的使用温度可达 200～300℃。用于制造塑料模具、精密量具，以及机械、仪表和电气构件

续表

名称	特性及应用
有机硅塑料	由有机硅树脂与石棉、云母或玻璃纤维等配制而成，耐热性高，可在180～200℃下长期工作。耐高压电弧，高频绝缘性好，能耐碱、盐和弱酸，不耐强酸和有机溶剂。用于制造高绝缘件，如湿热带地区电机、电气绝缘件、耐热件等
聚邻苯二甲酸二丙烯树脂塑料(DAP) 聚间苯二甲酸二丙烯树脂塑料(DAIP)	DAP和DAIP是两种异构体，性能相近，前者应用较多。耐热性较高(DAP工作温度为－60～180℃，DAIP工作温度为180～230℃)，电绝缘性优异，可耐强酸、强碱及一切有机溶剂，尺寸稳定性高，工艺性能好。缺点是磨损大，成本高。用于制造高速航行器材中的耐高温零件，尺寸稳定性要求高的电子元件，化工设备结构件
聚氨酯塑料	柔韧、耐磨、耐油、耐化学药品、耐辐射、易于成形，但不耐强酸。泡沫聚氨酯的密度小，导热性低，具有优良的弹性，隔热、保温和吸音、防震性能。主要用于制造泡沫塑料

2.3.3 常用塑料选用

常用塑料选用见表2-24。

表2-24 常用塑料选用

用途	要求	应用举例	材料
一般结构零件	强度和耐热性无特殊要求，一般用来代替钢材或其他材料，但由于批量大，要求有较高的生产率、成本低，有时对外观有一定要求	汽车调解器盖及喇叭后罩壳、电动机罩壳、各种仪表罩壳、盖手轮、手柄、油管、管接、紧固件等	高密度聚乙烯、聚氯乙烯、改性聚苯乙烯(203A，204)、ABS、聚丙烯等，这些材料只承受较低的载荷，可在60～80℃范围内使用
	同上，并要求有一定强度	罩壳、支架、盖板、紧固件等	聚甲醛、尼龙1010
透明结构零件	除上述要求外，必须具有良好的透明度	透明罩壳、汽车用各类灯罩、游标、油杯、光学镜片、信号灯、防护玻璃以及透明管道等	改性有机玻璃(372)、改性聚苯乙烯(204)、聚碳酸酯
耐磨受力传动零件	要求有较高的强度、刚性、韧性、耐磨性、耐疲劳性，并有较高的热变形温度、尺寸稳定性	轴承、齿轮、齿条、蜗轮、轮、辊子、联轴器等	尼龙、MC尼龙、聚甲醛、聚碳酸酯、氯化聚醚、线型聚酯等。这类塑料的拉伸强度都在58MPa以上，使用温度可达80～120℃
减摩自润滑零件	对机械强度要求往往不高，但运动速度较高，故要求具有低的摩擦因数、优异的耐磨性和自润滑性	活塞环、机械密封圈、填料、轴承等	聚四氟乙烯、聚四氟乙烯填充的聚甲醛、聚全氟乙丙烯(F-46)等，在小载荷、低速时可采用低压聚乙烯
耐高温结构零件	除耐磨受力传动零件和减磨自润滑零件的要求外，还必须具有较高的热变形温度及高温抗蠕变性	高温工作的结构传递零件，如汽车分速器盖、轴承、齿轮、活塞环、密封圈、阀门、螺母等	聚砜、聚苯醚、氟塑料(F-4，F-46)、聚苯硫醚以及各种玻璃纤维增强塑料等，这些材料都可在150℃以上使用
耐腐蚀设备与零件	要求对酸、碱和有机溶剂等化学药品具有良好的抗腐蚀能力，还须具有一定的机械强度	化工容器、管道、阀门、泵、风机、叶轮、搅拌机，以及它们的涂层或衬里等	聚四氟乙烯、聚全氟乙丙烯、聚三氟氯乙烯、氯化聚醚、聚氯乙烯、低压聚乙烯、聚丙烯、酚醛塑料等

2.4 复合材料

常用复合材料的特性及应用见表2-25。

表 2-25 常用复合材料的特性及应用

类别			性能	用途
玻璃纤维/聚合物复合材料（玻璃钢）	热固性玻璃钢	环氧树脂玻璃钢	耐热性较高，150～200℃下可长期工作，耐瞬时超高温。价格低，工艺性较差，收缩率大，吸水性大，固化后较脆	主承力构件，耐蚀件，如飞机、宇航器等
		聚酯树脂玻璃钢	强度高，收缩率小，工艺性好，成本高，某些固化剂有毒性	一般要求的构件，如汽车、船舶、化工件
		酚醛树脂玻璃钢	工艺性好，适用于各种成形方法，作大型构件，可机械化生产。耐热性差，强度较低，收缩率大，成形时有异味，有毒	飞机内部装饰件、电工材料
		有机硅树脂玻璃钢	耐热性较高，200～250℃可长期使用。吸水性低，耐电弧性好，防潮，绝缘，强度低	印刷电路板、隔热板等
	热塑性玻璃钢	尼龙 66 玻璃钢	刚度、强度、减摩性好	轴承、轴承架、齿轮等精密件、电工件
		ABS 玻璃钢		化工装置、管道、容器等
		聚苯乙烯玻璃钢		汽车内装饰、收音机机壳、空调叶片等
		聚碳酸酯玻璃钢		耐磨绝缘仪表等
碳纤维/聚合物复合材料	碳纤维增强热固性塑料		具有很好的高温和低温力学性能，抗疲劳及耐腐蚀性能均好，并且具有高的比强度和比模量，同时可通过设计和加工的措施，获得材料的多项特殊性能，以满足不同应用要求	汽车工业：螺旋桨轴、弹簧、底盘、车轮、发动机零件，如活塞、连杆、操纵杆等 电子器械：雷达设备、复印机、电子计算机、工业机器人等 化工机械：导管、油罐、泵、搅拌器、叶片等 医疗器械：X 射线床和暗盒、骨夹板、关节、轮椅、担架等 体育器械：高尔夫球棒、球头、钓竿、羽毛球拍、网球拍、小船、游艇、赛车、自行车等 航空航天：飞机方向舵、升降舵、口盖、机翼、尾翼、机身、发动机零件等，人造卫星、火箭、飞船等 纺织工业：综框、传剑带、梭子等 其他：石油井架、建筑物、桥、铁塔、高速离心机转子、飞轮、烟草制造机板簧等
	碳纤维增强热塑性塑料		韧性好，损伤容限大，耐环境性能优异，对水、光、溶剂和化学药品均有很好的耐蚀性，耐高温性能好（150℃以上可长期工作），预浸料储存期长，工艺简单、效率高，成形后的制品可采用热加工的方法修整，装配自由度大，废料可回收，在各个工业部门都有广泛的应用前景	用于制造轴承、轴承保持架、活塞环、调速器、复印机零件、齿轮、化工设备、电子电器工业中的继电器零件及印制电路板、赛车、网球拍、高尔夫球棒、钓鱼竿、撑杆跳高杆、医用 X 射线设备以及纺织机械中的剑杆、连杆、推杆、梭子；航空航天工业中作结构材料用，如制作机身、机翼、尾翼、舱内材料、人造卫星支架、导弹弹翼、航天机构件等

第3章

设计常用标准和规范

3.1 机械制图常用标准

3.1.1 图框格式和图幅尺寸（GB/T 14689—2008）

图纸幅面尺寸

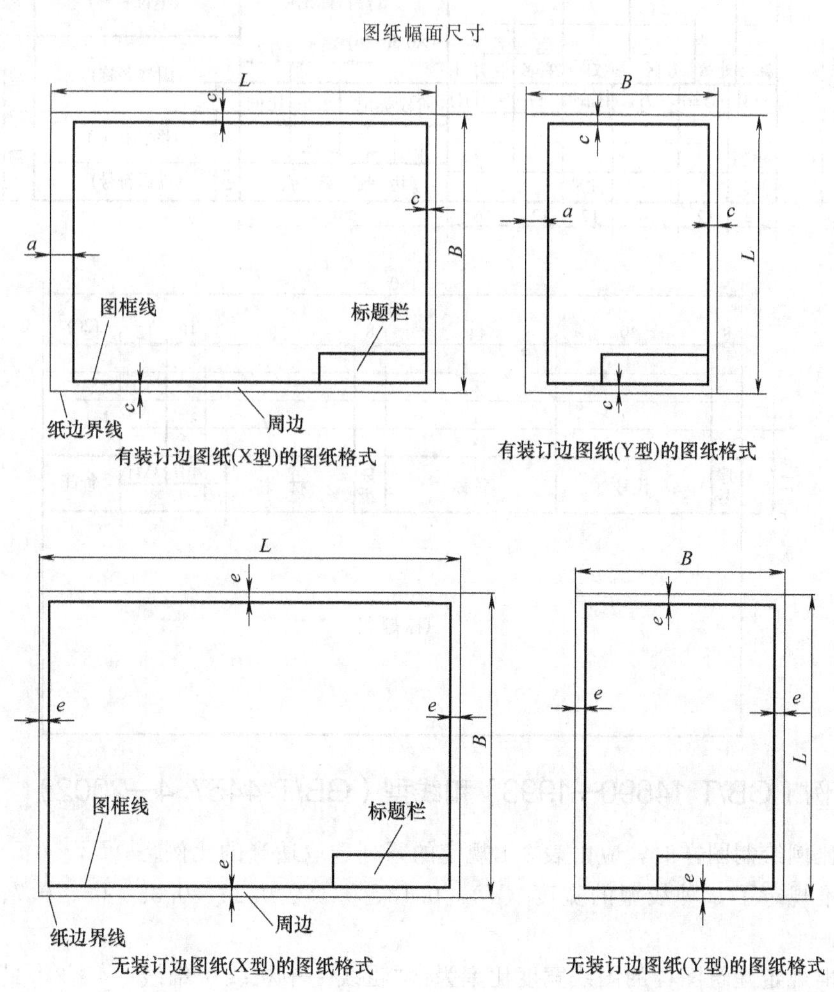

有装订边图纸(X型)的图纸格式

有装订边图纸(Y型)的图纸格式

无装订边图纸(X型)的图纸格式

无装订边图纸(Y型)的图纸格式

mm

基本幅面						加长幅面					
第一选择						第二选择		第三选择			
幅面代号	A0	A1	A2	A3	A4	幅面代号	B×L	幅面代号	B×L	幅面代号	B×L
B×L	841×1189	594×841	420×594	297×420	210×297	A3×3	420×891	A0×2	1189×1682	A3×5	420×1486
						A3×4	420×1189	A0×3	1189×2523	A3×6	420×1783
e	20		10			A4×3	297×630	A1×3	841×1783	A3×7	420×2080
						A4×4	297×847	A1×4	841×2378	A4×6	297×1261
c	10			5		A4×5	297×1051	A2×3	594×1261	A4×7	297×1471
								A2×4	594×1682	A4×8	297×1682
a	25							A2×5	594×2102	A4×9	297×1892

注：1. 绘制技术图样时，应优先采用表中所规定的基本幅面（第一选择）。必要时，也允许选用表中所规定的加长幅面（第二选择或第三选择）。

2. 加长幅面的尺寸是由基本幅面的短边成整数倍增加后得出的。

3.1.2 标题栏（GB/T 10609.1—2008）和明细栏（GB/T 10609.2—2009）

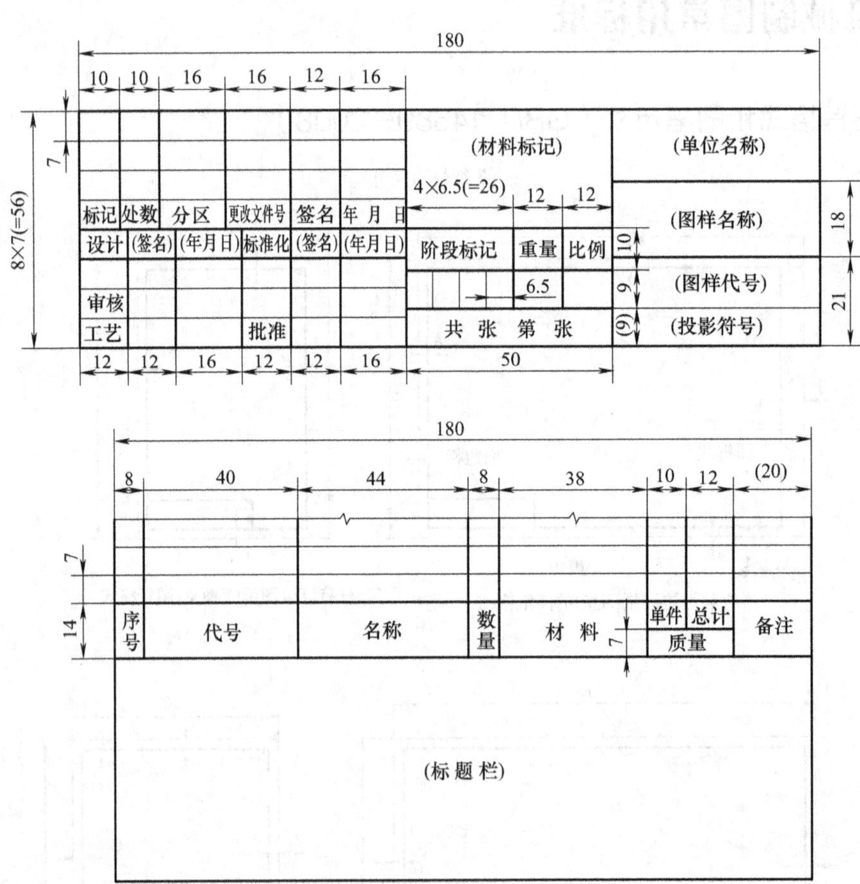

3.1.3 比例（GB/T 14690—1993）和线型（GB/T 4457.4—2002）

需要按比例绘制图样时，应由表 3-1 规定的系列选取适当的比例。

国家标准规定了 9 种线型的宽度（d）：0.13、0.18、0.25、0.35、05、0.7、1、1.4、2（单位 mm）。

国家标准规定建筑图样的图线宽度比率为：“粗线∶中粗线∶细线＝4∶2∶1”的粗、中、细三种，而机械图样采用“粗线∶细线＝2∶1”的粗、细两种宽度的图线，见表 3-2。

表 3-1 比例

原值比例	1∶1	应用说明
放大比例	5∶1 2∶1 5×10ⁿ∶1 2×10ⁿ∶1 1×10ⁿ∶1 (4∶1) (2.5∶1) (4×10ⁿ∶1) (2.5×10ⁿ∶1)	①比例符号应以"∶"表示。比例的表示方法如：1∶1、1∶2、2∶1等 ②同一物体的各视图应采用相同的比例 ③比例一般应填写在标题栏的比例栏内。必要时，可在视图名称的下方或右侧标注比例，如：$\frac{1}{2:1}$ $\frac{A向}{1:100}$ $\frac{B—B}{2.5:1}$ $\frac{墙板位置图}{1:200}$ 平面图 1∶100
缩小比例	1∶2 1∶5 1∶10 1∶2×10ⁿ 1∶5×10ⁿ 1∶1×10ⁿ (1∶1.5) (1∶1.5) (1∶3) (1∶4) (1∶6) (1∶1.5×10ⁿ) (1∶2.5×10ⁿ) (1∶3×10ⁿ) (1∶4×10ⁿ) (1∶6×10ⁿ)	

注：1. n 为正整数。

2. 优先选取不带括号的比例数值，必要时，允许选取括号中的比例。

表 3-2 线型及应用

图线名称	图线型式及规格	一般应用
粗实线		①可见棱边线；②可见轮廓线；③相贯线；④螺纹牙顶线；⑤螺纹长度终止线；⑥齿顶圆(线)；⑦表格图、流程图中主要表示线；⑧系统结构线(金属结构工程)；⑨模样分型线；⑩剖切符号用线
细实线		①过渡线；②尺寸线；③尺寸界线；④指引线和基准线；⑤剖面线；⑥重合断面的轮廓线；⑦短中心线；⑧螺纹牙底线；⑨尺寸线的起止线；⑩表示平面的对角线；⑪零件成形前的弯折；⑫范围线及分界线；⑬重复要素表示线(如齿根线)；⑭锥形结构前基面位置线；⑮叠片结构位置线(如变压器叠钢片)；⑯辅助线；⑰不连续同一表面连线；⑱成规律分布的相同要素连线；⑲投影线；⑳网格线
波浪线		断裂处边界线；视图与剖视图的分界线
双折线		断裂处边界线；视图与剖视图的分界线 拆线的画法：d 为线宽 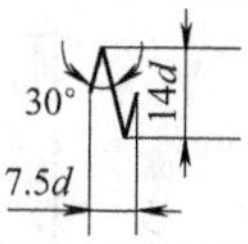 30° 14d 7.5d
细虚线	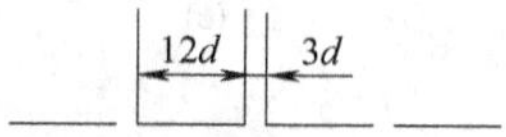 12d 3d	①不可见棱线；②不可见轮廓线等
粗虚线	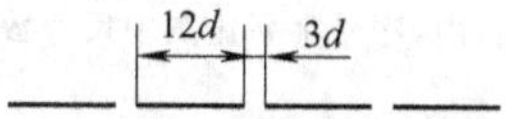 12d 3d	允许表面处理的表示线
细点画线	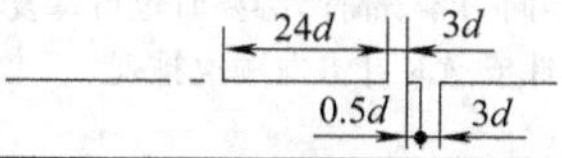 24d 3d 0.5d 3d	①轴线；②对称中心线；③分度圆(线)；④孔系分布中心线；⑤剖切线
粗点画线	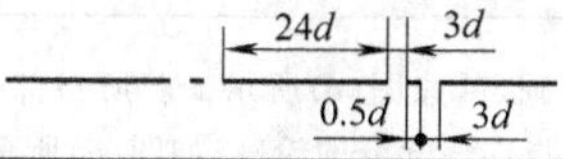 24d 3d 0.5d 3d	限定范围的表示线(如限定测量热处理表面的范围)
细双点画线	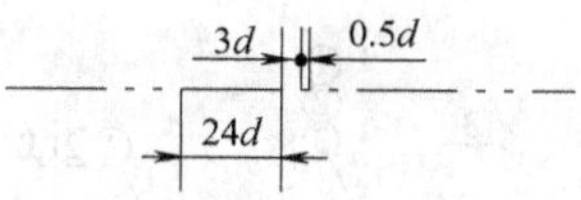 3d 0.5d 24d	①相邻辅助零件的轮廓线；②可动零件的极限位置轮廓线；③重心线；④成形前的轮廓线；⑤剖切面前的结构轮廓线；⑥轨迹线；⑦毛坯图中制成品的轮廓线；⑧特定区域线；⑨延伸公差带表示线；⑩工艺用结构的轮廓线；⑪中断线

注：波浪线、双折线在同一张图样上只采用一种线型。

3.1.4 剖面符号（GB/T 4457.5—2013）

在剖视和剖视图中，应采用表 3-3 中所规定的剖面符号。

表 3-3 剖面符号

金属材料(已有规定剖面符号者除外)		木质胶合板(不分层数)	
非金属材料(已有规定剖面符号者除外)		玻璃及供观察用的其他透明材料	
绕圈绕组元件		液体	
转子、电枢、变压器和电抗器等的叠钢片		砖	
型砂、填沙、粉末冶金、硬质合金刀片等		格网(筛网、过滤网等)	
混凝土		钢筋混凝土	
木材 纵剖面		基础周围的泥土	
木材 横剖面			

注：1. 剖面符号仅表示材料的类型，材料的名称和代号必须另行注明。

2. 叠钢片的剖面线方向，叠与束装中叠钢片的方向一致。

3. 液面用细实线绘制。

3.1.5 装配图中零、部件序号及编排方法(GB/T 4458.2—2003)

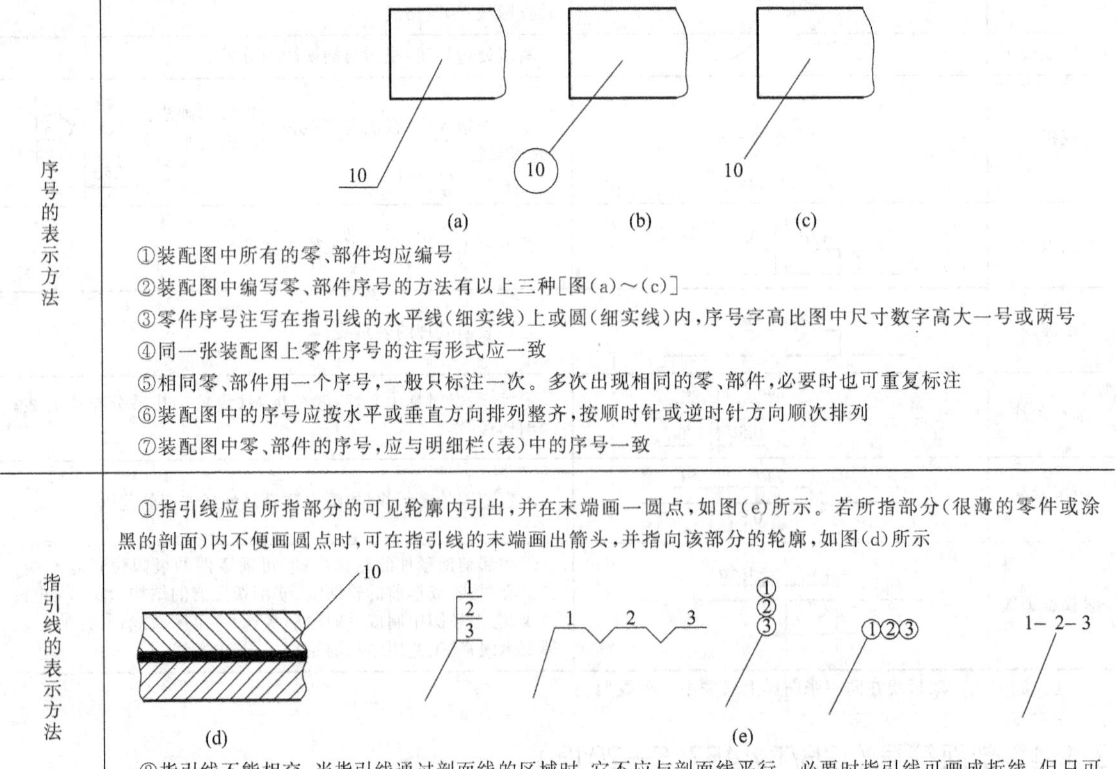

序号的表示方法	①装配图中所有的零、部件均应编号 ②装配图中编写零、部件序号的方法有以上三种[图(a)～(c)] ③零件序号注写在指引线的水平线(细实线)上或圆(细实线)内，序号字高比图中尺寸数字高大一号或两号 ④同一张装配图上零件序号的注写形式应一致 ⑤相同零、部件用一个序号，一般只标注一次。多次出现相同的零、部件，必要时也可重复标注 ⑥装配图中的序号应按水平或垂直方向排列整齐，按顺时针或逆时针方向顺次排列 ⑦装配图中零、部件的序号，应与明细栏(表)中的序号一致
指引线的表示方法	①指引线应自所指部分的可见轮廓内引出，并在末端画一圆点，如图(e)所示。若所指部分(很薄的零件或涂黑的剖面)内不便画圆点时，可在指引线的末端画出箭头，并指向该部分的轮廓，如图(d)所示 ②指引线不能相交，当指引线通过剖面线的区域时，它不应与剖面线平行。必要时指引线可画成折线，但只可曲折一次

3.1.6 尺寸注法（GB/T 4458.4—2003）

（1）尺寸界线、尺寸线、尺寸数字

尺寸界线	①尺寸界线用细实线绘制，并应由图形的轮廓线、轴线或对称中心线处引出。也可利用轮廓线、轴线或对称中心线作为尺寸界线。尺寸界线一般超出尺寸线终端 1.5～2mm[图(a)] 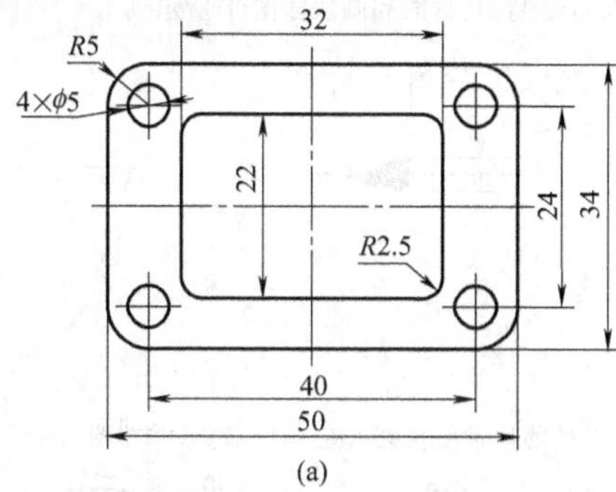 (a) ②尺寸界线一般与尺寸线垂直，必要时允许倾斜。即在光滑过渡处标注尺寸时，必须用细实线将轮廓线延长，从它们的交点处引出尺寸界线，如图(b)所示 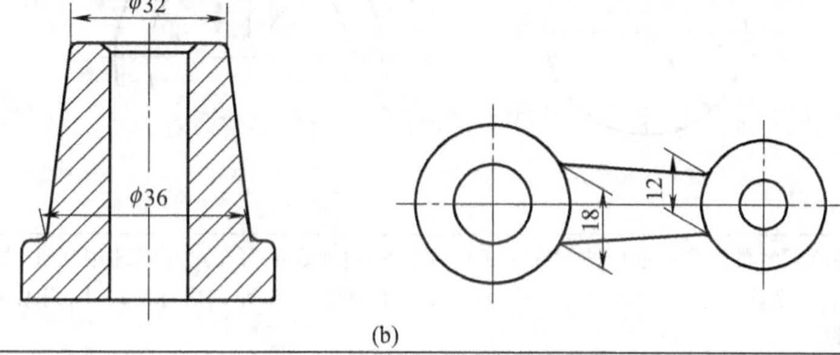 (b)
尺寸线	①尺寸线必须用细实线单独绘制，不能用其他图线代替，也不得与其他图线重合或画在其他线的延长线上 ②标注线性尺寸时，尺寸线必须与所标注的线段平行。尺寸线与轮廓线的距离以及相互平行的尺寸线间的距离应尽量一致，一般为5～7mm。相互平行的尺寸线，小尺寸应尽量靠近图形轮廓线，大尺寸应依次等距离地平行外移。 ③标注角度的尺寸界线应沿径向引出，尺寸线应画成圆弧，其圆心是该角的顶点，如图(c)所示；标注弦长的尺寸界线应平行于该弦的垂直平分线，如图(d)所示；标注弧长的尺寸界线应平行于该弧所对圆心角的角平分线，如图(e)所示 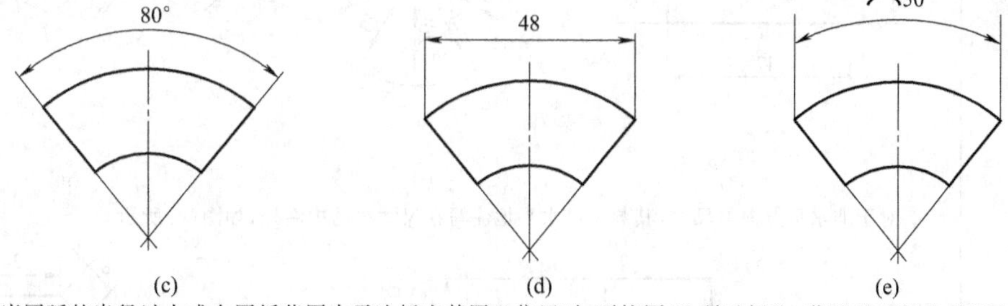 (c) (d) (e) ④当圆弧的半径过大或在图纸范围内无法标出其圆心位置时，可按图(f)所示标注；若不需要标出其圆心位置时，可按图(g)所示形式标注 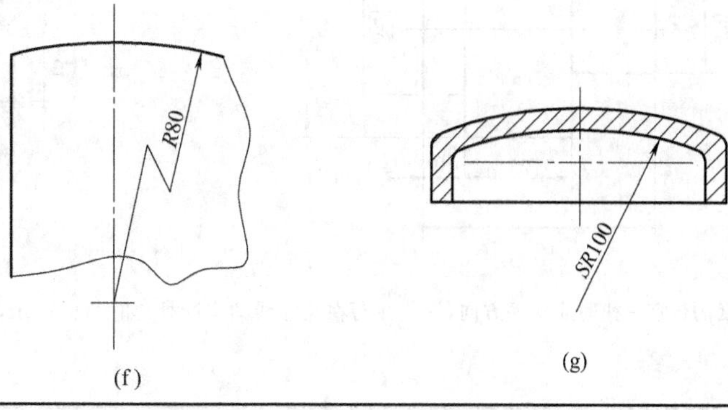 (f) (g)

续表

尺寸线终端	机械图样的尺寸线终端有箭头和细实线两种。机械图样中一般采用箭头作为尺寸终端 同一张图样中只能采用一种尺寸线终端的形式 ①箭头：箭头的形式如图(h)所示，适应于各种类型的图样 ②斜线：斜线用细实线绘制，其方向和画法如图(i)所示 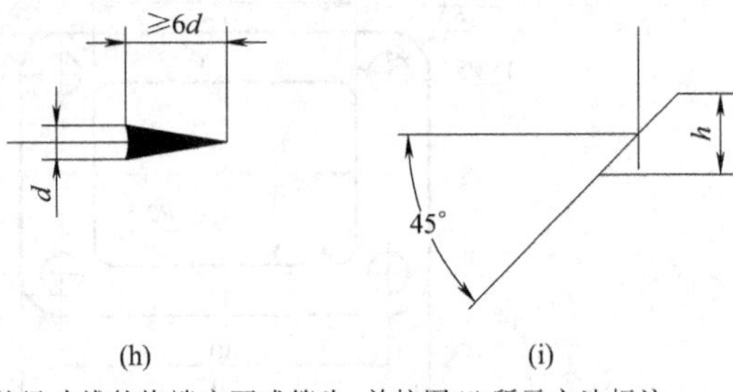 (h) (i) ③圆的直径和圆弧半径的尺寸线的终端应画成箭头，并按图(j)所示方法标注 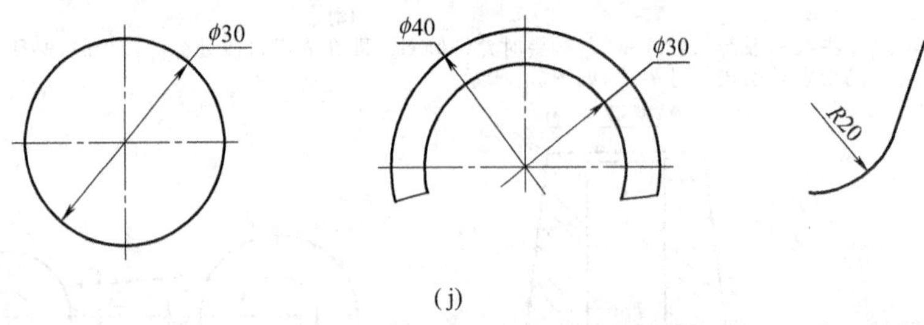 (j)
尺寸数字	①线性尺寸的数字一般应注写在尺寸线的上方，也允许注写在尺寸线的中断处，如图(k)所示；线性尺寸数字的方向，一般应采用图(l)所示方法注写，并尽可能避免在30°范围内标注尺寸，当无法避免时，可按图(m)所示形式标注 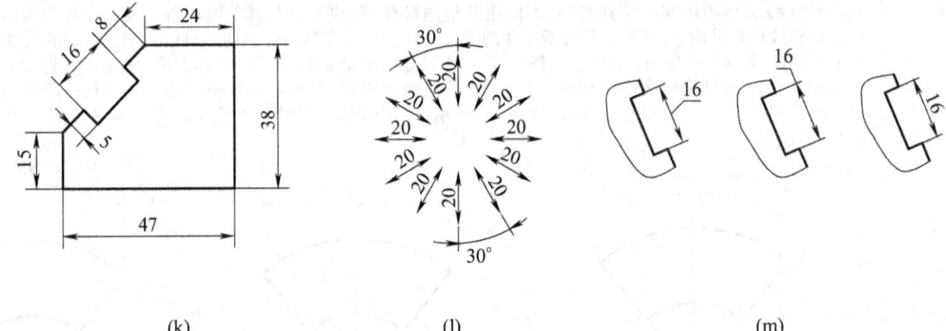 (k) (l) (m) ②对于非水平方向的尺寸，其数字可水平地注写在尺寸线的中断处，如图(n)所示 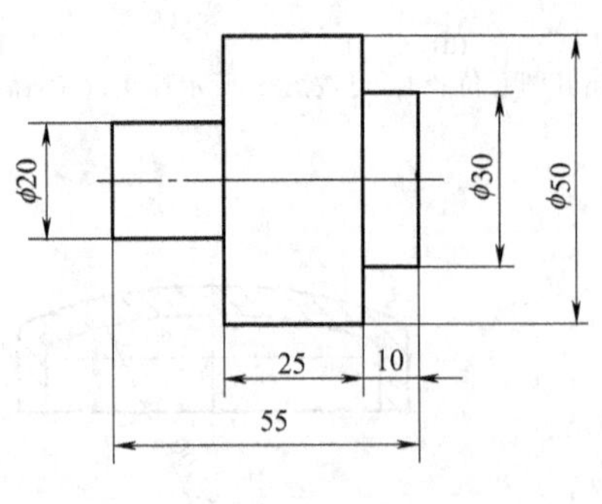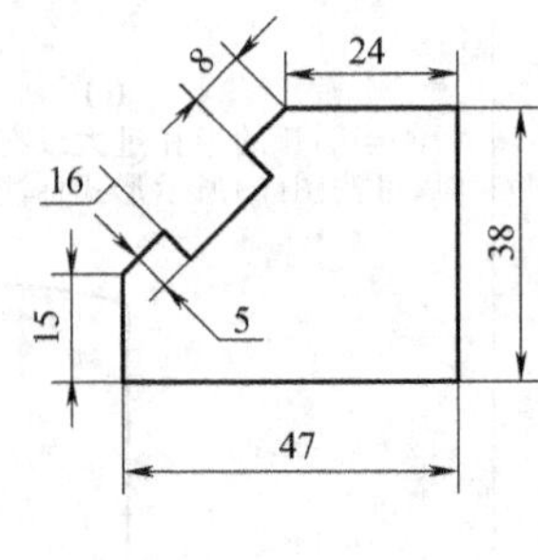 (n) ③角度的数字一律写成水平方向，一般注写在尺寸线的中断处，如图(o)所示，必要时可按图(p)所示的形式标注

续表

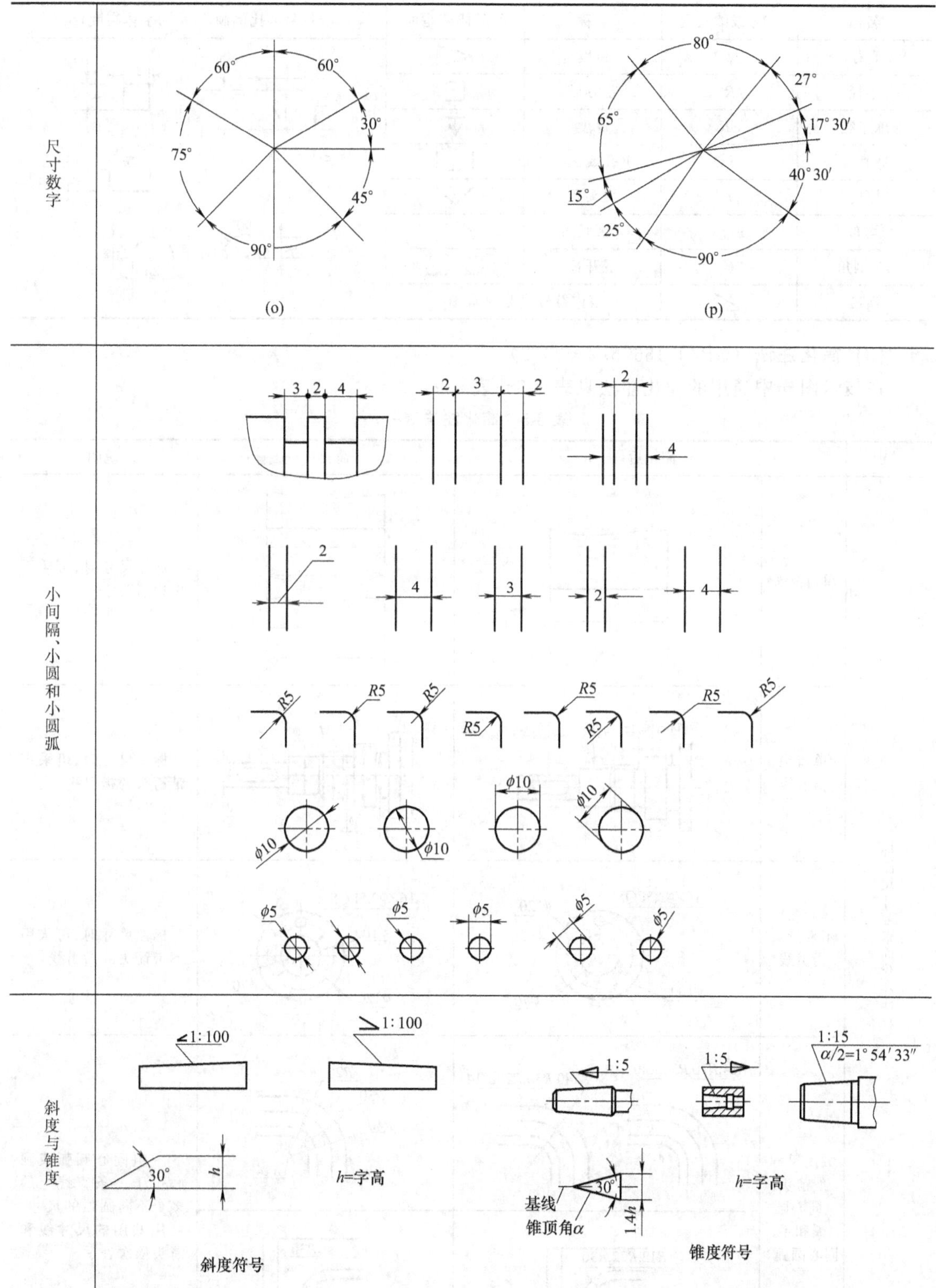

(2) 标注尺寸的符号和缩写词（GB/T 4458.4—2003）

标注尺寸时，应尽可能使用符号和缩写词，常用符号和缩写词见表 3-4。

表 3-4 尺寸符号和缩写词

名称	符号或缩写词	名称	符号或缩写词	符号的比例画法（h 为字体高度）
直径	ϕ	锥度	◁	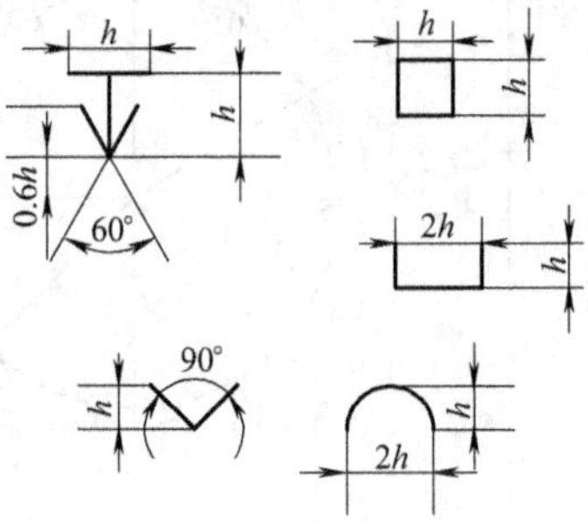h h 0.6h 60° h h 2h h 90° h h 2h
半径	R	正方形	□	
球半径	SR	深度	↧	
球直径	$S\phi$	沉孔或锪平	⌴	
厚度	t	埋头孔	⌵	
均布	EQS	弧长	⌒	
45°倒角	C	展开长	○→	
斜度	∠	表中符号线宽为 $h/10$		

(3) 简化注法（GB/T 16675.2—2012）

在技术图样中通用的简化注法见表 3-5～表 3-9。

表 3-5 简化注法（一）

类别	简化后		简化前	说明
标注尺寸要素简化注法	单边箭头	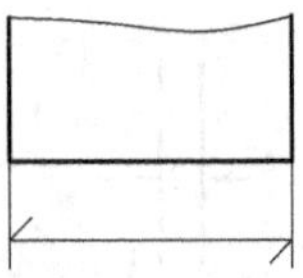	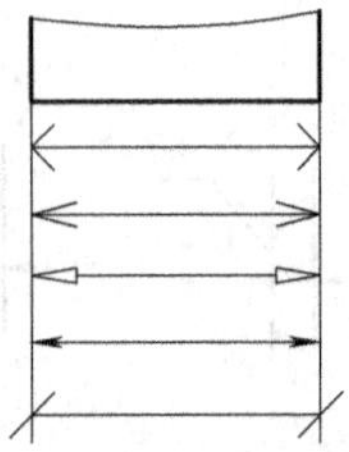	标注尺寸时，可使用单边箭头
	单箭头指引线	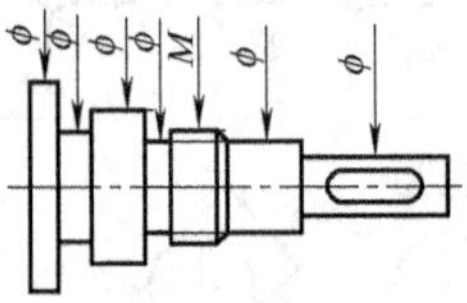ϕ ϕ ϕ ϕ M ϕ ϕ	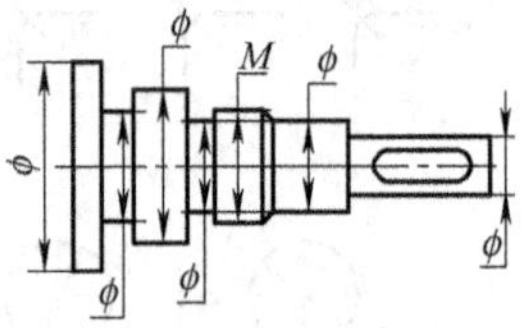ϕ M ϕ ϕ ϕ ϕ ϕ	标注尺寸时，可采用带箭头的指引线
	不带箭头指引线	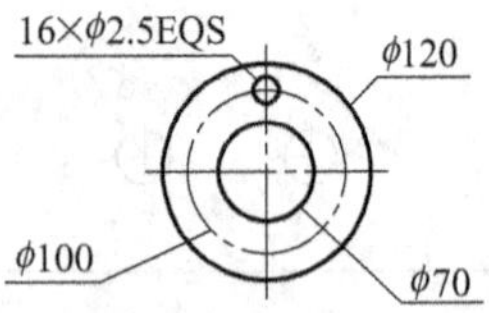16×ϕ2.5EQS ϕ120 ϕ100 ϕ70	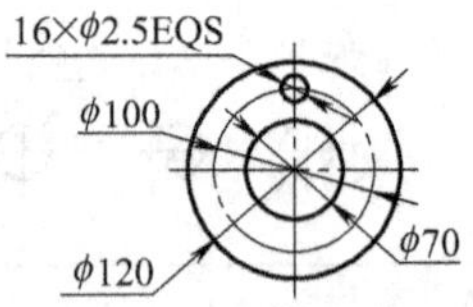16×ϕ2.5EQS ϕ100 ϕ120 ϕ70	标注尺寸时，可采用不带箭头的指引线
	共用尺寸线箭头（同心圆弧和不同心圆弧）	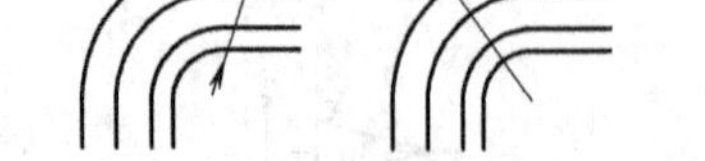R14,R20,R30,R40 R40,R30,R20,R14	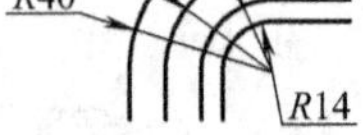R20 R30 R40 R14	一组同心圆弧或圆心位于一条直线上的多个不同圆弧的尺寸。可用共用的尺寸线和箭头依次表示
		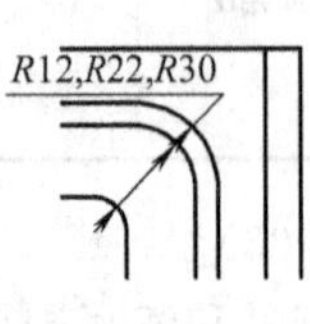R12,R22,R30	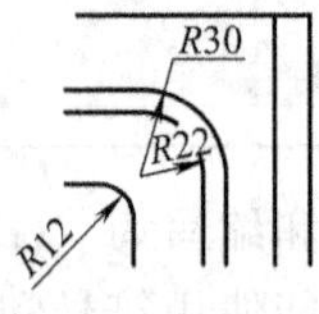R30 R22 R12	

续表

类别		简化后	简化前	说明
标注尺寸要素简化注法	共用尺寸线箭头（用心圆和台阶孔）	$\phi60,\phi100,\phi120$	$\phi60$ $\phi120$ $\phi100$	一组同心圆或尺寸较多的台阶孔的尺寸。可用共用的尺寸线和箭头依次表示
		$\phi5,\phi10,\phi12$	$\phi12$ $\phi10$ $\phi5$	

表 3-6 简化注法（二）

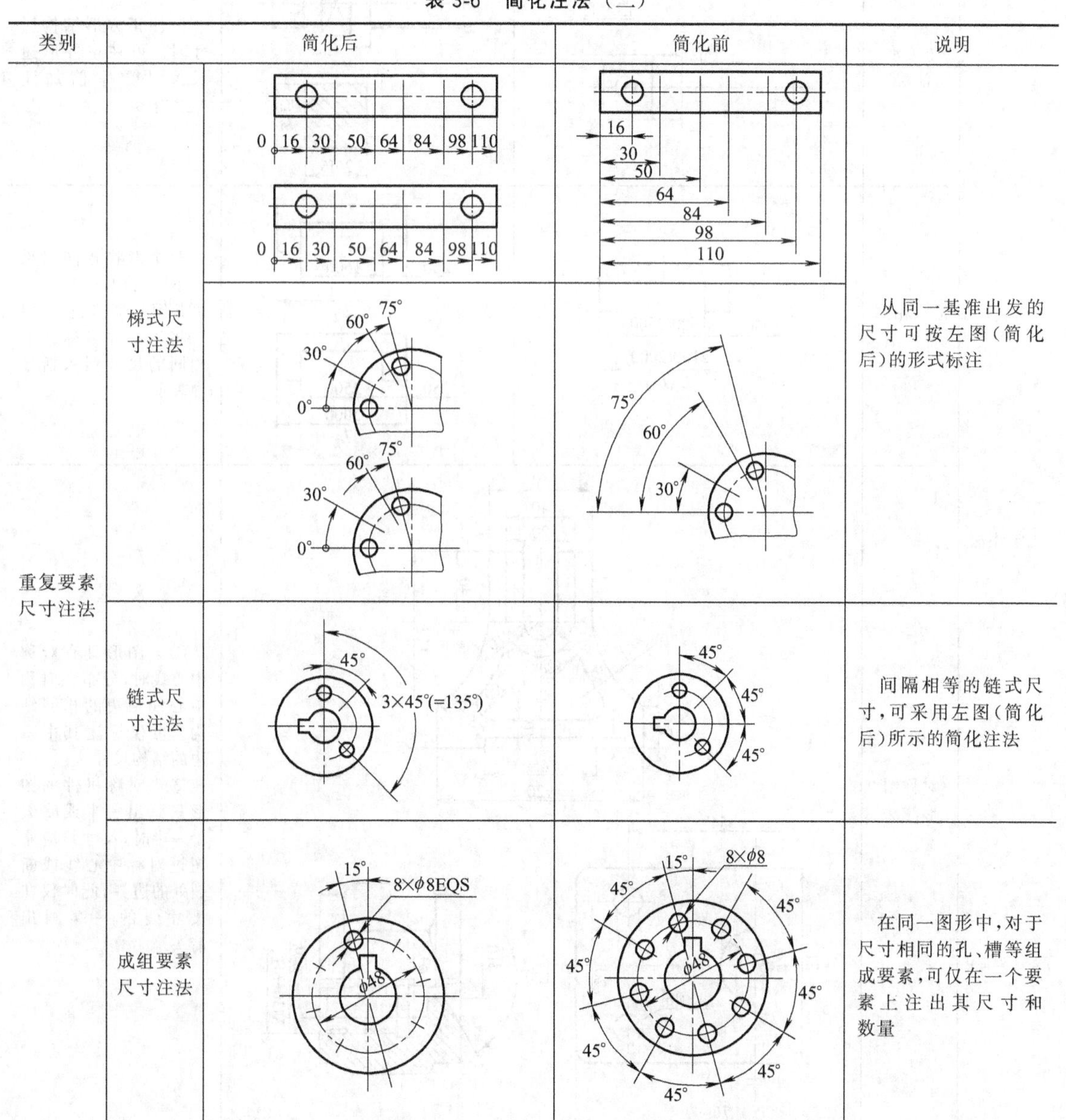

类别		简化后	简化前	说明
重复要素尺寸注法	梯式尺寸注法	0 16 30 50 64 84 98 110 0 16 30 50 64 84 98 110	16 30 50 64 84 98 110	从同一基准出发的尺寸可按左图（简化后）的形式标注
		0° 30° 60° 75° 0° 30° 60° 75°	75° 60° 30°	
	链式尺寸注法	45° 3×45°(=135°)	45° 45° 45°	间隔相等的链式尺寸，可采用左图（简化后）所示的简化注法
	成组要素尺寸注法	15° 8×ϕ8EQS ϕ48	15° 8×ϕ8 45° 45° 45° 45° ϕ48 45° 45° 45° 45°	在同一图形中，对于尺寸相同的孔、槽等组成要素，可仅在一个要素上注出其尺寸和数量

续表

类别		简化后	简化前	说明
重复要素尺寸注法	标记或字母的注法	$3\times\phi8^{+0.02}_{0}$ $2\times\phi8^{+0.058}_{0}$ $3\times\phi8$ A B C B B A C A $3\times\phi8^{+0.02}_{0}$ $2\times\phi8^{+0.058}_{0}$ $3\times\phi8$	（略）	在同一图形中，如有几种尺寸数值相近的又重复的要素（如孔等）时。可采用标记（如涂色等）或用标注字母的方法来区分

表 3-7 简化注法（三）

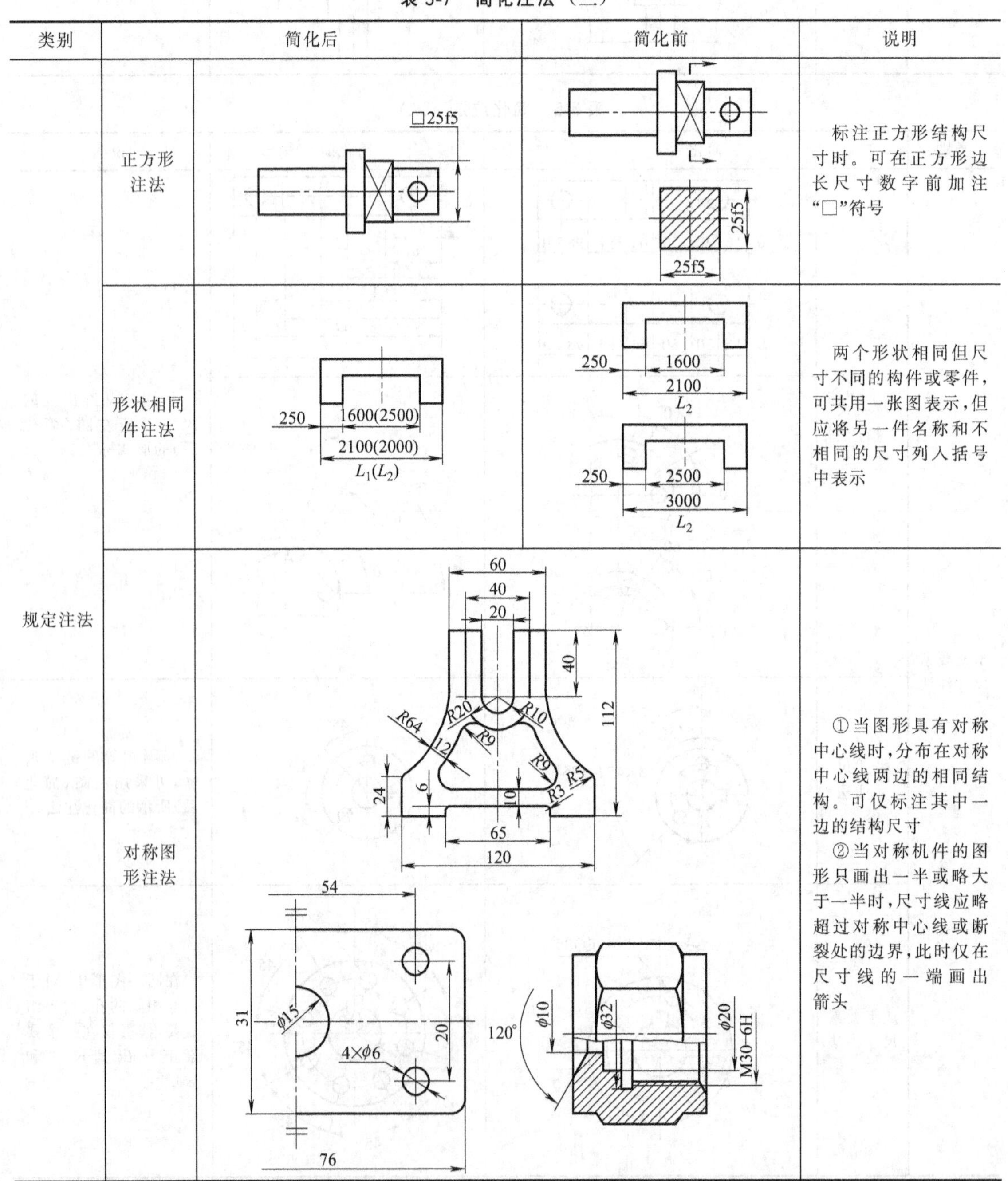

类别		简化后	简化前	说明
规定注法	正方形注法	□25f5	25f5 25f5	标注正方形结构尺寸时。可在正方形边长尺寸数字前加注“□”符号
	形状相同件注法	250 1600(2500) 2100(2000) $L_1(L_2)$	250 1600 2100 L_2 250 2500 3000 L_2	两个形状相同但尺寸不同的构件或零件，可共用一张图表示，但应将另一件名称和不相同的尺寸列入括号中表示
	对称图形注法	60 40 20 40 112 R64 R20 R10 R9 12 R9 R5 R3 24 6 10 65 120 54 31 $\phi15$ 20 $4\times\phi6$ 76 120° $\phi10$ $\phi32$ $\phi20$ M30-6H		①当图形具有对称中心线时，分布在对称中心线两边的相同结构。可仅标注其中一边的结构尺寸 ②当对称机件的图形只画出一半或略大于一半时，尺寸线应略超过对称中心线或断裂处的边界，此时仅在尺寸线的一端画出箭头

表 3-8 简化注法（四）

类别	简化后		简化前	说明
特定结构或要素注法	一般孔	4×φ4↧10 或 4×φ4↧10	4×φ4 10	各类孔可采用旁注法和符号相结合的方法标注
	有配合要求的孔	4×φ6H7↧10 孔↧16 或 4×φ6H7↧10 孔↧16	4×φ6 10 16	
	圆锥形沉孔	6×φ6.5 ⌵φ10×90° 或 6×φ6.5 ⌵φ10×90°	90° φ10 6×φ6.5	
	圆柱形沉孔	8×φ6.4 ⌴φ12↧4.5 或 8×φ6.4 ⌴φ12↧4.5	φ12 4.5 8×φ6.4	
	螺纹孔	4×M4↧10 孔↧12 或 4×M4↧10 孔↧12	4×M4 10 12	
	锪平孔	4×φ9⌴φ20 或 4×φ9⌴φ20	φ20锪平 4×φ9	
	锥销孔	2×锥销孔φ4 装时配作 或 2×锥销孔φ4 装时配作	2×锥销孔φ4 装时配作	

表 3-9　简化注法（五）

类别		简化后	简化前	说明
特定结构或要素注法	滚花注法	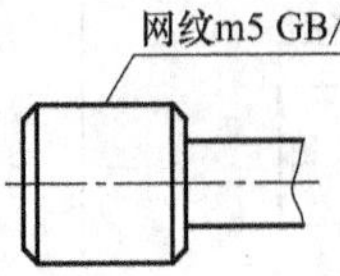 网纹m5 GB/T 6403.3	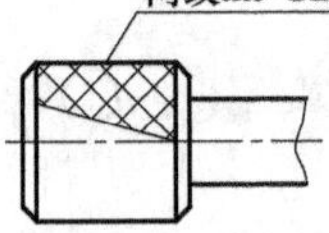 网纹m5 GB/T 6403.3	
		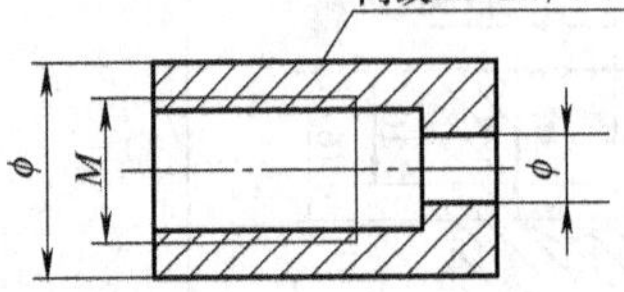 网纹m5 GB/T 6403.3 ϕ　M　ϕ	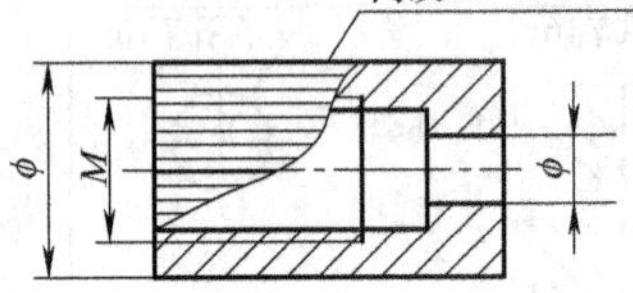 网纹m5 GB/T 6403.3 ϕ　M　ϕ	
	45°倒角的注法	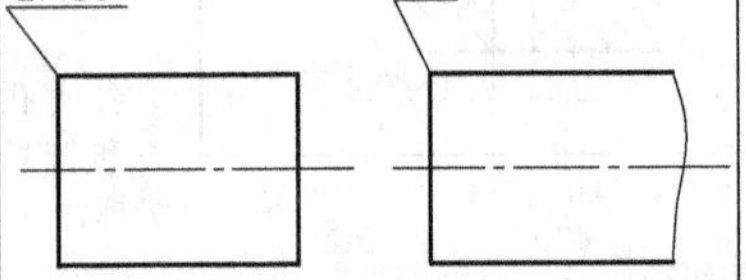 2×C1　C1	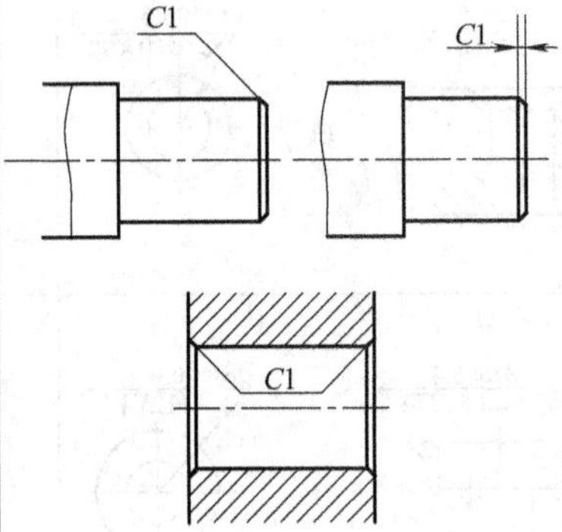 C1　C1　C1	在不致引起误解时，零件图中的倒角可以省略不注，其尺寸也可简化标注
	非45°倒角的注法	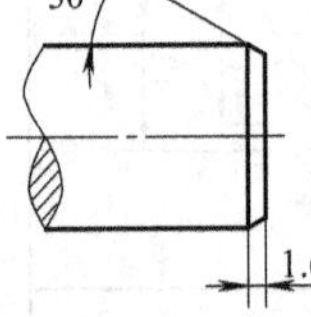 30°　1.6	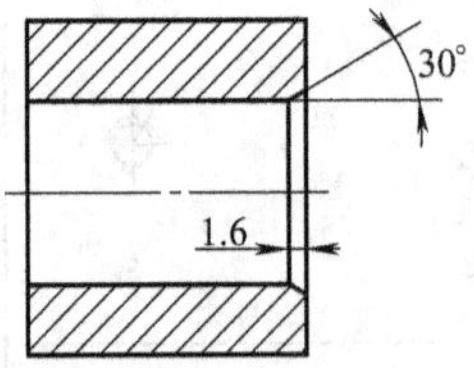 30°　1.6	
	退刀槽尺寸注法	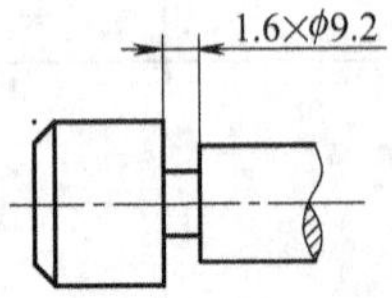 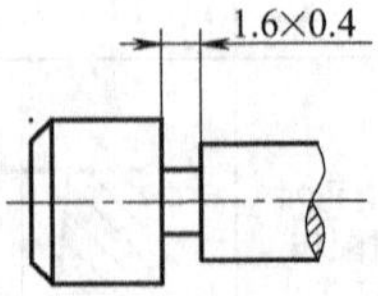 1.6×ϕ9.2　1.6×0.4	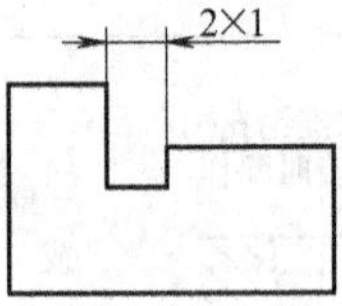 2×1	一般的退刀槽可按“槽宽×直径”或“槽宽×槽深”的形式标注

3.1.7 常用零件的规定画法

(1) 螺纹及螺纹紧固件表示法（GB/T 4459.1—1995）

螺纹及螺纹紧固件表示法见表3-10～表3-15。

表3-10 螺纹及螺纹紧固件表示法（一）

类别		画法	说明
螺纹的表示法	外螺纹	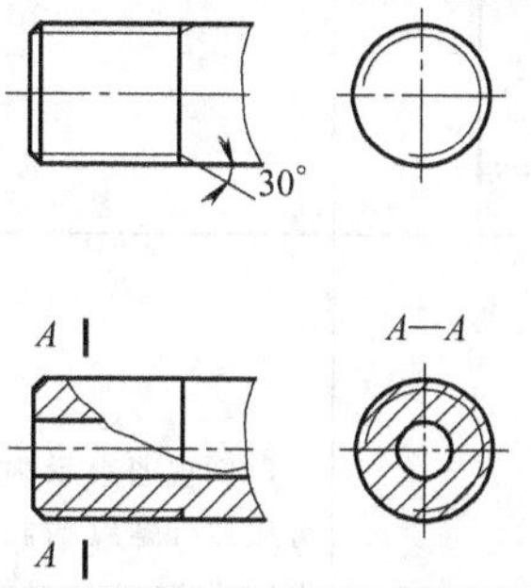 30° A A—A A	螺纹的牙顶用粗实线绘制，牙底用细实线绘制，在螺杆的倒角或倒圆也应画出 在垂直于螺纹轴线的投影面的视图中，表示牙底的细实线圆只画约3/4圈，此时轴或孔上的倒角省略不画 有效螺纹的终止界限（简称螺纹终止线）用粗实线表示 螺尾部分一般不必画出，当需要表示螺尾时，该部分用与轴线成30°的细实线画出
	内螺纹	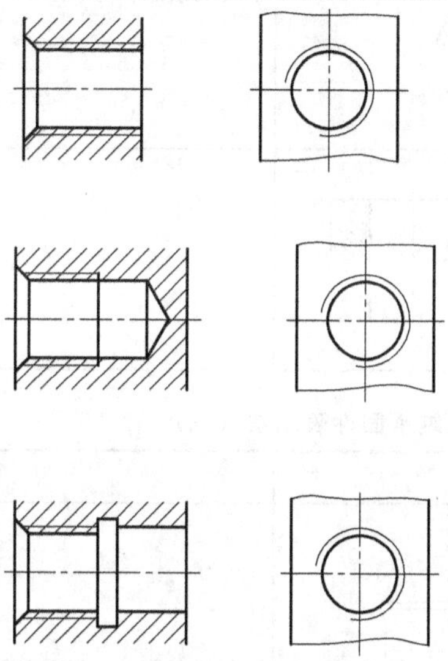	无论是外螺纹或内螺纹，在剖视或剖面图中的剖面线都应画到粗实线 绘制不穿通的螺纹孔时，一般应将钻孔深度与螺纹部分的深度分别画出
	不可见螺纹	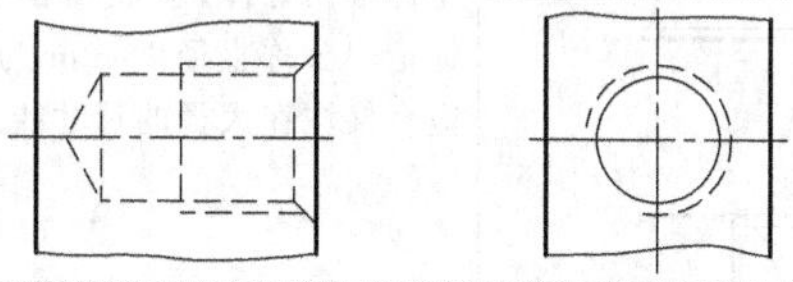	不可见螺纹的所有图线用虚线绘制

表3-11 螺纹及螺纹紧固件表示法（二）

类别		画法	说明
螺纹的表示法	圆锥螺纹	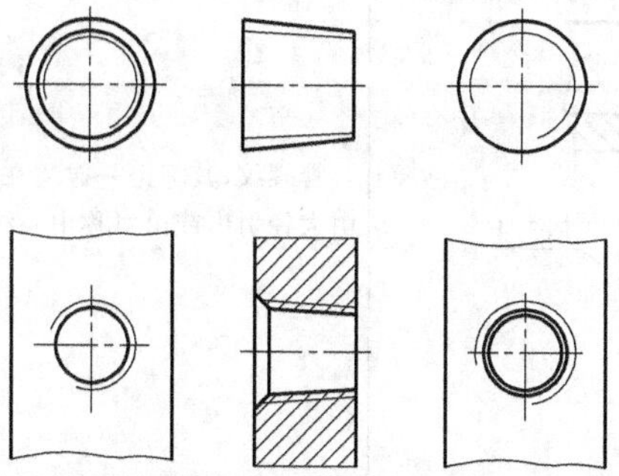	

续表

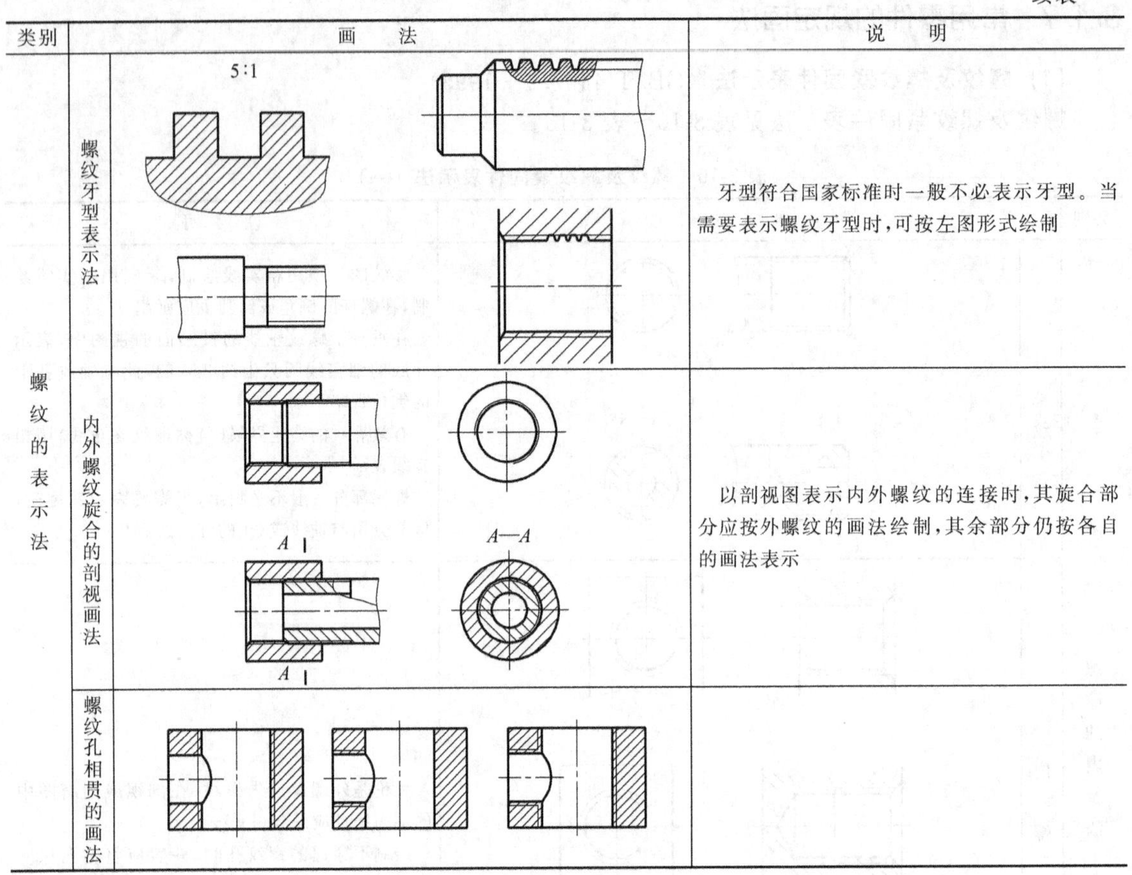

类别		画　　法	说　　明
螺纹的表示法	螺纹牙型表示法	5:1	牙型符合国家标准时一般不必表示牙型。当需要表示螺纹牙型时，可按左图形式绘制
	内外螺纹旋合的剖视画法	A—A	以剖视图表示内外螺纹的连接时，其旋合部分应按外螺纹的画法绘制，其余部分仍按各自的画法表示
	螺纹孔相贯的画法		

表 3-12　螺纹及螺纹紧固件表示法（三）

类别		画　　法	说　　明
螺纹的标注方法	标准螺纹	M16×1.5-5g6g-S Tr32×6LH-7e M10－6H M20－6g	标准的螺纹，应注出相应标准所规定的螺纹标记。公称直径以 mm 为单位的螺纹，其标记应直接注在大径的尺寸线上或引出线上
	管螺纹	G1A NPT3/4-LH Rc1/2 Rc3/4	管螺纹，其标记一律注在引出线上，引出线应由大径引出或由对称中心线引出

续表

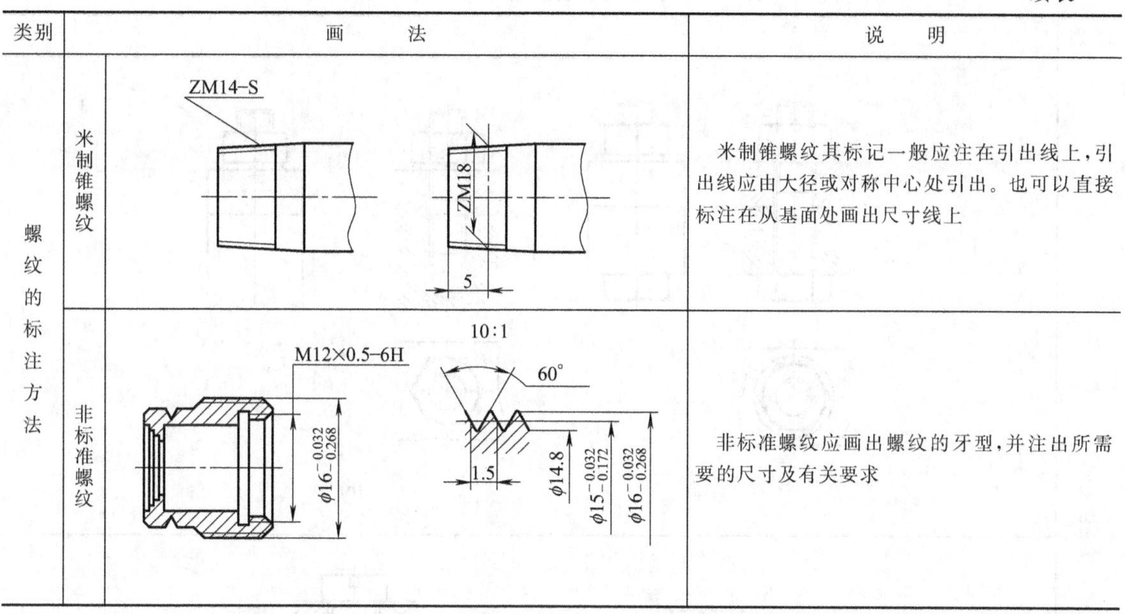

类别		画法	说明
螺纹的标注方法	米制锥螺纹	ZM14-S ZM18 5	米制锥螺纹其标记一般应注在引出线上，引出线应由大径或对称中心处引出。也可以直接标注在从基面处画出尺寸线上
	非标准螺纹	M12×0.5-6H $\phi16_{-0.268}^{-0.032}$ 10:1 60° 1.5 $\phi14.8$ $\phi15_{-0.172}^{-0.032}$ $\phi16_{-0.268}^{-0.032}$	非标准螺纹应画出螺纹的牙型，并注出所需要的尺寸及有关要求

表 3-13 螺纹及螺纹紧固件表示法（四）

类别		画法	说明
螺纹的标注方法	螺纹长度的标注	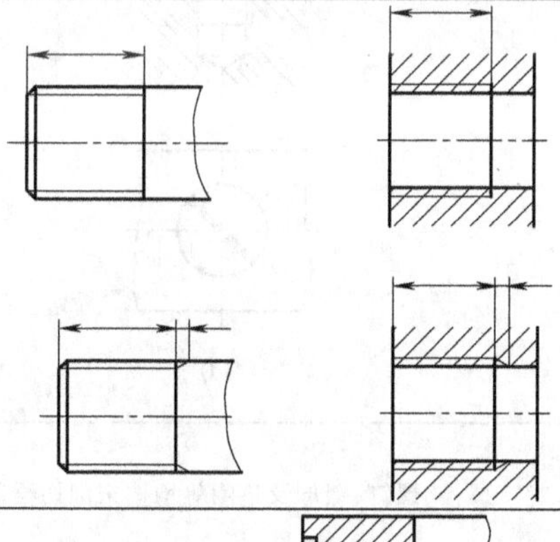	图样中标注的螺纹长度，均指不包括螺尾在内的有效长度；否则，应另加说明或按实际需要标注
	螺纹副的标注方法	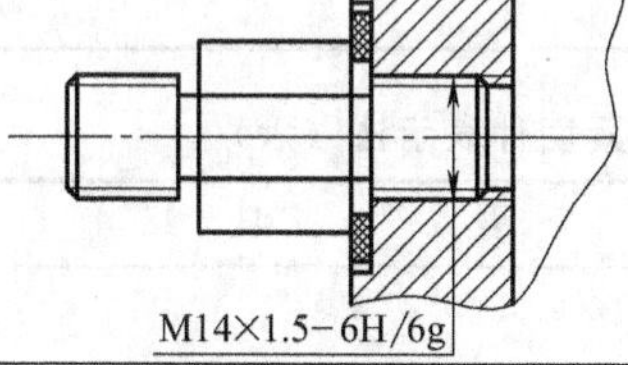 M14×1.5-6H/6g	螺纹副标记的标注方法与螺纹标记的标注方法相同，米制螺纹：其标记应直接标注在大径的尺寸线上或引出线上
		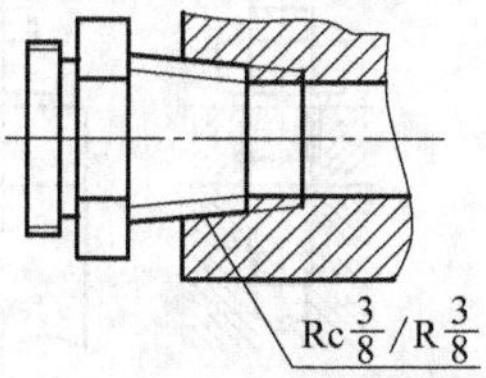 $Rc\frac{3}{8}/R\frac{3}{8}$	管螺纹，其标记应采用引出线由配合部分的大径处引出标注
		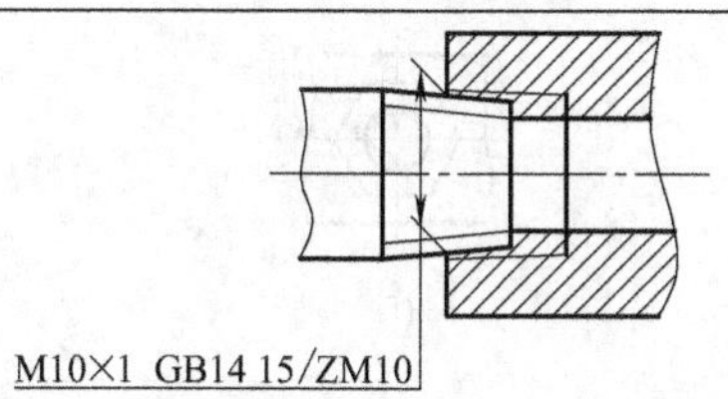 M10×1 GB14 15/ZM10	米制锥螺纹：其标记一般采用引出线由配合部分的大径处引出标注，也可直接标注在从基面处画出的尺寸线上

表 3-14 螺纹及螺纹紧固件表示法（五）

类别	画法
装配图中螺纹紧固件的画法	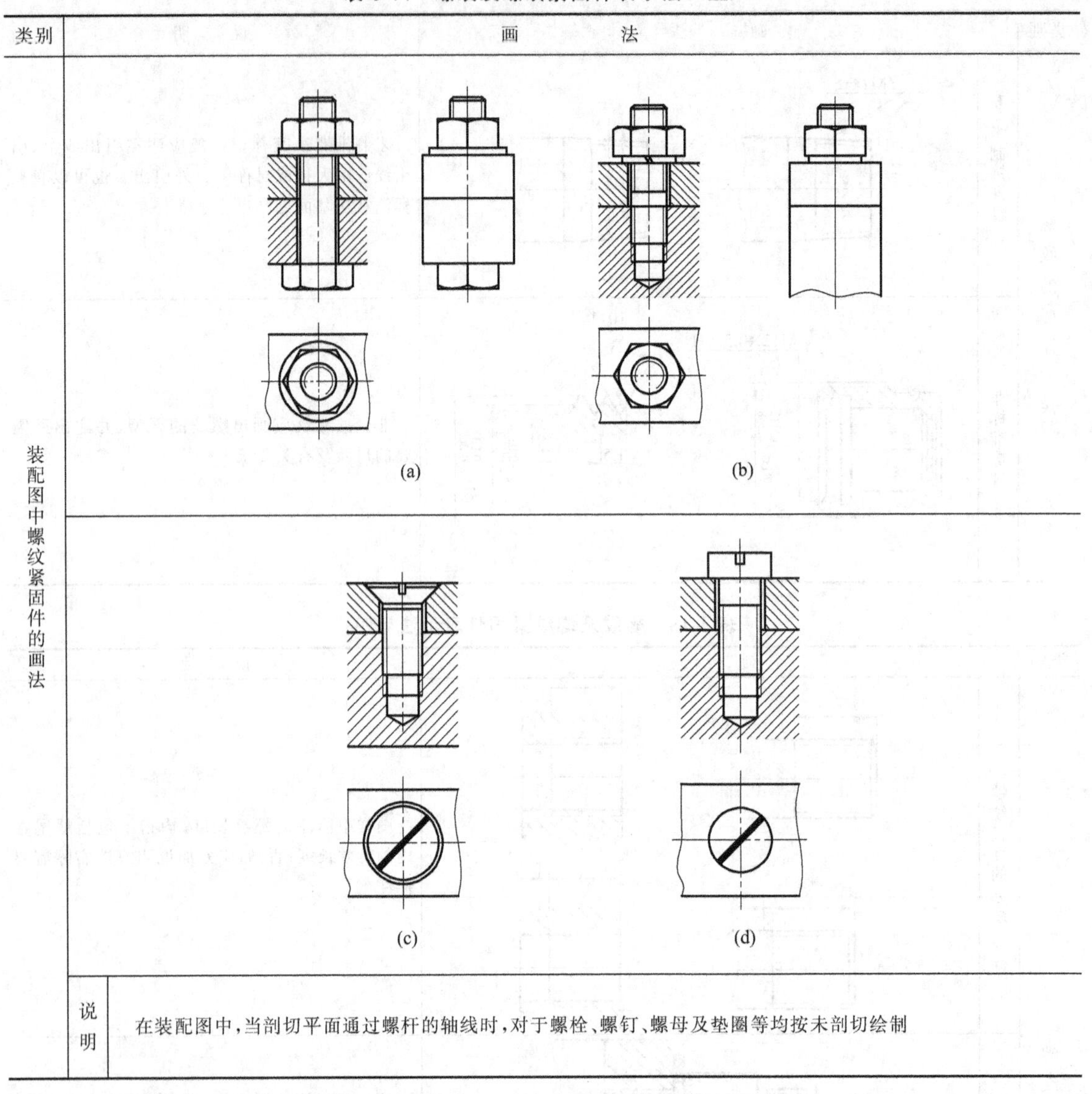 (a) (b) (c) (d)
说明	在装配图中，当剖切平面通过螺杆的轴线时，对于螺栓、螺钉、螺母及垫圈等均按未剖切绘制

表 3-15 螺纹及螺纹紧固件表示法（六）

类别	画法
装配图中螺纹紧固件的画法	(e) (f)

续表

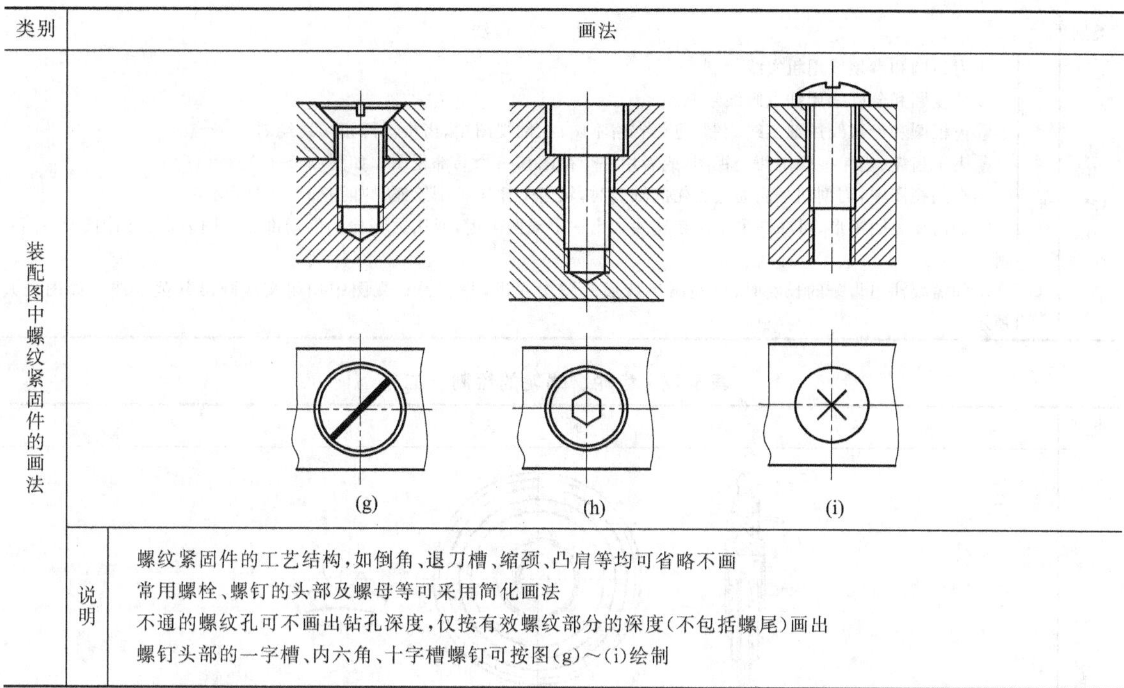

类别	画法
装配图中螺纹紧固件的画法	(g) (h) (i)
说明	螺纹紧固件的工艺结构,如倒角、退刀槽、缩颈、凸肩等均可省略不画 常用螺栓、螺钉的头部及螺母等可采用简化画法 不通的螺纹孔可不画出钻孔深度,仅按有效螺纹部分的深度(不包括螺尾)画出 螺钉头部的一字槽、内六角、十字槽螺钉可按图(g)~(i)绘制

(2) 齿轮、蜗轮的画法 (GB/T 4459.2—2003)

齿轮、蜗轮的画法见表 3-16~表 3-19。

表 3-16 齿轮、蜗轮的绘制(一)

类别	画法
齿轮表示法	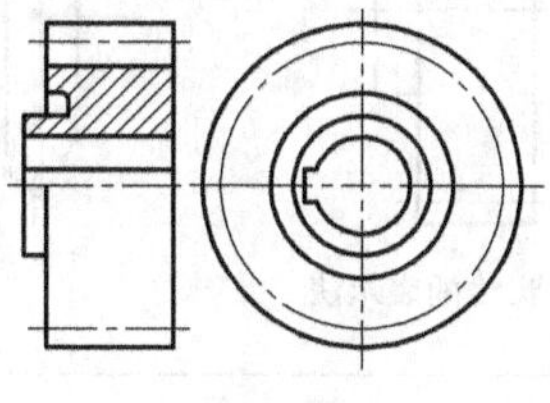 (a)圆柱齿轮 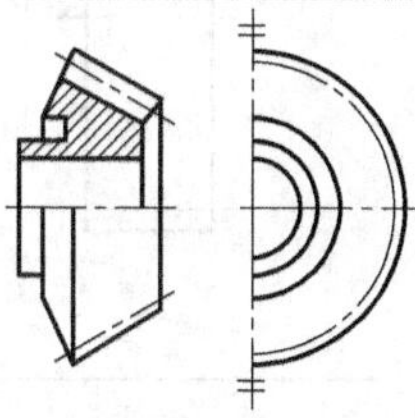　(b)圆锥齿轮
	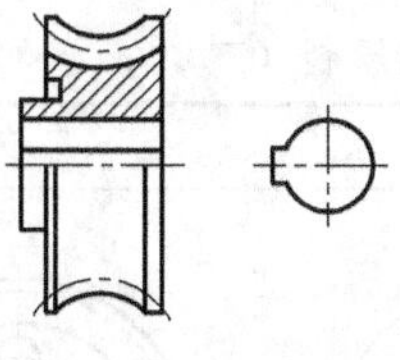 A　A—A (c)蜗轮 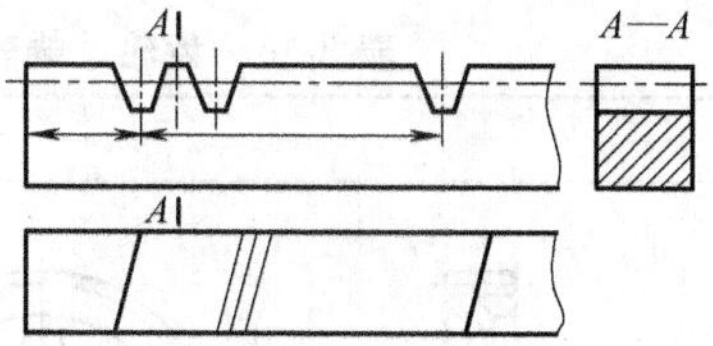　(d)齿条
	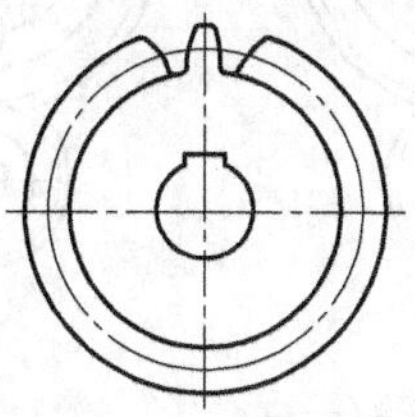 2:1 (e)表明齿形的圆柱齿轮 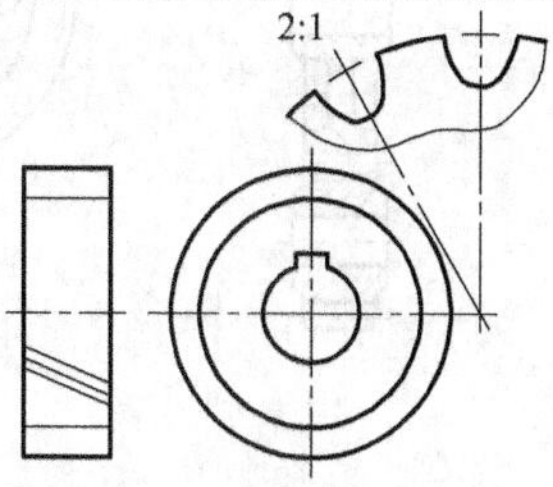　(f)圆弧齿轮

续表

类别		画法
齿轮表示法	说明	①齿顶圆和齿顶线用粗实线绘制 ②分度圆和分度线用细点画线绘制 ③齿根圆和齿根线用细实线绘制，也可省略不画；在剖视图中，齿根线用粗实线绘制 ④表示齿轮、蜗轮一般用两个视图，或者用一个视图和一个局部视图。如图(a)～(c)所示 ⑤在剖视图中，当剖切平面通过齿轮的轴线时，轮齿一律按不剖绘制。如图(a)～(d)所示 ⑥如需要表明齿形，可在图形中用粗实线画出一个或两个齿，或用适当比例的局部放大图表示。如图(d)～(f)所示 ⑦如需要注出齿条的长度时，可在画出齿形的图中注出，并在另一视图中用粗实线画出其范围线。如图(d)所示

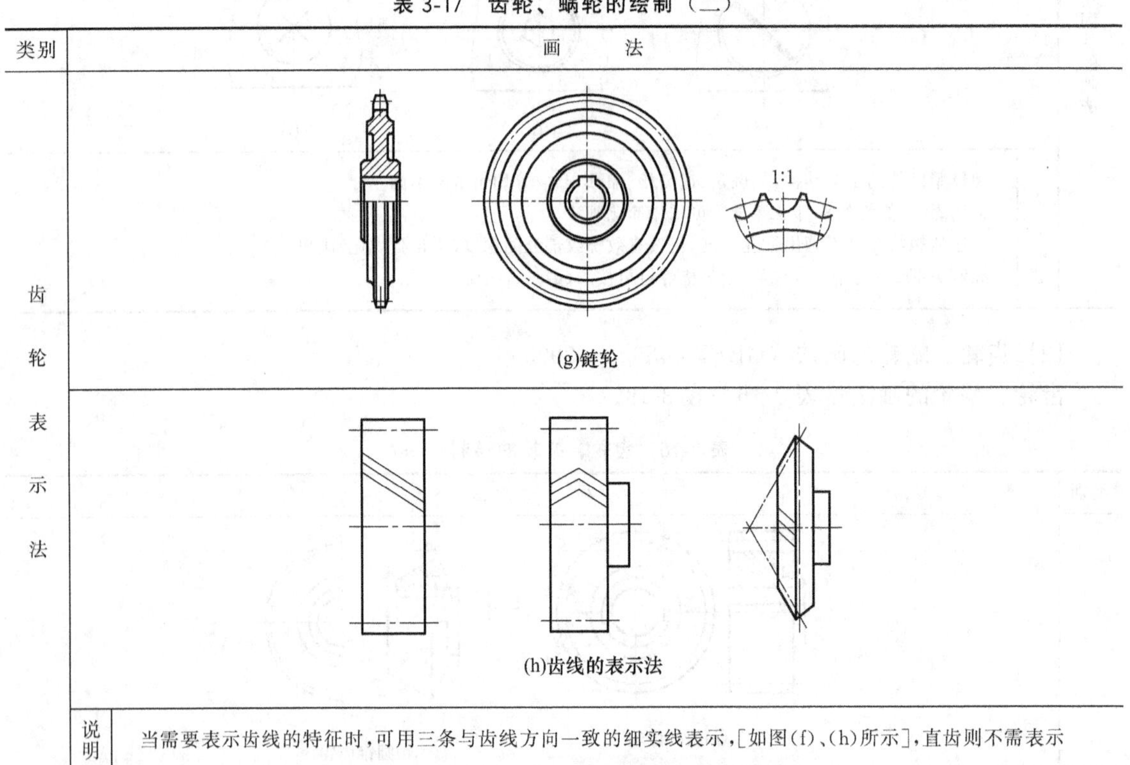

表 3-17 齿轮、蜗轮的绘制（二）

类别		画法
齿轮表示法		1:1 (g)链轮
		(h)齿线的表示法
	说明	当需要表示齿线的特征时，可用三条与齿线方向一致的细实线表示，[如图(f)、(h)所示]，直齿则不需表示

表 3-18 齿轮、蜗轮的绘制（三）

类别		画法
齿轮、蜗杆、蜗轮啮合画法	圆柱齿轮副的啮合画法	(i) (j) (k) 外啮合(一)

续表

类别		画法
齿轮、蜗杆、蜗轮啮合画法	圆柱齿轮副的啮合画法	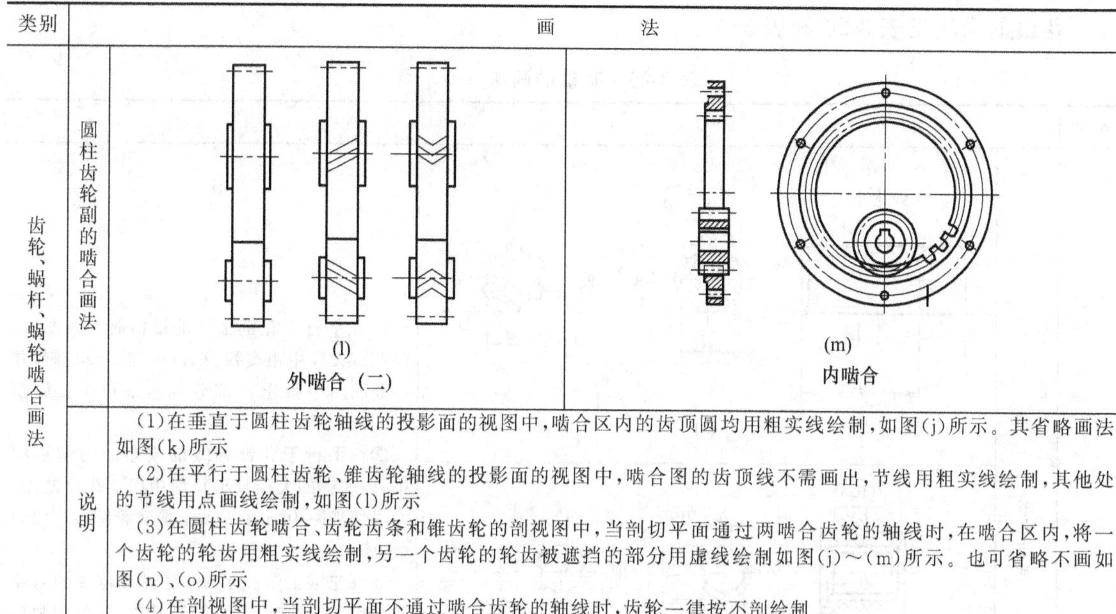 (l) 外啮合（二） (m) 内啮合
	说明	(1)在垂直于圆柱齿轮轴线的投影面的视图中，啮合区内的齿顶圆均用粗实线绘制，如图(j)所示。其省略画法如图(k)所示 (2)在平行于圆柱齿轮、锥齿轮轴线的投影面的视图中，啮合图的齿顶线不需画出，节线用粗实线绘制，其他处的节线用点画线绘制，如图(l)所示 (3)在圆柱齿轮啮合、齿轮齿条和锥齿轮的剖视图中，当剖切平面通过两啮合齿轮的轴线时，在啮合区内，将一个齿轮的轮齿用粗实线绘制，另一个齿轮的轮齿被遮挡的部分用虚线绘制如图(j)～(m)所示。也可省略不画如图(n)、(o)所示 (4)在剖视图中，当剖切平面不通过啮合齿轮的轴线时，齿轮一律按不剖绘制

表 3-19 齿轮、蜗轮的绘制（四）

类别		画法
齿轮、蜗杆、蜗轮啮合画法	齿轮齿条副的啮合画法	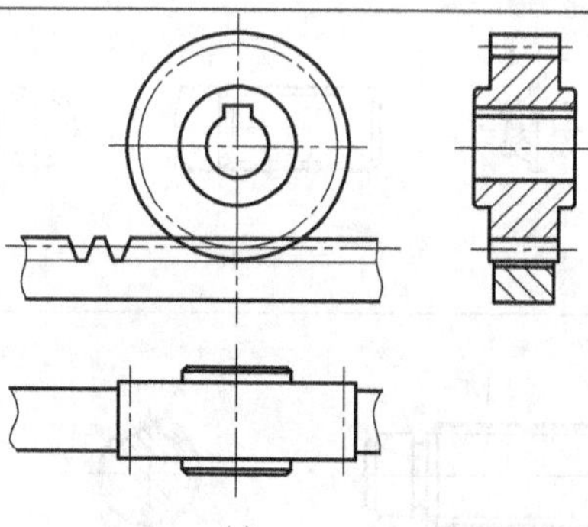 (n)
	轴线正交的锥齿轮副的啮合画法	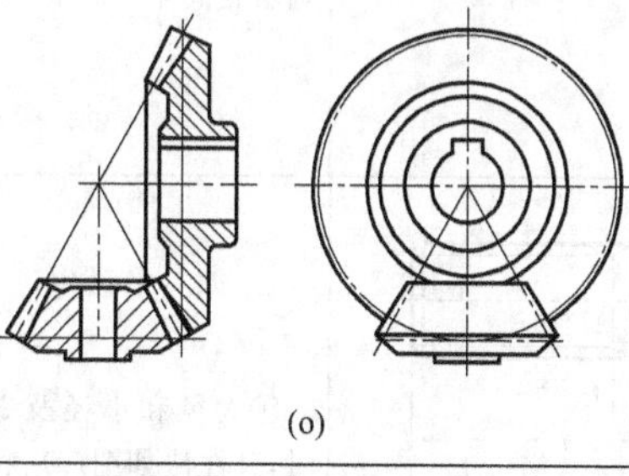 (o) 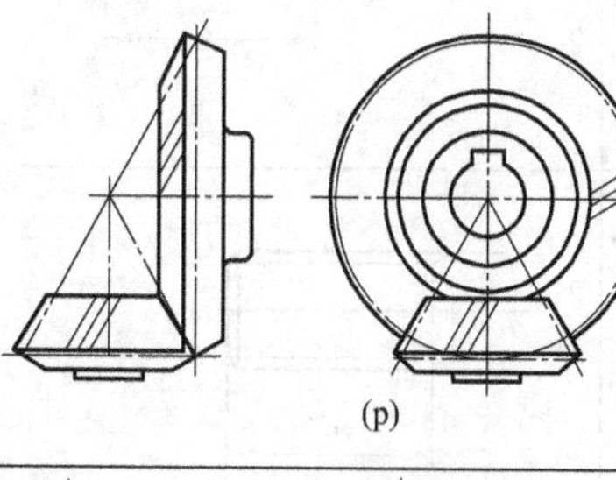 (p)
	圆柱蜗杆副的啮合画法	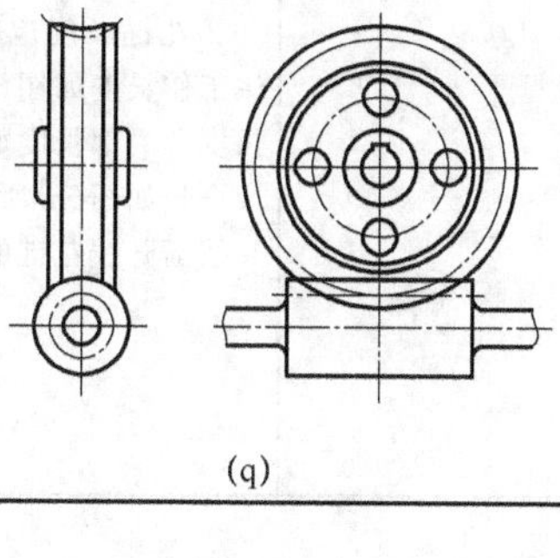 (q) 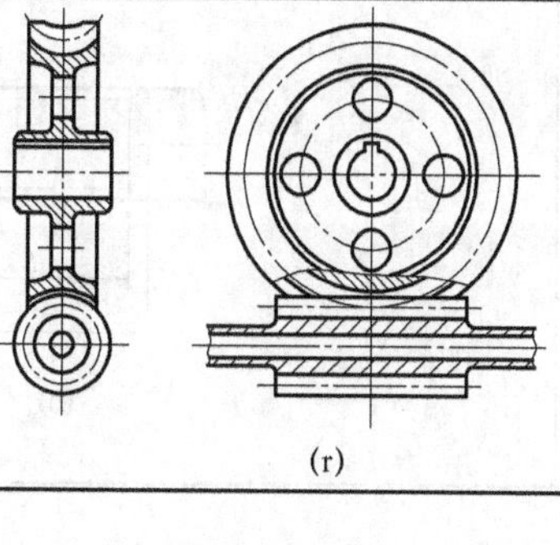 (r)

(3) 花键的画法（GB/T 4459.3—2000）

花键的画法见表 3-20 和表 3-21。

表 3-20 花键的画法（一）

类别			
花键画法	矩形花键	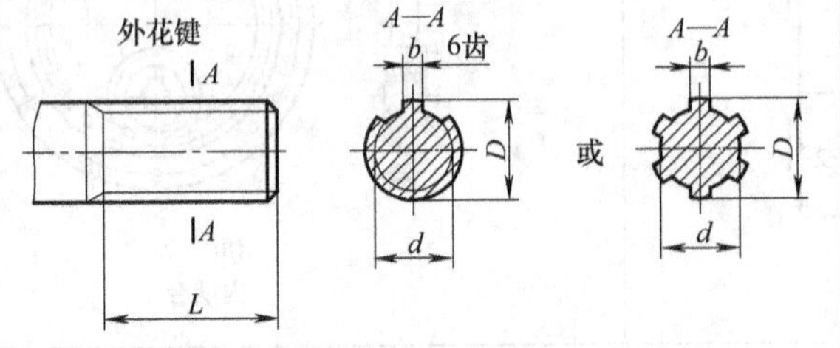 外花键 (a) 内花键 (b) (c) (d)	①在平行于花键轴线的投影面的视图中，外花键大径用粗实线、小径用细实线绘制，并在断面图中画出一部分或全部齿形。如图(a)所示 ②在平行于花键轴线的投影面的剖视图中，内花键的大径及小径均用粗实线绘制，并在局部视图中画出一部分或全部齿形。如图(b)所示 ③外花键工作长度的终止端和尾部的末端均用细实线绘制，并与轴线垂直，尾部则画成斜线，其倾斜角度一般与轴线成 30°，必要时，可按实际情况画出 ④外花键局部剖视的画法如图(c)所示，垂直于花键轴线的投影面的视图按图(d)绘制
	渐开线花键	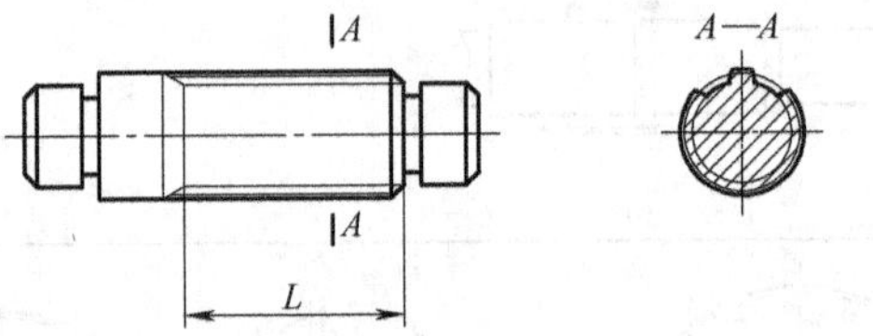 (e)	渐开线花键画法如图(e)所示，除分度圆和分度线用细点画线绘制外，其余部分与花键画法相同
	花键尺寸标注	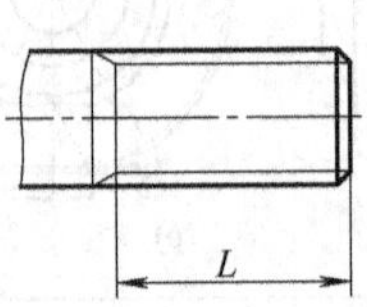 (f) 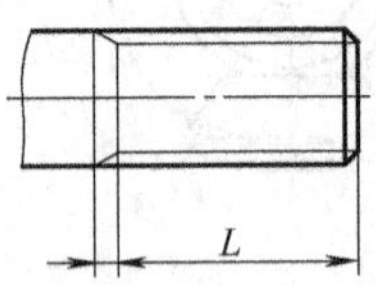 (g) 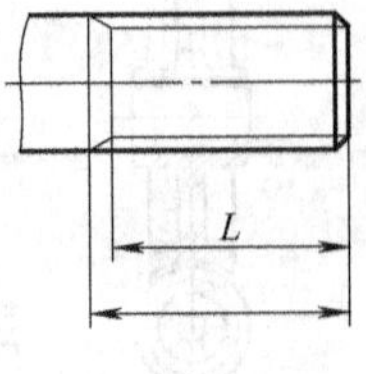 (h)	①大径和小径及螺纹采用一般尺寸标注时，其注法如图(a)、(b)所示 ②花键长度应采用三种形式之一标注；标注工作长度如图(a)、(b)、(f)所示；标注工作长度和局部长度如图(g)所示；标注工作长度及全长如图(h)所示 ③渐开线花键的尺寸标注与矩形花键相同

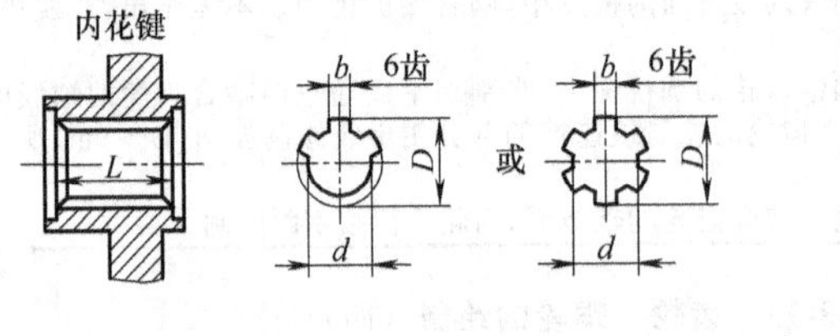

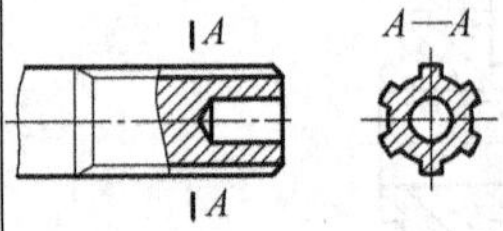

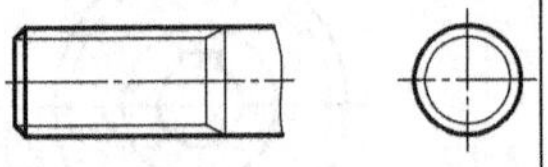

表 3-21 花键的画法（二）

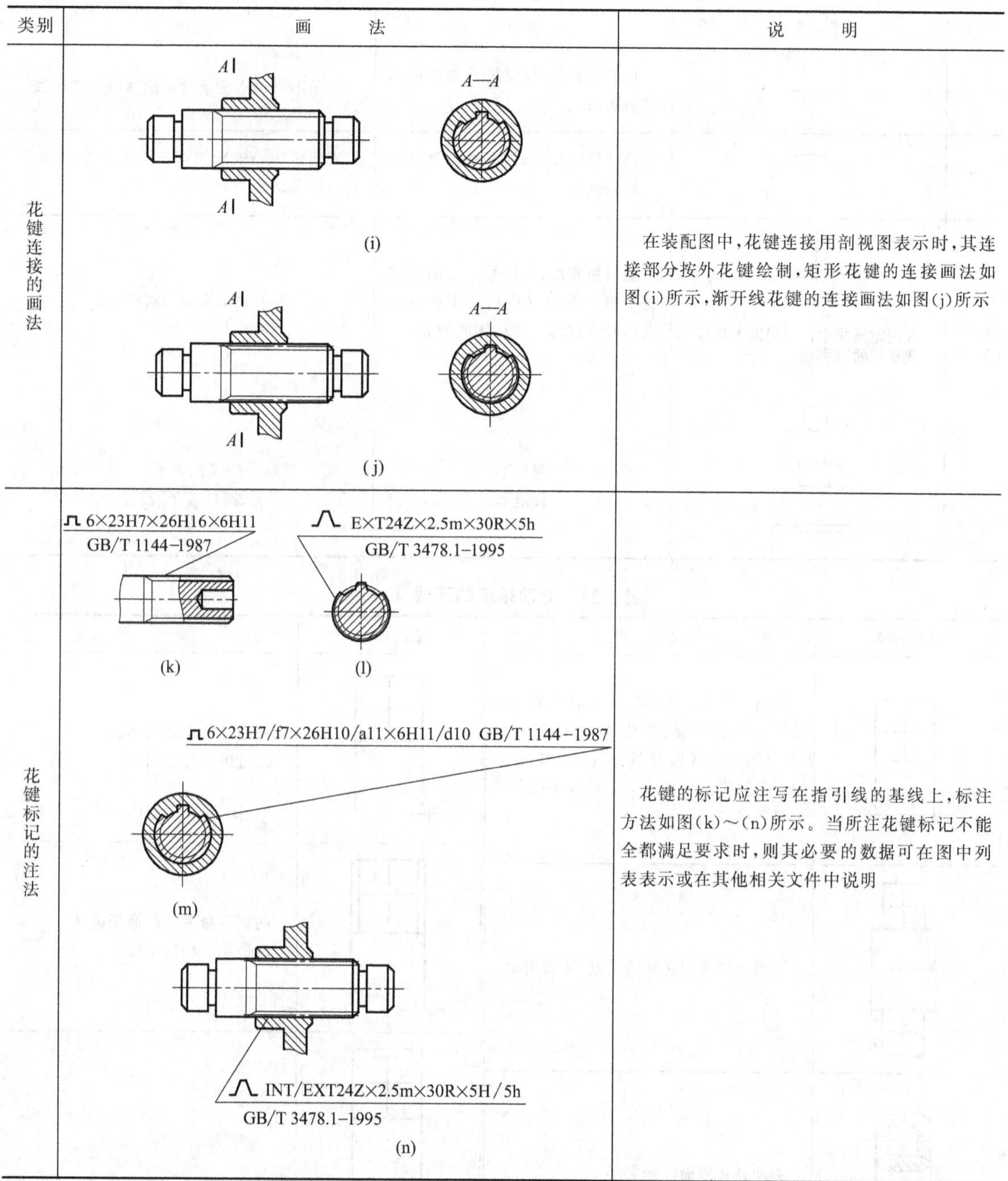

类别	画法	说明
花键连接的画法	A—A (i) A—A (j)	在装配图中，花键连接用剖视图表示时，其连接部分按外花键绘制，矩形花键的连接画法如图(i)所示，渐开线花键的连接画法如图(j)所示
花键标记的注法	⊓ 6×23H7×26H16×6H11 GB/T 1144-1987 (k) ⋀ E×T24Z×2.5m×30R×5h GB/T 3478.1-1995 (l) ⊓ 6×23H7/f7×26H10/a11×6H11/d10 GB/T 1144-1987 (m) ⋀ INT/EXT24Z×2.5m×30R×5H/5h GB/T 3478.1-1995 (n)	花键的标记应注写在指引线的基线上，标注方法如图(k)～(n)所示。当所注花键标记不能全都满足要求时，则其必要的数据可在图中列表表示或在其他相关文件中说明

(4) 滚动轴承表示法（GB/T 4459.7—1998）

GB/T 4459.7 规定了滚动轴承的简化画法和规定画法。简化画法又分为通用画法和特征画法，在同一张图样中，一般只采用其中一种画法。采用规定画法绘制滚动轴承的剖视图时，轴承的滚动体不画剖面线，各套圈等可画成方向和间隔相同的剖面线。在不致引起误解时，也允许省略不画。在剖视图中，用简化画法绘制滚动轴承时，一律不画剖面符号（剖面线）。图线：通用画法、特征画法及规定画法中的各种符号、矩形线框和轮廓线均用粗实线绘制。尺寸及比例：绘制滚动轴承时，其矩形线框和外形轮廓的大小与滚动轴承的外形尺寸一致，并与所属图样采用同一比例。滚动轴承的画法见表 3-22～表 3-25。

表 3-22 滚动轴承特征画法中的结构要素符号

序号	要素符号	说明	应用
1		长的粗实线，根据轴承类型可以倾斜画出	表示不可调心轴承的滚动体的滚动轴线
2		长的粗圆弧线，根据轴承类型可以倾斜画出	表示可调心轴承的调心表面或滚动体滚动线的包络线
3	 在规定画法中，可用以下符号代替短的粗实线： 	短的粗实线，与序号1、2的要素符号相交成90°(或相交于法线方向)，并通过每个滚动体的中心 圆 宽矩形 长矩形	表示滚动体的列数和位置 球 圆柱滚子 长圆柱滚子、滚针

表 3-23 滚动轴承的画法（一）

通用画法	说　明	通用画法	说　明
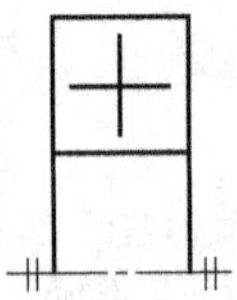	在剖视图中，当不需要确切地表示滚动体的外形轮廓、载荷特性、结构特征时，可用矩形线框及位于线框中央正立的十字形符号表示。十字符号不应与矩形线框接触	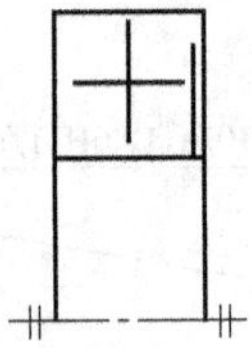	一面带防尘盖的画法 也适用于特征画法
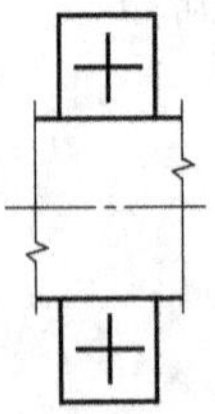	通用画法应画在轴的两侧，如图所示	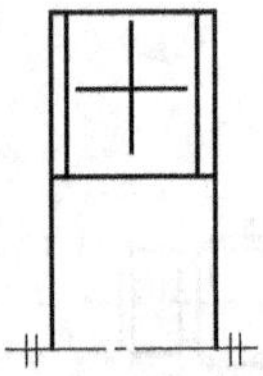	两面带密封圈的通用画法 也适用于特征画法
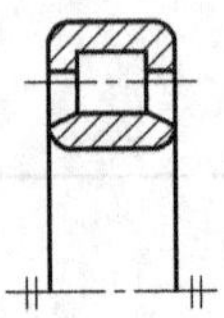	滚动轴承剖面线的画法	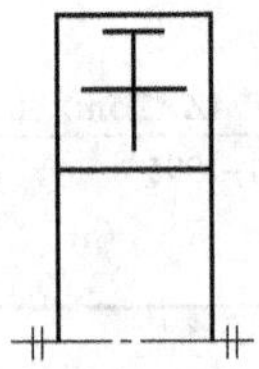 外圈无挡边	当需要表示滚动轴承内圈或外圈有、无挡边时，可按图所示的方法绘制。在十字符号上附加一短画，表示内圈或外圈无挡边的方向 也适用于特征画法
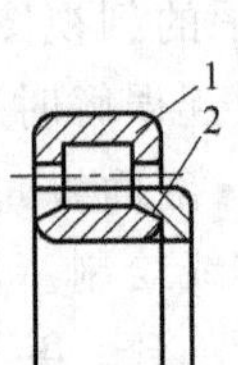 1 2	滚动轴承带附件的剖面线画法 1——圆柱滚子轴承(GB/T 283) 2——斜挡圈(JB/T 7917)	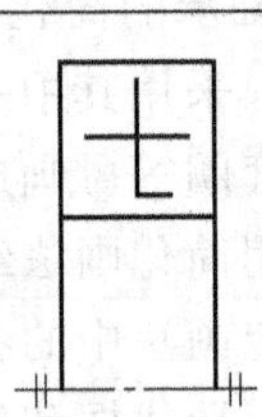 内圈有单挡边	

表 3-24 滚动轴承的画法（二）

通用画法	说　明	通用画法	说　明
	如需确切地表示滚动轴承的外形，则应画出其剖面轮廓，并在轮廓中央画出正立的十字形符号，十字符号不应与剖面轮廓接触		在装配图中，为了表达滚动轴承的安装方法，可画出滚动轴承的某些零件 也适用于特征画法
	当滚动轴承带有附件或零件时，则这些附件或零件也只可画出其外形轮廓 1—外球面球轴承(GB/T 3882)； 2—紧定套(JB/T 7019.2) 也适用于特征画法		在垂直于滚动轴承轴线的投影面视图上，无论滚动体的形状（球、柱、针等）及尺寸如何，均可按左图方法绘制

表 3-25 几种常用滚动轴承的规定画法

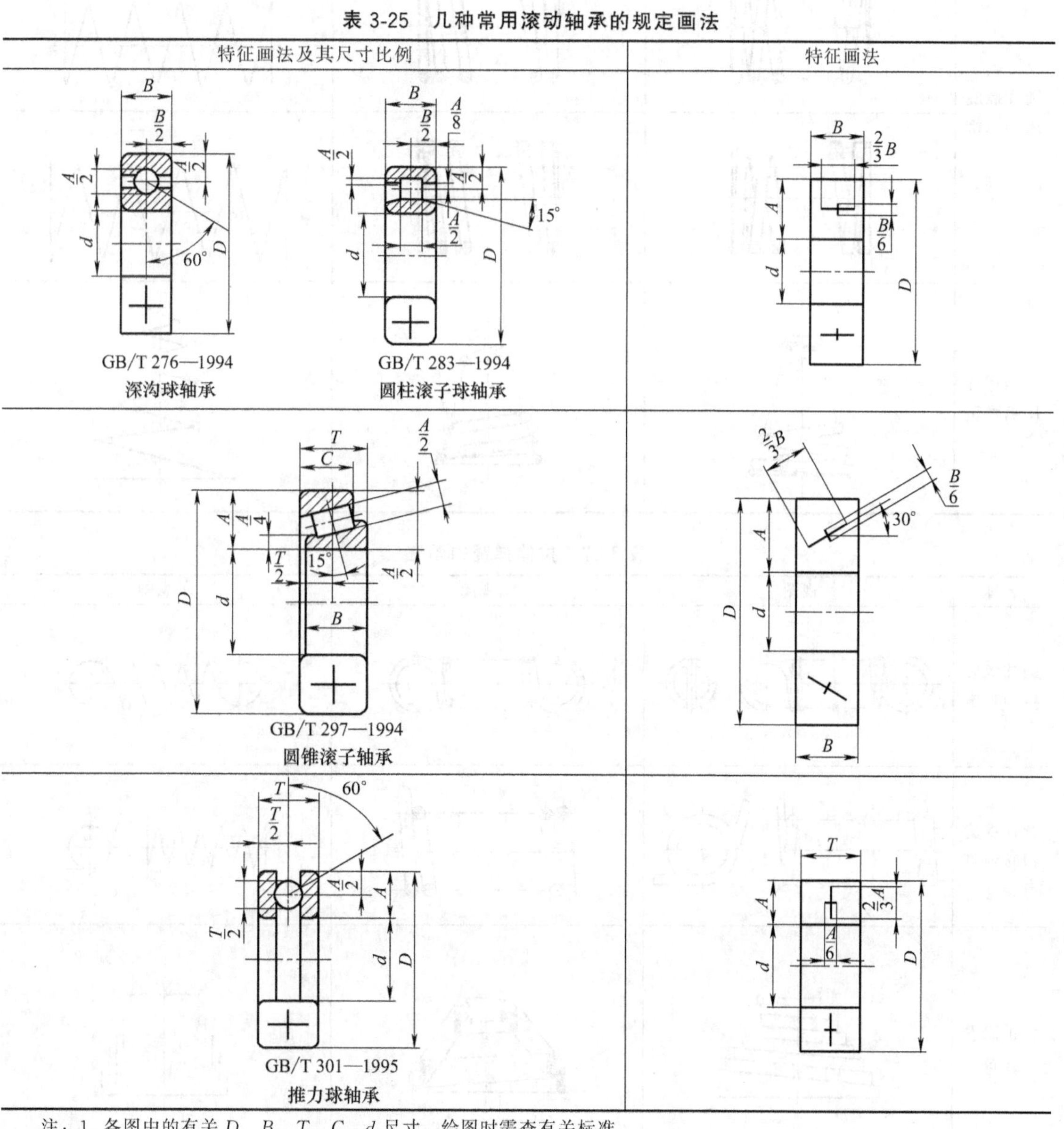

注：1. 各图中的有关 D、B、T、C、d 尺寸，绘图时需查有关标准。

2. 使用时应根据承载情况确定选用轴承的代号。

(5) 弹簧的画法（GB/T 4459.4—2003）

弹簧的画法见表 3-26～表 3-29。

① 在平行于螺旋弹簧轴线的投影面的视图中，其各圈的轮廓应画成直线。

② 螺旋弹簧均可画成右旋，对必须保证的旋向要求应在“技术要求”中注明。

③ 螺旋压缩弹簧，如要求两端并紧且磨平时，不论支承圈的圈数多少和末端贴紧情况如何，均可按表 3-26 绘制。必要时可按支承圈的实际结构绘制。

④ 有效圈数在四圈以上的螺旋弹簧中间部分可以省略。圆柱螺旋弹簧中间部分省略后，允许适当缩短图形的长度，截锥涡卷弹簧中间部分省略后用细实线相连。

表 3-26　压缩弹簧的画法

名称	视图	剖视图	示意图
圆柱螺旋压缩弹簧	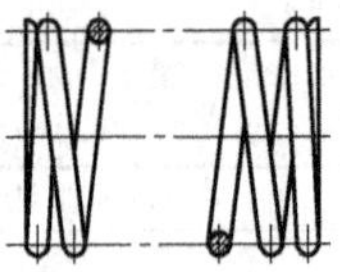	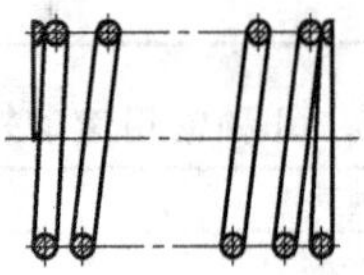	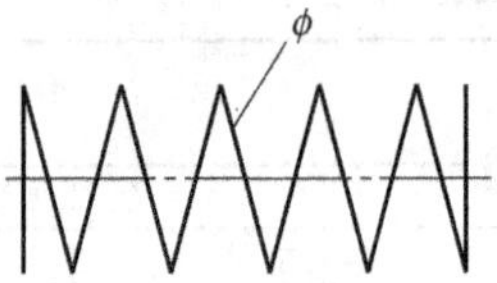 ϕ
	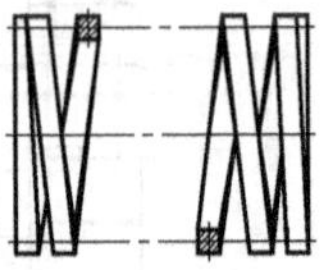	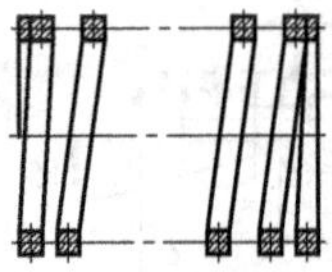	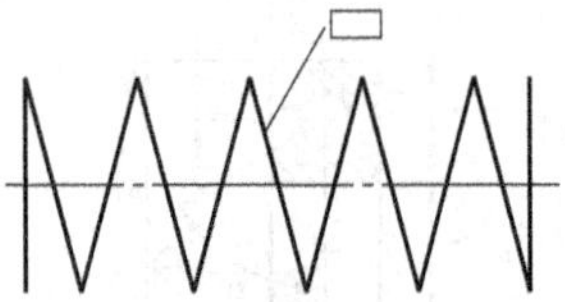
截锥螺旋压缩弹簧	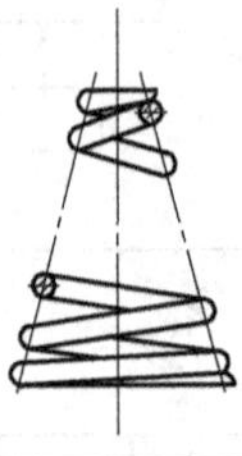	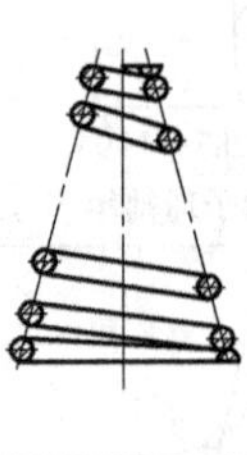	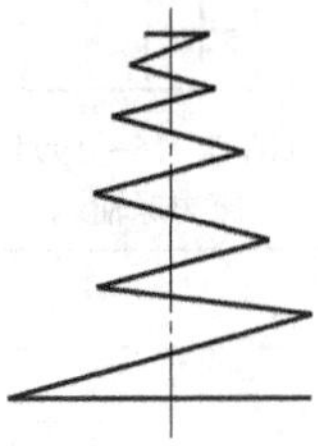

表 3-27　拉伸弹簧的画法

名称	视图	剖视图	示意图
圆柱螺旋拉伸弹簧	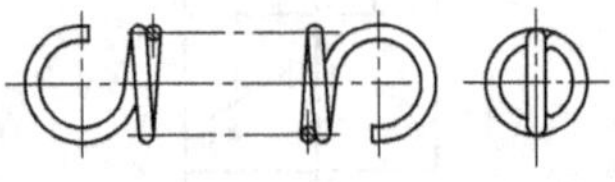	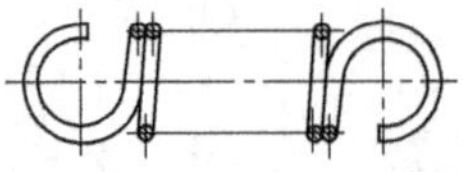	
圆柱螺旋扭转弹簧	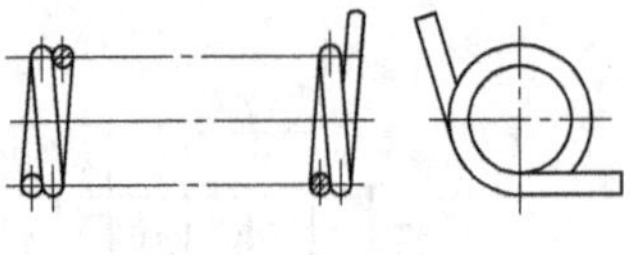	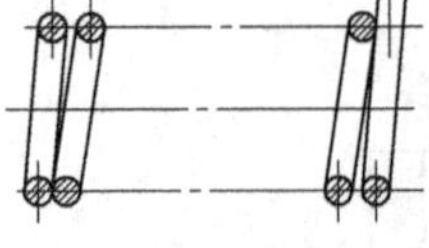	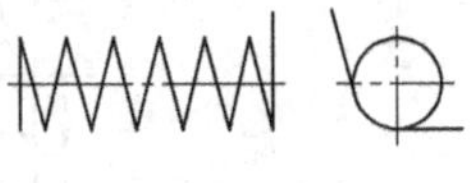
截锥涡卷弹簧	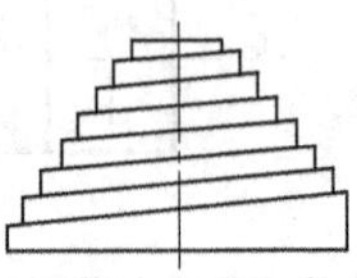	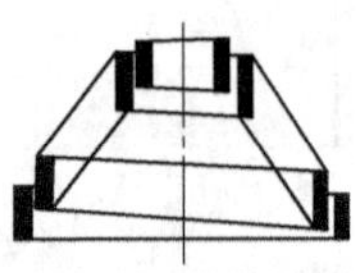	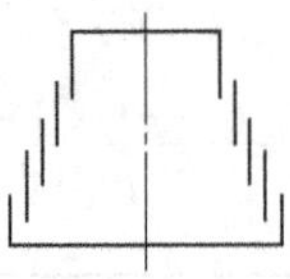

表 3-28　其他弹簧的画法

名称	视图	剖视图	示意图
螺形弹簧			
平面涡卷弹簧	视图		

表 3-29　装配图中弹簧的画法

装配图中弹簧的画法
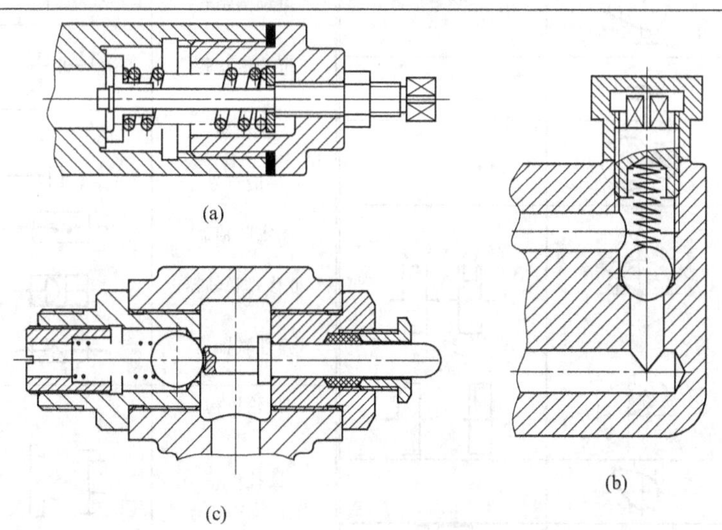 (a) (b) (c)
①被弹簧遮挡的结构一般不画，可见部分应从弹簧的外轮廓线或从弹簧钢丝剖面的中心线画起，如图(a)所示 ②型材尺寸较小(直径或厚度在图形上等于或小于 2mm)的螺旋弹簧、螺形弹簧、片弹簧允许用示意表示，如图(b)所示 ③在剖视图中，线径在图形上等于或小于 2mm 时，其断面可以涂黑表示，而且不画各圈的轮廓线，如图(c)所示

3.1.8　机构运动简图符号（GB/T 4460—2013）

机构运行简图符号见表 3-30。

表 3-30　机构运动简图符号

机构名称	基本符号	可用符号	机构名称	基本符号	可用符号
机架			轴上飞轮		
轴、杆					
组成部分与轴(杆)的固定连接					

续表

机构名称	基本符号	可用符号
原动机 通用符号 （不指明类型） 电动机 一般符号 装在支架上 的电动机	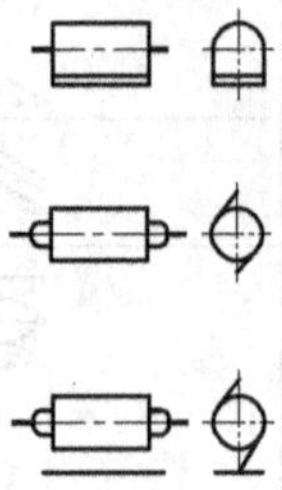	
平面机构 连杆		
曲柄 （或摇杆）		
偏心轮		
导杆		
滑块		
槽轮机构 一般符号	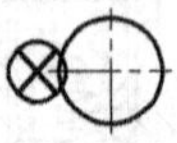	
棘轮机构		
外啮合	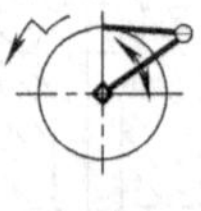	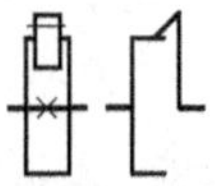
内啮合		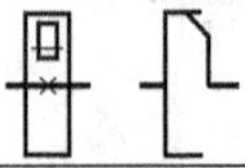
凸轮机构 盘形凸轮		
圆柱凸轮		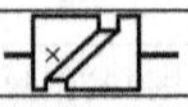
凸轮从动杆 尖顶从动杆 曲面从动杆 滚子从动杆 平底从动杆		
轴承 向心轴承		
普通轴承 滚动轴承	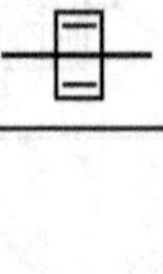	
推力轴承 单向推力 双向推力	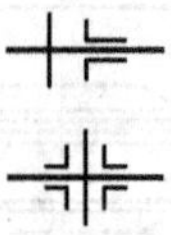	若有需要可指明轴承型号
推力滚动轴承	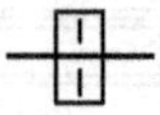	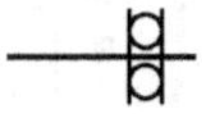
单向向心推力普通轴承 双向向心推力普通轴承	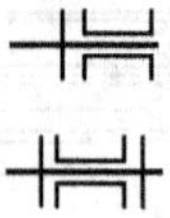	
向心推力滚动轴承	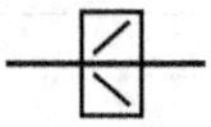	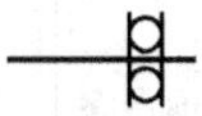
摩擦传动 圆柱轮 圆锥轮 可调圆锥轮	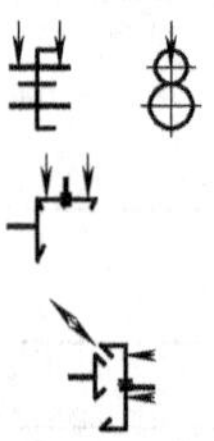	
可调冕状轮	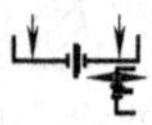	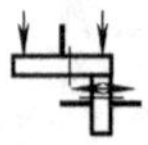
联轴器 一般符号 固定联轴器 可移式联轴器 弹性联轴器	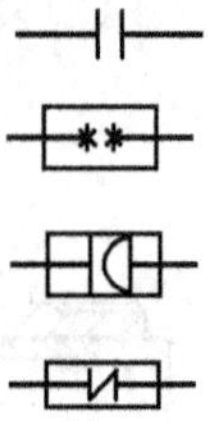	
齿轮机构		
圆柱齿轮	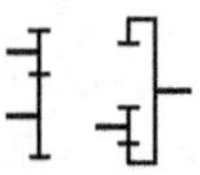	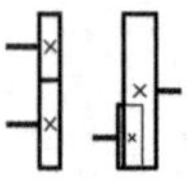
圆锥齿轮	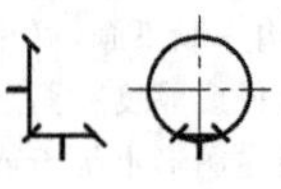	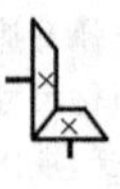
蜗轮蜗杆	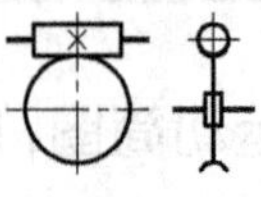	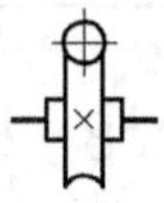
齿轮传动 （一般表示）		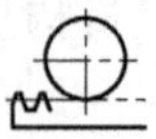
扇形齿轮	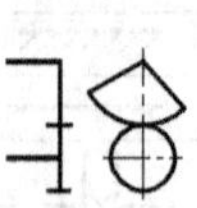	

续表

机构名称	基本符号	可用符号	机构名称	基本符号	可用符号
啮合式离合器 单向式	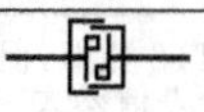	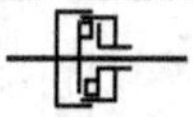	弹簧 压缩弹簧	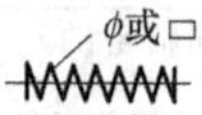 φ或□	
双向式	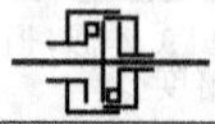		拉伸弹簧	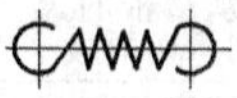	
摩擦离合器 单向式	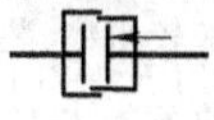	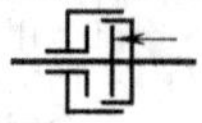	扭转弹簧	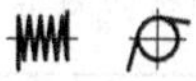	
双向式	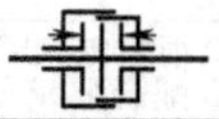	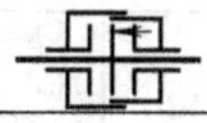	涡卷弹簧		
电磁离合器			带传动 一般符号 （不指明类型）	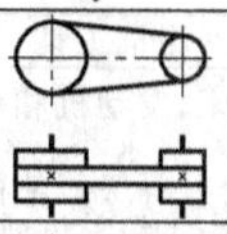	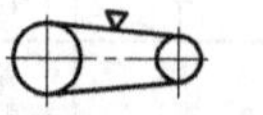 表示三角皮带传动
安全离合器 带有易损元件			链传动	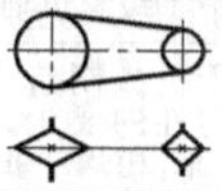	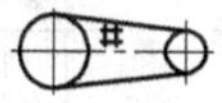 表示滚子链
无易损元件	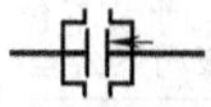		螺杆传动 整体螺母	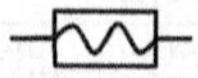	
制动器		不规定制动器外观	挠性轴		可以只画一部分 

3.2 公差与配合

3.2.1 标准公差和基本偏差

（1）标准公差

标准公差见表 3-31～表 3-33。

（2）基本偏差及代号

基本偏差及代号见图 3-1。

表 3-31 公称尺寸至 3150mm 的标准公差等级 IT1～IT18 及其公差值（GB/T 1800.2—2009）

公称尺寸/mm		标准公差等级																	
		IT1	IT2	IT3	IT4	IT5	IT6	IT7	IT8	IT9	IT10	IT11	IT12	IT13	IT14	IT15	IT16	IT17	IT18
大于	至	μm											mm						
—	3	0.8	1.2	2	3	4	6	10	14	25	40	60	0.1	0.14	0.25	0.4	0.6	1	1.4
3	6	1	1.5	2.5	4	5	8	12	18	30	48	75	0.12	0.18	0.3	0.48	0.75	1.2	1.8
6	10	1	1.5	2.5	4	6	9	15	22	36	58	90	0.15	0.22	0.36	0.58	0.9	1.5	2.2
10	18	1.2	2	3	5	8	11	18	27	43	70	110	0.18	0.27	0.43	0.7	1.1	1.8	2.7
18	30	1.5	2.5	4	6	9	13	21	33	52	84	130	0.21	0.33	0.52	0.84	1.3	2.1	3.3
30	50	1.5	2.5	4	7	11	16	25	39	62	100	160	0.25	0.39	0.62	1	1.6	2.5	3.9
50	80	2	3	5	8	13	19	30	46	74	120	190	0.3	0.46	0.74	1.2	1.9	3	4.6
80	120	2.5	4	6	10	15	22	35	54	87	140	220	0.35	0.54	0.87	1.4	2.2	3.5	5.4
120	180	3.5	5	8	12	18	25	40	63	100	160	250	0.4	0.63	1	1.6	2.5	4	6.3
180	250	4.5	7	10	14	20	29	46	72	115	185	290	0.46	0.72	1.15	1.85	2.9	4.6	7.2
250	315	6	8	12	16	23	32	52	81	130	210	320	0.52	0.81	1.3	2.1	3.2	5.2	8.1
315	400	7	9	13	18	25	36	57	89	140	230	360	0.57	0.89	1.4	2.3	3.6	5.7	8.9
400	500	8	10	15	20	27	40	63	97	155	250	400	0.63	0.97	1.55	2.5	4	6.3	9.7
500	630	9	11	16	22	32	44	70	110	175	280	440	0.7	1.1	1.75	2.8	4.4	7	11
630	800	10	13	18	25	36	50	80	125	200	320	500	0.8	1.25	2	3.2	5	8	12.5
800	1000	11	15	21	28	40	56	90	140	230	360	560	0.9	1.4	2.3	3.6	5.6	9	14
1000	1250	13	18	24	33	47	66	105	165	260	420	660	1.05	1.65	2.6	4.2	6.6	10.5	16.5
1250	1600	15	21	29	39	55	78	125	195	310	500	780	1.25	1.95	3.1	5	7.8	12.5	19.5
1600	2000	18	25	35	46	65	92	150	230	370	600	920	1.5	2.3	3.7	6	9.2	15	23
2000	2500	22	30	41	55	78	110	175	280	440	700	1100	1.75	2.8	4.4	7	11	17.5	28
2500	3150	26	36	50	68	96	135	210	330	540	860	1350	2.1	3.3	5.4	8.6	13.5	21	33

注：1. 公称尺寸大于 500mm 的 IT1～IT5 的标准公差数值为试行。

2. 公称尺寸小于或等于 1mm 时，无 IT14～IT18。

表 3-32 公差等级的应用条件说明

公差等级	应用条件说明	公差等级	应用条件说明
IT01	用于特别精密的尺寸传递基准	IT9	应用条件与 IT8 相似，但要求精度低于 IT8，比旧国标 4 级精度公差值要大
IT0	用于特别精密的尺寸传递基准、宇航中特别重要的极个别精密配合尺寸	IT10	应用条件与 IT9 类似，但要求精度低于 IT9，相当于旧国标 5 级精度公差
IT1	用于特别精密的尺寸传递基准、高精密测量工具、特别重要的极个别精密配合尺寸	IT11	用于配合要求较粗糙、装配后可能有较大的间隙的情况，特别适用于要求间隙较大、且有显著变动而不会引起危险的场合，相当于旧国标 6 级精度公差
IT2	用于高精密的测量工具、特别重要的精密配合尺寸	IT12	配合精度要求很粗糙，装配后有很大间隙，适用于基本上没有什么配合要求的场合，要求较高的未注公差尺寸的极限偏差，比旧国标的 7 级精度公差值稍小
IT3	用于精密测量工具，小尺寸、高精度的精密配合	IT13	应用条件与 IT12 类似，但比旧国标 7 级精度公差稍大
IT4	用于精密测量工具、高精度的精密配合	IT14	用于非配合尺寸及不包括在尺寸链中的尺寸，相当于旧国标 8 级精度公差
IT5	用于机床、发动机和仪表中特别重要的配合。在配合公差要求小、形状精度要求很高的条件下，这类公差等级能使配合性质比较稳定，相当于旧标准中 1 级精度轴的公差	IT15	用于非配合尺寸及不包括在尺寸链中的尺寸，相当于旧国标 9 级精度公差
IT6	广泛用于机械制造中的重要配合，配合表面有较高均匀性的要求，能保证相当高的配合性质，使用可靠，相当于旧国标中 2 级精度轴和 1 级精度孔的公差	IT16	用于非配合尺寸及不包括在尺寸链中的尺寸，相当于旧国标 10 级精度公差
IT7	应用条件与 IT6 相类似，但其要求的精度可比 IT6 稍低一点，在一般机械制造中应用相当普遍，相当于旧国标中 3 级精度轴和 2 级精度孔的公差	IT17	用于非配合尺寸及不包括在尺寸链中的尺寸，相当于旧国标 11 级精度公差
IT8	在机械制造中属于中等精度；在仪器、仪表及钟表制造中，由于公称尺寸较小，所以属较高精度范畴。在农业机械、纺织机械、印染机械、自行车、缝纫机、医疗器械中应用最广	IT18	用于非配合尺寸及不包括在尺寸链中的尺寸，相当于旧国标 12 级精度公差

表 3-33 公差等级与加工方法的关系

加工方法	公差等级(IT)																			
	01	0	1	2	3	4	5	6	7	8	9	10	11	12	13	14	15	16	17	18
研磨	—	—	—	—	—	—	—													
珩磨						—	—	—	—											
圆磨							—	—	—	—										
平磨							—	—	—	—										
金刚石车							—	—	—											
金刚石镗							—	—	—											
拉削							—	—	—	—										
铰孔								—	—	—	—	—								
车									—	—	—	—	—							
镗									—	—	—	—	—							
铣										—	—	—	—							
刨、插												—	—							
钻												—	—	—	—					
滚压、挤压												—	—							
冲压												—	—	—	—	—				
压铸													—	—	—	—				
粉末冶金成形								—	—	—										
粉末冶金烧结									—	—	—	—								
砂型铸造、气割																	—			
锻造																—				

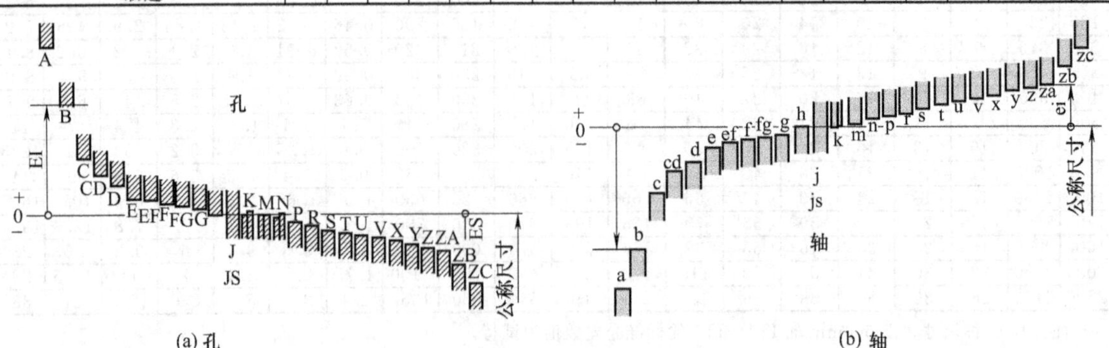

图 3-1 孔、轴基本偏差系列示意图

3.2.2 孔、轴的极限偏差

(1) 孔的极限偏差

孔的极限偏差见表 3-34。

表 3-34 孔的极限偏差（GB/T 1800.2—2009） μm

公称尺寸/mm		A					B						C					
大于	至	9	10	11	12	13	8	9	10	11	12	13	8	9	10	11	12	13
—	3	+295 +270	+310 +270	+330 +270	+370 +270	+410 +270	+154 +140	+165 +140	+180 +140	+200 +140	+240 +140	+280 +140	+74 +60	+85 +60	+100 +60	+120 +60	+160 +60	+200 +60
3	6	+300 +270	+318 +270	+345 +270	+390 +270	+450 +270	+158 +140	+170 +140	+188 +140	+215 +140	+250 +140	+320 +140	+88 +70	+100 +70	+118 +70	+145 +70	+190 +70	+250 +70
6	10	+316 +280	+338 +280	+370 +280	+430 +280	+500 +280	+172 +150	+186 +150	+208 +150	+240 +150	+300 +150	+370 +150	+102 +80	+116 +80	+138 +80	+170 +80	+230 +80	+300 +80
10	18	+333 +290	+360 +290	+400 +290	+470 +290	+560 +290	+177 +150	+193 +150	+220 +150	+260 +150	+330 +150	+420 +150	+122 +95	+138 +95	+165 +95	+205 +95	+275 +95	+365 +95
18	30	+352 +300	+384 +300	+430 +300	+510 +300	+630 +300	+193 +160	+212 +160	+244 +160	+290 +160	+370 +160	+490 +160	+143 +110	+162 +110	+194 +110	+240 +110	+320 +110	+440 +110
30	40	+372 +310	+410 +310	+470 +310	+560 +310	+700 +310	+209 +170	+232 +170	+270 +170	+330 +170	+420 +170	+560 +170	+159 +120	+182 +120	+220 +120	+280 +120	+370 +120	+510 +120
40	50	+382 +320	+420 +320	+480 +320	+570 +320	+710 +320	+219 +180	+242 +180	+280 +180	+340 +180	+430 +180	+570 +180	+169 +130	+192 +130	+230 +130	+290 +130	+380 +130	+520 +130
50	65	+414 +340	+460 +340	+530 +340	+640 +340	+800 +340	+236 +190	+264 +190	+310 +190	+380 +190	+490 +190	+650 +190	+186 +140	+214 +140	+260 +140	+330 +140	+440 +140	+660 +140
65	80	+434 +360	+480 +360	+550 +360	+660 +360	+820 +360	+246 +200	+274 +200	+320 +200	+390 +200	+500 +200	+660 +200	+196 +150	+224 +150	+270 +150	+340 +150	+450 +150	+610 +150
80	100	+467 +380	+520 +380	+600 +380	+730 +380	+920 +380	+274 +220	+307 +220	+360 +220	+440 +220	+570 +220	+760 +220	+224 +170	+257 +170	+310 +170	+390 +170	+520 +170	+710 +170
100	120	+497 +410	+550 +410	+630 +410	+760 +410	+950 +410	+294 +240	+327 +240	+380 +240	+460 +240	+590 +240	+780 +240	+234 +180	+267 +180	+320 +180	+400 +180	+530 +180	+720 +180
120	140	+560 +460	+620 +460	+710 +460	+860 +460	+1090 +460	+323 +260	+360 +260	+420 +260	+510 +260	+660 +260	+890 +260	+263 +200	+300 +200	+360 +200	+450 +200	+600 +200	+830 +200

注：表上方另印有"孔 A、B 和 C 的极限偏差"。

续表

孔 A、B 和 C 的极限偏差

公称尺寸/mm		A					B						C					
大于	至	9	10	11	12	13	8	9	10	11	12	13	8	9	10	11	12	13
140	160	+620 +520	+680 +520	+770 +520	+920 +520	+1150 +520	+343 +280	+380 +280	+440 +280	+350 +280	+680 +280	+910 +280	+273 +210	+310 +210	+370 +210	+460 +210	+610 +210	+840 +210
160	180	+680 +580	+740 +580	+830 +580	+980 +580	+1210 +580	+373 +310	+410 +310	+470 +310	+560 +310	+710 +310	+940 +310	+293 +230	+330 +230	+390 +230	+480 +230	+630 +230	+860 +230
180	200	+775 +660	+845 +660	+950 +660	+1120 +660	+1380 +660	+412 +340	+455 +340	+525 +340	+630 +340	+800 +340	+1060 +340	+312 +240	+355 +240	+425 +240	+530 +240	+700 +240	+960 +240
200	225	+855 +740	+925 +740	+1030 +740	+1200 +740	+1460 +740	+452 +380	+495 +380	+565 +380	+670 +380	+840 +380	+1100 +380	+332 +260	+375 +260	+445 +260	+550 +260	+720 +260	+980 +260
225	250	+935 +820	+1005 +820	+1110 +820	+1280 +820	+1540 +820	+492 +420	+535 +420	+605 +420	+710 +420	+880 +420	+1140 +420	+352 +280	+395 +280	+465 +280	+570 +280	+740 +280	+1000 +280
250	280	+1050 +920	+1130 +920	+1240 +920	+1440 +920	+1730 +920	+561 +480	+610 +480	+690 +480	+800 +480	+1000 +480	+1290 +480	+381 +300	+430 +300	+510 +300	+620 +300	+820 +300	+1110 +300
280	315	+1180 +1050	+1260 +1050	+1370 +1050	+1570 +1050	+1860 +1050	+621 +540	+670 +540	+750 +540	+860 +540	+1060 +540	+1350 +540	+411 +330	+460 +330	+540 +330	+650 +330	+850 +330	+1140 +330
315	355	+1340 +1200	+1430 +1200	+1560 +1200	+1770 +1200	+2000 +1200	+689 +600	+740 +600	+830 +600	+960 +600	+1170 +600	+1400 +600	+449 +360	+500 +360	+590 +360	+720 +360	+930 +360	+1250 +360
355	400	+1490 +1350	+1580 +1350	+1710 +1350	+1920 +1350	+2240 +1350	+769 +680	+820 +680	+910 +680	+1040 +680	+1250 +680	+1570 +680	+489 +400	+540 +400	+630 +400	+760 +400	+970 +400	+1290 +400
400	450	+1655 +1500	+1750 +1500	+1900 +1500	+2130 +1500	+2470 +1500	+857 +760	+915 +760	+1010 +760	+1160 +760	+1390 +760	+1730 +760	+537 +440	+595 +440	+690 +440	+840 +440	+1070 +440	+1410 +440
450	500	+1805 +1650	+1900 +1650	+2050 +1650	+2280 +1650	+2620 +1650	+937 +840	+995 +840	+1090 +840	+1240 +840	+1470 +840	+1810 +840	+577 +480	+635 +480	+730 +480	+880 +480	+1110 +480	+1450 +480

注：公称尺寸小于 1mm 时，各级的 A、B 均不采用。

续表

孔 CD、D 和 E 的极限偏差																				
公称尺寸/mm		CD					D								E					
大于	至	6	7	8	9	10	6	7	8	9	10	11	12	13	5	6	7	8	9	10
—	3	+40 +34	+44 +34	+48 +34	+59 +34	+74 +34	+26 +20	+30 +20	+34 +20	+45 +20	+60 +20	+80 +20	+120 +20	+160 +20	+18 +14	+20 +14	+24 +14	+28 +14	+29 +14	+54 +14
3	6	+54 +46	+58 +46	+64 +46	+76 +46	+94 +46	+38 +30	+42 +30	+48 +30	+60 +30	+78 +30	+105 +30	+150 +30	+210 +30	+25 +20	+28 +20	+32 +20	+38 +20	+50 +20	+68 +20
6	10	+65 +56	+71 +56	+78 +56	+92 +56	+114 +56	+49 +40	+55 +40	+62 +40	+76 +40	+98 +40	+130 +40	+190 +40	+260 +40	+31 +25	+34 +25	+40 +25	+47 +25	+61 +25	+83 +25
10	18						+61 +50	+68 +50	+77 +50	+93 +50	+120 +50	+160 +50	+230 +50	+320 +50	+40 +32	+43 +32	+50 +32	+59 +32	+75 +32	+102 +32
18	30						+78 +65	+86 +65	+98 +65	+117 +65	+149 +65	+195 +65	+275 +65	+395 +65	+49 +40	+53 +40	+61 +40	+73 +40	+92 +40	+124 +40
30	50						+96 +80	+105 +80	+119 +80	+142 +80	+180 +80	+240 +80	+330 +80	+470 +80	+61 +50	+66 +50	+75 +50	+89 +50	+112 +50	+150 +50
50	80						+119 +100	+130 +100	+146 +100	+174 +100	+220 +100	+290 +100	+400 +100	+560 +100	+73 +60	+79 +60	+90 +60	+106 +60	+134 +60	+180 +60
80	120						+142 +120	+155 +120	+174 +120	+207 +120	+260 +120	+340 +120	+470 +120	+660 +120	+87 +72	+94 +72	+107 +72	+125 +72	+159 +72	+212 +72
120	180						+170 +145	+185 +145	+208 +145	+245 +145	+305 +145	+395 +145	+545 +145	+775 +145	+103 +85	+110 +85	+125 +85	+148 +85	+185 +85	+245 +85
180	250						+199 +170	+216 +170	+242 +170	+285 +170	+355 +170	+460 +170	+630 +170	+890 +170	+120 +100	+129 +100	+146 +100	+172 +100	+215 +100	+285 +100
250	315						+222 +190	+242 +190	+271 +190	+320 +190	+400 +190	+510 +190	+710 +190	+1000 +190	+133 +110	+142 +110	+162 +110	+191 +110	+240 +110	+320 +110

续表

孔 CD、D 和 E 的极限偏差																			
公称尺寸/mm		CD					D								E				
大于	至	6	7	8	9	10	6	7	8	9	10	11	12	13	5	6	7	8	9	10
315	400						+246 +210	+267 +210	+299 +210	+350 +210	+440 +210	+570 +210	+780 +210	+1100 +210	+150 +125	+161 +125	+182 +125	+214 +125	+265 +125	+355 +125
400	500						+270 +230	+293 +230	+327 +230	+385 +230	+480 +230	+630 +230	+860 +230	+1200 +230	+162 +135	+175 +135	+198 +135	+232 +135	+290 +135	+385 +135
500	630						+304 +260	+330 +260	+370 +260	+435 +260	+540 +260	+700 +260	+960 +260	+1360 +260		+189 +145	+215 +145	+255 +145	+320 +145	+425 +145
630	800						+340 +290	+370 +290	+415 +290	+490 +290	+610 +290	+790 +290	+1090 +290	+1540 +290		+210 +160	+240 +160	+285 +160	+360 +160	+480 +160
800	1000						+376 +320	+410 +320	+460 +320	+550 +320	+680 +320	+880 +320	+1220 +320	+1720 +320		+226 +170	+260 +170	+310 +170	+400 +170	+530 +170
1000	1250						+416 +350	+455 +350	+515 +350	+610 +350	+770 +350	+1010 +350	+1400 +350	+2000 +350		+261 +195	+300 +195	+360 +195	+455 +195	+615 +195
1250	1600						+468 +390	+515 +390	+585 +390	+700 +390	+890 +390	+1170 +390	+1640 +390	+2340 +390		+298 +220	+345 +220	+415 +220	+530 +220	+720 +220
1600	2000						+522 +430	+580 +430	+660 +430	+800 +430	+1030 +430	+1350 +430	+1930 +430	+2730 +430		+332 +240	+390 +240	+470 +240	+610 +240	+840 +240
2000	2500						+590 +480	+655 +480	+760 +480	+920 +480	+1180 +480	+1580 +480	+2230 +480	+3280 +480		+370 +260	+435 +260	+540 +260	+700 +260	+960 +260
2500	3150						+655 +520	+730 +520	+850 +520	+1060 +520	+1380 +520	+1870 +520	+2620 +520	+3820 +520		+425 +290	+500 +290	+620 +290	+830 +290	+1150 +290

注：各级的 CD 主要用于精密机械和钟表制造业。

续表

孔 EF 和 F 的极限偏差

公称尺寸/mm		EF								F							
大于	至	3	4	5	6	7	8	9	10	3	4	5	6	7	8	9	10
—	3	+12 +10	+13 +10	+14 +10	+16 +10	+20 +10	+24 +10	+35 +10	+50 +10	+8 +6	+9 +6	+10 +6	+12 +6	+16 +6	+20 +6	+31 +6	+46 +6
3	6	+16.5 +14	+18 +14	+19 +14	+22 +14	+26 +14	+32 +14	+44 +14	+62 +14	+12.5 +10	+14 +10	+15 +10	+18 +10	+22 +10	+28 +10	+40 +10	+58 +10
6	10	+20.5 +18	+22 +18	+24 +18	+27 +18	+33 +18	+40 +18	+54 +18	+76 +18	+15.5 +13	+17 +13	+19 +13	+22 +13	+28 +13	+35 +13	+49 +13	+71 +13
10	18									+19 +16	+21 +16	+24 +16	+27 +16	+34 +16	+43 +16	+59 +16	+86 +16
18	30									+24 +20	+26 +20	+29 +20	+33 +20	+41 +20	+53 +20	+72 +20	+104 +20
30	50									+29 +25	+32 +25	+36 +25	+41 +25	+50 +25	+64 +25	+87 +25	+125 +25
50	80											+43 +30	+49 +30	+46 +30	+76 +30	+104 +30	
80	120											+51 +36	+58 +36	+71 +36	+90 +36	+123 +36	
120	180											+61 +43	+68 +43	+83 +43	+106 +43	+143 +43	
180	250											+70 +50	+79 +50	+96 +50	+122 +50	+165 +50	
250	315											+79 +56	+88 +56	+108 +56	+137 +56	+186 +56	
315	400											+87 +62	+98 +62	+119 +62	+151 +62	+202 +62	
400	500											+95 +68	+108 +68	+131 +68	+165 +68	+223 +68	
500	630												+120 +76	+146 +76	+186 +76	+251 +76	
630	800												+130 +80	+160 +80	+205 +80	+280 +80	
800	1000												+142 +86	+176 +86	+226 +86	+316 +86	
1000	1250												+164 +98	+203 +98	+263 +98	+358 +98	
1250	1600												+188 +110	+235 +110	+305 +110	+420 +110	
1600	2000												+212 +120	+270 +120	+350 +120	+490 +120	
2000	2500												+240 +130	+305 +130	+410 +130	+570 +130	
2500	3150												+280 +145	+355 +145	+475 +145	+685 +145	

注：各级的 EF 主要用于精密机械和钟表制造业。

续表

孔 FG 和 G 的极限偏差

公称尺寸/mm		FG								G							
大于	至	3	4	5	6	7	8	9	10	3	4	5	6	7	8	9	10
—	3	+6 +4	+7 +4	+8 +4	+10 +4	+14 +4	+18 +4	+29 +4	+44 +4	+4 +2	+5 +2	+6 +2	+8 +2	+12 +2	+16 +2	+27 +2	+42 +2
3	6	+8.5 +6	+10 +6	+11 +6	+14 +6	+18 +6	+24 +6	+36 +6	+54 +6	+6.5 +4	+8 +4	+9 +4	+12 +4	+16 +4	+22 +4	+34 +4	+52 +4
6	10	+10.5 +8	+12 +8	+14 +8	+17 +8	+23 +8	+30 +8	+44 +8	+66 +8	+7.5 +5	+9 +5	+11 +5	+14 +5	+20 +5	+27 +5	+41 +5	+63 +5
10	18									+9 +6	+11 +6	+14 +6	+17 +6	+24 +6	+33 +6	+49 +6	+76 +6
18	30									+11 +7	+13 +7	+16 +7	+20 +7	+28 +7	+40 +7	+59 +7	+91 +7
30	50									+13 +9	+16 +9	+20 +9	+25 +9	+34 +9	+48 +9	+71 +9	+109 +9
50	80											+23 +10	+29 +10	+40 +10	+56 +10		
80	120											+27 +12	+34 +12	+47 +12	+66 +12		
120	180											+32 +14	+39 +14	+54 +14	+77 +14		
180	250											+35 +15	+44 +15	+61 +15	+87 +15		
250	315											+40 +17	+49 +17	+69 +17	+98 +17		
315	400											+43 +18	+54 +18	+75 +18	+107 +18		
400	500											+47 +20	+60 +20	+83 +20	+117 +20		
500	630												+66 +22	+92 +22	+132 +22		
630	800												+74 +24	+104 +24	+149 +24		
800	1000												+82 +26	+116 +26	+166 +26		
1000	1250												+94 +28	+133 +28	+193 +28		
1250	1600												+108 +30	+155 +30	+255 +30		
1600	2000												+124 +32	+182 +32	+262 +32		
2000	2500												+144 +34	+209 +34	+314 +34		
2500	3150												+173 +38	+248 +38	+368 +38		

注：各级的 FG 主要用于精密机械和钟表制造业。

续表

公称尺寸/mm		孔H的极限偏差																	
		H																	
		1	2	3	4	5	6	7	8	9	10	11	12	13	14	15	16	17	18
大于	至	偏差																	
		μm											mm						
—	3	+0.8 0	+1.2 0	+2 0	+3 0	+4 0	+6 0	+10 0	+14 0	+25 0	+40 0	+60 0	+0.1 0	+0.14 0	+0.25 0	+0.4 0	+0.6 0		
3	6	+1 0	+1.5 0	+2.5 0	+4 0	+5 0	+8 0	+12 0	+18 0	+30 0	+48 0	+75 0	+0.12 0	+0.18 0	+0.3 0	+0.48 0	+0.75 0	+1.2 0	+1.8 0
6	10	+1 0	+2 0	+2.5 0	+4 0	+6 0	+9 0	+15 0	+22 0	+36 0	+58 0	+90 0	+0.15 0	+0.22 0	+0.36 0	+0.58 0	+0.9 0	+1.5 0	+2.2 0
10	18	+1.2 0	+2.5 0	+3 0	+5 0	+8 0	+11 0	+18 0	+27 0	+43 0	+70 0	+110 0	+0.18 0	+0.27 0	+0.43 0	+0.7 0	+1.1 0	+1.8 0	+2.7 0
18	30	+1.5 0	+2.5 0	+4 0	+6 0	+9 0	+13 0	+21 0	+33 0	+52 0	+84 0	+130 0	+0.21 0	+0.33 0	+0.52 0	+0.84 0	+1.3 0	+2.1 0	+3.3 0
30	50	+1.5 0	+3 0	+4 0	+7 0	+11 0	+16 0	+25 0	+39 0	+62 0	+100 0	+160 0	+0.25 0	+0.39 0	+0.62 0	+1 0	+1.6 0	+2.5 0	+3.9 0
50	80	+2 0	+4 0	+5 0	+8 0	+13 0	+19 0	+30 0	+46 0	+74 0	+120 0	+190 0	+0.3 0	+0.46 0	+0.74 0	+1.2 0	+1.9 0	+3 0	+4.6 0
80	120	+2.5 0	+5 0	+6 0	+10 0	+15 0	+22 0	+35 0	+54 0	+87 0	+140 0	+220 0	+0.35 0	+0.54 0	+0.87 0	+1.4 0	+2.2 0	+3.5 0	+5.4 0
120	180	+3.5 0	+7 0	+8 0	+12 0	+18 0	+25 0	+40 0	+63 0	+100 0	+160 0	+250 0	+0.4 0	+0.63 0	+1 0	+1.6 0	+2.5 0	+4 0	+6.3 0
180	250	+4.5 0	+8 0	+10 0	+14 0	+20 0	+29 0	+46 0	+72 0	+115 0	+185 0	+290 0	+0.46 0	+0.72 0	+1.15 0	+1.85 0	+2.9 0	+4.6 0	+7.2 0
250	315	+6 0	+8 0	+12 0	+16 0	+23 0	+32 0	+52 0	+81 0	+130 0	+210 0	+320 0	+0.52 0	+0.81 0	+1.3 0	+2.1 0	+3.2 0	+5.2 0	+8.1 0

续表

公称尺寸/mm		孔 H 的极限偏差																	
		H																	
		1	2	3	4	5	6	7	8	9	10	11	12	13	14	15	16	17	18
大于	至	偏差																	
		μm											mm						
315	400	+7 0	+9 0	+13 0	+18 0	+25 0	+36 0	+57 0	+89 0	+140 0	+230 0	+360 0	+0.57 0	+0.89 0	+1.4 0	+2.3 0	+3.6 0	+5.7 0	+8.9 0
400	500	+8 0	+10 0	+15 0	+20 0	+27 0	+40 0	+63 0	+97 0	+155 0	+250 0	+400 0	+0.63 0	+0.97 0	+1.55 0	+2.5 0	+4 0	+6.3 0	+9.7 0
500	630	+9 0	+11 0	+16 0	+22 0	+32 0	+44 0	+70 0	+110 0	+175 0	+280 0	+440 0	+0.7 0	+1.1 0	+1.75 0	+2.8 0	+4.4 0	+7 0	+11 0
630	800	+10 0	+13 0	+18 0	+25 0	+36 0	+50 0	+80 0	+125 0	+200 0	+320 0	+500 0	+0.8 0	+1.25 0	+2 0	+3.2 0	+5 0	+8 0	−12.5 0
800	1000	+11 0	+15 0	+21 0	+28 0	+40 0	+56 0	+90 0	+140 0	+230 0	+360 0	+560 0	+0.9 0	+1.4 0	+2.3 0	+3.6 0	+5.6 0	+9 0	+14 0
1000	1250	+13 0	+18 0	+24 0	+33 0	+47 0	+66 0	+105 0	+165 0	+260 0	+420 0	+660 0	+1.05 0	+1.65 0	+2.6 0	+4.2 0	+6.6 0	+10.5 0	−16.5 0
1250	1600	+15 0	+21 0	+29 0	+39 0	+55 0	+78 0	+125 0	+195 0	+310 0	+500 0	+780 0	+1.25 0	+1.95 0	+3.1 0	+5 0	+7.8 0	+12.5 0	−19.5 0
1600	2000	+18 0	+25 0	+35 0	+46 0	+65 0	+92 0	+150 0	+230 0	+370 0	+600 0	+920 0	+1.5 0	+2.3 0	+3.7 0	+6 0	+9.2 0	+15 0	+23 0
2000	2500	+22 0	+30 0	+41 0	+55 0	+78 0	+110 0	+175 0	+280 0	+440 0	+700 0	+1100 0	+1.75 0	+2.8 0	+4.4 0	+7 0	+11 0	+17.5 0	+28 0
2500	3150	+26 0	+36 0	+50 0	+68 0	+96 0	+135 0	+210 0	+330 0	+540 0	+860 0	+1350 0	+2.1 0	+3.3 0	+5.4 0	+8.6 0	+13.5 0	+21 0	+33 0

注：1. IT14～IT18 只用于大于 1mm 的公称尺寸。

2. 黑框中的数值，即公称尺寸大于 500～3150mm、IT1～IT5 的偏差值为试用。

续表

公称尺寸/mm		孔JS的极限偏差 JS																	
		1	2	3	4	5	6	7	8	9	10	11	12	13	14	15	16	17	18
大于	至	偏差 μm											偏差 mm						
—	3	±0.4	±0.6	±1	±1.5	±2	±3	±5	±7	±12	±20	±30	±0.05	±0.07	±0.125	±0.2	±0.3		
3	6	±0.5	±0.75	±1.25	±2	±2.5	±4	±6	±9	±15	±24	±37	±0.06	±0.09	±0.15	±0.24	±0.375	±0.6	±0.9
6	10	±0.5	±0.75	±1.25	±2	±3	±4.5	±7	±11	±18	±29	±46	±0.075	±0.11	±0.18	±0.29	±0.45	±0.75	±1.1
10	18	±0.6	±1	±1.5	±2.5	±4	±5.5	±9	±13	±21	±36	±55	±0.09	±0.135	±0.215	±0.35	±0.55	±0.9	±1.35
18	30	±0.75	±1.25	±2	±3	±4.5	±6.5	±10	±16	±26	±42	±65	±0.105	±0.165	±0.26	±0.42	±0.65	±1.05	±1.65
30	50	±0.75	±1.25	±2	±3.5	±5.5	±8	±12	±19	±31	±50	±80	±0.125	±0.195	±0.31	±0.5	±0.8	±1.25	±1.95
50	80	±1	±1.5	±2.5	±4	±6.5	±9.5	±15	±23	±37	±60	±95	±0.15	±0.23	±0.37	±0.6	±0.95	±1.5	±2.3
80	120	±1.25	±2	±3	±5	±7.5	±11	±17	±27	±43	±70	±110	±0.175	±0.27	±0.435	±0.7	±1.1	±1.75	±2.7
120	180	±1.75	±2.5	±4	±6	±9	±12.5	±20	±31	±50	±80	±125	±0.2	±0.315	±0.5	±0.8	±1.25	±2	±3.15
180	250	±2.25	±3.5	±5	±7	±10	±14.5	±23	±36	±57	±92	±145	±0.23	±0.36	±0.575	±0.925	±1.45	±2.3	±3.6
250	315	±3	±4	±6	±8	±11.5	±16	±26	±40	±65	±105	±160	±0.28	±0.405	±0.65	±1.05	±1.6	±2.6	±4.05
315	400	±3.5	±4.5	±6.5	±9	±12.5	±18	±28	±44	±70	±115	±180	±0.285	±0.445	±0.7	±1.15	±1.8	±2.85	±4.45
400	500	±4	±5	±7.5	±10	±13.5	±20	±31	±48	±77	±125	±200	±0.315	±0.485	±0.775	±1.25	±2	±3.15	±4.85
500	630	±4.5	±5.5	±8	±11	±16	±22	±35	±55	±87	±140	±220	±0.35	±0.55	±0.875	±1.4	±2.2	±3.5	±5.5
630	800	±5	±6.5	±9	±12.5	±18	±25	±40	±62	±100	±160	±250	±0.4	±0.625	±1	±1.6	±2.5	±4	±6.25
800	1000	±5.5	±7.5	±10.5	±14	±20	±28	±45	±70	±115	±180	±280	±0.45	±0.7	±1.15	±1.8	±2.8	±4.5	±7
1000	1250	±6.5	±9	±12	±16.5	±23.5	±33	±52	±82	±130	±210	±330	±0.525	±0.825	±1.3	±2.1	±3.3	±5.25	±8.25
1250	1600	±7.5	±10.5	±14.5	±19.5	±27.5	±39	±62	±97	±155	±250	±390	±0.625	±0.975	±1.55	±2.5	±3.9	±6.25	±9.75
1600	2000	±9	±12.5	±17.5	±23	±32.5	±46	±75	±115	±185	±300	±460	±0.75	±1.15	±1.85	±3	±4.6	±7.5	±11.5
2000	2500	±11	±15	±20.5	±27.5	±39	±55	±87	±140	±220	±350	±550	±0.875	±1.4	±2.2	±3.5	±5.5	±8.75	±14
2500	3150	±13	±18	±25	±34	±48	±67.5	±105	±165	±270	±430	±675	±1.05	±1.65	±2.7	±4.3	±6.75	±10.5	±16.5

注：1. 为避免相同值的重复，表列值以“± ×”给出，可为 ES=+ ×，EI=−×，例如$^{+0.23}_{-0.23}$mm。

2. IT14～IT18 只用于大于 1mm 的公称尺寸。

3. 黑框中的数值，即公称尺寸大于 500～3150mm、IT1～IT5 的偏差值为试用。

续表

孔 J 和 K 的极限偏差

公称尺寸/mm		J				K							
大于	至	6	7	8	9	3	4	5	6	7	8	9	10
—	3	+2 −4	+4 −6	+6 −8		0 −2	0 −3	0 −4	0 −6	0 −10	0 −14	0 −25	0 −40
3	6	+5 −3	±6	+10 −8		0 −2.5	+0.5 −3.5	0 −5	+2 −6	+3 −9	+5 −13		
6	10	+5 −4	+8 −7	+12 −10		0 −2.5	+0.5 −3.5	+1 −5	+2 −7	+5 −10	+6 −16		
10	18	+6 −5	+10 −8	+15 −12		0 −3	+1 −4	+2 −6	+2 −9	+6 −12	+8 −19		
18	30	+8 −5	+12 −9	+20 −13		−0.5 −4.5	0 −6	+1 −8	+2 −11	+6 −15	+10 −23		
30	50	+10 −6	+14 −11	+24 −15		−0.5 −4.5	+1 −6	+2 −9	+3 −13	+7 −18	+12 −27		
50	80	+13 −6	+18 −12	+28 −18				+3 −10	+4 −15	+9 −21	+14 −32		
80	120	+16 −6	+12 −13	+34 −20				+2 −13	+4 −18	+10 −25	+16 −38		
120	180	+18 −7	+26 −14	+41 −22				+3 −15	+4 −21	+12 −28	+20 −43		
180	250	+22 −7	+30 −16	+47 −25				+2 −18	+5 −24	+13 −33	+22 −50		
250	315	+25 −7	+36 −16	+55 −26				+3 −20	+5 −27	+16 −36	+25 −56		
315	400	+29 −7	+39 −18	+60 −29				+3 −22	+7 −29	+17 −40	+28 −61		
400	500	+33 −7	+43 −20	+66 −31				+2 −25	+8 −32	+18 −45	+29 −68		
500	630								0 −44	0 −70	0 −110		
630	800								0 −50	0 −80	0 −125		
800	1000								0 −56	0 −90	0 −140		
1000	1250								0 −66	0 −105	0 −165		
1250	1600								0 −78	0 −125	0 −195		
1600	2000								0 −92	0 −150	0 −230		
2000	2500								0 −110	0 −175	0 −280		
2500	3150								0 −135	0 −210	0 −330		

注：1. J9、J10 等公差带对称于零线，其偏差值可见 JS9、JS10 等。
2. 公称尺寸大于 3mm 时，大于 IT8 的 K 的偏差值不作规定。
3. 公称尺寸大于 3～6mm 的 J7 的偏差值与对应尺寸段的 JS7 等值。

续表

孔 M 和 N 的极限偏差																		
公称尺寸/mm		M								N								
大于	至	3	4	5	6	7	8	9	10	3	4	5	6	7	8	9	10	11
—	3	−2 −4	−2 −5	−2 −6	−2 −8	−2 −12	−2 −16	−2 −27	−2 −42	−4 −6	−4 −7	−4 −8	−4 −10	−4 −14	−4 −18	−4 −29	−4 −44	−4 −64
3	6	−3 −5.5	−2.5 −6.5	−3 −8	−1 −9	0 −12	+2 −16	−4 −34	−4 −52	−7 −10.5	−6.5 −10.5	−7 −12	−5 −13	−4 −16	−2 −20	0 −30	0 −48	0 −75
6	10	−5 −7.5	−4.5 −8.5	−4 −10	−3 −12	0 −15	+1 −21	−6 −42	−6 −64	−9 −11.5	−8.5 −12.5	−8 −14	−7 −16	−4 −19	−3 −25	0 −36	0 −58	0 −90
10	18	−6 −9	−5 −10	−4 −12	−4 −15	0 −18	+2 −25	−7 −50	−7 −77	−11 −14	−10 −15	−9 −17	−9 −20	−5 −23	−3 −30	0 −43	0 −70	0 −110
18	30	−6.5 −10.5	−6 −12	−5 −14	−4 −17	0 −21	+4 −29	−8 −60	−8 −92	−13.5 −17.5	−13 −19	−12 −21	−11 −24	−7 −28	−3 −36	0 −52	0 −84	0 −130
30	50	−7.5 −11.5	−6 −13	−5 −16	−4 −20	0 −25	+5 −34	−9 −71	−9 −109	−15.5 −19.5	−14 −21	−13 −24	−12 −28	−8 −33	−3 −42	0 −62	0 −100	0 −160
50	80			−6 −19	−5 −24	0 −30	+5 −41					−15 −28	−14 −33	−9 −39	−4 −50	0 −74	0 −120	0 −190
80	120			−8 −28	−6 −28	0 −35	+6 −48					−18 −33	−16 −38	−10 −45	−4 −58	0 −87	0 −140	0 −220
120	180			−9 −27	−8 −33	0 −40	+8 −55					−21 −39	−20 −45	−12 −52	−4 −67	0 −100	0 −160	0 −250
180	250			−11 −31	−8 −37	0 −46	+9 −63					−25 −45	−22 −51	−14 −60	−5 −77	0 −115	0 −185	0 −290
250	315			−13 −36	−9 −41	0 −52	+9 −72					−27 −50	−25 −57	−14 −66	−5 −86	0 −130	0 −210	0 −320
315	400			−14 −39	−10 −46	0 −57	+11 −78					−30 −55	−26 −62	−16 −73	−5 −94	0 −140	0 −230	0 −360
400	500			−16 −43	−10 −50	0 −63	+11 −86					−33 −60	−27 −67	−17 −80	−6 −103	0 −155	0 −250	0 −400
500	630				−26 −70	−26 −96	−26 −136						−44 −88	−44 −114	−44 −154	−44 −219		
630	800				−30 −80	−30 −110	−30 −155						−50 −100	−50 −130	−50 −175	−50 −250		
800	1000				−34 −90	−34 −124	−34 −174						−56 −112	−56 −146	−56 −196	−56 −286		
1000	1250				−40 −106	−40 −145	−40 −205						−66 −132	−66 −171	−66 −231	−66 −326		
1250	1600				−48 −126	−48 −173	−48 −243						−78 −156	−78 −203	−78 −273	−78 −388		
1600	2000				−58 −150	−58 −208	−58 −288						−92 −184	−92 −242	−92 −322	−92 −462		
2000	2500				−68 −178	−68 −243	−68 −348						−110 −220	−110 −285	−110 −390	−110 −550		
2500	3150				−76 −211	−76 −286	−76 −406						−135 −270	−135 −345	−135 −465	−135 −675		

注：公差带 N9、N10 和 N11 只用于大于 1mm 的公称尺寸。

续表

孔P的极限偏差									
公称尺寸/mm		P							
大于	至	3	4	5	6	7	8	9	10
—	3	−6 −8	−6 −9	−6 −10	−6 −12	−6 −16	−6 −20	−6 −31	−6 −46
3	6	−11 −13.5	−10.5 −14.5	−11 −16	−9 −17	−8 −20	−12 −30	−12 −42	−12 −60
6	10	−14 −16.5	−13.5 −17.5	−13 −19	−12 −21	−9 −24	−15 −37	−15 −51	−15 −73
10	18	−17 −20	−16 −21	−15 −23	−15 −26	−11 −29	−18 −45	−18 −61	−18 −88
18	30	−20.5 −24.5	−21 −26	−19 −28	−18 −31	−14 −35	−22 −55	−22 −74	−22 −106
30	50	−24.5 −28.5	−23 −30	−22 −33	−21 −37	−17 −42	−26 −65	−26 −88	−26 −126
50	80			−27 −40	−26 −45	−21 −51	−32 −78	−32 −106	
80	120			−32 −47	−30 −52	−24 −59	−37 −91	−37 −124	
120	180			−47 −55	−36 −61	−28 −68	−43 −106	−43 −143	
180	250			−55 −64	−41 −70	−33 −79	−50 −122	−50 −165	
250	315			−49 −72	−47 −79	−36 −88	−56 −137	−56 −186	
315	400			−55 −80	−51 −87	−41 −98	−62 −151	−62 −202	
400	500			−61 −88	−55 −95	−45 −108	−68 −165	−68 −223	
500	630				−78 −122	−78 −148	−78 −188	−78 −253	
630	800				−88 −138	−88 −168	−88 −213	−88 −288	
800	1000				−100 −156	−100 −190	−100 −240	−100 −330	
1000	1250				−120 −186	−120 −225	−120 −285	−120 −380	
1250	1600				−140 −218	−140 −265	−140 −335	−140 −450	
1600	2000				−170 −262	−170 −320	−170 −400	−170 −540	
2000	2500				−195 −305	−195 −370	−195 −475	−195 −635	
2500	3150				−240 −375	−240 −450	−240 −570	−240 −780	

续表

孔R的极限偏差									
公称尺寸/mm		R							
大于	至	3	4	5	6	7	8	9	10
—	3	−10 −12	−10 −13	−10 −14	−10 −16	−10 −20	−10 −24	−10 −35	−10 −50
3	6	−14 −16.5	−13.5 −17.5	−14 −19	−12 −20	−11 −23	−15 −33	−15 −45	−15 −63
6	10	−18 −20.5	−17.5 −21.5	−17 −23	−16 −25	−13 −28	−19 −41	−19 −55	−19 −77
10	18	−22 −25	−21 −26	−20 −28	−20 −31	−16 −34	−23 −50	−23 −66	−23 −93
18	30	−26.5 −30.5	−26 −32	−25 −34	−24 −37	−20 −41	−28 −61	−28 −80	−10 −112
30	50	−32.5 −36.5	−31 −38	−30 −41	−29 −45	−25 −50	−34 −73	−34 −96	−34 −134
50	65			−36 −49	−35 −54	−30 −60	−41 −87		
65	80			−38 −51	−37 −56	−32 −62	−43 −89		
80	100			−46 −61	−44 −66	−38 −73	−51 −105		
100	120			−49 −64	−47 −69	−41 −76	−54 −108		
120	140			−57 −75	−56 −81	−48 −88	−63 −126		
140	160			−59 −77	−58 −83	−50 −90	−65 −128		
160	180			−62 −80	−61 −86	−53 −93	−68 −131		
180	200			−71 −91	−68 −97	−60 −106	−77 −149		
200	225			−74 −94	−71 −100	−63 −109	−80 −152		
225	250			−78 −98	−75 −104	−67 −113	−84 −156		
250	280			−87 −110	−85 −117	−74 −126	−94 −175		
280	315			−91 −114	−89 −121	−78 −130	−98 −179		
315	355			−101 −126	−97 −133	−87 −144	−108 −197		

续表

孔R的极限偏差									
公称尺寸/mm		R							
大于	至	3	4	5	6	7	8	9	10
355	400			−107 −132	−103 −139	−93 −150	−114 −203		
400	450			−119 −146	−113 −153	−103 −166	−126 −223		
450	500			−125 −152	−119 −159	−109 −172	−132 −229		
500	560				−150 −194	−150 −220	−150 −260		
560	630				−155 −199	−155 −225	−155 −265		
630	710				−175 −225	−175 −255	−175 −300		
710	800				−185 −235	−185 −265	−185 −310		
800	900				−210 −266	−210 −300	−210 −350		
900	1000				−220 −276	−220 −310	−220 −360		
1000	1120				−250 −316	−250 −355	−250 −415		
1120	1250				−260 −326	−260 −365	−260 −425		
1250	1400				−300 −378	−300 −425	−300 −495		
1400	1600				−330 −408	−330 −455	−330 −525		
1600	1800				−370 −462	−370 −520	−370 −600		
1800	2000				−400 −492	−400 −550	−400 −630		
2000	2240				−440 −550	−440 −615	−440 −720		
2240	2500				−460 −570	−460 −635	−460 −740		
2500	2800				−550 −685	−550 −760	−550 −880		
2800	3150				−580 −715	−580 −790	−580 −910		

续表

孔S的极限偏差									
公称尺寸/mm		S							
大于	至	3	4	5	6	7	8	9	10
—	3	−14 −16	−14 −17	−14 −18	−14 −20	−14 −24	−14 −28	−14 −39	−14 −54
3	6	−18 −20.5	−17.5 −21.5	−18 −23	−16 −24	−15 −27	−19 −37	−19 −49	−19 −67
6	10	−22 −24.5	−21.5 −25.5	−21 −27	−20 −29	−17 −32	−23 −45	−23 −59	−23 −81
10	18	−27 −30	−26 −31	−25 −33	−25 −36	−21 −39	−28 −55	−28 −71	−28 −98
18	30	−33.5 −37.5	−33 −39	−32 −41	−31 −44	−27 −48	−35 −68	−35 −87	−35 −119
30	50	−41.5 −45.5	−40 −47	−30 −50	−38 −54	−34 −59	−43 −82	−43 −105	−43 −143
50	65			−48 −61	−47 −66	−42 −72	−53 −99	−53 −127	
65	80			−54 −67	−53 −72	−48 −78	−59 −105	−59 −133	
80	100			−66 −81	−64 −86	−58 −93	−71 −125	−71 −158	
100	120			−74 −89	−72 −94	−66 −101	−79 −133	−79 −166	
120	140			−86 −104	−65 −110	−77 −117	−92 −155	−92 −192	
140	160			−94 −112	−93 −118	−85 −125	−100 −163	−100 −200	
160	180			−102 −120	−101 −126	−93 −133	−108 −171	−108 −208	
180	200			−116 −136	−113 −142	−105 −151	−122 −194	−122 −237	
200	225			−124 −144	−121 −150	−113 −159	−130 −202	−130 −245	
225	250			−134 −154	−131 −160	−123 −169	−140 −212	−140 −255	
250	280			−151 −174	−149 −181	−138 −190	−158 −239	−158 −288	
280	315			−163 −186	−161 −193	−150 −202	−170 −251	−170 −300	
315	355			−183 −208	−179 −215	−169 −226	−190 −279	−190 −330	

续表

孔 S 的极限偏差									
公称尺寸/mm		S							
大于	至	3	4	5	6	7	8	9	10
355	400			−201 −226	−197 −233	−187 −244	−208 −297	−208 −348	
400	450			−225 −252	−219 −259	−209 −272	−232 −329	−232 −387	
450	500			−245 −272	−239 −279	−229 −292	−252 −349	−252 −407	
500	560				−280 −324	−280 −350	−280 −390		
560	630				−310 −354	−310 −380	−310 −420		
630	710				−340 −390	−340 −420	−340 −465		
710	800				−380 −430	−380 −460	−380 −505		
800	900				−430 −486	−430 −520	−430 −570		
900	1000				−470 −526	−470 −560	−470 −610		
1000	1120				−520 −586	−520 −625	−520 −685		
1120	1250				−580 −646	−580 −685	−580 −745		
1250	1400				−640 −718	−640 −765	−640 −835		
1400	1600				−720 −798	−720 −845	−720 −915		
1600	1800				−820 −912	−820 −970	−820 −1050		
1800	2000				−920 −1012	−920 −1070	−920 −1150		
2000	2240				−1000 −1110	−1000 −1175	−1000 −1280		
2240	2500				−1100 −1210	−1100 −1275	−1100 −1380		
2500	2800				−1250 −1385	−1250 −1460	−1250 −1580		
2800	3150				−1400 −1535	−1400 −1610	−1400 −1730		

续表

孔 T 的极限偏差											
公称尺寸/mm		T				公称尺寸/mm		T			
大于	至	5	6	7	8	大于	至	5	6	7	8
—	3					315	355		−257 −293	−247 −304	−268 −357
3	6					355	400		−283 −319	−273 −330	−294 −383
6	10					400	450		−317 −357	−307 −370	−330 −427
10	18					450	500		−347 −387	−337 −400	−360 −457
18	24					500	560		−400 −444	−400 −470	−400 −510
24	30	−38 −47	−37 −50	−33 −54	−41 −74	560	630		−450 −494	−450 −520	−450 −560
30	40	−44 −55	−43 −59	−39 −64	−48 −87	630	710		−500 −550	−500 −580	−500 −625
40	50	−50 −61	−49 −65	−45 −70	−54 −93	710	800		−560 −610	−560 −640	−560 −685
50	65		−60 −79	−55 −85	−66 −112	800	900		−620 −676	−620 −710	−620 −760
65	80		−69 −88	−64 −94	−75 −121	900	1000		−680 −736	−680 −770	−680 −820
80	100		−84 −106	−78 −113	−91 −145	1000	1120		−780 −846	−780 −885	−780 −945
100	120		−97 −119	−91 −126	−104 −158	1120	1250		−840 −906	−840 −945	−840 −1005
120	140		−115 −140	−107 −147	−122 −185	1250	1400		−906 −1038	−906 −1085	−906 −1155
140	160		−127 −152	−119 −159	−134 −197	1400	1600		−1050 −1128	−1050 −1175	−1050 −1245
160	180		−139 −164	−131 −171	−146 −209	1600	1800		−1200 −1292	−1200 −1360	−1200 −1430
180	200		−157 −186	−149 −195	−166 −238	1800	2000		−1350 −1442	−1350 −1500	−1350 −1580
200	225		−171 −200	−163 −209	−180 −252	2000	2240		−1500 −1610	−1500 −1675	−1500 −1780
225	250		−187 −216	−179 −225	−196 −268	2240	2500		−1650 −1760	−1650 −1825	−1650 −1930
250	280		−209 −241	−198 −250	−218 −299	2500	2800		−1900 −2035	−1900 −2110	−1900 −2230
280	315		−231 −263	−220 −272	−240 −321	2800	3150		−2100 −2235	−2100 −2310	−2100 −2430

注：公称尺寸至 24mm 的 T5～T8 的偏差值未列入表内，建议以 U5～U8 代替，如非要用 T5～T8，则可按 GB/T 1800.1 计算。

续表

孔 U 的极限偏差

公称尺寸/mm		U						公称尺寸/mm		U					
大于	至	5	6	7	8	9	10	大于	至	5	6	7	8	9	10
—	3	−18 −22	−18 −24	−18 −28	−18 −32	−18 −43	−18 −58	315	355		−375 −415	−369 −426	−390 −479	−390 −530	−390 −620
3	6	−22 −27	−20 −28	−19 −31	−23 −41	−23 −53	−23 −71	355	400		−424 −460	−414 −471	−435 −524	−435 −575	−435 −665
6	10	−26 −32	−25 −34	−22 −37	−28 −50	−28 −64	−28 −86	400	450		−477 −517	−467 −530	−490 −587	−490 −645	−490 −740
10	18	−30 −38	−30 −41	−26 −44	−33 −60	−33 −76	−33 −103	450	500		−527 −567	−517 −580	−540 −637	−540 −695	−540 −790
18	24	−38 −47	−37 −50	−33 −54	−41 −74	−41 −93	−41 −125	500	560		−600 −644	−600 −670	−600 −710		
24	30	−45 −54	−44 −57	−40 −61	−48 −81	−48 −100	−48 −132	560	630		−660 −704	−660 −730	−660 −770		
30	40	−56 −67	−55 −71	−51 −76	−60 −99	−60 −122	−60 −160	630	710		−740 −790	−740 −820	−740 −865		
40	50	−66 −77	−65 −81	−61 −86	−70 −109	−70 −132	−70 −170	710	800		−840 −890	−840 −920	−840 −965		
50	65		−81 −100	−76 −103	−87 −133	−87 −161	−87 −207	800	900		−940 −996	−940 −1030	−940 −1080		
65	80		−96 −115	−91 −121	−102 −148	−102 −176	−102 −222	900	1000		−1050 −1106	−1050 −1140	−1050 −1160		
80	100		−117 −139	−111 −146	−124 −178	−124 −211	−124 −264	1000	1120		−1150 −1216	−1150 −1255	−1150 −1315		
100	120		−137 −159	−131 −166	−144 −198	−144 −231	−144 −284	1120	1250		−1300 −1366	−1300 −1405	−1300 −1465		
120	140		−163 −188	−155 −195	−170 −233	−170 −270	−170 −330	1250	1400		−1450 −1528	−1450 −1575	−1450 −1645		
140	160		−183 −208	−175 −215	−190 −253	−190 −290	−190 −350	1400	1600		−1600 −1678	−1600 −1725	−1600 −1795		
160	180		−203 −228	−195 −235	−210 −273	−210 −310	−210 −370	1600	1800		−1850 −1942	−1850 −2000	−1850 −2080		
180	200		−227 −256	−219 −265	−236 −308	−236 −350	−236 −421	1800	2000		−2000 −2092	−2000 −2150	−2000 −2230		
200	225		−249 −278	−241 −287	−258 −330	−258 −373	−258 −443	2000	2240		−2300 −2410	−2300 −2475	−2300 −2580		
225	250		−275 −304	−267 −313	−284 −356	−284 −399	−284 −469	2240	2500		−2500 −2610	−2500 −2675	−2500 −2780		
250	280		−306 −338	−295 −347	−315 −396	−315 −445	−315 −525	2500	2800		−2900 −3035	−2900 −3110	−2900 −3230		
280	315		−341 −373	−330 −382	−350 −431	−350 −480	−350 −560	2800	3150		−3200 −3335	−3200 −3410	−3200 −3530		

续表

孔V、X和Y的极限偏差																
公称尺寸/mm		V				X						Y				
大于	至	5	6	7	8	5	6	7	8	9	10	6	7	8	9	10
—	3					−20 −24	−20 −26	−20 −30	−20 −34	−20 −45	−20 −60					
3	6					−27 −32	−25 −33	−24 −36	−28 −46	−28 −58	−28 −76					
6	10					−32 −38	−31 −40	−28 −43	−34 −56	−34 −70	−34 −92					
10	14					−37 −45	−37 −48	−33 −51	−40 −67	−40 −83	−40 −110					
14	18	−36 −44	−36 −47	−32 −50	−39 −66	−42 −50	−42 −53	−38 −56	−45 −72	−45 −88	−45 −115					
18	24	−44 −53	−43 −56	−39 −60	−47 −80	−51 −60	−50 −63	−46 −67	−54 −87	−54 −106	−54 −138	−59 −72	−55 −76	−63 −96	−63 −115	−63 −147
24	30	−52 −61	−50 −64	−47 −68	−55 −88	−61 −70	−60 −73	−56 −77	−64 −97	−64 −116	−64 −148	−71 −84	−67 −88	−75 −108	−75 −127	−75 −159
30	40	−64 −75	−63 −79	−59 −84	−68 −107	−76 −87	−75 −91	−71 −96	−80 −119	−80 −142	−80 −180	−89 −105	−85 −110	−94 −133	−94 −156	−94 −194
40	50	−77 −88	−76 −92	−72 −97	−81 −120	−93 −104	−92 −108	−88 −113	−97 −136	−97 −159	−97 −197	−109 −125	−105 −130	−114 −153	−114 −176	−114 −214
50	65		−96 −115	−91 −121	−102 −148		−116 −135	−111 −141	−122 −168	−122 −196		−138 −157	−133 −163	−144 −190		
65	80		−114 −133	−109 −139	−120 −166		−140 −159	−135 −165	−146 −192	−146 −220		−168 −187	−163 −196	−174 −220		
80	100		−139 −161	−133 −168	−146 −200		−171 −193	−165 −200	−178 −232	−178 −265		−207 −229	−201 −236	−214 −268		
100	120		−165 −187	−159 −194	−172 −226		−203 −225	−197 −232	−210 −164	−210 −297		−247 −269	−241 −276	−254 −308		
120	140		−195 −220	−187 −227	−202 −265		−241 −266	−233 −273	−248 −311	−248 −348		−293 −318	−285 −325	−300 −363		
140	160		−221 −246	−213 −253	−228 −291		−273 −298	−265 −305	−280 −343	−280 −380		−333 −358	−325 −365	−340 −403		
160	180		−245 −270	−237 −277	−252 −315		−303 −328	−295 −335	−310 −373	−310 −410		−373 −398	−365 −405	−380 −443		
180	200		−275 −304	−267 −313	−284 −356		−341 −370	−333 −379	−350 −422	−350 −465		−416 −445	−408 −454	−425 −497		

续表

孔 V、X 和 Y 的极限偏差

公称尺寸/mm		V				X						Y				
大于	至	5	6	7	8	5	6	7	8	9	10	6	7	8	9	10
200	225		−301 −330	−293 −339	−310 −382		−376 −405	−368 −414	−385 −457	−385 −500		−461 −490	−453 −499	−470 −542		
225	250		−331 −360	−323 −369	−340 −412		−416 −445	−408 −454	−425 −497	−425 −540		−511 −540	−503 −549	−520 −592		
250	280		−376 −408	−365 −417	−385 −466		−466 −498	−455 −507	−475 −556	−475 −605		−571 −603	−560 −612	−580 −661		
280	315		−416 −448	−405 −457	−425 −506		−516 −548	−505 −557	−525 −606	−525 −655		−641 −673	−630 −682	−650 −731		
315	355		−464 −500	−454 −511	−475 −564		−579 −615	−569 −626	−590 −679	−590 −730		−719 −755	−709 −766	−730 −819		
355	400		−519 −555	−509 −566	−530 −619		−649 −685	−639 −696	−660 −749	−660 −800		−809 −845	−799 −856	−820 −909		
400	450		−582 −622	−572 −635	−595 −692		−727 −767	−717 −780	−740 −837	−740 −895		−907 −947	−897 −960	−920 −1017		
450	500		−647 −687	−637 −700	−660 −757		−807 −847	−797 −860	−820 −917	−820 −975		−987 −1027	−977 −1040	−1000 −1097		

注：1. 公称尺寸至 14mm 的 V5～V8 的偏差值未列入表内，建议以 X5～X8 代替，如非要用 V5～V8，则可按 GB/T 1800.1 计算。
2. 公称尺寸至 18mm 的 Y6～Y10 的偏差值未列入表内，建议以 Z6～Z10 代替，如非要用 Y6～Y10，则可按 GB/T 1800.1 计算。

孔 Z 和 ZA 的极限偏差

公称尺寸/mm		Z						ZA					
大于	至	6	7	8	9	10	11	6	7	8	9	10	11
—	3	−26 −32	−26 −36	−26 −40	−26 −51	−26 −66	−26 −86	−32 −38	−32 −42	−32 −46	−32 −57	−32 −72	−32 −92
3	6	−32 −40	−31 −43	−35 −53	−35 −65	−35 −83	−35 −110	−39 −47	−38 −50	−42 −60	−42 −72	−42 −90	−42 −117
6	10	−39 −48	−36 −51	−42 −64	−42 −78	−42 −100	−42 −132	−49 −58	−46 −61	−52 −74	−52 −88	−52 −110	−52 −142
10	14	−47 −58	−43 −61	−50 −77	−50 −93	−50 −120	−50 −160	−61 −72	−57 −75	−64 −91	−64 −107	−64 −134	−64 −174
14	18	−57 −68	−53 −71	−60 −87	−60 −103	−60 −130	−60 −170	−74 −85	−70 −88	−77 −104	−77 −120	−77 −147	−77 −187
18	24	−69 −82	−65 −86	−73 −106	−73 −125	−73 −157	−73 −203	−94 −107	−90 −111	−98 −131	−98 −150	−98 −182	−98 −228
24	30	−84 −97	−80 −101	−88 −121	−88 −140	−88 −172	−88 −218	−114 −127	−110 −131	−118 −151	−118 −170	−118 −202	−118 −248

续表

孔 Z 和 ZA 的极限偏差

公称尺寸/mm		Z						ZA					
大于	至	6	7	8	9	10	11	6	7	8	9	10	11
30	40	−107 −123	−103 −128	−112 −151	−112 −174	−112 −212	−112 −272	−143 −159	−139 −164	−148 −187	−148 −210	−148 −248	−148 −308
40	50	−131 −147	−127 −152	−136 −175	−136 −198	−136 −236	−136 −296	−175 −191	−171 −196	−180 −219	−180 −242	−180 −280	−180 −340
50	65		−161 −191	−172 −218	−172 −246	−172 −292	−172 −362		−215 −245	−226 −272	−226 −300	−226 −346	−226 −416
65	80		−199 −229	−210 −256	−210 −284	−210 −330	−210 −400		−263 −293	−274 −320	−274 −348	−274 −394	−274 −464
80	100		−245 −280	−258 −312	−258 −345	−258 −398	−258 −478		−322 −357	−335 −389	−335 −422	−335 −475	−335 −555
100	120		−297 −332	−310 −364	−310 −397	−310 −450	−310 −530		−387 −422	−400 −454	−400 −487	−400 −540	−400 −620
120	140		−350 −390	−365 −428	−365 −465	−365 −525	−365 −615		−455 −495	−470 −533	−470 −570	−470 −630	−470 −720
140	160		−400 −440	−415 −478	−415 −515	−415 −575	−415 −665		−520 −560	−535 −598	−535 −635	−535 −695	−535 −785
160	180		−450 −490	−465 −528	−465 −565	−465 −625	−465 −715		−585 −625	−600 −663	−600 −700	−600 −760	−600 −850
180	200		−503 −549	−520 −592	−520 −635	−520 −705	−520 −810		−653 −699	−670 −742	−670 −785	−670 −855	−670 −960
200	225		−558 −604	−575 −647	−575 −690	−575 −760	−575 −865		−723 −769	−740 −812	−740 −855	−740 −925	−740 −1030
225	250		−623 −669	−640 −712	−640 −755	−640 −825	−640 −930		−803 −849	−820 −892	−820 −935	−820 −1005	−820 −1110
250	280		−690 −742	−710 −791	−710 −840	−710 −920	−710 −1030		−900 −952	−920 −1001	−920 −1050	−920 −1130	−920 −1240
280	315		−770 −822	−790 −871	−790 −920	−790 −1000	−790 −1110		−980 −1032	−1000 −1081	−1000 −1130	−1000 −1210	−1000 −1320
315	355		−879 −936	−900 −989	−900 −1040	−900 −1130	−900 −1260		−1129 −1186	−1150 −1239	−1150 −1290	−1150 −1380	−1150 −1510
355	400		−979 −1036	−1000 −1089	−1000 −1140	−1000 −1230	−1000 −1360		−1279 −1336	−1300 −1389	−1300 −1440	−1300 −1530	−1300 −1660
400	450		−1077 −1140	−1100 −1197	−1100 −1255	−1100 −1350	−1100 −1500		−1427 −1490	−1450 −1547	−1450 −1650	−1450 −1700	−1450 −1850
450	500		−1227 −1290	−1250 −1347	−1250 −1405	−1250 −1500	−1250 −1650		−1577 −1640	−1600 −1697	−1600 −1755	−1600 −1850	−1600 −2000

续表

孔 ZB 和 ZC 的极限偏差											
公称尺寸/mm		ZB					ZC				
大于	至	7	8	9	10	11	7	8	9	10	11
—	3	−40 −50	−40 −54	−40 −65	−40 −80	−40 −100	−60 −70	−60 −74	−60 −85	−60 −100	−60 −120
3	6	−46 −58	−50 −68	−50 −80	−50 −98	−50 −125	−76 −88	−80 −98	−80 −110	−80 −128	−80 −155
6	10	−61 −76	−61 −89	−61 −103	−61 −125	−61 −157	−91 −106	−97 −119	−97 −133	−97 −155	−97 −187
10	14	−83 −101	−90 −117	−90 −133	−90 −160	−90 −200	−123 −141	−130 −157	−130 −173	−130 −200	−130 −240
14	18	−101 −119	−108 −135	−108 −151	−108 −178	−108 −218	−143 −161	−150 −177	−150 −193	−150 −220	−150 −260
18	24	−128 −149	−136 −169	−136 −188	−136 −220	−136 −266	−180 −201	−188 −221	−188 −240	−188 −272	−188 −318
24	30	−152 −173	−160 −193	−160 −212	−160 −244	−160 −290	−210 −231	−218 −251	−218 −270	−218 −302	−218 −348
30	40	−191 −216	−200 −239	−200 −262	−200 −300	−200 −360	−265 −290	−274 −313	−274 −336	−274 −374	−274 −434
40	50	−233 −258	−242 −281	−242 −304	−242 −342	−242 −402	−316 −341	−325 −364	−325 −387	−325 −425	−325 −485
50	65	−289 −319	−300 −346	−300 −374	−300 −420	−300 −490	−394 −424	−405 −451	−405 −479	−405 −525	−405 −595
65	80	−349 −379	−360 −406	−360 −434	−360 −480	−360 −550	−469 −499	−480 −526	−488 −554	−480 −600	−480 −670
80	100	−432 −467	−445 −499	−445 −532	−445 −585	−445 −665	−572 −607	−585 −639	−585 −672	−585 −725	−585 −805
100	120	−512 −547	−525 −579	−525 −612	−525 −665	−525 −745	−677 −712	−690 −744	−690 −777	−690 −830	−690 −910
120	140	−605 −645	−620 −683	−620 −720	−620 −780	−620 −870	−785 −825	−800 −863	−800 −900	−800 −960	−800 −1050

续表

孔 ZB 和 ZC 的极限偏差											
公称尺寸/mm		ZB					ZC				
大于	至	7	8	9	10	11	7	8	9	10	11
140	160	−685 −725	−700 −763	−700 −800	−700 −860	−700 −950	−885 −925	−900 −963	−900 −1000	−900 −1060	−900 −1150
160	180	−765 −805	−780 −843	−780 −880	−780 −940	−780 −1030	−985 −1025	−1000 −1063	−1000 −1100	−1000 −1160	−1000 −1250
180	200	−863 −909	−880 −952	−880 −995	−880 −1065	−880 −1170	−1133 −1179	−1150 −1222	−1150 −1265	−1150 −1335	−1150 −1440
200	225	−943 −989	−960 −1032	−960 −1075	−960 −1145	−960 −1250	−1233 −1279	−1250 −1322	−1250 −1365	−1250 −1435	−1250 −1540
225	250	−1033 −1079	−1050 −1122	−1050 −1165	−1050 −1235	−1050 −1340	−1333 −1379	−1350 −1422	−1350 −1465	−1350 −1535	−1350 −1640
250	280	−1180 −1232	−1200 −1281	−1200 −1330	−1200 −1410	−1200 −1520	−1530 −1582	−1550 −1631	−1550 −1680	−1550 −1760	−1550 −1870
280	315	−1280 −1332	−1300 −1381	−1300 −1430	−1300 −1510	−1300 −1620	−1680 −1732	−1700 −1780	−1700 −1830	−1700 −1910	−1700 −2020
315	355	−1479 −1536	−1500 −1589	−1500 −1640	−1500 −1730	−1500 −1860	−1879 −1936	−1900 −1989	−1900 −2040	−1900 −2130	−1900 −2260
355	400	−1629 −1686	−1650 −1739	−1650 −1790	−1650 −1880	−1650 −2010	−2079 −2136	−2100 −2189	−2100 −2240	−2100 −2330	−2100 −2460
400	450	−1827 −1890	−1850 −1947	−1850 −2005	−1850 −2100	−1850 −2250	−2377 −2440	−2400 −2497	−2400 −2555	−2400 −2650	−2400 −2800
450	500	−2077 −2140	−2100 −2197	−2100 −2255	−2100 −2350	−2100 −2500	−2577 −2640	−2600 −2697	−2600 −2755	−2600 −2850	−2600 −3000

(2) 轴的极限偏差

轴的极限偏差见表 3-35。

表 3-35 轴的极限偏差（GB/T 1800.2—2009） μm

轴 a、b 和 c 的极限偏差																	
公称尺寸/mm		a					b						c				
大于	至	9	10	11	12	13	8	9	10	11	12	13	8	9	10	11	12
—	3	-270 -295	-270 -310	-270 -330	-270 -370	-270 -410	-140 -154	-140 -165	-140 -180	-140 -200	-140 -240	-140 -280	-60 -74	-60 -85	-60 -100	-60 -120	-60 -160
3	6	-270 -300	-270 -318	-270 -345	-270 -390	-270 -450	-140 -158	-140 -170	-140 -188	-140 -215	-140 -250	-140 -320	-70 -88	-70 -100	-70 -118	-70 -145	-70 -190
6	10	-280 -316	-280 -338	-280 -370	-280 -430	-280 -500	-150 -172	-150 -186	-150 -208	-150 -240	-150 -300	-150 -370	-80 -102	-80 -116	-80 -138	-80 -170	-80 -230
10	18	-290 -333	-290 -360	-290 -400	-290 -470	-290 -560	-150 -177	-150 -193	-150 -220	-150 -260	-150 -330	-150 -420	-95 -122	-95 -138	-95 -165	-95 -205	-95 -275
18	30	-300 -352	-300 -384	-300 -430	-300 -510	-300 -630	-160 -193	-160 -212	-160 -244	-160 -290	-160 -370	-160 -490	-110 -143	-110 -162	-110 -194	-110 -240	-110 -320
30	40	-310 -372	-320 -410	-320 -470	-320 -560	-320 -700	-170 -209	-170 -232	-170 -270	-170 -330	-170 -420	-170 -560	-120 -159	-120 -182	-120 -220	-120 -280	-120 -370
40	50	-320 -382	-320 -420	-320 -480	-320 -570	-320 -710	-180 -219	-180 -242	-180 -280	-180 -340	-180 -430	-180 -570	-130 -169	-130 -192	-130 -230	-130 -290	-130 -380
50	65	-340 -414	-340 -460	-340 -530	-340 -640	-340 -800	-190 -236	-190 -264	-190 -310	-190 -380	-190 -490	-190 -650	-140 -186	-140 -214	-140 -260	-140 -330	-140 -440
65	80	-360 -434	-360 -480	-360 -550	-360 -660	-360 -820	-200 -246	-200 -274	-200 -320	-200 -390	-200 -500	-200 -660	-150 -196	-150 -224	-150 -270	-150 -340	-150 -450
80	100	-380 -467	-380 -520	-380 -600	-380 -730	-380 -920	-220 -274	-220 -307	-220 -360	-220 -440	-220 -570	-220 -760	-170 -224	-170 -257	-170 -310	-170 -390	-170 -520
100	120	-410 -497	-410 -550	-410 -630	-410 -760	-410 -950	-240 -294	-240 -327	-240 -380	-240 -460	-240 -590	-240 -780	-180 -234	-180 -267	-180 -320	-180 -400	-180 -530
120	140	-460 -560	-460 -620	-460 -710	-460 -860	-460 -1090	-260 -323	-260 -360	-260 -420	-260 -510	-260 -660	-260 -890	-200 -263	-200 -300	-200 -360	-200 -450	-200 -600
140	160	-520 -620	-520 -680	-520 -770	-520 -920	-520 -1150	-280 -343	-280 -380	-280 -440	-280 -350	-280 -680	-280 -910	-210 -273	-210 -310	-210 -370	-210 -460	-210 -610
160	180	-580 -680	-580 -740	-580 -830	-580 -980	-580 -1210	-310 -373	-310 -410	-310 -470	-310 -560	-310 -710	-310 -940	-230 -293	-230 -330	-230 -390	-230 -480	-230 -630

续表

轴 a、b 和 c 的极限偏差																
公称尺寸/mm		a					b						c				
大于	至	9	10	11	12	13	8	9	10	11	12	13	8	9	10	11	12
180	200	−660 −775	−660 −845	−660 −950	−660 −1120	−660 −1380	−340 −412	−340 −455	−340 −525	−340 −630	−340 −800	−340 −1060	−240 −312	−240 −355	−240 −425	−240 −530	−240 −700
200	225	−740 −855	−740 −925	−740 −1030	−740 −1200	−740 −1460	−380 −452	−380 −495	−380 −565	−380 −670	−380 −840	−380 −1100	−260 −332	−260 −375	−260 −445	−260 −550	−260 −720
225	250	−820 −935	−820 −1005	−820 −1110	−820 −1280	−820 −1540	−420 −492	−420 −535	−420 −605	−420 −710	−420 −880	−420 −1140	−280 −352	−280 −395	−280 −465	−280 −570	−280 −740
250	280	−920 −1050	−920 −1130	−920 −1240	−920 −1440	−920 −1730	−480 −561	−480 −610	−480 −690	−480 −800	−480 −1000	−480 −1290	−300 −381	−300 −430	−300 −510	−300 −620	−300 −820
280	315	−1050 −1180	−1050 −1260	−1050 −1370	−1050 −1570	−1050 −1860	−540 −621	−540 −670	−540 −750	−540 −860	−540 −1060	−540 −1350	−330 −411	−330 −460	−330 −540	−330 −650	−330 −850
315	355	−1200 −1340	−1200 −1430	−1200 −1560	−1200 −1770	−1200 −2000	−600 −689	−600 −740	−600 −830	−600 −960	−600 −1170	−600 −1490	−360 −449	−360 −500	−360 −590	−360 −720	−360 −930
355	400	−1350 −1490	−1350 −1580	−1350 −1710	−1350 −1920	−1350 −2240	−680 −769	−680 −820	−680 −910	−680 −1040	−680 −1250	−680 −1570	−400 −489	−400 −540	−400 −630	−400 −760	−400 −970
400	450	−1500 −1655	−1500 −1750	−1500 −1900	−1500 −2130	−1500 −2470	−760 −857	−760 −915	−760 −1010	−760 −1160	−760 −1390	−760 −1730	−440 −537	−440 −595	−440 −690	−440 −840	−440 −1070
450	500	−1650 −1805	−1650 −1900	−1650 −2050	−1650 −2280	−1650 −2620	−840 −937	−840 −995	−840 −1090	−840 −1240	−840 −1470	−840 −1810	−480 −577	−480 −635	−480 −730	−480 −880	−480 −1110

注：公称尺寸小于 1mm 时，各级的 a、b 均不采用。

轴 cd 和 d 的极限偏差																
公称尺寸/mm		cd						d								
大于	至	5	6	7	8	9	10	5	6	7	8	9	10	11	12	13
—	3	−34 −38	−34 −40	−34 −44	−34 −48	−34 −59	−34 −74	−20 −24	−20 −26	−20 −30	−20 −34	−20 −45	−20 −60	−20 −80	−20 −120	−20 −160
3	6	−46 −51	−46 −54	−46 −58	−46 −64	−46 −76	−46 −94	−30 −35	−30 −38	−30 −42	−30 −48	−30 −60	−30 −78	−30 −105	−30 −150	−30 −210
6	10	−56 −62	−56 −65	−56 −71	−56 −78	−56 −92	−56 −114	−40 −46	−40 −49	−40 −55	−40 −62	−40 −76	−40 −98	−40 −130	−40 −190	−40 −260
10	18							−50 −58	−50 −61	−50 −68	−50 −77	−50 −93	−50 −120	−50 −160	−50 −230	−50 −320

续表

轴 cd 和 d 的极限偏差																
公称尺寸/mm		cd						d								
大于	至	5	6	7	8	9	10	5	6	7	8	9	10	11	12	13
18	30							−65 −74	−65 −78	−65 −86	−65 −98	−65 −117	−65 −149	−65 −195	−65 −275	−65 −395
30	50							−80 −91	−80 −96	−80 −105	−80 −119	−80 −142	−80 −180	−80 −240	−80 −330	−80 −470
50	80							−100 −113	−100 −119	−100 −130	−100 −146	−100 −174	−100 −220	−100 −290	−100 −400	−100 −560
80	120							−120 −135	−120 −142	−120 −155	−120 −174	−120 −207	−120 −260	−120 −340	−120 −470	−120 −660
120	180							−145 −163	−145 −170	−145 −185	−145 −208	−145 −245	−145 −305	−145 −395	−145 −545	−145 −775
180	250							−170 −190	−170 −199	−170 −216	−170 −242	−170 −285	−170 −355	−170 −460	−170 −630	−170 −890
250	315							−190 −213	−190 −222	−190 −242	−190 −271	−190 −320	−190 −400	−190 −510	−190 −710	−190 −1000
315	400							−210 −235	−210 −246	−210 −267	−210 −299	−210 −350	−210 −440	−210 −570	−210 −780	−210 −1100
400	500							−230 −257	−230 −270	−230 −293	−230 −327	−230 −385	−230 −480	−230 −630	−230 −860	−230 −1200
500	630									−260 −330	−260 −370	−260 −435	−260 −540	−260 −700		
630	800									−290 −370	−290 −415	−290 −490	−290 −610	−290 −790		
800	1000									−320 −410	−320 −460	−320 −550	−320 −680	−320 −880		
1000	1250									−350 −455	−350 −515	−350 −610	−350 −770	−350 −1010		
1250	1600									−390 −515	−390 −585	−390 −700	−390 −890	−390 −1170		

续表

轴 cd 和 d 的极限偏差																
公称尺寸/mm		cd						d								
大于	至	5	6	7	8	9	10	5	6	7	8	9	10	11	12	13
1600	2000									−430 −580	−430 −660	−430 −800	−430 −1030	−430 −1350		
2000	2500									−480 −655	−480 −760	−480 −920	−480 −1180	−480 −1580		
2500	3150									−520 −730	−520 −850	−520 −1060	−520 −1380	−520 −1870		

注:各级的 cd 主要用于精密机械和钟表制造业。

轴 e 和 ef 的极限偏差															
公称尺寸/mm		e						ef							
大于	至	5	6	7	8	9	10	3	4	5	6	7	8	9	10
—	3	−14 −18	−14 −20	−14 −24	−14 −28	−14 −39	−14 −54	−10 −12	−10 −13	−10 −14	−10 −16	−10 −20	−10 −24	−10 −35	−10 −50
3	6	−20 −25	−20 −28	−20 −32	−20 −38	−20 −50	−20 −68	−14 −16.5	−14 −18	−14 −19	−14 −22	−14 −26	−14 −32	−14 −44	−14 −62
6	10	−25 −31	−25 −34	−25 −40	−25 −47	−25 −61	−25 −83	−18 −20.5	−18 −22	−18 −24	−18 −27	−18 −33	−18 −40	−18 −54	−18 −76
10	18	−32 −40	−32 −43	−32 −50	−32 −59	−32 −75	−32 −102								
18	30	−40 −49	−40 −53	−40 −61	−40 −73	−40 −92	−40 −124								
30	50	−50 −61	−50 −66	−50 −75	−50 −89	−50 −112	−50 −150								
50	80	−60 −73	−60 −79	−60 −90	−60 −106	−60 −134	−60 −180								
80	120	−72 −87	−72 −94	−72 −107	−72 −126	−72 −212	−72 −159								
120	180	−85 −103	−85 −110	−85 −125	−85 −148	−85 −185	−85 −245								
180	250	−100 −120	−100 −129	−100 −146	−100 −172	−100 −215	−100 −285								

续表

轴 e 和 ef 的极限偏差

公称尺寸/mm		e						ef							
大于	至	5	6	7	8	9	10	3	4	5	6	7	8	9	10
250	315	−110 −133	−110 −142	−110 −162	−110 −191	−110 −240	−110 −320								
315	400	−125 −150	−125 −161	−125 −182	−125 −214	−125 −265	−125 −355								
400	500	−135 −162	−135 −175	−135 −198	−135 −232	−135 −290	−135 −385								
500	630		−145 −189	−145 −215	−145 −255	−145 −320	−145 −425								
630	800		−160 −210	−160 −240	−160 −285	−160 −360	−160 −480								
800	1000		−170 −226	−170 −260	−170 −310	−170 −400	−170 −530								
1000	1250		−195 −261	−195 −300	−195 −360	−195 −455	−195 −615								
1250	1600		−220 −298	−220 −345	−220 −415	−220 −530	−220 −720								
1600	2000		−240 −332	−240 −390	−240 −470	−240 −610	−240 −840								
2000	2500		−260 −370	−260 −435	−260 −540	−260 −700	−260 −960								
2500	3150		−290 −425	−290 −500	−290 −620	−290 −830	−290 −1150								

注：各级的 ef 主要用于精密机械和钟表制造业。

轴 f 和 fg 的极限偏差

公称尺寸/mm		f								fg							
大于	至	3	4	5	6	7	8	9	10	3	4	5	6	7	8	9	10
—	3	−6 −8	−6 −9	−6 −10	−6 −12	−6 −16	−6 −20	−6 −31	−6 −46	−4 −6	−4 −7	−4 −8	−4 −10	−4 −14	−4 −18	−4 −29	−4 −44
3	6	−10 −12.5	−10 −14	−10 −15	−10 −18	−10 −22	−10 −28	−10 −40	−10 −58	−6 −8.5	−6 −10	−6 −11	−6 −14	−6 −18	−6 −24	−6 −36	−6 −54

续表

公称尺寸/mm		轴 f 和 fg 的极限偏差															
		f								fg							
大于	至	3	4	5	6	7	8	9	10	3	4	5	6	7	8	9	10
6	10	−13 −15.5	−13 −17	−13 −19	−13 −22	−13 −28	−13 −35	−13 −49	−13 −71	−8 −10.5	−8 −12	−8 −14	−8 −17	−8 −23	−8 −30	−8 −44	−8 −66
10	18	−16 −19	−16 −21	−16 −24	−16 −27	−16 −34	−16 −43	−16 −59	−16 −86								
18	30	−20 −24	−20 −26	−20 −29	−20 −33	−20 −41	−20 −53	−20 −72	−20 −104								
30	50	−25 −29	−25 −32	−25 −36	−25 −41	−25 −50	−25 −64	−25 −87	−25 −125								
50	80		−30 −38	−30 −43	−30 −49	−30 −60	−30 −76	−30 −104									
80	120		−36 −46	−36 −51	−36 −58	−36 −71	−36 −90	−36 −123									
120	180		−43 −55	−43 −61	−43 −68	−43 −83	−43 −106	−43 −143									
180	250		−50 −64	−50 −70	−50 −79	−50 −96	−50 −122	−50 −165									
250	315		−56 −72	−56 −79	−56 −88	−56 −108	−56 −137	−56 −185									
315	400		−62 −80	−62 −87	−62 −98	−62 −119	−62 −151	−62 −202									
400	500		−68 −88	−68 −95	−68 −108	−68 −131	−68 −163	−68 −223									
500	630				−76 −120	−76 −146	−76 −186	−76 −251									
630	800				−80 −130	−80 −160	−80 −205	−80 −280									
800	1000				−86 −142	−86 −176	−86 −226	−86 −316									

续表

轴 f 和 fg 的极限偏差																	
公称尺寸/mm		f								fg							
大于	至	3	4	5	6	7	8	9	10	3	4	5	6	7	8	9	10
1000	1250				−98 −164	−98 −203	−98 −263	−98 −358									
1250	1600				−110 −188	−110 −235	−110 −305	−110 −420									
1600	2000				−120 −212	−120 −270	−120 −350	−120 −490									
2000	2500				−130 −240	−130 −305	−130 −410	−130 −570									
2500	3150				−145 −280	−145 −355	−145 −475	−145 −685									

注：各级的 fg 主要用于精密机械和钟表制造业。

轴 g 的极限偏差									
公称尺寸/mm		g							
大于	至	3	4	5	6	7	8	9	10
—	3	−2 −4	−2 −5	−2 −6	−2 −8	−2 −12	−2 −16	−2 −27	−2 −42
3	6	−4 −6.5	−4 −8	−4 −9	−4 −12	−4 −16	−4 −22	−4 −34	−4 −52
6	10	−5 −7.5	−5 −9	−5 −11	−5 −14	−5 −20	−5 −27	−5 −41	−5 −63
10	18	−6 −9	−6 −11	−6 −14	−6 −17	−6 −24	−6 −33	−6 −49	−6 −76
18	30	−7 −11	−7 −13	−7 −16	−7 −20	−7 −28	−7 −40	−7 −59	−7 −91
30	50	−9 −13	−9 −16	−9 −20	−9 −25	−9 −34	−9 −48	−9 −71	−9 −109
50	80		−10 −18	−10 −23	−10 −29	−10 −40	−10 −56		
80	120		−12 −22	−12 −27	−12 −34	−12 −47	−12 −66		

续表

轴 g 的极限偏差

公称尺寸/mm		g							
大于	至	3	4	5	6	7	8	9	10
120	180		−14 −26	−14 −32	−14 −39	−14 −54	−14 −77		
180	250		−15 −29	−15 −35	−15 −44	−15 −61	−15 −87		
250	315		−17 −33	−17 −40	−17 −49	−17 −69	−17 −98		
315	400		−18 −36	−18 −43	−18 −54	−18 −75	−18 −107		
400	500		−20 −40	−20 −47	−20 −60	−20 −83	−20 −117		
500	630				−22 −66	−22 −92	−22 −132		
630	800				−24 −74	−24 −104	−24 −149		
800	1000				−26 −82	−26 −116	−26 −166		
1000	1250				−28 −94	−28 −133	−28 −193		
1250	1600				−30 −108	−30 −155	−30 −225		
1600	2000				−32 −124	−32 −182	−32 −262		
2000	2500				−34 −144	−34 −209	−34 −314		
2500	3150				−38 −173	−38 −248	−38 −368		

轴 h 的极限偏差

公称尺寸/mm		h																	
		1	2	3	4	5	6	7	8	9	10	11	12	13	14	15	16	17	18
大于	至	偏差																	
		μm											mm						
—	3	0 −0.8	0 −1.2	0 −2	0 −3	0 −4	0 −6	0 −10	0 −14	0 −25	0 −40	0 −60	0 −0.1	0 −0.14	0 −0.25	0 −0.4	0 −0.6		

续表

公称尺寸/mm		轴 h 的极限偏差																	
		h																	
大于	至	1	2	3	4	5	6	7	8	9	10	11	12	13	14	15	16	17	18
		偏差																	
		μm											mm						
3	6	0 -1	0 -1.5	0 -2.5	0 -4	0 -5	0 -8	0 -12	0 -18	0 -30	0 -48	0 -75	0 -0.12	0 -0.18	0 -0.3	0 -0.48	0 -0.75	0 -1.2	0 -1.8
6	10	0 -1	0 -2	0 -2.5	0 -4	0 -6	0 -9	0 -15	0 -22	0 -36	0 -58	0 -90	0 -0.15	0 -0.22	0 -0.36	0 -0.58	0 -0.9	0 -1.5	0 -2.2
10	18	0 -1.2	0 -2.5	0 -3	0 -5	0 -8	0 -11	0 -18	0 -27	0 -43	0 -70	0 -110	0 -0.18	0 -0.27	0 -0.43	0 -0.7	0 -1.1	0 -1.8	0 -2.7
18	30	0 -1.5	0 -2.5	0 -4	0 -6	0 -9	0 -13	0 -21	0 -33	0 -52	0 -84	0 -130	0 -0.21	0 -0.33	0 -0.52	0 -0.84	0 -1.3	0 -2.1	0 -3.3
30	50	0 -1.5	0 -3	0 -4	0 -7	0 -11	0 -16	0 -25	0 -39	0 -62	0 -100	0 -160	0 -0.25	0 -0.39	0 -0.62	0 -1	0 -1.6	0 -2.5	0 -3.9
50	80	0 -2	0 -4	0 -5	0 -8	0 -13	0 -19	0 -30	0 -46	0 -74	0 -120	0 -190	0 -0.3	0 -0.46	0 -0.74	0 -1.2	0 -1.9	0 -3	0 -4.6
80	120	0 -2.5	0 -5	0 -6	0 -10	0 -15	0 -22	0 -35	0 -54	0 -87	0 -140	0 -220	0 -0.35	0 -0.54	0 -0.87	0 -1.4	0 -2.2	0 -3.5	0 -5.4
120	180	0 -3.5	0 -7	0 -8	0 -12	0 -18	0 -25	0 -40	0 -63	0 -100	0 -160	0 -250	0 -0.4	0 -0.63	0 -1	0 -1.6	0 -2.5	0 -4	0 -6.3
180	250	0 -4.5	0 -8	0 -10	0 -14	0 -20	0 -29	0 -46	0 -72	0 -115	0 -185	0 -290	0 -0.46	0 -0.72	0 -1.15	0 -1.85	0 -2.9	0 -4.6	0 -7.2
250	315	0 -6	0 -8	0 -12	0 -16	0 -23	0 -32	0 -52	0 -81	0 -130	0 -210	0 -320	0 -0.52	0 -0.81	0 -1.3	0 -2.1	0 -3.2	0 -5.2	0 -8.1
315	400	0 -7	0 -9	0 -13	0 -18	0 -25	0 -36	0 -57	0 -89	0 -140	0 -230	0 -360	0 -0.57	0 -0.89	0 -1.4	0 -2.3	0 -3.6	0 -5.7	0 -8.9
400	500	0 -8	0 -10	0 -15	0 -20	0 -27	0 -40	0 -63	0 -97	0 -155	0 -250	0 -400	0 -0.63	0 -0.97	0 -1.55	0 -2.5	0 -4	0 -6.3	0 -9.7

续表

轴 h 的极限偏差																			
公称尺寸/mm		h																	
		1	2	3	4	5	6	7	8	9	10	11	12	13	14	15	16	17	18
大于	至	偏差																	
		μm											mm						
500	630	0 −9	0 −11	0 −16	0 −22	0 −32	0 −44	0 −70	0 −110	0 −175	0 −280	0 −440	0 −0.7	0 −1.1	0 −1.75	0 −2.8	0 −4.4	0 −7	0 −11
630	800	0 −10	0 −13	0 −18	0 −25	0 −36	0 −50	0 −80	0 −125	0 −200	0 −320	0 −500	0 −0.8	0 −1.25	0 −2	0 −3.2	0 −5	0 −8	0 −12.5
800	1000	0 −11	0 −15	0 −21	0 −28	0 −40	0 −56	0 −90	0 −140	0 −230	0 −360	0 −560	0 −0.9	0 −1.4	0 −2.3	0 −3.6	0 −5.6	0 −9	0 −14
1000	1250	0 −13	0 −18	0 −24	0 −33	0 −47	0 −66	0 −105	0 −165	0 −260	0 −420	0 −660	0 −1.05	0 −1.65	0 −2.6	0 −4.2	0 −6.6	0 −10.5	0 −16.5
1250	1600	0 −15	0 −21	0 −29	0 −39	0 −55	0 −78	0 −125	0 −195	0 −310	0 −500	0 −780	0 −1.25	0 −1.95	0 −3.1	0 −5	0 −7.8	0 −12.5	0 −19.5
1600	2000	0 −18	0 −25	0 −35	0 −46	0 −65	0 −92	0 −150	0 −230	0 −370	0 −600	0 −920	0 −1.5	0 −2.3	0 −3.7	0 −6	0 −9.2	0 −15	0 −23
2000	2500	0 −22	0 −30	0 −41	0 −55	0 −78	0 −110	0 −175	0 −280	0 −440	0 −700	0 −1100	0 −1.75	0 −2.8	0 −4.4	0 −7	0 −11	0 −17.5	0 −28
2500	3150	0 −26	0 −36	0 −50	0 −68	0 −96	0 −135	0 −210	0 −330	0 −540	0 −860	0 −1350	0 −2.1	0 −3.3	0 −5.4	0 −8.6	0 −13.5	0 −21	0 −33

注：1. IT14～IT18 只用于大于 1mm 的公称尺寸。

2. 黑框中的数值，即公称尺寸大于 500～3150mm、IT1～IT5 的偏差值为试用。

轴 js 的极限偏差																			
公称尺寸/mm		js																	
		1	2	3	4	5	6	7	8	9	10	11	12	13	14	15	16	17	18
大于	至	偏差																	
		μm											mm						
—	3	±0.4	±0.6	±1	±1.5	±2	±3	±5	±7	±12	±20	±30	±0.05	±0.07	±0.125	±0.2	±0.3		

续表

公称尺寸/mm		轴 js 的极限偏差																	
		js																	
		1	2	3	4	5	6	7	8	9	10	11	12	13	14	15	16	17	18
大于	至	偏差																	
		μm											mm						
3	6	±0.5	±0.75	±1.25	±2	±2.5	±4	±6	±9	±15	±24	±37	±0.06	±0.09	±0.15	±0.24	±0.375	±0.6	±0.9
6	10	±0.5	±0.75	±1.25	±2	±3	±4.5	±7	±11	±18	±29	±46	±0.075	±0.11	±0.18	±0.29	±0.45	±0.75	±1.1
10	18	±0.6	±1	±1.5	±2.5	±4	±5.5	±9	±13	±21	±36	±55	±0.09	±0.135	±0.215	±0.35	±0.55	±0.9	±1.35
18	30	±0.75	±1.25	±2	±3	±4.5	±6.5	±10	±16	±26	±42	±65	±0.105	±0.165	±0.26	±0.42	±0.65	±1.05	±1.65
30	50	±0.75	±1.25	±2	±3.5	±5.5	±8	±12	±19	±31	±50	±80	±0.125	±0.195	±0.31	±0.5	±0.8	±1.25	±1.95
50	80	±1	±1.5	±2.5	±4	±6.5	±9.5	±15	±23	±37	±60	±95	±0.15	±0.23	±0.37	±0.6	±0.95	±1.5	±2.3
80	120	±1.25	±2	±3	±5	±7.5	±11	±17	±27	±43	±70	±110	±0.175	±0.27	±0.435	±0.7	±1.1	±1.75	±2.7
120	180	±1.75	±2.5	±4	±6	±9	±12.5	±20	±31	±50	±80	±125	±0.2	±0.315	±0.5	±0.8	±1.25	±2	±3.15
180	250	±2.25	±3.5	±5	±7	±10	±14.5	±23	±36	±57	±92	±145	±0.23	±0.36	±0.575	±0.925	±1.45	±2.3	±3.6
250	315	±3	±4	±6	±8	±11.5	±16	±26	±40	±65	±105	±160	±0.28	±0.405	±0.65	±1.05	±1.6	±2.6	±4.05
315	400	±3.5	±4.5	±6.5	±9	±12.5	±18	±28	±44	±70	±115	±180	±0.285	±0.445	±0.7	±1.15	±1.8	±2.85	±4.45
400	500	±4	±5	±7.5	±10	±13.5	±20	±31	±48	±77	±125	±200	±0.315	±0.485	±0.775	±1.25	±2	±3.15	±4.85
500	630	±4.5	±5.5	±8	±11	±16	±22	±35	±55	±87	±140	±220	±0.35	±0.55	±0.875	±1.4	±2.2	±3.5	±5.5
630	800	±5	±6.5	±9	±12.5	±18	±25	±40	±62	±100	±160	±250	±0.4	±0.625	±1	±1.6	±2.5	±4	±6.25
800	1000	±5.5	±7.5	±10.5	±14	±20	±28	±45	±70	±115	±180	±280	±0.45	±0.7	±1.15	±1.8	±2.8	±4.5	±7
1000	1250	±6.5	±9	±12	±16.5	±23.5	±33	±52	±82	±130	±210	±330	±0.525	±0.825	±1.3	±2.1	±3.3	±5.25	±8.25
1250	1600	±7.5	±10.5	±14.5	±19.5	±27.5	±39	±62	±97	±155	±250	±390	±0.625	±0.975	±1.55	±2.5	±3.9	±6.25	±9.75
1600	2000	±9	±12.5	±17.5	±23	±32.5	±46	±75	±115	±185	±300	±460	±0.75	±1.15	±1.85	±3	±4.6	±7.5	±11.5
2000	2500	±11	±15	±20.5	±27.5	±39	±55	±87	±140	±220	±350	±550	±0.875	±1.4	±2.2	±3.5	±5.5	±8.75	±14
2500	3150	±13	±18	±25	±34	±48	±67.5	±105	±165	±270	±430	±675	±1.05	±1.65	±2.7	±4.3	±6.75	±10.5	±16.5

注：1. 为避免相同值的重复，表列值以"±×"给出，可为 es=+×，ei=−×，例如$^{+0.23}_{-0.23}$mm。

2. IT14～IT18 只用于大于 1mm 的公称尺寸。

3. 黑框中的数值，即公称尺寸大于 500～3150mm、IT1～IT5 的偏差值为试用。

续表

公称尺寸/mm		轴 j 和 k 的极限偏差														
		j				k										
大于	至	5	6	7	8	3	4	5	6	7	8	9	10	11	12	13
—	3	±2	+4 −2	+6 −4	+8 −6	+2 0	+3 0	+4 0	+6 0	+10 0	+14 0	+25 0	+40 0	+60 0	+100 0	+140 0
3	6	+3 −2	+6 −2	+8 −4		+2.5 0	+5 +1	+6 +1	+9 +1	+13 +1	+18 0	+30 0	+48 0	+75 0	+120 0	+180 0
6	10	+4 −2	+7 −2	+10 −5		+2.5 0	+5 +1	+7 +1	+10 +1	+16 +1	+22 0	+36 0	+58 0	+90 0	+150 0	+220 0
10	18	+5 −3	+8 −3	+12 −6		+3 0	+6 +1	+9 +1	+12 +1	+19 +1	+27 0	+43 0	+70 0	+110 0	+180 0	+270 0
18	30	+5 −4	+9 −4	+13 −8		+4 0	+8 +2	+11 +2	+15 +2	+23 +2	+33 0	+52 0	+84 0	+130 0	+210 0	+330 0
30	50	+6 −5	+11 −5	+15 −10		+4 0	+9 +2	+13 +2	+18 +2	+27 +2	+39 0	+62 0	+100 0	+160 0	+250 0	+390 0
50	80	+6 −7	+12 −7	+18 −12			+10 +2	+15 +2	+21 +2	+32 +2	+46 0	+74 0	+120 0	+190 0	+300 0	+460 0
80	120	+6 −9	+13 −9	+20 −15			+13 +3	+18 +3	+25 +3	+38 +3	+54 0	+87 0	+140 0	+220 0	+350 0	+540 0
120	180	+7 −11	+14 −11	+22 −18			+15 +3	+21 +3	+28 +3	+43 +3	+63 0	+100 0	+160 0	+250 0	+400 0	+630 0
180	250	+7 −13	+16 −13	+25 −21			+18 +4	+24 +4	+33 +4	+50 +4	+72 0	+115 0	+185 0	+290 0	+460 0	+720 0
250	315	+7 −16	±16	±26			+20 +4	+27 +4	+36 +4	+56 +4	+81 0	+130 0	+210 0	+320 0	+520 0	+810 0
315	400	+7 −18	±18	+29 −28			+22 +4	+29 +4	+40 +4	+61 +4	+89 0	+140 0	+230 0	+360 0	+570 0	+890 0
400	500	+7 −20	±20	+31 −32			+25 +5	+32 +5	+45 +5	+68 +5	+97 0	+155 0	+250 0	+400 0	+630 0	+970 0
500	630								+44 0	+70 0	+110 0	+175 0	+280 0	+440 0	+700 0	+1100 0
630	800								+50 0	+80 0	+125 0	+200 0	+320 0	+500 0	+800 0	+1250 0

续表

轴 j 和 k 的极限偏差

公称尺寸/mm		j				k										
大于	至	5	6	7	8	3	4	5	6	7	8	9	10	11	12	13
800	1000								+56 0	+90 0	+140 0	+230 0	+360 0	+560 0	+900 0	+1400 0
1000	1250								+66 0	+105 0	+165 0	+260 0	+420 0	+660 0	+1050 0	+1650 0
1250	1600								+78 0	+125 0	+195 0	+310 0	+500 0	+780 0	+1250 0	+1950 0
1600	2000								+92 0	+150 0	+230 0	+370 0	+600 0	+920 0	+1500 0	+2300 0
2000	2500								+110 0	+175 0	+280 0	+440 0	+700 0	+1100 0	+1750 0	+2800 0
2500	3150								+135 0	+210 0	+330 0	+540 0	+860 0	+1350 0	+2100 0	+3300 0

注：j5、j6 和 j7 的某些极限值与 js5、js6 和 js7 一样用“±×”表示。

轴 m 和 n 的极限偏差

公称尺寸/mm		m							n							
大于	至	3	4	5	6	7	8	9	3	4	5	6	7	8	9
—	3	+4 +2	+5 +2	+6 +2	+8 +2	+12 +2	+16 +2	+27 +2	+6 +4	+7 +4	+8 +4	+10 +4	+14 +4	+18 +4	+29 +4
3	6	+6.5 +4	+8 +4	+9 +4	+12 +4	+16 +4	+22 +4	+34 +4	+10.5 +8	+12 +8	+13 +8	+16 +8	+20 +8	+26 +8	+38 +8
6	10	+8.5 +6	+10 +6	+12 +6	+15 +6	+21 +6	+28 +6	+42 +6	+12.5 +10	+14 +10	+16 +10	+19 +10	+25 +10	+32 +10	+46 +10
10	18	+10 +7	+12 +7	+15 +7	+18 +7	+25 +7	+34 +7	+50 +7	+15 +12	+17 +12	+20 +12	+23 +12	+30 +12	+39 +12	+55 +12
18	30	+12 +8	+14 +8	+17 +8	+21 +8	+29 +8	+41 +8	+60 +8	+19 +15	+21 +15	+24 +15	+28 +15	+36 +15	+48 +15	+67 +15
30	50	+13 +9	+16 +9	+20 +9	+25 +9	+34 +9	+48 +9	+71 +9	+21 +17	+24 +17	+28 +17	+33 +17	+42 +17	+56 +17	+79 +17
50	80		+19 +11	+24 +11	+30 +11	+41 +11				+28 +20	+33 +20	+39 +20	+50 +20		

续表

公称尺寸/mm		轴 m 和 n 的极限偏差													
		m							n						
大于	至	3	4	5	6	7	8	9	3	4	5	6	7	8	9
80	120		+23 +13	+28 +13	+35 +13	+48 +13				+33 +23	+38 +23	+45 +23	+58 +23		
120	180		+27 +15	+33 +15	+40 +15	+55 +15				+39 +27	+45 +27	+52 +27	+67 +27		
180	250		+31 +17	+37 +17	+46 +17	+63 +17				+45 +31	+51 +31	+60 +31	+77 +31		
250	315		+36 +20	+43 +20	+52 +20	+72 +20				+50 +34	+57 +34	+66 +34	+86 +34		
315	400		+39 +21	+46 +21	+57 +21	+78 +21				+55 +37	+62 +37	+73 +37	+94 +37		
400	500		+43 +23	+50 +23	+63 +23	+86 +23				+60 +40	+67 +40	+80 +40	+103 +40		
500	630				+70 +26	+96 +26						+88 +44	+114 +44		
630	800				+80 +30	+110 +30						+100 +50	+130 +50		
800	1000				+90 +34	+124 +34						+112 +56	+146 +56		
1000	1250				+106 +40	+145 +40						+132 +66	+171 +66		
1250	1600				+126 +48	+173 +48						+156 +78	+203 +78		
1600	2000				+150 +58	+208 +58						+184 +92	+242 +92		
2000	2500				+178 +68	+243 +68						+220 +110	+285 +110		
2500	3150				+211 +76	+286 +76						+270 +135	+345 +135		

续表

轴 p 的极限偏差									
公称尺寸/mm		p							
大于	至	3	4	5	6	7	8	9	10
—	3	+8 +6	+9 +6	+10 +6	+12 +6	+16 +6	+20 +6	+30 +6	+46 +6
3	6	+14.5 +12	+16 +12	+17 +12	+20 +12	+24 +12	+30 +12	+42 +12	+60 +12
6	10	+17.5 +15	+19 +15	+21 +15	+24 +15	+30 +15	+37 +15	+51 +15	+73 +15
10	18	+21 +18	+23 +18	+26 +18	+29 +18	+36 +18	+45 +18	+61 +18	+88 +18
18	30	+26 +22	+28 +22	+31 +22	+35 +22	+43 +22	+55 +22	+74 +22	+106 +22
30	50	+30 +26	+33 +26	+37 +26	+42 +26	+51 +26	+65 +26	+88 +26	+126 +26
50	80		+40 +32	+45 +32	+51 +32	+62 +32	+78 +32		
80	120		+47 +37	+52 +37	+59 +37	+72 +37	+91 +37		
120	180		+55 +43	+61 +43	+68 +43	+83 +43	+106 +43		
180	250		+64 +50	+70 +50	+79 +50	+96 +50	+122 +50		
250	315		+72 +56	+79 +56	+88 +56	+108 +56	+137 +56		
315	400		+80 +62	+87 +62	+98 +62	+119 +62	+151 +62		
400	500		+88 +68	+95 +68	+108 +68	+131 +68	+165 +68		
500	630				+122 +78	+148 +78	+188 +78		
630	800				+138 +88	+168 +88	+213 +88		

续表

轴 p 的极限偏差									
公称尺寸/mm		p							
大于	至	3	4	5	6	7	8	9	10
800	1000				+156 +100	+190 +100	+240 +100		
1000	1250				+186 +120	+225 +120	+285 +120		
1250	1600				+218 +140	+265 +140	+335 +140		
1600	2000				+262 +170	+320 +170	+400 +170		
2000	2500				+305 +195	+370 +195	+475 +195		
2500	3150				+375 +240	+450 +240	+570 +240		

轴 r 的极限偏差									
公称尺寸/mm		r							
大于	至	3	4	5	6	7	8	9	10
—	3	+12 +10	+13 +10	+14 +10	+16 +10	+20 +10	+24 +10	+35 +10	+50 +10
3	6	+17.5 +15	+19 +15	+20 +15	+23 +15	+27 +15	+33 +15	+45 +15	+63 +15
6	10	+21.5 +19	+23 +19	+25 +19	+28 +19	+34 +19	+41 +19	+55 +19	+77 +19
10	18	+26 +23	+28 +23	+31 +23	+34 +23	+41 +23	+50 +23	+66 +23	+93 +23
18	30	+32 +28	+34 +28	+37 +28	+41 +28	+49 +28	+61 +28	+80 +28	+112 +28
30	50	+38 +34	+41 +34	+45 +34	+50 +34	+59 +34	+73 +34	+96 +34	+134 +34
50	65		+49 +41	+54 +41	+60 +41	+71 +41	+87 +41		

续表

轴 r 的极限偏差									
公称尺寸/mm		r							
大于	至	3	4	5	6	7	8	9	10
65	80		+51 +43	+56 +43	+62 +43	+72 +43	+89 +43		
80	100		+61 +51	+66 +51	+73 +51	+86 +51	+105 +51		
100	120		+64 +54	+69 +54	+76 +54	+89 +54	+108 +54		
120	140		+75 +63	+81 +63	+88 +63	+103 +63	+126 +63		
140	160		+77 +65	+83 +65	+90 +65	+105 +65	+128 +65		
160	180		+80 +68	+86 +68	+93 +68	+108 +68	+131 +68		
180	200		+91 +77	+97 +77	+106 +77	+123 +77	+149 +77		
200	225		+94 +80	+100 +80	+109 +80	+126 +80	+152 +80		
225	250		+98 +84	+104 +84	+113 +84	+130 +84	+156 +84		
250	280		+110 +94	+117 +94	+126 +94	+146 +94	+175 +94		
280	315		+114 +98	+121 +98	+130 +98	+150 +98	+179 +98		
315	355		+126 +108	+133 +108	+144 +108	+165 +108	+197 +108		
355	400		+132 +114	+139 +114	+150 +114	+171 +114	+203 +114		
400	450		+146 +126	+153 +126	+166 +126	+189 +126	+223 +126		

续表

轴r的极限偏差									
公称尺寸/mm		r							
大于	至	3	4	5	6	7	8	9	10
450	500		+152 +132	+159 +132	+172 +132	+195 +132	+229 +132		
500	560				+194 +150	+220 +150	+260 +150		
560	630				+199 +155	+225 +155	+265 +155		
630	710				+225 +175	+255 +175	+300 +175		
710	800				+235 +185	+265 +185	+310 +185		
800	900				+266 +210	+300 +210	+350 +210		
900	1000				+276 +220	+310 +220	+360 +220		
1000	1120				+316 +250	+355 +250	+415 +250		
1120	1250				+326 +260	+365 +260	+425 +260		
1250	1400				+378 +300	+425 +300	+495 +300		
1400	1600				+408 +330	+455 +330	+525 +330		
1600	1800				+462 +370	+520 +370	+600 +370		
1800	2000				+492 +400	+550 +400	+630 +400		
2000	2240				+550 +440	+615 +440	+720 +440		

续表

公称尺寸/mm		r							
大于	至	3	4	5	6	7	8	9	10
轴 r 的极限偏差									
2240	2500				+570 +460	+635 +460	+740 +460		
2500	2800				+685 +550	+760 +550	+880 +550		
2800	3150				+715 +580	+790 +580	+910 +580		

轴 s 的极限偏差

公称尺寸/mm		s							
大于	至	3	4	5	6	7	8	9	10
—	3	+16 +14	+17 +14	+18 +14	+20 +14	+24 +14	+28 +14	+39 +14	+54 +14
3	6	+21.5 +19	+23 +19	+24 +19	+27 +19	+31 +19	+37 +19	+49 +19	+67 +19
6	10	+25.5 +23	+27 +23	+29 +23	+32 +23	+38 +23	+45 +23	+59 +23	+81 +23
10	18	+31 +28	+33 +28	+36 +28	+39 +28	+46 +28	+55 +28	+71 +28	+98 +28
18	30	+39 +25	+41 +25	+44 +25	+48 +25	+56 +25	+68 +25	+87 +25	+119 +25
30	50	+47 +43	+50 +43	+54 +43	+59 +43	+68 +43	+82 +43	+105 +43	+143 +43
50	65		+61 +53	+66 +53	+72 +53	+83 +53	+99 +53	+127 +53	
65	80		+67 +59	+72 +59	+78 +59	+89 +59	+105 +59	+133 +59	
80	100		+81 +71	+86 +71	+93 +71	+106 +71	+125 +71	+158 +71	
100	120		+89 +79	+94 +79	+101 +79	+114 +79	+133 +79	+166 +79	

续表

轴 s 的极限偏差									
公称尺寸/mm		s							
大于	至	3	4	5	6	7	8	9	10
120	140		+104 +92	+110 +92	+117 +92	+132 +92	+155 +92	+192 +92	
140	160		+112 +100	+118 +100	+125 +100	+140 +100	+163 +100	+200 +100	
160	180		+120 +108	+126 +108	+133 +108	+148 +108	+171 +108	+208 +108	
180	200		+136 +122	+142 +122	+151 +122	+168 +122	+194 +122	+237 +122	
200	225		+144 +130	+150 +130	+159 +130	+176 +130	+202 +130	+245 +130	
225	250		+154 +140	+160 +140	+169 +140	+186 +140	+212 +140	+255 +140	
250	280		+174 +158	+181 +158	+190 +158	+210 +158	+239 +158	+288 +158	
280	315		+186 +170	+193 +170	+202 +170	+222 +170	+251 +170	+300 +170	
315	355		+208 +190	+215 +190	+226 +190	+247 +190	+279 +190	+330 +190	
355	400		+226 +208	+233 +208	+244 +208	+265 +208	+297 +208	+348 +208	
400	450		+252 +232	+259 +232	+272 +232	+295 +232	+329 +232	+387 +232	
450	500		+272 +252	+279 +252	+292 +252	+315 +252	+349 +252	+407 +252	
500	560				+324 +280	+350 +280	+390 +280		
560	630				+354 +310	+380 +310	+420 +310		

续表

公称尺寸/mm		轴 s 的极限偏差							
		s							
大于	至	3	4	5	6	7	8	9	10
630	710				+390 +340	+420 +340	+465 +340		
710	800				+430 +380	+460 +380	+505 +380		
800	900				+486 +430	+520 +430	+570 +430		
900	1000				+526 +470	+560 +470	+610 +470		
1000	1120				+586 +520	+625 +520	+685 +520		
1120	1250				+646 +580	+685 +580	+745 +580		
1250	1400				+718 +640	+765 +640	+835 +640		
1400	1600				+798 +720	+845 +720	+915 +720		
1600	1800				+912 +820	+970 +820	+1050 +820		
1800	2000				+1012 +920	+1070 +920	+1150 +920		
2000	2240				+1110 +1000	+1175 +1000	+1280 +1000		
2240	2500				+1210 +1100	+1275 +1100	+1380 +1100		
2500	2800				+1385 +1250	+1460 +1250	+1580 +1250		
2800	3150				+1535 +1400	+1610 +1400	+1730 +1400		

续表

轴 t 和 u 的极限偏差										
公称尺寸/mm		t				u				
大于	至	5	6	7	8	5	6	7	8	9
—	3					+22 +18	+24 +18	+28 +18	+32 +18	+43 +18
3	6					+28 +23	+31 +23	+35 +23	+41 +23	+53 +23
6	10					+34 +28	+37 +28	+43 +28	+50 +28	+64 +28
10	18					+41 +33	+44 +33	+51 +33	+60 +33	+76 +33
18	24					+50 +41	+54 +41	+62 +41	+74 +41	+93 +41
24	30	+50 +41	+54 +41	+62 +41	+74 +41	+57 +48	+61 +48	+69 +48	+81 +48	+100 +48
30	40	+59 +48	+64 +48	+73 +48	+87 +48	+71 +60	+76 +60	+85 +60	+99 +60	+122 +60
40	50	+65 +54	+70 +54	+79 +54	+93 +54	+81 +70	+86 +70	+95 +70	+109 +70	+132 +70
50	65	+79 +66	+85 +66	+96 +66	+112 +66	+100 +87	+106 +87	+117 +87	+133 +87	+161 +87
65	80	+88 +75	+94 +75	+105 +75	+121 +75	+115 +102	+121 +102	+132 +102	+148 +102	+176 +102
80	100	+106 +91	+113 +91	+126 +91	+145 +91	+139 +124	+146 +124	+159 +124	+178 +124	+211 +124
100	120	+119 +104	+126 +104	+139 +104	+158 +104	+159 +144	+166 +144	+179 +144	+198 +144	+231 +144
120	140	+140 +122	+147 +122	+162 +122	+185 +122	+188 +170	+195 +170	+210 +170	+233 +170	+270 +170
140	160	+152 +134	+159 +134	+174 +134	+197 +134	+208 +190	+215 +190	+230 +190	+253 +190	+290 +190

续表

公称尺寸/mm		轴 t 和 u 的极限偏差								
		t				u				
大于	至	5	6	7	8	5	6	7	8	9
160	180	+164 +146	+171 +146	+186 +146	+209 +146	+228 +210	+235 +210	+250 +210	+273 +210	+310 +210
180	200	+186 +166	+195 +166	+212 +166	+238 +166	+256 +236	+265 +236	+282 +236	+308 +236	+351 +236
200	225	+200 +180	+209 +180	+226 +180	+252 +180	+278 +258	+287 +258	+304 +258	+330 +258	+373 +258
225	250	+216 +196	+225 +196	+242 +196	+268 +196	+304 +284	+313 +284	+330 +284	+356 +284	+399 +284
250	280	+241 +218	+250 +218	+270 +218	+299 +218	+338 +315	+347 +315	+367 +315	+396 +315	+445 +315
280	315	+263 +240	+272 +240	+292 +240	+321 +240	+373 +350	+382 +350	+402 +350	+431 +350	+480 +350
315	355	+293 +268	+304 +268	+325 +268	+357 +268	+415 +390	+426 +390	+447 +390	+479 +390	+530 +390
355	400	+319 +294	+330 +294	+351 +294	+383 +294	+460 +435	+471 +435	+492 +435	+524 +435	+575 +435
400	450	+357 +330	+370 +330	+393 +330	+427 +330	+517 +490	+530 +490	+553 +490	+587 +490	+645 +490
450	500	+387 +360	+400 +360	+423 +360	+457 +360	+567 +540	+580 +540	+603 +540	+637 +540	+695 +540
500	560		+444 +400	+470 +400			+644 +600	+670 +600	+710 +600	
560	630		+494 +450	+520 +450			+704 +660	+730 +660	+770 +660	
630	710		+550 +500	+580 +500			+790 +740	+820 +740	+865 +740	
710	800		+610 +560	+640 +560			+890 +840	+920 +840	+965 +840	

续表

轴 t 和 u 的极限偏差										
公称尺寸/mm		t				u				
大于	至	5	6	7	8	5	6	7	8	9
800	900		+676 +620	+710 +620			+996 +940	+1030 +940	+1080 +940	
900	1000		+736 +680	+770 +680			+1106 +1050	+1140 +1050	+1190 +1050	
1000	1120		+846 +780	+885 +780			+1216 +1150	+1255 +1150	+1315 +1150	
1120	1250		+906 +840	+945 +840			+1366 +1300	+1405 +1300	+1465 +1300	
1250	1400		+1038 +960	+1085 +960			+1528 +1450	+1575 +1450	+1645 +1450	
1400	1600		+1128 +1050	+1175 +1050			+1678 +1600	+1725 +1600	+1795 +1600	
1600	1800		+1292 +1200	+1350 +1200			+1942 +1850	+2000 +1850	+2080 +1850	
1800	2000		+1442 +1350	+1500 +1350			+2092 +2000	+2150 +2000	+2230 +2000	
2000	2240		+1610 +1500	+1675 +1500			+2410 +2300	+2475 +2300	+2580 +2300	
2240	2500		+1760 +1650	+1825 +1650			+2610 +2500	+2675 +2500	+2780 +2500	
2500	2800		+2035 +1900	+2110 +1900			+3035 +2900	+3110 +2900	+3230 +2900	
2800	3150		+2235 +2100	+2310 +2100			+3335 +3200	+3410 +3200	+3530 +3200	

注：公称尺寸至 24mm 的 t5～t8 偏差值未列入表内，建议以 u5～t8，如非要用 t5～t8，则可按 GB/T 1800.1 计算。

轴 v、x 和 y 的极限偏差																
公称尺寸/mm		v				x						y				
大于	至	5	6	7	8	5	6	7	8	9	10	6	7	8	9	10
—	3					+24 +20	+26 +20	+30 +20	+34 +20	+45 +20	+60 +20					

续表

公称尺寸/mm		轴 v、x 和 y 的极限偏差														
		v				x						y				
大于	至	5	6	7	8	5	6	7	8	9	10	6	7	8	9	10
3	6					+33 +28	+36 +28	+40 +28	+46 +28	+58 +28	+76 +28					
6	10					+40 +34	+43 +34	+49 +34	+56 +34	+70 +34	+90 +34					
10	14					+48 +40	+51 +40	+58 +40	+67 +40	+83 +40	+110 +40					
14	18	+47 +39	+50 +39	+57 +39	+66 +39	+53 +45	+56 +45	+63 +45	+72 +45	+88 +45	+115 +45					
18	24	+56 +47	+60 +47	+68 +47	+80 +47	+63 +54	+67 +54	+75 +54	+87 +54	+106 +54	+138 +54	+76 +63	+84 +63	+96 +63	+115 +63	+147 +63
24	30	+64 +55	+68 +55	+76 +55	+88 +55	+73 +64	+77 +64	+85 +64	+97 +64	+116 +64	+148 +64	+88 +75	+96 +75	+108 +75	+127 +75	+159 +75
30	40	+79 +68	+84 +68	+93 +68	+107 +68	+91 +80	+96 +80	+105 +80	+119 +80	+142 +80	+180 +80	+110 +94	+119 +94	+133 +94	+156 +94	+194 +94
40	50	+92 +81	+97 +81	+106 +81	+120 +81	+108 +97	+113 +97	+122 +97	+136 +97	+159 +97	+179 +97	+130 +114	+139 +114	+153 +114	+176 +114	+214 +114
50	65	+115 +102	+121 +102	+132 +102	+148 +102	+135 +122	+141 +122	+152 +122	+168 +122	+196 +122	+242 +122	+163 +144	+174 +144	+190 +144		
65	80	+133 +120	+139 +120	+150 +120	+165 +120	+159 +146	+165 +146	+176 +146	+192 +146	+220 +146	+266 +146	+193 +174	+204 +174	+220 +174		
80	100	+161 +146	+168 +146	+181 +146	+200 +146	+193 +178	+200 +178	+213 +178	+232 +178	+265 +178	+318 +178	+236 +214	+249 +214	+268 +214		
100	120	+187 +172	+194 +172	+207 +172	+226 +172	+225 +210	+232 +210	+245 +210	+264 +210	+297 +210	+350 +210	+276 +254	+289 +254	+308 +254		
120	140	+220 +202	+227 +202	+242 +202	+265 +202	+266 +248	+273 +248	+288 +248	+311 +248	+348 +248	+408 +248	+325 +300	+340 +300	+363 +300		
140	160	+246 +228	+253 +228	+268 +228	+291 +228	+298 +280	+305 +280	+320 +280	+343 +280	+380 +280	+440 +280	+365 +340	+380 +340	+403 +340		

续表

轴 v、x 和 y 的极限偏差

公称尺寸/mm		v				x						y				
大于	至	5	6	7	8	5	6	7	8	9	10	6	7	8	9	10
160	180	+270 +252	+277 +252	+292 +252	+315 +252	+328 +310	+335 +310	+350 +310	+373 +310	+410 +310	+470 +310	+405 +380	+420 +380	+443 +380		
180	200	+304 +284	+313 +284	+330 +284	+356 +284	+370 +350	+379 +350	+396 +350	+422 +350	+465 +350	+535 +350	+454 +425	+471 +425	+497 +425		
200	225	+330 +310	+339 +310	+356 +310	+382 +310	+405 +385	+414 +385	+431 +385	+457 +385	+500 +385	+570 +385	+499 +470	+516 +470	+542 +470		
225	250	+360 +340	+369 +340	+386 +340	+412 +340	+445 +425	+454 +425	+471 +425	+497 +425	+540 +425	+610 +425	+549 +520	+566 +520	+592 +520		
250	280	+408 +385	+417 +385	+437 +385	+466 +385	+498 +475	+507 +475	+527 +475	+556 +475	+605 +475	+685 +475	+612 +580	+632 +580	+661 +580		
280	315	+448 +425	+457 +425	+477 +425	+506 +425	+548 +525	+557 +525	+577 +525	+606 +525	+655 +525	+735 +525	+682 +650	+702 +650	+731 +650		
315	355	+500 +475	+511 +475	+532 +475	+564 +475	+615 +590	+626 +590	+647 +590	+679 +590	+730 +590	+820 +590	+766 +730	+787 +730	+819 +730		
355	400	+555 +530	+566 +530	+587 +530	+619 +530	+685 +660	+696 +660	+717 +660	+749 +660	+800 +660	+890 +660	+856 +820	+877 +820	+909 +820		
400	450	+622 +595	+635 +595	+658 +595	+692 +595	+767 +740	+780 +740	+803 +740	+837 +740	+895 +740	+990 +740	+960 +920	+983 +920	+1017 +920		
450	500	+687 +660	+700 +660	+723 +660	+757 +660	+847 +820	+860 +820	+883 +820	+917 +820	+975 +820	+1070 +820	+1040 +1000	+1063 +1000	+1097 +1000		

注：1. 公称尺寸至 14mm 的 v5～v8 偏差值未列入表内，建议以 x5～x8 代替，如非要用 v5～v8，则可按 GB/T 1800.1 计算。

2. 公称尺寸至 18mm 的 y6～y10 偏差值未列入表内，建议以 z6～z10 代替，如非要用 y6～y10，则可按 GB/T 1800.1 计算。

轴 z 和 za 的极限偏差

公称尺寸/mm		z						za					
大于	至	6	7	8	9	10	11	6	7	8	9	10	11
—	3	+32 +26	+36 +26	+40 +26	+51 +26	+66 +26	+86 +26	+38 +32	+42 +32	+46 +32	+57 +32	+72 +32	+92 +32
3	6	+43 +35	+47 +35	+53 +35	+65 +35	+83 +35	+110 +35	+50 +42	+54 +42	+60 +42	+72 +42	+90 +42	+117 +42
6	10	+51 +42	+57 +42	+64 +42	+78 +42	+100 +42	+132 +42	+61 +52	+67 +52	+74 +52	+88 +52	+110 +52	+142 +52

续表

轴 z 和 za 的极限偏差													
公称尺寸/mm		z						za					
大于	至	6	7	8	9	10	11	6	7	8	9	10	11
10	14	+61 +50	+68 +50	+77 +50	+93 +50	+120 +50	+160 +50	+75 +64	+82 +64	+91 +64	+107 +64	+134 +64	+174 +64
14	18	+71 +60	+78 +60	+87 +60	+103 +60	+130 +60	+170 +60	+88 +77	+95 +77	+104 +77	+120 +77	+147 +77	+187 +77
18	24	+86 +73	+94 +73	+106 +73	+125 +73	+157 +73	+203 +73	+111 +98	+119 +98	+131 +98	+150 +98	+182 +98	+228 +98
24	30	+101 +88	+109 +88	+121 +88	+140 +88	+172 +88	+218 +88	+131 +118	+139 +118	+151 +118	+170 +118	+202 +118	+248 +118
30	40	+128 +112	+137 +112	+151 +112	+174 +112	+212 +112	+272 +112	+164 +148	+173 +148	+187 +148	+210 +148	+248 +148	+308 +148
40	50	+152 +136	+161 +136	+175 +136	+198 +136	+236 +136	+296 +136	+196 +180	+205 +180	+219 +180	+242 +180	+280 +180	+340 +180
50	65	+191 +172	+202 +172	+218 +172	+246 +172	+292 +172	+362 +172	+245 +226	+256 +226	+272 +226	+300 +226	+346 +226	+416 +226
65	80	+229 +210	+240 +210	+256 +210	+284 +210	+330 +210	+400 +210	+293 +274	+304 +274	+320 +274	+348 +274	+394 +274	+464 +274
80	100	+280 +258	+293 +258	+312 +258	+345 +258	+398 +258	+478 +258	+357 +335	+370 +335	+389 +335	+422 +335	+475 +335	+555 +335
100	120	+332 +310	+345 +310	+364 +310	+397 +310	+450 +310	+530 +310	+422 +400	+435 +400	+454 +400	+487 +400	+540 +400	+620 +400
120	140	+390 +365	+405 +365	+428 +365	+465 +365	+525 +365	+616 +365	+495 +470	+510 +470	+533 +470	+570 +470	+630 +470	+720 +470
140	160	+440 +415	+455 +415	+478 +415	+515 +415	+575 +415	+665 +415	+560 +535	+575 +535	+598 +535	+635 +535	+695 +535	+785 +535
160	180	+490 +465	+505 +465	+528 +465	+565 +465	+625 +465	+715 +465	+625 +600	+640 +600	+663 +600	+700 +600	+760 +600	+850 +600
180	200	+549 +520	+566 +520	+592 +520	+635 +520	+705 +520	+801 +520	+699 +670	+716 +670	+742 +670	+785 +670	+855 +670	+960 +670

续表

轴 z 和 za 的极限偏差

公称尺寸/mm		z						za					
大于	至	6	7	8	9	10	11	6	7	8	9	10	11
200	225	+604 +575	+621 +575	+647 +575	+690 +575	+760 +575	+865 +575	+769 +740	+786 +740	+812 +740	+855 +740	+925 +740	+1030 +740
225	250	+669 +640	+686 +640	+712 +640	+755 +640	+825 +640	+930 +640	+849 +820	+866 +820	+892 +820	+935 +820	+1005 +820	+1110 +820
250	280	+742 +710	+762 +710	+791 +710	+840 +710	+920 +710	+1030 +710	+952 +920	+972 +920	+1001 +920	+1050 +920	+1130 +920	+1240 +920
280	315	+822 +790	+842 +790	+871 +790	+920 +790	+1000 +790	+1110 +790	+1032 +1000	+1052 +1000	+1080 +1000	+1130 +1000	+1210 +1000	+1320 +1000
315	355	+936 +900	+957 +900	+989 +900	+1040 +900	+1130 +900	+1260 +900	+1186 +1150	+1207 +1150	+1239 +1150	+1290 +1150	+1380 +1150	+1510 +1150
355	400	+1036 +1000	+1057 +1000	+1089 +1000	+1140 +1000	+1230 +1000	+1360 +1000	+1336 +1300	+1357 +1300	+1389 +1300	+1440 +1300	+1530 +1300	+1660 +1300
400	450	+1140 +1100	+1163 +1100	+1197 +1100	+1255 +1100	+1350 +1100	+1500 +1100	+1490 +1450	+1513 +1450	+1547 +1450	+1605 +1450	+1700 +1450	+1850 +1450
450	500	+1290 +1250	+1313 +1250	+1347 +1250	+1450 +1250	+1500 +1250	+1650 +1250	+1640 +1600	+1663 +1600	+1697 +1600	+1755 +1600	+1850 +1600	+2000 +1600

轴 zb 和 zc 的极限偏差

公称尺寸/mm		zb					zc				
大于	至	7	8	9	10	11	7	8	9	10	11
—	3	+50 +40	+54 +40	+65 +40	+80 +40	+100 +40	+70 +60	+74 +60	+85 +60	+100 +60	+120 +60
3	6	+62 +50	+68 +50	+80 +50	+98 +50	+125 +50	+92 +80	+98 +80	+110 +80	+128 +80	+155 +80
6	10	+82 +67	+89 +67	+103 +67	+125 +67	+157 +67	+112 +97	+119 +97	+133 +97	+155 +97	+187 +97

续表

轴 zb 和 zc 的极限偏差											
公称尺寸/mm		zb					zc				
大于	至	7	8	9	10	11	7	8	9	10	11
10	14	+108 +90	+117 +90	+133 +90	+160 +90	+200 +90	+148 +130	+157 +130	+173 +130	+200 +130	+240 +130
14	18	+126 +108	+135 +108	+151 +108	+178 +108	+218 +108	+168 +150	+177 +150	+193 +150	+220 +150	+260 +150
18	24	+157 +136	+169 +136	+188 +136	+220 +136	+266 +136	+209 +188	+221 +188	+240 +188	+272 +188	+318 +188
24	30	+181 +160	+193 +160	+212 +160	+244 +160	+290 +160	+239 +218	+251 +218	+270 +218	+302 +218	+348 +218
30	40	+225 +200	+239 +200	+262 +200	+300 +200	+360 +200	+299 +274	+313 +274	+336 +274	+374 +274	+434 +274
40	50	+267 +242	+281 +242	+304 +242	+342 +242	+402 +242	+350 +325	+364 +325	+387 +325	+425 +325	+485 +325
50	65	+330 +300	+346 +300	+374 +300	+420 +300	+490 +300	+435 +405	+451 +405	+479 +405	+525 +405	+595 +405
65	80	+390 +360	+406 +360	+434 +360	+480 +360	+550 +360	+510 +480	+526 +480	+554 +480	+600 +480	+670 +480
80	100	+480 +445	+499 +445	+532 +445	+585 +445	+665 +445	+620 +585	+639 +585	+672 +585	+725 +585	+805 +585
100	120	+560 +525	+579 +525	+612 +525	+665 +525	+745 +525	+725 +690	+744 +690	+777 +690	+830 +690	+910 +690
120	140	+660 +620	+683 +620	+720 +620	+780 +620	+870 +620	+840 +800	+863 +800	+900 +800	+960 +800	+1050 +800
140	160	+740 +700	+763 +700	+800 +700	+860 +700	+950 +700	+940 +900	+963 +900	+1000 +900	+1060 +900	+1150 +900

续表

轴 zb 和 zc 的极限偏差											
公称尺寸/mm		zb					zc				
大于	至	7	8	9	10	11	7	8	9	10	11
160	180	+820 +780	+843 +780	+880 +780	+940 +780	+1030 +780	+1040 +1000	+1063 +1000	+1100 +1000	+1160 +1000	+1250 +1000
180	200	+926 +880	+952 +880	+995 +880	+1065 +880	+1170 +880	+1196 +1150	+1222 +1150	+1265 +1150	+1335 +1150	+1440 +1150
200	225	+1006 +960	+1032 +960	+1075 +960	+1145 +960	+1250 +960	+1296 +1250	+1322 +1250	+1365 +1250	+1435 +1250	+1540 +1250
225	250	+1096 +1050	+1122 +1050	+1165 +1050	+1235 +1050	+1340 +1050	+1396 +1350	+1422 +1350	+1465 +1350	+1535 +1350	+1640 +1350
250	280	+1252 +1200	+1281 +1200	+1330 +1200	+1410 +1200	+1520 +1200	+1602 +1550	+1631 +1550	+1680 +1550	+1760 +1550	+1870 +1550
280	315	+1352 +1300	+1381 +1300	+1430 +1300	+1510 +1300	+1620 +1300	+1752 +1700	+1781 +1700	+1830 +1700	+1910 +1700	+2020 +1700
315	355	+1557 +1500	+1589 +1500	+1640 +1500	+1730 +1500	+1860 +1500	+1957 +1900	+1989 +1900	+2040 +1900	+2130 +1900	+2260 +1900
355	400	+1707 +1650	+1739 +1650	+1790 +1650	+1880 +1650	+2010 +1650	+2157 +2100	+2189 +2100	+2240 +2100	+2330 +2100	+2460 +2100
400	450	+1913 +1850	+1947 +1850	+2005 +1850	+2100 +1850	+2250 +1850	+2463 +2400	+2497 +2400	+2555 +2400	+2650 +2400	+2800 +2400
450	500	+2163 +2100	+2197 +2100	+2255 +2100	+2350 +2100	+2500 +2100	+2663 +2600	+2697 +2600	+2755 +2600	+2850 +2600	+3000 +2600

3.2.3 未注公差的线性尺寸和角度尺寸的一般公差

未注公差的线性尺寸和角度尺寸的一般公差见表 3-36 和表 3-37。

表 3-36 线性尺寸的极限偏差数值（GB/T 1804—2000） mm

公差等级	线性尺寸的极限偏差数值								倒角半径与倒角高度尺寸的极限偏差数值			
	公称尺寸分段								公称尺寸分段			
	0.5～3	>3～6	>6～30	>30～120	>120～400	>400～1000	>1000～2000	>2000～4000	0.5～3	>3～6	>6～30	>30
f(精密级)	±0.05	±0.05	±0.1	±0.15	±0.2	±0.3	±0.5	—	±0.2	±0.5	±1	±2
m(中等级)	±0.1	±0.1	±0.2	±0.3	±0.5	±0.8	±1.2	±2				
c(粗糙级)	±0.2	±0.3	±0.5	±0.8	±1.2	±2	±3	±4	±0.4	±1	±2	±4
v(最粗级)	—	±0.5	±1	±1.5	±2.5	±4	±6	±8				

表 3-37 角度尺寸的极限偏差数值（GB/T 1804—2000）

公差等级	长度分段/mm				
	～10	>10～50	>50～120	>120～400	>400
精密 f	±1°	±30′	±20′	±10′	±5′
中等 m					
粗糙 c	±1°30′	±1°	±30′	±15′	±10′
最粗 v	±3°	±2°	±1°	±30′	±20′

3.2.4 基孔制与基轴制的优先、常用配合

基孔制与基轴制的优先、常用配合见表 3-38 和表 3-39。

表 3-38 基孔制的优先、常用配合（GB/T 1801—2009）

基准孔	轴																				
	a	b	c	d	e	f	g	h	js	k	m	n	p	r	s	t	u	v	x	y	z
	间隙配合								过渡配合			过盈配合									
H6						H6/f5	H6/g5	H6/h5	H6/js5	H6/k5	H6/m5	H6/n5	H6/p5	H6/r5	H6/s5	H6/t5					
H7						H7/f6	◤H7/g6	◤H7/h6	H7/js6	◤H7/k6	H7/m6	◤H7/n6	◤H7/p6	H7/r6	◤H7/s6	H7/t6	◤H7/u6	H7/v6	H7/x6	H7/y6	H7/z6
H8					H8/e7	◤H8/f7	H8/g7	◤H8/h7	H8/js7	H8/k7	H8/m7	H8/n7	H8/p7	H8/r7	H8/s7	H8/t7	H8/u7				
				H8/d8	H8/e8	H8/f8		H8/h8													
H9			H9/c9	◤H9/d9	H9/e9	H9/f9		◤H9/h9													
H10			H10/c10	H10/d10				H10/h10													
H11	H11/a11	H11/b11	◤H11/c11	H11/d11				◤H11/h11													
H12		H12/b12						H12/h12													

注：1. H6/n5、H7/p6 在公称尺寸≤3mm 时和 H8/r7 在公称尺寸≤100mm 时，为过渡配合。

2. 标注◤的配合为优先配合。

表 3-39 基轴制优先、常用配合（GB/T 1801—2009）

基准轴	孔																				
	A	B	C	D	E	F	G	H	JS	K	M	N	P	R	S	T	U	V	X	Y	Z
	间隙配合								过渡配合			过盈配合									
h5						F6/h5	G6/h5	H6/h5	JS6/h5	K6/h5	M6/h5	N6/h5	P6/h5	R6/h5	S6/h5	T6/h5					
h6						F7/h6	◤G7/h6	◤H7/h6	JS7/h6	◤K7/h6	M7/h6	◤N7/h6	◤P7/h6	R7/h6	◤S7/h6	T7/h6	◤U7/h6				
h7					E8/h7	◤F8/h7		◤H8/h7	◤JS8/h7	K8/h7	M8/h7	N8/h7									
h8				D8/h8	E8/h8	F8/h8		H8/h8													
h9				◤D9/h9	E9/h9	F9/h9		◤H9/h9													
h10				D10/h10				H10/h10													
H11	A11/h11	◤B11/h11	C11/h11	D11/h11				◤H11/h11													
H12		B12/h12						H12/h12													

注：标注◤的配合为优先配合。

3.2.5 圆锥公差与配合

圆锥公差与配合见表 3-40 和表 3-41。

表 3-40 圆锥角公差等级（GB/T 11334—2005）

公称圆锥长度 L/mm		圆锥角公差等级								
		AT1			AT2			AT3		
		$AT_α$		AT_D	$AT_α$		AT_D	$AT_α$		AT_D
大于	至	μrad	(″)	μm	μrad	(″)	μm	μrad	(″)	μm
6	10	50	10	＞0.3～0.5	80	16	＞0.5～0.8	125	26	＞0.8～1.3
10	16	40	8	＞0.4～0.6	63	13	＞0.6～1	100	21	＞1～1.6
16	25	31.5	6	＞0.5～0.8	50	10	＞0.8～1.3	80	16	＞1.3～2
25	40	25	5	＞0.6～1	40	8	＞1～1.6	63	13	＞1.6～2.5
40	63	20	4	＞0.8～1.3	31.5	6	＞1.3～2	50	10	＞2～3.2
63	100	16	3	＞1～1.6	25	5	＞1.6～2.5	40	8	＞2.5～4
100	160	12.5	2.5	＞1.3～2	20	4	＞2～3.2	31.5	6	＞3.2～5
160	250	10	2	＞1.6～2.5	16	3	＞2.5～4	25	5	＞4～6.3
250	400	8	1.5	＞2～3.2	12.5	2.5	＞3.2～5	20	4	＞5～8
400	630	6.3	1	＞2.5～4	10	2	＞4～6.3	16	3	＞6.3～10

公称圆锥长度 L/mm		圆锥角公差等级								
		AT4			AT5			AT6		
		$AT_α$		AT_D	$AT_α$		AT_D	$AT_α$		AT_D
大于	至	μrad	(″)	μm	μrad		μm	μrad		μm
6	10	200	41	＞1.3～2	315	1′05″	＞2～3.2	500	1′43″	＞3.2～5
10	16	160	33	＞1.6～2.5	250	52″	＞2.5～4	400	1′22″	＞4～6.3
16	25	125	26	＞2～3.2	200	41″	＞3.2～5	315	1′05″	＞5～8
25	40	100	21	＞2.5～4	160	33″	＞4～6.3	250	52″	＞6.3～10
40	63	80	16	＞3.2～5	125	26″	＞5～8	200	41″	＞8～12.5
63	100	63	13	＞4～6.3	100	21″	＞6.3～10	160	33″	＞10～16
100	160	50	10	＞5～8	80	16″	＞8～12.5	125	26″	＞12.5～20
160	250	40	8	＞6.3～10	63	13″	＞10～16	100	21″	＞16～25
250	400	31.5	6	＞8～12.5	50	10″	＞12.5～20	80	16″	＞20～32
400	630	25	5	＞10～16	40	8″	＞16～25	63	13″	＞25～40

续表

公称圆锥长度 L/mm		圆锥角公差等级								
		AT7			AT8			AT9		
		AT_{α}		AT_{D}	AT_{α}		AT_{D}	AT_{α}		AT_{D}
大于	至	μrad	(″)	μm	μrad	(″)	μm	μrad	(″)	μm
6	10	800	2′45″	>5～8	1250	4′18″	>8～12.5	2000	6′25″	>12.5～20
10	16	630	2′10″	>6.3～10	1000	3′26″	>10～16	1600	5′30″	>16～25
16	25	500	1′43″	>8～12.5	800	2′45″	>12.5～20	1250	4′18″	>20～32
25	40	400	1′22″	>10～16	630	2′10″	>16～25	1000	3′26″	>25～40
40	63	315	1′05″	>12.5～20	500	1′43″	>20～32	800	2′45″	>32～50
63	100	250	52″	>16～25	400	1′22″	>25～40	630	2′10″	>40～63
100	160	200	41″	>20～32	315	1′05″	>32～50	500	1′43″	>50～80
160	250	160	33″	>25～40	250	52″	>40～63	400	1′22″	>63～100
250	400	125	26″	>32～50	200	41″	>50～80	315	1′05″	>80～125
400	630	100	21″	>40～63	160	33″	>63～100	250	52″	>100～160

公称圆锥长度 L/mm		圆锥角公差等级								
		AT10			AT11			AT12		
		AT_{α}		AT_{D}	AT_{α}		AT_{D}	AT_{α}		AT_{D}
大于	至	μrad	(″)	μm	μrad	(″)	μm	μrad	(″)	μm
6	10	3150	10′49″	>20～32	5000	17′10″	>32～50	8000	27′28″	>50～80
10	16	2500	8′35″	>25～40	4000	13′44″	>40～63	6300	21′38″	>63～100
16	25	2000	6′52″	>32～50	3150	10′49″	>50～80	5000	17′10″	>80～125
25	40	1600	5′30″	>40～63	2500	8′35″	>63～100	4000	13′44″	>100～160
40	63	1250	4′18″	>50～80	2000	6′52″	>80～125	3150	10′49″	>125～200
63	100	1000	3′26″	>63～100	1600	5′30″	>100～160	2500	8′35″	>160～250
100	160	800	2′45″	>80～125	1250	4′18″	>125～200	2000	6′52″	>200～320
160	250	630	2′10″	>100～160	1000	3′26″	>160～250	1600	5′30″	>250～400
250	400	500	1′43″	>125～200	800	2′45″	>200～320	1250	4′18″	>320～500
400	630	400	1′22″	>160～250	630	2′10″	>250～400	1000	3′26″	>400～630

注：1. μrad 等于半径为 1m、弧长为 1μm 所对应的圆心角，5μrad≈1″（秒），300μrad≈1′（分）。

2. 表中数值用于棱体的角度时，以该角短边长度作为 L 选取公差值。

3. 如需要更高或更低等级的圆锥角公差时，按公比 1.6 向两端延伸得到。更高等级用 AT0、AT1 等表示，更低等级用 AT13、AT14 等表示。

表 3-41 圆锥直径公差所能限制的最大圆锥角误差（GB/T 11334—2005）

圆锥直径公差等级	圆锥直径/mm						
	≤3	>3～6	>6～10	>10～18	>18～30	>30～50	>50～80
	$\Delta\alpha_{max}$/μrad						
IT01	3	4	4	5	6	6	8
IT0	5	6	6	8	10	10	12
IT1	8	10	10	12	15	15	20
IT2	12	15	15	20	25	25	30
IT3	20	25	25	30	40	40	50
IT4	30	40	40	50	60	70	80
IT5	40	50	60	80	90	110	130
IT6	60	80	90	110	130	160	190
IT7	100	120	150	180	210	250	300
IT8	140	180	220	270	330	390	460
IT9	250	300	360	430	520	620	740
IT10	400	480	580	700	840	1000	1200
IT11	600	750	900	1000	1300	1600	1900
IT12	1000	1200	1500	1800	2100	2500	3000
IT13	1400	1800	2200	2700	3300	3900	4600
IT14	2500	3000	3600	4300	5200	6200	7400
IT15	4000	4800	5800	7000	8400	10000	12000
IT16	6000	7500	9000	11000	13000	16000	19000
IT17	10000	12000	15000	18000	21000	25000	30000
IT18	14000	18000	22000	27000	33000	39000	46000

续表

圆锥直径公差等级	圆锥直径/mm					
	>80~120	>120~180	>180~250	>250~315	>315~400	>400~500
	$\Delta\alpha_{max}/\mu rad$					
IT01	10	12	20	25	30	40
IT0	15	20	30	40	50	60
IT1	25	35	45	60	70	80
IT2	40	50	70	80	90	100
IT3	60	80	100	120	130	150
IT4	100	120	140	160	180	200
IT5	150	180	200	230	250	270
IT6	220	250	290	320	360	400
IT7	350	400	460	520	570	630
IT8	540	630	720	810	890	970
IT9	870	1000	1150	1300	1400	1550
IT10	1400	1600	1850	2100	2300	2500
IT11	2200	2500	2900	3200	3600	4000
IT12	3500	4000	4600	5200	5700	6300
IT13	5400	6300	7200	8100	8900	9700
IT14	8700	10000	11500	13000	14000	15500
IT15	14000	16000	18500	21000	23000	25000
IT16	22000	25000	29000	32000	36000	40000
IT17	35000	40000	46000	52000	57000	63000
IT18	54000	63000	72000	81000	89000	97000

注：圆锥长度不等于100mm时，需将表中的数值乘以100/L，L的单位为mm。

3.2.6 过盈配合的计算和选用

(1) 过盈配合的计算

本计算以两个简单厚壁圆桶在弹性范围内的连接为计算基础。过盈连接传递负荷所需的最小过盈量按表3-42所示公式进行计算，过盈连接件不产生塑性变形所允许的最大有效过盈量可按表3-43所示公式进行计算。

表3-42 过盈连接传递负荷所需的最小过盈量计算公式表

序号	计算内容		计算公式	说明
1	传递负荷所需的最小结合压力	传递扭矩	$p_{fmin}=\dfrac{2M}{\pi d_f^2 l_f \mu}$	M——扭矩，N·mm d_f——结合直径，mm l_f——结合长度，mm μ——摩擦因数 F_x——轴向力，N F_t——传递力，N，$F_t=\sqrt{F_x^2+\left(\dfrac{2M}{d_f}\right)^2}$ d_a——包容件外径，mm d_i——被包容件外径，mm $C_a=\dfrac{1+q_a^2}{1-q_a^2}+\upsilon_a$ $C_i=\dfrac{1+q_i^2}{1-q_i^2}-\upsilon_i$ υ_a,υ_i——包容件、被包容件泊松比 E_a,E_i——包容件、被包容件弹性模量 S_a,S_i——包容件、被包容件的压平深度，对纵向过盈连接：$S_a=1.6Ra_a$，$S_i=1.6Ra_i$
		承受轴向力	$p_{fmin}=\dfrac{F_x}{\pi d_f l_f \mu}$	
		传递力	$p_{fmin}=\dfrac{F_t}{\pi d_f l_f \mu}$	
2	包容件直径比		$q_a=\dfrac{d_f}{d_a}$	
3	被包容件直径比		$q_i=\dfrac{d_i}{d_f}$	
4	包容件传递负荷所需的最小直径变化量		$e_{amin}=p_{fmin}\dfrac{d_f}{E_a}C_a$	
5	被包容件传递负荷所需的最小直径变化量		$e_{imin}=p_{fmin}\dfrac{d_f}{E_i}C_i$	
6	传递负荷所需的最小有效过盈量		$\delta_{emin}=e_{amin}+e_{imin}$	
7	考虑压平量的最小过盈量		$\delta_{min}=e_{emin}+2(S_a+S_i)$	

表 3-43 过盈连接件不产生塑性变形所允许的最大有效过盈量计算公式表

序号	计算内容	计算段公式	说 明
1	包容件不产生塑性变形所允许的最大结合压力	塑性材料：$p_{\text{famax}}=a\sigma_{\text{sa}}$ 脆性材料：$p_{\text{famax}}=b\dfrac{\sigma_{\text{ba}}}{2\sim3}$	$a=\dfrac{1-q_a^2}{\sqrt{3+q_a^4}}$ $b=\dfrac{1-q_a^2}{1+q_a^2}$ $c=\dfrac{1-q_i^2}{2}$ $C_a=\dfrac{1+q_a^2}{1-q_a^2}+\upsilon_a$ $C_i=\dfrac{1+q_i^2}{1-q_i^2}-\upsilon_i$
2	被包容件不产生塑性变形所允许的最大结合压力	塑性材料：$p_{\text{fimax}}=c\sigma_{\text{si}}$ 脆性材料：$p_{\text{fimax}}=b\dfrac{\sigma_{\text{bi}}}{2\sim3}$	
3	连接件不产生塑性变形的最大结合压力	p_{fmax} 取 p_{famax} 和 p_{fimax} 中的较小者	
4	连接件不产生塑性变形的传递力	$F_t=p_{\text{fmax}}\pi d_f l_f \mu$	
5	包容件不产生塑性变形所允许的最大直径变化量	$e_{\text{a max}}=p_{\text{fmax}}\dfrac{d_f}{E_a}C_a$	
6	被包容件不产生塑性变形所允许的最大直径变化量	$e_{\text{imax}}=p_{\text{fmax}}\dfrac{d_f}{E_i}C_i$	
7	连接件不产生塑性变形所允许的最大有效过盈量	$\delta_{\text{emax}}=e_{\text{amax}}+e_{\text{imax}}$	

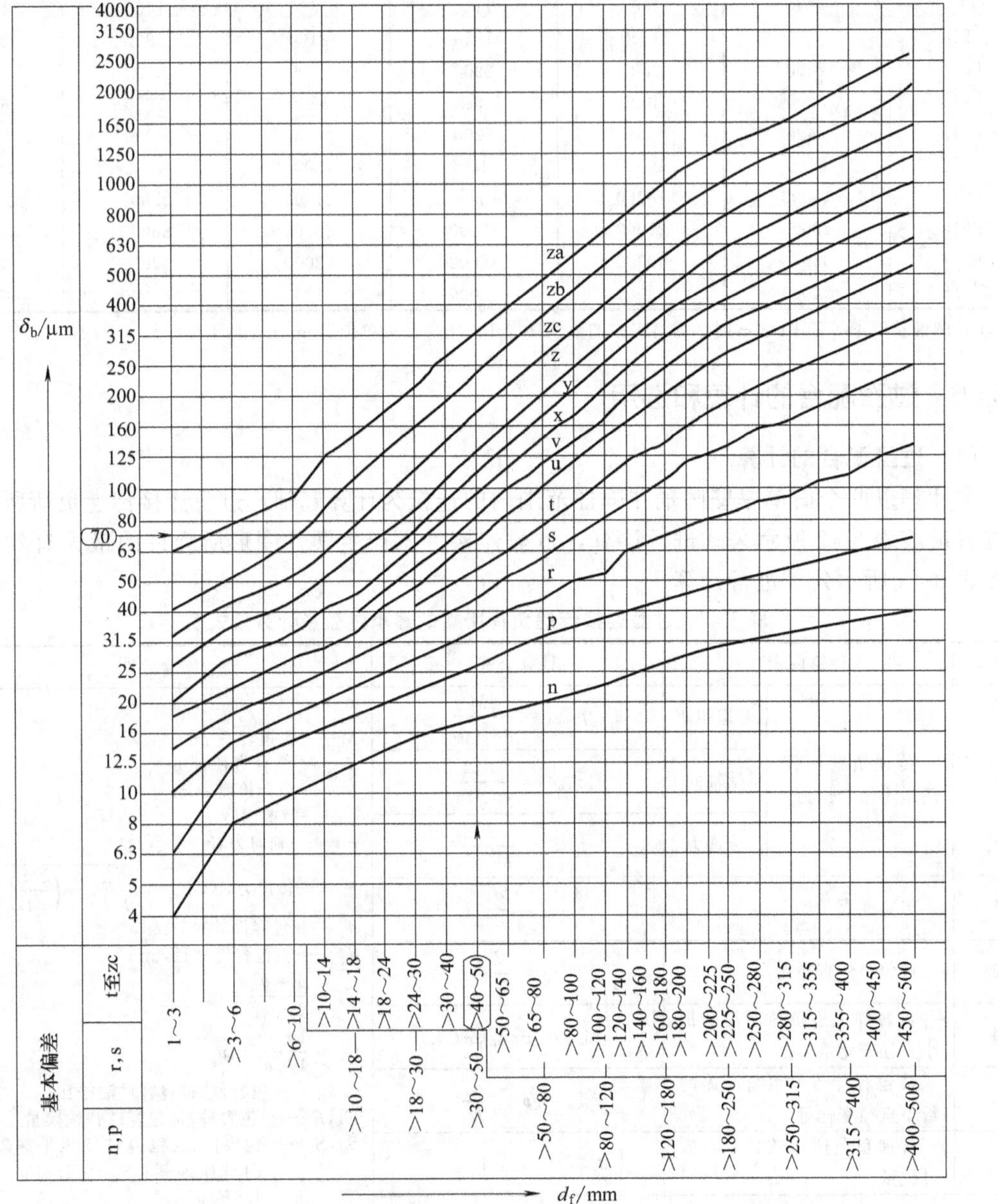

图 3-2 根据基本过盈量 δ_b 选择基本偏差代号图解

(2) 过盈配合的选择

根据基本过盈量 $\delta_b \approx \dfrac{\delta_{\min}+\delta_{\mathrm{emax}}}{2}$ 和 d_f，由图 3-2 查出配合的基本偏差代号。

3.3 几何公差

3.3.1 几何公差的符号

几何公差的符号见表 3-44～表 3-46。

表 3-44 几何公差的几何特征与符号（GB/T 1182—2008）

公差类型	几何特征	符号	有无基准	公差类型	几何特征	符号	有无基准
形状公差	直线度	⏤	无	方向公差	面轮廓度	⌓	有
	平面度	⏥		位置公差	位置度	⌖	有或无
	圆度	○			同心度	◎	有
	圆柱度	⌭			同轴度	◎	
	线轮廓度	⌒			对称度	⌯	
	面轮廓度	⌓			线轮廓度	⌒	
方向公差	平行度	∥	有		面轮廓度	⌓	
	垂直度	⊥		跳动公差	圆跳动	↗	有
	倾斜度	∠			全跳动	⌰	
	线轮廓度	⌒					

表 3-45 几何公差附加符号（GB/T 1182—2008）

说　明	符　号	说　明	符　号
被测要素	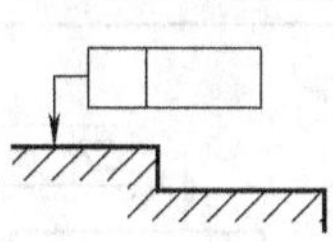	基准要素	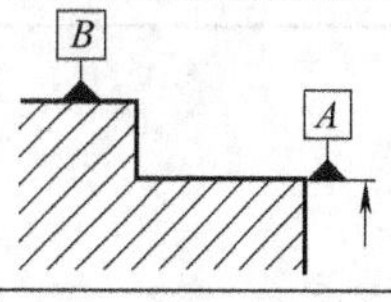 B A
基准目标	ϕ2 / A1	理论正确尺寸	50
最大实体要求	Ⓜ	最小实体要求	Ⓛ
包容要求	Ⓔ	可逆要求	Ⓛ
延伸公差带	Ⓟ	自由状态条件(非刚性零件)	Ⓕ
大径	MD	小径	LD
中径、节径	PD	公共公差带	CZ
线素	LE	不凸起	NC
任意横截面	ACS	全周(轮廓)	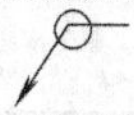

表 3-46 被测要素的标注

图　例	标 注 方 法
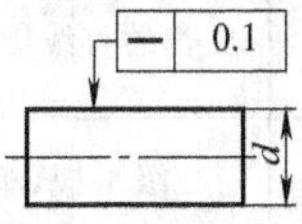 ⏤ 0.1 d	用带箭头的指引线将被测要素与公差框格的一端相连，指引线的箭头应指向公差带的宽度方向或直径 当被测要素为线或表面时，指引线的箭头应指在该要素的轮廓线或其引出线上，并应明显地与尺寸线错开

续表

图 例	标 注 方 法
— φ0.1 d	当被测要素为轴线、球心或中心平面时，指引线的箭头应与该要素的尺寸线对齐
	当被测要素为圆锥体的轴线时，指引线的箭头应与圆锥体的直径尺寸线(大端或小端)对齐
MD	当被测要素不是螺纹中径的轴线时，则应在框格附近另加说明
	当同一个被测要素有多项几何公差要求，其标注方法又一致时，可以将这些框格绘制在一起，并用一根指引线。当多个被测要素有相同的几何公差(单项或多项)要求时，可以从框格引出的指引线上绘制多个指标箭头，并分别与各被测要素相连
4×φ10H8 ⌖ φ0.05 A ◎ φ0.05 D 离轴端	为了说明其他附加要求，或为了简化标注方法，可以在公差框格的周围附加文字说明。属于被测要素数量的说明应写在公差框格的上方，属于解释性的说明(包括对测量方法的要求)应写在公差框格的下方

3.3.2 几何公差的数值及应用

几何公差的数值及应用见表 3-47～表 3-50。

表 3-47 直线度、平面度的公差值及应用举例 (GB/T 1184—1996) μm

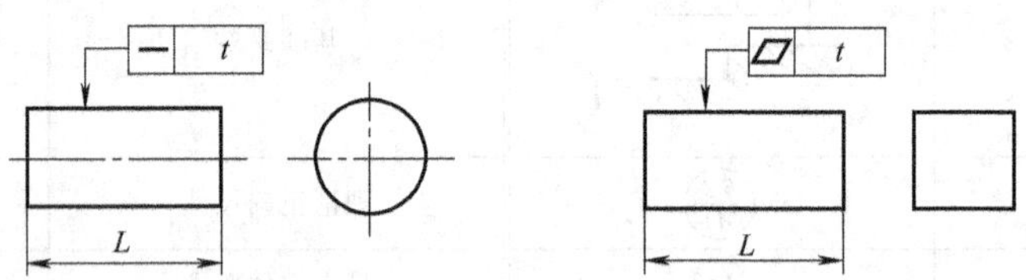

<table>
<tr><th rowspan="2">公差等级</th><th colspan="13">主参数 L/mm</th><th rowspan="2">应　用</th></tr>
<tr><th>≤10</th><th>>10～16</th><th>>16～25</th><th>>25～40</th><th>>40～63</th><th>>63～100</th><th>>100～160</th><th>>160～250</th><th>>250～400</th><th>>400～630</th><th>>630～1000</th><th>>1000～1600</th><th>>1600～2500</th></tr>
<tr><td rowspan="2">5</td><td>2</td><td>2.5</td><td>3</td><td>4</td><td>5</td><td>6</td><td>8</td><td>10</td><td>12</td><td>15</td><td>20</td><td>25</td><td>30</td><td rowspan="2">1级平板，2级宽平尺，平面磨床的纵向导轨，垂直导轨</td></tr>
<tr><td colspan="7">Ra0.2</td><td colspan="4">Ra0.8</td><td colspan="2">Ra1.6</td></tr>
<tr><td rowspan="2">6</td><td>3</td><td>4</td><td>5</td><td>6</td><td>8</td><td>10</td><td>12</td><td>15</td><td>20</td><td>25</td><td>30</td><td>40</td><td>50</td><td rowspan="2">1级平板，普通车床床身导轨，龙门刨床导轨</td></tr>
<tr><td colspan="3">Ra0.2</td><td colspan="4">Ra0.4</td><td colspan="4">Ra1.6</td><td colspan="2">Ra3.2</td></tr>
<tr><td rowspan="2">7</td><td>5</td><td>6</td><td>8</td><td>10</td><td>12</td><td>15</td><td>20</td><td>25</td><td>30</td><td>40</td><td>50</td><td>60</td><td>80</td><td rowspan="2">2级平板，0.02游标卡尺尺身的直线度，机床床头箱</td></tr>
<tr><td colspan="3">Ra0.4</td><td colspan="4">Ra0.8</td><td colspan="4">Ra1.6</td><td colspan="2">Ra6.3</td></tr>
<tr><td rowspan="2">8</td><td>8</td><td>10</td><td>12</td><td>15</td><td>20</td><td>25</td><td>30</td><td>40</td><td>50</td><td>60</td><td>80</td><td>100</td><td>120</td><td rowspan="2">2级平板，车床溜板箱体</td></tr>
<tr><td colspan="7">Ra0.8</td><td colspan="4">Ra3.2</td><td colspan="2">Ra6.3</td></tr>
</table>

续表

公差等级	主参数 L/mm ≤10	>10~16	>16~25	>25~40	>40~63	>63~100	>100~160	>160~250	>250~400	>400~630	>630~1000	>1000~1600	>1600~2500	应用
9	12	15	20	25	30	40	50	60	80	100	120	150	200	3级平板,车床溜板箱
	*Ra*1.6							*Ra*3.2				*Ra*12.5		
	*Ra*3.2			*Ra*6.3				*Ra*12.5						
10	20	25	30	40	50	60	80	100	120	150	200	250	300	3级平板,自动车床床身底面
	*Ra*1.6			*Ra*3.2				*Ra*6.3				*Ra*12.5		
11	30	40	50	60	80	100	120	150	200	250	300	400	500	易变形的薄片、薄壳零件,如离合器的摩擦片,汽车发动机缸盖结合面
	*Ra*3.2			*Ra*6.3				*Ra*12.5						
12	60	80	100	120	150	200	250	300	400	500	600	800	1000	
	*Ra*6.3			*Ra*12.5										

表 3-48 圆度、圆柱度的公差值及应用举例 (GB/T 1184—1996) μm

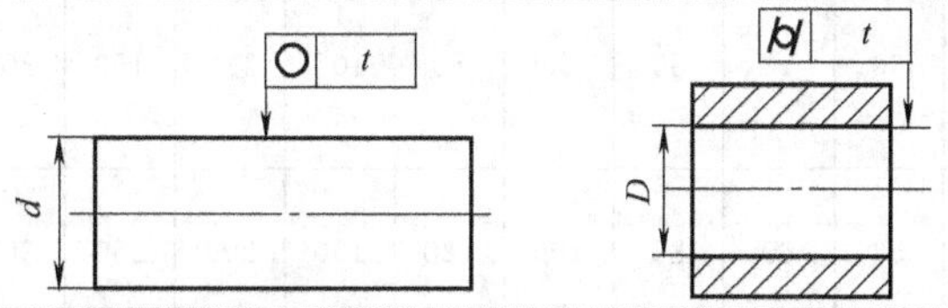

公差等级	主参数 $d(D)$/mm >3~6	>6~10	>10~18	>18~30	>30~50	>50~80	>80~120	>120~180	>180~250	>250~315	>315~400	>400~500	应用
5	1.5	1.5	2	2.5	2.5	3	4	5	7	8	9	10	一般测量仪器、测杆外圆柱面,一般机床主轴轴颈及轴承孔,与P6级滚动轴承配合的轴颈等
6	2.5	2.5	3	4	4	5	6	8	10	12	13	15	一般机床主轴及前轴承孔,减速传动轴轴颈,拖拉机曲轴主轴颈,与P6级滚动轴承配合的外壳孔
7	4	4	5	6	7	8	10	12	14	16	18	20	高速柴油机箱体轴承孔,千斤顶或压力油缸活塞,机车传动轴,水泵及通用减速器转轴轴颈
8	5	6	8	9	11	13	15	18	20	23	25	27	低速发动机、大功率曲柄轴轴颈,内燃机曲轴轴颈,柴油机凸轮轴承孔
9	8	9	11	13	16	19	22	25	29	32	36	40	空气压缩机缸体,通用机械杠杆与拉杆用套筒销子,拖拉机活塞环、套筒孔
10	12	15	18	21	25	30	35	40	46	52	57	63	起重机、卷扬机用的滑动轴承轴颈等
11	18	22	27	33	39	46	54	63	72	81	89	97	
12	30	36	43	52	62	74	87	100	115	130	140	155	

表 3-49 平行度、垂直度、倾斜度公差值及应用举例 (GB/T 1184—1996) μm

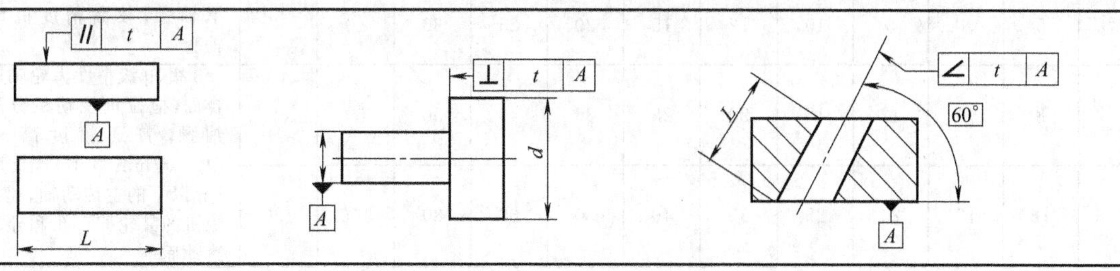

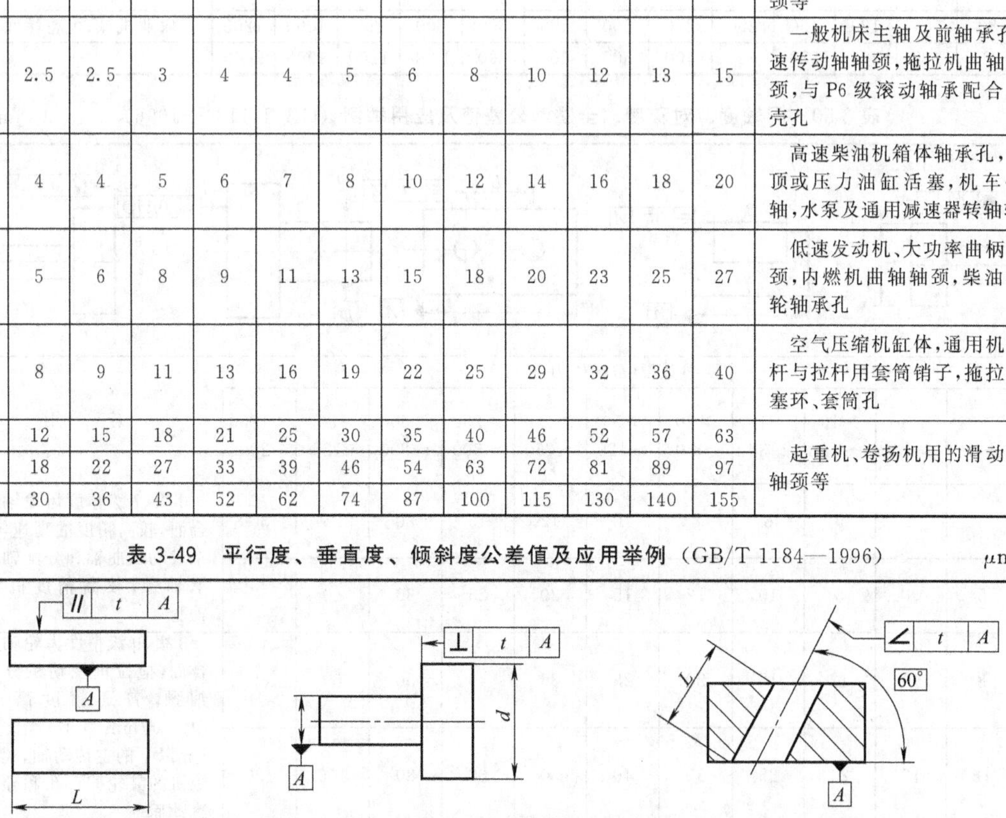

续表

公差等级	主参数 L、d(D)/mm													应用
	≤10	>10~16	>16~25	>25~40	>40~63	>63~100	>100~160	>160~250	>250~400	>400~630	>630~1000	>1000~1600	>1600~2500	
4	3	4	5	6	8	10	12	15	20	25	30	40	50	平行度用于泵体和齿轮及螺杆的端面，普通精度机床的工作面，高精度机床的导槽和导板
5	5	6	8	10	12	15	20	25	30	40	50	60	80	垂直度用于发动机轴和离合器的凸缘，气缸和支承端面，装 P5、P6、P4 级轴承箱体的凸肩
6	8	10	12	15	20	25	30	40	50	60	80	100	120	平行度用于中等精度钻模的工作面，7~10 级精度齿轮传动箱体孔的中心线，连杆头孔的轴线
7	12	15	20	25	30	40	50	60	80	100	120	150	200	垂直度用于装 P0 级轴承壳体孔的轴线，按 h6、g6 连接的锥形轴减速器的箱体孔中心线，活塞中销轴
8	20	25	30	40	50	60	80	100	120	150	200	250	300	平行度用于重型机械轴承盖的端面，卷扬机、手动传动装置中的传动轴
9	30	40	50	60	80	100	120	150	200	250	300	400	500	垂直度用于手动卷扬机及传动装置中轴承端面，按 f7、d8 连接的锥形轴减速机器箱孔的中心线
10	50	60	80	100	120	150	200	250	300	400	500	600	800	零件的非工作面，卷扬机、运输机上的壳体平面
11	80	100	120	150	200	250	300	400	500	600	800	1000	1200	农业机械、齿轮端面等
12	120	150	200	250	300	400	500	600	800	1000	1200	1500	2000	—

表 3-50 同轴度、对称度、全跳动公差值及应用举例（GB/T 1184—1996） μm

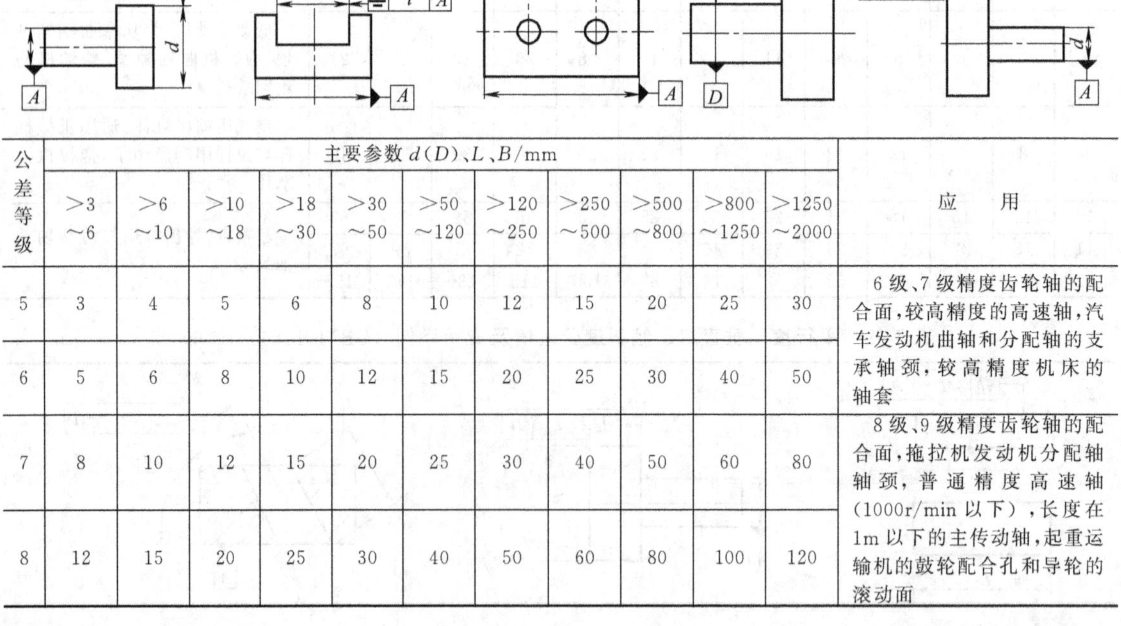

公差等级	主要参数 d(D)、L、B/mm											应用
	>3~6	>6~10	>10~18	>18~30	>30~50	>50~120	>120~250	>250~500	>500~800	>800~1250	>1250~2000	
5	3	4	5	6	8	10	12	15	20	25	30	6 级、7 级精度齿轮轴的配合面，较高精度的高速轴，汽车发动机曲轴和分配轴的支承轴颈，较高精度机床的轴套
6	5	6	8	10	12	15	20	25	30	40	50	
7	8	10	12	15	20	25	30	40	50	60	80	8 级、9 级精度齿轮轴的配合面，拖拉机发动机分配轴轴颈，普通精度高速轴（1000r/min 以下），长度在 1m 以下的主传动轴，起重运输机的鼓轮配合孔和导轮的滚动面
8	12	15	20	25	30	40	50	60	80	100	120	

续表

公差等级	主要参数 $d(D)$、L、B/mm											应用举例
	>3~6	>6~10	>10~18	>18~30	>30~50	>50~120	>120~250	>250~500	>500~800	>800~1250	>1250~2000	
9	25	30	40	50	60	80	100	120	150	200	250	10级、11级精度齿轮轴的配合面，发动机气缸套配合面，水泵叶轮，离心泵泵件，摩托车活塞，自行车中轴
10	50	60	80	100	120	150	200	250	300	400	500	
11	80	100	120	150	200	250	300	400	500	600	800	用于无特殊要求、一般按尺寸公差等级IT12制造的零件
12	150	200	250	300	400	500	600	800	1000	1200	1500	

3.3.3 几种主要加工方法的几何公差等级

几种主要加工方法的几何公差等级见表3-51和表3-52。

表3-51 几种主要加工方法所能达到的直线度、平面度公差等级

加工方法		公差等级											
		1	2	3	4	5	6	7	8	9	10	11	12
车	粗											—	—
	细									—	—		
	精					—	—	—	—				
铣	粗											—	—
	细										—	—	
	精						—	—	—	—			
刨	粗											—	—
	细									—	—		
	精							—	—	—			
磨	粗									—	—	—	
	细							—	—	—			
	精		—	—	—	—	—	—					
研磨	粗				—	—							
	细			—									
	精	—	—										
刮研	粗						—	—					
	细				—	—							
	精	—	—	—									

表3-52 几种方要加工方法所能达到的同轴度公差等级

加工方法		公差等级										
		1	2	3	4	5	6	7	8	9	10	11
车、镗	孔				—	—	—	—	—	—		
	轴			—	—	—	—	—	—			
铰						—	—	—				
磨	孔		—	—	—	—	—	—				
	轴	—	—	—	—	—	—					
珩磨			—	—	—							
研磨		—	—	—								

3.3.4 几何公差的应用

几何公差的应用见表3-53～表3-56。

表 3-53 直线度、平面度公差等级的应用

公差等级	应用举例
1,2	用于精密量具、测量仪器和精度要求极高的精密零件,如高精度量规、精密测量仪器的导轨面
3	1 级宽平尺工作面,1 级样板平尺的工作面,测量仪器圆弧导轨,测量仪器的测杆外圆柱面
4	用于量具、测量仪器和高精度机床的导轨,如高精度平面磨床的 V 形导轨、轴承磨床及平面磨床的床身导轨
5	用于 1 级平板,2 极宽平尺,平面磨床的纵导轨、垂直导轨及工作台,液压龙门刨床导轨
6	用于普通机床导轨面,如车床导轨面、铣床的工作台、机床主轴箱的导轨、柴油机机体结合面等
7	用于 2 级平板、机床床头箱体、摇臂钻床底座工作台、减速器壳体结合面、0.02 游标卡尺尺身等
8	用于机床传动箱体、连杆分离面、缸盖结合面、汽车发动机缸盖、减速器壳体等
9	用于 3 级平板、缸盖接合面、车床挂轮架等

表 3-54 圆度、圆柱度公差等级的应用

公差等级	应用举例
0,1	高精度测量仪器主轴,高精度机床主轴,滚动轴承的滚珠和滚柱
2	精密测量仪器主轴,精密机床主轴轴颈,喷油泵柱塞及柱塞套
3	高精度外圆磨床轴承、磨床砂轮主轴套筒、喷油嘴针、阀体、高精度轴承内外圈等
4	较精密机床主轴、主轴箱孔,高压阀门、活塞、活塞销、阀体孔,高压油泵柱塞,较高精度滚动轴承配合轴,等
5	一般计量仪器主轴、测杆外圆柱面、一般机床主轴轴颈及轴承孔、与 P6 级滚动轴承配合的轴颈等
6	一般机床主轴及前轴承孔,减速传动轴轴颈,拖拉机曲轴主轴颈,与 P6 级滚动轴承配合的外壳孔
7	高速柴油机箱体轴承孔,千斤顶或压力油缸活塞,机车传动轴,水泵及通用减速器转轴轴颈
8	低速发动机、大功率曲柄轴轴颈,内燃机曲轴轴颈,柴油机凸轮轴承孔
9	空气压缩机缸体,通用机械杠杆与拉杆用套筒销子,拖拉机活塞环、套筒孔

表 3-55 平行度、垂直度、倾斜度公差等级的应用

公差等级	应用举例
1	高精度机床、测量仪器、量具等主要工作面和基准面
2,3	精密机床、测量仪器、量具、夹具的工作面和基准面,精密机床的导轨,普通机床的主要导轨
4,5	普通机床导轨,重要支承面,精密机床重要零件,量具工作面和基准面,床头箱体重要孔
6,7,8	一般机床的工作面和基准面,滚动轴承内、外圈端面对轴线的垂直度
9,10	低精度零件、柴油机、曲轴颈、花键轴和轴肩端面、带式运输机法兰盘等端面对轴线的垂直度

表 3-56 同轴度、对称度、跳动公差等级的应用

公差等级	应用举例
1,2	旋转精度要求很高、尺寸公差高于 1 级的零件,如精密测量仪器的主轴和顶尖、柴油机喷油嘴针阀
3,4	机床主轴轴颈,砂轮轴轴颈,汽轮机主轴,测量仪器的小齿轮轴,安装高精度齿轮的轴颈
5	机床主轴轴颈,机床主轴箱孔,计量仪器的测杆,涡轮机主轴,高精度滚动轴承外圈,一般精度轴承内圈
6,7	汽车后桥输出轴,安装一般精度齿轮的轴颈,普通滚动轴承内圈,印刷机传墨辊的轴颈,键槽
8,9	内燃机凸轮轴孔,水泵叶轮,离心泵体,气缸套外径配合面对工作面,运输机机械滚筒表面,自行车中轴

3.4 表面粗糙度

3.4.1 表面粗糙度的主要参数

评定表面粗糙度的主要参数及其数值系列见表 3-57～表 3-61。

表 3-57 评定表面粗糙度的主要参数（GB/T 3505—2009）

参数	说明
轮廓的算术平均偏差 Ra	在一个取样长度 l_r 内纵坐标绝对值的算术平均值 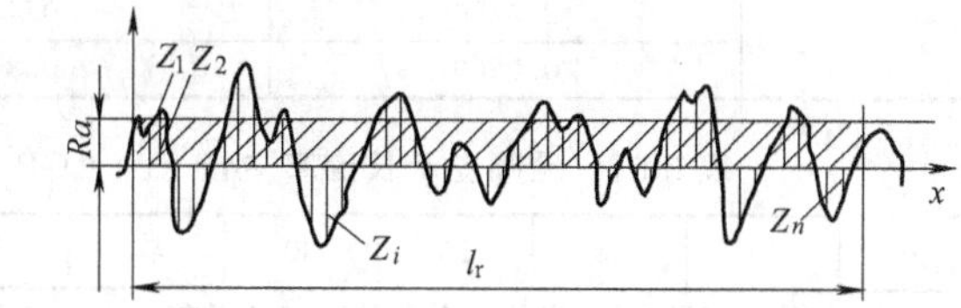 $Ra=\frac{1}{l_r}\int_0^{l_r}\lvert Z(x)\rvert \mathrm{d}x$，或近似为 $Ra=\frac{1}{n}\sum_{i=1}^{n}\lvert z_i\rvert$
轮廓最大高度 Rz	在一个取样长度内，最大轮廓峰高与最大轮廓谷深之和 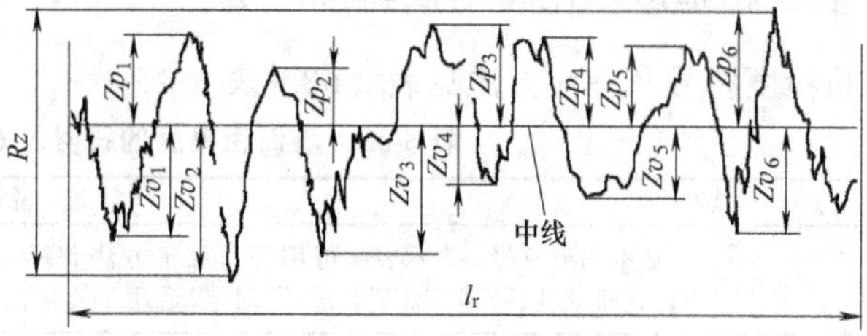 $Rz=Zp_{\max}+Zv_{\max}$
轮廓单元的平均宽度 Rsm	在一个取样长度内轮廓单元宽度 Xs 的平均值 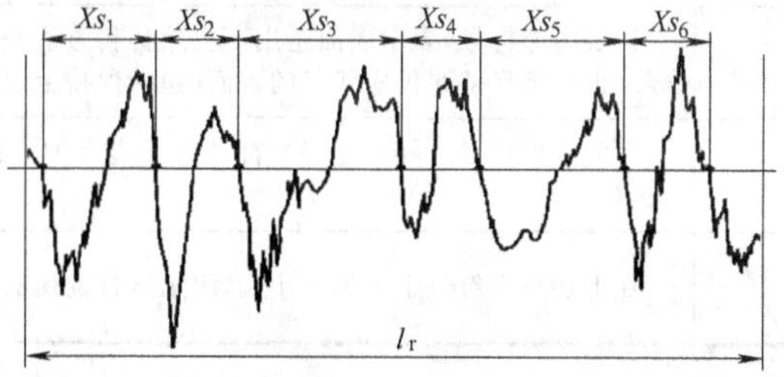 $Rsm=\frac{1}{m}\sum_{i=1}^{m}Xs_i$
轮廓支承长度率 $Rmr(c)$	在给定水平截面高度 c 上轮廓的实体材料长度 $Ml(c)$ 与评定长度的比率 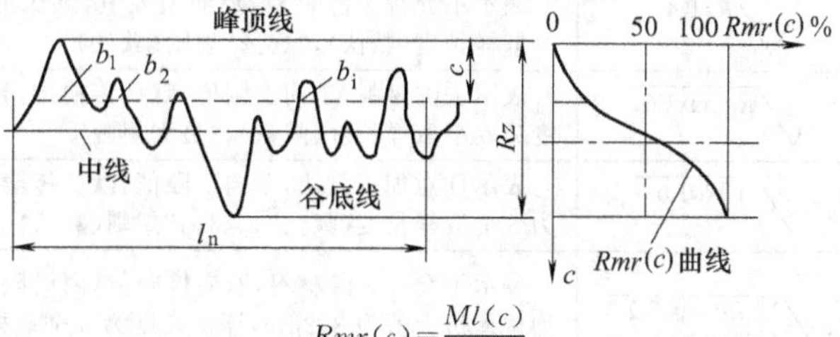 $Rmr(c)=\frac{Ml(c)}{l_n}$

表 3-58 轮廓的算术平均偏差 Ra（GB/T 1031—2009） μm

Ra	0.012	0.20	3.2	50
	0.025	0.40	6.3	100
	0.050	0.80	12.5	
	0.100	1.60	25	

表 3-59 轮廓最大高度 Rz（GB/T 1031—2009） μm

Rz	0.025	0.4	6.3	100	1600
	0.050	0.8	12.5	200	
	0.100	1.6	25	400	
	0.200	3.2	50	800	

表 3-60 轮廓单元的平均宽度 *Rsm*（GB/T 1031—2009） μm

Rsm	0.0060	0.1	1.6
	0.0125	0.2	3.2
	0.0250	0.4	6.3
	0.0500	0.8	12.5

表 3-61 轮廓支承长度率 *Rmr*（*c*）（GB/T 1031—2009） %

Rmr(*c*)	10	15	20	25	30	40	50	60	70	80	90

注：选用 *Rmr*（*c*）时，必须同时给出轮廓水平截距 *c* 的数值。*c* 值多用 *Rz* 的百分数表示，其系列如下：5%，10%，15%，20%，25%，30%，40%，50%，60%，70%，80%，90%。

3.4.2 表面粗糙度常用符号及其标注法

表面粗糙度符号及标注方法见表 3-62～表 3-64。

表 3-62 表面粗糙度的符号及意义

符　号	意义及说明
	基本图形符号，表示表面可用任何加工方法获得。当不加注表面粗糙度参数值或有关说明(例如:表面处理、局部热处理状况等)时，仅适用于简化代号标注
	扩展图形符号，表示表面是用去除材料方法获得的，例如：车、铣、钻、磨等机械加工获得的表面。仅当其含义是“被加工去除材料的表面”时方可单独使用
	扩展图形符号，表示表面是用不去除材料方法获得的，例如：铸、锻、冲压成形、热轧冷轧、粉末冶金等。也用于保持原供应状况的表面(包括保持上道工序形成的状况)
	完整图形符号。在上述三个符号的长边上加一横线，用于对表面有补充要求时标注有关参数和说明
	在上述三个符号上均加一小圆，表示零件的所有表面具有相同的表面粗糙度要求

表 3-63 表面粗糙度代号及意义

序号	代　号	意　义
1	*Rz* 0.4	表示不允许去除材料，单向上限值，默认传输带，轮廓最大高度为 0.4μm，评定长度为 5 个取样长度(默认)，“16%”规则(默认)
2	*Ra*max1.6	表示去除材料，单向上限值，默认传输带，轮廓的算术平均偏差最大值为 1.6μm，评定长度为 5 个取样长度(默认)，“最大规则”
3	L *Ra*1.6	表示任意加工方法，单向下限值，默认传输带，轮廓的算术平均偏差为 1.6μm，评定长度为 5 个取样长度(默认)，“16%”规则(默认)
4	U *Ra*max 3.2 L *Ra*0.8	表示不允许去除材料，双向极限值，两极限值均使用默认传输带，上限值：轮廓的算术平均偏差最大值为 3.2μm，评定长度为 5 个取样长度(默认)，“最大规则”；下限值：轮廓的算术平均偏差为 0.8μm，评定长度为 5 个取样长度(默认)，“16%”规则(默认)
5	−0.8/*Ra* 3 3.2	表示去除材料，单向上限值，传输带：取样长度为 0.8mm(默认为 2.5mm)，评定长度包含 3 个取样长度(即 *ln*=0.8mm×3=2.4mm)，轮廓的算术平均偏差为 3.2μm，“16%”规则(默认)
6	0.008−0.8/*Rz* 3.2	表示去除材料，单向上限值，传输带 0.008-0.8 mm，轮廓最大高度为 3.2μm，评定长度为 5 个取样长度(默认)，“16%”规则(默认)
7	0.008−4/*Ra* 50 3 0.008−4/*Ra* 6.3	表示去除材料，双向上限值：轮廓的算术平均偏差上限值为 50μm、下限值为 6.3μm，上、下极限传输带均为 0.008-4mm，默认的评定长度均为 l_n=4mm×5=20mm，“16”%规则(默认)，加工余量为 3mm
8	铣 *Ra* 0.8 ⊥−2.5 /*Rz* 3.2	表示去除材料，加工方法为铣削，两个单向上限值：①默认传输带和评定长度，轮廓的算术平均偏差为 0.8μm，“16%”规则(默认)；②取样长度为 2.5mm，默认评定长度，轮廓最大高度为 3.2μm，“16%”规则(默认)，表面纹理垂直于视图所在的投影面

表 3-64 表面粗糙度要求在图样上标注方法示例

要求	图例	说明
标写方向	Ra 0.8; Rz 12.5; Rz 3.2; Ra 1.6	表面结构要求的标写、读取方向与尺寸的标写、读取方向一致
标注在轮廓线上或者指引线上	Rz 12.5; Rz 6.3; Ra 1.6; Ra 1.6; Rz 12.5; Rz 6.3	标注在轮廓线上时，表面粗糙度符号应从材料外指向并接触表面
	铣 Rz 6.3; 车 Rz 3.2; ϕ28	必要时可用箭头的指引线或者黑点的引出线引出标注
标注在特征尺寸线上	ϕ120H7 Rz 12.5; ϕ120h6 Rz 6.3	在不引起误解的情况下，表面粗糙度可以标注在给定的尺寸线上
标注在几何公差框格上	Ra 1.6; 0.1; Rz 6.3; $\phi10\pm0.1$; ϕ0.2 A B	表面粗糙度要求与几何公差要求均为同一表面
标注在延长线上	Ra 1.6; Rz 6.3; Rz 6.3; Rz 6.3; Ra 1.6	直接标注在延长线上，或用带箭头的指引线引出标注。圆柱和棱柱表面的表面粗糙度要求只标注一次
	Ra 3.2; Rz 1.6; Ra 6.3; Ra 3.2	如果棱柱的每个表面有不同的表面粗糙度要求，则应分别单独标注
大多数表面(包含全部)有相同表面粗糙度要求的简化标注	Rz 6.3; Rz 1.6; Rz 3.2 (√)	如果工件的多数表面有相同的表面粗糙度要求，则其要求可统一标注在标题栏附近。此时，表面粗糙度要求的符号后面要加圆括号，并在圆括号内给出基本符号

续表

要求	图例	说明
大多数表面(包含全部)有相同表面粗糙度要求的简化标注	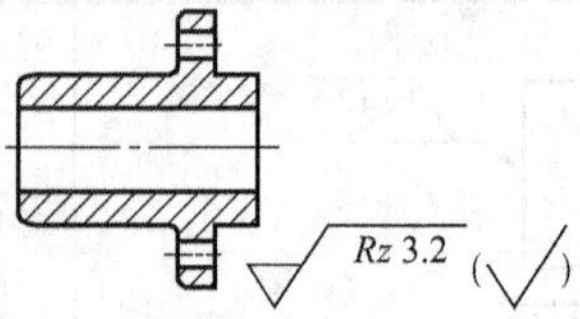 Rz 3.2 ( )	如果工件全部表面有相同的表面粗糙度要求,则其要求可统一标注在标题栏附近
多个表面有相同的表面粗糙度要求或图纸空间有限时的简化标注	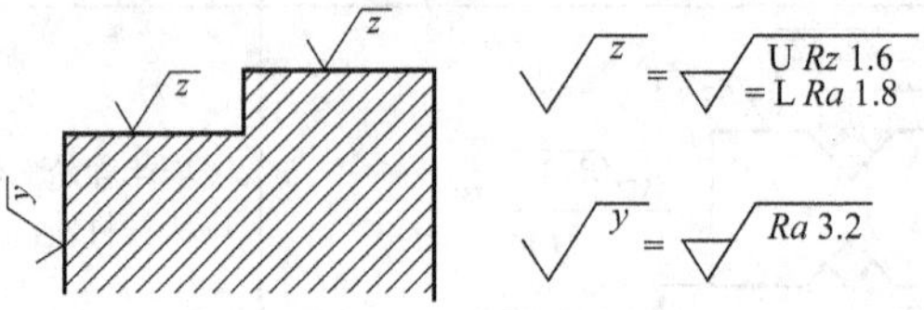 z　y　z = U Rz 1.6 / L Ra 1.8　y = Ra 3.2	可用带字母的完整符号,以等式的形式,在图形或标题栏附近,对有相同表面粗糙度要求的表面进行简化标注
	 = Ra 3.2 (a) 未指定工艺方法的多个表面结构要求的简化标注 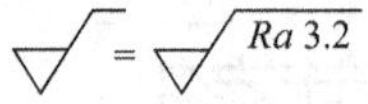 = Ra 3.2 (b) 要求去除材料的多个表面结构要求的简化标注 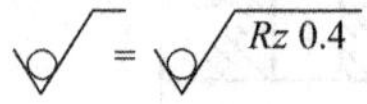 = Rz 0.4 (c) 不允许去除材料的多个表面结构要求的简化标注	可用表面粗糙度基本图形符号ⓐ和扩展图形符号ⓑ、ⓒ以等式的形式给出有多个表面相同的表面粗糙度要求

3.4.3 几种主要加工方法得到的表面粗糙度

几种主要加工方法及常用工作表面的表面粗糙度值见表 3-65、表 3-66。

表 3-65 不同加工方法得到的表面粗糙度 Ra 值 μm

加工方法	砂模铸造	型壳铸造	金属模铸造	离心铸造	精密铸造	压力铸造	热轧	冷扎	挤压	冷拉	锉
Ra	6.3～100	6.3～100	1.60～100	1.6～25	0.8～12.5	0.4～6.3	6.3～100	0.2～12.5	0.4～12.5	0.2～12.5	0.4～25
加工方法	钻孔	金刚镗	镗			车外圆			车端面		
			粗	半精	精	粗	半精	精	粗	半精	精
Ra	0.8～25	0.05～0.40	6.3～50	0.8～6.3	0.4～1.6	6.3～25	1.6～12.5	0.2～1.6	6.3～25	1.6～12.5	0.4～1.6
加工方法	磨外圆			磨平面			珩磨		研磨		
	粗	半精	精	粗	半精	精	平面	圆柱	粗	半精	精
Ra	0.8～6.3	0.2～1.6	0.025～0.40	1.600～3.2	0.04～1.60	0.025～0.40	0.025～1.60	0.012～0.40	0.20～1.60	0.05～0.40	0.012～0.100

表 3-66 常用工作表面的表面粗糙度值 Ra 推荐值 μm

应用场合		公差等级	公称尺寸/mm					
			≤50		>50～120		>120～500	
			轴	孔	轴	孔	轴	孔
经常装拆零件的配合表面		IT5	≤0.2	≤0.4	≤0.4	≤0.8	≤0.4	≤0.8
		IT6	≤0.4	≤0.8	≤0.8	≤1.6	≤0.8	≤1.6
		IT7	≤0.8		≤1.6		≤1.6	
		IT8	≤0.8	≤1.6	≤1.6	≤3.2	≤1.6	≤3.2
过盈配合	压入装配	IT5	≤0.2	≤0.4	≤0.4	≤0.8	≤0.4	≤0.8
		IT6～IT7	≤0.4	≤0.8	≤0.8	≤1.6	≤1.6	
		IT8	≤0.8	≤1.6	≤1.6	≤3.2	≤3.2	
	热装	—	≤1.6	≤3.2	≤1.6	≤3.2	≤1.6	≤3.2

续表

<table>
<tr><td rowspan="3">应用场合</td><td rowspan="3">公差等级</td><td colspan="8">公称尺寸/mm</td></tr>
<tr><td colspan="2">≤50</td><td colspan="4">>50～120</td><td colspan="2">>120～500</td></tr>
<tr><td>轴</td><td>孔</td><td colspan="2">轴</td><td colspan="2">孔</td><td>轴</td><td>孔</td></tr>
<tr><td rowspan="4">滑动轴承配合表面</td><td>公差等级</td><td colspan="4">轴</td><td colspan="4">孔</td></tr>
<tr><td>IT6～IT9</td><td colspan="4">≤0.8</td><td colspan="4">≤1.6</td></tr>
<tr><td>IT10～IT12</td><td colspan="4">≤1.6</td><td colspan="4">≤3.2</td></tr>
<tr><td>液体湿摩擦条件</td><td colspan="4">≤0.4</td><td colspan="4">≤0.8</td></tr>
<tr><td colspan="2" rowspan="2">圆锥结合的工作面</td><td colspan="2">密封配合</td><td colspan="4">对中配合</td><td colspan="2">其他</td></tr>
<tr><td colspan="2">≤0.4</td><td colspan="4">≤1.6</td><td colspan="2">≤6.3</td></tr>
<tr><td rowspan="7">密封材料处的孔、轴表面</td><td rowspan="2">密封形式</td><td colspan="8">速度/(m/s)</td></tr>
<tr><td colspan="2">≤3</td><td colspan="4">3～5</td><td colspan="2">≥5</td></tr>
<tr><td>橡胶圈密封</td><td colspan="2">0.8～1.6(抛光)</td><td colspan="4">0.4～0.8(抛光)</td><td colspan="2">0.2～0.4(抛光)</td></tr>
<tr><td>毡圈密封</td><td colspan="8">0.8～1.6(抛光)</td></tr>
<tr><td>迷宫式</td><td colspan="8">3.2～6.3</td></tr>
<tr><td>涂油槽式</td><td colspan="8">3.2～6.3</td></tr>
<tr><td rowspan="3">精密定心零件的配合表面</td><td rowspan="3">IT5～IT8</td><td>径向跳动</td><td>2.5</td><td>4</td><td colspan="2">6</td><td>10</td><td>16</td><td>25</td></tr>
<tr><td>轴</td><td>≤0.05</td><td>≤0.1</td><td colspan="2">≤0.1</td><td>≤0.2</td><td>≤0.4</td><td>≤0.8</td></tr>
<tr><td>孔</td><td>≤0.1</td><td>≤0.2</td><td colspan="2">≤0.2</td><td>≤0.4</td><td>≤0.8</td><td>≤1.6</td></tr>
<tr><td colspan="2" rowspan="3">V带和平带轮工作表面</td><td colspan="8">带轮直径/mm</td></tr>
<tr><td colspan="2">≤120</td><td colspan="4">>120～315</td><td colspan="2">>315</td></tr>
<tr><td colspan="2">1.6</td><td colspan="4">3.2</td><td colspan="2">6.3</td></tr>
<tr><td rowspan="3">箱体分界面(如减速箱)</td><td>类型</td><td colspan="2">有垫片</td><td colspan="6">无垫片</td></tr>
<tr><td>需要密封</td><td colspan="2">3.2～6.3</td><td colspan="6">0.8～1.6</td></tr>
<tr><td>不需要密封</td><td colspan="8">6.3～12.5</td></tr>
</table>

3.5 常用热处理规范

3.5.1 常用热处理工艺代号

常用热处理工艺代号见表 3-67 和表 3-68。

表 3-67　热处理工艺分类及代号（GB/T 12603—2005）

工艺总称	代号	工艺类型	代号	工艺名称	代号
热处理	5	整体热处理	1	退火	1
				正火	2
				淬火	3
				淬火和回火	4
				调质	5
				稳定化处理	6
				固溶处理，水韧处理	7
				固溶处理＋时效	8
		表面热处理	2	表面淬火和回火	1
				物理气相沉积	2
				化学气相沉积	3
				等离子体增强化学气相沉积	4
				离子注入	5

续表

工艺总称	代号	工艺类型	代号	工艺名称	代号
热处理	5	化学热处理	3	渗碳	1
				碳氮共渗	2
				渗氮	3
				氮碳共渗	4
				渗其他非金属	5
				渗金属	6
				多元共渗	7

表 3-68　常用热处理工艺代号（GB/T 12603—2005）

工　艺	代号	工　艺	代号	工　艺	代号
热处理	500	形变淬火	513-Af	离子渗碳	531-08
整体热处理	510	气冷淬火	513-G	碳氮共渗	532
可控气氛热处理	500-01	淬火及冷处理	513-C	渗氮	533
真空热处理	500-02	可控气氛加热淬火	513-01	气体渗氮	533-01
盐浴热处理	500-03	真空加热淬火	513-02	液体渗氮	533-03
感应热处理	500-04	盐浴加热淬火	513-03	离子渗氮	533-08
火焰热处理	500-05	感应加热淬火	513-04	流态床渗氮	533-10
激光热处理	500-06	流态床加热淬火	513-10	氮碳共渗	534
电子束热处理	500-07	盐浴加热分级淬火	513-10M	渗其他金属	535
离子轰击热处理	500-08	盐浴加热盐浴分级淬火	513-10H＋M	渗硼	535(B)
流态床热处理	500-10	淬火和回火	514	气体渗硼	535-01(B)
退火	511	调质	515	液体渗硼	535-03(B)
去应力退火	511-St	稳定化处理	516	离子渗硼	535-08(B)
均匀化退火	511-H	固溶处理，水韧化处理	517	固体渗硼	535-09(B)
再结晶退火	511-R	固溶处理＋时效	518	渗硅	535(Si)
石墨化退火	511-G	表面热处理	520	渗硫	535(S)
脱氢处理	511-D	表面淬火和回火	521	渗金属	536
球化退火	511-Sp	感应淬火和回火	521-04	渗铝	536(Al)
等温退火	511-1	火焰淬火和回火	521-05	渗铬	536(Cr)
完全退火	511-F	激光淬火和回火	521-06	渗锌	536(Zn)
不完全退火	511-P	电子束淬火和回火	521-07	渗钒	536(V)
正火	512	电接触淬火和回火	521-11	多元共渗	537
淬火	513	物理气相沉积	522	硫氮共渗	537(S-N)
空冷淬火	513-A	化学气相沉积	523	氧氮共渗	537(O-N)
油冷淬火	513-O	等离子体增强化学气相沉积	524	铬硼共渗	537(Cr-B)
水冷淬火	513-W	离子注入	525	钒硼共渗	537(V-B)
盐水淬火	513-B	化学热处理	530	铬硅共渗	537(Cr-Si)
有机水溶液淬火	513-Po	渗碳	531	铬铝共渗	537(Cr-Al)
盐浴淬火	513-H	可控气氛渗碳	531-01	硫氮碳共渗	537(S-N-C)
加压淬火	513-Pr	真空渗碳	531-02	氧氮碳共渗	537(O-N-C)
双介质淬火	513-1	盐浴渗碳	531-03	铬铝硅共渗	537(Cr-Al-Si)
分级淬火	513-M	固体渗碳	531-09		
等温淬火	513-At	流态床渗碳	531-10		

3.5.2 零件工作图应注明的热处理要求

零件工作图应注明的热处理要求见表 3-69。

表 3-69 零件工作图应注明的热处理要求

<table>
<tr><th>方法</th><th>一般零件</th><th>重要零件</th></tr>
<tr><td rowspan="2">普通热处理</td><td>①热处理方法
②硬度:标注波动范围一般为 HRC 在 5 个单位左右;HBW 在 30～40 个单位</td><td>①热处理方法
②零件不同部位的硬度
③必要时提出零件不同部位的金相组织要求</td></tr>
<tr><td><table>
<tr><th>已知</th><th>各种硬度的近似换算式</th><th>适用范围</th></tr>
<tr><td rowspan="3">HRA</td><td>HRC≈2HRA－(101～101.6)</td><td>39～51HRC</td></tr>
<tr><td>HRC≈2HRA－(101.8～102.4)</td><td>52～61HRC</td></tr>
<tr><td>HRC≈2HRA－(102.6～102.8)</td><td>63～65HRC</td></tr>
<tr><td>HRC</td><td>HBW≈2500/[(118～101)－HRC]</td><td>30～51HRC</td></tr>
<tr><td>HRB</td><td>HBW≈7300/(135－HRB)</td><td></td></tr>
<tr><td colspan="3">心算可粗略为:HRC≈1/10HBW;
当 HBW<400 时 HV≈HBW;HBW≈7HS</td></tr>
</table></td><td><table>
<tr><th>零件名称</th><th>材料</th><th>热处理</th><th>硬度</th><th>金相组织</th></tr>
<tr><td>连杆螺栓</td><td>40Cr</td><td>调质</td><td>31HRC</td><td>回火索氏体,不允许有块状铁素体</td></tr>
<tr><td>柴油机凸轮轴</td><td>QT600-3</td><td>等温淬火</td><td>45～50HRC</td><td>下贝氏体＋球状石墨</td></tr>
<tr><td>汽车板簧</td><td>60Si2Mn</td><td>淬火、回火</td><td>40～45HRC</td><td>回火托氏体</td></tr>
<tr><td>铲齿</td><td>ZGMn13</td><td>水韧处理</td><td>180～200HBW</td><td>奥氏体</td></tr>
<tr><td>车床主轴</td><td>45</td><td>整体调质
轴颈高频感应淬火</td><td>200～230HBW
45～50HRC</td><td>回火索氏体
回火马氏体</td></tr>
</table></td></tr>
<tr><td>表面淬火</td><td>①热处理方法
②硬度
③淬火区域</td><td>①热处理方法,必要时提出预备热处理要求
②表面淬火硬度、心部硬度
③淬硬层深度
④表面淬火区域
⑤必要时提出变形要求</td></tr>
<tr><td>渗碳</td><td>①热处理方法
②硬度
③渗层深度:目前工厂多用下述方法确定<table>
<tr><th>使用场合</th><th>深度</th></tr>
<tr><td>碳素渗碳钢</td><td>由表面至过渡层 1/2 处</td></tr>
<tr><td>含铬渗碳钢</td><td>由表面至过渡层 2/3 处</td></tr>
<tr><td>合金渗碳钢汽车齿轮</td><td>过共析、共析、过渡区总和</td></tr>
</table>④渗碳区域</td><td>①热处理方法
②淬火、回火后表面硬度、心部硬度
③渗碳层深度
④渗碳区域
⑤必要时提出渗碳层含碳量,一般在下述范围<table>
<tr><th rowspan="2">状态</th><th colspan="3">含碳量(质量分数)/%</th></tr>
<tr><th>表面过共析区</th><th>共析区</th><th>亚共析(过渡)区</th></tr>
<tr><td>炉冷</td><td>0.9～1.2</td><td>0.7～0.9</td><td><0.7</td></tr>
<tr><td>空冷</td><td>1.0～1.2</td><td>0.6～1.0</td><td><0.6</td></tr>
</table>⑥必要时提出心部金相组织要求</td></tr>
<tr><td>渗氮</td><td>①热处理方法
②表面和心部硬度(表面硬度用 HV 或 HRA 测定)
③渗氮层深度(一般应≤0.6mm)
④渗氮区域</td><td>①热处理方法
②除一般零件的几项要求外,还需提出心部力学性能
③必要时,还要提出金相组织及对渗氮层脆性的要求(直接用维氏硬度计压头的压痕形状来评定)</td></tr>
<tr><td>碳氮共渗</td><td>①中温碳氮共渗与渗碳同
②低温氮碳共渗与渗氮同</td><td>①中温碳氮共渗与渗碳同
②低温氮碳共渗与渗氮同</td></tr>
</table>

3.5.3 常用零件的热处理实例

常用零件的热处理实例见表 3-70。

表 3-70 齿轮零件的热处理实例

齿轮工作条件	材料与热处理要求	备　注
低速、轻载,不受冲击	HT200、HT250、HT300;去应力退火	(1)机床齿轮按工作条件可分三组 ①低速:转速为 2m/s,单位压力为 350～600MPa ②中速:转速为 2～6m/s,单位压力为 100～1000MPa,冲击载荷不大 ③高速:速度为 4～12m/s,弯曲力矩大,单位压力为 200～700MPa (2)机床常用齿轮材料及热处理 ① 45:淬火,高温回火,200～250HBW,用于圆周速度<1m/s,中等压力,高频感应淬火,表面硬 52～58HRC,用于表面硬度要求高,变形小的齿轮 ②20Cr:渗碳、淬火、低温回火,56～62HRC,用于高速、压力中等,并有冲击的齿轮 ③40Cr:调质,220～250HBW,用于圆周速度不大,中等单位压力的齿轮;淬火、回火,40～50HRC,用于中等圆周速度、冲击载荷不大的齿轮。除上述条件外,如尚要求热处理时变形小,则用高频感应淬火,硬度为 52～58HRC
低速(<1m/s)、轻载,如车床溜板齿轮等	45;调质,200～250HBW	
低速、中载,如标准系列减速器齿轮	45、40Cr、40MnB(50、42MnVB):调质,220～250HBW	
低速、重载、无冲击,如机床主轴箱齿轮	40Cr(42MnVB):淬火、中温回火,40～45HRC	
中速、中载、无猛烈冲击,如机床主轴箱齿轮	40Cr、40MnB、42MnVB:调质或正火,感应淬火,低温回火,时效,50～55HRC	
中速、中载或低速、重载,如车床变速箱中的次要齿轮	45:高频感应淬火,350～370℃回火,40～45HRC(无高频设备时,可采用快速加热齿面淬火)	
中速、重载	40Cr、40MnB(40MnVB、42CrMo、40CrMnMo、40CrMnMoVBA):淬火,中温回火,45～50HRC	
高速、轻载或高速、中载,有冲击的小齿轮	15、20、20Cr、20MnVB:渗碳,淬火,低温回火,56～62HRC 38CrAl,38CrMoAl:渗氮,渗氮深度 0.5mm,900HV	
高速、中载、无猛烈冲击,如机床主轴箱齿轮	40Cr、40MnB:高频感应淬火,50～55HRC	

3.5.4 热处理零件结构设计的注意事项

为防止零件在热处理过程中出现开裂、变形、硬度不均等缺陷,在机械零件结构设计时必须遵守如下基本要求。

(1) 防止零件热处理开裂的注意事项

防止零件热处理开裂的注意事项见表 3-71。

表 3-71 防止热处理开裂的注意事项

序号	注意事项	图例		说明
		改进前	改进后	
1	避免尖角、棱角	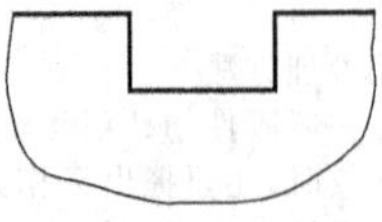 G48	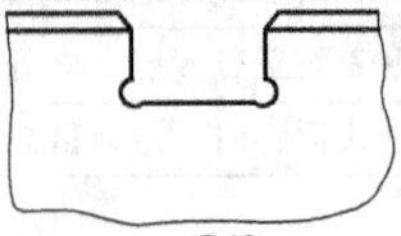 G48	零件的尖角、棱角部分是淬火应力最集中的地方,往往成为淬火裂纹的起点,应予倒钝
			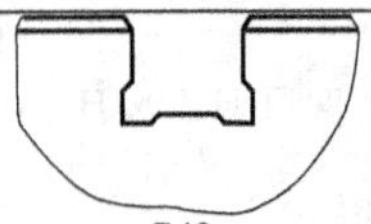 G48	
			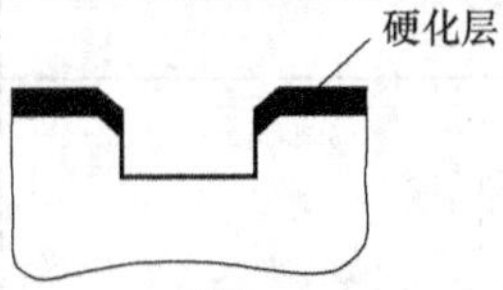 硬化层 G48	平面高频淬火时,硬化层达不到槽底,槽底虽有尖角,但不至于开裂

续表

序号	注意事项	图例		说明
		改进前	改进后	
1	避免尖角、棱角	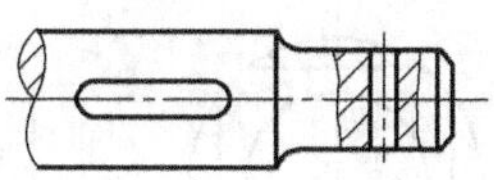	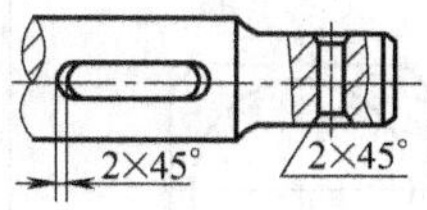 2×45° 2×45°	为了避免锐边尖角熔化或过热，在槽或孔的边上应有2～3mm的倒角(与轴线平行的键槽边可不倒角)，直径过渡应为圆角
		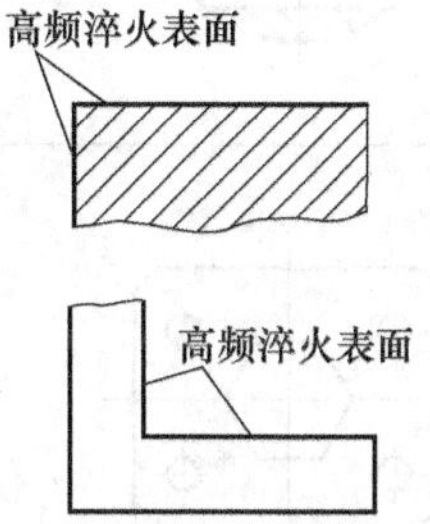 高频淬火表面 高频淬火表面	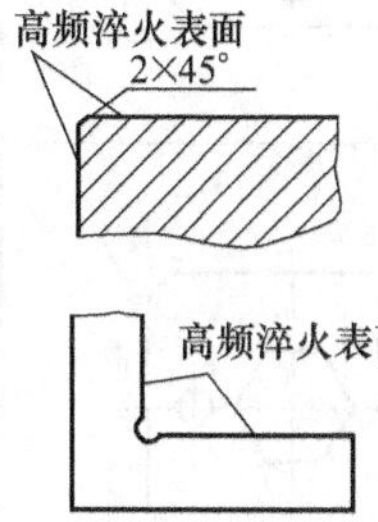 高频淬火表面 2×45° 高频淬火表面	两平面交角处应有较大的圆角或倒角，并有5～8mm不能淬硬
2	避免断面突变	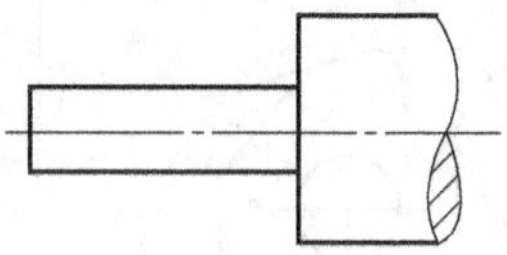	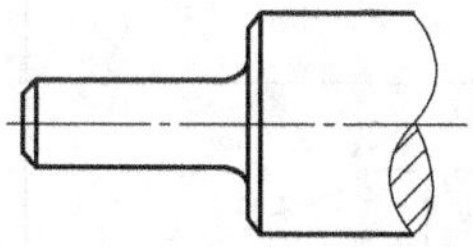	断面过渡处应有较大的圆角半径，以避免冷却速度不一致而开裂
			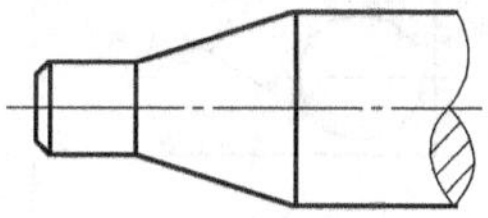	结构允许时，可设计成过渡圆锥
3	避免结构尺寸厚薄相差悬殊	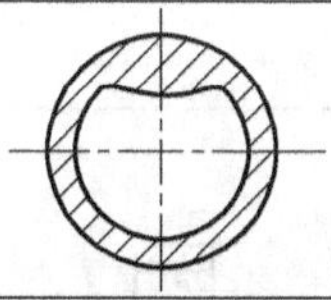	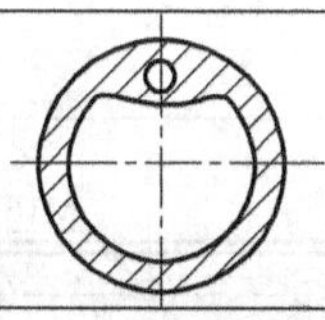	加工工艺孔，使零件截面较均匀
		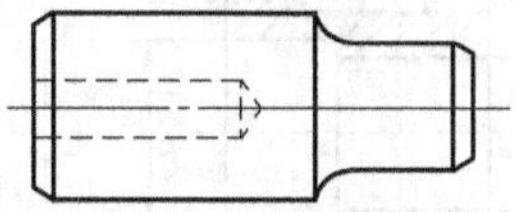	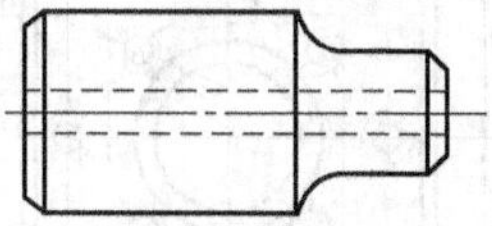	变不通孔为通孔
		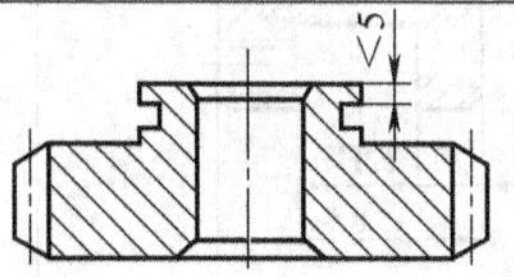 <5 齿部槽部G42	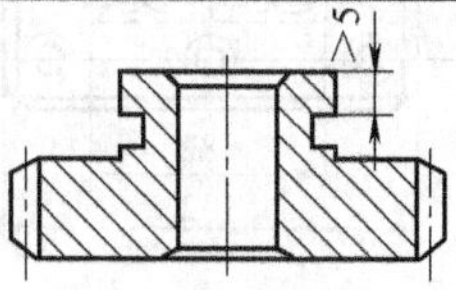 >5 齿部槽部G42	拨叉槽部的一侧厚度不得小于5mm
		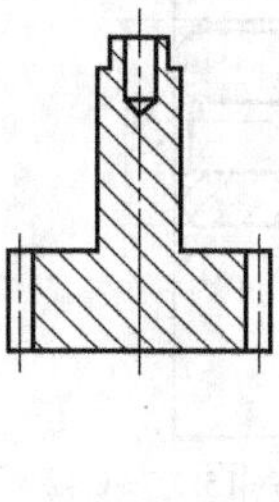	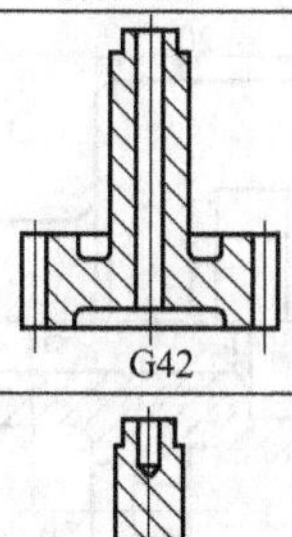 G42	不通孔改为通孔，以使厚薄均匀
			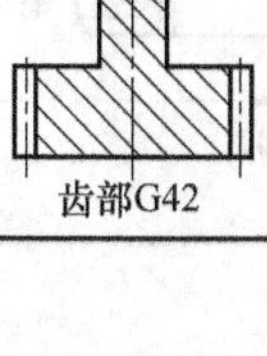 齿部G42	形状不改变，仅由全部淬火改为齿部高频淬火

续表

序号	注意事项	图例		说明
		改进前	改进后	
4	避免孔距离边缘太近			避免危险尺寸或太薄的边缘。当零件要求必须是薄边时，应在热处理后成形（加工去多余部分）
				改变冲模螺孔的数量和位置，减少淬裂倾向
		d <1.5d	d ≥1.5d	结构允许时，孔距离边缘应不小于 1.5d
		M16 M12 52 52 82 132 48H7 ϕ60H7 20 22H7 85		结构不允许时（如车床刀架），可采用降温预冷淬火的方法，以避免开裂
		20 15 ϕ50 ϕ37 ϕ22 4×ϕ11EQS 150 45-G42 45-15方头G42		全部淬火时，4 孔 ϕ11mm 边缘易开裂；若局部淬火能满足要求，就不必全部淬火

续表

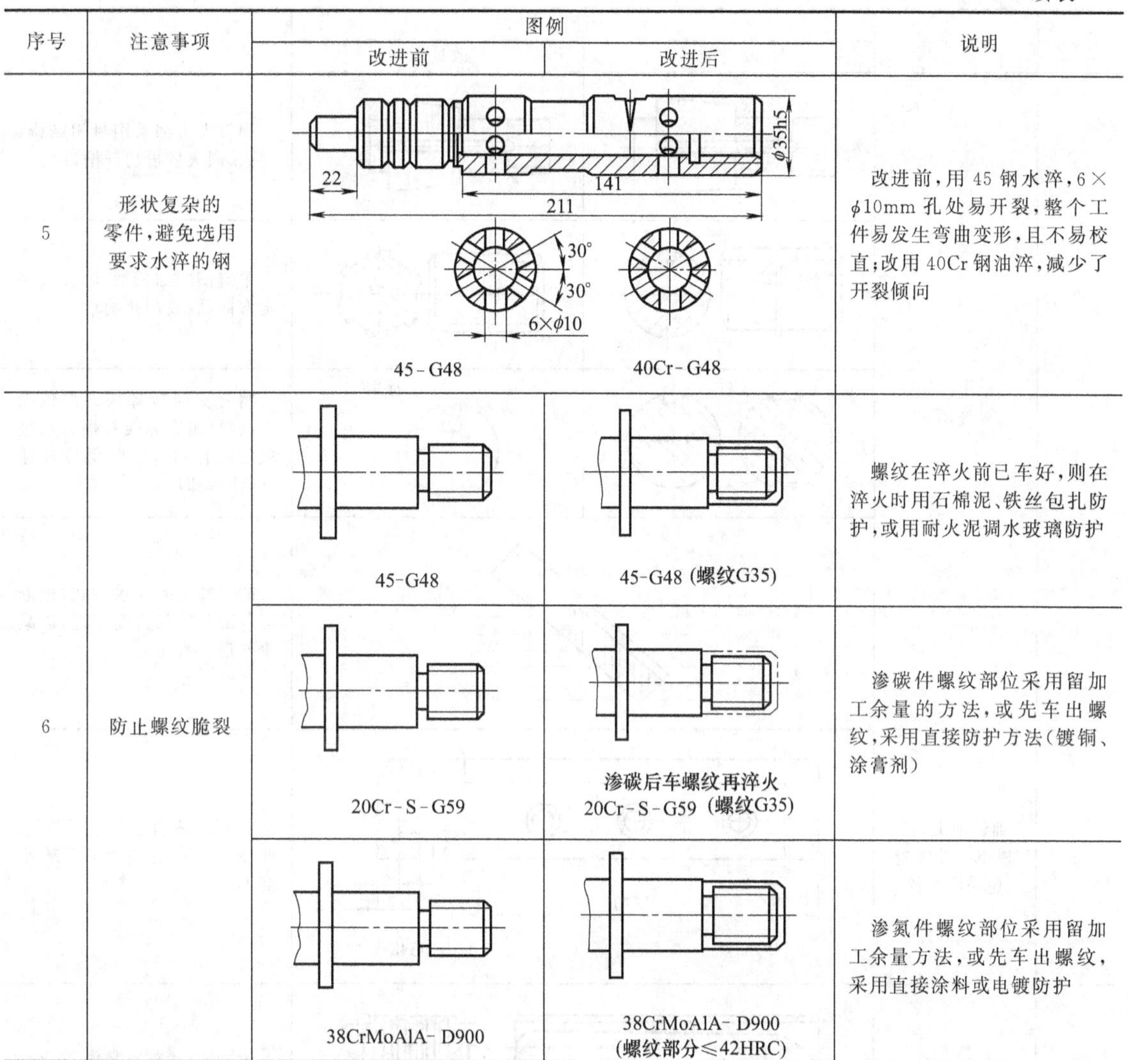

序号	注意事项	图例		说明
		改进前	改进后	
5	形状复杂的零件，避免选用要求水淬的钢	22　141　211　ϕ35h5　30°　30°　6×ϕ10 45-G48	40Cr-G48	改进前，用45钢水淬，6×ϕ10mm孔处易开裂，整个工件易发生弯曲变形，且不易校直；改用40Cr钢油淬，减少了开裂倾向
6	防止螺纹脆裂	45-G48	45-G48（螺纹G35）	螺纹在淬火前已车好，则在淬火时用石棉泥、铁丝包扎防护，或用耐火泥调水玻璃防护
		20Cr-S-G59	渗碳后车螺纹再淬火 20Cr-S-G59（螺纹G35）	渗碳件螺纹部位采用留加工余量的方法，或先车出螺纹，采用直接防护方法（镀铜、涂膏剂）
		38CrMoAlA-D900	38CrMoAlA-D900 （螺纹部分≤42HRC）	渗氮件螺纹部位采用留加工余量方法，或先车出螺纹，采用直接涂料或电镀防护

（2）防止零件热处理变形的注意事项

防止零件热处理变形的注意事项见表3-72。

表3-72 防止零件热处理变形的基本要求

序号	注意事项	图例		说明
		改进前	改进后	
1	采用封闭对称结构			一端有凸缘的薄壁套类零件渗氮后变形成喇叭口，在另一端增加凸缘后，变形大大减小
				几何形状力求对称，使变形减小或变形有规律

续表

序号	注意事项	图例 改进前	图例 改进后	说明
1	采用封闭对称结构	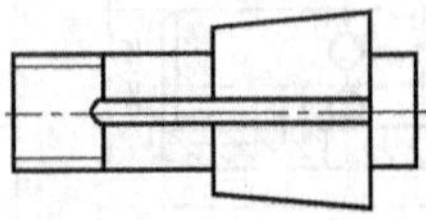	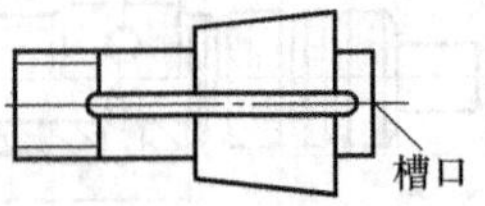 槽口	弹簧夹头都采用封闭结构，淬火、回火后再切开槽口
		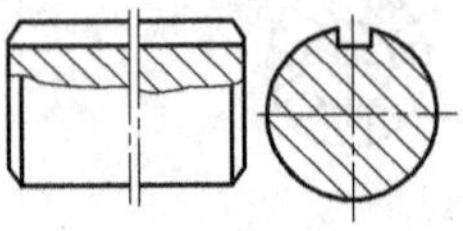	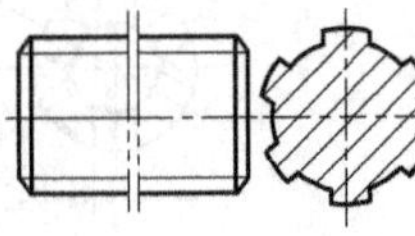	单键槽的细长轴，淬火后一定弯曲；宜改用花键轴
		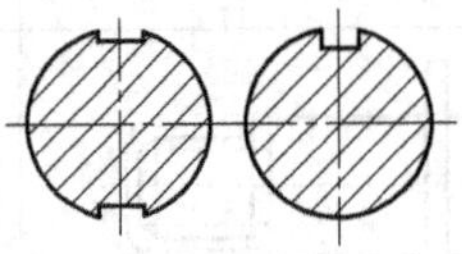	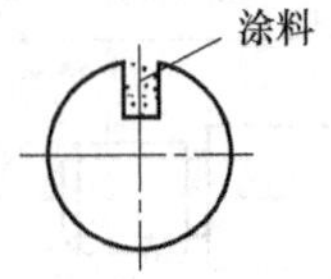 涂料	将淬火时冷却快的部位涂上涂料（耐火泥或石棉与水玻璃的混合物），以降低冷却速度，使冷却均匀
		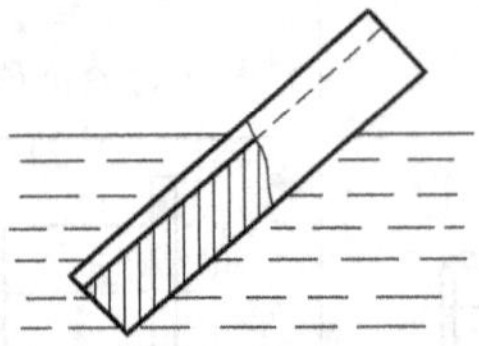		改变淬火时入水方式，使断面各部分冷却速度接近，以减少变形
2	细长轴类，长板类零件应避免采用水淬	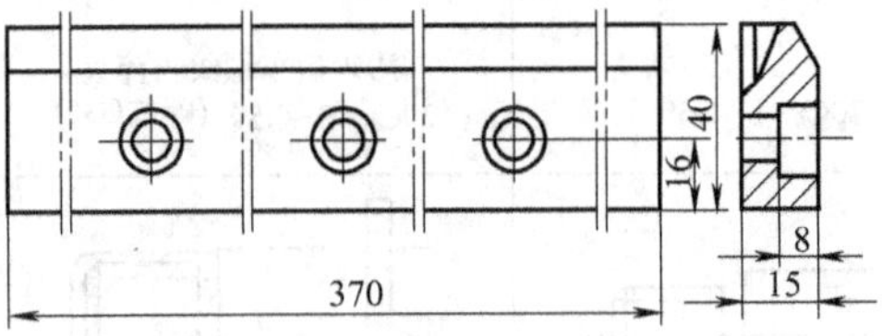 370 45-G48	40 16 8 15 40Cr-G48	长板类零件水淬会产生翘曲变形，采用油淬，可减小变形
3	选择适当的材料和热处理方法	 40Cr-G52(槽部)	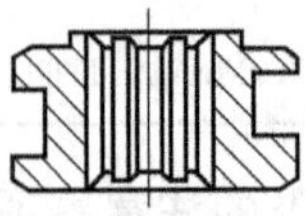 20Cr-S-G59 (花键孔防护)	改进前，槽部直接淬火比较困难，改用渗碳淬火（花键孔防护）
		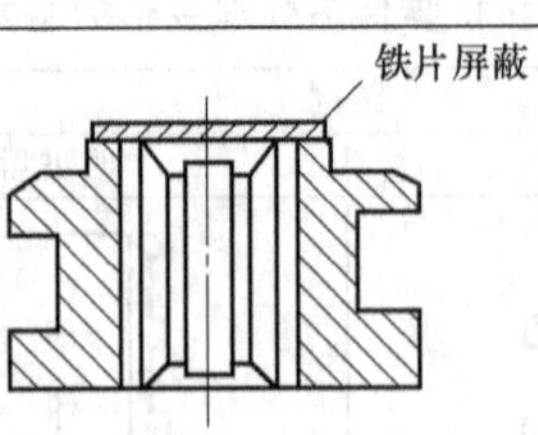 铁片屏蔽 20Cr-D600或40Cr-D500		最好改用离子渗氮（花键孔用铁片屏蔽）
		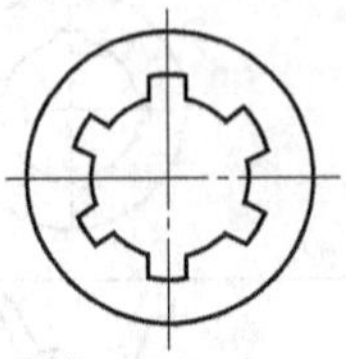 15-S0.5-G59	65Mn-G52	摩擦片用15钢，渗碳淬火时须有专用淬火夹具和回火夹具，合格率较低；改用65Mn钢油淬，夹紧回火即可

续表

序号	注意事项	图例		说明
		改进前	改进后	
3	选择适当的材料和热处理方法	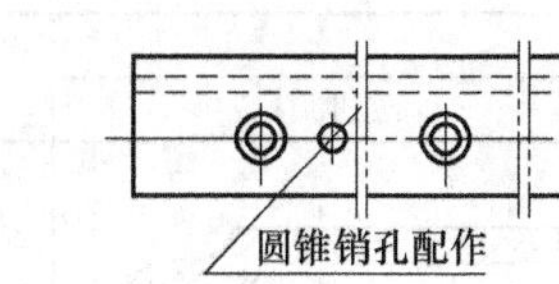 圆锥销孔配作 20Cr-S-G59(V形面)	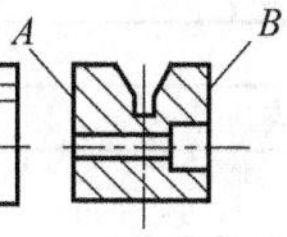 A B T10A-G59(V形面) 或 Cr15-G59 (V形面)或 20Cr-S-59(V形面)	改进前，由于考虑销孔配作，选用20Cr钢渗碳，渗碳后去掉A、B面碳层，然后淬火，工艺复杂；改用高频淬火较为简单
		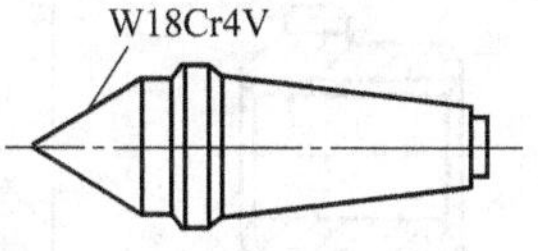 W18Cr4V	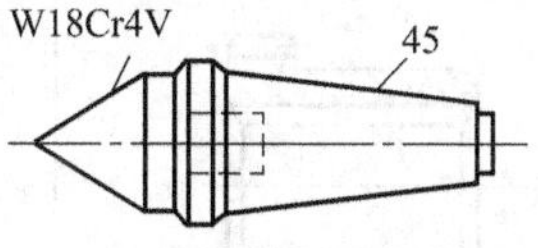 W18Cr4V 45	此件两部分工作条件不相同，设计成组合结构，不同部位用不同材料，既提高工艺性，又节约高合金钢材料
4	机械加工与热处理工艺互相配合	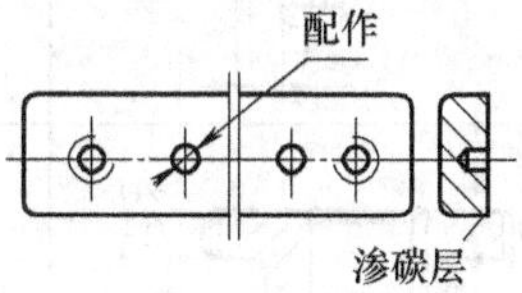 配作 渗碳层 20Cr-S-G59	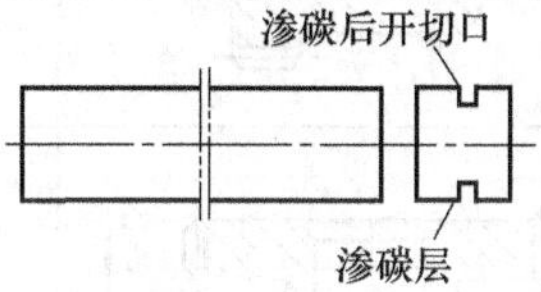 渗碳后开切口 渗碳层 两件一起下料	改进前，有配作孔的一面去掉渗碳层，形成碳层不对称，淬火后必然翘曲；改为两件一起下料，渗碳后开切口，淬火后再切成单件
		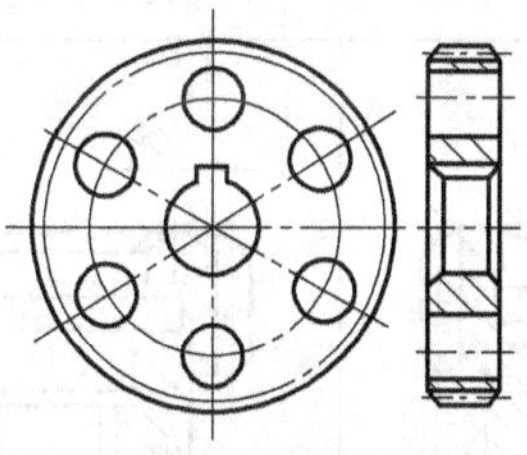 齿部G52		改进前，齿部淬火后6个孔处的齿圈将下凹；应在齿部淬火后再钻6个孔
		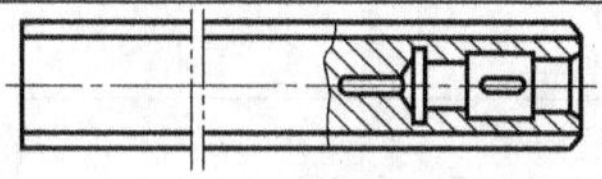 38CrMoAlA-D900 直接渗氮 在整个加工过程中安排正火、调质、高温时效、低温时效等工序		使渗氮前获得均匀理想的金相组织，并消除切削加工应力，以保证渗氮件变形微小
		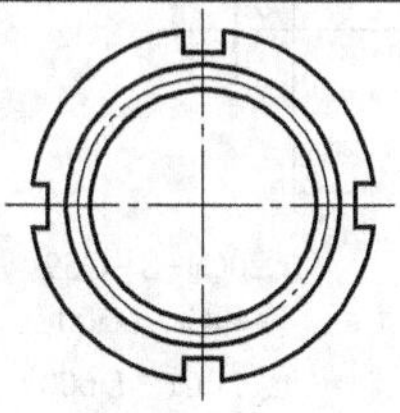 槽部G42	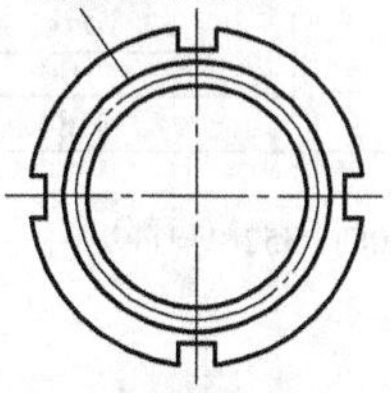 螺纹淬火后加工 槽部G42	全部加工后淬火则内螺纹会产生变形；最好在槽口局部淬火后再车内螺纹
5	增加零件刚性	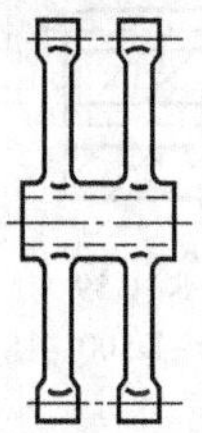	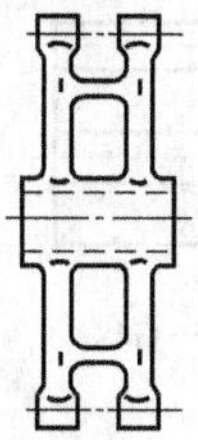	杠杆为铸件，其杆臂较长，铸造时及热处理时均易变形。加横梁后，使变形减少

(3) 防止零件热处理硬度不均的注意事项

防止零件热处理硬度不均的注意事项见表 3-73。

表 3-73 防止零件热处理硬度不均的注意事项

序号	注意事项	图例		说明
		改进前	改进后	
1	避免不通孔和死角	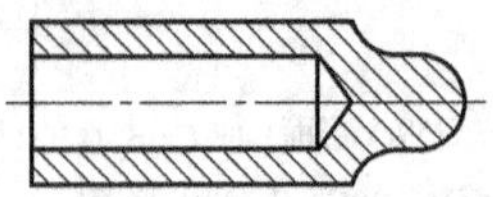	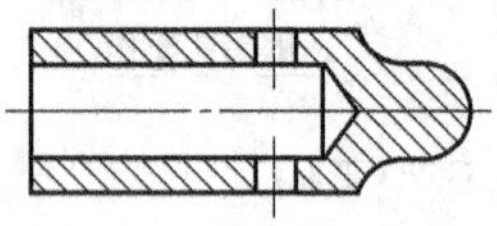	不通孔和死角使淬火时的气泡无法逸出，造成硬度不均；应设计工艺排气孔
2	两个高频淬火部位不应相距太近，以免互相影响	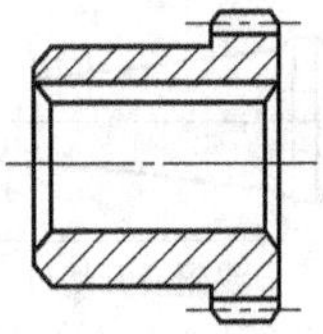	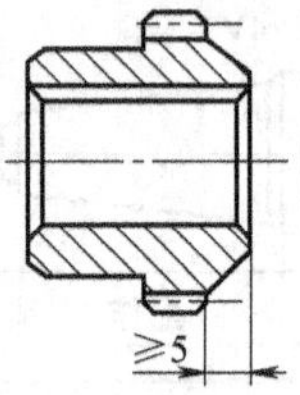 ≥5	齿部和端面均要求淬火时，端面与齿部距离应不小于 5mm
		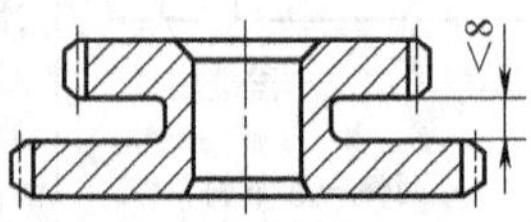 <8	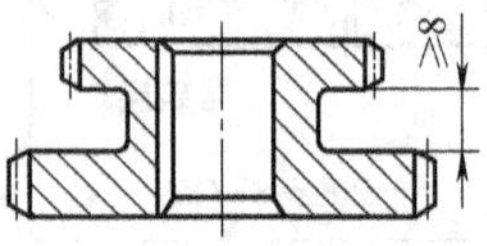 ≥8	二联或二联以上的齿轮，若齿部均需高频淬火，则齿部两端面间的距离应不小于 8mm
		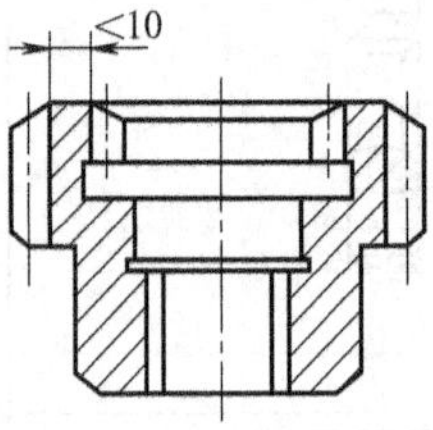 ≤10	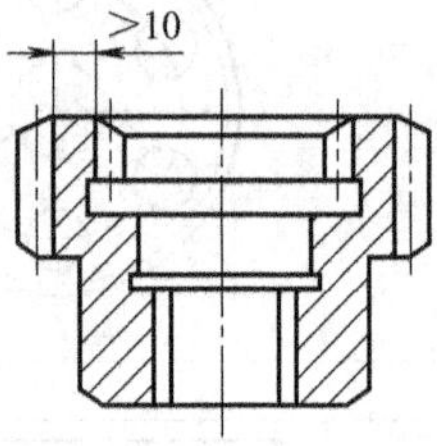 >10	内外齿均需高频淬火时，两齿根圆间的距离应不小于 10mm
3	选择适当的材料和热处理方法	m=8；z=22；β=35° 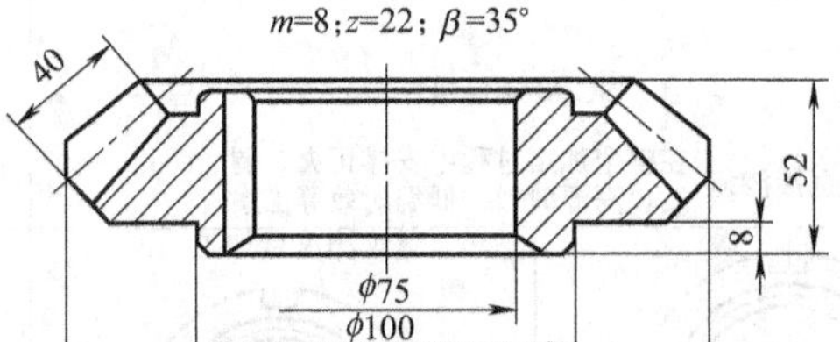 40, 52, 8, φ75, φ100, φ184 40Cr-G52（齿部）	20Cr-S-G59 或40Cr-D500 或 20Cr-D600	改进前，弧齿锥齿轮凹凸齿面硬度不一致，特别是模数较大时，硬度差亦较大；应采用渗碳或渗氮，用离子渗氮更好
4	齿条避免采用高频淬火	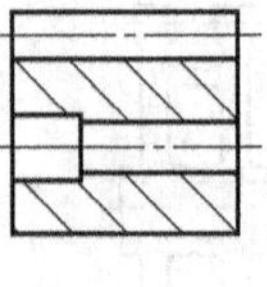 45-G48	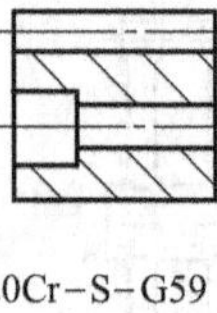 20Cr-S-G59 或40Cr-D500	平齿条高频淬火只能淬到齿顶，如果加热过久，会使齿顶熔化，而齿根淬不上火；应采用渗碳或渗氮

续表

序号	注意事项	图例 改进前	图例 改进后	说明
4	齿条避免采用高频淬火	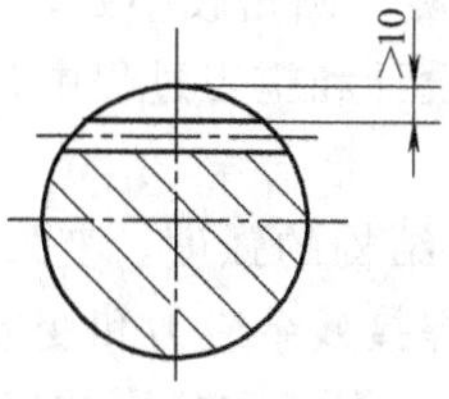 ≥10 G48	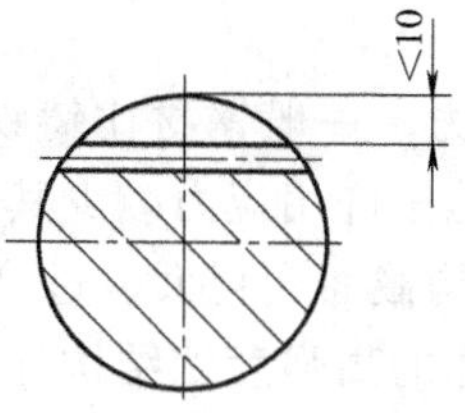 ≤10 G48	圆断面的齿条，当齿顶平面到圆柱表面的距离小于10mm时，可采用高频淬火
			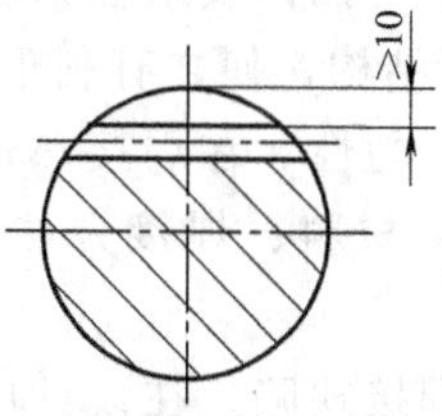 ≥10 40Cr-D500	最好采用渗氮处理，用离子渗氮更好

3.6 常用焊接工艺性规范

3.6.1 焊接方法及其应用

焊接方法及其应用见表3-74。

表3-74 常用焊接方法的特点及适用范围

焊接方法名称	方法原理	方法分类	特点及适用范围
熔焊	将焊件接头加热至熔化状态，不加压力以完成焊接的方法	气焊、手工电弧焊、埋弧焊、气体保护焊、电渣焊、等离子弧焊、电子束焊、激光焊等	机械制造业中所有同种金属、部分异种金属及某些非金属材料的焊接。是最基本的焊接方法，在焊接生产中占主导地位
压焊	对焊件通过施加压力（加热或不加热）以完成焊接的方法	电阻焊（对焊、缝焊、点焊、凸焊）摩擦焊、冷压焊、扩散焊、高频焊、爆炸焊、超声波焊等	电阻焊在压焊中占主导地位，主要用于汽车等薄板构件的装配、焊接；摩擦焊更适用于圆形、管型截面工件焊接，正逐步代替闪光对焊
钎焊	利用熔点比焊件低的钎料与焊件共同加热至钎焊温度（高于钎料熔点，低于焊件熔点），液态钎料润湿母材，填充接头间隙并与母材相互扩散以实现连接的方法	烙铁钎焊、火焰钎焊、电阻钎焊、感应钎焊、浸沾钎焊、炉中钎焊	适用于金属、非金属、异种材料之间的钎焊，可焊接复杂结合面的工件，焊接变形小

3.6.2 焊接结构的设计原则

在进行焊接结构设计时，应参照以下设计原则。

① 焊接性。焊接性是指采用一定的焊接工艺方法、工艺参数及结构形式获得优质焊接接

头的难易程度。一般认为碳的质量分数＜0.25％的碳钢及碳的质量分数＜0.18％的合金钢焊接性良好。在设计中要焊接结构时，选择焊接材料必须经过仔细的焊接性试验。在设计中还必须结合结构的复杂程度、刚度、焊接方法以及采用的焊条及焊接的工艺条件等因素去考虑钢材的焊接性。

② 结构刚度和减振能力。一般钢材比铸铁的减振能力都低，故有较高要求的铸铁件（如机床床身等）时不能简单地按许用应力减少其截面，必须考虑其刚度和减振能力。

③ 应力集中。焊接结构截面变化大、过渡区较陡、圆角较小处，易引起较大的应力集中。在动载荷和低温条件下工作的高强度钢结构件，在设计和施工过程中，尤需采用措施以减少应力集中。

④ 焊接残余应力和变形。拉伸残余应力会降低结构的强度，变形会引起结构尺寸和精度的变化，为此需恰当地设计结构，使之有利于降低焊接残余应力和变形。

⑤ 焊接接头性能的不均匀性。在焊接热作用下，焊缝和热影响区的成分、组织和性能都不同于母材。故在选择焊接材料、焊接方法，制定焊接工艺时，应保证接头性能达到设计要求。

⑥ 应尽量减少和排除焊接缺陷。在设计中应考虑便于焊接操作，为减少焊接缺陷创造条件。焊缝布置应避开高应力区。重要焊缝必须进行无损探测。

3.6.3 焊接材料及选择

(1) 选择焊条的基本原则

选择焊条的基本原则见表 3-75 和表 3-76。

表 3-75 同类钢材焊接时选择焊条原则

考虑因素	选择原则
焊件的力学性能和化学成分	①根据等强度的观点，选择满足母材力学性能的焊条，或结合母材的可焊性，改用非等强度而焊接性好的焊条；还应考虑焊缝结构形式，以满足等强度、等刚度要求 ②使其合金成分符合或接近母材 ③母材含碳、硫、磷等有害杂质较高时，应选择抗裂性和抗气孔性能较好的焊条。建议选用氧化钛钙型、钛铁矿型焊条。如果尚不能解决，可选用低氢型焊条
焊件的工作条件和使用性能	①在承受动载荷和冲击载荷的情况下，除保证强度外，对冲击韧性、伸长率均有较高要求，应依次选用低氢型、钛钙型和氧化铁型焊条 ②接触腐蚀介质的，必须根据介质种类、浓度、工作温度以及区分是一般腐蚀还是晶间腐蚀等，选择合适的不锈钢焊条 ③在磨损条件下工作时，应区分是一般磨损还是受冲击磨损，是常温还是在高温下磨损等 ④非常温条件下工作时，应选择相应的保证低温或高温力学性能的焊条
焊件的结构特点和受力状态	①形状复杂、刚性大或大厚度的焊件，焊缝金属在冷却时收缩应力大，容易产生裂缝，必须选用抗裂性强的焊条，如低氢型焊条、高韧性焊条或氧化铁型焊条 ②受条件限制不能翻转的焊件，有些焊缝处于非平焊位置必须选用能全位置焊接的焊条 ③焊接部位难以清理的焊件，选用氧化性强，对铁锈、氧化皮和油污不敏感的酸性焊条
施焊条件及设备	在没有直流焊机的地方，不宜选用限用直流电源的焊条，而应选用用于交直流电源的焊条。某些钢材(如珠光体耐热钢)需焊后进行消除应力热处理，但受设备条件限制(或本身结构限制)不能进行热处理时，应改用非母体金属材料焊条(如奥氏体不锈钢焊条)，可不必焊后热处理 在狭小或通风条件差的场合，选用酸性焊条或低尘焊条；对焊接工作量大的结构，有条件时应尽量采用高效率焊条，如铁粉焊条、高效率重力焊条等，或选用底层焊条、立向下焊条之类的专用焊条

续表

考虑因素	选择原则
改善焊接工艺和保护工人身体健康	在酸性焊条和碱性焊条都可以满足要求的地方，应尽量采用工艺性能好的酸性焊条
劳动生产率和经济合理性	在使用性能相同的情况下，应尽量选择价格较低的酸性焊条，而不用碱性焊条，在酸性焊条中又以钛型、钛钙型为贵，根据我国矿藏资源情况，应大力推广钛铁矿型药皮的焊条

表 3-76 异种钢、复合钢板焊接时选择焊条原则

焊接材料	原则
一般碳钢和低合金钢的焊接	①应使焊接接头的强度大于被焊钢材中最低的强度 ②应使焊接接头的塑性和冲击韧度不低于被焊钢材 ③为防止焊接裂缝的产生，应根据焊接性较差的母材选取焊接工艺
低合金钢和奥氏体不锈钢的焊接	①一般选用铬镍含量比母材高，塑性、抗裂性较好的奥氏体不锈钢焊条 ②对于不重要的焊件，可选用与不锈钢相应的焊条
不锈钢复合钢板的焊接	①推荐使用基层、过渡层、复合层三种不同性能的焊条 ②一般情况下，复合钢板的基层与腐蚀性介质不直接接触，常用碳钢、低合金钢等结构钢，所以基层的焊接可选用相应等级的结构钢焊条 ③过渡层处于两种不同材料的交界处，应选用铬镍含量比复合钢板高的塑性、抗裂性较好的奥氏体不锈钢焊条 ④复合层直接与腐蚀性介质接触，可选用相应的奥氏体不锈钢焊条

(2) 国标焊条的类别及型号

国标焊条的类别及型号见表 3-77。

表 3-77 国标焊条的类别及型号

<table>
<tr><th rowspan="3">类别</th><th rowspan="3">型号</th><th>型号 1、2 位数字</th><th colspan="4">型号 3、4 位数字</th><th rowspan="3">型号 3、4 位数字组合</th><th rowspan="3">型号意义及示例</th></tr>
<tr><th rowspan="2">熔敷金属抗拉强度/MPa (kgf/mm²)</th><th colspan="4">药皮及电源类型</th></tr>
<tr><th>数字</th><th>药皮</th><th colspan="2">电源</th></tr>
<tr><td rowspan="4">碳钢焊条 (GB/T 5117—1995)</td><td rowspan="2">E43××</td><td rowspan="2">≥420 (43)</td><td>00</td><td>特殊型</td><td rowspan="3" colspan="2">交流或直流正、反接</td><td>1、4、5</td><td rowspan="4">E ×× ××
焊条
熔敷金属抗拉强度的最小值
焊条适用的焊接位置①
药皮类型及焊接电源</td></tr>
<tr><td>01</td><td>钛铁矿型</td><td>1、2</td></tr>
<tr><td rowspan="2">E50××</td><td rowspan="2">≥490 (50)</td><td>03</td><td>钛钙型</td><td>1、2、3、4</td></tr>
<tr><td>10</td><td>高纤维钠型</td><td colspan="2">直流反接</td><td>1、2、3、4、5、6</td></tr>
<tr><td rowspan="4">低合金钢焊条 (GB/T 5118—1995)</td><td rowspan="2">E50××-×</td><td rowspan="2">≥490 (50)</td><td>11</td><td>高纤维钾型</td><td rowspan="2">交流或直流</td><td>反接</td><td>1、2、3、4、5、6</td><td rowspan="4">E ×× ××-×
焊条
熔敷金属抗拉强度的最小值
焊条适用的焊接位置①
药皮类型及焊接电源
熔敷金属化学成分分类代号</td></tr>
<tr><td>12</td><td>高钛钠型</td><td>正接</td><td>1</td></tr>
<tr><td rowspan="2">E55××-×</td><td rowspan="2">≥540 (55)</td><td>13</td><td>高钛钾型</td><td rowspan="2" colspan="2">交流或直流正、反接</td><td>1、4、5、6</td></tr>
<tr><td>14</td><td>铁粉钛型</td><td>2</td></tr>
</table>

续表

类别	型号	型号1、2位数字 熔敷金属抗拉强度/MPa(kgf/mm²)	型号3、4位数字 药皮及电源类型 数字	药皮	电源		型号3、4位数字组合	型号意义及示例
低合金钢焊条(GB/T 5118—1995)	E60××-×	≥590(60)	15	低氢钠型	直流反接		1、2、3、4、10 5、6、7、8、9、11	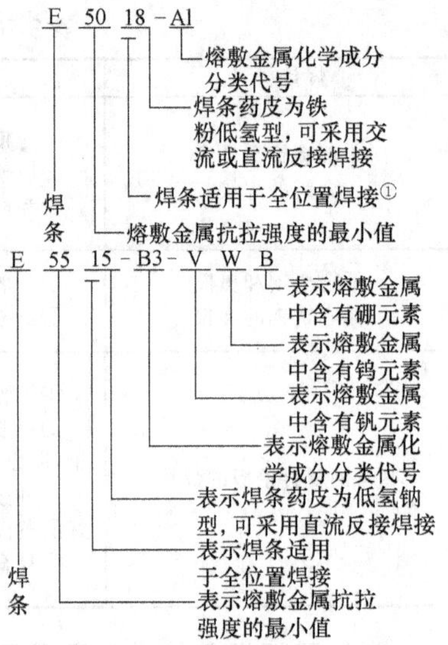 E 50 18 -A1 焊条 熔敷金属抗拉强度的最小值 焊条适用于全位置焊接① 焊条药皮为铁粉低氢型,可采用交流或直流反接焊接 熔敷金属化学成分分类代号
			16	低氢钾型	交流或直流反接		1、2、3、4、10 5、6、7、8、9、11	
	E70××-×	≥690(70)	18	铁粉低氢钾型			2、3、4、5、7、8、9、10、11	E 55 15 -B3- V W B 焊条 表示熔敷金属抗拉强度的最小值 表示焊条适用于全位置焊接 表示焊条药皮为低氢钠型,可采用直流反接焊接 表示熔敷金属化学成分分类代号 表示熔敷金属中含有钒元素 表示熔敷金属中含有钨元素 表示熔敷金属中含有硼元素
	E75××-×	≥740(75)	18M	铁粉低氢型	直流反接			
	E80××-×	≥780(80)	20	氧化钛型	交流或直流	正、反接	1、3	
			22			正接	1	
	E85××-×	≥830(85)	23	铁粉钛钙型	交流或直流正、反接		1、2	
			24	铁粉钛型			1、2	
	E90××-×	≥880(90)	27	铁粉氧化铁型	交流或直流	正接	1、2、3	
	E100××-×	≥980(100)	28	铁粉		反接	1、2	
			48	低氢型			2	

类别	型号	ED后的元素符号为熔敷金属化学成分	短画线后两位数字 药皮及电源类型 数字	药皮	电源	型号补充说明	型号意义及示例
堆焊焊条(GB/T 984—2001)	EDP××-××	普通低、中合金钢	00	特殊型	交流或直流	堆焊焊条在同一基本型号内有几个分型时，可用字母A、B、C、……标志，如果再细分时，可加注下角数字1、2、3、……如A_1、A_2、A_3……	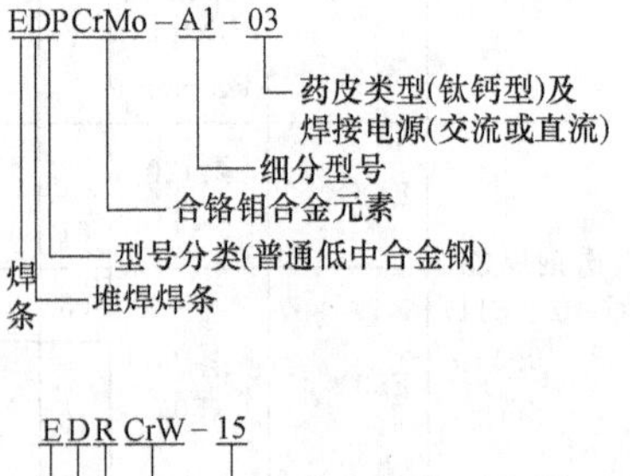 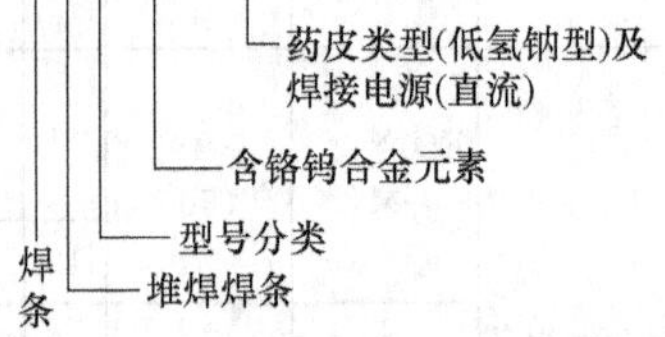 EDP CrMo - A1 - 03 焊条 堆焊焊条 型号分类(普通低中合金钢) 含铬钼合金元素 细分型号 药皮类型(钛钙型)及焊接电源(交流或直流)
	EDR××-××	热强合金钢					
	EDCr××-××	高铬钢	03	钛钙型			
	EDMn××-××	高锰钢					
	EDCrMn××-××	高铬锰钢					
	EDCrNi××-××	高铬镍钢	15	低氢钠型	直流		E D R CrW - 15 焊条 堆焊焊条 型号分类 含铬钨合金元素 药皮类型(低氢钠型)及焊接电源(直流)
	EDD××-××	高速钢					
	EDZ××-××	合金铸铁					
	EDZCr××-××	高铬铸铁	16	低氢钾型	交流或直流		
	EDCoCr××-××	钴基合金					
	EDW××-××	碳化钨	08	石墨型			
	EDT××-××	特殊型					

①“0”及“1”表示焊条适用于全位置（平、立、仰、横）焊接，“2”表示焊条适用于平焊及平角焊，“4”表示适用于向下立焊。

注：碳钢焊条在第4位数字后面附加“R”表示耐吸潮焊条；附加“M”表示对吸潮和力学性能有特殊规定的焊条；附加“-1”表示对冲击性能有特殊规定的焊条。

3.6.4 常用金属的焊接性

(1) 常用钢材的焊接性

常用钢材的焊接性见表 3-78。

表 3-78 常用钢材的焊接性

钢号	焊接性			特点
	等级	合金元素总质量	含碳量	
		概略指标(质量分数)/%		
Q195,Q215,Q235 08,10,15,20,25,ZG25 Q345,16MnCu,Q390 15MnTi,Q295,09Mn2Si,20Mn 15Cr,20Cr,15CrMn 0Cr13,1Cr18Ni9,1Cr18Ni9Ti,2Cr18Ni9,0Cr17Ti,0Cr18Ni10,0Cr18Ni9Ti,0Cr17Ni13Mo2Ti,1Cr18Ni10Ti,1Cr17Ni13Mo2Ti,Cr17Ni13Mo3Ti,1Cr17Ni3Mo3Ti	Ⅰ(良好)	1 以下	0.25 以下	在任何普通生产条件下都能焊接,没有工艺限制,对于焊接前后的热处理及焊接热规范没有特殊要求。焊接后的变形容易校正。厚度大于 20mm,结构刚度很大时要预热 低合金钢预热及焊后热处理。1Cr18Ni9、1Cr18Ni9Ti 需预热焊后高温退火。要做到焊缝成形好,表面粗糙度好,才能很好地保证耐腐蚀性
		1~3	0.20 以下	
		3 以上	0.18 以下	
Q255,Q275,30,35,ZG230-450 30Mn,18MnSi,20CrV,20CrMo,30Cr,20CrMnSi,20CrMoA,12CrMoA,22CrMo,Cr11MoV,1Cr13,12CrMo,14MnMoVB,Cr25Ti,15CrMo,12CrMoV	Ⅱ(一般)	1 以上	0.25~0.35	形成冷裂倾向小,采用合理的焊接热规范可以得到满意的焊接性能。在焊接复杂结构和厚板时,必须预热
		1~3	0.20~0.30	
		3 以上	0.18~0.25	
Q275 35,40,45 40Mn,35Mn2,40Mn2,20Cr,40Cr,35SiMn,30CrMnSi,30Mn2,35CrMoA,25Cr2MoVA,30CrMoSiA,2Cr13,Cr6SiMo,Cr18Si2	Ⅲ(较差)	1 以下	0.35~0.45	在通常情况下,焊接时有形成裂纹的倾向,焊前应预热,焊后应热处理,只有有限的焊接热规范可能获得较好的焊接性能
		1~3	0.30~0.40	
		3 以上	0.28~0.38	
Q275 50,55,60,65,85 50Mn,60Mn,65Mn,45Mn2,50Mn2,50Cr,30CrMo,40CrSi,35CrMoV,38CrMnAlA,35SiMnA,35CrMoVA,30Cr2MoVA,3Cr13,4Cr13,4Cr9Si2,60Si2CrA,50CrVA,30W4Cr2VA	Ⅳ(不好)	1 以上	0.45 以上	焊接时很容易形成裂纹,但在采用合理的焊接规范、预热和焊后热处理的条件下,这些钢也能够焊接
		1~3	0.40 以上	
		3 以下	0.38 以上	

(2) 铸铁的焊接性

铸铁的焊接性见表 3-79。焊接铸铁要比焊低碳钢困难得多,这里介绍的焊接性,只是就它们本身比较而言。

表 3-79 铸铁的焊接性

焊接金属	焊接性	焊接方法与焊接接头的特点		备注
灰铸铁	良好	电弧冷焊	采用铸铁焊条焊接。加工性一般,易出现裂纹,只适于小中型工件中较小缺陷的焊补,如小砂眼、小气孔及小裂缝等	复杂铸件均应整体加热,简单铸件用焊炬局部加热即可
			采用铜钢焊条焊接。加工性较差,抗裂纹性好,强度较高,能承受较大静载荷及一定动载荷,能基本满足焊缝致密性要求。对复杂的、刚度大的焊件不易采用	
			采用镍铜焊条焊接。加工性好,强度较低,用于刚度不大、预热有困难的焊件上	
		铸铁焊条气焊	加工性良好,接头具有与工件相近的力学性能与颜色,焊补处刚度大、结构复杂时,易出现裂纹,适于焊补刚度不大、结构不复杂、待加工尺寸不大的焊件的缺陷	

续表

<table>
<tr><th>焊接金属</th><th>焊接性</th><th colspan="2">焊接方法与焊接接头的特点</th><th>备　注</th></tr>
<tr><td>灰铸铁</td><td rowspan="2">良好</td><td>铸铁焊条热焊及半热焊</td><td>加工性、致密性都好，内应力小，不易出现裂纹，接头具有与母材相近的强度，但生产率低，主要用于修复，焊后须加工。对于承受较大静载荷、动载荷，要求致密性等的复杂结构，大的缺陷且工件壁较厚时，用电弧焊；中小缺陷且工件较薄时，用气焊</td><td rowspan="2">复杂铸件均应整体加热，简单零件用焊炬局部加热即可</td></tr>
<tr><td>可锻铸铁</td><td>铸铁焊条电渣焊</td><td>加工性、强度及紧密性都好，但在焊补复杂及刚度大的工件时，易发生裂纹</td></tr>
<tr><td rowspan="4">球墨铸铁</td><td rowspan="4">较差</td><td rowspan="3">手工电弧焊</td><td>采用低碳钢焊条焊接。容易产生裂纹</td><td rowspan="4">—</td></tr>
<tr><td>采用镍铁焊条冷焊焊接。加工性良好，接头具有与母材相等的强度</td></tr>
<tr><td>用于接头质量要求高的中小型缺陷的修补</td></tr>
<tr><td>气焊</td><td>用于接头质量要求高的中小型缺陷的修补</td></tr>
<tr><td>白口铸铁</td><td>很难</td><td colspan="2"></td><td>硬度高，脆性大，容易出现裂纹</td></tr>
</table>

(3) 常用异种金属间的焊接性

常见异种金属间的焊接性见表 3-80。

表 3-80　异种金属间的焊接性

被焊接材料牌号	气焊	氢原子焊	二氧化碳保护焊	手工电弧焊	氩弧焊
20+30CrMnSiA	△	△	△	△	△
20+30CrMnSiNi2A	—	△	—	△	△
20+1Cr18Ni9Ti	△	—	△	△	△
30CrMnSiA+1Cr18Ni9Ti	△	—	△	△	△
30CrMnSiA+30CrMnSiNi2A	—	△	—	△	△
1Cr18Ni9Ti+1Cr19Ni11Si4AlTi	—	—	△	—	△
LF21+LF2;3A21+5A02	△	—	—	—	△
LF21+LF3;3A21+5A03	—	—	—	—	△
LF21+ZL-101;3A21+ZL-101	△	—	—	—	△
LF3+LF6;5A03+5A06	—	—	—	—	△

注："△"表示可以焊接。

3.6.5　焊缝

(1) 焊接方法代号

焊接方法代号见表 3-81。

表 3-81　焊接方法代号

代号	焊接方法	代号	焊接方法
1	电弧焊	15	等离子弧焊
11	无气体保护的电弧焊	151	大电流等离子弧焊
111	焊条电弧焊(涂料焊条熔化极电弧焊)	152	微束等离子弧焊
112	重力焊(涂料焊条重力电弧焊)	153	等离子粉末堆焊(喷涂)
113	光焊丝电弧焊	154	等离子填丝堆焊
114	药芯焊丝电弧焊	156	等离子弧点焊
115	涂层焊丝电弧焊	181	碳弧焊
116	熔化极电弧点焊	185	旋弧焊
21	点焊	2	电阻焊

(2) 常用焊缝符号表示法

常用焊缝符号表示法见表 3-82～表 3-87。

表 3-82　常用焊缝符号表示法（GB/T 324—2008）

序号	名称	示意图	符号	序号	名称	示意图	符号
1	卷边焊缝（卷边完全熔化）	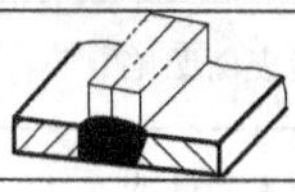		12	点焊缝	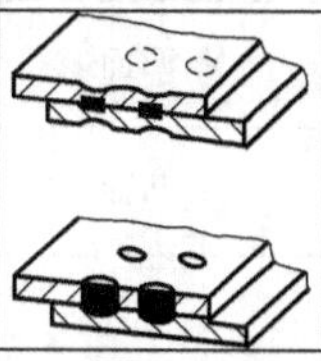	
2	I 形焊缝						
3	V 形焊缝			13	缝焊缝	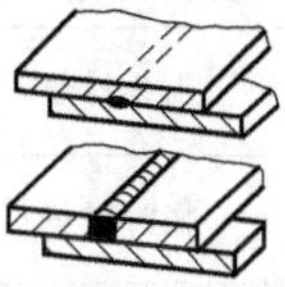	
4	单边 V 形焊缝			14	陡边 V 形焊缝	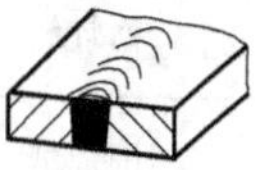	
5	带钝边 V 形焊缝			15	陡边单 V 形焊缝	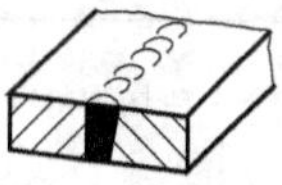	
6	带钝边单边 V 形焊缝	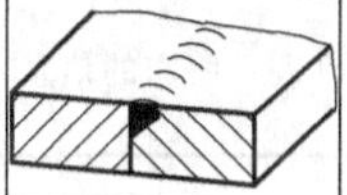		16	端焊缝		
7	带钝边 U 形焊缝	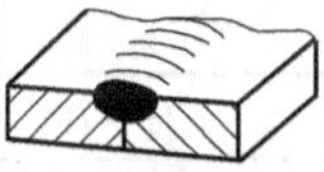		17	堆焊缝		
8	带钝边 J 形焊缝	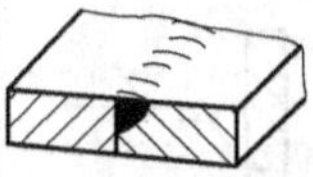		18	平面连接（钎焊）	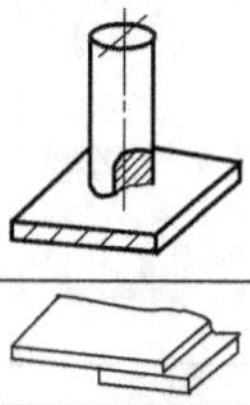	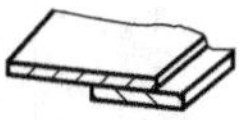
9	封底焊缝	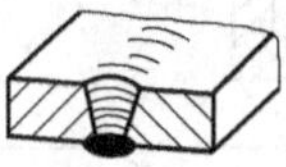					
10	角焊缝	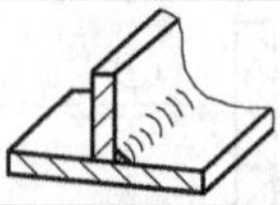		19	斜面连接（钎焊）	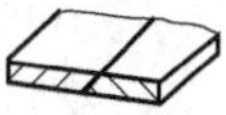	
11	塞焊缝或槽焊缝			20	折叠连接（钎焊）		

表 3-83　基本符号的组合（GB/T 324—2008）

序号	名称	示意图	符号	序号	名称	示意图	符号
1	双面 V 形焊缝（X 焊缝）	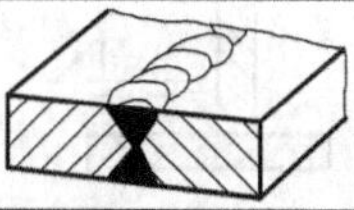		4	带钝边的双面单 V 形焊缝	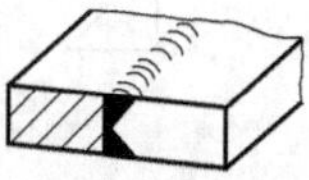	
2	双面单 V 形焊缝（K 焊缝）	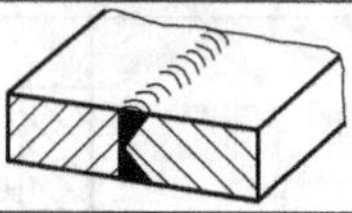		5	双面 U 形焊缝	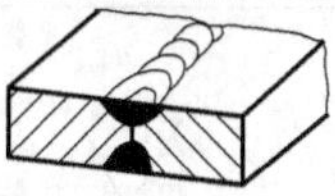	
3	带钝边的双面 V 形焊缝						

表 3-84 补充符号（GB/T 324—2008）

序 号	名 称	符 号	说 明
1	平面		焊缝表面通常经过加工后平整
2	凹面		焊缝表面凹陷
3	凸面		焊缝表面凸起
4	圆滑过渡		焊趾处过渡圆滑
5	永久衬垫	M	衬垫永久保留
6	临时衬垫	MR	衬垫在焊接完成后拆除
7	三面焊缝		三面带有焊缝
8	周围焊缝		沿着工件周边施焊的焊缝 标注位置为基准线与箭头线的交点处
9	现场焊缝		在现场焊接的焊缝
10	尾部		可以表示所需的信息

表 3-85 基本符号应用示例（GB/T 324—2008）

序 号	符 号	示 意 图	标 注 示 例
1			
2			
3			
4			

续表

序 号	符 号	示 意 图	标 注 示 例
5			

表 3-86 补充符号应用示例（GB/T 324—2008）

序号	名 称	示 意 图	符 号
1	平齐的 V 形焊缝		
2	凸起的双面 V 形焊缝		
3	凹陷的角焊缝		
4	平齐的 V 形焊缝和封底焊缝		
5	表面过渡平滑的角焊缝		

表 3-87 补充符号标注示例（GB/T 324—2008）

序号	符 号	示 意 图	标注示例
1			
2			
3			

(3) 碳钢、低合金钢焊缝坡口的基本形式和尺寸

碳钢、低合金钢焊缝坡口的基本形式和尺寸见表 3-88 和表 3-89。

表 3-88 焊缝坡口的基本形式和尺寸

mm

较薄板厚度 δ_1	允许厚度差($\delta-\delta_1$)
＞2～5	1
＞5～9	2
＞9～12	3
＞12	4

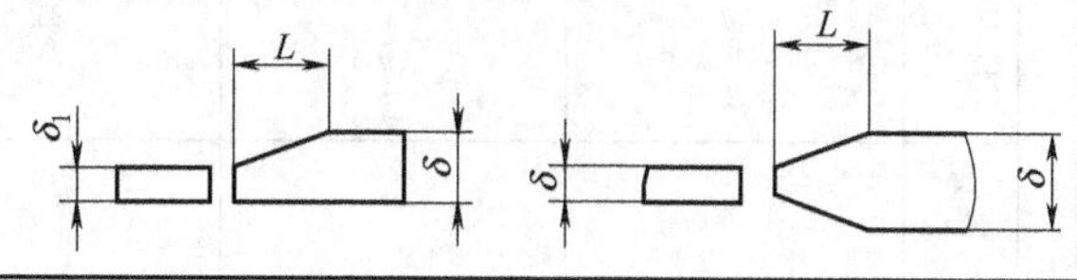

表 3-89　碳钢、低合金钢埋弧焊焊缝推荐坡口　　mm

单面对接焊坡口

序号	焊缝				坡口形式和尺寸					焊接位置	备注
	工件厚度 t	名称	基本符号	焊缝示意图	横截面示意图	坡口角 α 或坡口面角 β	间隙 b、圆弧半径 R	钝边 c	坡口深度 h		
1	$3\leqslant t\leqslant 12$	平对接焊缝	‖	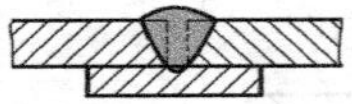	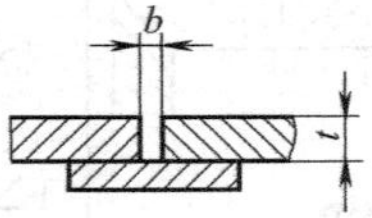	—	$b\leqslant 0.5t$ 最大 5	—	—	PA	带衬垫，衬垫厚度至少 5mm 或 $0.5t$
2	$10\leqslant t\leqslant 20$	V 形焊缝	V	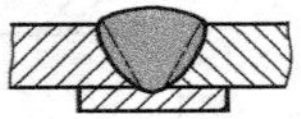	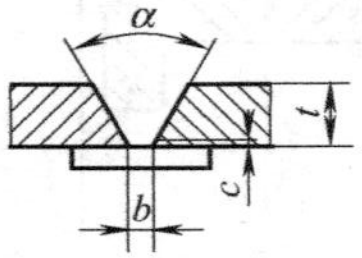	$30°\leqslant\alpha\leqslant 50°$	$4\leqslant b\leqslant 8$	$c\leqslant 2$	—	PA	带衬垫，衬垫厚度至少 5mm 或 $0.5t$
3	$t>20$	陡边 V 形焊缝		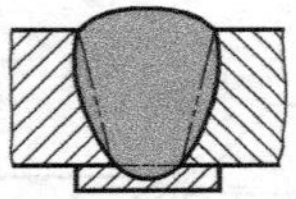	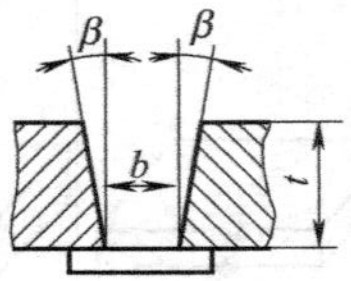	$4°\leqslant\beta\leqslant 10°$	$16\leqslant b\leqslant 25$	—	—	PA	带衬垫，衬垫厚度至少 5mm 或 $0.5t$
4	$t>12$	双 V 形组合焊缝		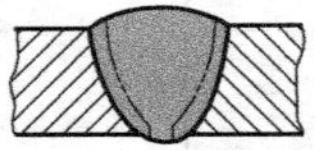	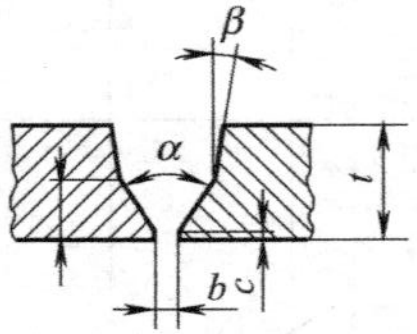	$60°\leqslant\alpha\leqslant 70°$ $4°\leqslant\beta\leqslant 10°$	$1\leqslant b\leqslant 4$	$0\leqslant c\leqslant 3$	$4\leqslant h\leqslant 10$	PA	根部焊道可采用合适的方法焊接
5	$t\geqslant 12$	U-V 形组合焊缝		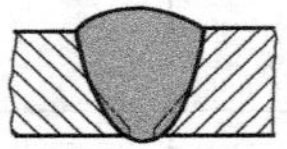	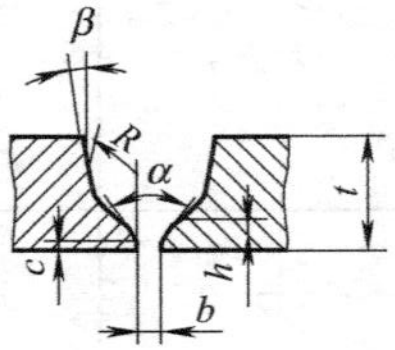	$60°\leqslant\alpha\leqslant 70°$ $4°\leqslant\beta\leqslant 10°$	$1\leqslant b\leqslant 4$ $5\leqslant R\leqslant 10$	$0\leqslant c\leqslant 3$	$4\leqslant h\leqslant 10$	PA	根部焊道可采用合适的方法焊接

续表

单面对接焊坡口											
焊缝					坡口形式和尺寸					焊接位置	备注
序号	工件厚度 t	名称	基本符号	焊缝示意图	横截面示意图	坡口角 α 或坡口面角 β	间隙 b、圆弧半径 R	钝边 c	坡口深度 h		
6	$t\geqslant30$	U形焊缝		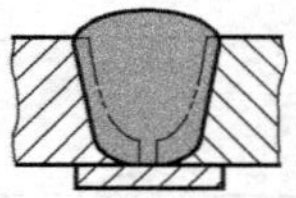	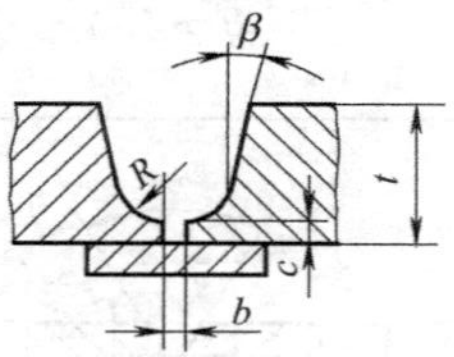	$4^\circ\leqslant\beta\leqslant10^\circ$	$1\leqslant b\leqslant4$ $5\leqslant R\leqslant10$	$2\leqslant c\leqslant3$	—	PA	带衬垫，衬垫厚度至少5mm或0.5t
7	$3\leqslant t\leqslant16$	单边V形焊缝		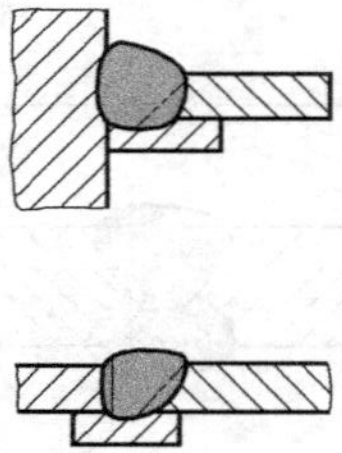	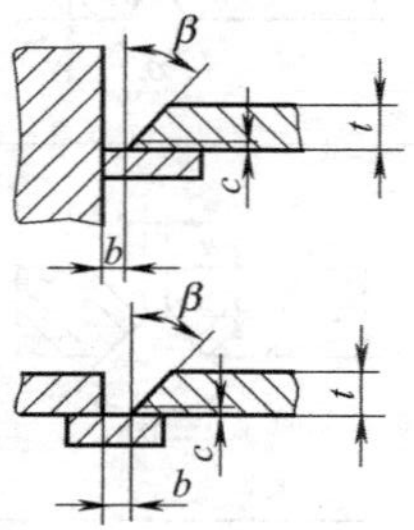	$30^\circ\leqslant\beta\leqslant50^\circ$	$1\leqslant b\leqslant4$	$c\leqslant2$	—	PA PB	带衬垫，衬垫厚度至少5mm或0.5t
8	$t\geqslant16$	单边陡边V形焊缝		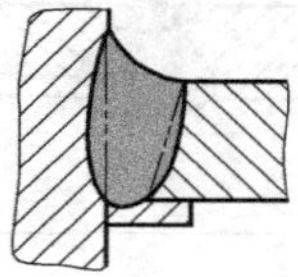	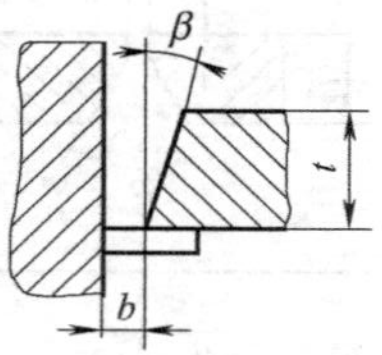	$8^\circ\leqslant\beta\leqslant10^\circ$	$5\leqslant b\leqslant15$	—	—	PA PB	带衬垫，衬垫厚度至少5mm或0.5t
9	$t>16$	J形焊缝		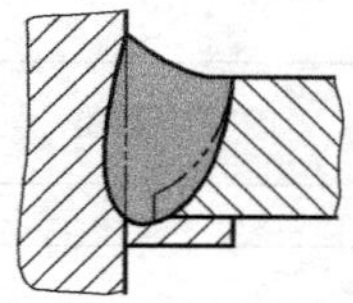	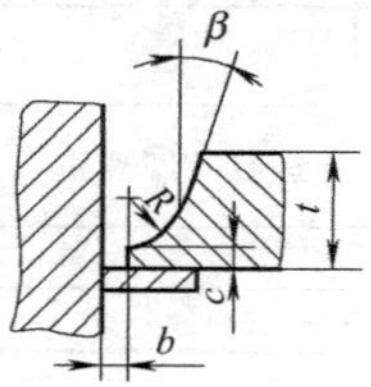	$4^\circ\leqslant\beta\leqslant10^\circ$	$2\leqslant b\leqslant4$ $5\leqslant R\leqslant10$	$2\leqslant c\leqslant3$	—	PA PB	带衬垫，衬垫厚度至少5mm或0.5t

续表

双面对接焊坡口											
焊缝					坡口形式和尺寸					焊接位置	备注
序号	工件厚度 t	名称	基本符号	焊缝示意图	横截面示意图	坡口角 α 或坡口面角 β	间隙 b、圆弧半径 R	钝边 c	坡口深度 h		
1	$3\leqslant t\leqslant 20$	平对接焊缝		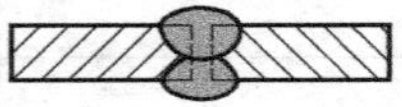	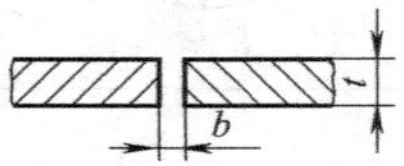	—	$b\leqslant 2$	—	—	PA	间隙应符合公差要求
2	$10\leqslant t\leqslant 35$	带钝边V形焊缝/封底		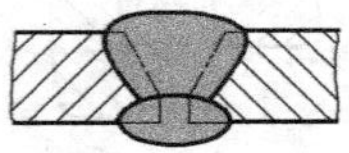	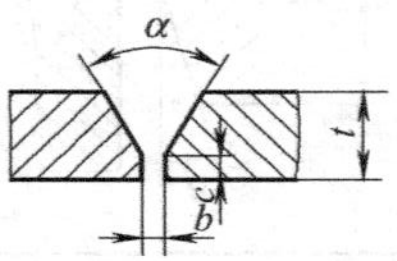	$30°\leqslant\alpha\leqslant 60°$	$b\leqslant 4$	$4\leqslant c\leqslant 10$	—	PA	根部焊道可采用合适的方法焊接
3	$10\leqslant t\leqslant 20$	V形焊缝/平对接焊缝		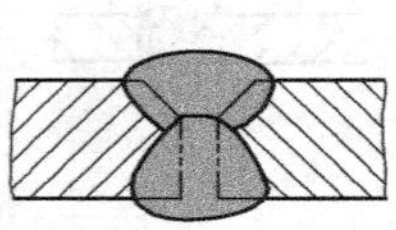	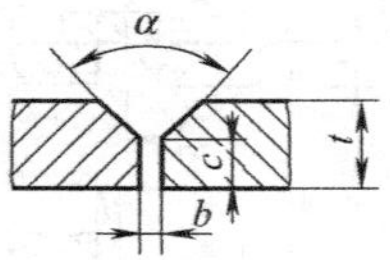	$60°\leqslant\beta\leqslant 80°$	$b\leqslant 4$	$5\leqslant c\leqslant 15$	—	PA	根部焊道可采用合适的方法焊接
4	$t>16$	带钝边的双V形焊缝		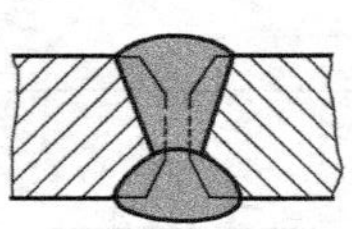	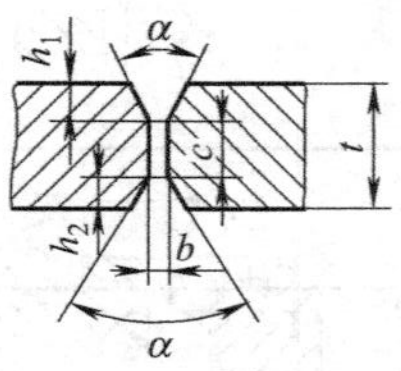	$30°\leqslant\alpha\leqslant 70°$	$b\leqslant 4$	$4\leqslant c\leqslant 10$	$h_1=h_2$	PA	—
5	$t\geqslant 30$	U形焊缝/封底焊缝		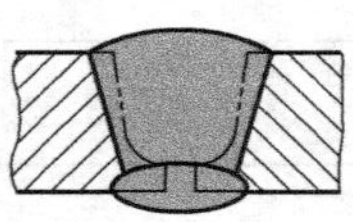	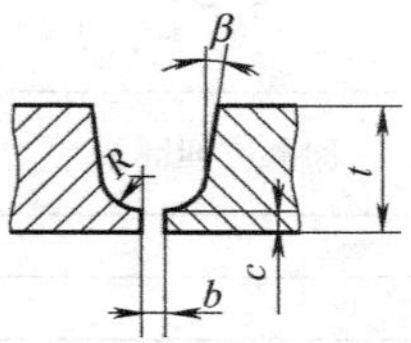	$5°\leqslant\beta\leqslant 10°$	$b\leqslant 4$ $5\leqslant R\leqslant 10$	$4\leqslant c\leqslant 10$	—	PA	—

续表

双面对接焊坡口											
焊缝					坡口形式和尺寸					焊接位置	备注
序号	工件厚度 t	名称	基本符号	焊缝示意图	横截面示意图	坡口角 α 或坡口面角 β	间隙 b、圆弧半径 R	钝边 c	坡口深度 h		
6	$t \geqslant 50$	双U形焊缝		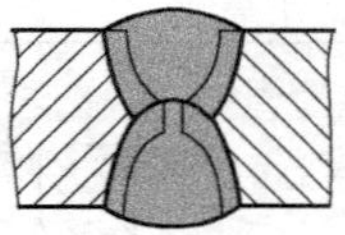	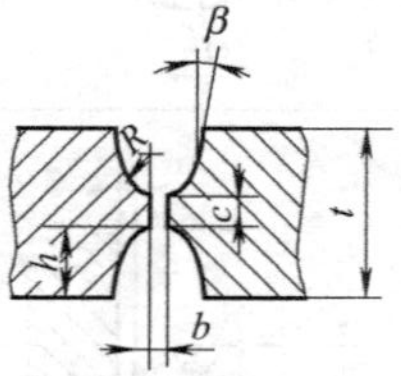	$5° \leqslant \beta \leqslant 10°$	$b \leqslant 4$ $5 \leqslant R \leqslant 10$	$4 \leqslant c \leqslant 10$	$h=0.5(t-c)$	PA	与双V形对称坡口相似，这种坡口可制成对称的形式
7	$t \geqslant 12$	带钝边的K形焊缝		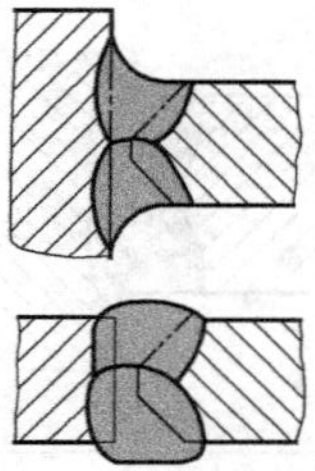	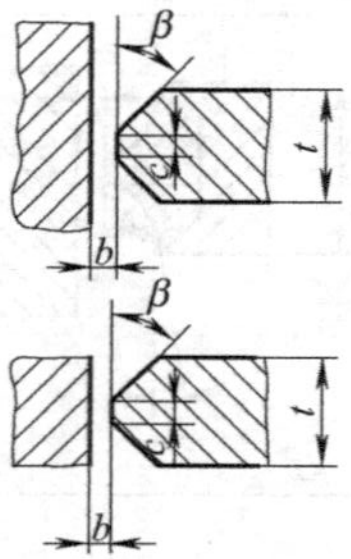	$30° \leqslant \beta \leqslant 50°$	$b \leqslant 4$	$4 \leqslant c \leqslant 10$	—	PA PB	与双V形对称坡口相似，这种坡口可制成对称的形式 必要时可进行打底焊接
8	$t \geqslant 20$	J形焊缝/封底焊缝		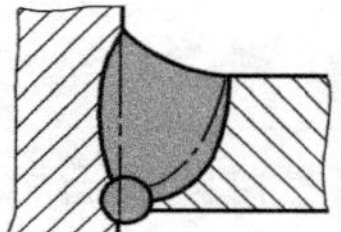	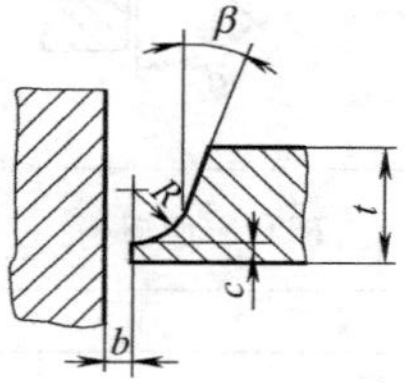	$5° \leqslant \beta \leqslant 10°$	$b \leqslant 4$ $5 \leqslant R \leqslant 10$	$4 \leqslant c \leqslant 10$	—	PA PB	必要时可进行打底焊接

续表

双面对接焊坡口											
焊缝					坡口形式和尺寸					焊接位置	备注
序号	工件厚度 t	名称	基本符号	焊缝示意图	横截面示意图	坡口角 α 或坡口面角 β	间隙 b、圆弧半径 R	钝边 c	坡口深度 h		
9	$t<20$	单边 V 形焊缝				$30°\leqslant\beta\leqslant50°$	$b\leqslant4$	$c\leqslant2$	—	PA PB	必要时可进行打底焊接
10	$t\geqslant30$	双面 J 形焊缝				$5°\leqslant\beta\leqslant10°$	$b\leqslant4$ $5\leqslant R\leqslant10$	$2\leqslant c\leqslant7$	—	PA PB	与双 V 形对称坡口相似，这种坡口可制成对称的形式 必要时可进行打底焊接
11	$t\leqslant12$	双面 J 形焊缝				—	$b\leqslant2$ $5\leqslant R\leqslant10$	$2\leqslant c\leqslant3$	—	PA PB	单道焊坡口
12	$t>12$	双面 J 形焊缝				$5°\leqslant\beta\leqslant10°$	$b\leqslant4$ $5\leqslant R\leqslant10$	$2\leqslant c\leqslant7$	—	PA PB	多道焊坡口 必要时可进行打底焊接

3.6.6　焊接件的几何尺寸公差和形位公差

(1) 线性尺寸公差

线性尺寸公差见表 3-90。

表 3-90　线性尺寸公差（GB/T 19804—2005）　　mm

公差等级	公称尺寸 L 的范围										
	2～30	>30～120	>120～400	>400～1000	>1000～2000	>2000～4000	>4000～8000	>8000～12000	>12000～16000	>16000～20000	>20000
	公差 t										
A	±1	±1	±1	±2	±3	±4	±5	±6	±7	±8	±9
B		±2	±2	±3	±4	±6	±8	±10	±12	±14	±16
C		±3	±4	±6	±8	±11	±14	±18	±21	±24	±27
D		±4	±7	±9	±12	±16	±21	±27	±32	±36	±40

(2) 角度尺寸公差

角度尺寸公差见表 3-91。

表 3-91　角度尺寸公差（GB/T 19804—2005）

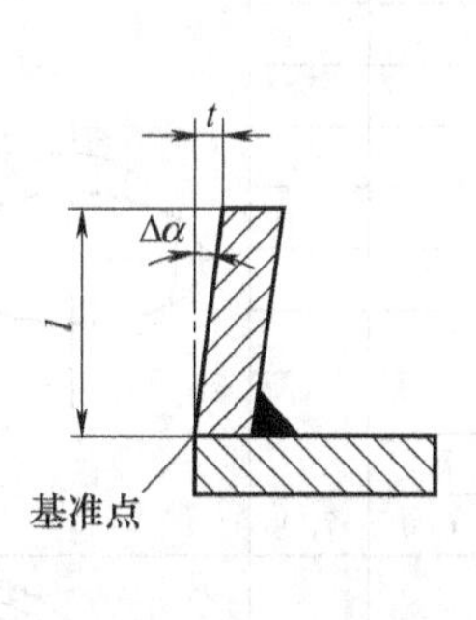

公差等级	公称尺寸 l(工件长度或短边长度)范围/mm		
	0～400	>400～1000	>1000
	以角度表示的公差 $\Delta\alpha$		
A	±20′	±15′	±10′
B	±45′	±30′	±20′
C	±1°	±45′	±30′
D	±1°30′	±1°15′	±1°
	以长度单位表示的公差 t/(mm/m)		
A	±6	±4.5	±3
B	±13	±9	±6
C	±18	±13	±9
D	±26	±22	±18

注：t 为 $\Delta\alpha$ 的正切值，它可由短边的长度计算得出，以 mm/m 计，即每米短边长度内所允许的偏差值。

(3) 直线度、平面度和平行度公差

表 3-92 规定的直线度、平面度和平行度公差既适用于焊件、焊接组装件或焊接构件的所有尺寸，也适用于图样上标注的尺寸。

表 3-92　形位公差（GB/T 19804—2005）　　mm

公差等级	公称尺寸 l(对应表面的较长边)的范围									
	>30～120	>120～400	>400～1000	>1000～2000	>2000～4000	>4000～8000	>8000～12000	>12000～16000	>16000～20000	>20000
	公差 t									
E	±0.5	±1	±1.5	±2	±3	±4	±5	±6	±7	±8
F	±1	±1.5	±3	±4.5	±6	±8	±10	±12	±14	±16
G	±1.5	±3	±5.5	±9	±11	±16	±20	±22	±25	±25
H	±2.5	±5	±9	±14	±18	±26	±32	±36	±40	±40

(4) 焊前弯曲成形的筒体允差

焊前弯曲成形的筒体允差见表 3-93。

(5) 焊前管子的弯曲半径、圆度公差及允许波纹深度

焊前管子的弯曲半径、圆度公差及允许波纹深度见表 3-94。

表 3-93 焊前弯曲成形的筒体允差 mm

外径 D_H	公差			
	ΔD_H	当筒体壁厚为下列数值时的圆度		弯角 C
		≤30	>30	
≤1000	±5	8	5	3
>1000～1500	±7	11	7	4
>1500～2000	±9	14	9	4
>2000～2500	±11	17	11	5
>2500～3000	±13	20	13	5
>3000	±15	23	15	6

表 3-94 焊前管子的弯曲半径、圆度公差及允许波纹深度 mm

公差名称		管子外径											示意图
		30	38	51	60	70	83	102	108	125	150	200	
弯曲半径 R 的公差	R=75～125	±2	±2	±3	±3	±4							
	R=160～300	±1	±1	±2	±2	±3							
	R=400						±5	±5	±5	±5	±5	±5	
	R=500～1000						±4	±4	±4	±4	±4	±4	
	R>1000						±3	±3	±3	±3	±3	±3	
在弯曲半径处的圆度 a 或 b	R=75	3.0											
	R=100	2.5	3.1										
	R=125	2.3	2.6	3.6									
	R=160	1.7	2.1	3.2									
	R=200		1.7	2.8	3.6								
	R=300		1.6	2.6	3.0	4.6	5.8						
	R=400				2.4	3.3	5.0	7.2	8.1				
	R=500				1.8	3.4	4.2	6.2	7.0	7.6			
	R=600				1.5	2.3	3.4	5.1	5.9	6.5	7.5		
	R=700				1.2	1.9	2.5	3.6	4.4	5.0	6.0	7.0	
弯曲处的波纹深度 a'		—	1.0	1.5	1.5	2.0	3.0	4.0	5.0	6.0	7.0	8.0	

3.6.7 焊接质量检验

质量检验贯穿在产品从设计到成品的整个过程中，必须确保质量检验过程中所用检验方法的合理性、检验仪器的可靠性和检验人员的技术水平。焊后的产品要运用各种检验方法检查接头的致密性、物理性能、力学性能、金相组织、化学成分、抗腐蚀性能、外表尺寸和焊接缺陷。

焊接缺陷可分为外部缺陷和内部缺陷。外部缺陷包括：余高尺寸不合要求、焊瘤、咬边、弧坑、电弧烧伤、表面气孔、表面裂纹、焊接变形和翘曲等。内部缺陷包括：裂纹、未焊透、未熔合、夹渣和气孔等。焊接缺陷中危害性最大的是裂纹，其次是未焊透、未熔合、夹渣、气孔和组织缺陷等。

焊接缺陷的检验方法分破坏性检验和非破坏性检验（也称无损检验）两大类。非破坏性检验方法有外观检查、致密性检查、受压容器整体强度试验、渗透性检验、射线检验、磁力探伤、超声波探伤、全息探伤、中子探伤、液晶探伤、声发射探伤和物理性能测定等。破坏性检验方法有机械性能试验、化学分析和金相试验等。

正确选用检验方法，不但能彻底查清缺陷的性质、大小和位置，而且可以找出缺陷的产生原因，从而避免缺陷的再度出现。

3.7 机加工常用规范

3.7.1 标准尺寸

标准尺寸见表3-95。

表3-95 标准尺寸（直径、长度、高度等）（GB/T 2822—2005） mm

R			R′			R			R′			R			R′		
R10	R20	R40	R′10	R′20	R′40	R10	R20	R40	R′10	R′20	R′40	R10	R20	R40	R′10	R′20	R′40
2.50	2.50		2.5	2.5		40.0	40.0	40.0	40	40	40		280	280		280	280
	2.80			2.8				42.5			42*			300			300
3.15	3.15		3.0*	3.0*			45.0	45.0		45	45	315	315	315	320*	320*	320*
	3.55			3.5				47.5			48*			335			340*
4.00	4.00		4.0	4.0		50.0	50.0	50.0	50	50	50		355	355		360*	360*
	4.50			4.5				53.0			53			375			380*
5.00	5.00		5.0	5.0			56.0	56.0		56	56	400	400	400	400	400	400
	5.60			5.5*				60.0			60			425			420*
6.30	6.30		6.0*	6.0*		63.0	63.0	63.0	63	63	63		450	450		450	450
	7.10			7.0*				67.0			67			475			480*
8.00	8.00		8.0	8.0			71.0	71.0		71	71	500	500	500	500	500	500
	9.00			9.0				75.0			75			530			530
10.0	10.0		10.0	10.0		80.0	80.0	80.0	80	80	80		560	560		560	560
	11.2			11*				85.0			85			600			600
12.5	12.5	12.5	12*	12*	12*		90.0	90.0		90	90	630	630	630	630	630	630
		13.2			13*			95.0			95			670			670
	14.0	14.0		14	14	100	100	100	100	100	100		710	710		710	710
		15.0			15			106			105*			750			750
16.0	16.0	16.0	16	16	16		112	112		110*	110*	800	800	800	800	800	800
		17.0			17			118			120*			850			850
	18.0	18.0		18*	18	125	125	125	125	125	125		900	900		900	900
		19.0			19			132			130*			950			950
20.0	20.0	20.0	20	20	20		140	140		140	140	1000	1000	1000	1000	1000	1000
		21.2			21			150			150			1060			
	22.4	22.4		22*	22*	160	160	160	160	160	160		1120	1120			
		23.6			24*			170			170			1180			
25.0	25.0	25.0	25	25	25		180	180		180	180	1250	1250	1250			
		26.5			26*			190			190			1320			
	28.0	28.0		28	28	200	200	200	200	200	200		1400	1400			
		30.0			30			212			210*			1500			
31.5	31.5	31.5	32*	32*	32*		224	224		220*	220*	1600	1600	1600			
		33.5			34*			236			240*			1700			
	35.5	35.5		36*	36*	250	250	250	250	250	250		1800	1800			
		37.5			38*			265			260*			1900			

注：1. R′系列中有“*”数，为R系列相应各项优先数的化整值。

2. 选择系列及单个尺寸时，应首先在优先数系R系列按照R10、R20、R40的顺序选用。如必须将数值圆整在相应的R′系列中选用标准尺寸，其优选顺序为R′10、R′20、R′40。

3. 本标准尺寸（直径、长度、高度等）系列，适用于有互换性或系列化要求的主要尺寸；其他结构尺寸也应尽量采用。

3.7.2 角度的标准系列

标准角度见表 3-96。

表 3-96 标准角度

第 1 系列	第 2 系列	第 2 系列	第 3 系列	第 3 系列	第 3 系列
0°	0°	20°	0°	10°	72°
5°	0.5°	30°	0°15′	12°	75°
15°	1°	45°	0°30′	15°	80°
30°	2°	60°	0°45′	18°	85°
45°	3°	75°	1°	20°	90°
60°	5°	90°	1°30′	22°30′	100°
90°	10°	120°	2°	25°	110°
120°	15°	150°	2°30′	30°	120°
180°		180°	3°	36°	135°
360°		360°	4°	40°	150°
			5°	45°	165°
			6°	50°	180°
			7°	55°	270°
			8°	60°	360°
			9°	65°	

注：1. 本标准为一般用途的标准角度，不适用于由特定尺寸或参数所确定的角度以及工艺和使用上有特殊要求的角度。

2. 选用时优先选用第 1 系列，其次是第 2 系列，再次是第 3 系列。

3.7.3 圆锥的锥度和锥角

圆锥的锥度和锥角见表 3-97 和表 3-98。

表 3-97 一般用途圆锥的锥度与锥角（GB/T 157—2001）

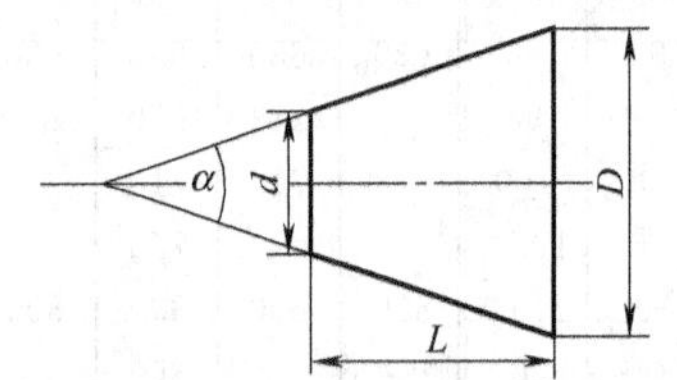

$$c=\frac{D-d}{L}$$

$$C=2\tan\frac{\alpha}{2}=1:\left(\frac{1}{2}\cot\frac{\alpha}{2}\right)$$

基本值		推算值			备注
系列 1	系列 2	圆锥角 α	锥度 C		
120°		—	—		螺纹孔内倒角，填料盒内填料的锥度
90°		—	—		沉头螺钉头，螺纹倒角，轴的倒角
	75°	—	—		沉头带榫螺栓的螺栓头
60°		—	—		车床顶尖，中心孔
45°		—	—		用于轻型螺旋管接口的锥形密合
30°		—	—		摩擦离合器
1∶3		18°55′28.7″	18.924644°	—	具有极限扭矩的摩擦圆锥离合器
	1∶4	14°150.1′	14.25033°	—	
1∶5		11°25′16.3″	11.421186°	—	易拆零件的锥形连接，锥形摩擦离合器
	1∶6	9°31′38.2″	9.527283°	—	
	1∶7	8°10′16.4″	8.171234°	—	重型机床顶尖，旋塞
	1∶8	7°9′9.6″	7.152669°	—	联轴器和轴的圆锥面连接
1∶10		5°43′29.3″	5.724810°	—	受轴向力及横向力的锥形零件的结合面，电机及其他机械的锥形轴端
	1∶12	4°46′18.8″	4.771888°	—	固定球及滚子轴承的衬套
	1∶15	3°49′5.9″	3.818305°	—	受轴向力的锥形零件的结合面，活塞与其杆的连接

续表

基本值		推算值			备注
系列 1	系列 2	圆锥角 α	锥度 C		
1∶20		2°51′51.1″	2.864192°	—	机床主轴的锥度，刀具尾柄，公制锥度铰刀，圆锥螺栓
1∶30		1°54′34.9″	1.909682°	—	装柄的铰刀及扩孔钻
1∶50		1°8′45.2″	1.145877°	—	圆锥销，定位销，圆锥销孔的铰刀
1∶100		0°34′22.6″	0.572953°	—	承受陡振及静、变载荷的不需拆开的连接零件，楔键
1∶200		0°17′11.3″	0.286478°	—	承受陡振及冲击变载荷的需拆开的连接零件，圆锥螺栓
1∶500		0°6′52.5″	0.114591°	—	

注：优先选用系列 1，当不能满足需要时选用系列 2。

表 3-98 特殊用途圆锥的锥度与锥角（GB/T 157—2001）

基本值	推算值				标准号 GB/T (ISO)	用途
	圆锥角 α			锥度 C		
			rad			
11°54′	—	—	0.20769418	1∶4.7974511	(53237) (8489-5)	纺织机械和附件
8°40′	—	—	0.15126187	1∶6.5984415	(8489-3) (8489-4) (324.575)	
7°	—	—	0.12217305	1∶8.1749277	(8489-2)	
1∶38	1°30′27.7080″	1.50769667°	0.02631427	—	(368)	
1∶64	0°53′42.8220″	0.89522834°	0.01562468	—	(368)	
7∶24	16°35′39.4443″	16.59429008°	0.28962500	1∶3.4285714	3837.3 (297)	机床主轴工具配合
1∶12.262	4°40′12.1514″	4.67004205°	0.08150761	—	(239)	贾各锥度 No. 2
1∶12.972	4°24′52.9039″	4.41469552°	0.07705097	—	(239)	贾各锥度 No. 1
1∶15.748	3°38′13.4429″	3.63706747°	0.06347880	—	(239)	贾各锥度 No. 33
6∶100	3°26′12.1776′	3.43671600°	0.05998201	1∶16.6666667	1962 (594-1) (595-1) (595-2)	医疗设备
1∶18.779	3°3′1.2070″	3.05033527°	0.05323839	—	(239)	贾各锥度 No. 3
1∶19.002	3°0′52.3956″	3.01455434°	0.05261390	—	1443(296)	贾各锥度 No. 5
1∶19.180	2°59′11.7258″	2.98659050°	0.05212584	—	1443(296)	贾各锥度 No. 6
1∶19.212	2°58′53.8225″	2.98161820°	0.05203905	—	1443(296)	贾各锥度 No. 0
1∶19.254	2°58′30.4217″	2.97511713°	0.05192559	—	1443(296)	贾各锥度 No. 4
1∶19.264	2°58′24.8644″	2.97357343°	0.05189865	—	(239)	贾各锥度 No. 6
1∶19.922	2°52′31.4463″	2.87540176°	0.05018523	—	1443(296)	贾各锥度 No. 3
1∶20.020	2°51′40.7960″	2.86133223°	0.04993967	—	1443(296)	贾各锥度 No. 2
1∶20.047	2°51′26.9283″	2.85748008°	0.04987244	—	1443(296)	贾各锥度 No. 1
1∶20.288	2°49′24.7802″	2.82355006°	0.04928025	—	(239)	贾各锥度 No. 0
1∶23.904	2°23′47.6244″	2.39656232°	0.04182790	—	1443(296)	布朗夏普锥度 No. 1～No. 3
1∶28	2°2′45.8174″	2.04606038°	0.03571049	—	(8382)	复苏器(医用)
1∶36	1°35′29.2096″	1.59144711°	0.02777599	—	(5356-1)	麻醉器具
1∶40	1°25′56.3516″	1.43231989°	0.02499870	—		

3.7.4 中心孔配合

中心孔配合见表 3-99。

表 3-99 中心孔（GB/T 145—2001） mm

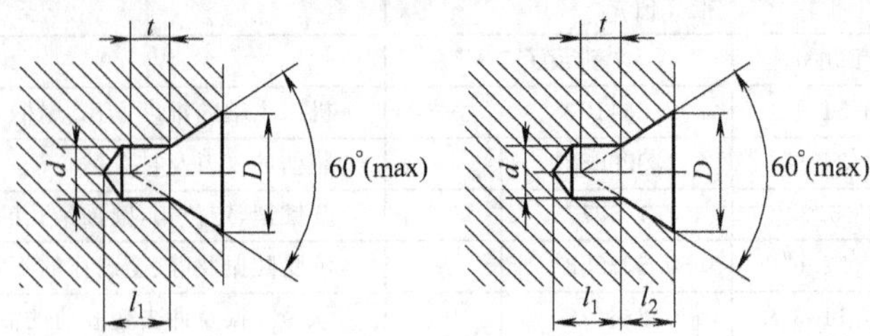

A型

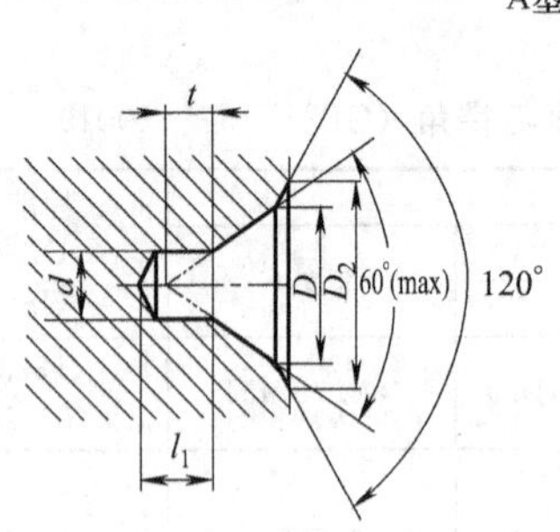

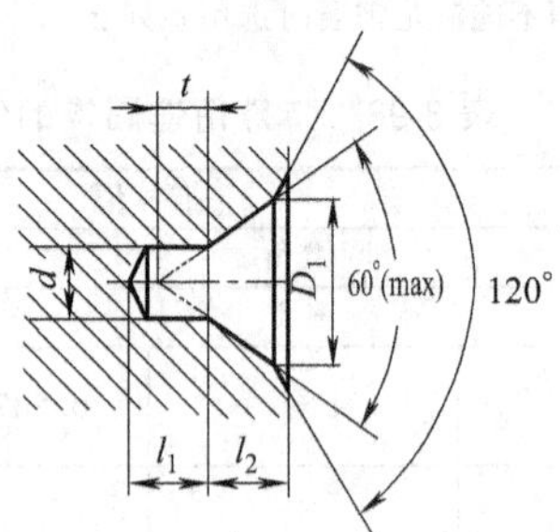

B型

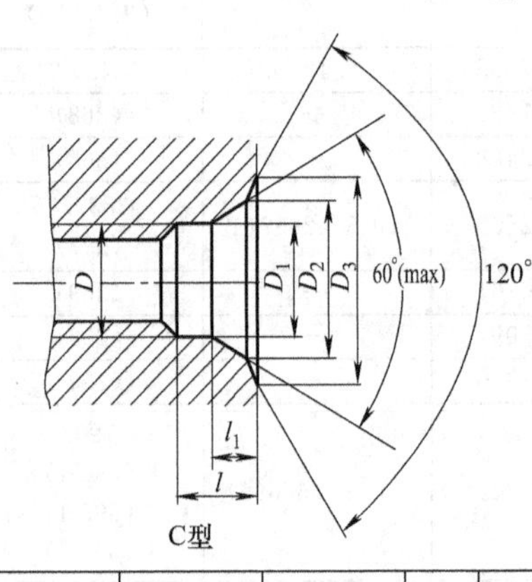

C型

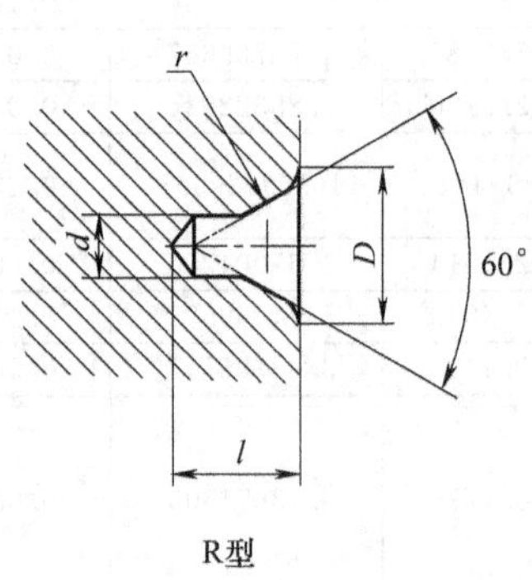

R型

d		D			l_2		t（参考）		l_{min}	r max	r min	D	D_1	D_2	D_3	l	l_1（参考）	选择中心孔的参考数据		
A型	B、R型	A型	B型	R型	A型	B型	A型	B型	R型			C型						原料端部最小直径	轴状原料最大直径	工作最大质量/t
(0.50)	—	1.06	—	—	0.48	—	0.5	—	—	—	—									
(0.63)	—	1.32	—	—	0.60	—	0.6	—	—	—	—									
(0.80)	—	1.70	—	—	0.78	—	0.7	—	—	—	—									
1.00		2.12	3.15	2.12	0.97	1.27	0.9		2.3	3.15	2.50									
(1.25)		2.65	4.00	2.65	1.21	1.60	1.1		2.8	4.00	3.15									
1.60		3.35	5.00	3.35	1.52	1.99	1.4		3.5	5.00	4.00									
2.00		4.25	6.30	4.25	1.95	2.54	1.8		4.4	6.30	5.00							8	>10～18	0.12
2.50		5.30	8.00	5.30	2.42	3.20	2.2		5.5	8.00	6.30							8	>18～30	0.2
3.15		6.70	10.00	6.70	3.07	4.03	2.8		7.0	10.00	8.00	M3	3.2	5.3	5.8	2.6	1.8	12	>30～50	0.5
4.00		8.50	12.50	8.50	3.90	5.05	3.5		8.9	12.50	10.00	M4	4.3	6.7	7.4	3.2	2.1	15	>50～80	0.8

续表

d		D			l_2		t（参考）		l_{min}	r		D	D_1	D_2	D_3	l	l_1（参考）	选择中心孔的参考数据		
										max	min									
A型	B、R型	A型	B型	R型	A型	B型	A型	B型	R型			C型						原料端部最小直径	轴状原料最大直径	工作最大质量/t
(5.00)		10.60	16.00	10.60	4.85	6.41	4.4		11.2	16.00	12.50	M5	5.3	8.1	8.8	4.0	2.4	20	>80～120	1
6.30		13.20	18.00	13.20	5.98	7.36	5.5		14.0	20.00	16.00	M6	6.4	9.6	10.5	5.0	2.8	25	>120～180	1.5
(8.00)		17.00	22.40	17.00	7.79	9.36	7.0		17.9	25.00	20.00	M8	8.4	12.2	13.2	6.0	3.3	30	>180～220	2
10.00		21.20	28.00	21.20	9.70	11.66	8.7		22.5	31.5	25.00	M10	10.5	14.9	16.3	7.5	3.8			
												M12	13.0	18.1	19.8	9.5	4.4			
												M16	17.0	23.0	25.3	12.0	5.2			
												M20	21.0	28.4	31.3	15.0	6.4			
												M24	25.0	34.2	38.0	18.0	8.0			

注：1. 括号内尺寸尽量不用。

2. 选择中心孔的参考数值不属于 GB/T 145—2001 内容，仅供参考。

3. A 型和 B 型尺寸 l_1 取决于中心钻的长度 l_1，且 l_1 不应小于 t 值。

3.7.5 越程槽尺寸

越程槽尺寸见表 3-100～表 3-104。

表 3-100 回转面及端面砂轮越程槽（GB/T 6403.5—2008） mm

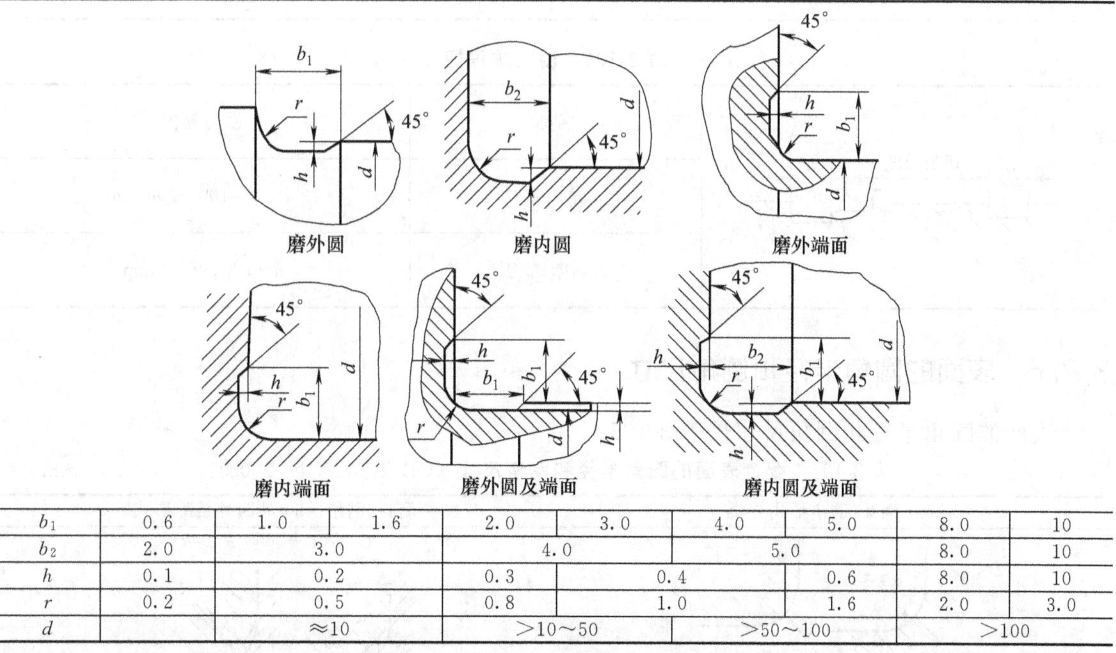

b_1	0.6	1.0	1.6	2.0	3.0	4.0	5.0	8.0	10
b_2	2.0	3.0		4.0		5.0		8.0	10
h	0.1	0.2		0.3	0.4		0.6	8.0	10
r	0.2	0.5		0.8	1.0		1.6	2.0	3.0
d		≈10		>10～50		>50～100		>100	

表 3-101 平面砂轮及 V 形砂轮越程槽（GB/T 6403.5—2008） mm

b	2	3	4	5
r	0.5	1.0	1.2	1.6
h	1.6	2.0	2.5	3.0

表 3-102　燕尾导轨砂轮越程槽（GB/T 6403.5—2008）　　mm

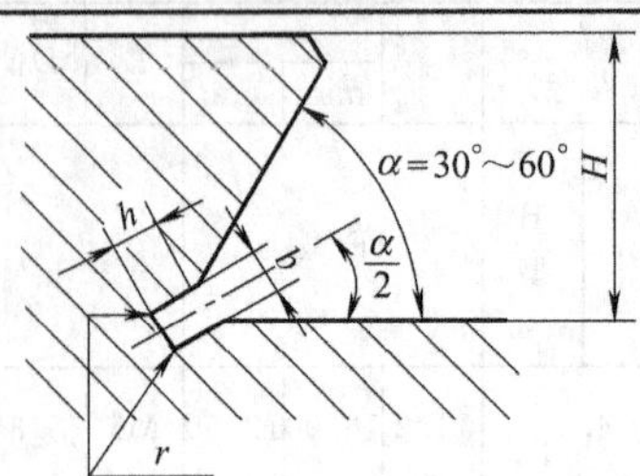

H	≤5	6	8	10	12	16	20	25	32	40	50	63	80
b h	1	2		3			4			5			6
r	0.5			1.0			1.6						2.0

表 3-103　矩形导轨砂轮越程槽（GB/T 6403.5—2008）　　mm

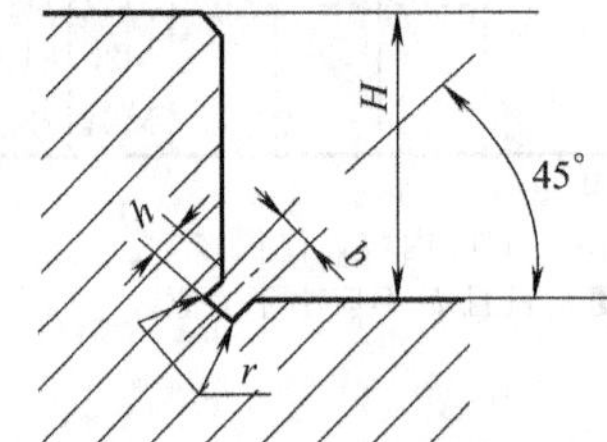

H	8	10	12	16	20	25	32	40	50	63	80	100
b	2				3				5		8	
h	1.6				2.0				3.0		5.0	
r	0.5				1.0				1.6		2.0	

表 3-104　刨切越程槽

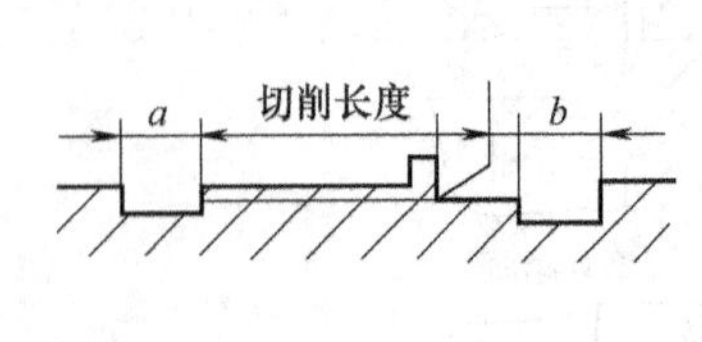	名称	刨切越程
	龙门刨	$a+b=100\sim200\text{mm}$
	牛头刨床、立刨床	$a+b=50\sim75\text{mm}$

3.7.6 表面的圆角半径和倒角尺寸

表面的圆角半径和倒角尺寸见表 3-105。

表 3-105　配合表面的圆角半径和倒角尺寸（GB/T 6403.4—2008）　　mm

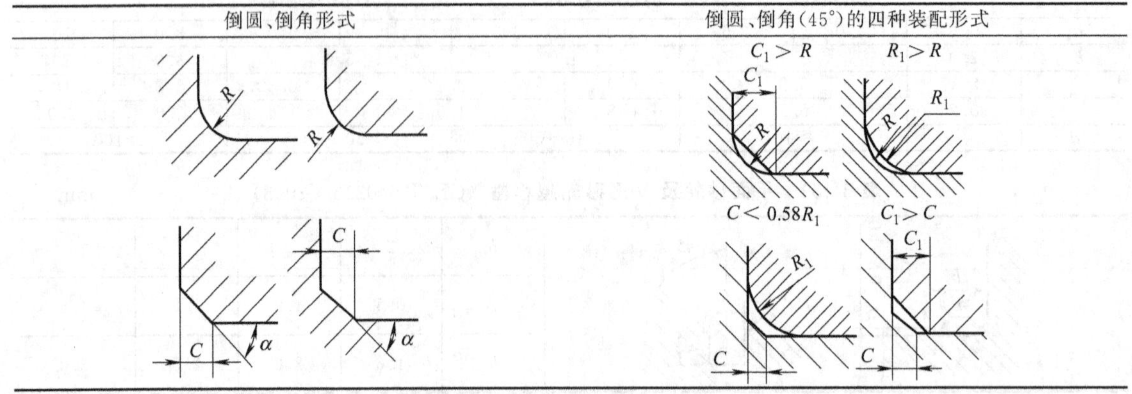

续表

倒角、倒圆尺寸

R 或 C													
	0.1	0.2	0.3	0.4	0.5	0.6	0.8	1.0	1.2	1.6	2.0	2.5	3.0
	4.0	5.0	6.0	8.0	10	12	16	20	25	32	40	50	—

与直径 ϕ 相应的倒角 C、倒圆 R 的推荐值

ϕ	≈3	>3～6	>6～10	>10～18	>18～30	>30～50	>50～80	>80～120	>120～180	>180～250	>250～320	>320～400	>400～500	>500～630	>630～800	>800～1000
C 或 R	0.2	0.4	0.6	0.8	1.0	1.6	2.0	2.5	3.0	4.0	5.0	6.0	8.0	10	12	16

内角倒角、外角倒圆时 C_{max} 与 R_1 的关系

R_1	0.1	0.2	0.3	0.4	0.5	0.6	0.8	1.0	1.2	1.6	2.0	2.5	3.0	4.0	5.0	6.0	8.0	10	12	16	20	25
C_{max}($C<0.58R_1$)	—	0.1		0.2		0.3	0.4	0.5	0.6	0.8	1.0	1.2	1.6	2.0	2.5	3.0	4.0	5.0	6.0	8.0	10	12

注：α 一般采用 45°，也可采用 30°或 60°。

3.7.7 零件的倒圆与倒角

零件的倒圆与倒角见表 3-106～表 3-109。

表 3-106 倒圆、倒角形式及尺寸（GB/T 6403.4—2008） mm

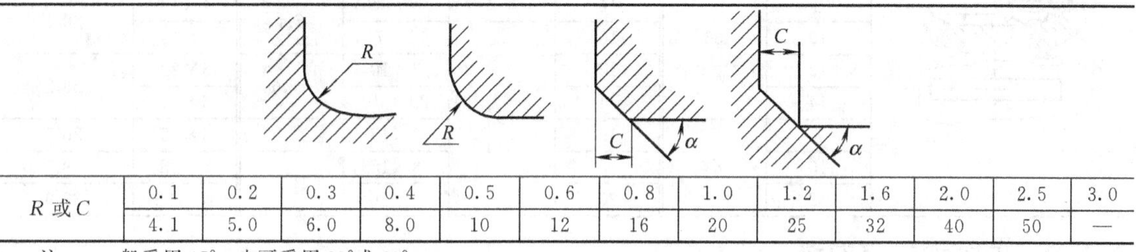

R 或 C													
	0.1	0.2	0.3	0.4	0.5	0.6	0.8	1.0	1.2	1.6	2.0	2.5	3.0
	4.1	5.0	6.0	8.0	10	12	16	20	25	32	40	50	—

注：α 一般采用 45°，也可采用 30°或 60°。

表 3-107 内角外角分别为倒圆、倒角（45°）的四种装配形式（GB/T 6403.4—2008） mm

内角倒圆、外角倒角	内角倒圆、外角倒圆	内角倒角、外角倒圆	内角倒角、外角倒角
$C_1>R$	$R_1>R$	$C<0.58R_1$	$C_1>C$

注：1. 内角倒角，外角倒圆时，C_{max} 与 R_1 的关系见表 3-108。

2. 按图的形式装配时，内角与外角取值要适当，外角的倒圆或倒角过大会影响零件工作面；内角的倒圆或倒角过小会使应力集中更严重。

表 3-108 内角倒角，外角倒圆时 C_{max} 与 R_1 的关系（GB/T 6403.4—2008） mm

R_1	0.1	0.2	0.3	0.4	0.5	0.6	0.8	1.0	1.2	1.6	2.0
C_{max}	—	0.1		0.2		0.3	0.4	0.5	0.6	0.8	1.0
R_1	2.5	3.0	4.0	5.0	6.0	8.0	10	12	16	20	25
C_{max}	1.2	1.6	2.0	2.5	3.0	4.0	5.0	6.0	8.0	10	12

表 3-109 与直径 ϕ 相应的倒角 C、圆角 R 的推荐值（GB/T 6403.4—2008） mm

ϕ	≈3	>3～6	>6～10	>10～18	>18～30	>30～50	>50～80	>80～120	>120～180
C(R)	0.2	0.4	0.6	0.8	1.0	1.6	2.0	2.5	3.0
ϕ	>180～250	>250～320	>320～400	>400～500	>500～630	>630～800	>800～1000	>1000～1250	>1250～1600
C(R)	4.0	5.0	6.0	8.0	10	12	16	20	25

3.7.8 齿轮滚刀外径、弧形键槽铣刀外径尺寸

齿轮滚刀外径、弧形键槽铣刀外径尺寸见表 3-110 和表 3-111。

表 3-110 齿轮滚刀外径尺寸　　mm

模数 m	滚刀外径 D		模数 m	滚刀外径 D	
	Ⅰ型	Ⅱ型		Ⅰ型	Ⅱ型
1	60	50	5	125	100
1.5	70	55	6	140	105
2	80	65	7	140	115
2.5	90	70	8	160	125
3	100	80	9	180	140
4	110	90	10	200	150

表 3-111 弧形键槽铣刀外径尺寸　　mm

直齿三面刃铣刀				半圆键槽铣刀			
铣刀宽度	铣刀直径 D	铣刀宽度	铣刀直径 D	键公称尺寸 $b\times d$	铣刀直径 D	键公称尺寸 $b\times d$	铣刀直径 D
6	63	14	80	1×4	4.25	5×16	16.9
8		16		1.5×7	7.4	4×19	20.1
10		10	100	2×7		5×19	
12		12		2×10	10.6	5×22	23.2
14		14		2.5×10		6×22	
8	80	16		3×13	13.8	6×25	26.5
10		18		3×16	16.9	8×28	29.7
12		20		4×16		10×32	33.9

3.7.9 齿轮加工退刀槽

齿轮加工退刀槽见表 3-112 和表 3-113。

表 3-112 插齿退刀槽　　mm

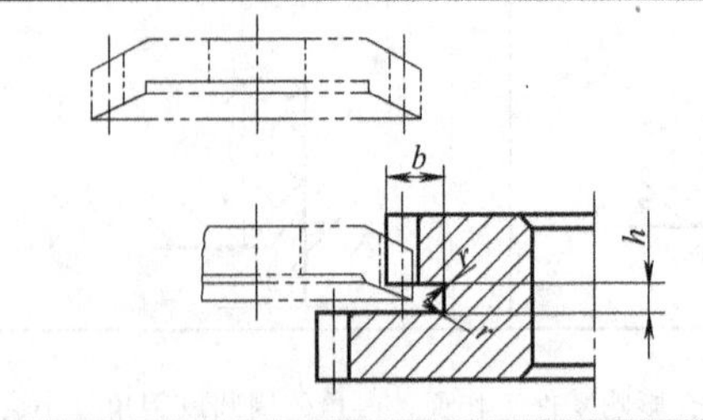

模数	1.5	2	2.25	2.5	3	4	5	6	7	8	9	10	12	14	16
$h_{\min}$	5	5	6	6	6	6	7	7	7	8	8	8	9	9	9
$b_{\min}$	4	5	6	6	7.5	10.5	13	15	16	19	22	24	28	33	38
r	0.5					1.0									

注：1. 表中模数系指直齿齿轮。

2. 插斜齿轮时，螺旋角 β 越大，相应的 $b_{\min}$ 和 $h_{\min}$ 也越大。

表 3-113 滚人字齿轮退刀槽　　mm

法向模数	螺旋角				法向模数	螺旋角			
	25°	30°	35°	40°		25°	30°	35°	40°
	$b_{\min}$					$b_{\min}$			
4	46	50	52	54	16	148	158	165	174
5	58	58	62	64	18	164	175	184	192
6	64	66	72	74	20	185	198	208	218
7	70	74	78	82	22	200	212	224	234
8	78	82	86	90	25	215	230	240	250
9	84	90	94	98	28	238	252	266	278
10	94	100	104	108	30	246	260	276	290
12	118	124	130	136	32	264	270	300	312
14	130	138	146	152	36	284	304	322	335

注：退刀槽深度 h 由设计者决定，一般可取 $0.3m$。

3.7.10 直齿三面刃铣刀尺寸

直齿三面刃铣刀尺寸见表 3-114。

表 3-114 直齿三面刃铣刀尺寸（GB/T 6119—2012） mm

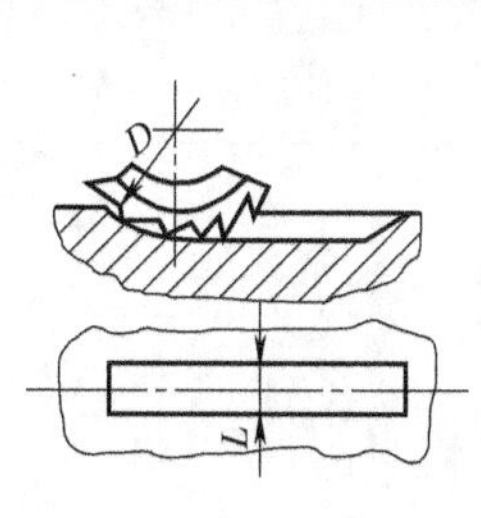

铣刀直径 D	铣刀厚度 L 系列
50	4,5,6,7,8,10
63	4,5,6,7,8,10,12,14,16
80	5,6,7,8,10,12,14,16,18,20
100	6,7,8,10,12,14,16,18,20,22,25
125	8,10,12,14,16,18,20,22,25,28
160	10,12,14,16,18,20,22,25,28,32
200	12,14,16,18,20,22,25,28,32,36,40

3.7.11 滚花

滚花见表 3-115。

表 3-115 滚花（GB/T 6403.3—2008） mm

直纹滚动　　网纹滚动

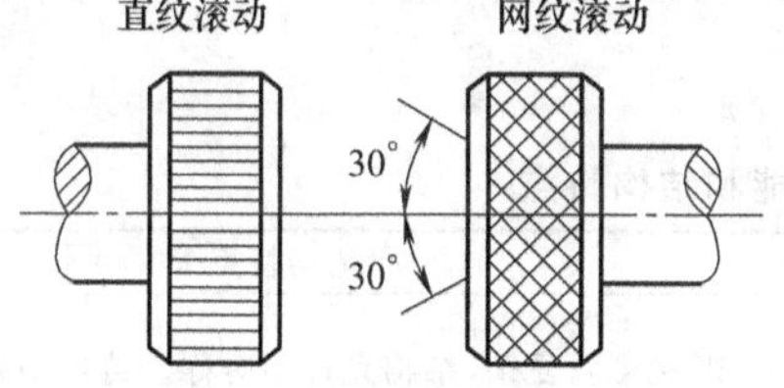

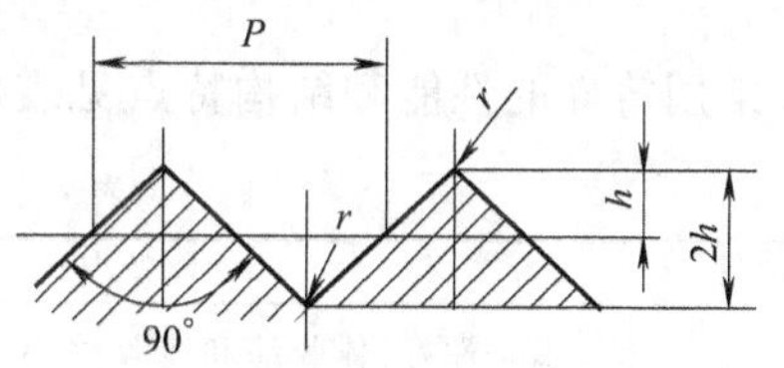

模数 $m=0.3$，直径纹滚花（或网纹滚花）的标记示例：

直纹（或网纹）m 0.3 GB/T 6403.3—2008

滚花花纹的形状是假定工作的直径为无穷大时花纹的垂直截面

模数 m	h	r	节距 P
0.2	0.132	0.06	0.628
0.3	0.198	0.09	0.942
0.4	0.264	0.12	1.257
0.5	0.326	0.16	1.571

注：1. 滚花前工件表面的粗糙度的轮廓算术平均偏差 Ra 的最大允许值为 12.5μm。

2. 滚花后工件直径大于滚花前直径，其值 $\Delta=(0.8-1.6)m$，m 为模数。

3. 表中 $h=0.78m-0.414r$。

3.7.12 球面半径

球面半径见表 3-116。

表 3-116 球面半径（GB/T 6403.1—2008） mm

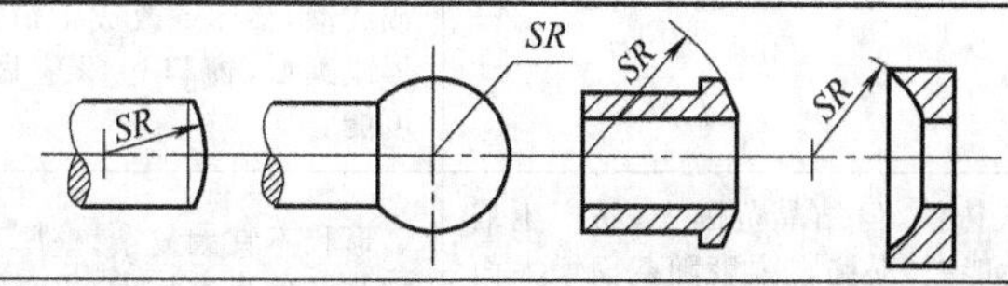

系列												
系列	1	0.2	0.4	0.6	1.0	1.6	2.5	4.0	6.0	10	16	20
	2	0.3	0.5	0.8	1.2	2.0	3.0	5.0	8.0	12	18	22
	1	25	32	40	50	63	80	100	125	160	200	250
	2	28	36	45	56	71	90	110	140	180	220	280
	1	320	400	500	630	800	1000	1250	1600	2000	2500	3200
	2	360	450	560	710	900	1100	1400	1800	2200	2800	

注：优先选择系列 1。

第4章

零件结构设计工艺性

4.1 铸件结构设计工艺性

4.1.1 常用铸件的性能和特点

常用铸件的性能和结构特点见表4-1。

表4-1 常用铸件的性能和结构特点

项目	性能特点	结构特点
灰铸铁件	流动性好,体收缩和线收缩小。综合机械性能低,抗压强度比抗拉强度高3～4倍。吸振性好,弹性模量较低	形状可以复杂,结构允许不对称。铸件中残余内应力及翘曲变形比铸钢小,可获得比铸钢更薄而复杂的铸件
球墨铸铁件	流动性与灰铸铁相近;体收缩比灰铸铁大,而线收缩小,易形成缩孔、缩松。综合力学性能较高,弹性模量比灰铸铁高;抗磨性好,冲击韧性、疲劳强度较好。消振能力比灰铸铁低	一般多设计成均匀壁厚,对于厚大断面件,可采用空心结构。由于其流动性好,在某些情况下可代替铸钢作薄壁零件
可锻铸铁件	流动性比灰铸铁差;体收缩很大,退火后,最终线收缩很小。退火前,很脆,毛坯易损坏。综合力学性能稍次于球墨铸铁,冲击韧性比灰铸铁大3～4倍	由于铸态要求白口,一般是薄壁均匀件,常用厚度为5～16mm。为增加其刚性,截面形状多为工字形、丁字形或箱形,避免十字形截面。零件突出部分应用筋条加固。同一铸件厚度一定要均匀,厚度之比为(1∶1.6)～(1∶2)较合适
铸钢件	流动性差,体收缩、线收缩和裂纹敏感性都较大,综合力学性能高;抗压强度与抗拉强度几乎相等;吸振性差	结构应具有最少的热节点,并创造顺序凝固的条件。相邻壁的连接和过渡更应圆滑。铸件截面应采用箱形和槽形等近似封闭状的结构。一些水平壁应改成斜壁或波浪,整体壁改成带窗口的壁,窗口形状最好为椭圆形或圆形,窗口边缘应做出凸台,以减少产生裂纹的可能
锡青铜和磷青铜件	铸造性能类似灰铸铁,但结晶范围大,易产生缩松,流动性、高温性能差,易脆。强度随截面增大而显著下降。耐磨性好	形状不宜太复杂,壁厚不得过大。零件突出部分应用较薄的加强筋加固,以免热裂
无锡青铜和黄铜件	收缩较大,结晶范围小,易产生集中缩孔。流动性好。耐磨,耐腐蚀性好	类似铸钢件
铝合金件	铸造性能类似铸钢,但强度随壁厚增大而下降得更显著	壁厚不能过大,其余类似铸钢件

4.1.2 铸件最小壁厚

铸件最小壁厚见表 4-2。

表 4-2 铸件最小壁厚 mm

铸造方法	铸件尺寸	铸钢	灰铸铁	球墨铸铁	可锻铸铁	铝合金	镁合金	铜合金
砂型	≤200×200	8	≤6	6	5	3		3～5
	>200×200～500×500	10～12	>6～10	12	8	4	3	6～8
	>500×500	15～20	15～20	—	—	6	—	—
金属型	≤70×70	5	4	—	2.5～3.5	2～3	—	3
	>70×70～150×150	—	5	—	3.5～4.5	4	2.5	4～5
	>150×150	10	6	—	—	5	—	6～8

注：1. 在一般铸造条件下，各种灰铸铁的最小允许壁厚：HT100 和 HT150 的 $\delta=4\sim6$mm；HT200 的 $\delta=6\sim8$mm；HT250 的 $\delta=8\sim15$mm；HT300 和 HT350 的 $\delta=15$mm。

2. 如果有特殊需要，则在改善铸造条件的情况下，灰铸铁的最小壁厚可达 3mm，可锻铸铁可小于 3mm。

4.1.3 铸造外壁、内壁与筋的厚度

铸造外壁、内壁与筋的厚度见表 4-3。

表 4-3 铸造外壁、内壁与筋的厚度 mm

零件质量/kg	零件最大外形尺寸	外壁厚度	内壁厚度	筋的厚度	零件举例
≤5	300	7	6	5	盖、拨叉、杠杆、端盖、轴套
6～10	500	8	7	5	盖、门、轴套、挡板、支架、箱体
11～60	750	10	8	6	盖、门、罩、箱体、溜板箱体、支架、托架、电机支架
61～100	1250	12	10	8	盖、箱体、油缸体、支架、溜板箱体
101～500	1700	14	12	8	油盘、盖、壁、箱体、带轮、镗模架
501～800	2500	16	14	10	镗模架、箱体、床身、轮缘、盖、滑座
801～1200	3000	18	16	12	小立柱、箱体、滑座、床身、床鞍、油盘

4.1.4 铸造斜度

铸造斜度见表 4-4 及表 4-5。

表 4-4 铸造斜度（JB/ZQ 4257—1997）

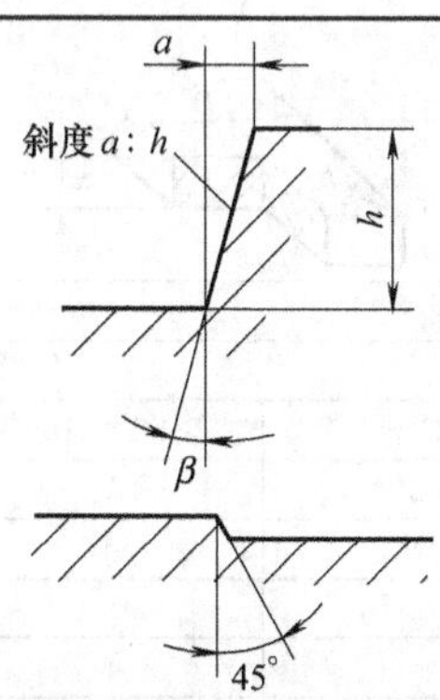

斜度 $a:h$	角度 β	使用范围
1∶5	11°30′	$h<25$mm 时的钢和铁铸件
1∶10	5°30′	$h=25\sim500$mm 时的钢和铁铸件
1∶20	3°	
1∶50	1°	$h>500$mm 时的钢和铁铸件
1∶100	30′	有色金属铸件

注：当设计不同壁厚的铸件时，在转折点处的斜角可增大到 30°～45°。

表 4-5 铸造过渡斜度（JB/ZQ 4254—2006） mm

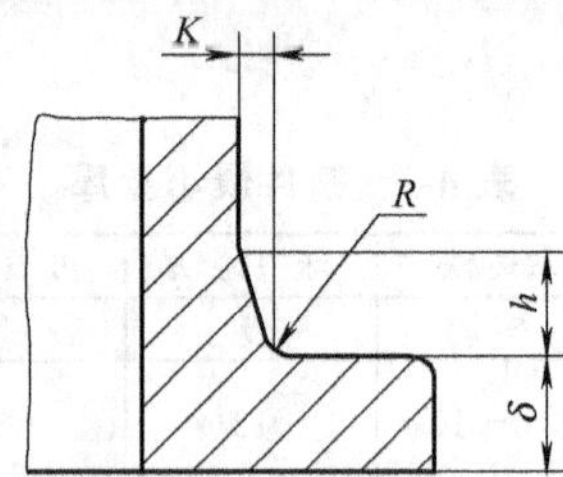

铸铁和铸钢的壁厚 δ	K	h	R
10～15	3	15	5
>15～20	4	20	5
>20～25	5	25	5
>25～30	6	30	8
>30～35	7	35	8
>35～40	8	40	10
>40～45	9	45	10
>45～50	10	50	10
>50～55	11	55	10
>55～60	12	60	15
>60～65	13	65	15
>65～70	14	70	15
>70～75	15	75	15

注：适用于减速器的机体、机盖、连接管、气缸及其他各种连接法兰的过渡处。

4.1.5 铸造外圆角

铸造外圆角见表 4-6。

表 4-6 铸造外圆角（JB/ZQ 4256—2006） mm

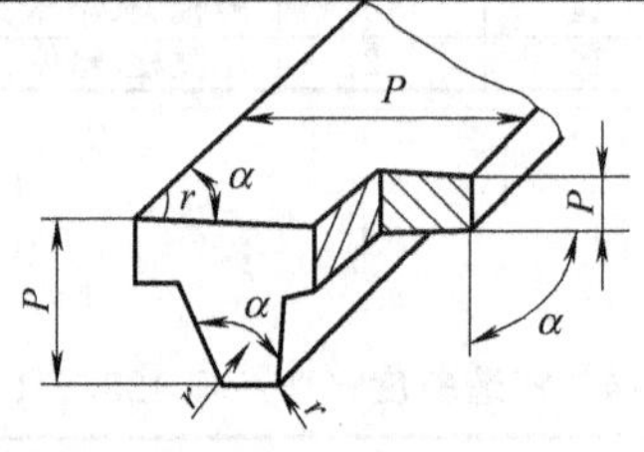

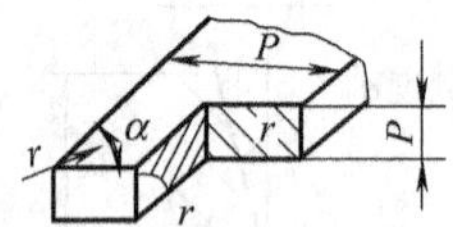

表面的最小边尺寸 P	r					
	外圆角 α					
	<50°	>51°～75°	>76°～105°	>106°～135°	>136°～165°	>165°
≤25	2	2	2	4	6	8
>25～60	2	4	4	6	10	16
>60～160	4	4	6	8	16	25
>160～250	4	6	8	12	20	30
>250～400	6	8	10	16	25	40
>400～600	6	8	12	20	30	50
>600～1000	8	12	16	25	40	60
>1000～1600	10	16	20	30	50	80
>1600～2500	12	20	25	40	60	100
>2500	16	25	30	50	80	120

注：如果铸件可从上表中选出许多不同的圆角 r 时，应尽量减少或只取一适当的 r 值以求统一。

4.1.6 铸造内圆角

铸造内圆角见表 4-7。

表 4-7 铸造内圆角（JB/ZQ 4255—2006） mm

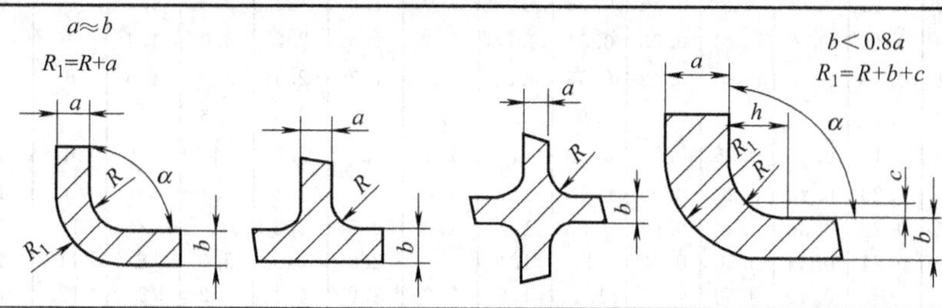

$\frac{a+b}{2}$	R											
	外圆角 α											
	<50°		>51°～75°		>76°～105°		>106°～135°		>136°～165°		>165°	
	铸钢	铸铁	铸钢	铸铁	铸钢	铸铁	铸钢	铸铁	铸钢	铸铁	铸钢	铸铁
≤8	4	4	4	4	6	4	8	6	16	10	20	16
>9～12	4	4	4	4	6	6	10	8	16	12	25	20
>13～16	4	4	6	4	8	6	12	10	20	16	30	25
>17～20	6	4	8	6	10	8	16	12	25	20	40	30
>21～27	6	6	10	8	12	10	20	16	30	25	50	40
>28～35	8	6	12	10	16	12	25	20	40	30	60	50
>36～45	10	8	16	12	20	16	30	25	50	40	80	60
>46～60	12	10	20	16	25	20	35	30	60	50	100	80
>61～80	16	12	25	20	30	25	40	35	80	60	120	100
>81～110	20	16	25	20	35	30	50	40	100	80	160	120
>111～150	20	16	30	25	40	35	60	50	100	80	160	120
>151～200	25	20	40	30	50	40	80	60	120	100	200	160
>201～250	30	25	50	40	60	50	100	80	160	120	250	200
>251～300	40	30	60	50	80	60	120	100	200	160	300	250
≥300	50	40	80	60	100	80	160	120	250	200	400	300

c 和 h					
b/a		<0.4	0.5～0.65	0.66～0.8	>0.8
c≈		0.7(a−b)	0.8(a−b)	a−b	—
h≈	铸钢	8c			
	铸铁	9c			

4.1.7 最小铸孔

最小铸孔见表 4-8。

表 4-8 砂型铸造灰铸铁件的最小铸出孔径 mm

铸件壁厚	最小孔尺寸	铸件壁厚	最小孔尺寸
6～10	6～10	40～50	12～18
20～30	10～15		

砂型铸造铸钢件的最小尺寸按下式计算：

$$d \approx 1.08\sqrt{a}\sqrt[3]{h}$$

式中，a 为壁厚；h 为孔高。

4.1.8 铸造公差

铸造公差见表 4-9。

表 4-9 铸件尺寸公差等级 CT（GB/T 6414—1999） mm

毛坯铸件基本尺寸		铸件尺寸公差等级															
大于	至	1	2	3	4	5	6	7	8	9	10	11	12	13	14	15	16
—	10	0.09	0.13	0.18	0.26	0.36	0.52	0.74	1.0	1.5	2	2.8	4.2	—	—	—	—
10	16	0.10	0.14	0.2	0.28	0.38	0.54	0.78	1.1	1.6	2.2	3.0	4.4	—	—	—	—
16	25	0.11	0.15	0.22	0.30	0.42	0.58	0.82	1.2	1.7	2.4	3.2	4.6	6	8	10	12
25	40	0.12	0.17	0.24	0.32	0.46	0.64	0.9	1.3	1.8	2.6	3.6	5	7	9	11	14
40	63	0.13	0.18	0.26	0.36	0.50	0.70	1	1.4	2	2.8	4	5.6	8	10	12	16
63	100	0.14	0.20	0.28	0.40	0.56	0.78	1.1	1.6	2.2	3.2	4.4	6	9	11	14	18
100	160	0.15	0.22	0.30	0.44	0.62	0.88	1.2	1.8	2.5	3.6	5	7	10	12	16	20
160	250	—	0.24	0.34	0.50	0.72	1	1.4	2	2.8	4	5.6	8	11	14	18	22
250	400	—	—	0.40	0.56	0.78	1.1	1.6	2.2	3.2	4.4	6.2	9	12	16	20	25
400	630	—	—	—	0.64	0.9	1.2	1.8	2.6	3.6	5	7	10	14	18	22	28
630	1000	—	—	—	0.72	1	1.4	2	2.8	4	6	8	11	16	20	25	32
1000	1600	—	—	—	0.80	1.1	1.6	2.2	3.2	4.6	7	9	13	18	23	29	37
1600	2500	—	—	—	—	—	—	2.6	3.8	5.4	8	10	15	21	26	33	42
2500	4000	—	—	—	—	—	—	—	4.4	6.2	9	12	17	24	30	38	49
4000	6300	—	—	—	—	—	—	—	—	7	10	14	20	28	35	44	56
6300	10000	—	—	—	—	—	—	—	—	—	11	16	23	32	40	50	64

各种不同铸造方法所能达到的公差等级见表 4-10。

表 4-10 铸造方法与公差等级

铸造方法	公差等级			
	低碳素钢 高碳素钢 不锈钢	灰铸铁	球状黑铅铸铁	轻合金
手动填装的砂型铸造	11～13	11～13	11～13	9～11
机械填装的砂型铸造	8～10	8～10	8～10	7～9
全型铸造(含低压铸造)		7～9	7～9	6～8
压力铸造				5～7

4.1.9 壁厚过渡尺寸

壁厚过渡尺寸见表 4-11。

表 4-11 壁厚的过渡尺寸

	连接合理结构	连接尺寸		连接合理结构	连接尺寸
两壁斜向相连	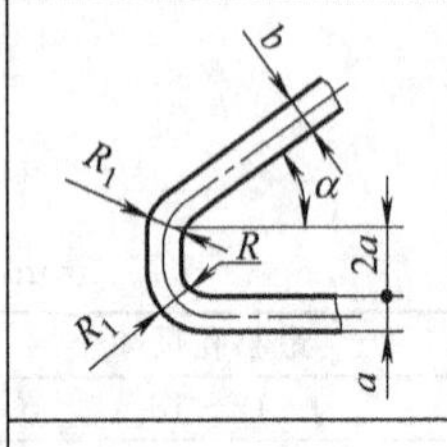	$b>a$，$\alpha>75°$ $R=\left(\frac{1}{3}\sim\frac{1}{2}\right)a$ $R_1=R+a$	两壁斜向相连	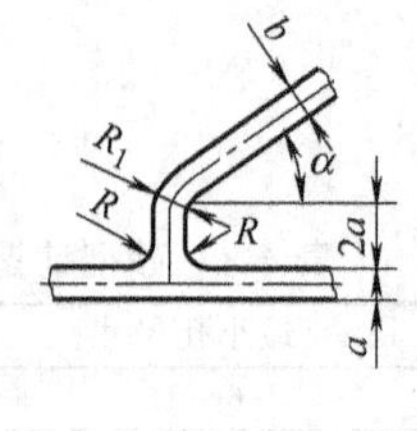	$b\approx1.25a$，$\alpha<75°$ $R=\left(\frac{1}{3}\sim\frac{1}{2}\right)\frac{a+b}{2}$ $R_1=R+b$
	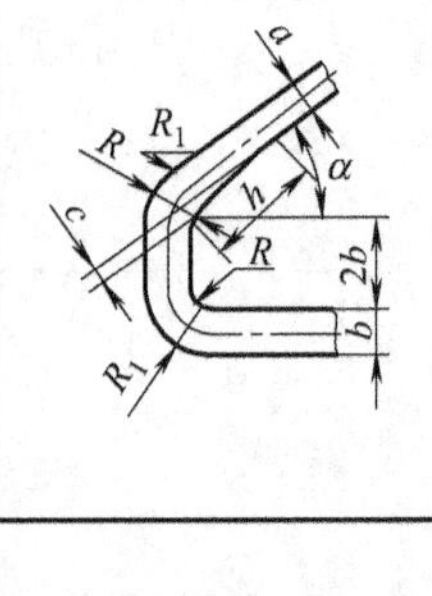	$b>1.25a$，对于铸铁 $h=4c$ $c=b-a$，对于铸钢 $h=5c$ $\alpha<75°$ $R=\left(\frac{1}{3}\sim\frac{1}{2}\right)\frac{a+b}{2}$ $R_1=R+b$		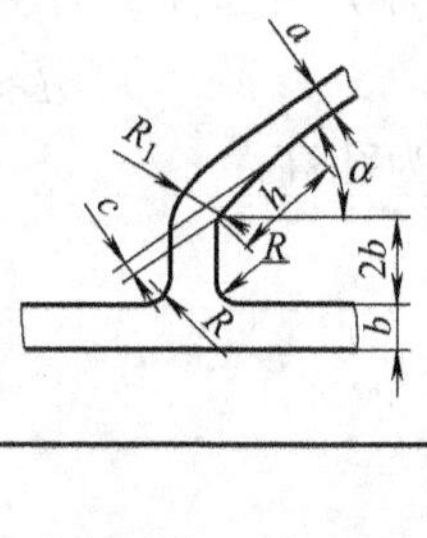	$b\approx1.25a$，对于铸铁 $h=8c$ $c=\frac{b-a}{2}$，对于铸钢 $h\approx10c$ $\alpha<75°$ $R=\left(\frac{1}{3}\sim\frac{1}{2}\right)\frac{a+b}{2}$ $R_1=R+\frac{a+b}{2}$

续表

类别	连接合理结构	连接尺寸
两壁垂直相交	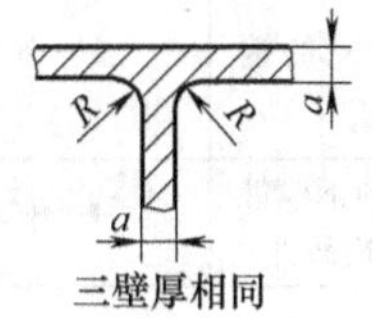 三壁厚相同	$R=\left(\frac{1}{3}\sim\frac{1}{2}\right)a$
	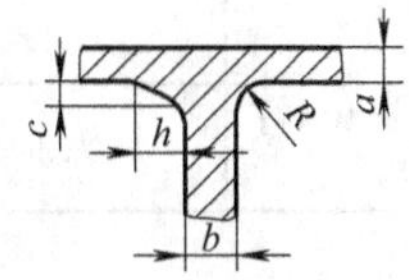 壁厚 $b>a$	$a+c\leqslant b, c\approx3\sqrt{b-a}$ 对于铸铁 $h\geqslant4c$ 对于铸钢 $h\geqslant5c$ $R=\left(\frac{1}{3}\sim\frac{1}{2}\right)\frac{a+b}{2}$
	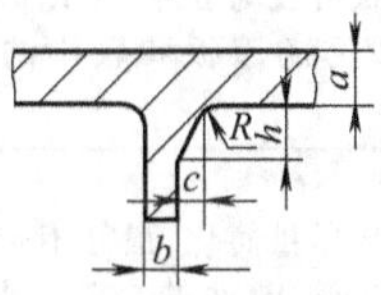 壁厚 $b<a$	$b+2c\leqslant a$， $c\approx1.5\sqrt{a-b}$ 对于铸铁 $h\geqslant8c$ 对于铸钢 $h\geqslant10c$ $R=\left(\frac{1}{3}\sim\frac{1}{2}\right)\frac{a+b}{2}$
两壁垂直相连	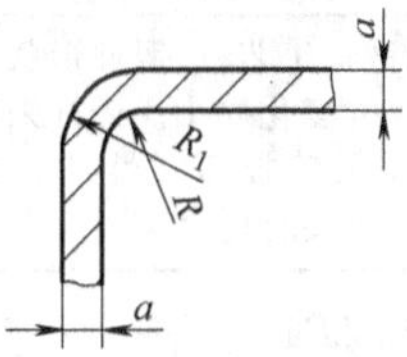 两壁厚相等	$R\geqslant\left(\frac{1}{3}\sim\frac{1}{2}\right)a$ $R_1\geqslant R+a$
	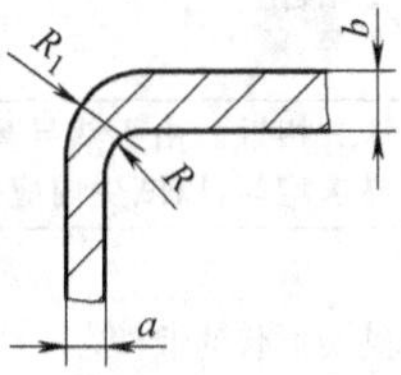 $a<b<2a$	$R=\left(\frac{1}{3}\sim\frac{1}{2}\right)\frac{a+b}{2}$ $R_1\geqslant R+\frac{a+b}{2}$
两壁垂直相连	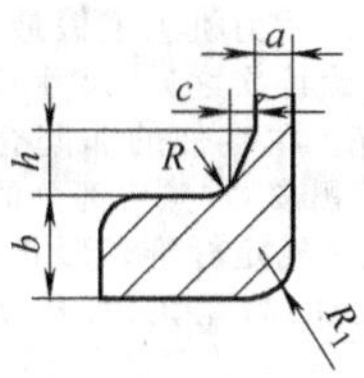 壁厚 $b>2a$	$a+c\leqslant b, c\approx3\sqrt{b-a}$ 对于铸铁 $h\geqslant4c$ 对于铸钢 $h\geqslant8c$ $R=\left(\frac{1}{3}\sim\frac{1}{2}\right)\frac{a+b}{2}$ $R_1\geqslant R+\frac{a+b}{2}$
其他	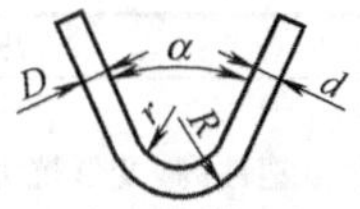 D 与 d 相差不多	$\alpha<90°$ $r=1.5d(\geqslant25\text{mm})$ $R=r+d$ 或 $R=1.5r+d$
	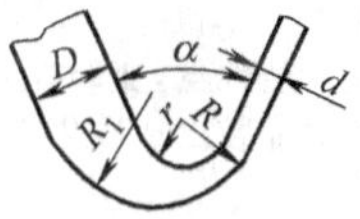 D 比 d 大的多	$\alpha<90^0$ $r=\frac{D+d}{2}(\geqslant25\text{mm})$ $R=r+d$ $R_1=r+D$
	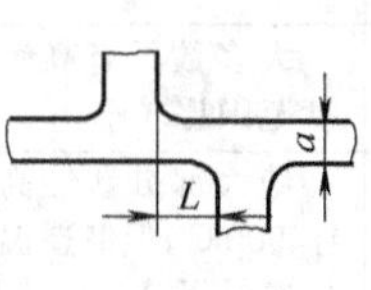	$L>3a$

4.2 锻件结构设计工艺性

4.2.1 常用锻造方法和材料成形特点

常用锻造方法和材料成形特点见表 4-12 及表 4-13。

表 4-12 常用锻造方法及应用范围

锻造方法	零件形状	锻造范围	合适批量
自由锻造	只能锻出简单形状。精度低，表面状态差。除要求很低的尺寸和表面外，零件的形状和尺寸都通过切削加工来达到	5t 自由锻锤可锻出 350～700kg 的钢锻件 1200t 自由锻水压机可锻出 150t 以上的钢锻件	单件、小批

续表

锻造方法	零件形状	锻造范围	合适批量
胎模锻	可锻出复杂的形状(压力机上模锻最优，锤上模锻次之，胎模锻再次之)。尺寸精度较高，表面状态较好。在零件的非配合部分，可以保留毛坯面(黑皮)。黑皮部分的尺寸精度要求，不得超过规定标准。形状(模锻斜度、圆角半径、筋的高宽比、腹板厚度等)应适应工艺要求	一般锻造50g以下的钢锻件 用大型自由锻水压机，可锻出500kg的钢胎模锻件	中、小批
锤上模锻		5t模锻锤可锻投影面积达1250cm²的钢模锻件；16t锤可锻投影面积达4000cm²的钢模锻件	大、中批
压力机上模锻		4000t热模锻压力机可锻投影面积达650cm²钢模锻件；1200t压力机可锻投影面积达2000cm²的钢锻件	大、中批
平锻机上顶锻	用以锻造带实心或空心头部的杆形零件，尺寸精度较高，表面状态较好	1000t平锻机可顶锻ϕ140mm钢棒料；3150t平锻机可顶锻ϕ270mm钢棒料	大批

表 4-13 常用金属材料热锻时的成形特性

序号	材料类别	热锻工艺特性	对锻件形状的影响
1	含碳量≤0.65%的碳素钢及低合金结构钢	塑性高，变形抗力比较低，锻造温度范围宽	锻件形状可较为复杂，可以锻出较高的筋、较薄的腹板和较小的圆角半径
2	含碳量>0.65%的高碳素钢，中合金的高强度钢、工具模具钢、轴承钢，以及铁素体或马氏体不锈钢等	有良好塑性，但变形抗力大，锻造温度范围比较窄	锻件形状尽量简化，最好不带薄的腹板、高的筋，锻件的余量、圆角半径，公差等应加大
3	高合金钢(合金含量高于20%)和高温合金、莱氏体钢等	塑性低，变形抗力很大，锻造温度范围窄，锻件对晶粒度或碳化物大小分布等项指标要求高	用一般锻造工艺时，锻件形状要简单，截面尺寸变化要小。最好采用挤压、多向模锻等提高塑性的工艺方法，锻压速度要合适
4	铝合金	大多数具有高塑性，变形抗力低，仅为碳钢的1/2左右，变形温度在500℃以下	与序号1相近
5	镁合金	大多数具有良好塑性，变形抗力低，变形温度在500℃以下，希望在速度较低的液压机和压力机上加工	与序号1相近
6	钛合金	大多数具有高塑性，变形抗力比较大，锻造温度范围比较窄	与序号1、2相近。由于热导率低，锻件截面要求均匀，以减少内应力
7	铜与铜合金	绝大部分塑性高，变形抗力较低，变形温度低于950℃，但锻造温度范围窄，工序要求少(因温度容易下降)，除青铜和高锌黄铜外，其余均在速度较高的设备上锻造	可获得复杂形状的锻件

4.2.2 胎模锻和自由锻锤上固定模模锻的圆角半径

胎模锻和自由锻锤上固定模模锻的圆角半径见表4-14。

表 4-14 胎模锻和自由锻锤上固定模模锻的圆角半径 mm

壁或筋的高度 h	形状较复杂、批量生产				批量较大、锻压设备能力足够
	碳素和合金结构钢及钛合金		铝合金、镁合金		
	r	R	r	R	
≤6	1	3	1	3	$r=(0.05\sim0.07)h+0.5$ $R=(2\sim3)r$(无限制腹板) $R=(2.5\sim4)r$(有限制腹板)
>6~10	1	4	1	4	
>10~18	1.5	5	1	8	
>18~30	1.5	8	1.5	10	
>30~50	2	10	2	15	
>50~75	4	15	3	20	

注：1. 所列数值适用于无限制腹板，对有限制腹板应适当加大圆角。

2. 计算值应圆整到标准系列数值：1mm，1.5mm，2mm，2.5mm，3mm，3.5mm，4mm，5mm，6mm，8mm，10mm，12mm，15mm，20mm，25mm，30mm。

4.2.3 胎模锻和自由锻锤上固定模模锻的模锻斜度

胎模锻和自由锻锤上固定模模锻的模锻斜度见表 4-15。

表 4-15 胎模锻和自由锻锤上固定模模锻的模锻斜度 (°)

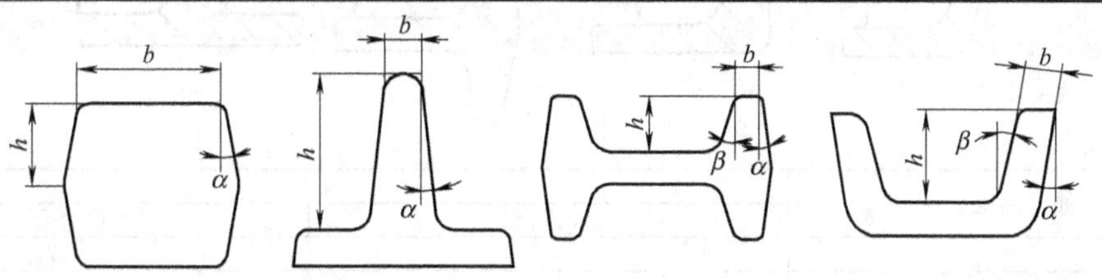

(a) (b) (c) (d)

锻造方法	h/b 比值	钢及合金钢		钛合金		铝合金		镁合金	
		α	β	α	β	α	β	α	β
无顶出器模具内模锻	≤1.5	5～7	7	7	7	5～7	7	7	7
	>1.5～3	7	7	7	10	7	7	7	7
	>3～5	7	7	10	12	7	7	7	10
	>5	10	10	12	15	7	10	10	12
有顶出器模具内模锻	3°～5°采取措施可减少到 1°～3°(铝合金可无斜度)								

注：图（d）所示截面 $\alpha=\beta$，取 5°或 7°。

4.2.4 胎模锻和自由锻锤上固定模模锻的冲孔连皮尺寸

胎模锻和自由锻锤上固定模模锻的冲孔连皮尺寸见表 4-16。

表 4-16 胎模锻和自由锻锤上固定模模锻的冲孔连皮尺寸 mm

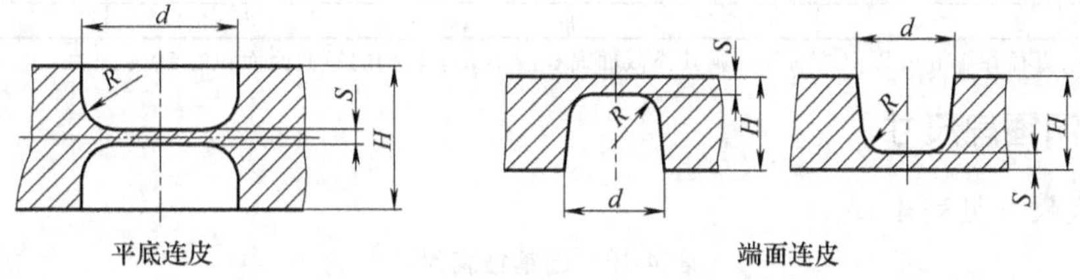

平底连皮　　端面连皮

d	H							
	≤25		>25～50		>50～75		>75～100	
	连皮尺寸							
	S	R	S	R	S	R	S	R
≤50	3	4	4	6	5	8	6	14
		5		8		12		16
>50～70	4	5	5	8	6	10	7	16
		8		10		14		18
>70～100	5	6	6	10	7	12	8	18
		8		12		16		20

注：1. 在表中的 R 值中，上面的数值属于平底连皮，下面的数值属于端面连皮。
2. 冲孔连皮一般采用平底连皮；端面连皮主要用在高度不大、可用形式简单的套膜的模锻件。

4.2.5 胎模锻和自由锻锤上模模锻的筋高宽比

胎模锻和自由锻锤上模模锻的筋高宽比见表 4-17。

表 4-17 胎模锻和自由锻锤上模模锻的筋高宽比 mm

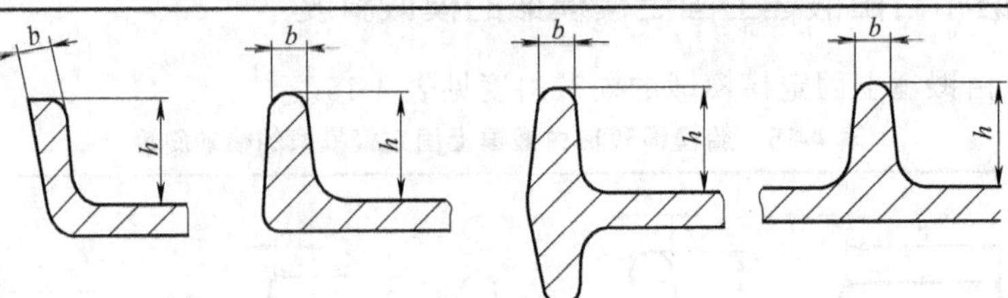

筋的高度	h/b	
	钢、钛合金	铝合金
≤6	<2	<3
>6~10	2~3	3~4
>10~18	3~5	4~6
>18	4~6	6~8

4.2.6 扁钢辗成圆柱形端尺寸

扁钢辗成圆柱形端尺寸见表 4-18。

表 4-18 扁钢辗成圆柱形端尺寸 mm

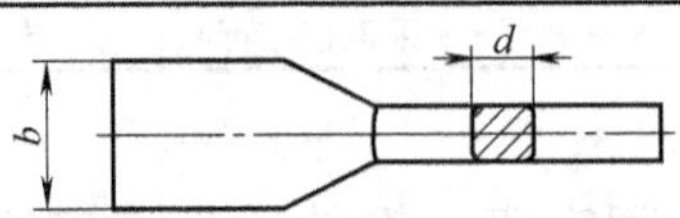

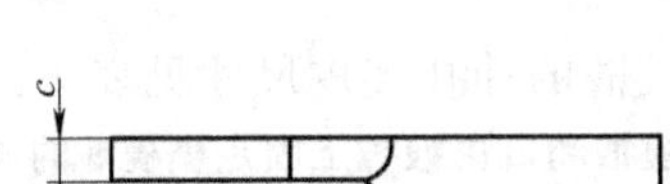

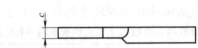

d	c	b	d	c	b
8	3~4	25~20	12	4~6	35~25
10	4~5	30~25	16	6~8	45~25

注：若要使用直径在 16mm 以上的圆杆，则其模截面面积应不大于扁钢的模截面面积的 70%。

4.2.7 圆钢锤扁尺寸

圆钢锤扁尺寸见表 4-19。

表 4-19 圆钢锤扁尺寸 mm

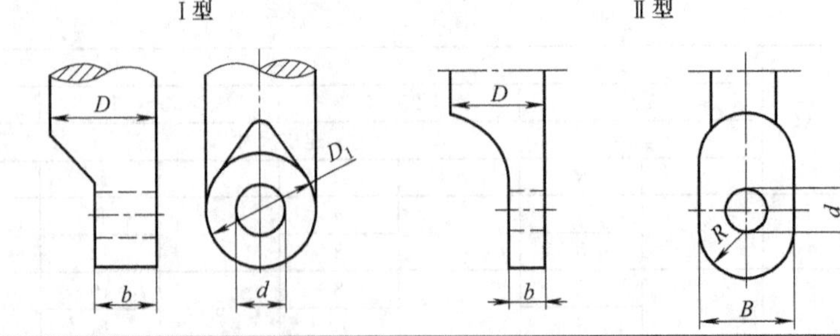

Ⅰ型				Ⅱ型				
D	D_1	b	d<	D	B	b	d<	R
8	20	5	10	8	15	3	8	15
10	25	6	13	10	20	4	10	15
12	30	6	15	12	22	5	12	25
16	35	10	18	14	26	6	13	25
18	40	10	20	16	28	7	14	25

注：若有必要将直径大于 16mm 的棒料锤扁时，锤扁的横断面应大于棒料横截面的 10%。

模锻锤、热模锻压力机、螺旋压力机和平锻机等锻压设备生产的结构钢锻件压力，以及其他钢种的锻件的锻件公差和机械加工余量参照 GB 12362—1990 执行。

4.3 冷冲压件结构设计工艺性

4.3.1 冲压材料和冲压方法的选用

冲压材料和冲压方法的选用见表 4-20。

表 4-20 冲压材料和冲压方法的选用

冲压件类别	材料的力学性能			常用材料
	抗拉强度 σ_b /MPa	伸长率 δ /%	硬度 (HRB)	
平板冲裁件	<637	1～5	84～96	A0、电工硅钢
冲裁件 弯曲件(以圆角半径 $R>2t$ 作 90°垂直于轧制方向的弯曲)	<490	4～14	76～85	A0、A6、B6、40、45、65Mn
浅拉伸件、成形件 弯曲件(以圆角半径 $R>0.5t$ 作 90°垂直于轧制方向的弯曲)	<412	13～27	64～74	A2、B2、A3、B3、15、20
深拉延件 弯曲件(以圆角半径 $R<0.5t$ 作任意方向 180°的弯曲)	<363	24～36	52～64	08F、08、10、F10
复杂拉延件 弯曲件(以圆角半径 $R<0.5t$ 作任意方向 180°的弯曲)	<324	33～45	38～52	05F、08Al、08F
冲压材料选用原则	①对于拉深件及复杂弯曲件应选用成形性能好的材料 ②对于弯曲件应考虑材料的纤维方向 ③考虑后继工序的要求,如是冲压后需焊接、涂漆、镀膜处理的零件,应选用酸洗钢板 ④在保证产品质量的前提下,尽量以价格较低廉的材料代替较贵重的材料,用薄料代替厚料,用黑色金属代替有色金属,并充分利用边角余料,以降低成本			

4.3.2 冲孔的位置和最小可冲孔尺寸

冲孔的位置和最小可冲孔尺寸见表 4-21。

表 4-21 冲孔的位置和最小可冲孔尺寸 mm

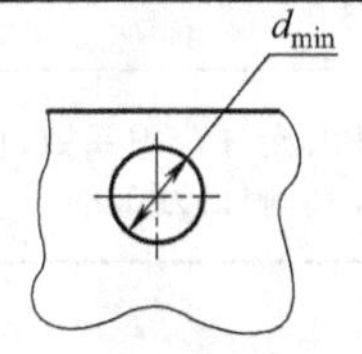

最小孔径d_{min}

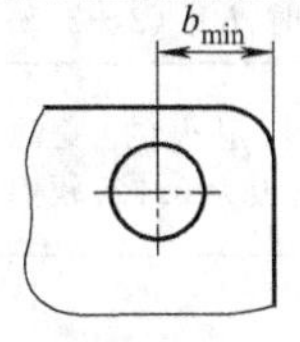

最小孔边距b_{min}

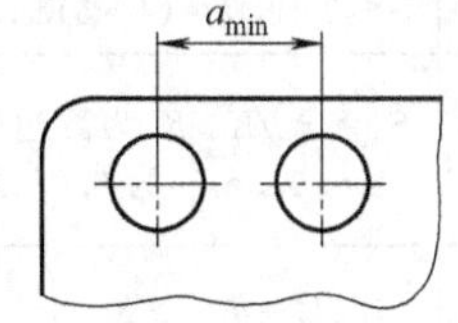

最小孔心距a_{min}

材料强度 σ_b /MPa	最小孔径 d_{min}	最小孔边距 b_{min}	最小孔心距 a_{min}
147	$(0.3\sim0.4)t$	$(0.25\sim0.35)t$	$(0.2\sim0.3)t$
294	$(0.45\sim0.55)t$	$(0.35\sim0.45)t$	$(0.3\sim0.4)t$
441	$(0.65\sim0.70)t$	$(0.50\sim0.55)t$	$(0.45\sim0.5)t$
588	$(0.85\sim0.90)t$	$(0.70\sim0.75)t$	$(0.6\sim0.65)t$

注：t 为材料厚度；薄料取上限，厚料取下限。

4.3.3 最小弯曲圆角半径

最小弯曲圆角半径见表 4-22。

表 4-22 最小弯曲圆角半径

材料	退火或正火状态		冷作硬化	
	弯曲线位置			
	垂直轧制方向	平行轧制方向	垂直轧制方向	平行轧制方向
08,10,A1,A2	0	$0.4t$	$0.4t$	$0.8t$
15,20,A3	$0.1t$	$0.5t$	$0.5t$	$1.0t$
25,30,A4	$0.2t$	$0.6t$	$0.6t$	$1.2t$
35,40,A5	$0.3t$	$0.8t$	$0.8t$	$1.5t$
45,50,A6	$0.5t$	$1.0t$	$1.0t$	$1.7t$
55,60,A7	$0.7t$	$1.3t$	$1.3t$	$2.0t$
铝	0	$0.3t$	$0.3t$	$0.8t$
紫铜	0	$0.3t$	$1.0t$	$2.0t$
H12 黄铜	0	$0.3t$	$0.4t$	$0.8t$

注：t 为材料厚度；当弯曲线与轧制纹路成一定角度时，采用中间数值。

4.3.4 翻孔尺寸及其距离边缘的最小值

翻孔尺寸及其距离边缘的最小值见表 4-23。

表 4-23 翻孔尺寸及其距离边缘的最小值 mm

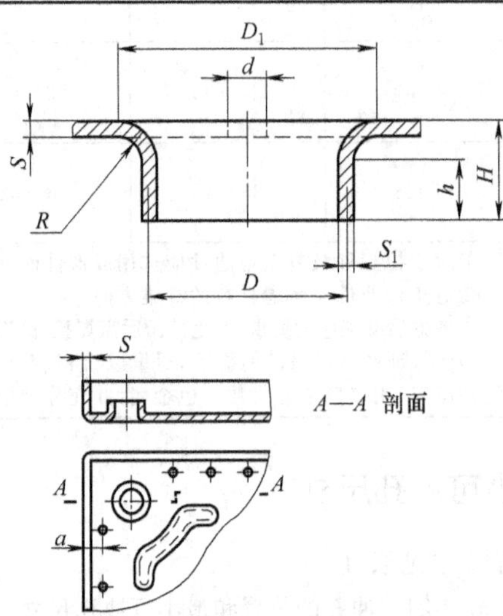

翻孔的圆角半径	$S\leqslant 2$ 时，$R=(4\sim5)S$；$S>2$ 时，$R=(2\sim3)S$
翻孔边缘的最小厚度	$S_1=S\sqrt{K}$，K 为翻边时材料(退火的)变薄的最大允许范围系数，白铁皮为 0.7；黄铜 H62 ($S=0.5\sim5$)为 0.68；酸洗钢板为 0.72；软铝为 0.76；硬铝为 0.89
翻边高度	$H=\dfrac{D-d}{2}+0.43R+0.72S$
翻边前孔的直径	$d=D_1-\left[\pi\left(R+\dfrac{S}{2}\right)+2h\right]$
翻孔的适宜板厚	$S=0.25\sim30$
翻孔离边缘的距离	一般不宜小于$(7\sim8)S$

4.3.5 常用最小冲裁圆角半径

常用最小冲裁圆角半径见表 4-24。

表 4-24 常用最小冲裁圆角半径

mm

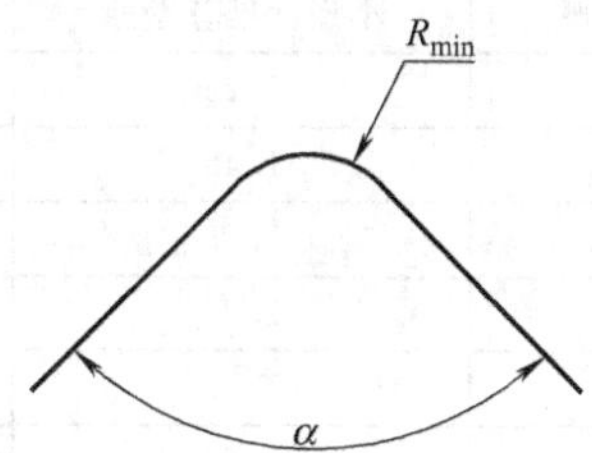

料厚	工件轮廓角度 α			
	30°	60°	90°	120°
1	0.4	0.2	0.1	0.05
2	0.9	0.45	0.23	0.15
3	1.5	0.75	0.35	0.25
4	2	1	0.5	0.35
5	2.6	1.3	0.7	0.5
6	3.2	1.6	0.85	0.65
8	4.6	2.5	1.3	1
10	7	4	2	1.5
12	10	6	3	2.2
14	15	9	4.5	3
15	18	11	6	4

注：上表数值适用于抗拉强度低于 441MPa 的材料，强度高于此值应按比例增加。

4.3.6 冲裁最小尺寸

冲裁最小尺寸见表 4-25。

表 4-25 冲裁最小尺寸

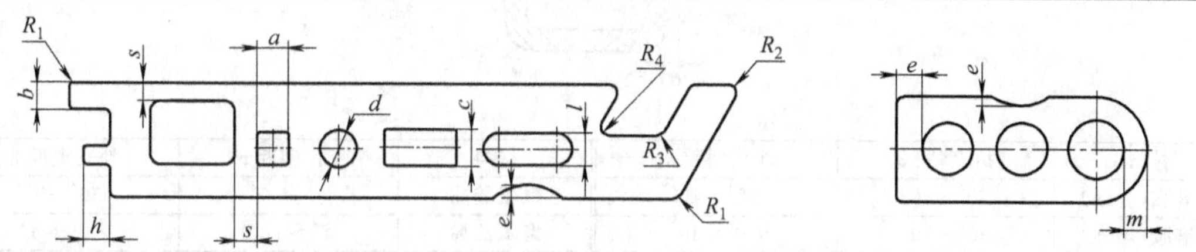

材料	b	h	a	s,d	c,m	e,l	R_1,R_3($\alpha\geqslant 90°$)	R_2,R_4($\alpha<90°$)
钢 $\sigma_b>882$MPa	1.9t	1.6t	1.3t	1.4t	1.2t	1.1t	0.8t	1.1t
钢 $\sigma_b>490\sim882$MPa	1.7t	1.4t	1.1t	1.2t	1.0t	0.9t	0.6t	0.9t
钢 $\sigma_b<490$MPa	1.5t	1.2t	0.9t	1.0t	0.8t	0.7t	0.4t	0.7t
黄铜、铜、铝、锌	1.3t	1.0t	0.7t	0.8t	0.6t	0.5t	0.2t	0.5t

注：t 为材料厚度。

金属板材平冲压件和成形冲压件的尺寸公差等级、公差数值及极限偏差等参照 GB/T 15055—2007 执行。

4.4 常用塑料件结构设计工艺性

4.4.1 塑料件设计的一般规范

(1) 常用工程塑料件的壁厚推荐值

常用工程塑料件的壁厚推荐值见表 4-26。

表 4-26 常用工程塑料件的壁厚推荐值 mm

材料	小型件最小壁厚	小型件推荐壁厚	中型件推荐壁厚	大型件推荐壁厚
聚乙烯	0.60	1.25	1.6	2.4～3.2
聚丙烯	0.85	1.45	1.75	2.4～3.2
聚苯乙烯	0.75	1.25	1.60	3.2～5.4
改性聚苯乙烯	0.75	1.25	1.60	3.2～5.4
聚氯乙烯(硬)	1.15	1.60	1.80	3.2～5.8
聚氯乙烯(软)	0.85	1.25	1.50	2.4～3.2
聚酰胺	0.45	0.75	1.50	2.4～3.2
聚甲醛	0.80	1.40	1.60	3.2～5.4
聚乙醚	1.20	1.75	2.50	3.5～6.4
聚碳酸酯	0.95	1.80	2.30	3.0～4.5
氯化聚醚	0.90	1.35	1.80	2.5～3.4
聚醋酸纤维素	0.70	1.25	1.90	3.2～4.8
乙基纤维素	0.90	1.25	1.60	2.4～3.2
有机玻璃(372)	0.80	1.50	2.20	4.0～6.5
聚丙烯酸类	0.70	0.90	2.40	3.0～6.0

(2) 塑料件的脱模斜度

塑料件的脱模斜度见表 4-27。

表 4-27 塑料件的脱模斜度

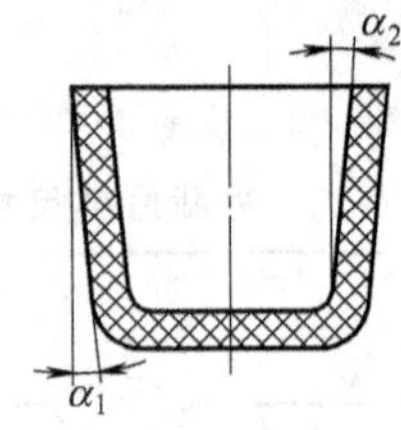

材料	内孔型腔 α_1	外孔型腔 α_2	材料	内孔型腔 α_1	外孔型腔 α_2
聚酰胺(普通)	20′～40′	25′～40′	聚碳酸酯	35′～1°	30′～50′
聚酰胺(增强)	20′～50′	20′～40′	聚苯乙烯	35′～1°30′	30′～1°
聚乙烯	25′～45′	20′～45′	有机玻璃	35′～1°30′	30′～1°
聚甲醛	35′～1°30′	30′～1°	ABS 塑料	40′～1°20′	30′～1°
氯化聚醚	25′～45′	20′～45′			

(3) 孔相关的尺寸关系

孔相关的尺寸关系见表 4-28。

表 4-28 孔相关的尺寸关系（最小值） mm

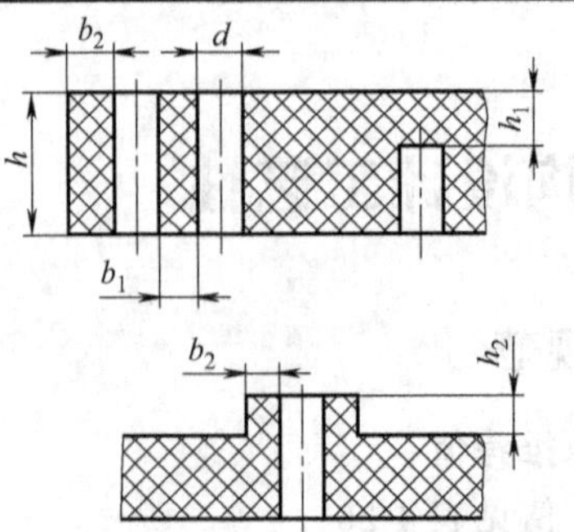

续表

孔径 d	孔的深径比 h/d		孔距尺寸		盲孔的最小厚度 h_1
	制件边孔	制件中孔	b_1	b_2	
≤2	2.0	3.0	0.5	1.0	1.0
>2～3	2.3	3.5	0.8	1.25	1.0
>3～4	2.5	3.8	0.8	1.5	1.2
>4～6	3.0	4.8	1.0	2.0	1.5
>6～8	3.4	5.0	1.2	2.3	2.0
>8～10	3.8	5.5	1.5	2.8	2.5
>10～14	4.6	6.5	2.2	3.8	3.0
>14～18	5.0	7.0	2.5	4.0	3.0
>18～30			4.0	4.0	4.0
>30			5.0	5.0	5.0

(4) 内外圆角半径

内外圆角半径见表 4-29。

表 4-29 内外圆角半径

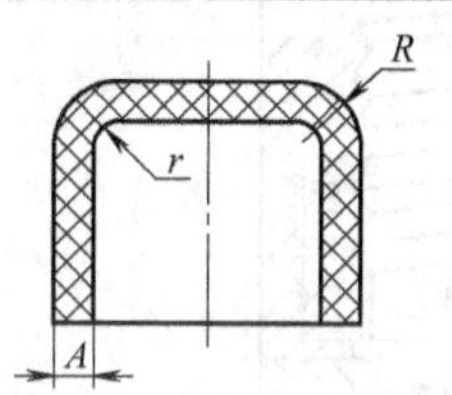

$R=1.5A, r=0.5A$

(5) 孔深与直径的关系

孔深与直径的关系见表 4-30。

表 4-30 孔深与直径的关系

成形方法		通孔	盲孔
压塑	横孔	$2.5D$	$<1.5D$
	竖孔	$5.0D$	$<2.5D$
挤塑、注射		$10D$	$(4\sim5)D$

注：D 为孔的直径。

(6) 螺纹孔的尺寸关系

螺纹孔的尺寸关系见表 4-31。

表 4-31 螺纹孔的尺寸关系（最小值） mm

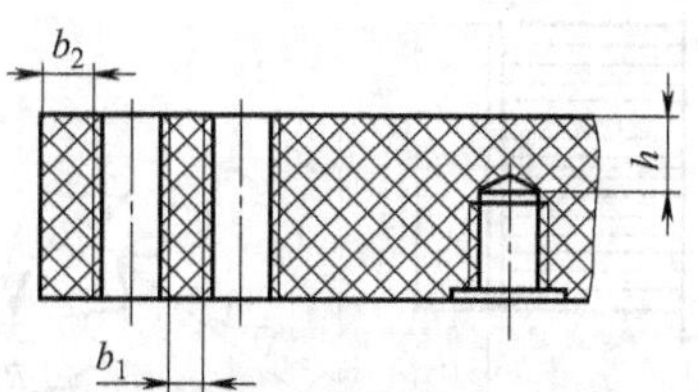

螺纹直径	边距尺寸		不通螺纹孔最小底厚
	b_1	b_2	h
≤3	1.3	2.0	2.0
>3～6	2.0	2.5	3.0
>6～10	2.5	3.0	3.8
>10	3.8	4.3	5.0

(7) 加强肋的尺寸参数

加强肋的尺寸参数见表4-32。

表4-32 加强肋的尺寸参数

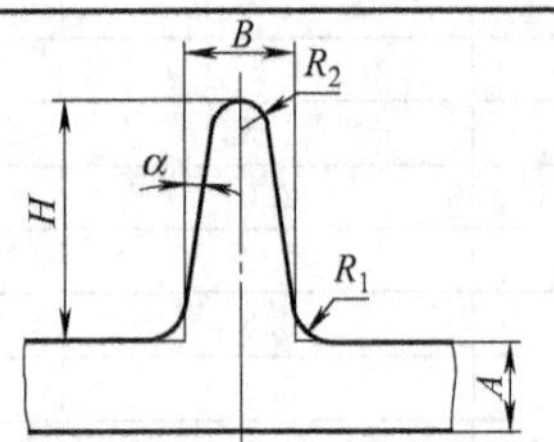

$$B=\frac{A}{2},H=3A,R_1=\frac{A}{8},R_2=\frac{A}{4},\alpha=2°\sim5°$$

(8) 螺纹成形部分的退刀尺寸

螺纹成形部分的退刀尺寸见表4-33。

表4-33 螺纹成形部分的退刀尺寸 mm

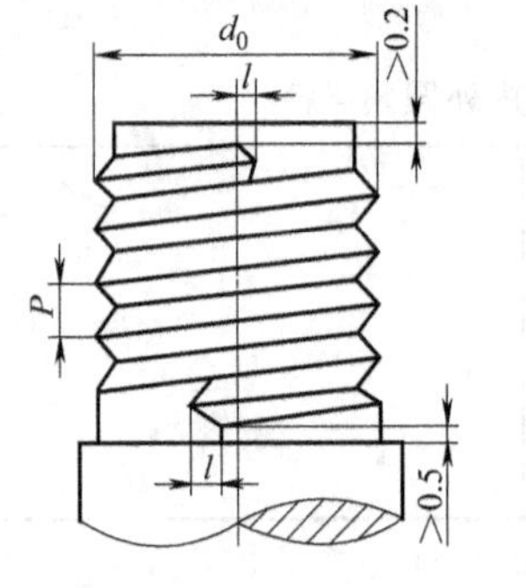

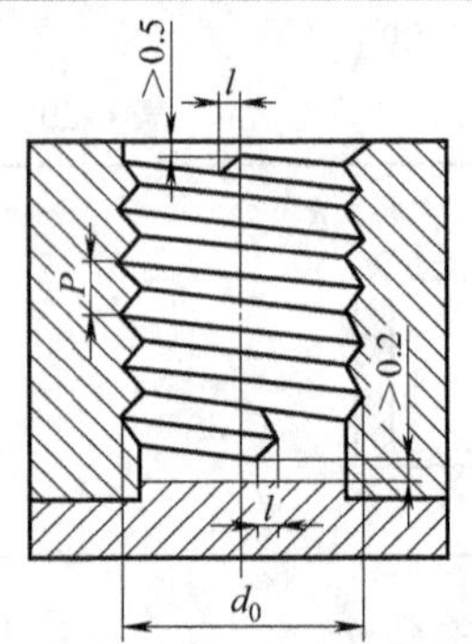

螺纹大径 d_0	螺距 P		
	<0.5	>0.5～1	>1
	退刀尺寸 l		
≤10	1	2	3
>10～20	2	2	4
>20～34	2	4	6
>34～52	3	6	8
>52	3	8	10

(9) 滚花的推荐尺寸

滚花的推荐尺寸见表4-34。

表4-34 滚花的推荐尺寸 mm

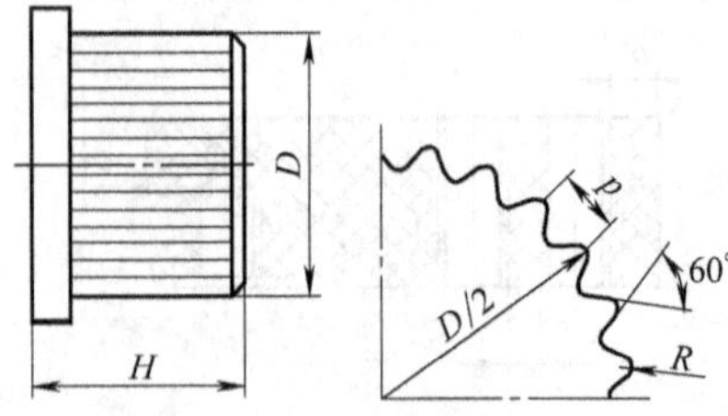

制件直径 D	滚花的距离		D/H
	齿距 p	半径 R	
≤18	1.2～1.5	0.2～0.3	1
>18～50	1.5～2.5	0.3～0.5	1.2
>50～80	2.5～3.5	0.5～0.7	1.5
>80～120	3.5～4.5	0.7～1.0	1.5

(10) 金属嵌件周围及顶部塑料厚度

金属嵌件周围及顶部塑料厚度见表 4-35。

表 4-35　金属嵌件周围及顶部塑料厚度　　mm

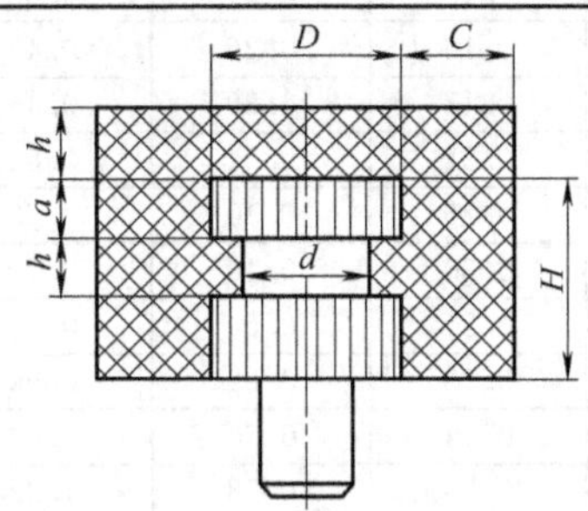

嵌件直径 D	周围最小厚度 C	顶部最小厚度 h
≤4	1.5	1.0
＞4～8	2.0	1.5
＞8～12	3.0	2.0
＞12～16	4.0	2.5
＞16～25	5.0	3.0

注：圆柱类嵌件尺寸：$H=D$，$a=0.3H$，$b=0.3H$，$d=0.75D$。在特殊情况下，H 值最大不超过 $2D$。

(11) 用成形型芯制出的通孔的孔深和孔径

用成形型芯制出的通孔的孔深和孔径见表 4-36。

表 4-36　用成形型芯制出的通孔的孔深和孔径

凸模形式	圆锥形阶段	圆柱形阶段	圆柱圆锥形阶段
单边凸模			
双边凸模			

4.4.2 塑料件的尺寸公差

塑料件的尺寸公差见表 4-37。

表 4-37　塑料件的尺寸公差　　mm

基本尺寸	等级							
	1	2	3	4	5	6	7	8
≥3	0.04	0.06	0.09	0.14	0.22	0.36	0.46	0.56
＞3～6	0.04	0.07	0.10	0.16	0.24	0.40	0.50	0.64
＞6～10	0.05	0.08	0.11	0.18	0.26	0.44	0.54	0.70
＞10～14	0.05	0.09	0.12	0.20	0.30	0.48	0.60	0.76
＞14～18	0.06	0.10	0.13	0.22	0.34	0.54	0.66	0.84

续表

基本尺寸	等级							
	1	2	3	4	5	6	7	8
>18～24	0.06	0.11	0.15	0.24	0.38	0.60	0.74	0.94
>24～30	0.07	0.12	0.16	0.26	0.42	0.66	0.82	1.04
>30～40	0.08	0.14	0.18	0.30	0.46	0.74	0.92	1.18
>40～50	0.09	0.16	0.22	0.34	0.54	0.86	1.06	1.36
>50～65	0.11	0.18	0.26	0.40	0.62	0.96	1.22	1.58
>65～80	0.13	0.20	0.30	0.46	0.70	1.14	1.44	1.84
>80～100	0.15	0.22	0.34	0.54	0.84	1.34	1.66	2.10
>100～120	0.17	0.26	0.38	0.62	0.96	1.54	1.94	2.40
>120～140	0.19	0.30	0.44	0.70	1.08	1.76	2.20	2.80
>140～160	0.22	0.34	0.50	0.78	1.22	1.98	2.40	3.10
>160～180		0.38	0.58	0.86	1.36	2.20	2.70	3.50
>180～200		0.42	0.60	0.96	1.50	2.40	3.00	3.80
>200～225		0.46	0.66	1.06	1.66	2.60	3.30	4.20
>225～250		0.50	0.72	1.16	1.82	2.90	3.60	4.60
>250～280		0.56	0.80	1.28	2.00	3.20	4.00	5.10
>280～315		0.62	0.88	1.40	2.20	3.50	4.40	5.60
>315～355		0.68	0.98	1.56	2.40	3.90	4.90	6.30
>335～400		0.78	1.10	1.74	2.70	4.40	5.50	7.00
>400～450		0.85	1.22	1.94	3.00	4.90	6.10	7.80
>450～500		0.94	1.34	2.20	3.40	5.40	6.70	8.60

注：1. 表中的公差数值用于基准孔取（+）号，用于基准轴取（－）号。

2. 表中的公差数值用于非配合孔取（+）号，用于非配合轴取（－）号，用于非配合长度取（±）号。

第5章 螺纹连接

5.1 螺纹及螺纹连接的分类和选用

螺纹的主要类型、特点和应用见表 5-1。

表 5-1 螺纹的主要类型、特点和应用

螺纹类型			代号	特点和应用
连接螺纹	普通螺纹	GB/T 192—2003	M	牙型为三角形，牙型角 $\alpha=55°$，当量摩擦角大，易自锁，牙根厚，强度高。同一公称直径按螺距大小分为粗牙和细牙，一般连接用粗牙；细牙螺纹的螺距小，升角小，自锁性好，但不耐磨。细牙螺纹多用于薄壁零件和微调装置以及受冲击载荷、振动和变载荷的连接
	非螺纹密封的管螺纹	55°非密封管螺纹 GB/T 7307—2001	C	牙型角 $\alpha=55°$，内、外螺纹的牙顶和牙底为圆角。螺纹副本身不密封。主要用于管子、管接头、旋塞、阀门接口等连接。需密封时，内外螺纹牙间需缠生料带(聚四氟乙烯带)、麻丝等密封填料
	用螺纹密封的管螺纹	55°密封管螺纹 GB/T 7306—2000	R	牙型角 $\alpha=55°$，内外螺纹的牙顶和牙底为圆角。外螺纹为圆锥外螺纹(R)，内螺纹有圆锥内螺纹(Rc)或圆柱内螺纹(Rp)，可以组成锥-锥配合或柱-锥配合的密封螺纹连接。螺纹副本身具有密封性，实际使用时，为确保密封性能应在螺纹副间加入一定的密封填料，如生料带、麻丝等
	圆锥管螺纹	60°密封管螺纹 GB/T 12716—2011	NPT	牙型角 $\alpha=60°$，牙顶和牙底为平的。外螺纹为圆锥外螺纹(NPT)，或圆柱内螺纹(NPSC)，可以组成锥-锥配合或柱-锥配合的密封螺纹连接。用于一般用途的管螺纹密封及机械密封连接

续表

螺纹类型			代号	特点和应用
传动螺纹	梯形螺纹	GB/T 5796—2005	Tr	牙型为等腰梯形，牙型角 $\alpha=30°$，牙根强度高、对中性好，工艺性好，螺纹副的小径和大径处有相等的间隙。与矩形螺纹相比效率略低，是常用的传动螺纹，用剖分螺母可调整间隙
	锯齿形螺纹	GB/T 13576—2008	B	牙型为不等腰梯形，牙型角 $\alpha=33°$（承载面的斜角为 3°，非承载面斜角为 30°）。有效率高和牙根强度高、对中性好的优点 用于单向受力较大的螺纹连接或传力螺旋（如螺旋压力机），起重机的吊钩等
	矩形螺纹			牙型为正方形，牙型角 $\alpha=0°$。其传动效率较其他螺纹高，但牙根强度弱，螺旋副磨损后，间隙难以修复和补偿，传动精度降低。为了便于铣、磨削加工，可制成 10°的牙型角用于传力和传导螺旋

圆柱螺纹的主要几何参数如图 5-1 所示，其名称及符号表示见表 5-2。

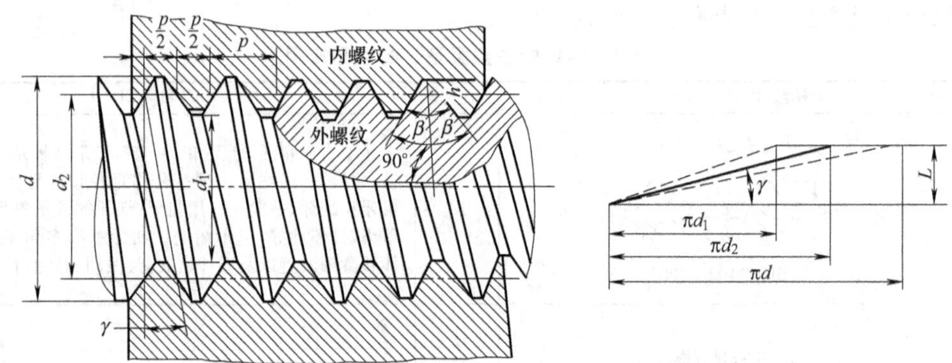

图 5-1 圆柱螺纹的主要几何参数

表 5-2 螺纹的主要几何参数

名称	符号	说　明
大径	d,D	螺纹的最大直径，即与外螺纹牙顶或内螺纹牙底相重合的假想圆柱的直径，此直径为公称直径
小径	d_1,D_1	螺纹的最小直径，即与外螺纹牙底或内螺纹牙顶相重合的假想圆柱的直径
中径	d_2,D_2	轴向剖面内牙厚等于牙间距处的假想圆柱的直径
牙型角	α	轴向剖面内，螺纹牙形两侧边的夹角
牙型斜角	β	轴向剖面内，螺纹牙形侧边与轴线垂直平面间的夹角；对称牙型，$\beta=\alpha/2$
螺距	P	相邻两螺纹牙平行侧面间的轴向距离
导程	L	同一螺纹上相邻两螺纹牙平行侧面间的轴向距离
升角	λ	螺旋线的切线与垂直于螺纹轴线的平面间的夹角，$\lambda=\frac{\arctan L}{\pi d^2}=\frac{\arctan nP}{\pi d^2}$
螺纹线数	n	螺旋线的数目
工作高度	h	内、外螺纹旋合后的接触面的径向高度

5.1.1 普通螺纹

(1) 普通螺纹的基本牙型及尺寸

GB/T 192—2003 规定了普通螺纹的基本牙型。基本牙型尺寸按下列公式计算。普通螺纹的基本牙型及尺寸标注如图 5-2 所示。

$$H=\frac{\sqrt{3}}{2}P=0.866025P$$

$$D_1=D/2\times\frac{5}{8}H$$

$$D_2=D/2\times\frac{3}{8}H$$

$$d_1=d/2\times\frac{5}{8}H$$

$$d_2=d/2\times\frac{3}{8}H$$

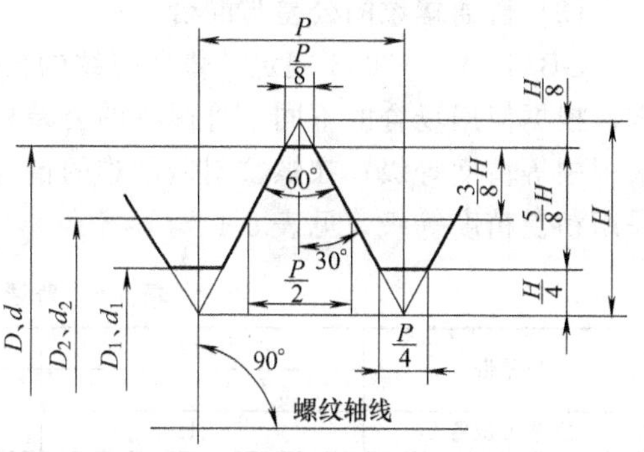

图 5-2 普通螺纹基本牙型

(2) 普通螺纹螺距及基本尺寸

普通螺纹螺距及基本尺寸见表 5-3。

表 5-3 普通螺纹螺距及基本尺寸（GB/T 196、193—2003） mm

公称直径 D,d		粗牙			细牙	公称直径 D,d		粗牙			细牙
第一系列	第二系列	螺距 P	中径 d_2,D_2	小径 d_1,D_1	螺距 P	第一系列	第二系列	螺距 P	中径 d_2,D_2	小径 d_1,D_1	螺距 P
3		0.5	2.675	2.459	0.35		33	3.5	30.727	29.211	(3), 2, 1.5
	3.5	(0.6)	3.110	2.850		36		4	33.402	31.670	3, 2, 1.5
4		0.7	3.545	3.242	0.5		39		36.402	34.670	
	4.5	(0.75)	4.013	3.688		42		4.5	39.077	37.129	4, 3, 2, 1.5
5		0.8	4.480	4.134			45		42.077	40.129	
6		1	5.350	4.917	0.75	48		5	44.752	42.587	
8		1.25	7.188	6.647	1, 0.75		52	5	48.752	46.587	4, 3, 2, 1.5
10		1.5	9.026	8.376	1.25, 1 0.75	56		5.5	52.428	50.046	4, 3, 2, 1.5
							60	5.5	56.428	54.046	
12		1.75	10.863	10.106	1.5, 1.25, 1	64		6	60.103	57.507	
	14	2	12.701	11.835	1.5, 1. (1.25), 1		68		64.103	61.505	
16		2.0	14.701	13.835	1.5, 1	72					6, 4, 3, 2, 1.5
	18	2.5	16.376	15.294	2, 1.5, 1		76				
20			18.376	17.294		80					
	22		20.376	19.294			85				
24		3	22.051	20.752	2, 1.5, 1	90					6, 4, 3, 2
	27		25.051	23.752			95				
30		3.5	27.727	26.211	(3), 2, 1.5, 1	100					

注：1. 优先选用第一系列，第三系列（表中未列出）尽可能不用。

2. M14×1.25 仅用于火花塞。

3. 括号内尺寸尽可能不用。

4. 标记示例：M24（粗牙普通螺纹，直径 24mm，螺距 1.5mm）；M24×1.5（细牙普通螺纹，直径 24mm，螺距 1.5mm）。

5. 细牙普通螺纹基本尺寸见附表。

附表 细牙普通螺纹基本尺寸

螺距 P	中径 D_2，d_2	小径 D_1，d_1	螺距 P	中径 D_2，d_2	小径 D_1，d_1	螺距 P	中径 D_2，d_2	小径 D_1，d_1
0.35	$d-1+0.773$	$d-1+0.621$	1.25	$d-1+0.188$	$d-2+0.647$			
0.5	$d-1+0.675$	$d-1+0.459$	1.5	$d-1+0.026$	$d-2+0.376$	4	$d-3+0.402$	$d-5+0.670$
0.75	$d-1+0.513$	$d-1+0.188$	2	$d-2+0.701$	$d-3+0.835$	6	$d-4+0.103$	$d-7+0.505$
1	$d-1+0.350$	$d-2+0.917$	3	$d-2+0.052$	$d-4+0.752$			

(3) 普通螺纹的公差与配合

GB/T 197—2003 规定了普通螺纹的公差带，并对螺纹的顶径和中径的公差等级做出了规定，根据使用场合的不同，将螺纹的公差精度分为精密、中等和粗糙三种等级。一般用途螺纹采用中等精度等级；在螺纹制造困难的情况下，例如在热轧棒料上或深不通孔内加工螺纹时，采用粗糙精度等级，见表 5-4。

表 5-4 普通螺纹的公差带及推荐值

公差带	内螺纹		外螺纹	
	中径 D_2	小径 D_1	大径 d	中径 d_2
公差带位置	G、H		e、f、g、h	
公差等级	4、5、6、7、8		4、6、8	3、4、5、6、7、8、9

螺纹精度	内螺纹			外螺纹			选用原则
	S	N	L	S	N	L	
精密	4H	5H	6H	3h4h	*4h	5h4h 5g4g	用于精密螺纹，当要求配合性质变动较小时采用
中等	*5H (5G)	[*6H] *6C	*7H (7G)	5h6h 5g6g	6h *6f [*6g] *6e	7h6h 7g6g 7e6e	一般用途
粗糙		7H (7G)	8H (8G)		8g (8e)	9g8g 9e8e	对精度要求不高或制造比较困难时采用

注：1. 公差带选用的优先顺序为：带“*”号公差带、一般字体公差带、括号内公差带。

2. 方框内带“*”的公差带用于大量生产的紧固件螺纹。

3. 普通螺纹公差带值见 GB/T 197—2003。

通常按照表 5-4 中所规定的推荐公差带选取内、外螺纹的公差带。当螺纹旋合长度的实际值不详时，推荐按照中等旋合长度（N）选取螺纹公差带。

内、外螺纹的选用公差带可任意组合，为了保证螺纹具有足够的接触高度，推荐完工后的螺纹零件宜优先组成 H/g、H/h 或 G/h 配合。对于公称直径小于和等于 1.4mm 的螺纹，应选用 5H/6h、4H/6h 或更精密的配合。对需要涂镀保护层的螺纹，如无特殊需要，镀前一般应按 GB/T 197—2003 规定选择螺纹公差带。镀后螺纹的实际轮廓上的任何点均不应超越按 H、h 确定的最大实体牙型。

普通螺纹的极限偏差（GB/T 2516—2003）见表 5-5。

表 5-5 螺纹的极限偏差

基本大径/mm		螺距/mm	内螺纹/μm					外螺纹/μm					
			公差带	中径		小径		公差带	中径		大径		小径[①]
>	≤			ES	EI	ES	EI		es	ei	es	ei	
5.6	11.2	0.75	—	—	—	—	—	3h4h	0	−50	0	−90	−108
			4H	+85	0	+118	0	4h	0	−63	0	−90	−108
			5G	+128	+22	+172	+22	5g6g	−22	−102	−22	−162	−130
			5H	+106	0	+150	0	5h4h	0	−80	0	−90	−108
			—	—	—	—	—	5h6h	0	−80	0	−140	−108
			—	—	—	—	—	6e	−56	−156	−56	−196	−164
			—	—	—	—	—	6f	−38	−138	−38	−178	−146
			6G	+154	+22	+212	+22	6g	−22	−122	−22	−162	−130
			6H	+132	0	+190	0	6h	0	−100	0	−140	−108
			—	—	—	—	—	7e6e	−56	−181	−56	−196	−164
			7G	+192	+22	+258	+22	7g6g	−22	−147	−22	−162	−130
			7H	+170	0	+236	0	7h6h	0	−125	0	−140	−108
			8G	—	—	—	—	8g	—	—	—	—	—
			8H	—	—	—	—	9g8g	—	—	—	—	—

续表

基本大径/mm		螺距/mm	内螺纹/μm					外螺纹/μm					
			公差带	中径		小径		公差带	中径		大径		小径①
>	≤			ES	EI	ES	EI		es	ei	es	ei	
5.6	11.2	1	—	—	—	—	—	3h4h	0	−56	0	−112	−144
			4H	+95	0	+150	0	4h	0	−71	0	−112	−144
			5G	+144	+26	+216	+26	5g6g	−26	−116	−26	−206	−170
			5H	+118	0	+190	0	5h4h	0	−90	0	−112	−144
			—	—	—	—	—	5h6h	0	−90	0	−180	−144
			—	—	—	—	—	6e	−60	−172	−60	−240	−204
			—	—	—	—	—	6f	−40	−162	−40	−220	−184
			6G	+176	+26	+262	+26	6g	−26	−138	−26	−206	−170
			6H	+150	0	+236	0	6h	0	−112	0	−180	−144
			—	—	—	—	—	7e6e	−60	−200	−60	−240	−204
			7C	+216	+26	+326	+26	7g6g	−26	−166	−26	−206	−170
			7H	+190	0	+300	0	7h6h	0	−140	0	−180	−144
			8G	+262	+26	+401	+26	8g	−26	−206	−26	−306	−170
			8H	+236	0	+375	0	9g8g	−26	−250	−26	−306	−170
		1.25	—	—	—	—	—	3h4h	0	−60	0	−132	−180
			4H	+100	0	+170	0	4h	0	−75	0	−132	−180
			5G	+153	+28	+240	+28	5g6g	−28	−123	−28	−240	−208
			5H	+125	0	212	0	5h4h	0	−95	0	−132	−180
			—	—	—	—	—	5h6h	0	−95	0	−212	−180
			—	—	—	—	—	6e	−63	−181	−63	−275	−243
			—	—	—	—	—	6f	−42	−160	−42	−254	−222
			6G	+188	+28	+293	+28	6g	−28	−146	−28	−240	−208
			6H	+160	0	+265	0	6h	0	−118	0	−212	−180
			—	—	—	—	—	7e6e	−63	−213	−63	−275	−243
			7G	+228	+28	+363	+28	7g6g	−28	−178	−28	−240	−208
			7H	+200	0	+335	0	7h6h	0	−150	0	−212	−180
			8G	+278	+28	+453	+28	8g	−28	−218	−28	−363	−208
			8H	+250	0	+425	0	9g8g	−28	−264	−28	−363	−208
		1.5	—	—	—	—	—	3h4h	0	−67	0	−150	−217
			4H	+112	0	+190	0	4h	0	−85	0	−150	−217
			5G	+172	+32	+268	+32	5g6g	−32	−138	−32	−268	−249
			5H	+140	0	+236	0	5h6h	0	−106	0	−150	−217
			—	—	—	—	—	6e	0	−106	0	−236	−217
			—	—	—	—	—	6f	−67	−199	−67	−303	−284
			—	—	—	—	—	6g	−45	−177	−45	−281	−262
			6G	+212	+32	+332	+32	6h	−32	−164	−32	−268	−249
			6H	+180	0	+300	0	7e6e	0	−132	0	−236	−217
			—	—	—	—	—	7g6g	−67	−237	−67	−303	−284
			7G	+256	+32	+407	+32	7h6h	−32	−202	−32	−268	−249
			7H	+224	0	+375	0	8g	0	−170	0	−236	−217
			8G	+312	+32	+507	+32	9g8g	−32	−244	−32	−407	−249
			8H	+280	0	+475	0		−32	−297	−32	−407	−249
11.2	22.4	1	—	—	—	—	—	3h4h	0	−60	0	−112	−144
			4H	+100	0	+150	0	4h	0	−75	0	−112	−144
			5G	+151	+26	+216	+26	5g6g	−26	−121	−26	−206	−170
			5H	+125	0	+190	0	5h6h	0	−95	0	−112	−144
			—	—	—	—	—	5h4h	0	−95	0	−180	−144
			—	—	—	—	—	6e	−60	−178	−60	−240	−204
			—	—	—	—	—	6f	−40	−158	−40	−220	−184
			6G	+186	+26	+262	+26	6g	−26	−144	−26	−206	−170
			6H	+160	0	+236	0	6h	0	−118	0	−180	−144
			—	—	—	—	—	7e6e	−60	−210	−60	−240	−204
			7G	+226	+26	+336	+26	7g6g	−26	−176	−26	−206	−170
			7H	+200	0	+300	0	7h6h	0	−150	0	−180	−144
			8G	+276	+26	+401	+26	8g	−26	−216	−26	−306	−170
			8H	+250	0	+375	0	9g8g	−26	−262	−26	−306	−170

续表

基本大径/mm		螺距/mm	内螺纹/μm					外螺纹/μm					
			公差带	中径		小径		公差带	中径		大径		小径①
>	≤			ES	EI	ES	EI		es	ei	es	ei	
11.2	22.4	1.25	—	—	—	—	—	3h4h	0	−67	0	−132	−180
			4H	+112	0	+170	0	4h	0	−85	0	−132	−180
			5G	+168	+28	240	+28	5g6g	−28	−134	−28	−240	−208
			5H	+140	0	+212	0	5h4h	0	−106	0	−132	−180
			—	—	—	—	—	5h6h	0	−106	0	−212	−180
			—	—	—	—	—	6e	−63	−195	−63	−275	−243
			—	—	—	—	—	6f	−42	−174	−42	−254	−222
			6G	+208	+293	+293	+293	6g	−28	−160	−28	−240	−208
			6H	+180	+265	+265	+265	6h	0	−132	0	−212	−180
			—	—	—	—	—	7e6e	−63	−233	−63	−275	−243
			7G	+252	+28	+363	+28	7g6g	−28	−198	−28	−240	−208
			7H	+224	0	+335	0	7h6h	0	−170	0	−212	−180
			8G	+308	+28	+453	+28	8g	−28	−240	−28	−363	−208
			8H	+280	0	+425	0	9g8g	−28	−293	−28	−363	−208
		1.5	—	—	—	—	—	3h4h	0	−71	0	−150	−217
			4H	+118	0	+190	0	4h	0	−90	0	−150	−217
			5G	+182	+32	+268	+32	5g6g	−32	−144	−32	−268	−249
			5H	+150	0	+236	0	5h4h	0	−112	0	−150	−217
			—	—	—	—	—	5h6h	0	−112	0	−236	−217
			—	—	—	—	—	6e	−67	−207	−67	−303	−284
			—	—	—	—	—	6f	−45	−185	−45	−281	−262
			6G	+222	+32	+332	+32	6g	−32	−172	−32	−268	−249
			6H	+190	0	+300	0	6h	0	−140	0	−236	−217
			—	—	—	—	—	7e6e	−67	−247	−67	−303	−284
			7G	+268	+32	+407	+32	7g6g	−32	−212	−32	−268	−249
			7H	+263	0	+375	0	7h6h	0	−180	0	−236	−217
			8G	+332	+32	+507	+32	8g	−32	−256	−32	−407	−249
			8H	+300	0	+475	0	9g8g	−32	−312	−32	−407	−249
		1.75	—	—	—	—	—	3h4h	0	−75	0	−170	−253
			4H	+125	0	+212	0	4h	0	−95	0	−170	−253
			5G	+194	+34	+299	+34	5g6g	−34	−152	−34	−299	−287
			5H	+160	0	+265	0	5h4h	0	−118	0	−170	−253
			—	—	—	—	—	5h6h	0	−118	0	−265	−253
			—	—	—	—	—	6e	−71	−221	−71	−336	−324
			—	—	—	—	—	6f	−48	−198	−48	−313	−301
			6G	+234	+34	+369	+34	6g	−34	−184	−34	−299	−287
			6H	+200	0	+335	0	6h	0	−150	0	−265	−253
			—	—	—	—	—	7e6e	−71	−261	−71	−336	−324
			7G	+284	+34	+459	+34	7g6g	−34	−224	−34	−299	−287
			7H	+250	0	+425	0	7h6h	0	−190	0	−265	−253
			8G	+349	+34	+564	+34	8g	−34	−270	−34	−459	−287
			8H	+315	0	+530	0	9g8g	−34	−334	−34	−459	−287
		2	—	—	—	—	—	3h4h	0	−80	0	−180	−289
			4H	+132	0	+263	0	4h	0	−100	0	−180	−289
			5G	+208	+38	+338	+38	5g6g	−38	−163	−38	−318	−327
			5H	+170	0	+300	0	5h4h	0	−125	0	−180	−289
			—	—	—	—	—	5h6h	0	−125	0	−280	−289
			—	—	—	—	—	6e	−71	−231	−71	−351	−360
			—	—	—	—	—	6f	−52	−212	−52	−332	−341
			6G	+250	+38	+413	+38	6g	−38	−198	−38	−318	−327
			6H	+212	0	+375	0	6h	0	−160	0	−280	−289
			—	—	—	—	—	7e6e	−71	−271	−71	−351	−360
			7G	+303	+38	+513	+38	7g6g	−38	−238	−38	−318	−327
			7H	+265	0	+475	0	7h6h	0	−200	0	−280	−289
			8G	+373	+38	+638	+38	8g	−38	−288	−38	−488	−327
			8H	+335	0	+600	0	9g8g	−38	−353	−38	−448	−327

续表

基本大径/mm		螺距/mm	内螺纹/μm					外螺纹/μm					
			公差带	中径		小径		公差带	中径		大径		小径①
>	≤			ES	EI	ES	EI		es	ei	es	ei	
11.2	22.4	2.5	—	—	—	—	—	3h4h	0	−85	0	−212	−361
			4H	+140	+280	0	0	4h	0	−106	0	−212	−361
			5G	+222	+397	+42	+42	5g6g	−42	−174	−42	−377	−403
			5H	+180	+355	0	0	5h4h	0	−132	0	−212	−361
			—	—	—	—	—	5h6h	0	−132	0	−335	−361
			—	—	—	—	—	6e	−80	−250	−80	−415	−441
			—	—	—	—	—	6f	−58	−228	−58	−393	−419
			6G	+266	+492	+42	+42	6g	−42	−212	−42	−377	−403
			6H	+224	+450	0	0	6h	0	−170	0	−335	−361
			—	—	—	—	—	7e6e	−80	−292	−80	−415	−441
			7G	+322	+602	+42	+42	7g6g	−42	−254	−42	−377	−403
			7H	+280	+560	0	0	7h6h	0	−212	0	−335	−361
			8G	+397	+752	+42	+42	8g	−42	−307	−42	−572	−403
			8H	+355	+710	0	0	9g8g	−42	−377	−42	−572	−403

① 外螺纹小径的偏差值用于螺纹应力计算。

注：1. ES和es分别为内、外螺纹的上偏差代号；EI和ei分别为内、外螺纹的下偏差代号。

2. 基本大径≤5.6mm及>22.4mm的螺纹极限偏差未收入本表，可查阅GB/T 2516—2003。

螺纹的旋合长度影响螺纹的公差等级，标准旋合长度分为短、中、长三组，分别用S、N、L表示，各组的长度范围见表5-6。

表5-6 普通螺纹的旋合长度 mm

公称直径 D、d		螺距 P	旋合长度				公称直径 D、d		螺距 P	旋合长度			
			S	N		L				S	N		L
>	≤		≤	>	≤	>	>	≤		≤	>	≤	>
1.4	2.8	0.25	0.6	0.6	1.9	1.9	22.4	45	1	4	4	12	12
		0.35	0.8	0.8	2.6	2.6			1.5	6.3	6.3	19	19
		0.4	1	1	3	3			2	8.5	8.5	25	25
		0.45	1.3	1.3	3.8	3.8							
2.8	5.6	0.35	1	1	3	3			3	12	12	36	36
		0.5	1.5	1.5	4.5	4.5			3.5	15	15	45	45
		0.6	1.7	1.7	5	5			4	18	18	53	53
									4.5	21	21	63	63
		0.7	2	2	6	6	45	90	1.5	7.5	7.5	22	22
		0.75	2.2	2.2	6.7	6.7			2	9.5	9.5	28	28
		0.8	2.5	2.5	7.5	7.5			3	15	15	45	45
5.6	11.2	0.75	2.4	2.4	7.1	7.1			4	19	19	56	56
		1	3	3	9	9			5	24	24	71	71
		1.25	4	4	12	12			5.5	28	28	85	85
		1.5	5	5	15	15			6	32	32	95	95
11.2	22.4	1	3.8	3.8	11	11	90	180	2	12	12	36	36
		1.25	4.5	4.5	13	13			3	18	18	53	53
									4	24	24	71	71
		1.5	5.6	5.6	16	16			3	20	20	60	60
		1.75	6	6	18	18			4	26	26	80	80
		2	8	8	24	24			6	40	40	118	118
		2.5	10	10	30	30			8	50	50	150	150

(4) 普通螺纹标记

完整的螺纹标记由螺纹特征代号、尺寸代号、公差带代号及其他有必要做进一步说明的个别信息组成。螺纹特征代号表示螺纹的公称直径和螺距，粗牙螺纹螺距省略。

有关螺纹标记的详细介绍参见有关书籍和国家标准，标记示例见表 5-7。

表 5-7　普通螺纹标记示例

<table>
<tr><td rowspan="3">标记示例</td><td>粗牙螺纹</td><td>直径 10mm，螺距 1.5mm，中径顶径公差带均为 6H 的内螺纹：M10-6H</td><td rowspan="2">顶径指外螺纹大径和内螺纹小径</td></tr>
<tr><td>细牙螺纹</td><td>直径 10mm，螺距 1mm，中径顶径公差带均为 6g 的外螺纹：M10×1-6g</td></tr>
<tr><td>螺纹副</td><td colspan="2">M20×2LH-6H/5g6g-S
——旋合长度（中等长度“N”不标，特殊需要时，长度可标数值 h）
——外螺纹顶径公差带
——外螺纹中径公差带
——内螺纹中径和顶径公差带（公差带代号相同时只标一个）
——左旋 LH（右旋 RH 不标）</td></tr>
</table>

5.1.2　梯形螺纹

(1) 梯形螺纹的基本牙型及尺寸

GB/T 5796.1—2005 规定了梯形螺纹的基本牙型。梯形螺纹基本牙型如图 5-3 所示，其尺寸关系为：原始三角形高度 $H=1.866P$，基本牙型牙高 $H_1=0.5P$，其中 P 为螺距。

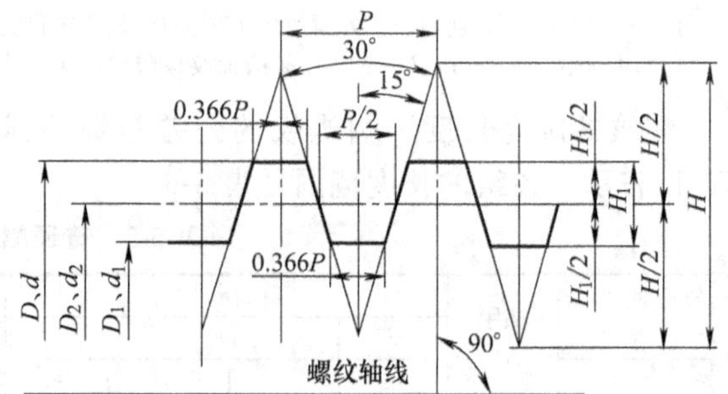

图 5-3　梯形螺纹基本牙型

梯形螺纹的设计牙型见表 5-8，它是螺纹直径基本偏差的起始点，与基本牙型不同之处在于存在牙顶间隙，牙顶间隙值与螺距大小有关。

表 5-8　梯形螺纹设计牙型尺寸（GB/T 5796.1—2005）

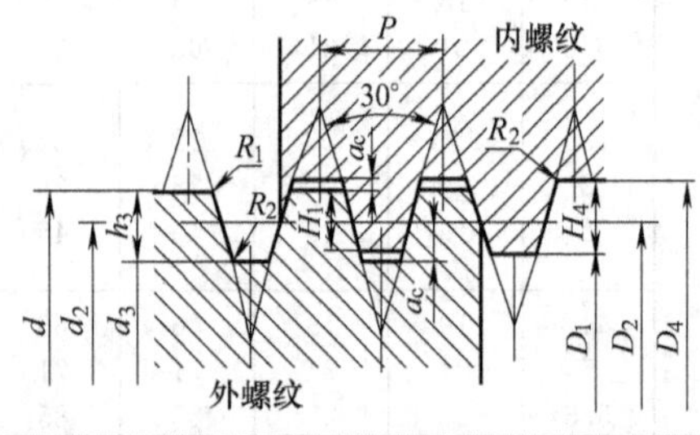

标记示例：

Tr40×7-7H（梯形内螺纹，公称直径 $d=40$mm、螺距 $P=7$mm、精度等级 7H）

Tr40×14(P7)LH-7e（多线左旋梯形外螺纹，公称直径 $d=40$mm、导程=14mm、螺距 $P=7$mm、精度等级 7e）

Tr40×7-7H/7e（梯形螺旋副、公称直径 $d=40$mm、螺距 $P=7$mm、内螺纹精度等级 7H、外螺纹精度等级 7e）

螺距 P	a_c	$H_4=h_3$	$R_{1\max}$	$R_{2\max}$	螺距 P	a_c	$H_4=h_3$	$R_{1\max}$	$R_{2\max}$	螺距 P	a_c	$H_4=h_3$	$R_{1\max}$	$R_{2\max}$
1.5	0.15	0.9	0.075	0.15	9	0.5	5	0.25	0.5	24	1	13	0.5	1
2	0.25	1.25	0.125	0.25	10		5.5			28		15		
3		1.75			12		6.5			32		17		
4		2.25			14	1	8	0.5	1	36		19		
5		2.75			16		9			40		21		
6	0.5	3.5	0.25	0.5	18		10			44		23		
7		4			20		11							
8		4.5			22		12							

注：a_c—牙顶间隙；D_4—内螺纹大径；d_3—外螺纹大径；H_4—内螺纹牙高；h_3—外螺纹牙高。

(2) **梯形螺纹直径与螺距系列**

梯形螺纹直径与螺距系列见表 5-9。

表 5-9 梯形螺纹直径与螺距系列（GB/T 5796.2—2005） mm

公称直径 d		螺距 P	公称直径 d		螺距 P	公称直径 d		螺距 P	公称直径 d		螺距 P
第一系列	第二系列		第一系列	第二系列		第一系列	第二系列		第一系列	第二系列	
8		1.5		26	3,5,8		50	3,8,12		110	4,12,20
	9	1.5,2	28		3,5,8	52		3,8,12	120		6,14,22
10		1.5,2		30	3,6,10		55	3,9,14		130	6,14,22
	11	2,3	32		3,6,10	60		3,9,14	140		6,14,24
12		2,3		34	3,6,10		65	4,10,16		150	6,16,24
			36		3,6,10	70		4,10,16	160		6,16,28
	14	2,3		38	3,7,10		75	4,10,16	170		6,6,28
16		2,4	40		3,7,10	80		4,10,16		180	8,18,28
	18	2,4		42	3,7,10		85	4,12,18	190		8,18,32
20		2,4	44		3,7,12	90		4,12,18			
	22	3,5,8		46	3,8,12		95	4,12,18			
24		3,5,8	48		3,8,12	100		4,12,20			

注：优先选用第一系列的直径。

(3) **梯形螺纹基本尺寸**

梯形螺纹基本尺寸见表 5-10。

表 5-10 梯形螺纹基本尺寸（GB/T 5796.3—2005） mm

螺距 P	外螺纹小径 d_3	内、外螺纹中径 D_2、d_2	内螺纹大径 D_4	内螺纹小径 D_1	螺距 P	外螺纹小径 d_3	内、外螺纹中径 D_2、d_2	内螺纹大径 D_4	内螺纹小径 D_1
1,5	$d-1.8$	$d-0.75$	$d+0.3$	$d-1.5$	8	$d-9$	$d-4$	$d+1$	$d-8$
2	$d-2.5$	$d-1$	$d+0.5$	$d-2$	9	$d-10$	$d-4.5$	$d+1$	$d-9$
3	$d-3.5$	$d-1.5$	$d+0.5$	$d-3$	10	$d-11$	$d-5$	$d+1$	$d-10$
4	$d-4.5$	$d-2$	$d+0.5$	$d-4$	12	$d-13$	$d-6$	$d+1$	$d-12$
5	$d-5.5$	$d-2.5$	$d+0.5$	$d-5$	14	$d-16$	$d-7$	$d+2$	$d-14$
6	$d-7$	$d-3$	$d+1$	$d-6$	16	$d-13$	$d-7$	$d+2$	$d-16$
7	$d-8$	$d-3.5$	$d+1$	$d-7$	18	$d-20$	$d-9$	$d+2$	$d-18$

注：d—公称直径（即外螺纹大径）。

(4) **梯形螺纹的公差与配合**

梯形螺纹的公差带用中径公差带表示。GB/T 5796.4—2005 中对梯形螺纹顶径（内螺纹小径 D_1 和外螺纹大径 d）只规定了一种公差带，即 4H 或 4h；同时规定外螺纹小径 d_3 的基本偏差恒为 h，公差等级数与中径公差等级数相同。

梯形螺纹旋合长度如表 5-11 所示，梯形螺纹的推荐公差带及其标注形式见表 5-12。

梯形多线螺纹的大径和小径公差与单线螺纹相同，中径公差通过对单线中径公差进行修正得到。

5.1.3 锯齿形螺纹

由于锯齿形螺纹多用于一般传动，其性质类似于梯形螺纹，故采用了梯形螺纹的公差制，它们均属于普通螺纹公差体系。由于锯齿形螺纹的尺寸范围更大些，各项数值稍有差异。

表 5-11 梯形螺纹的旋合长度 mm

公称直径 d		螺距 P	旋合长度组		
			N		L
>	≤		>	≤	>
5.6	11.2	1.5	5	15	15
		2	6	19	19
		3	10	28	18
11.2	22.4	2	8	24	24
		3	11	32	32
		4	15	43	43
		5	18	53	53
		8	30	85	85
22.4	45	3	12	36	36
		5	21	63	63
		6	25	75	75
		7	30	85	85
		8	34	100	100
		10	42	125	125
		12	50	150	150
45	90	3	15	45	45
		4	19	56	56
		8	38	118	118
		9	43	132	132
		10	50	140	140
		12	60	170	170
		14	67	200	200
		16	75	236	236
		18	85	265	265
90	180	4	24	71	71
		6	36	106	106
		8	45	132	132
		12	67	200	200
		14	75	236	236
		16	90	265	265
		18	100	300	300
		20	112	335	335
		22	118	355	355
		24	132	400	400
		28	150	450	450
180	355	8	50	150	150
		12	75	224	224
		18	112	335	335
		20	125	375	375
		22	140	425	425
		24	150	450	450
		32	200	600	600
		36	224	670	670
		40	250	750	750
		44	280	850	850

注：N 为中等旋合长度；L 为长旋合长度。

表 5-12 梯形螺纹中径公差带的选用及标注

精度		内螺纹		外螺纹		应用
		N	L	N	L	
中等		7H	8H	7e	8e	一般用途
粗糙		8H	9H	8c	9c	对精度要求不高时采用
标记方向	内、外螺纹	Tr40×7-7H —中径公差带 —螺距 —公称直径 —螺纹种类代号		Tr40×7-7e Tr40×7LH-7e —左旋(右旋不注) Tr40×14(P7)-8e-L(旋合长度为 L 组的多线螺纹，其中 14 为导程，P7 为螺距) Tr40×7-7e-140(旋合长度为特殊需要时，可标数值)		
	螺旋副	Tr40×7-7H/7e(当旋合长度为 N 组时，不标注)				

(1) 公差带

GB/T 13576.4—2008 锯齿形（3°、30°）螺纹公差标准对内螺纹的大径 D，中径 D_2 和小径 D_1 都只规定了一种公差带位置 H，其基本偏差 EI 为零，具体位置如图 5-4 所示。外螺纹大径 d 和小径 d_3 的公差带位置为 h，其基本偏差 es 为零；外螺纹中径 d_2 的公差带位置为 e 和 c，其基本偏差 es 为负值，见图 5-5。内、外螺纹中径公差带的基本偏差见表 5-13。

对锯齿形螺纹中径和小径的公差等级规定如下，其中外螺纹小径 d_3 应选取与其中径 d_2 相同的公差等级。

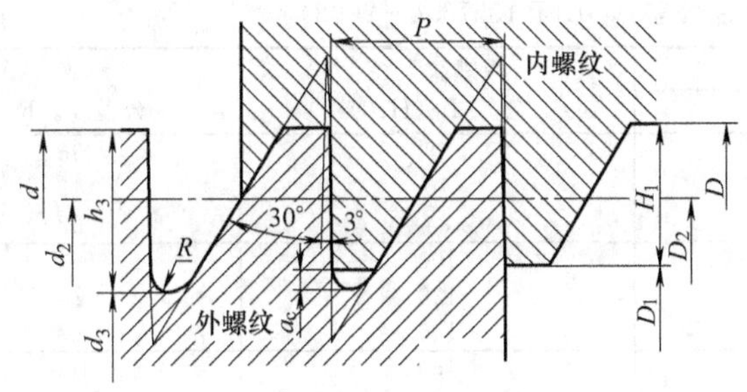

图 5-4 内螺纹公差带位置

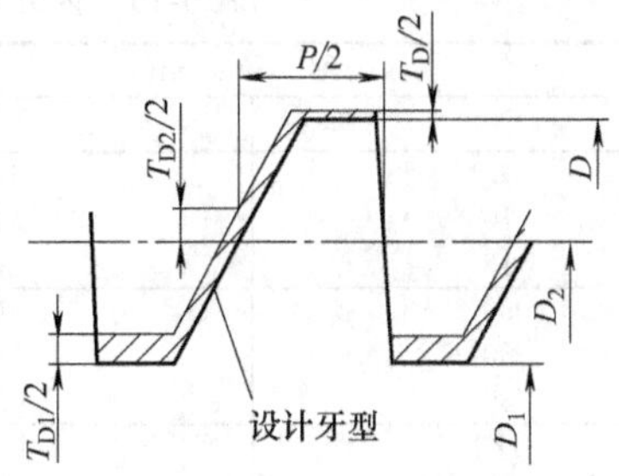

图 5-5 外螺纹公差带位置

表 5-13 锯齿形螺纹中径的基本偏差（GB/T 13576.4—2008） μm

螺距 P /mm	内螺纹 D_2	外螺纹 d_2		螺距 P /mm	内螺纹 D_2	外螺纹 d_2	
	H EI	c es	e es		H EI	c es	e es
2	0	−150	−71	18	0	−400	−200
3	0	−170	−85	20	0	−425	−212
4	0	−190	−95	22	0	−450	−224
5	0	−212	−106	24	0	−475	−236
6	0	−236	−118	28	0	−500	−250
7	0	−250	−125	32	0	−530	−265
8	0	−265	−132	36	0	−560	−280
9	0	−280	−140	40	0	−600	−300
10	0	−300	−150	44	0	−630	−315
12	0	−335	−160				
14	0	−355	−180				
16	0	−375	−190				

螺纹直径	公差等级
内螺纹中径 D_2	7、8、9
外螺纹中径 d_2	7、8、9
外螺纹小径 d_3	7、8、9
内螺纹小径 D_1	4

标准对内螺纹的大径和外螺纹的大径也规定了公差值，分别为 GB/T 1800.3—1998 所规定的 IT10 和 IT9。如此规定说明锯齿形螺纹采用了大径定心的方式消除传动过程中的偏心，以提高传动精度。各直径的各级公差值列于表 5-14～表 5-18。

表 5-14 内螺纹小径公差 T_{D1}（GB/T 13576.4—2008） μm

螺距 P/mm	4 级公差	螺距 P/mm	4 级公差
2	236	18	1120
3	315	20	1180
4	375	22	1250
5	450	24	1320
6	500	28	1500
7	560	32	1600
8	630	36	1800
9	670	40	1900
10	710	44	2000
12	800		
14	900		
16	1000		

表 5-15　内外螺纹大径公差（GB/T 13576.4—2008）　μm

公称直径 d/mm		内螺纹大径公差 T_D(H10)	外螺纹大径公差 T_d(h9)
>	≤		
6	10	58	36
10	18	70	43
18	30	84	52
30	50	100	62
50	80	120	74
80	120	140	87
120	180	160	100
180	250	185	115
250	315	210	130
315	400	230	140
400	500	250	155
500	630	280	175
630	800	320	200

表 5-16　外螺纹小径公差（T_{d3}）（GB/T 13576.4—2008）　μm

基本大径 d/mm		螺距 P/mm	中径公差带位置为 c			中径公差带位置为 e		
			公差等级			公差等级		
>	≤		7	8	9	7	8	9
5.6	11.2	2	388	445	525	309	366	446
		3	435	501	589	350	416	504
11.2	22.4	2	400	462	544	321	383	465
		3	450	520	614	365	435	529
		4	521	609	690	426	514	595
		5	562	656	775	456	550	669
		8	709	828	965	576	695	832
22.4	45	3	482	564	670	397	479	585
		5	587	681	806	481	575	700
		6	655	767	899	537	649	781
		7	694	813	950	569	688	825
		8	734	859	1015	601	726	882
		10	800	925	1087	650	775	937
		12	866	998	1223	691	823	1048
45	90	3	501	589	701	416	504	616
		4	565	659	784	470	564	689
		8	765	890	1052	632	757	919
		9	811	943	1118	671	803	978
		10	831	963	1138	681	813	988
		12	929	1085	1273	754	910	1098
		14	970	1142	1355	805	967	1180
		16	1038	1213	1438	853	1028	1253
		18	1100	1288	1525	900	1088	1320
90	180	4	584	690	815	489	595	720
		6	705	830	986	587	712	868
		8	796	928	1103	663	795	970
		12	960	1122	1335	785	947	1160
		14	1018	1193	1418	843	1018	1243
		16	1075	1263	1500	890	1078	1315
		18	1150	1338	1588	950	1138	1388
		20	1175	1363	1613	962	1150	1400
		22	1232	1450	1700	1011	1224	1474
		24	1313	1538	1800	1074	1299	1561
		28	1388	1625	1900	1138	1375	1650

续表

基本大径 d/mm		螺距 P/mm	中径公差带位置为 c			中径公差带位置为 e		
			公差等级			公差等级		
>	≤		7	8	9	7	8	9
180	355	8	828	965	1153	695	832	1020
		12	998	1173	1398	823	998	1223
		18	1187	1400	1650	987	1200	1450
		20	1263	1488	1750	1050	1275	1537
		22	1288	1513	1775	1062	1287	1549
		24	1363	1600	1875	1124	1361	1636
		32	1530	1780	2092	1265	1515	1827
		36	1623	1885	2210	1343	1605	1930
		40	1663	1925	2250	1363	1625	1950
		44	1755	2030	2380	1440	1715	2065
355	640	12	1035	1223	1460	870	1058	1295
		18	1238	1462	1725	1038	1263	1525
		24	1363	1600	1875	1124	1361	1636
		44	1818	2155	2530	1503	1840	2215

表 5-17 内螺纹中径公差（T_{D2}）（GB/T 13576.4—2008） μm

基本大径 d/mm		螺距 P/mm	公差等级		
>	≤		7	8	9
5.6	11.2	2	250	315	400
		3	280	355	450
11.2	22.4	2	265	335	425
		3	300	375	475
		4	355	450	560
		5	375	475	600
		8	475	600	750
22.4	45	3	335	425	530
		5	400	500	630
		6	450	560	710
		7	475	600	750
		8	500	630	800
		10	530	670	850
		12	560	710	900
45	90	3	355	450	560
		4	400	500	630
		8	530	670	850
		9	560	710	900
		10	560	710	900
		12	630	800	1000
		14	670	850	1060
		16	710	900	1120
		18	750	950	1180
90	180	4	425	530	670
		6	500	630	800
		8	560	710	900
		12	670	850	1060
		14	710	900	1120
		16	750	950	1180
		18	800	1000	1250
		20	800	1000	1250
		22	850	1060	1320
		24	900	1120	1400
		28	950	1180	1500

续表

基本大径 d/mm		螺距 P/mm	公差等级		
>	≤		7	8	9
180	355	8	600	750	950
		12	710	900	1120
		18	850	1060	1320
		20	900	1120	1400
		22	900	1120	1400
		24	950	1180	1500
		32	1060	1320	1700
		36	1120	1400	1800
		40	1120	1400	1800
		44	1250	1500	1900
355	640	12	760	950	1200
		18	900	1120	1400
		24	950	1180	1480
		44	1290	1610	2000

表 5-18　外螺纹中径公差（T_{d2}）（GB/T 13576.4—2008）　μm

基本大径 d/mm		螺距 P/mm	公差等级		
>	≤		7	8	9
5.6	11.2	2	190	236	300
		3	212	265	335
11.2	22.4	2	200	250	315
		3	224	280	355
		4	265	335	425
		5	280	355	450
		8	355	450	560
22.4	45	3	250	315	400
		5	300	375	475
		6	335	425	530
		7	355	450	560
		8	375	475	600
		10	400	500	630
		12	425	530	670
45	90	3	265	335	425
		4	300	375	475
		8	400	500	630
		9	425	530	670
		10	425	530	670
		12	475	600	750
		14	500	630	800
		16	530	670	850
		18	560	710	900
90	180	4	315	400	500
		6	375	475	600
		8	425	530	670
		12	500	630	800
		14	530	670	850
		16	560	710	900
		18	600	750	950
		20	600	750	950
		22	630	800	1000
		24	670	850	1060
		28	710	900	1120

续表

基本大径 d/mm		螺距 P/mm	公差等级		
>	≤		7	8	9
180	355	8	450	560	710
		12	530	670	850
		18	630	800	1000
		20	670	850	1060
		22	670	850	1060
		24	710	900	1120
		32	800	1000	1250
		36	850	1060	1320
		40	850	1060	1320
		44	900	1120	1400
355	640	12	560	710	900
		18	670	850	1060
		24	710	900	1120
		44	950	1220	1520

(2) 锯齿形螺纹的旋合长度

锯齿形螺纹的旋合长度分为中等旋合长度 N 和长旋合长度 L 两组，见表 5-19。

表 5-19 螺纹旋合长度（GB/T 13576.4—2008） mm

基本大径 d		螺距 P	旋合长度		
			N		L
>	≤		>	≤	>
5.6	11.2	2	6	19	19
		3	10	28	28
11.2	22.4	2	8	24	24
		3	11	32	32
		4	15	43	43
		5	18	53	53
		8	30	85	85
22.4	45	3	12	36	36
		5	21	63	63
		6	25	75	75
		7	30	85	85
		8	34	100	100
		10	42	125	125
		12	50	150	150
45	90	3	15	45	45
		4	19	56	56
		8	38	118	118
		9	43	132	132
		10	50	140	140
		12	60	170	170
		14	67	200	200
		16	75	236	236
		18	85	265	265
90	180	4	24	71	71
		6	36	106	106
		8	45	132	132
		12	67	200	200
		14	75	236	236
		16	90	265	265
		18	100	300	300
		20	112	335	335
		22	118	355	355
		24	132	400	400
		28	150	450	450

续表

基本大径 d		螺距 P	旋合长度		
			N		L
>	≤		>	≤	>
180	355	8	50	150	150
		12	75	224	224
		18	112	335	335
		20	125	375	375
		22	140	425	425
		24	150	450	450
		32	200	600	600
		36	224	670	670
		40	250	750	750
		44	280	850	850
355	640	12	87	260	260
		18	132	390	390
		24	174	520	520
		44	319	950	950

(3) 推荐公差带

应优先选用表 5-20 推荐的公差带。一般情况下均使用中等精度，粗糙级只用于制造有困难的场合。当螺纹旋合长度的实际值不确定时，推荐按中等长度选取公差带。

表 5-20　内、外螺纹中径的推荐公差带（GB/T 13576.4—2008）

精度等级	内螺纹		外螺纹	
	N	L	N	L
中等	7H	8H	7e	8e
粗糙	8H	9H	8e	9c

(4) 锯齿形螺纹的标记方法

锯齿形（3°、30°）螺纹的标记方法如下所示：

单线螺纹：

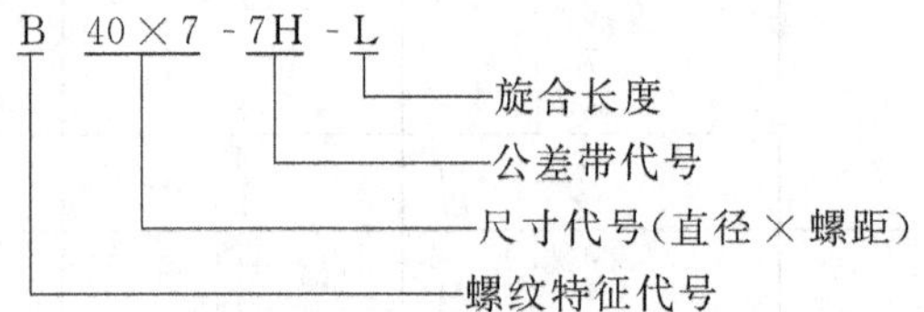

多线左旋螺纹副：

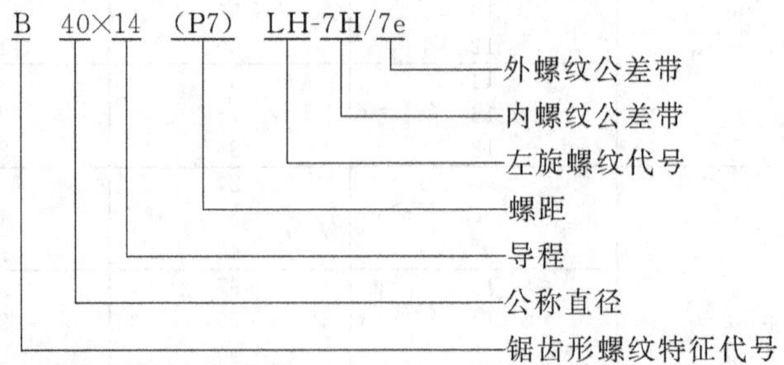

关于标记简化的几点说明：

① 旋向为右旋时不标记旋向代号。

② 由于锯齿形螺纹的顶径只有一种公差带，外螺纹小径的公差等级永远与其中径相同，

所以锯齿形螺纹只标记中径公差带。

③ 当旋合长度为中等旋合长度时，不需注出旋合长度代号。

5.1.4　矩形螺纹

矩形螺纹牙型及尺寸见表 5-21。

表 5-21　矩形螺纹牙型及尺寸　　mm

矩形螺纹牙型	尺寸计算		
	名称	代号	公式
	计算小径	d_1	由强度确定
	大径(公称)	d	$d=\frac{5}{4}d_1$(取整)
	螺距	P	$P=\frac{1}{4}d_1$(取整)
	实际牙型高度	h_1	$h_1=0.5P+(0.1\sim0.2)$
	小径	d_1	$d_1=d-2h_1$
	牙底宽	W	$W=0.5P+(0.03\sim0.05)$
	牙顶宽	f	$f=P-W$

注：矩形螺纹没有标准，对公制矩形螺纹的直径与螺距可按梯形螺纹的直径与螺距选择。

5.2　螺纹零件的结构要素

5.2.1　普通螺纹收尾、肩距、退刀槽、倒角

GB/T 3—1997 规定了一般紧固连接用的螺纹的收尾、肩距、退刀槽和倒角的尺寸。常用的尺寸参数见表 5-22。与普通螺纹牙型相同或相近的螺纹，如过渡配合螺纹、大间隙螺纹、小螺纹等的收尾、肩距、退刀槽和倒角尺寸均可参照采用本标准的数值。

表 5-22　螺纹的收尾、肩距、退刀槽、倒角（GB/T 3—1997）　　mm

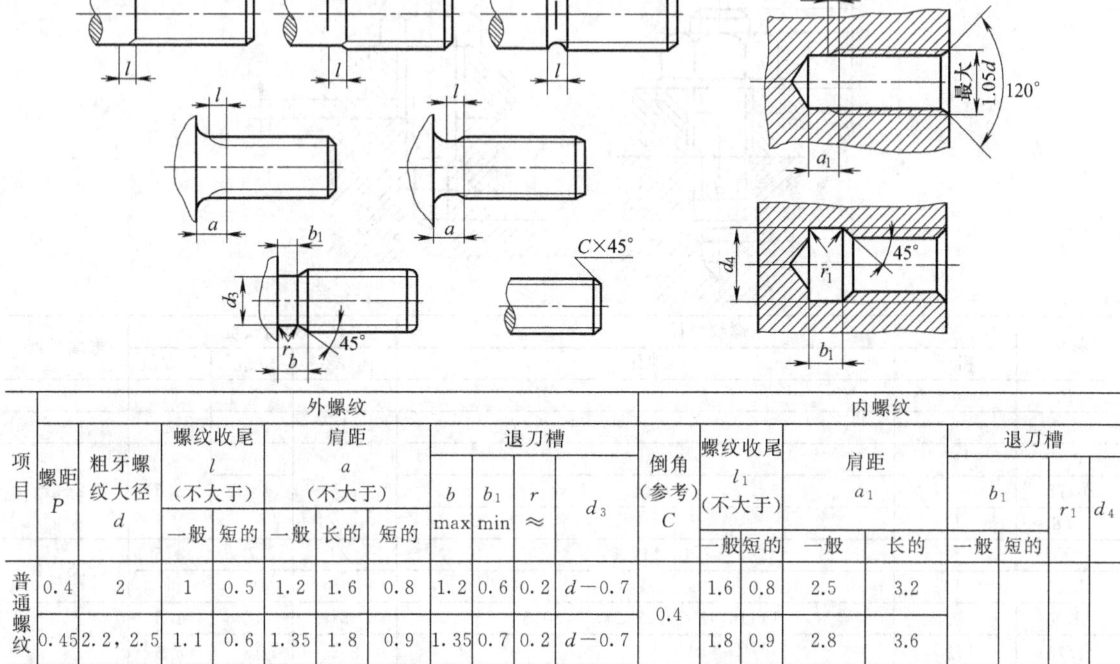

项目	外螺纹											内螺纹								
	螺距 P	粗牙螺纹大径 d	螺纹收尾 l（不大于）		肩距 a（不大于）			退刀槽				倒角（参考）C	螺纹收尾 l_1（不大于）		肩距 a_1		退刀槽			
								b max	b_1 min	r ≈	d_3						b_1		r_1	d_4
			一般	短的	一般	长的	短的						一般	短的	一般	长的	一般	短的		
普通螺纹	0.4	2	1	0.5	1.2	1.6	0.8	1.2	0.6	0.2	$d-0.7$	0.4	1.6	0.8	2.5	3.2				
	0.45	2.2，2.5	1.1	0.6	1.35	1.8	0.9	1.35	0.7	0.2	$d-0.7$		1.8	0.9	2.8	3.6				

续表

项目	外螺纹											内螺纹								
	螺距 P	粗牙螺纹大径 d	螺纹收尾 l（不大于）		肩距 a（不大于）			退刀槽				倒角（参考）C	螺纹收尾 l_1（不大于）		肩距 a_1		退刀槽			
			一般	短的	一般	长的	短的	b max	b_1 min	r ≈	d_3		一般	短的	一般	长的	b_1 一般	b_1 短的	r_1	d_4
普通螺纹	0.5	3	1.25	0.7	1.5	2	1	1.5	0.8	0.2	$d-0.8$	0.5	2	1	3	4	2	1	0.2	$d+0.3$
	0.6	3.5	1.5	0.75	1.8	2.4	1.2	1.8	0.9	0.4	$d-1$		2.4	1.2	3.2	4.8	2.4	1.2	0.3	
	0.7	4	1.75	0.9	2.1	2.8	1.4	2.1	1.1	0.4	$d-1.1$	0.6	2.8	1.4	3.5	5.6	2.8	1.4	0.4	
	0.75	4.5	1.9	1	2.25	3	1.5	2.25	1.2	0.4	$d-1.2$		3	1.5	3.8	6	3	1.3	0.4	
	0.8	5	2	1	2.4	3.2	1.6	2.4	1.3	0.4	$d-1.3$	0.8	3.2	1.6	4	6.4	3.2	1.6	0.4	
	1	6.7	2.5	1.25	3	4	2	3	1.6	0.6	$d-1.6$	1	4	2	5	8	4	2.5	0.5	
	1.25	8	3.2	1.6	4	5	2.5	3.75	2	0.6	$d-2$	1.2	5	2.5	6	10	5	3	0.6	
	1.5	10	3.8	1.9	4.5	6	3	4.5	2.5	0.8	$d-2.3$	1.5	6	3	7	12	6	4	0.8	
	1.75	12	4.3	2.2	5.3	7	3.5	5.25	3	1	$d-2.6$	2	7	3.5	9	14	7		0.9	$d+0.5$
	2	14，16	5	2.5	6	8	4	6	3.4	1	$d-3$		8	4	10	16	8	5	1	
	2.5	18，20，22	6.3	3.2	7.5	10	5	7.5	4.4	1.2	$d-3.6$	2.5	10	5	12	18	10	6	12	
	3	24，27	7.5	3.8	9	12	6	9	5.2	1.6	$d-4.4$	3	12	6	14	22	12	7	1.5	
	3.5	30，33	9	4.5	10.5	14	7	10.5	6.2	1.6	$d-5$		14	7	16	24	14	8	1.8	
	4	36，39	10	5	12	16	8	12	7	2	$d-5.7$	4	16	8	18	26	16	9	2	
	4.5	42，45	11	5.5	13.5	18	9	13.5	8	2.5	$d-6.4$		18	9	21	29	1	10	2.2	
	5	48，52	12.5	6.3	15	20	10	15	9	2.5	$d-7$	5	20	10	23	32	20	11	2.5	
	5.5	56，60	14	7	16.5	22	11	17.5	11	3.2	$d-7.7$		22	11	25	35	22	12	2.8	
	6	64，66	15	7.5	18	24	12	18	11	3.2	$d-8.3$		24	12	28	38	24	14	3	
	参考值		≈2.5P	≈1.25P	≈3P	≈4P	≈2P	≈3P	—	—	—	—	≈4P	≈2P	≈5～6P	≈6.5～8P	≈4P	≈2P	≈0.5P	

5.2.2 普通螺纹内、外螺纹余留长度，钻孔余留深度

普通螺纹内、外螺纹余留长度，钻孔余留深度，螺栓突出螺母的末端长度见表 5-23。

表 5-23 普通螺纹内、外螺纹余留长度，钻孔余留深度，螺栓突出螺母的末端长度 mm

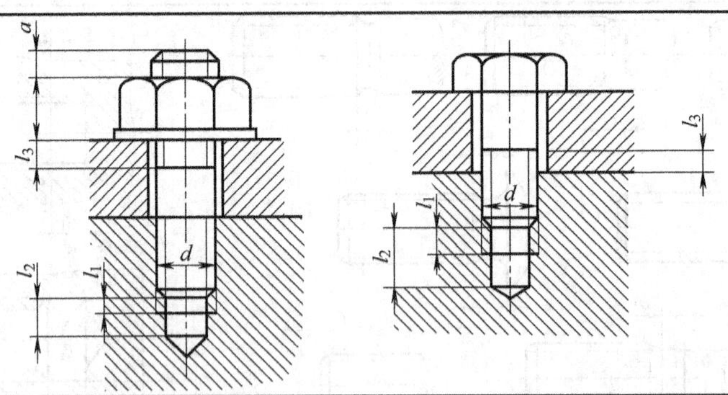

螺距	螺纹直径		余留长度			末端长度
	粗牙	细牙	内螺纹	钻孔	外螺纹	
P	d		l_1	l_2	l_3	a
0.5	3	5	1	4	2	1～2
0.7	4		1.5	5	2.5	2～3
0.75		6		6		
0.8	5					
1	6	8,10,14,16,18	2	7	3.5	2.5～4
1.25	8	12	2.5	9	4	
1.5	10	14,16,18,20,22,24,27,30,33	3	10	4.5	3.5～5
1.75	12		3.5	13	5.5	

续表

螺距	螺纹直径		余留长度			末端长度
	粗牙	细牙	内螺纹	钻孔	外螺纹	
2	14,16	24,27,30,33,36,39,45,48,52	4	14	6	4.5～6.5
2.5	18,20,22		5	17	7	
3	24,27	36,39,42,45,48,56,60,64,72,76	6	20	8	5.5～8
3.5	30		7	23	10	
4	36	56,60,64,68,72,76	8	26	11	7～11
4.5	42		9	30	12	
5	48		10	33	13	10～15
5.5	56		11	36	16	
6	64,72,76		12	40	18	

5.2.3　紧固件通孔及螺栓、螺钉通孔和沉孔的尺寸

几种常用的螺栓和螺钉通孔、沉孔结构及其尺寸见表 5-24。更多内容详见其他有关参考和标准。

表 5-24　螺栓和螺钉通孔及沉孔尺寸

(GB/T 5277—1985，GB/T 152.2～152.4—1988)

螺纹规格	螺纹和螺钉通孔直径 d (GB/T 5277)			沉头螺钉及半沉头螺钉的沉孔(GB/T 152.2)				内六角圆柱头螺钉的圆柱头沉孔(GB/T 152.3)				六角头螺栓和六角螺母的沉孔(GB/T 152.4)			
	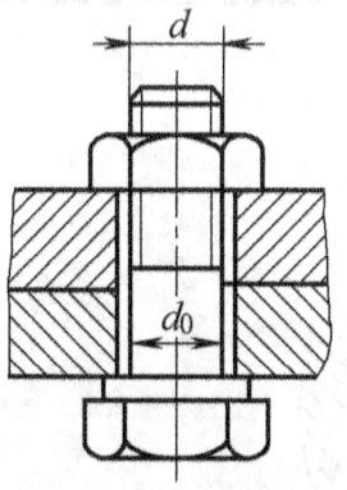			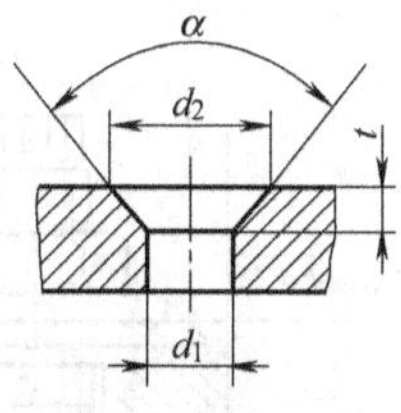				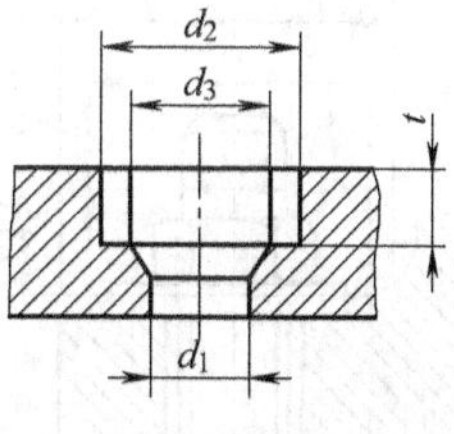				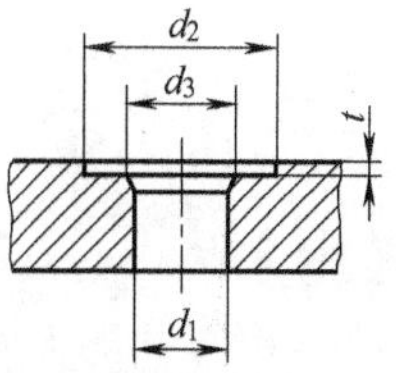			
d	精装配	中等装配	粗装配	d_2	$t\approx$	d_1	α	d_2	t	d_3	d_1	d_2	d_3	d_1	t
M3	3.2	3.4	3.6	6.4	1.6	3.4	$90^{\circ}{}^{-2^{\circ}}_{-4^{\circ}}$	6.0	3.4	—	3.4	9	—	3.4	
M4	4.3	4.5	4.8	9.6	2.7	4.5		8.0	4.6		4.5	10		4.5	
M5	5.3	5.5	5.8	10.6	2.7	5.5		10.0	5.7		5.5	11		5.5	
M6	6.4	6.6	7	12.8	3.3	6.6		11.0	6.8		6.6	13		6.6	
M8	8.4	9	10	17.6	4.6	9		15.0	9.0		9.0	18		9.0	
M10	10.5	11	12	20.3	5.0	11		18.0	11.0		11.0	22		11.0	
M12	13	13.5	14.5	24.4	6.0	13.5		20.0	13.0	16	13.5	26		13.5	
M14	15	15.5	16.5	28.4	7.0	15.5		24.0	15.0	18	15.5	30		13.5	
M16	17	17.5	18.5	32.4	8.0	17.5		26.0	17.5	20	17.5	33		17.5	
M18	19	20	21	—	—	—		—	—	—	—	36	22	20.0	
M20	21	22	24	40.4	10.0	22		33.0	21.5	24	22.0	40	24	22.0	
M22	23	24	26	—	—	—		—	—	—	—	43	26	24	
M24	25	26	28					40.0	25.5	28	26.0	48	28	26	
M27	28	30	32					—	—	—	—	53	33	30	
M30	31	33	35					48.0	32.0	36	33.0	61	36	33	
M36	37	39	42					57.0	38.0	42	39.0	71	42	39	

5.2.4　粗牙螺纹、螺钉的拧入深度、攻螺纹深度和钻孔深度

粗牙螺纹、螺钉的拧入深度、攻螺纹深度和钻孔深度见表 5-25。

表 5-25 粗牙螺纹、螺钉的拧入深度、攻螺纹深度和钻孔深度（参考） mm

d	用于钢或青铜				用于铸铁				用于铝			
	h	L	L_1	L_2	h	L	L_1	L_2	h	L	L_1	L_2
6	8	6	10	12	12	10	14	16	22	19	24	29
8	10	8	12	16	15	12	16	20	25	22	26	30
10	12	10	16	20	18	15	20	24	36	28	34	38
12	15	12	18	22	22	18	24	28	38	32	38	42
14	18	14	22	26	24	20	28	32	42	36	44	48
16	20	16	24	28	26	22	30	34	50	42	50	54
18	22	18	28	34	30	25	35	40	55	46	56	62
20	24	20	30	35	32	28	38	44	60	52	62	68
22	27	22	32	38	36	30	40	46	65	58	68	74
24	30	24	36	42	42	35	48	54	75	65	78	84
27	32	27	40	45	45	38	50	56	80	70	82	88
30	36	30	44	52	48	42	56	62	90	80	94	102
36	42	36	52	60	55	50	66	74	105	90	106	114

注：h 为内螺纹通孔长度；L 为双头螺柱或螺钉拧入深度。

5.2.5 地脚螺栓孔和凸缘尺寸

地脚螺栓孔和凸缘尺寸见表 5-26 和表 5-27。

表 5-26 螺栓孔与凸缘尺寸 mm

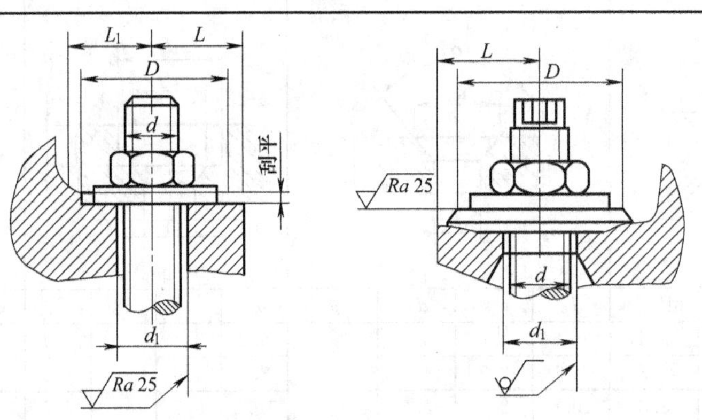

≤M48采用钻孔 ≥M56采用铸孔

d	16	20	24	30	36	42	48	56	64	76	90	100	115	130
d_1	20	25	30	40	50	55	65	80	95	110	135	145	165	185
D	45	48	60	85	100	110	130	170	200	220	280	280	330	370
L	25	30	35	50	55	60	70	95	110	120	150	150	175	200
L_1	27	32	38	52	55	65	75							

注：根据具体结构和工艺的要求，必要时，L、L_1 可以变化。

表 5-27 底座地脚螺栓孔直径 mm

d	M8	M10	M12	M16	M20	M24	M30	M36	M42	M48
D	15	17	20	24	28	34	40	46	52	58
d	M56	M64	M72	M80	M90	M100	M110	M125	M140	M160
D	66	74	82	90	100	110	120	135	155	175

5.2.6 扳手空间

扳手空间的尺寸要求及其常用的螺纹所对应的尺寸参见表 5-28。

表 5-28 扳手空间的尺寸要求及其常用的螺纹 mm

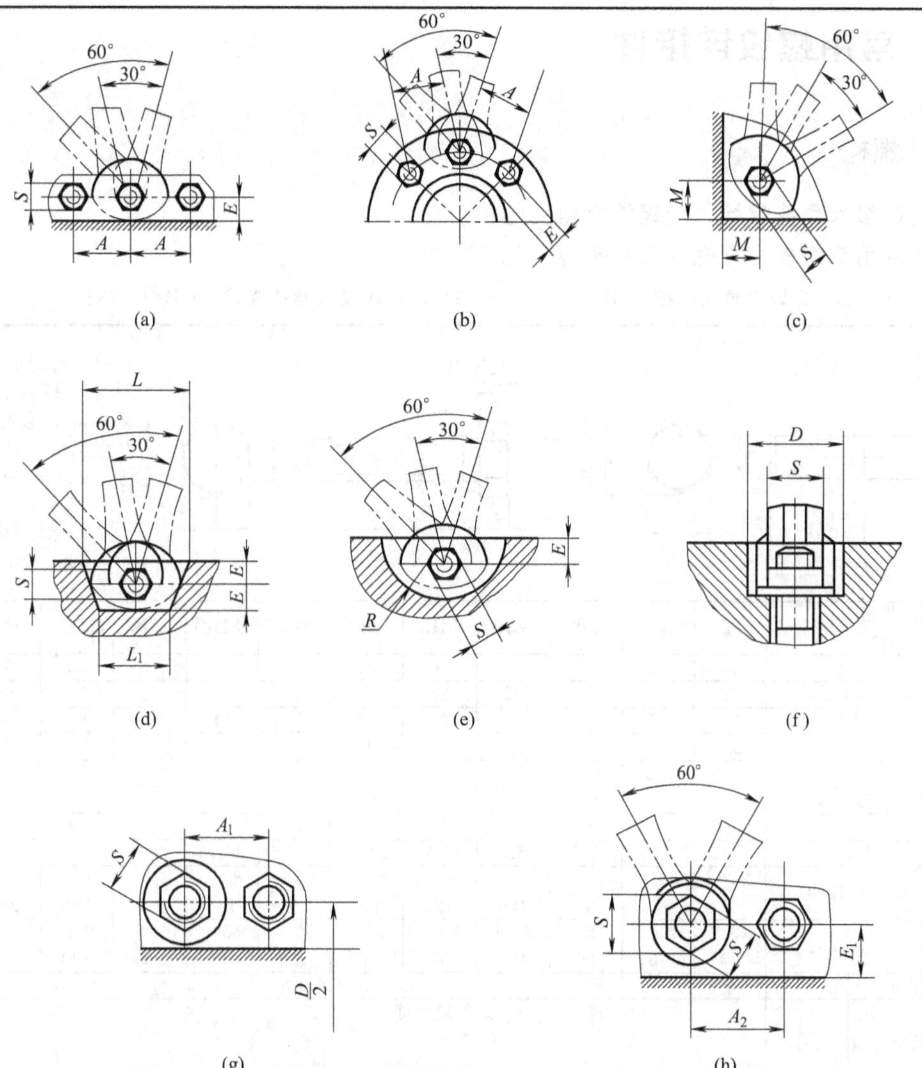

螺纹直径 d	S	A	A_1	A_2	E	E_1	M	L	L_1	R	D
6	10	26	18	18	8	12	15	46	38	20	24
8	13	32	24	22	11	14	18	55	44	25	28
10	16	38	28	26	13	16	22	62	50	30	30
12	18	42	—	30	14	18	24	70	55	32	—
14	21	48	36	34	15	20	26	80	65	36	40
16	24	55	38	38	16	24	30	85	70	42	45
18	27	62	45	42	19	25	32	95	75	46	52
20	30	68	48	46	20	28	35	105	85	50	56
22	34	76	55	52	24	32	40	120	95	58	60
24	36	80	58	55	24	34	42	125	100	60	70
27	41	90	65	62	26	36	46	135	110	65	76
30	46	100	72	70	30	40	50	155	125	75	82
33	50	108	76	75	32	44	55	165	130	80	88
36	55	118	85	82	36	48	60	180	145	88	95
39	60	125	90	88	38	52	65	190	155	92	100
42	65	135	96	96	42	55	70	205	165	100	106
45	70	145	105	102	45	60	75	220	175	105	112
48	75	160	115	112	48	65	80	235	185	115	126
52	80	170	120	120	48	70	84	245	195	125	132
56	85	180	126	—	52	—	90	260	205	130	138
60	90	185	134	—	58	—	95	275	215	135	145
64	95	195	140	—	58	—	100	285	225	140	152

5.3 常用螺纹连接件

5.3.1 螺栓

(1) C级六角头螺栓、全螺纹六角头螺栓

C级六角头螺栓、全螺纹六角头螺栓见表5-29。

表5-29 C级六角头螺栓（GB/T 5780—2000）、全螺纹六角头螺栓（GB/T 5781—2000） mm

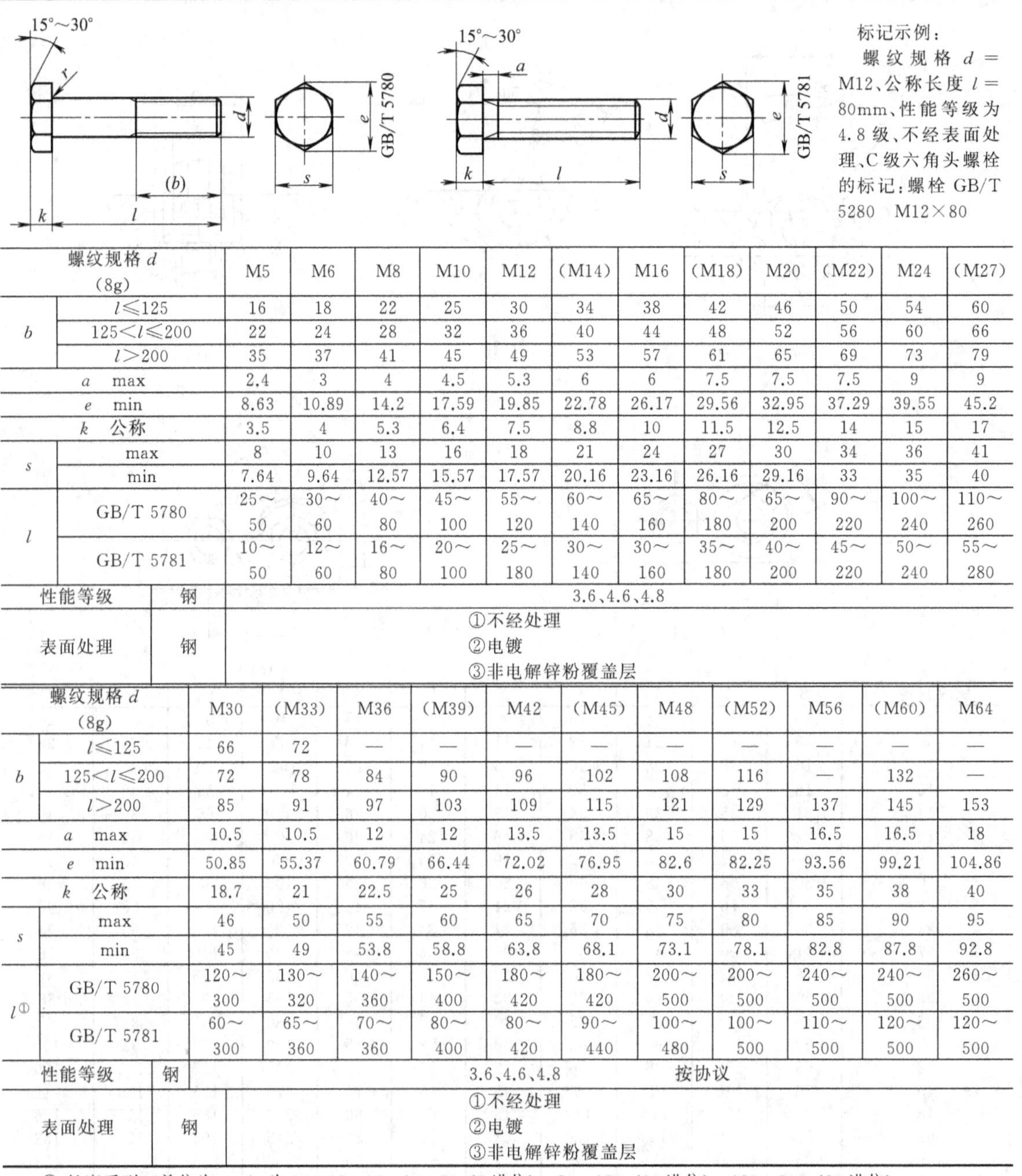

标记示例：

螺纹规格 $d=$ M12、公称长度 $l=$ 80mm、性能等级为4.8级、不经表面处理、C级六角头螺栓的标记：螺栓 GB/T 5280 M12×80

螺纹规格 *d* (8g)		M5	M6	M8	M10	M12	(M14)	M16	(M18)	M20	(M22)	M24	(M27)
b	$l \leqslant 125$	16	18	22	25	30	34	38	42	46	50	54	60
	$125 < l \leqslant 200$	22	24	28	32	36	40	44	48	52	56	60	66
	$l > 200$	35	37	41	45	49	53	57	61	65	69	73	79
a max		2.4	3	4	4.5	5.3	6	6	7.5	7.5	7.5	9	9
e min		8.63	10.89	14.2	17.59	19.85	22.78	26.17	29.56	32.95	37.29	39.55	45.2
k 公称		3.5	4	5.3	6.4	7.5	8.8	10	11.5	12.5	14	15	17
s	max	8	10	13	16	18	21	24	27	30	34	36	41
	min	7.64	9.64	12.57	15.57	17.57	20.16	23.16	26.16	29.16	33	35	40
l	GB/T 5780	25~50	30~60	40~80	45~100	55~120	60~140	65~160	80~180	65~200	90~220	100~240	110~260
	GB/T 5781	10~50	12~60	16~80	20~100	25~180	30~140	30~160	35~180	40~200	45~220	50~240	55~280
性能等级	钢	3.6、4.6、4.8											
表面处理	钢	①不经处理 ②电镀 ③非电解锌粉覆盖层											

螺纹规格 *d* (8g)		M30	(M33)	M36	(M39)	M42	(M45)	M48	(M52)	M56	(M60)	M64
b	$l \leqslant 125$	66	72	—	—	—	—	—	—	—	—	—
	$125 < l \leqslant 200$	72	78	84	90	96	102	108	116	—	132	—
	$l > 200$	85	91	97	103	109	115	121	129	137	145	153
a max		10.5	10.5	12	12	13.5	13.5	15	15	16.5	16.5	18
e min		50.85	55.37	60.79	66.44	72.02	76.95	82.6	82.25	93.56	99.21	104.86
k 公称		18.7	21	22.5	25	26	28	30	33	35	38	40
s	max	46	50	55	60	65	70	75	80	85	90	95
	min	45	49	53.8	58.8	63.8	68.1	73.1	78.1	82.8	87.8	92.8
*l*①	GB/T 5780	120~300	130~320	140~360	150~400	180~420	180~420	200~500	200~500	240~500	240~500	260~500
	GB/T 5781	60~300	65~360	70~360	80~400	80~420	90~440	100~480	100~500	110~500	120~500	120~500
性能等级	钢					3.6、4.6、4.8		按协议				
表面处理	钢	①不经处理 ②电镀 ③非电解锌粉覆盖层										

① 长度系列（单位为mm）为10、12、16、20~70（5进位）、70~150（10进位）、180~500（20进位）。

注：尽可能不采用括号内的规格。

(2) 粗牙、细牙六角头螺栓

粗牙、细牙六角头螺栓见表 5-30。

表 5-30 粗牙（GB/T 5782—2000）、细牙（GB/T 5785—2000）六角头螺栓 mm

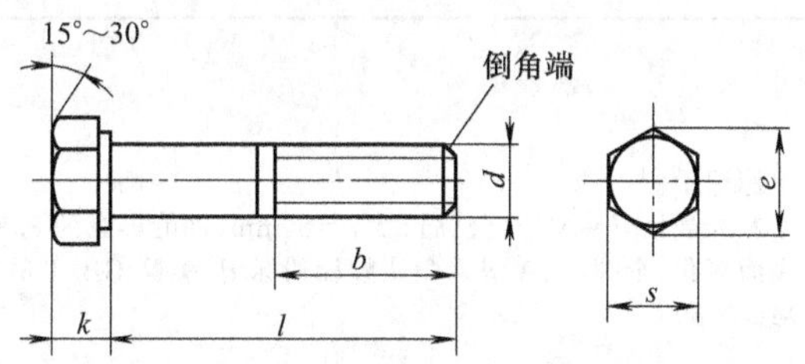

标记示例：

螺纹规格 $d=$ M12、公称长度 $l=80$mm、性能等级为 8.8 级、表面氧化、A 级六角头螺栓的标记：螺栓 GB/T 5782 M12×80

螺纹规格 $d=$ M12×1.5、公称长度 $l=80$mm、细牙螺纹、性能等级为 8.8 级、表面氧化、A 级六角头螺栓的标记：螺栓 GB/T 5785 M12×1.5×80

螺纹规格(6g)			M3	M4	M5	M6	M8	M10	M12	(M14)	M16
螺纹规格(6g)	d		M3	M4	M5	M6	M8	M10	M12	(M14)	M16
	$d\times P$		—	—	—	—	M8×1	M10×1	M12×1.5	(M14×1.5)	M16×1.5
			—	—	—	—	—	(M10×1.25)	(M12×1.25)	—	—
b（参考）	$l\leqslant125$		12	14	16	18	22	26	30	34	38
	$125<l\leqslant200$		—	—	—	—	28	32	36	40	44
	$l>200$		—	—	—	—	41	45	49	57	57
e min		A 级	6.01	7.66	8.79	11.05	14.38	17.77	20.03	23.36	26.75
		B 级	—	—	—	—	14.2	17.59	19.85	22.78	26.17
s	max		5.5	7	8	10	13	16	18	21	24
	min	A 级	5.32	6.78	7.78	9.78	12.73	15.73	17.73	20.67	23.67
		B 级	—	—	—	—	12.57	15.57	17.57	20.16	23.16
k 公称			2	2.8	3.5	4	5.3	6.4	7.5	8.8	10
l①长度范围		A 级	20～30	25～40	25～40	30～60	35～80	40～100	45～120	50～140	20～30
		B 级	—	—	—	—	—	—	—	—	160

螺纹规格(6g)			(M18)	M20	(M22)	M24	(M27)	M30	(M33)	M36
	$d\times P$		(M18×1.5)	(M20×2)	(M22×1.5)	M24×2	(M27×2)	M30×2	(M33×2)	M36×3
			—	M20×1.5	—	—	—	—	—	—
b（参考）	$l\leqslant125$		42	46	50	54	60	66	72	78
	$125<l\leqslant200$		48	52	56	60	66	72	78	84
	$l>200$		61	65	69	73	79	85	91	97
e min		A 级	30.14	33.53	37.72	39.98	—	—	—	—
		B 级	29.56	32.95	37.29	39.55	45.2	50.85	55.37	60.79
s	max		27	30	34	36	41	46	50	55
	min	A 级	26.67	29.67	33.38	35.38	—	—	—	—
		B 级	26.16	29.16	33	35	40	45	49	53.8
k 公称			11.5	12.5	14	15	17	18.7	21	22.5
l①长度范围		A 级	60～150	65～150	70～150	80～150	90～150	90～150	100～150	110～150
		B 级	160～180	160～200	160～220	160～240	160～260	160～300	160～320	110～360

螺纹规格(6g)	d		(M39)	M42	(M45)	M48	(M52)	M56	(M60)	M64
	$d\times P$		(M39×3)	M42×3	(M45×3)	M48×3	(M52×4)	M56×4	(M60×4)	(M64×4)
b（参考）	$l\leqslant125$		84	—	—	—	—	—	—	—
	$125<l\leqslant200$		90	96	102	108	116	124	132	140
	$l>200$		103	109	115	121	129	137	145	153
e min		B 级	66.44	71.3	76.95	82.6	88.25	93.56	99.21	104.86
s	max		60	65	70	75	80	85	90	95
	min	B 级	58.8	63.1	68.1	73.1	78.1	82.8	87.8	92.8
k 公称			25	26	28	30	33	35	38	40
l①长度范围		B 级	130～380	120～400	130～400	140～400	150～400	160～400	180～400	200～400

① 长度系列（单位为 mm）为 20～50（5 进位）、(55)、60、(65)、70～160（10 进位）、180～400（20 进位）。

注：1. 括号内为非优选的螺纹规格，尽可能不采用。

2. 表面处理：钢—氧化、镀锌钝化；不锈钢—不经处理。

3. 性能等级见下表：

螺栓规格 d	M8～M20	(M22)～(M39)	M42～M64
钢	8.8、10.9		按协议
不锈钢	A2-70	A2-50	按协议

(3) 粗牙全螺纹六角头螺栓

粗牙全螺纹六角头螺栓见表 5-31。

表 5-31 粗牙全螺纹六角头螺栓（GB/T 5783—2000） mm

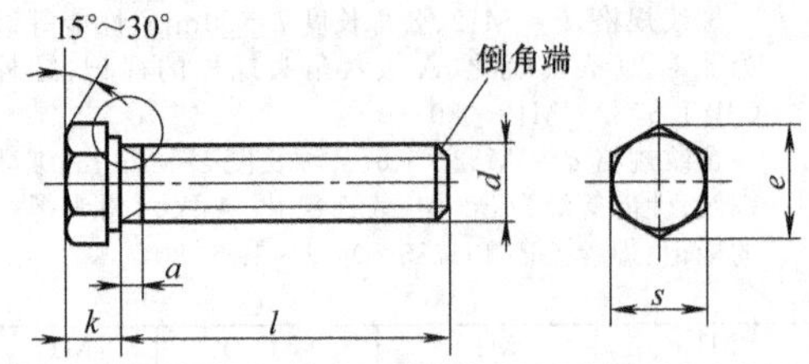

标记示例：

螺纹规格 d＝M12、公称长度 l＝80mm、性能等级为 8.8 级、表面氧化、全螺纹、A 级六角头螺栓的标记：螺栓 GB/T 5783 M12×80

螺纹规格 d(6g)			M3	M4	M5	M6	M8	M10	M12	(M14)	M16
a max			1.5	2.1	2.4	3	3.75	4.5	5.25	6	6
e min		A 级	6.01	7.66	8.79	11.05	14.38	17.77	20.03	23.36	26.75
s	max		5.5	7	8	10	13	16	18	21	24
	min	A 级	5.32	6.78	7.78	9.78	12.73	15.73	17.73	20.67	23.67
k 公称			2	2.8	3.5	4	5.3	6.4	7.5	8.8	10
l① 长度范围		A 级	6~30	8~40	10~50	12~60	16~80	20~100	25~120	30~140	30~100

螺纹规格 d(6g)			(M18)	M20	(M22)	M24	(M27)	M30	(M33)	M36
a max			7.5	7.5	7.5	9	9	10.5	10.5	12
e min		A 级	30.14	33.53	37.72	39.98	—	—	—	—
		B 级	29.56	—	37.29	—	45.2	50.85	55.37	60.79
s	max		27	30	34	36	41	46	50	55
	min	A 级	26.67	29.67	33.38	35.38	—	—	—	—
		B 级	26.16	—	33	—	40	45	49	53.8
k 公称			11.5	12.5	14	15	17	18.7	21	22.5
l① 长度范围		A 级	35~100	40~150	45~150	40~100	55~200	60~200	65~200	70~200
		B 级	160~200	160~200	160~220	—	—	—	—	—

螺纹规格 d(6g)			(M39)	M42	(M45)	M48	(M52)	M56	(M60)	M64
a max			12	13.5	13.5	15	15	16.5	16.5	18
e min		B 级	66.44	71.03	76.95	82.6	88.25	93.56	99.21	104.86
s	max		60	65	70	75	80	85	90	95
	min	B 级	58.8	63.1	68.1	73.1	78.1	82.8	87.8	92.8
k 公称			25	26	28	30	33	35	38	40
l① 长度范围		B 级	80~200	80~200	90~200	100~200	100~200	110~200	110~200	120~200

① 长度系列（单位为 mm）为 6、8、10、12、16、20~70（5 进位）、70~160（10 进位）、160~200（20 进位）。

注：1. 括号内为非优选的螺纹规格，尽可能不采用。

2. 表面处理：钢—氧化、镀锌钝化；不锈钢—不经处理。

3. 性能等级见下表：

螺栓规格	M3~M20	(M22)~(M39)	M42~M64
钢	8.8、10.9		按协议
不锈钢	A2-70	A2-50	按协议

(4) 细牙全螺纹六角头螺栓

细牙全螺纹六角头螺栓见表 5-32。

表 5-32 细牙全螺纹六角头螺栓（GB/T 5786—2000） mm

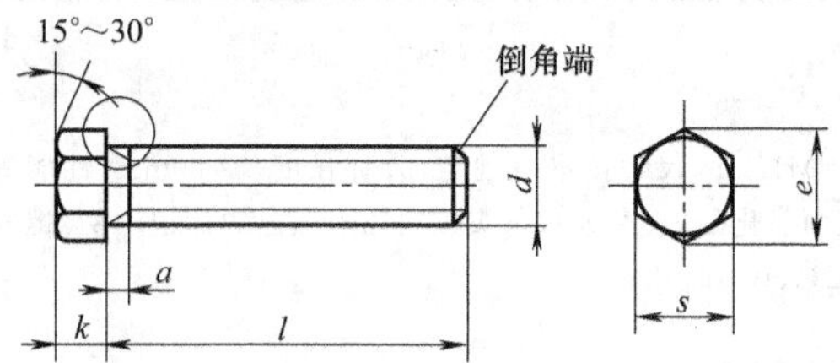

标记示例：

螺纹规格 d＝M12×1.5、公称长度 l＝80mm、细牙螺纹、性能等级为 8.8 级、表面氧化、全螺纹、A 级六角头螺栓的标记：

螺栓 GB/T 5786 M12×1.5×80

螺纹规格 $d\times P$ (6g)			M8×1	M10×1	M12×1.5	(M14×1.5)	M16×1.5	(M18×1.5)	(M20×2)
			—	M10×1.5	(M12×1.25)	—	—	—	M20×1.5
a	max		3	3(4)	4.5(4)	4.5	4.5	4.5	4.5(6)
e	min	A级	14.38	17.77	20.03	23.36	26.75	30.14	33.53
		B级	14.20	17.59	19.85	22.78	26.17	29.56	32.95
s	max		13	16	18	21	24	27	30
	min	A级	12.73	15.73	17.73	20.67	23.67	26.67	29.67
		B级	12.57	15.57	17.57	20.16	23.16	26.16	29.16
k	公称		5.3	6.4	7.5	8.8	10	11.5	12.5
l[①]长度范围		A级	16~90	20~100	25~120	30~140	35~150	35~150	40~150
		B级	—	—	—	—	160	160~180	160~200
螺纹规格 $d\times P$ (6g)			(M22×1.5)	M24×2	(M27×2)	M30×2	(M33×2)	M36×3	(M39×3)
a	max		4.5	6	6	6	6	9	9
e	min	A级	37.72	39.98	—	—	—	—	—
		B级	37.29	39.55	45.2	50.85	55.37	60.79	66.44
s	max		34	36	41	46	50	55	60
	min	A级	33.38	35.38	—	—	—	—	—
		B级	33	15	17	18.7	21	22.5	25
k	公称		14	15	17	18.7	21	22.5	25
l[①]长度范围		A级	45~150	40~150	—	—	—	—	—
		B级	160~220	160~200	55~280	40~220	65~360	40~220	80~380
螺纹规格 $d\times P$(6g)			M42×3	(M45×3)	M48×3	(M52×4)	M56×4	(M60×4)	M64
a	max		9	9	9	12	12	12	12
e	min	B级	71.3	76.95	82.6	88.25	93.56	99.21	104.86
s	max		65	70	75	80	85	90	95
	min	B级	63.1	68.1	73.1	78.1	82.8	87.8	92.8
k	公称		26	28	30	33	35	38	40
l[①]长度范围		B级	90~420	90~440	100~480	100~500	120~500	110~500	130~500

① 长度系列（单位为 mm）为 6、8、10、12、16、20~70（5 进位）、70~160（10 进位）、160~200（20 进位）。

注：1. 括号内为非优选的螺纹规格，尽可能不采用。

2. 表面处理：钢—氧化、镀锌钝化；不锈钢—不经处理。

3. 性能等级见下表：

螺栓规格 $d\times P$	M8×1~(M20×2)	(M22×1.5)~(M39×3)	M42×3~M64×4
钢	5.6、8.8、10.9	5.6、8.8、10.9	按协议
不锈钢	A2-70、A4-70	A2-50、A4-50	按协议

(5) 六角头铰制孔用螺栓

六角头铰制孔用螺栓见表 5-33。

表 5-33 六角头铰制孔用螺栓（GB/T 27—2013） mm

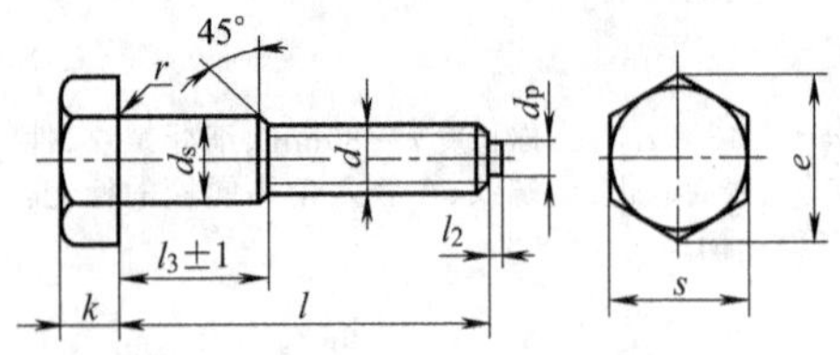

标记示例：

螺纹规格 d=M12、d_s 尺寸按本表规定，公称长度 l=80mm、性能等级为 8.8 级、表面氧化处理、A 级六角头铰制孔用螺栓的标记示例：螺栓 GB/T 27 M12×80

规格 d			M6	M8	M10	M12	(M14)	M16	(M18)	M20	(M22)	M24	(M27)	M30
d_s(h9)	max		7	9	11	13	15	17	19	21	23	25	28	32
	min		6.96	8.96	10.96	12.96	14.96	16.96	18.95	20.95	22.95	24.95	27.95	31.94
s	max		10	13	16	18	21	24	27	30	34	36	41	46
	min	A	9.78	12.73	15.73	17.73	20.67	23.67	26.67	29.67	33.38	35.38	—	—
		B	9.64	12.57	15.57	17.57	20.16	23.16	26.16	29.16	33	35	40	45
k	公称		4	5	6	7	8	9	10	11	12	13	15	17
r	min		0.25	0.4	0.4	0.6	0.6	0.6	0.6	0.8	0.8	0.8	1	1
d_p			4	5.5	7	8.5	10	12	13	15	17	18	21	23
l_2			1.5		2		3			4			5	
e min		A	11.05	14.38	17.77	20.03	23.35	26.75	30.14	33.53	37.72	39.98	—	—
		B	10.89	14.20	17.59	19.85	22.78	26.17	29.56	32.95	37.29	39.55	45.20	50.85
g			2.5				3.5					5		
l 范围			22～65	25～80	30～120	35～180	40～180	45～200	50～200	55～200	60～200	65～200	75～200	80～230
l 系列			25,(28),30,(32),35,(38),40,45,50,(55),60,(65),70,(75),80,85,90,(95),100～260(10 进位),280,300											

注：1. 尽可能不采用括号内的规格。

2. 根据使用要求，螺杆上无螺纹部分杆径（d_s）允许按 m6、u8 制造。

3. 螺杆上无螺纹部分直径（d_s）末端倒角 45°，根据制造工艺要求，允许制成大于 45°。

(6) 地脚螺栓

地脚螺栓见表 5-34。

表 5-34 地脚螺栓（GB/T 799—1988） mm

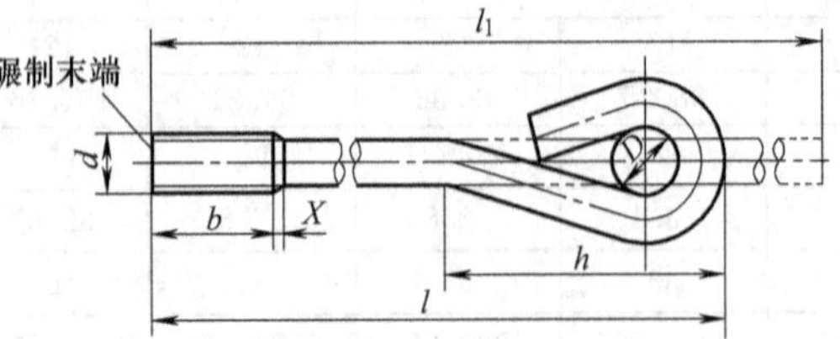

标记示例：

螺纹规格 d=M12、公称长度 l=400mm、性能等级为 3.6 级、不经表面处理的地脚螺栓的标记：螺栓 GB/T 799 M20×400

螺纹规格 d		M6	M8	M10	M12	M16	M20	M24	M30	M36	M42	M48
b	max	27	31	36	40	50	58	68	80	94	106	118
	min	24	28	32	36	44	52	60	72	84	96	108
D		10	10	15	20	20	30	30	45	60	60	70
h		41	46	65	82	93	127	139	192	244	261	302
l_1		l+37	l+37	l+53	l+72	l+72	l+110	l+110	l+165	l+217	l+217	l+255
X max		2.5	3.2	3.8	4.2	5	6.3	7.5	8.8	10	11.3	12.5

续表

螺纹规格 d			M6	M8	M10	M12	M16	M20	M24	M30	M36	M42	M48
l													
公称	min	max											
80	72	88											
120	112	128											
160	152	168											
220	212	228				商							
300	292	308					品						
400	392	408						规					
500	488	512							格				
600	618	642								范			
800	788	812									围		
1000	988	912											
1250	1238	1262											

材 料		钢
螺纹	公差	8g
	标准	GB/T 196、GB/T 197
力学性能	等级	d<39:3.6;d>39:按协议
	标准	GB/T 3098.1
公差	产品等级	除第3章规定外,其余按C级
	标准	GB/T 3101.1
表面处理		①不经处理 ②氧化 ③镀锌钝化 GB 5267
验收及包装		GB/T 90.1、GB/T 90.2

注：由于结构的原因，地脚螺栓不进行楔负载及头杆结合强度试验。

(7) T形槽用螺栓

T形槽用螺栓见表5-35。

表 5-35 T形槽用螺栓（GB/T 37—1988） mm

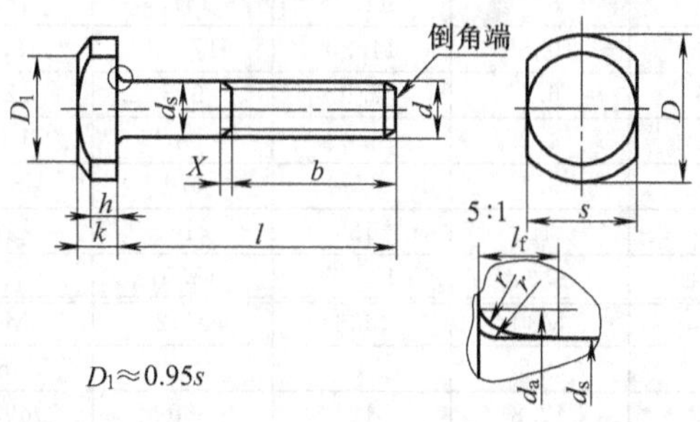

螺纹规格 d		M5	M6	M8	M10	M12	M16	M20	M24	M30	M36	M42	M48
b	l≤125	16	18	22	26	30	38	46	54	66	78	—	—
	125<l≤200	—	—	28	32	36	44	52	60	72	84	96	108
	l>200	—	—	—	—	—	57	65	73	85	97	109	121
d_a	max	5.7	6.8	9.2	11.2	13.7	17.7	22.4	26.4	33.4	39.4	45.6	52.6
d_s	max	5	6	8	10	12	16	20	24	30	36	42	48
	min	4.70	5.70	7.64	9.64	11.57	15.57	19.48	23.48	29.48	35.38	41.38	47.38
D		12	16	20	25	30	38	46	58	75	85	95	105
l_f	max	1.2	1.4	2	2	3	3	4	4	6	6	8	10
k	max	4.24	5.24	6.24	7.29	8.89	11.95	14.35	16.35	20.42	24.42	28.42	32.50
	min	3.76	4.76	5.76	6.71	8.31	11.25	13.65	15.65	19.58	23.58	27.58	31.50

续表

螺纹规格 d		M5	M6	M8	M10	M12	M16	M20	M24	M30	M36	M42	M48
r min		0.20	0.25	0.40	0.40	0.60	0.60	0.80	0.80	1.00	1.00	1.20	1.60
h		2.8	3.4	4.1	4.8	6.5	9	10.4	11.8	14.5	18.5	22.0	26.0
s	公称	9	12	14	18	22	28	34	44	56	67	76	86
	min	8.64	11.57	13.57	17.57	21.16	27.16	33.00	43.00	54.80	65.10	74.10	83.80
	max	9.00	12.00	14.00	18.00	22.00	28.00	34.00	44.00	56.00	67.00	76.00	86.00
X max		2.0	2.5	3.2	3.8	4.2	5	6.3	7.5	8.8	10	11.3	12.5
l		25～50	30～60	35～80	40～100	45～120	55～160	65～200	80～240	90～300	110～300	130～300	140～300

5.3.2 螺母

(1) C级六角螺母

C级六角螺母见表5-36。

表 5-36 C级六角螺母（GB/T 41—2000） mm

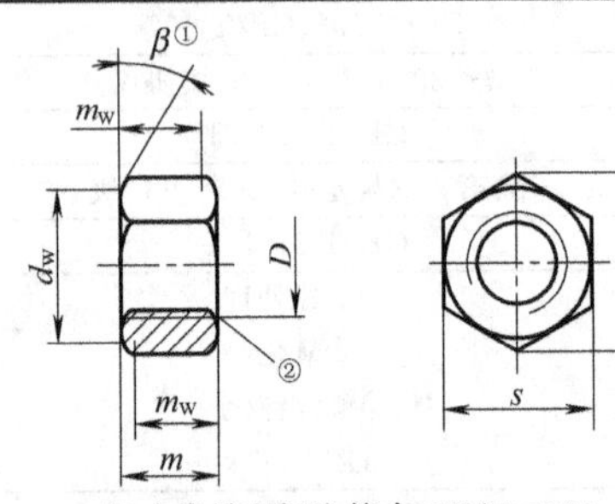

尺寸代号和标注符合 GB/T 5276

① $\beta=15^\circ\sim30^\circ$

② 允许内倒角

标记示例：

螺纹规格 D＝M12、性能等级为5级、不经表面处理、C级1型六角螺母的标记：螺母 GB/T 41 M12

优选的螺纹规格

螺纹规格 D		M5	M6	M8	M10	M12	M16	M20
P①		0.8	1	1.25	1.5	1.75	2	2.5
d_w		6.7	8.7	11.5	14.5	16.5	22	27.7
e min		8.63	10.89	14.20	17.59	19.85	26.17	32.95
m	max	5.6	6.4	7.9	9.5	12.2	15.9	19
	min	4.4	4.9	6.4	8	10.4	14.1	16.9
m_w min		3.5	3.7	5.1	6.4	8.3	11.3	13.5
s	公称＝max	8	10	13	16	18	24	30
	min	7.64	9.64	12.57	15.57	17.57	23.16	29.16
螺纹规格 D		M24	M30	M36	M42	M48	M56	M64
P①		3	3.5	4	4.5	5	5.5	6
d_w		33.3	42.8	51.1	60	69.5	78.7	88.2
e min		39.55	50.85	60.79	71.3	82.6	93.56	104.86
m	max	22.3	26.4	31.9	34.9	38.9	45.9	52.4
	min	20.2	24.3	29.4	32.4	36.4	43.4	49.4
m_w min		16.2	19.4	23.2	25.9	29.1	34.7	39.5
s	公称＝max	36	46	55	65	75	85	95
	min	35	45	53.8	63.1	73.1	82.8	92.8

非优选的螺纹规格

螺纹规格 D	M14	M18	M22	M27	M33	M39	M45	M52	M60
P①	2	2.5	2.5	3	3.5	4	4.5	5	5.5
d_w	19.2	24.9	31.4	38	46.6	55.9	64.7	74.2	83.4
e min	22.78	29.56	37.29	45.2	55.37	66.44	76.95	88.25	99.21

续表

非优选的螺纹规格										
螺纹规格 D		M14	M18	M22	M27	M33	M39	M45	M52	M60
m	max	13.9	16.9	20.2	24.7	29.5	34.3	36.9	42.9	48.9
	min	12.1	15.1	18.1	22.6	27.4	31.8	34.4	40.4	46.4
m_w	min	9.7	12.1	14.5	18.1	21.9	25.4	27.5	32.3	37.1
s	公称=max	21	27	34	41	50	60	70	80	90
	min	20.16	26.16	33	40	49	58.8	68.1	78.1	87.8

技术条件和引用标准		
材料		钢
通用技术条件		GB/T 16938
螺纹	公差	7H
	标准	GB/T 196、GB/T 197
力学性能	等级	D≤M16:5 M16<D≤M39:4、5 D>M39:按协议
	标准	d≤M39:GB/T 3098.2 d>M39:按协议
公差	产品等级	C
	标准	GB/T 3103.1
表面处理		不经处理 电镀技术要求按 GB/T 5267 非电解锌粉覆盖层技术要求按 ISO 10683 如需其他表面镀层或表面处理,应由供需双方协议
验收及包装		GB/T 90.1、GB/T 90.2

① P—螺距。

(2) 1型六角螺母

1型六角螺母见表 5-37 和表 5-38。

表 5-37 1型六角螺母(GB/T 6170—2015) mm

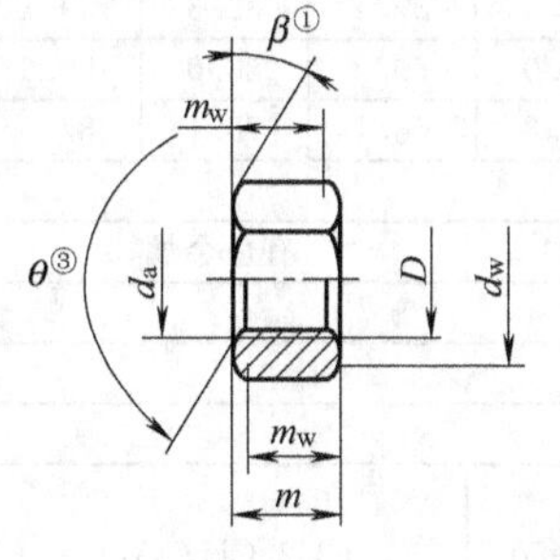

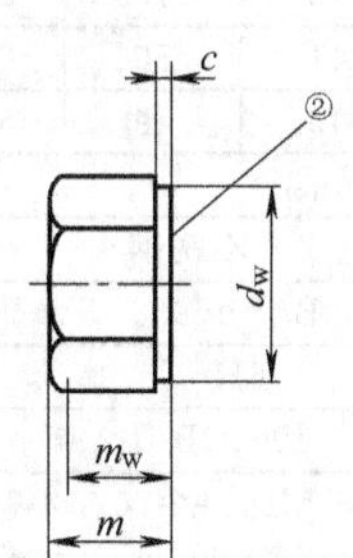

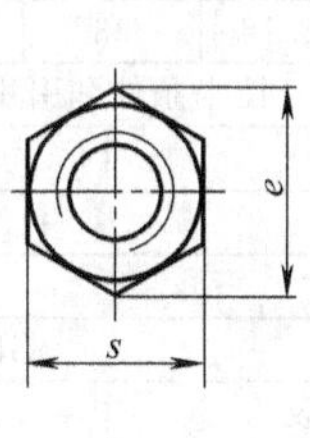

标记示例:

螺纹规格 D=M12、性能等级为 8 级、不经表面处理、产品等级为 A 级的 1 型六角螺母的标记:螺母 GB/T 6170 M12

① $\beta=15°\sim30°$

② 垫圈面型,应在订单中注明

③ $\theta=90°\sim120°$

尺寸(优选的螺纹规格)											
螺纹规格 D		M1.6	M2	M2.5	M3	M4	M5	M6	M8	M10	M12
P①		0.35	0.4	0.45	0.5	0.7	0.8	1	1.25	1.5	1.75
c	max	0.2	0.2	0.3	0.40	0.40	0.50	0.50	0.60	0.60	0.60
	min	0.1	0.1	0.1	0.15	0.15	0.15	0.15	0.15	0.15	0.15
d_a	max	1.84	2.3	2.9	3.45	4.6	5.75	6.75	8.75	10.8	13
	min	1.60	2.0	2.5	3.00	4.0	5.00	6.00	8.00	10.0	12
d_w	min	2.4	3.1	4.1	4.6	5.9	6.9	8.9	11.6	14.6	16.6
e	min	3.41	4.32	5.45	6.01	7.66	8.79	11.05	14.38	17.77	20.03
m	max	1.30	1.60	2.00	2.40	3.2	4.7	5.2	6.80	8.40	10.80
	min	1.05	1.35	1.75	2.15	2.9	4.4	4.9	6.44	8.04	10.37

续表

尺寸(优选的螺纹规格)

螺纹规格 D		M1.6	M2	M2.5	M3	M4	M5	M6	M8	M10	M12
m_w min		0.8	1.1	1.4	1.7	2.3	3.5	3.9	5.2	6.4	8.3
s	公称=max	3.20	4.00	5.00	5.50	7.00	8.00	10.00	13.00	16.00	18.00
	min	3.02	3.82	4.82	5.32	6.78	7.78	9.78	12.73	15.73	17.73

尺寸(优选的螺纹规格)

螺纹规格 D		M16	M20	M24	M30	M36	M42	M48	M56	M64
P[①]		2	2.5	3	3.5	4	4.5	5	5.5	6
c	max	0.8	0.8	0.8	0.8	0.8	1.0	1.0	1.0	1.0
	min	0.2	0.2	0.2	0.2	0.2	0.3	0.3	0.3	0.3
d_a	max	17.3	21.6	25.9	32.4	38.9	45.4	51.8	60.5	69.1
	min	16.0	20.0	24.0	30.0	36.0	42.0	48.0	56.0	64.0
d_w min		22.5	27.7	33.3	42.8	51.1	60	69.5	78.7	88.2
e min		26.75	32.95	39.55	50.85	60.79	71.3	82.6	93.56	104.86
m	max	14.8	18.0	21.5	25.6	31.0	34.0	38.0	45.0	51.0
	min	14.1	16.9	20.2	24.3	29.4	32.4	36.4	43.4	49.1
m_w min		11.3	13.5	16.2	19.4	23.5	25.9	29.1	34.7	39.3
s	公称=max	24.00	30.00	36	46	55.0	65.0	75.0	85.0	95.0
	min	23.67	29.16	35	45	53.8	63.1	73.1	82.8	92.8

尺寸(非优选的螺纹规格)

螺纹规格 D		M3.5	M14	M18	M22	M27	M33	M39	M45	M52	M60
P[①]		0.6	2	2.5	2.5	3	3.5	4	4.5	5	5.5
c	max	0.40	0.60	0.8	0.8	0.8	0.8	1.0	1.0	1.0	1.0
	min	0.15	0.15	0.2	0.2	0.2	0.2	0.3	0.3	0.3	0.3
d_a	max	4.0	15.1	19.5	23.7	29.1	35.6	42.1	48.6	56.2	64.8
	min	3.5	14.0	18.0	22.0	27.0	33.0	39.0	45.0	52.0	60.0
d_w min		5	19.6	24.9	31.4	38	46.6	55.9	64.7	74.2	83.4
e min		6.58	23.36	29.56	37.29	45.2	55.37	66.44	76.95	88.25	99.21
m	max	2.80	12.8	15.8	19.4	23.8	28.7	33.4	36.0	42.0	48.0
	min	2.55	12.1	15.1	18.1	22.5	27.4	31.8	34.4	40.4	46.4
m_w min		2	9.7	12.1	14.5	18	21.9	25.4	27.5	32.3	37.1
s	公称=max	6.00	21.00	27.00	34	41	50	60.0	70.0	80.0	90.0
	min	5.82	20.67	26.16	33	40	49	58.8	68.1	78.1	87.8

技术条件和引用标准

材料		钢	不锈钢	有色金属
通用技术条件		GB/T 16938		
螺纹	公差	6H		
	标准	GB/T 196、GB/T 197		
力学性能	等级	D<M3:按协议 M3≤D≤M39:6、8、10 D>M39:按协议	D≤M24:A2-70、A4-70 M24<D≤M39:A2-50、A4-50 D>M39:按协议	CU2、CU3、AL4
	标准	M3≤D≤M39:GB/T 3098.2 D<M3 和 D>M39:按协议	D≤M39:GB/T 3098.15 D>M39:按协议	GB/T 3098.10
公差	产品等级	D≤16:A;D>16:B		
	标准	GB/T 3103.1		
表面缺陷		GB/T 5779.2		
表面处理		不经处理	简单处理	简单处理
		电镀技术要求按 GB/T 5267 非电解锌粉覆盖层技术要求按 ISO 10683 如需其他表面镀层或表面处理,应由供需双方协议		
验收及包装		GB/T 90.1、GB/T 90.2		

① P—螺距。

注:本标准规定了螺纹规格为 M1.6~M64,性能等级为 6、8、10、A2-50、A2-70、A4-50、A4-70、CU2、CU3 和 AL4 级,产品等级为 A 级和 B 级的 1 型六角螺母。A 级用于 D≤16mm 的螺母,B 级用于 D>16mm 的螺母。

表 5-38 1型六角螺母 细牙（GB/T 6171—2015） mm

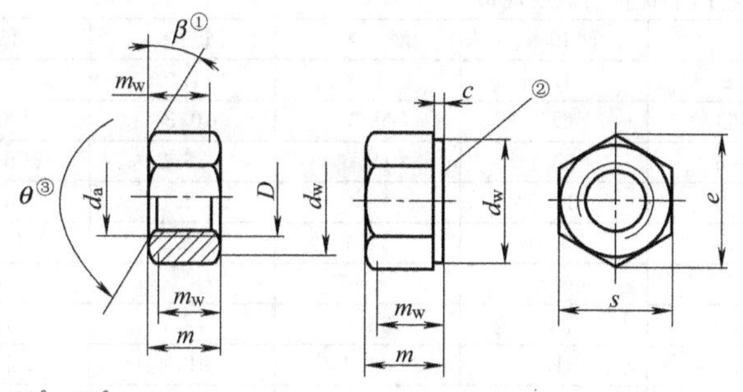

① $\beta=15°\sim30°$

② 垫圈面型，应在订单中注明

③ $\theta=90°\sim120°$

标记示例：

螺纹规格 D=M16×1.5、细牙螺纹、性能等级为 8 级、表面镀锌钝化、产品等级为 A 级的 1 型六角螺母的标记：螺母 GB/T 6171 M16×1.5

尺寸(优选的螺纹规格)

螺纹规格 D×P		M8×1	M10×1	M12×1.5	M16×1.5	M20×1.5	M24×2
c	max	0.60	0.60	0.60	0.8	0.8	0.8
	min	0.15	0.15	0.15	0.2	0.2	0.2
d_a	max	8.75	10.8	13	17.3	21.6	25.9
	min	8.00	10.0	12	16.0	20.0	24.0
d_w	min	11.63	14.63	16.63	22.49	27.7	33.25
e	min	14.38	17.77	20.03	26.75	32.95	39.55
m	max	6.80	8.40	10.80	14.8	18.0	21.5
	min	6.44	8.04	10.37	14.1	16.9	20.2
m_w	min	5.15	6.43	8.3	11.28	13.52	16.16
s	公称=max	13.00	16.00	18.00	24.00	30.00	36
	min	12.73	15.73	17.73	23.67	29.16	35
螺纹规格 D×P		M30×2	M36×3	M42×3	M48×3	M56×4	M64×4
c	max	0.8	0.8	1.0	1.0	1.0	1.0
	min	0.2	0.2	0.3	0.3	0.3	0.3
d_a	max	32.4	38.9	45.4	51.8	60.5	69.1
	min	30.0	36.0	42.0	48.0	56.0	64.0
d_w	min	42.75	51.11	59.95	69.45	78.66	88.16
e	min	50.85	60.79	71.3	82.6	93.56	104.86
m	max	25.6	31.0	34.0	38.0	45.0	51.0
	min	24.3	29.4	32.4	36.4	43.4	49.1
m_w	min	19.44	23.52	25.92	29.12	34.72	39.28
s	公称=max	46	55.0	65.0	75.0	85.0	95.0
	min	45	53.8	63.1	73.1	82.8	92.8

尺寸(优选的螺纹规格)

螺纹规格 D×P		M10×1.25	M12×1.25	M14×1.5	M18×1.5	M20×2	M22×1.5
c	max	0.60	0.60	0.60	0.8	0.8	0.8
	min	0.15	0.15	0.15	0.2	0.2	0.2
d_a	max	10.8	13	15.1	19.5	21.6	23.7
	min	10.0	12	14.0	18.0	20.0	22.0
d_w	min	14.63	16.63	19.64	24.85	27.7	31.35
e	min	17.77	20.03	23.36	29.56	32.95	37.29
m	max	8.40	10.80	12.8	15.8	18.0	19.4
	min	8.04	10.37	12.1	15.1	16.9	18.1
m_w	min	6.43	8.3	9.68	12.08	13.52	14.48
s	公称=max	16.00	18.00	21.00	27.00	30.00	34
	min	15.73	17.73	20.67	26.16	29.16	33

续表

尺寸(非优选的螺纹规格)							
螺纹规格 $D \times P$		M27×2	M33×2	M39×3	M45×3	M52×4	M60×4
c	max	0.8	0.8	1.0	1.0	1.0	1.0
	min	0.2	0.2	0.3	0.3	0.3	0.3
d_a	max	29.1	35.6	42.1	18.6	56.2	64.8
	min	27.0	33.0	39.0	45.0	52.0	60.0
d_w min		38	46.55	55.86	64.7	74.2	83.41
e min		45.2	55.37	66.44	76.95	88.25	99.21
m	max	23.8	28.7	33.4	36.0	42.0	48.0
	min	22.5	27.4	31.8	34.4	40.4	46.4
m_w min		18	21.96	25.44	27.52	32.32	37.12
s	公称=max	41	50	60.0	70.0	80.0	90.0
	min	40	49	58.8	68.1	78.1	87.8

技术条件和引用标准				
材料		钢	不锈钢	有色金属
通用技术条件		GB/T 16938		
螺纹	公差	6H		
	标准	GB/T 196、GB/T 197		
力学性能	等级	D≤M39:6、8 D≤M39:10 D>M39:按协议	D≤M24:A2-70、A4-70 M24<D≤M39:A2-50、A4-50 D>M39:按协议	CU2、CU3、AL4
	标准	D≤M39:GB/T 3098.4 D>M39:按协议	D≤M39:GB/T 3098.15 D>M39:按协议	参照 GB/T 3098.10 由供需双方协议
公差	产品等级	D≤16:A;D>16:B		
	标准	GB/T 3103.1		
表面缺陷		GB/T 5779.2		
表面处理		不经处理	简单处理	简单处理
		电镀技术要求按 GB/T 5267 非电解锌粉覆盖层技术要求按 ISO 10683 如需其他表面镀层或表面处理,应由供需双方协议		
验收及包装		GB/T 90.1、GB/T 90.2		

注：本标准规定了螺纹规格为 M8×1～M64×4、细牙螺纹、性能等级为 6、8、10、A2-50、A2-70、A4-50、A4-70、CU2、CU3 和 AL4 级，产品等级为 A 级和 B 级的 1 型六角螺母。A 级用于 D≤16mm 的螺母，B 级用于 D>16mm 的螺母。

(3) 2 型六角螺母

2 型六角螺母见表 5-39 和表 5-40。

表 5-39　2 型六角螺母（GB/T 6175—2000）　　mm

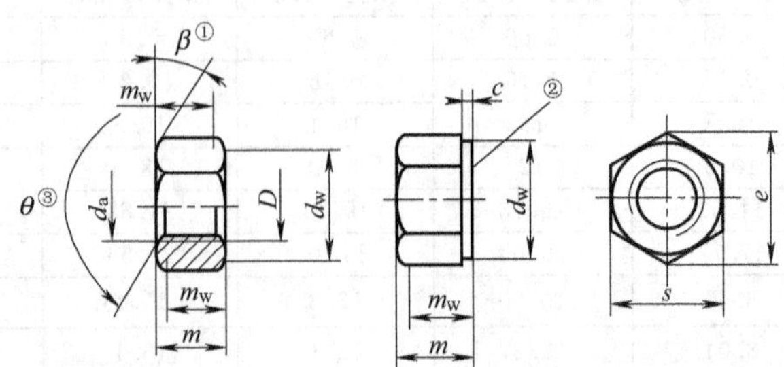

① $\beta=15°\sim30°$

② 垫圈面型,应在订单中注明

③ $\theta=90°\sim120°$

续表

尺 寸

螺纹规格 D		M5	M6	M8	M10	M12	(M14)①
P②		0.8	1	1.25	1.5	1.75	2
c	max	0.5	0.5	0.6	0.6	0.6	0.6
d_a	max	5.75	6.75	8.75	10.8	13	15.1
	min	5.00	6.00	8.00	10.0	12	14.0
d_w	min	6.9	8.9	11.6	14.6	16.6	19.6
e	min	8.79	11.05	14.38	17.77	20.03	23.36
m	max	5.1	5.7	7.5	9.3	12.00	14.1
	min	4.8	5.4	7.14	8.94	11.57	13.4
m_w	min	3.84	4.32	5.71	7.15	9.26	10.7
s	max	8.00	10.00	13.00	16.00	18.00	21.00
	min	7.78	9.78	12.73	15.73	17.73	20.67

螺纹规格 D		M16	M20	M24	M30	M36
P②		2	2.5	3	3.5	4
c	max	0.8	0.8	0.8	0.8	0.8
d_a	max	17.3	21.6	25.9	32.4	38.9
	min	16.0	20.0	24.0	30.0	36.0
d_w	min	22.5	27.7	33.2	42.7	51.1
e	min	26.75	32.95	39.55	50.85	60.79
m	max	16.4	20.3	23.9	28.6	34.7
	min	15.7	19.0	22.6	27.3	33.1
m_w	min	12.6	15.2	18.1	21.8	26.5
s	max	24.00	30.00	36	46	55.0
	min	23.67	29.16	35	45	53.8

技术条件和引用标准

材　料		钢
通用技术条件		GB/T 16938
螺纹	公差	6H
	标准	GB/T 196、GB/T 197
力学性能	等级	9、12
	标准	GB/T 3098.2
公差	产品等级	$D\leqslant16$：A；$D>16$：B
	标准	GB/T 3103.1
表面缺陷		GB/T 5779.2
表面处理		氧化 电镀技术要求按 GB/T 5267 非电解锌粉覆盖层技术要求按 ISO 10683 如需其他表面镀层或表面处理，应由供需双方协议
验收及包装		GB/T 90.1、GB/T 90.2

① 尽可能不采用括号内的规格。

② P—螺距。

注：本标准规定了螺纹规格为 M5～M36，性能等级为 9 和 12 级，产品等级为 A 级和 B 级的 2 型六角螺母。A 级用于 $D\leqslant16$mm 的螺母，B 级用于 $D>16$mm 的螺母。

表 5-40　2 型六角螺母　细牙（GB/T 6176—2000）　　mm

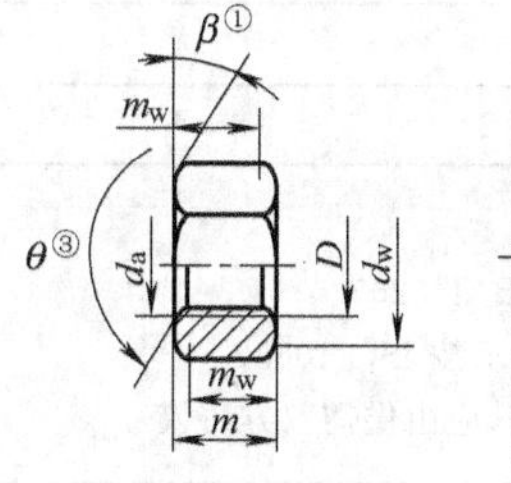

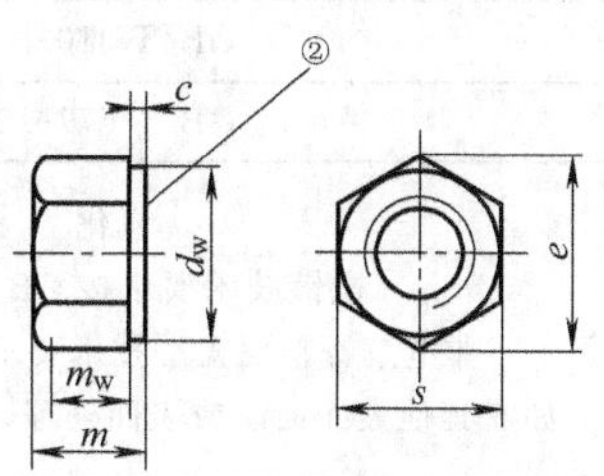

e
s

标记示例：

螺纹规格 D＝M16×1.5、细牙螺纹、性能等级为 10 级、表面氧化、产品等级为 A 级的 2 型六角螺母的标记：螺母 GB/T 6176　M16×1.5

① $\beta=15°\sim30°$

② 垫圈面型，应在订单中注明

③ $\theta=90°\sim120°$

续表

尺寸(优选的螺纹规格)									
螺纹规格 $D\times P$		M8×1	M10×1	M12×1.5	M16×1.5	M20×1.5	M24×2	M30×2	M36×2
c	max	0.60	0.60	0.60	0.8	0.8	0.8	0.8	0.8
	min	0.15	0.15	0.15	0.2	0.2	0.2	0.2	0.2
d_a	max	8.75	10.8	13	17.3	21.6	25.9	32.4	38.9
	min	8.00	10.0	12	16.0	20.0	24.0	30.0	36.0
d_w min		11.63	14.63	16.63	22.49	27.7	33.25	42.75	51.11
e min		14.38	17.77	20.03	26.75	32.95	39.55	50.85	60.79
m	max	7.50	9.30	12.00	16.4	20.3	23.9	28.6	34.7
	min	7.14	8.94	11.57	15.7	19.0	22.6	27.3	33.1
m_w min		5.71	7.15	9.26	12.56	15.2	18.08	21.84	26.48
s	公称=max	13.00	16.00	18.00	24.00	30.00	36	46	55.0
	min	12.73	15.73	17.73	23.67	29.16	35	45	53.8

尺寸(非优选的螺纹规格)									
螺纹规格 $D\times P$		M10×1.25	M12×1.25	M14×1.5	M18×1.5	M20×2	M22×1.5	M27×2	M33×2
c	max	0.60	0.60	0.60	0.8	0.8	0.8	0.8	0.8
	min	0.15	0.15	0.15	0.2	0.2	0.2	0.2	0.2
d_a	max	10.8	13	15.1	19.5	21.6	23.7	29.1	35.6
	min	10.0	12	14.0	18.0	20.0	22.0	27.0	33.0
d_w min		14.63	16.63	19.64	24.85	27.7	31.35	38	46.55
e min		17.77	20.03	23.36	29.56	32.95	37.29	45.2	55.37
m	max	9.30	12.00	14.1	17.6	20.3	21.8	26.7	32.5
	min	8.94	11.57	13.4	16.9	19.0	20.5	25.4	30.9
m_w min		7.15	9.26	10.72	13.52	15.2	16.4	20.32	24.72
s	max	16.00	18.00	21.00	27.00	30.00	34	41	50
	min	15.73	17.73	20.67	26.16	29.16	33	40	49

技术条件和引用标准		
材 料		钢
通用技术条件		GB/T 16938
螺纹	公差	6H
	标准	GB/T 196、GB/T 197
力学性能	等级	$D\leqslant$M16:8、12;$D\leqslant$M39:10
	标准	GB/T 3098.4

技术条件和引用标准		
材料		钢
公差	产品等级	$D\leqslant16$:A;$D>16$:B
	标准	GB/T 3103.1
表面缺陷		GB/T 5779.2
表面处理		氧化 电镀技术要求按 GB/T 5267 非电解锌粉覆盖层技术要求按 ISO 10683 如需其他表面镀层或表面处理,应由供需双方协议
验收及包装		GB/T 90.1、GB/T 90.2

注：本标准规定了螺纹规格为 M8×1～M36×3，性能等级为 8、10 和 12 级，产品等级为 A 和 B 级的 2 型六角螺母。A 级用于 $D\leqslant16$mm 的螺母，B 级用于 $D>16$mm 的螺母。

(4) 六角薄螺母

六角薄螺母见表 5-41 和表 5-42。

表 5-41　六角薄螺母（GB/T 6172.1—2000）　mm

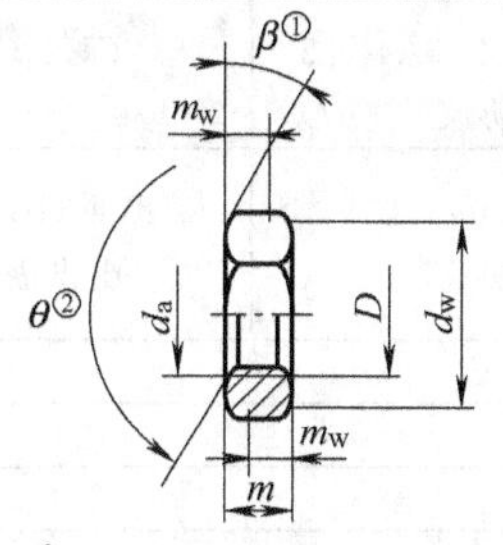

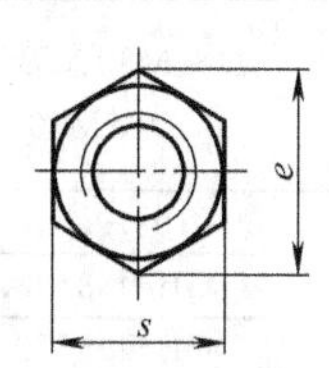

标记示例：

螺纹规格 D＝M12、性能等级为 04 级、不经表面处理、产品等级为 A 级的六角薄螺母的标记：螺母 GB/T 6172.1　M12

① $\beta=15°\sim30°$

② $\theta=110°\sim120°$

尺寸（优选的螺纹规格）

螺纹规格 D		M1.6	M2	M2.5	M3	M4	M5	M6	M8	M10	M12
P①		0.35	0.4	0.45	0.5	0.7	0.8	1	1.25	1.5	1.75
d_a	min	1.6	2	2.5	3	4	5	6	8	10	12
	max	1.84	2.3	2.9	3.45	4.6	5.75	6.75	8.75	10.8	13
d_w	min	2.4	3.1	4.1	4.6	5.9	6.9	8.9	11.6	14.6	16.6
e	min	3.41	4.32	5.45	6.01	7.66	8.79	11.05	14.38	17.77	20.03
m	max	1	1.2	1.6	1.8	2.2	2.7	3.2	4	5	6
	min	0.75	0.95	1.35	1.55	1.95	2.45	2.9	3.7	4.7	5.7
m_w	min	0.6	0.8	1.1	1.2	1.6	2	2.3	3	3.8	4.6
s	公称＝max	3.2	4	5	5.5	7	8	10	13	16	18
	min	3.02	3.82	4.82	5.32	6.78	7.78	9.78	12.73	15.73	17.73

螺纹规格 D		M16	M20	M24	M30	M36	M42	M48	M56	M64
P①		2	2.5	3	3.5	4	4.5	5	5.5	6
d_a	min	16	20	24	30	36	42	48	56	64
	max	17.3	21.6	25.9	32.4	38.9	45.4	51.8	60.5	69.1
d_w	min	22.5	27.7	33.3	42.8	51.1	60	69.5	78.7	88.2
e	min	26.75	32.95	39.55	50.85	60.79	71.3	82.6	93.56	104.86
m	max	8	10	12	15	18	21	24	28	32
	min	7.42	9.10	10.9	13.9	16.9	19.7	22.7	26.7	30.4
m_w	min	5.9	7.3	8.7	11.1	13.5	15.8	18.2	21.4	24.3
s	公称＝max	24	30	36	46	55	65	75	85	95
	min	23.67	29.16	35	45	53.8	63.1	73.1	82.8	92.8

尺寸（优选的螺纹规格）

螺纹规格 D		M3.5	M14	M18	M22	M27	M33	M39	M45	M52	M60
P①		0.6	2	2.5	2.5	3	3.5	4	4.5	5	5.5
d_a	min	3.5	14	18	22	27	33	39	45	52	60
	max	4	15.1	19.5	23.7	29.1	35.6	42.1	48.6	56.2	64.8
d_w	min	5.1	19.6	24.9	31.4	38	46.6	55.9	64.7	74.2	83.4
e	min	6.58	23.35	29.56	37.29	45.2	55.37	66.44	76.95	88.25	99.21
m	max	2	7	9	11	13.5	16.5	19.5	22.5	26	30
	min	1.75	6.42	8.42	9.9	12.4	15.4	18.2	21.2	24.7	28.7
m_w	min	1.4	5.1	6.7	7.9	9.9	12.3	14.6	17	19.8	23
s	公称＝max	6	21	27	34	41	50	60	70	80	90
	min	5.82	20.67	26.16	33	40	49	58.8	68.1	78.1	87.8

技术条件和引用标准

材　料		钢	不锈钢	有色金属
通用技术条件		GB/T 16938		
螺纹	公差	6H		
	标准	GB/T 196、GB/T 197		

续表

<table>
<tr><th colspan="5">技术条件和引用标准</th></tr>
<tr><td colspan="2">材　料</td><td>钢</td><td>不锈钢</td><td>有色金属</td></tr>
<tr><td rowspan="2">力学性能</td><td>等级</td><td>D<M3:按协议
M3≤D≤M39:04、05
D>M39:按协议</td><td>D≤M24:A2-035、A4-035
M24<D≤M39:A2-035、A4-025
D>M39:按协议</td><td>CU2、CU3、AL4</td></tr>
<tr><td>标准</td><td>D<M3:GB/T 3098.3
M3≤D≤M39:GB/T 3098.2
D>M39:按协议</td><td>D≤M39:GB/T 3098.15
D>M39:按协议</td><td>参照 GB/T 3098.10
由供需双方协议</td></tr>
<tr><td rowspan="2">公差</td><td>产品等级</td><td colspan="3">D≤16:A;D>16:B</td></tr>
<tr><td>标准</td><td colspan="3">GB/T 3103.1</td></tr>
<tr><td colspan="2">表面缺陷</td><td colspan="3">GB/T 5779.2</td></tr>
<tr><td colspan="2" rowspan="2">表面处理</td><td>不经处理</td><td>简单处理</td><td>简单处理</td></tr>
<tr><td colspan="3">电镀技术要求按 GB/T 5267
非电解锌粉覆盖层技术要求按 ISO 10683
如需其他表面镀层或表面处理,应由供需双方协议</td></tr>
<tr><td colspan="2">验收及包装</td><td colspan="3">GB/T 90.1、GB/T 90.2</td></tr>
</table>

① P—螺距。

表 5-42　六角薄螺母　细牙（GB/T 6173—2015）　mm

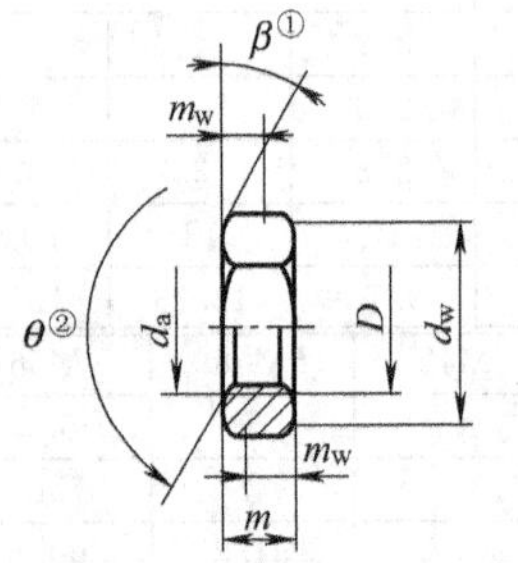

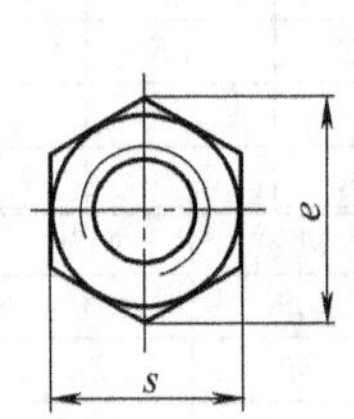

标记示例：

螺纹规格 D=M16×1.5、性能等级为 5 级、不经表面处理、产品等级为 A 级倒角的六角薄螺母的标记：螺母　GB/T 6173　M16×1.5

① β=15°～30°

② θ=110°～120°

<table>
<tr><th colspan="8">尺寸(优选的螺纹规格)</th></tr>
<tr><td colspan="2">螺纹规格 D×P</td><td>M8×1</td><td>M10×1</td><td>M12×1.5</td><td>M16×1.5</td><td>M20×1.5</td><td>M24×2</td></tr>
<tr><td rowspan="2">d_a</td><td>max</td><td>8.75</td><td>10.8</td><td>13</td><td>17.3</td><td>21.6</td><td>25.9</td></tr>
<tr><td>min</td><td>8.00</td><td>10.0</td><td>12</td><td>16.0</td><td>20.0</td><td>24.0</td></tr>
<tr><td>d_w</td><td>min</td><td>11.63</td><td>14.63</td><td>16.63</td><td>22.49</td><td>27.7</td><td>33.25</td></tr>
<tr><td>e</td><td>min</td><td>14.38</td><td>17.77</td><td>20.03</td><td>26.75</td><td>32.95</td><td>39.55</td></tr>
<tr><td rowspan="2">m</td><td>max</td><td>4.0</td><td>5.0</td><td>6.0</td><td>8.00</td><td>10.0</td><td>12.0</td></tr>
<tr><td>min</td><td>3.7</td><td>4.7</td><td>5.7</td><td>7.42</td><td>9.1</td><td>10.9</td></tr>
<tr><td>m_w</td><td>min</td><td>2.96</td><td>3.76</td><td>4.56</td><td>5.94</td><td>7.28</td><td>8.72</td></tr>
<tr><td rowspan="2">s</td><td>公称=max</td><td>13.00</td><td>16.00</td><td>18.00</td><td>24.00</td><td>30.00</td><td>36</td></tr>
<tr><td>min</td><td>12.73</td><td>15.73</td><td>17.73</td><td>23.67</td><td>29.16</td><td>35</td></tr>
<tr><td colspan="2">螺纹规格 D×P</td><td>M30×2</td><td>M36×3</td><td>M42×3</td><td>M48×3</td><td>M56×4</td><td>M64×4</td></tr>
<tr><td rowspan="2">d_a</td><td>max</td><td>32.4</td><td>38.9</td><td>45.4</td><td>51.8</td><td>60.5</td><td>69.1</td></tr>
<tr><td>min</td><td>30.0</td><td>36.0</td><td>42.0</td><td>48.0</td><td>56.0</td><td>64.0</td></tr>
<tr><td>d_w</td><td>min</td><td>42.75</td><td>51.11</td><td>59.95</td><td>69.45</td><td>78.66</td><td>88.16</td></tr>
<tr><td>e</td><td>min</td><td>50.85</td><td>60.79</td><td>71.3</td><td>82.6</td><td>93.56</td><td>104.86</td></tr>
<tr><td rowspan="2">m</td><td>max</td><td>15.0</td><td>18.0</td><td>21.0</td><td>24.0</td><td>28.0</td><td>32.0</td></tr>
<tr><td>min</td><td>13.9</td><td>16.9</td><td>19.7</td><td>22.7</td><td>26.7</td><td>30.4</td></tr>
<tr><td>m_w</td><td>min</td><td>11.12</td><td>13.52</td><td>15.76</td><td>18.16</td><td>21.36</td><td>24.32</td></tr>
<tr><td rowspan="2">s</td><td>公称=max</td><td>46</td><td>55.0</td><td>65.0</td><td>75.0</td><td>85.0</td><td>95.0</td></tr>
<tr><td>min</td><td>45</td><td>53.8</td><td>63.1</td><td>73.1</td><td>82.8</td><td>92.8</td></tr>
</table>

续表

技术条件和引用标准				
材料		钢	不锈钢	有色金属
通用技术条件		GB/T 16938		
螺纹	公差	6H		
	标准	GB/T 196、GB/T 197		
力学性能	等级	D≤M39:04、05 D>M39:按协议	D≤M24:A2-035、A4-035 M24<D≤M39:A2-035、A4-025 D>M39:按协议	CU2、CU3、AL4
	标准	D≤M39:GB/T 3098.4 D>M39:按协议	D≤M39:GB/T 3098.15 D>M39:按协议	参照 GB/T 3098.10 由供需双方协议
公差	产品等级	D≤16:A;D>16:B		
	标准	GB/T 3103.1		
表面缺陷		GB/T 5779.2		
表面处理		不经处理	简单处理	简单处理
		电镀技术要求按 GB/T 5267 非电解锌粉覆盖层技术要求按 ISO 10683 如需其他表面镀层或表面处理,应由供需双方协议		
验收及包装		GB/T 90.1、GB/T 90.2		

(5) 1型非金属嵌件六角锁紧螺母

1型非金属嵌件六角锁紧螺母见表5-43和表5-44。

表5-43 1型非金属嵌件六角锁紧螺母(GB/T 889.1—2000) mm

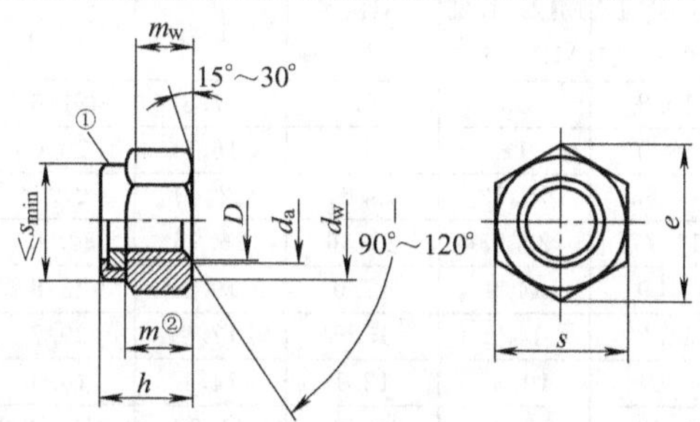

① 有效力矩部分,形状任选

② 螺纹长度

标记示例:

螺纹规格 D=M12、性能等级为8级、表面镀锌钝化、产品等级为A级的1型非金属嵌件六角锁紧螺母的标记:

螺母 GB/T 899.1 M12

螺纹规格 D		M3	M4	M5	M6	M8	M10	M12	(M14)①	M16	M20	M24	M30	M36
P②		0.5	0.7	0.8	1	1.25	1.5	1.75	2	2	2.5	3	3.5	4
d_a	max	3.45	4.6	5.75	6.75	8.75	10.8	13	15.1	17.3	21.6	25.9	32.4	38.9
	min	3.00	4.0	5.00	6.00	8.00	10.0	12	14.0	16.0	20.0	24.0	30.0	36.0
d_w	min	4.57	5.88	6.88	8.88	11.63	14.63	16.63	19.64	22.49	27.7	33.25	42.75	51.11
e	min	6.01	7.66	8.79	11.05	14.38	17.77	20.03	23.36	26.75	32.95	39.55	50.85	60.79
h	max	4.5	6.00	6.80	8.00	9.50	11.9	14.9	17.0	19.1	22.8	27.1	32.6	38.9
	min	4.02	5.52	6.22	7.42	8.92	11.2	14.2	15.9	17.8	20.7	25.0	30.1	36.4
m	min	2.15	2.9	4.4	4.9	6.44	8.04	10.37	12.1	14.1	16.9	20.2	24.3	29.4
m_w	min	1.72	2.32	3.52	3.92	5.15	6.43	8.3	9.68	11.28	13.52	16.16	19.44	23.52
s	max	5.50	7.00	8.00	10.00	13.00	16.00	18.00	21.00	24.00	30.00	36	46	55.0
	min	5.32	6.78	7.78	9.78	12.73	15.73	17.73	20.67	23.67	29.16	35	45	53.8

技术条件和引用标准		
材料	螺母体	钢
	嵌件	推荐采用尼龙66

续表

技术条件和引用标准		
通用技术条件		GB/T 16938
螺纹	公差	6H
	标准	GB/T 196、GB/T 197
力学性能	等级	5、8、10
	标准	GB/T 3098.9
公差	产品等级	A 级用于 $D \leqslant 16$；B 级用于 $D > 16$
	标准	GB/T 3103.1
表面处理		不经处理；电镀技术按 GB/T 5267；如有其他表面镀层或表面处理，由双方协商
表面缺陷		GB/T 5779.2
验收及包装		GB/T 90.1、GB/T 90.2

① 尽可能不采用括号内的规格。

② P—螺距。

表 5-44　1 型非金属嵌件六角锁紧螺母　细牙（GB/T 889.2—2000）　mm

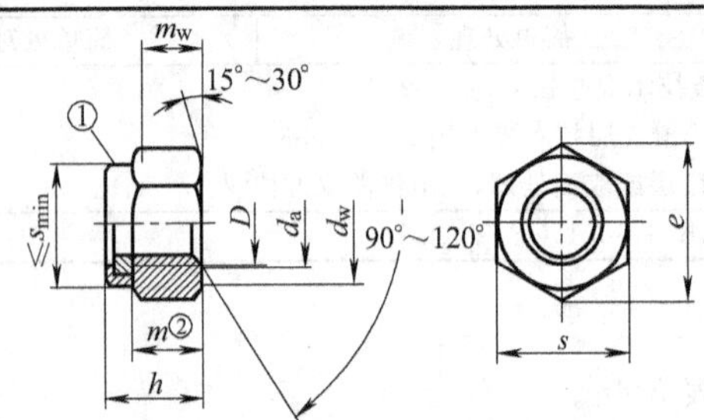

①有效力矩部分，形状任选

②螺纹长度

标记示例：

螺纹规格 D＝M12×1.5、性能等级为 8 级、表面镀锌钝化、产品等级为 A 级的 1 型非金属嵌件六角锁紧螺母的标记：螺母　GB/T 899.2　M12×1.5

尺寸(优选的螺纹规格)										
螺纹规格 $D \times P$		M8×1	M10×1 M10×1.25	M12×1.25 M12×1.5	(M14×1.5)①	M16×1.5	M20×1.5	M24×2	M30×2	M36×3
d_a	max	8.75	10.8	13	15.1	17.3	21.6	25.9	32.4	38.9
	min	8.00	10.0	12	14.0	16.0	20.0	24.0	30.0	36.0
d_w	min	11.63	14.63	16.63	19.64	22.49	27.7	33.25	42.75	51.11
e	min	14.38	17.77	20.03	23.36	26.75	32.95	39.55	50.85	60.79
h	max	9.50	11.9	14.9	17.0	19.1	22.8	27.1	32.6	38.9
	min	8.92	11.2	14.2	15.9	17.8	20.7	25.0	30.1	36.4
m	min	6.44	8.04	10.37	12.1	14.1	16.9	20.2	24.3	29.4
m_w	min	5.15	6.43	8.3	9.68	11.28	13.52	16.16	19.44	23.52
s	max	13.00	16.00	18.00		24.00	30.00	36	46	55.0
	min	12.73	15.73	17.73		23.67	29.16	35	45	53.8

技术条件和引用标准				
材料	螺母体	钢		
	嵌件	推荐采用尼龙 66		
通用技术条件		GB/T 16938		
螺纹	公差	6H		
	标准	GB/T 196、GB/T 197		
力学性能	等级	6	8	10
		1 型	1 型	$D \leqslant 16$② 1 型
	标准	参照 GB/T 3098.9，由供需双方协议		
公差	产品等级	$D \leqslant 16$：A，$D > 16$：B		
	标准	GB/T 3103.1		
表面缺陷		GB/T 5779.2		
表面处理		不经处理 电镀技术要求按 GB/T 5267 如需其他表面镀层或表面处理，应由供需双方协议		
验收及包装		GB/T 90.1、GB/T 90.2		

① 尽可能不采用括号内的规格。

② $D > 16$mm 的螺母，不规定 10 级。

(6) 圆螺母

圆螺母见表 5-45 和表 5-46。

表 5-45 圆螺母 (GB/T 812—1988) mm

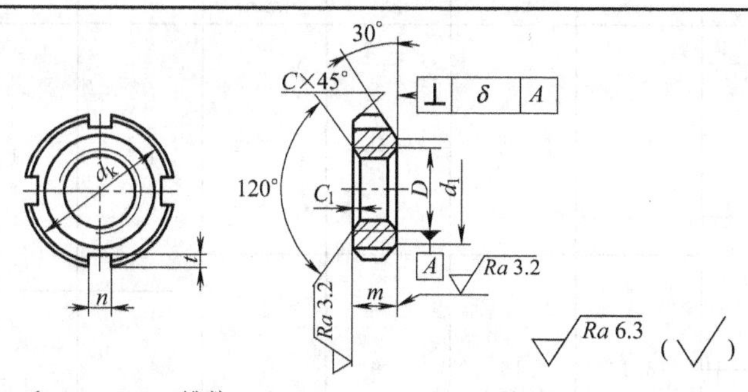

标记示例：

螺纹规格 D＝M16×1.5、材料为 45 钢、槽或全部热处理硬度为 35～45HRC、表面氧化的圆螺母的标记：螺母 GB/T 812 M16×1.5

D≤M100×2，n(槽数)＝4；D≥M105×2，n(槽数)＝6

螺纹规格 $D\times P$	尺寸 d_k	d_1	m	n max	n min	t max	t min	C	C_1
M10×1	22	16	8	4.3	4	2.6	2	0.5	0.5
M10×1.25	25	19							
M14×1.5	28	20							
M16×1.5	30	22		5.3	5	3.1	2.5		
M18×1.5	32	24							
M20×1.5	35	27							
M22×1.5	38	30	10						
M24×1.5	42	34						1	
M25×1.5[①]									
M27×1.5	45	37							
M30×1.5	48	40		6.3	6	3.6	3		
M33×1.5	52	43							
M35×1.5[①]									
M36×1.5	55	46							
M39×1.5	58	49						1.5	
M40×1.5[①]									
M42×1.5	62	53							
M45×1.5	68	59							
M48×1.5	72	61	12	8.36	8	4.25	3.5		
M50×1.5[①]									
M52×2	78	67							
M55×2									
M56×2	85	74							1
M60×2	90	79							
M64×2	95	84							
M65×2[①]									
M68×2	100	88		10.36	10	4.75	4		
M72×2	105	93	15						
M75×2[①]									
M76×2	110	98							
M80×2	115	103							
M85×2	120	108							
M90×2	125	112	18	12.43	12	5.75	5		
M95×2	130	117							
M100×2	135	122							
M105×2	140	127							

续表

螺纹规格 $D\times P$	尺寸 d_k	d_1	m	n max	n min	t max	t min	C	C_1
M110×2	150	135	18	14.43	14	6.75	6	1.5	1
M115×2	155	140	22						
M120×2	160	145							
M125×2	165	150							
M130×2	170	155							
M140×2	180	165	26						
M150×2	200	180		16.43	16	7.9	7		
M160×3	210	190						2	1.5
M170×3	220	200							
M180×3	230	210	30						
M190×3	240	220							
M200×3	250	230							

① 仅用于滚动轴承锁紧装置。

表 5-46 小圆螺母（GB/T 810—1988） mm

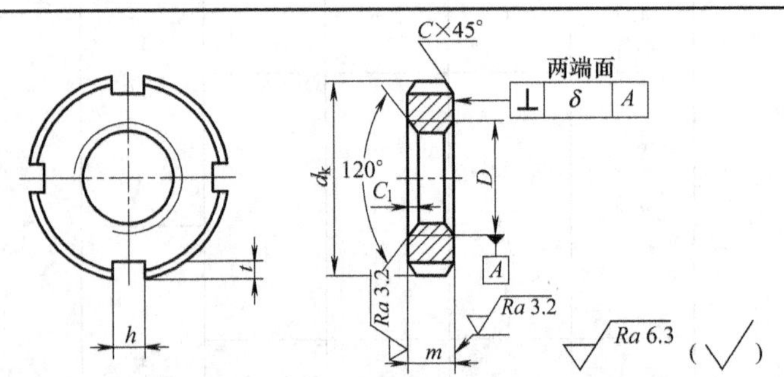

$D\leqslant$M100×2，n（槽数）=4；$D\geqslant$M105×2，n（槽数）=6

标记示例：

螺纹规格 D=M16×1.5、材料为 45 钢、槽或全部热处理硬度为 35～45HRC、表面氧化的圆螺母的标记：螺母 GB/T 810 M16×1.5

螺纹规格 $D\times P$		M10×1	M12×1.25	M14×1.5	M16×1.5	M18×1.5	M20×1.5	M22×1.5	M24×1.5	M27×1.5	M30×1.5	M33×1.5	M36×1.5	M39×1.5	M42×1.5
d_k		20	22	25	28	30	32	35	38	42	45	48	52	55	58
m		6						8							
h	max	4.3				5.30								6.30	
	min	4				5								6	
t	max	2.6				3.10								3.60	
	min	2				2.5								3	
C		0.5									1				
C_1		0.5													

螺纹规格 $D\times P$		M45×1.5	M48×1.5	M52×1.5	M58×2	M60×2	M64×2	M68×2	M72×2	M76×2	M80×2	M85×2	M90×2	M95×2	M100×2
d_k		62	68	72	78	80	85	90	95	100	105	110	115	120	125
m		8	10						12						
h	max	6.3		8.36							10.36				12.43
	min	6		8							10				12
t	max	3.6		4.25							4.75				5.75
	min	3		3.5							4				5
C		1									1.5				
C_1		1													

螺纹规格 $D\times P$	M105×2	M110×2	M115×2	M120×2	M125×2	M130×2	M140×2	M150×2	M160×3	M170×3	M180×3	M190×3	M200×3
d_k	20	22	25	28	30	32	35	38	42	45	48	52	55
m	6						8						

续表

螺纹规格 $D \times P$		M105×2	M110×2	M115×2	M120×2	M125×2	M130×2	M140×2	M150×2	M160×3	M170×3	M180×3	M190×3	M200×3
h	max	4.3				5.30							6.30	
	min	4				5							6	
t	max	2.6				3.10							3.60	
	min	2				2.5							3	
C		0.5								1				
C_1		0.5												

技术条件和引用标准

材料		45 钢(GB/T 699)
螺纹	公差	6H
	标准	GB/T 196、GB/T 197
垂直度		按附表 3 中 9 级规定
	标准	GB/T 1184
热处理及表面处理		① 槽部或全部热处理后硬度为 35～45HRC ② 调质到硬度为 24～30HRC ③ 氧化
验收及包装		GB/T 90.1、GB/T 90.2

(7) 六角厚螺母

六角厚螺母见表 5-47。

表 5-47 六角厚螺母（GB/T 56—88） mm

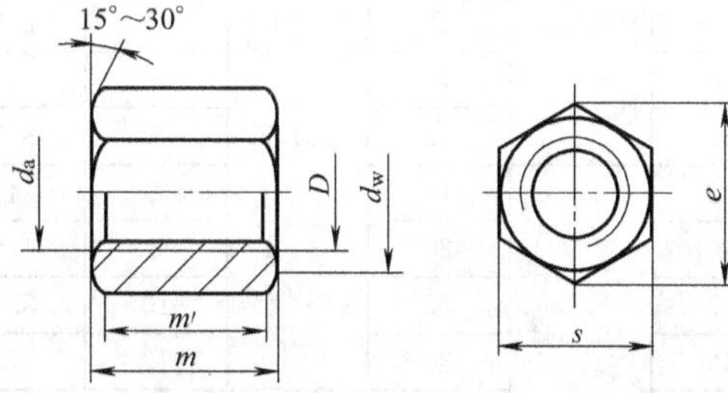

标记示例：

螺纹规格 D＝M20、性能等级为 5 级、不经表面处理的六角厚螺母的标记：螺母 GB/T 56 M20

螺纹规格 D		M16	(M18)	M20	(M22)	M24	(M27)	M30	M36	M42	M48
d_a	max	17.3	19.5	21.6	23.7	25.9	29.1	32.4	38.9	45.4	51.8
	min	16	18	20	22	24	27	30	36	42	48
d_w	min	22.5	24.8	27.7	31.4	33.2	38	42.7	51.1	60.6	69.4
e	min	26.17	29.56	32.95	37.29	39.55	45.2	50.85	60.79	72.09	82.6
m	max	25	28	32	35	38	42	48	55	65	75
	min	24.16	27.16	30.4	33.4	36.4	40.4	46.4	53.1	63.1	73.1
m'	min	19.33	21.73	24.32	26.72	29.12	32.32	37.12	42.48	50.48	58.48
s	max	24	27	30	34	36	41	46	55	65	75
	min	23.16	26.16	29.16	33	35	40	45	53.8	63.8	73.1

技术条件和引用标准

材料		钢
螺纹	公差	6H
	标准	GB/T 196、GB/T 197
力学性能	等级	5、8、10
	标准	GB/T 3098.2
公差	产品等级	B 级
	标准	GB/T 3103.1
表面处理		①不经处理 ②氧化
表面缺陷		GB/T 5779.2
验收及包装		GB/T 90.1、GB/T 90.2

注：尽可能不采用括号内的规格。

(8) 蝶形螺母

蝶形螺母见表 5-48 和表 5-49。

表 5-48 蝶形螺母（GB/T 62.1—2004） mm

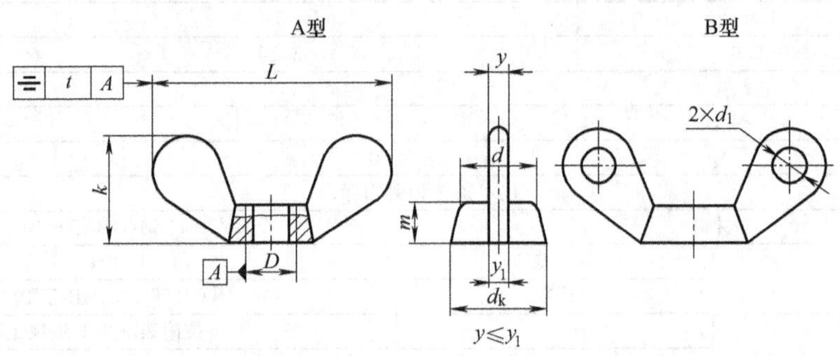

标记示例：

螺纹规格 D＝M10、材料为 Q215、保证转矩为Ⅰ级、表面氧化处理、两翼为半圆形的 A 型蝶形螺母的标记：螺母 GB/T 62.1—2004 M10

尺寸											
螺纹规格 D	d_k min	d ≈	L		k		m min	y max	y_1 max	d_1 max	t max
M2	4	3	12	±1.5	6	±1.5	2	2.5	3	2	0.3
M2.5	5	4	16		8		3	2.5	3	2.5	0.3
M3	5	4	16		8		3	2.5	3	3	0.4
M4	7	6	20		10		4	3	4	4	0.4
M5	8.5	7	25		12		5	3.5	4.5	4	0.5
M6	10.5	9	32	±2	16		6	4	5	5	0.5
M8	14	12	40		20		8	4.5	5.5	6	0.6
M10	18	15	50		25		10	5.5	6.5	7	0.7
M12	22	18	60		30		12	7	8	8	1
(M14)	26	22	70		35	±2	14	8	9	9	1.1
M16	26	22	70		35		14	8	9	10	1.2
(M18)	30	25	80		40		16	8	10	10	1.4
M20	34	28	90	±2.5	45		18	9	11	11	1.5
(M22)	38	32	100		50		20	10	12	11	1.6
M24	43	36	112		56		22	11	13	12	1.8

技术条件和引用标准				
材料①		钢	不锈钢	有色金属
		Q215、Q235 (GB/T 700) KT 30-6(GB/T 978)	1Cr18Ni9 (GB/T 1220)	H62 (GB/T 5231)
螺纹	公差	7H		
	标准	GB/T 193、GB/T 9145		
保证转矩	等级	Ⅰ级	Ⅰ级	Ⅰ级
	标准	GB/T 3098.20		
表面处理		不经处理	简单处理	简单处理
验收及包装		GB/T 90.1、GB/T 90.2		

① 料牌号仅系推荐采用，制造者可根据实际条件与经验选用其他材料牌号及技术条件。

注：尽可能不采用括号内的规格。

表 5-49 蝶形螺母 方翼（GB/T 62.2—2004） mm

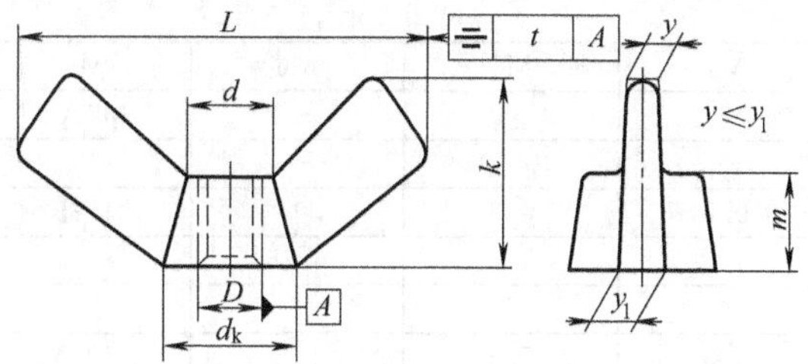

标记示例：

螺纹规格 D＝M10、材料为 Q215、保证转矩为Ⅰ级、表面氧化处理、两翼为方形的 A 型蝶形螺母的标记：螺母 GB/T 62.2—2004 M10

螺纹规格 D	d_k min	d ≈	L		k		m min	y max	y_1 max	t max
M3	6.5	4	17	±1.5	9	±1.5	3	3	4	0.4
M4	6.5	4	17		9		3	3	4	0.4
M5	8	6	21		11		4	3.5	4.5	0.5
M6	10	7	27		13		4.5	4	5	0.5
M8	13	10	31	±2	16		6	4.5	5.5	0.6
M10	16	12	36		18		7.5	5.5	6.5	0.7
M12	20	16	48		23		9	7	8	1
(M14)	20	16	48		23		9	7	8	1.1
M16	27	22	68		35	±2	12	8	9	1.2
(M18)	27	22	68		35		12	8	9	1.4
M20	27	22	68		35		12	8	9	1.5

技术条件和引用标准

		钢	不锈钢	有色金属
材 料[①]		Q215、Q235 (GB/T 700) KT 30-6(GB/T 978)	1Cr18Ni9 (GB/T 1220)	H62 (GB/T 5231)
螺纹	公差	7H		
	标准	GB/T 193、GB/T 9145		
保证转矩	等级	Ⅰ级	Ⅰ级	Ⅰ级
	标准	GB/T 3098.20		
表面处理		氧化电镀，技术要求按 GB/T 5267.1	简单处理	简单处理
验收及包装		GB/T 90.1、GB/T 90.2		

① 材料牌号仅系推荐采用，制造者可根据实际条件与经验选用其他材料牌号及技术条件。

注：尽可能不采用括号内的规格。

(9) 盖形螺母

盖形螺母见表 5-50。

表 5-50 盖形螺母（GB/T 923—2009） mm

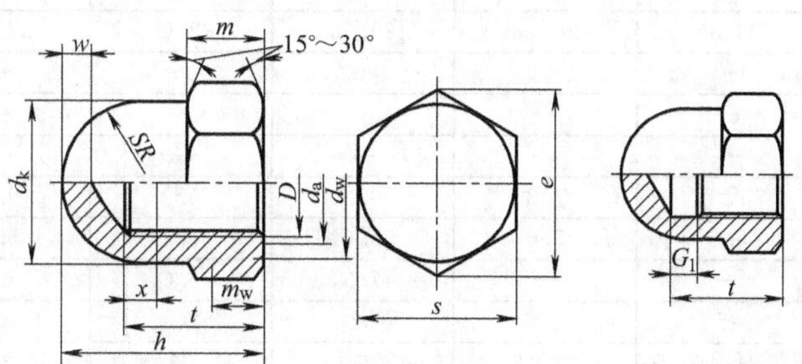

(a) D≤10mm 盖形螺母的型式与尺寸 (b) D≥12mm 盖形螺母的型式与尺寸［其余尺寸见图 (a)］

标记示例：

螺纹规格 D＝M12、性能等级为 6 级、表面氧化处理的六角盖形螺母的标记：螺母 GB/T 923 M12

续表

尺寸							
螺纹规格 D	第 1 系列	M4	M5	M6	M8	M10	M12
	第 2 系列	—	—	—	M8×1	M10×1	M12×1.5
	第 3 系列	—	—	—	—	M10×1.25	M12×1.25
P①		0.7	0.8	1	1.25	1.5	1.75
d_a	max	4.6	5.75	6.75	8.75	10.8	13
	min	4	5	6	8	10	12
d_k	max	6.5	7.5	9.5	12.5	15	17
d_w	min	5.9	6.9	8.9	11.6	14.6	16.6
e	min	7.66	8.79	11.05	14.38	17.77	20.03
x_{max}②	第 1 系列	1.4	1.6	2	2.5	3	—
	第 2 系列	—	—	—	—	—	—
	第 3 系列	—	—	—	—	—	—
G_{1max}③	第 1 系列	—	—	—	—	—	6.4
	第 2 系列	—	—	—	—	—	5.6
	第 3 系列	—	—	—	—	—	4.9
h	max=公称	8	10	12	15	18	22
	min	7.64	9.64	11.57	14.57	17.57	21.48
m	max	3.2	4	5	6.5	8	10
	min	2.9	3.7	4.7	6.14	7.64	9.64
m_w	min	2.32	2.96	9.76	4.91	6.11	7.71
SR	≈	3.26	3.75	4.75	6.25	7.5	8.5
s	公称	7	8	10	13	16	18
	min	6.78	7.78	9.78	12.73	15.73	17.73
t	max	5.74	7.79	8.29	11.35	13.35	16.35
	min	5.26	7.21	7.71	10.65	12.65	15.65
w	min	2	2	2	2	2	3
每 1000 件钢螺母质量 (ρ=7.85kg/dm³)/kg ≈		④	④	4.56	11	20.1	28.3
螺纹规格 D	第 1 系列	(M14)	M16	(M18)	M20	(M22)	M24
	第 2 系列	(M14×1.5)	M16×1.5	(M18×1.5)	M20×2	(M22×1.5)	M12×1.5
	第 3 系列	—	—	(M18×2)	M20×1.5	(M22×2)	—
P①		2	2	2.5	2.5	2.5	3
d_a	max	15.1	17.3	19.5	21.6	23.7	25.9
	min	14	16	18	20	22	24
d_k	max	20	23	26	28	33	34
d_w	min	19.6	22.5	24.9	27.7	31.4	33.3
e	min	23.35	26.73	29.56	32.95	37.29	39.55
x_{max}②	第 1 系列	—	—	—	—	—	—
	第 2 系列	—	—	—	—	—	—
	第 3 系列	—	—	—	—	—	—
G_{1max}③	第 1 系列	7.3	7.3	9.3	9.3	9.3	10.7
	第 2 系列	5.6	5.6	5.6	7.3	5.6	7.3
	第 3 系列	—	—	7.3	5.6	7.3	—
h	max=公称	25	28	32	34	39	42
	min	24.48	27.48	31	33	38	41
m	max	11	13	15	16	18	19
	min	10.3	12.3	14.3	14.9	16.9	17.7
m_w	min	8.24	9.84	11.44	11.92	13.52	14.16
SR	≈	10	11.5	13	14	16.5	17

续表

尺寸							
s	公称	21	24	27	30	34	36
	min	20.67	23.67	26.16	29.16	33	35
t	max	18.35	21.42	25.42	26.42	29.42	31.5
	min	17.65	20.58	24.58	25.58	28.58	30.5
w	min	4	4	5	5	5	6
每1000件钢螺母质量(ρ=7.85kg/dm^3)/kg ≈		④	54.3	95	104	④	216

技术条件和引用标准				
材料		钢	不锈钢	有色金属
通用技术条件		GB/T 16938		
螺纹	公差	6H		
	标准	GB/T 196、GB/T 197		
力学性能	等级⑤	6	A1-50	CU3或CU6⑥
	标准	GB/T 3098.2 GB/T 3098.4	GB/T 3098.15	GB/T 3098.10
公差	产品等级	D≤16:A;D>16:B		
	标准	GB/T 3103.1		
表面处理		氧化 电镀技术要求按GB/T 5267.1 非电解锌片涂层技术要求按GB/T 5267.2 热浸镀锌技术要求按GB/T 5267.3	简单处理	简单处理 电镀技术要求 按GB/T 5267.1
		如需其他表面处理,应由供需双方协议		
验收及包装		GB/T 90.1、GB/T 90.2		

① P—粗牙螺纹螺距，按GB/T 197。
② 内螺纹的收尾 $x_{max}=2P$，适用于 D≤M10。
③ 内螺纹的退刀槽 G_{1max}，适用于 D>M10。
④ 目前尚无数据。
⑤ 其他性能等级或材料，由供需双方协议。
⑥ 制造者选择。
注：尽可能不采用括号内的规格；按螺纹规格第1～3系列，依次优先选用。

(10) 钢结构用高强度大六角螺母

钢结构用高强度大六角螺母见表5-51。

表5-51 钢结构用高强度大六角螺母（GB/T 1229—2006） mm

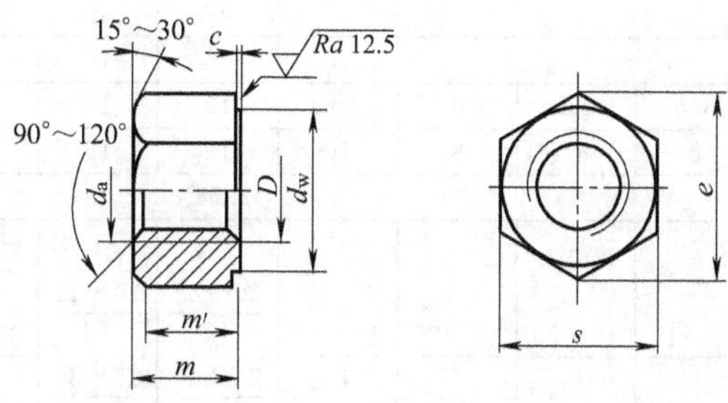

标记示例：

螺纹规格 D=M20、性能等级为10H级钢结构用高强度大六角螺母的标记：螺母 GB/T 1229 M20

螺纹规格 D=M20、性能等级为8H级钢结构用高强度大六角螺母的标记：螺母 GB/T 1229 M20-8H

续表

螺纹规格 D		M12	M16	M20	(M22)	M24	(M27)	M30
P		1.75	2	2.5	2.5	3	3	3.5
d_a	max	13	17.3	21.6	23.8	25.9	29.1	32.4
	min	12	16	20	22	24	27	30
d_w min		19.2	24.9	31.4	33.3	38.0	42.8	46.5
e min		22.78	29.56	37.29	39.55	45.20	50.82	55.37
m	max	12.3	17.1	20.7	23.6	24.2	27.6	30.7
	min	11.87	16.4	19.4	22.3	22.9	26.3	29.1
m' min		8.3	11.5	13.6	15.6	16.0	18.4	20.4
c	max	0.8	0.8	0.8	0.8	0.8	0.8	0.8
	min	0.4	0.4	0.4	0.4	0.4	0.4	0.4
s	max	21	27	34	36	41	46	50
	min	20.16	26.16	33	35	40	45	49
支承面对螺纹轴线的垂直度公差		0.29	0.38	0.47	0.50	0.57	0.64	0.70
每 1000 个钢螺母的理论质量/kg		27.68	61.51	118.77	146.59	202.67	288.51	374.01

注：1. 括号内的规格为第 2 选择系列。

2. 技术条件按 GB/T 1231 规定。

5.3.3 螺柱

(1) 双头螺柱

双头螺柱见表 5-52。

表 5-52 双头螺柱 $b_m=1d$ (GB/T 897—1988)、$b_m=1.25d$ (GB/T 898—1988)、$b_m=1.5d$ (GB/T 899—1988) 和 $b_m=2d$ (GB/T 900—1988) mm

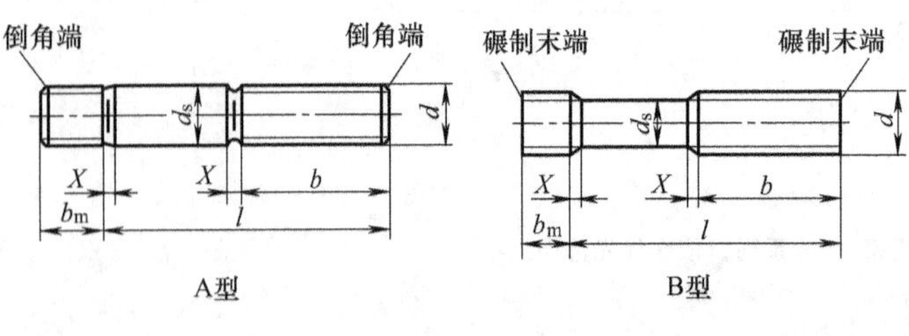

标记示例：

两端均为粗牙普通螺纹，$d=10$mm、$l=50$mm、性能等级为 4.8 级、不经表面处理、B 型、$b_m=1d$ 的双头螺柱的标记：螺柱 GB/T 897 M10×50

旋入机体一端为过渡配合螺纹的第一种配合，旋入螺母一端为粗牙普通螺纹，$d=10$mm、$l=50$mm、性能等级为 8.8 级、镀锌钝化、B 型、$b_m=1d$ 的双头螺柱的标记：螺柱 GB/T 897 GM10- M10×50-8.8-Zn・D

螺纹规格 d (6g)		M2	M2.5	M3	M4	M5	M6	M8	M10	M12	(M14)	M16
b_m 公称	GB/T 897	—				5	6	8	10	12	14	16
	GB/T 898	—				6	8	10	12	15	18	20
	GB/T 899	3	3.5	4.5	6	8	10	12	15	18	21	24
	GB/T 900	4	5	6	8	10	12	16	20	24	28	32
X max		2.5P										
$\frac{l^{①}}{b}$ 长度范围		$\frac{12\sim16}{6}$ $\frac{18\sim25}{10}$	$\frac{14\sim18}{8}$ $\frac{20\sim30}{11}$	$\frac{16\sim20}{6}$ $\frac{22\sim40}{12}$	$\frac{16\sim22}{8}$ $\frac{25\sim40}{14}$	$\frac{16\sim22}{10}$ $\frac{25\sim50}{16}$	$\frac{20\sim22}{10}$ $\frac{25\sim30}{14}$ $\frac{32\sim75}{18}$	$\frac{20\sim22}{12}$ $\frac{25\sim30}{16}$ $\frac{32\sim90}{22}$	$\frac{25\sim28}{14}$ $\frac{30\sim38}{16}$ $\frac{40\sim120}{26}$ $\frac{130}{32}$	$\frac{25\sim30}{16}$ $\frac{32\sim40}{20}$ $\frac{45\sim120}{30}$ $\frac{130\sim180}{36}$	$\frac{30\sim35}{18}$ $\frac{38\sim45}{25}$ $\frac{50\sim120}{34}$ $\frac{130\sim180}{40}$	$\frac{30\sim38}{20}$ $\frac{40\sim55}{30}$ $\frac{60\sim120}{38}$ $\frac{130\sim200}{44}$

续表

螺纹规格 d (8g)		(M18)	M20	(M22)	M24	(M27)	M30	(M33)	M36	(M39)	M42	M48
b_m 公称	GB/T 897	18	20	22	24	27	30	33	36	39	42	48
	GB/T 898	22	25	28	30	35	38	41	45	49	52	60
	GB/T 899	27	30	33	36	40	45	49	54	58	63	72
	GB/T 900	36	40	44	48	54	60	66	72	78	84	96
X max		2.5P										
$\frac{l^{①}}{b}$ 长度范围		35～40/22 45～60/35 65～110/42 130～200/48	35～40/25 45～65/35 70～120/46 130～200/52	40～45/30 50～70/40 75～120/50 130～200/56	45～50/30 55～75/45 80～120/54 130～200/60	50～60/35 65～85/50 90～120/60 130～200/66	60～65/40 70～90/50 95～120/66 130～200/72 210～250/85	65～70/45 75～95/60 100～120/72 130～200/78 210～300/91	65～75/45 80～110/60 120/78 130～200/84 210～300/97	70～80/50 85～110/60 120/84 130～200/90 210～300/103	70～80/50 85～110/70 120/90 130～200/96 210～300/109	80～90/60 95～110/80 120/102 130～200/108 210～300/121

① 长度系列（单位为 mm）为 12、(14)、16、(18)、20、(22)、25、(28)、30、(32)、35、(38)、40、45、50、(55)、60、(65)、70、75、80、85、90、95、100～260（10 进位）、280、300。

注：1. 尽可能不采用括号内的规格。

2. 旋入机体端可以采用过渡或过盈配合螺纹：GB/T 897～899；GM、G2M；GB/T 900；GM、G3M、YM。

3. 旋入螺母段可以采用细牙螺纹。

4. 性能等级：钢—4.8、5.8、6.8、8.8、10.9、12.9；不锈钢—A2-50、A2-70。

5. 表面处理：钢—不经处理、氧化、镀锌钝化；不锈钢—不经处理。

(2) B 级等长双头螺柱

B 级等长双头螺柱见表 5-53。

表 5-53 B 级等长双头螺柱（b_m＝1.25d）（GB/T 901—1988） mm

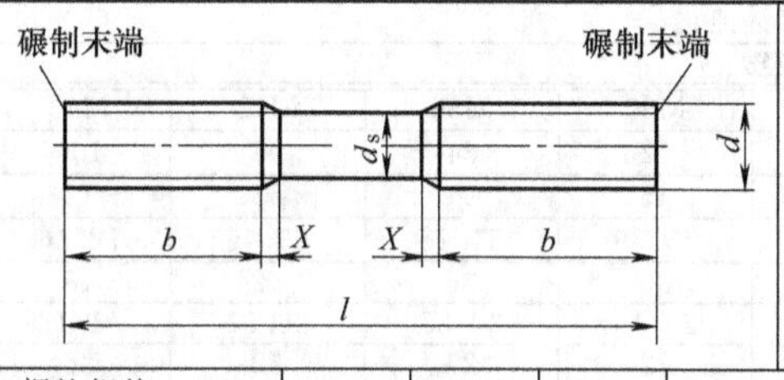

标记示例：

螺纹规格 d＝12mm、公称长度 l＝50mm、性能等级为 4.8 级、不经表面处理的 B 级等长双头螺柱的标记：螺柱 GB/T 901 M12×100

螺纹规格 d(6g)		M2	M2.5	M3	M4	M5	M6	M8	M10	M12	(M14)	M16	(M18)
b		10	11	12	14	16	18	28	32	36	40	44	48
X max		1.5P											
$l^{①}$ 长度范围		10～60	10～80	12～250	16～300	20～300	25～300	32～300	40～300	50～300	60～300	60～300	60～300
螺纹规格 d(8g)		M20	(M22)	M24	(M27)	M30	(M33)	M36	(M39)	M42	M48	M56	
b		52	56	60	66	72	78	84	89	96	108	124	
X max		1.5P											
$l^{①}$ 长度范围		70～300	80～300	90～300	100～300	120～400	140～400	140～500	140～500	140～500	150～500	190～500	
性能等级	钢	4.8、5.8、6.8、8.8、10.9、12.9											
	不锈钢	A2-50、A2-70											
表面处理	钢	①不经处理 ②镀锌钝化											
	不锈钢	不经处理											

① 长度系列（单位为 mm）为 10、12、(14)、16、(18)、20、(22)、25、(28)、30、(32)、35、(38)、40、45、50、(55)、60、(65)、70、(75)、80、(85)、90、(95)、100～260（10 进位数）、280、300、320、350、380、400、420、450、480、500。

注：尽可能不采用括号内的规格。

5.3.4 螺钉

(1) 内六角圆柱头螺钉

内六角圆柱头螺钉见表 5-54。

表 5-54 内六角圆柱头螺钉（GB/T 70.1—2008） mm

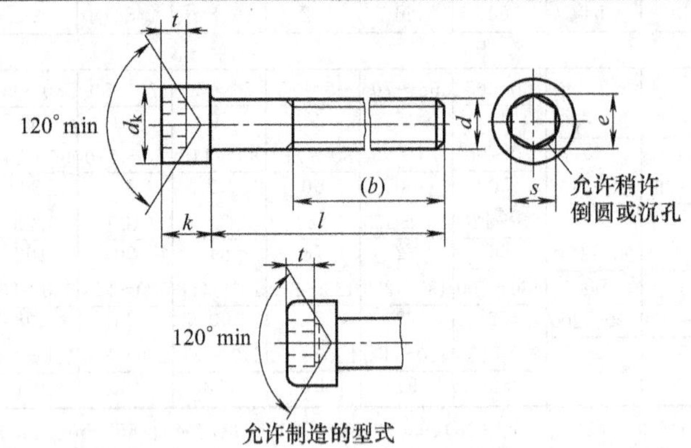

标记示例：

螺纹规格 d=M5、公称长度 l=20mm、性能等级为 8.8 级、表面氧化的内六角圆柱头螺钉标记为：

螺柱 GB/T 70 M5×20

螺纹规格 d		M1.6	M2	M2.5	M3	M4	M5	M6	M8	M10	M12
b 参考		15	16	17	18	20	22	24	28	32	36
d_k max	光滑	3	3.8	4.5	5.5	7	8.5	10	13	16	18
	滚花	3.14	3.98	4.68	5.58	7.22	8.72	10.22	13.27	16.27	18.27
k max		1.6	2	2.5	3	4	5	6	8	10	12
e min		1.73		2.3	2.87	3.44	4.58	5.72	6.86	9.15	11.43
s 公称		1.5		2	2.5	3	4	5	6	8	10
t min		0.7	1	1.1	1.3	2	2.5	3	4	5	6
l 长度范围		2.5～16	3～20	4～25	5～30	6～40	8～50	10～60	12～80	16～100	20～120
性能等级	钢	d<3：按协议；3≤d≤39：A2-50、A4-50；d>39：按协议									
	不锈钢	d≤24，A2-70、A4-70；24<d≤39：A2-50、A4-50；d>39：按协议									
表面处理	钢	①氧化 ②镀锌钝化									
	不锈钢	不经处理									

螺纹规格 d		(M14)	M16	M20	M24	M30	M36	M42	M48
b 参考		40	44	52	60	72	84	96	106
d_k max	光滑	21	24	30	36	45	54	63	72
	滚花	21.33	24.33	30.33	36.39	45.39	54.46	63.46	72.46
k max		14	16	20	24	30	36	42	48
e min		13.72	16.00	19.44	21.73	25.15	30.85	36.57	41.13
s 公称		12	14	17	19	22	27	32	36
t min		7	8	10	12	15.5	19	24	28

(2) 内六角平圆头螺钉

内六角平圆头螺钉见表 5-55。

表 5-55 内六角平圆头螺钉（GB/T 70.2—2008） mm

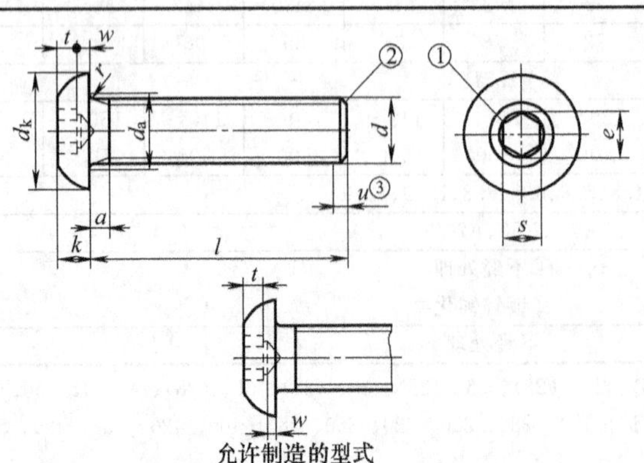

① 内六角口部允许稍许倒圆或沉孔。

②末端倒角，d≤M4 的为辗制末端，见 GB/T 2。

③不完整螺纹的长度 u≤$2P$。

注：对切制内六角，当尺寸达到最大极限时，由于钻孔造成的过切不应超过内六角任何一面长度(t)的 20%。

续表

螺纹规格 d			M3	M4	M5	M6	M8	M10	M12	M16
P[①]			0.5	0.7	0.8	1	1.25	1.5	1.75	2
a	max		1.0	1.4	1.6	2	2.50	3.0	3.50	4
	min		0.5	0.7	0.8	1	1.25	1.5	1.75	2
d_a	max		3.6	4.7	5.7	6.8	9.2	11.2	14.2	18.2
d_k	max		5.7	7.60	9.50	10.50	14.00	17.50	21.00	28.00
	min		5.4	7.24	9.14	10.07	13.57	17.07	20.48	27.48
e[②]			2.3	2.87	3.44	4.58	5.72	6.86	9.15	11.43
k	max		1.65	2.20	2.75	3.3	4.4	5.5	6.60	8.80
	min		1.40	1.95	2.50	3.0	4.1	5.2	6.24	8.44
r min			0.1	0.2	0.2	0.25	0.4	0.4	0.6	0.6
s[③]	公称		2	2.5	3	4	5	6	8	10
	max	④	2.045	2.56	3.071	4.084	5.084	6.095	8.115	10.115
		⑤	2.060	2.58	3.080	4.095	5.140	9.140	8.175	10.175
	min		2.020	2.52	3.020	4.020	5.020	9.020	8.025	10.025
t min			1.04	1.3	1.56	2.08	2.6	3.12	4.16	5.2
w min			0.2	0.3	0.38	0.74	1.05	1.45	1.63	2.25
l[⑥]			6～12	8～16	10～30	10～30	10～40	16～40	16～50	20～50
性能等级			8.8,10.9,12.9							

① P—螺距。

② $e_{min}=1.14s_{min}$。

③ s 应用综合测量方法进行检验。

④ 用于 12.9 级。

⑤ 用于其他性能等级。

⑥ 公称长度在下阶梯实线以下的螺钉，其螺纹长度：最小为 $2d+12$mm；最大为距螺钉头部 $2P$ 以内，由制造者确定。阶梯实线间的公称长度按 GB/T 3106 选定。

(3) 开槽螺钉

开槽螺钉见表 5-56。

表 5-56 开槽圆柱头螺钉（GB/T 65—2000）、开槽盘柱头螺钉（GB/T 67—2008）开槽沉头螺钉（GB/T 68—2000）、开槽半沉头螺钉（GB/T 69—2000） mm

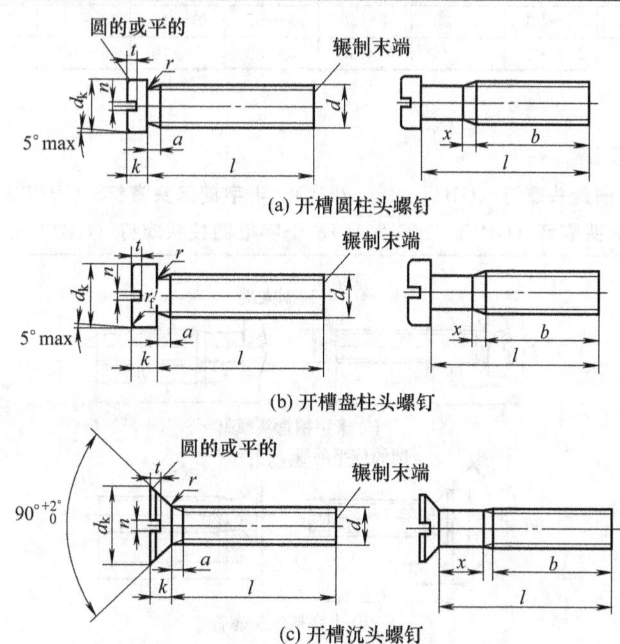

续表

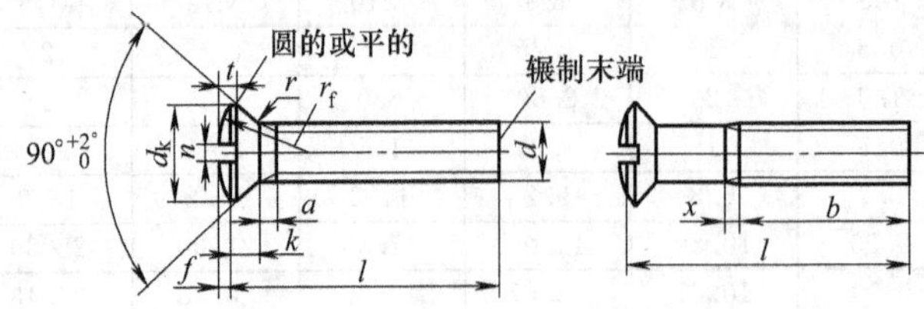

(d) 开槽半沉头螺钉

标记示例：

螺纹规格 d=M5、公称长度 l=20mm、性能等级为 4.8 级、不经表面处理的开槽圆头螺钉标记为：螺柱　GB/T 65　M5×20

螺纹规格 d		M1.6	M2	M2.5	M3	(M3.5)	M4	M5	M6	M8	M10
a max		0.7	0.8	0.9	1	1.2	1.4	1.6	2	2.5	3
b min		25				38					
n 公称		0.4	0.5	0.6	0.8	1	1.2	1.2	1.6	2	2.5
x max		0.9	1	1.1	1.25	1.5	1.75	2	2.5	3.2	3.8
d_k max	GB/T 65	3.00	3.80	4.50	5.50	6	7	8.5	10	13	16
	GB/T 67	3.2	4	5	5.6	7	8	9.5	12	16	20
	GB/T 68 GB/T 69	3	3.8	4.7	5.5	7.3	8.4	9.3	11.3	15.8	18.3
k max	GB/T 65	1.10	1.40	1.80	2.00	2.4	2.6	3.3	3.9	5	6
	GB/T 67	1	1.3	1.5	1.8	2.1	2.4	3	3.6	4.8	6
	GB/T 68 GB/T 69	1	1.2	1.5	1.65	2.35	2.7		3.3	4.65	5
t min	GB/T 65	0.45	0.6	0.7	0.85	1	1.1	1.3	1.6	2	2.4
	GB/T 67	0.35	0.5	0.6	0.7	0.8	1	1.2	1.4	1.9	2.4
	GB/T 68	0.32	0.4	0.5	0.6	0.9	1	1.1	1.2	1.8	2
	GB/T 69	0.64	0.8	1	1.2	1.4	1.6	2	2.4	3.2	3.8
r min	GB/T 65 GB/T 67	0.1					0.2		0.25	0.4	
r max	GB/T 68 GB/T 69	0.4	0.5	0.6	0.8	0.9	1	1.3	1.5	2	2.5
r_f 参考	GB/T 67	0.5	0.6	0.8	0.9	1	1.2	1.5	1.8	2.4	3
r_f ≈	GB/T 69	3	4	5	6		9.5	12	16.5	19.5	
l 长度范围	GB/T 65	2～16	3～20	3～25	4～30	5～35	5～40	6～50	8～60	10～80	12～80
	GB/T 67	2～16	2.5～20	3～25	4～30	5～35	5～40	6～50	8～60	10～80	12～80

(4) 十字槽螺钉

十字槽螺钉见表 5-57。

表 5-57　十字槽盘头螺钉（GB/T 818—2000）、十字槽沉头螺钉（GB/T 819.1—2000）十字槽半沉头螺钉（GB/T 820—2015）、十字槽圆柱头螺钉（GB/T 822—2000）　mm

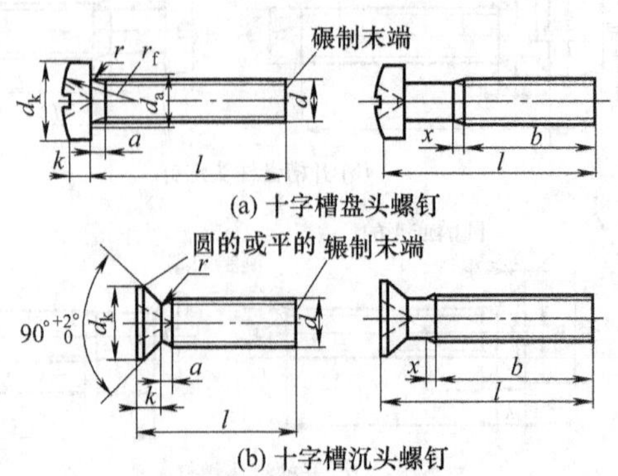

(a) 十字槽盘头螺钉

(b) 十字槽沉头螺钉

续表

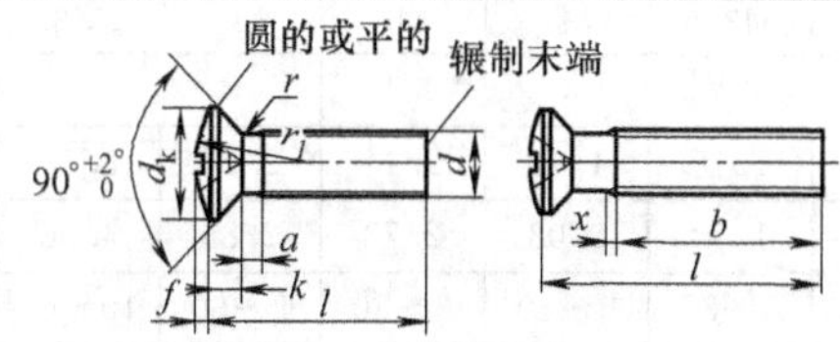

(c) 十字槽半沉头螺钉

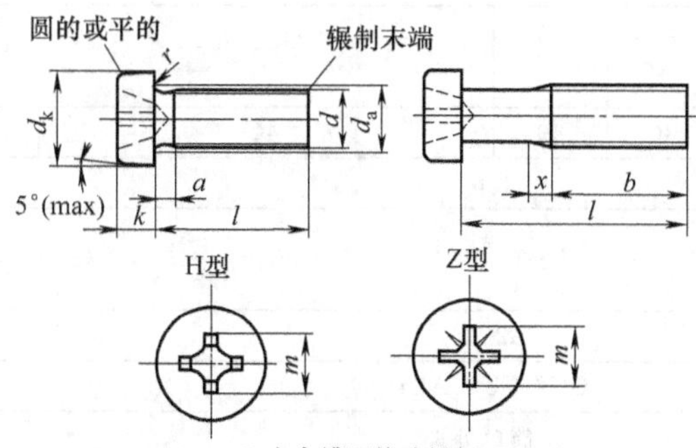

(d) 十字槽圆柱头螺钉

标记示例：

螺纹规格 d=M5、公称长度 l=20mm、性能等级为 4.8 级、不经表面处理的十字槽盘头螺钉标记为：螺柱 GB/T 818 M5×20

螺纹规格 d				M1.6	M2	M2.5	M3	(M3.5)	M4	M5	M6	M8	M10
a max				0.7	0.8	0.9	1	1.2	1.4	1.6	2	2.5	3
b min				25				38					
d_a max				2.0	2.6	3.1	3.6	4.1	4.7	5.7	6.8	9.2	11.2
x max				0.9	1	1.1	1.25	1.5	1.75	2	2.5	3.2	3.8
d_k max	GB/T 818			3.2	4	5	5.6	7	8	9.5	12	16	20
	GB/T 819 GB/T 820			3	3.8	4.7	5.5	7.3	8.4	9.3	11.3	15.8	18.3
	GB/T 822			—	—	4.5	5	6	7	8.5	10	13.0	—
k max	GB/T 818			1.3	1.6	2.1	2.4	2.6	3.1	3.7	4.6	6	7.5
	GB/T 819 GB/T 820			1	1.2	1.5	1.65	2.35	2.7		3.3	4.65	5
	GB/T 822			—	—	1.8	2.0	2.4	2.6	3.3	3.9	5	—
r min	GB/T 818			0.1					0.2		0.25	0.4	
	GB/T 822			—	—	0.1			0.2		0.25	0.4	—
r max	GB/T 819 GB/T 820			0.4	0.5	0.6	0.8	0.9	1	1.3	1.5	2	2.5
r_f ≈	GB/T 818			2.5	3.2	4	5	6	6.5	8	10	13	16
	GB/T 820			3	4	5	6	8.5	9.5		12	16.5	19.5
f	GB/T 820			0.4	0.5	0.6	0.7	0.8	1	1.2	1.4	2	2.3
十字槽	GB/T 818	槽号		0		1		2			3	4	
		H型插入深度	max	0.95	1.2	1.55	1.8	1.9	2.4	2.9	3.6	4.6	5.8
			min	0.7	0.9	1.15	1.4	1.4	1.9	2.4	3.1	4	5.2
		Z型插入深度	max	0.9	1.2	1.5	1.75	1.93	2.35	2.75	3.5	4.5	5.7
			min	0.65	0.85	1.1	1.35	1.48	1.9	2.3	3.05	4.05	5.25
	GB/T 819.1	槽号		0		1		2			3	4	
		H型插入深度	max	0.9	1.2	1.8	2.1	2.4	2.6	3.2	3.5	4.6	5.7
			min	0.6	0.9	1.4	1.7	1.9	2.1	2.7	3	4	5.1
		Z型插入深度	max	0.95	1.2	1.75	2	2.2	2.5	3.05	3.45	4.6	5.65
			min	0.7	0.95	1.45	1.6	1.75	2.05	2.6	3	4.15	5.2
十字槽	GB/T 820	槽号		0		1		2			3	4	
		H型插入深度	max	1.2	1.5	1.85	2.2	2.75	3.2	3.4	4	5.25	6
			min	0.9	1.2	1.5	1.8	2.25	2.7	2.9	3.5	4.75	5.5
		Z型插入深度	max	1.2	1.4	1.75	2.1	2.70	3.1	3.35	3.85	5.2	6.05
			min	0.95	1.15	1.5	1.8	2.25	2.65	2.9	3.4	4.75	5.6

续表

螺纹规格 d			M1.6	M2	M2.5	M3	(M3.5)	M4	M5	M6	M8	M10
十字槽	GB/T 822	槽号	—	1		2				3		4
		H型插入深度 max	—	—	1.20	0.86	1.15	1.45	2.14	2.25	3.73	—
		H型插入深度 min	—	—	1.62	1.43	1.73	2.03	2.73	2.86	4.36	—
l① 长度范围			3～16	3～20	3～25	4～30	5～35	5～40	6～50	8～60	10～60	12～60
全螺纹时最大长度	GB/T 818		25	25	25	25	40	40	40	40	40	
	GB/T 819.1		30				45	45				
	GB/T 820						45					
	GB/T 822		—	—	30	30	40	40				—
性能等级	钢		4.8									
	不锈钢	GB/T 818、GB/T 820	A2-50、A2-70									
		GB/T 822	A2-70									
	有色金属		CU2、CU3、AL4									
表面处理	钢		①简单处理 ②镀锌钝化									
	不锈钢		简单处理									
	有色金属		简单处理									

① 长度系列（单位为 mm）为 2、2.5、3、4、5、6～16（2 进位）、20～80（5 进位）。GB/T 818 的 M5 长度范围为 6～45mm。

注：尽可能不采用括号内规格。

(5) 吊环螺钉

吊环螺钉见表 5-58。

表 5-58 吊环螺钉（GB 825—1988） mm

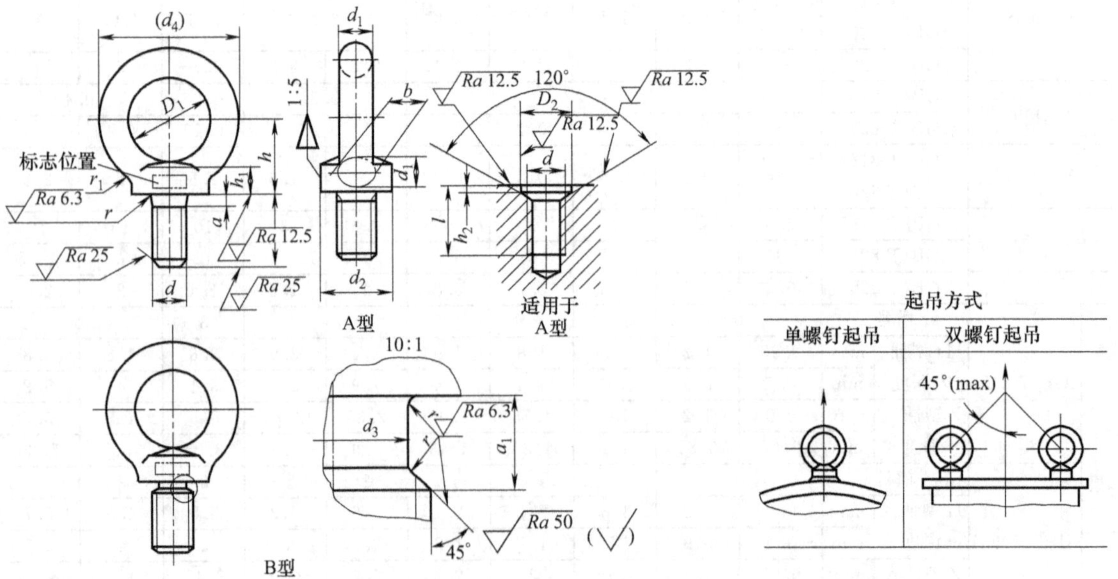

A 型无螺纹部分杆径≈螺纹中径或≈螺纹大径

标记示例：

规格为 20mm、材料为 20 钢、经正火处理、不经表面处理的 A 型吊环螺钉标记为：螺柱 GB 825 M20

续表

螺纹规格 d			M8	M10	M12	M16	M20	M24	30M	M36	M42	M48
d_1	max		9.1	11.1	13.1	15.2	17.4	21.4	25.7	30	34.4	40.7
D_1	公称		20	24	28	34	40	48	56	67	80	95
d_2	max		21.1	25.1	29.1	35.2	41.4	49.4	57.7	69	82.4	97.7
h_1	max		7	9	11	13	15.1	19.1	23.2	27.4	31.7	36.9
l	公称		16	20	22	28	35	40	45	55	65	70
d_4	参考		36	44	52	62	72	88	104	123	144	171
h			18	22	26	31	36	44	53	63	74	87
r_1			4	4	6	6	8	12	15	8	20	22
r	min		1	1	1	1	1	2	2	3	3	3
a_1	max		3.75	4.5	5.25	6	7.5	9	10.5	12	13.5	15
d_3	公称(max)		6	7.7	9.4	13	16.4	19.6	25	30.8	35.6	41
a	max		2.5	3	3.5	4	5	6	7	8	9	10
b			10	12	14	16	19	24	28	32	38	46
D_2	公称(min)		13	15	17	22	28	32	38	45	52	60
h_2	公称(min)		2.5	3	3.5	4.5	5	7	8	9.5	10.5	11.5
最大起吊重量/t	单螺钉起吊	(参见右上图)	0.16	0.25	0.4	0.63	1	1.6	2.5	4	6.3	8
	双螺钉起吊		0.08	0.125	0.2	0.32	0.5	0.8	1.25	2	3.2	4
减速器类型		一级圆柱齿轮减速器						二级圆柱齿轮减速器				
中心距 a		100	125	160	200	250	315	100×140	140×200	180×250	200×280	250×355
重量	W/kN	0.26	0.52	1.05	2.1	4	8	1	2.6	4.8	6.8	12.5

注：1. M8～M36 为商品规格。

2. “减速器重量 W”非 GB 825 内容，仅供课程设计参考用。

(6) 内六角平端紧定螺钉

内六角平端紧定螺钉见表 5-59。

表 5-59 内六角平端紧定螺钉（GB/T 77—2007） mm

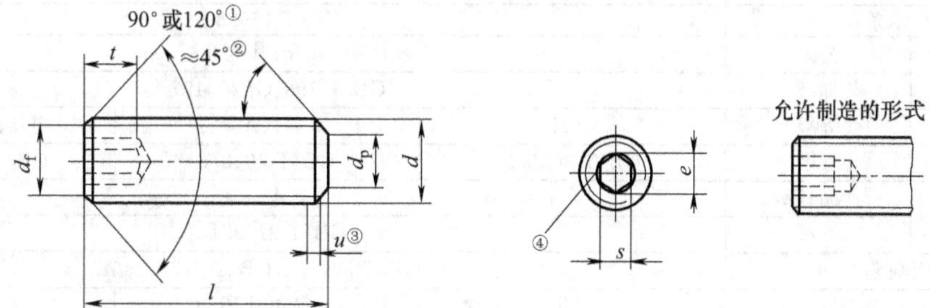

①公称长度在本表阴影部分的短螺钉应制成 120°。

②45°角仅适用于螺纹小径以内的末端部分。

③不完整螺纹的长度 $u \leqslant 2P$。

④允许稍许倒圆或沉孔。

注：对切制内六角，当尺寸达到最大极限时，由于钻孔造成的过切不应超过内六角任何一面长度(t)的 20%。

标记示例：螺纹规格 d=M6、公称长度 l=12mm、性能等级为 45H 级、表面氧化的 A 级内六角平端紧定螺钉的标记为：螺钉 GB/T 77 M6×12

续表

尺寸															
螺纹规格 d			M1.6	M2	M2.5	M3	M4	M5	M6	M8	M10	M12	M16	M20	M24
P[1]			0.35	0.4	0.45	0.5	0.7	0.8	1	1.25	1.5	1.75	2	2.5	3
d_p	max		0.80	1.00	1.50	2.00	2.50	3.5	4.0	5.5	7.00	8.50	12.00	15.00	18.00
	min		0.55	0.75	1.25	1.75	2.25	3.2	3.7	5.2	6.64	8.14	11.57	14.57	17.57
d_f			≈螺纹小径												
e[2,3]	min		0.809	1.011	1.454	1.733	2.303	3.873	3.443	4.583	5.723	6.863	9.149	11.429	13.716
s[3]	公称		0.7	0.9	1.3	1.5	2	2.5	3	4	5	6	8	10	12
	max		0.724	0.913	1.300	1.58	2.08	2.58	3.08	4.095	5.14	6.14	8.175	10.175	12.212
	min		0.710	0.887	1.275	1.520	2.020	2.520	3.020	4.020	5.020	6.020	8.025	10.025	12.032
t	min[4]		0.7	0.8	1.2	1.2	1.5	2	2	3	4	4.8	6.4	8	10
	min[5]		1.5	1.7	2	2	2.5	3	3.5	5	6	8	10	12	15
l			每1000件钢螺钉的质量($\rho=7.85\text{kg/dm}^3$)/kg ≈												
公称	min	max													
2	1.8	2.2	0.021	0.029											
2.5	2.3	2.7	0.025	0.037	0.063										
3	2.8	3.2	0.029	0.044	0.075	0.1									
4	3.76	4.24	0.037	0.059	0.1	0.14	0.22								
5	4.76	5.24	0.046	0.074	0.125	0.18	0.3	0.44							
6	5.76	6.24	0.054	0.089	0.15	0.22	0.38	0.56	0.76						
8	7.71	8.29	0.07	0.119	0.199	0.3	0.54	0.8	1.11	1.89					
10	9.71	10.29		0.148	0.249	0.38	0.7	1.04	1.46	2.52	3.78				
12	11.65	12.35			0.299	0.46	0.86	1.28	1.81	3.15	4.78	6.8			
16	15.65	16.35				0.62	1.18	1.76	2.51	4.41	6.78	9.6	16.3		
20	19.58	20.42					1.49	2.24	3.21	5.67	8.76	12.4	21.5	32.3	
25	24.58	25.42						2.84	4.09	7.25	11.2	15.9	28	42.6	57
30	29.58	30.42							4.97	8.82	13.7	19.4	34.6	52.9	72
35	34.5	35.5								10.4	16.2	22.9	41.1	63.2	87
40	39.5	40.5								12	18.7	26.4	47.7	73.5	102
45	44.5	45.5									21.2	29.9	54.2	83.8	117
50	49.5	50.5									23.7	33.4	60.7	94.1	132
55	54.5	55.6										36.8	67.3	104	147
60	59.4	60.6										40.3	73.7	115	162

技术条件和引用标准

材料		钢	不锈钢	有色金属
通用技术条件		GB/T 16938		
螺纹	公差	45H级:5g6g;其他等级:6g		
	标准	GB/T 196、GB/T 197		
力学性能	等级	45H	A1、A2	CU3、CU3、AL4
	标准	GB/T 3098.3	GB/T 3098.6	GB/T 3098.10
公差	产品等级	A		
	标准	GB/T 3103.1		
表面缺陷		GB/T 5779.1、GB/T 5779.3		
表面处理		氧化	简单处理	简单处理
		电镀技术要求按 GB/T 5267 如需其他表面镀层或表面处理,应由供需双方协议		
验收及包装		GB/T 90.1、GB/T 90.2		

① P—螺距。

② $e_{\min}=1.14s_{\min}$。

③ 内六角尺寸 e 和 s 的综合测量见 ISO 23429 2004。

④ 用于公称长度处于阴影部分的螺钉。

⑤ 用于公称长度在阴影部分以下的螺钉。

注:阶梯实线间为商品长度规格。

(7) 内六角锥端紧定螺钉

内六角锥端紧定螺钉见表 5-60。

表 5-60 内六角锥端紧定螺钉 (GB/T 78—2007) mm

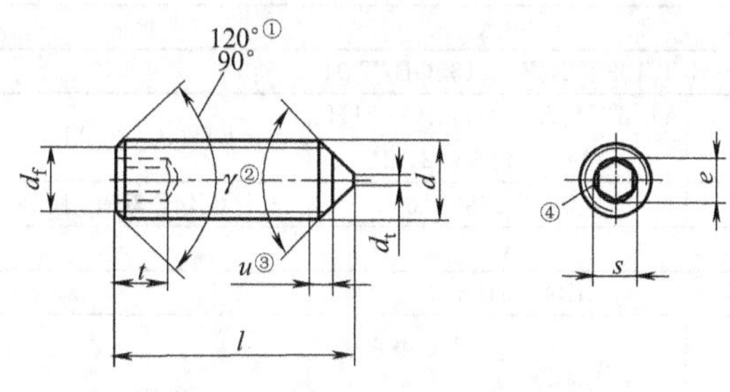

允许制造的内六角形式

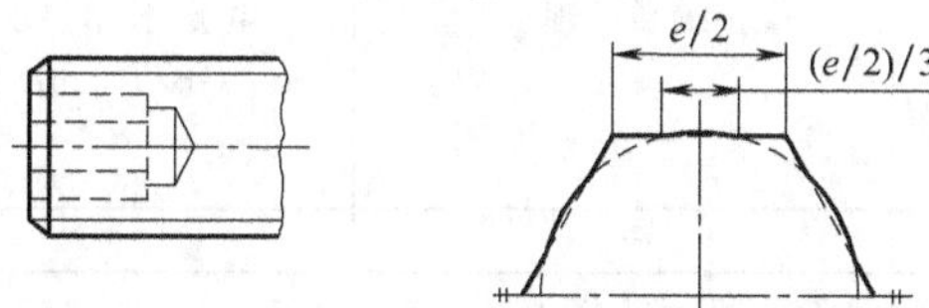

① 公称长度 l 在表中阴影部分的短螺钉应制成 120°。

② γ 角仅适用于螺纹小径以内的末端部分；$\gamma=120°$ 适用于在表中阴影部分的公称长度，而 $\gamma=90°$ 用于其余长度。

③ 不完整螺纹的长度 $u \leqslant 2P$。

④ 内六角口允许稍许倒圆或沉孔。

注：对切制内六角，当尺寸达到最大极限时，由钻孔造成的过切不应超过内六角任何一面长度($e/2$)的 1/3。

标记示例：

螺纹规格 d=M6、公称长度 l=12mm、性能等级为 45H 级、表面氧化的 A 级内六角锥端紧定螺钉的标记为：螺钉 GB/T 78 M6×12

尺寸															
螺纹规格 d			M1.6	M2	M2.5	M3	M4	M5	M6	M8	M10	M12	M16	M20	M24
P①			0.35	0.4	0.45	0.5	0.7	0.8	1	1.25	1.5	1.75	2	2.5	3
d_t max			0.4	0.5	0.65	0.75	1	1.25	1.5	2	2.5	3	4	5	6
d_f min			≈螺纹小径												
e②③			0.809	1.011	1.454	1.733	2.303	3.873	3.443	4.583	5.723	6.863	9.149	11.429	13.716
s③	公称		0.7	0.9	1.3	1.5	2	2.5	3	4	5	6	8	10	12
	max		0.724	0.913	1.300	1.58	2.08	2.58	3.08	4.095	5.14	6.14	8.175	10.175	12.212
	min		0.710	0.887	1.275	1.520	2.020	2.520	3.020	4.020	5.020	6.020	8.025	10.025	12.032
t	min④		0.7	0.8	1.2	1.2	1.5	2	2	3	4	4.8	6.4	8	10
	min⑤		1.5	1.7	2	2	2.5	3	3.5	5	6	8	10	12	15
l			每 1000 件钢螺钉的质量(ρ=7.85kg/dm³)/kg ≈												
公称	min	max													
2	1.8	2.2	0.021	0.029											
2.5	2.3	2.7	0.025	0.037	0.063										
3	2.8	3.2	0.029	0.044	0.075	0.09									
4	3.76	4.24	0.037	0.059	0.1	0.13	0.18								
5	4.76	5.24	0.046	0.074	0.125	0.17	0.26	0.37							
6	5.76	6.24	0.054	0.089	0.15	0.21	0.34	0.49	0.69						
8	7.71	8.29	0.07	0.119	0.199	0.29	0.5	0.73	1.04	1.72					
10	9.71	10.29		0.148	0.249	0.37	0.66	0.97	1.39	2.35	3.41				
12	11.65	12.35			0.299	0.45	0.82	1.21	1.74	2.98	4.42	6.1			
16	15.65	16.35				0.61	1.14	1.69	2.44	4.24	6.43	8.9	14.9		
20	19.58	20.42					1.46	2.17	3.14	5.5	8.44	11.7	20.1	30.4	
25	24.58	25.42						2.77	4.02	7.08	10.9	15.3	26.6	40.7	54.2
30	29.58	30.42							4.89	8.65	13.5	18.8	33.1	51	68.7
35	34.5	35.5								10.2	16	22.3	39.6	61.3	83.2
40	39.5	40.5								11.8	18.5	25.8	46.1	71.6	97.7
45	44.5	45.5									21	29.3	52.6	81.9	112
50	49.5	50.5									23.5	32.8	59.1	92.2	127
55	54.5	55.6										36.3	65.6	103	141
60	59.4	60.6										39.8	72.2	113	156

续表

技术条件和引用标准				
材 料		钢	不锈钢	有色金属
通用技术条件		ISO 8992		
螺纹	公差	6g		
	标准	GB/T 193、GB/T 2516、GB/T 9145		
力学性能	等级	45H	A1-12H、A2-21H、A3-21H、A4-21H、A5-21H	CU3、CU3、AL4
	标准	GB/T 3098.3	GB/T 3098.16	GB/T 3098.10
公差	产品等级	A		
	标准	GB/T 3103.1		
表面处理		不经处理 氧化 电镀,技术要求按 GB/T 5267.1 非电解锌片涂层,技术要求按 GB/T 5267.2	简单处理	简单处理 电镀,技术要求按 GB/T 5267.1
表面缺陷		GB/T 5779.1	—	—
验收及包装		GB/T 90.1、GB/T 90.2		

① P—螺距。

② $e_{min}=1.14s_{min}$。

③ 内六角尺寸 e 和 s 的综合测量见 ISO 23429—2004。

④ 用于公称长度处于阴影部分的螺钉。

⑤ 用于公称长度在阴影部分以下的螺钉。

注：阶梯实线间为商品长度规格。

(8) 内六角圆柱端紧定螺钉

内六角圆柱端紧定螺钉见表 5-61。

表 5-61 内六角圆柱端紧定螺钉（GB/T 78—2007） mm

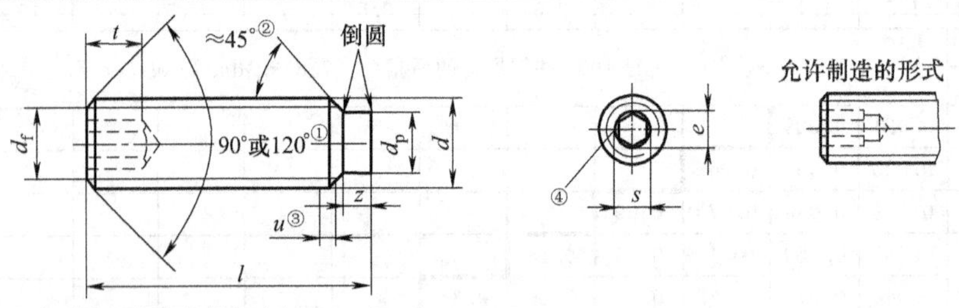

① 公称长度在表中阴影部分的短螺钉应制成 120°。

② 45°角仅适用于螺纹小径以内的末端部分。

③ 不完整螺纹的长度 $u \leqslant 2P$。

④ 允许稍许倒圆或沉孔。

标记示例：

螺纹规格 d=M6、公称长度 l=12mm、性能等级为 45H 级、表面氧化的 A 级内六角圆柱端紧定螺钉的标记为：螺钉 GB/T 79 M6×12

尺 寸														
螺纹规格 d		M1.6	M2	M2.5	M3	M4	M5	M6	M8	M10	M12	M16	M20	M24
P①		0.35	0.4	0.45	0.5	0.7	0.8	1	1.25	1.5	1.75	2	2.5	3
d_p	max	0.80	1.00	1.50	2.00	2.50	3.5	4.0	5.5	7.00	8.50	12.00	15.00	18.00
	min	0.55	0.75	1.25	1.75	2.25	3.2	3.7	5.2	6.64	8.14	11.57	14.57	17.57
d_f	min	≈螺纹小径												
e②③		0.809	1.011	1.454	1.733	2.303	3.873	3.443	4.583	5.723	6.863	9.149	11.429	13.716
s③	公称	0.7	0.9	1.3	1.5	2	2.5	3	4	5	6	8	10	12
	max	0.724	0.913	1.300	1.58	2.08	2.58	3.08	4.095	5.14	6.14	8.175	10.175	12.212
	min	0.710	0.887	1.275	1.520	2.020	2.520	3.020	4.020	5.020	6.020	8.025	10.025	12.032

续表

尺寸															
螺纹规格 d			M1.6	M2	M2.5	M3	M4	M5	M6	M8	M10	M12	M16	M20	M24
t		min④	0.7	0.8	1.2	1.2	1.5	2	2	3	4	4.8	6.4	8	10
		min⑤	1.5	1.7	2	2	2.5	3	3.5	5	6	8	10	12	15
z	短圆柱端④	max	0.65	0.75	0.88	1.00	1.25	1.50	1.75	2.25	2.75	3.25	4.3	5.3	6.3
		min	0.40	0.50	0.63	0.75	1.00	1.25	1.50	2.00	2.50	3.00	4.0	5.0	6.0
	长圆柱端⑤	max	1.05	1.25	1.50	1.75	2.25	2.75	3.25	4.3	5.3	6.3	8.36	10.36	12.43
		min	0.80	1.00	1.25	1.50	2.00	2.50	3.00	4.0	5.0	6.0	8.00	10.00	12.00
l			每1000件钢螺钉的质量(ρ=7.85kg/dm³)/kg ≈												
公称	min	max													
2	1.8	2.2	0.024												
2.5	2.3	2.7	0.028	0.046											
3	2.8	3.2	0.029	0.053	0.085										
4	3.76	4.24	0.037	0.059	0.11	0.12									
5	4.76	5.24	0.046	0.074	0.125	0.161	0.239								
6	5.76	6.24	0.054	0.089	0.15	0.186	0.319	0.528							
8	7.71	8.29	0.07	0.119	0.199	0.266	0.442	0.708	1.07	1.68					
10	9.71	10.29		0.148	0.249	0.346	0.602	0.948	1.29	2.31	3.6				
12	11.65	12.35			0.299	0.427	0.763	1.19	1.63	2.68	4.78	6.06			
16	15.65	16.35				0.586	1.08	1.67	2.31	3.94	6.05	8.94	15		
20	19.58	20.42					1.4	2.15	2.99	5.2	8.02	11	20.3	28.3	
25	24.58	25.42						2.75	3.84	6.78	10.5	14.6	25.1	38.6	54.2
30	29.58	30.42							4.69	8.35	13	18.2	31.7	45.5	69.9
35	34.5	35.5								9.93	15.5	21.8	38.3	55.8	78.4
40	39.5	40.5								11.5	18	25.4	44.9	66.1	92.9
45	44.5	45.5									20.5	29	51.5	76.4	107
50	49.5	50.5									23	32.6	58.1	86.7	122
55	54.5	55.6										36.2	64.7	97	136
60	59.4	60.6										39.8	71.3	107	151

① P—螺距。

② $e_{\min}=1.14s_{\min}$。

③ 内六角尺寸 e 和 s 的综合测量见 ISO 23429—2004。

④ 用于公称长度处于阴影部分的螺钉。

⑤ 用于公称长度在阴影部分以下的螺钉。

注：阶梯实线间为商品长度规格。

(9) 内六角凹端紧定螺钉

内六角凹端紧定螺钉见表 5-62。

表 5-62 内六角凹端紧定螺钉（GB/T 80—2007） mm

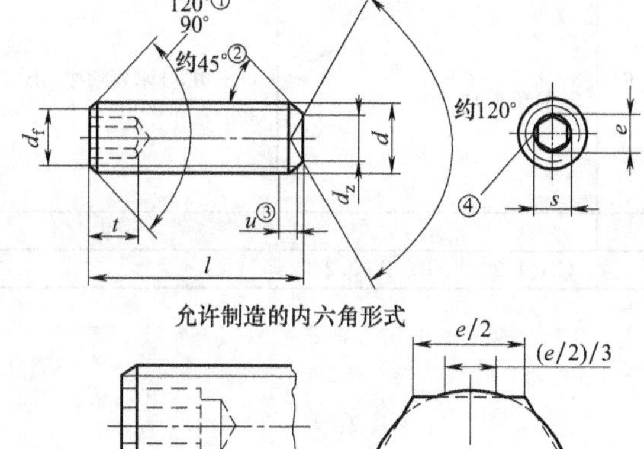

① 公称长度 l 在表中阴影部分的短螺钉应制成 120°。

② 45°角仅适用于螺纹小径以内的末端部分。

③ 不完整螺纹的长度 $u \leqslant 2P$。

④ 内六角口允许稍许倒圆或沉孔。

注：对切制内六角，当尺寸达到最大极限时，由钻孔造成的过切不应超过内六角任何一面长度($e/2$)的 1/3。

标记示例：

螺纹规格 d＝M6、公称长度 l＝12mm、性能等级为 45H、表面氧化的 A 级内六角凹端紧定螺钉的标记为：螺钉 GB/T 80 M6×12

续表

尺寸															
螺纹规格 d			M1.6	M2	M2.5	M3	M4	M5	M6	M8	M10	M12	M16	M20	M24
P[①]			0.35	0.4	0.45	0.5	0.7	0.8	1	1.25	1.5	1.75	2	2.5	3
d_z	max		0.80	1.00	1.20	1.40	2.00	2.50	3.0	5.0	6.0	8.0	10.0	14.0	16.0
	min		0.55	0.75	0.95	1.15	1.75	2.25	2.75	4.7	5.7	7.64	9.64	13.57	15.57
d_f min			≈螺纹小径												
e[②③]			0.809	1.011	1.454	1.733	2.303	3.873	3.443	4.583	5.723	6.863	9.149	11.429	13.716
s[③]	公称		0.7	0.9	1.3	1.5	2	2.5	3	4	5	6	8	10	12
	max		0.724	0.913	1.300	1.58	2.08	2.58	3.08	4.095	5.14	6.14	8.175	10.175	12.212
	min		0.710	0.887	1.275	1.520	2.020	2.520	3.020	4.020	5.020	6.020	8.025	10.025	12.032
t	min[④]		0.7	0.8	1.2	1.2	1.5	2	2	3	4	4.8	6.4	8	10
	min[⑤]		1.5	1.7	2	2	2.5	3	3.5	5	6	8	10	12	15
l			每1000件钢螺钉的质量($\rho=7.85\text{kg/dm}^3$)/kg ≈												
公称	min	max													
2	1.8	2.2	0.019	0.029											
2.5	2.3	2.7	0.025	0.037	0.063										
3	2.8	3.2	0.029	0.044	0.075	0.1									
4	3.76	4.24	0.037	0.059	0.1	0.14	0.23								
5	4.76	5.24	0.046	0.074	0.125	0.18	0.305	0.42							
6	5.76	6.24	0.054	0.089	0.15	0.22	0.38	0.54	0.74						
8	7.71	8.29	0.07	0.119	0.199	0.3	0.53	0.78	1.09	1.88					
10	9.71	10.29		0.148	0.249	0.38	0.68	1.02	1.44	2.51	3.72				
12	11.65	12.35			0.299	0.46	0.83	1.26	1.79	3.14	4.73	6.7			
16	15.65	16.35				0.62	1.13	1.74	2.49	4.4	6.73	9.5	15.7		
20	19.58	20.42					1.4	2.22	3.19	5.66	8.72	12.3	20.9	31.1	
25	24.58	25.42						2.82	4.07	7.24	11.2	15.8	27.4	41.4	55.4
30	29.58	30.42							4.94	8.81	13.7	19.3	33.9	51.7	70.3
35	34.5	35.5								10.4	16.2	22.7	40.4	62	85.3
40	39.5	40.5								12	18.7	26.2	46.9	72.3	100
45	44.5	45.5									21.2	29.7	53.3	82.6	115
50	49.5	50.5									23.6	33.2	59.8	92.6	130
55	54.5	55.6										36.6	66.3	103	145
60	59.4	60.6										40.1	72.8	114	160

技术条件和引用标准

材料		钢	不锈钢	有色金属
通用技术条件		ISO 8992		
螺纹	公差	6g		
	标准	GB/T 193、GB/T 2516、GB/T 9145		
力学性能	等级	45H	A1-12H、A2-21H、A3-21H、A4-21H、A5-21H	CU3、CU3、AL4
	标准	GB/T 3098.3	GB/T 3098.16	GB/T 3098.10
公差	产品等级	A		
	标准	GB/T 3103.1		
表面处理		不经处理 氧化 电镀，技术要求按 GB/T 5267.1； 非电解锌片涂层，技术要求按 GB/T 5267.2；	简单处理	电镀，技术要求按 GB/T 5267.1
表面缺陷		GB/T 5779.1	—	—
验收及包装		GB/T 90.1、GB/T 90.2		

① P—螺距。

② $e_{\min}=1.14s_{\min}$。

③ 内六角尺寸 e 和 s 的综合测量见 ISO 23429—2004。

④ 用于公称长度处于阴影部分的螺钉。

⑤ 用于公称长度在阴影部分以下的螺钉。

注：阶梯实线间为商品长度规格。

5.3.5 垫圈

(1) 平垫圈

平垫圈见表 5-63～表 5-65。

表 5-63 平垫圈 A 级（GB/T 97.1—2002） mm

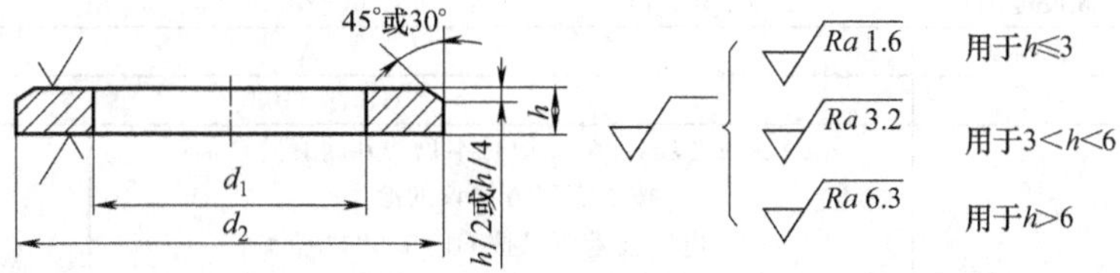

标记示例：

标准系列、公称规格 8mm、由钢制造的硬度等级为 200HV 级、不经表面处理、产品等级为 A 级的平垫圈的标记： 垫圈 GB/T 97.1 8

标准系列、公称规格 8mm、由 A2 组不锈钢制造的硬度等级为 200HV 级、不经表面处理、产品等级为 A 级的平垫圈的标记： 垫圈 GB/T 97.1 8 A2

优选尺寸							
公称规格（螺纹大径 d）	内径 d_1		外径 d_2		厚度 h		
	公称(min)	max	公称(max)	min	公称	max	min
1.6	1.7	1.84	4	3.7	0.3	0.35	0.25
2	2.2	2.34	5	4.7	0.3	0.35	0.25
2.5	2.7	2.84	6	5.7	0.5	0.55	0.45
3	3.2	3.38	7	6.64	0.5	0.55	0.45
4	4.3	4.48	9	8.64	0.8	0.9	0.7
5	5.3	5.48	10	9.64	1	1.1	0.9
6	6.4	6.62	12	11.57	1.6	1.8	1.4
8	8.4	8.62	16	15.57	1.6	1.8	1.4
10	10.5	10.77	20	19.48	2	2.2	1.8
12	13	13.27	24	23.48	2.5	2.7	2.3
16	17	17.27	30	29.48	3	3.3	2.7
20	21	21.33	37	36.48	3	3.3	2.7
24	25	25.33	44	43.38	4	4.3	3.7
30	31	31.39	56	55.26	4	4.3	3.7
36	37	37.62	66	64.8	5	5.6	4.4
42	45	45.62	78	76.8	8	9	7
48	52	52.74	92	90.6	8	9	7
56	62	62.74	105	103.6	10	11	9
64	70	70.74	115	113.6	10	11	9
非优选尺寸							
公称规格（螺纹大径 d）	内径 d_1		外径 d_2		厚度 h		
	公称(min)	max	公称(max)	min	公称	max	min
14	15	15.27	28	27.48	2.5	2.7	2.3
18	19	19.33	34	33.38	3	3.3	2.7
22	23	23.33	39	38.38	3	3.3	2.7
27	28	28.33	50	49.38	4	4.3	3.7
33	34	34.62	60	58.8	5	5.6	4.4
39	42	42.62	72	70.8	6	6.6	5.4
45	48	48.62	85	83.6	8	9	7
52	56	56.74	98	96.6	8	9	7
60	66	66.74	110	108.6	10	11	9

续表

<table>
<tr><td colspan="5">技术条件和引用标准</td></tr>
<tr><td rowspan="3">材料①</td><td>种类</td><td colspan="2">钢</td><td>不锈钢</td></tr>
<tr><td>组别②</td><td colspan="2">—</td><td></td></tr>
<tr><td>标准</td><td colspan="2">—</td><td></td></tr>
<tr><td rowspan="2">力学性能</td><td>硬度等级④</td><td>200HV</td><td>300HV③</td><td>200HV</td></tr>
<tr><td>硬度范围</td><td>200～300HV</td><td>300～370HV</td><td>200～300HV</td></tr>
<tr><td rowspan="2">公差</td><td>产品等级</td><td colspan="3">A</td></tr>
<tr><td>标准</td><td colspan="3">GB/T 3103.3</td></tr>
<tr><td colspan="2">表面处理</td><td colspan="2">不经表面处理，即垫圈应是本色的并涂有防锈油或按供需双方协议的涂层
电镀技术要求按 GB/T 5267.1
非电解锌片涂层技术要求按 GB/T 5267.2
对淬火并回火的垫圈应采用适当的涂或镀工艺，以避免氢脆。当电镀或磷化处理垫圈时，应在电镀或涂层后立即进行适当处理，以驱除有害的氢脆
所有公差适用于涂或镀前尺寸</td><td>简单处理：
电镀，技术要求按 GB/T 5267.1</td></tr>
<tr><td>表面缺陷</td><td colspan="4">零件不允许有不规则的或有害的缺陷，垫圈表面不得有突出的毛刺</td></tr>
<tr><td>验收及包装</td><td colspan="4">GB/T 90.1、GB/T 90.2</td></tr>
</table>

① 其他金属材料需经供需双方协议。

② 仅与化学成分有关。

③ 淬火并回火。

④ 硬度试验按 GB/T 4340.1 规定。试验力：HV2 用于公称厚度 $h \leqslant 0.6$mm；HV10 用于公称厚度 0.6mm$<h \leqslant$ 1.2mm；HV30 用于公称厚度 $h>1.2$mm。

表 5-64 平垫圈 C 级（GB/T 95—2002） mm

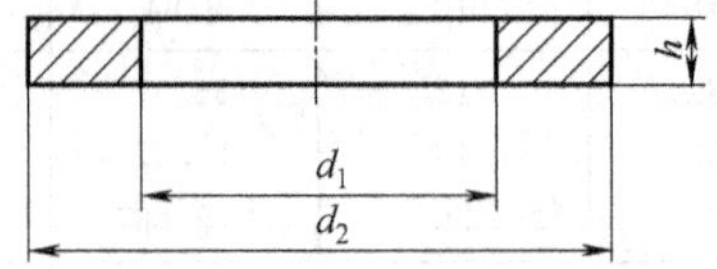

标记示例：

标准系列、公称规格 8mm、由钢制造的硬度等级为 100HV 级、不经表面处理、产品等级为 C 级的平垫圈的标记：垫圈 GB/T 95 8

<table>
<tr><td colspan="9">优选尺寸</td></tr>
<tr><td rowspan="2">公称规格
（螺纹大径 d）</td><td colspan="2">内径 d_1</td><td colspan="2">外径 d_2</td><td colspan="3">厚度 h</td></tr>
<tr><td>公称(min)</td><td>max</td><td>公称(max)</td><td>min</td><td>公称</td><td>max</td><td>min</td></tr>
<tr><td>1.6</td><td>1.8</td><td>2.05</td><td>4</td><td>3.25</td><td>0.3</td><td>0.4</td><td>0.2</td></tr>
<tr><td>2</td><td>2.4</td><td>2.65</td><td>5</td><td>4.25</td><td>0.3</td><td>0.4</td><td>0.2</td></tr>
<tr><td>2.5</td><td>2.9</td><td>3.15</td><td>6</td><td>5.25</td><td>0.5</td><td>0.6</td><td>0.4</td></tr>
<tr><td>3</td><td>3.4</td><td>3.7</td><td>7</td><td>6.1</td><td>0.5</td><td>0.6</td><td>0.4</td></tr>
<tr><td>4</td><td>4.5</td><td>4.8</td><td>9</td><td>8.1</td><td>0.8</td><td>1.0</td><td>0.6</td></tr>
<tr><td>5</td><td>5.5</td><td>5.8</td><td>10</td><td>9.1</td><td>1</td><td>1.2</td><td>0.8</td></tr>
<tr><td>6</td><td>6.6</td><td>6.96</td><td>12</td><td>10.9</td><td>1.6</td><td>1.9</td><td>1.3</td></tr>
<tr><td>8</td><td>9</td><td>9.36</td><td>16</td><td>14.9</td><td>1.6</td><td>1.9</td><td>1.3</td></tr>
<tr><td>10</td><td>11</td><td>11.43</td><td>20</td><td>18.7</td><td>2</td><td>2.3</td><td>1.7</td></tr>
<tr><td>12</td><td>13.5</td><td>13.93</td><td>24</td><td>22.7</td><td>2.5</td><td>2.8</td><td>2.2</td></tr>
<tr><td>16</td><td>17.5</td><td>17.93</td><td>30</td><td>28.7</td><td>3</td><td>3.6</td><td>2.4</td></tr>
<tr><td>20</td><td>22</td><td>22.52</td><td>37</td><td>35.4</td><td>3</td><td>3.6</td><td>2.4</td></tr>
<tr><td>24</td><td>26</td><td>26.52</td><td>44</td><td>42.4</td><td>4</td><td>4.6</td><td>3.4</td></tr>
<tr><td>30</td><td>33</td><td>33.62</td><td>56</td><td>54.1</td><td>4</td><td>4.6</td><td>3.4</td></tr>
<tr><td>36</td><td>39</td><td>40</td><td>66</td><td>64.1</td><td>5</td><td>6</td><td>4</td></tr>
<tr><td>42</td><td>45</td><td>46</td><td>78</td><td>76.1</td><td>8</td><td>9.2</td><td>6.8</td></tr>
<tr><td>48</td><td>52</td><td>53.2</td><td>92</td><td>89.8</td><td>8</td><td>9.2</td><td>6.8</td></tr>
<tr><td>56</td><td>62</td><td>63.2</td><td>105</td><td>102.8</td><td>10</td><td>11.2</td><td>8.8</td></tr>
<tr><td>64</td><td>70</td><td>71.2</td><td>115</td><td>112.8</td><td>10</td><td>11.2</td><td>8.8</td></tr>
</table>

续表

非优选尺寸							
公称规格（螺纹大径 d）	内径 d_1		外径 d_2		厚度 h		
	公称(min)	max	公称(max)	min	公称	max	min
3.5	3.9	4.2	8	7.1	0.5	0.6	0.4
14	15.5	15.93	28	26.7	2.5	2.8	2.2
18	20	20.43	34	32.4	3	3.6	2.4
22	24	24.52	39	37.4	3	3.6	2.4
27	30	30.52	50	48.4	4	4.6	3.4
33	36	37	60	58.1	5	6	4
39	42	43	72	70.1	6	7	5
45	48	49	85	82.8	8	9.2	6.8
52	56	57.2	98	95.8	8	9.2	6.8
60	66	67.2	110	107.8	10	11.2	8.8

技术条件和引用标准		
材料①		钢
力学性能	硬度等级	100HV
	硬度范围②	100～200HV
公差	产品等级	C
	标准	GB/T 3103.3
表面处理		不经表面处理，即垫圈应是本色的并涂有防锈油或按供需双方协议的涂层 电镀技术要求按 GB/T 5267.1 非电解锌片涂层技术要求按 GB/T 5267.2 所有公差适用于涂或镀前尺寸
表面缺陷		零件不允许有不规则的或有害的缺陷，垫圈表面不得有突出的毛刺
验收及包装		GB/T 90.1、GB/T 90.2

① 其他金属材料需经供需双方协议。

② 硬度试验按 GB/T 4340.1 规定。试验力：HV2 用于公称厚度 $h \leqslant 0.6$mm；HV10 用于公称厚度 0.6mm$<h\leqslant$ 1.2mm；HV30 用于公称厚度 $h>1.2$mm。

表 5-65 平垫圈倒角型 A 级（GB/T 97.2—2002） mm

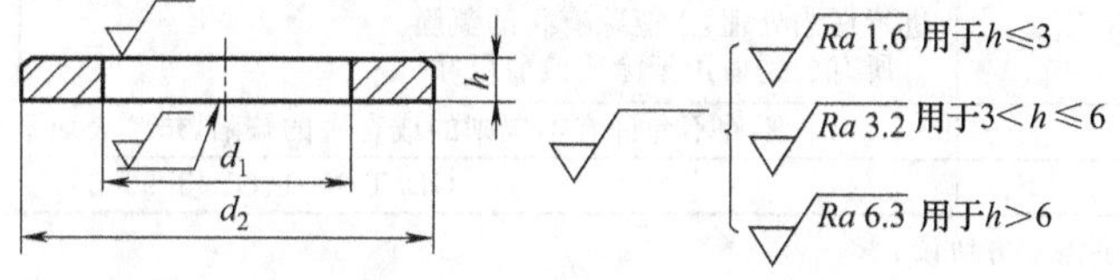

标记示例：

标准系列、公称规格 8mm、由钢制造的硬度等级为 200HV 级、不经表面处理、产品等级为 A 级、倒角型平垫圈的标记：垫圈 GB/T 97.2 8

标准系列、公称规格 8mm、由 A2 组不锈钢制造的硬度等级为 200HV 级、不经表面处理、产品等级为 A 级、倒角型平垫圈的标记：垫圈 GB/T 97.2 8 A2

优选尺寸							
公称规格（螺纹大径 d）	内径 d_1		外径 d_2		厚度 h		
	公称(min)	max	公称(max)	min	公称	max	min
5	5.3	5.48	10	9.64	1	1.1	0.9
6	6.4	6.62	12	11.57	1.6	1.8	1.4
8	8.4	8.62	16	15.57	1.6	1.8	1.4
10	10.5	10.77	20	19.48	2	2.2	1.8
12	13	13.27	24	23.48	2.5	2.7	2.3
16	17	17.27	30	29.48	3	3.3	2.7
20	21	21.33	37	36.48	3	3.3	2.7
24	25	25.33	44	43.38	4	4.3	3.7
30	31	31.39	56	55.26	4	4.3	3.7

续表

优选尺寸							
公称规格（螺纹大径 d）	内径 d_1		外径 d_2		厚度 h		
	公称(min)	max	公称(max)	min	公称	max	min
36	37	37.62	66	64.8	5	5.6	4.4
42	45	45.62	78	76.8	8	9	7
48	52	52.74	92	90.6	8	9	7
56	62	62.74	105	103.6	10	11	9
64	70	70.74	115	113.6	10	11	9
非优选尺寸							
公称规格（螺纹大径 d）	内径 d_1		外径 d_2		厚度 h		
	公称(min)	max	公称(max)	min	公称	max	min
14	15	15.27	28	27.48	2.5	2.7	2.3
18	19	19.33	34	33.38	3	3.3	2.7
22	23	23.33	39	38.38	3	3.3	2.7
27	28	28.33	50	49.38	4	4.3	3.7
33	34	34.62	60	58.8	5	5.6	4.4
39	42	42.62	72	70.8	6	6.6	5.4
45	48	48.62	85	83.6	8	9	7
52	56	56.74	98	96.6	8	9	7
60	66	66.74	110	108.6	10	11	9

技术条件和引用标准				
材料①	种类	钢		不锈钢
	组别②	—		A2、F1、C1、A4、C4
	标准	—		GB/T 3098.6
力学性能	硬度等级④	200HV	300HV③	200HV
	硬度范围	200～300HV	300～370HV	200～300HV
公差	产品等级	A		
	标准	GB/T 3103.3		
表面处理		不经表面处理，即垫圈应是本色的并涂有防锈油或按供需双方协议的涂层 电镀技术要求按 GB/T 5267.1 非电解锌片涂层技术要求按 GB/T 5267.2 对淬火并回火的垫圈应采用适当的涂或镀工艺，以避免氢脆。当电镀或磷化处理垫圈时，应在电镀或涂层后立即进行适当处理，以驱除有害的氢脆 所有公差适用于涂或镀前尺寸		不经表面处理，即垫圈应是本色的
表面缺陷		零件不允许有不规则的或有害的缺陷，垫圈表面不得有突出的毛刺		
验收及包装		GB/T 90.1、GB/T 90.2		

① 其他金属材料需经供需双方协议。

② 仅与化学成分有关。

③ 淬火并回火。

④ 硬度试验按 GB/T 4340.1 规定。试验力：HV10 用于公称厚度 $h \leqslant 1.2$mm；HV30 用于公称厚度 $h > 1.2$mm。

(2) 大垫圈

大垫圈见表 5-66 和表 5-67。

表 5-66 大垫圈 A 级（GB/T 96.1—2002） mm

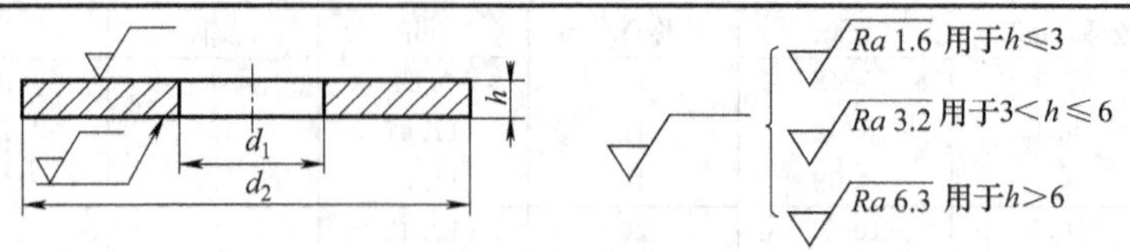

标记示例：

大系列、公称规格 8mm、由钢制造的硬度等级为 200HV 级、不经表面处理、产品等级为 A 级的平垫圈的标记：垫圈 GB/T 97.1 8

大系列、公称规格 8mm、由 A2 组不锈钢制造的硬度等级为 200HV 级、不经表面处理、产品等级为 A 级的平垫圈的标记：垫圈 GB/T 97.1 8 A2

续表

公称规格（螺纹大径 d）	内径 d_1 公称(min)	内径 d_1 max	外径 d_2 公称(max)	外径 d_2 min	厚度 h 公称	厚度 h max	厚度 h min
优选尺寸							
3	3.2	3.38	9	8.64	0.8	0.9	0.7
4	4.3	4.48	12	11.57	1	1.1	0.9
5	5.3	5.48	15	14.57	1	1.1	0.9
6	6.4	6.62	18	17.57	1.6	1.8	1.4
8	8.4	8.62	24	23.48	2	2.2	1.8
10	10.5	10.77	30	29.48	2.5	2.7	2.3
12	13	13.27	37	36.38	3	3.3	2.7
16	17	17.27	50	49.38	3	3.3	2.7
20	21	21.33	60	59.26	4	4.3	3.7
24	25	25.52	44	70.8	5	5.6	4.4
30	31	33.62	56	90.6	6	6.6	5.4
36	37	39.62	66	108.6	8	9	7
非优选尺寸							
3.5	3.7	3.88	11	10.57	0.8	0.9	0.7
14	15	15.27	44	43.38	3	3.3	2.7
18	19	19.33	56	55.26	4	4.3	3.7
22	23	23.33	66	64.8	5	5.6	4.4
27	28	28.33	85	83.6	6	6.6	5.4
33	34	34.62	105	103.6	6	6.6	5.4

表 5-67 大垫圈 C 级（GB/T 96.2—2002） mm

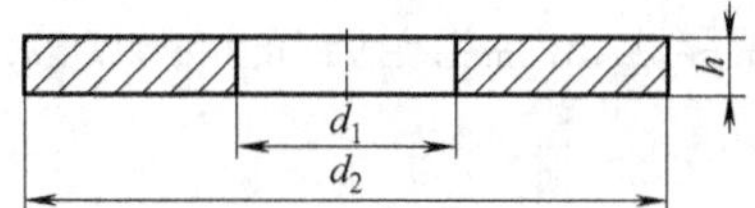

标记示例：

大系列、公称规格 8mm、由钢制造的硬度等级为 100HV 级、不经表面处理、产品等级为 C 级的平垫圈的标记：垫圈 GB/T 96.2 8

公称规格（螺纹大径 d）	内径 d_1 公称(min)	内径 d_1 max	外径 d_2 公称(max)	外径 d_2 min	厚度 h 公称	厚度 h max	厚度 h min
优选尺寸							
3	3.4	3.7	9	8.1	0.8	1.0	0.6
4	4.5	4.8	12	10.9	1	1.2	0.8
5	5.5	5.8	15	13.9	1	1.2	0.8
6	6.6	6.96	18	16.9	1.6	1.9	1.3
8	9	9.36	24	22.7	2	2.3	1.7
10	11	11.43	30	28.7	2.5	2.8	2.2
12	13.5	13.93	37	35.4	3	3.6	2.4
16	17.5	17.93	50	48.4	3	3.6	2.4
20	22	22.52	60	58.1	4	4.6	3.4
24	26	26.84	72	70.1	5	6	4
30	33	34	92	89.8	6	7	5
36	39	40	110	107.8	8	9.2	6.8

续表

非优选尺寸							
公称规格（螺纹大径 d）	内径 d_1		外径 d_2		厚度 h		
	公称(min)	max	公称(max)	min	公称	max	min
3.5	3.9	4.2	11	9.9	0.8	1.0	0.6
14	15.5	15.93	44	42.4	3	3.6	2.4
18	20	20.43	56	54.9	4	4.6	3.4
22	24	24.84	66	64.9	5	6	4
27	30	30.84	85	82.8	6	7	5
33	36	37	105	102.8	6	7	5

技术条件和引用标准				
材料[1]	种类	钢		不锈钢
	组别[2]	—		A2、F1、C1、A4、C4
	标准	—		GB/T 3098.6
力学性能	硬度等级[2]	200HV	300HV[3]	200HV
	硬度范围	200～300HV	300～370HV	200～300HV
公差	产品等级	A		
	标准	GB/T 3103.3		
表面处理		不经表面处理，即垫圈应是本色的并涂有防锈油或按供需双方协议的涂层 电镀技术要求按 GB/T 5267.1 非电解锌片涂层技术要求按 GB/T 5267.2 对淬火并回火的垫圈应采用适当的涂或镀工艺，以避免氢脆。当电镀或磷化处理垫圈时，应在电镀或涂层后立即进行适当处理，以驱除有害的氢脆 所有公差适用于涂或镀前尺寸		不经表面处理，即垫圈应是本色的
表面缺陷		零件不允许有不规则的或有害的缺陷，垫圈表面不得有突出的毛刺		
验收及包装		GB/T 90.1、GB/T 90.2		

① 其他金属材料需经供需双方协议。

② 硬度试验按 GB/T 4340.1 规定。

③ 试验力：HV10 用于公称厚度 0.6mm$<h\leqslant$1.2mm；HV30 用于公称厚度$h>$1.2mm。

(3) 小垫圈

小垫圈见表 5-68。

表 5-68 小垫圈 A 级（GB/T 848—2002） mm

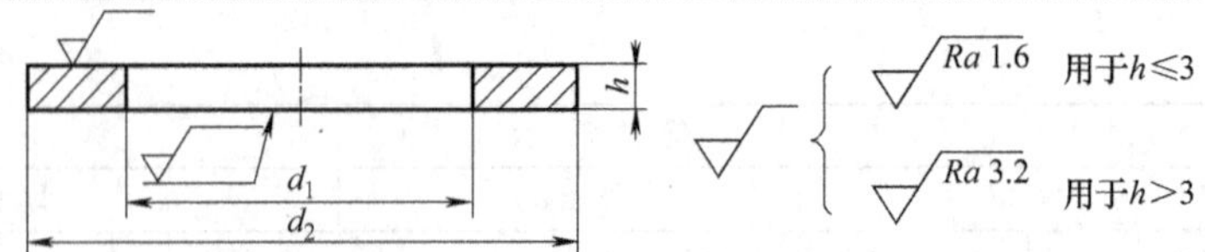

标记示例：

小系列、公称规格 8mm、由钢制造的硬度等级为 100HV 级、不经表面处理、产品等级为 A 级的平垫圈的标记：垫圈 GB/T 848 8

小系列、公称规格 8mm、由 A2 组不锈钢制造的硬度等级为 200HV 级、不经表面处理、产品等级为 A 级的平垫圈的标记：垫圈 GB/T 848 8 A2

优选尺寸							
公称规格（螺纹大径 d）	内径 d_1		外径 d_2		厚度 h		
	公称(min)	max	公称(max)	min	公称	max	min
1.6	1.7	1.84	3.5	3.2	0.3	0.35	0.25
2	2.2	2.34	4.5	4.2	0.3	0.35	0.25
2.5	2.7	2.84	5	4.7	0.5	0.55	0.45
3	3.2	3.38	6	5.7	0.5	0.55	0.45
4	4.3	4.48	8	7.64	0.5	0.55	0.45
5	5.3	5.48	9	8.64	1	1.1	0.9

续表

优选尺寸							
公称规格（螺纹大径 d）	内径 d_1		外径 d_2		厚度 h		
	公称(min)	max	公称(max)	min	公称	max	min
6	6.4	6.62	11	10.57	1.6	1.8	1.4
8	8.4	8.62	15	14.57	1.6	1.8	1.4
10	10.5	10.77	18	17.57	1.6	1.8	1.4
12	13	13.27	20	19.48	2	2.2	1.8
16	17	17.27	28	27.48	2.5	2.7	2.3
20	21	21.33	34	33.38	3	3.3	2.7
24	25	25.33	39	38.38	4	4.3	3.7
30	31	31.39	50	48.38	4	4.3	3.7
36	37	37.62	60	58.8	5	5.6	4.4
非优选尺寸							
公称规格（螺纹大径 d）	内径 d_1		外径 d_2		厚度 h		
	公称(min)	max	公称(max)	min	公称	max	min
3.5	3.7	3.88	7	6.64	0.5	0.55	0.45
14	15	15.27	24	23.48	2.5	2.7	2.3
18	19	19.33	30	29.48	3	3.3	2.7
22	22	23.33	37	36.38	3	3.3	2.7
27	28	28.33	44	43.38	4	4.3	3.7
33	34	34.62	56	54.8	5	5.6	4.4

技术条件和引用标准				
材料[①]	种类	钢		不锈钢
	组别[②]	—		A2、F1、C1、A4、C4
	标准	—		GB/T 3098.6
力学性能	硬度等级[④]	200HV	300HV[③]	200HV
	硬度范围	200～300HV	300～370HV	200～300HV
公差	产品等级	A		
	标准	GB/T 3103.3		
表面处理		不经表面处理，即垫圈应是本色的并涂有防锈油或按供需双方协议的涂层 电镀技术要求按 GB/T 5267.1 非电解锌片涂层技术要求按 GB/T 5267.2 对淬火并回火的垫圈应采用适当的涂或镀工艺，以避免氢脆。当电镀或磷化处理垫圈时，应在电镀或涂层后立即进行适当处理，以驱除有害的氢脆 所有公差适用于涂或镀前尺寸		不经表面处理，垫圈应是本色的
表面缺陷		零件不允许有不规则的或有害的缺陷，垫圈表面不得有突出的毛刺		
验收及包装		GB/T 90.1、GB/T 90.2		

① 其他金属材料需经供需双方协议。

② 仅与化学成分有关。

③ 淬火并回火。

④ 硬度试验按 GB/T 4340.1 规定。试验力：HV2 用于公称厚度 $h \leqslant 0.6\text{mm}$；HV10 用于公称厚度 $0.6\text{mm} < h \leqslant 1.2\text{mm}$；HV30 用于公称厚度 $h > 1.2\text{mm}$。

(4) 圆螺母用止动垫圈

圆螺母用止动垫圈见表 5-69。

表 5-69 圆螺母用止动垫圈（GB/T 858—1988） mm

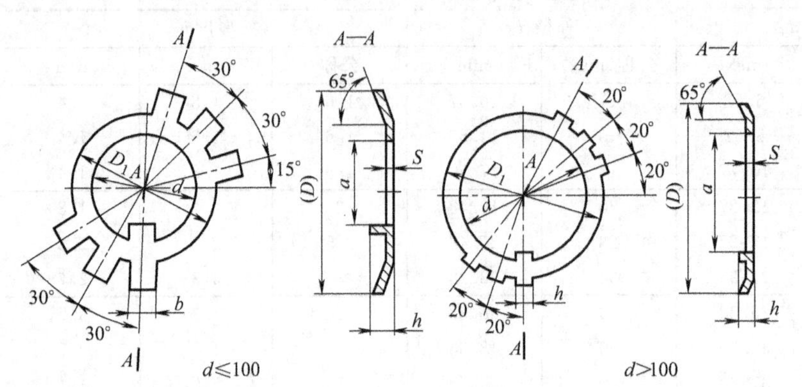

技术条件按 GB/T 98 规定

标注方法按 GB/T 1237 规定

标记示例：

规格为 15mm，材料为 Q235-A，经表面退火、氧化处理的圆螺母用止动垫圈标记为：垫圈 GB/T 858 16

<table>
<tr><th>规格
（螺纹大径）</th><th>d</th><th>D
参考</th><th>D_1</th><th>S</th><th>h</th><th>b</th><th>a</th><th>每 1000 个
钢垫圈的
质量/kg
≈</th></tr>
<tr><td>16</td><td>16.5</td><td>34</td><td>22</td><td rowspan="7">1.0</td><td>3</td><td rowspan="7">4.8</td><td>13</td><td>2.51</td></tr>
<tr><td>18</td><td>18.5</td><td>35</td><td>24</td><td rowspan="4">4</td><td>15</td><td>2.69</td></tr>
<tr><td>20</td><td>20.5</td><td>38</td><td>27</td><td>17</td><td>3.16</td></tr>
<tr><td>22</td><td>22.5</td><td>42</td><td>30</td><td>19</td><td>3.68</td></tr>
<tr><td>24</td><td>24.5</td><td>45</td><td>34</td><td>21</td><td>4.37</td></tr>
<tr><td>27</td><td>27.5</td><td>48</td><td>37</td><td rowspan="7">5</td><td>24</td><td>4.71</td></tr>
<tr><td>30</td><td>30.5</td><td>52</td><td>40</td><td>27</td><td>5.02</td></tr>
<tr><td>33</td><td>33.5</td><td>56</td><td>43</td><td rowspan="9">1.5</td><td rowspan="5">5.7</td><td>30</td><td>8.63</td></tr>
<tr><td>36</td><td>36.5</td><td>60</td><td>46</td><td>33</td><td>9.11</td></tr>
<tr><td>39</td><td>39.5</td><td>62</td><td>49</td><td>36</td><td>9.58</td></tr>
<tr><td>42</td><td>42.5</td><td>66</td><td>53</td><td>39</td><td>11.01</td></tr>
<tr><td>45</td><td>45.5</td><td>72</td><td>59</td><td>42</td><td>14.66</td></tr>
<tr><td>48</td><td>48.5</td><td>76</td><td>61</td><td rowspan="5">7.7</td><td>45</td><td>14.76</td></tr>
<tr><td>52</td><td>52.5</td><td>82</td><td>67</td><td rowspan="5">6</td><td>49</td><td>19.04</td></tr>
<tr><td>56</td><td>57.0</td><td>90</td><td>74</td><td>53</td><td>23.52</td></tr>
<tr><td>60</td><td>61.0</td><td>94</td><td>79</td><td>57</td><td>26.15</td></tr>
<tr><td>64</td><td>65.0</td><td>100</td><td>84</td><td rowspan="15">2.0</td><td>61</td><td>28.93</td></tr>
<tr><td>68</td><td>69.0</td><td>105</td><td>88</td><td rowspan="5">9.6</td><td>65</td><td>32.91</td></tr>
<tr><td>72</td><td>73.0</td><td>110</td><td>93</td><td rowspan="15">7</td><td>69</td><td>36.14</td></tr>
<tr><td>76</td><td>77.0</td><td>115</td><td>98</td><td>72</td><td>39.42</td></tr>
<tr><td>80</td><td>81.0</td><td>120</td><td>103</td><td>76</td><td>42.98</td></tr>
<tr><td>85</td><td>86.0</td><td>125</td><td>108</td><td>81</td><td>45.02</td></tr>
<tr><td>90</td><td>91.0</td><td>130</td><td>112</td><td rowspan="4">11.6</td><td>86</td><td>61.98</td></tr>
<tr><td>95</td><td>96.0</td><td>135</td><td>117</td><td>91</td><td>64.57</td></tr>
<tr><td>100</td><td>101.0</td><td>140</td><td>122</td><td>96</td><td>67.15</td></tr>
<tr><td>105</td><td>106.0</td><td>145</td><td>127</td><td>101</td><td>69.74</td></tr>
<tr><td>110</td><td>111.0</td><td>156</td><td>135</td><td rowspan="6">13.5</td><td>106</td><td>85.32</td></tr>
<tr><td>115</td><td>116.0</td><td>160</td><td>140</td><td>111</td><td>88.48</td></tr>
<tr><td>120</td><td>121.0</td><td>166</td><td>145</td><td>116</td><td>91.24</td></tr>
<tr><td>125</td><td>126.0</td><td>170</td><td>150</td><td>121</td><td>94.20</td></tr>
<tr><td>130</td><td>131.0</td><td>176</td><td>155</td><td>126</td><td>97.16</td></tr>
<tr><td>140</td><td>141.0</td><td>186</td><td>165</td><td>136</td><td>103.1</td></tr>
<tr><td>150</td><td>151.0</td><td>206</td><td>180</td><td rowspan="2">2.5</td><td rowspan="2">15.5</td><td>146</td><td>170.2</td></tr>
<tr><td>160</td><td>161.0</td><td>216</td><td>190</td><td>8</td><td>156</td><td>179.4</td></tr>
</table>

续表

规格（螺纹大径）	d	D 参考	D_1	S	h	b	a	每1000个钢垫圈的质量/kg ≈
170	171.0	226	200	2.5	8	15.5	166	188.3
180	191.0	236	210				176	197.3
190	191.0	246	220				186	206.2
200	201.0	256	230				196	215.2

(5) 单耳止动垫圈

单耳止动垫圈见表 5-70。

表 5-70 单耳止动垫圈（GB/T 854—1988） mm

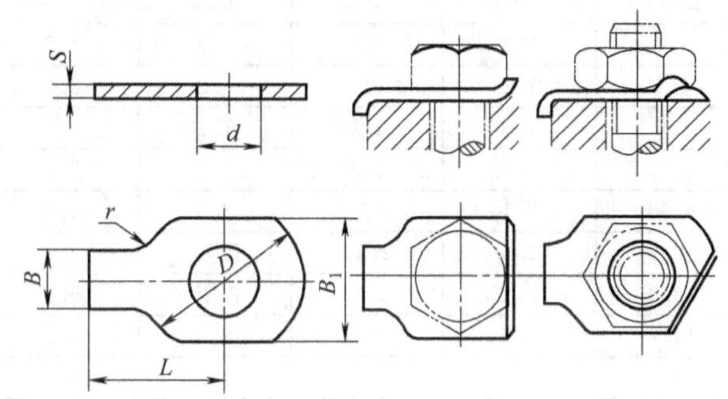

技术条件按 GB/T 98 规定

标记方法按 GB/T 1237 规定

标记示例：

规格为 10mm、材料为 Q235、经退火、不经表面处理的单耳止动垫圈的标记：垫圈 GB/T 854 10

规格（螺纹大径）	d max	d min	D max	D min	L 公称	L min	L max	S	B	B_1	r
2.5	2.95	2.7	8	7.64	10	9.17	10.29	0.4	3	6	2.5
3	3.5	3.2	10	9.64	12	11.65	12.35		4	7	
4	4.5	4.2	14	13.57	14	13.65	14.35		5	9	
5	5.6	5.3	17	16.57	16	15.65	16.35	0.5	6	11	4
6	6.76	6.4	19	18.48	18	17.65	18.35		7	12	
8	8.76	8.4	22	21.48	20	19.58	20.42		8	16	
10	10.93	10.5	26	25.48	22	21.58	22.42		10	19	6
12	13.43	13	32	31.38	28	27.58	28.42	1	12	21	10
(14)	15.43	15	32	31.38	28	27.58	28.42			25	
16	17.43	17	40	39.38	32	31.50	32.50		15	32	
(18)	19.52	19	45	44.38	36	35.50	36.50		18	38	
20	21.52	21	45	49.38	36	36.50	36.50				
(22)	23.52	23	50	49.38	42	41.50	42.50		20	39	
24	25.52	25	50	49.38	42	41.50	42.50			42	
(27)	28.52	28	58	57.26	48	47.50	48.50	1.5	24	48	16
30	31.62	31	63	62.26	52	51.40	52.60		26	55	
36	37.62	37	75	74.26	62	61.40	62.60		30	65	
42	43.62	43	88	87.13	70	69.40	70.60		35	78	
48	50.62	50	100	99.13	80	79.40	80.60		40	90	

注：尽可能不采用括号内的规格。

(6) 弹簧垫圈

弹簧垫圈见表 5-71 和表 5-72。

表 5-71 标准型弹簧垫圈 (GB/T 93—1987) mm

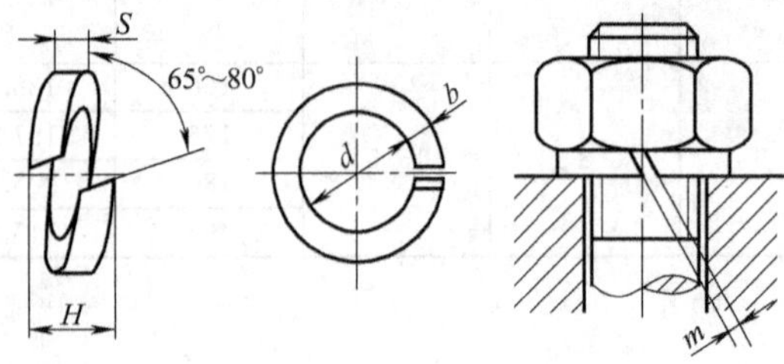

标记示例:

规格为 16mm、材料为 65Mn、表面氧化的标准型弹簧垫圈的标记为:垫圈 GB/T 93—1987 16

规格(螺纹大径)	d		S(b)			H		m
	min	max	公称	min	max	min	max	≤
2	2.1	2.35	0.5	0.42	0.58	1	1.25	0.25
2.6	2.6	2.85	0.65	0.57	0.73	1.3	1.63	0.33
3	3.1	3.4	0.8	0.7	0.9	1.6	2	0.4
4	4.1	4.4	1.1	1	1.2	2.2	2.75	0.55
5	5.1	5.4	1.3	1.2	1.4	2.6	3.25	0.65
6	6.1	6.68	1.6	1.5	1.7	3.2	4	0.8
8	8.1	8.68	2.1	2	2.2	4.2	5.25	1.05
10	10.2	10.9	2.6	2.45	2.75	5.2	6.5	1.3
12	12.2	12.9	3.1	2.95	3.25	6.2	7.75	1.55
(14)	14.2	14.9	3.6	3.4	3.8	7.2	9	1.8
16	16.2	16.9	4.1	3.9	4.3	8.2	10.25	2.05
(18)	18.2	19.04	4.5	4.3	4.7	9	11.25	2.25
20	20.2	21.04	5	4.8	5.2	10	12.5	2.5
(22)	22.5	23.34	5.5	5.3	5.7	11	13.75	2.75
24	24.5	25.5	6	5.8	6.2	12	15	3
(27)	27.5	28.5	6.8	6.5	7.1	13.6	17	3.4
30	30.5	31.5	7.5	7.2	7.8	15	18.75	3.75
(33)	33.5	34.7	8.5	8.2	8.8	17	21.25	4.25
36	36.5	37.7	9	8.7	9.3	18	22.5	4.5
(39)	39.5	40.7	10	9.7	10.3	20	25	5
42	42.5	43.7	10.5	10.2	10.8	21	26.25	5.25
(45)	45.5	46.7	11	10.7	11.3	22	27.5	5.5
48	48.5	49.7	12	11.7	12.3	24	30	6

注:1. 尽可能不采用括号内的规格。

2. m 应大于零。

表 5-72 轻型弹簧垫圈 (GB/T 859—1987) mm

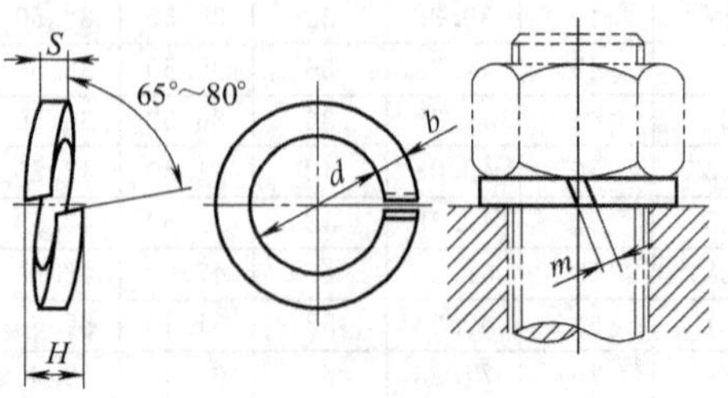

技术条件按 GB/T 94.1—1987 规定

标记示例:

规格为 16mm、材料为 65Mn、表面氧化的轻型弹簧垫圈的标记为:垫圈 GB/T 859—1987 16

续表

规格（螺纹大径）	d		S			b			H		m
	min	max	公称	min	max	公称	min	max	min	max	<
3	3.1	3.4	0.6	0.52	0.68	1	0.9	1.1	1.2	1.5	0.3
4	4.1	4.4	0.8	0.70	0.90	1.2	1.1	1.3	1.6	2	0.4
5	5.1	5.4	1.1	1	1.2	1.5	1.4	1.6	2.2	2.75	0.55
6	6.1	6.68	1.3	1.2	1.4	2	1.9	2.1	2.6	3.25	0.65
8	8.1	8.68	1.6	1.5	1.7	2.5	2.35	2.65	3.2	4	0.8
10	10.2	10.9	2	1.9	2.1	3	2.85	3.15	4	5	1
12	12.2	12.9	2.5	2.35	2.65	3.5	3.3	3.7	5	6.25	1.25
(14)	14.2	14.9	3	2.85	3.15	4	3.8	4.2	6	7.5	1.5
16	16.2	16.9	3.2	3	3.4	4.5	4.3	4.7	6.4	8	1.6
(18)	18.2	19.04	3.6	3.4	3.8	5	4.8	5.2	7.2	9	1.8
20	20.2	21.04	4	3.8	4.2	5.5	5.3	5.7	8	10	2
(22)	22.5	23.34	4.5	4.3	4.7	6	5.8	6.2	9	11.25	2.25
24	24.5	25.5	5	4.8	5.2	7	6.7	7.3	10	12.5	2.5
(27)	27.5	28.5	5.5	5.3	5.7	8	7.7	8.3	11	13.75	2.75
30	30.5	31.5	6	5.8	6.2	9	8.7	9.3	12	15	3

注：1. 尽可能不采用括号内的规格。
2. m 应大于零。

（7）波形弹簧垫圈

波形弹簧垫圈见表 5-73。

表 5-73 波形弹性垫圈（GB/T 955—1987） mm

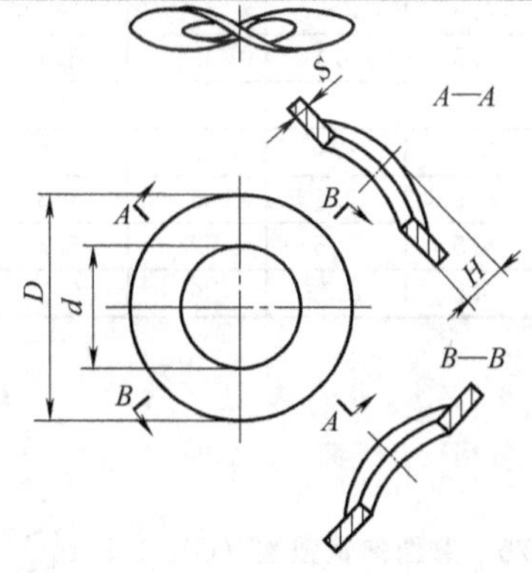

技术条件按 GB/T 94.3—1987 规定

标记示例：

规格为 16mm、材料为 65Mn、表面氧化的波形弹性垫圈的标记为：垫圈 GB/T 955—1987 16

规格（螺纹大径）	d		D		H		S
	min	max	min	max	min	max	
3	3.2	3.5	7.42	8	0.8	1.6	0.5
4	4.3	4.6	8.42	9	1	2	
5	5.3	5.6	10.30	11	1.1	2.2	
6	6.4	6.76	11.30	12	1.3	2.6	
8	8.4	8.76	14.30	15	1.5	3	0.8
10	10.5	10.93	20.16	21	2.1	4.2	1.0
12	13	13.43	23.16	24	2.5	5	1.2
(14)	15	15.43	27.16	28	3	5.9	1.5
16	17	17.43	29	30	3.2	6.3	
(18)	19	19.52	33	31	3.3	6.5	
20	21	21.52	35	36	3.7	7.4	1.6
(22)	23	23.52	39	40	3.9	7.8	1.8
24	25	25.52	43	44	4.1	8.2	
(27)	28	25.52	49	50	4.7	9.4	2
30	31	31.62	54.3	56	5	10	

注：尽可能不采用括号内的规格。

(8) 鞍形弹簧垫圈

鞍形弹簧垫圈见表 5-74。

表 5-74 鞍形弹簧垫圈(GB/T 7245—1987) mm

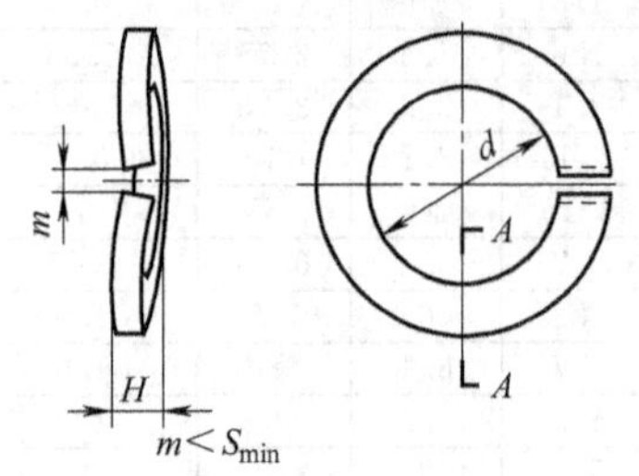

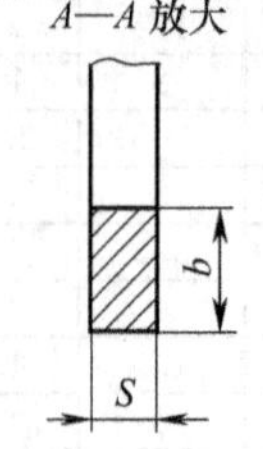

标记示例:
规格为 16mm、材料为 65Mn、表面氧化的鞍形弹簧垫圈的标记为:垫圈 GB/T 7245—1987 16

规格(螺纹大径)	d		H		S			b		
	min	max	min	max	公称	min	max	公称	min	max
3	3.1	3.4	1.1	1.3	0.6	0.52	0.68	1	0.9	1.1
4	4.1	4.4	1.2	1.4	0.8	0.70	0.90	1.2	1.1	1.3
5	5.1	5.4	1.5	1.7	1.1	1	1.2	1.5	1.4	1.6
6	6.1	6.68	2	2.2	1.3	1.2	1.4	2	1.9	2.1
8	8.1	8.68	2.45	2.75	1.6	1.5	1.7	2.5	2.35	2.65
10	10.2	10.9	2.85	3.15	2	1.9	2.1	3	2.85	3.15
12	12.2	12.9	3.35	3.65	2.5	2.35	2.65	3.5	3.3	3.7
(14)	14.2	14.9	3.9	4.3	3	2.85	3.15	4	3.8	4.2
16	16.2	16.9	4.5	5.1	3.2	3	3.4	4.5	4.3	4.7
(18)	18.2	19.04	4.5	5.1	3.6	3.4	3.8	5	4.8	5.2
20	20.2	21.04	5.1	5.9	4	3.8	4.2	5.5	5.3	5.7
(22)	22.5	23.34	5.1	5.9	4.5	4.3	4.7	6	5.8	6.2
24	24.5	25.5	6.5	7.5	5	4.8	5.2	7	6.7	7.3
(27)	27.5	28.5	6.5	7.5	5.5	5.3	5.7	8	7.7	8.3
30	30.5	31.5	9.5	10.5	6	5.8	6.2	9	8.7	9.3

注:尽可能不采用括号内的规格。

(9) 重型弹簧垫圈

重型弹簧垫圈见表 5-75。

表 5-75 重型弹簧垫圈(GB/T 7244—1987) mm

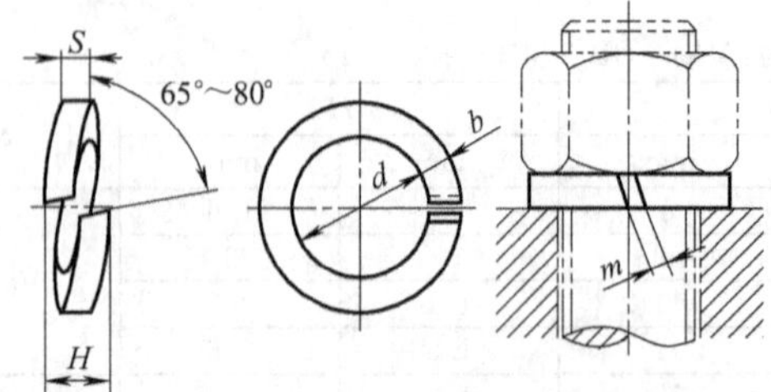

标记示例:
规格为 16mm、材料为 65Mn、表面氧化的重型弹簧垫圈的标记为:垫圈 GB/T 7244—1987 16

规格(螺纹大径)	d		S			b			H		m
	min	max	公称	min	max	公称	min	max	min	max	<
6	6.1	6.68	1.8	1.65	1.95	2.6	2.45	2.75	3.6	4.5	0.9
8	8.1	8.68	2.4	2.25	2.55	3.2	3	3.4	4.8	6	1.2
10	10.2	10.9	3	2.85	3.15	3.8	3.6	4	6	7.5	1.5
12	12.2	12.9	3.5	3.3	3.7	4.3	4.1	4.5	7	8.75	1.75
(14)	14.2	14.9	4.1	3.9	4.3	4.8	4.6	5	8.2	10.25	2.05
16	16.2	16.9	4.8	4.6	5	5.3	5.1	5.5	9.6	12	2.4
(18)	18.2	19.04	5.3	5.1	5.5	5.8	5.6	6	10.6	13.25	2.65
20	20.2	21.04	6	5.8	6.2	6.4	6.1	6.7	12	15	3

续表

规格（螺纹大径）	d		S			b			H		m
	min	max	公称	min	max	公称	min	max	min	max	<
(22)	22.5	23.34	6.6	6.3	6.9	7.2	6.9	7.5	13.2	16.5	3.3
24	24.5	25.5	7.1	6.8	7.4	7.5	7.2	7.8	14.2	17.75	3.55
(27)	27.5	28.5	8	7.7	8.3	8.5	8.2	8.8	16	20	4
30	30.5	31.5	9	8.7	9.3	9.3	9	9.6	18	22.5	4.5
(33)	33.5	34.7	9.9	9.6	10.2	10.2	9.9	10.5	19.8	24.75	4.95
36	36.5	37.7	10.8	10.5	11.1	11	10.7	11.3	21.6	27	5.4

注：1. 尽可能不采用括号内的规格。

2. m 应大于零。

5.3.6 挡圈

(1) 螺钉紧固轴端挡圈、螺栓紧固轴端挡圈

螺钉紧固轴端挡圈、螺栓紧固轴端挡圈见表5-76和表5-77。

表5-76 螺钉紧固轴端挡圈（GB/T 891—1986） mm

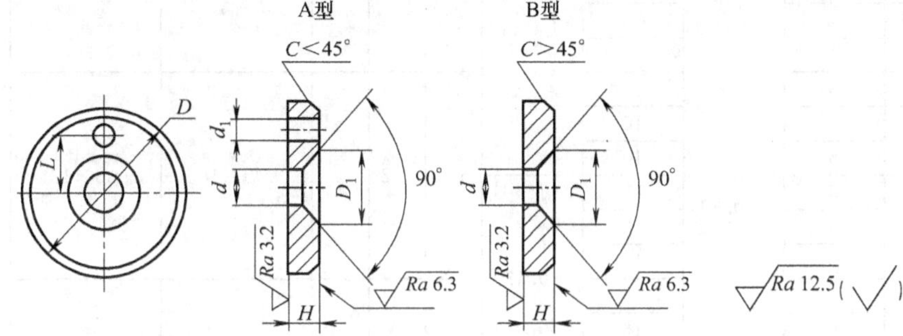

技术条件按GB/T 959.3—1986规定

标记示例：

公称直径 D=45mm、材料为Q235、不经表面处理的A型螺钉紧固轴端挡圈的标记为：挡圈 GB/T 891—1986-45

轴径 ≤	公称直径 D	H 基本尺寸	H 极限偏差	L 基本尺寸	L 极限偏差	d	d_1	D_1	C	螺钉 GB/T 819.1—2000（推荐）	圆柱销 GB/T 819.1—2000（推荐）
14	20	4	0 −0.30	—	±0.11	5.5	2.1	11	0.5	M5×12	A2×10
16	22	4		—							
18	25	4		—							
20	28	4		7.5							
22	30	4		7.5							
25	32	5		10						M6×16	A3×12
28	35	5		10							
30	38	5		10							
32	40	5		12	±0.135						
35	45	5		12							
40	50	5		12							
45	55	6		16						M8×20	A4×14
50	60	6		16							
55	65	6		16	±0.169						
60	70	6		20							
65	75	6		20							
70	80	6		20							
75	90	8	0 −0.36	25						M12×25	A5×16
85	100	8		25							

注：当挡圈装在带螺纹孔的轴端时，紧固用螺钉允许加长。

表 5-77　螺栓紧固轴端挡圈（GB/T 892—1986）　　mm

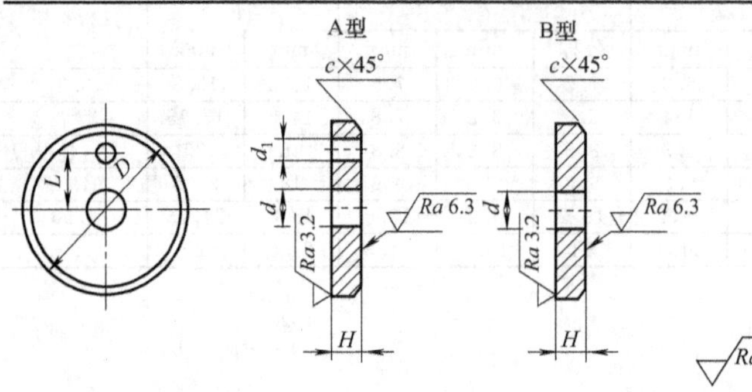

技术条件按 GB/T 959.3—1986 规定

标记示例：

公称直径 D=45mm、材料为 Q235、不经表面处理的 A 型螺栓紧固轴端挡圈的标记为：挡圈　GB/T 892—1986-45

轴径 ≤	公称直径 D	H 基本尺寸	H 极限偏差	L 基本尺寸	L 极限偏差	d	d_1	c	螺钉 GB/T 819.1—2000(推荐)	圆柱销 GB/T 819.1—2000(推荐)	圆柱销 GB/T 819.1—2000(推荐)
14	20	4	0 −0.30	—	±0.11	5.5	2.1	0.5	M5×12	A2×10	5
16	22	4		—							
18	25	4		—							
20	28	4		7.5							
22	30	4		7.5							
25	32	5		10		6.6	3.2	1	M6×16	A3×12	6
28	35	5		10							
30	38	5		10							
32	40	5		12	±0.135						
35	45	5		12							
40	50	5		12							
45	55	6		16		9	4.2	1.5	M8×20	A4×14	8
50	60	6		16							
55	65	6		16							
60	70	6		20	±0.169						
65	75	6		20							
70	80	6		20							
75	90	8	0 −0.36	25		13	5.2	2	M12×25	A5×16	12
85	100	8		25							

注：当挡圈装在带螺纹孔的轴端时，紧固用螺钉允许加长。

(2) 孔用弹性挡圈

孔用弹性挡圈见表 5-78。

表 5-78　孔用弹性挡圈　A 型（GB/T 893.1—1986）　　mm

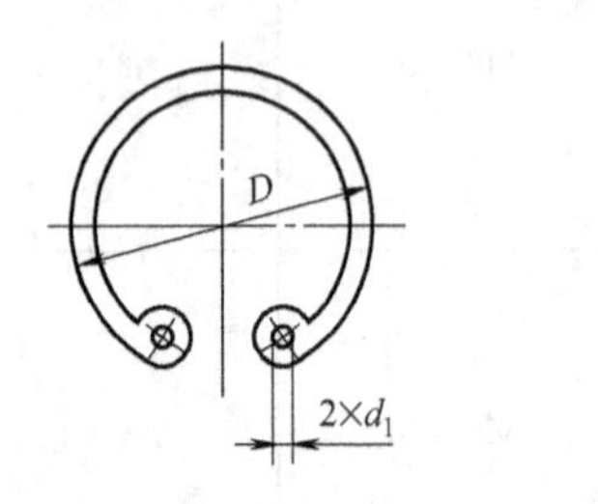

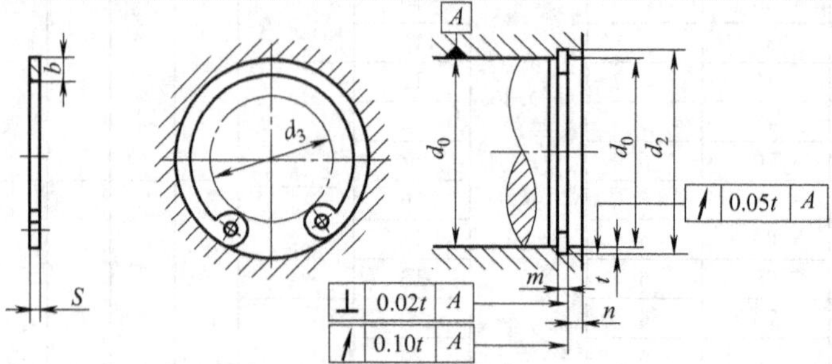

注：d_3—允许套入的最大轴径。

技术条件按 GB/T 959.1—1986 规定。

标记示例：

孔径 d_0=50mm、材料为 65Mn、热处理硬度为 44～51HRC、经表面氧化处理的 A 型孔用弹性挡圈标记为：挡圈 GB/T 893.1—1986-50

续表

孔径 d_0	挡圈						沟槽(推荐)					轴 d_3 ≤
	D		S		b≈	d_1	d_2		m		n≥	
	基本尺寸	极限偏差	基本尺寸	极限偏差			基本尺寸	极限偏差	基本尺寸	极限偏差		
8	8.7	+0.36 −0.10	0.6	+0.04 −0.07	1	1	8.4	+0.09 0	0.7	+0.14 0	0.6	2
9	9.8				1.2		9.4					
10	10.8		0.8	+0.04 −0.10	1.7	1.5	10.4	+0.11 0	0.9			
11	11.8						11.4					3
12	13						12.5				0.9	4
13	14.1					1.7	13.6					
14	15.1		1	+0.05 −0.13	2.1		14.6		1.1			5
15	16.2						15.7				1.2	6
16	17.3						16.8					7
17	18.3	+0.42 −0.13					17.8					8
18	19.5						19	+0.13 0			1.5	9
19	20.5				2.5	2	20					10
20	21.5						21					
21	22.5						22					11
22	23.5						23					12
24	25.9	+0.42 −0.21	1.2				25.2	+0.21 0	1.3		1.8	13
25	26.9				2.8		26.2					14
26	27.9						27.2					15
28	30.1	+0.50 −0.25			3.2		29.4				2.1	17
30	32.1						31.4	+0.25 0				18
31	33.4					2.5	32.7				2.6	19
32	34.4						33.7					20
34	36.5		1.5	+0.06 −0.15	3.6		35.7		1.7			22
35	37.8						37				3	23
36	38.8						38					24
37	39.8						39					25
38	40.8						40					26
40	43.5	+0.90 −0.39			4		42.5				3.8	27
42	45.5					3	44.5					29
45	48.5				4.7		47.5					31
47	50.5	+0.10 −0.46					49.5					32
48	51.5						50.5	+0.30 0				33
50	54.2		2	+0.06 −0.18			53		2.2		4.5	36
52	56.2						55					38
55	59.2				5.2		58					40
56	60.2						59					41
58	62.2						61					43
60	64.2						63					44
62	66.2						65					45
63	67.2						66					46
65	69.2		2.5	+0.07 −0.22			68		2.7			48
68	72.5				5.7		71					50
70	74.5						73					53
72	76.5						75					55
75	79.5				6.3		78					56
78	82.5	+1.30 −0.54					81	+0.35 0				60
80	85.5				6.8		83.5				5.3	63
82	87.5						85.5					65
85	90.5						88.5					68

续表

孔径 d_0	挡圈						沟槽(推荐)					轴 d_3 ≤
	D		S		$b≈$	d_1	d_2		m		$n≥$	
	基本尺寸	极限偏差	基本尺寸	极限偏差			基本尺寸	极限偏差	基本尺寸	极限偏差		
88	93.5	+1.30 −0.54	2.5	+0.07 −0.22	7.3	3	91.5	+0.35 0	2.7	+0.14 0	5.3	70
90	95.5						93.5					72
92	97.5				7.7		95.5					73
95	100.5						98.5					75
98	103.5						101.5					78
100	105.5						103.5					80
102	108		3		8.1	4	106	+0.54 0	3.2	+0.18 0	6	82
105	112						109					83
108	115				8.8		112					86
110	117						114					88
112	119				9.3		116					89
115	122	+1.50 −0.63					119					90
120	127						124	+0.63 0				95
125	132				10		129					100
130	137				10.7		134					105
135	142						139					110
140	147						144					115
145	152				109		149					118
150	158						155				7.5	121
155	164				11.6		160					125
160	169						165					130
165	174.5				11.8		170					136
170	179.5				12.3		175					140
175	184.5	+1.70 −0.72			12.7		180					142
180	189.5				12.8		185	+0.72 0				145
185	194.5				12.9		190					150
190	199.5				13.1		195					155
195	204.5						200					157
200	209.5				13.2		205					165

(3) 轴用弹性挡圈

轴用弹性挡圈见表 5-79。

表 5-79 轴用弹性挡圈 A型（GB/T 894.1—1986） mm

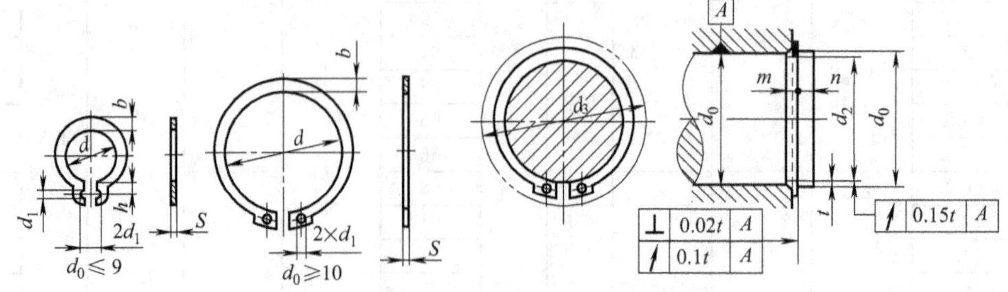

标记示例：

轴径为 50mm，材料为 65Mn，经热处理硬度为 44～51HRC，表面氧化处理的 A 型轴用挡圈标记为：挡圈 GB/T 894.1—1986-50

续表

轴径 d_0	挡圈 d 基本尺寸	挡圈 d 极限偏差	挡圈 S 基本尺寸	挡圈 S 极限偏差	挡圈 $b\approx$	挡圈 d_1	挡圈 h	沟槽(推荐) d_2 基本尺寸	沟槽(推荐) d_2 极限偏差	沟槽(推荐) m 基本尺寸	沟槽(推荐) m 极限偏差	沟槽(推荐) $n\geqslant$	孔 $d_3\geqslant$
3	2.7	+0.04 −0.15	0.4	+0.03 −0.06	0.8	1	0.95	2.8	0 −0.04	0.5	+0.14 0	0.3	7.2
4	3.7				0.88		1.1	3.8	0 −0.048				8.8
5	4.7		0.6	+0.04 −0.07	1.12		1.25	4.8		0.7			10.7
6	5.6				1.32	1.2	1.35	5.7				0.5	12.2
7	6.5	+0.06 −0.18					1.55	6.7	0 −0.058				13.8
8	7.4		0.8	+0.04 −0.10			1.60	7.6		0.9			15.2
9	8.4				1.44		1.65	8.6				0.6	16.4

轴径 d_0	挡圈 d 基本尺寸	挡圈 d 极限偏差	挡圈 S 基本尺寸	挡圈 S 极限偏差	挡圈 $b\approx$	挡圈 d_1	沟槽(推荐) d_2 基本尺寸	沟槽(推荐) d_2 极限偏差	沟槽(推荐) m 基本尺寸	沟槽(推荐) m 极限偏差	沟槽(推荐) $n\geqslant$	孔 $d_3\geqslant$
10	9.3	+0.10 −0.36	1	+0.05 −0.13	1.44	1.5	9.6	0 −0.058	1.1	+0.14 0	0.6	17.6
11	10.2				1.52		10.5	0 −0.11			0.8	18.6
12	11				1.72		11.5					19.6
13	11.9				1.88	1.7	12.4				0.9	20.8
14	12.9						13.4					22
15	13.8				2.00		14.3				1.1	23.2
16	14.7				2.32		15.2				1.2	24.4
17	15.7				2.48		16.2					25.6
18	16.5						17				1.5	27
19	17.5					2	18					28
20	18.5	+0.13 −0.42	1.2		2.68		19	0 −0.13				29
21	19.5						20					31
22	20.5						21					32
24	22.2	+0.21 −0.42		+0.05 −0.13	3.32		22.9	0 −0.21	1.3		1.7	34
25	23.2						23.9					35
26	24.2						24.9					36
28	25.9				3.60		26.6				2.1	38.4
30	26.9				3.72		27.6					39.8
31	27.9						28.6					42
32	29.6				3.92	2.5	30.3	0 −0.25			2.6	44
34	31.5	+0.25 −0.50	1.5	+0.06 −0.15	4.32		32.3		1.7			46
35	32.2				4.52		33				3	48
36	33.2						34					49
37	34.2						35					50
38	35.2				5.0		36					51
40	36.5	+0.39 −0.90					37.5				3.8	53
42	38.5					3	39.5					56
45	41.5						42.5					59.4
48	44.5						45.5					62.8
50	45.8		2	+0.06 −0.18	5.48		47		0 −0.30		4.5	64.8
52	47.8						49					67
55	50.8	+0.46 −1.10					52	0 −0.30				70.4
56	51.8				6.12		53					71.7
58	53.8						55					73.6
60	55.8						57					75.8
62	57.8						59					79
63	58.8		2.5	+0.07 −0.22			60		2.7			79.6
65	60.8						62					81.6

续表

轴径 d_0	挡圈 d 基本尺寸	挡圈 d 极限偏差	挡圈 S 基本尺寸	挡圈 S 极限偏差	挡圈 $b\approx$	挡圈 d_1	沟槽(推荐) d_2 基本尺寸	沟槽(推荐) d_2 极限偏差	沟槽(推荐) m 基本尺寸	沟槽(推荐) m 极限偏差	沟槽(推荐) $n\geqslant$	孔 $d_3\geqslant$
68	63.5	+0.46 −1.10	2.5	+0.07 −0.22	6.32	3	65	0 −0.30	2.7	+0.14 0	4.5	85
70	65.5						67					87.2
72	67.5						69					89.4
75	70.5						72					92.8
78	73.5						75					96.2
80	74.5				7.0		76.5				5.3	98.2
82	76.5						78.5					101
85	79.5						81.5	0 −0.35				104
88	82.5	+0.54 −1.30					84.5					107.3
90	84.5				7.6		86.5					110
95	89.5				9.2		91.5					115
100	94.5		3				96.5					121
105	98				10.7		101	0 −0.54	3.2	+0.18 0	6	132
110	103				11.3	4	106					136
115	108				12		111					142
120	113						116					145
125	118				12.6		121	0 −0.63				151
130	123	+0.63 −1.50					126					158
135	128				13.2		131					162.8
140	133						136					168
145	138						141					174.4
150	142				14		145				7.5	180
155	146						150					186
160	151						155					190
165	155.5				14.4		160					195
170	160.5						165					200
175	165.5				15		170					206

(4) 孔用钢丝挡圈

孔用钢丝挡圈见表 5-80。

表 5-80 孔用钢丝挡圈（GB/T 895.1—1986） mm

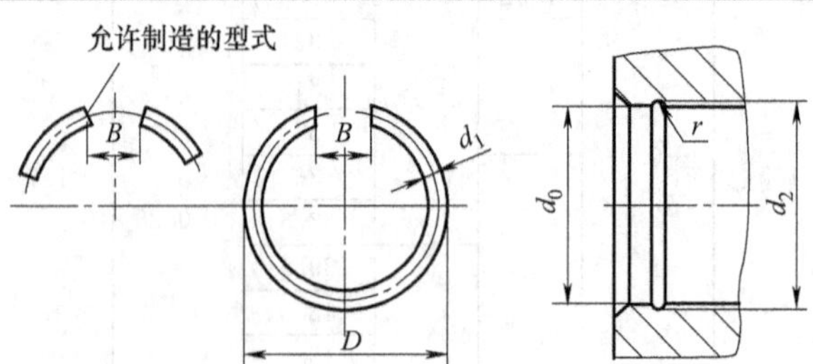

技术条件按 GB/T 959.2—1986 规定

标记示例：

孔径 d_0=40mm、材料为碳素弹簧钢丝、经低温回火及表面氧化处理的孔用钢丝挡圈的标记为：挡圈 GB/T 895.1—1986-40

孔径 d_0	挡圈 D 基本尺寸	挡圈 D 极限偏差	挡圈 d_1	挡圈 $B\approx$	沟槽(推荐) r	沟槽(推荐) d_2 基本尺寸	沟槽(推荐) d_2 极限偏差
7	8.0	−0.22	0.8	4	0.5	7.8	±0.045
8	9.0	0				8.8	
10	11.0	+0.43				10.8	±0.055

续表

孔径 d_0	挡圈				沟槽(推荐)		
	D		d_1	B ≈	r	d_2	
	基本尺寸	极限偏差				基本尺寸	极限偏差
12	13.5	+0.43	1.0	6	0.6	13.0	±0.055
14	15.5					15.0	
16	18.0		1.6	8	0.9	17.6	
18	20.0	+0.52 0				19.6	±0.065
20	22.5		2.0	10	1.1	22.0	±0.105
22	24.5					24.0	
24	26.5					26.0	
25	27.5					27.0	
26	28.5					28.0	
28	30.5	+0.62 0				30.0	
30	32.5					32.0	±0.125
32	35.0	+1.00 0	2.5	12	1.4	34.5	
35	38.0					37.6	
38	41.0					40.6	
40	43.0					42.6	
42	45.0			16		44.5	
45	48.0					47.5	
48	51.0	+1.20 0				50.5	±0.150
50	53.0					52.5	
55	59.0		3.2	20	1.8	58.2	
60	64.0					63.2	
65	69.0					68.2	
70	74.0			25		73.2	
75	79.0					78.2	
80	84.0	+1.40 0				83.2	±0.175
85	89.0					88.2	
90	94.0					93.2	
95	99.0					98.2	
100	104.0			32		103.2	
105	109.0					108.8	
110	114.0					113.2	
115	119.0					118.2	
120	124.0	+1.60 0				123.2	±0.200
125	129.0					128.2	

(5) 轴用钢丝挡圈

轴用钢丝挡圈见表 5-81。

表 5-81 轴用钢丝挡圈（GB/T 895.2—1986） mm

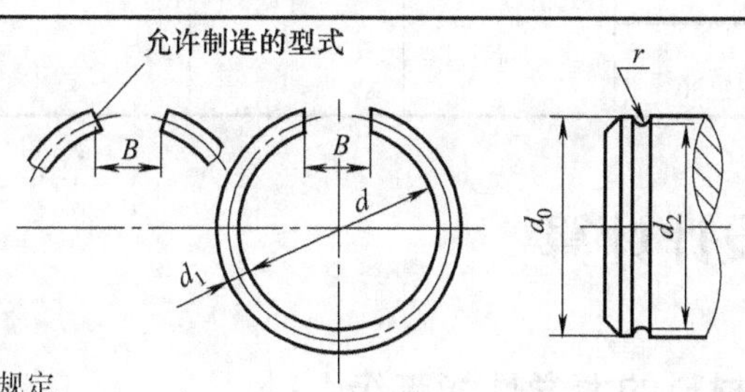

技术条件按 GB/T 959.2—1986 规定

标记示例：

孔径 d_0＝40mm、材料为碳素弹簧钢丝、经低温回火及表面氧化处理的轴用钢丝挡圈的标记为：挡圈 GB/T 895.2—1986-40

续表

<table>
<tr><th rowspan="3">轴径 d_0</th><th colspan="4">挡圈</th><th colspan="3">沟槽(推荐)</th></tr>
<tr><th colspan="2">d</th><th rowspan="2">d_1</th><th rowspan="2">B ≈</th><th rowspan="2">r</th><th colspan="2">d_2</th></tr>
<tr><th>基本尺寸</th><th>极限偏差</th><th>基本尺寸</th><th>极限偏差</th></tr>
<tr><td>4</td><td>3</td><td rowspan="3">0
−0.18</td><td rowspan="3">0.6</td><td rowspan="3">1</td><td rowspan="3">0.4</td><td>3.4</td><td rowspan="3">±0.037</td></tr>
<tr><td>5</td><td>4</td><td>4.4</td></tr>
<tr><td>6</td><td>5</td><td>5.4</td></tr>
<tr><td>7</td><td>6</td><td rowspan="3">0
−0.22</td><td rowspan="3">0.8</td><td rowspan="3">2</td><td rowspan="3">0.5</td><td>6.2</td><td rowspan="3">±0.045</td></tr>
<tr><td>8</td><td>7</td><td>7.2</td></tr>
<tr><td>10</td><td>9</td><td>9.2</td></tr>
<tr><td>12</td><td>10.5</td><td rowspan="5">0
−0.47</td><td rowspan="2">1.0</td><td rowspan="11">3</td><td rowspan="2">0.6</td><td>11.0</td><td rowspan="4">±0.055</td></tr>
<tr><td>14</td><td>12.5</td><td>13.0</td></tr>
<tr><td>16</td><td>14.0</td><td rowspan="2">1.6</td><td rowspan="2">0.9</td><td>14.4</td></tr>
<tr><td>18</td><td>16.0</td><td>16.4</td></tr>
<tr><td>20</td><td>17.5</td><td rowspan="7">2.0</td><td rowspan="7">1.1</td><td>18.0</td><td>±0.09</td></tr>
<tr><td>22</td><td>19.5</td><td rowspan="6">0
−0.52</td><td>20.0</td><td rowspan="6">±0.105</td></tr>
<tr><td>24</td><td>21.5</td><td>22.0</td></tr>
<tr><td>25</td><td>22.5</td><td>23.0</td></tr>
<tr><td>26</td><td>23.5</td><td>24.0</td></tr>
<tr><td>28</td><td>25.5</td><td>26.0</td></tr>
<tr><td>30</td><td>27.5</td><td>28.0</td></tr>
<tr><td>32</td><td>29.0</td><td rowspan="8">2.5</td><td rowspan="11">4</td><td rowspan="8">1.4</td><td>29.5</td></tr>
<tr><td>35</td><td>32.0</td><td rowspan="7">0
−1.00</td><td>32.5</td><td rowspan="7">±0.125</td></tr>
<tr><td>38</td><td>35.0</td><td>35.5</td></tr>
<tr><td>40</td><td>37.0</td><td>37.5</td></tr>
<tr><td>42</td><td>39.0</td><td>39.5</td></tr>
<tr><td>45</td><td>42.0</td><td>42.5</td></tr>
<tr><td>48</td><td>45.0</td><td>45.5</td></tr>
<tr><td>50</td><td>47.0</td><td>47.5</td></tr>
<tr><td>55</td><td>51.0</td><td rowspan="6">0
−1.20</td><td rowspan="16">3.2</td><td rowspan="16">1.8</td><td>51.8</td><td rowspan="6">±0.15</td></tr>
<tr><td>60</td><td>56.0</td><td>56.8</td></tr>
<tr><td>65</td><td>61.0</td><td>61.8</td></tr>
<tr><td>70</td><td>66.0</td><td rowspan="11">5</td><td>66.8</td></tr>
<tr><td>75</td><td>71.0</td><td>71.8</td></tr>
<tr><td>80</td><td>76.0</td><td>76.8</td></tr>
<tr><td>85</td><td>81.0</td><td rowspan="8">0
−1.40</td><td>81.8</td><td rowspan="8">±0.175</td></tr>
<tr><td>90</td><td>86.0</td><td>86.8</td></tr>
<tr><td>95</td><td>91.0</td><td>91.8</td></tr>
<tr><td>100</td><td>96.0</td><td>96.8</td></tr>
<tr><td>105</td><td>101.0</td><td>101.8</td></tr>
<tr><td>110</td><td>106.0</td><td>106.8</td></tr>
<tr><td>115</td><td>111.0</td><td>111.8</td></tr>
<tr><td>120</td><td>116.0</td><td>116.8</td></tr>
<tr><td>125</td><td>121.0</td><td>0
−1.60</td><td>121.8</td><td>±0.20</td></tr>
</table>

5.4 螺纹连接设计计算

5.4.1 螺纹连接常用材料的力学性能等级

螺纹连接常用材料的力学性能等级见表 5-82～表 5-84。

表 5-82 螺栓（螺钉、螺柱）的性能等级（GB/T 3098.1—2010）

项目		性能等级①										
		3.6	4.6	4.8	5.6	5.8	6.8	8.8 $d \leqslant 16$mm	8.8 $d>16$mm	9.8	10.9	12.9
公称抗拉强度 σ_b/MPa		300	400		500		600	800		900	1000	1200
最小抗拉强度 σ_{bmin}/MPa		330	400	420	500	520	600	800	830	900	1040	1220
维氏硬度(HV) $F \geqslant 98$N	min	95	120	130	155	160	190	250	255	290	320	385
	max	220					250	320	335	360	380	435
布氏硬度(HBS) $F=30D^2$	min	90	114	124	147	152	181	238	242	276	304	366
	max	209					238	304	318	342	361	414
洛氏硬度(HRC)	min	—	—	—	—	—	—	22	23	28	32	39
	max	—	—	—	—	—	—	32	34	37	39	44
屈服强度 σ_s 或非比例伸长应力 $\sigma_{0.2}$②	公称	180	240	320	300	400	480	640	640	720	900	1080
	min	190	240	340	300	420	480	640	660	720	940	1080
保证应力	S_p/MPa	180	225	310	280	380	440	580	600	720	830	970
	S_p/σ_s 或 $S_p/\sigma_{0.2}$	0.94	0.94	0.91	0.93	0.90	0.92	0.91	0.91	0.90	0.88	0.88
冲击吸收功		—	—	—	25	—	—	30	30	25	20	15

① 性能等级小数点前的数字代表材料公称抗拉强度的 1/100，小数点后的数字代表材料的屈服强度（σ_s）或非比例伸长应力（$\sigma_{0.2}$）与公称抗拉强度（σ_b）之比的 10 倍（$10\sigma_s/\sigma_b$）。

② 3.6～6.8 级为 σ_s，8.8～12.9 级为 $\sigma_{0.2}$。

注：推荐材料：3.6 级—低碳钢；4.6～6.8 级—低碳钢或中碳钢；8.8、9.8 级—低碳合金钢，中碳钢，淬火并回火；10.9 级—中碳钢，低、中碳合金钢，合金钢，淬火并回火；12.9 级—合金钢淬火并回火。

表 5-83 适合各种力学性能等级的材料及热处理（GB/T 3098.1—2010）

性能等级	材料和热处理	化学成分/% C min	C max	P max	S max	B① max	回火温度/℃ min
3.6②	碳钢	—	0.20	0.05	0.06	0.003	—
4.6②		—	0.55	0.05	0.06	0.003	—
4.8②							
5.6		0.13	0.55	0.05	0.06	0.003	—
5.8②		—	0.55	0.05	0.06		
6.8②							
8.8③	低碳合金钢(如硼、锰或铬),淬火并回火	0.15④	0.04	0.035	0.035	0.003	425
	中碳钢,淬火并回火	0.25	0.55	0.035	0.035		
9.8	低碳合金钢(如硼、锰或铬),淬火并回火	0.15④	0.35	0.035	0.035	0.003	425
	中碳钢,淬火并回火	0.25	0.55	0.035	0.035		
10.9⑤⑥	低碳合金钢(如硼、锰或铬),淬火并回火	0.15④	0.35	0.035	0.035	0.003	340
10.9⑥	中碳钢,淬火并回火	0.25	0.55	0.035	0.035	0.003	425
	低、中碳合金钢(如硼、锰或铬),淬火并回火	0.20④	0.55	0.035	0.035		
	合金钢,淬火并回火⑦	0.20	0.55	0.035	0.035	0.003	
12.9⑥⑧⑨	合金钢,淬火并回火⑦	0.28	0.50	0.035	0.035	0.003	380

① 硼的质量分数可达 0.005%，其非有效硼可由添加钛和（或）铝控制。

② 这些性能等级允许采用易切钢制造，其硫、磷及铅的最大质量分数为：硫 0.34%；磷 0.11%；铅 0.35%。

③ 为保证良好的淬透性，螺纹直径超过 20mm 的紧固件，需采用 10.9 级规定的钢。

④ 含碳量低于 0.25%（桶样分析）的低碳硼合金钢的锰最低含量为：8.8 级，0.6%；9.8、10.9 和 10.9 级，0.7%。

⑤ 该产品应在性能等级代号下增加一横线标志。10.9 级应符合标准对 10.9 级规定的所有性能，而较低的回火温度对其在提高温度的条件下，将造成不同程度的应力削弱。

⑥ 用于该性能等级的材料应具有良好的淬透性，以保证紧固件螺纹截面的心部在淬火后、回火前获得约 90%的马氏体组织。

⑦ 合金钢至少应含有以下元素中的一种元素，其最小质量分数为：铬 0.30%，镍 0.30%，钼 0.20%，钒 0.10%。

⑧ 考虑承受抗拉应力，12.9 级的表面不允许有金相能测出的白色磷聚集层。

⑨ 该化学成分和回火温度尚在调查研究中。

表 5-84 相配螺母的性能等级（GB/T 3098.2—2015）

螺母性能等级	相配的螺栓、螺钉和螺柱		螺母	
			1型	2型
	性能等级	螺纹规格范围	螺纹规格范围	
4	3.6、4.6、4.8	>M16	>M16	—
5	3.6、4.6、4.8	≤M16	≤M39	—
	5.6、5.8	≤M39		
6	6.8	≤39	≤39	—
8	8.8	≤39	≤39	≤M16 ≤M39
9	9.8	≤M16	—	≤M16
10	10.9	≤M39	≤M39	—
12	12.9	≤M39	M16	≤M39

注：1. 一般来说，性能等级较高的螺母，可以替换性能等级较低的螺母。螺栓-螺母组合件的应力高于螺栓的屈服强度或保证应力。

2. 螺母的标记代号表示：标记的数等于与螺母相配的螺栓或螺钉的最小抗拉强度（MPa）的 1/100。该螺栓或螺钉与螺母相配时，承受的载荷能达到最小屈服应力。例如：8.8 级螺栓或螺钉与 8 级螺母相配，其承载能力可达到螺栓或螺钉的最小屈服应力。

5.4.2 螺纹连接类型及防松方法

螺纹连接类型及防松方法见表 5-85 和表 5-86。

表 5-85 螺纹连接的主要类型

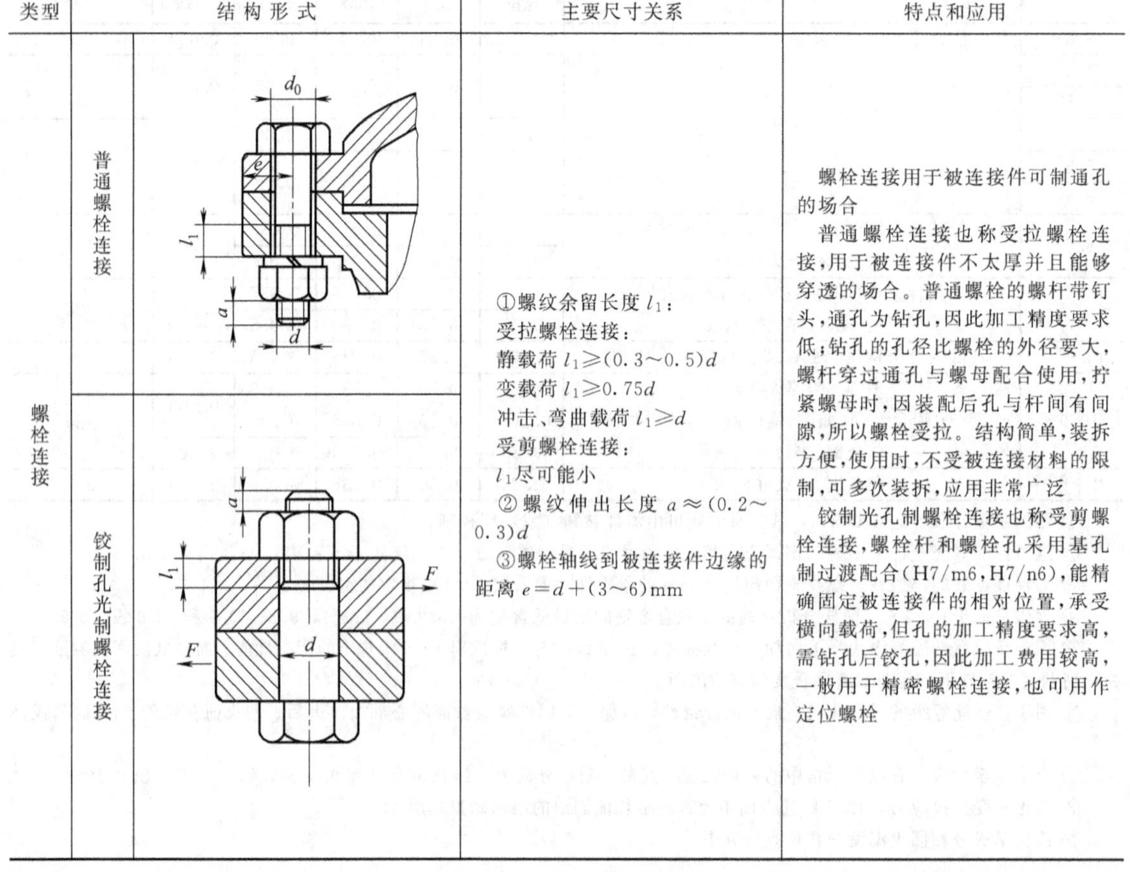

类型	结构形式		主要尺寸关系	特点和应用
螺栓连接	普通螺栓连接		①螺纹余留长度 l_1： 受拉螺栓连接： 静载荷 $l_1 \geqslant (0.3 \sim 0.5)d$ 变载荷 $l_1 \geqslant 0.75d$ 冲击、弯曲载荷 $l_1 \geqslant d$ 受剪螺栓连接： l_1尽可能小 ② 螺纹伸出长度 $a \approx (0.2 \sim 0.3)d$ ③螺栓轴线到被连接件边缘的距离 $e = d + (3 \sim 6)$mm	螺栓连接用于被连接件可制通孔的场合 普通螺栓连接也称受拉螺栓连接，用于被连接件不太厚并且能够穿透的场合。普通螺栓的螺杆带钉头，通孔为钻孔，因此加工精度要求低；钻孔的孔径比螺栓的外径要大，螺杆穿过通孔与螺母配合使用，拧紧螺母时，因装配后孔与杆间有间隙，所以螺栓受拉。结构简单，装拆方便，使用时，不受被连接材料的限制，可多次装拆，应用非常广泛 铰制光孔制螺栓连接也称受剪螺栓连接，螺栓杆和螺栓孔采用基孔制过渡配合（H7/m6，H7/n6），能精确固定被连接件的相对位置，承受横向载荷，但孔的加工精度要求高，需钻孔后铰孔，因此加工费用较高，一般用于精密螺栓连接，也可用作定位螺栓
	铰制孔光制螺栓连接			

续表

类型	结构形式	主要尺寸关系	特点和应用
螺钉连接	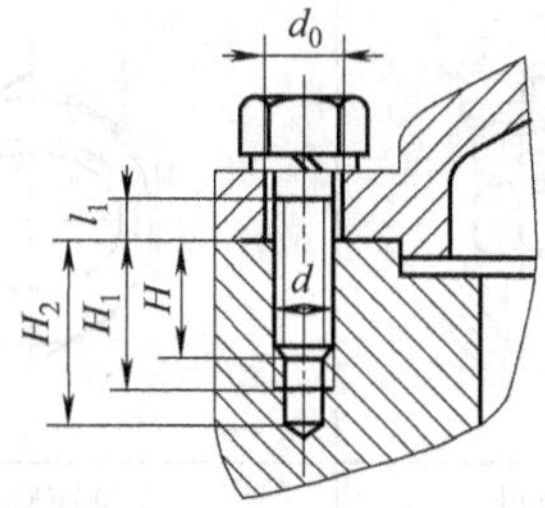	①螺纹旋入深度 H： 钢或青铜 $H \approx d$ 铸铁 $H \approx (1.25 \sim 1.5)d$ 铝合金 $H \approx (1.5 \sim 2.5)d$ ②螺纹孔深度 $H_1 \approx H + (2 \sim 2.5)P$ ③钻孔深度 $H_2 \approx H_1 + (0.5 \sim 1)d$ 式中　P——螺距 l_1、a、e 同上	螺钉连接不用螺母，直接将螺钉拧入被连接件的螺纹孔内。螺钉连接适于被连接件之一较厚（此件上带螺纹孔）的场合，但是由于经常拆卸容易使螺纹孔损坏，所以用于不需经常装拆的地方或受载较小的情况
双头螺钉连接	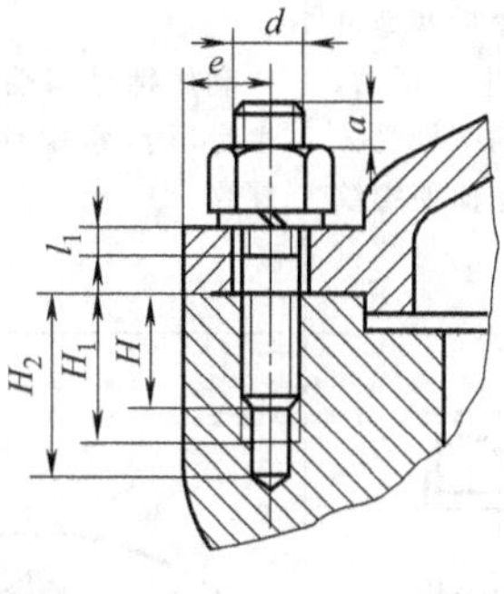		双头螺钉连接适于被连接件之一较厚（此件上带螺纹孔）的场合。双头螺钉的螺杆两端无钉头，但均有螺纹，装配时一端旋入被连接件，另一端配以螺母。适用于被连接件之一较厚并且经常拆卸的场合，因为拆装时只需拆螺母，而不将双头螺钉从被连接件中拧出，因此可以保证被连接件的内螺纹不被破坏
紧定螺钉连接	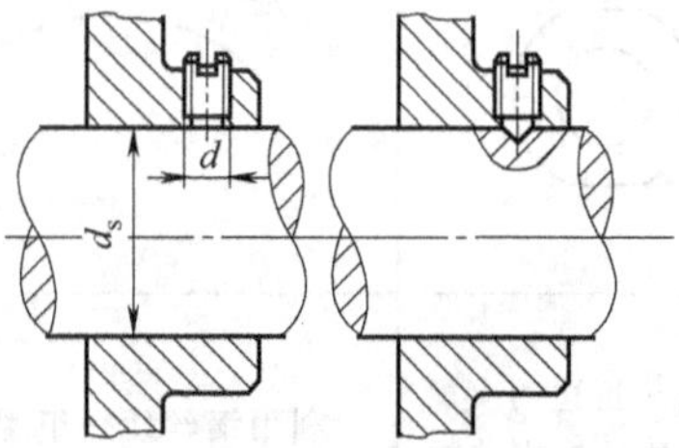	$d \approx (0.2 \sim 0.3)d_s$ 式中　d_s——轴颈，转矩大时取大值	紧定螺钉拧入后，利用杆末端顶住另一零件表面或旋入零件相应的缺口中以固定零件的相对位置。可传递不大的轴向力或转矩，多用于轴上零件的固定
地脚螺栓连接	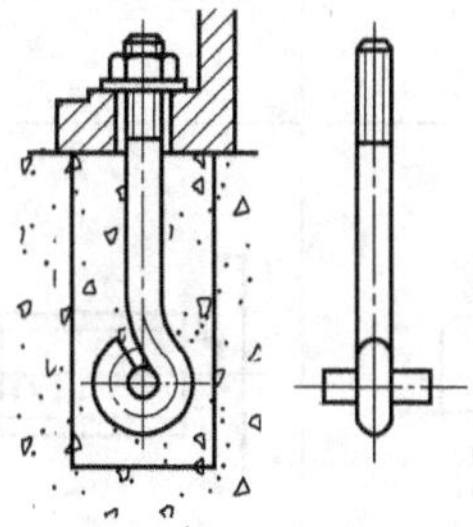	地脚螺栓连接也有好多种类型，详见 GB/T 799—1988 或 GB/T 15839—1994 等	机座或机架固定在地基上，需要特殊螺钉，即地脚螺钉，其头部为钩型结构，预埋在水泥地基中，连接时将机座或机架的地脚螺栓孔置于地脚螺栓露出的螺栓杆中，然后再用螺母固定
吊环螺栓连接	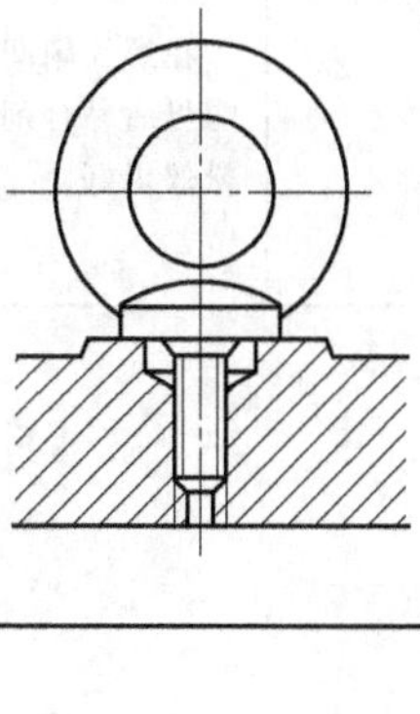	分为 A 型（如图所示：无退刀槽）和 B 型（有退刀槽）两种结构，详见 GB/T 825—1998	吊环螺栓连接通常用于机器的大型顶盖或外壳的吊装用，例如减速器的上箱体，为了吊装方便，可用吊环螺钉连接

表 5-86 常用防松方法举例

防松方法	防松原理、特点	防松实例		
摩擦防松	使螺纹副中产生不随外载荷变化的纵向或横向的压紧力，因此始终有摩擦力矩防止螺纹副相对转动。压力可由螺纹副纵向或横向压紧而产生 结构简单，使用方便，但由于摩擦力受到限制，因此在受冲击、振动时防松效果受到影响，常用于一般不重要的连接	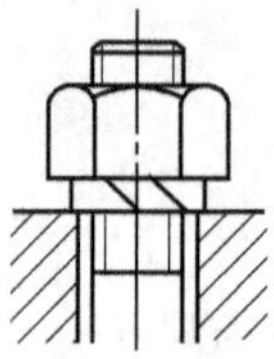	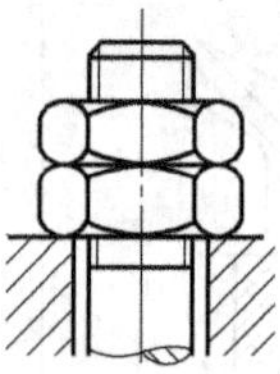	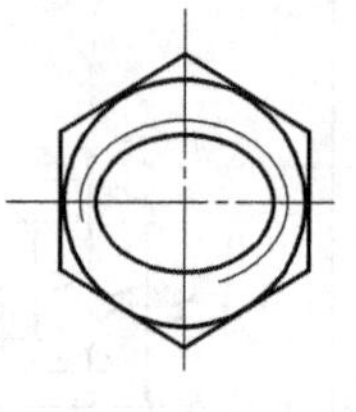
		弹簧垫圈	对顶螺母	金属锁紧螺母
		利用拧紧螺母拧紧时，垫圈被压平后的弹性力，使螺纹副纵向压紧	上螺母拧紧后两螺母对顶面上产生对顶力，使旋合部分的螺杆受拉而螺母受压从而使螺纹副纵向压紧	利用螺母末端椭圆口的弹性变形箍紧螺栓，横向压紧螺纹
机械防松	利用便于更换的金属元件，靠元件的形状和结构约束螺旋副间的相对转动 使用方便，防松安全可靠	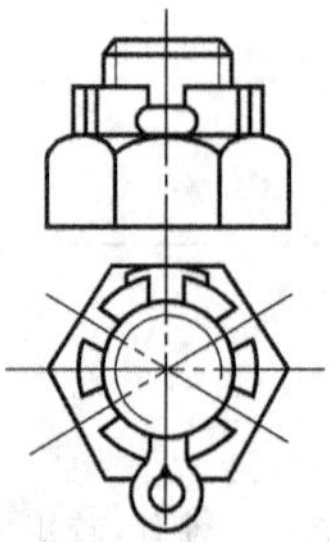	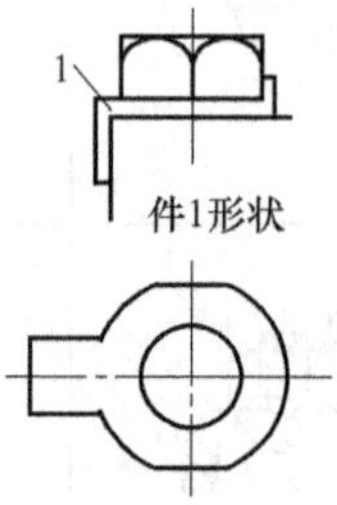	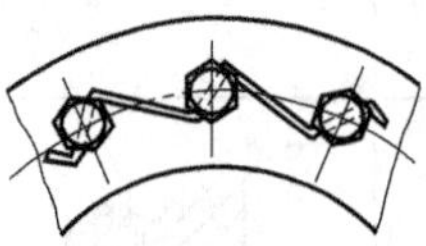
		槽形螺母拧紧后用开口销插入螺母槽与螺栓尾部的小孔中，并将销尾部掰开，阻止螺母与螺杆的相对运动	将垫片 1 折边约束螺母，而自身又折边被约束在被连接件上，使螺母不能转动	利用钢丝使一组螺栓头部互相制约，当有松动趋势时，金属丝更加拉紧
破坏螺纹副关系	将螺纹副转换为非运动副，从而排除螺纹副之间相对运动的可能性，但是属于不可拆连接	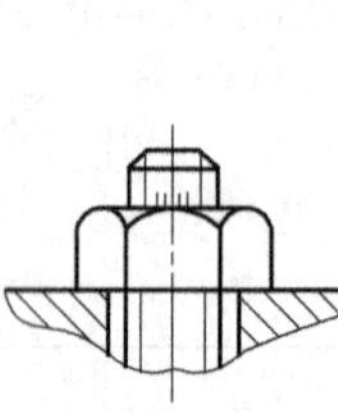 焊住	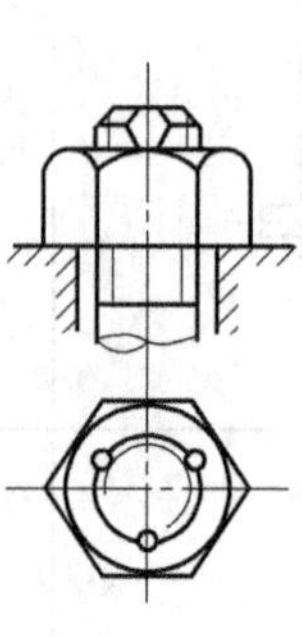 冲点	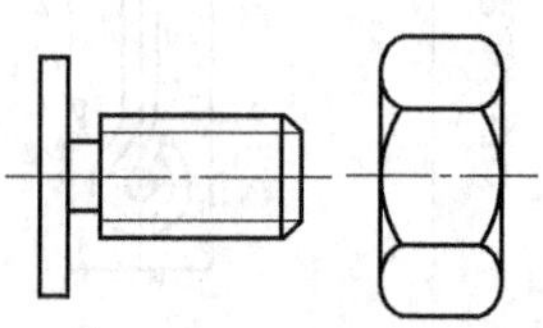 粘接 在螺纹副间涂黏合剂，拧紧螺母后黏合剂能自动固化，防松效果好

5.4.3 螺栓连接的受力分析与强度计算

螺栓连接的受力分析与强度计算见表 5-87。

表 5-87 螺栓连接的受力分析与强度计算

受拉螺栓					受剪螺栓	
松螺栓连接	紧螺栓连接					
	螺栓只受预紧力		螺栓受预紧力和工作载荷			
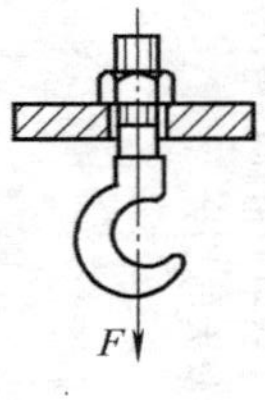	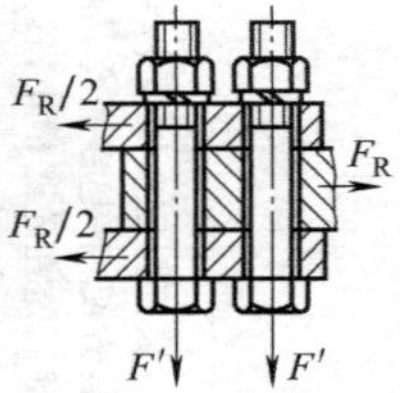	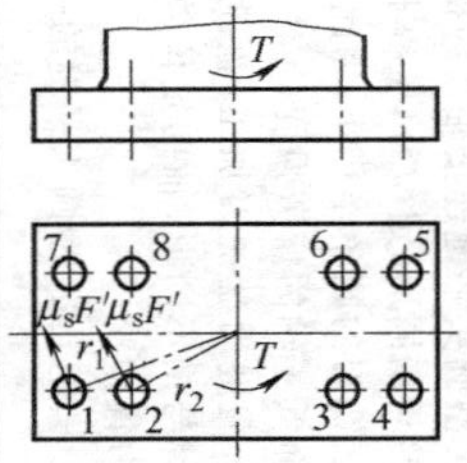	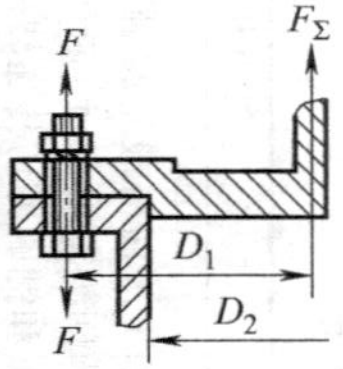	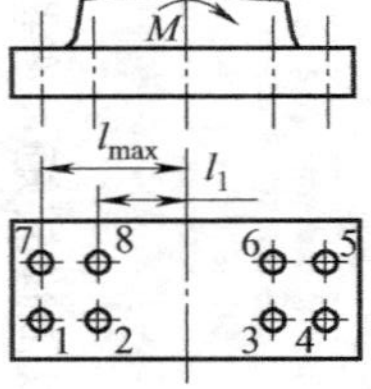	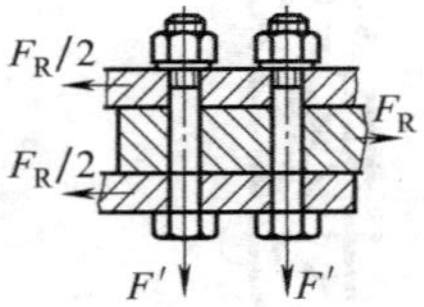	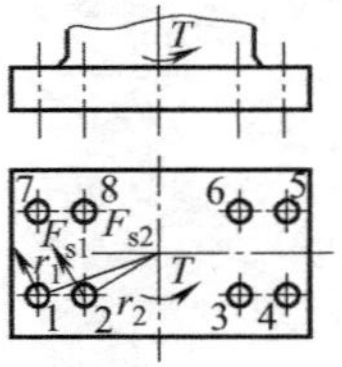
强度条件 $\frac{4F}{\pi d_1^2}\leqslant[\sigma]$	强度条件 $\frac{4\times1.3F'}{\pi d_1^2}\leqslant[\sigma]$		强度条件 $\frac{F_\Sigma}{A_S}+\frac{F_\Sigma D_1}{W}\leqslant[\sigma]$ A_S——螺纹危险截面积，mm^2 W——螺纹危险截面系数 D_1——偏心距，mm	强度条件 $\frac{4\times1.3F_{max}}{\pi d_1^2}\leqslant[\sigma]$ $F_{max}=\frac{Ml_{max}}{\sum_{i=1}^{Z}l_i^2}$ 连接应预紧，受载后，接合面不允许开缝和压溃 Z——螺栓数目	强度条件 $F_R\leqslant dh[\sigma]_P$ $\frac{4F_S}{\pi d^2 m}\leqslant[\tau]$ h——受挤压螺栓杆的长度	
螺栓只受外载荷 F(拉伸载荷)	$F'=\frac{K_fF_R}{\mu_s mZ}$ K_f——防滑系统，$K_f=1.1\sim1.3$ μ_s——接合面的摩擦因数 m——接合面对数 Z——螺栓数目	$F'=\frac{K_fT}{\mu_s\sum_{i=1}^{Z}r_i}$ K_f——防滑系数，$K_f=1.1\sim1.3$ μ_s——接合面的摩擦因数			$F_S=\frac{F_R}{Z}$	$F_{Smax}=\frac{Tr_{max}}{\sum_{i=1}^{Z}r_i^2}$ 若当： $r_1=r_2=\cdots=r_z=r$ 时， 则有： $F_S=\frac{T}{Zr}$ Z——螺栓数目

第6章 键、花键、销及过盈连接

6.1 键连接

6.1.1 键连接的类型、特点及应用

键连接主要用于轴和轴上回转零件之间的圆周向固定以传递转矩，有些类型的键也可实现轴上零件的轴向固定或实现轴向移动的导向。键连接的类型、特点及应用见表6-1。

表6-1 键连接的类型、特点及应用

<table>
<tr><th>类型</th><th colspan="2">结 构</th><th>特点和应用</th></tr>
<tr><td rowspan="4">平键</td><td>普通平键</td><td></td><td rowspan="2">键的上表面与毂不接触，有间隙；侧面与轴槽及轮毂槽间为配合尺寸；两侧面为工作面，靠键与槽的挤压和键的剪切传递转矩，属于静连接。薄型平键应用于薄壁结构和传递力矩较小的传动
A型圆头平键连接轴上的槽用指状铣刀加工，因此键与槽同形，定位好，工程上最常用。但是，由于指状铣刀的圆角半径小，因此轴槽的应力集中较大地降低了轴的疲劳强度
B型键用盘铣刀加工，盘铣刀的圆角半径大，因此键与槽不同形，轴向定位效果不好，但是轴槽的应力集中小
C型键是A型圆头平键的一部分，用于轴端</td></tr>
<tr><td>薄型平键</td><td>A型 B型 C型</td></tr>
<tr><td>导向平键</td><td>导向平键</td><td rowspan="2">键用螺钉固定在轴槽中，键不动，轮毂轴向移动，为拆装方便，有起键螺孔，导向平键连接为动连接
滑键固定在轮毂槽中，轴上零件能带着键做轴向移动，也为动连接
导向平键用于轴上零件轴向移动量不大的场合，如变速器中的滑移齿轮；滑键用于轴上零件轴向移动量较大的场合</td></tr>
<tr><td>滑键</td><td>滑键</td></tr>
</table>

续表

类型	结构	特点和应用
半圆键连接	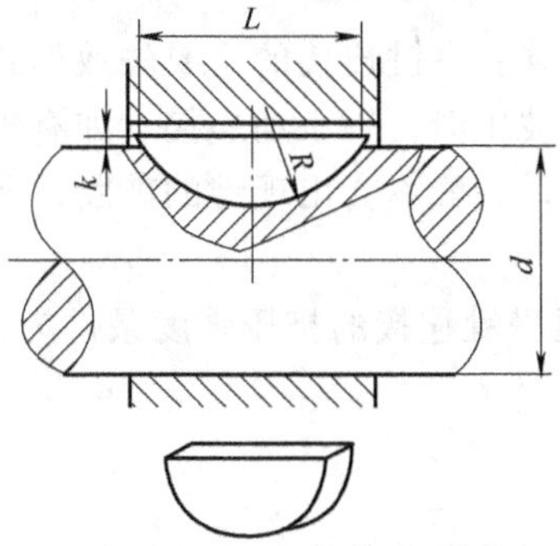 L, k, R, d	轴槽用与半圆键形状相同的铣刀加工,键能在槽中绕几何中心摆动,键的侧面为工作面,工作时靠其侧面的挤压来传递转矩。半圆键连接的优点是工艺性好,装配方便 适用于锥形轴与轮毂的连接;其缺点是轴槽对轴的强度削弱较大,只适用于轻载连接。
楔键连接	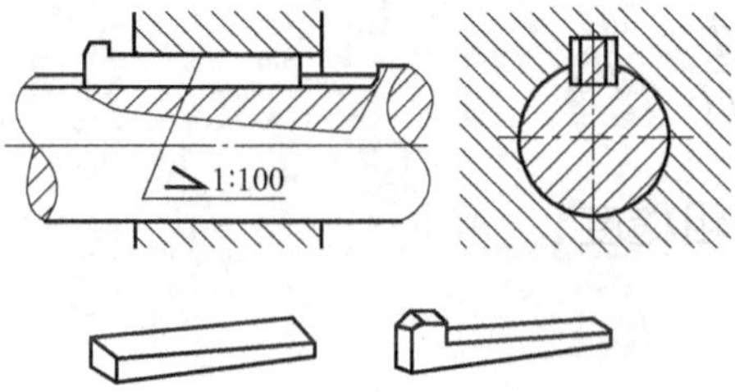 1:100 普通型楔键　钩头型楔键	楔键连接靠键的上、下表面与轮毂孔及轴槽之间楔紧产生的摩擦力传递转矩,并可传递小部分单向轴向力。楔键分为普通型楔键和钩头型楔键两种,普通型楔键又有圆头、方头及单圆头三种。楔键上、下面为工作表面,有 1∶100 的斜度(侧面有间隙),适用于低速轻载、精度要求不高的场合。这种连接的对中性较差,有偏心,不宜用于高速和精度要求高的连接,变载下易松动。钩头型楔键只用于轴端连接,且应加保护罩,如在中间使用,则键槽应比键长 2 倍才能装入
切向键连接	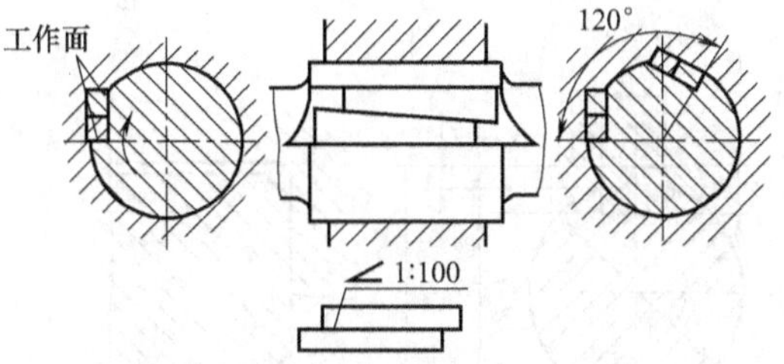 工作面　120° 1:100	切向键连接是由两个斜度为 1∶100 的楔键组成的,靠工作面与轴及轮毂相挤压来传递转矩。切向键的上、下面为工作面,布置在圆周的切向上。一个切向键连接只能单向传动,如果要求双向传动,必须使用两个切向键且呈 120°布置,以避免严重削弱轴与轮毂的强度。因为键槽对轴的强度削弱较大,因此适用于 $d>100$mm 的轴,且应在对中要求不高时采用
花键连接	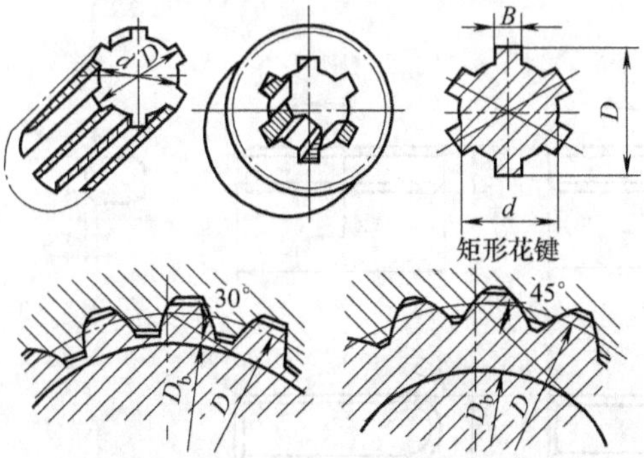 D　B　D　d 矩形花键 30°　D_b　D　45°　D_b　D 渐开线花键　细齿渐开线花键	花键连接是由带有多个纵向键齿的轴(外花键)与轮毂孔(内花键)组成的。花键可视为由多个平键组成,键齿侧面为工作面,依靠内、外花键齿侧面的相互挤压传递转矩,根据齿形可分为矩形花键、渐开线花键。花键可用于静连接,也可用于动连接

6.1.2 键的选择与键连接的强度计算

键是标准零件。键连接设计的主要任务是键的类型选择和尺寸选择。键的类型应根据键连接的结构特点、使用要求和工作条件来选择；键的尺寸则按标准规格、结构尺寸及强度要求来确定。键的主要尺寸为其截面尺寸（键宽 b 和键高 h）和键长 L。键的截面尺寸一般按轴的直径由标准中选取，普通平键的长度一般按轮毂的长度来确定，即键长等于或略短于轮毂的长度；导向平键的长度按轮毂的长度及其滑移距离来确定，即等于或略短于两者之和。键的长度应符合标准长度系列。

键连接的强度校核根据其主要失效形式进行强度计算。平键连接的主要失效形式：用于静连接的普通平键连接的主要失效形式是较弱零件工作面被压溃；用于动连接（如有轴向滑移的导向平键等）时，主要失效形式是磨损。除非严重过载，一般不会出现键的剪断，所以一般不需要作剪切强度计算。

若设切向载荷 F 在键的工作侧面均匀分布，则普通平键连接的挤压强度条件为：

$$\sigma_{\mathrm{p}}=\frac{4T}{dhl}\leqslant[\sigma_{\mathrm{p}}]$$

导向平键或滑键连接（动连接）防止过量磨损的限压强度条件为：

$$p=\frac{4T}{dhl}\leqslant[p]$$

6.1.3 键连接的尺寸、公差配合和表面粗糙度

(1) 普通平键

普通平键见表 6-2～表 6-4。

表 6-2 普通平键及键槽尺寸与公差（GB/T 1095—2003、GB/T 1096—2003） mm

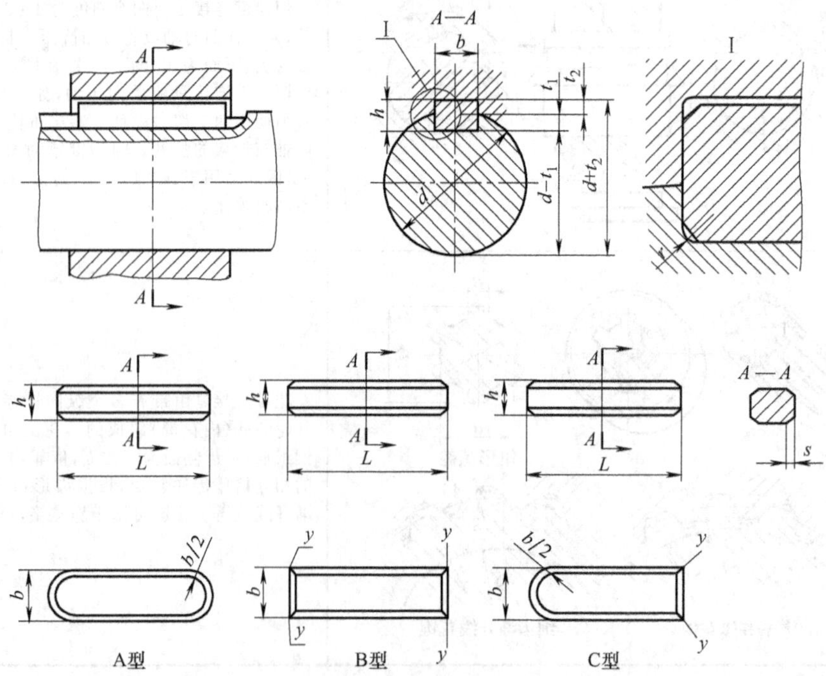

标记示例：

宽度 $b=16$mm、高度 $h=10$mm、长度 $L=100$mm 的普通 A 型平键的标记为：GB/T 1096 键 16×10×100

宽度 $b=16$mm、高度 $h=10$mm、长度 $L=100$mm 的普通 B 型平键的标记为：GB/T 1096 键 B 16×10×100

宽度 $b=16$mm、高度 $h=10$mm、长度 $L=100$mm 的普通 C 型平键的标记为：GB/T 1096 键 C 16×10×100

续表

键尺寸 $b\times h$	键槽											
	宽度 b						深度				半径 r	
	基本尺寸	极限偏差					轴 t_1		毂 t_2			
		正常连接		紧密连接	松连接		公称尺寸	极限偏差	公称尺寸	极限偏差		
		轴	毂	轴和毂	轴	毂					min	max
2×2	2	−0.004 −0.029	±0.0125	−0.006 −0.031	+0.025 0	+0.060 +0.020	1.2	+0.1 0	1.0	+0.1 0	0.08	0.16
3×3	3						1.8		1.4			
4×4	4	0 −0.030	±0.015	−0.012 −0.042	+0.030 0	+0.078 +0.030	2.5		1.8			
5×5	5						3.0		2.3		0.16	0.25
6×6	6						3.5	+0.2 0	2.8			
8×7	8	0 −0.036	±0.018	−0.015 −0.051	+0.036 0	+0.098 +0.040	4.0		3.3	+0.2 0		
10×8	10						5.0		3.3		0.25	0.40
12×8	12	0 −0.043	±0.0215	−0.018 −0.061	+0.043 0	+0.120 +0.050	5.0		3.3			
14×9	14						5.5		3.8			
16×10	16						6.0		4.3			
18×11	18						7.0		4.4			
20×12	20	0 −0.052	±0.026	−0.022 −0.074	+0.052 0	+0.149 +0.065	7.5	+0.2 0	4.9	+0.2 0	0.40	0.60
22×14	22						9.0		5.4			
25×14	25						9.0		5.4			
28×16	28						10.0		6.4			
32×18	32	0 −0.062	±0.031	−0.026 −0.088	+0.062 0	+0.180 +0.080	11.0		7.4			
36×20	36						12.0	+0.3 0	8.4	+0.3 0	0.70	1.00
40×22	40						13.0		9.4			
45×25	45						15.0		10.4			
50×28	50						17.0		11.4			
56×32	56	0 −0.074	±0.037	−0.032 −0.106	+0.074 0	+0.220 +0.100	20.0		12.4		1.20	1.60
63×32	63						20.0		12.4			
70×36	70						22.0		14.4			
80×40	80						25.0		15.4		2.00	2.50
90×45	90	0 −0.087	±0.0435	−0.037 −0.124	+0.087 0	+0.260 +0.120	28.0		17.4			
100×50	100						31.0		19.5			

注：1. 在工作图中，轴槽深用（$d-t_1$）或 t_1标注，轮毂槽深用（$d+t_2$）标注。（$d-t_1$）和（$d+t_2$）尺寸偏差按相应的 t_1和 t_2的偏差选取，但（$d-t_1$）的偏差取负号“—”。

2. 普通型平键的尺寸应符合 GB/T 1096—2003 的规定。

3. 导向型平键的尺寸应符合 GB/T 1097—2003 的规定。

4. 导向型平键的轴槽与轮毂槽用较松键连接的公差。

5. 平键轴槽的长度公差用 H14。

6. 轴槽及轮毂槽的宽度 b 对轴及轮毂轴线的对称度，一般可按 GB/T 1184—1996 表 B4 中对称度公差 7～9 级选取。

7. 键槽的表面粗糙度一般规定：轴槽、轮毂槽两侧面的表面粗糙度参数 Ra 值推荐为 1.6～3.2μm，轴槽底面、轮毂槽底面的表面粗糙度参数 Ra 值为 6.3μm。

表 6-3 薄型平键及键槽尺寸与公差（GB/T 1567—2003） mm

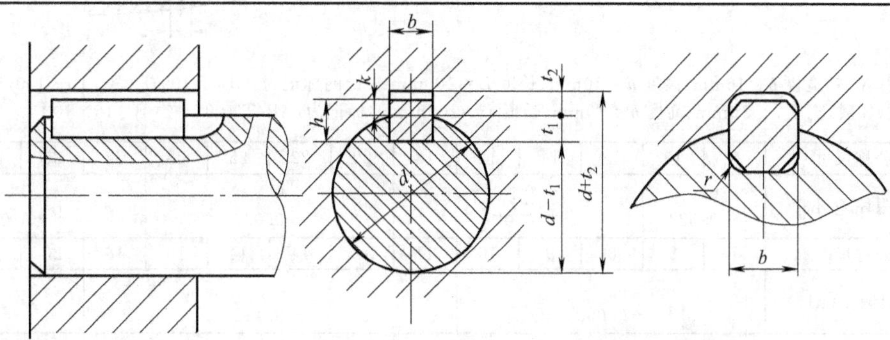

标记示例：

平头薄型平键(B 型)宽度 b=10mm、高度 h=6mm、长度 L=80mm，标记为：GB/T 1567 键 B 10×60×8(A 型不标“A”)

续表

键尺寸 $b\times h$	键槽											
	宽度 b						深度				半径 r	
	基本尺寸	极限偏差					轴 t_1		毂 t_2			
		正常连接		紧密连接	松连接		公称尺寸	极限偏差	公称尺寸	极限偏差		
		轴	毂	轴和毂	轴	毂					min	max
5×3	5	0 −0.030	±0.015	−0.012 −0.042	+0.030 0	+0.078 +0.030	1.8	+0.1 0	2.3	+0.1 0	0.16	0.25
6×4	6						2.5		2.8			
8×5	8	0 −0.036	±0.018	−0.015 −0.051	+0.036 0	+0.098 +0.040	3.0		3.3			
10×6	10						3.5		3.3		0.25	0.40
12×6	12	0 −0.043	±0.0215	−0.018 −0.061	+0.043 0	+0.120 +0.050	3.5		3.3			
14×6	14						3.5		3.8			
16×7	16						4.0	+0.2 0	4.3	+0.2 0		
18×7	18						4.0		4.4			
20×8	20	0 −0.052	±0.026	−0.022 −0.074	+0.052 0	+0.149 +0.065	5.0		4.9		0.40	0.60
22×9	22						5.5		5.4			
25×9	25						5.5		5.4			
28×10	28						6.0		6.4			
32×11	32	0 −0.062	±0.031	−0.026 −0.088	+0.062 0	+0.180 +0.080	7.0		7.4			
36×12	36						7.5		8.4		0.70	1.00

注：1. 薄型平键的尺寸应符合 GB/T 1567 的规定。

2. 薄型平键的轴槽长度公差用 H14。

3. 轴槽及轮毂槽的宽度 b 对轴及轮载轴心线的对称度，一般可按 GB/T 1184—1996 表 B4 中的对称度公差 7～9 级选取。

4. 键槽表面粗糙度一般规定：轴槽、轮毂槽的键槽宽度 b 两侧面粗糙度参数按 GB/T 1031，选 Ra 值为 1.6～3.2μm；轴槽底面、轮毂槽底面的表面粗糙度参数按 GB/T 1031，选 Ra 值为 6.3μm。

5. 由轴径确定键宽和键高以及选择键长可参考 GB/T 1096—2003 中的附表 B1-2。

表 6-4 导向型平键（GB/T 1097—2003）

mm

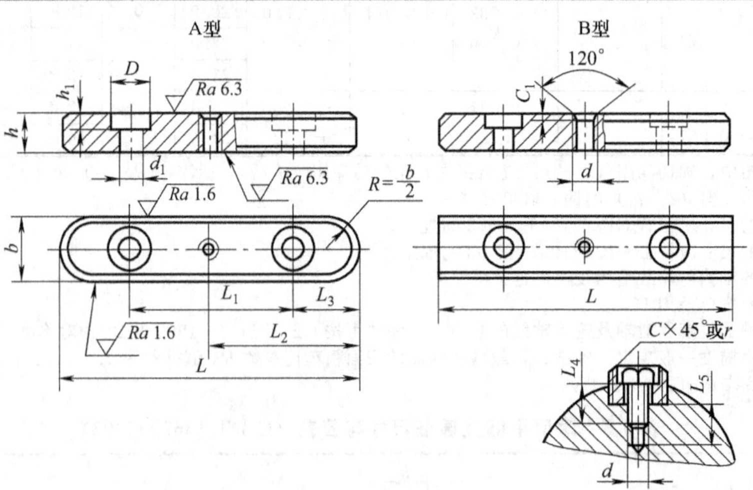

标记示例：

圆头导向键(A 型)宽度 b=16mm、高度 h=10mm、长度 L=100mm 平键的标记为:GB/T 1097 键 16×100

平头导向键(B 型)宽度 b=16mm、高度 h=10mm、长度 L=100mm 的标记为:GB/T 1097 键 B 16×100

b	公称尺寸	8	10	12	14	16	18	20	22	25	28	32	36	40	45
	极限偏差(h8)	0 −0.022		0 −0.027				0 −0.033				0 −0.039			
h	公称尺寸	7	8	8	9	10	11	12	14	14	16	18	20	22	25
	极限偏差(h11)	0 −0.090					0 −0.110						0 −0.130		
C 或 r		0.25～0.40	0.40～0.60					0.60～0.80					1.00～1.20		

续表

h_1				2.4		3.0	3.5		4.5			6		7	8		
d				M3		M4	M5		M6			M8		M10	M12		
d_1				3.4		4.5	5.5		6.6			9		11	14		
D				6		8.5	10		12			15		18	22		
C_1				0.3		0.5									1.0		
L_5				7	8	10			12			15		18	22		
螺钉($d \times L_4$)				M3×8	M3×10	M4×10	M5×10		M6×12		M6×16	M8×16		M10×20	M12×25		
L	L_1	L_2	L_3														
25	13	12.5	6			—	—	—	—	—	—	—	—	—	—	—	—
28	14	14	7				—	—	—	—	—	—	—	—	—	—	—
32	16	16	8				—	—	—	—	—	—	—	—	—	—	—
36	18	18	9					—	—	—	—	—	—	—	—	—	—
40	20	20	10					—	—	—	—	—	—	—	—	—	—
45	23	22.5	11						—	—	—	—	—	—	—	—	—
50	26	25	12							—	—	—	—	—	—	—	—
56	30	28	13								—	—	—	—	—	—	—
63	35	31	14									—	—	—	—	—	—
70	40	35	15				标准						—	—	—	—	—
80	48	40	16											—	—	—	—
90	54	45	18												—	—	—
100	60	50	20	—													—
110	66	55	22	—						长度							
125	75	62	25	—	—												
140	80	70	30	—	—												
160	90	80	35	—	—	—											
180	100	90	40	—	—	—	—							范围			
200	110	100	45	—	—	—	—	—									
220	120	110	50	—	—	—	—	—	—								
250	140	125	55	—	—	—	—	—	—	—							
280	160	140	60	—	—	—	—	—	—	—	—						
320	180	160	70	—	—	—	—	—	—	—	—	—					
360	200	180	80	—	—	—	—	—	—	—	—	—	—				
400	220	200	90	—	—	—	—	—	—	—	—	—	—	—			
450	250	225	100	—	—	—	—	—	—	—	—	—	—	—	—	—	

注：1. 导向型平键的技术条件应符合 GB/T 1568 的规定。

2. 键槽的尺寸应符合 GB/T 1095—2003《键和键槽的剖面尺寸》的规定。

3. 当键长大于 450mm 时，其长度应按 GB/T 321—2005《优先数和优先数系》的 R20 系列选取。为减小由于直线度而引起的问题，键长应小于 10 倍的键宽。

4. 固定用螺钉应按 GB/T 65—2000《开槽圆柱螺钉》的规定。

(2) 半圆键

半圆键见表 6-5 和表 6-6。

表 6-5 半圆键尺寸与公差（GB/T 1099.1—2003） mm

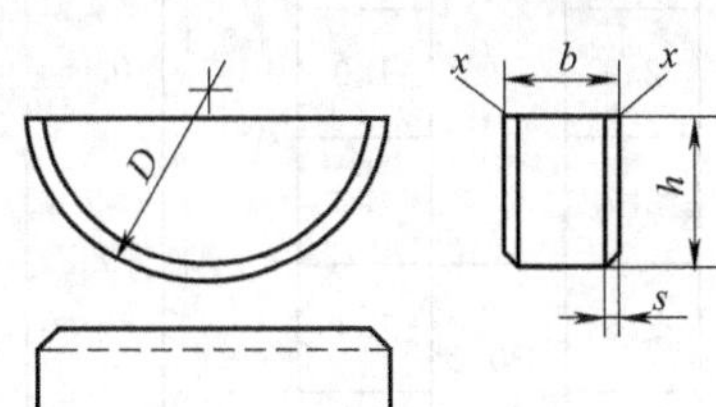

标记示例：

宽度 $b=6$mm、高度 $h=10$mm、直径 $D=25$mm 的普通型半圆键的标记为：GB/T 1099.1 键 6×10×25

续表

键尺寸 $b\times h\times D$	宽度 b		高度 h		直径 D		倒角或导圆 s	
	基本尺寸	极限偏差	基本尺寸	极限偏差 (h12)	基本尺寸	极限偏差 (h12)	min	max
1×1.4×4	1	0 −0.025	1.4	0 −0.10	4	0 −0.120	0.16	0.25
1.5×2.6×7	1.5		2.6		7	0 −0.150		
2×2.6×7	2		2.6		7			
2×3.7×10	2		3.7	0 −0.12	10			
2.5×3.7×10	2.5		3.7		10			
3×5×13	3		5		13	0 −0.180		
3×6.5×16	3		6.5	0 −0.15	16			
4×6.5×16	4		6.5		16			
4×7.5×19	4		7.5		19	0 −0.210	0.25	0.40
5×6.5×16	5		6.5		16	0 −0.180		
5×7.5×19	5		7.5		19	0 −0.210		
5×9×22	5		9		22			
6×9×22	6		9		22			
6×10×25	6		10		25			
8×11×28	8		11	0 −0.18	28		0.40	0.60
10×13×32	10		13		32	0 −0.250		

注：1. 半圆键的技术条件应符合 GB/T 1568 的规定。

2. 键槽的尺寸应符合 GB/T 1098 的规定。

表 6-6 半圆键键槽尺寸与公差（GB/T 1098—2003）

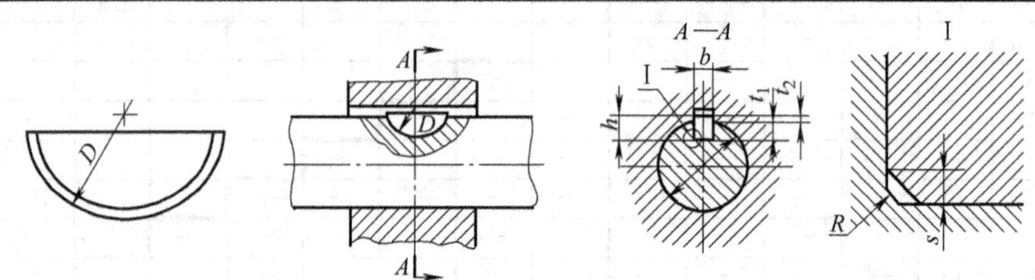

键尺寸 $b\times h\times D$	键槽											
	宽度 b						深度				半径 R	
	基本尺寸	极限偏差					轴 t_1		毂 t_2			
		正常连接		紧密连接	松连接		公称尺寸	极限偏差	公称尺寸	极限偏差		
		轴 N9	毂 JS9	轴和毂 P9	轴 H9	毂 D10					min	max
1×1.4×4	1	−0.004 −0.029	±0.0125	−0.006 −0.031	+0.025 0	+0.060 +0.020	1.0	+0.1 0	0.6	+0.1 0	0.16	0.18
1×1.1×4												
1.5×2.6×7	1.5						2.0		0.8			
1.5×2.1×7												
2×2.6×7	2						1.8		1.0			
2×2.1×7												
2.5×3.7×10	2						2.9		1.0			
2.5×3×10												
2.5×3.7×10	2.5						2.7		1.2			
2.5×3×10												
3×5×13	3						3.8	+0.2 0	1.4			
3×4×13												
3×6.5×16	3						5.3		1.4			
3×5.2×16												

续表

键尺寸 $b\times h\times D$	键槽											
	宽度 b						深度				半径 R	
	基本尺寸	极限偏差					轴 t_1		毂 t_2			
		正常连接		紧密连接	松连接		公称尺寸	极限偏差	公称尺寸	极限偏差		
		轴 N9	毂 JS9	轴和毂 P9	轴 H9	毂 D10					min	max
4×6.5×16	4	0 −0.030	±0.015	−0.012 −0.042	+0.030 0	+0.078 +0.030	5.0	+0.2 0	1.8	+0.1 0	0.25	0.16
4×5.2×16												
4×7.5×19	4						6.0		1.8			
4×6×19												
5×6.5×16	5						4.5		2.3			
5×5.2×19												
5×7.5×19	5						5.5		2.3			
5×6×19												
5×9×22	5						7.0	+0.3 0	2.3			
5×7.2×22												
6×9×22	6						6.5		2.8			
6×7.2×22												
6×10×25	6						7.5		2.8	+0.2 0		
6×8×25												
8×11×28	8	0 −0.036	±0.018	−0.015 −0.051	+0.036 0	+0.098 +0.040	8.0		3.3		0.40	0.25
8×8.8×28												
10×13×32	10						10		3.3			
10×10.4×32												

注：1. 普通型半圆键的尺寸应符合 GB/T 1099.1 的规定。

2. 平底型半圆键尺寸应符合 GB/T 1099.2 的规定。

3. 轴槽及轮毂槽的宽度 b 对轴及轮毂轴中心线的对称度，一般可按 GB/T 1184—1996 中对称度公差 7～9 级选取。

4. 键槽表面粗糙度一般规定：轴槽、轮毂槽的键槽宽度 b 两侧面粗糙度参数按 GB/T 1030，选 Ra 值为 1.6～3.2μm；轴槽底面、轮毂槽底面的表面粗糙度参数按 GB/T 1031，选 Ra 值为 1.6～6.3μm。

(3) 楔键

楔键见表 6-7 和表 6-8。

表 6-7 普通型楔键（GB/T 1564—2003） mm

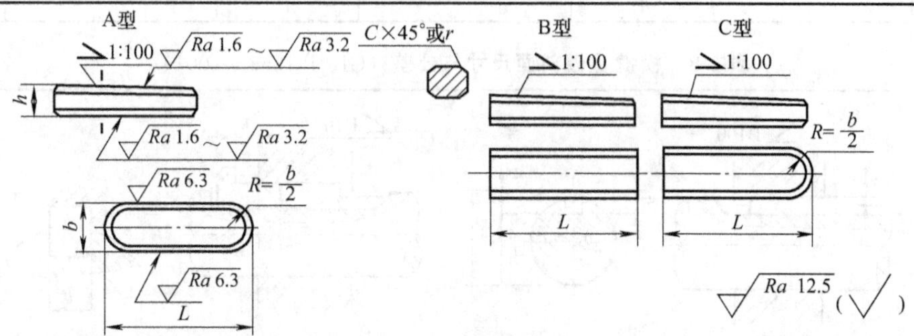

标记示例：

宽度 $b=16$mm、高度 $h=10$mm、长度 $L=100$mm 的普通 A 型楔键的标记为：GB/T 1564 键 16×100

宽度 $b=16$mm、高度 $h=10$mm、长度 $L=100$mm 的普通 B 型楔键的标记为：GB/T 1564 键 B 16×100

宽度 $b=16$mm、高度 $h=10$mm、长度 $L=100$mm 的普通 C 型楔键的标记为：GB/T 1564 键 C 16×100

b	公称尺寸	2	3	4	5	6	8	10	12	14	16	18	20	22
	极限偏差(h8)	0 −0.014		0 −0.018			0 −0.022		0 −0.027				0 −0.033	
h	公称尺寸	2	3	4	5	6	7	8	8	9	10	11	12	14
	极限偏差(h11)	0 −0.060		0 −0.075			0 −0.090					0 −0.110		
圆角 r 或倒角 C		0.16～0.25			0.25～0.40			0.60～0.80					1.00～1.20	

续表

长度 L														
基本尺寸	极限偏差 (h14)													
6	0 −0.36			—	—	—	—	—	—	—	—	—	—	—
8					—	—	—	—	—	—	—	—	—	—
10					—	—	—	—	—	—	—	—	—	—
12	0 −0.43					—	—	—	—	—	—	—	—	—
14						—	—	—	—	—	—	—	—	—
16							—	—	—	—	—	—	—	—
18								—	—	—	—	—	—	—
20	0 −0.52								—	—	—	—	—	—
22		—								—	—	—	—	—
25		—		标准							—	—	—	—
28		—										—	—	—
32	0 −0.62	—											—	—
36		—												—
40		—	—					长度						
45		—	—											
50		—	—	—										
56	0 −0.74	—	—	—										
63		—	—	—	—							范围		
70		—	—	—	—									
80		—	—	—	—	—								
90	0 −0.87	—	—	—	—	—								
100		—	—	—	—	—	—							
110		—	—	—	—	—	—							
125	0 −1.00	—	—	—	—	—	—	—						
140		—	—	—	—	—	—	—						
160		—	—	—	—	—	—	—	—					
180		—	—	—	—	—	—	—	—	—				
200	0 −1.15	—	—	—	—	—	—	—	—	—	—			
220		—	—	—	—	—	—	—	—	—	—	—		
250		—	—	—	—	—	—	—	—	—	—	—	—	

表 6-8 楔键键槽剖面尺寸与公差（GB/T 1563—2003） mm

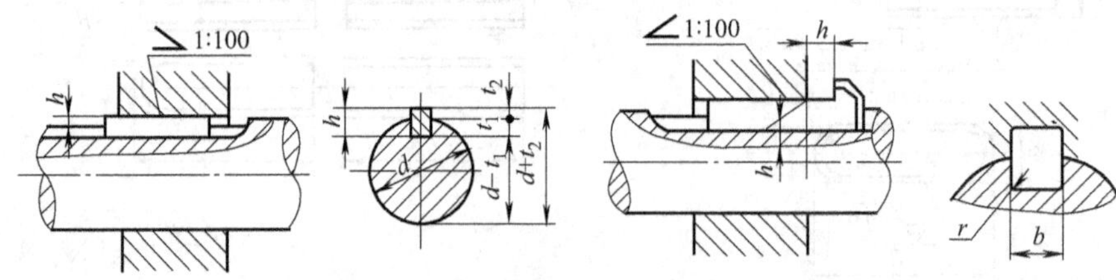

键尺寸 $b\times h$	键槽											
	宽度 b						深度				半径 r	
	基本尺寸	极限偏差					轴 t_1		毂 t_2			
		正常连接		紧密连接	松连接		公称尺寸	极限偏差	公称尺寸	极限偏差		
		轴 N9	毂 JS9	轴和毂 P9	轴 H9	毂 D9					min	max
2×2	2	−0.004 −0.029	±0.0125	−0.006 −0.031	+0.025 0	+0.060 +0.020	1.2	+0.1 0	1.0	+0.1 0	0.08	0.16
3×3	3						1.8		1.4			
4×4	4	0 −0.030	±0.015	−0.012 −0.042	+0.030 0	+0.078 +0.030	2.5		1.8			
5×5	5						3.0		2.3		0.16	0.25
6×6	6						3.5		2.8			

续表

<table>
<tr><th rowspan="4">键尺寸
$b \times h$</th><th colspan="12">键槽</th></tr>
<tr><th colspan="6">宽度 b</th><th colspan="4">深度</th><th rowspan="2" colspan="2">半径 r</th></tr>
<tr><th rowspan="2">基本尺寸</th><th colspan="5">极限偏差</th><th colspan="2">轴 t_1</th><th colspan="2">毂 t_2</th></tr>
<tr><th>正常连接 轴 N9</th><th>正常连接 毂 JS9</th><th>紧密连接 轴和毂 P9</th><th>松连接 轴 H9</th><th>松连接 毂 D9</th><th>公称尺寸</th><th>极限偏差</th><th>公称尺寸</th><th>极限偏差</th><th>min</th><th>max</th></tr>
<tr><td>8×7</td><td>8</td><td rowspan="2">0
−0.036</td><td rowspan="2">±0.018</td><td rowspan="2">−0.015
−0.051</td><td rowspan="2">+0.036
0</td><td rowspan="2">+0.098
+0.040</td><td>3.0</td><td rowspan="11">+0.2
0</td><td>3.3</td><td rowspan="11">+0.2
0</td><td>0.16</td><td>0.25</td></tr>
<tr><td>10×8</td><td>10</td><td>4.0</td><td>3.3</td><td rowspan="5">0.25</td><td rowspan="5">0.40</td></tr>
<tr><td>12×8</td><td>12</td><td rowspan="4">0
−0.043</td><td rowspan="4">±0.0215</td><td rowspan="4">−0.018
−0.061</td><td rowspan="4">+0.043
0</td><td rowspan="4">+0.120
+0.050</td><td>5.0</td><td>3.3</td></tr>
<tr><td>14×9</td><td>14</td><td>5.5</td><td>3.8</td></tr>
<tr><td>16×10</td><td>16</td><td>6.0</td><td>4.3</td></tr>
<tr><td>18×11</td><td>18</td><td>7.0</td><td>4.4</td></tr>
<tr><td>20×12</td><td>20</td><td rowspan="4">0
−0.052</td><td rowspan="4">±0.026</td><td rowspan="4">−0.022
−0.074</td><td rowspan="4">+0.052
0</td><td rowspan="4">+0.149
+0.065</td><td>7.5</td><td>4.9</td><td rowspan="5">0.40</td><td rowspan="5">0.60</td></tr>
<tr><td>22×14</td><td>22</td><td>9.0</td><td>5.4</td></tr>
<tr><td>25×14</td><td>25</td><td>9.0</td><td>5.4</td></tr>
<tr><td>28×16</td><td>28</td><td>10.0</td><td>6.4</td></tr>
<tr><td>32×18</td><td>32</td><td rowspan="5">0
−0.062</td><td rowspan="5">±0.031</td><td rowspan="5">−0.026
−0.088</td><td rowspan="5">+0.062
0</td><td rowspan="5">+0.180
+0.080</td><td>11.0</td><td>7.4</td></tr>
<tr><td>36×20</td><td>36</td><td>12.0</td><td rowspan="10">+0.3
0</td><td>8.4</td><td rowspan="10">+0.3
0</td><td rowspan="4">0.70</td><td rowspan="4">1.00</td></tr>
<tr><td>40×22</td><td>40</td><td>13.0</td><td>9.4</td></tr>
<tr><td>45×25</td><td>45</td><td>15.0</td><td>10.4</td></tr>
<tr><td>50×28</td><td>50</td><td>17.0</td><td>11.4</td></tr>
<tr><td>56×32</td><td>56</td><td rowspan="4">0
−0.074</td><td rowspan="4">±0.037</td><td rowspan="4">−0.032
−0.106</td><td rowspan="4">+0.074
0</td><td rowspan="4">+0.220
+0.100</td><td>20.0</td><td>12.4</td><td rowspan="3">1.20</td><td rowspan="3">1.60</td></tr>
<tr><td>63×32</td><td>63</td><td>20.0</td><td>12.4</td></tr>
<tr><td>70×36</td><td>70</td><td>22.0</td><td>14.4</td></tr>
<tr><td>80×40</td><td>80</td><td>25.0</td><td>15.4</td><td rowspan="3">2.00</td><td rowspan="3">2.50</td></tr>
<tr><td>90×45</td><td>90</td><td rowspan="2">0
−0.087</td><td rowspan="2">±0.0435</td><td rowspan="2">−0.037
−0.124</td><td rowspan="2">+0.087
0</td><td rowspan="2">+0.260
+0.120</td><td>28.0</td><td>17.4</td></tr>
<tr><td>100×50</td><td>100</td><td>31.0</td><td>19.5</td></tr>
</table>

(4) 切向键

切向键见表 6-9 和表 6-10。

表 6-9 切向键及其键槽的尺寸与公差（GB/T 1974—2003） mm

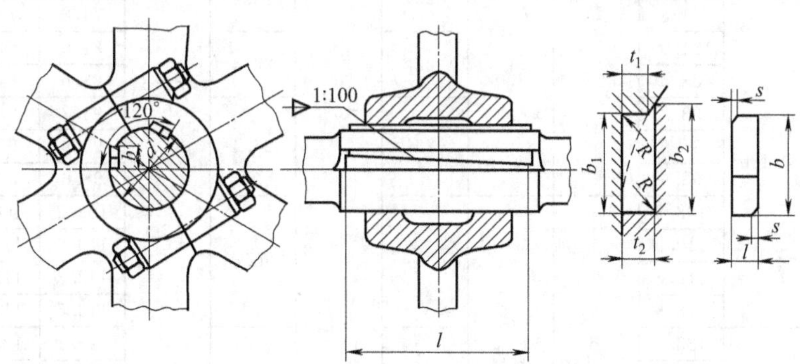

标记示例：

计算宽度 b=24mm、厚度 t=8mm、长度 l=100mm 的普通型切向键的标记为：GB/T 1974 切向键 24×8×100

计算宽度 b=60mm、厚度 t=20mm、长度 l=250mm 的强力型切向键的标记为：GB/T 1974 强力切向键 60×20×250

注：1. 一对切向键在装配之后的相互位置应用销或其他适当的方法固定。

2. 长度 L 按实际结构确定，建议一般比轮毂厚度长 10%～15%。

3. 一对切向键在装配时，1∶100 的两斜面之间以及键的两工作面与轴槽和轮毂槽的工作面之间都必须紧密结合。

4. 当出现交变冲击负荷时，轴径从 100mm 起，推荐选用强力切向键。

5. 两副切向键如果 120°安装有困难时，也可以采用 180°安装。

续表

轴径 d	键					键槽							
	厚度 t		计算宽度 b	倒角 s		深度				计算宽度		半径 R	
						轮毂 t_1		轴 t_2		轮毂 b_1	轴 b_2		
	尺寸	偏差 h11		min	max	尺寸	偏差	尺寸	偏差			max	min
60	7	0 −0.090	19.3	0.6	0.8	7	0 −0.2	7.3	+0.2 0	19.3	19.6	0.6	
63			19.8							19.8	20.2		
65			20.1							20.1	20.5		
70			21.0							21.0	21.4		
71	8		22.5			8		8.3		22.5	22.8		
75			23.2							23.2	23.5		
80			24.0							24.0	24.4		
85			24.8							24.8	25.2		
90			25.6							25.6	26.0		
95	9		27.8			9		9.3		27.8	28.2		
100			28.6							28.6	29.0		
110			30.1							30.1	30.6		
120	10		33.2	1.0	1.2	10		10.3		33.2	33.6	1.0	0.7
125			33.9							33.9	34.4		
130			34.6							34.6	35.1		
140	11	0 −0.110	37.7			11		11.4		37.7	38.3		
150			39.1							39.1	39.7		
160	12		42.1			12	0 −0.3	12.4	+0.3 0	42.1	42.8		
170			43.5							43.5	44.2		
180			44.9							44.9	45.6		
190	14		49.6			14		14.4		49.6	50.3		
200			51.0							51.0	51.7		
220	16		57.1	1.6	2.0	16		16.4		57.1	57.8	1.6	1.2
240			59.9							59.9	60.6		
250	18		64.6			18		18.4		64.6	65.3		
260			66.0							66.0	66.7		
280	20	0 −0.130	72.1	2.5	3.0	20		20.4		72.1	72.8	2.5	2.0
300			74.8							74.8	75.5		
320	22		81.0			22		22.4		81.0	81.6		
340			83.6							83.6	84.3		
360	26		93.2			26		26.4		93.2	93.8		
380			95.9							95.9	96.6		
400			98.6							98.6	99.3		
420	30		108.2	3.0	4.0	30		30.4		108.2	108.8	3.0	2.5
440			110.9							110.9	111.6		
450			112.3							112.3	112.9		
460			113.6							113.6	114.3		
480	34	0 −0.160	123.1			34		34.4		123.1	123.8		
500			125.9							125.9	126.6		
530	38		136.7			38		38.4		136.7	137.4		
560			140.8							140.8	141.5		
600	42		153.1			42		42.4		153.1	153.8		
630			157.1							157.1	157.8		

注：1. 当轴径 d 位于两相邻轴径值之间时，采用大轴径值的 t 和 t_1、t_2，但 b 和 b_1、b_2 须按下式计算：

$$b=b_1=\sqrt{t(d-t)}$$

$$b_2=\sqrt{t_2(d-t_2)}$$

2. 当轴径 d 超过 630mm 时，推荐 $t=t_1=0.07d$，$b=b_1=0.25d$。

表 6-10 强力型切向键及其键槽的尺寸与公差 mm

轴径 d	键					键槽							
	厚度 t		计算宽度 b	倒角 s		深度				计算宽度		半径 R	
						轮毂 t_1		轴 t_2		轮毂 b_1	轴 b_2		
	尺寸	偏差 h11		min	max	尺寸	偏差	尺寸	偏差			max	min
100	10	0 −0.090	30	1.0	1.2	10	0 −0.2	10.3	+0.2 0	30	30.4	1.0	0.7
110	11	0 −0.110	33			11		11.4		33	33.5		
120	12		36			12		12.4		36	36.5		
125	12.5		37.5			12.5		12.9		37.5	38.0		
130	13		39			13		13.4		39	39.5		
140	14		42			14		14.4		42	42.5		
150	15		45			15		15.4		45	45.5		
160	16		48			16		16.4		48	48.5		
170	17		51	1.6	2.0	17		17.4		51	51.5	1.6	1.2
180	18		54			18		18.4		54	54.5		
190	19	0 −0.130	57			19		19.4		57	57.5		
200	20		60			20		20.4		60	60.5		
220	22		66			22		22.4		66	66.5		
240	24		72	2.5	3.0	24		24.4		72	72.5	2.5	2.0
250	25		75			25		25.4		75	75.5		
260	26		78			26		26.4		78	78.5		
280	28		84			28		28.4		84	84.5		
300	30		90			30	0 −0.3	30.4	+0.3 0	90	90.5		
320	32	0 −0.160	96			32		32.4		96	96.5		
340	34		102	3.0	4.0	34		34.4		102	102.5	3.0	2.5
360	36		108			36		36.4		108	108.5		
380	38		114			38		38.4		114	114.5		
400	40		120			40		40.4		120	120.5		
420	42		126			42		42.4		126	126.5		
440	44		132			44		44.4		132	132.5		
450	45		135			45		45.4		135	135.5		
460	46		138			46		46.4		138	138.5		
480	48		144			48		48.4		144	144.5		
500	50		150			50		50.5		150	150.7		
530	53	0 −0.190	159			53		53.5		159	159.7		
560	56		168			56		56.5		168	168.7		
600	60		180			60		60.5		180	180.7		
630	63		189			63		63.5		189	189.7		

注：1. 当轴径 d 位于两相邻轴径值之间时，键与键槽的尺寸按下式计算：

$$t=t_1=0.1d$$

$$b=b_1=0.3d$$

$$t_2=t+0.3\text{mm}\ (t\leqslant 10\text{mm})$$

$$t_2=t+0.4\text{mm}\ (10\text{mm}<t\leqslant 45\text{mm})$$

$$t_2=t+0.5\text{mm}\ (t>45\text{mm})$$

$$b_2=\sqrt{t_2(d-t_2)}$$

2. 当轴径 d 超过 630mm 时，推荐 $t=t_1=0.1d$，$b=b_1=0.3d$。

3. 切向键的技术条件应符合 GB/T 1568 的规定。

4. 键槽的尺寸应符合本标准的规定。

6.2 花键连接

6.2.1 花键连接的类型、特点及应用

花键连接是指两零件上等距分布且齿数相同的键齿相互连接，并传递转矩或运动的同轴偶件。花键有两种，矩形花键和渐开线花键。矩形花键是端平面上外花键的键齿或内花键的键槽，两侧齿形为相互平行的直线且对称于轴平面的花键，分为圆柱直齿矩形花键和圆柱斜齿矩形花键。渐开线花键键齿在圆柱（或圆锥）上，且齿形为渐开线的花键，分为圆柱直齿渐开线花键、圆锥直齿渐开线花键和圆柱斜齿渐开线花键。

按齿高的不同，矩形花键的齿形尺寸在标准中规定了两个系列，即轻系列和中系列。轻系列的承载能力较小，多用于静连接或轻载连接；中系列用于中等载荷的连接。矩形花键的定心方式为小径定心，即外花键和内花键的小径为配合面。其特点是定心精度高，定心的稳定性好，能用磨削的方法消除热处理引起的变形。矩形花键连接应用广泛。

渐开线花键的齿廓为渐开钱，分度圆压力角有 30°和 45°两种，齿顶高分别为 $0.5m$ 和 $0.4m$，此处 m 为模数。与渐开线齿轮相比，渐开线花键齿较短，齿根较宽，不发生根切的最少齿数较少。渐开线花键可以用制造齿轮的方法来加工，工艺性较好，制造精度也较高，花键齿的根部强度高，应力集中小，易于定心。当传递的转矩较大且轴径也大时，宜采用渐开线花键连接。压力角为 45°的渐开线花键，由于齿形钝而短，与压力角为 30°的渐开线花键相比，对连接件的削弱较少，但齿的工作面高度较小，故承载能力较低，多用于载荷较轻、直径较小的静连接。

在花键连接中，因为在轴上与毂孔上直接而匀称地制出较多的齿与槽，故连接受力较为均匀；而且槽较浅，齿根处应力集中较小，轴与毂的强度削弱较少；齿数较多，总接触面积较大，因而可承受较大的载荷；轴上零件与轴的对中性好（这对高速及精密机器很重要）；导向性较好（这对动连接很重要）；可用磨削的方法提高加工精度及连接质量。其缺点是齿根仍有应力集中；有时需用专门设备加工；成本较高。因此，花键连接适用于定心精度要求高、载荷大或经常滑移的连接。花键连接的齿数、尺寸、配合等均应按标准选取。

6.2.2 花键连接的强度计算

花键连接的强度计算与键连接相似，首先根据连接的结构特点、使用要求和工作条件选定花键类型和尺寸，然后进行必要的强度校核计算。花键连接的主要失效形式是工作面被压溃（静连接）或工作面过度磨损（动连接）。因此，静连接通常按工作面上的挤压应力进行强度计算；动连接则按工作面上的压力进行条件性的强度计算。

静连接：
$$\sigma_p=\frac{2T}{\psi Zhld_m}\leqslant[\sigma_p]$$

动连接：
$$p=\frac{2T}{\psi Zhld_m}\leqslant[p]$$

式中 T——传递转矩，N·mm；

ψ——各齿间载荷不均匀系数，一般取 $\psi=0.7\sim0.8$，齿数多时取偏小值；

Z——花键的齿数；

l——齿的工作长度，mm；

h——键齿的工作高度，mm；

d_m——花键的平均直径，mm；

$[\sigma_p]$——花键连接的许用挤压应力；

$[p]$——花键连接的许用压强。

矩形花键：$h=\dfrac{D-d}{2}-2C$；$d_m=\dfrac{D+d}{2}$

渐开线花键：$\alpha=30°$，$h=m$；$\alpha=45°$，$h=0.8m$

式中　C——倒角尺寸；

m——模数。

6.2.3 花键连接的尺寸、公差配合

花键连接的尺寸、公差配合见表 6-11～表 6-15。

表 6-11　矩形花键尺寸（GB/T 1144—2001）　mm

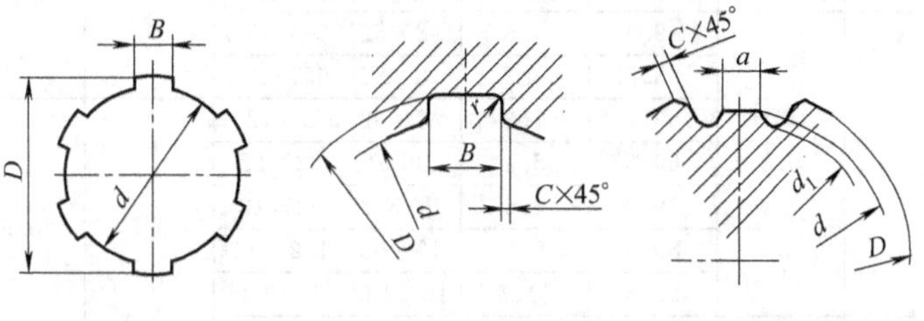

内花键　外花键

矩形花键的标记代号应按次序包括下列内容：键数 N，小径 d，大径 D，键宽 B，基本尺寸及配合公差带代号和标准号。

标记示例：

花键 $N=6$，$d=23\dfrac{H7}{f7}$，$D=26\dfrac{H10}{a11}$，$B=6\dfrac{H11}{d10}$的标记为：

花键规格：$N\times d\times D\times B$　6×23×26×6

花键副：$6\times23\dfrac{H7}{f7}\times26\dfrac{H10}{a11}\times6\dfrac{H11}{d10}$GB/T 1144—2001

内花键：6×23H7×26H10×6H11　GB/T 1144—2001

外花键：6×23f7×26a11×6d10　GB/T 1144—2001

基本尺寸系列								
小径 d	轻系列				中系列			
	规格 $N\times d\times D\times B$	键数 N	大径 D	键宽 B	规格 $N\times d\times D\times B$	键数 N	大径 D	键宽 B
11	—	—	—	—	6×11×14×3	6	14	3
13					6×13×16×3.5		16	3.5
16					6×16×20×4		20	4
18					6×18×22×5		22	5
21					6×21×25×5		25	
23	6×23×26×6	6	26	6	6×23×28×6		28	6
26	6×26×30×6		30		6×26×32×6		32	
28	6×28×32×7		32	7	6×28×34×7		34	7
32	6×32×36×6		36	6	8×32×38×6	8	38	6
36	8×36×40×7	8	40	7	8×36×42×7		42	7
42	8×42×46×8		46	8	8×42×48×8		48	8
46	8×46×50×9		50	9	8×46×54×9		54	9
52	8×52×58×10		58	10	8×52×60×10		60	10
56	8×56×62×10		62		8×56×65×10		65	
62	8×62×68×12		68	12	8×62×72×12		72	12
72	10×72×78×12	10	78		10×72×82×12	10	82	
82	10×82×88×12		88		10×82×92×12		92	
92	10×92×98×14		98	14	10×92×102×14		102	14
102	10×102×108×16		108	16	10×102×112×16		112	16
112	10×112×120×18		120	18	10×112×125×18		125	18

表 6-12 矩形花键键槽截面尺寸（GB/T 1144—2001） mm

轻系列					中系列				
规格 $N\times d\times D\times B$	C	r	$d_{1\min}$	$a_{\min}$	规格 $N\times d\times D\times B$	C	r	$d_{1\min}$	$a_{\min}$
			参考					参考	
—	—	—	—	—	6×11×14×3	0.2	0.1	—	—
					6×13×16×3.5				
					6×16×20×4	0.3	0.2	14.4	1.0
					6×18×22×5			16.6	
					6×21×25×5			19.5	2.0
6×23×26×6	0.2	0.1	22	3.5	6×23×28×6			21.2	1.2
6×26×30×6	0.3	0.2	24.5	3.8	6×26×32×6	0.4	0.3	23.6	
6×28×32×7			26.6	4.0	6×28×34×7			25.8	1.4
8×32×36×6			30.3	2.7	8×32×38×6			29.4	1.0
8×36×40×7			34.4	3.5	8×36×42×7			33.4	
8×42×46×8			40.5	5.0	8×42×48×8			39.4	2.5
8×46×50×9			44.6	5.7	8×46×54×9	0.5	0.4	42.6	1.4
8×52×58×10	0.4	0.3	49.6	4.8	8×52×60×10			48.6	2.5
8×56×62×10			53.5	6.5	8×56×65×10			52.0	
8×62×68×12			59.7	7.3	8×62×72×12	0.6	0.5	57.7	2.4
10×72×78×12			69.6	5.4	10×72×82×12			67.7	1.0
10×82×88×12			79.3	8.5	10×82×92×12			77.0	2.9
10×92×98×14			89.6	9.9	10×92×102×14			87.3	4.5
10×102×108×16			99.6	11.3	10×102×112×16			97.7	6.2
10×112×120×18	0.5	0.4	108.8	10.5	10×112×125×18			106.2	4.1

表 6-13 矩形花键内外花键的尺寸公差带（GB/T 1144—2001）

内花键				外花键			装配形式
d	D	B		d	D	B	
		拉削后不热处理	拉削后热处理				
一般用							
H7	H10	H9	H11	f7	a11	d10	滑动
				g7		f9	紧滑动
				h7		h10	固定
精密传动用							
H5	H10	H7、H9		f5	a11	d8	滑动
				g5		f7	紧滑动
				h5		h8	固定
H6				f6		d8	滑动
				g6		f7	紧滑动
				h6		h8	固定

注：1. 精密传动用的内花键，当需要控制键侧配合间隙时，槽宽可选 H7，一般情况下可选 H9。

2. d 为 H6 和 H7 的内花键，允许与提高一级的外花键配合。

3. 小径的极限尺寸遵守 GB/T 4249 规定的包容原则。

表 6-14 矩形花键位置度、对称度公差（GB/T 1144—2001） mm

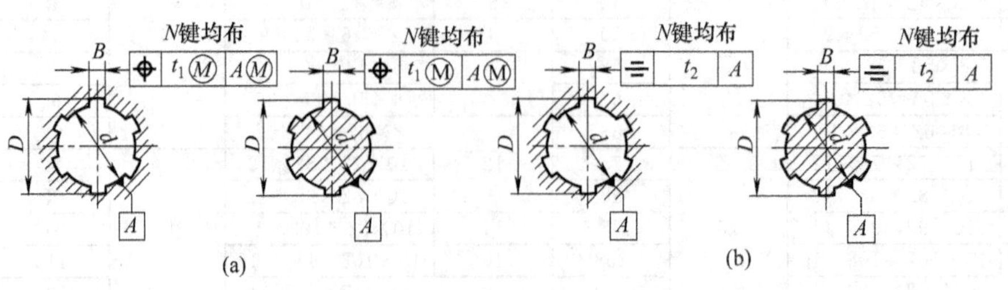

续表

位置度公差						
键槽宽或键宽 B			3	3.5～6	7～10	12～18
t_1	键槽宽		0.010	0.015	0.020	0.025
	键宽	滑动、固定	0.010	0.015	0.020	0.025
		紧滑动	0.006	0.010	0.013	0.016
对称度公差						
键槽宽或键宽 B			3	3.5～6	7～10	12～18
t_2	一般用		0.010	0.012	0.015	0.018
	精密传动用		0.006	0.008	0.009	0.011

注：1. 采用综合检验法时，花键的位置度公差按图（a）和表中的规定。
2. 采用单项检验法时，花键的对称度公差按图（b）和表中的规定。
3. 对较长的花键，可根据产品性能自行规定键侧对轴线的平行度公差。
4. 键槽宽或键宽的等分度公差值等于其对称度公差值。花键的检验部分略。

表 6-15 矩形内花键长度系列（GB/T 10081—2001） mm

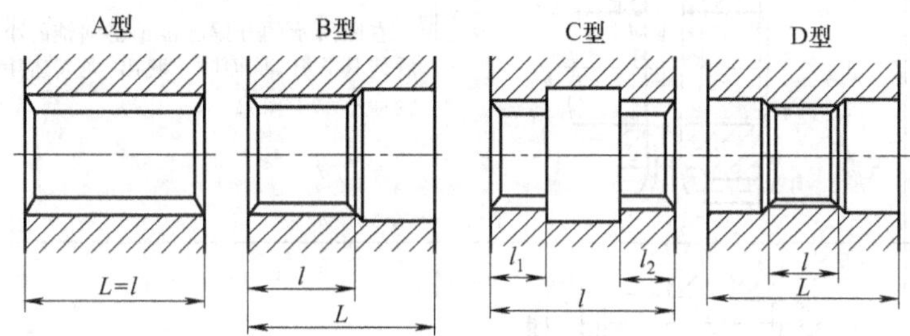

花键小径 d	11	13	16～21	23～32	36～52	56～62	72	16～21
花键长度 l 或 l_1+l_2	10～50		10～80		22～120		32～200	
孔的最大长度 L	50	80		120	200	250		300
系列花键长度 l 或 l_1+l_2	10,12,15,18,22,25,28,30,32,3,38,42,45,48,50,56,60,63,71,75,80,85,90,95,100,110,120,130,140,160,180,200							

6.3 销连接

6.3.1 销连接的类型、特点及应用

销主要用来固定零件之间的相对位置，称为定位销，它是组合加工和装配时的重要辅助零件；也可用于连接，称为连接销，可传递不大的载荷；还可作为安全装置中的过载剪断元件，称为安全销。销有多种类型，如圆柱销、圆锥销、槽销、销轴和开口销等，这些销均已标准化。销连接的类型、特点及应用见图 6-1 及表 6-16。

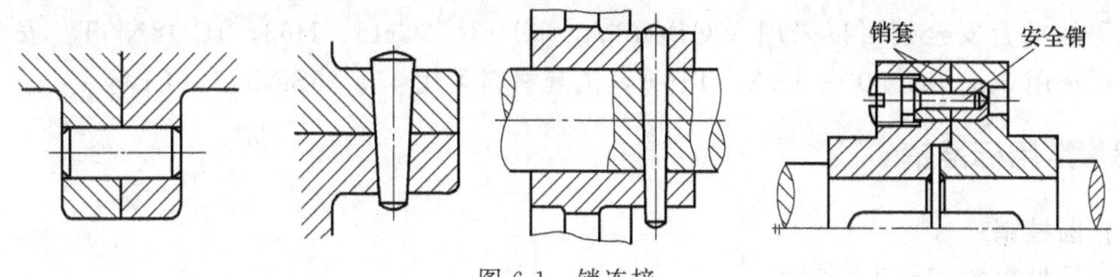

图 6-1 销连接

表 6-16　销连接的类型、特点及应用

类　型	结　构	特点和应用
圆柱销	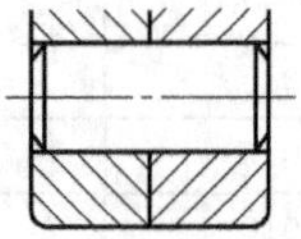	形状为圆柱形，加工较简单，但是不能多次装拆，否则定位精度会下降
圆锥销	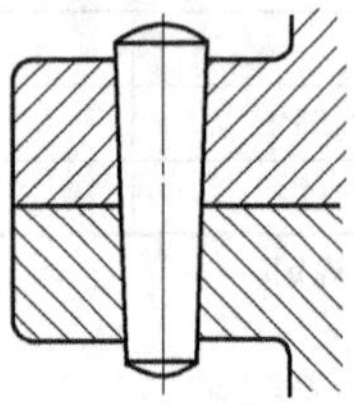	圆锥销一般加工成锥度为 1∶50，可自锁，定位精度较高，为了便于拆卸，圆锥销的高度应大于被连接件的厚度，如左图所示。圆锥销有很高的定位精度，且允许多次装拆，因此广泛应用在各种机械中，例如减速器上下箱体的定位就采用了圆锥销
开尾圆锥销	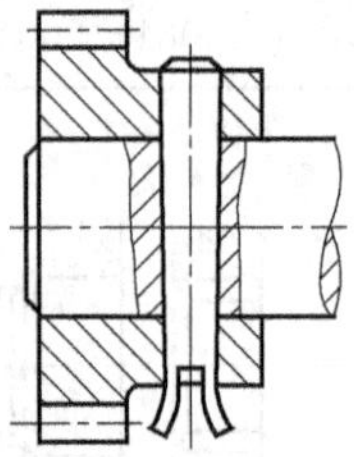	左图所示的开尾圆锥销将圆锥的小端加工成两半，安装后使其分开，从而防止脱出，尤其适用于有冲击、振动的场合而不至于松脱
带螺纹的圆锥销	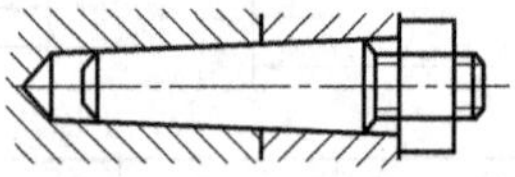 外螺纹圆锥销 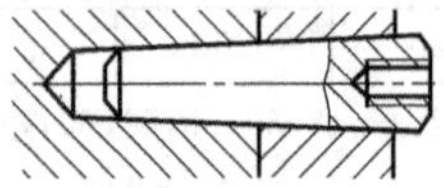 内螺纹圆锥销	带螺纹锥销，上边的图为普通螺尾（即外螺纹）圆锥销；下边的图为内螺纹圆锥销 带螺纹的圆锥销可用于结构受限、使销孔无法 开通的盲孔或拆卸困难的场合，例如蜗杆减速器侧面的箱盖与箱体无法开通销孔，可用螺尾圆锥销定位，并利用拧螺母使销杆产生轴向位移很容易拆下圆锥销。内螺纹圆锥销多用于结构受限无法用外扳手的情况

6.3.2　销的选择和销连接的强度计算

定位销通常不受载荷或只受很小的载荷，故不做强度校核计算，定位销一般有两个，其直径根据结构决定，应考虑在拆装时不产生永久变形。销装入每一被连接件内的长度，约为销直径的 1～2 倍。中小尺寸的机械常用直径为 10～16mm 的销钉。连接销的类型可根据工作要求选定，其尺寸可根据连接的结构特点按经验或规范确定，必要时再按剪切和挤压强度条件进行校核计算。

销的材料通常为 35、45 钢，并进行硬化处理。弹性圆柱销多用 65Mn，受力较大、要求抗腐蚀等的场合安全销可以采用 30CrMnSiA、1Cr13、2Cr15、H63、1Cr18Ni9T。安全销的材料，可选用 35、45、50 或 T8A、T10A，销套材料可用 45、35SiMn、40Cr 等。

6.3.3　常用标准销

(1) 圆柱销

圆柱销见表 6-17～表 6-20。

表 6-17 圆柱销 不淬硬钢和奥氏体不锈钢（GB/T 119.1—2000）

圆柱销 淬硬钢和马氏体不锈钢（GB/T 119.2—2000） mm

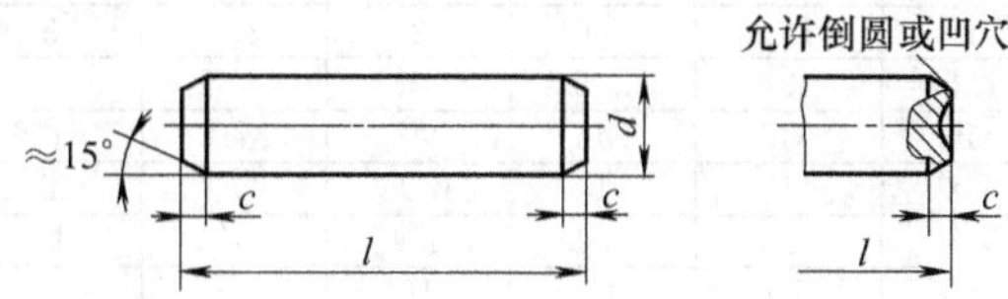

标记示例：

公称直径 d=6mm、公差为 m6、公称长度 l=30mm、材料为钢、不经淬火、不经表面处理的圆柱销的标记：销 GB/T 119.1 6m6×30

公称直径 d=6mm、公差为 m6、公称长度 l=30mm、材料为 A1 组奥氏体不锈钢、表面简单处理的圆柱销的标记：销 GB/T 119.1 6m6×30-A1

标记示例：

公称直径 d=6mm、公差为 m6、公称长度 l=30mm、材料为钢、普通淬火（A 型）、表面氧化处理的圆柱销的标记：销 GB/T 119.2 6×30

公称直径 d=6mm、公差为 m6、公称长度 l=30mm、材料为 C1 组马氏体不锈钢、表面简单处理的圆柱销的标记：销 GB/T 119.2 6×30-C1

GB/T 119.1—2000

d	0.6	0.8	1	1.2	1.5	2	2.5	3	4	5
c	0.12	0.16	0.2	0.25	0.3	0.35	0.4	0.5	0.63	0.8
l	2～6	2～8	4～10	4～12	4～16	6～20	6～24	8～30	8～40	10～50
d	6	8	10	12	16	20	25	30	40	50
c	1.2	1.6	2	2.5	3	3.5	4	5	6.3	8
l	12～60	14～80	18～95	22～140	26～180	35～200	50～200	60～200	80～200	95～200

注：1. 钢硬度 125～245HV_{30}，奥氏体不锈钢 A1 硬度 210～280HV_{30}。

2. 表面粗糙度公差 m6：Ra≤0.8μm，公差 h8：Ra≤1.6μm。

GB/T 119.2—2000

d	1	1.5	2	2.5	3	4	5	6	8	10
c	0.2	0.3	0.35	0.4	0.5	0.63	0.8	1.2	1.6	2
l	3～10	4～16	5～20	6～24	8～30	10～40	12～50	14～60	18～80	22～100
d	12	16	20	注：1. 钢 A 型、普通淬火，硬度 550～650HV_{30}，B 型、表面淬火，表面硬度 600～700HV_1，渗碳深度 0.25～0.4mm，550HV_1，马氏体不锈钢 C1，淬火并回火，硬度 460～560HV_{30}。 2. 表面粗糙度 Ra≤0.8μm。						
c	2.5	3	3.5							
l	26～100	40～100	50～100							

注：l 系列（公称尺寸，单位 mm）为 2、3、4、5、6、8、10、12、14、16、18、20、22、24、26、28、30、32、35、40、45、50、55、60、65、70、75、80、85、90、100，公称长度大于 100mm 的，按 20mm 递增。

表 6-18 内螺纹圆柱销 不淬硬钢和奥氏体不锈钢（GB/T 120.1—2000） mm

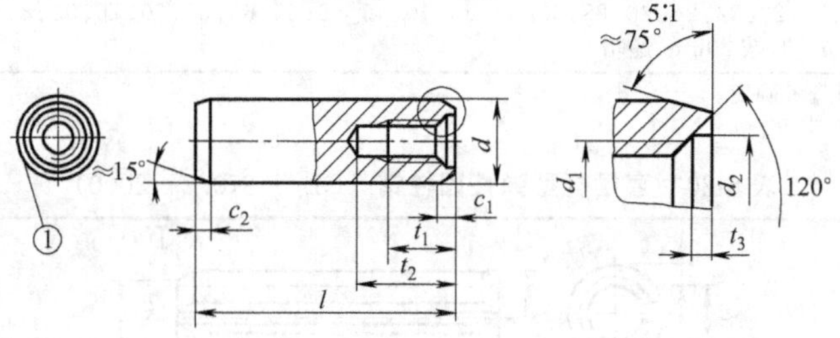

标注示例：

公称直径 d=6mm、公差为 m6、公称长度 l=30mm、材料为钢、不经淬火、不经表面处理的内螺纹圆柱销的标记：销 GB/T 120.1 6×30

公称直径 d=6mm、公差为 m6、公称长度 l=30mm、材料为 A1 组奥氏体不锈钢、表面简单处理的内螺纹圆柱销的标记：销 GB/T 120.1 6×30-A1

续表

尺寸										
d m6②	6	8	10	12	16	20	25	30	40	50
c_1	0.8	1	1.2	1.6	2	2.5	3	4	5	6.3
c_2	1.2	1.6	2	2.5	3	3.5	4	5	6.3	8
d_1	M4	M5	M6	M6	M8	M10	M16	M20	M20	M24
螺距 p	0.7	0.8	1	1	1.25	1.5	2	2.5	2.5	3
d_2	4.3	5.3	6.4	6.4	8.4	10.5	17	21	21	25
t_1	6	8	10	12	16	18	24	30	30	36
t_2 min	10	12	16	20	25	28	35	40	40	50
t_3	1	1.2	1.2	1.2	1.5	1.5	2	2	2.5	2.5
l	16～60	18～80	22～100	26～120	32～160	40～200	50～200	60～200	80～200	100～200
l 系列(公称尺寸)	16、18、20、22、24、26、28、30、32、35、40、45、50、55、60、65、70、75、80、85、90、100、公称长度大于100mm的，按20mm递增									

① 小平面或凹槽，由制造者确定。
② 其他公差由供需双方协议。

表 6-19 内螺纹圆柱销 淬硬钢和马氏体不锈钢（GB/T 120.2—2000） mm

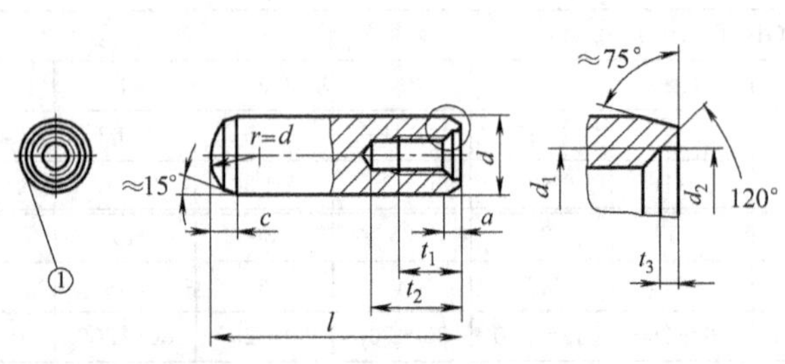

A型:球面圆柱端，适用于普通淬火钢和马氏体不锈钢

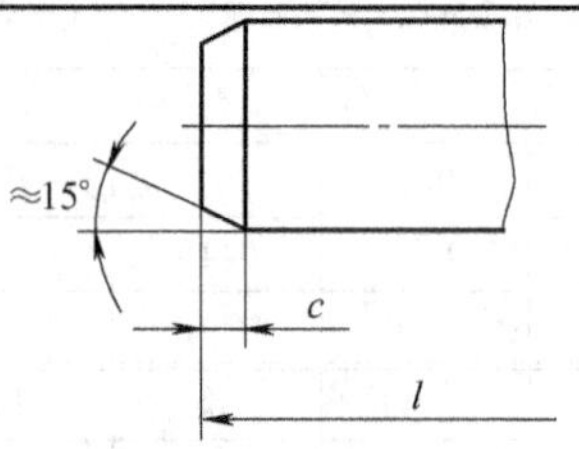

B型:平端，用于表面淬火钢
其余尺寸见A型

标注示例：

公称直径 $d=6$mm、公差为m6、公称长度 $l=30$mm、材料为钢、普通淬火(A型)、表面氧化处理的内螺纹圆柱销的标记：销 GB/T 120.2 6×30-A

公称直径 $d=6$mm、公差为m6、公称长度 $l=30$mm、材料为C1组马氏体不锈钢、表面简单处理的内螺纹圆柱销的标记：销 GB/T 120.2 6×30-C1

尺寸										
d m6②	6	8	10	12	16	20	25	30	40	50
a	0.8	1	1.2	1.6	2	2.5	3	4	5	6.3
c	2.1	2.6	3	3.8	4.6	6	6	7	8	10
d_1	M4	M5	M6	M6	M8	M10	M16	M20	M20	M24
螺距 p	0.7	0.8	1	1	1.25	1.5	2	2.5	2.5	3
d_2	4.3	5.3	6.4	6.4	8.4	10.5	17	21	21	25
t_1	6	8	10	12	16	18	24	30	30	36
t_2 min	10	12	16	20	25	28	35	40	40	50
t_3	1	1.2	1.2	1.2	1.5	1.5	2	2	2.5	2.5
l	16～60	18～80	22～100	26～120	32～160	40～200	50～200	60～200	80～200	100～200
l 系列(公称尺寸)	16、18、20、22、24、26、28、30、32、35、40、45、50、55、60、65、70、75、80、85、90、100、公称长度大于100mm的，按20mm递增									

①小平面或凹槽，由制造者确定。
② 其他公差由供需双方协议。

表 6-20 直槽轻型弹性圆柱销（GB/T 879.2—2000） mm

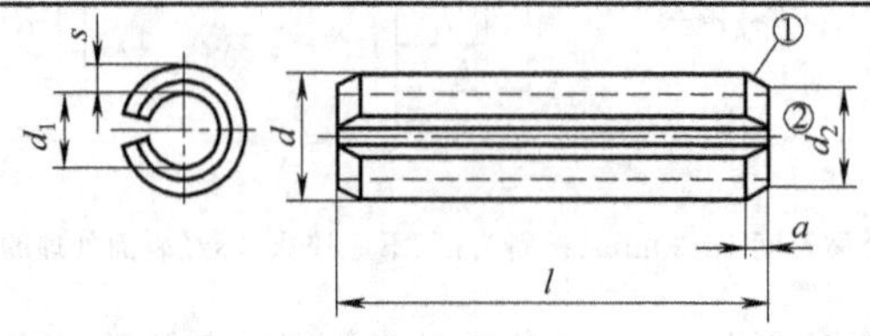

标记示例：

公称直径 $d=6$mm、公称长度 $l=30$mm、材料为钢(St)、热处理硬度500～560HV$_{30}$、表面氧化处理的直槽轻型弹性圆柱销的标记为：销 GB/T 879.2 6×30

续表

d	公称		2	2.5	3	3.5	4	4.5	5	6	8	10	12	13
	装配前	max	2.4	2.9	3.5	4.0	4.6	5.1	5.6	6.7	8.8	10.8	12.8	13.8
		min	2.3	2.8	3.3	3.8	4.4	4.9	5.4	6.4	8.5	10.5	12.5	13.5
d_1 装配前			1.9	2.3	2.7	3.1	3.4	3.9	4.4	4.9	7	8.5	10.5	11
a		max	0.4	0.45	0.45	0.5	0.7	0.7	0.7	0.9	1.8	2.4	2.4	2.4
		min	0.2	0.25	0.25	0.3	0.5	0.5	0.5	0.7	1.5	2.0	2.0	2.0
s			0.2	0.25	0.3	0.35	0.5	0.5	0.5	0.75	0.75	1	1	1.2
最小剪切载荷双面剪/kN			1.5	2.4	3.5	4.6	8	8.8	10.4	18	24	40	48	66
l			4～30	4～30	4～40	4～40	4～50	5～50	5～80	10～100	10～120	10～160	10～180	10～180
d	公称		14	16	18	20	21	25	28	30	35	40	45	50
	装配前	max	14.8	16.8	18.9	20.9	21.9	25.9	28.9	30.9	35.9	40.9	45.9	50.9
		min	14.5	16.5	18.5	20.5	21.5	25.5	28.5	30.5	35.5	40.5	45.5	50.5
d_1 装配前			11.5	13.5	15	16.5	17.5	21.5	23.5	25.5	28.5	32.5	37.5	40.5
a		max	2.4	2.4	2.4	2.4	2.4	3.4	3.4	3.4	3.6	4.6	4.6	4.6
		min	2.0	2.0	2.0	2.0	2.0	3.0	3.0	3.0	3.0	4.0	4.0	4.0
s			1.5	1.5	1.7	2	2	2	2.5	2.5	3.5	4	4	5
最小剪切载荷双面剪/kN			84	98	126	58	168	202	280	302	490	634	720	1000
l			10～200	10～200	10～200	10～200	14～200	14～200	14～200	14～200	20～200	20～200	20～200	20～200
l 系列(公称尺寸)			4、5、6、8、10、12、14、16、18、20、22、24、26、28、30、32、35、40、45、50、55、60、65、70、75、80、85、90、95、100、120、140、160、180、200											

① 对于 $d \geqslant 10$mm 的弹性销，也可由制造者选用单面倒角的形式。

② $d_2 \leqslant d_{公称}$。

(2) 圆锥销

圆锥销见表 6-21～表 6-24。

表 6-21 圆锥销（GB/T 117—2000） mm

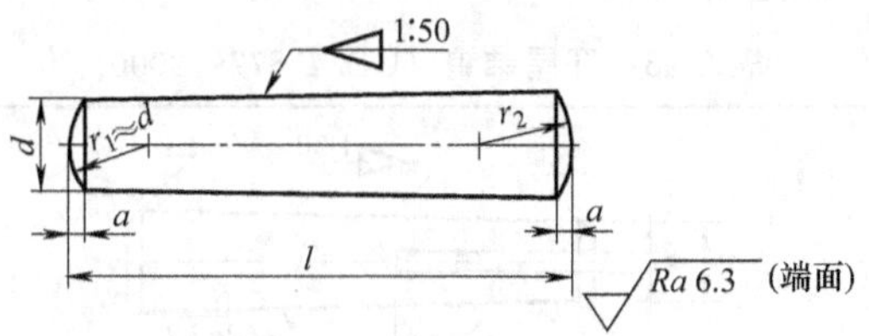

标记示例：

公称直径 $d=6$mm、公称长度 $l=30$mm、材料为 35 钢、热处理硬度为 28～38HRC、表面氧化处理的 A 型圆锥标记为：销 GB/T 117 6×30

尺寸										
d h10	0.6	0.8	1	1.2	1.5	2	2.5	3	4	5
$a\approx$	0.08	0.1	0.12	0.16	0.2	0.25	0.3	0.4	0.5	0.63
l	4～8	5～12	6～16	6～20	8～24	10～35	10～35	12～45	14～55	18～60
d h10	6	8	10	12	16	20	25	30	40	50
$a\approx$	0.8	1	1.2	1.6	2	2.5	3	4	5	6.3
l	22～90	22～120	26～160	32～180	40～200	45～200	50～200	55～200	60～200	65～200
l 系列(公称尺寸)	2、3、4、5、6、8、10、12、14、16、18、20、22、24、26、28、30、32、35、40、45、50、55、60、65、70、75、80、85、90、95、100、120、140、160、180、200									

注：1. A 型（磨削）锥面表面粗糙度 $Ra=0.8\mu$m；B 型（切削或冷墩）锥面表面粗糙度 $Ra=3.2\mu$m。

2. 材料：易切钢（Y12、Y15），碳素钢（35，28～38HRC；45，38～46HRC），合金钢（30CrMnSiA，35～41HRC），不锈钢（1Cr13、2Cr13、Cr17Ni2、0Cr18Ni9Ti）。

表 6-22 内螺纹圆锥销（GB/T 118—2000） mm

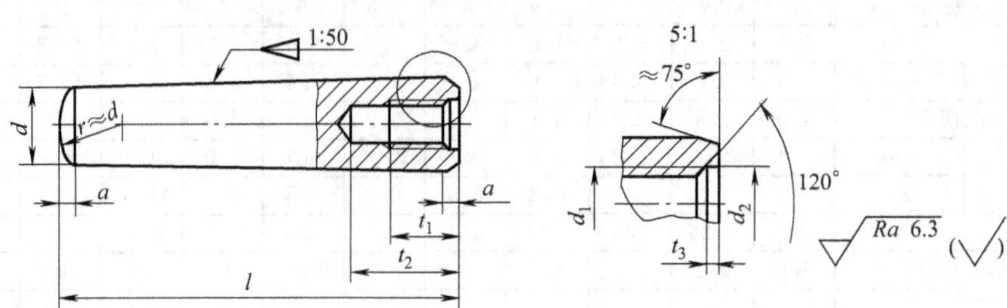

标记示例：
公称直径 d=6mm、公称长度 l=30mm、材料为 35 钢、热处理硬度为 28～38HRC、表面氧化处理的 A 型内螺纹圆锥标记为：销 GB/T 118 6×30

尺寸										
d h10[①]	6	8	10	12	16	20	25	30	40	50
a	0.8	1	1.2	1.6	2	2.5	3	4	5	6.3
d_1	M4	M5	M6	M6	M8	M10	M16	M20	M20	M24
螺距 p	0.7	0.8	1	1	1.25	1.5	2	2.5	2.5	3
d_2	4.3	5.3	6.4	6.4	8.4	10.5	17	21	21	25
t_1	6	8	10	12	16	18	24	30	30	36
t_2 min	10	12	16	20	25	28	35	40	40	50
t_3	1	1.2	1.2	1.2	1.5	1.5	2	2	2.5	2.5
l	16～60	18～80	22～100	26～120	32～160	40～200	50～200	60～200	80～200	100～200
l 系列(公称尺寸)	16、18、20、22、24、26、28、30、32、35、40、45、50、55、60、65、70、75、80、85、90、100，公称长度大于100mm，按 20mm 递增									

① 其他公差由供需双方协议。

注：1. A 型（磨削）锥面表面粗糙度 Ra=0.8μm；B 型（切削或冷墩）锥面表面粗糙度 Ra=3.2μm。

2. 材料：易切钢（Y12、Y15），碳素钢（35，28～38HRC；45，38～41HRC），合金钢（30CrMnSiA，35～41HRC），不锈钢（1Cr13、2Cr13、Cr17Ni2、0Cr18Ni9Ti）。

表 6-23 开尾锥销（GB/T 877—2000） mm

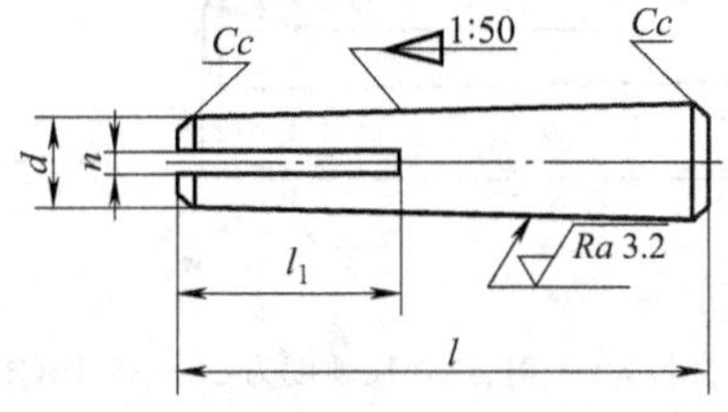

标记示例：
公称直径 d=10mm、公称长度 l=60mm、材料为 35 钢、不经热处理和表面处理的开尾圆锥标记为：销 GB/T 877 10×60

尺寸									
d	公称	3	4	5	6	8	10	12	16
	min	2.96	3.952	4.952	5.952	7.942	9.942	11.93	15.93
	max	3	4	5	6	8	10	12	16
n	公称	0.8		1		1.6		2	
	min	0.86		1.06		1.66		2.06	
	max	1		1.2		1.91		2.31	
l_1		10		12	15	20	25	30	40
c		0.5		1			1.5		
l		30～55	35～60	40～80	50～100	60～120	70～160	80～120	100～200
l 系列(公称尺寸)	30、32、35、40、45、50、55、60、65、70、75、80、85、90、95、100、120、140、160、180、200								

表 6-24 螺尾锥销（GB/T 881—2000）

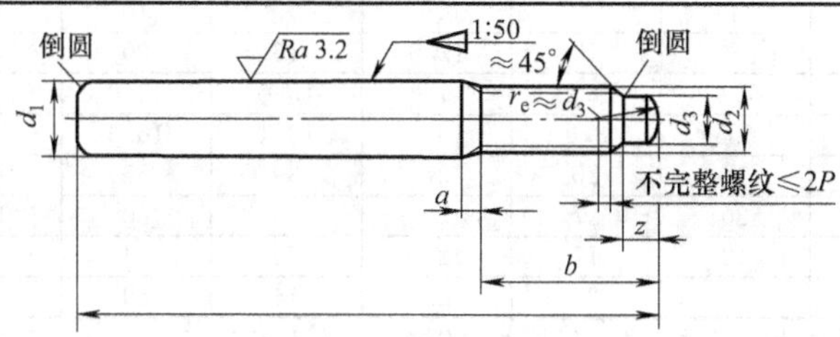

标记示例：

公称直径 $d=6$mm、公称长度 $l=50$mm、材料为 Y12 或 Y15、不经热处理和表面处理的螺尾圆锥标记为：销 GB/T 881 6×50

尺寸												
d_1 h10	公称	5	6	8	10	12	16	20	25	30	40	50
a	max	2.4	3	4	4.5	5.3	6	6	7.5	9	10.5	12
b	max	15.6	20	24.5	27	30.5	39	39	45	52	65	78
	min	14	18	22	24	27	35	35	40	46	58	70
d_2		M5	M6	M8	M10	M12	M16	M16	M20	M24	M30	M36
P		0.8	1	1.25	1.5	1.75	2	2	2.5	3	3.5	4
d_3	max	3.5	4	5.5	7	8.5	12	12	15	18	23	28
	min	3.25	3.7	5.2	6.6	8.1	11.5	11.5	14.5	17.5	22.5	27.5
z	max	1.5	1.75	2.25	2.75	3.25	4.3	4.3	5.3	6.3	7.5	9.4
	min	1.25	1.5	2	2.5	3	4	4	5	6	7	9
l	40～50	40～50	45～60	55～70	65～100	85～120	100～160	120～190	140～250	160～280	190～320	220～400
l 系列（公称尺寸）	40、45、50、55、60、65、70、75、80、85、90、95、100、120、140、160、190、220、250、280、320、360、400											

(3) 开口销

开口销见表 6-25。

表 6-25 开口销（GB/T 91—2000） mm

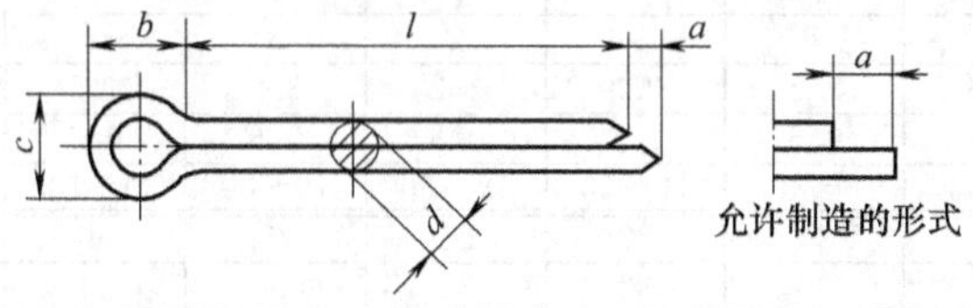

标记示例：

公称规格为 5mm、公称长度 $l=50$mm、材料为 Q215 或 Q235、不经表面处理的开口销的标记为：销 GB/T 91 5×50

公称规格[①]			0.6	0.8	1	1.2	1.6	2	2.5	3.2
d		max	0.5	0.7	0.9	1.0	1.4	1.8	2.3	2.9
		mm	0.4	0.6	0.8	0.9	1.3	1.7	2.1	2.7
a		max	1.6	1.6	1.6	2.50	2.50	2.50	2.50	3.2
		min	0.8	0.8	0.8	1.25	1.25	1.25	1.25	1.6
b ≈			2	2.4	3	3	3.2	4	5	6.4
c		max	1.0	1.4	1.8	2.0	2.8	3.6	4.6	5.8
		mm	0.9	1.2	1.6	1.7	2.4	3.2	4.0	5.1
适用的直径	螺栓	>	—	2.5	3.5	4.5	5.5	7	9	11
		≤	2.5	3.5	4.5	5.5	7	9	11	14
	U 形销	>	—	2	3	4	5	6	8	9
		≤	2	3	4	5	6	8	9	12
公称规格[①]			4	5	6.3	8	10	13	16	20
d		max	3.7	4.6	5.9	7.5	9.5	12.4	15.4	19.3
		min	3.5	4.4	5.7	7.3	9.3	12.1	15.1	19.0
a		max	4	4	4	4	6.30	6.30	6.30	6.30
		mm	2	2	2	2	3.15	3.15	3.15	3.15

续表

公称规格①			4	5	6.3	8	10	13	16	20
b ≈			8	10	12.6	16	20	26	32	40
c		max	7.4	9.2	11.8	15.0	19.0	24.8	30.8	38.5
		mm	6.5	8.0	10.3	13.1	16.6	21.7	27.0	33.8
适用的直径	螺栓	>	14	20	27	39	56	80	120	170
		≤	20	27	39	56	80	120	170	—
	U形销	>	12	17	23	29	44	69	110	160
		≤	17	23	29	44	69	110	160	—

① 公称规格等于开口销孔的直径。对销孔直径推荐的公差为：公称规格≤1.2mm，H13，公称规格>1.2mm，H14。根据供需双方协议，允许采用公称规格为3mm、6mm和12mm的开口销。

(4) 销轴

销轴见表6-26。

表6-26 销轴（GB/T 882—2008） mm

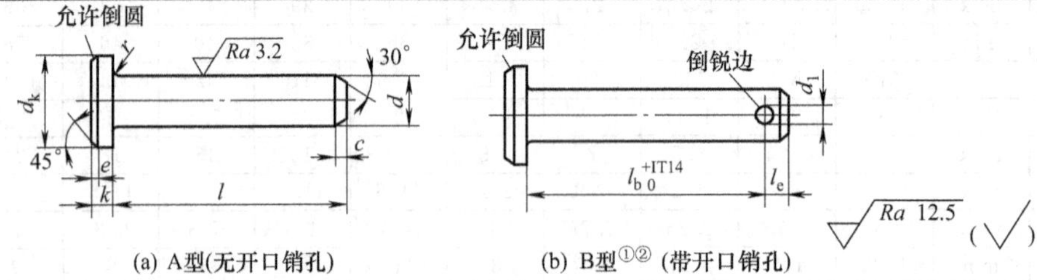

(a) A型(无开口销孔)　(b) B型①② (带开口销孔)

标记示例：

公称直径 d=20mm、长度 l=100mm、由钢制造的硬度为125～245HV、表面氧化处理的B型销轴的标记为：销 GB/T 882 20×100

开口销孔为6.3mm，其余要求与上述示例相同的销轴的标记为：销 GB/T 882 20×100×6.3

孔距 l_h=80mm，开口销孔为6.3mm，其余要求与上述示例相同的销轴的标记为：销 GB/T 882 20×100×6.3×80

孔距 l_h=80mm，其余要求与上述示例相同的销轴的标记为：销 GB/T 882 20×100×80

d	h11③	3	4	5	6	8	10	12	14	16
d_k	h14	5	6	8	10	14	18	20	22	25
d_1	H13④	0.8		1.2	1.6	2	3.2	3.2	4	4
c	max	1	1	2	2	2	2	3	3	3
e	≈	0.5	0.5	1	1	1	1	1.6	1.6	1.6
k	js14	1	1	1.6	2	3	4	4	4	4.5
l_e	min	1.6	2.2	2.9	3.2	3.5	4.5	5.5	6	6
r		0.6	0.6	0.6	0.6	0.6	0.6	0.6	0.6	0.6
l(公称)		6～30	8～40	10～50	12～60	16～80	20～100	24～120	28～140	32～160
d	h11③	18	20	22	24	27	30	33	36	40
d_k	h14	28	30	33	36	40	44	47	50	55
d_1	H13④	5	5	5	6.3	6.3	8	8	8	8
c	max	3	4	4	4	4	4	4	4	4
e	≈	1.6	2	2	2	2	2	2	2	2
k	js14	5	5	5.5	6	6	8	8	8	8
l_e	min	7	8	8	9	9	10	10	10	10
r		1	1	1	1	1	1	1	1	1
l(公称)		35～200	40～200	45～200	50～200	55～200	60～200	65～200	70～200	80～200
d	h11③	45	50	55	60	70	80	90	100	
d_k	h14	60	66	72	78	90	100	110	120	
d_1	H13④	10	10	10	10	13	13	13	13	
c	max	4	4	6	6	6	6	6	6	
e	≈	2	2	3	3	3	3	3	3	
k	js14	9	9	11	12	13	13	13	13	
l_e	min	12	12	14	14	16	16	16	16	
r		1	1	1	1	1	1	1	1	
l(公称)		90～200	90～200	100～200	120～200	140～200	160～200	180～200	200	

① 其余尺寸、角度和表面粗糙度值见A型。

② 某些情况下，不能按 $l-l_e$ 计算 l_h 的尺寸，所需要的尺寸应在标记中注明，但不允许 l_h 的尺寸小于本表规定的数值。

③ 其他公差由供需双方协议。

④ 孔径 d_1 等于开口销的公称规格。

6.4 过盈连接

6.4.1 过盈连接的方法、特点和应用

过盈连接是利用零件间的配合过盈来实现连接的，这种连接结构简单，定心精度好，可承受转矩、轴向力或两者复合的载荷，而且承载能力高，在冲击、振动载荷下也能较可靠地工作；缺点是结合面加工精度要求较高，装配不便，虽然连接零件无键槽削弱，但配合面边缘处应力集中较大。过盈连接主要用在重型机械、起重机械、船舶、机车及通用机械，且多用于中等和大尺寸零件的配合。过盈连接的类型、特点和应用见表 6-27。

表 6-27 过盈连接的类型、特点和应用

<table>
<tr><th>类　型</th><th colspan="2">结构图例</th><th>特点和应用</th></tr>
<tr><td>圆柱面过盈连接</td><td colspan="2">1
2
3
4
1—轮缘；2—轮心；3—齿轮；4—轴</td><td>圆柱面过盈连接的过盈量是由所选择的配合来确定的。当过盈量及配合尺寸较小时，一般采用在常温下直接压入的方法装配。当过盈量及配合尺寸较大时，常用温差法装配
圆柱面过盈连接结构简单，加工方便。不宜多次装拆。应用广泛，用于轴毂连接，轮圈与轮心的连接，滚动轴承与轴的连接，曲轴的连接</td></tr>
<tr><td>圆锥面过盈连接</td><td colspan="2"></td><td>圆锥面过盈连接是利用包容件与被包容件相对轴向位移压紧获得过盈结合的。可利用螺纹连接件实现轴向相对位移和压紧；也可利用液压装入和拆下。圆锥面过盈连接时压合距离短，装拆方便，装拆时结合面不易擦伤；但结合面加工不便。这种连接多用于承载较大且需多次装拆的场合，尤其适用于大型零件如轧钢机械，螺旋桨尾轴等</td></tr>
<tr><td>装配方法</td><td colspan="3">特点和适用场合</td></tr>
<tr><td>压入法</td><td colspan="3">工艺简单，但配合表面易擦伤，削弱了连接的紧固性，适用于过盈量或尺寸较小的场合</td></tr>
<tr><td>温差法</td><td colspan="2">将包容件置于电炉、煤气炉或热油中加热；或将被包容件用干冰、液态空气冷却或置于低温箱中冷却；也可同时加热包容件和冷却被包容件</td><td rowspan="2">工艺较压入法复杂，配合表面不易擦伤，可重复装拆，适用于过盈量或尺寸较大的场合。温差法尤其适用于经热处理或涂覆过的表面；液压法主要用于圆锥面过盈连接</td></tr>
<tr><td>液压法</td><td colspan="2">将高压油压入配合表面，使包容件胀大、被包容件缩小，同时施以不大的轴向力，两者相对移动到预定位置，然后排出高压油即可得过盈连接。对配合面的接触精度要求较高，需要高压液压泵等专用设备</td></tr>
</table>

6.4.2 过盈连接的设计与计算

过盈连接的计算以两个简单厚壁圆桶在弹性范围内的连接为计算基础，弹性范围系指包容件和被包容件由于结合压力而产生的变形与应力成线性关系，亦即连接件的应力低于其材料的屈服极限。

计算的假定条件：

① 包容件与被包容件处于平面应力状态，即轴向应力 $\sigma=0$。

② 包容件与被包容件在结合长度上结合压力为常数。

③ 材料的弹性模量为常数。

④ 计算的强度理论按变形能理论。

配合的选择：

① 过盈配合按 GB/T 1800.2～GB/T 1800.4 和 GB/T 1801 的规定选择。

② 选出的配合，其最大过盈量［δ_{max}］和最小过盈量［δ_{min}］应满足下列要求：

a. 保证过盈连接传递给定的载荷：

$$[\delta_{min}] > \delta_{min}$$

b. 保证连接件不产生塑性变形：

$$[\delta_{max}] \leqslant \delta_{emax}$$

③ 配合的选择步骤：

a. 初选基本过盈量 δ_b。

一般情况，可取 $\delta_b = (\delta_{min} + \delta_{emax})/2$。

当要求有较多的连接强度储备时，可取 $\delta_{emax} > \delta_b > (\delta_{min} + \delta_{emax})/2$。

当要求有较多的连接件材料强度储备时，可取 $\delta_{min} < \delta_b < (\delta_{min} + \delta_{emax})/2$。

b. 按初选的基本过盈量 δ_b 和结合直径 d_1，由图 6-2 查出配合的基本偏差代号。

c. 按基本偏差代号和 δ_{min}、δ_{emax}，由 GB/T 1801 和 GB/T 1800.4 确定选用的配合和孔、轴公差带。

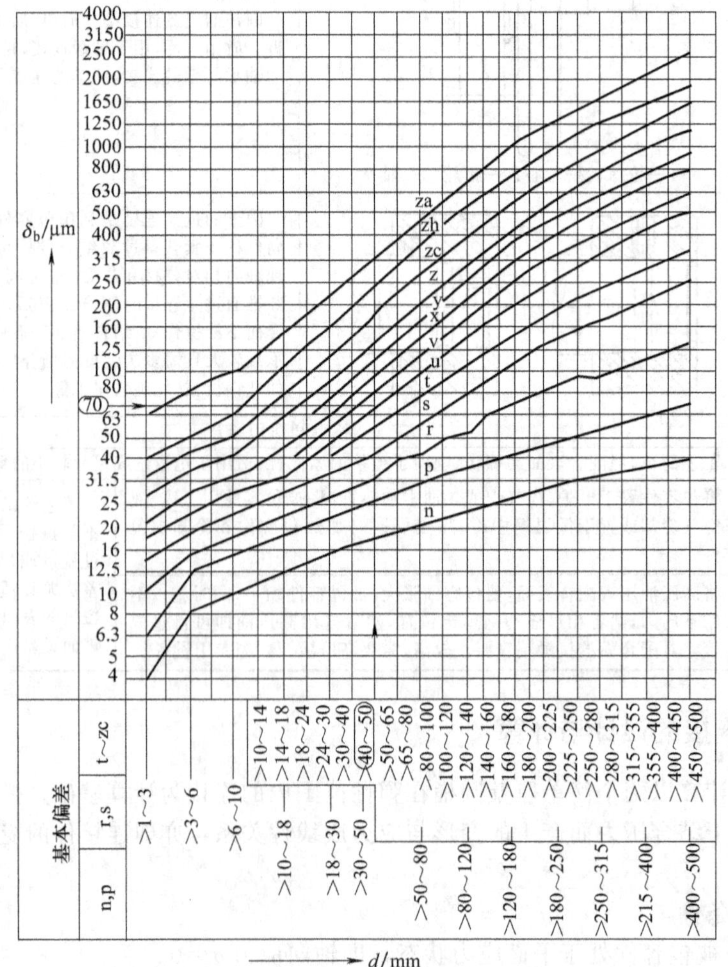

图 6-2 过盈配合选择线图

第7章

带传动

7.1 带传动的特点与设计

7.1.1 带传动的类型、特点及应用

根据带传动的原理不同，带传动可分为摩擦型和啮合型两大类，前者过载可以打滑，但传动比不准确（弹性滑动率在2%以下）；后者可保证同步传动。根据带的形状，可分为平带传动、V带传动和同步带传动。根据用途，有一般工业用、汽车用和农机用等之分。

传动带的类型、特点、应用见表7-1。

表7-1 传动带的类型、特点和应用

类型		简图	结构	特点	应用
平带	胶帆布平带	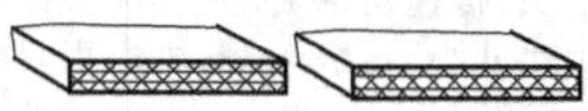	由数层挂胶帆布黏合而成，有开边式和包边式	抗拉强度较大，耐湿性好，价廉；耐热、耐油性能差，开边式较柔软	$v<30\text{m/s}$、$P<500\text{kW}$、$i<6$、轴间距较大的传动
	编织带	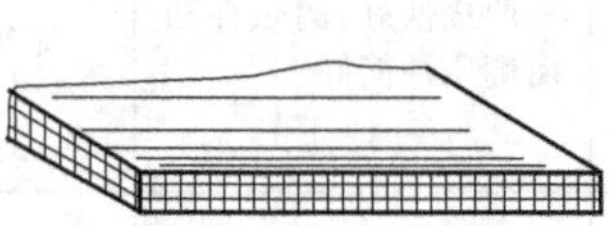	有棉织、毛织和缝合棉布带，以及用于高速传动的丝、麻、锦纶编织带。带面有覆胶和不覆胶两种	曲挠性好，传递功率小，易松弛	中、小功率传动
	锦纶片复合平带	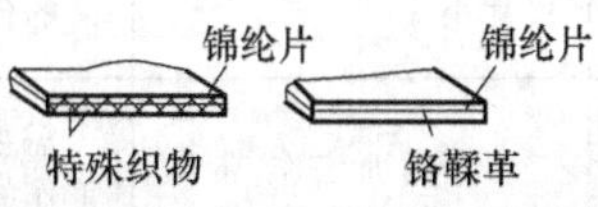 锦纶片 锦纶片 特殊织物 铬鞣革	承载层为锦纶片（有单层和多层黏合），工作面贴在铬鞣革、挂胶帆布或特殊织物等层压而成	强度高，摩擦因数大，曲挠性好，不易松弛	大功率传动，薄型可用于高速传动
	高速环形胶带	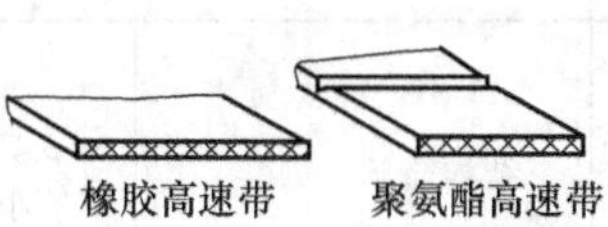 橡胶高速带 聚氨酯高速带	承载层为涤纶绳，橡胶高速带表面覆耐磨、耐油胶布	带体薄而软，曲挠性好，强度较高，传动平稳，耐油、耐磨性能好，不易松弛	高速传动

续表

类型		简图	结构	特点	应用
V带	普通V带		承载层为绳芯或胶帘布，楔角为40°，相对高度近似为0.7，梯形截面环形带	当量摩擦因数大，工作面与轮槽黏附着好，允许包角小、传动比大、预紧力小。绳芯结构带体较柔软，曲挠疲劳性好	$v<25\sim30\text{m/s}$、$P<700\text{kW}$、$i\leqslant10$轴间距小的传动
	窄V带		承载层为绳芯，楔角为40°，相对高度近似为0.9，梯形截面环形带	除具有普通V带的特点外，能承受较大的预紧力，允许速度和曲挠次数高，传递功率大，节能	大功率、结构紧凑的传动
	联组V带		将几根普通V带或窄V带的顶面用胶帘布等距粘接而成，由2、3、4根或5根联成一组	传动中各根V带载荷均匀，可减少运转中的振动和横转	结构紧凑、要求高的传动
	汽车V带	参见窄V带和普通V带	承载层为绳芯的V带，相对高度有0.9的，也有0.7的	曲挠性和耐热性好	汽车、拖拉机等内燃机专用V带，也可用于带轮和轴间距较小、工作温度较高的传动
	齿形V带		承载层为绳芯结构、内周制成齿形的V带	同普通V带和和窄V带	同普通V带和窄V带
	大楔角V带		承载层为绳芯、楔角为ω的聚氨酣环形带	质量均匀，摩擦因数大，传递功率大，外廓尺寸小，耐磨性、耐油性好	速度较高、结构特别紧凑的传动
	宽V带		承载层为绳芯，相对高度近似为0.3的梯形截面环形带	曲挠性好，耐热性和耐侧压性能好	无级变速传动
	多楔带		在绳芯结构平带的基体下有若干纵向三角形楔的环形带，工作面是楔面，有橡胶和聚氨酯两种	具有平带的柔软、V带的摩擦力大的特点，比V带传动平稳，外廓尺寸小	结构紧凑的传动，特别是要求V带根数多或轮轴垂直地面的传动
	双面V带		截面为六角形。四个侧面均为工作面，承载层为绳芯，位于截面中心	可以两面工作，带体较厚，曲挠性差，寿命和效率较低	需要V带两面都工作的场合，如农业机械中的多从动轮转动
	圆形带		截面为圆形，有圆皮带、圆绳带、圆锦纶带等	结构简单	$v<15\text{m/s}$，$i=1/2\sim3$的小功率传动

续表

类型		简图	结构	特点	应用
同步齿形带	梯形齿同步带		工作面为梯形齿，承载层为玻璃纤维绳芯、钢丝绳等的环形带，有氯丁胶和聚氨酯橡胶两种	靠啮合传动，承载层保证带齿齿距不变，传动比准确，轴压力小，结构紧凑，耐油、耐磨性较好，但安装制造要求高	$v<50\text{m/s}$、$P<300\text{kW}$、$i<10$、要求同步的传动，也可用于低速传动
	圆弧齿同步带		工作面为弧齿，承载层为玻璃纤维、合成纤维绳芯的环形带，带的基体为氯丁胶	与梯形齿同步带相同，但工作时齿根应力集中小	大功率传动

7.1.2 带传动设计的一般内容

带传动设计的一般内容见表 7-2～表 7-13。

带传动设计的典型已知条件：原动机种类、工作机名称及其特性、原动机额定功率和转速、工作制度、带传动的传动比、高速轴（小带轮）转速、许用带轮直径、轴间距要求等。

设计要满足的条件有：

① 运动学的条件：传动比 $i=n_2/n_1\approx d_2/d_1$。

② 几何条件：带轮直径、带长、中心距应满足一定的几何关系。

③ 传动能力条件：带传动有足够的传动能力和寿命。

④ 其他条件：中心距、小轮包角、带速度应在合理范围内。

⑤ 此外还应考虑经济性、工艺性要求。

设计结果：带的种类、带型、所需带根数或带宽、带长、带轮直径、轴间距、带轮的结构和尺寸、预紧力、轴载荷、张紧方法等。

带传动有下列几种功率损失：

① 带在工作时，由于带与轮之间的弹性滑动和可能存在的几何滑动，而产生滑动损失。

② 带在运行中会产生反复伸缩，特别是在带轮上的挠曲会使带体内部产生摩擦，引起功率损失。

③ 空气阻力高速传动时，运行中的风阻将引起转矩的损耗，其损耗与速度的平方成正比。因此设计高速带传动时，带的表面积宜小，宜用厚而窄的带，带轮的轮辐表面要平滑（如用椭圆形）或用辐板以减小风阻。

④ 滑动轴承的损失为 2%～5%，滚动轴承为 1%～2%。考虑上述损失，带传动的效率约在 80%～98%范围内，根据带的种类而定；进行传动设计时，可按表 7-2 选取。

表 7-2 带传动的效率

带的种类		效率/%
平带		83～98
有张紧轮的平带		80～95
普通 V 带	帘布结构	87～92
	绳芯结构	92～96
窄 V 带		90～95
多楔带		92～97
同步带		93～98

表 7-3　普通平带尺寸规格　mm

带型①	胶布层数 z	带厚② δ	宽度范围 b	最小带轮直径 D_{min}	
				推荐	许用
190	3	3.6	16～20	160	112
240	4	4.8	20～315	224	160
290	5	6.0	63～315	280	200
340	6	7.2	200～500	315	224
385	7	8.4		355	280
425	8	9.6		400	315
450	9	10.8	355～500	450	355
500	10	12		500	400
560	12	14.4		630	500
宽度系列	16,20,25,32,40,50,63,71,80,90,100,112,125,140,160,180,200,224,250,280,315,355,400,450,500				

① 带型是用普通平带全厚度的最小抗拉强度（以 N/mm 为单位）表示的。

② 带厚为参考值。

表 7-4　平带长度系列（GB/T 11358—1999）　mm

优选系列	500,560,630,710,800,900,1000,1120,1250,1400,1600,1800,2000,2240,2500, 2800,3150,3550, 4000,4500,5000
第二系列	530,600,670,750,850,950,1060,1180, 1320, 1500, 1700, 1900

注：1. 本长度系列是在规定预紧力下的长度。

2. 如表中长度系列不够使用，可在系列两端按 GB/T 321—2005 中 R20 扩展，也可在长度系列任意两个值间按 GB/T 321—2005 中 R40 增项。

3. 如需要，可切去一部分长度，并在带的断头处连接起来，形成任意长度以适应特殊用途。

表 7-5　平带的全厚度拉伸强度　kN/m

拉伸强度规格	全厚度拉伸强度		棉帆布参考层数
	纵向最小值	横向最小值	
190	190	75	3
240	240	95	4
290	290	115	5
340	340	130	6
385	385	225	7
425	425	250	8
450	450	不作规定	9
500	500		10
560	560		12

注：宽度小于 400mm 的带不作横向全厚度拉伸强度试验。

表 7-6　宽基本尺寸及极限偏差（GB/T 11358—1999）　mm

基本尺寸	16,20,25,32,40,50,63	71,89,90,100,112,125	140,160,180,200,224,250	280,315,355,400,450,500,560
极限偏差	±2	±3	±4	±5

表 7-7　轮宽基本尺寸及极限偏差（GB/T 11358—1999）　mm

基本尺寸	20,25,32,40,50,63,71	89,90,100,112,125,140	160,180,200,224,250,280	315,355,400,450,500,560,630
极限偏差	±1	±1.5	±2	±3

表 7-8　带轮直径及极限偏差（GB/T 11358—1999）　mm

基本尺寸	极限偏差	基本尺寸	极限偏差	基本尺寸	极限偏差	基本尺寸	极限偏差
20 25	±0.4	71 80	±1	224 250	±2.5	560 630 710	±5

续表

基本尺寸	极限偏差	基本尺寸	极限偏差	基本尺寸	极限偏差	基本尺寸	极限偏差
32 40	±0.5	90 100 112	±1.2	280 315 355	±3.2	800 900 1000	±6.3
45 50	± 0.6	125 140	±1.6	400 450 500	±4	1120 1250 1400	±8
56 63	±0.8	160 180 200	±2	560 630 710	±5	1600 1800 2000	±10

表 7-9 包边式平带的带轮最小直径 mm

拉伸强度规格	不同速度下的带轮最小直径					
	5m/s	10m/s	15m/s	20m/s	25m/s	30m/s
190	80	112	125	140	160	180
240	140	160	180	200	224	250
290	200	224	250	280	315	355
340	315	355	400	450	500	560
385	450	500	560	630	710	710
425	500	560	710	710	800	900
450	630	710	800	900	1000	1120
500	800	900	1000	1000	1120	1250
560	1000	1000	1120	1250	1400	1600

表 7-10 包边式平带的带轮最小直径 mm

拉伸强度规格	不同速度下的带轮最小直径					
	5m/s	10m/s	15m/s	20m/s	25m/s	30m/s
190	80	112	125	140	160	180
240	140	160	180	200	224	250
290	200	224	250	280	315	355
340	315	355	400	450	500	560
385	450	500	560	630	710	710
425	500	560	710	710	800	900
450	630	710	800	900	1000	1120
500	800	900	1000	1000	1120	1250
560	1000	1000	1120	1250	1400	1600

表 7-11 平带传动布置系数 K_β

传动形式	两轮连心线与水平线交角		
β	0°～60°	60°～80°	80°～90°
自动张紧	1.0	1.0	1.0
开口传动(定期张紧或改缝)	1.0	0.9	0.8
交叉传动	0.9	0.8	0.7
半交叉传动 有导轮的角度传动	0.8	0.7	0.6

表 7-12 平带传动的包角修正系数 K_α

$\alpha/(°)$	120	130	140	150	160	170
K_α	0.78	0.82	0.86	0.90	0.94	0.97
$\alpha/(°)$	180	190	200	210	220	
K_α	1.00	1.03	1.05	1.08	1.12	

表 7-13 普通平带（胶帆布带）单位长度传递的基本额定功率 P_0

（包角 $\alpha=180°$，载荷平稳，每层胶布单位宽度的预紧力 $F_0=2.25\text{N/mm}$） kW/mm

带型	小带轮直径	带速 $v/(\text{m/s})$												
	d_1/mm	6	8	10	12	14	16	18	20	22	24	26	28	30
190 (3)	125	0.045	0.059	0.073	0.086	0.098	0.109	0.118	0.127	0.135	0.142	0.146	0.149	0.149
	160	0.052	0.069	0.085	0.100	0.114	0.127	0.138	0.148	0.157	0.165	0.170	0.174	0.173
	≥200	0.053	0.071	0.087	0.102	0.117	0.129	0.141	0.151	0.160	0.169	0.174	0.178	0.178
240 (4)	180	0.068	0.090	0.111	0.130	0.149	0.166	0.180	0.193	0.205	0.216	0.223	0.227	0.226
	224	0.069	0.092	0.114	0.134	0.154	0.169	0.185	0.198	0.211	0.222	0.228	0.233	0.233
	≥280	0.071	0.094	0.116	0.136	0.156	0.173	0.188	0.202	0.214	0.225	0.233	0.237	0.237
290 (5)	250	0.086	0.113	0.140	0.165	0.188	0.208	0.227	0.244	0.259	0.272	0.280	0.286	0.286
	315	0.088	0.116	0.144	0.170	0.194	0.214	0.233	0.251	0.266	0.280	0.288	0.294	0.294
	≥400	0.090	0.120	0.146	0.172	0.196	0.218	0.237	0.254	0.270	0.284	0.293	0.299	0.298
340 (6)	315	0.104	0.137	0.170	0.200	0.229	0.253	0.275	0.296	0.314	0.331	0.340	0.348	0.347
	400	0.105	0.139	0.173	0.204	0.232	0.258	0.280	0.301	0.320	0.336	0.347	0.353	0.353
	≥500	0.108	0.142	0.176	0.207	0.236	0.262	0.285	0.306	0.325	0.342	0.353	0.360	0.359

7.2 V 带传动

7.2.1 基准宽度制和有效宽度制

V 带和带轮有两种宽度制，即基准宽度制和有效宽度制（图 7-1）。基准宽度制是以基准线的位置和基准宽度 b_d 来定义带轮的槽型和尺寸的，当 V 带的节面与带轮的基准直径重合时，带轮的基准宽度即为 V 带节面在轮槽内相应位置的槽宽，用以表示轮槽截面的特征值。它不受公差影响，是带轮与带标准化的基本尺寸。

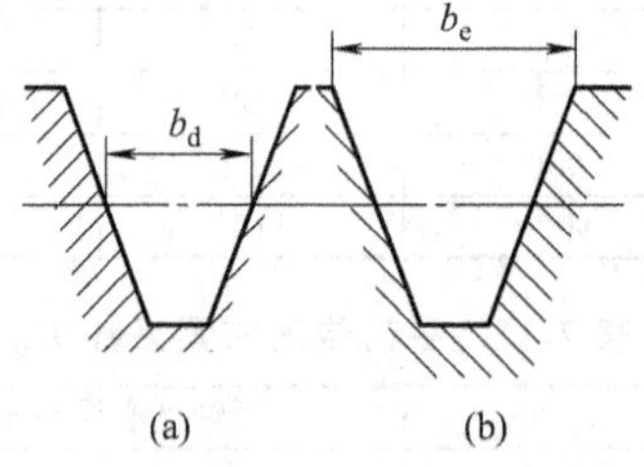

图 7-1 V 带的两种宽度制

有效宽度制规定轮槽两侧边的最外端宽度为有效宽度 b_e。该尺寸不受公差影响，在轮槽有效宽度处的直径是有效直径。

由于尺寸制的不同，带的长度分别以基准长度和有效长度来表示。基准长度是在规定的张紧力下，V 带位于测量带轮基准直径处的周长；有效长度则是在规定的张紧力下，位于测量带轮有效直径处的周长。普通 V 带是用基准宽度制，窄 V 带则由于尺寸制的不同，有两种尺寸系列。在设计计算时，基本原理和计算公式是相同的，尺寸则有差别。

7.2.2 尺寸规格

V 带的尺寸规格见表 7-14～表 7-17。

表 7-14 V带的截面尺寸（GB/T 11544—1997 、GB/T 13575.1—2008）

型号			节宽 b_p /mm	顶宽 b /mm	高度 h /mm	单位长度质量/(kg/m)	楔角 θ
普通V带		Y	5.3	6	4	0.02	40°
		Z	8.5	10	6	0.06	
		A	11	13	8	0.10	
		B	14	17	11	0.17	
		C	19	22	14	0.30	
		D	27	32	19	0.62	
		E	32	38	25	0.90	
窄V带	基准宽度制	SPZ	8	10.0	8.0	0.07	
		SPA	11	13.0	10.0	0.12	
		SPB	14	17.0	14.0	0.20	
		SPC	19	22.0	18.0	0.37	
	有效宽度制	9N(3V)	—	9.5	8.0	0.08	
		15N(5V)	—	16	13.5	0.20	
		25N(8V)	—	25.5	23.0	0.57	

表 7-15 V带的基准长度（GB/T 11544—1997） mm

Y	Z	A	B	C	D	E
400	400					
450	450					
500	500					
	560					
	630	630				
	710	710				
	800	800				
	900	900	900			
	1000	1000	1000			
	1120	1120	1120			
	1250	1250	1250			
	1400	1400	1400			
	1600	1600	1600	1600		
		1800	1800	1800		
		2000	2000	2000		
		2240	2240	2240		
		2500	2500	2500		
			2800	2800	2800	
			3150	3150	3150	
			3550	3550	3550	
			4000	4000	4000	
			4500	4500	4500	4500
			5000	5000	5000	5000
				5600	5600	5600
				6300	6300	6300
				7100	7100	7100
				8000	8000	8000
				9000	9000	9000
				10000	10000	10000
					11200	11200
					12500	12500
					14000	14000
						16000

表 7-16 普通 V 带的基准长度补充系列（GB/T 13575.1—2008） mm

Y	Z	A	B	C	D	E
200	405	700	930	1565	2740	4660
224	475	790	1100	1760	3100	5040
250	630	890	1210	1950	3330	5420
280	625	990	1370	2195	3730	6100
315	700	1100	1560	2420	4080	6850
355	780	1430	1760	2715	4620	7650
	820	1550	1950	2880	5400	9150
	1080	1640	2180	3080	6100	12230
	1330	1750	2300	3520	6840	13750
	1420	1940	2700	4050	7620	15280
	1540	2050	2870	4600	9140	16800
		2200	3200	5380	10700	
		2300	3600	6100	12200	
		2480	4060	6815	13700	
		2700	4430	7600	15200	
			4820	9100		
			5370	10700		
			6070			

表 7-17 基准宽度制窄 V 带的基准长度（GB/T 11544—1997） mm

SPZ	SPA	SPB	SPC
630			
710			
800	800		
900	900		
1000	1000		
1120	1120		
1250	1250	1250	
1400	1400	1400	
1600	1600	1600	
1800	1800	1800	
2000	2000	2000	
2240	2240	2240	2240
2500	2500	2500	2500
2800	2800	2800	2800
3150	3150	3150	3150
3550	3550	3550	3550
	4000	4000	4000
	4500	4500	4500
	5000	5000	5000
		5600	5600
		6300	6300
		7100	7100
		8000	8000
			9000
			10000
			11200
			12500

7.2.3 V带传动的设计

(1) V带传动的主要失效形式

① 带在带轮上打滑，不能传递动力。

② 带由于疲劳产生脱层、撕裂和拉断。

③ 带的工作面磨损。

保证带在工作中不打滑，并具有一定的疲劳强度和使用寿命是V带传动设计的主要根据。

(2) V带传动的设计

V带传动的设计见图7-2～图7-4及表7-18～表7-22。

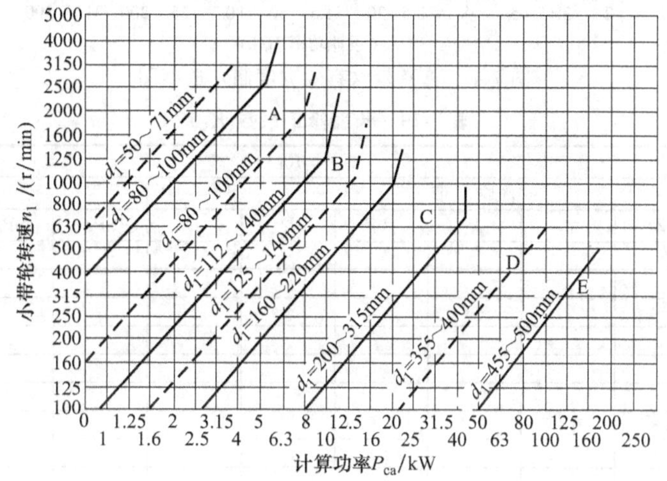

图7-2 普通V带选型图

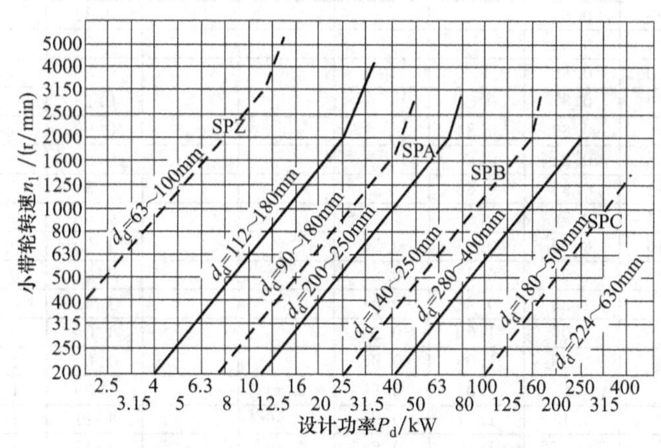

图7-3 窄V带（基准宽度制）选型图

表7-18 工况系数 K_A

工作载荷性质	动力机					
	Ⅰ类			Ⅱ类		
	≤10	10～16	＞16	≤10	10～16	＞16
工作平稳	1	1.1	1.2	1.1	1.2	1.3
载荷变动小	1.1	1.2	1.3	1.2	1.3	1.4
载荷变动较大	1.2	1.3	1.4	1.4	1.5	1.6
冲击载荷	1.3	1.4	1.5	1.5	1.6	1.8

注：Ⅰ类—直流电动机、Y系列三相异步电动机、汽轮机、水轮机；Ⅱ类—交流同步电动机、交流异步电动机、内燃机、蒸汽机。

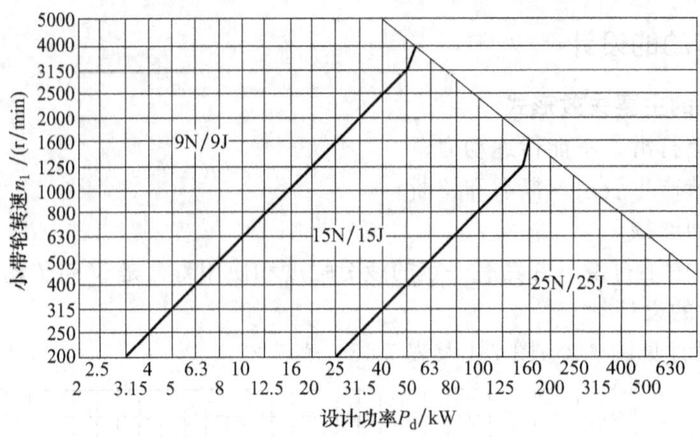

图 7-4 窄 V 带（有效宽度制）选型图

表 7-19 长度修正系数 K_L

基准长度 L_{d1}/mm	K_L										
	普通 V 带							窄 V 带			
	Y	Z	A	B	C	D	E	SPZ	SPA	SPB	SPC
200	0.81										
224	0.82										
250	0.84										
280	0.87										
315	0.89										
355	0.92										
400	0.96	0.87									
450	1.00	0.89									
500	1.02	0.91									
560		0.94									
630		0.96	0.81					0.82			
710		0.99	0.82					0.84			
800		1.00	0.85					0.86	0.81		
900		1.03	0.87	0.81				0.88	0.83		
1000		1.06	0.89	0.84				0.90	0.85		
1120		1.08	0.91	0.86				0.93	0.87		
1250		1.11	0.93	0.88				0.94	0.89	0.82	
1400		1.14	0.96	0.90				0.96	0.91	0.84	
1600		1.16	0.99	0.93	0.84			1.00	0.93	0.86	
1800		1.18	1.01	0.95	0.85			1.01	0.95	0.88	
2000			1.03	0.98	0.88			1.02	0.96	0.90	0.81
2240			1.06	1.00	0.91			1.05	0.98	0.92	0.83
2500			1.09	1.03	0.93			1.07	1.00	0.94	0.86
2800			1.11	1.05	0.95	0.83		1.09	1.02	0.96	0.88
3150			1.13	1.07	0.97	0.86		1.11	1.04	0.98	0.90
3550			1.17	1.10	0.98	0.89		1.13	1.06	1.00	0.92
4000			1.19	1.13	1.02	0.91			1.08	1.02	0.94
4500				1.15	1.04	0.93	0.90		1.09	1.04	0.96
5000				1.18	1.07	0.96	0.92			1.06	0.98
5600					1.09	0.98	0.95			1.08	1.00
6300					1.12	1.00	0.97			1.10	1.02
7100					1.15	1.03	1.00			1.12	1.04
8000					1.18	1.06	1.02			1.14	1.06
9000					1.21	1.08	1.05				1.08
10000					1.23	1.11	1.07				1.10
11200						1.14	1.10				1.12
12500						1.17	1.12				1.14
14000						1.20	1.15				
16000						1.22	1.18				

表 7-20 小带轮包角系数 K_α

包角/(°)	180	175	170	165	160	155	150	145	140	135	130	125	120	110	100	90
K_α	1	0.99	0.98	0.96	0.95	0.93	0.92	0.91	0.89	0.88	0.86	0.84	0.82	0.76	0.74	0.69

表 7-21（a） Y 型 V 带的额定功率 kW

小带轮转速 n_1 /(r/min)	小带轮基准直径 d_{d1}/mm								传动比 i									
	20	25	28	31.5	35.5	40	45	50	1.00～1.01	1.02～1.04	1.05～1.08	1.09～1.12	1.13～1.18	1.19～1.24	1.25～1.34	1.35～1.51	1.52～1.99	≥2.0
	单根 V 带的基本额定功率 P_0								$i\neq1$ 时额定功率的增量 ΔP_0									
400	—	—	—	—	—	—	0.04	0.05										
730	—	—	—	0.03	0.04	0.04	0.05	0.06										
800	—	0.03	0.03	0.04	0.05	0.05	0.06	0.07										
980	0.02	0.03	0.04	0.04	0.05	0.06	0.07	0.08										
1200	0.02	0.03	0.04	0.05	0.06	0.07	0.08	0.09										
1460	0.02	0.04	0.05	0.06	0.06	0.08	0.09	0.11										
1600	0.03	0.05	0.05	0.06	0.07	0.09	0.11	0.12		0.00								
2000	0.03	0.05	0.06	0.07	0.08	0.11	0.12	0.14										
2400	0.04	0.06	0.07	0.09	0.09	0.12	0.14	0.16						0.01				
2800	0.04	0.07	0.08	0.10	0.11	0.14	0.16	0.18										
3200	0.05	0.08	0.09	0.11	0.12	0.15	0.17	0.20										
3600	0.06	0.08	0.10	0.12	0.13	0.16	0.19	0.22										
4000	0.06	0.09	0.11	0.13	0.14	0.18	0.20	0.23								0.02		
4500	0.07	0.10	0.12	0.14	0.16	0.19	0.21	0.24									0.03	
5000	0.08	0.11	0.13	0.15	0.18	0.20	0.23	0.25										
5500	0.09	0.12	0.14	0.16	0.19	0.22	0.24	0.26										

表 7-21（b） Z 型 V 带的额定功率 kW

小带轮转速 n_1 /(r/min)	小带轮基准直径 d_{d1}/mm						传动比 i										带速 /(m/s) ≈
	50	56	63	71	80	90	1.00～1.01	1.02～1.04	1.05～1.08	1.09～1.12	1.13～1.18	1.19～1.24	1.25～1.34	1.35～1.51	1.52～1.99	≥2.0	
	单根 V 带的基本额定功率 P_0						$i\neq1$ 时额定功率的增量 ΔP_0										
400	0.06	0.06	0.08	0.09	0.14	0.14											
730	0.09	0.11	0.13	0.17	0.20	0.22				0.00							
800	0.10	0.12	0.15	0.20	0.22	0.24											
980	0.12	0.14	0.18	0.23	0.26	0.28											
1200	0.14	0.17	0.22	0.27	0.30	0.33											5
1460	0.16	0.19	0.25	0.31	0.36	0.37					0.01						
1600	0.17	0.20	0.27	0.33	0.39	0.40								0.02			
2000	0.20	0.25	0.32	0.39	0.44	0.48											10
2400	0.22	0.30	0.37	0.46	0.50	0.54											
2800	0.26	0.33	0.41	0.50	0.56	0.60											
3200	0.28	0.35	0.45	0.54	0.61	0.64							0.03				15
3600	0.30	0.37	0.47	0.58	0.64	0.68											
4000	0.32	0.39	0.49	0.61	0.67	0.72							0.04		0.05		
4500	0.33	0.40	0.50	0.62	0.67	0.73		0.02									20
5000	0.34	0.41	0.50	0.62	0.66	0.73											
5500	0.33	0.41	0.49	0.61	0.64	0.65										0.06	
6000	0.31	0.40	0.48	0.56	0.61	0.56											

表 7-21（c） A 型 V 带的额定功率 kW

小带轮转速 n_1 /(r/min)	小带轮基准直径 d_{d1}/mm								传动比 i										带速 /(m/s) ≈
	75	80	90	100	112	125	140	160	1.00～1.01	1.02～1.04	1.05～1.08	1.09～1.12	1.13～1.18	1.19～1.24	1.25～1.34	1.35～1.51	1.52～1.99	≥2.20	
	单根 V 带的基本额定功率 P_0								$i\neq1$ 时额定功率的增量 ΔP_0										
200	0.16	0.18	0.22	0.26	0.31	0.37	0.43	0.51	0.00	0.00	0.01	0.01	0.01	0.01	0.02	0.02	0.02	0.03	
400	0.27	0.31	0.39	0.47	0.56	0.67	0.78	0.94	0.00	0.01	0.01	0.02	0.02	0.03	0.03	0.04	0.04	0.05	
730	0.42	0.49	0.63	0.77	0.93	1.11	1.31	1.56	0.00	0.01	0.02	0.03	0.04	0.05	0.06	0.07	0.08	0.09	5
800	0.45	0.52	0.68	0.83	1.00	1.19	1.41	1.69	0.00	0.01	0.02	0.03	0.04	0.05	0.06	0.08	0.09	0.10	
980	0.52	0.61	0.79	0.97	1.18	1.40	1.66	2.00	0.00	0.01	0.03	0.04	0.05	0.06	0.07	0.08	0.10	0.11	
1200	0.60	0.71	0.93	1.14	1.39	1.66	1.96	2.36	0.00	0.02	0.03	0.05	0.07	0.08	0.10	0.11	0.13	0.15	10
1460	0.68	0.81	1.07	1.32	1.62	1.93	2.29	2.74	0.00	0.02	0.04	0.06	0.08	0.09	0.11	0.13	0.15	0.17	
1600	0.73	0.87	1.15	1.42	1.74	2.07	2.45	2.94	0.00	0.02	0.04	0.06	0.09	0.11	0.13	0.15	0.17	0.19	
2000	0.84	1.01	1.34	1.66	2.04	2.44	2.87	3.42	0.00	0.03	0.06	0.08	0.11	0.13	0.16	0.19	0.22	0.24	15
2400	0.92	1.12	1.50	1.87	2.30	2.74	3.22	3.80	0.00	0.03	0.07	0.10	0.13	0.16	0.19	0.23	0.26	0.29	20
2800	1.00	1.22	1.64	2.05	2.51	2.98	3.48	4.06	0.00	0.04	0.08	0.11	0.15	0.19	0.23	0.26	0.30	0.34	
3200	1.04	1.29	1.75	2.19	2.68	3.16	3.65	4.19	0.00	0.04	0.09	0.13	0.17	0.22	0.26	0.30	0.34	0.39	25
3600	1.08	1.34	1.83	2.28	2.78	3.26	3.72	4.17	0.00	0.05	0.10	0.15	0.19	0.24	0.29	0.34	0.39	0.44	30
4000	1.09	1.37	1.87	2.34	2.83	3.28	3.67	3.98	0.00	0.05	0.11	0.16	0.22	0.27	0.32	0.38	0.43	0.48	
4500	1.07	1.36	1.83	2.33	2.79	3.17	3.44	3.48	0.00	0.06	0.12	0.18	0.24	0.30	0.36	0.42	0.48	0.54	35
5000	1.02	1.31	1.82	2.25	2.64	2.91	2.99	2.67	0.00	0.07	0.14	0.20	0.27	0.34	0.40	0.47	0.54	0.60	40
5500	0.96	1.21	1.70	2.07	2.37	2.48	2.31	1.51	0.00	0.08	0.15	0.23	0.30	0.38	0.46	0.53	0.60	0.68	
6000	0.80	1.06	1.50	1.80	1.96	1.87	1.37	—	0.00	0.08	0.16	0.24	0.32	0.40	0.49	0.57	0.65	0.73	

表 7-21（d） B 型 V 带的额定功率 kW

小带轮转速 n_1 /(r/min)	小带轮基准直径 d_{d1}/mm								传动比 i										带速 /(m/s) ≈
	125	140	160	180	200	224	250	280	1.00～1.01	1.02～1.04	1.05～1.08	1.09～1.12	1.13～1.18	1.19～1.24	1.25～1.34	1.35～1.51	1.52～1.99	≥2.0	
	单根 V 带基本额定功率 P_0								$i\neq1$ 时额定功率的增量 ΔP_0										
200	0.48	0.59	0.74	0.88	1.02	1.19	1.37	1.58	0.00	0.01	0.01	0.02	0.03	0.04	0.04	0.05	0.06	0.06	
400	0.84	1.05	1.32	1.59	1.85	2.17	2.50	2.89	0.00	0.01	0.03	0.04	0.06	0.07	0.08	0.10	0.11	0.13	
730	1.34	1.69	2.16	2.61	3.06	3.59	4.14	4.77	0.00	0.02	0.05	0.07	0.10	0.12	0.15	0.17	0.20	0.22	5
800	1.44	1.82	2.32	2.81	3.30	3.86	4.46	5.13	0.00	0.03	0.06	0.08	0.11	0.14	0.17	0.20	0.23	0.25	10
980	1.67	2.13	2.72	3.30	3.86	4.50	5.22	5.93	0.00	0.03	0.07	0.10	0.13	0.17	0.20	0.23	0.26	0.30	
1200	1.93	2.47	3.17	3.85	4.50	5.26	6.04	6.90	0.00	0.04	0.08	0.13	0.17	0.21	0.25	0.30	0.34	0.38	15
1460	2.20	2.83	3.64	4.41	5.15	5.99	6.85	7.78	0.00	0.05	0.10	0.15	0.20	0.25	0.31	0.36	0.40	0.46	20
1600	2.33	3.00	3.86	4.68	5.46	6.33	7.20	8.13	0.00	0.06	0.11	0.17	0.23	0.28	0.34	0.39	0.45	0.51	
1800	2.50	3.23	4.15	5.02	5.83	6.73	7.63	8.46	0.00	0.06	0.13	0.19	0.25	0.32	0.38	0.44	0.51	0.57	25
2000	2.64	3.42	4.40	5.30	6.13	7.02	7.87	8.60	0.00	0.07	0.14	0.21	0.28	0.35	0.42	0.49	0.56	0.63	30
2200	2.76	3.58	4.60	5.52	6.35	7.19	7.97	8.53	0.00	0.08	0.16	0.23	0.31	0.39	0.46	0.54	0.62	0.70	35
2400	2.85	3.70	4.75	5.67	6.47	7.25	7.89	8.22	0.00	0.08	0.17	0.25	0.34	0.42	0.51	0.59	0.68	0.76	40
2800	2.96	3.85	4.89	5.76	6.43	6.95	7.14	6.80	0.00	0.10	0.20	0.29	0.39	0.49	0.59	0.69	0.79	0.89	
3200	2.94	3.83	4.80	5.52	5.95	6.05	5.60	4.26	0.00	0.11	0.23	0.34	0.45	0.56	0.68	0.79	0.90	1.01	
3600	2.80	3.63	4.46	4.92	4.98	4.47	3.12	—	0.00	0.13	0.25	0.38	0.51	0.63	0.76	0.89	1.01	1.14	
4000	2.51	3.24	3.82	3.92	3.47	2.14	—	—	0.00	0.14	0.28	0.42	0.56	0.70	0.84	0.99	1.13	1.27	
4500	1.93	2.45	2.59	2.04	—	—	—	—	0.00	0.16	0.32	0.48	0.63	0.79	0.95	1.11	1.27	1.43	
5000	1.09	1.29	0.81	—	—	—	—	—	0.00	0.18	0.36	0.53	0.71	0.89	1.07	1.24	1.42	1.60	

表 7-21（e） C 型 V 带的额定功率 kW

小带轮转速 n_1 /(r/min)	小带轮基准直径 d_{d1}/mm								传动比 i										带速 /(m/s) ≈
	200	224	250	280	315	355	400	450	1.00～1.01	1.02～1.04	1.05～1.08	1.09～1.12	1.13～1.18	1.19～1.24	1.25～1.34	1.35～1.51	1.52～1.99	≥2.0	
	单根 V 带的基本额定功率 P_0								$i\neq1$ 时额定功率的增量 ΔP_0										
200	1.39	1.70	2.03	2.42	2.86	3.36	3.91	4.51	0.00	0.02	0.04	0.06	0.08	0.10	0.12	0.14	0.16	0.18	
300	1.92	2.37	2.85	3.40	4.04	4.75	5.54	6.40	0.00	0.03	0.06	0.09	0.12	0.15	0.18	0.21	0.24	0.26	5
400	2.41	2.99	3.62	4.32	5.14	6.05	7.06	8.20	0.00	0.04	0.08	0.12	0.16	0.20	0.23	0.27	0.31	0.35	10
500	2.87	3.58	4.33	5.19	6.17	7.27	8.52	9.81	0.00	0.05	0.10	0.15	0.20	0.24	0.29	0.34	0.39	0.44	
600	3.30	4.12	5.00	6.00	7.14	8.45	9.82	11.29	0.00	0.06	0.12	0.18	0.24	0.29	0.35	0.41	0.47	0.53	15
730	3.80	4.78	5.82	6.99	8.34	9.79	11.52	12.98	0.00	0.07	0.14	0.21	0.27	0.34	0.41	0.48	0.55	0.62	
800	4.07	5.12	6.23	7.52	8.92	10.46	12.10	13.80	0.00	0.08	0.16	0.23	0.31	0.39	0.47	0.55	0.63	0.71	
980	4.66	5.89	7.18	8.65	10.23	11.92	13.67	15.39	0.00	0.09	0.19	0.27	0.37	0.47	0.56	0.65	0.74	0.83	20
1200	5.29	6.71	8.21	9.81	11.53	13.31	15.04	16.59	0.00	0.12	0.24	0.35	0.47	0.59	0.70	0.82	0.94	1.06	25
1460	5.86	7.47	9.06	10.74	12.48	14.12	15.51	16.41	0.00	0.14	0.28	0.42	0.58	0.71	0.85	0.99	1.14	1.27	30
1600	6.07	7.75	9.38	11.06	12.72	14.19	15.24	15.57	0.00	0.16	0.31	0.47	0.63	0.78	0.94	1.10	1.25	1.41	35
1800	6.28	8.00	9.63	11.22	12.67	13.73	14.08	13.29	0.00	0.18	0.35	0.53	0.71	0.88	1.06	0.23	1.41	1.59	40
2000	6.34	8.06	9.62	11.04	12.14	12.59	11.95	9.64	0.00	0.20	0.39	0.59	0.78	0.98	1.17	1.37	1.57	1.76	
2200	6.26	7.92	9.34	10.48	11.08	10.70	8.75	4.44	0.00	0.22	0.43	0.65	0.86	1.08	1.29	1.51	1.72	1.94	
2400	6.02	7.57	8.75	9.50	9.43	7.98	4.34	—	0.00	0.23	0.47	0.70	0.94	1.18	1.41	1.65	1.88	2.12	
2600	5.61	6.93	7.85	8.08	7.11	4.32	—	—	0.00	0.25	0.51	0.76	1.02	1.27	1.5	1.78	2.04	2.29	
2800	5.01	6.08	6.56	6.13	4.16	—	—	—	0.00	0.27	0.55	0.82	1.10	1.37	1.64	1.92	2.19	2.47	
3200	3.23	3.57	2.93	—	—	—	—	—	0.00	0.31	0.61	0.91	1.22	1.53	1.83	2.14	2.44	2.75	

表 7-21（f） D 型 V 带的额定功率 kW

小带轮转速 n_1 /(r/min)	小带轮基准直径 d_{d1}/mm								传动比 i										带速 /(m/s) ≈
	355	400	450	500	560	630	710	800	1.00～1.01	1.02～1.04	1.05～1.08	1.09～1.12	1.13～1.18	1.19～1.24	1.25～1.34	1.35～1.51	1.52～1.99	≥2.0	
	单根 V 带的基本额定功率 P_0								$i\neq1$ 时额定功率的增量 ΔP_0										
100	3.01	3.66	4.37	5.08	5.91	6.88	8.01	9.22	0.00	0.03	0.07	0.10	0.14	0.17	0.21	0.24	0.28	0.31	
150	4.20	5.14	6.17	7.18	8.43	9.82	11.3	13.11	0.00	0.05	0.11	0.15	0.21	0.26	0.31	0.36	0.42	0.47	5
200	5.31	6.52	7.90	9.21	10.76	12.54	14.55	16.76	0.00	0.07	0.14	0.21	0.28	0.35	0.42	0.49	0.56	0.63	
250	6.36	7.88	9.50	11.09	12.97	15.13	17.54	20.18	0.00	0.09	0.18	0.26	0.35	0.44	0.57	0.61	0.70	0.78	10
300	7.35	9.13	11.02	12.88	15.07	17.57	20.35	23.39	0.00	0.10	0.21	0.31	0.42	0.52	0.62	0.73	0.83	0.94	
400	9.24	11.45	13.85	16.20	18.95	22.05	25.45	29.08	0.00	0.14	0.28	0.42	0.56	0.70	0.83	0.97	1.11	1.25	15
500	10.90	13.55	16.40	19.17	22.38	25.94	29.76	33.72	0.00	0.17	0.35	0.52	0.70	0.87	1.04	1.22	1.39	1.56	20
600	12.39	15.42	18.67	21.78	25.32	29.18	33.18	37.13	0.00	0.21	0.42	0.62	0.83	1.04	1.25	1.46	1.67	1.88	25
730	14.04	17.58	21.12	24.52	28.28	32.19	35.97	39.26	0.00	0.24	0.49	0.73	0.97	1.22	1.46	1.70	1.95	2.19	30
800	14.83	18.46	22.25	25.76	29.55	33.38	36.87	39.55	0.00	0.28	0.56	0.83	1.11	1.39	1.67	1.95	2.22	2.50	35
980	16.30	20.25	24.16	27.60	31.00	33.88	35.58	35.26	0.00	0.33	0.66	0.99	1.32	1.60	1.92	2.31	2.64	2.97	40
1100	16.98	20.99	24.84	28.02	30.85	32.65	32.52	29.26	0.00	0.38	0.77	1.15	1.53	1.91	2.29	2.68	3.06	3.44	
1200	17.25	21.20	24.84	27.61	29.67	30.15	27.88	21.32	0.00	0.42	0.84	1.25	1.67	2.09	2.50	2.92	3.34	3.75	
1300	17.26	21.06	24.35	26.54	27.58	26.37	21.42	10.78	0.00	0.45	0.91	1.35	1.81	2.26	2.71	3.16	3.61	4.06	
1460	16.70	20.03	22.42	23.28	22.08	17.28	—	—	0.00	0.51	1.01	1.51	2.02	2.52	3.02	3.52	4.03	4.53	
1600	15.63	18.31	19.59	18.88	15.13	6.25	—	—	0.00	0.56	1.11	1.67	2.23	2.78	3.33	3.89	4.45	5.00	
1800	12.97	14.28	13.34	9.59	—	—	—	—	0.00	0.63	1.24	1.88	2.51	3.13	3.74	4.38	5.01	5.62	

表 7-21（g） E 型 V 带的额定功率 kW

小带轮转速 n_1 /(r/min)	小带轮基准直径 d_{d1}/mm								传动比 i										带速 /(m/s) ≈
	500	560	630	710	800	900	1000	1120	1.00～1.01	1.02～1.04	1.05～1.08	1.09～1.12	1.13～1.18	1.19～1.24	1.25～1.34	1.35～1.51	1.52～1.99	≥2.0	
	单根 V 带的基本额定功率 P_0								$i \neq 1$ 时额定功率的增量 ΔP_0										
100	6.21	7.32	8.75	10.31	12.05	13.96	15.84	18.07	0.00	0.07	0.14	0.21	0.28	0.34	0.41	0.48	0.55	0.62	5
150	8.60	10.33	12.32	14.56	17.05	19.76	22.44	25.58	0.00	0.10	0.20	0.31	0.41	0.52	0.62	0.72	0.83	0.93	
200	10.86	13.09	15.65	18.52	21.70	25.15	28.52	32.47	0.00	0.14	0.28	0.41	0.55	0.69	0.83	0.96	1.10	1.24	10
250	12.97	15.67	18.77	22.23	26.03	30.14	34.11	38.71	0.00	0.17	0.34	0.52	0.69	0.86	1.03	1.20	1.37	1.56	15
300	14.96	18.10	21.69	25.69	30.05	34.71	39.17	44.26	0.00	0.21	0.41	0.62	0.83	1.03	1.24	1.45	1.65	1.86	20
350	16.81	20.38	24.42	28.89	33.73	38.84	43.66	49.04	0.00	0.24	0.48	0.72	0.96	1.20	1.45	1.69	1.92	2.17	
400	18.55	22.49	26.95	31.83	37.05	42.49	47.52	52.98	0.00	0.28	0.55	0.83	1.00	1.38	1.65	1.93	2.20	2.48	25
500	21.65	26.25	31.36	36.85	42.53	48.20	53.12	57.94	0.00	0.34	0.64	1.03	1.38	1.72	2.07	2.41	2.76	3.10	30
600	24.21	29.30	34.83	40.58	46.26	51.48	55.45	58.42	0.00	0.41	0.83	1.24	1.65	2.07	2.48	2.89	3.31	3.72	35
730	26.62	32.02	37.64	43.07	47.79	51.13	52.26	50.36	0.00	0.48	0.97	1.45	1.93	2.41	2.89	3.38	3.86	4.34	10
800	27.57	33.03	38.52	43.52	47.38	49.21	48.19	42.77	0.00	0.55	1.10	1.65	2.21	2.76	3.31	3.86	4.41	4.96	
980	28.52	33.00	37.14	39.56	39.08	34.01	—	—	0.00	0.65	1.29	1.95	2.62	3.27	3.92	4.58	5.23	5.89	
1100	27.30	31.35	33.94	33.74	29.06	17.65	—	—	0.00	0.73	1.47	2.20	2.93	3.67	4.40	5.14	5.87	6.61	
1200	25.53	28.49	29.17	25.91	16.46	—	—	—	0.00	0.80	1.61	2.40	3.21	4.01	4.81	5.61	6.41	7.21	
1300	22.82	24.31	22.56	15.44	—	—	—	—	0.00	0.86	1.74	2.60	3.47	4.34	5.21	6.08	6.94	7.8	
1460②	16.25	14.52	—	—	—	—	—	—	0.00	0.98	1.95	2.92	3.90	4.88	5.85	6.83	7.80	8.78	

表 7-22（a） SPZ 型窄 V 带的额定功率 kW

小带轮转速 n_1 /(r/min)	小带轮基准直径 d_{d1}/mm								传动比 i										带速 /(m/s) ≈
	63	71	75	80	90	100	112	125	1.00～1.01	1.02～1.05	1.06～1.11	1.12～1.18	1.19～1.26	1.27～1.38	1.39～1.57	1.58～1.94	1.95～3.38	≥3.39	
	单根 V 带的基本额定功率 P_0								$i \neq 1$ 时额定功率的增量 ΔP_0										
200	0.20	0.25	0.28	0.31	0.37	0.43	0.51	0.59	0.00	0.00	0.01	0.01	0.02	0.02	0.02	0.03	0.03	0.03	
400	0.35	0.44	0.49	0.55	0.67	0.79	0.93	1.09	0.00	0.00	0.01	0.02	0.03	0.04	0.04	0.05	0.06	0.06	
730	0.56	0.72	0.79	0.88	1.12	1.33	1.57	1.84	0.00	0.01	0.02	0.04	0.06	0.07	0.08	0.09	0.10	0.10	
800	0.60	0.78	0.87	0.99	1.21	1.44	1.70	1.99	0.00	0.01	0.03	0.05	0.06	0.08	0.09	0.10	0.11	0.12	5
980	0.70	0.92	1.02	1.15	1.44	1.70	2.02	2.36	0.00	0.01	0.03	0.06	0.07	0.09	0.11	0.12	0.13	0.14	
1200	0.81	1.08	1.21	1.38	1.70	2.02	2.40	2.80	0.00	0.02	0.04	0.07	0.09	0.11	0.13	0.15	0.16	0.17	
1460	0.93	1.25	1.41	1.60	1.98	2.36	2.80	3.28	0.00	0.02	0.05	0.08	0.11	0.14	0.16	0.18	0.20	0.21	10
1600	1.00	1.35	1.52	1.73	2.14	2.55	3.04	3.55	0.00	0.02	0.05	0.09	0.13	0.15	0.18	0.20	0.22	0.23	
2000	1.17	1.59	1.79	2.05	2.55	3.05	3.62	4.24	0.00	0.02	0.07	0.12	0.16	0.19	0.22	0.25	0.2	0.29	15
2400	1.32	1.81	2.04	2.34	2.93	3.49	4.16	4.85	0.00	0.03	0.08	0.14	0.19	0.23	0.27	0.30	0.33	0.35	
2800	1.45	2.00	2.27	2.61	3.26	3.90	4.64	5.40	0.00	0.03	0.09	0.16	0.22	0.27	0.31	0.35	0.38	0.41	20
3200	1.56	2.18	2.48	2.85	3.57	4.26	5.06	5.88	0.00	0.04	0.11	0.18	0.25	0.31	0.36	0.40	0.44	0.47	
3600	1.66	2.33	2.65	3.06	3.84	4.58	5.42	6.27	0.00	0.04	0.12	0.20	0.28	0.34	0.40	0.46	0.49	0.52	25
4000	1.74	2.46	2.81	3.24	4.07	4.85	5.72	6.58	0.00	0.05	0.13	0.23	0.31	0.38	0.45	0.51	0.55	0.58	
4500	1.81	2.59	2.96	3.42	4.30	5.10	5.99	6.83	0.00	0.06	0.15	0.26	0.35	0.43	0.51	0.57	0.62	0.66	
5000	1.85	2.68	3.07	3.56	4.46	5.27	6.14	6.92	0.00	0.06	0.17	0.29	0.39	0.48	0.56	0.63	0.69	0.75	

表 7-22（b） SPA 型窄 V 带的额定功率 kW

小带轮转速 n_1 /(r/min)	小带轮基准直径 d_{d1}/mm								传动比 i										带速 /(m/s) ≈
	90	100	112	125	140	160	180	200	1.00～1.01	1.02～1.05	1.06～1.11	1.12～1.18	1.19～1.26	1.27～1.38	1.39～1.57	1.58～1.94	1.95～3.38	≥3.39	
	单根 V 带的基本额定功率 P_0								$i\neq1$ 时额定功率的增量 ΔP_0										
200	0.43	0.53	0.64	0.77	0.92	1.11	1.30	1.49	0.00	0.00	0.02	0.03	0.03	0.04	0.05	0.05	0.06	0.06	
400	0.75	0.94	1.16	1.40	1.68	2.04	2.39	2.75	0.00	0.01	0.03	0.05	0.07	0.08	0.10	0.11	0.12	0.13	
730	1.21	1.54	1.91	2.33	2.81	3.42	4.03	4.63	0.00	0.02	0.05	0.09	0.12	0.15	0.17	0.19	0.21	0.22	5
800	1.30	1.65	2.07	2.52	3.03	3.70	4.36	5.01	0.00	0.02	0.06	0.10	0.14	0.17	0.20	0.22	0.24	0.25	
980	1.52	1.93	2.44	2.98	3.58	4.38	5.17	5.94	0.00	0.03	0.07	0.12	0.16	0.20	0.23	0.26	0.28	0.30	
1200	1.76	2.27	2.86	3.50	4.23	5.17	6.10	7.00	0.00	0.03	0.09	0.15	0.21	0.25	0.29	0.33	0.36	0.38	10
1460	2.02	2.61	3.31	4.06	4.91	6.01	7.07	8.10	0.00	0.04	0.10	0.18	0.24	0.30	0.35	0.40	0.43	0.46	15
1600	2.16	2.80	3.57	4.38	5.29	6.47	7.62	8.72	0.00	0.04	0.12	0.20	0.27	0.33	0.39	0.44	0.48	0.51	
2000	2.49	3.27	4.18	5.15	6.22	7.60	8.90	10.13	0.00	0.05	0.14	0.25	0.34	0.41	0.49	0.55	0.60	0.63	
2400	2.77	3.67	4.71	5.80	7.01	8.53	9.93	11.22	0.00	0.06	0.17	0.30	0.41	0.50	0.59	0.66	0.72	0.76	20
2800	3.00	3.99	5.15	6.34	7.64	9.24	10.67	11.92	0.00	0.07	0.20	0.35	0.48	0.58	0.68	0.77	0.84	0.89	25
3200	3.16	4.25	5.49	6.76	8.11	9.72	11.09	12.19	0.00	0.08	0.23	0.40	0.54	0.66	0.78	0.88	0.95		30
3600	3.26	4.42	5.72	7.03	8.39	9.94	11.15	11.98	0.00	0.10	0.26	0.45	0.62	0.75	0.88	0.99	1.07	1.14	35
4000	3.29	4.50	5.85	7.16	8.48	9.87	10.81	11.25	0.00	0.11	0.29	0.50	0.68	0.83	0.98	1.01	1.19	1.27	40
4500	3.24	4.48	5.83	7.09	8.27	9.34	9.78	9.50	0.00	0.12	0.32	0.57	0.77	0.93	1.10	1.24	1.34	1.42	
5000	3.07	4.31	5.61	6.75	7.69	8.28	7.99	6.75	0.00	0.13	0.36	0.63	0.86	1.04	1.22	1.37	1.49	1.58	

表 7-22（c） SPB 型窄 V 带的额定功率 kW

小带轮转速 n_1 /(r/min)	小带轮基准直径 d_{d1}/mm								传动比 i										带速 /(m/s) ≈
	140	160	180	200	224	250	280	315	1.00～1.01	1.02～1.05	1.06～1.11	1.12～1.18	1.19～1.26	1.27～1.38	1.39～1.57	1.58～1.94	1.95～3.38	≥3.39	
	单根 V 带的基本额定功率 P_0								$i\neq1$ 时额定功率的增量 ΔP_0										
200	1.08	1.37	1.65	1.94	2.28	2.64	3.05	3.53	0.00	0.01	0.03	0.05	0.07	0.09	0.10	0.11	0.12	0.13	
400	1.92	2.47	3.01	3.54	4.18	4.86	5.63	6.53	0.00	0.02	0.06	0.10	0.14	0.17	0.20	0.22	0.25	0.26	5
730	3.13	4.06	4.99	5.88	6.97	8.11	9.41	10.91	0.00	0.04	0.10	0.18	0.25	0.30	0.35	0.40	0.41	0.46	10
800	3.35	4.37	5.37	6.35	7.52	8.75	10.14	11.71	0.00	0.04	0.12	0.21	0.28	0.34	0.40	0.45	0.49	0.52	
980	3.92	5.13	6.31	7.47	8.83	10.27	11.89	13.70	0.00	0.05	0.14	0.25	0.34	0.41	0.48	0.54	0.58	0.62	15
1200	4.55	5.98	7.38	8.74	10.33	11.99	13.82	15.84	0.00	0.07	0.18	0.31	0.42	0.51	0.60	0.68	0.74	0.78	
1460	5.21	6.89	8.50	10.07	11.86	13.72	15.71	17.84	0.00	0.08	0.22	0.38	0.51	0.62	0.73	0.82	0.89	0.94	20
1600	5.54	7.33	9.05	10.70	12.59	14.51	16.56	18.70	0.00	0.08	0.24	0.41	0.56	0.68	0.80	0.90	0.98	1.04	25
1800	5.95	7.89	9.74	11.50	13.49	15.47	17.52	19.56	0.00	0.10	0.27	0.47	0.63	0.77	0.90	1.01	1.10	1.17	
2000	6.31	8.38	10.34	12.18	14.21	16.19	18.17	20.00	0.00	0.11	0.30	0.52	0.70	0.85	1.00	1.13	1.23	1.30	30
2200	6.62	8.80	10.83	12.72	14.76	16.68	18.48	19.97	0.00	0.12	0.33	0.57	0.77	0.94	1.10	1.24	1.35	1.43	35
2400	6.86	9.13	11.21	13.11	15.10	16.89	18.43	19.44	0.00	0.13	0.36	0.62	0.84	1.02	1.20	1.35	1.47	1.56	
2800	7.15	9.52	11.62	13.41	15.14	16.44	17.13	16.71	0.00	0.15	0.42	0.72	0.98	1.19	1.40	1.58	1.72	1.82	40
3200	7.17	9.53	11.43	13.01	14.22				0.00	0.17	0.47	0.83	1.13	1.36	1.60	1.81	1.96	2.08	
3600	6.89	9.10	10.77	11.83					0.00	0.20	0.53	0.93	1.27	1.53	1.80	2.03	2.21	2.34	

表 7-22（d） SPC 型窄 V 带的额定功率　　kW

小带轮转速 n_1 /(r/min)	小带轮基准直径 d_{d1}/mm								传动比 i										带速 /(m/s) ≈
	224	250	280	315	355	400	450	500	1.00～1.01	1.02～1.05	1.06～1.11	1.12～1.18	1.19～1.26	1.27～1.38	1.39～1.57	1.58～1.94	1.95～3.38	≥3.39	
	单根 V 带的基本额定功率 P_0								$i \neq 1$ 时额定功率的增量 ΔP_0										
200	2.90	3.50	4.18	4.97	5.87	6.86	7.96	9.04	0.00	0.03	0.07	0.13	0.17	0.21	0.24	0.27	0.30	0.32	
400	5.19	6.31	7.59	9.07	10.72	12.56	14.56	16.52	0.00	0.05	0.14	0.25	0.34	0.41	0.49	0.55	0.59	0.63	10
600	7.21	8.81	10.62	12.70	15.02	17.56	20.29	22.92	0.00	0.08	0.22	0.38	0.51	0.62	0.73	0.82	0.89	0.95	15
730	8.38	10.27	12.40	14.82	17.50	20.41	23.49	26.40	0.00	0.09	0.25	0.44	0.60	0.72	0.85	0.95	1.04	1.10	
800	8.99	11.02	13.31	15.90	18.76	21.84	25.07	28.09	0.00	0.11	0.29	0.50	0.68	0.83	0.97	1.10	1.19	1.26	20
980	10.39	12.76	15.40	18.37	21.55	25.15	28.83	31.38	0.00	0.13	0.34	0.60	0.81	0.98	1.15	1.30	1.41	1.50	
1200	11.89	14.61	17.60	20.88	24.34	27.33	31.15	33.85	0.00	0.16	0.43	0.75	1.02	1.24	1.46	1.64	1.78	1.89	25
1460	13.26	16.26	19.49	22.92	26.32	29.40	32.01	33.45	0.00	0.19	0.52	0.91	1.24	1.50	1.76	1.98	2.16	2.29	30
1600	13.81	16.92	20.20	23.58	26.80	29.53	31.33	31.70	0.00	0.21	0.58	1.00	1.36	1.65	1.94	2.19	2.38	2.52	35
1800	14.35	17.52	20.70	23.91	26.62	28.42	28.69	26.94	0.00	0.24	0.65	1.13	1.53	1.86	2.19	2.46	2.68	2.84	40
2000	14.58	17.70	20.75	23.47	25.37	25.81	23.95	19.35	0.00	0.26	0.72	1.25	1.71	2.07	2.43	2.74	2.97	3.15	
2200	14.47	17.44	20.13	22.18	22.94				0.00	0.29	0.79	1.38	1.88	2.27	2.67	3.01	3.27	3.47	
2400	14.01	16.69	18.86	19.98	19.22				0.00	0.32	0.86	1.51	2.05	2.48	2.92	3.28	3.57	3.79	
2600	12.95	15.14	16.49	16.26					0.00	0.34	0.94	1.63	2.22	2.69	3.16	3.56	3.87	4.10	

(3) V 带轮

设计带轮时，应使其结构便于制造，重量分布均匀，重量轻，并避免由于铸造产生过大的内应力。$v>5\text{m/s}$ 时要进行静平衡，$v>25\text{m/s}$ 时则应进行动平衡。轮槽工作表面应光滑，以减少 V 带的磨损。

带轮材料常采用灰铸铁、钢、铝合金或工程塑料等。灰铸铁应用最广，当 $v \leqslant 30\text{m/s}$ 时用 HT200；$v \geqslant 25 \sim 45\text{m/s}$ 时则宜采用孕育铸铁或铸钢，也可用铜板冲压-焊接带轮。小功率传动可用铸铝或塑料。

带轮由轮缘、轮辐和轮毂 3 部分组成。轮辐部分有实心、辐板（或孔板）和椭圆轮辐等三种，可根据带轮的基准直径参照表决定。其典型结构见图 7-5。带轮槽形尺寸见表 7-23。V 带轮图例见图 7-6。带轮槽角与带轮基准直径的对应关系见表 7-24。带轮基准直径系列见表 7-25。

表 7-23 带轮槽形尺寸　　mm

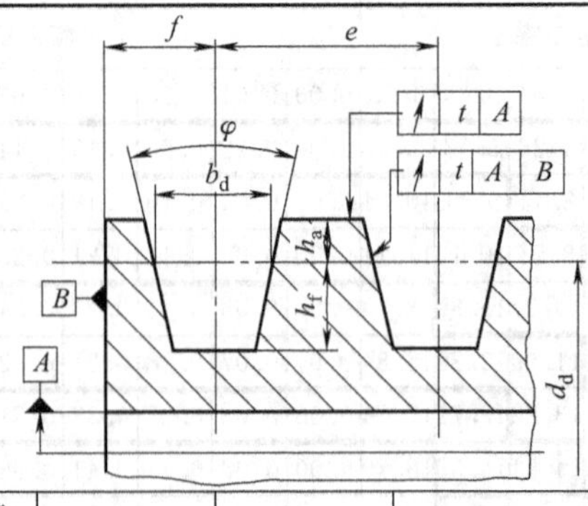

槽形		基准宽度 b_d	h_a	h_f	槽间距 e [1]			f [4]
普通 V 带轮	窄 V 带轮				基本值	极限偏差[2]	累积极限偏差[3]	
Y		5.3	1.6	4.7	8	±0.3	±0.6	6
Z	SPZ	8.5	2	7 9	12	±0.3	±0.6	7
A	SPA	11	2.75	8.7 11	15	±0.3	±0.6	8
B	SPB	14	3.5	10.8 14	19	±0.4	±0.8	11.5

续表

槽形		基准宽度 b_d	h_a	h_f	槽间距 e①			f④
普通 V 带轮	窄 V 带轮				基本值	极限偏差②	累积极限偏差③	
C	SPC	19	4.8	14.3 19	25.5	±0.5	±1	16
D		27	8.1	19.9	37	±0.6	±1.2	23
E		32	9.6	23.4	44.5	±.7	±1.4	28

① 实际使用中，如冲压板材带轮时，槽间距 e 可能被加大。当不按本标准规定的带轮与符合本标准规定的带轮配合使用时，应引起注意。

② 槽间距（两相邻轮槽截面中线距离）e 的极限偏差。

③ 同一带轮所有轮槽相对槽间距 e 基本值的累计偏差不应超出表中规定值。

④ f 值的偏差应考虑带轮的找正。

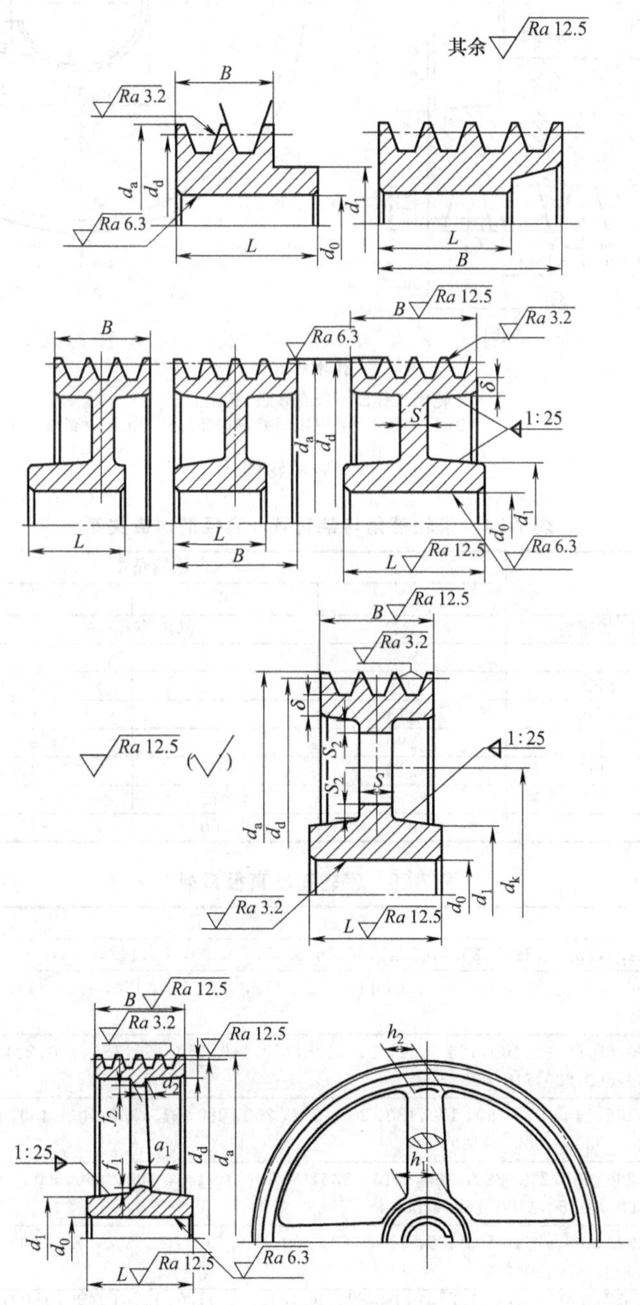

图 7-5 V 带轮典型结构

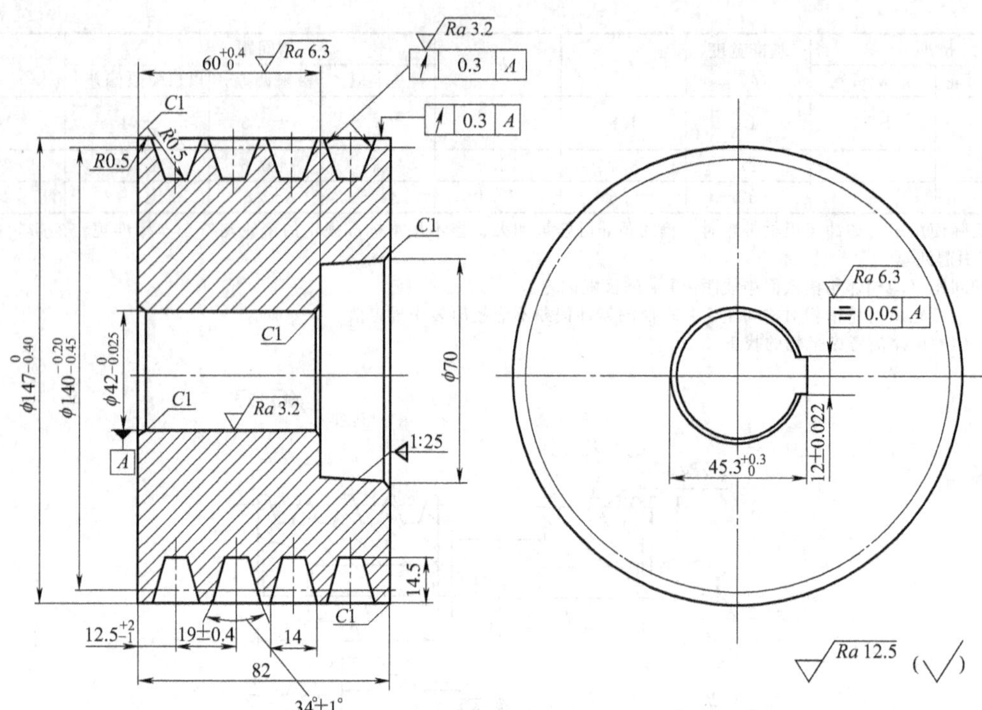

技术要求

1.轮槽工作面不应有砂眼、气孔。

2.各轮槽间距的累积误差不得超过±0.8mm,材料:HT200。

图 7-6　V 带轮图例

表 7-24　带轮槽角与带轮基准直径的对应关系

槽形		带轮槽角中±0.5°			
		38°	36°	34°	32°
普通 V 带轮	窄 V 带轮	基准直径/mm			
Y	—	—	—	—	—
Z	SPZ	＞80	—	⩽ 80	—
A	SPA	＞118	—	⩽ 118	—
B	SPB	＞190	—	⩽90	—
C	SPC	＞315	—	⩽ 315	—
D	—	＞475	⩽475	—	—
E	—	＞600	⩽600	—	—

表 7-25　带轮基准直径系列　　mm

V 带型号	带 轮 直 径
Y	20,22.4,25,28,31.5,35.5,40,45,50,56,63,71,80,90,100,112, 125
Z,SPZ	50,56, 63, 71, 75, 80, 90, 100, 112, 125, 132, 140, 150, 160, 180, 200, 224, 250, 280, 315, 355, 400,500　630
A,SPA	75,80,85,90,95,100,106, 112, 118,125,132,140,150,160,180,200,224,250, 280,315,355,400, 450,500,560,630,710,800
B,SPB	125,132,140, 150,160, 170,180, 200, 224, 250, 280, 315,355,400, 450, 500, 560, 600, 630, 710, 750,800　900　1000　1120
C,SPC	224,236,250,265,280, 300, 315, 335, 355,400, 450, 500, 560, 600, 630, 710,750, 800,900, 1000, 1120,1250,1400,1600,2000
D	355,375,400,425, 450, 475, 500, 560, 600,630, 710,750, 800, 900,1000, 1060,1120,1250, 1400, 1500,1600,1800,2000
E	500,530,560,600,630,670,710,800,900,1000, 1120,1250,1400,1500,1600, 1800,1900,2000, 2240,2500

7.3 同步带传动

7.3.1 同步带的类型和标记

纵向截面具有等距横向齿的环形传动带为同步带（图 7-7）。同步带包括梯形齿和圆弧齿的环形一般传动同步带（简称同步带），其结构如图 7-8 所示。同步带有单面齿和双面齿两种。

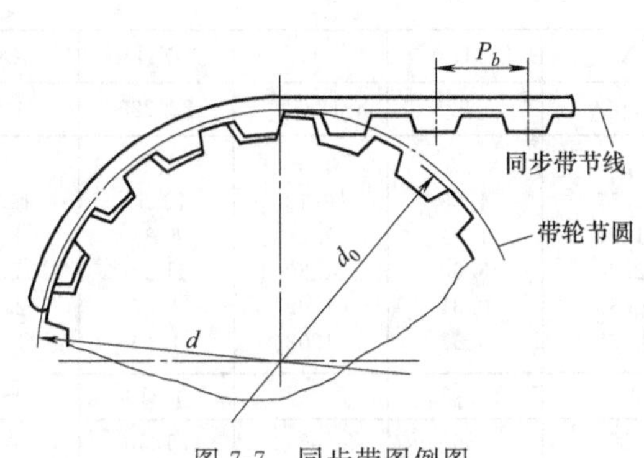

图 7-7　同步带图例图

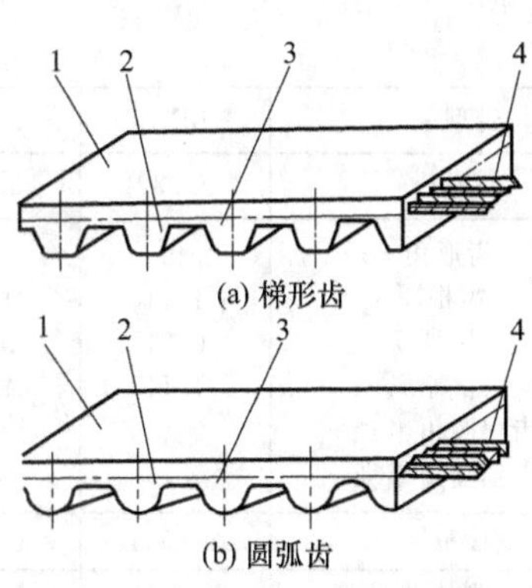

图 7-8　同步带结构

1—带背；2—包布；3—带齿；4—芯绳

单面齿同步带的规格标记示例：

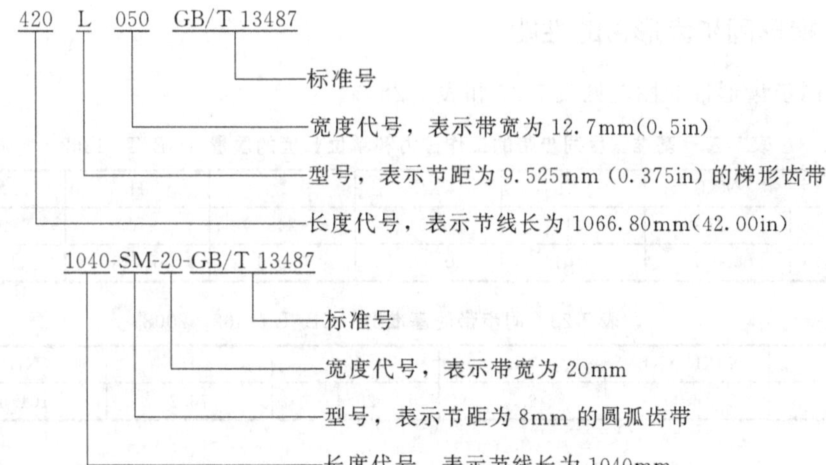

对称式双面齿同步带用 DA 表示，交叉式双面齿同步带用 DB 表示（图 7-9）。

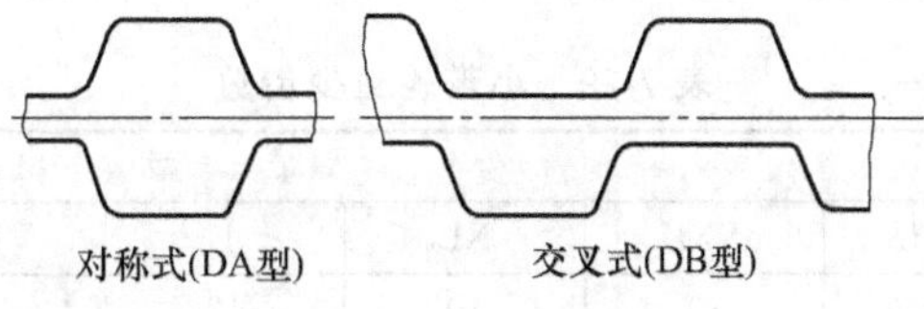

图 7-9　双面齿同步带

7.3.2 梯形同步带的规格尺寸

梯形同步带的规格尺寸见表 7-26。

表 7-26 梯形同步带的规格尺寸 mm

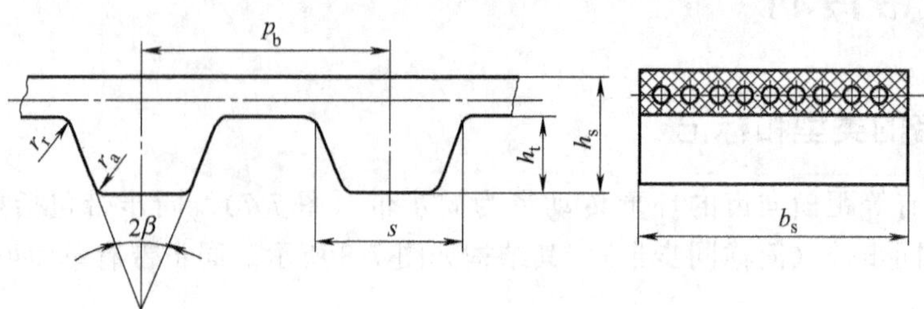

带型[①]		MXL	XXL	XL	L	H	XH	XXH
节距 P_b		2.032	3.175	5.080	9.525	12.70	22.225	31.750
齿形尺寸	齿形角 2β	40	50	50	40	40	40	40
	齿根厚 s	1.14	1.73	2.57	4.65	6.12	12.57	19.05
	齿高 h_t	0.51	0.76	1.27	1.91	2.29	6.35	9.53
	带高 h_s[②]	1.14	1.52	2.30	3.60	4.30	11.20	15.70
	齿根圆角半径 r_r	0.13	0.20	0.38	0.51	1.02	1.57	2.29
	齿顶圆角半径 r_a	0.13	0.30	0.38	0.51	1.02	1.19	1.52
宽度范围		3～6.4	3～6.4	6.4～10	13～25	20～76	50～100	50～127
推荐最小带轮节径 d_{pm}		6	10	16	36	63	125	220
节线长度范围		91～500	127～560	150～660	315～1525	610～4320	1290～4445	1780～4570

① 带型含义：MXL—最轻型，XXL—超轻型，XL—特轻型，L—轻型，H—重型，XH—特重型，XXH—超重型。
② 为单面带的带高。

7.3.3 梯形同步齿形带的性能

梯形同步齿形带的性能见表 7-27 和表 7-28。

表 7-27 基准宽度同步带的工作拉力和单位长度的质量（GB/T 11362—2008）

带型	MXL	XXL	XL	L	H	XH	XXH
T_a/N	27	31	50	245	2100	4050	6400
m/(kg/m)	0.007	0.01	0.022	0.096	0.448	1.484	2.473

表 7-28 同步带的基准宽（GB/T 11362—2008） mm

带型	MXL,XXL	XL	L	H	XH	XXH
b_{s0}	6.4	9.5	25.4	76.2	101.6	127.0

7.3.4 同步带传动的设计

同步带传动的设计见表 7-29～表 7-32。

表 7-29 小带轮最少齿数

小带轮转速 n_1/(r/min)	带型						
	MXL	XXL	XL	L	H	XH	XXH
<900	10	10	10	12	14	18	18
900～1200	12	12	10	12	16	24	24
1200～1800	14	14	12	14	18	26	26
1800～3600	16	16	12	16	20	30	—
≥3600	18	18	15	18	22	—	—

表 7-30 同步带的节线长及极限偏差

带长代号	节线长 L_P/mm		节线长上的齿数						
	基本尺寸	极限偏差	MXL	XXL	XL	L	H	XH	XXH
36	91.44	±0.41	45						
40	101.60		50						
44	111.76		55	—					
48	121.92		60	—					
50	127.00		—	40					
56	142.24		70	—					
60	152.40		75	48	30				
64	162.56		80	—	—				
70	177.80		—	56	35				
72	182.88		90	—	—				
80	203.20		100	64	40				
88	223.52		110	—	—				
90	228.60		—	72	45				
100	254.00		125	80	50				
110	279.40	±0.46	—	88	55				
112	284.48		140	—	—				
120	304.80		—	96	60	—			
124	314.33		—	—	—	33			
124	314.96		155	—	—	—			
130	330.20		—	104	65	—			
140	355.60		175	112	70	—			
150	381.00		—	120	75	40			
160	406.40	±0.51	200	128	80	—			
170	431.80		—	—	85	—			
180	457.20		225	144	90	—			
187	476.25		—	—	—	50			
190	482.60		—	—	95	—			
200	508.00		250	160	100	—			
210	533.40	±0.61	—	—	105	56			
220	558.80		—	176	110	—			
225	571.50				—	60			
230	584.20				115	—	—		
240	609.60				120	64	48		
250	635.00				125	—	—		
255	647.70				—	68	—		
260	660.40			—	130	—	—		
270	685.80					72	54		
285	723.90					76	—		
300	762.00					80	60		
322	819.15					86	—		
330	838.20					—	66		

续表

带长代号	节线长 L_P/mm		节线长上的齿数						
	基本尺寸	极限偏差	MXL	XXL	XL	L	H	XH	XXH
345	876.30	±0.66				92	—		
360	914.40					—	72		
367	933.45					98	—		
390	990.60					104	78		
420	1066.80	±0.71				112	84		
450	1143.00					120	90	—	
480	1219.20					128	96	—	
507	1289.05	±0.81				—	—	58	
510	1295.40					136	102	—	
540	1371.60					144	108	—	
560	1422.40					—	—	64	
570	1447.80					—	144	—	
600	1524.00					160	120	—	
630	1600.20	±0.86				—	126	72	
660	1676.40					—	132	—	
700	1778.00						140	80	56
750	1905.00	±0.91					150	—	64
770	1955.80						—	88	—
800	2032.00						160	—	64
840	2133.60	±0.97					—	96	—
850	2159.00						170	—	—
900	2286.00						180	—	72
980	2489.20	±1.02					—	112	—
1000	2540.00						200	—	80
1100	2794.00	±1.07					220	—	—
1120	2844.80	±1.12					—	128	—
1200	3048.00						—	—	96
1250	3175.00	±1.17					250	—	—
1260	3200.40						—	144	—
1400	3556.00	±1.22					280	160	112
1540	3911.60	±1.32					—	176	—
1600	4064.00						—	—	128
1700	4318.00	±1.37					340	—	—
1750	4445.00	±1.42						200	—
1800	4572.00							—	144

表 7-31　标准同步带轮的基准直径　mm

带轮齿数	标准直径													
	MXL		XXL		XL		L		H		XH		XXH	
	d_p	d_a	d_p	d_a	d_p	d_a	d_p	d_a	d_p	d_a	d_p	d_a	d_p	d_a
10	6.47	5.96	10.11	9.60	16.17	15.66								
11	7.11	6.61	11.12	10.61	17.79	17.28								
12	7.76	7.25	12.13	11.62	19.40	18.90	36.38	35.62						
13	8.41	7.90	13.14	12.63	21.02	20.51	39.41	38.65						
14	9.06	8.55	14.15	13.64	22.64	22.13	42.45	41.69	56.60	55.23				
15	9.70	9.19	15.16	14.65	24.26	23.75	45.48	44.72	60.64	59.27				
16	10.35	9.84	16.17	15.66	25.87	25.36	48.51	47.75	64.68	63.31				
17	11.00	10.49	17.18	16.67	27.49	26.98	51.54	50.78	68.72	67.35				
18	11.64	11.13	18.19	17.68	29.11	28.60	54.57	53.81	72.77	71.39	127.34	124.55	181.91	178.86
19	12.29	11.78	19.20	18.69	30.72	30.22	57.61	56.84	76.81	75.44	134.41	131.62	192.02	188.97

续表

带轮齿数	标准直径													
	MXL		XXL		XL		L		H		XH		XXH	
	d_p	d_a	d_p	d_a	d_p	d_a	d_p	d_a	d_p	d_a	d_p	d_a	d_p	d_a
20	12.94	12.43	20.21	19.70	32.34	31.83	60.64	59.88	80.85	79.48	141.49	138.69	202.13	199.08
(21)	13.58	13.07	21.22	20.72	33.96	33.45	63.67	62.91	84.89	83.52	148.56	145.77	212.23	209.18
22	14.23	13.72	22.23	21.73	35.57	35.07	66.70	65.94	88.94	87.56	155.64	152.84	222.34	219.29
(23)	14.88	14.37	23.24	22.74	37.19	36.68	69.73	68.97	92.98	91.61	162.71	159.92	232.45	229.40
(24)	15.52	15.02	24.26	23.75	38.81	38.30	72.77	72.00	97.02	95.65	169.79	166.99	242.55	239.50
25	16.17	15.66	25.27	24.76	40.43	39.92	75.80	75.04	101.06	99.69	176.86	174.07	252.66	249.61
(26)	16.82	16.31	26.28	25.77	42.04	41.53	78.83	78.07	105.11	103.73	183.94	181.14	262.76	259.72
(27)	17.46	16.96	27.29	26.78	43.66	43.15	81.86	81.10	109.15	107.78	191.01	188.22	272.87	269.82
28	18.11	17.60	28.30	27.79	45.28	44.77	84.89	84.13	113.19	111.82	198.08	195.29	282.98	279.93
(30)	19.40	18.90	30.32	29.81	48.51	48.00	90.96	90.20	121.28	119.90	212.23	209.44	303.19	300.14
32	20.70	20.19	32.34	31.83	51.74	51.24	97.02	96.26	129.36	127.99	226.38	223.59	323.40	320.35
36	23.29	22.78	36.38	35.87	58.21	57.70	109.15	108.39	145.53	144.16	254.68	251.89	363.83	360.78
40	25.37	25.36	40.43	39.92	64.68	64.17	121.28	120.51	161.70	160.33	282.98	280.18	404.25	401.21
48	31.05	30.54	48.51	48.00	77.62	77.11	145.53	144.77	194.04	192.67	339.57	336.78	485.10	482.06
60	38.81	38.30	60.64	60.13	97.02	96.51	181.91	181.15	242.55	241.18	424.47	421.67	606.38	603.33
72	46.57	46.06	72.77	72.26	116.43	115.92	218.30	217.53	291.06	289.69	509.36	506.57	727.66	724.61
84							254.68	253.92	339.57	338.20	594.25	591.46	848.93	845.88
96							291.06	290.30	388.08	386.71	679.15	676.35	970.21	967.16
120							363.83	363.07	485.10	483.73	848.93	846.14	1212.76	1209.71
156									630.64	629.26				

表 7-32 模数制圆弧齿的节线长度和宽度系列 mm

齿数	模数							
	1	1.5	2	3	4	5	7	10
	节线长度 $L_P=\pi mz$							
32	100.5	150.8	201.1					
35	110.0	164.9	219.9	329.9				
40	125.7	188.5	251.3	377.0	502.7	628.3		
45	141.4	212.1	282.7	424.1	565.5	706.9	989.6	
50	157.1	235.6	314.2	471.2	628.3	785.4	1099.6	1570.8
55	172.8	259.2	345.6	518.4	691.2	863.9	1209.5	1727.9
60	188.5	282.7	377.0	565.5	754.0	942.5	1319.5	1885.0
65	204.2	306.3	408.4	612.6	816.8	1021.0	1429.4	2042.0
70	219.9	329.9	439.8	659.7	879.7	1099.6	1539.4	2199.1
75	235.6	353.4	471.2	706.9	942.5	1178.1	1649.2	2356.2
80	251.3	377.0	502.7	754.0	1005.3	1256.6	1759.3	2513.3
85	267.0	400.6	534.1	801.1	1068.1	1335.2	1869.2	2670.4
90	282.7	424.1	565.5	848.2	1131.0	1413.7	1979.2	2827.4
95	298.5	447.7	596.9	895.4	1193.8	1492.3	2089.2	2984.5
100	314.2	471.2	628.3	942.5	1256.6	1570.8	2199.1	3141.6
110	345.6	518.4	691.2	1036.7	1382.3	1727.9	2419.0	3455.8
120	377.0	565.5	754.0	1131.0	1508.0	1885.0	2638.9	3769.9
140	439.8	659.7	897.7	1319.5	1759.2	2199.1	3078.8	4398.2
160	502.7	754.0	1005.3	1508.0	2010.6	2513.3	3518.6	5026.5
180	565.5	848.2	1131.0	1696.5	2261.9	2827.4	3958.4	5654.9
200	628.3	942.5	1256.6	1885.0	2513.3	3141.6	4398.2	6283.2
宽度系列	8,10,12,16,20,25,32,40,50,60,80,100,120							

第8章 链传动

8.1 链传动的特点与应用

链传动属于具有中间挠性件的啮合传动，它兼有齿轮传动和带传动的一些特点。与齿轮传动相比，链传动的制造与安装精度要求较低；链轮齿受力情况较好；有一定的缓冲和减振性能；中心距可大而结构轻便。与摩擦型带传动相比，链传动的平均传动比准确；传动效率稍高；链条对轴的拉力较小；同样使用条件下，结构尺寸更为紧凑；此外，链条的磨损伸长比较缓慢，张紧调节工作量较小，并且能在恶劣环境条件下工作。链传动的主要缺点是：不能保持瞬时传动比恒定；工作时有噪声；磨损后易发生跳齿；不适用于受空间限制要求中心距小以及急速反向传动的场合。

链传动的应用范围很广。通常中心距较大、多轴、平均传动比要求准确的传动，环境恶劣的开式传动，低速重载传动，润滑良好的高速传动等都可成功地采用链传动。按用途不同，链条可分为：传动链、输送链和起重链。在链条的生产与应用中，传动用短节距精密滚子链（简称滚子链）占有最主要的地位。通常滚子链的传动功率在100kW以下，链速在15m/s以下。先进的链传动技术已能使优质滚子链的传动功率达到5000kW，速度可达35m/s；高速齿形链的速度则可达40m/s。链传动的效率，对于一般传动，其值为0.94～0.96；对于用循环压力供油润滑的高精度传动，其值约为0.98。

种类	简图	结构和特点	应用
传动用短节距精密滚子链（简称滚子链）		由外链节和内链节铰接而成。销轴和外链板、套筒和内链板为静配合；销轴和套筒为动配合；滚子空套在套筒上可以自由转动，以减少啮合时的摩擦和磨损，并可以缓和冲击	动力传动
双节距滚子链		除链板节距为滚子链的两倍外，其他尺寸与滚子链相同，链条重量减轻	用于中小载荷、中低速和中心距较大的传动装置，亦可用于输送装置

续表

种类	简图	结构和特点	应用
重载传动用弯板滚子传动链（简称弯板链）		无内、外链节之分，磨损后链节节距仍较均匀。弯板使链条的弹性增加，抗冲击性能好。销轴、套筒和链板间的间隙较大，对链轮共面性要求较低。销轴拆装容易，便于维修和调整松边下垂量	低速或极低速、载荷大、有尘土的开式传动和两轮不易共面处，如挖掘机等工程机械的行走机构、石油机械等
齿形传动链（又名无声链）		由多个齿形链片并列铰接而成。链片的齿形部分与链轮啮合，有共轭啮合和非共轭啮合两种。传动平稳准确，振动、噪声小，强度高，工作可靠；但重量较重，装拆较困难	高速或运动精度要求较高的传动，如机床主传动、发动机正时传动、石油机械以及重要的操纵机构等
成形链		链节由可锻铸铁或钢制造，装拆方便	用于农业机械和链速在3m/s以下的传动

8.2 滚子链

8.2.1 滚子链的基本参数和尺寸

滚子链通常指短节距传动用精密滚子链。双节距滚子链、传动用短节距精密套筒链、弯板滚子传动链等的设计方法和步骤与短节距精密滚子链原则上一致。表 8-1 内链号为用英制单位表示的节距，以 1in/16 为 1 个单位，因此，链号数乘以 25.4mm/16，即为该型号链条的米制节距值。链号中的后缀有 A、B 两种，表示两个系列，A 系列起源于美国，流行于全世界；B 系列起源于英国，主要流行于欧洲。两种系统互相补充。两种系列在我国都生产和使用。按 GB/T 1243—2006 规定，滚子链标记方法为：

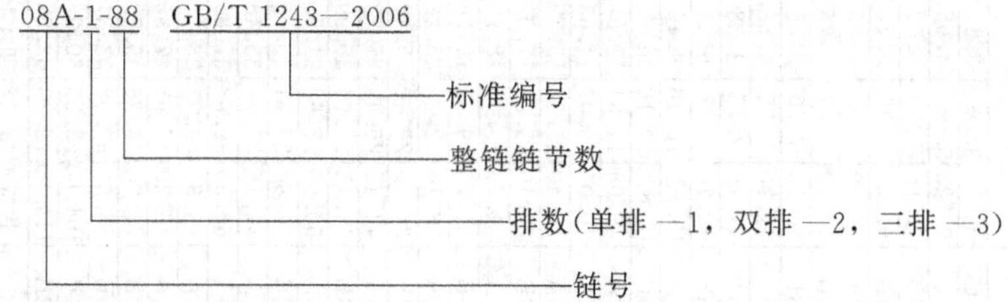

滚子链的基本参数和尺寸见图 8-1。

表 8-1 链最主要尺寸、测量力、抗拉强度及动载强度

链号①	节距 $p_{公称}$	滚子直径 d_1 max	内节宽度 b_1 min	销轴直径 d_2 max	套筒孔径 d_3 min	链条通道高度 h_1 min	内链板高度 h_2 max	内或中链板高度 h_3 max	过渡链节尺寸② l_1 min			排距 p_t	内节外宽 b_2 max	外节内宽 b_3 min	销轴长度 单排 b_4 max	双排 b_5 max	三排 b_6 max	止锁件附加宽度③ b_7 max	测量力 单排	双排	三排	抗拉强度 单排 min	双排 min	三排 min	动载强度④⑤⑥ 单排 min
									l_1 min	l_2 min	c														
	mm																		N			kN			N
04C	6.35	3.30⑦	3.10	2.31	2.34	6.27	6.02	5.21	2.65	3.08	0.10	6.40	4.80	4.85	9.1	15.5	21.8	2.5	50	100	150	3.5	7.0	10.5	630
06C	9.525	5.08⑦	4.68	3.60	3.62	9.30	9.05	7.81	3.97	4.60	0.10	10.13	7.46	7.52	13.2	23.4	33.5	3.3	70	140	210	7.9	15.8	23.7	1410
05B	8.00	5.00	3.00	2.31	2.36	7.37	7.11	7.11	3.71	3.71	0.08	5.64	4.77	4.90	8.6	14.3	19.9	3.1	50	100	150	4.4	7.8	11.1	820
06B	9.525	6.35	5.72	3.28	3.33	8.52	8.26	8.26	4.32	4.32	0.08	10.24	8.53	8.66	13.5	23.8	34.0	3.3	70	140	210	8.9	16.9	24.9	1290
08A	12.70	7.92	7.85	3.98	4.00	12.33	12.07	10.42	5.29	6.10	0.08	14.38	11.17	11.23	17.8	32.3	46.7	3.9	120	250	370	13.9	27.8	41.7	2480
08B	12.70	8.51	7.75	4.45	4.50	12.07	11.81	10.92	5.66	6.12	0.08	13.92	11.30	11.43	17.0	31.0	44.9	3.9	120	250	370	17.8	31.1	44.5	2480
081	12.70	7.75	3.30	3.66	3.71	10.17	9.91	9.91	5.36	5.36	0.08	—	5.80	5.93	10.2	—	—	1.5	125	—	—	8.0	—	—	
083	12.70	7.75	4.88	4.09	4.14	10.56	10.30	10.30	5.36	5.36	0.08	—	7.90	8.03	12.9	—	—	1.5	125	—	—	11.6	—	—	
084	12.70	7.75	4.88	4.09	4.14	11.41	11.15	11.15	5.77	5.77	0.08	—	8.80	8.93	14.8	—	—	1.5	125	—	—	15.6	—	—	
085	12.70	7.77	6.25	3.60	3.62	10.17	9.91	8.51	4.35	5.03	0.08	—	9.06	9.12	14.0	—	—	2.0	80	—	—	6.7	—	—	1340
10A	15.875	10.16	9.40	5.09	5.12	15.35	15.09	13.02	6.61	7.62	0.10	18.11	13.84	13.89	21.8	39.9	57.9	4.1	200	390	590	21.8	4306	65.4	3850
10B	15.875	10.16	9.65	5.08	5.13	14.99	14.73	13.72	7.11	7.62	0.10	16.59	13.28	13.41	19.6	36.2	52.8	4.1	200	390	590	22.2	44.5	66.7	3330
12A	19.05	11.91	12.57	5.96	5.98	18.34	18.10	15.62	7.90	9.15	0.10	22.78	17.75	17.81	26.9	49.8	72.6	4.6	280	560	840	31.3	62.6	93.9	5490
12B	19.05	12.07	11.68	5.72	5.77	16.39	16.13	16.13	8.33	8.33	0.10	19.46	15.62	15.75	22.7	42.2	61.7	4.6	280	560	840	28.9	57.8	86.7	3720
16A	25.40	15.88	15.75	7.94	7.96	24.39	24.13	20.83	10.55	12.20	0.13	29.29	22.60	22.66	33.5	62.7	91.9	5.4	500	1000	1490	55.6	111.2	166.8	9550
16B	25.40	15.88	17.02	8.28	8.33	2.34	21.08	21.08	11.15	11.15	0.13	31.88	25.45	25.58	36.1	68.0	99.9	5.4	500	1000	1490	60.0	106.0	160.0	9530
20A	31.75	19.05	18.90	9.54	9.56	30.48	30.17	26.04	13.16	15.24	0.15	35.76	27.45	27.51	41.1	77.0	113.0	6.1	780	1560	2340	87.0	174.0	261.0	16000
20B	31.75	19.05	19.56	10.19	10.24	26.68	26.42	26.42	13.89	13.89	0.15	36.45	29.01	29.14	43.2	79.7	116.1	6.1	780	1560	2340	95.0	170.0	250.0	13500
24A	38.10	22.23	25.22	11.11	11.14	36.55	36.2	31.24	15.80	18.27	0.18	45.44	35.45	35.51	50.8	96.3	141.7	6.6	1110	2220	3340	125.0	250.0	375.0	20500
24B	38.10	25.40	25.40	14.63	14.68	33.73	33.4	33.40	17.55	17.55	0.18	48.36	37.92	38.05	53.4	101.8	150.2	6.6	1110	2220	3340	160.0	280.0	425.0	19700
28A	44.45	25.40	25.22	12.71	12.74	42.67	42.23	36.45	18.42	21.32	0.20	48.87	37.18	37.24	54.9	103.6	152.4	7.4	1510	3020	4540	170.0	340.0	510.0	27300
28B	44.45	27.94	30.99	15.90	15.95	37.46	37.08	37.08	19.51	19.51	0.20	59.56	46.59	46.71	65.1	124.7	184.3	7.4	1510	3020	4540	200.0	360.0	530.0	27100
32A	50.80	28.58	21.55	14.29	14.31	48.74	48.26	41.68	21.04	24.33	0.20	58.55	45.21	45.26	65.5	124.2	182.9	7.9	2000	4000	6010	223.0	446.0	669.0	34800
32B	50.80	29.21	30.99	17.81	17.86	42.72	42.29	42.29	22.20	22.20	0.20	58.55	45.57	45.70	64.7	126.0	184.5	7.9	2000	4000	6010	250.0	450.0	670.0	29900
36A	57.15	35.71	35.48	17.46	17.49	54.86	54.30	46.86	23.65	27.36	0.20	65.84	50.85	50.90	73.9	140.0	206.0	9.1	2670	5340	8010	281.0	562.0	843.0	44500
40A	63.50	39.68	37.85	19.85	19.87	60.93	60.33	52.07	26.24	30.36	0.20	71.55	54.88	54.94	80.3	151.9	223.5	10.2	3110	6230	9340	347.0	6940	1041.0	53600
40B	63.50	39.37	38.10	22.89	22.94	53.49	52.96	52.96	27.76	27.76	0.20	72.29	55.75	55.88	82.6	154.9	227.2	10.2	3110	6230	9340	355.0	630.0	950.0	41800
48A	76.20	47.63	47.35	23.81	23.84	73.13	72.39	62.49	31.45	36.40	0.20	87.83	67.81	67.87	95.5	183.4	271.3	10.5	4450	8900	13340	500.0	1000.0	1500.0	73100
48B	76.20	48.26	45.72	29.24	29.29	64.52	63.88	63.88	33.45	33.45	0.20	91.21	70.56	70.69	99.1	190.4	281.6	10.5	4450	8900	13340	560.0	1000.0	1500.0	63600
56B	88.90	53.98	53.34	34.42	34.37	78.64	77.85	77.85	40.61	40.61	0.20	106.60	81.33	81.46	114.6	221.2	327.8	11.7	6090	12190	20000	850.0	1600.0	2240.0	88900
64B	101.60	63.50	60.96	39.40	39.45	91.08	90.17	90.17	47.07	47.07	0.20	119.89	92.02	92.15	130.9	250.8	370.7	13.0	7960	15920	27000	1120.0	2000.0	3000.0	106900
72B	114.30	72.39	68.58	44.48	44.53	104.67	103.63	103.63	53.37	53.37	0.20	136.27	103.81	103.94	147.4	283.7	420.0	14.3	10100	20190	33500	1400.0	2500.0	3750.0	132700

① 重载系列链条详见 GB/T 1243—2006 中表 2 。

② 对于高应力使用场合，不推荐使用过渡链节。

③ 止锁件的实际尺寸取决于其类型，但都不应超过规定尺寸，使用者应从制造商处获取详细资料。

④ 动载强度值不适用于过渡链节、连接链节或带有附件的链节。

⑤ 双排链和三排链的动载试验不能用单排链的值按比例套用。

⑥ 动载强度值是基于 5 个链节的试样，不含 36A、40A、40B、48A、48B、56B、64B 和 72B，这些链条是基于 3 个链节的试样。

⑦ 套筒直径。

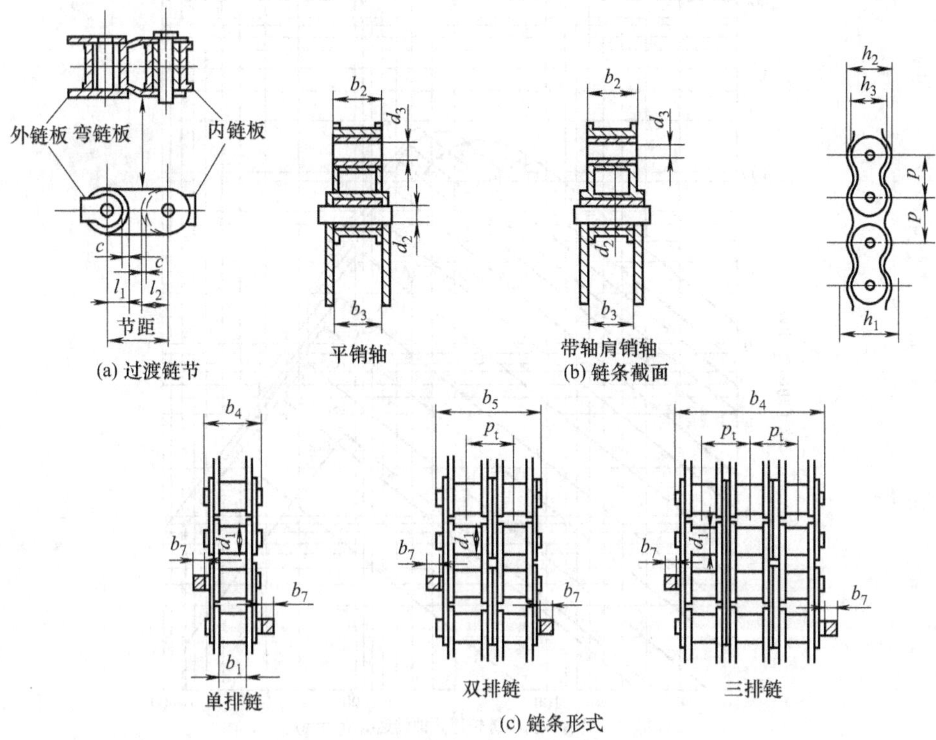

图 8-1 滚子链的基本参数和尺寸（GB/T 1243—2006）

8.2.2 滚子链传动设计计算

设计链传动的已知条件：

① 所传递的功率 P（kW）。

② 主动和从动机械的类型。

③ 主、从动轴的转速 n_1、n_2（r/min）和直径。

④ 中心距要求和布置。

⑤ 环境条件。

图 8-2 和图 8-3 是在下列条件下建立的典型链条承载能力图表。

① 安装在水平平行轴上的两链轮传动。

② 小链轮齿数 $z_1=19$。

③ 无过渡链节的单排链。

④ 链长为 120 链节（链长小于此长度时，使用寿命将按比例减少）。

⑤ 传动比为从 1∶3 到 3∶1。

⑥ 链条预期使用寿命为 15000h。

⑦ 工作环境温度在−5～70℃之间。

⑧ 链轮正确对中，链条调节保持正确。

⑨ 平稳运转，绝无过载、振动或频繁启动。

⑩ 清洁和合适的润滑条件。

(1) 滚子链的选型图表

滚子链的选型见图 8-2～图 8-4。

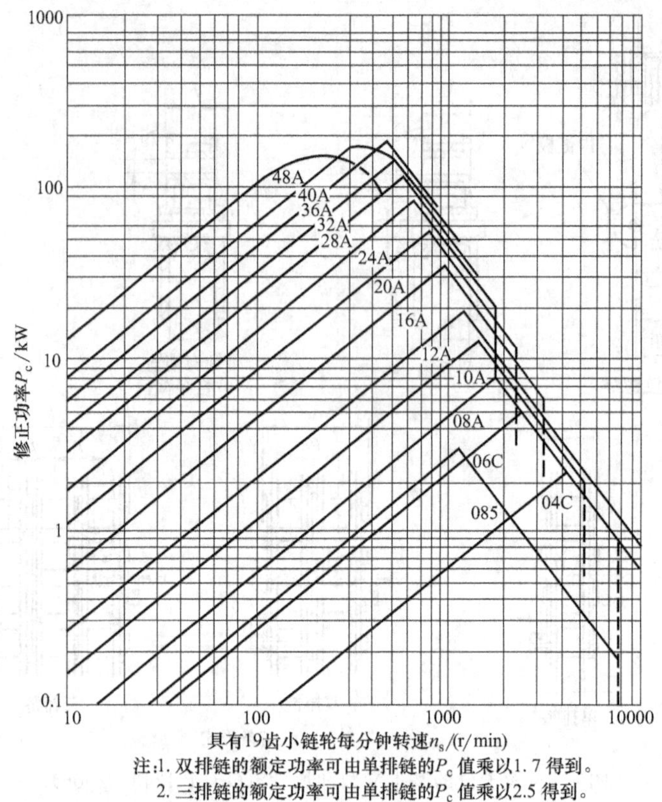

注:1. 双排链的额定功率可由单排链的P_c值乘以1.7得到。

2. 三排链的额定功率可由单排链的P_c值乘以2.5得到。

图 8-2 符合 GB/T 1243A 系列单排链条的典型承载能力图（GB/T 18150—2006）

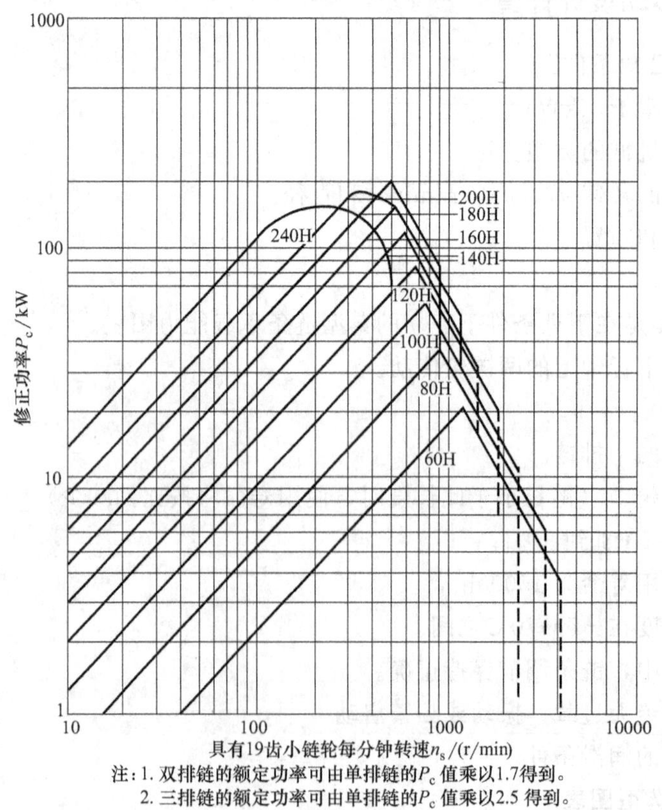

注: 1. 双排链的额定功率可由单排链的P_c值乘以1.7得到。

2. 三排链的额定功率可由单排链的P_c值乘以2.5得到。

图 8-3 符合 GB/T 1243B 系列链条的典型承载能力图（GB/T 18150—2006）

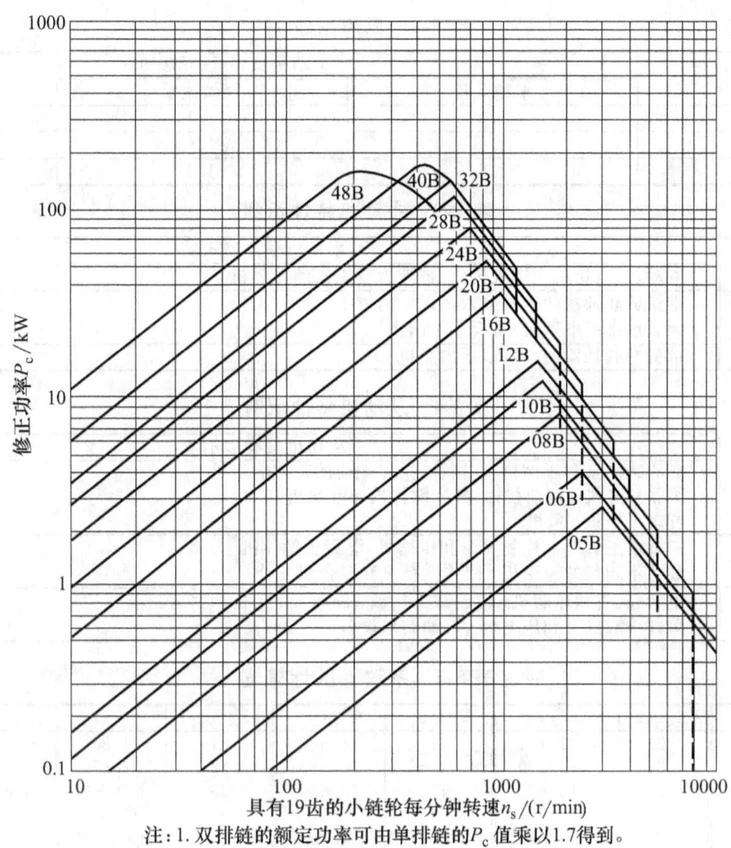

注：1. 双排链的额定功率可由单排链的P_c值乘以1.7得到。
2. 三排链的额定功率可由单排链的P_c值乘以2.5得到。

图 8-4 符合 GB/T 1243A 系列重载单排链条的典型承载能力图（GB/T 18150—2006）

(2) 滚子链的设计系数

滚子链的设计系数见图 8-5 及表 8-2～表 8-6。

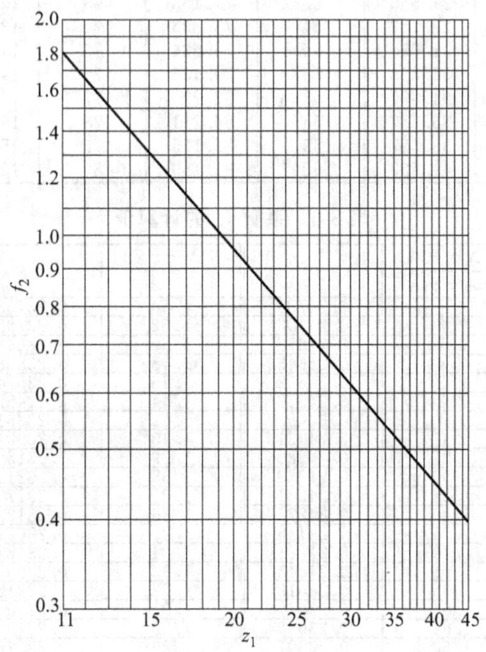

图 8-5 小链轮齿数系数 f_2

表 8-2 应用系数 f_1

从动机械特性（见表 8-4）	主动机械特性（见表 8-3）		
	平稳运转	轻微振动	中等振动
平稳运转	1.0	1.1	1.3
中等振动	1.4	1.5	1.7
严重振动	1.8	1.9	2.1

表 8-3 主动机特性示例

主动机机械特性	主动机械类型示例
平稳运转	电动机、汽轮机和燃气轮机、带液力变矩器的内燃机
轻微振动	带机械联轴器的六缸或六缸以上内燃机 频繁启动的电动机(每天多于两次)
中等振动	带机械联轴器的六缸以下内燃机

表 8-4 从动机特性示例

从动机机械特性	从动机械类型示例
平稳运转	离心式的泵和压缩机、印刷机、平稳载荷的带式输送机 纸张压光机 、自动扶梯、液体搅拌机和混料机 旋转干燥机 、风机
中等振动	三缸或三缸以上往复式泵和压缩机、混凝土搅拌机 载荷不均匀的输送机 、团体搅拌机和混合机
严重振动	电铲、轧机和球磨机 、橡胶加工机械 、刨床 、压力机和剪床 单缸或双缸泵和压缩机 、石油钻采设备

表 8-5 系数 f_3的计算值

$\|z_2-z_1\|$	f_3	$\|z_2-z_1\|$	f_3	$\|z_2-z_1\|$	f_3	$\|z_2-z_1\|$	f_3	$\|z_2-z_1\|$	f_3
1	0.0253	21	11.171	41	42.580	61	94.254	81	166.191
2	0.1013	22	12.260	42	44.683	62	97.370	82	170.320
3	0.2280	23	13.400	43	46.836	63	100.536	83	174.500
4	0.4053	24	14.500	44	49.040	64	103.753	84	178.730
5	0.6333	25	15.831	45	51.294	65	107.021	85	183.011
6	0.912	26	17.123	46	53.599	66	110.339	86	187.342
7	1.241	27	18.466	47	55.955	67	113.708	87	191.724
8	1.621	28	19.859	48	58.361	68	117.128	88	196.157
9	2.052	29	21.303	49	60.818	69	120.598	89	200.640
10	2.533	30	22.797	50	63.326	70	124.119	90	205.174
11	3.065	31	24.342	51	65.884	71	127.690	91	209.759
12	3.648	32	25.938	52	68.493	72	131.313	92	214.395
13	4.281	33	27.585	53	71.153	73	134.986	93	219.081
14	4.966	34	29.282	54	73.863	74	138.709	94	223.187
15	5.699	35	31.030	55	76.624	75	142.483	95	228.605
16	6.485	36	32.828	56	79.436	76	146.308	95	233.443
17	7.320	37	34.677	57	82.298	77	150.184	97	238.333
18	8.207	38	36.577	58	85.211	78	154.110	98	243.271
19	9.144	39	38.527	59	88.175	79	158.087	99	248.261
20	10.132	40	40.529	60	91.189	80	162.115	100	253.302

表 8-6 系数 f_4 的计算值

$\frac{X-z_s}{z_2-z_1}$	f_4	$\frac{X-z_s}{z_2-z_1}$	f_4	$\frac{X-z_s}{z_2-z_1}$	f_4	$\frac{X-z_s}{z_2-z_1}$	f_4
13	0.24991	2.7	0.24735	1.54	0.23758	1.26	0.22520
12	0.24990	2.6	0.24708	1.52	0.23705	1.25	0.22443
11	0.24988	2.5	0.24678	1.50	0.23648	1.24	0.22361
10	0.24986	2.4	0.24643	1.48	0.23588	1.23	0.22275
9	0.24983	2.3	0.24602	1.46	0.23524	1.22	0.22185
8	0.24978	2.2	0.24552	1.44	0.23455	1.21	0.22090
7	0.24970	2.1	0.24493	1.42	0.23381	1.20	0.21990
6	0.24958	2.0	0.24421	1.40	0.23301	1.19	0.21884
5	0.24937	1.95	0.24380	1.39	0.23259	1.18	0.21771
4.8	0.24931	1.90	0.24333	1.38	0.23215	1.17	0.21652
4.6	0.24925	1.85	0.24281	1.37	0.23170	1.16	0.21526
4.4	0.24917	1.80	0.24222	1.36	0.23123	1.15	0.21390
4.2	0.24907	1.75	0.24156	1.35	0.23073	1.14	0.21245
4.0	0.24896	1.70	0.24081	1.34	0.23022	1.13	0.21090
3.8	0.24883	1.68	0.24048	1.33	0.22968	1.12	0.20923
3.6	0.24868	1.66	0.24013	1.32	0.22912	1.11	0.20744
3.4	0.24849	1.64	0.23977	1.31	0.22854	1.10	0.20549
3.2	0.24825	1.62	0.23938	1.30	0.22793	1.09	0.20336
3.0	0.24795	1.60	0.23897	1.29	0.22729	1.08	0.20104
2.9	0.24778	1.58	0.23854	1.28	0.22662	1.07	0.19848
2.8	0.24758	1.56	0.23807	1.27	0.22593	1.06	0.19564

8.3 齿形链

8.3.1 齿形链的规格和尺寸

齿形链的规格和尺寸见表 8-7 和表 8-8。

表 8-7 $p \geqslant 9.525$mm 齿形链的宽度和链轮尺寸（GB/T 10855—2003） mm

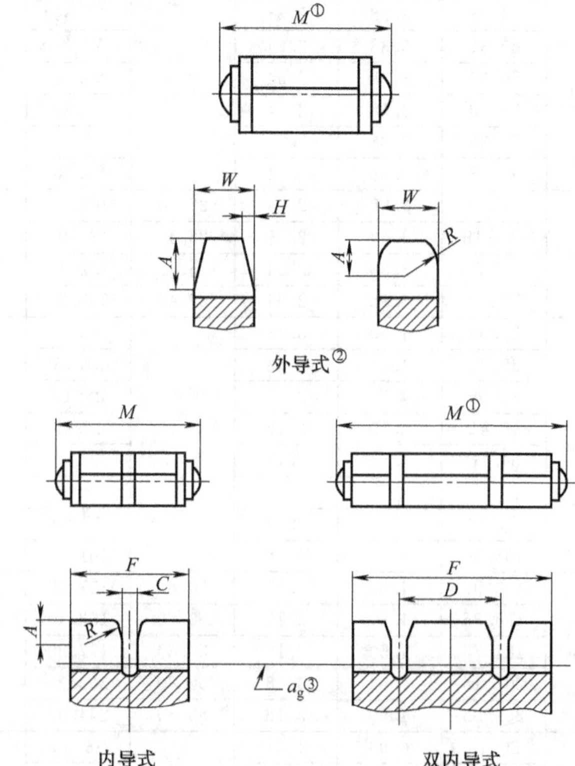

① M 等于链条最大全宽。

② 外导式的导板厚度与齿链板的厚度相同。

③ 切槽刀的端头可以是圆弧形或矩形。

链号[①]	链条节距	类型	M max	A	C ±0.13	D ±0.25	F $^{+3.18}_{0}$	H ±0.08	R ±0.08	W $^{+0.25}_{0}$
SC302	9.525	外导[②]	15.09	3.38	—	—	—	1.30	5.08	10.41
SC303	9.525	内导	21.44	3.38	2.54	—	19.05	—	5.08	—
SC304	9.525		27.79	3.38	2.54		25.40		5.08	
SC305	9.525		34.14	3.38	2.54		31.75		5.08	
SC306	9.525		40.49	3.38	2.54		38.10		5.08	
SC307	9.525		46.84	3.38	2.54		44.45		5.08	
SC308	9.525		53.19	3.38	2.54		50.80		5.08	
SC309	9.525		59.54	3.38	2.54		57.15		5.08	
SC310	9.525		65.89	3.38	2.54		63.50		5.08	
SC312	9.525	双内导	78.59	3.38	2.54	25.40	76.20		5.08	—
SC316	9.525		103.99	3.38	2.54	25.40	101.60		5.08	
SC320	9.525		129.39	3.38	2.54	25.40	127.00		5.08	
SC324	9.525		154.79	3.38	2.54	25.40	152.40		5.08	

续表

链号[1]	链条节距	类型	M max	A	C ±0.13	D ±0.25	F +3.18 0	H ±0.08	R ±0.08	W +0.25 0
SC402	12.70	外导[2]	19.05	3.33	—	—	—	1.30	5.08	10.41
SC403	12.70	内导	22.22	3.38	2.54	—	19.05	—	5.08	—
SC404	12.70		28.58	3.38	2.54		25.40		5.08	
SC405	12.70		34.92	3.38	2.54		31.75		5.08	
SC406	12.70		41.28	3.38	2.54		38.10		5.08	
SC407	12.70		47.62	3.38	2.54		44.45		5.08	
SC408	12.70		53.98	3.38	2.54		50.80		5.08	
SC409	12.70		60.32	3.38	2.54		57.15		5.08	
SC410	12.70		66.68	3.38	2.54		63.50		5.08	
SC411	12.70		73.02	3.38	2.54		69.85		5.08	
SC412	12.70		79.38	3.38	2.54		76.20		5.08	
SC414	12.70		92.08	3.38	2.54		88.90		5.08	
SC416	12.70	双内导	104.78	3.38	2.54	25.40	101.60	—	5.08	—
SC420	12.70		130.18	3.38	2.54	25.40	127.00		5.08	
SC424	12.70		155.58	3.38	2.54	25.40	152.40		5.08	
SC432	12.70		206.38	3.38	2.54	25.40	203.20		5.08	
SC504	15.875	内导	29.36	4.50	3.18	—	25.40	—	6.35	—
SC505	15.875		35.71	4.50	3.18		31.75		6.35	
SC506	15.875		42.06	4.50	3.18		38.10		6.35	
SC507	15.875		48.41	4.50	3.18		44.45		6.35	
SC508	15.875		54.76	4.50	3.18		50.80		6.35	
SC510	15.875		67.46	4.50	3.18		63.50		6.35	
SC512	15.875		80.16	4.50	3.18		76.20		6.35	
SC516	15.875		105.56	4.50	3.18		101.60		6.35	
SC520	15.875	双内导	130.96	4.50	3.18	50.80	127.00	—	6.35	—
SC524	15.875		156.36	4.50	3.18	50.80	152.40		6.35	
SC528	15.875		181.76	4.50	3.18	50.80	177.80		6.35	
SC532	15.875		207.16	4.50	3.18	50.80	203.20		6.35	
SC540	15.875		257.96	4.50	3.18	50.80	254.00		6.35	
SC604	19.05	内导	30.15	6.96	4.57	—	25.40	—	9.14	—
SC605	19.05		36.50	6.96	4.57		31.75		9.14	
SC606	19.05		42.85	6.96	4.57		38.10		9.14	
SC608	19.05		55.55	6.96	4.57		50.80		9.14	
SC610	19.05		68.25	6.96	4.57		63.50		9.14	
SC614	19.05		93.65	6.96	4.57		88.90		9.14	
SC616	19.05		106.35	6.96	4.57		101.60		9.14	
SC620	19.05		131.75	6.96	4.57		127.00		9.14	
SC624	19.05		157.15	6.96	4.57		152.40		9.14	
SC628	19.05	双内导	182.55	6.96	4.57	101.60	177.80	—	9.14	—
SC632	19.05		207.95	6.96	4.57	101.60	203.20		9.14	
SC636	19.05		233.35	6.96	4.57	101.60	228.60		9.14	
SC640	19.05		258.75	6.96	4.57	101.60	254.00		9.14	
SC648	19.05		309.55	6.96	4.57	101.60	304.80		9.14	
SC808	25.40	内导	57.15	6.96	4.57	—	50.80	—	9.14	—
SC810	25.40		69.85	6.96	4.57		63.50		9.14	
SC812	25.40		82.55	6.96	4.57		76.20		9.14	
SC820	25.40		133.35	6.96	4.57		127.00		9.14	
SC824	25.40		158.75	6.96	4.57		152.40		9.14	

续表

链号[①]	链条节距	类型	M max	A	C ±0.13	D ±0.25	F $^{+3.18}_{0}$	H ±0.08	R ±0.08	W $^{+0.25}_{0}$
SC828	25.40	双内导	184.15	6.96	4.57	101.60	177.80	—	9.14	
SC832	25.40		209.55	6.96	4.57	101.60	203.20		9.14	
SC836	25.40		234.95	6.96	4.57	101.60	228.60		9.14	
SC840	25.40		260.35	6.96	4.57	101.60	254.00		9.14	
SC848	25.40		311.15	6.96	4.57	101.60	304.80		9.14	
SC856	25.40		361.95	6.96	4.57	101.60	355.60		9.14	
SC864	25.40		412.75	6.96	4.57	101.60	406.40		9.14	
SC1010	31.75	内导	71.42	6.96	4.57	—	63.50	—	9.14	—
SC1012	31.75		84.12	6.96	4.57		76.20		9.14	
SC1016	31.75		109.52	6.96	4.57		101.60		9.14	
SC1024	31.75		160.32	6.96	4.57		152.40		9.14	
SC1028	31.75		185.72	6.96	4.57		177.80		9.14	
SC1032	31.75	双内导	211.12	6.96	4.57	101.60	203.20	—	9.14	—
SC1036	31.75		236.52	6.96	4.57	101.60	228.60		9.14	
SC1040	31.75		261.92	6.96	4.57	101.60	254.00		9.14	
SC1048	31.75		312.72	6.96	4.57	101.60	304.80		9.14	
SC1064	31.75		414.32	6.96	4.57	101.60	406.40		9.14	
SC1072	31.75		465.12	6.96	4.57	101.60	457.20		9.14	
SC1080	31.75		515.92	6.96	4.57	101.60	508.00		9.14	
SC1212	38.10	内导	85.72	6.95	4.57	—	76.20	—	9.14	—
SC1216	38.10		111.12	6.96	4.57		101.60		9.14	
SC1220	38.10		136.52	6.96	4.57		127.00		9.14	
SC1224	38.10		161.92	6.96	4.57		152.40		9.14	
SC1228	38.10		187.32	6.96	4.57		177.80		9.14	
SC1232	38.10	双内导	212.72	6.96	4.57	101.60	203.20	—	9.14	—
SC1236	38.10		238.12	6.96	4.57	101.60	228.60		9.14	
SC1240	38.10		263.52	6.96	4.57	101.60	254.00		9.14	
SC1248	38.10		314.32	6.96	4.57	101.60	304.80		9.14	
SC1256	38.10		365.12	6.96	4.57	101.60	355.60		9.14	
SC1272	38.10		466.72	6.96	4.57	101.60	457.20		9.14	
SC1280	38.10		517.52	6.96	4.57	101.60	508.00		9.14	
SC1288	38.10		568.32	6.96	4.57	101.60	558.80		9.14	
SC1296	38.10		619.12	6.96	4.57	101.60	609.60		9.14	
SC1616	50.80	内导	114.30	6.96	5.54	—	101.60	—	9.14	—
SC1620	50.80		139.70	6.96	5.54		127.00		9.14	
SC1628	50.80		190.50	6.96	5.54		177.80		9.14	
SC1632	50.80	双内导	215.90	6.96	5.54	101.60	203.20	—	9.14	—
SC1640	50.80		266.70	6.96	5.54	101.60	254.00		9.14	
SC1648	50.80		317.50	6.96	5.54	101.60	304.80		9.14	
SC1656	50.80		368.30	6.96	5.54	101.60	355.60		9.14	
SC1664	50.80		419.10	6.96	5.54	101.60	406.40		9.14	
SC1680	50.80		520.70	6.96	5.54	101.60	508.00		9.14	
SC1688	50.80		571.50	6.96	5.54	101.60	558.80		9.14	
SC1696	50.80		571.50	6.96	5.54	101.60	609.60		9.14	
SC16120	50.80		571.50	6.96	5.54	101.60	762.00		9.14	

① 选用链宽可查阅制造厂产品目录。

② 外导式链条的导板与齿链板的厚度相同。

表 8-8 链节距为 4.76mm 齿形链条的链轮齿廓尺寸和链宽 mm

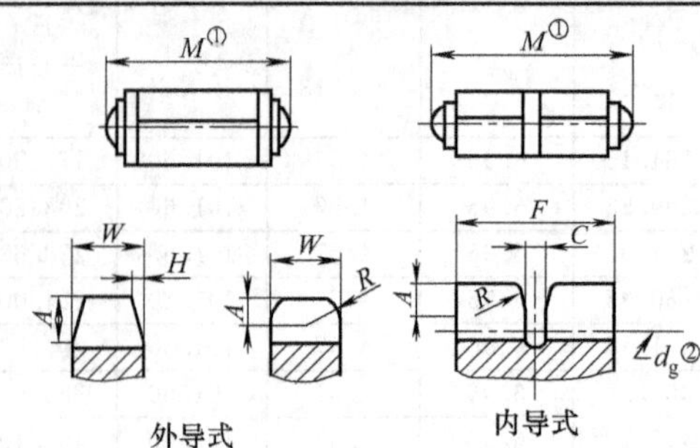

链号	链条节距	类型	M① max	A	C max	F mm	H	R	w ± 0.08
SC0305	4.76	外导	5.49	1.5	—	—	0.64	2.3	1.91
SC0307	4.76		7.06	1.5			0.64	2.3	3.51
SC0309	4.76		8.66	1.5			0.64	2.3	5.11
SC0311	4.76	外导/内导	10.24	1.5	1.27	8.48	0.64	2.3	6.71
SC0313	4.76		11.84	1.5	1.27	10.06	0.64	2.3	8.31
SC0315	4.76		13.41	1.5	1.27	11.66	0.64	2.3	9.91
SC0317	4.76	内导	15.01	1.5	1.27	13.23	—	2.3	—
SC0319	4.76		16.59	1.5	1.27	14.83		2.3	
SC0321	4.76		18.19	1.5	1.27	16.41		2.3	
SC0323	4.76		19.76	1.5	1.27	18.01		2.3	
SC0325	4.76		21.59	1.5	1.27	19.58		2.3	
SC0327	4.76		22.94	1.5	1.27	21.18		2.3	
SC0329	4.76		24.54	1.5	1.27	22.76		2.3	
SC0331	4.76		26.11	1.5	1.27	24.36		2.3	

① M 等于链条最大全宽。

② 切槽刀的端头可以是圆弧形或矩形。

8.3.2 齿形链传动设计计算

(1) 典型已知条件

传动功率 P、小链轮转速 n、传动比 i、工作条件、原动机种类、应用设备、每日工作小时数等。

(2) 计算主要内容

① 选择小链轮齿数，$z \geqslant z_{min}$，可取 $z_{min}=15 \sim 17$，建议取 $z_1 \geqslant 21$，取奇数。

② 大齿轮齿数 $z_2=iz_1$，$z_{2max}=150$。

③ 求设计功率 $P_d=fP$，工况系数 f 由表查取。

④ 由表查取每 1mm 链宽的额定功率 P_0。

⑤ 求要求的最小链宽 b_0（mm）。

⑥ 查表选择标准链宽。

⑦ 润滑。齿形链传动有 3 种基本的润滑方式。额定功率表中推荐的润滑方式取决于链条的速度和所要传递的功率（表 8-9～表 8-17）。表中的额定功率是对润滑的最低要求，选择更高等级的润滑方式（例如用方式Ⅰ来取代方式Ⅱ）是允许并且更有利的。链条的使用寿命取决于所采用的润滑方式。润滑越好，链条寿命越长。因此，当选用表中列出的额定功率值时，同时采用下述推荐的润滑方式就很重要。

a. 方式Ⅰ——手工或者滴油润滑。手工润滑：用刷子或油壶在运转期间至少每隔 8h 要加油一次。加油量和频率应能有效防止链条产生过热或者链条铰链部位出现变色。滴油润滑：采用滴油器将油直接滴在链板上。滴油量和频率应能有效防止链条产生过热或者链条铰链部位出现变色。滴油时必须注意不能让气流将油滴吹偏。

b. 方式Ⅱ——油浴润滑或飞溅润滑。油浴润滑：链条松边要浸入传动油箱内的油池。润滑油液面应达到工作运行中链条最低点处的节距线高度。油盘甩油润滑：链条在油位以上运转，浸在油箱里的油盘将油甩起并溅到链条上，通常在链箱上设一个溅油润滑用的油池。甩油盘的直径应使油盘在边缘处产生最小为 3m/s 和最大为 40m/s 的线速度。

c. 方式Ⅲ——油泵压力喷油润滑。通常由一个循环泵来提供一个连续的油流。润滑油应被直接均匀地施喷在链条环路内跨过整个链宽的松边。

齿形链传动的齿形系数见表 8-18。链节距的选用见表 8-19。

表 8-9 4.76mm 节距的齿形链每 1mm 链宽额定功率 kW

小链轮齿数	小链轮转速/(r/min)											
	500	600	700	800	900	1200	1800	2000	3500	5000	7000	9000
15	0.00822	0.00969	0.01116	0.01262	0.01380	0.01761	0.02349	0.02642	0.03905	0.04873	0.05695	0.05754
17	0.00969	0.01145	0.01292	0.01468	0.01615	0.02055	0.02818	0.03083	0.04697	0.05872	0.07046	0.07398
19	0.01086	0.01262	0.01468	0.01615	0.01791	0.02349	0.03229	0.03523	0.05284	0.06752	0.08103	0.08573
21	0.01204	0.01409	0.01615	0.01820	0.01996	0.02554	0.03582	0.03905	0.05960	0.07574	0.09160	0.09835
23	0.01321	0.01556	0.01761	0.01996	0.02202	0.02818	0.03963	0.04316	0.06606	0.08455	0.10275	0.11097
25	0.01439	0.01703	0.01938	0.02173	0.02407	0.03083	0.04316	0.04697	0.07193	0.09189	0.11156	0.12037
27	0.01556	0.01820	0.02084	0.02349	0.02584	0.03376	0.04639	0.05050	0.07721	0.09835	0.11919	0.12830
29	0.01673	0.01967	0.02231	0.02525	0.02789	0.03552	0.04991	0.05431	0.08308	0.10598	0.12918	0.13857
31	0.01761	0.02114	0.02378	0.02672	0.02965	0.03817	0.05314	0.05784	0.08866	0.11274	0.13681	0.14679
33	0.01879	0.02202	0.02525	0.02848	0.03141	0.04022	0.05578	0.06107	0.09307	0.11802	0.14239	—
35	0.01996	0.02349	0.02701	0.03024	0.03347	0.04257	0.05960	0.06488	0.10011	0.12536	0.15149	—
37	0.02084	0.02466	0.02818	0.03171	0.03494	0.04462	0.06195	0.06752	0.10217	0.12888	0.15384	—
40	0.02055	0.02672	0.03053	0.03406	0.03787	0.04815	0.06694	0.07340	0.11068	0.13975	—	—
45	0.02525	0.02995	0.03376	0.03817	0.04198	0.05373	0.07428	0.08074	0.12184	0.15296	—	—
50	0.02789	0.03288	0.03728	0.04022	0.04639	0.05872	0.08162	0.08866	0.13270	0.16587	—	—
	方式Ⅰ						方式Ⅱ			方式Ⅲ		

表 8-10 9.525mm 节距的齿形链每 1mm 链宽额定功率 kW

小链轮齿数	小链轮转速/(r/min)												
	100	500	1000	1200	1500	1800	2000	2500	3000	3500	4000	5000	6000
17	0.01350	0.06165	0.13505	0.14386	0.15560	0.15083	.2.20257	0.23193	0.24954	0.25835	0.25835	—	—
19	0.01556	0.07340	0.14092	0.15853	0.19083	0.21725	0.23193	0.26716	0.29065	0.29358	0.32294	0.28771	—
21	0.01703	0.08220	0.14973	0.17615	0.21432	0.24367	0.26422	0.29358	0.32294	0.3230	0.35230	0.35230	0.29358
23	0.01850	008807	0.16441	0.19376	0.23487	0.27303	0.29368	0.35230	0.38166	0.41102	0.41102	0.41102	0.35230
25	0.02026	0.09688	0.17909	0.21432	0.25835	0.29368	0.32294	0.38166	0.41102	0.44037	0.44037	0.44037	0.41102
27	0.02173	0.010275	0.19964	023193	0.27890	0.32294	0.30230	0.41102	0.44037	0.46973	0.52845	0.52845	0.46973
29	0.02349	0.11156	0.21432	0.24954	0.29358	0.35230	0.38166	0.44037	0.46973	0.52845	0.55781	0.55781	0.52845
31	0.02495	0.12073	0.22809	0.26716	0.32294	0.38166	0.41102	0.46973	0.52845	0.57781	0.58716	0.58716	0.55781
33	0.02642	0.12918	0.24367	0.28771	0.35230	0.41102	0.44037	052845	0.55781	0.61652	0.61652	0.61652	0.58716
35	0.02818	0.13505	0.25835	0.29358	0.38166	0.44037	0.46973	0.55781	0.58715	0.67524	0.57524	0.67524	0.61652
37	0.02936	0.14386	0.23716	0.32294	0.41102	0.44037	0.46973	0.58716	0.61652	0.70460	0.7046	0.70460	—
40	0.03229	0.15560	0.29358	0.35230	0.44037	0.46973	0.52845	0.61652	0.70460	0.73396	0.76331	0.76331	—
45	0.03817	0.17615	0.3204	0.38166	0.46973	0.55781	0.58716	0.70460	0.76331	0.82203	0.85139	—	—
50	0.04110	0.19376	0.38166	0.44037	0.52845	0.58716	0.67524	0.76331	0.85139	0.88075	—	—	—
	方式Ⅰ			方式Ⅱ				方式Ⅲ					

表 8-11　12.7mm 节距的齿形链每 1mm 链宽额定功率　kW

小链轮齿数	小链轮转速/(r/min)										
	100	500	700	1000	1200	1800	2000	2500	3000	3500	4000
17	0.02437	0.11156	0.14679	0.18496	0.22019	0.29358	0.32294	0.32294	0.32294	0.32294	—
19	0.02730	0.11156	0.14679	0.22019	0.25835	0.32294	0.38166	0.41102	0.41102	0.41102	—
21	0.02936	0.14679	0.18496	0.25835	0.29358	0.41102	0.41102	0.44037	0.46973	0.46973	—
23	0.03229	0.14679	0.22019	0.29358	0.32294	0.44037	0.46973	0.55781	0.55781	0.55781	0.52845
25	0.03523	0.14679	0.22019	0.29358	0.38166	0.46973	0.52845	0.58716	0.61652	0.61652	0.58716
27	0.03817	0.18496	0.25835	0.32294	0.38166	0.52845	0.55781	0.61652	0.70460	0.70460	0.67524
29	0.04110	0.18496	0.25835	0.38166	0.41102	0.55781	0.61652	0.70460	0.73396	0.73396	0.73396
31	0.04404	0.22019	0.29385	0.38166	0.44037	0.61652	0.67524	0.73396	0.82203	0.82203	0.82203
33	0.04697	022019	0.29385	0.41102	0.46973	0.67524	0.70460	0.82203	0.85139	0.88075	0.85139
35	0.05284	0.22019	0.32294	0.44037	0.52845	0.70460	0.73396	0.8513	0.91011	0.91011	0.88075
37	0.05578	0.25835	0.3294	0.46973	0.55781	0.73396	0.76331	0.88075	0.96822	0.96882	—
40	0.05872	0.25835	0.38166	0.52845	0.58716	0.82203	0.85139	0.96882	1.02754	1.02754	—
45	007340	0.29358	0.41102	0.55781	0.67524	0.88075	0.88075	1.05690	1.14497	—	—
50	0.07340	0.3224	0.44037	0.61652	0.73396	0.99818	1.05690	1.17433	—	—	—
	方式Ⅰ		方式Ⅱ				方式Ⅲ				

表 8-12　15.875mm 节距的齿形链每 1mm 链宽额定功率　kW

小链轮齿数	小链轮转速/(r/min)									
	100	500	700	1000	1200	1800	2000	2500	3000	3500
17	0.03817	0.18596	0.22019	0.29358	0.32294	0.41102	0.44037	0.41102	—	—
19	0.04110	0.18496	0.25838	0.38166	0.41102	0.46976	0.52845	0.52845	—	—
21	0.04697	0.22019	0.29358	0.38166	0.44037	0.55181	0.58716	0.58716	0.58716	—
23	0.05284	0.22019	032294	0.44037	0.46973	0.61652	0.67524	0.70460	0.67524	—
25	0.05578	0.25835	0.32294	0.46973	0.55781	0.70460	0.73396	0.76331	0.76331	0.70460
27	0.05872	0.29358	0.38166	0.52845	0.58716	0.76331	0.82203	0.85139	0.85139	0.76331
29	0.06165	0.29385	0.41102	0.55781	0.61652	0.82203	0.88075	0.91011	0.91011	0.85139
31	0.07046	0.32294	0.44037	0.58716	0.67524	0.88075	0.91011	0.99818	0.99818	0.91011
33	0.0730	0.32294	0.46973	0.6652	0.73396	0.96882	0.99818	1.05690	1.05690	0.9918
35	0.07633	0.38166	0.46973	0.67524	0.76331	0.99818	1.05690	1.14497	1.14497	1.02754
37	0.08220	0.38166	0.52845	0.70460	0.82203	1.05690	1.14497	1.26240	1.20369	—
40	0.08807	0.41102	0.55781	0.76331	0.88075	1.14497	1.20369	1.29176	—	—
45	0.09982	0.46973	0.61652	0.85139	0.99818	1.29176	1.35048	—	—	—
50	0.11156	0.52845	0.70460	0.96882	1.11561	1.4919	1.46791	—	—	—
	方式Ⅰ		方式Ⅱ		方式Ⅲ					

表 8-13　19.05mm 节距的齿形链每 1mm 链宽额定功率　kW

小链轮齿数	小链轮转速/(r/min)								
	100	500	700	1000	1200	1500	1800	2000	2500
17	0.05578	0.23780	0.32294	0.41102	0.44037	0.46973	0.52845	0.52845	—
19	0.05872	0.27303	0.38166	0.44037	0.52845	0.58719	0.61652	0.61652	—
21	0.06725	0.29358	0.41102	0.52845	0.58716	0.67524	0.70460	0.7396	0.70460
23	0.07340	0.32294	0.44037	0.58716	0.67524	0.73396	0.82203	0.82203	0.82203
25	0.07340	0.32294	0.44037	0.58716	0.73396	0.85139	0.9101	0.91011	0.82203
27	0.08514	0.41102	0.52845	0.70460	0.82203	0.91011	0.99818	1.0254	102754
29	0.09101	0.44037	0.58716	0.76331	0.88075	0.99818	1.05690	1.11561	1.11561
31	0.09982	0.44037	0.61652	0.82203	0.91011	1.05690	1.17433	1.20369	1.20369
33	0.10569	0.46973	0.67524	0.88075	0.99818	1.14497	1.26240	1.29176	1.29176
35	0.1156	0.52845	0.70460	0.91011	1.5690	1.20369	1.32113	1.35048	1.35048
37	0.11743	0.55781	0.73396	0.99818	1.14497	1.29176	1.40919	1.43855	1.43855
40	0.12918	0.58716	0.82203	1.0569	1.20369	1.40919	1.49727	1.55599	1.55599
45	0.14386	0.67524	0.88075	1.17433	1.35048	1.55599	1.64406	1.70278	—
50	0.15853	0.73396	0.9988	1.32112	1.49727	1.70278	1.79085	—	—
	方式Ⅰ		方式Ⅱ		方式Ⅲ				

表 8-14 25.4mm 节距的齿形链每 1mm 链宽额定功率 kW

小链轮齿数	小链轮转速/(r/min)										
	100	200	300	400	500	700	1000	1200	1500	1800	2000
17	0.11156	0.18496	0.25835	0.32294	0.41102	0.52845	0.61652	0.67524	—	—	—
19	0.11156	0.22019	0.29358	0.38166	0.44037	0.58716	0.73396	0.76331	0.82203	—	—
21	0.11156	0.2209	0.32294	0.44037	0.52845	0.67524	0.85139	0.91011	0.96822	0.96822	—
23	0.11156	0.25835	0.38166	0.46973	0.55781	0.73396	0.91011	1.02754	1.11561	1.11561	—
25	0.14679	0.25835	0.41102	0.52845	0.61652	0.82203	1.02754	1.14497	1.20369	1.20369	1.20369
27	0.14679	0.29358	0.4037	0.55781	0.70460	0.88075	1.14497	1.26240	1.35048	1.35048	1.32112
29	0.14679	0.32294	0.46973	0.58716	0.73396	0.96822	1.20369	1.35048	1.46791	1.49727	1.46791
31	0.18496	0.3294	0.46973	0.7524	0.82203	1.02754	1.32112	1.46791	1.58534	1.61470	1.58534
33	0.18496	0.38166	0.52845	0.70460	0.85139	1.11561	1.43855	1.58534	1.73214	1.73214	1.7278
35	0.18496	0.38166	0.55781	0.73396	0.88075	1.17433	1.49727	1.64406	1.79085	1.84957	1.79085
37	0.19964	0.41102	0.58716	0.76331	0.96882	1.26240	1.58534	1.76149	1.90828	1.93764	—
40	0.22019	0.44037	0.67524	0.85139	1.02754	1.32112	1.73214	1.90828	2.05508	—	—
45	0.3585	0.46973	0.73396	0.91011	1.14497	1.49727	1.90828	2.08443	2.23123	—	—
50	0.29358	0.55781	0.82203	1.02754	1.26240	1.64406	2.08443	2.28944	—	—	—
	方式Ⅰ		方式Ⅱ				方式Ⅲ				

表 8-15 31.75mm 节距的齿形链每 1mm 链宽额定功率 kW

小链轮齿数	小链轮转速/(r/min)										
	100	200	300	400	500	600	700	800	1000	1200	1500
19①	0.16441	0.29358	0.44037	0.58716	0.70460	0.76331	0.85139	0.91011	0.99818	1.02754	—
21	0.18496	0.32294	0.52845	0.67524	0.76331	0.88075	0.96882	1.05690	1.17433	1.20369	—
23	0.20257	0.38166	0.55781	0.70460	0.85139	0.99818	1.05690	1.17433	1.32112	1.35048	1.35048
25	0.22019	0.41102	0.58716	0.76331	0.91011	1.05690	1.17433	1.29176	1.46791	1.55599	1.55599
27	0.23487	0.44037	0.67524	0.85139	1.02754	1.17433	1.29176	1.43855	1.58534	1.70278	1.70278
29	0.25248	0.46973	0.70460	0.91011	1.1561	1.26240	1.40919	1.55599	1.73214	1.84957	1.87893
31	0.27303	0.52845	0.76331	0.99818	1.17433	1.35048	1.49727	1.4406	1.87893	1.99636	2.02572
33	0.29065	0.55781	0.82203	1.02754	1.26240	1.43855	1.61470	1.76149	2.02572	2.14315	2.17251
35	0.32294	0.58716	0.85139	1.11561	1.32112	1.55599	1.73214	1.87893	2.14315	2.28994	2.28994
37	0.32294	0.61652	0.88075	1.17433	1.40919	1.61470	1.84957	1.99636	2.23123	2.37802	—
40	0.35230	0.70460	0.99818	1.29176	1.55599	1.76149	1.99636	2.17251	2.43673	2.58352	—
45	0.38166	0.76331	1.11561	1.43855	1.73214	1.99636	2.20187	2.37802	2.67160	—	—
50	0.44027	0.85139	1.26240	1.58534	1.90828	2.17251	2.43673	2.64224	2.93582	—	—
	方式Ⅰ		方式Ⅱ				方式Ⅲ				

① 为获得较好的使用效果，小链轮至少应有 21 齿。

表 8-16 38.1mm 节距的齿形链每 1mm 链宽额定功率 kW

小链轮齿数	100	200	300	400	500	600	700	800	900	1000	1200
19①	0.23487	0.44037	0.61652	0.82203	0.91011	1.02754	1.14497	1.17433	1.20369	1.26240	—
21	0.25835	0.46973	0.70460	0.88075	1.05690	1.17433	1.29176	1.35048	1.43855	1.43855	—
23	0.29358	0.55781	0.76331	0.99818	1.17433	1.32112	1.43855	1.55599	1.61470	1.64406	1.61470
25	0.29358	0.58716	0.85139	1.11561	1.29176	1.46791	1.61470	1.73214	1.79085	1.90828	1.87893
27	0.32294	0.67524	0.91011	1.17433	1.40919	1.58534	1.76149	1.87893	1.99636	2.05508	2.05508
29	0.38166	0.70460	0.99818	1.29176	1.49727	1.73214	1.90828	2.05508	2.17251	2.20187	2.23123
31	0.41102	0.73396	1.05690	1.35048	1.61470	1.87893	2.05508	2.20187	2.31930	2.37802	2.43673
33	0.41102	0.82203	1.14497	1.46791	1.73214	1.99636	2.20187	2.34866	2.49545	2.58352	2.61288
35	0.44037	0.85139	1.20369	1.55599	1.84957	2.08443	2.31930	2.49545	2.64224	2.73032	2.75967
37	0.46973	0.88075	1.29176	1.73214	1.93764	2.23123	2.46609	2.64224	2.81839	2.90646	—
40	0.52845	0.96882	1.40919	1.93764	2.14315	2.43673	2.64224	2.87711	3.08261	—	—
45	0.55781	1.11561	1.58534	1.99636	2.37802	2.73032	2.9651	3.17069	3.31744	—	—
50	0.1652	1.20369	1.73214	2.20187	2.61288	2.96518	3.2587	3.46427	—	—	—
	方式Ⅰ		方式Ⅱ				方式Ⅲ				

① 为获得较好的使用效果，小链轮至少应有 21 齿。

表 8-17 50.8mm 节距的齿形链每 1mm 链宽额定功率 kW

小链轮齿数	小链轮转速/(r/min)								
	100	200	300	400	500	600	700	800	900
19	0.41102	0.76331	1.05690	1.39176	1.46791	1.58534	1.64406	—	—
21	0.46973	0.85139	1.17433	1.46791	1.5599	1.84957	1.90828	—	—
23	0.49909	0.96882	1.32112	1.61470	1.87893	2.05508	2.17251	2.20187	—
25	0.52845	1.02754	1.43855	1.79085	2.05508	2.2894	2.43673	2.49545	2.49545
27	0.58716	1.11561	1.58534	1.93764	2.28994	2.49545	2.67160	2.75967	2.75967
29	0.61652	1.20369	1.70278	2.14315	2.46609	2.73032	2.90646	3.02390	3.02390
31	0.67524	1.29176	1.84957	2.28994	2.64224	2.93582	3.11197	3.22941	3.22941
33	0.73396	1.35048	1.93764	2.43673	2.81839	3.11197	3.34684	3.46427	3.46427
35	0.76331	1.46791	2.08443	2.58352	3.02390	3.34684	3.55235	3.66978	3.66978
37	0.82203	1.55599	2.20187	2.73032	3.22941	3.64042	3.75785	3.84593	—
40	0.88075	1.70278	2.378.2	2.96518	3.46427	3.78721	4.05144	4.13951	—
45	0.99818	1.87893	2.64224	3.31748	3.84593	4.22758	4.43309	—	—
50	1.11561	2.08443	2.93582	3.66978	4.22758	4.57988	—	—	—
	方式Ⅰ	方式Ⅱ		方式Ⅲ					

表 8-18 齿形链传动的齿形系数 K_z

z_1	17	19	21	23	25	27	29	31	33	35	37
K_z	0.77	0.89	1.00	1.11	1.22	1.34	1.45	1.56	1.66	1.77	1.88

表 8-19 链节距选用表

n_1/(r/min)	1500～3000	1200～2500	1000～2000	800～1500	600～1200	500～900
p/mm	12.7	15.875	19.05	25.4	31.75	38.10

8.4 链轮

8.4.1 链轮材料及热处理

链轮材料及热处理见表 8-20。

表 8-20 链轮材料及热处理

材 料	热处理	齿面硬度	应用范围
15、20	渗碳、淬火、回火	50～60HRC	z≤25 有冲击载荷的链轮
35	正火	160～200HBW	z>25 的主、从动链轮
45、50 45Mn、ZG310～570	淬火、回火	40～50HRC	无剧烈冲击振动和要求耐磨损的主、从动链轮
15Cr、20Cr	渗碳、淬火、回火	55～60HRC	z<30 传递较大功率的重要链轮
40Cr、35SiMn、35CrMo	淬火、回火	40～50HRC	要求强度较高和耐磨损的重要链轮
Q235A，Q275	焊接后退火	约 140HBW	中低速、功率不大的较大链轮
不低于 HT200 的灰铸铁	淬火、回火	260～280HBW	z>50 的从动链轮以及外形复杂或强度要求一般的链轮
夹布胶木			P<6kW、速度较高，要求传动平稳、噪声小的链轮

8.4.2 链轮结构

表 8-21 整体式钢制小链轮主要结构尺寸 mm

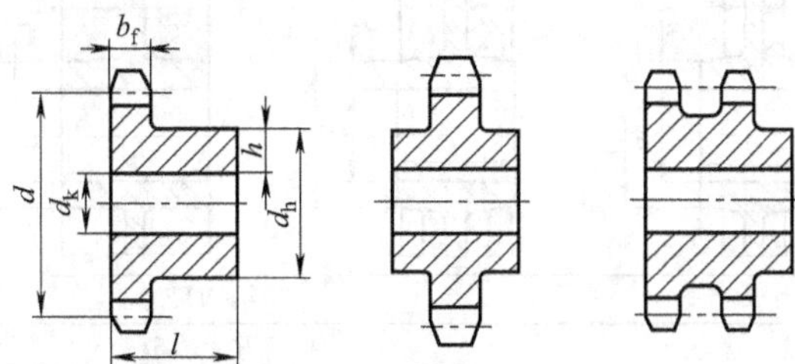

名称	符号	结构尺寸
轮毂厚度	h	$h=K+d_k/6+0.01d$ $d<50$，$K=3.2$；$50<d<100$，$K=4.8$；$100<d<150$，$K=6.4$；$d>150$，$K=9.5$
轮毂长度	l	$l=3.3h$ $l_{min}=2.6h$
轮毂直径	d_h	$d_h=d_k+2h$

表 8-22 腹板式单排钢制链轮主要结构尺寸

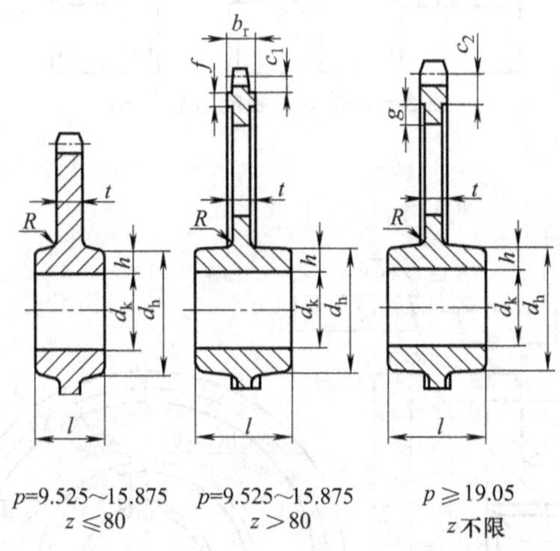

轮毂厚度	h	$h=9.5+d_k/6+0.01d$ $d<50,K=3.2;50<d<100,K=4.8;100<d<150,K=6.4;d>150,K=9.5$
轮毂长度	l	$l=4h$
轮毂直径	d_h	$d_h=d_k+2h$
齿侧凸缘厚度	b_r	$b_r=0.625p+0.93b_1$，b_1—内链节内宽
轮缘部分尺寸	c_1	$c_1=0.5p$
	c_2	$c_2=0.9p$
	f	$f=4+0.25p$
	g	$g=2t$
圆角半径	R	$R=0.04p$
腹板厚度	t	p 9.525 12.7 15.875 19.05 25.4 31.75 38.1 44.45 50.8 63.5 76.2
		t 7.9 9.5 10.3 11.1 12.7 14.3 15.9 19.1 22.2 28.6 31.8

表 8-23 腹板式多排钢制链轮主要结构尺寸

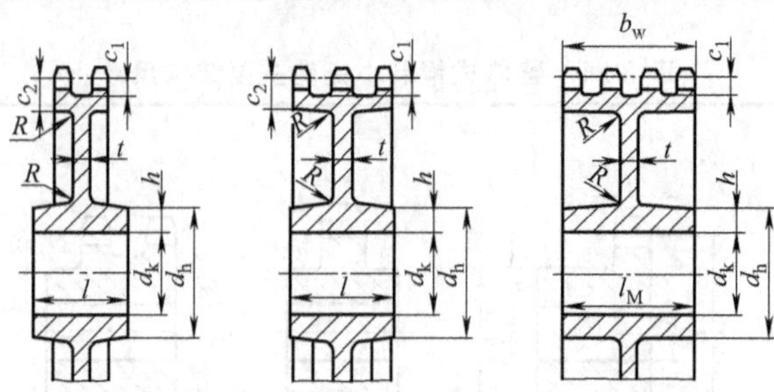

名称	符号	结构尺寸
圆角半径	R	$R=0.5t$
轮毂长度	l	$l=4h$
腹板厚度	t	p 9.525 12.7 15.875 19.05 25.4 31.75 38.1 44.45 50.8 63.5 76.2
		t 9.5 10.3 11.1 12.7 14.3 15.9 19.1 22.2 25.4 31.8 38.1
其余结构尺寸		同表 8-22

中等尺寸的链轮除表 8-21～表 8-23 所列的整体式结构外，也可做成板式齿圈的焊接结构或装配结构，如图 8-6 所示。

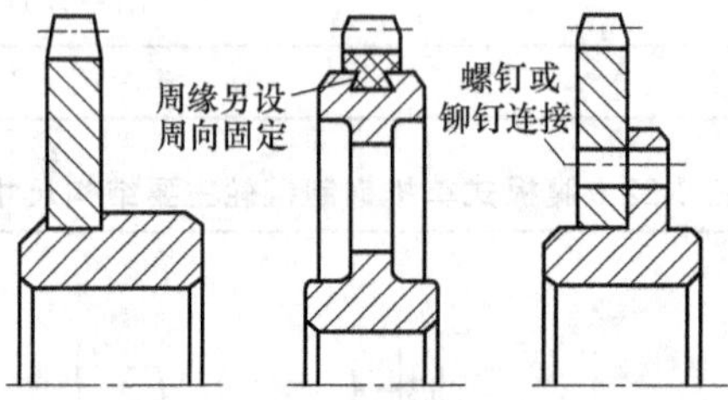

图 8-6 焊接或装配链轮结构

8.4.3 链轮图例

链轮结构见图 8-7。

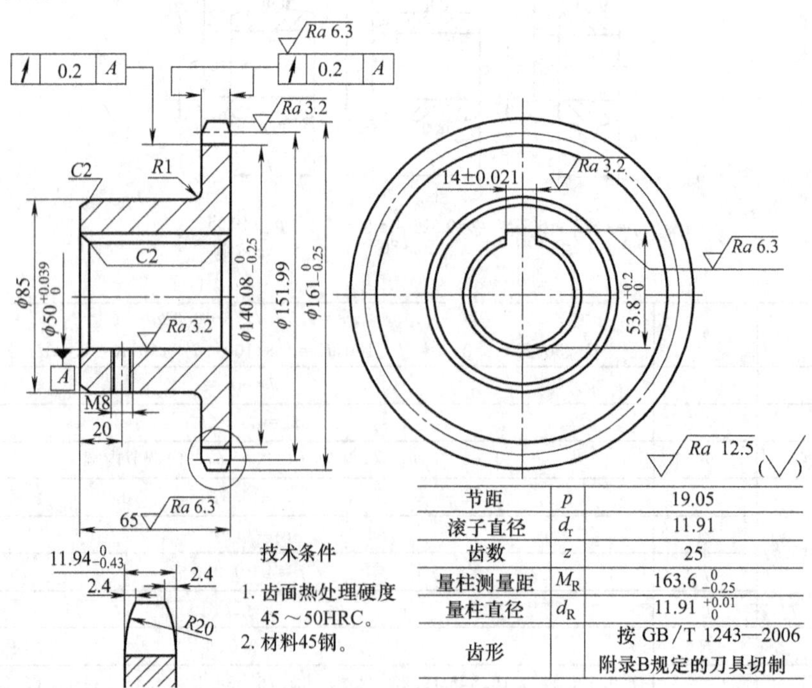

图 8-7 链轮结构图

8.5 链传动的布置、张紧及润滑

8.5.1 链传动的布置

链传动的布置见表 8-24。

表 8-24 链传动的布置

传动条件	正确布置	不正确布置	说明
i 与 a 较佳场合： $i=2\sim3$ $a=(30\sim60)p$	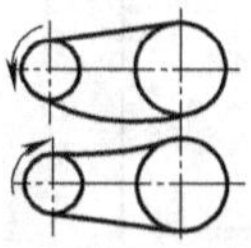		两链轮中心连线最好成水平，或与水平面成 60°以下的倾角。紧边在上面较好
i 大 a 小场合： $i>2$ $a<30p$	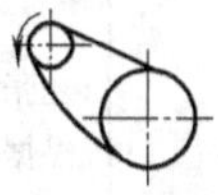	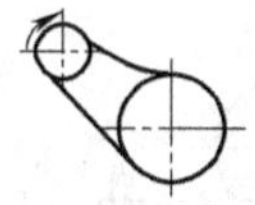	两轮轴线不在同一水平面上，此时松边应布置在下面，否则松边下垂量增大后，链条易被小链轮齿勾住
i 小 a 大场合： $i<1.5$ $a>60p$	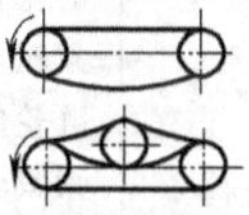	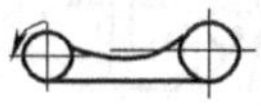	两轮轴线在同一水平面上，松边应布置在下面，否则松边下垂量增大后，松边会与紧边相碰。此外，需经常调整中心距
垂直传动场合： i、a 为任意值	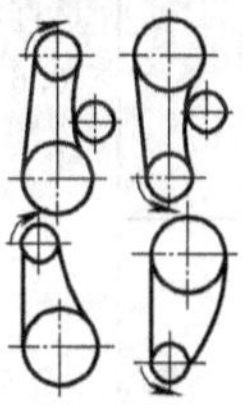	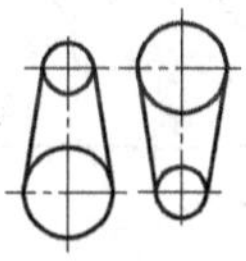	两轮轴线在同一铅垂面内，此时下垂量集中在下端，所以要尽量避免这种垂直或接近垂直的布置，否则会减少下面链轮的有效啮合齿数，降低传动能力。应采用：①中心距可调；②张紧装置；③上下两轮错开，使其轴线不在同一铅垂面内，尽可能将小链轮布置在上方
反向传动： $\|i\|<8$	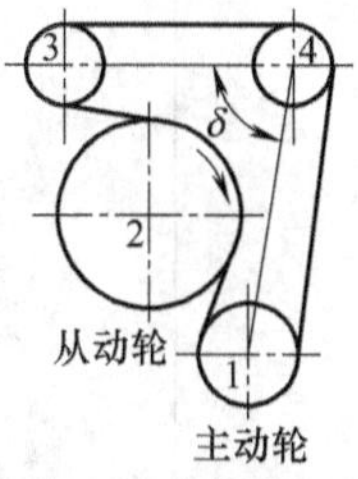 3 4 δ 2 从动轮 1 主动轮		为使两轮转向相反，应加装两个导向轮 3 和 4，且其中至少有一个是可以调整张紧的。紧边应布置在轮 1 和 2 之间，角 δ 的大小应使轮 2 的啮合包角满足传动要求

8.5.2 链传动的张紧

链传动的张紧见表 8-25。

表 8-25 链传动的张紧

类型	张紧调节形式	简图	说明
定期张紧	螺纹调节	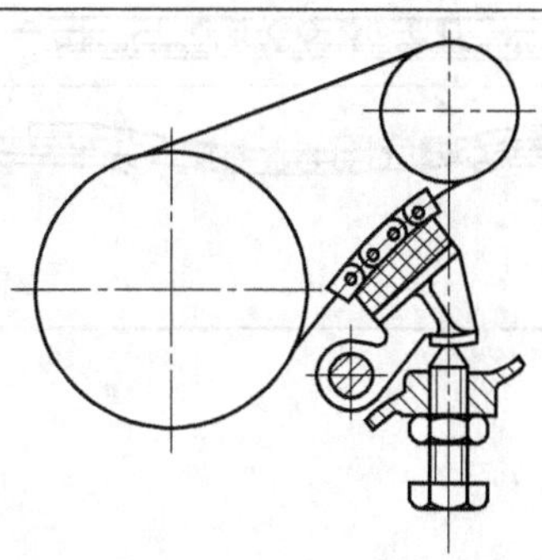	调节螺钉可采用细牙螺纹并带锁紧螺母

续表

类型	张紧调节形式	简图	说明
自动张紧	偏心调节	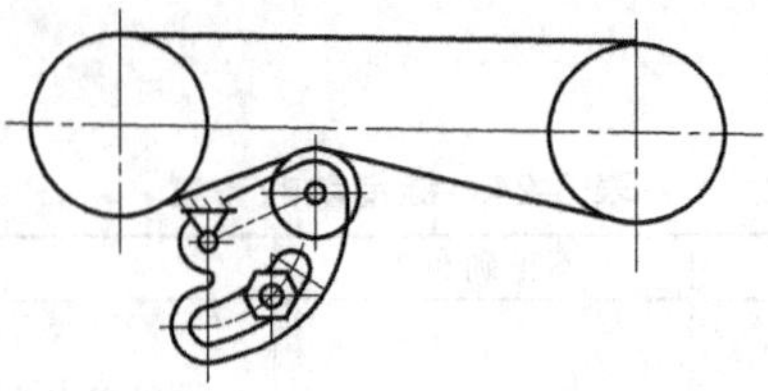	张紧轮一般布置在链条松边，根据需要可以靠近小链轮或大链轮，或者布置在中间位置，张紧轮可以是链轮或辊轮。张紧链轮的齿数常等于小链轮齿数。张紧辊轮常用于垂直或接近于垂直的链传动，其直径可取为(0.6～0.7)d，d为小链轮直径
	弹簧调节	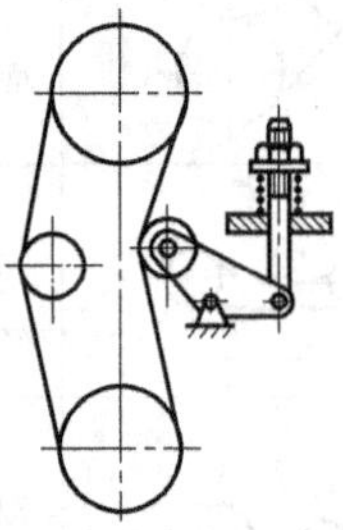	
	挂重调节	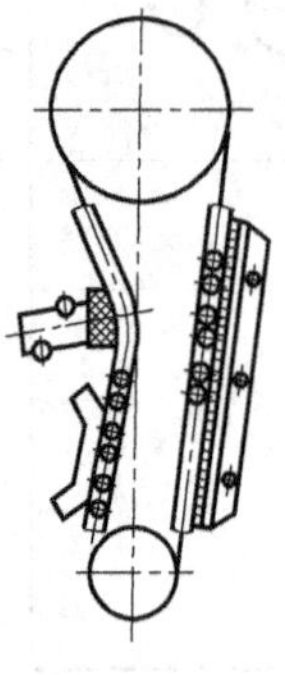	
	液压调节	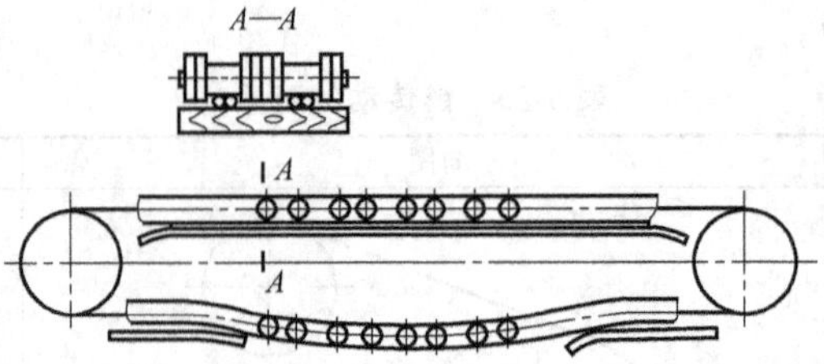 A—A A A	采用液压块与导板相结合的形式，减振效果好，适用于高速场合，如发动机的正时链传动

8.5.3 链传动的润滑方法

链传动的润滑方法见图8-8。

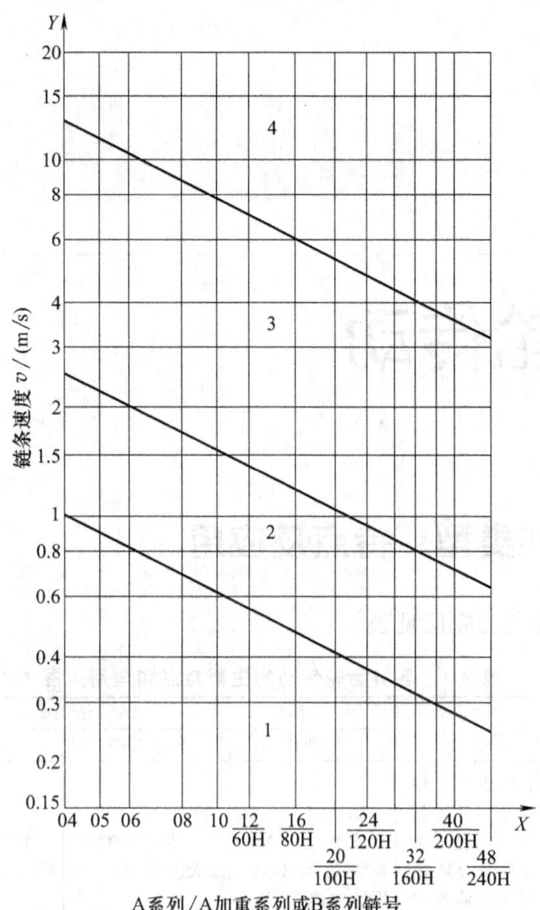

图 8-8 链传动润滑方式选用

1—用油刷或油壶由人工定期润滑；2—滴油润滑；3—油池或油盘飞溅润滑；
4—强制润滑，带过滤器，必要时可带油冷却器

第9章 齿轮传动

9.1 齿轮传动的类型、特点及应用

齿轮传动的类型、特点及应用见表 9-1。

表 9-1 各类齿轮传动的主要特点和适用范围

名称		主要特点	适用范围			
			传动比	传递功率	速度	应用举例
渐开线圆柱齿轮传动		传动的速度和功率范围大；传动效率高，一对齿轮可达98%～99.5%，精度愈高，效率愈高；对中心距的敏感性小，装配和维修比较简便；易于进行精确加工	单级 1～8，最大达到 10，两级最大达到 45，三级最大达到 75	可达到 25000kW，最大达到 10^5kW	可达到 150m/s，最高达到 300m/s	应用非常广泛
圆弧齿轮传动	单圆弧齿轮传动	接触强度高；效率高；磨损小而均匀；没有根切现象；不能做成直齿	单级 1～8，最大达到 10，两级最大达到 45，三级最大达到 75	高速传动可达 6000kW；低速传动达 5000kW	可达到 100m/s	高速传动如用于鼓风机、制氧机、汽轮机等；低速传动用于轧钢机械、矿山机械、运输机械等
	双圆弧齿轮传动	除具有单圆弧齿轮的优点外，还可用同一把滚刀加工一对齿轮；传动平稳；振动和噪声较单圆弧齿轮小，弯曲强度比单圆弧齿轮高				
圆锥齿轮传动	直齿圆锥齿轮传动	轴向力小；比曲线锥齿轮制造容易；可制成鼓形齿	1～8	370kW	<5m/s	用于机床、汽车、拖拉机及其他机械中轴线相交的传动
	曲线齿圆锥齿轮传动	比直齿圆锥齿轮传动平稳；噪声小，承载能力大，由于螺旋角产生轴向力，转向变化时，此轴向力方向亦改变，轴承应考虑止推问题	1～8	3700kW	>5m/s >40m/s 时需磨齿	用于汽车驱动桥、机床、拖拉机等传动
准双曲面齿轮传动		比曲线齿圆锥齿轮传动更平稳。利用偏置距增大大、小轮直径，因而可以增加小轮刚度，实现两端支承。沿齿长方向有滑动，需用双曲面齿轮润滑油	1～10，用于代替蜗杆传动时可达 50～100	735kW	>5m/s	广泛用于越野车及小客车，也用于卡车

9.2 渐开线圆柱齿轮传动

9.2.1 渐开线圆柱齿轮模数系列

渐开线圆柱齿轮模数见表 9-2。

表 9-2 渐开线圆柱齿轮模数（GB/T 1357—2008）

第Ⅰ系列	1		1.25		1.5		2		2.5		3	
第Ⅱ系列		1.125		1.375		1.75		2.25		2.75		3.5
第Ⅰ系列	4		5		6			8		10		12
第Ⅱ系列		4.5		5.5		(6.5)	7		9		11	
第Ⅰ系列		16		20		25		32		40		50
第Ⅱ系列	14		18		22		28		35		45	

注：1. 对于斜齿圆柱齿轮是指法向模数 m_n。

2. 优先选用第一系列，括号内的数值尽可能不用。

9.2.2 渐开线圆柱齿轮传动设计

(1) 渐开线圆柱齿轮传动设计计算步骤

一般设计齿轮传动时，已知的条件是：传递的功率 P(kW) 或转矩 T(N・m)；转速 n(r/min)；传动比 i；预定的寿命 (h)；原动机及工作机的载荷特性；结构要求及外形尺寸限制等。设计开始时，往往不知道齿轮的尺寸和参数，无法准确定出某些系数的数值，因而不能进行精确的计算。所以通常需要先初步选择某些参数，按简化计算方法初步确定出主要尺寸，然后再进行精确的校核计算。当主要参数和几何尺寸都已经合适之后，再进行齿轮的结构设计，并绘制零件图。主要步骤如下。

① 圆柱齿轮传动的作用力计算。

② 主要参数的选择。

③ 主要尺寸的初步确定。

④ 齿面接触疲劳强度与齿根弯曲疲劳强度校核计算。

⑤ 齿轮的结构设计。

(2) 齿轮传动设计的设计系数

齿轮传动设计的设计系数见表 9-3～表 9-7 及图 9-1～图 9-12。

表 9-3 使用系数 K_A

原动机	工作机的载荷特性			
	均匀平稳	轻微冲击	中等冲击	严重冲击
电动机	1.00	1.25	1.50	1.75
多缸内燃机	1.10	1.35	1.60	1.85
单缸内燃机	1.25	1.50	1.75	2.0

注：对于增速传动可取表中值的 1.1 倍；当外部机械与齿轮装置之间挠性连接时，其值可适当降低。

表 9-4 齿宽系数 ψ_d

齿轮相对轴承的位置	齿面硬度	
	软齿面	硬齿面
对称分布	0.8～1.4	0.4～0.9
非对称分布	0.6～1.2	0.3～0.6
悬臂布置	0.3～0.4	0.3～0.6

注：直齿圆柱齿轮宜取较小值，斜齿轮可取较大值，人字齿轮可取到 2；载荷稳定、轴刚性大时取较大值；变载荷、轴刚性较小时宜取较小值。

表 9-5　最小安全系数参考值

使用要求	S_{Fmin}	S_{Hmin}
高可靠度(失效率不大于 1/10000)	2.00	1.50～1.60
较高可靠度(失效率不大于 1/1000)	1.60	1.25～1.30
一般可靠度(失效率不大于 1/100)	1.25	1.00～1.10
低可靠度(失效率不大于 1/10)	1.00	0.85

注：1. 在经过使用验证或材料强度、载荷工况及制造精度拥有较准确的数据时，S_{Hmin}可取下限。
2. 建议对一般齿轮传动不采用低可靠度。

表 9-6　弹性系数 Z_E

小齿轮材料		大齿轮材料			
		钢	铸钢	球墨铸铁	灰铸铁
	弹性模量 E/MPa	206000	202000	173000	126000
钢	206000	189.8	188.9	181.4	165.4
铸钢	202000		188.0	180.5	161.4
球墨铸铁	173000			173.9	156.6
灰铸铁	126000				146.0

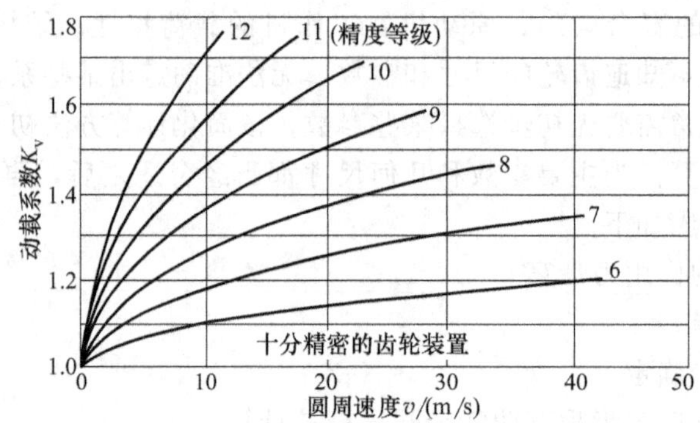

图 9-1　动载系数 K_v

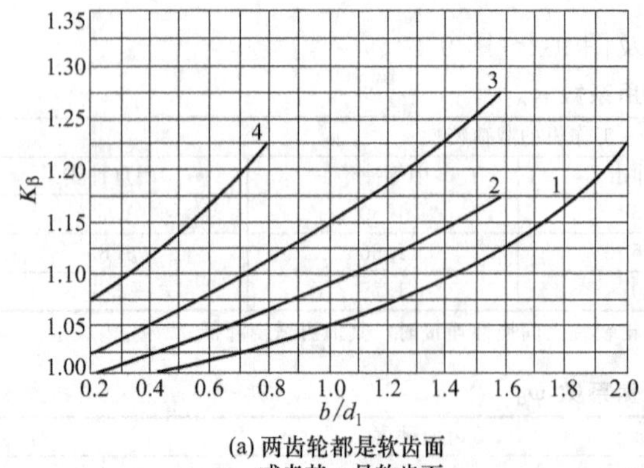

(a) 两齿轮都是软齿面
或者其一是软齿面

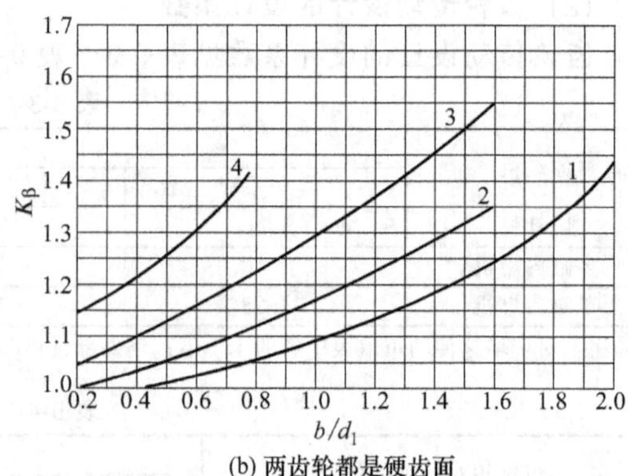

(b) 两齿轮都是硬齿面

图 9-2　齿向载荷分布系数 K_β

1—齿轮在两轴承间对称分布；2—齿轮在两轴承间非对称分布，轴的刚度较大；
3—齿轮在两轴承间非对称分布，轴的刚度较小；4—齿轮悬臂分布

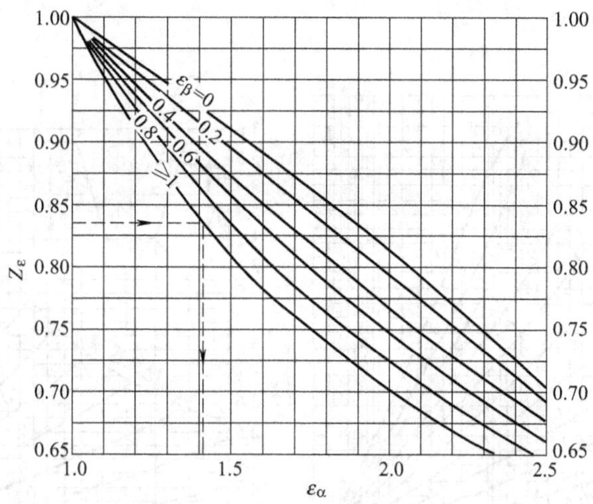

图 9-3 接触强度计算的重合度系数 Z_ε

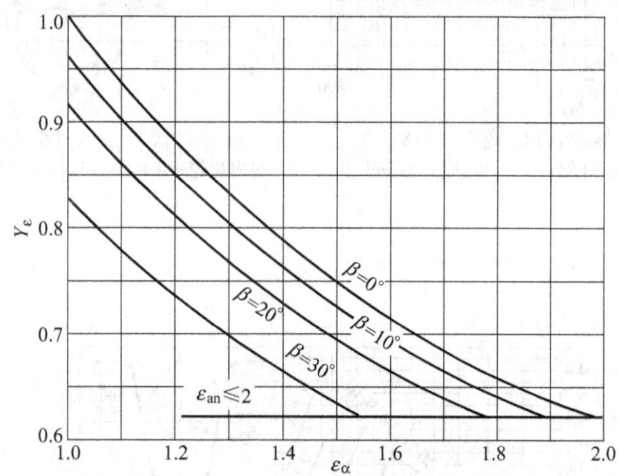

图 9-4 弯曲强度计算的重合度系数 Y_ε

表 9-7 齿向载荷分配系数

<table>
<tr><td colspan="2">$K_A F_t/b$</td><td colspan="7">≥100N/mm</td><td><100N/mm</td></tr>
<tr><td colspan="2">精度等级</td><td>5</td><td>6</td><td>7</td><td>8</td><td>9</td><td>10</td><td>11～12</td><td>6 级及更低</td></tr>
<tr><td rowspan="2">硬齿面
直齿轮</td><td>$K_{H\alpha}$</td><td colspan="2" rowspan="2">1.0</td><td rowspan="2">1.1</td><td rowspan="2">1.2</td><td colspan="4">$1/Z_\varepsilon^2\geqslant1.2$</td></tr>
<tr><td>$K_{F\alpha}$</td><td colspan="4">$1/Y_\varepsilon\geqslant1.2$</td></tr>
<tr><td rowspan="2">硬齿面
斜齿轮</td><td>$K_{H\alpha}$</td><td rowspan="2">1.0</td><td rowspan="2">1.1</td><td rowspan="2">1.2</td><td rowspan="2">1.4</td><td colspan="4" rowspan="2">$\varepsilon_\alpha/\cos^2\beta_b\geqslant1.4$</td></tr>
<tr><td>$K_{F\alpha}$</td></tr>
<tr><td rowspan="2">非硬齿面
直齿轮</td><td>$K_{H\alpha}$</td><td colspan="3" rowspan="2">1.0</td><td rowspan="2">1.1</td><td rowspan="2">1.2</td><td colspan="3">$1/Z_\varepsilon^2\geqslant1.2$</td></tr>
<tr><td>$K_{F\alpha}$</td><td colspan="3">$1/Y_\varepsilon\geqslant1.2$</td></tr>
<tr><td rowspan="2">非硬齿面
斜齿轮</td><td>$K_{H\alpha}$</td><td colspan="2" rowspan="2">1.0</td><td rowspan="2">1.1</td><td rowspan="2">1.2</td><td rowspan="2">1.4</td><td colspan="3" rowspan="2">$\varepsilon_\alpha/\cos^2\beta_b\geqslant1.4$</td></tr>
<tr><td>$K_{F\alpha}$</td></tr>
</table>

注：1. 经修形的 6 级或高精度硬齿面齿轮，取 $K_{H\alpha}=K_{F\alpha}=1$。

2. 表中 $\varepsilon_\alpha/\cos^2\beta_b$ 计算值如大于 $\varepsilon_\gamma/\varepsilon_\alpha Y_\varepsilon$，取 $K_{F\alpha}=\frac{\varepsilon_\gamma}{\varepsilon_\alpha Y_\alpha}$。

3. 表中的 Z_ε 和 Y_ε，分别见图 9-3 和图 9-4。

4. 如果硬齿面和软齿面的齿轮副，齿间载荷分配系数取平均值。

5. 如果大小齿轮精度不同，则按精度等级较低的取 $K_{H\alpha}$、$K_{F\alpha}$ 值。

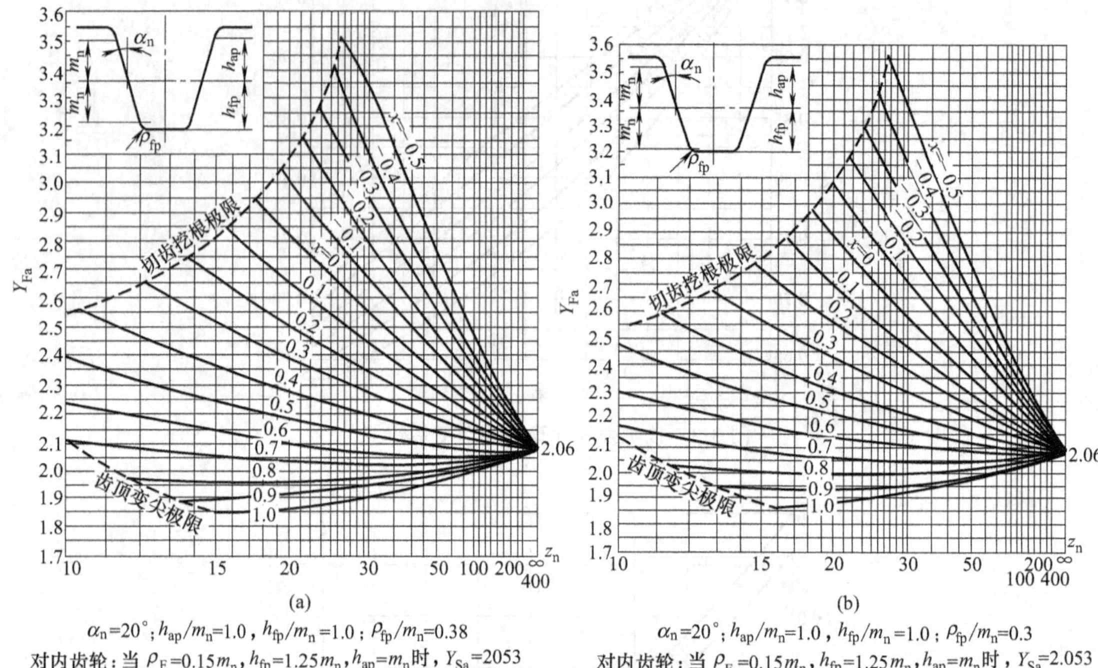

(a)

$\alpha_n=20°$; $h_{ap}/m_n=1.0$, $h_{fp}/m_n=1.0$; $\rho_{fp}/m_n=0.38$

对内齿轮：当 $\rho_F=0.15m_n$，$h_{fp}=1.25m_n$，$h_{ap}=m_n$时，Y_{Sa}=2053

(b)

$\alpha_n=20°$; $h_{ap}/m_n=1.0$, $h_{fp}/m_n=1.0$; $\rho_{fp}/m_n=0.3$

对内齿轮：当 $\rho_F=0.15m_n$，$h_{fp}=1.25m_n$，$h_{ap}=m_n$时，Y_{Sa}=2.053

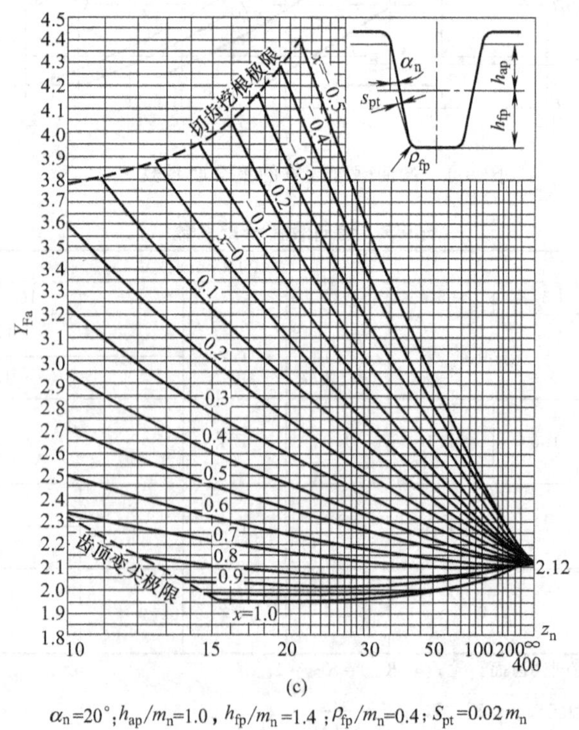

(c)

$\alpha_n=20°$; $h_{ap}/m_n=1.0$, $h_{fp}/m_n=1.4$; $\rho_{fp}/m_n=0.4$; $S_{pt}=0.02m_n$

图 9-5 外齿轮齿形系数

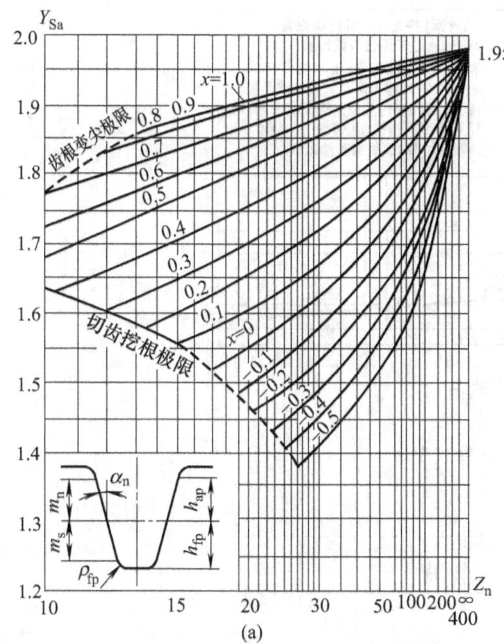

$\alpha_n=20°$; $h_{ap}/m_n=1.0$, $h_{fp}/m_n=1.25$; $\rho_{fp}/m_n=0.38$

对内齿轮：当 $\rho_F=0.15m_n$，$h_{fp}=1.25m_n$，$h_{ap}=m_n$时，$Y_{Sa}=2.65$

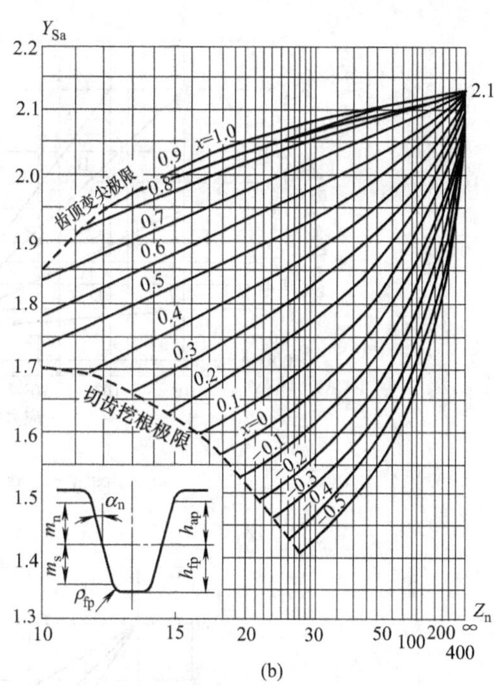

$\alpha_n=20°$; $h_{ap}/m_n=1.0$, $h_{fp}/m_n=1.25$; $\rho_{fp}/m_n=0.3$

对内齿轮：当 $\rho_F=0.15m_n$，$h_{fp}=1.25m_n$，$h_{ap}=m_n$时，$Y_{Sa}=2.65$

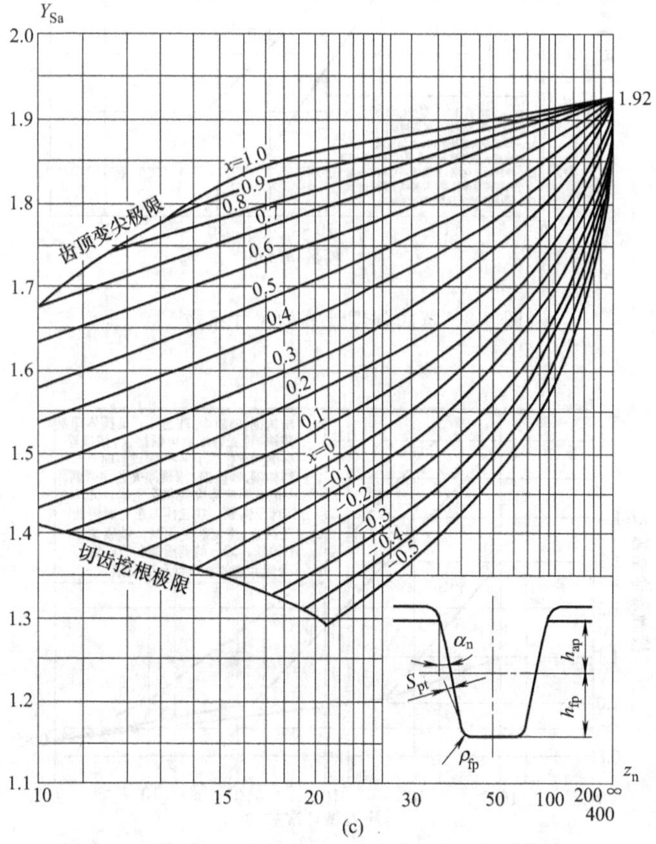

$\alpha_n=20°$; $h_{ap}/m_n=1.0$, $h_{fp}/m_n=1.4$; $\rho_{fp}/m_n=0.4$; $S_{pt}=0.02m_n$

图 9-6　外齿轮应力修正系数

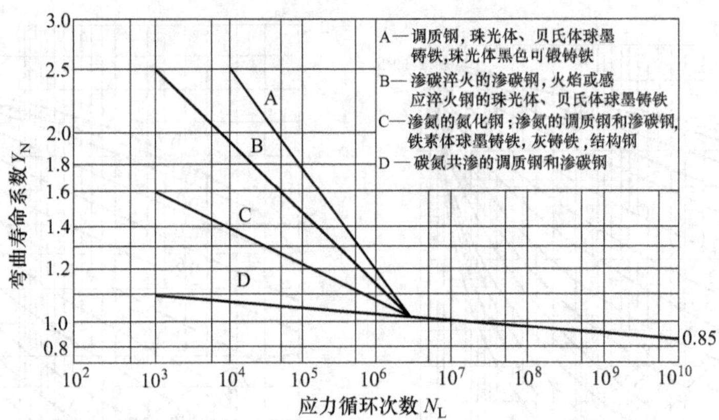

图 9-7 弯曲寿命系数 Y_N

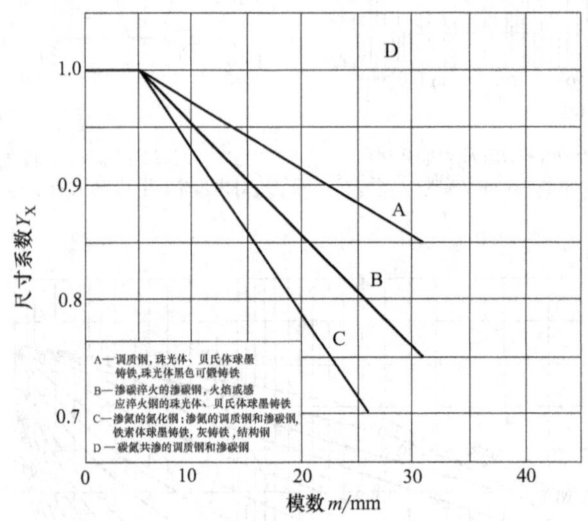

图 9-8 弯曲强度计算的尺寸系数 Y_X

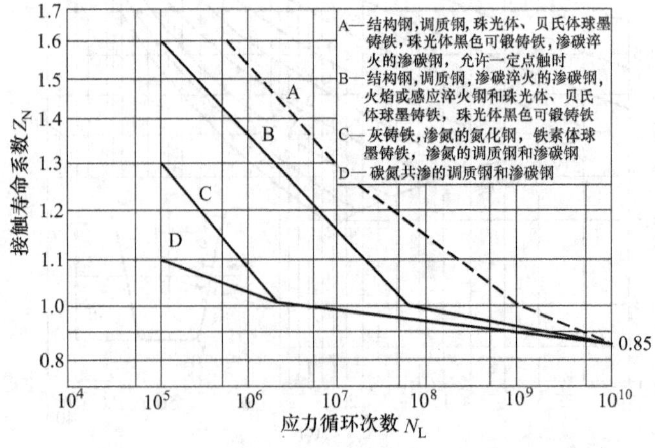

图 9-9 接触寿命系数 Z_N

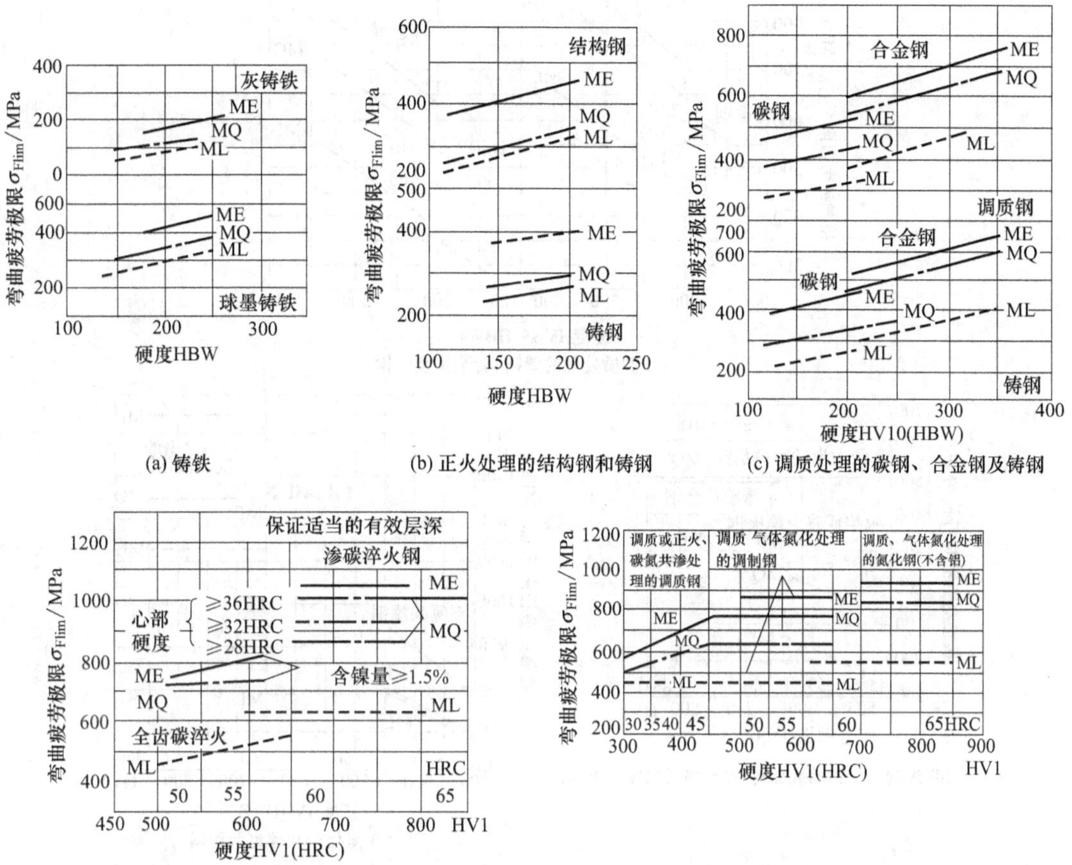

(a) 铸铁

(b) 正火处理的结构钢和铸钢

(c) 调质处理的碳钢、合金钢及铸钢

(d) 渗碳淬火钢的表面硬化(火焰或感应淬火)钢

(e) 氮化钢和碳氮共渗钢

图 9-10 试验齿轮的弯曲疲劳极限 σ_{Flim}

ME—材料品质的高取线值；MQ—材料品质的中取线值；ML—材料品质的低取线值

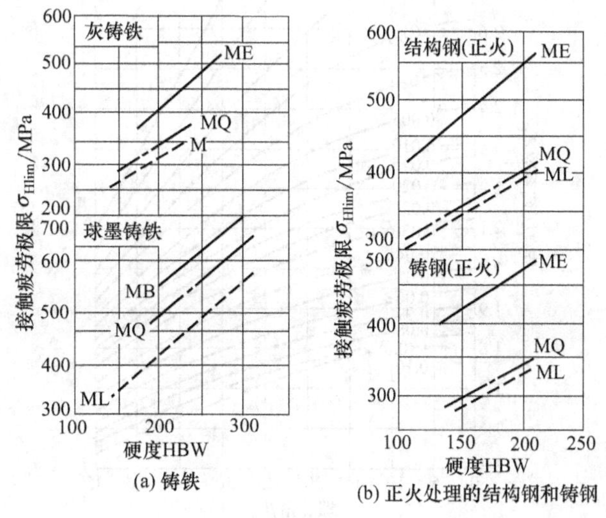

(a) 铸铁

(b) 正火处理的结构钢和铸钢

图 9-11

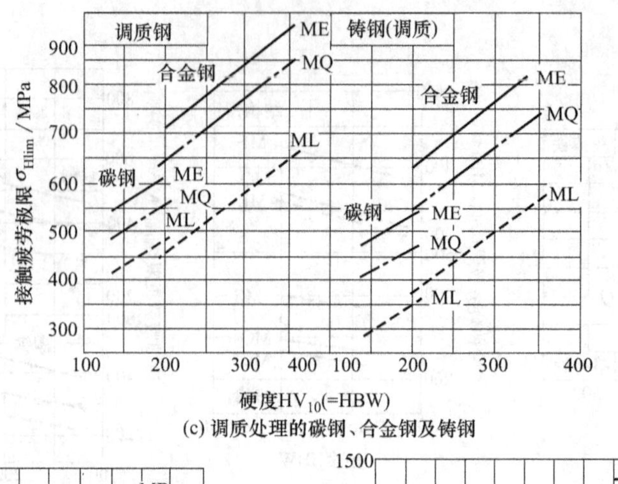

(c) 调质处理的碳钢、合金钢及铸钢

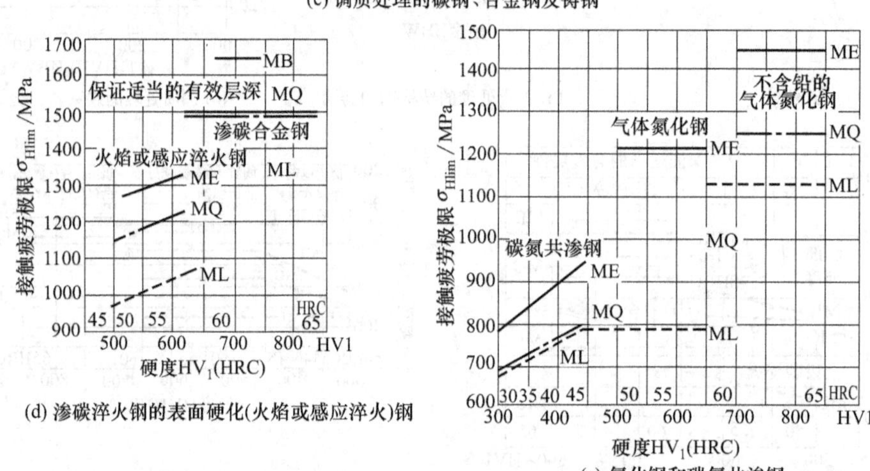

(d) 渗碳淬火钢的表面硬化(火焰或感应淬火)钢

(e) 氮化钢和碳氮共渗钢

图 9-11 试验齿轮的接触疲劳极限 σ_{Hlim}

ME—材料品质的高取线值；MQ—材料品质的中取线值；ML—材料品质的低取线值

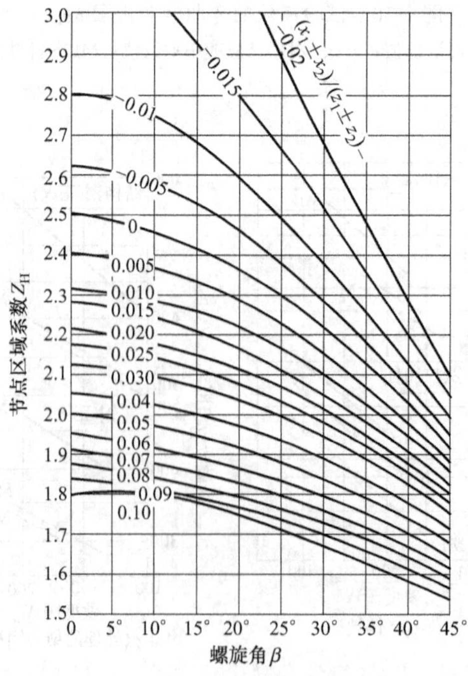

图 9-12 节点区域系数 Z_H

9.2.3 齿轮的材料、效率和润滑

齿轮的材料、效率和润滑见表 9-8～表 9-13。

表 9-8 常用齿轮材料及热处理方式

类别	牌号	热 处 理	硬度(HBW 或 HRC)
优质碳素钢	35	正火	150～180HBW
		调质	180～210HBW
		表面淬火	40～45HRC
	45	正火	170～210HBW
		调质	210～230HBW
		表面淬火	43～48HRC
	50	正火	180～220HBW
合金结构钢	40Cr	调质	240～285HBW
		表面淬火	52～56HRC
	35SiMn	调质	200～260HBW
		表面淬火	40～45HRC
	35CrMo	调质	207～269HBW
	40MnB	调质	240～280HBW
	42CrNi	调质	255HBW
	20Cr	渗碳淬火、回火	56～62HRC
	20CrNi4	渗碳淬火、低温回火	≥60HRC
	20CrMnTi	渗碳淬火、回火	56～62HRC
	20CrMnMo	渗碳淬火、回火	56～62HRC
	38CrMoAlA	渗氮	60HRC
铸钢	ZG270-500	正火	140～170HBW
	ZG310-570	正火	160～200HBW
	ZG340-640	正火	180～220HRW 或 HRC
	ZG35SiMnMo	正火	160～220HBW
		调质	200～250HBW
灰铸铁	HT200		170～230HBW
	HT300		187～255HBW
球墨铸铁	QT500-7		147～241HBW
	QT600-3		229～302HBW

表 9-9 齿轮传动的平均效率

传动装置	6 级或 7 级精度的闭式传动	8 级精度的闭式传动	开式传动
圆柱齿轮	0.98	0.97	0.95
圆锥齿轮	0.97	0.96	0.93

表 9-10 润滑剂和润滑方式的选择

圆周速度/(m/s)	传动结构形式	润滑剂种类	润滑方式	特点
≤2.5	开式	黏附性润滑剂[1]	涂抹润滑	密封简单,不易漏油,散热性能差,必要时可加 MoS_2、石墨或 EP 添加剂
≤4(有时 6)		流动性润滑脂[2]	喷射润滑	
≤8(有时 10)				

续表

圆周速度/(m/s)	传动结构形式	润滑剂种类	润滑方式	特点
≤15	闭式	润滑油	油浴润滑。大型齿轮和立式齿轮传动也用喷油润滑	
≤25(有时 30)				带薄板油盆和散热片的油浴润滑
≥25(有时 30)			喷油润滑	
≤40			油雾润滑	用于轻载、间歇工作

① 黏附性润滑剂一般在润滑部位不能流动。
② 也可用油浴（浅油盆）润滑，但尽可能加防护罩。

表 9-11 载荷特性对黏度的修正（黏度增加值）

齿面硬度	载荷冲击程度			
	平稳	轻微	中等	强烈
≤350HBW	0	增加轻微相邻黏度等级差值的 30%以下	增加相邻黏度等级差值的 60%以下	增加一个黏度等级或更换油品种类
>350HBW	0	增加相邻黏度等级差值的 20%以下	增加相邻黏度等级差值的 40%以下	

注：载荷冲击程度的分类可参考表 9-3 中所列的减速齿轮传动使用系数 K_A 来确定。

表 9-12 工业齿轮油种类的选择（闭式传动）

条件		推荐使用的闭式工业齿轮润滑油
齿面接触应力 σ_H/MPa	齿轮使用工况	
≤350	一般齿轮传动	抗氧防锈工业齿轮油
350～500 (低负荷齿轮)	一般齿轮传动	抗氧防锈工业齿轮油
	有冲击的齿轮	中负荷工业齿轮油
500～1100 (中负荷齿轮)	矿井提升机、露天采掘机、水泥磨、化工机械、水力电力机械、冶金矿山机械、船舶海港机械等的齿轮传动	中负荷工业齿轮油
≥1100 (重负荷齿轮)	冶金轧钢、井下采掘、高温有冲击、含水部位的齿轮传动	重负荷工业齿轮油

注：用于一般的渐开线圆柱齿轮传动。在计算出的齿面接触应力略小于 1100MPa 时，如果齿轮工况为高温、有冲击或含水等，为安全计，应选用重负荷工业齿轮油。

表 9-13 闭式工业齿轮装置润滑油黏度牌号的选择（参考）

平行轴及锥齿轮传动	润滑油黏度牌号 ν_{40}/(mm²/s)			
	环境温度			
低速级齿轮节圆圆周速度/(m/s)	－30～10℃	－10～10℃	10～35℃	35～55℃
≤5	100(合成型)	150	320	680
5～15	100(合成型)	100	220	460
15～25	68(合成型)	68	150	320
25～80	32(合成型)	46	68	100

注：1. 锥齿轮传动按齿宽中点的圆周速度选择润滑油的黏度牌号。
2. 当齿轮节圆圆周速度≤25m/s 时，表中所选润滑油黏度牌号为闭式工业齿轮油；当齿轮节圆圆周速度>25m/s 时，表中所选润滑油黏度牌号为汽轮机油；当齿轮传动承受较严重冲击负荷时，可适当增加一个黏度牌号。

9.2.4 圆柱齿轮的结构

圆柱齿轮的结构见表 9-14。

表 9-14 圆柱齿轮的结构形式

序号	齿坯	结构图
1	齿轮轴	
2	锻造齿轮	
3		
4		

续表

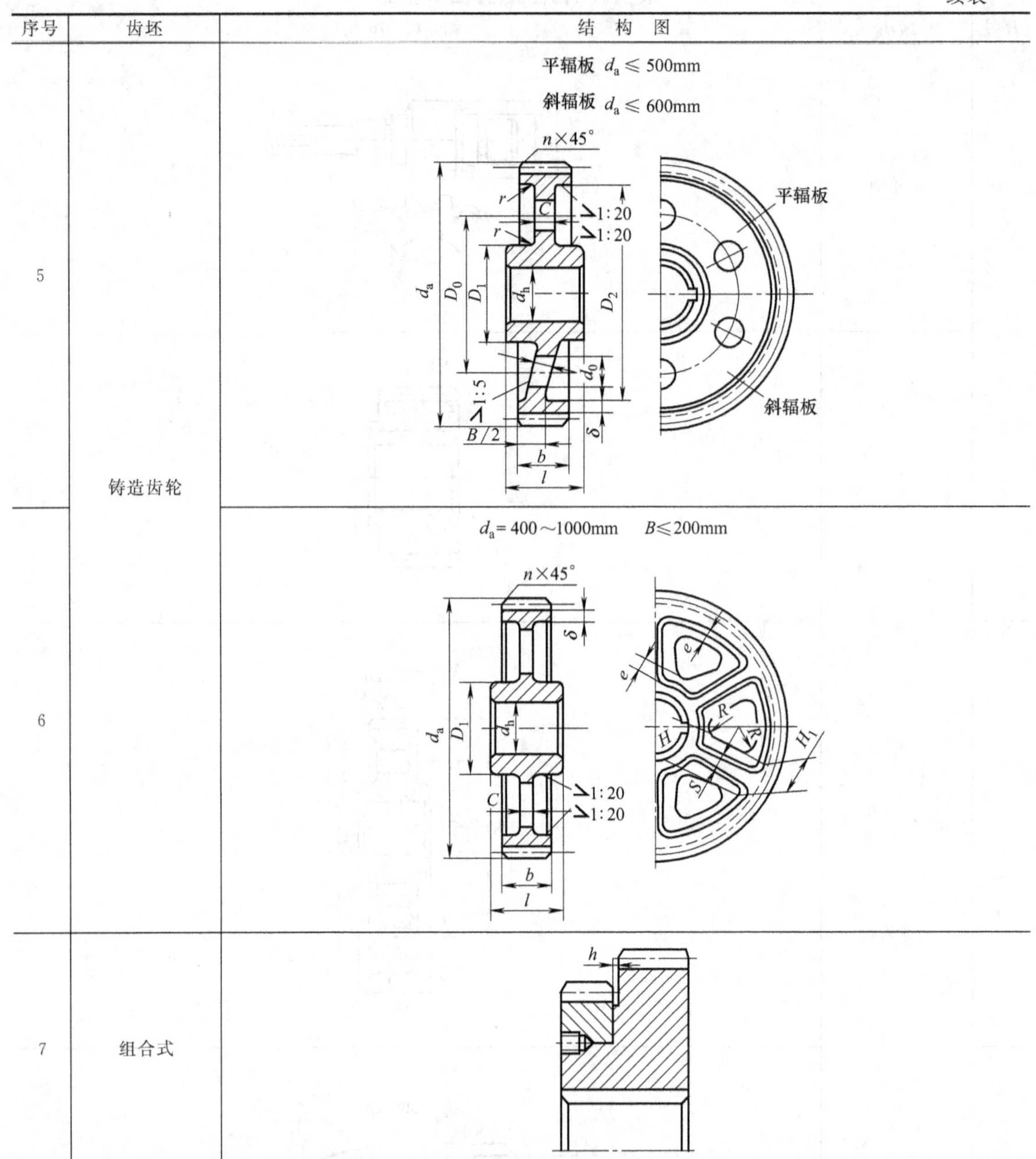

序号	齿坯	结构图
5	铸造齿轮	平辐板 $d_a \leqslant 500$mm 斜辐板 $d_a \leqslant 600$mm
6	铸造齿轮	$d_a=400 \sim 1000$mm　$B \leqslant 200$mm
7	组合式	

9.2.5 渐开线圆柱齿轮精度

齿轮传动的基本要求有以下四项。

① 传递运动的准确性（运动精度）　要求齿轮在一转范围内传动比变化不大，以保证从动轮与主动轮运动协调一致，传动准确。

② 传递运动的平稳性（稳定性）　要求齿轮在一齿范围内瞬间传动比变化不大，以保证传递运动过程中转动平稳，振动、冲击和噪声小。

③ 载荷分布的均匀性（接触精度）　要求啮合时齿面均匀接触，以保证传递载荷时不会出现应力集中而导致局部齿面过分磨损，影响齿轮使用寿命。

④ 侧隙的合理性（齿轮副传动精度） 要求齿轮啮合时，非工作齿面间应具有合理的齿侧间隙。此间隙用于储存润滑油，以及补偿由于温度、弹性变形、制造误差及安装误差所引起的尺寸变动，否则齿轮在传动过程中可能会卡死或烧伤。

不同用途和不同工作条件下的齿轮，对上述四项要求的侧重点是不同的，如读数装置、分度机构等精密装置齿轮，要求传递运动准确，且侧隙小以减小回程误差；一般机床的变速箱等一般传动齿轮则要求传动平稳且小侧隙，以降低噪声；汽轮机减速器等高速重载齿轮则要求传递运动准确，传动平稳，载荷分布均匀，且侧隙较大；矿山机械、起重机械等低速重载齿轮要求载荷分布均匀，且侧隙较大。

(1) 圆柱齿轮的精度等级

渐开线齿轮传动精度及选用见表 9-15。

GB/T 10095.1—2008 对齿轮同侧齿面公差规定了 13 个精度等级，其中 0 级最高，12 级最低。如果要求的齿轮精度等级为 GB/T 10095.1—2008 的某一等级，而无其他规定时，则齿距、齿廓、螺旋线等均按该精度等级确定。也可以按协议对工作和非工作齿面规定不同的精度等级，或对不同偏差项目规定不同的精度等级。另外也可仅对工作齿面规定要求的精度等级。

GB/T 10095.2—2008 对径向综合公差规定了 9 个精度等级，其中 4 级最高，12 级最低；对径向跳动规定了 13 个精度等级，其中 0 级最高，12 级最低。如果要求的齿轮精度等级为 GB/T 10095.2—2008 的某一等级，而无其他规定时则径向综合与径向跳动的各项偏差的公差均按该精度等级确定。也可根据协议，供需双方共同对任意质量要求规定不同的公差。

径向综合偏差的精度等级不一定与 GB/T 10095.1—2008 中的要素偏差（如齿距、齿廓、螺旋线等）选用相同的等级。当文件需要描述齿轮精度要求时，应注明 GB/T 10095.1—2008 或 GB/T 10095.2—2008。

表 9-15 渐开线齿轮传动精度及选用参考

精度等级	齿轮用途	齿轮圆周速度/(m/s)		工作条件
		直齿轮	斜齿轮	
0级,1级,2级（展望级）	测量齿轮,汽轮机减速器,航空发动机,金属切削机床			
3级(极精密级)		可达到 40	可达到 75	要求特别精密的或在最平衡且无噪声的特别高速下工作的齿轮传动;特别精密机械中的齿轮;特别高速传动(透平齿轮);检测 5～6 级齿轮用的测量齿轮
4级(特别精密级)		可达到 35	可达到 70	特别精密分度机构中或在最平稳且无噪声的极高速下工作的齿轮传动;特别精密分度机构中的齿轮;;高速透平传动;检测 7 级齿轮用的测量齿轮
5级(高精密级)		可达到 20	可达到 40	精密分度机构中或要求极平稳且无噪声的高速工作的齿轮传动;精密机构用齿轮;透平齿轮;测 8 级和 9 级齿轮用测量齿轮
6级(高精密级)	汽轮机减速器,航空发动机,金属切削机床,轻型汽车	可达到 16	可达到 30	要求最高效率且无噪声的调整下平稳、工作的齿轮传动或分度机构的齿轮传动;特别重要的航空、汽车齿轮;读数装置用特别精密传动的齿轮
7级(精密级)	航空发动机,金属切削机床,轻型汽车,机车,一般减速器,拖拉机	可达到 10	可达到 15	增速和减速用齿轮传动;金属切削机床送刀机构用齿轮;高速减速器用齿轮;特别重要的航空、汽车用齿轮;读数装置用齿轮
8级(中度精密级)	金属切削机床,轻型汽车,一般减速器,拖拉机,起重机	可达到 6	可达到 10	无须特别精密的一般机械制造用齿轮;包括在分度链中的机床传动齿轮;飞机、汽车制造业的不重要齿轮;起重机构用齿轮;农业机械中的重要齿轮,通用减速器齿轮

续表

精度等级	齿轮用途	齿轮圆周速度/(m/s)		工作条件
		直齿轮	斜齿轮	
9级(较低精密级)	一般减速器,拖拉机,起重机,矿山绞车,农机	可达到2	可达到4	用于粗糙工作的齿轮
10级(低精密级)	拖拉机,起重机,矿山绞车,农机	小于2	小于4	
11级(低精密级)	农机			
12级(低精密级)				

动力齿轮传动的最大圆周速度见表9-16。

表9-16 动力齿轮传动的最大圆周速度 m/s

精度等级	圆柱齿轮传动		锥齿轮传动[①]	
	直齿	斜齿	直齿	曲线齿
5级和以上	≥15	≥30	≥12	≥20
6级	<15	<30	<12	<20
7级	<10	<15	<8	<10
8级	<6	<10	<4	<7
9级	<2	<4	<1.5	<3

① 锥齿轮传动的圆周速度按平均直径计算。

(2) 圆柱齿轮传动的检验组

根据GB/T 10095.1—2008和GB/T 10095.2—2008两项标准，齿轮的检验组可分为单项检验和综合检验，综合检验又分为单面啮合综合检验和双面啮合综合检验（表9-17）。

径向跳动的检验是结合企业贯彻旧标准的经验和我国齿轮生产的现状，建议在单项检验中增加的检验项目。

当采用单面啮合综合检验时，采购方与供货方应就测量元件（齿轮或齿轮测头或蜗杆）的选用、设计、精度等级、偏差的读取及检验费用等达成协议。

当采用双面啮合综合检验时，采购方与供货方应就测量设计、齿宽、精度等级和公差的确定达成协议。

表9-17 齿轮传动的检验项目

单项检验项目	综合检验项目	
	单面啮合综合检验	双面啮合综合检验
齿距偏差 f_{pt}、F_{pk}、F_p	切向综合偏差 F_i'	径向综合偏差 F_i''
齿廓总偏差 F_α	一齿切向综合偏差 f_i'	一齿径向综合偏差 f_i''
螺旋线总偏差 F_β		
齿厚偏差		
径向跳动		

GB/T 10095.1—2008或GB/T 10095.2—2008标准没有如GB/T 10095.1—1988和GB/T 10095.2—1988标准那样规定齿轮的检验组，根据企业贯彻1988标准的技术成果、目前齿轮生产的技术与质量控制水平，建议供货方根据齿轮的使用要求、生产批量，在下述建议的检验组中选取一个检验组评定齿轮质量。

① f_{pt}、F_α、F_β、F_r。

② F_{pk}、f_{pt}、F_p、F_α、F_β、F_r。

③ F_i''、f_i''。

④ f_{pt}、F_r。

⑤ F_i'、f_i'(有协议要求时)。

推荐的齿轮检验组见表 9-18。

表 9-18 推荐的齿轮检验组(仅供参考)

检验组	检验项目	适用等级	测量仪器
1	F_p、F_α、F_β、F_r、E_{an}或E_{bn}	3～9	齿距仪、齿形仪、齿向仪、摆差测定仪,齿厚卡尺或公法线千分尺
2	F_p、F_{pk}、F_α、F_β、F_r、E_{an}或E_{bn}	3～9	齿距仪、齿形仪、齿向仪、摆差测定仪,齿厚卡尺或公法线千分尺
3	F_p、F_{pk}、F_α、F_β、F_r、E_{an}或E_{bn}	3～9	齿距仪、齿形仪、齿向仪、摆差测定仪,齿厚卡尺或公法线千分尺
4	F_i''、f_i''、E_{an}或E_{bn}	6～9	双面啮合测量仪,齿厚卡尺或公法线千分尺
5	F_{pt}、F_r、E_{an}或E_{bn}	10～12	齿距仪、摆差测定仪,齿厚卡尺或公法线千分尺
6	F_i''、f_i''、F_β、E_{an}或E_{bn}	3～6	单齿仪、齿向仪,齿厚卡尺或公法线千分尺

(3) 圆柱齿轮精度数值表

圆柱齿轮精度数值见表 9-19～表 9-34。

表 9-19 单个齿距偏差 $\pm f_{pt}$ (GB/T 10095.1—2008) μm

分度圆直径 d/mm	模数 m/mm	精度等级												
		0	1	2	3	4	5	6	7	8	9	10	11	12
5≤d≤20	0.5≤m≤2	0.8	1.2	1.7	2.3	3.3	4.7	6.5	9.5	13.0	19.0	26.0	37.0	53.0
	2<m≤3.5	0.9	1.3	1.8	2.6	3.7	5.0	7.5	10.0	15.0	21.0	29.0	41.0	59.0
20<d≤50	0.5≤m≤2	0.9	1.2	1.8	2.5	3.5	5.0	7.0	10.0	14.0	20.0	28.0	40.0	56.0
	2<m≤3.5	1.0	1.4	1.9	2.7	3.9	5.5	7.5	11.0	15.0	22.0	31.0	44.0	62.0
	3.5<m≤6	1.1	1.5	2.1	3.0	4.3	6.0	8.5	12.0	17.0	24.0	34.0	48.0	68.0
	6<m≤10	1.0	1.7	2.5	3.5	4.9	7.0	10.0	14.0	20.0	28.0	40.0	56.0	79.0
50<d≤125	0.5≤m≤2	0.9	1.3	1.9	2.7	3.8	5.5	7.5	11.0	15.0	21.0	30.0	43.0	61.0
	2<m≤3.5	1.0	1.5	2.1	2.9	4.1	6.0	8.5	12.0	17.0	23.0	33.0	47.0	66.0
	3.5<m≤6	1.1	1.6	2.3	3.2	4.6	6.5	9.0	13.0	18.0	26.0	36.0	52.0	73.0
	6<m≤10	1.3	1.8	2.6	3.7	5.0	7.5	10.0	15.0	21.0	30.0	42.0	59.0	84.0
	10<m≤16	1.6	2.2	3.1	4.4	6.5	9.0	13.0	18.0	25.0	35.0	50.0	71.0	100.0
	16<m≤25	2.0	2.8	3.9	5.5	8.0	11.0	16.0	22.0	31.0	44.0	63.0	89.0	125.0
125<d≤280	0.5≤m≤2	1.1	1.5	2.1	3.0	4.2	6.0	8.5	12.0	17.0	24.0	34.0	48.0	67.0
	2<m≤3.5	1.1	1.6	2.3	3.2	4.6	6.5	9.0	13.0	18.0	26.0	36.0	51.0	73.0
	3.5<m≤6	1.2	1.8	2.5	3.5	5.0	7.0	10.0	14.0	20.0	28.0	40.0	56.0	79.0
	6<m≤10	1.4	2.0	2.8	4.0	5.5	8.0	11.0	16.0	23.0	32.0	45.0	64.0	90.0
	10<m≤16	1.7	2.4	3.3	4.7	6.5	9.5	13.0	19.0	27.0	38.0	53.0	75.0	107.0
	16<m≤25	2.1	2.9	4.1	6.0	8.0	12.0	16.0	23.0	33.0	47.0	66.0	93.0	132.0
	25<m≤40	2.7	3.8	5.5	7.5	11.0	15.0	21.0	30.0	43.0	61.0	86.0	121.0	171.0
280<d≤560	0.5≤m≤2	1.2	1.7	2.4	3.3	4.7	6.5	9.5	13.0	19.0	27.0	38.0	54.0	76.0
	2<m≤3.5	1.3	1.8	2.5	3.6	5.0	7.0	10.0	14.0	20.0	29.0	41.0	57.0	81.0
	3.5<m≤6	1.4	1.9	2.7	3.9	5.5	8.0	11.0	16.0	22.0	31.0	44.0	62.0	88.0
	6<m≤10	1.5	2.2	3.1	4.4	6.0	8.5	12.0	17.0	25.0	35.0	49.0	70.0	99.0
	10<m≤16	1.8	2.5	3.6	5.0	7.0	10.0	14.0	20.0	29.0	41.0	58.0	81.0	115.0
	16<m≤25	2.2	3.1	4.4	6.0	9.0	12.0	18.0	25.0	35.0	50.0	70.0	99.0	140.0
	25<m≤40	2.8	4.0	5.5	8.0	11.0	16.0	22.0	32.0	45.0	63.0	90.0	127.0	180.0
	40<m≤70	3.9	5.5	8.0	11.0	16.0	22.0	31.0	45.0	63.0	89.0	126.0	178.0	252.0
560<d≤1000	0.5≤m≤2	1.3	1.9	2.7	3.8	5.5	7.5	11.0	15.0	21.0	30.0	43.0	61.0	86.0
	2<m≤3.5	1.4	2.0	2.9	4.0	5.5	8.0	11.0	16.0	23.0	32.0	46.0	65.0	91.0
	3.5<m≤6	1.5	2.2	3.1	4.3	6.0	8.5	12.0	17.0	24.0	35.0	49.0	69.0	98.0
	6<m≤10	1.7	2.4	3.4	4.8	7.0	9.6	14.0	19.0	27.0	38.0	54.0	77.0	109.0
	10<m≤16	2.0	2.8	3.9	5.5	8.0	11.0	16.0	22.0	31.0	44.0	63.0	89.0	125.0
	16<m≤25	2.3	3.3	4.7	6.5	9.5	13.0	19.0	27.0	38.0	53.0	75.0	106.0	150.0
	25<m≤40	3.0	4.2	6.0	8.5	12.0	17.0	24.0	34.0	40.0	67.0	95.0	134.0	190.0
	40<m≤70	4.1	6.0	8.0	12.0	16.0	23.0	33.0	46.0	65.0	93.0	131.0	185.0	262.0

续表

分度圆直径 d/mm	模数 m/mm	精度等级												
		0	1	2	3	4	5	6	7	8	9	10	11	12
1000＜d≤1600	2≤m≤3.5	1.6	2.3	3.2	4.5	6.5	9.0	13.0	18.0	26.0	36.0	51.0	72.0	103.0
	3.5＜m≤6	1.7	2.4	3.4	4.8	7.0	9.5	14.0	19.0	27.0	39.0	55.0	77.0	109.0
	6＜m≤10	1.9	2.6	3.7	5.5	7.5	11.0	15.0	21.0	30.0	42.0	60.0	85.0	120.0
	10＜m≤16	2.1	3.0	4.3	6.0	8.5	12.0	17.0	24.0	34.0	48.0	68.0	97.0	136.0
	16＜m≤25	2.5	3.6	5.0	7.0	10.0	14.0	20.0	29.0	40.0	57.0	81.0	114.0	161.0
	25＜m≤40	3.1	4.4	6.5	9.0	13.0	18.0	25.0	36.0	50.0	71.0	100.0	142.0	201.0
	40＜m≤70	4.3	6.0	8.5	12.0	17.0	24.0	34.0	48.0	68.0	97.0	137.0	193.0	273.0
1600＜d≤2500	3.5≤m≤6	1.9	2.7	3.8	5.5	7.5	11.0	15.0	21.0	30.0	43.0	61.0	86.0	122.0
	6＜m≤10	2.1	2.9	4.1	6.0	8.5	12.0	17.0	23.0	33.0	47.0	66.0	94.0	132.0
	10＜m≤16	2.3	3.3	4.7	6.5	9.5	13.0	19.0	26.0	37.0	53.0	74.0	105.0	149.0
	16＜m≤25	2.7	3.8	5.5	7.5	11.0	15.0	22.0	31.0	43.0	61.0	87.0	123.0	174.0
	25＜m≤40	3.3	4.7	6.5	9.5	13.0	19.0	27.0	38.0	53.0	75.0	107.0	151.0	213.0
	40＜m≤70	4.5	6.5	9.0	13.0	18.0	25.0	36.0	50.0	71.0	101.0	143.0	202.0	286.0
2500＜d≤4000	6≤m≤10	2.3	3.3	4.6	6.5	9.0	13.0	18.0	26.0	37.0	52.0	74.0	105.0	148.0
	10＜m≤16	2.6	3.6	5.0	7.5	10.0	15.0	21.0	29.0	41.0	58.0	82.0	116.0	165.0
	16＜m≤25	3.0	4.2	6.0	8.5	12.0	17.0	24.0	33.0	47.0	67.0	95.0	134.0	189.0
	25＜m≤40	3.6	5.0	7.0	10.0	14.0	20.0	29.0	40.0	57.0	81.0	114.0	162.0	229.0
	40＜m≤70	4.7	6.5	9.5	13.0	19.0	27.0	38.0	53.0	75.0	106.0	151.0	213.0	301.0
4000＜d≤6000	6≤m≤10	2.6	3.7	5.0	7.5	10.0	15.0	21.0	29.0	42.0	59.0	83.0	118.0	167.0
	10＜m≤16	2.9	4.0	5.5	8.0	11.0	16.0	23.0	32.0	46.0	65.0	92.0	130.0	183.0
4000＜d≤6000	16＜m≤25	3.3	4.6	6.5	9.0	13.0	18.0	26.0	37.0	52.0	74.0	104.0	147.00	208.0
	25＜m≤40	3.9	5.5	7.5	11.0	15.0	22.0	31.0	44.0	62.0	88.0	124.0	175.0	248.0
	40＜m≤70	5.0	7.0	10.0	14.0	20.0	28.0	40.0	57.0	80.0	113.0	160.0	226.0	320.0
6000＜d≤8000	10≤m≤16	3.1	4.4	6.5	9.0	13.0	18.0	25.0	36.0	50.0	71.0	101.0	142.0	201.0
	16＜m≤25	3.5	5.0	7.0	10.0	14.0	20.0	28.0	40.0	57.0	80.0	113.0	160.0	226.0
	25＜m≤40	4.1	6.0	8.5	12.0	17.0	23.0	33.0	47.0	66.0	94.0	133.0	188.0	266.0
	40＜m≤70	5.5	7.5	11.0	15.0	21.0	30.0	42.0	60.0	84.0	119.0	169.0	239.0	338.0
8000＜d≤10000	10≤m≤16	3.4	4.8	7.0	9.5	14.0	19.0	27.0	38.0	54.0	77.0	108.0	153.0	217.0
	16＜m≤25	3.8	5.5	7.5	11.0	15.0	21.0	30.0	43.0	60.0	85.0	121.0	171.0	242.0
	25≤m≤40	4.4	6.0	9.0	12.0	18.0	25.0	35.0	50.0	70.0	99.0	140.0	199.0	281.0
	40≤m≤70	5.5	8.0	11.0	16.0	22.0	31.0	44.0	62.0	88.0	125.0	177.0	250.0	353.0

表 9-20　齿距累积总偏差 F_P（GB/T 10095.1—2008） μm

分度圆直径 d/mm	模数 m/mm	精度等级												
		0	1	2	3	4	5	6	7	8	9	10	11	12
5≤d≤20	0.5≤m≤2	2.0	2.8	4.0	5.5	8.0	11.0	16.0	23.0	32.0	45.0	64.0	90.0	127.0
	2＜m≤3.5	2.1	2.9	4.2	6.0	8.5	12.0	17.0	23.0	33.0	47.0	66.0	94.0	133.0
20＜d≤50	0.5≤m≤2	2.5	3.6	5.0	7.0	10.0	14.0	20.0	29.0	41.0	57.0	81.0	115.0	162.0
	2＜m≤3.5	2.6	3.7	5.0	7.5	10.0	15.0	21.0	30.0	42.0	59.0	84.0	119.0	168.0
	3.5＜m≤6	2.7	3.9	5.5	7.5	11.0	15.0	22.0	31.0	44.0	62.0	87.0	123.0	174.0
	6＜m≤10	2.9	4.1	6.0	8.0	12.0	16.0	23.0	33.0	46.0	65.0	93.0	131.0	185.0
50＜d≤125	0.5≤m≤2	3.3	4.6	6.5	9.0	13.0	18.0	26.0	37.0	52.0	74.0	104.0	147.0	208.0
	2＜m≤3.5	3.3	4.7	6.5	9.5	13.0	19.0	27.0	38.0	53.0	76.0	107.0	151.0	214.0
	3.5＜m≤6	3.4	4.9	7.0	9.5	14.0	19.0	28.0	39.0	55.0	78.0	110.0	156.0	220.0
	6＜m≤10	3.6	5.0	7.0	10.0	14.0	20.0	29.0	41.0	58.0	82.0	116.0	164.0	231.0
	10＜m≤16	3.9	5.5	7.5	11.0	15.0	22.0	31.0	44.0	62.0	88.0	124.0	175.0	248.0
	16＜m≤25	4.3	6.0	8.5	12.0	17.0	24.0	34.0	48.0	68.0	96.0	136.0	193.0	273.0
125＜d≤280	0.5≤m≤2	4.3	6.0	8.5	12.0	17.0	24.0	35.0	49.0	69.0	98.0	138.0	195.0	276.0
	2＜m≤3.5	4.4	6.0	9.0	12.0	18.0	25.0	35.0	50.0	70.0	100.0	141.0	199.0	282.0
	3.5＜m≤6	4.5	6.5	9.0	13.0	18.0	25.0	36.0	51.0	72.0	102.0	144.0	204.0	288.0
	6＜m≤10	4.7	6.5	9.5	13.0	190	26.0	37.0	53.0	75.0	106.0	149.0	211.0	299.0

续表

分度圆直径 d/mm	模数 m/mm	精度等级												
		0	1	2	3	4	5	6	7	8	9	10	11	12
$125<d\leqslant280$	$10<m\leqslant16$	4.9	7.0	10.0	14.0	20.0	28.0	39.0	56.0	79.0	112.0	158.0	223.0	316.0
	$16<m\leqslant25$	5.5	7.5	11.0	15.0	21.0	30.0	43.0	60.0	85.0	120.0	170.0	241.0	341.0
	$25<m\leqslant40$	6.0	8.5	12.0	17.0	24.0	34.0	47.0	67.0	95.0	134.0	190.0	269.0	380.0
$280<d\leqslant560$	$0.5\leqslant m\leqslant2$	5.5	8.0	11.0	16.0	23.0	32.0	46.0	64.0	91.0	129.0	182.0	257.0	364.0
	$2<m\leqslant3.5$	6.0	8.0	12.0	16.0	23.0	33.0	46.0	65.0	92.0	131.0	185.0	261.0	370.0
	$3.5<m\leqslant6$	6.0	8.5	12.0	17.0	24.0	33.0	47.0	66.0	94.0	133.0	188.0	266.0	376.0
	$6<m\leqslant10$	6.0	8.5	12.0	17.0	24.0	34.0	48.0	68.0	97.0	137.0	193.0	274.0	387.0
	$10<m\leqslant16$	6.5	9.0	13.0	18.0	25.0	36.0	50.0	71.0	101.0	143.0	202.0	285.0	404.0
	$16<m\leqslant25$	6.5	9.5	13.0	19.0	27.0	38.0	54.0	76.0	107.0	151.0	214.0	303.0	428.0
	$25<m\leqslant40$	7.5	10.0	15.0	21.0	29.0	41.0	58.0	83.0	118.0	165.0	234.0	331.0	468.0
	$40<m\leqslant70$	8.5	12.0	17.0	24.0	34.0	48.0	68.0	95.0	135.0	191.0	270.0	382.0	540.0
$560<d\leqslant1000$	$0.5\leqslant m\leqslant2$	7.5	10.0	15.0	21.0	29.0	41.0	59.0	83.0	117.0	166.0	235.0	332.0	469.0
	$2<m\leqslant3.5$	7.5	10.0	15.0	21.0	30.0	42.0	59.0	84.0	119.0	168.0	238.0	336.0	475.0
	$3.5<m\leqslant6$	7.5	11.0	15.0	21.0	30.0	43.0	60.0	85.0	120.0	170.0	241.0	341.0	482.0
	$6<m\leqslant10$	7.5	11.0	15.0	22.0	31.0	44.0	62.0	87.0	123.0	174.0	246.0	348.0	492.0
	$10<m\leqslant16$	8.0	11.0	16.0	22.0	32.0	45.0	64.0	90.0	127.0	180.0	254.0	360.0	509.0
	$16<m\leqslant25$	8.5	12.0	17.0	24.0	33.0	47.0	67.0	94.0	133.0	189.0	267.0	378.0	534.0
	$25<m\leqslant40$	9.0	13.0	18.0	25.0	36.0	51.0	72.0	101.0	143.0	203.0	287.0	405.0	573.0
	$40<m\leqslant70$	10.0	14.0	20.0	29.0	40.0	57.0	81.0	114.0	161.0	228.0	323.0	457.0	646.0
$1000<d\leqslant1600$	$2\leqslant m\leqslant3.5$	9.0	13.0	18.0	26.0	37.0	52.0	74.0	105.0	148.0	209.0	296.0	418.0	591.0
	$3.5<m\leqslant6$	9.5	13.0	19.0	26.0	37.0	53.0	75.0	106.0	149.0	211.0	299.0	423.0	598.0
	$6<m\leqslant10$	9.5	13.0	19.0	27.0	38.0	54.0	76.0	108.0	152.0	215.0	304.0	430.0	608.0
	$10<m\leqslant16$	10.0	14.0	20.0	28.0	39.0	55.0	78.0	111.0	156.0	221.0	313.0	442.0	625.0
	$16<m\leqslant25$	10.0	14.0	20.0	29.0	41.0	57.0	81.0	115.0	163.0	230.0	325.0	460.0	650.0
	$25<m\leqslant40$	11.0	15.0	22.0	30.0	43.0	61.0	86.0	122.0	172.0	244.0	345.0	488.0	690.0
	$40<m\leqslant70$	12.0	17.0	24.0	34.0	48.0	67.0	95.0	135.0	190.0	269.0	381.0	539.0	762.0
$1600<d\leqslant2500$	$3.5\leqslant m\leqslant6$	11.0	16.0	23.0	32.0	45.0	64.0	91.0	129.0	182.0	257.0	364.0	514.0	727.0
	$6<m\leqslant10$	12.0	16.0	23.0	33.0	46.0	65.0	92.0	130.0	184.0	261.0	369.0	522.0	738.0
	$10<m\leqslant16$	12.0	17.0	24.0	33.0	470	67.0	94.0	133.0	189.0	267.0	377.0	534.0	755.0
	$16<m\leqslant25$	12.0	17.0	24.0	34.0	49.0	69.0	97.0	138.0	195.0	276.0	390.0	550.0	780.0
	$25<m\leqslant40$	13.0	18.0	26.0	36.0	51.0	72.0	102.0	145.0	205.0	290.0	409.0	579.0	819.0
	$40<m\leqslant70$	14.0	20.0	28.0	39.0	56.0	79.0	111.0	158.0	223.0	315.0	446.0	603.0	891.0
$2500<d\leqslant4000$	$6\leqslant m\leqslant10$	14.0	20.0	28.0	40.0	56.0	80.0	113.0	159.0	225.0	318.0	450.0	637.0	901.0
	$10<m\leqslant16$	14.0	20.0	29.0	41.0	57.0	81.0	115.0	162.0	229.0	324.0	459.0	649.0	917.0
	$16<m\leqslant25$	15.0	21.0	29.0	42.0	59.0	83.0	118.0	167.0	236.0	333.0	471.0	666.0	942.0
	$25<m\leqslant40$	15.0	22.0	31.0	43.0	61.0	87.0	123.0	174.0	245.0	347.0	491.0	694.0	982.0
	$40<m\leqslant70$	16.0	23.0	33.0	47.0	66.0	93.0	132.0	186.0	264.0	373.0	525.0	745.0	1054.0
$4000<d\leqslant6000$	$6\leqslant m\leqslant10$	17.0	24.0	34.0	48.0	68.0	97.0	137.0	194.0	274.0	387.0	548.0	775.0	1095.0
	$10<m\leqslant16$	17.0	25.0	35.0	49.0	69.0	98.0	139.0	197.0	278.0	393.0	556.0	786.0	1112.0
	$16<m\leqslant25$	18.0	25.0	36.0	50.0	71.0	100.0	142.0	201.0	284.0	402.0	568.0	804.0	1137.0
	$25<m\leqslant40$	18.0	26.0	37.0	52.0	74.0	104.0	147.0	208.0	294.0	416.0	588.0	832.0	1176.0
	$40<m\leqslant70$	20.0	28.0	39.0	55.0	78.0	110.0	156.0	221.0	312.0	441.0	624.0	883.0	1249.0
$6000<d\leqslant8000$	$10<m\leqslant16$	20.0	29.0	41.0	57.0	81.0	115.0	162.0	230.0	325.0	459.0	650.0	919.0	1299.0
	$16<m\leqslant25$	21.0	29.0	41.0	59.0	83.0	117.0	166.0	234.0	331.0	468.0	662.0	936.0	1324.0
	$25<m\leqslant40$	21.0	30.0	43.0	60.0	85.0	121.0	170.0	241.0	341.0	482.0	682.0	964.0	1364.0
	$40<m\leqslant70$	22.0	32.0	45.0	63.0	90.0	127.0	179.0	254.0	359.0	508.0	718.0	1015.0	1436.0
$8000<d\leqslant10000$	$10<m\leqslant16$	23.0	32.0	46.0	65.0	91.0	129.0	182.0	258.0	365.0	516.0	730.0	1032.0	1460.0
	$16<m\leqslant25$	23.0	33.0	46.0	66.0	93.0	131.0	182.0	262.0	371.0	525.00	742.0	1050.0	1485.0
	$25<m\leqslant40$	24.0	34.0	48.0	67.0	95.0	135.0	191.0	269.0	381.0	539.0	762.0	1078.0	1524.0
	$40<m\leqslant70$	25.0	35.0	50.0	71.0	100.0	141.0	200.0	282.0	399.0	564.0	798.0	1129.0	1596.0

表 9-21 齿廓总偏差 F_{α}（GB/T 10095.1—2008） μm

分度圆直径 d/mm	模数 m/mm	精度等级												
		0	1	2	3	4	5	6	7	8	9	10	11	12
$5 \leqslant d \leqslant 20$	$0.5 \leqslant m \leqslant 2$	0.8	1.1	1.6	2.3	3.2	4.6	6.5	9.0	13.0	18.0	26.0	37.0	52.0
	$2 < m \leqslant 3.5$	1.2	1.7	2.3	3.3	4.7	6.5	9.5	13.0	19.0	26.0	37.0	53.0	75.0
$20 < d \leqslant 50$	$0.5 \leqslant m \leqslant 2$	0.9	1.3	1.8	2.6	3.6	5.0	7.5	10.0	15.0	210	29.0	41.0	58.0
	$2 < m \leqslant 3.5$	1.3	1.8	2.5	3.6	5.0	7.0	10.0	14.0	20.0	29.0	40.0	57.0	81.0
	$3.5 < m \leqslant 6$	1.6	2.2	3.1	4.4	6.0	9.0	12.0	18.0	25.0	35.0	50.0	70.0	99.0
	$6 < m \leqslant 10$	1.9	2.7	3.8	5.5	7.5	11.0	15.0	22.0	31.0	43.0	61.0	87.0	123.0
$50 < d \leqslant 125$	$0.5 \leqslant m \leqslant 2$	1.0	1.5	2.1	2.9	4.1	6.0	8.5	12.0	17.0	23.0	33.0	47.0	66.0
	$2 < m \leqslant 3.5$	1.4	2.0	2.8	3.9	5.5	8.0	11.0	16.0	22.0	31.0	44.0	63.0	89.0
	$3.5 < m \leqslant 6$	1.7	2.4	3.4	4.8	6.5	9.5	13.0	19.0	27.0	380	54.0	76.0	108.0
	$6 < m \leqslant 10$	2.0	2.9	4.1	6.0	8.0	12.0	160	23.0	33.0	46.0	65.0	92.0	131.0
	$10 < m \leqslant 16$	2.5	3.5	5.0	7.0	10.0	14.0	20.0	28.0	40.0	56.0	79.0	112.0	159.0
	$16 < m \leqslant 25$	3.0	4.2	6.0	8.5	12.0	17.0	24.0	34.0	48.0	68.0	96.0	136.0	192.0
$125 < d \leqslant 280$	$0.5 \leqslant m \leqslant 2$	1.2	1.7	2.4	3.5	4.9	7.0	10.0	14.0	20.0	28.0	39.0	55.0	78.0
	$2 < m \leqslant 3.5$	1.6	2.2	3.2	4.5	6.5	9.0	13.0	18.0	25.0	36.0	50.0	71.0	101.0
	$3.5 < m \leqslant 6$	1.9	2.6	3.7	5.5	7.5	11.0	15.0	21.0	30.0	42.0	60.0	84.0	119.0
	$6 < m \leqslant 10$	2.2	3.2	4.5	6.5	9.0	13.0	18.0	25.0	36.0	50.0	71.0	101.0	143.0
	$10 < m \leqslant 16$	2.7	3.8	5.5	7.5	11.0	15.0	21.0	30.0	43.0	60.0	85.0	120.0	171.0
	$16 < m \leqslant 25$	3.2	4.5	6.5	9.0	13.0	18.0	25.0	36.0	51.0	72.0	102.0	144.0	204.0
	$25 < m \leqslant 40$	3.8	5.5	7.5	11.0	15.0	220	31.0	43.0	61.0	87.0	123.0	174.0	246.0
$280 < d \leqslant 560$	$0.5 \leqslant m \leqslant 2$	1.5	2.1	2.9	4.1	6.0	8.5	12.0	17.0	23.0	33.0	47.0	66.0	94.0
	$2 < m \leqslant 3.5$	1.8	2.6	3.6	5.0	7.5	10.0	15.0	21.0	29.0	41.0	58.0	82.0	116.0
	$3.5 < m \leqslant 6$	2.1	3.0	4.2	6.0	8.5	12.0	17.0	24.0	34.0	48.0	67.0	95.0	135.0
	$6 < m \leqslant 10$	2.5	3.5	4.9	7.0	10.0	14.0	20.0	28.0	40.0	56.0	79.0	112.0	158.0
	$10 < m \leqslant 16$	2.9	4.1	6.0	8.0	12.0	16.0	23.0	33.0	47.0	66.0	93.0	132.0	186.0
	$16 < m \leqslant 25$	3.4	4.8	7.0	9.5	14.0	19.0	27.0	39.0	55.0	78.0	110.0	155.0	219.0
	$25 < m \leqslant 40$	4.1	6.0	8.0	12.0	16.0	23.0	33.0	46.0	65.0	92.0	131.0	185.0	261.0
	$40 < m \leqslant 70$	5.0	7.0	10.0	14.0	20.0	28.0	40.0	57.0	80.0	113.0	160.0	227.0	321.0
$560 < d \leqslant 1000$	$0.5 \leqslant m \leqslant 2$	1.8	2.5	3.5	5.0	7.0	10.0	14.0	20.0	28.0	40.0	56.0	79.0	112.0
	$2 < m \leqslant 3.5$	2.1	3.0	4.2	6.0	8.5	12.0	17.0	24.0	34.0	48.0	67.0	95.0	135.0
	$3.5 < m \leqslant 6$	2.4	3.4	4.8	7.0	9.5	14.0	19.0	27.0	38.0	54.0	77.0	109.0	154.0
	$6 < m \leqslant 10$	2.8	3.9	5.5	8.0	11.0	16.0	22.0	31.0	44.0	62.0	88.0	125.0	177.0
	$10 < m \leqslant 16$	3.2	4.5	6.5	9.0	13.0	18.0	26.0	36.0	51.0	72.0	102.0	145.0	205.0
	$16 < m \leqslant 25$	3.7	5.5	7.5	11.00	15.0	21.0	30.0	42.0	59.0	84.0	119.0	168.0	238.0
	$25 < m \leqslant 40$	4.4	6.0	8.5	12.0	17.0	25.0	35.0	49.0	70.0	99.0	140.0	198.0	280.0
	$40 < m \leqslant 70$	5.5	7.5	11.0	15.0	21.0	30.0	42.0	60.0	85.0	120.0	170.0	240.0	339.0
$1000 < d \leqslant 1600$	$2 \leqslant m \leqslant 3.5$	2.4	3.4	4.9	7.0	9.5	14.0	19.0	27.0	39.0	55.0	78.0	110.0	155.0
	$3.5 < m \leqslant 6$	2.7	3.8	5.5	7.5	11.0	15.0	22.0	31.0	43.0	61.0	87.0	123.0	174.0
	$6 < m \leqslant 10$	3.1	4.4	6.0	8.5	12.0	17.0	25.0	35.0	49.0	70.0	99.0	139.0	197.0
	$10 < m \leqslant 16$	3.5	5.0	7.0	10.0	14.0	20.0	28.0	40.0	56.0	80.0	113.0	159.0	225.0
	$16 < m \leqslant 25$	4.0	5.5	8.0	11.0	16.0	23.0	32.0	46.0	65.0	91.0	129.0	183.0	258.0
	$25 < m \leqslant 40$	4.7	6.5	9.5	13.0	19.0	27.0	38.0	53.0	75.0	106.0	150.0	212.0	300.0
	$40 < m \leqslant 70$	5.5	8.0	11.0	16.0	22.0	32.0	45.0	64.0	90.0	127.0	180.0	254.0	360.0
$1600 < d \leqslant 2500$	$3.5 \leqslant m \leqslant 6$	3.1	4.3	6.0	8.5	12.0	17.0	25.0	35.0	49.0	70.0	98.0	139.0	197.0
	$6 < m \leqslant 10$	3.4	4.9	7.0	9.5	14.0	19.0	27.0	39.0	55.0	79.0	110.0	156.0	220.0
	$10 < m \leqslant 16$	3.9	5.5	7.5	11.0	15.0	22.0	31.0	44.0	62.0	88.0	124.0	175.0	248.0
	$16 < m \leqslant 25$	4.4	6.0	9.0	12.0	18.0	25.0	35.0	50.0	70.0	99.0	141.0	199.0	281.0
	$25 < m \leqslant 40$	5.0	7.0	10.00	14.0	20.0	29.0	40.0	57.0	81.0	114.0	161.0	228.0	323.0
	$40 < m \leqslant 70$	6.0	8.5	12.0	17.0	24.0	34.0	48.0	68.0	96.0	135.0	191.0	271.0	383.0
$2500 \leqslant d \leqslant 4000$	$6 \leqslant m \leqslant 10$	3.9	5.5	8.0	11.0	16.0	22.0	31.0	44.0	62.0	88.0	124.0	176.0	249.0
	$10 < m \leqslant 16$	4.3	6.0	8.5	12.0	17.0	24.0	35.0	49.0	69.0	98.0	138.0	196.0	277.0
	$16 < m \leqslant 25$	4.8	7.0	9.5	14.0	19.0	27.0	39.0	55.0	77.0	110.0	155.0	219.0	310.0

续表

分度圆直径 d/mm	模数 m/mm	精度等级												
		0	1	2	3	4	5	6	7	8	9	10	11	12
2500≤d≤4000	25<m≤40	5.5	8.0	11.0	16.0	22.0	31.0	44.0	62.0	88.0	124.0	176.0	249.0	351.0
	40<m≤70	6.5	9.0	13.0	18.0	26.0	36.0	51.0	73.0	103.0	145.0	206.0	291.0	411.0
4000<d≤6000	6≤m≤10	4.4	6.5	9.0	13.0	18.0	25.0	35.0	50.0	71.0	100.0	141.0	200.0	283.0
	10<m≤16	4.9	7.0	9.5	14.0	19.0	27.0	39.0	55.0	78.0	110.0	155.0	220.0	311.0
	16<m≤25	5.5	7.5	11.0	15.0	22.0	30.0	43.0	61.0	86.0	122.0	172.0	243.0	344.0
	25<m≤40	6.0	8.5	12.0	17.0	24.0	34.0	48.0	68.0	96.0	136.0	193.0	273.0	386.0
	40<m≤70	7.0	10.0	14.0	20.0	28.0	39.0	56.0	79.0	111.0	158.0	223.0	315.0	445.0
6000<d≤8000	10≤m≤16	5.5	7.5	11.0	15.0	21.0	30.0	43.0	61.0	86.0	122.0	172.0	243.0	344.0
	16<m≤25	6.0	8.5	12.0	17.0	24.0	33.0	47.0	67.0	94.0	113.0	189.0	267.0	377.0
	25<m≤40	6.5	9.5	13.0	19.0	26.0	37.0	52.0	74.0	105.0	148.0	209.0	296.0	419.0
	40<m≤70	7.5	11.0	15.0	21.0	30.0	42.0	60.0	85.0	120.0	169.0	239.0	338.0	478.0
8000<d≤10000	10≤m≤16	6.0	8.0	12.0	16.0	23.0	33.0	47.0	66.0	93.0	132.0	186.0	263.0	372.0
	16<m≤25	6.5	9.0	13.0	18.0	25.0	36.0	52.0	72.0	101.0	143.0	203.0	287.0	405.0
	25<m≤40	7.0	10.0	14.0	20.0	28.0	40.0	56.0	79.0	112.0	158.0	223.0	316.0	447.0
	40<m≤70	8.0	11.0	16.0	22.0	32.0	45.0	63.0	99.0	127.0	179.0	253.0	358.0	507.0

表 9-22 螺旋线总偏差 F_β（GB/T 10095.1—2008） μm

分度圆直径 d/mm	齿宽 b/mm	精度等级												
		0	1	2	3	4	5	6	7	8	9	10	11	12
5≤d≤20	4≤b≤10	1.1	1.5	2.2	3.1	4.3	6.0	8.5	12.0	17.0	24.0	35.0	49.0	69.0
	10≤b≤20	1.2	1.7	2.4	3.4	4.9	7.0	9.5	14.0	19.0	28.0	39.0	55.0	78.0
	20≤b≤40	1.4	2.0	2.8	3.9	5.5	8.0	11.0	16.0	22.0	31.0	45.0	63.0	89.0
	40≤b≤80	1.6	2.3	3.3	4.6	5.5	9.5	13.0	19.0	26.0	37.0	52.0	74.0	105.0
20<d≤50	4≤b≤10	1.1	1.6	2.2	3.2	4.5	6.5	9.0	13.0	18.0	25.0	36.0	51.0	72.0
	10<b≤20	1.3	1.8	2.5	3.6	5.0	7.0	10.0	14.0	20.0	29.0	40.0	57.0	81.0
	20<b≤40	1.4	2.0	2.9	4.1	5.5	8.0	11.0	16.0	23.0	32.0	46.0	65.0	92.0
	40<b≤80	1.7	2.4	3.4	4.8	6.5	9.5	13.0	19.0	27.0	38.0	54.0	76.0	107.0
	80<b≤160	2.0	2.9	4.1	5.5	8.0	11.0	16.0	23.0	32.0	46.0	65.0	92.0	130.0
50<d≤125	4≤b≤10	1.2	1.7	2.4	3.3	4.7	6.5	9.5	13.0	19.0	27.0	38.0	53.0	76.0
	10<b≤20	1.3	1.9	2.6	3.7	5.5	7.5	11.0	15.0	21.0	30.0	42.0	60.0	84.0
	20<b≤40	1.5	2.1	3.0	4.2	6.0	8.5	12.0	17.0	24.0	34.0	48.0	68.0	95.0
	40<b≤80	1.7	2.5	3.5	4.9	7.0	10.0	14.0	20.0	28.0	39.0	56.0	79.0	111.0
	80<b≤160	2.1	2.9	4.2	6.0	8.5	12.0	17.0	24.0	33.0	47.0	67.0	94.0	133.0
	160<b≤250	2.5	3.5	4.9	7.0	10.0	14.0	20.0	28.0	40.0	56.0	79.0	112.0	158.0
	250<b≤400	2.9	4.1	6.0	8.0	12.0	16.0	23.0	33.0	46.0	65.0	92.0	130.0	184.0
125<d≤280	4≤b≤10	1.3	1.8	2.5	3.6	5.0	7.0	10.0	14.0	20.0	29.0	40.0	57.0	81.0
	10<b≤20	1.4	2.0	2.8	4.0	5.5	8.0	11.0	16.0	22.0	32.0	45.0	63.0	90.0
	20<b≤40	1.8	3.2	3.2	4.5	6.5	9.0	13.0	18.0	25.0	36.0	50.0	71.0	101.0
	40<b≤80	1.8	2.6	3.6	5.0	7.5	10.0	15.0	21.0	29.0	41.0	58.0	82.0	117.0
	80<b≤160	2.2	3.1	4.3	6.0	8.5	12.0	17.0	25.0	35.0	49.0	69.0	98.0	139.0
	160<b≤250	2.6	3.6	5.0	7.0	10.0	14.0	20.0	29.0	41.0	58.0	82.0	116.0	164.0
	250<b≤400	3.0	4.2	6.0	8.5	12.0	17.0	24.0	34.0	47.0	67.0	95.0	134.0	190.0
	400<b≤650	3.5	4.9	7.0	10.0	14.0	20.0	28.0	40.0	55.0	79.0	112.0	158.0	224.0
280<d≤560	10≤b≤20	1.5	2.1	3.0	4.3	6.0	8.5	12.0	17.0	24.0	34.0	48.0	68.0	97.0
	20<b≤40	1.7	2.4	3.4	4.8	6.5	9.5	13.0	19.0	27.0	38.0	54.0	76.0	108.0
	40<b≤80	1.9	2.7	3.9	6.5	7.5	11.0	15.0	22.0	31.0	44.0	62.0	87.0	124.0
	80<b≤160	2.3	3.2	4.6	6.5	9.0	13.0	18.0	26.0	36.0	62.0	73.0	103.0	146.0
	160<b≤250	2.7	3.8	5.5	7.5	11.0	15.0	21.0	30.0	43.0	60.0	85.0	121.0	171.0
	250<b≤400	3.1	4.3	6.0	8.5	12.0	17.0	25.0	35.0	49.0	70.0	98.0	139.0	197.0
	400<b≤650	3.6	5.0	7.0	10.0	14.0	20.0	29.0	41.0	58.0	82.0	115.0	163.0	231.0
	650<b≤1000	4.3	6.0	8.5	12.0	17.0	24.0	34.0	48.0	68.0	96.0	136.0	193.0	272.0

续表

分度圆直径 d/mm	齿宽 b/mm	精度等级												
		0	1	2	3	4	5	6	7	8	9	10	11	12
560<d≤1000	10≤b≤20	1.6	2.3	3.3	4.7	6.5	9.5	13.0	19.0	25.0	37.0	53.0	74.0	105.0
	20<b≤40	1.8	2.6	3.6	5.0	7.5	10.0	15.0	21.0	29.0	41.0	68.0	82.0	116.0
	40<b≤80	2.1	2.9	4.1	6.0	8.5	12.0	17.0	23.0	33.0	47.0	66.0	93.0	132.0
	80<b≤160	2.4	3.4	4.8	7.0	9.5	14.0	18.0	27.0	39.0	55.0	77.0	109.0	154.0
	160<b≤250	2.8	4.0	5.5	8.0	11.0	16.0	22.0	32.0	45.0	63.0	90.0	127.0	179.0
	250<b≤400	3.2	4.5	6.5	9.0	13.0	18.0	26.0	36.0	51.0	73.0	103.0	145.0	205.0
	400<b≤650	3.7	5.5	7.5	11.0	15.0	21.0	30.0	42.0	60.0	85.0	120.0	169.0	239.0
	650<b≤1000	4.4	6.0	9.0	12.0	18.0	25.0	35.0	50.0	70.0	99.0	140.0	199.0	281.0
100<d≤1600	20≤b≤40	2.0	2.8	3.9	5.5	8.0	11.0	16.0	23.0	31.0	44.0	63.0	89.0	126.0
	40<b≤80	22	3.1	4.4	6.0	9.0	12.0	18.0	25.0	35.0	50.0	71.0	100.0	141.0
	80<b≤160	2.6	3.6	5.0	7.0	10.0	14.0	20.0	29.0	41.0	58.0	82.0	116.0	164.0
	160<b≤250	2.9	4.2	6.0	8.5	12.0	17.0	24.0	33.0	47.0	67.0	94.0	133.0	189.0
	250<b≤400	3.4	4.7	6.5	9.5	13.0	19.0	27.0	38.0	54.0	76.0	107.0	152.0	215.0
	400<b≤650	3.9	5.5	8.0	11.0	16.0	22.0	31.0	44.0	62.0	68.0	124.0	176.0	249.0
	650<b≤1000	4.5	6.5	9.0	13.0	18.0	26.0	36.0	51.0	73.0	103.0	145.0	205.0	290.0
1600<d≤2500	20≤b≤40	2.1	3.0	4.3	6.0	8.5	12.0	17.0	24.0	34.0	48.0	68.0	96.0	136.0
	40<b≤80	2.4	3.4	4.7	6.5	9.5	13.0	19.0	27.0	38.0	54.0	76.0	107.0	152.0
	80<b≤160	2.7	3.8	5.5	7.5	11.0	15.0	22.0	31.0	43.0	61.0	87.0	123.0	174.0
	160<b≤250	3.1	4.4	6.0	9.0	12.0	18.0	25.0	35.0	50.0	70.0	99.0	141.0	199.0
	250<b≤400	3.5	5.0	7.0	10.0	14.01	20.0	28.0	40.0	56.0	80.0	112.0	159.0	235.0
	400<b≤650	4.0	5.5	8.0	11.0	16.0	23.0	32.0	46.0	65.0	92.0	130.0	183.0	259.0
	650<b≤1000	4.7	6.5	9.5	13.0	19.0	27.0	38.0	53.0	75.0	106.0	150.0	212.0	300.0
2500<d≤4000	40≤b≤80	2.6	3.6	5.0	7.5	10.0	13.0	21.0	29.0	41.0	58.0	82.0	116.0	165.0
	80<b≤160	2.9	4.1	6.0	8.5	12.0	17.0	23.0	33.0	47.0	66.0	93.0	132.0	187.0
	160<b≤250	3.3	4.7	6.5	9.5	13.0	19.0	26.0	37.0	53.0	75.0	106.0	150.0	212.0
	250<b≤400	3.7	5.5	7.5	11.0	15.0	21.0	30.0	42.0	59.0	84.0	119.0	168.0	238.0
	400<b≤650	4.3	6.0	8.5	12.0	17.0	24.0	34.0	48.0	68.0	96.0	136.0	192.0	272.0
	650<b≤1000	4.9	7.0	10.0	14.0	20.0	28.0	39.0	55.0	78.0	111.0	157.0	222.00	314.0
4000<d≤6000	80≤b≤160	3.2	4.5	6.5	9.0	13.0	18.0	25.0	36.0	51.0	72.0	101.0	143.00	203.0
	160<b≤250	3.6	5.0	7.0	10.0	14.0	20.0	28.0	40.0	57.0	80.0	114.0	161.0	228.0
	250<b≤400	4.0	5.5	8.0	11.0	16.0	22.0	32.0	45.0	63.0	90.0	127.0	179.0	253.0
	400<b≤650	4.5	6.5	9.0	13.0	18.0	25.0	36.0	51.0	72.0	102.0	144.0	203.0	288.0
	650<b≤1000	5.0	7.5	10.0	15.0	21.0	29.0	41.0	58.0	82.0	116.0	165.0	233.0	329.0
6000<d≤8000	80≤b≤160	3.4	4.8	7.0	9.5	14.0	19.0	27.0	38.0	54.0	77.0	109.0	154.0	218.0
	160<b≤250	3.8	5.5	7.5	11.0	15.0	21.0	30.0	43.0	61.0	86.0	121.0	171.0	242.0
	250<b≤400	4.2	6.0	8.5	12.0	17.0	24.0	34.0	47.0	67.0	95.0	134.0	190.0	268.0
	400<b≤650	4.7	6.5	9.5	13.0	19.0	27.0	38.0	53.0	76.0	107.0	151.0	214.0	303.0
	650<b≤1000	5.5	7.5	11.0	15.0	22.0	30.0	43.0	61.0	86.0	122.0	172.0	243.0	344.0
8000<d≤10000	80≤b≤160	3.6	5.0	7.0	10.0	14.0	20.0	29.0	41.0	58.0	81.0	115.0	163.0	230.0
	160<b≤250	4.0	5.5	8.0	11.0	16.0	23.0	32.0	45.0	64.0	90.0	128.0	181.0	255.0
	250<b≤400	4.4	6.0	9.0	12.0	18.0	25.0	35.0	50.0	70.0	99.0	141.0	199.0	281.0
	400<b≤650	4.9	7.0	10.0	14.0	20.0	28.0	39.0	56.0	79.0	112.0	158.0	223.0	315.0
	650<b≤1000	5.5	8.0	11.0	16.0	22.0	32.0	45.0	63.0	89.0	126.0	178.0	252.0	357.0

表 9-23 齿廓形状偏差 $f_{f\alpha}$（GB/T 10095.1—2008） μm

分度圆直径 d/mm	模数 m/mm	精度等级												
		0	1	2	3	4	5	6	7	8	9	10	11	12
5≤d≤20	0.5≤m≤2	0.6	0.9	1.3	1.5	2.5	3.5	5.0	7.0	10.0	14.0	20.0	28.0	40.0
	2<m≤3.5	0.9	1.3	1.8	2.6	36	5.0	7.0	10.0	14.0	20.0	29.0	41.0	58.0

续表

分度圆直径 d/mm	模数 m/mm	精度等级												
		0	1	2	3	4	5	6	7	8	9	10	11	12
20<d≤50	0.5≤m≤2	0.7	1.0	1.4	2.0	2.8	4.0	5.5	8.0	11.0	16.0	22.0	32.0	45.0
	2<m≤3.5	1.0	1.4	2.0	2.8	3.9	5.5	8.0	11.0	16.0	22.0	31.0	44.0	62.0
	3.5<m≤6	1.2	1.7	2.4	3.4	4.8	7.0	9.5	14.0	19.0	27.0	39.0	54.0	77.0
	6≤m≤10	1.5	2.1	3.0	4.2	6.0	8.5	12.0	17.0	24.0	34.0	48.0	67.0	95.0
50<d≤125	0.5≤m≤2	0.8	1.1	1.6	2.3	3.2	4.5	6.5	9.0	13.0	18.0	26.0	36.0	51.0
	2<m≤3.5	1.1	1.5	2.1	3.0	4.3	6.0	8.5	12.0	17.0	24.0	34.0	49.0	69.0
	3.5<m≤6	1.3	1.8	2.6	3.7	5.0	7.5	10.0	15.0	21.0	29.0	42.0	59.0	83.0
	6<m≤10	1.6	2.2	3.2	4.5	6.5	9.0	13.0	18.0	25.0	36.0	51.0	72.0	101.0
	10<m≤16	1.9	2.7	3.9	5.5	7.5	11.0	15.0	22.0	31.0	44.0	62.0	87.0	123.0
	16<m≤25	2.3	3.3	4.7	6.5	9.5	13.0	19.0	26.0	37.0	53.0	75.0	106.0	149.0
125<d≤280	0.5≤m≤2	0.9	1.3	1.9	2.7	3.8	5.5	7.5	11.0	15.0	21.0	30.0	43.0	60.0
	2<m≤3.5	1.2	1.7	2.4	3.4	4.9	7.0	9.5	14.0	19.0	28.0	39.0	55.0	78.0
	3.5<m≤6	1.4	2.0	2.9	4.1	6.0	8.0	12.0	16.0	23.0	33.0	46.0	65.0	93.0
	6<m≤10	1.7	2.4	3.5	4.9	7.0	10.0	14.0	20.0	28.0	39.0	55.0	78.0	111.0
	10<m≤16	2.1	2.9	4.0	6.0	8.5	12.0	17.0	23.0	33.0	47.0	66.0	94.0	133.0
	16<m≤25	2.5	3.5	5.0	7.0	10.0	14.0	20.0	28.0	40.0	56.0	79.0	112.0	158.0
	25<m≤40	3.0	4.2	6.0	8.5	12.0	17.0	24.0	34.0	48.0	68.0	96.0	135.0	191.0
280<d≤560	0.5≤m≤2	1.1	1.6	2.3	3.2	4.5	6.5	9.0	13.0	18.0	26.0	36.0	51.0	72.0
	2<m≤3.5	1.4	2.0	2.8	4.0	5.5	8.0	11.0	16.0	22.0	32.0	45.0	64.0	90.0
	3.5<m≤6	1.6	2.3	3.3	4.6	6.5	9.0	13.0	18.0	26.0	37.0	52.0	74.0	104.0
	6<m≤10	1.9	2.7	3.8	5.5	7.5	11.0	15.0	22.0	31.0	43.0	61.0	87.0	123.0
	10<m≤16	2.3	3.2	4.5	6.5	9.0	13.0	18.0	26.0	36.0	51.00	72.0	102.0	145.0
	16<m≤25	2.7	3.8	5.5	7.5	11.0	15.0	21.0	50.0	43.0	60.0	85.0	121.0	170.0
	25<m≤40	3.2	4.5	6.5	9.0	13.0	18.0	25.0	36.0	50.0	72.0	101.0	144.0	203.0
	40<m≤70	3.9	5.5	8.0	11.0	16.0	22.0	30.0	44.0	62.0	88.0	125.0	177.0	250.0
560<d≤1000	0.5≤m≤2	1.4	1.9	2.7	3.8	5.5	7.5	11.0	15.0	22.0	31.0	43.0	61.0	87.0
	2<m≤3.5	1.6	2.3	3.3	4.6	6.5	9.0	13.0	18.0	26.0	37.0	52.0	74.0	104.0
	3.5<m≤6	1.9	2.6	3.7	5.5	7.5	11.0	15.0	21.0	30.0	42.0	59.0	84.0	119.0
	6<m≤10	2.1	3.0	4.3	5.0	8.5	12.0	17.0	24.0	34.0	48.0	68.0	97.0	137.0
	10<m≤16	2.5	3.5	5.0	7.0	10.0	14.0	20.0	28.0	40.0	36.0	79.0	112.0	159.0
	16<m≤25	2.9	4.1	6.0	8.0	12.0	16.0	23.0	33.0	46.0	65.0	92.0	131.0	185.0
	25<m≤40	3.4	4.8	7.0	9.5	14.0	19.0	27.0	38.0	54.0	77.0	109.0	154.0	217.0
	40<m≤70	4.1	6.0	8.5	12.0	17.0	23.0	33.0	47.0	66.0	93.0	132.0	187.0	264.0

表 9-24 齿廓倾斜偏差 ±$f_{H\alpha}$（GB/T 10095.1—2008） μm

分度圆直径 d/mm	模数 m/mm	精度等级												
		0	1	2	3	4	5	6	7	8	9	10	11	12
5≤d≤20	0.5≤m≤2	0.5	0.7	1.0	1.5	2.1	2.9	4.2	6.0	8.5	12.0	17.0	24.0	33.0
	2<m≤3.5	0.7	1.0	1.5	2.1	3.0	4.2	6.0	8.5	12.0	17.0	24.0	34.0	47.0
20<d≤50	0.5≤m≤2	0.6	0.8	1.2	1.6	2.3	3.3	4.6	6.5	9.5	13.0	19.0	26.0	37.0
	2<m≤3.5	0.8	1.1	1.6	2.3	3.2	4.5	6.5	9.0	13.0	18.0	26.0	36.0	51.0
	3.5<m≤6	1.0	1.4	2.0	2.8	3.9	5.5	8.0	11.0	16.0	22.0	32.0	45.0	63.0
	6<m≤10	1.2	1.7	2.4	3.4	4.8	7.0	9.5	14.0	19.0	27.0	39.0	55.0	78.0
50<d≤125	0.5≤m≤2	0.7	0.9	1.3	1.9	2.6	3.7	5.5	7.5	11.0	15.0	21.0	30.0	42.0
	2<m≤3.5	0.9	1.2	1.8	2.5	3.5	5.0	7.0	10.0	14.0	20.0	28.0	40.0	57.0
	3.5<m≤6	1.1	1.5	2.1	3.0	4.3	6.0	8.5	12.0	17.0	24.0	34.0	48.0	68.0
	6<m≤10	1.3	1.8	2.6	3.7	5.0	7.5	10.0	15.0	21.0	29.0	41.0	58.0	83.0
	10<m≤16	1.6	2.2	3.1	4.4	6.5	9.0	13.0	18.0	25.0	35.0	50.0	71.0	100.0
	16<m≤25	1.9	2.7	3.8	5.5	7.5	11.0	15.0	21.0	30.0	43.0	60.0	86.0	121.0

续表

分度圆直径 d/mm	模数 m/mm	精度等级												
		0	1	2	3	4	5	6	7	8	9	10	11	12
125<d≤280	0.5≤m≤2	0.8	1.1	1.6	2.2	3.1	4.4	6.0	9.0	12.0	18.0	25.0	35.0	50.0
	2<m≤3.5	1.0	1.4	2.0	2.8	4.0	5.5	8.0	11.0	16.0	23.0	32.0	45.0	64.0
	3.5<m≤6	1.2	1.7	2.4	3.3	4.7	6.5	9.5	13.0	19.0	27.0	38.0	54.0	75.0
	6<m≤10	1.4	2.0	2.8	4.0	5.5	8.0	11.0	16.0	23.0	32.0	45.0	45.0	90.0
	10<m≤16	1.7	2.4	3.4	4.8	6.5	9.5	13.0	19.0	27.0	38.0	54.0	76.0	108.0
	16<m≤25	2.0	2.8	4.0	5.5	8.0	11.0	16.0	23.0	32.0	45.0	64.0	91.0	129.0
	25<m≤40	2.4	3.4	4.8	7.0	9.5	14.0	19.0	27.0	39.0	56.0	77.0	109.0	155.0
280<d≤560	0.5≤m≤2	0.9	1.8	1.9	2.6	3.7	5.5	7.5	11.0	15.0	21.0	30.0	42.0	60.0
	2<m≤3.5	1.2	1.6	2.3	3.3	4.6	6.5	9.0	13.0	18.0	25.0	37.0	52.0	74.0
	3.5<m≤6	1.3	1.9	2.7	3.8	5.5	7.5	11.0	15.0	21.0	29.0	43.0	61.0	86.0
	6<m≤10	1.6	3.2	3.1	4.4	6.5	9.0	13.0	18.0	25.0	35.0	50.0	71.0	100.0
	10<m≤16	1.8	2.6	3.7	5.0	7.5	10.0	15.0	21.0	29.0	42.0	59.0	83.0	118.0
	16<m≤25	2.2	3.1	4.3	6.0	8.5	12.0	17.0	24.0	35.0	49.0	69.0	98.0	138.0
	25<m≤40	2.6	3.6	5.0	7.5	10.0	15.0	21.0	29.0	41.0	58.0	82.0	116.0	164.0
	40<m≤70	3.2	4.5	6.5	9.0	13.0	18.0	25.0	36.0	50.0	71.0	101.0	143.0	202.0
560<d≤1000	0.5≤m≤2	1.1	1.6	2.2	3.2	4.5	6.5	9.0	13.0	18.0	25.0	36.0	51.0	72.0
	2<m≤3.5	1.3	1.9	2.7	3.8	5.5	7.5	11.0	15.0	21.0	30.0	43.0	61.0	86.0
	3.5<m≤6	1.5	2.2	3.0	4.3	6.0	8.5	12.0	17.0	24.0	34.0	49.0	69.0	97.0
	6<m≤10	1.7	2.5	3.5	4.9	7.0	10.0	14.0	20.0	28.0	40.0	56.0	79.0	112.0
	10<m≤16	2.0	2.9	4.0	5.5	8.0	11.0	16.0	23.0	32.0	46.0	65.0	92.0	129.0
	16<m≤25	2.3	3.3	4.7	6.5	9.5	13.0	19.0	27.0	38.0	53.0	75.0	106.0	150.0
	25<m≤40	2.8	3.9	5.5	8.0	11.0	16.0	22.0	31.0	44.0	62.0	88.0	125.0	176.0
	40<m≤70	3.3	4.7	6.5	9.5	13.0	19.0	27.0	38.0	53.0	76.0	107.0	151.0	214.0

表 9-25 螺旋线形状偏差 $f_{f\beta}$ 和螺旋线倾斜极限偏差 $\pm f_{H\beta}$（GB/T 10095.1—2008） μm

分度圆直径 d/mm	齿宽 b/mm	精度等级												
		0	1	2	3	4	5	6	7	8	9	10	11	12
5≤d≤20	4≤b≤10	0.8	1.1	1.5	2.2	3.1	4.4	6.0	8.5	12.0	17.0	25.0	35.0	49.0
	10≤b≤20	0.9	1.2	1.7	2.5	3.5	4.9	7.0	10.0	14.0	20.0	28.0	39.0	56.0
	20≤b≤40	1.0	1.4	2.0	2.8	4.0	5.5	8.0	11.0	16.0	22.0	32.0	45.0	64.0
	40≤b≤80	1.2	1.7	2.3	3.3	4.7	6.5	9.5	13.0	19.0	26.0	37.0	53.0	75.0
20<d≤50	4≤b≤10	0.8	1.1	1.6	2.3	3.2	4.5	6.5	9.0	13.0	18.0	26.0	36.0	51.0
	10<b≤20	0.9	1.3	1.8	2.5	3.6	5.0	7.0	10.0	14.0	20.0	29.0	41.0	58.0
	20<b≤40	1.0	1.4	2.0	2.9	4.1	6.0	8.0	12.0	16.0	23.0	33.0	46.0	65.0
	40<b≤80	1.2	1.7	2.4	3.4	4.8	7.0	9.5	14.0	19.0	27.0	38.0	54.0	77.0
	80<b≤160	1.4	2.0	2.9	4.1	6.0	8.0	12.0	16.0	23.0	33.0	46.0	65.0	93.0
50<d≤125	4≤b≤10	0.8	1.2	1.7	2.4	3.4	4.8	6.5	9.5	13.0	19.0	27.0	38.0	54.0
	10<b≤20	0.9	1.3	1.9	2.7	3.8	5.5	7.5	11.0	15.0	21.0	30.0	43.0	60.0
	20<b≤40	1.1.1	1.5	2.1	3.0	4.3	6.0	8.5	12.0	17.0	24.0	34.00	48.0	68.0
	40<b≤80	1.2	1.8	2.5	3.5	5.0	7.0	10.0	14.0	20.0	28.0	40.0	56.0	79.0
	80<b≤160	1.5	2.1	3.0	4.2	6.0	8.5	12.0	17.0	24.0	34.0	48.0	67.0	95.0
	160<b≤250	1.8	2.5	3.5	5.0	7.0	10.0	14.0	20.0	28.0	40.0	56.0	80.0	113.0
	250<b≤400	2.1	2.9	4.1	6.0	8.0	12.0	16.0	23.0	33.0	46.0	66.0	93.0	132.0
125<d≤280	4≤b≤10	0.9	1.3	1.8	2.3	3.6	5.0	7.0	10.0	14.0	20.0	29.0	41.0	58.0
	10<b≤20	1.0	1.4	2.0	2.8	4.0	5.5	8.0	11.0	16.0	23.0	32.0	45.0	64.0
	20<b≤40	1.1	1.6	2.2	3.2	4.5	6.5	9.0	13.0	18.0	25.0	36.0	51.0	72.0
	40<b≤80	1.3	1.8	2.6	3.7	5.0	7.5	10.0	15.0	21.0	29.0	42.0	59.0	83.0
	80<b≤160	1.5	2.2	3.1	4.4	6.0	8.5	12.0	17.0	25.0	35.0	49.0	70.0	99.0
	160<b≤250	1.8	2.6	3.6	5.0	7.5	10.0	15.0	21.0	29.0	41.0	58.0	83.0	117.0
	250<b≤400	2.1	3.0	4.2	6.0	8.5	12.0	17.0	24.0	34.0	48.0	68.0	96.0	135.0
	400<b≤650	2.5	3.5	5.0	7.0	10.0	14.0	20.0	28.0	40.0	56.0	80.0	113.0	160.0

续表

分度圆直径 d/mm	齿宽 b/mm	精度等级												
		0	1	2	3	4	5	6	7	8	9	10	11	12
280＜d≤560	10＜b≤20	1.1	1.5	2.2	3.0	4.3	6.0	8.5	12.0	17.0	24.0	34.0	49.0	69.0
	20＜b≤40	1.2	1.7	2.4	3.4	4.8	7.0	9.5	14.0	19.0	27.0	38.0	54.0	77.0
	40＜b≤80	1.4	1.9	2.7	3.9	5.5	8.0	11.0	16.0	22.0	31.0	44.0	62.0	88.0
	80＜b≤160	1.6	2.3	3.2	4.6	6.5	9.0	13.0	18.0	26.0	37.0	52.0	73.0	104.0
	160＜b≤250	1.9	2.7	3.8	5.5	7.6	11.0	15.0	22.0	30.0	43.0	61.0	86.0	123.0
	250＜b≤400	2.2	3.1	4.4	6.0	9.0	12.0	18.0	25.0	35.0	50.0	70.0	99.0	140.0
	400＜b≤650	2.6	3.6	5.0	7.5	10.0	15.0	21.0	29.0	41.0	58.0	82.0	116.0	165.0
	650＜b≤1000	3.0	4.3	6.0	8.5	12.0	17.0	24.0	34.0	49.0	69.0	97.0	137.0	194.0
560＜d≤1000	10＜b≤20	1.2	1.7	2.3	3.3	4.7	6.5	9.5	13.0	19.0	26.0	37.0	53.0	75.0
	20＜b≤40	1.3	1.8	2.6	3.7	5.0	7.5	10.0	15.0	21.0	29.0	41.0	58.0	83.0
	40＜b≤80	1.5	2.1	2.9	4.1	6.0	8.5	12.0	17.0	23.0	33.0	47.0	66.0	94.0
	80＜b≤160	1.7	2.4	3.4	4.9	7.0	9.5	14.0	19.0	27.0	39.0	56.0	78.0	110.0
	160＜b≤250	2.0	2.8	4.0	5.5	8.0	11.0	16.0	23.0	32.0	45.0	64.0	90.0	128.0
	250＜b≤400	2.3	3.2	4.6	6.5	9.0	13.0	18.0	26.0	37.0	52.0	73.0	103.0	146.0
	400＜b≤650	2.7	3.8	5.5	7.5	11.0	15.0	21.0	30.0	43.0	60.0	85.0	121.0	171.0
	650＜b≤1000	3.1	4.4	6.5	9.0	13.0	18.0	25.0	35.0	50.0	71.0	100.0	142.0	200.0

表 9-26　f_i'/K 的值（GB/T 10095.1—2008）　　μm

分度圆直径 d/mm	模数 m/mm	精度等级												
		0	1	2	3	4	5	6	7	8	9	10	11	12
5≤d≤20	0.5≤m≤2	2.4	3.4	4.8	7.0	9.5	14.0	19.0	27.0	38.0	54.0	77.0	109.0	154.0
	2＜m≤3.5	2.8	4.0	5.5	8.0	11.0	16.0	23.0	32.0	45.0	64.0	91.0	129.0	182.0
20＜d≤50	0.5≤m≤2	2.5	3.6	5.0	7.0	10.0	14.0	20.0	29.0	41.0	58.0	32.0	115.0	163.0
	2＜m≤3.5	3.0	4.2	6.0	8.5	12.0	17.0	24.0	34.0	48.0	68.0	96.0	135.0	191.0
	3.5＜m≤6	3.4	4.8	7.0	9.5	14.0	19.0	27.0	38.0	54.0	77.0	108.0	153.0	217.0
	6＜m≤10	3.9	5.5	8.0	11.0	16.0	32.0	31.0	44.0	63.0	89.0	125.0	177.0	251.0
50＜d≤125	0.5≤m≤2	2.7	3.9	5.5	8.0	11.0	16.0	22.0	31.0	44.0	62.0	88.0	124.0	176.0
	2＜m≤3.5	3.2	4.5	6.5	9.0	13.0	18.0	25.0	36.0	51.0	72.0	102.0	144.0	204.0
	3.5＜m≤6	3.6	5.0	7.0	10.0	14.0	20.0	29.0	40.0	57.0	81.0	115.0	162.0	229.0
	6＜m≤10	4.1	6.0	8.0	12.0	16.0	23.0	33.0	47.0	66.0	93.0	132.0	186.0	263.0
	10＜m≤16	4.8	7.0	9.5	14.0	19.0	27.0	38.0	54.0	77.0	109.0	154.0	218.0	308.0
	16＜m≤25	5.5	8.0	11.0	16.0	23.0	32.0	46.0	65.0	91.0	129.0	183.0	259.0	366.0
125＜d≤280	0.5≤m≤2	3.0	4.3	6.0	8.5	12.0	17.0	24.0	34.0	49.0	59.0	97.0	137.0	194.0
	2＜m≤3.5	3.5	4.9	7.0	10.0	14.0	20.0	28.0	39.0	56.0	79.0	111.0	159.0	222.0
	3.5＜m≤6	3.9	5.5	7.5	11.0	15.0	22.0	31.0	44.0	62.0	88.0	124.0	175.0	247.0
	6＜m≤10	4.4	6.0	9.0	12.0	18.0	25.0	35.0	50.0	70.0	100.0	141.0	199.0	281.0
	10＜m≤16	5.0	7.0	10.0	14.0	20.0	29.0	41.0	58.0	82.0	115.0	163.0	231.0	326.0
	16＜m≤25	6.0	8.5	12.0	17.0	24.0	34.0	48.0	68.0	96.0	136.0	198.0	272.0	384.0
	25＜m≤40	7.3	10.0	15.0	21.0	29.0	41.0	58.0	82.0	116.0	165.0	233.0	329.0	465.0
280＜d≤560	0.5≤m≤2	3.4	4.8	7.0	9.5	14.0	19.0	27.0	39.0	54.0	77.0	108.0	154.0	218.0
	2＜m≤3.5	3.8	5.5	7.5	11.0	15.0	22.0	31.0	44.0	62.0	87.0	123.0	174.0	246.0
	3.5＜m≤6	4.2	6.0	8.5	12.0	17.0	24.0	34.0	48.0	68.0	96.0	136.0	192.0	271.0
	6＜m≤10	4.8	6.5	9.5	18.0	19.0	27.0	38.0	54.0	76.0	108.0	153.0	216.0	305.0
	10＜m≤16	5.5	7.5	11.0	16.0	22.0	31.0	44.0	62.0	88.0	124.0	175.0	248.0	350.0
	16＜m≤25	6.5	9.0	13.0	18.0	26.0	36.0	51.0	72.0	102.00	144.0	204.0	289.0	408.0
	25＜m≤40	7.5	11.0	15.0	22.0	31.0	43.0	61.0	86.0	122.0	173.0	245.0	346.0	469.0
	40＜m≤70	9.5	14.0	19.0	27.0	39.0	55.0	78.0	110.0	155.0	220.0	311.0	439.0	621.0
560＜d≤1000	0.5≤m≤2	3.9	5.5	7.5	11.0	15.0	22.0	31.0	44.0	62.0	87.0	123.0	174.0	247.0
	2＜m≤3.5	4.3	6.0	8.5	12.0	17.0	24.0	34.0	49.0	69.0	97.0	137.0	194.0	275.0
	3.5＜m≤6	4.7	6.5	9.5	13.0	19.0	27.0	38.0	53.0	75.0	106.0	150.0	212.0	300.0
	6＜m≤10	5.0	7.5	10.0	15.0	21.0	30.0	42.0	59.0	84.0	118.0	167.0	236.0	334.0

续表

分度圆直径 d/mm	模数 m/mm	精度等级												
		0	1	2	3	4	5	6	7	8	9	10	11	12
$560<d\leqslant1000$	$10<m\leqslant16$	6.0	8.5	12.0	17.0	24.0	33.0	47.0	67.0	95.0	134.0	189.0	268.0	379.0
	$16<m\leqslant25$	7.0	9.5	14.0	19.0	27.0	39.0	55.0	77.0	109.0	154.0	218.0	306.0	437.0
	$25<m\leqslant40$	6.0	11.0	16.0	23.0	32.0	46.0	65.0	92.0	129.0	183.0	259.0	366.0	518.0
	$40<m\leqslant70$	10.0	14.0	20.0	29.0	41.0	57.0	81.0	115.0	163.0	230.0	325.0	460.0	650.0
$1000<d\leqslant1600$	$2\leqslant m\leqslant3.5$	4.8	7.0	9.5	14.0	19.0	27.0	38.0	54.0	77.0	108.0	153.0	217.0	307.0
	$3.5<m\leqslant6$	5.0	7.5	10.0	15.0	21.0	29.0	41.0	59.0	83.0	117.0	166.0	235.0	332.0
	$6<m\leqslant10$	5.5	8.0	11.0	16.0	23.0	32.0	46.0	65.0	91.0	129.0	183.0	259.0	366.0
	$10<m\leqslant16$	6.5	9.0	13.0	18.0	26.0	36.0	51.0	73.0	103.0	145.0	205.0	290.0	410.0
	$16<m\leqslant25$	7.5	10.0	15.0	21.0	29.0	41.0	59.0	83.0	117.0	166.0	234.0	331.0	468.0
	$25<m\leqslant40$	8.5	12.0	17.0	24.0	34.0	49.0	69.0	97.0	137.0	194.0	275.0	389.0	550.0
	$40<m\leqslant70$	11.0	15.0	21.0	30.0	43.0	60.0	85.0	120.0	170.0	241.0	341.0	482.0	682.0
$1600<d\leqslant2500$	$3.5\leqslant m\leqslant6$	5.5	8.0	11.0	16.0	23.0	32.0	46.0	65.0	92.0	130.0	183.0	259.0	367.0
	$6<m\leqslant10$	6.5	9.0	13.0	18.0	25.0	35.0	50.0	71.0	100.0	142.0	200.0	283.0	401.0
	$10<m\leqslant16$	7.0	10.0	14.0	20.0	28.0	39.0	56.0	79.0	111.0	158.0	223.0	315.0	446.0
	$16<m\leqslant25$	8.0	11.0	16.0	22.0	31.0	45.0	63.0	89.0	126.0	178.0	252.0	356.0	504.0
	$25<m\leqslant40$	9.0	13.0	18.0	26.0	37.0	52.0	73.0	103.0	146.0	207.0	292.0	413.0	585.0
	$40<m\leqslant70$	11.0	16.0	22.0	32.0	45.0	63.0	90.0	127.0	179.0	253.0	358.0	507.0	717.0
$2500<d\leqslant4000$	$6\leqslant m\leqslant10$	7.0	10.0	14.0	20.0	28.0	39.0	56.0	79.0	111.0	157.0	223.0	315.0	445.0
	$10<m\leqslant16$	7.5	11.0	15.0	22.0	31.0	43.0	61.0	87.0	122.0	173.0	245.0	346.0	490.0
	$16<m\leqslant25$	8.5	12.0	17.0	24.0	34.0	48.0	68.0	97.0	137.0	154.0	274.0	387.0	548.0
	$25<m\leqslant40$	10.0	14.0	20.0	28.0	35.0	56.0	79.0	111.0	157.0	222.0	315.0	445.0	629.0
	$40<m\leqslant70$	12.0	17.0	24.0	34.0	48.0	67.0	95.0	135.0	190.0	268.0	381.0	538.0	761.0
$4000<d\leqslant6000$	$6\leqslant m\leqslant10$	8.0	11.0	16.0	22.0	31.0	44.0	62.0	88.0	125.0	176.0	249.0	352.0	498.0
	$10<m\leqslant16$	8.5	12.0	17.0	24.0	34.0	48.0	68.0	96.0	136.0	192.0	271.0	384.0	543.0
	$16<m\leqslant25$	9.5	13.0	19.0	27.0	38.0	53.0	75.0	106.0	150.0	212.0	300.0	426.0	601.0
	$25<m\leqslant40$	11.0	15.0	21.0	30.0	43.0	60.0	85.0	121.0	170.0	241.0	341.0	482.0	682.0
	$40<m\leqslant70$	13.0	18.0	35.0	36.0	51.0	72.0	102.0	144.0	204.0	288.0	407.0	576.0	814.0
$6000<d\leqslant8000$	$10\leqslant m\leqslant16$	9.5	13.0	19.0	26.0	37.0	52.0	74.0	105.0	148.0	210.0	297.0	420.0	594.0
	$16<m\leqslant25$	10.0	14.0	20.0	29.0	41.0	58.0	81.0	115.0	163.0	230.0	326.0	461.0	652.0
	$25<m\leqslant40$	11.0	16.0	23.0	32.0	46.0	65.0	92.0	130.0	183.0	259.0	356.0	518.0	733.0
	$40<m\leqslant70$	14.0	19.0	27.0	38.0	54.0	76.0	108.0	153.0	216.0	306.0	432.0	612.0	865.0
$8000<d\leqslant10000$	$10\leqslant m\leqslant16$	10.0	14.0	20.0	28.0	40.0	55.0	80.0	113.0	159.0	225.0	319.0	451.0	537.0
	$16<m\leqslant25$	11.0	15.0	22.0	31.0	43.0	61.0	87.0	123.0	174.0	246.0	348.0	492.0	695.0
	$25<m\leqslant40$	12.0	17.0	24.0	34.0	49.0	69.0	97.0	137.0	194.0	275.0	388.0	549.0	777.0
	$40<m\leqslant70$	14.0	20.0	28.0	40.0	57.0	80.0	114.0	161.0	227.0	321.0	454.0	642.0	909.0

表 9-27 径向跳动公差 F_r（GB/T 10095.1—2008） μm

分度圆直径 d/mm	法向模数 m_n/mm	精度等级												
		0	1	2	3	4	5	6	7	8	9	10	11	12
$5\leqslant d\leqslant20$	$0.5\leqslant m_n\leqslant2$	1.5	2.5	3.0	4.5	6.5	9.0	13	18	25	36	51	72	102
	$2<m_n\leqslant3.5$	1.5	2.5	3.5	4.5	6.5	9.5	13	19	27	38	53	75	106
$20<d\leqslant50$	$0.5\leqslant m_n\leqslant2$	2.0	3.0	4.0	5.5	8.0	11	16	23	32	46	65	92	130
	$2<m_n\leqslant3.5$	2.0	3.0	4.0	6.0	8.5	12	17	24	34	47	67	95	134
	$3.5<m_n\leqslant6.0$	2.0	3.0	4.5	6.0	8.5	12	17	25	35	49	70	99	139
	$6.0<m_n\leqslant10$	2.5	3.5	4.5	6.5	9.5	13	19	26	37	52	74	105	148
$50<d\leqslant125$	$0.5\leqslant m_n\leqslant2$	2.5	3.5	5.0	7.5	10	15	21	29	42	59	83	116	167
	$2<m_n\leqslant3.5$	2.5	4.0	5.5	7.5	11	15	21	30	43	61	86	121	171
	$3.5<m_n\leqslant6.0$	3.0	4.0	5.5	8.0	11	16	22	31	44	62	88	125	176
	$6.0<m_n\leqslant10$	3.0	4.0	6.0	8.0	12	16	23	33	46	65	92	131	185
	$10<m_n\leqslant16$	3.0	4.5	6.0	9.0	12	18	25	35	50	70	99	140	198
	$16<m_n\leqslant25$	3.5	5.0	7.0	9.5	14	19	27	39	55	77	109	154	218

续表

分度圆直径 d/mm	法向模数 m_n/mm	精度等级												
		0	1	2	3	4	5	6	7	8	9	10	11	12
$125<d\leqslant 280$	$0.5\leqslant m_n\leqslant 2$	3.5	5.0	7.0	10	14	20	28	39	55	78	110	156	221
	$2<m_n\leqslant 3.5$	3.5	5.0	7.0	10	14	20	28	40	56	80	113	159	225
	$3.5<m_n\leqslant 6.0$	3.5	5.0	7.0	10	14	20	29	41	58	82	115	163	231
	$6.0<m_n\leqslant 10$	3.5	5.5	7.5	11	15	21	30	42	60	85	120	169	239
	$10<m_n\leqslant 16$	4.0	5.5	8.0	11	16	22	32	45	63	89	126	179	252
	$16<m_n\leqslant 25$	4.5	6.0	8.5	12	17	24	34	48	68	96	136	193	272
	$25<m_n\leqslant 40$	4.5	6.5	9.5	13	19	27	36	54	76	107	152	215	304
$280<d\leqslant 560$	$0.5\leqslant m_n\leqslant 2$	4.5	6.5	9.0	13	18	26	36	51	73	103	146	206	291
	$2<m_n\leqslant 3.5$	4.5	6.5	9.0	13	18	26	37	52	74	105	148	209	296
	$3.5<m_n\leqslant 6.0$	4.5	6.5	9.5	13	19	27	38	53	75	106	150	213	301
	$6.0<m_n\leqslant 10$	5.0	7.0	9.5	14	19	27	39	55	77	109	155	219	310
	$10<m_n\leqslant 16$	5.0	7.0	10	14	20	29	40	57	81	114	161	228	323
	$16<m_n\leqslant 25$	5.5	7.5	11	15	21	30	43	61	86	121	171	242	343
	$25<m_n\leqslant 40$	6.0	8.5	12	17	23	33	47	66	94	132	187	265	374
	$40<m_n\leqslant 70$	7.0	9.5	14	19	27	38	54	76	108	153	216	306	432
$560<d\leqslant 1000$	$0.5\leqslant m_n\leqslant 2$	6.0	8.5	12	17	23	33	47	66	94	133	188	266	376
	$2<m_n\leqslant 3.5$	6.0	8.5	12	17	24	34	48	67	95	134	190	269	380
	$3.5<m_n\leqslant 6.0$	6.0	8.5	12	17	24	34	48	68	96	136	193	272	385
	$6.0<m_n\leqslant 10$	6.0	8.5	12	17	25	35	49	70	98	139	197	279	394
	$10<m_n\leqslant 16$	6.5	9.0	13	18	25	36	51	72	102	144	204	288	407
	$16<m_n\leqslant 25$	6.5	9.5	13	19	27	38	53	76	107	151	214	302	427
	$25<m_n\leqslant 40$	7.0	10	14	20	29	41	57	81	115	162	229	324	459
	$40<m_n\leqslant 70$	8.0	11	16	23	32	46	65	91	129	183	258	365	517
$1000<d\leqslant 1600$	$2\leqslant m_n\leqslant 3.5$	7.5	10	15	21	30	42	39	84	118	167	336	334	473
	$3.5<m_n\leqslant 6.0$	7.5	11	15	21	30	42	60	85	120	169	239	338	478
	$6.0<m_n\leqslant 10$	7.5	11	15	22	30	43	61	86	122	172	243	344	487
	$10<m_n\leqslant 16$	8.0	11	16	22	31	44	63	88	125	177	250	354	500
	$16<m_n\leqslant 25$	8.0	11	16	23	33	46	65	92	130	184	260	368	520
	$25<m_n\leqslant 40$	8.5	12	17	24	34	49	69	98	138	195	276	390	552
	$40<m_n\leqslant 70$	9.5	13	19	27	38	54	76	108	152	215	305	431	609
$1600<d\leqslant 2500$	$3.5\leqslant m_n\leqslant 6.0$	9.0	13	18	26	36	51	73	103	145	206	291	411	582
	$6.0<m_n\leqslant 10$	9.0	13	18	26	37	52	74	104	148	209	295	417	590
	$10<m_n\leqslant 16$	9.5	13	19	27	38	53	75	107	151	313	302	427	604
	$16<m_n\leqslant 25$	9.5	14	19	28	39	55	78	110	156	220	312	441	624
	$25<m_n\leqslant 40$	10	14	20	29	41	58	82	116	164	232	328	463	653
	$40<m_n\leqslant 70$	11	16	22	32	45	63	89	126	178	252	357	504	713
$2500<d\leqslant 4000$	$6.0\leqslant m_n\leqslant 10$	11	16	23	32	45	64	90	127	180	255	360	510	721
	$10<m_n\leqslant 16$	11	16	23	32	46	65	92	130	183	259	367	519	734
	$16<m_n\leqslant 25$	12	17	24	33	47	67	94	133	188	267	377	533	754
	$25<m_n\leqslant 40$	12	17	25	35	49	69	98	139	196	278	393	555	785
	$40<m_n\leqslant 70$	13	19	26	37	53	75	105	149	211	298	422	596	843
$4000<d\leqslant 6000$	$6.0<m_n\leqslant 10$	14	19	27	39	55	77	110	155	219	310	438	620	876
	$10<m_n\leqslant 16$	14	20	28	39	56	79	111	157	222	315	445	629	890
	$16<m_n\leqslant 25$	14	20	28	40	57	80	114	161	227	322	455	643	910
	$25<m_n\leqslant 40$	15	21	29	42	59	83	118	166	235	383	471	665	941
	$40<m_n\leqslant 70$	16	22	31	44	62	88	125	177	250	363	499	706	999
$6000<d\leqslant 8000$	$6.0\leqslant m_n\leqslant 10$	16	23	32	45	64	91	128	181	257	363	513	726	1026
	$10<m_n\leqslant 16$	16	23	32	46	65	92	130	184	260	367	520	735	1039
	$16<m_n\leqslant 25$	17	23	33	47	66	94	132	187	265	375	530	749	1059
	$25<m_n\leqslant 40$	17	24	34	48	68	96	136	193	273	386	545	771	1091
	$40<m_n\leqslant 70$	18	25	36	51	72	102	144	203	287	406	574	812	1149

续表

分度圆直径 d/mm	法向模数 m_n/mm	精度等级												
		0	1	2	3	4	5	6	7	8	9	10	11	12
$8000<d\leqslant1000$	$6.0\leqslant m_n\leqslant10$	18	26	36	51	72	102	144	204	289	408	577	816	1154
	$10<m_n\leqslant16$	18	26	36	52	73	103	146	206	292	413	584	826	1168
	$16<m_n\leqslant25$	19	26	37	53	74	105	148	210	297	420	594	840	1188
	$25<m_n\leqslant40$	19	27	38	54	76	108	152	216	305	431	610	862	1219
	$40<m_n\leqslant70$	20	28	40	56	80	113	160	226	319	451	639	903	1277

表 9-28 径向综合总偏差 F_i''（GB/T 10095.2—2008） μm

分度圆直径 d/mm	法向模数 m_n/mm	精度等级								
		4	5	6	7	8	9	10	11	12
$5\leqslant d\leqslant20$	$0.2\leqslant m_n\leqslant0.5$	7.5	11	15	21	30	42	60	85	120
	$0.5<m_n\leqslant0.8$	8.0	12	16	23	33	46	66	93	131
	$0.8<m_n\leqslant1.0$	9.0	12	18	25	35	50	70	100	141
	$1.0<m_n\leqslant1.5$	10	14	19	27	38	54	76	108	153
	$1.5<m_n\leqslant2.5$	11	16	22	32	45	63	89	126	179
	$2.5<m_n\leqslant4$	14	20	28	39	56	79	112	158	223
$20<d\leqslant50$	$0.2\leqslant m_n\leqslant0.5$	9.0	13	19	26	37	52	74	105	148
	$0.5<m_n\leqslant0.8$	10	14	20	28	40	56	80	113	160
	$0.8<m_n\leqslant1.0$	11	15	21	30	42	60	85	120	169
	$1.0<m_n\leqslant1.5$	11	16	23	37	45	64	91	128	181
	$1.5<m_n\leqslant2.5$	13	18	26	44	52	73	103	146	207
	$2.5<m_n\leqslant4.0$	16	22	31	56	63	89	126	178	251
	$4.0<m_n\leqslant6.0$	20	28	39	74	79	111	157	222	314
	$6.0<m_n\leqslant10$	26	37	52	33	104	147	209	295	417
$50<d\leqslant125$	$0.2\leqslant m_n\leqslant0.5$	12	16	23	33	46	66	93	131	185
	$0.5<m_n\leqslant0.8$	12	17	25	35	49	70	98	139	197
	$0.8<m_n\leqslant1.0$	13	18	26	36	52	73	103	146	206
	$1.0<m_n\leqslant1.5$	14	19	27	39	55	77	109	154	218
	$1.5<m_n\leqslant2.5$	15	22	31	43	61	86	122	173	244
	$2.5<m_n\leqslant4.0$	18	25	36	51	72	102	144	204	288
	$4.0<m_n\leqslant6.0$	22	31	44	62	88	124	176	248	351
	$6.0<m_n\leqslant10$	28	40	57	80	114	161	227	321	454
$125<d\leqslant280$	$0.2\leqslant m_n\leqslant0.5$	15	21	30	42	60	85	120	170	240
	$0.5<m_n\leqslant0.8$	16	22	31	44	68	89	126	178	252
	$0.8<m_n\leqslant1.0$	16	23	33	46	65	92	131	185	261
	$1.0<m_n\leqslant1.5$	17	24	34	48	68	97	137	193	273
	$1.5<m_n\leqslant2.5$	19	26	37	53	75	106	149	211	299
	$2.5<m_n\leqslant4.0$	21	30	43	61	86	121	172	243	343
	$4.0<m_n\leqslant6.0$	25	36	51	72	102	144	203	287	406
	$6.0<m_n\leqslant10$	32	45	64	90	127	180	255	360	509
$280<d\leqslant560$	$0.2\leqslant m_n\leqslant0.5$	19	28	39	55	78	110	155	220	311
	$0.5<m_n\leqslant0.8$	20	29	40	57	81	114	161	228	323
	$0.8<m_n\leqslant1.0$	21	29	42	59	83	117	166	235	332
	$1.0<m_n\leqslant1.5$	22	30	43	61	86	122	172	243	344
	$1.5<m_n\leqslant2.5$	23	33	46	65	92	131	185	262	370
	$2.5<m_n\leqslant4.0$	26	37	52	73	104	146	207	293	414
	$4.0<m_n\leqslant6.0$	30	42	60	84	119	169	239	337	477
	$6.0<m_n\leqslant10$	36	51	73	103	145	205	290	410	580
$560<d\leqslant1000$	$0.2\leqslant m_n\leqslant0.5$	25	35	50	70	99	140	198	280	396
	$0.5<m_n\leqslant0.8$	25	36	51	72	102	144	204	288	408
	$0.8<m_n\leqslant1.0$	26	37	52	74	104	148	209	295	417
	$1.0<m_n\leqslant1.5$	27	38	54	76	107	152	215	304	429
	$1.5<m_n\leqslant2.5$	28	40	57	80	114	161	228	322	455
	$2.5<m_n\leqslant4.0$	31	44	62	88	125	177	250	353	499
	$4.0<m_n\leqslant6.0$	35	50	70	99	141	199	281	398	562
	$6.0<m_n\leqslant10$	42	59	83	118	166	235	333	471	665

表 9-29 一齿径向综合偏差（GB/T 10095.2—2008） μm

分度圆直径 d/mm	法向模数 m_n/mm	精度等级								
		4	5	6	7	8	9	10	11	12
$5 \leqslant d \leqslant 20$	$0.2 \leqslant m_n \leqslant 0.5$	1.0	2.0	2.5	3.5	5.0	7.0	10	14	20
	$0.5 < m_n \leqslant 0.8$	2.0	2.5	4.0	5.5	7.5	11	15	22	31
	$0.8 < m_n \leqslant 1.0$	2.5	3.5	5.0	7.0	10	14	20	28	39
	$1.0 < m_n \leqslant 1.5$	3.0	4.5	6.5	9.0	13	18	25	36	50
	$1.5 < m_n \leqslant 2.5$	4.5	6.5	9.5	13	19	26	37	53	74
	$2.5 < m_n \leqslant 4.0$	7.0	10	14	20	29	41	58	82	115
$20 < d \leqslant 50$	$0.2 \leqslant m_n \leqslant 0.5$	1.5	2.0	2.5	3.5	5.0	7.0	10	14	20
	$0.5 < m_n \leqslant 0.8$	2.0	2.5	4.0	5.5	7.5	11	15	22	31
	$0.8 < m_n \leqslant 1.0$	2.5	3.5	5.0	7.0	10	14	20	28	39
	$1.0 < m_n \leqslant 1.5$	3.0	4.5	6.5	9.0	13	18	25	36	50
	$1.5 < m_n \leqslant 2.5$	4.5	6.5	9.5	13	19	26	37	53	74
	$2.5 < m_n \leqslant 4.0$	7.0	10	14	20	29	41	58	82	115
	$4.0 < m_n \leqslant 6.0$	11	15	22	31	43	61	87	123	174
	$6.0 < m_n \leqslant 10$	17	24	34	48	67	95	135	190	269
$50 < d \leqslant 125$	$0.2 \leqslant m_n \leqslant 0.5$	1.5	2.0	2.5	3.5	5.0	7.5	10	15	21
	$0.5 < m_n \leqslant 0.8$	2.0	3.0	4.0	5.5	7.5	11	15	22	31
	$0.8 < m_n \leqslant 1.0$	2.5	3.5	5.0	7.0	10	14	20	28	40
	$1.0 < m_n \leqslant 1.5$	3.0	4.5	6.5	9.0	13	18	26	36	51
	$1.5 < m_n \leqslant 2.5$	4.5	6.5	9.5	13	19	26	37	53	75
	$2.5 < m_n \leqslant 4.0$	7.0	10	14	20	29	41	58	82	116
	$4.0 < m_n \leqslant 6.0$	11	15	22	31	43	62	87	123	174
	$6.0 < m_n \leqslant 10$	17	24	34	48	67	95	135	191	269
$125 < d \leqslant 280$	$0.2 \leqslant m_n \leqslant 0.5$	1.5	2.0	2.5	3.5	5.0	7.5	11	15	21
	$0.5 < m_n \leqslant 0.8$	2.0	3.0	4.0	5.5	8.0	11	16	22	32
	$0.8 < m_n \leqslant 1.0$	2.5	3.5	5.0	7.0	10	14	20	29	41
	$1.0 < m_n \leqslant 1.5$	3.0	4.5	6.5	9.0	13	18	26	36	52
	$1.5 < m_n \leqslant 2.5$	4.5	6.5	9.5	13	19	27	38	53	75
	$2.5 < m_n \leqslant 4.0$	7.0	10	15	21	29	41	58	62	116
	$4.0 < m_n \leqslant 6.0$	11	15	22	31	44	62	87	124	175
	$6.0 < m_n \leqslant 10$	17	24	34	48	68	95	135	191	270
$280 < d \leqslant 560$	$0.2 \leqslant m_n \leqslant 0.5$	1.5	2.0	2.5	4.0	5.5	7.5	11	16	22
	$0.5 < m_n \leqslant 0.8$	2.0	3.0	4.0	5.5	8.0	11	16	23	32
	$0.8 < m_n \leqslant 1.0$	2.5	3.5	5.0	7.5	10	15	21	29	41
	$1.0 < m_n \leqslant 1.5$	3.5	4.5	6.5	9.0	13	18	26	37	52
	$1.5 < m_n \leqslant 2.5$	5.0	6.5	9.5	13	19	27	38	54	76
	$2.5 < m_n \leqslant 4.0$	7.5	10	15	21	29	41	59	83	117
	$4.0 < m_n \leqslant 6.0$	11	15	22	31	44	62	88	124	175
	$6.0 < m_n \leqslant 10$	17	24	34	48	68	96	135	191	271
$560 < d \leqslant 1000$	$0.2 \leqslant m_n \leqslant 0.5$	1.5	2.0	3.0	4.0	5.5	8.0	11	16	23
	$0.5 < m_n \leqslant 0.8$	2.0	3.0	4.0	6.0	8.5	12	17	24	33
	$0.8 < m_n \leqslant 1.0$	2.5	3.5	5.5	7.5	11	16	21	30	42
	$1.0 < m_n \leqslant 1.5$	3.5	4.5	6.5	9.5	13	19	27	38	53
	$1.5 < m_n \leqslant 2.5$	5.0	7.0	9.5	13	19	27	38	54	77
	$2.5 < m_n \leqslant 4.0$	7.5	10	15	21	30	42	59	83	118
	$4.0 < m_n \leqslant 6.0$	11	16	22	31	44	62	88	125	176
	$6.0 < m_n \leqslant 10$	17	24	34	48	68	96	136	192	272

表 9-30 中、大模数齿轮最小侧隙 j_{bnmin} 的推荐数据（GB/T 18620.2—2008） mm

模数	中心距 a					
m_n	50	100	200	400	800	1600
1.5	0.09	0.11	—	—	—	—
2	0.10	0.12	0.15	—	—	—
3	0.12	0.14	0.17	0.24	—	—
5	—	0.18	0.21	0.28	—	—
8	—	0.24	0.27	0.34	0.47	—
12	—	—	0.35	0.42	0.55	—
18	—	—	—	0.54	0.67	0.94

表 9-31 切齿径向进刀公差 b_r

齿轮精度等级	4	5	6	7	8	9
b_r 值	1.26IT7	IT8	1.26IT8	IT9	1.26IT9	IT10

表 9-32 标准齿轮分度圆弦齿厚和弦齿高（$m=m_n=1$，$\alpha=\alpha_n=20°$，$h_a^*=h_{an}^*=1$） mm

齿数	分度圆弦齿厚	分度圆弦齿高	齿数	分度圆弦齿厚	分度圆弦齿高	齿数	分度圆弦齿厚	分度圆弦齿高	齿数	分度圆弦齿厚	分度圆弦齿高
6	1.5529	1.1022	40	1.5704	1.0154	74	1.5707	1.0084	108	1.5707	1.0057
7	1.5576	1.0873	41	1.5704	1.0150	75	1.5707	1.0083	109	1.5707	1.0057
8	1.5607	1.0769	42	1.5704	1.0147	76	1.5707	1.0081	110	1.5707	1.0056
9	1.5628	1.0684	43	1.5705	1.0143	77	1.5707	1.0080	111	1.5707	1.0056
10	1.5643	1.0616	44	1.5705	1.0140	78	1.5707	1.0079	112	1.5707	1.0055
11	1.5654	1.0559	45	1.5705	1.0137	79	1.5707	1.0078	113	1.5707	1.0055
12	1.5663	1.0514	46	1.5705	1.0134	80	1.5707	1.0077	114	1.5707	1.0054
13	1.567	1.0474	47	1.5705	1.0131	81	1.5707	1.0076	115	1.5707	1.0054
14	1.5675	1.0440	48	1.5705	1.0129	82	1.5707	1.0075	116	1.5707	1.0053
15	1.5679	1.0362	49	1.5705	1.0126	83	1.5707	1.0074	117	1.5707	1.0053
16	1.5683	1.0385	50	1.5705	1.0123	84	1.5707	1.0074	118	1.5707	1.0053
17	1.5686	1.0362	51	1.5706	1.0121	85	1.5707	1.0073	119	1.5707	1.0052
18	1.5688	1.0342	52	1.5706	1.0119	86	1.5707	1.0072	120	1.5707	1.0051
19	1.5690	1.0324	53	1.5706	1.0117	87	1.5707	1.0071	121	1.5707	1.0051
20	1.5692	1.0308	54	1.5706	1.0114	88	1.5707	1.0070	122	1.5707	1.0050
21	1.5694	1.0294	55	1.5706	1.0112	89	1.5707	1.0069	123	1.5707	1.0050
22	1.5695	1.0281	56	1.5706	1.0110	90	1.5707	1.0068	124	1.5707	1.0049
23	1.5696	1.0268	57	1.5706	1.0108	91	1.5707	1.0068	125	1.5707	1.0049
24	1.5697	1.0257	58	1.5706	1.0106	92	1.5707	1.0067	126	1.5707	1.0049
25	1.5698	1.0247	59	1.5706	1.0105	93	1.5707	1.0067	127	1.5707	1.0049
26	1.5698	1.0237	60	1.5706	1.0102	94	1.5707	1.0066	128	1.5707	1.0048
27	1.5699	1.0228	61	1.5706	1.0101	95	1.5707	1.0065	129	1.5707	1.0048
28	1.5700	1.022	62	1.5706	1.0100	96	1.5707	1.0064	130	1.5707	1.0047
29	1.5700	1.0213	63	1.5706	1.0098	97	1.5707	1.0064	131	1.5708	1.0047
30	1.5701	1.0205	64	1.5706	1.0097	98	1.5707	1.0063	132	1.5708	1.0047
31	1.5701	1.0199	65	1.5706	1.0095	99	1.5707	1.0062	133	1.5708	1.0047
32	1.5702	1.0193	66	1.5706	1.0094	100	1.5707	1.0061	134	1.5708	1.0046
33	1.5702	1.0187	67	1.5706	1.0092	101	1.5707	1.0061	135	1.5708	1.0046
34	1.5702	1.0181	68	1.5706	1.0091	102	1.5707	1.0060	140	1.5708	1.0044
35	1.5702	1.0176	69	1.5707	1.0090	103	1.5707	1.0060	145	1.5708	1.0042
36	1.5703	1.0171	70	1.5707	1.0088	104	1.5707	1.0059	150	1.5708	1.0041
37	1.5703	1.0167	71	1.5707	1.0087	105	1.5707	1.0059	齿条	1.5708	1.0000
38	1.5703	1.0162	72	1.5707	1.0086	106	1.5707	1.0058			
39	1.5703	1.0188	73	1.5707	1.0085	107	1.5707	1.0058			

表 9-33 公法线长度 W_k^* （$m=1$，$\alpha=20°$） mm

齿轮齿数	跨测齿数	公法线长度	齿轮齿数	跨测齿数	公法线长度	齿轮齿数	跨测齿数	公法线长度	齿轮齿数	跨测齿数	公法线长度	齿轮齿数	跨测齿数	公法线长度
4	2	4.4842	45	6	16.8670	86	10	29.2497	127	15	44.5846	168	19	56.9673
5	2	4.4942	46	6	16.8810	87	10	29.2637	128	15	44.5986	169	19	56.9813
6	2	4.5122	47	6	16.8950	88	10	29.2777	129	15	44.6126	170	19	56.9953
7	2	4.5262	48	6	16.9090	89	10	29.2917	130	15	44.6266	171	20	59.9615
8	2	4.5402	49	6	16.9230	90	11	32.2579	131	15	44.6405	172	20	59.9754
9	2	4.5542	50	6	16.9370	91	11	32.2718	132	15	44.6546	173	20	59.9894
10	2	4.5683	51	6	16.9510	92	11	32.2858	133	15	44.6686	174	20	60.0034
11	2	4.5823	52	6	16.9660	93	11	32.2998	134	15	44.6826	175	20	60.0174
12	2	4.5963	53	6	16.9790	94	11	32.3136	135	16	47.6490	176	20	60.0314
13	2	4.6103	54	7	19.9452	95	11	32.3279	136	16	47.6627	177	20	60.0455
14	2	4.6243	55	7	19.9591	96	11	32.3419	137	16	47.6767	178	20	60.0595
15	2	4.6383	56	7	19.9731	97	11	32.3559	138	16	47.6907	179	20	60.0735
16	2	4.6523	57	7	19.9871	98	11	32.3699	139	16	47.7047	180	21	63.0397
17	2	4.6663	58	7	20.0011	99	12	35.3361	140	16	47.7187	181	21	63.0536
18	3	7.6324	59	7	20.0152	100	12	35.3500	141	16	47.7327	182	21	63.0676
19	3	7.6464	60	7	20.0292	101	12	35.3640	142	16	47.7408	183	21	63.0816
20	3	7.6604	61	7	20.0432	102	12	35.3780	143	17	47.7608	184	21	63.0956
21	3	7.6744	62	7	20.0572	103	12	35.3920	144	17	50.7270	185	21	63.1099
22	3	7.6884	63	8	23.0233	104	12	35.4060	145	17	50.7409	186	21	63.1236
23	3	7.7024	64	8	23.0373	105	12	35.4200	146	17	50.7549	187	21	63.1376
24	3	7.7165	65	8	23.0513	106	12	35.4340	147	17	50.7689	188	21	63.1516
25	3	7.7305	66	8	23.0653	107	12	35.4481	148	17	50.7829	189	22	63.1179
26	3	7.7445	67	8	23.0793	108	13	38.4142	149	17	50.7969	190	22	66.1318
27	4	10.7106	68	8	23.0933	109	13	38.4282	150	17	50.8109	191	22	66.1458
28	4	10.7246	69	8	23.1073	110	13	38.4422	151	17	50.8249	192	22	66.1598
29	4	10.7386	70	8	23.1213	111	13	38.4562	152	17	50.8389	193	22	66.1738
30	4	10.7526	71	8	23.1353	112	13	38.4702	153	18	53.8051	194	22	66.1878
31	4	10.7666	72	9	26.1015	113	13	38.4842	154	18	53.8191	195	22	66.2018
32	4	10.7806	73	9	26.1155	114	13	38.4982	155	18	53.8331	196	22	66.2158
33	4	10.7946	74	9	26.1295	115	13	38.5122	156	18	53.8471	197	22	66.2298
34	4	10.8086	75	9	26.1435	116	13	38.5262	157	18	53.8611	198	23	69.1961
35	4	10.8226	76	9	26.1575	117	14	41.4924	158	18	53.8751	199	23	69.2101
36	5	13.7888	77	9	26.1715	118	14	41.5064	159	18	53.8891	200	23	69.2241
37	5	13.8028	78	9	26.1855	119	14	41.5204	160	18	53.9031			
38	5	13.8168	79	9	26.1995	120	14	41.5344	161	18	53.9171			
39	5	13.8308	80	9	26.2135	121	14	41.5484	162	19	56.8833			
40	5	13.8448	81	10	29.1797	122	14	41.5624	163	19	56.8972			
41	5	13.8588	82	10	29.1937	123	14	41.5764	164	19	56.9113			
42	5	13.8728	83	10	29.2077	124	14	41.5904	165	19	56.9253			
43	5	13.8868	84	10	29.2217	125	14	41.6044	166	19	56.9393			
44	5	13.9008	85	10	29.2357	126	15	44.5706	167	19	56.9533			

表 9-34 中心距极限偏差 $\pm f_a$（仅供参考） μm

中心距 a/mm		齿轮精度等级	
大于	至	5、6	7、8
6	10	7.5	11
10	18	9	13.5
18	30	10.5	16.5
30	50	12.5	19.5
50	80	15	23
80	120	17.5	27
120	180	20	31.5
180	250	23	36
250	315	26	40.5
315	400	28.5	44.5
400	500	31.5	48.5

(4) 齿轮坯的精度

齿轮坯的精度见表 9-35～表 9-38。

表 9-35 齿坯尺寸公差（供参考）

齿轮精度等级		5	6	7	8	9	10	11	12
孔	尺寸公差	IT5	IT6	IT7		IT8		IT9	
轴	尺寸公差	IT5		IT6		IT7		IT8	
顶圆直径偏差		$\pm 0.05m_n$							

表 9-36 齿坯径向和端面跳动公差 μm

分度圆直径		齿轮精度等级			
大于	至	3、4	5、6	7、8	9～12
≤125		7	11	18	28
125	400	9	14	22	36
400	800	12	20	32	50
800	1600	18	28	45	71

表 9-37 轮齿齿面粗糙度 *Ra* 的推荐值 μm

等级	*Ra*			等级	*Ra*		
	模数 m/mm				模数 m/mm		
	$m<6$	$6<m<25$	$m>25$		$m<6$	$6<m<25$	$m>25$
1		0.04		7	1.25	1.6	2.0
2		0.08		8	2.0	2.5	3.2
3		0.16		9	3.2	4.0	5.0
4		0.32		10	5.0	6.3	8.0
5	0.5	0.63	0.80	11	10.0	12.5	16
6	0.8	1.00	1.25	12	20	25	32

表 9-38 齿坯各表面的粗糙度（供参考） μm

齿轮精度等级	6	7	8	9
基准孔	1.25	1.25～2.5		5
基准轴颈	0.063	1.25	2.5	
基准端面	2.5～5		5	
顶圆柱面	5			

9.2.6 渐开线圆柱齿轮图例

渐开线圆柱齿轮图例见图 9-13 和图 9-14。

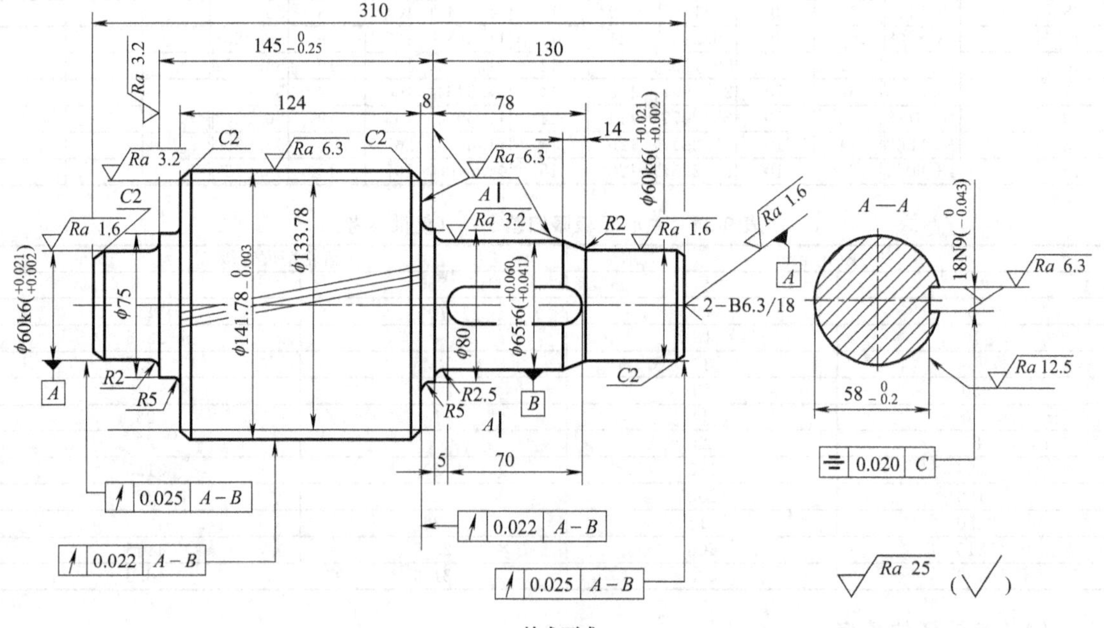

技术要求
热处理后硬度为241～286HBW。

法向模数	m_n	4
齿数	z	33
压力角	α	20°
齿顶高系数	h_a^*	1
螺旋角	β	9°22′
螺旋线方向	左	
法向变位系数	x_n	0
精度等级	7(F_β)、8(F_p、f_{pt}、F_α)GB 10095.1—2008 8(F_1)GB 10095.2—2008	
中心距及其极限偏差	$a\pm f_a$	300±0.041
配对齿轮	图号	
	齿数	115
单个齿距偏差	$\pm f_{pt}$	±0.020
齿距累积偏差	F_r	0.072
齿廓总偏差	F_α	0.030
螺旋线总偏差	F_β	0.025
径向圆跳动公差	F_r	0.058
公法线及其偏差	W_{kn}	$43.25^{-0.157}_{-0.251}$
	k	4

图 9-13 圆柱齿轮工作图（一）

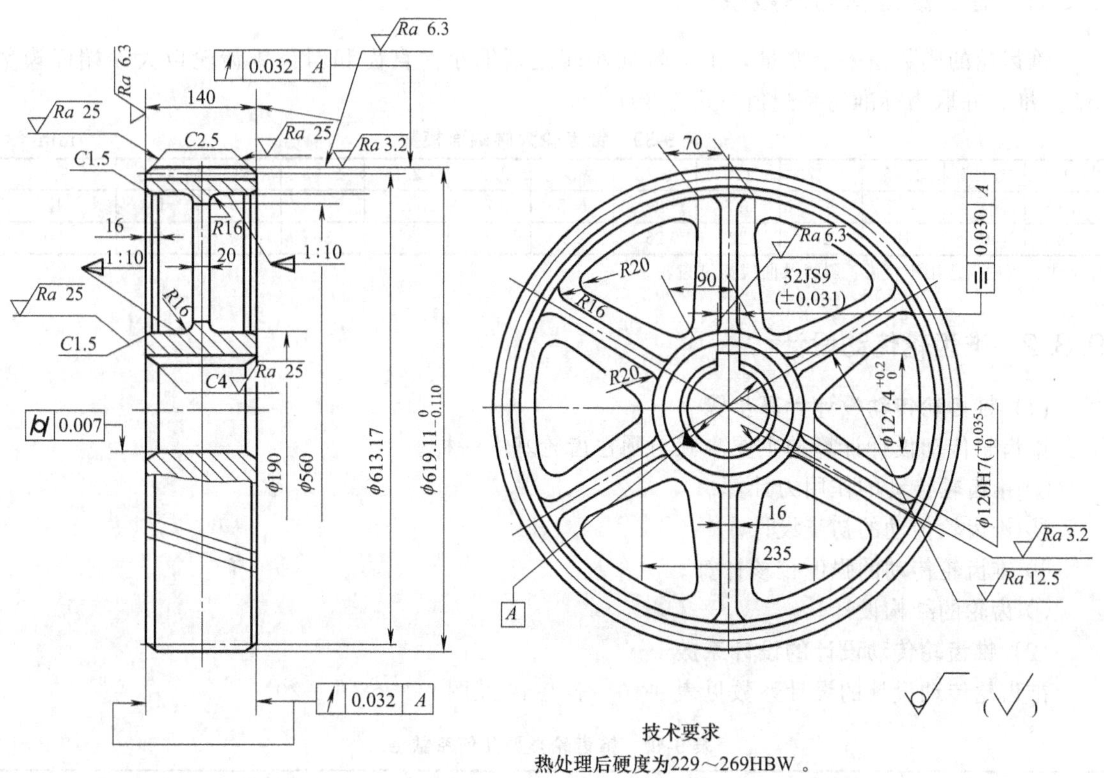

图 9-14

法向模数	m_n	5
齿数	z	121
齿形角	α	20°
齿顶高系数	h_a^*	1
螺旋角	β	9°22′
螺旋线方向	右	
法向变位系数	x_n	−0.405
精度等级	7(F_β)、8(F_p、f_{pt}、F_α)GB 10095.1—2008 8(F_r)GB 10095.2—2008	
中心距及其极限偏差	$a \pm f_a$	350±0.045
配对齿轮	图号	
	齿数	17
单个齿距偏差的极限偏差	$\pm f_{pt}$	±0.024
齿距累积总偏差的公差	F_p	0.120
齿廓总偏差的公差	F_α	0.038
螺旋线总偏差的公差	F_β	0.027
径向圆跳动公差	F_r	0.096
弦齿厚及弦齿顶高	s_{yue}	$7.766_{-0.349}^{-0.117}$
	h_{ye}	7.049

图 9-14　圆柱齿轮工作图（二）

9.3　直齿锥齿轮传动

9.3.1　直齿锥齿轮的模数系列

锥齿轮的模数是一个变量，由大端向小端逐渐缩小。直齿和斜齿锥齿轮以大端端面模数 m_e 为准，并取为标准轮系列值（表 9-39）。

表 9-39　锥齿轮大端端面模数　mm

1	1.125	1.25	1.375	1.5	1.75	2	2.25	2.5	2.75	3	3.25	3.5
3.75	4	4.5	5	5.5	6	6.5	7	8	9	10	11	12
14	16	18	20	22	25	28	30	32	36	40	45	50

注：表中值适用于直齿、斜齿及曲线齿锥齿轮。

9.3.2　锥齿轮传动设计

(1) 锥齿轮传动设计计算步骤

锥齿轮传动设计计算的主要步骤与圆柱齿轮基本一样。

① 锥齿轮传动的作用力计算。

② 锥齿轮传动的初步设计。

③ 锥齿轮传动的强度校核计算。

④ 齿轮的结构设计。

(2) 锥齿轮传动设计的设计系数

锥齿轮传动设计的设计系数见表 9-40～表 9-49 及图 9-15～图 9-20。

表 9-40　锥齿轮类型几何系数 e

类型	直齿		曲齿		
	非鼓形齿	鼓形齿	10°	25°	35°
e 值	1200	1100		1000	950

表 9-41　变位后的强度影响系数 Z_b

变位类型	零传动 $x_1+x_2=0$	正传动 $x_1+x_2>0$		负传动 $x_1+x_2<0$	
适用范围	格里森齿制 奥利康齿制 克林根堡齿制 埃尼姆斯齿制	节点区双齿对啮合 $\delta_2>0.15$	大啮合角传动	双齿对传动 $e_1\geqslant 2.4$	三齿对传动 $e_1>3$
Z_b值	1	0.85～0.9	0.93～0.97	0.85～0.9	0.8

表 9-42　齿宽比系数 Z_ϕ

ϕ_R	$\frac{1}{3.5}$	$\frac{1}{3}$	$\frac{1}{4}$	$\frac{1}{5}$	$\frac{1}{6}$	$\frac{1}{8}$	$\frac{1}{10}$	$\frac{1}{11}$	$\frac{1}{12}$
适用范围(参考)	$\Sigma=90°$					$\Sigma\neq 90°$			
Z_b 值	1.683	1.629	1.735	1.834	1.926	2.088	2.229	2.294	2.355

注：如 ϕ_R 值未知，可取 $\phi_R=\frac{1}{3.5}$，即 $Z_\phi=1.683$。

表 9-43　使用系数 K_A 值

原动机工作特性	工作机械工作特性			
	均匀平稳	轻微冲击	中等冲击	严重冲击
均匀平稳	1.00	1.25	1.50	1.75 或更大
轻微冲击	1.10	1.35	1.60	1.85 或更大
中等冲击	1.25	1.50	1.75	2.00 或更大
严重冲击	1.50	1.75	2.00	2.25 或更大

注：此表中数值适用于减速传动。对增速传动，用表中的 K_A 再加上 $0.01u^2$，$u=z_1/z_2$。

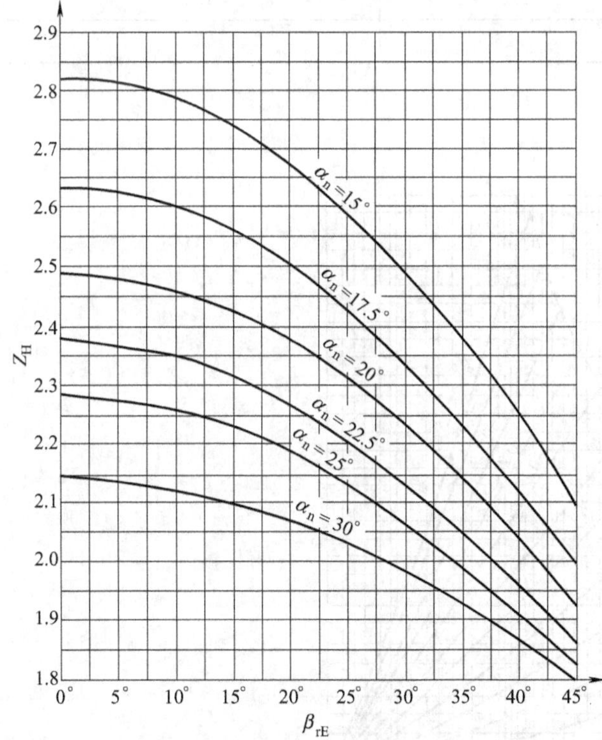

图 9-15　零变位锥齿轮的节点区域系数

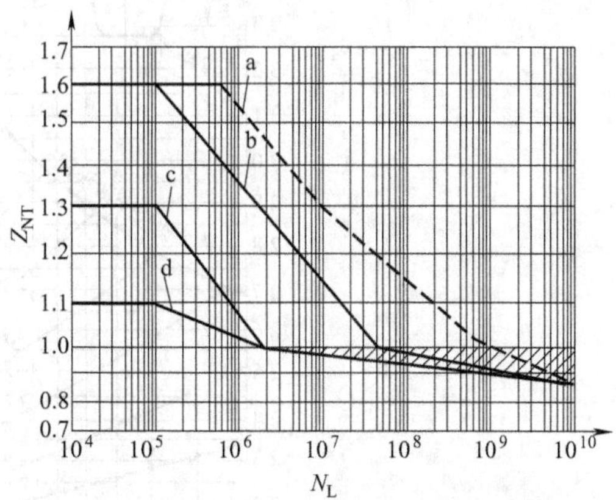

图 9-16　抗点蚀寿命系数 Z_{NT}（用试验齿轮做试验）

a—允许有点蚀的结构钢（$\delta_b<800$MPa）、调质钢（$\delta_b\geqslant 800$MPa）；b—结构钢（$\delta_b<800$MPa），调质钢（$\delta_b\geqslant 800$MPa），渗碳淬火钢，火焰或感应淬火的钢、球墨铸铁（珠光体、贝氏体、铁素体结构），可锻铸铁（珠光体结构）；c—灰铸铁，氮化钢，球墨铸铁（珠光体、贝氏体、铁素体结构），渗碳处理的调质钢；d—碳氮共渗的调质钢、渗碳钢

表 9-44 齿间载荷分配系数 $K_{H\alpha}$、$K_{F\alpha}$

<table>
<tr><td colspan="3">单位载荷 F_{mt}/b_e</td><td colspan="7">≥100N/mm</td><td><100N/mm</td></tr>
<tr><td colspan="3">GB/T 10095.1 的齿轮精度等级（由 d_m 与 m_{mn}）确定</td><td>6 级和 6 级以上</td><td>7</td><td>8</td><td>9</td><td>10</td><td>11</td><td>12</td><td>所有精度等级</td></tr>
<tr><td rowspan="4">硬齿面</td><td rowspan="2">直齿齿轮</td><td>$K_{H\alpha}$</td><td colspan="2" rowspan="2">1.0</td><td rowspan="2">1.1</td><td rowspan="2">1.2</td><td colspan="4">取 $1/z_{LS}^2$ 和 1.2 中的较大值</td></tr>
<tr><td>$K_{F\alpha}$</td><td colspan="4">取 $1/Y_\varepsilon$ 和 1.2 中的较大值</td></tr>
<tr><td rowspan="2">斜齿与弧锥齿轮</td><td>$K_{H\alpha}$</td><td rowspan="2">1.0</td><td rowspan="2">1.1</td><td rowspan="2">1.2</td><td rowspan="2">1.4</td><td colspan="4" rowspan="2">取 ε_{van} 和 1.4 中的较大值</td></tr>
<tr><td>$K_{F\alpha}$</td></tr>
<tr><td rowspan="4">软齿面</td><td rowspan="2">直齿齿轮</td><td>$K_{H\alpha}$</td><td colspan="3" rowspan="2">1.0</td><td rowspan="2">1.1</td><td rowspan="2">1.2</td><td colspan="3">取 $1/z_{LS}^2$ 和 1.2 中的较大值</td></tr>
<tr><td>$K_{F\alpha}$</td><td colspan="3">取 $1/Y_\varepsilon$ 和 1.2 中的较大值</td></tr>
<tr><td rowspan="2">斜齿与弧锥齿轮</td><td>$K_{H\alpha}$</td><td colspan="2" rowspan="2">1.0</td><td rowspan="2">1.1</td><td rowspan="2">1.2</td><td rowspan="2">1.4</td><td colspan="3" rowspan="2">取 ε_{van} 和 1.4 中的较大值</td></tr>
<tr><td>$K_{F\alpha}$</td></tr>
</table>

注：Z_{LS}见 GB/T 10062.2，Y_ε 见 GB/T 10062.3。

表 9-45 支承系数 $K_{H\beta e}$

应用	两轮都是两端支撑	两轮都是悬臂支撑	一轮两端支撑，一轮悬臂支撑
工业，船舶	1.1	1.5	1.25
飞机，车辆	1	1.25	1.1

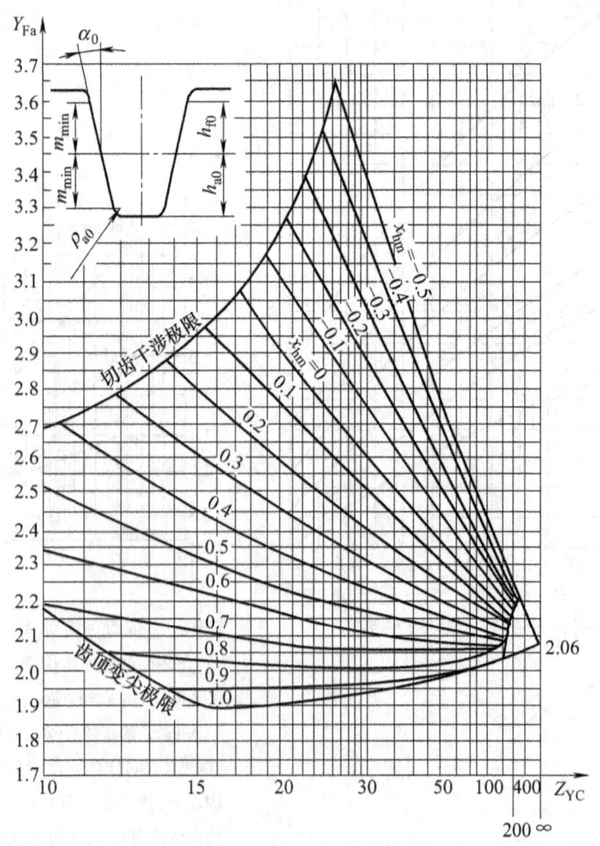

图 9-17 展成齿轮的齿形系数

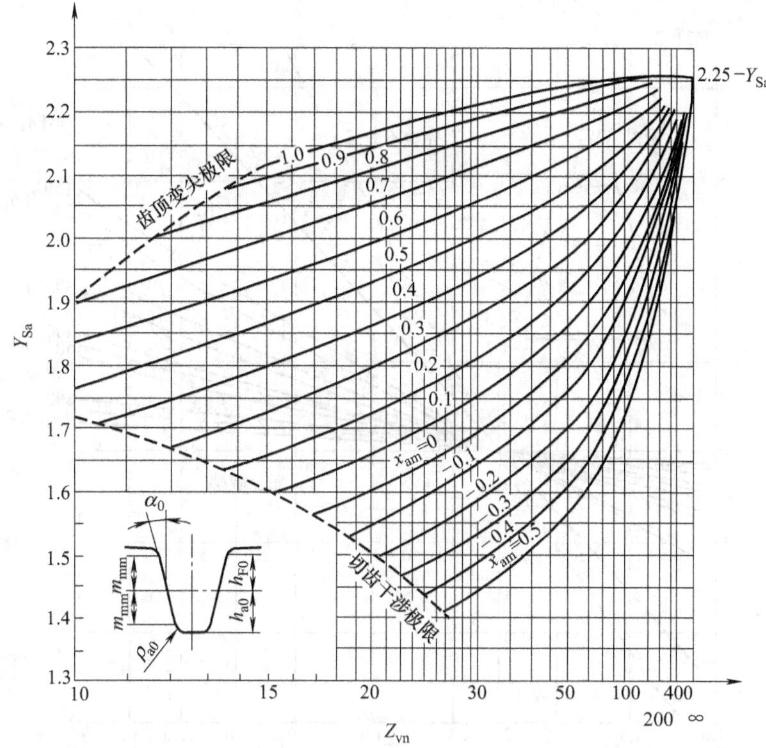

图 9-18 载荷作用在齿顶时的应力修正系数 Y_{Sa}（用试验齿轮做试验）

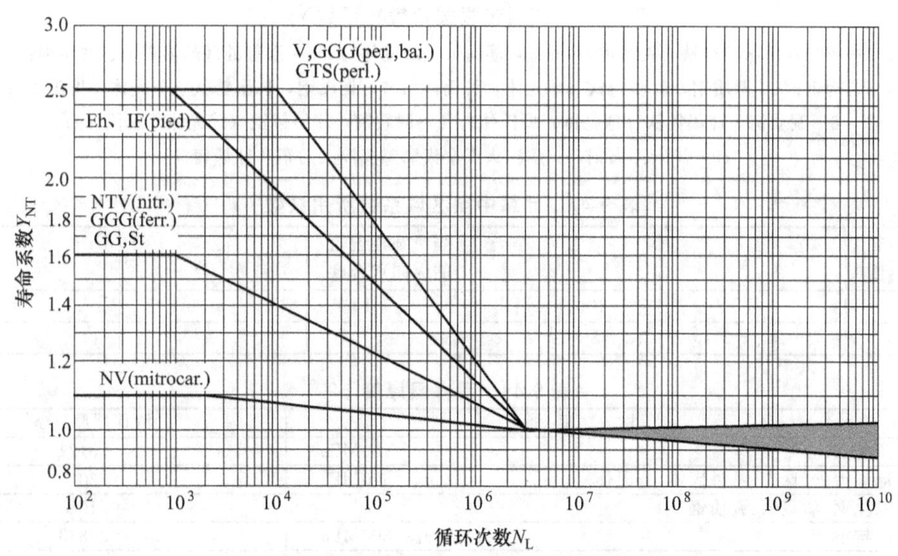

图 9-19 寿命系数 Y_{NT}（用试验齿轮做试验）

GG—灰铸铁；NTV—渗氮处理的调质钢，渗碳钢；渗氮共渗的调质钢，渗碳钢；NV—渗氮钢渗氮；St—结构钢（δ_b＜800MPa）；V—调制钢调制；Eh—渗氮淬火的渗碳钢；GGG—球墨铸铁（珠光体、贝氏体、铁素体结构）；IF—火焰感应淬火（包括齿根圆角处）的钢、球墨铸铁；GTS—可锻铸铁（珠光体结构）

表 9-46 试验锥齿轮的疲劳极限 MPa

材料	σ_{Hhm}（中段值）	σ_{Flim}（中值/下值）	材料	σ_{Hhm}（中段值）	σ_{Flim}（中值/下值）
合金钢渗碳淬火	1450～1500	300/220	中碳钢调质	550～650	220/170
感应或火焰淬火	1130～1200	320/240	球墨铸铁	500～620	220/170
氮化钢	1130～1200	400/250	灰铸铁	340～420	75/60
合金钢调质钢	750～850	300/220			

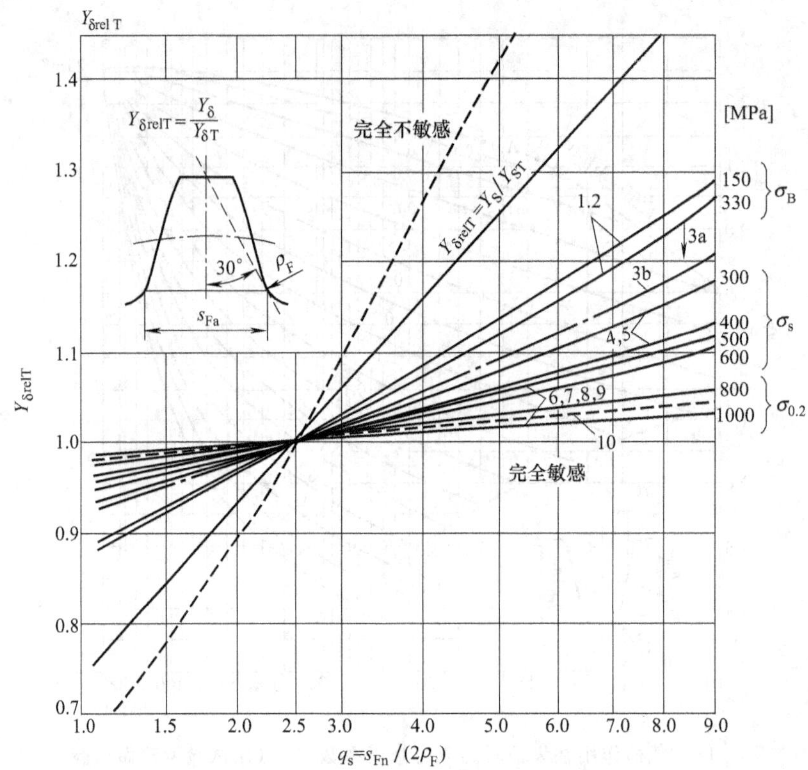

图 9-20 相对齿根圆角敏感系数 $Y_{\delta relT}$

1—灰铸铁；2—灰铸铁、球墨铸铁（铁素体）；3a—球墨铸铁（珠光体）；3b—渗氮处理的渗氮钢、调质钢；4—结构钢；5—结构钢；6—调质钢，球墨铸铁（球光体，贝氏体）；7—调质钢，球墨铸铁（球光体，贝氏体）；8—调质钢，球墨铸铁（球光体，贝氏体）；9—调质钢，球墨铸铁（球光体，贝氏体）；10—渗碳淬火钢，火焰淬火或全齿廓感应淬火的钢和球墨铸铁

表 9-47 计算中点区域系数所用系数

当量圆柱齿轮的纵向重合度	F_1	F_2	当量圆柱齿轮的纵向重合度	F_1	F_2
$\varepsilon_{v\beta}$	2	$2(\varepsilon_{v\alpha}-1)$	$\varepsilon_{v\beta}>1$	$\varepsilon_{v\alpha}$	$\varepsilon_{v\alpha}$
$0<\varepsilon_{v\beta}<1$	$2+(\varepsilon_{v\alpha}-2)\varepsilon_{v\beta}$	$2\varepsilon_{v\alpha}-2+(2-\varepsilon_{v\alpha})\varepsilon_{v\beta}$			

表 9-48 滑移层厚度 p' mm

序号	材料		滑移层厚度 p'
1	灰铸铁	$\sigma_b=150$MPa	0.3124
2	球墨铸铁(珠光体、贝氏体、马氏体)	$\sigma_b=300$MPa	0.3095
3	氮化钢、渗碳钢、调质钢		0.1005
4	结构钢	$\sigma_b=300$MPa	0.0833
5	结构钢	$\sigma_b=400$MPa	0.0455

表 9-49 持久寿命时，相对齿根表面状况系数 Y_{RrelT}

	计算公式或取值	
材料	$Rz<1\mu m$	$1\mu m<Rz<40\mu m$
调质钢和渗碳钢	1.12	$1.674\sim0.529(Rz+1)^{0.1}$
结构钢	1.07	$5.306\sim4.203(Rz+1)^{0.01}$
灰铸铁、渗碳钢、碳氮共渗钢	1.05	$4.299\sim3.259(Rz+1)^{0.05}$

9.3.3 锥齿轮的结构

锥齿轮的结构见表 9-50。

表 9-50 锥齿轮的结构

序号	结构图	结构尺寸相说明
1	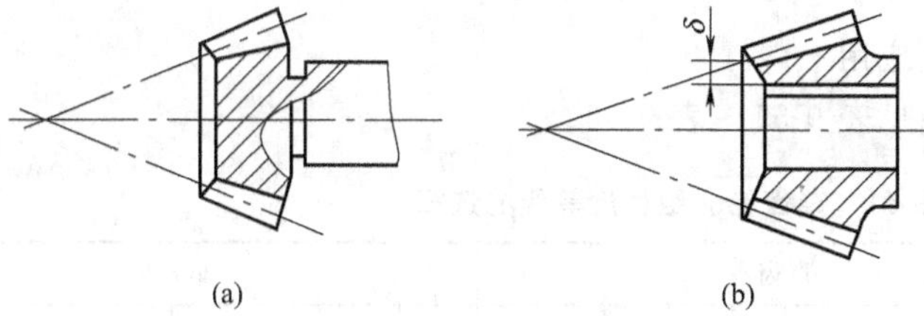 (a) (b)	当小端齿根圆与键槽顶部的距离 $\delta<1.6m_e$[图(b)]时，齿轮与轴作成整体[图(a)]
2	$d_{eo}\leqslant 500$mm 铸造圆锥齿轮 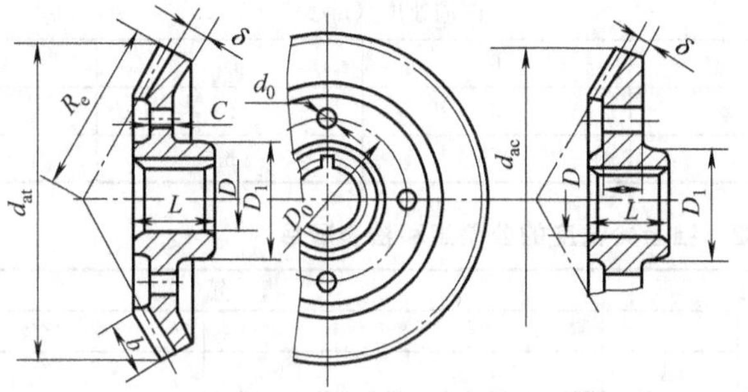 模锻 自由锻	$D_1=1.6D$ $L=(1\sim1.2)D$ $\delta=(3\sim4)m_e$，但不小于 10mm $C=(0.1\sim0.17)R_e$ D_0、d_0按结构确定
3	$d_{eo}>300$mm 锻造自由锻锥齿轮 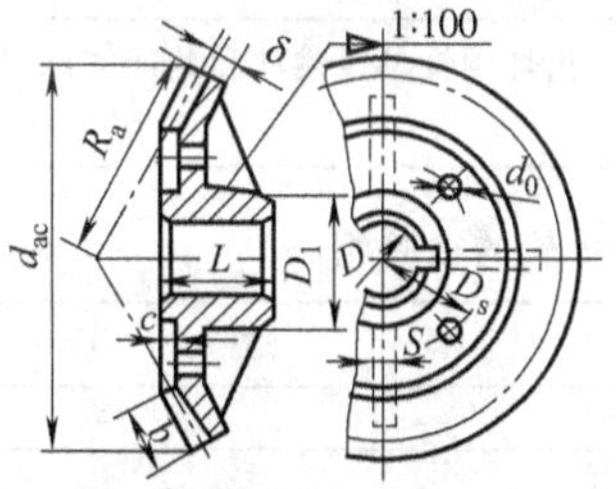	$D_1=1.6D$(铸钢) $D_1=1.8D$(铸铁) $L=(1\sim1.2)D$ $\delta=(3\sim4)m_e$，但不小于 10mm $C=(0.1\sim0.17)R_e$，但不小于 10mm $S=0.8C$，但不小于 10mm D_0、d_0按结构确定
4	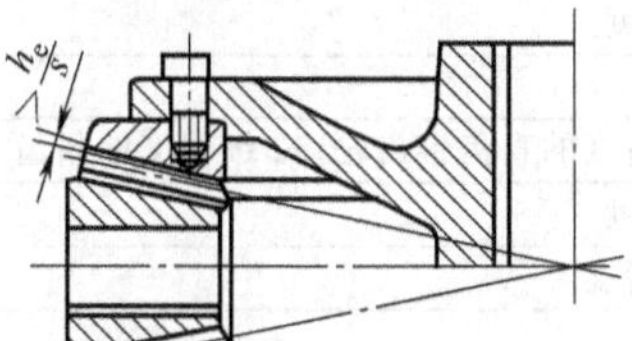	常用于轴向力指向大端的场合；螺孔底部与齿根间最小厚度不小于 $h_e/3$ (h_e为大端齿高) 为防止螺钉松动，可用销钉锁紧
5	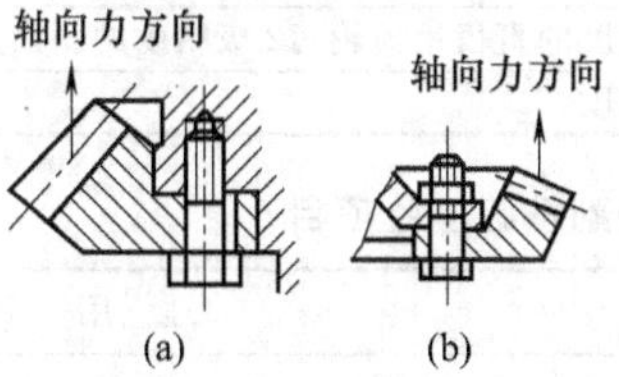 轴向力方向 轴向力方向 (a) (b)	当轴向力朝向锥顶时，为使螺钉不承受拉力，应按左图所示方向连接，图(a)所示方式常用于双支承结构；图(b)所示方式用于悬臂支承结构
6	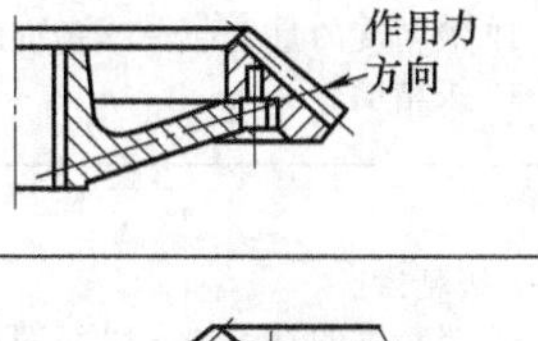 作用力方向	常用于分锥角近于 45°的场合 轴向与径向力的合力方向和辐板方向一致，以减小变形
7		轴向力指向大端 螺栓连接 $H=(3\sim4)m_e>h_e$

9.3.4 锥齿轮传动的精度

(1) 锥齿轮传动的精度等级及应用

锥齿轮传动的精度等级及应用见表 9-51～表 9-56。

表 9-51 锥齿轮Ⅱ组精度等级的选择

Ⅱ组精度等级	直齿		非直齿	
	<350HBW	>350HBW	<350HBW	>350HBW
	圆周速度/(m/s) <			
7	7	6	16	13
8	4	3	9	7
9	3	2.5	6	5

表 9-52 锥齿轮精度的公差组和检查项目

类别	锥齿轮			齿轮副			
精度等级	7	8	9	7	8	9	安装精度
公差组	F_p或F_r		F_r	$F''_{i\Sigma c}$		F_{vj}	$\pm f_{AM}\pm f_a\pm E_\Sigma$
	$\pm f_{pt}$			$f''_{i\Sigma c}$			
	接触斑点						
侧隙	$E_{\bar{s}s}$、$E_{\bar{s}i}$			j_{nmin}			
齿坯公差	外径尺寸极限偏差及轴孔尺寸公差;齿坯顶锥母线跳动和基准端圆跳动公差;齿坯轮冠距和顶锥角极限偏差						

表 9-53 锥齿轮的检验组

公差组	检验组	适用于
Ⅰ	$\Delta F'_i$	4～8 级精度
	$\Delta F''_{i\Sigma}$	7～12 级精度
	ΔF_p	7～8 级精度
	ΔF_p与ΔF_{pk}	4～6 级精度
	ΔF_r	7～12 级精度的直齿锥齿轮;12 级精度的斜齿、曲线齿锥齿轮
Ⅱ	$\Delta f'_i$	4～8 级精度
	$\Delta f''_{i\Sigma}$	7～12 级精度
	$\Delta f'_{zk}$	4～8 级精度
	Δf_{pt}与Δf_c	4～6 级精度
	Δf_{pt}	4～12 级精度的直齿锥齿轮;12 级精度的斜齿、曲线齿锥齿轮
Ⅲ	接触斑点	4～12 级精度

表 9-54 齿轮副推荐检验项目

公差组	检验组	适用于
Ⅰ	ΔF_{ic} $\Delta F''_{i\Sigma c}$ ΔF_{vj}	4～8 级精度 7～12 级精度的直齿;9～12 精度的斜齿、曲线齿 9～12 级精度
Ⅱ	$\Delta f'_{ic}$ $\Delta f''_{i\Sigma c}$ Δf_{zkc} Δf_{zzc}	4～8 级精度 7～12 级精度的直齿;9～12 级精度斜齿、曲线齿
Ⅲ	接触精度	4～12 级精度

表 9-55 接触斑点

精度等级	6、7	8、9	10	对齿面修行的齿轮，在齿面大端、小端和齿顶边缘处不允许出现接触斑点；对齿面不修形的齿轮，其接触斑点大小不小于表中平均值
沿齿长方向/%	50～70	36～65	25～55	
沿齿高方向/%	55～75	40～70	30～60	

表 9-56 最小法向侧隙 j_{nmin} 值 μm

中点锥距/mm		小轮分锥角/(°)		最小法向侧隙 j_{nmin} 值 最小法向侧隙种类		
大于	到	大于	到	b	c	d
—	50	—	15	58	36	22
		15	25	84	52	33
		25	—	100	62	39
50	100	—	15	84	52	33
		15	25	100	62	39
		25	—	120	74	46
100	200	—	15	100	62	39
		15	25	140	87	54
		25	—	160	100	63

(2) 锥齿轮精度

锥齿轮精度见表 9-57～表 9-60。

表 9-57 齿厚公差 $T_{\bar{s}}$ μm

齿动跳动公差		齿厚公差 $T_{\bar{s}}$ 法向间隙公差种类		
大于	到	B	C	D
32	40	85	70	55
40	50	100	80	65
50	60	120	95	75
60	80	130	110	90
80	100	170	140	110

表 9-58 齿坯尺寸公差

精度等级	4	5	6	7	8	9	10	11	12
轴径尺寸公差	IT4	IT5		IT6		IT7			
孔径尺寸公差	IT5	IT6		IT7		IT8			
外径尺寸公差	0 −IT7	0 −IT8				0 −IT9			

注：1. IT 为标准公差按 GB/T 1800.1—2009 确定。

2. 当三个公差精度等级不同时，公差值按最高的精度等级查取。

表 9-59 锥齿轮的 $\pm f_{pt}$、f_c 和齿轮副的 $f''_{i\Sigma c}$ 值 μm

中点分度圆直径/mm		中点法向模数/mm	齿轮极限偏差 $\pm f_{pt}$					齿形相对误差的公差 f_c			齿轮副-齿轴交角综合公差 $f''_{i\Sigma c}$			
			精度等级											
大于	到		6	7	8	9	10	6	7	8	7	8	9	10
—	125	1～3.5	10	14	20	28	40	5	8	10	28	40	53	67
		>3.5～6.3	13	18	25	36	50	6	9	13	36	50	60	75
		>6.3～10	14	20	28	40	56	8	11	17	40	56	71	90
		>10～16	17	24	34	48	67	10	15	22	48	67	85	105

续表

中点分度圆直径/mm		中点法向模数/mm	齿轮极限偏差$\pm f_{pt}$					齿形相对误差的公差 f_c			齿轮副-齿轴交角综合公差 $f''_{i\Sigma c}$			
			精度等级											
大于	到		6	7	8	9	10	6	7	8	7	8	9	10
125	400	1～3.5	11	16	22	32	45	7	9	13	32	45	60	75
		>3.5～6.3	14	20	28	40	56	8	11	15	40	56	67	80
		>6.3～10	16	22	32	45	63	9	13	19	45	63	80	100
		>10～16	18	25	36	50	71	11	17	25	50	71	90	120
400	800	1～3.5	13	18	25	36	50	9	12	18	36	50	67	80
		>3.5～6.3	14	20	28	40	56	10	14	20	40	56	75	90
		>6.3～10	18	25	36	50	71	11	16	24	50	71	85	105
		>10～16	20	28	40	56	80	13	20	30	56	80	100	130
800	1600	1～3.5	—	—	—	—	—	—	—	—	—	—	—	—
		>3.5～6.3	16	22	32	45	63	13	19	28	45	63	80	105
		>6.3～10	18	25	36	50	71	14	21	32	50	71	90	120
		>10～16	20	28	40	56	80	16	25	38	56	80	110	140

表 9-60 周期误差的公差 f'_{zk} 值（齿轮副周期误差的公差 f_{zkc} 值） μm

精度等级	中点分度圆直径/mm		中点法向模数/mm	齿轮在一转(齿轮副在大轮一转)内的周期数								
	大于	到		2～4	>4～8	>8～16	>16～32	>32～63	>63～125	>120～250	>250～500	>500
6	—	125	1～6.3	11	8	6	4.8	3.8	3.2	3	2.6	2.5
			>6.3～10	13	9.5	7.1	5.6	4.5	3.8	3.4	3	2.8
	125	400	1～6.3	16	11	8.5	6.7	5.6	4.8	4.2	3.8	3.6
			>6.3～10	18	13	10	7.5	6	5.3	4.5	4.2	4
	400	800	1～6.3	21	15	11	9	7.1	6	5.3	5	4.8
			>6.3～10	22	17	12	9.5	7.5	6.7	6	5.3	5
	800	1600	1～6.3	24	17	15	10	8	7.5	7	6.3	6
			>6.3～10	27	20	15	12	9.5	8	7.1	6.7	6.3
7	—	125	1～6.3	17	13	10	8	6	5.3	4.5	4.2	4
			>6.3～10	21	15	11	9	7.1	6	5.3	5	4.5
	125	400	1～6.3	25	18	13	10	9	7.5	6.7	6	5.6
			>6.3～10	28	20	16	12	10	8	7.5	6.7	6.3
	400	800	1～6.3	32	24	18	14	11	10	8.5	8	7.5
			>6.3～10	36	26	19	15	12	10	9.5	8.5	8
	800	1600	1～6.3	36	26	20	16	13	11	10	8.5	8
			>6.3～10	42	30	22	18	15	12	11	10	9.5
8	—	125	1～6.3	25	18	13	10	8.5	7.5	6.7	6	5.6
			>6.3～10	28	21	16	12	10	8.5	7.5	7	6.7
	125	400	1～6.3	36	26	19	15	12	10	9	8.5	8
			>6.3～10	40	30	22	17	14	12	10.5	10	8.5
	400	800	1～6.3	45	32	25	19	16	13	12	11	10
			>6.3～10	50	36	28	21	17	15	13	12	11
	800	1600	1～6.3	53	38	28	22	18	15	14	12	11
			>6.3～10	63	44	32	26	22	18	16	14	13

9.3.5 锥齿轮图例

锥齿轮图例见图 9-21 和图 9-22。

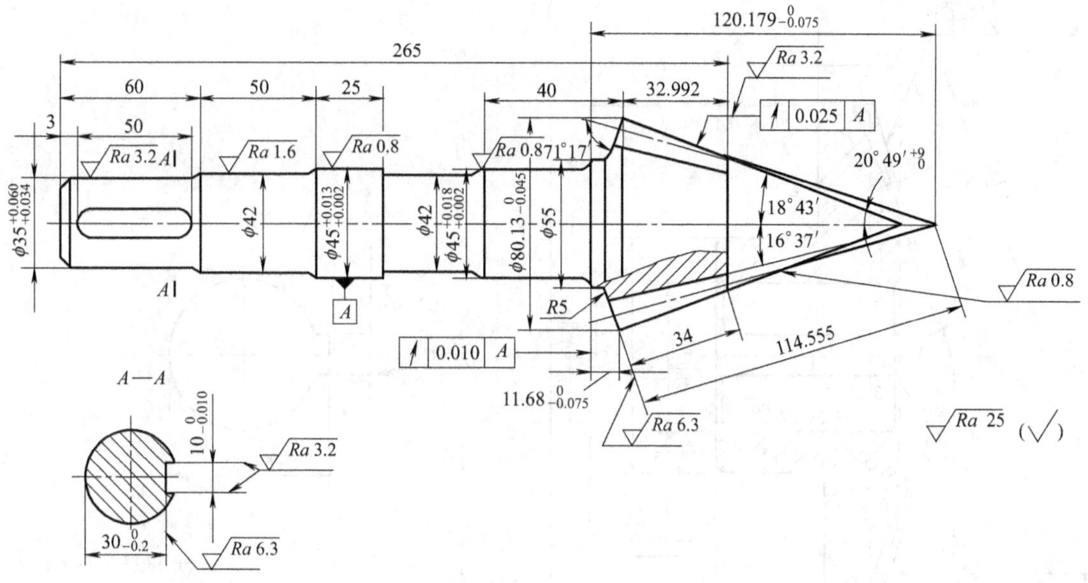

技术要求

1.渗碳淬火后齿面硬度58～63HRC。

2.未注明倒角为*C*2。

3.未注明圆角为*R*2。

4.两轴端中心孔为A5/10.6 GB/T 145—2001。

齿制	直齿 GB/T 12369—1990	
大端端面模数	m_a	3.5
齿数	z	19
中点螺旋角	β_m	0°
螺旋方向		
压力角	α	20°
齿顶高系数	h_a^*	1
切向变位系数	z_1	0
径向变位系数	x	0
大端齿高	h_e	7.7
配对齿轮	图号	
	齿数	59
精度等级	6cB GB/T 11365—1989	
大端分度圆弦齿厚	$\bar{s}$	$5.452_{-0.113}^{-0.048}$
大端分度圆弦齿高	$\bar{h}_{az}$	3.608
公差组	检验项目	数值
Ⅰ	F_i'	0.038
Ⅱ	f_i'	0.013
Ⅲ	沿齿长接触率＞60％	
	沿齿高接触率＞65％	

图 9-21 锥齿轮工作图例（一）

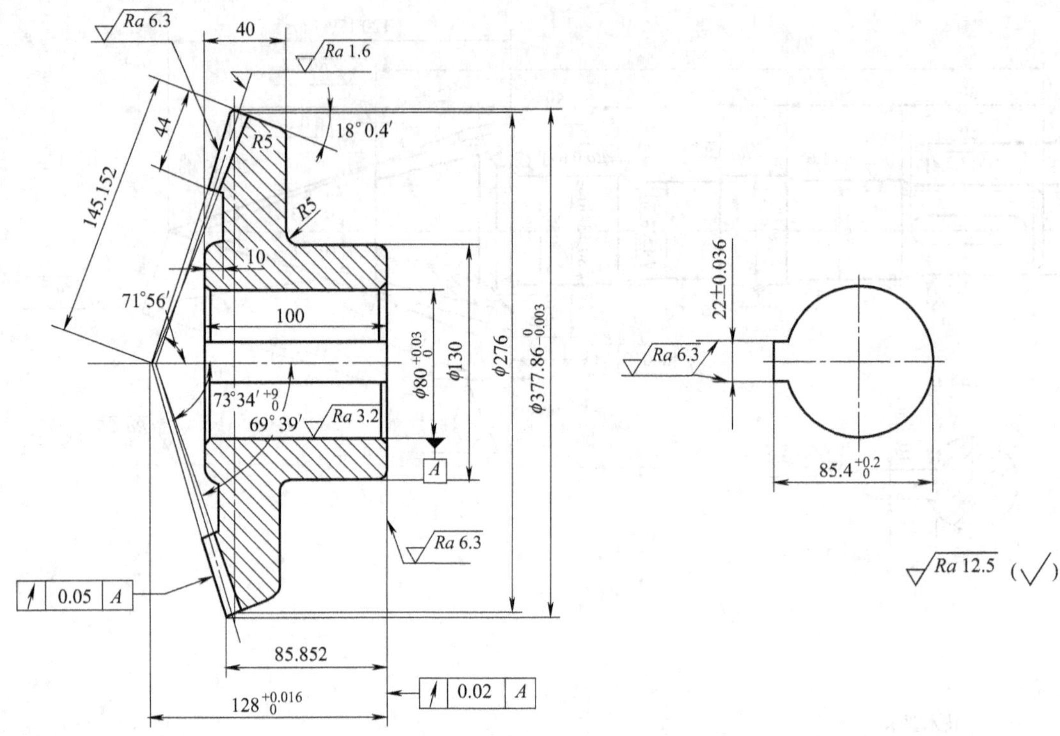

技术要求

1.材料20MnVB，渗碳淬火，齿面硬度56～62HRC。

2.心部硬度280～320HBW，渗碳层深度1～1.4mm。

3.全部倒角C2.5。

4.未注圆角R3。

齿制	格利森	
齿宽中点模数	m_{com}	5.096
齿数	z	46
齿宽中点螺旋角	β_m	35°
螺旋方向		右旋
压力角	α_n	20°
齿顶高系数	h_a^*	0.85
切向变位系数	x_1	−0.085
径向变位系数	x	0.35
全齿高	h	11.328
配对齿轮	图号	
	齿数	15
精度等级		7d GB/T 11365—1989
中点分度圆弦齿厚	$\bar{s}_m$	$4.82^{-0.060}_{-0.135}$
中点分度圆弦齿高	$\bar{h}_{acn}$	2.39
最小侧隙	j_{nmin}	0.054
刀盘直径	D_0	210
刀号	N_0	$8\frac{1}{2}$
公差组	检验项目	数值
Ⅰ	F_p	0.09
Ⅱ	$\pm f_{pt}$	±0.02
Ⅲ	沿齿长接触率>50%	
	沿齿高接触率>55%	

图 9-22 锥齿轮工作图例（二）

第10章

蜗杆传动

10.1 圆柱蜗杆基本设计

蜗杆传动用于交错轴间传递运动及动力。通常交错角 $\Sigma=90°$。它的主要优点：传动比大，工作较平稳，噪声低，结构紧凑，可以自锁。主要缺点：效率低，易发热，蜗轮制造需要贵重的减摩性有色金属。

根据蜗杆形状的不同，蜗杆传动可以分为圆柱蜗杆传动、环面蜗杆传动和锥蜗杆传动等。

10.1.1 普通圆柱蜗杆传动主要设计参数

普通圆柱蜗杆传动主要参数有模数 m、压力角 α、蜗杆头数 z_1，蜗轮齿数 z_2 及蜗杆的直径 d 等。进行蜗杆传动的设计时，首先要正确地选择参数。普通圆柱蜗杆传动主要设计参数见表 10-1～表 10-4。

表 10-1　普通圆柱蜗杆基本参数

模数 m/mm	分度圆直径 d_1/mm	蜗杆头数 z_1	直径系数 q	m^2d_1/mm^3
6.3	(80)	1,2,4	12.698	3175.2
	112	1	17.778	4445.28
8	(63)	1,2,4	7.875	4082
	80	1,2,4,6	10.000	5120
	(100)	1,2,4	12.500	6400
	140	1	17.500	8960
10	(71)	1,2,4	7.100	7100
	90	1,2,4,6	9.000	9000
	(112)	1,2,4	11.200	11200
	160	1	16.000	16000
12.5	(90)	1,2,4	7.200	14062.5
	112	1,2,4	8.960	17500
	(140)	1,2,4	11.200	21875
	200	1	16.000	31250
16	(112)	1,2,4	7.000	28672
	140	1,2,4	8.750	35840
	(180)	1,2,4	11.250	46080
	250	1	15.625	64000

续表

模数 m/mm	分度圆直径 d_1/mm	蜗杆头数 z_1	直径系数 q	m^2d_1/mm³
20	(140)	1,2,4	7.000	56000
	160	1,2,4	8.000	64000
	(224)	1,2,4	11.200	89600
	315	1	15.750	126000
25	(180)	1,2,4	7.200	112500
	200	1,2,4	8.000	125000
	(280)	1,2,4	11.200	175000
	400	1	16.00	250000

表 10-2 圆柱蜗杆、蜗轮参数的匹配（GB/T 10085—1988）

中心距 a /mm	传动比 i	模数 m /mm	蜗杆分度圆直径 d_1/mm	蜗杆头数 z_1	蜗轮齿数 z_2	蜗轮变位系数 x_2
40	4.83	2	22.4	6	29	−0.100
	7.25	2	22.4	4	29	−0.100
	9.5[①]	1.6	20	4	38	−0.250
	—	—	—	—	—	—
	14.5	2	22.4	2	29	−0.100
	19[①]	1.6	20	2	38	−0.250
	29	2	22.4	1	29	−0.100
	38[①]	1.6	20	1	38	−0.250
	49	1.25	20	1	49	−0.500
	62	1	18	1	62	0.000
50	4.83	2.5	28	6	29	−0.100
	7.25	2.5	28	4	29	−0.100
	9.75[①]	2	22.4	4	39	0.100
	12.75	1.6	20	4	51	−0.500
	14.5	2.5	28	2	29	−0.100
	19.5[①]	2	22.4	2	39	−0.100
	25.5	1.6	20	2	51	−0.500
	29	2.5	28	1	29	−0.100
	39[①]	2	22.4	1	39	−0.100
	51	1.6	20	1	51	−0.500
	62	1.25	22.4	1	62	+0.040
	—	—	—	—	—	—
	82[①]	1	18	1	82	0.000
63	4.83	3.15	35.5	6	29	−0.1349
	7.25	3.15	35.5	4	29	−0.1349
	9.75[①]	2.5	28	4	39	+0.100
	12.75	2	22.4	4	51	+0.400
	14.5	3.15	35.5	2	29	−0.1349
	19.5[①]	2.5	28	2	39	+0.100
	25.5	2	22.4	2	51	+0.400
80	5.17	4	40	6	31	−0.500
	7.75	4	40	4	31	−0.500
	9.75[①]	3.15	35.5	4	39	+0.2619
	13.25	2.5	28	4	53	−0.100
	15.5	4	40	2	31	−0.500
	19.5[①]	3.15	35.5	2	39	+0.2619
	26.5	2.5	28	2	53	−0.100
	31	4	40	1	31	−0.500
	39[①]	3.15	35.5	1	39	+0.2619

续表

中心距 a /mm	传动比 i	模数 m /mm	蜗杆分度圆直径 d_1/mm	蜗杆头数 z_1	蜗轮齿数 z_2	蜗轮变位系数 x_2
80	53	2.5	28	1	53	−0.100
	62	2	35.5	1	62	+0.125
	69	2	22.4	1	69	−0.100
	82①	1.6	28	1	82	+0.250
100	5.17	5	50	6	31	−0.500
	7.75	5	50	4	31	−0.500
	10.25①	4	40	4	41	−0.500
	13.25	3.15	35.5	4	53	−0.3889
	15.5	5	50	2	31	−0.500
	20.5①	4	40	2	41	−0.500
	26.5	3.15	35.5	2	53	−0.3889
	31	5	50	1	31	−0.500
	41①	4	40	1	41	−0.500
	53	3.15	35.5	1	53	−0.3889
	62	2.5	45	1	62	0.000
	70	2.5	28	1	70	−0.600
	82①	2	35.5	1	82	+0.125
125	5.17	6.3	63	6	31	−0.6587
	7.75	6.3	63	4	31	−0.6587
	10.25①	5	50	4	41	−0.500
	12.75	4	40	4	51	+0.750
	15.5	6.3	63	2	31	−0.6587
	20.5①	5	50	2	41	−0.500
	25.5	4	40	2	51	+0.750
	31	6.3	63	1	31	−0.6587
	41①	5	50	1	41	−0.500
	51	4	40	1	51	+0.750
	62	3.15	56	1	62	−0.2063
	69	3.15	35.5	1	09	−0.4524
	82①	2.5	45	1	82	0.000
160	5.17	8	80	6	31	−0.500
	7.75	8	80	4	31	−0.500
	10.25①	6.3	63	4	41	−0.1032
	13.25	5	50	4	53	+0.500
	15.5	8	80	2	31	−0.500
	20.5①	6.3	63	2	41	−0.1032
	26.5	5	50	2	53	+0.500
	31	8	80	1	31	−0.500
	41①	6.3	63	1	41	−0.1032
	53	5	50	1	53	+0.500
	62	4	71	1	62	+0.125
	70	4	40	1	70	0.000
	83①	3.15	56	1	83	+0.4048
180	7.25	10	71	4	29	−0.050
	9.5①	8	63	4	38	−0.4375
	12	6.3	63	4	48	−0.4286
	15.25	5	50	4	61	+0.500
	19①	8	63	2	38	−0.4375
	24	6.3	63	2	48	−0.4286
	30.5	5	50	2	61	+0.500

续表

中心距 a /mm	传动比 i	模数 m /mm	蜗杆分度圆直径 d_1/mm	蜗杆头数 z_1	蜗轮齿数 z_2	蜗轮变位系数 x_2
180	38①	8	63	1	38	−0.4375
	48	6.3	63	1	48	−0.4286
	61	5	50	1	61	+0.500
	71	4	71	1	71	+0.625
	80①	4	40	1	80	0.000
200	5.17	10	90	6	31	0.000
	7.75	10	90	4	31	0.000
	10.25①	8	80	4	41	−0.500
	13.25	6.3	63	4	53	+0.246
	15.5	10	90	2	31	0.000
	20.5①	8	80	2	41	−0.500
	26.5	6.3	63	2	53	+0.246
	31	10	90	1	31	0.000
	41①	8	80	1	41	−0.500
	53	6.3	63	1	53	+0.246
	62	5	90	1	62	0.000
	70	5	50	1	70	0.000
	82①	4	71	1	82	+0.125
225	7.25	12.5	90	4	29	−0.100
	9.5①	10	71	4	38	−0.050
	11.75	8	80	4	47	−0.375
	15.25	6.3	63	4	61	+0.2143
	19.5①	10	71	2	38	−0.050
	23.5	8	80	2	47	−0.375
	30.5	6.3	63	2	61	+0.2143
	38①	10	71	1	38	−0.050
	47	8	80	1	47	−0.375
	61	6.3	63	1	61	+0.2143
	71	5	90	1	71	+0.500
	80①	5	50	1	80	0.000
250	7.75	12.5	112	4	31	+0.020
	10.25①	10	90	4	41	0.000
	13	8	80	4	52	+0.250
	15.5	12.5	112	2	31	+0.020
	20.5①	10	90	2	41	0.000
	26	8	80	2	52	+0.250
	31	12.5	112	1	31	+0.020
	41①	10	90	1	41	0.000
	52	8	80	1	52	+0.250
	61	6.3	112	1	61	+0.2937
	70	6.3	63	1	70	−0.3175
	81①	5	90	1	81	+0.500
280	7.25	16	112	4	29	−0.500
	9.5①	12.5	90	4	38	−0.200
	12	10	90	4	48	−0.500
	15.25	8	80	4	61	−0.500
	19①	12.5	90	2	38	−0.200
	24	10	90	2	48	−0.500
	30.5	8	80	2	61	−0.500
	38①	12.5	90	1	38	0.200
	48	10	90	1	48	−0.500
	61	8	80	1	61	−0.500
	71	6.3	112	1	71	+0.0556
	80①	6.3	63	1	80	−0.5556

续表

中心距 a /mm	传动比 i	模数 m /mm	蜗杆分度圆直径 d_1/mm	蜗杆头数 z_1	蜗轮齿数 z_2	蜗轮变位系数 x_2
315	7.75	16	140	4	31	−0.1875
	10.25[①]	12.5	112	4	41	+0.220
	13.25	10	90	4	53	+0.500
	15.5	16	140	2	31	−0.1875
	20.5[①]	12.5	112	2	41	+0.220
	26.5	10	90	2	53	+0.500
	31	16	140	1	31	−0.1875
	41[①]	12.5	112	1	41	+0.220
	53	10	90	1	53	+0.500
	61	8	140	1	61	+0.125
	69	8	80	1	69	−0.125
	82[①]	6.3	112	1	82	+0.1111
355	7.25	20	140	4	29	−0.250
	9.5[①]	16	112	4	38	−0.3125
	12.25	12.5	112	4	49	−0.580
	15.25	10	90	4	61	+0.500
	19[①]	16	112	2	38	−0.3125
	24.5	12.5	112	2	49	−0.580
	30.5	10	90	2	61	+0.500
	38[①]	16	112	1	38	0.3125
	49	12.5	112	1	49	−0.580
	61	10	90	1	61	+0.500
	71	8	140	1	71	+0.125
	79[①]	8	80	1	79	−0.125
400	7.75	20	160	4	31	+0.500
	10.25[①]	16	140	4	41	+0.125
	13.5	12.5	112	4	54	+0.520
	15.5	20	160	2	31	+0.500
	20.5[①]	16	140	2	41	+0.125
	27	12.5	112	2	54	+0.520
	31	20	160	1	31	+0.050
400	41[①]	16	140	1	41	+0.125
	54	12.5	112	1	54	+0.520
	63	10	160	1	63	+0.500
	71	10	90	1	71	0.000
	82[①]	8	140	1	82	+0.250
450	7.25	25	180	4	29	−0.100
	9.75[①]	20	140	4	39	−0.500
	12.25	16	112	4	49	+0.125
	15.75	12.5	112	4	63	+0.020
	19.5[①]	20	140	2	39	−0.500
	24.5	16	112	2	49	+0.125
	31.5	12.5	112	2	63	+0.020
	39[①]	20	140	1	39	−0.500
	49	16	112	1	49	+0.125
	63	12.5	112	1	63	+0.020
	73	10	160	1	73	+0.500
	81[①]	10	90	1	81	0.000
500	7.75	25	200	4	31	+0.500
	10.25[①]	20	160	4	41	+0.500
	13.25	16	140	4	53	+0.375

续表

中心距 a /mm	传动比 i	模数 m /mm	蜗杆分度圆直径 d_1/mm	蜗杆头数 z_1	蜗轮齿数 z_2	蜗轮变位系数 x_2
500	15.5	25	200	2	31	+0.500
	20.5①	20	160	2	41	+0.500
	26.5	16	140	2	53	+0.375
	31	25	200	1	31	+0.500
	41①	20	160	1	41	+0.500
	53	16	140	1	53	+0.375
	63	12.5	200	1	63	+0.500
	71	12.5	112	1	71	+0.020
	83①	10	160	1	83	+0.500

① 为基本传动比。

表 10-3 普通圆柱蜗杆传动的主要几何尺寸计算公式

名　称	代　号	公　式
蜗杆轴向模数或蜗轮端面模数	m	由强度条件确定，取标准值（见表 10-1）
中心距	a	$a=(d_1+mz_2)/2$（变位传动，$a'=a+2x_2m$）
传动比	i	$i=n_1/n_2=z_2/z_1$
蜗杆轴向齿距	px_1	$px_1=\pi m$
蜗杆导程	l	$l=z_1px_1$
蜗杆分度圆柱导程角	γ	$\tan\gamma=mz_1/d_1$
蜗杆分度圆直径	d_1	d_1 与 m 匹配，由表 10-1 取标准值（变位传动，$d_1'=d_1+2x_2m$）
蜗杆压力角	α	$\alpha=\alpha_{x1}=20°$（阿基米德蜗杆），其他蜗杆 $\alpha=\alpha_{x1}=20°$
蜗杆齿顶高	h_{a1}	$h_{a1}=h_a^*m$
蜗杆齿根高	h_{f1}	$h_{f1}=(h_a^*+c^*)m$
蜗杆齿全高	h_1	$h_1=h_{a1}+h_{f1}=(2h_a^*+c^*)m$
齿顶高系数	h_a^*	一般 $h_a^*=1$，短齿 $h_a^*=0.8$
顶隙系数	c^*	一般 $c^*=0.2$
蜗杆齿顶圆直径	d_{a1}	$d_{a1}=d_1+2h_{a1}=d_1+2h_a^*m$
蜗杆齿根圆直径	d_{f1}	$d_{f1}=d_1-2h_{f1}=d_1-2(h_a^*+c^*)m$
蜗轮分度圆直径	d_2	$d_2=mz_2$，$d_2'=d_2$
蜗轮齿顶高	h_{a2}	$h_{a2}=h_a^*m$
蜗轮齿根高	h_{f2}	$h_{f2}=(h_a^*+c^*)m$
蜗轮齿顶圆直径	d_{a2}	$d_{a2}=d_2+2h_a^*m$
蜗轮齿根圆直径	d_{f2}	$d_{f2}=d_2-2(h_a^*+c^*)m$
蜗轮齿宽	b_2	由设计确定
蜗轮齿宽角	θ	$\sin(\theta/2)=b_2/d_1$
蜗轮咽喉母圆半径	r_{g2}	$r_{g2}=a-d_{a2}/2$

表 10-4 蜗杆螺纹部分长度 b_1、蜗轮外径 d_{e2} 及蜗轮宽度 B 的计算公式

	普通圆柱蜗杆传动	圆弧圆柱蜗杆传动
b_1	$z_1=1,2;b_1\geqslant(11+0.06z_2)m$ $z_1=3,4;b_1\geqslant(12.5+0.09z_2)m$ 磨削蜗杆加长量： $m<10$mm，$\Delta b_1=15\sim25$mm $m=10\sim14$mm，$\Delta b_1=35$mm $m\geqslant16$mm 时，$\Delta b_1=50$mm	$z_1=1,2;x_2<1,b_1\geqslant(12.5-0.1z_2)m$ $x_2\geqslant1,b_1\geqslant(13-0.1z_2)m$ $z_1=3,4;x_2<1,b_1\geqslant(13.5-0.1z_2)m$ $x_2\geqslant1,b_1\geqslant(14-0.1z_2)m$ 磨削蜗杆加长量： $m\leqslant6$mm，加长 20mm $m=7\sim9$mm，加长 30mm $m=10\sim14$mm，加长 40mm $m=16\sim25$mm，加长 50mm
d_{e2}	$z_1=1;d_{e2}=d_{a2}+2m$ $z_1=2\sim3;d_{e2}=d_{a2}+1.5m$ $z_1=4\sim6;d_{e2}=d_{a2}+m$，或按结构设计	$d_{e2}\leqslant d_{a2}+(0.8\sim1)m$
B	$z_1\leqslant3$ 时，$B\leqslant0.75d_{a1}$；$z_1=4\sim6$ 时，$B\leqslant0.67d_{a1}$	$B=(0.67\sim0.7)d_{a1}$

10.1.2　普通圆柱蜗杆传动的承载能力计算

蜗杆与蜗轮齿面间滑动速度较大，蜗杆传动的失效形式主要是蜗轮齿面的点蚀、磨损和胶合，有时也出现蜗轮轮齿齿根折断。因此，对闭式传动，一般按齿面接触强度设计，条件性地考虑蜗轮齿面胶合和点蚀；只是当蜗轮齿数 $z_2>80\sim100$，或蜗轮负变位时，才进行蜗轮轮齿齿根强度验算；另外，蜗杆传动热损耗较大，应进行散热计算。对开式传动按蜗轮轮齿齿根强度设计，用降低许用应力或增大模数的办法加大齿厚，来考虑磨损的储备量。对蜗杆需按轴的计算方法校核其强度和刚度（表 10-5）。普通圆柱蜗杆传动的承载能力计算见表 10-5～表10-11及图 10-1。

表 10-5　普通圆柱蜗杆传动的强度和刚度计算

公式用途	齿面接触强度	齿根弯曲强度
传动设计	$m^2d_2\geqslant\left(\dfrac{15000}{\sigma_{\mathrm{MP}}z_z}\right)^2KT_z$	$m^2d_2\geqslant\dfrac{6000KT_zY_{\mathrm{FS}}}{\sigma_{\mathrm{FF}}z_z}$
传动校核	$\sigma_{\mathrm{M}}=Z_z\sqrt{\dfrac{9400T_2}{d_zd_z^2}K_{\mathrm{A}}K_{\mathrm{v}}K_{\mathrm{B}}}\leqslant\sigma_{\mathrm{MP}}$	$\sigma_{\mathrm{F}}=\dfrac{666T_ZK_{\mathrm{A}}K_{\mathrm{v}}K_{\mathrm{B}}}{d_zd_zm}Y_{\mathrm{FS}}Y_6\leqslant\sigma_{\mathrm{FF}}$
蜗杆轴刚度验算	$y_z=\dfrac{\sqrt{F_{z2}^2+F_{z2}^2}}{48EI}L^2\leqslant y_{\mathrm{F}}$　$y_{\mathrm{F}}=(0.001\sim0.0025)d_2$	

表 10-6　蜗杆传动的当量摩擦因数 μ_{v} 和当量摩擦角 ρ_{v}

蜗轮材料	锡青铜				铝青铜		灰铸铁			
蜗杆齿面硬度	≥45HRC		其他		≥45HRC		≥45HRC		其他	
滑动速度 v_{s}/(m/s)	μ_{v}①	ρ_{v}①	μ_{v}	ρ_{v}	μ_{v}①	ρ_{v}①	μ_{v}①	ρ_{v}①	μ_{v}①	ρ_{v}
0.05	0.090	5°09′	0.100	5°43′	0.140	7°58′	0.140	7°58′	0.160	9°05′
0.10	0.080	4°34′	0.090	5°09′	0.130	7°24′	0.130	7°24′	0.140	7°58′
0.25	0.065	3°43′	0.075	4°17′	0.100	5°43′	0.100	5°43′	0.120	6°51′
0.50	0.055	3°09′	0.065	3°43′	0.090	5°09′	0.090	5°09′	0.100	5°43′
1.0	0.045	2°35′	0.055	3°09′	0.070	4°00′	0.070	4°00′	0.090	5°09′
1.5	0.040	2°17′	0.050	2°52′	0.065	3°43′	0.065	3°43′	0.080	4°34′
2.0	0.035	2°00′	0.045	2°35′	0.055	3°09′	0.055	3°09′	0.070	4°00′
2.5	0.030	1°43′	0.040	2°17′	0.050	2°52′	—	—	—	—
3.0	0.028	1°36′	0.035	2°00′	0.045	2°35′	—	—	—	—
4	0.024	1°22′	0.031	1°47′	0.040	2°17′	—	—	—	—
5	0.022	1°16′	0.029	1°40′	0.035	2°00′	—	—	—	—
8	0.018	1°02′	0.026	1°29′	0.030	1°43′	—	—	—	—
10	0.016	0°55′	0.024	1°22′	—	—	—	—	—	—
15	0.014	0°48′	0.020	1°09′	—	—	—	—	—	—
24	0.013	0°45′	—	—	—	—	—	—	—	—

① 列内数值对应蜗杆齿面粗糙度轮廓算术平均偏差 Ra 值为 1.6～0.4μm，经过仔细跑合，正确安装，并采用黏度合适的润滑油进行充分润滑的情况。

表 10-7　蜗杆传动的总效率

蜗杆头数 z_1	1	2	4	6
总效率 η	0.7	0.8	0.9	0.95

表 10-8　蜗杆头数 z_1 与蜗轮齿数 z_2 的推荐用值

传动比 i	≤5	7～15	14～30	29～82
蜗杆头数 z_1	6	4	2	1
蜗轮齿数 z_2	29～31	29～61	29～61	29～82

表 10-9 工况系数 K_A

原动机	平稳	中等冲击	严重冲击
电动机	0.8～1.25	0.9～1.5	1～1.75
多缸内燃机	0.9～1.5	1～1.75	1.25～2
单缸内燃机	1～1.7	1.25～2	1.5～2.25

注：小值用于间歇工作，大值用于连续工作。

表 10-10 动载系数 K_v

v/(m/s)	<3	>3
K_v	1	1.1～1.3

表 10-11 风冷时的表面传热系数

蜗杆转速/(r/min)	750	1000	1250	1550
K_a'/[W/(m²·℃)]	27	31	35	38

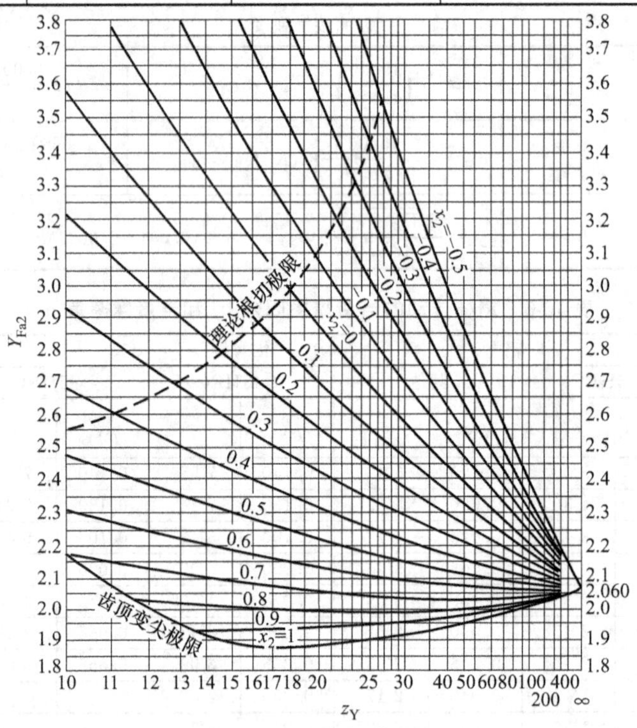

图 10-1 蜗轮齿形系数

10.1.3 蜗杆及蜗轮常用材料

蜗杆及蜗轮常用材料见表 10-12～表 10-16。

表 10-12 蜗杆常用的材料及技术要求

材 料	热处理	硬度	齿面粗糙度 Ra/μm
45，42SiMn，37SiMn2MoV，40Cr，35CrMo,38SiMnMo,42CrMo,40CrNi	表面淬火	45～55HRC	1.6～0.8
15CrMn，20CrMn，20Cr，20CrNi，20CrMnTi,18Cr2Ni4W	渗碳淬火	58～63HRC	1.6～0.8
45(用于不重要的传动)	调质	<270HBS	6.3

表 10-13 材料的弹性系数 Z_E $\sqrt{\text{MPa}}$

蜗杆材料	蜗轮材料			
	铸锡青铜	铸铝青铜	灰铸铁	球墨铸铁
钢	155	156	162	181.1

表 10-14 铸锡青铜的基本许用接触应力 $[\sigma_H]$ MPa

蜗轮材料	铸造方法	蜗杆螺旋面的硬度	
		≤45HRC	>45HRC
ZCuSn10P1	砂型铸造	150	180
	金属模铸造	220	268
ZCuSn5Pb5Zn5	砂型铸造	113	135
	金属模铸造	128	140
	离心铸造	158	183

表 10-15 灰铸铁及铸铝铁青铜的许用接触应力 $[\sigma_H]$ MPa

材料		滑动速度/(m/s)						
蜗杆	蜗轮	<0.25	0.25	0.5	1	2	3	4
20 钢或 20Cr 渗碳淬火，45 钢淬火，齿面硬度大于 45HRC	HT150	206	166	150	127	95		
	HT200	250	202	182	154	115		
	ZCuAl10Fe3	230	190	180	173	163	154	149
45 钢或 Q275	HT150	172	139	125	106	79		
	HT200	208	168	152	128	96		

表 10-16 蜗轮材料的基本许用弯曲应力 $[\sigma_F]$ MPa

蜗轮材料		铸造方法	单侧工作	双侧工作
ZCuSn10P1		砂模铸造	40	29
		金属模铸造	56	40
ZCuSn5Pb5Zn5		砂模铸造	26	22
		金属模铸造	32	26
ZCuAl10Fe3		砂模铸造	80	57
		金属模铸造	90	64
灰铸铁	HT150	砂模铸造	40	28
	HT200	砂模铸造	48	34

10.2 圆柱蜗杆传动精度数据

10.2.1 圆柱蜗杆传动的精度等级及应用

圆柱蜗杆、蜗轮精度摘自 GB/T 10089—1988，该标准对蜗杆、蜗轮和蜗杆传动规定了 12 个精度等级，第 1 级的精度最高，第 12 级的精度最低。

按照公差的特性对传动性能的主要保证作用，将蜗杆、蜗轮和蜗杆传动的公差（或极限偏差）分成三个公差组。

第Ⅰ公差组

蜗杆：—

蜗轮：F'_i，F''_i，F_p，F_{pk}，F_r。

蜗杆传动：F'_{ic}。

第Ⅱ公差组

蜗杆：f_h，f_{hL}，f_{px}，f_{pxL}，f_r。

蜗轮：f'_i，f''_i，f_{pt}。

蜗杆传动：f'_{ic}。

第Ⅲ公差组

蜗杆：f_{f1}。

蜗轮：f_{f2}。

蜗杆传动：接触斑点 f_a，f_Σ，f_x。

根据使用要求不同，允许各公差组选用不同的精度等级组合，但在同一公差组中，各项公差与极限偏差应保持相同的精度等级。蜗杆和配对蜗轮的精度等级一般相同，也允许不相同。对有特殊要求的蜗杆传动，除 F_r、F_i''、f_i''、f_r项目外，其蜗杆、蜗轮左右齿面的精度等级也可不相同。

本标准适用于轴交角为 90°，模数 $m \geqslant 1$mm 的圆柱蜗杆、蜗轮传动。其蜗杆分度圆直径 $d_1 \leqslant 400$mm，蜗轮分度圆直径 $d_2 \geqslant 4000$mm。基本蜗杆可为阿基米德蜗杆（ZA 蜗杆）、渐开线蜗杆（ZI 蜗杆）、法向直廓蜗杆（ZN 蜗杆）、锥面包络圆柱蜗杆（ZA 蜗杆）和圆弧圆柱蜗杆（ZC 蜗杆）。蜗杆传动的精度等级、加工方法及应用范围见表 10-17。

表 10-17 蜗杆传动的精度等级、加工方法及应用范围

精度等级		7	8	9
蜗轮圆周速度/(m/s)		≤7.5	≤3	≤1.5
加工方法	蜗杆	渗碳淬火或淬火后磨削	淬火磨削或车削、铣削	车削或铣削
	蜗轮	滚削或飞刀加工后珩磨(或加载配对跑合)	滚削或飞刀加工后加载配对跑合	滚削或飞刀加工
应用范围		中等精度工业运转机构的动力传动,如机床进给、操纵机构,电梯曳引装置	每天工作时间不长的一般动力传动,如起重运输机械减速器、纺织机械传动装置	低速传动或手动机构,如舞台升降装置、塑料蜗杆传动

蜗杆传动的检验组及各项误差的公差数值见表 10-18。

表 10-18 蜗杆传动的检验组及各项误差的公差数值

公差组	检验误差项目	说　明	公差数值
Ⅰ	F_{ic}	对 5 级和 5 级精度以下的传动,允许用蜗轮的切向综合误差 F_i'、一齿切向综合误差 f_i'来代替 F_{ic}'和 f_{ic}'的检验,或蜗杆蜗轮相应公差组的检验组中的最低结果来评定传动的第Ⅰ、Ⅱ公差组精度等级	$F_{ic}=f_P+f_{ic}'$
Ⅱ	f_{ic}'	—	$f_{ic}'=0.7(f_h+f_i')$
Ⅲ	接触斑点 f_a、f_x、f_Σ	对不可调中心距的蜗杆传动,检验接触斑点的同时还应检验 f_a、f_x 和 f_Σ	在相关手册中查找

注：进行传动切向综合误差 $\Delta F_{ic}'$、一齿切向综合误差 $\Delta f_{ic}'$和接触斑点检验的蜗杆传动，允许相应的第Ⅰ、Ⅱ、Ⅲ公差组的蜗杆、蜗轮检验组和 Δf_a、Δf_x、Δf_Σ 中任意一项误差超差。

10.2.2 对蜗轮副的检验要求

根据蜗杆传动的工作要求和生产规模，在各个公差组中，选定一个检验组来评定和验收蜗杆、蜗轮的精度。当检验组中有两项或两项以上的误差时，应以检验组中最低的一项精度来评定蜗杆、蜗轮的精度等级。当制造厂与订货者双方有专门协议时，应按协议的规定进行蜗杆、蜗轮精度的验收、评定。

标准规定的公差值是以蜗杆、蜗轮的工作轴线为测量的基准轴线。若实际测量基准不符合本规定，应从测量结果中消除基准不同所带来的影响。

蜗杆传动的精度主要以传动切向综合误差、传动一齿切向综合误差和传动接触斑点的形状分布位置与面积大小来评定。

国家标准按蜗杆传动的最小法向侧隙大小将侧隙种类分为八种：a，b，c，d，e、f、g 和 h。最小法向侧隙值以 a 为最大，h 为零，其他依次减小。侧隙种类与精度等级无关。

蜗杆传动的侧隙应根据使用要求用侧隙种类的代号（字母）表示。各种侧隙的最小法向侧隙 j_{nmin}值按“蜗杆、蜗轮各项误差的公差数值表”确定。

对可调中心距的传动或蜗杆、蜗轮不要求互换的传动，允许传动的侧隙规范用最小侧隙 j_{tmin}（或 j_{nmin}）和最大侧隙 j_{tmax}（或 j_{nmax}）来规定。

传动的最小法向侧隙由蜗杆齿厚的减薄量来保证，即取蜗杆齿厚上偏差 $E_{ss1}=(j_{nmin}/\cos\alpha_n+E_{s\Delta})$。

10.2.3 各项公差和极限偏差

各项公差和极限偏差见表 10-19～表 10-30。

表 10-19 蜗杆、蜗轮齿坯基准面径向和端面跳动公差

基准面直径 d/mm	精度等级		
	6	7～8	9～10
≤31.5	4	7	10
>31.5～63	6	10	16
>63～125	8.5	14	22
>125～400	11	18	28
>400～800	14	22	36
>800～1600	20	32	50
>1600～2500	28	45	71
>2500～4000	40	63	100

表 10-20 传动轴交角极限偏差（$\pm f_\Sigma$）的 f_Σ 值 μm

蜗轮齿宽 b_2/mm	精度等级				
	6	7	8	9	10
≤30	10	12	17	24	34
>30～50	11	14	19	28	38
>50～80	13	16	22	32	45
>80～120	15	19	24	36	53
>120～180	17	22	28	42	60
>180～250	20	25	32	48	67
>250	22	28	36	53	75

表 10-21 蜗杆、蜗轮齿坯尺寸形状公差

精度等级		6	7	8	9	10
孔	尺寸公差	IT6	IT7		IT8	
	形状公差	IT5	IT6		IT7	
轴	尺寸公差	IT5				
	形状公差	IT4	IT5		IT6	
齿顶圆直径公差		IT8			IT9	

注：1. 当三个公差组的精度等级不同时，按最高精度等级确定公差。

2. 当齿顶圆不作测量基准时，尺寸公差按 IT11 确定，但不得大于 0.1mm；当以顶圆作基准时，本栏指的是顶圆径向跳动。

3. IT 为标准公差。

表 10-22 传动的最小法向侧隙 j_{nmin} 值 μm

传动中心距 a/mm	侧隙种类							
	h	g	f	e	d	c	b	a
≤30	0	9	13	21	33	52	84	130
>30～50	0	11	16	25	39	62	100	160
>50～80	0	13	19	30	46	74	120	190
>80～120	0	15	22	35	54	87	140	220
>120～180	0	18	25	40	63	100	160	250
>180～250	0	20	29	46	72	115	185	290
>250～315	0	23	32	52	81	130	210	320
>315～400	0	25	36	57	89	140	230	360

续表

传动中心距 a/mm	侧隙种类							
	h	g	f	e	d	c	b	a
>400～500	0	27	40	63	97	155	250	400
>500～630	0	30	44	70	110	175	280	440
>630～800	0	35	50	80	125	200	320	500
>800～1000	0	40	56	90	140	230	360	560
>1000～1250	0	46	66	105	165	260	420	660
>1250～1600	0	54	78	125	195	310	500	780

注：传动的最小圆周侧隙 $j_{tmin}=j_{nmin}/(\cos\gamma'\cos\alpha_n)$。式中，$\gamma'$为蜗杆节圆柱导程角；$\alpha_n$ 为蜗杆法向齿形角。

表 10-23 蜗杆齿槽径向跳动公差 f_r 值 μm

分度圆直径 d_1/mm	模数 m/mm	精度等级				
		6	7	8	9	10
≥10	1～3.5	11	14	20	28	40
>10～18	1～3.5	12	15	21	29	41
>18～31.5	1～6.3	12	16	22	30	42
>31.5～50	1～10	13	17	23	32	45
>50～80	1～16	14	18	25	36	48
>80～125	1～16	16	20	28	40	56
>125～180	1～25	18	25	32	45	63
>180～250	1～25	22	28	40	53	75
>250～315	1～25	25	32	45	63	90
>315～400	1～25	28	36	53	71	100

注：当基准蜗杆齿形角 α 不等于 20°时，本标准规定的公差值乘以一个系数，其系数值为 $\sin20°/\sin\alpha$。

表 10-24 蜗轮齿厚公差 T_{s2}、蜗杆齿厚公差 T_{s1} 值 μm

T_{s2}

分度圆直径 d_2/mm	模数 m/mm	精度等级				
		6	7	8	9	10
≤125	1～3.5	71	90	110	130	160
	>3.5～6.3	85	110	130	160	190
	>6.3～10	90	120	140	170	210
>125～400	1～3.5	80	100	120	140	170
	>3.5～6.3	90	120	140	170	210
	>6.3～10	100	130	160	190	230
	>10～16	110	140	170	210	260
	>16～25	130	170	210	260	320
>400～800	1～3.5	85	110	130	160	190
	>3.5～6.3	90	120	140	170	210
	>6.3～10	100	130	160	190	230
	>10～16	120	160	190	230	290
	>16～25	140	190	230	290	350
>800～1600	1～3.5	90	120	140	170	210
	>3.5～6.3	100	130	160	190	230
	>6.3～10	110	140	170	210	260
	>10～16	120	160	190	230	290
	>16～25	140	190	230	290	350

T_{s1}

模数 m/mm	精度等级				
	6	7	8	9	10
1～3.5	36	45	53	67	95
>3.5～6.3	45	56	71	90	130
>6.3～10	60	71	90	110	160
>10～16	80	95	120	150	210
>16～25	110	130	160	200	280

注：1. 精度等级分别按蜗轮、蜗杆第Ⅱ公差组确定。
2. 在最小法向侧隙能保证的条件下，公差带允许采用对称分布。
3. 对传动最大法向侧隙 j_{nmax} 无要求时，允许蜗杆齿厚公差 T_{s1} 增大，最大不超过 2 倍。

表 10-25 蜗杆齿距极限偏差（$\pm f_{pt}$）的 f_{pt}值 μm

分度圆直径 d_2/mm	模数 m/mm	精度等级				
		6	7	8	9	10
≤125	1～3.5	10	14	20	28	40
	>3.5～6.3	13	18	25	36	50
	>6.3～10	14	20	28	40	56
>125～400	1～3.5	11	16	22	32	45
	>3.5～6.3	14	20	28	40	56
	>6.3～10	16	22	32	45	63
	>10～16	18	25	36	50	71
>400～800	1～3.5	13	18	25	36	50
	>3.5～6.3	14	20	28	40	56
	>6.3～10	18	25	36	50	71
	>10～16	20	28	40	56	80
	>16～25	25	36	50	71	100
>800～1600	1～3.5	14	20	28	40	56
	>3.5～6.3	16	22	32	45	63
	>6.3～10	18	25	36	50	71
	>10～16	20	28	40	56	80
	>16～25	25	36	50	71	100

表 10-26 蜗杆齿形公差 f_{f2}值 μm

分度圆直径 d_2/mm	模数 m/mm	精度等级				
		6	7	8	9	10
≤125	1～3.5	8	11	14	22	36
	>3.5～6.3	10	14	20	32	50
	>6.3～10	12	17	22	36	56
>125～400	1～3.5	9	13	18	28	45
	>3.5～6.3	11	16	22	36	56
	>6.3～10	13	19	28	45	71
	>10～16	16	22	32	50	80
>400～800	1～3.5	12	17	25	40	63
	>3.5～6.3	14	20	28	45	71
	>6.3～10	16	24	36	56	90
	>10～16	18	26	40	63	100
	>16～25	24	36	56	90	140
>800～1600	1～3.5	17	24	36	56	90
	>3.5～6.3	18	28	40	63	100
	>6.3～10	20	30	45	71	112
	>10～16	22	34	50	80	125

表 10-27 蜗杆的公差和极限偏差 f_h、f_{hL}、f_{px}、f_{f1}、f_{pxL} 值 μm

代号	模数 m/mm	精度等级				
		6	7	8	9	10
f_h	1～3.5	11	14	—	—	—
	>3.5～6.3	14	20	—	—	—
	>6.3～10	18	25	—	—	—
	>10～16	24	32	—	—	—
	>16～25	32	45	—	—	—
f_{hL}	1～3.5	22	32	—	—	—
	>3.5～6.3	28	40	—	—	—
	>6.3～10	36	50	—	—	—
	>10～16	45	63	—	—	—
	>16～25	63	90	—	—	—

续表

代号	模数 m/mm	精度等级				
		6	7	8	9	10
f_{px}	1～3.5	7.5	11	14	20	28
	＞3.5～6.3	9	14	20	25	36
	＞6.3～10	12	17	25	32	48
	＞10～16	16	22	32	46	63
	＞16～25	22	32	45	63	85
f_{f1}	1～3.5	13	18	25	36	—
	＞3.5～6.3	16	24	34	48	—
	＞6.3～10	21	32	45	63	—
	＞10～16	28	40	56	80	—
	＞16～25	40	53	75	100	—
f_{pxL}	1～3.5	11	16	22	32	45
	＞3.5～6.3	14	22	32	45	60
	＞6.3～10	19	28	40	53	75
	＞10～16	25	36	53	75	100
	＞16～25	36	53	75	100	140

表 10-28 传动中心距极限偏差（±f_a）的 f_a 值和传动中间平面极限偏移（±f_x）的 f_x 值 μm

传动中心距 a /mm	f_a					f_x				
	精度等级									
	6	7	8	9	10	6	7	8	9	10
≤30	17	26		42		14	21		34	
＞30～50	20	31		50		16	25		40	
＞50～80	23	37		60		18.5	30		48	
＞80～120	27	44		70		22	36		56	
＞120～180	32	50		80		27	40		64	
＞180～250	36	58		92		29	47		74	
＞250～315	40	65		105		32	52		85	
＞315～400	45	70		115		36	56		92	
＞400～500	50	78		125		40	63		100	
＞500～630	55	87		140		44	70		112	
＞630～800	62	100		160		50	80		130	
＞800～1000	70	115		180		56	92		145	
＞1000～1250	82	130		210		66	105		170	
＞1250～1600	97	155		250		78	125		200	

表 10-29 蜗杆齿厚上偏差（E_{ss1}）中的误差补偿部分 $E_{s\Delta}$ 值 μm

精度等级	模数 m /mm	传动中心距/mm						
		≤30	＞30～50	＞50～80	＞80～120	＞120～180	＞180～250	＞250～315
6	1～3.5	30	30	32	36	40	45	48
	＞3.5～6.3	32	36	38	40	45	48	50
	＞6.3～10	42	45	45	48	50	52	56
	＞10～16	—	—	—	58	60	63	65
	＞16～25	—	—	—	—	75	78	80
7	1～3.5	45	48	50	56	60	71	75
	＞3.5～6.3	50	56	58	63	68	75	80
	＞6.3～10	60	63	65	71	75	80	85
	＞10～16	—	—	—	80	85	90	95
	＞16～25	—	—	—	—	115	120	120
8	1～3.5	50	56	58	63	68	75	80
	＞3.5～6.3	68	71	75	78	80	85	90
	＞6.3～10	80	85	90	90	95	100	100
	＞10～16	—	—	—	110	115	115	120
	＞16～25	—	—	—	—	150	155	155
9	1～3.5	75	80	90	95	100	110	120
	＞3.5～6.3	90	95	100	105	110	120	130
	＞6.3～10	110	115	120	125	130	140	145
	＞10～16	—	—	—	160	165	170	180
	＞16～25	—	—	—	—	215	220	225

续表

精度等级	模数 m /mm	传动中心距/mm						
		≤30	>30～50	>50～80	>80～120	>120～180	>180～250	>250～315
10	1～3.5	100	105	110	115	120	130	140
	>3.5～6.3	120	125	130	135	140	145	155
	>6.3～10	155	160	165	170	175	180	185
	>10～16	—	—	—	210	215	220	225
	>16～25	—	—	—	—	280	285	290

表 10-30 蜗轮齿圈径向跳动公差 F_r、蜗轮径向综合公差 F_i''和蜗轮齿径向综合公差 f_i''值 μm

分度圆直径 d_2 /mm	模数 m /mm	F_r					F_i''					f_i''				
		精度等级														
		6	7	8	9	10	6	7	8	9	10	6	7	8	9	10
≤125	1～3.5	28	40	50	63	80	—	56	71	90	112	—	20	28	36	45
	>3.5～6.3	36	50	63	80	100	—	71	90	112	140	—	25	36	45	56
	>6.3～10	40	56	71	90	112	—	80	100	125	160	—	28	40	50	63
>125～400	1～3.5	32	45	56	71	90	—	63	80	100	125	—	22	32	40	50
	>3.5～6.3	40	56	71	90	112	—	80	100	125	160	—	28	40	50	63
	>6.3～10	45	63	80	100	125	—	90	112	140	180	—	32	45	56	71
	>10～16	50	71	90	112	140	—	100	125	160	200	—	36	50	63	80
>400～800	1～3.5	45	63	80	100	125	—	90	112	140	180	—	25	36	45	56
	>3.5～6.3	50	71	90	112	140	—	100	125	160	200	—	28	40	50	63
	>6.3～10	56	80	100	125	160	—	112	140	180	224	—	32	45	56	71
	>10～16	71	100	125	160	200	—	140	180	224	280	—	40	56	71	90
	>16～25	90	125	160	200	250	—	180	224	280	355	—	50	71	90	112
>800～1600	1～3.5	50	71	90	112	140	—	100	125	160	200	—	28	40	50	63
	>3.5～6.3	56	80	100	125	160	—	112	140	180	224	—	32	45	56	71
	>6.3～10	63	90	112	140	180	—	125	160	200	250	—	36	50	63	80
	>10～16	71	100	125	160	200	—	140	180	224	280	—	40	56	71	90
	>16～25	90	125	160	200	250	—	180	224	280	355	—	50	71	90	112

注：当基准蜗杆齿形角 α 不等于 20°时，本标准规定的公差值乘以一个系数，其系数值为 $\sin20°/\sin\alpha$。

10.3 润滑及润滑剂

润滑对蜗杆传动来说，具有特别重要的意义。因为当润滑不良时，传动效率将显著降低，并且会带来剧烈的磨损，产生胶合破坏的危险，所以往往采用黏度大的矿物油进行良好的润滑，在润滑油中还常加入添加剂，使其提高抗胶合能力。蜗杆传动所采用的润滑油、润滑方法及润滑装置与齿轮传动的基本相同。

(1) 润滑油

润滑油的种类很多，需根据蜗杆、蜗轮配对材料和运转条件合理选用，可参照表 10-31 进行选取。

表 10-31 蜗杆传动常用的润滑油

轻负荷蜗轮蜗杆油	220	320	460	680
运动黏度/cSt(1cSt=1mm²/s)	198～242	288～352	414～506	612～748
黏度指数 不小于	90			
闪点(开口)/℃ 不小于	180			
倾点/℃ 不高于	−6			

(2) 润滑油黏度及给油方式

润滑油黏度及给油方法，一般根据相对滑动速度及载荷类型进行选择。对于闭式传动，常用的润滑油黏度及给油方法见表 10-32 和表 10-33。对于开式传动，则采用黏度较高的齿轮油或润滑脂。

表 10-32　蜗杆传动润滑方式的选择

蜗杆蜗轮相对位置		润滑方式	附　加　说　明
蜗杆上置		喷油润滑	也可油浴润滑，$d_{e2}/3$ 浸在油中
蜗杆在蜗轮侧面		喷油润滑	当 $v_1<1\mathrm{m/s}$ 时，也可油浴润滑，但蜗轮轴密封较困难
蜗杆下置	$v_1\leqslant 5\mathrm{m/s}$	油浴润滑	蜗杆浸在油中至少达一个齿高
	$v_1>5\mathrm{m/s}$	喷油润滑	一般 $v_s>5\mathrm{m/s}$ 均采用喷油润滑

注：表中 v_1—蜗杆圆周速度，v_s—蜗杆传动相对滑动速度，d_{e2}—蜗轮顶圆直径。

表 10-33　根据相对滑动速度选择润滑油黏度

滑动速度 v_s/(m/s)	≤1.5	>1.5～3.5	>3.5～10	>10
黏度值/(mm²/s)	>612	414～506	288～352	198～242
ISO-VG 级或 GB-N 级	680	460	320	220

10.4　图例

图例见图 10-2 和图 10-3。

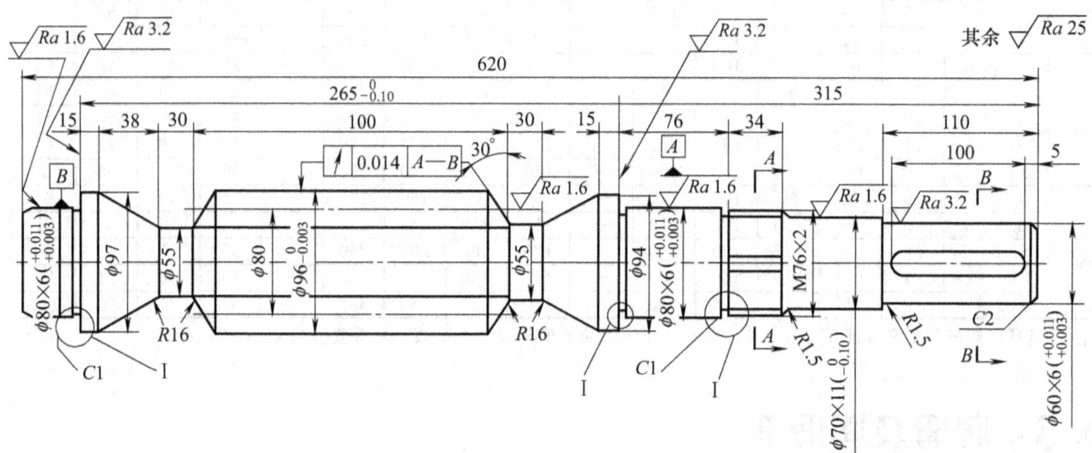

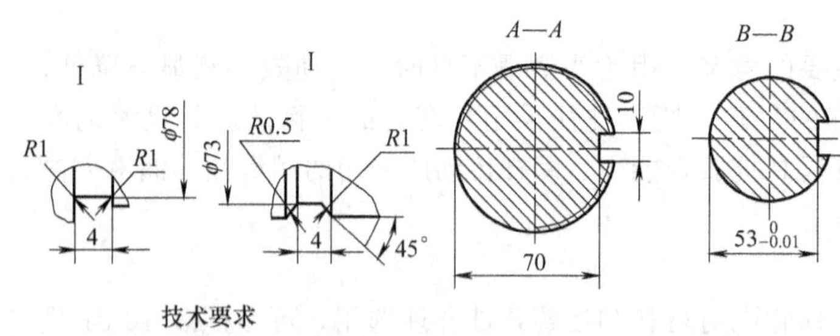

技术要求

蜗杆齿面表面淬火硬度45～50HRC。

传动类型	ZA型蜗杆副	
蜗杆头数		2
模数	m	8
导程角	γ	11°18′36″
螺旋线方微		右旋
齿形角	α	20°
精度等级		蜗杆 8c GB 110089
中心距	a	200
配对蜗轮图号		
轴向齿距累积公差	f_{pt}	0.045
轴向齿距极限偏差	f_{paL}	x0.025
蜗轮齿形公差	f_a	0.04
(h_{a1}, (m_a), h_{a2})	s_{a1}	$12.57_{-0.312}^{-0.222}$
	s_{a1}	$12.33_{-0.312}^{-0.222}$
轴向(法向)螺旋剖面	h_{a1}	8

材料—35CrMo

图 10-2　蜗杆工作图

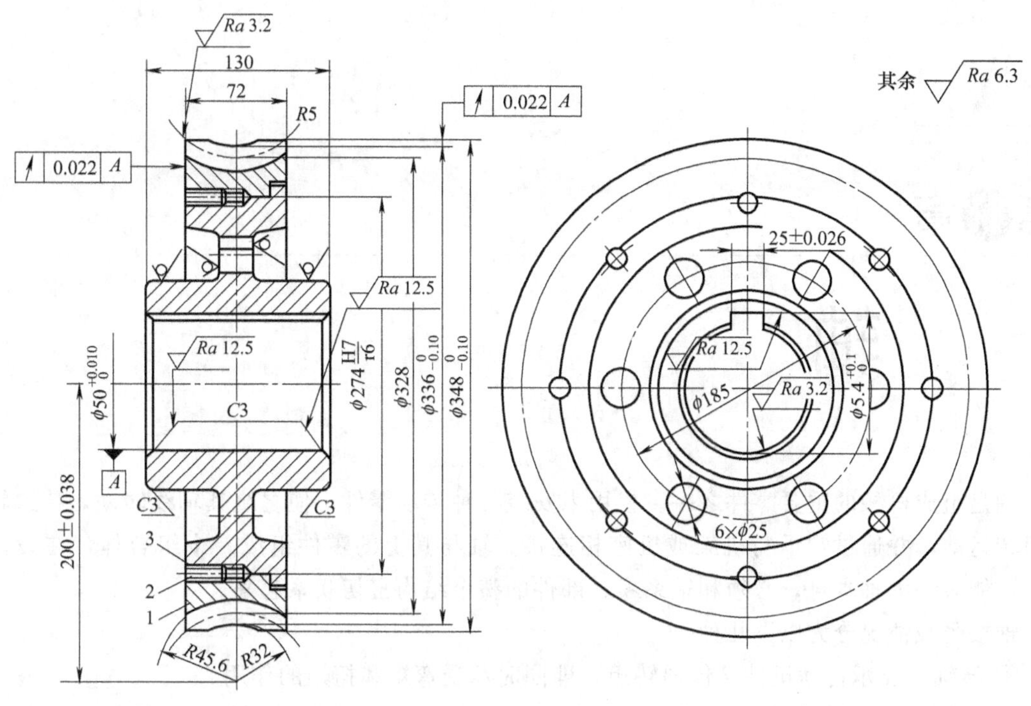

技术要求

轮缘和轮心装配好后再精车和切制轮齿。

3	GB/T 5783—2000	螺栓 M10×30	6	
2	W200-12-02	轮心	1	HT200
1	W200-12-01	蜗轮轮缘	1	ZCuSn10P1
件号	代号	名称	数量	备注

传动类型		ZA 型蜗杆副
蜗轮端面模数	m	8
蜗杆头数	t_1	2
导程角	γ	11°18′36″
螺旋线方向		右旋
端杆轴向剖面内的齿形角	α	20°
蜗轮齿数	z_2	41
蜗轮变位系数	z_2	−0.5
中心距	a	200
配对蜗杆图号		
精度等级		蜗轮 8 c GB 10089—1988
蜗轮齿距累积公差	F_z	0.125
齿距极限偏差	f_{pa}	±0.032
蜗轮齿厚	s_2	$9.65_{-0.19}^{\ 0}$

图 10-3 蜗轮工作图

第11章

轴

轴是组成机械的重要零件之一。它用来安装各种传动零件，使之绕其轴线转动，传递转矩或回转运动，并通过轴承与机架或机座相连接。轴与其上的零件组成一个组合体，在设计轴时，不能只考虑轴本身，必须和轴系零、部件的整个结构密切联系起来。

轴按受载情况分为以下几种。

① 转轴：支承传动机件又传递转矩，即同时承受弯矩和扭矩的作用。

② 心轴：只支承旋转机件而不传递转矩，即只承受弯矩作用。心轴又可分为固定心轴（工作时轴不转动）和转动心轴（工作时轴转动）两种。

③ 传动轴：主要传递转矩，即主要承受扭矩，不承受弯矩或承受较小的弯矩。

按结构形状分为：光轴和阶梯轴；实心轴和空心轴。

按几何轴线分为：直轴、曲轴和钢丝软轴。

按截面分为：圆形截面和非圆形截面。

本书中重点介绍常用的圆形截面阶梯轴的设计。

轴的设计应满足下列几方面的要求：在结构上要受力合理、尽量避免或减少应力集中，足够的强度（静强度和疲劳强度），必要的刚度，特殊情况下的耐蚀性和耐高温性，高速轴的振动稳定性及良好的加工工艺性，并应使零件在轴上定位可靠、装配适当和装拆方便等。通常设计程序如下。

① 根据机械传动方案的整体布局，拟定轴上零件的布置和装配方案。

② 选择轴的材料。

③ 初步估算轴的直径。

④ 进行轴的结构设计，校核轴键连接强度及轴的弯扭强度。

⑤ 对于重要的轴，应进行强度的精确校核计算。

⑥ 必要时校核轴的刚度和临界转速。

⑦ 根据计算结果修改设计。

⑧ 绘制轴的工作图（零件图）。

11.1 轴的常用材料及其性能

应用于轴的材料种类很多，主要根据轴的使用条件，对轴的强度、刚度和其他力学性能等的要求，采用的热处理方式，同时考虑制造加工工艺，并力求经济合理，通过设计计算来选择轴的材料。

轴的材料一般是经过轧制或锻造经切削加工的碳素钢或合金钢。对于直径较小的轴，可用圆钢制造；有条件的可直接用冷拔钢材；对于重要的、大直径或阶梯直径变化较大的轴，采用锻坯。为节约金属和提高工艺性，直径大的轴还可以制成空心的，并且带有焊接的或锻造的凸缘。

轴常用的材料是优质碳素结构钢，如 35、45 和 50，其中以 45 钢最为常用。不太重要及受载较小的轴可用 Q235、Q275 等普通碳素结构钢；对于受力较大、尺寸受限制的轴以及某些有特殊要求的轴，可用合金结构钢。当采用合金钢时，应优先选用符合我国资源情况的硅锰钢、硼钢等。对于结构复杂的轴（例如花键轴、空心轴等），为保持尺寸稳定性和减少热处理变形可选用铬钢；对于大截面非常重要的轴可选用铬镍钢；对于高温或腐蚀条件下工作的轴可选用耐热钢或不锈钢。

在一般工作温度下，合金结构钢的弹性模量与碳素结构钢相近，所以只为了提高轴的刚度而选用合金结构钢是不合适的。

球墨铸铁和一些高强度铸铁，铸造性能好，容易铸成复杂形状，吸振性能较好，应力集中敏感性较低，支点位移的影响小，常用于制造外形复杂的轴（如曲轴和凸轮轴等）。

我国研制的稀土一球墨铸铁，冲击韧性好，同时具有减摩、吸振和对应力集中敏感性低等优点，已用于制造汽车拖拉机和机床上的重要轴类零件。

同样的材料，在热处理工艺不同时，所得到的静强度、硬度和疲劳极限等也会不同，所以在选择材料时，还应确定其热处理方法。一般碳素钢依其毛坯供应的热处理状态作为材料的热处理的要求，图纸上不再做任何要求。例如热轧圆钢一般为退火状态，锻件毛坯为正火状态，受载荷大的轴一般用调质钢，大多数是含碳量在 0.30%～0.60%范围内的碳素结构钢和合金结构钢进行调质处理。调质处理后得到的是索氏体组织，它与正火或退火所得到的铁素体混合组织相比，具有更好的综合力学性能，例如有更高的强度、较高的冲击韧度、较低的脆性转变温度和较高的疲劳强度。调质钢的钢种很多，常用的有 35、45、40Cr、45Mn2、40MnB、35CrMo、30CrMnSi 和 40CrNiMo 等。调质钢回火时的回火温度不同，得到的力学性能也不同。回火温度高，硬度和强度低，但冲击韧度提高。因此可以通过控制回火温度来控制力学性能，以满足设计要求。由于轴类零件在淬透情况相同时，调质后的硬度可以反映轴的屈服强度和抗拉强度，因此在技术条件中只需规定硬度值即可，只是某些很重要的轴还需规定其他力学性能。调质后的硬度确定，必须考虑制造工艺和载荷条件。

轴的常用材料及其主要机械性能见表 11-1。钢、铸铁和轻金属的极限应力经验计算式见表 11-2。

表 11-1 轴的常用材料及其主要机械性能

材料牌号	热处理	毛坯直径/mm	硬度(HBW)	抗拉强度 σ_b/MPa	屈服点 σ_s/MPa	弯曲疲劳极限 σ_{-1}/MPa	扭转疲劳极限 τ_{-1}/MPa	备注
Q235		>16～40		418	225	174	100	用于制造不重要或受力较小的轴
Q275		>16～40		550	265	220	127	
20	正火	25	≤156	420	250	180	100	用于制造载荷不大要求韧性好的轴
	正火回火	≤100	103～156	400	220	165	95	
		>100～300		380	200	155	90	
		>300～500		370	190	150	85	
		>500～700		360	180	145	80	

续表

材料牌号	热处理	毛坯直径/mm	硬度(HBW)	抗拉强度 σ_b/MPa	屈服点 σ_s/MPa	弯曲疲劳极限 σ_{-1}/MPa	扭转疲劳极限 τ_{-1}/MPa	备注
35	正火	25	≤187	540	320	230	130	应用最广泛
	正火回火	≤100	149～187	520	270	210	120	
		>100～300		500	260	205	115	
		>300～500	143～187	480	240	190	110	
		>500～750		460	230	185	105	
	调质	≤100	156～207	560	300	230	130	
		>100～300		540	280	220	125	
45	正火	25	≤241	610	360	260	150	
	正火回火	≤100	170～217	600	300	240	140	
		>100～300		580	290	235	135	
		>300	162～217	560	280	225	130	
		>500	156～217	540	270	215	125	
	调质	200	217～255	650	360	270	155	
40Cr	调质	25		1000	800	485	280	用于制造载荷较大无大冲击的重要轴
		≤100	241～286	750	550	350	200	
		>100～300	229～269	700	500	320	185	
		>300～500		650	450	295	170	
		>500～800	217～255	600	350	255	145	
37SiMn2MoV	调质	25		1000	850	495	285	用于制造高强度大尺寸及重载荷的轴。35SiMn、42SiMn、40MnB的性能与之相近
		≤200	269～302	880	700	425	245	
		>200～400	241～286	830	650	395	230	
		>400～600	241～269	780	600	370	215	
38CrMoAlA	调质	30	229	1000	850	495	285	用于制造要求高耐磨性高强度且变形很小的轴
20Cr	渗碳淬火回火	15	表面56～62HRC	850	550	375	215	用于制造要求强度和韧性均较高的轴(如某些齿轮轴、蜗杆等)
		30		650	400	280	160	
		≤60		650	400	280	160	
20CrMnTi	渗碳淬火回火	15	表面56～62HRC	1100	850	525	300	
1Cr13	调质	≤60	187～217	600	420	275	155	用于制造在腐蚀条件下工作的轴
2Cr13	调质	≤100	197～248	660	450	295	170	
1Cr18Ni9Ti	淬火	≤60	≤192	550	220	205	120	用于制造在高、低温及强腐蚀条件下工作的轴
		>60～100		540	200	195	115	
		>100～200		500	200	185	105	
QT450-10			160～210	450	310	160	140	用于制造结构形状复杂的凸轮轴及曲轴等
QT500-7			170～230	500	320	180	155	
QT600-3			190～270	600	370	215	185	
QT700-2			225～305	700	420	250	215	
QT800-2			245～335	800	480	285	245	
QT900-2			280～360	900	600	320	275	

注：1. 表中所列疲劳极限数值，均按下式计算。钢：$\sigma_{-1}=0.27(\sigma_b+\sigma_s)$，$\tau_{-1}=0.156(\sigma_b+\sigma_s)$，球墨铸铁：$\sigma_{-1}=0.36\sigma_b$，$\tau_{-1}=0.31\sigma_b$。

2. 其他性能，一般可取 $\tau_s\approx(0.55\sim0.62)\sigma_s$，$\sigma_0=1.4\sigma_{-1}$，$\tau_0=1.5\tau_{-1}$。

表 11-2 钢、铸铁和轻金属的极限应力经验计算式

钢的种类	变形	对称循环	脉动循环
结构钢的疲劳极限	拉压	$\sigma_{-1l}=0.23(\sigma_s+\sigma_b)$	$\sigma_{0l}=1.42\sigma_{-1}$
	弯曲	$\sigma_{-1}=0.27(\sigma_s+\sigma_b)$	$\sigma_0=1.42\sigma_{-1}$
	扭转	$\tau_{-1}=0.15(\sigma_s+\sigma_b)$	$\tau_0=1.5\tau_{-1}$

续表

钢的种类	变形	对称循环	脉动循环
铸铁疲劳极限	拉压	$\sigma_{-11}=0.4\sigma_b$	$\sigma_{01}=1.42\sigma_{-1}$
	弯曲	$\sigma_{-1}=0.45\sigma_b$	$\sigma_0=1.33\sigma_{-1}$
	扭转	$\tau_{-1}=0.36\sigma_b$	$\tau_0=1.35\tau_{-1}$
球墨铸铁的疲劳极限	扭剪	$\tau_{-1}=0.26\sigma_b$	—
铝合金的疲劳极限	拉压	$\sigma_{-11}=\sigma_b/6+75$	$\sigma_{01}=1.5\sigma_{-11}$
	弯曲	$\sigma_{-1}=\sigma_b/6+75$	—
青铜的弯曲疲劳极限	弯曲	$\sigma_{-1}=0.21\sigma_b$	—

11.2 轴的结构设计

轴的结构设计是确定轴的合理外形和全部结构尺寸，为轴设计的重要步骤。它与轴上安装的零件类型、尺寸及其位置、零件的固定方式，载荷的性质、方向、大小及分布情况，轴承的类型与尺寸，轴的毛坯、制造和装配工艺、安装和运输，对轴的变形等因素有关。设计者可根据轴的具体要求进行设计，必要时可做几个方案进行比较，以便选出最佳设计方案。以下是一般轴结构设计原则。

① 节约材料，减轻重量，尽量采用等强度外形尺寸或大的截面系数的截面形状。

② 易于轴上零件的精确定位、稳固、装配、拆卸和调整。

③ 采用各种减少应力集中和提高强度的结构措施。

④ 便于加工制造和保证精度。

11.2.1 零件在轴上的定位和固定

零件在轴上的定位和固定见表11-3和表11-4。

表11-3 轴向定位与固定方法

方法	简图	特点与应用
轴肩、轴环	轴肩 轴环	结构简单、定位可靠，可承受较大轴向力。常用于齿轮、带轮、链轮、联轴器、轴承等的轴向定位
套筒		结构简单、定位可靠，轴上不需开槽、钻孔和切制螺纹，因而不影响轴的疲劳强度。一般用于零件间距离较小的场合，以免增加结构重量。轴的转速很高时不宜采用
轴端挡板		适用于心轴的轴端固定
弹性挡圈		结构简单紧凑，只能承受很小的轴向力，常用于固定滚动轴承

续表

方法	简图	特点与应用
紧定螺钉	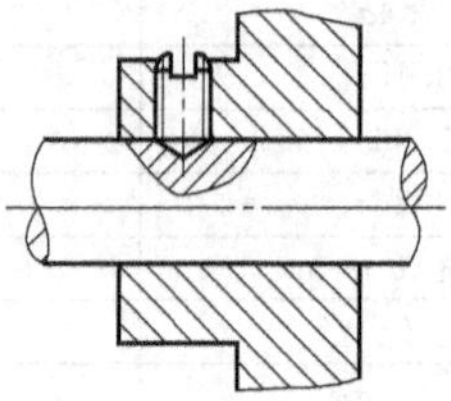	适用于轴向力很小、转速很低或仅为防止零件偶然沿轴向滑动的场合。为防止螺钉松动,可加锁圈。紧定螺钉同时亦可起周向固定作用
锁紧挡圈	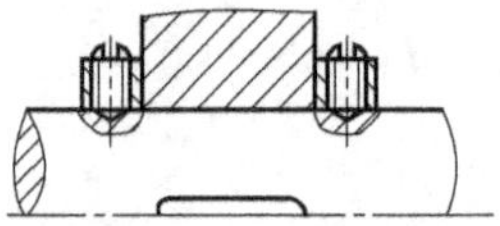	结构简单,但不能承受大的轴向力。常用于光轴上零件的固定
圆锥面	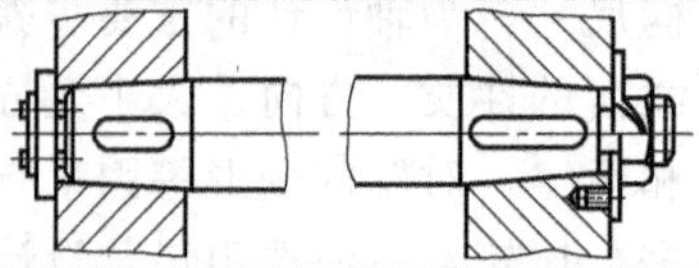	能消除轴与轮毂间的径向间隙,装拆较方便,可兼作周向固定,能承受冲击载荷。大多用于轴端零件固定,常与轴端压板或螺母联合使用,使零件获得双向轴向固定
圆螺母	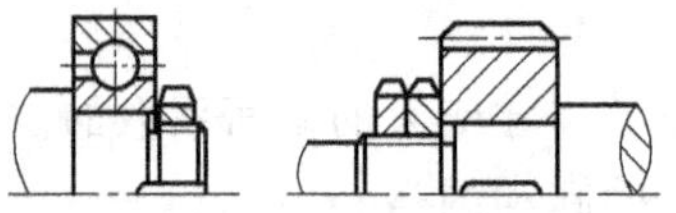	固定可靠,装拆方便,可承受较大的轴向力。由于轴上切制螺纹,使轴的疲劳强度有所降低。常用双圆螺母或圆螺母与止动垫圈固定轴端零件,当零件间距离较大时,也可用圆螺母代替套筒,以减轻结构重量
轴端挡圈	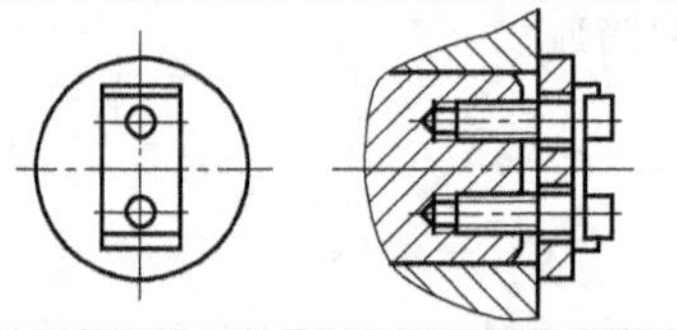	适用于固定轴端零件,可以承受剧烈的振动和冲击载荷

表 11-4 周向定位与固定固定方法

方法	简图	特点与应用
平键	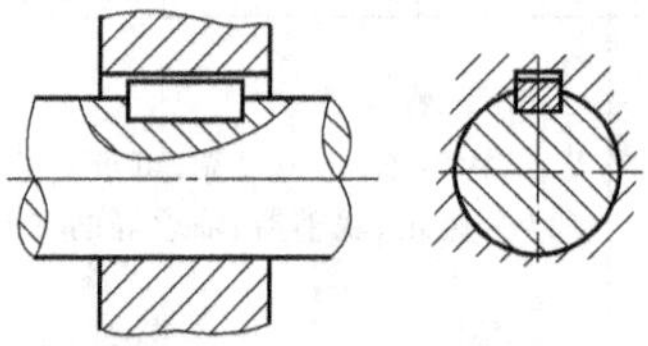	制造简单,装拆方便,对中心性好。可用于较高精度、高转速及受冲击或变载荷作用下的固定连接中,还可用于一般要求的导向连接中 齿轮、蜗轮、带轮与轴的连接常用此形式
楔键	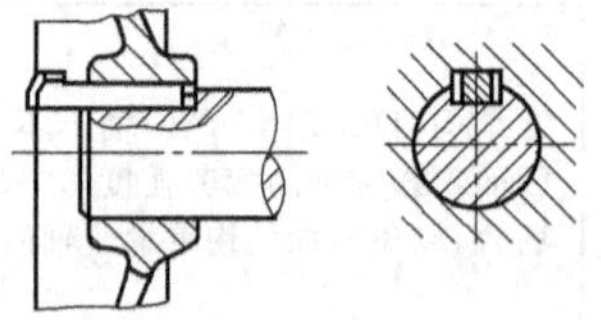	在传递转矩的同时,还能承受单向的轴向力。由于装配后造成轴上零件的偏心或偏斜,故不适用于要求严格对中、有冲击载荷及高速传动的连接
切向键	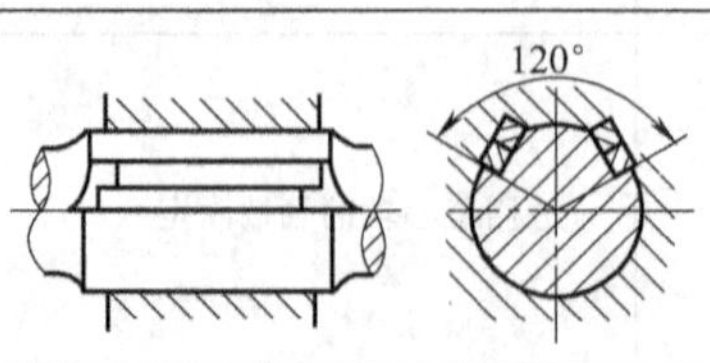 120°	可传递较大的转矩,但对中性较差,对轴的削弱较大,常用于重型机械中 一个切向键只能传递一个方向的转矩,传递双向转矩时,要用两个,互成 120°
半圆键	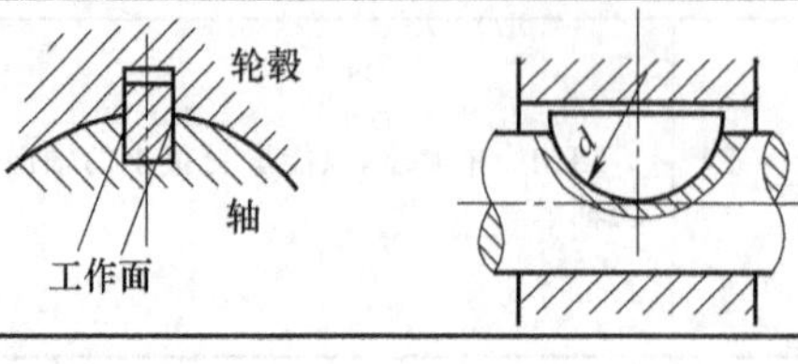 轮毂 轴 工作面 d	键在轴上键槽中能绕其几何中心摆动,故便于轮毂往轴上装配,但轴上键槽很深,削弱了轴的强度 用于载荷较小的连接或作为辅助性连接,也用于锥形轴及轮毂连接

续表

方法	简图	特点与应用
滑键		键固定在轮毂上,键随轮毂一同沿轴上键槽作轴向移动,常用于轴向移动距离较大的场合
花键	A—A	有矩形、渐开线及三角形花键之分,承载能力高,定心性及导向性好,但制造困难,成本较高。适用于载荷较大和对定心精度要求较高的滑动连接或固定连接,三角形齿细小,适于轴径小、轻载或薄壁套筒的连接
圆柱销	$d_0\frac{H8}{x8}$ l_0 $d_0\approx(0.1\sim0.3)d$ $l_0\approx(3\sim4)d_0$	适用于轮毂宽度较小,用键连接难以保证轮毂和轴可靠固定的场合。这种连接一般采用过盈配合,并可同时采用几个圆柱销。为避免钻孔时钻头偏斜,要求轴和轮毂的硬度差不能太大
圆锥销		用于固定不太重要、受力不大但同时需要轴向固定的零件,或作安全装置用。由于在轴上钻孔,对强度削弱较大,故对重载的轴不宜采用。有冲击或振动时,可采用开尾圆锥销
过盈配合		结构简单,对中性好,承载能力高,可同时起周向和轴向固定作用,但不宜用于经常拆卸的场合。对于过盈量在中等以下的配合,常与平键连接同时采用,以承受较大的交变、振动和冲击载荷

11.2.2 轴的加工和装配工艺性

进行轴的结构设计时,除考虑前面的各种因素外,同时还应考虑便于轴的加工、测量、装配和维修。通常要注意以下几个主要方面。

① 考虑加工工艺所必须的结构要素(如中心孔、螺尾退刀槽、砂轮越程槽等)。

② 合理确定轴与零件的配合性质、加工精度和表面粗糙度。

③ 配合直径一般应圆整为标准值。

④ 确定各轴段长度时应尽可能使结构紧凑,同时还应保证零件所需的滑动距离、装拆或调整所需空间,并注意转动零件不得与其他零件相碰,与轮毂配装的轴段长度一般应略小于轮毂 2~3mm,以保证轴向定位可靠。

⑤ 除特殊要求者外,一般轴上所有零件都应无过盈地到达配合部位。

⑥ 为便于导向和避免擦伤配合面,轴的两端及有过盈配合的台阶处应制成倒角。

⑦ 为了减少加工刀具的种类和提高劳动生产率,轴上的倒角、圆角、键槽等应尽可能取相同尺寸,或尽量减少不同尺寸的倒角、圆角、键槽的数量。

11.2.3 轴的典型结构示例

图 11-1 所示为滚动轴承支承的轴的典型结构,各部分结构尺寸及公差等的确定请参阅相

关章节。

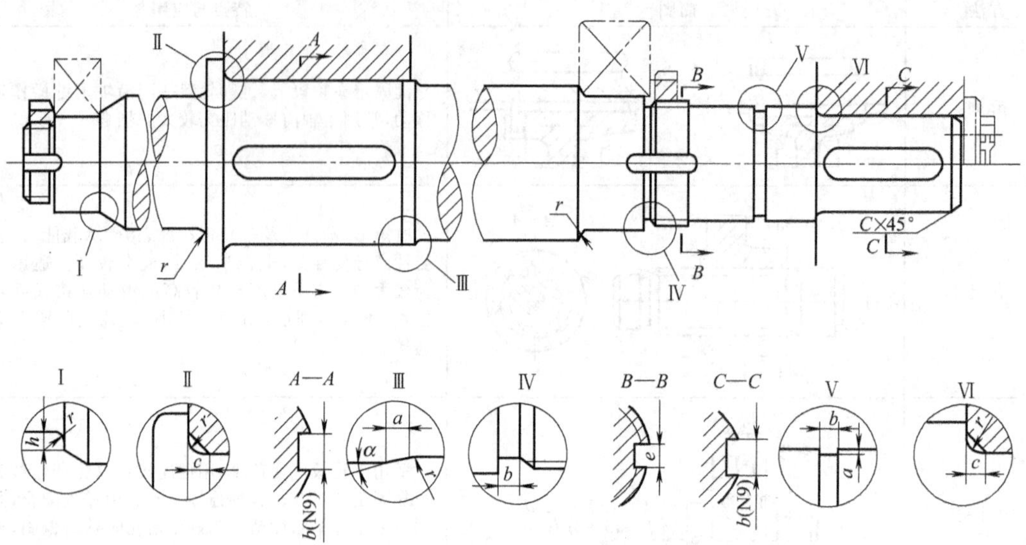

图 11-1　滚动轴承支承的轴的典型结构

11.3　轴的强度计算

轴的强度计算一般可分为三种：按扭转强度或刚度计算；按弯扭合成强度计算；精确强度校核。

11.3.1　按扭转强度或刚度计算

该方法用于计算传递转矩、不受弯矩或仅受较小弯矩的轴；当轴的长度及跨度未定，支点反力及弯矩无法求得时，可按此法进行初步计算。一般情况下，按扭转强度计算出所需轴端直径；当对轴的扭转变形限制较严时，亦可按扭转刚度计算确定轴端直径（表 11-5）。

表 11-5　按扭转强度及刚度计算轴径的公式

轴的类型	按扭转强度计算	按扭转刚度计算
实心轴	$d=17.2\sqrt[3]{\frac{T}{\tau_z}}=A\sqrt[3]{\frac{P}{n}}$	$d=9.3\sqrt[4]{\frac{T}{\varphi_z}}=B\sqrt[4]{\frac{P}{n}}$
空心轴	$d=17.2\sqrt[3]{\frac{T}{\tau_z}}\ \frac{1}{\sqrt[3]{1-\alpha^4}}=A\sqrt[3]{\frac{P}{n}}\ \frac{1}{\sqrt[3]{1-\alpha^4}}$	$d=9.3\sqrt[4]{\frac{T}{\varphi_z}}\ \frac{1}{\sqrt[4]{1-\alpha^4}}=B\sqrt[4]{\frac{P}{n}}\ \frac{1}{\sqrt[4]{1-\alpha^4}}$
说明	d——轴端直径，mm T——轴所传递的转矩，N·m $T=9550\frac{P}{n}$ P——轴所传递的功率，kW n——轴的工作转速，r/min τ_z——许用扭转切应力，MPa φ_z——许用扭转角，(°)/m A——系数，按表 11-6 选取 B——系数，按表 11-7 选取 α——空心轴的内径 d_1 与外径 d 之比，$\alpha=\frac{d_1}{d}$	

注：当截面上有键槽时，应将求得的轴径增大，其增大值见表 11-8。

表 11-6 几种常用轴材料的 A 和 τ_z 值

轴的材料	Q235、20	Q275、35	45	40Cr、35SiMn、42SiMn、40MnB、38SiMnMo
τ_z/MPa	15～25	20～35	25～45	35～55
A	149～126	135～112	126～103	112～97

注：1. 表中所给的 τ_z 值是考虑了弯曲影响而降低了的许用扭转切应力。

2. 在下列情况下 τ_z 取较大值、A 取较小值：弯矩较小或只受转矩作用、载荷较平稳、无轴向载荷或只有较小的轴向载荷、减速器的低速轴、轴单向旋转。反之 τ_z 取较小值、A 取较大值。

3. 在计算减速器中间轴的危险截面的直径时，若轴的材料为 45 钢，可取 $A=130～165$。其中二级减速器的中间轴及三级减速器的高速中间轴取 $A=155～165$，三级减速器的低速中间轴取 $A=130$。

表 11-7 剪切弹性模量 $G=79.4$GPa 时的 B 值

φ_Z/[(°)/m]	0.25	0.5	1	1.5	2	2.5
B	129	109	91.5	82.7	77	72.8

注：1. 表中 φ_Z 值为每米轴长允许的扭转角。

2. 许用扭转角的选用，应按实际情况而定。可供参考的范围如下：对于要求精密、稳定的传动，可取 $\varphi_Z=0.25°～0.5°/m$；对于一般传动，可取 $\varphi_Z=0.5°～1°/m$；对于要求不高的传动，可取 φ_Z 大于 1°/m；起重机传动轴，可取 $\varphi_Z=15'～20'/m$。

表 11-8 有键槽时轴径的增大值　　mm

轴的直径	＜30	30～100	＞100
有一个键槽	7	5	3
有两个相隔 180°的键槽	15	10	7

11.3.2 按弯扭合成强度计算

当轴的支承位置和轴所受载荷大小、方向、作用点及载荷种类均已确定，支点反力及弯矩可以求得时，可按扭转合成强度进行轴的强度计算。

作用在轴上的载荷，一般按集中载荷考虑。这些载荷主要是齿轮或蜗轮的啮合力，或为带传动及链传动的拉力，其作用点通常取为零件的轮缘宽度中点。轴上转矩则从轮毂宽度中点算起。如果作用在轴上的各载荷不在同一平面内时，可将其分解到两个互相垂直的平面内，然后分别求出每个平面内的弯矩，再按矢量法求得合成弯矩，以此弯矩来确定轴径。当轴上的轴向力较大时，还应计算由此引起的正应力。

计算时，通常把轴当作置于铰链支座上的双支点梁。一般轴的铰链支点，可近似取为轴承宽度的中点；其中向心推力轴承支点可参考滚动轴承部分。

轴的弯扭合成强度计算公式见表 11-9。当零件用紧配合装于轴上时，轴径应较计算值增大；当零件利用键装在轴上时，轴径较计算值的增大值见表 11-8。

表 11-9 按弯扭合成强度计算轴径的公式

轴的类型	心　轴	转　轴
实心轴	$d=21.68\sqrt[3]{\dfrac{M}{\sigma_{\mathrm{I}}}}$	$d=21.68\sqrt[3]{\dfrac{M^2+(\psi T)^2}{\sigma_{-2}}}$
空心轴	$d=21.68\sqrt[3]{\dfrac{M}{\sigma_{\mathrm{V}}}}\dfrac{1}{\sqrt[3]{1-\alpha^4}}$	$d=21.68\sqrt[3]{\dfrac{M^2+(\psi T)^2}{\sigma_{1\mathrm{II}}}}\dfrac{1}{\sqrt[3]{1-\alpha^4}}$
说明	转动心轴：许用应力 $\sigma_p=\sigma_{1-\mathrm{V}}$ 固定心轴：载荷平稳 $\sigma_p=\sigma_{+2\mathrm{V}}$，载荷变化 $\sigma_p=\sigma_{o\mathrm{V}}$	校正系数 ψ：单向旋转 $\psi=0.65$ 或 0.7；双向旋转 $\psi=1$
	d——轴端直径，mm M——轴在计算截面所受的弯矩，N·m T——轴在计算截面所受的扭矩，N·m σ_p——许用弯曲应力，MPa α——空心轴的内径 d_1 与外径 d 之比 $\alpha=\dfrac{d_1}{d}$	

注：当截面上有键槽时，应将求得的轴径增大，其增大值见表 11-8。

11.3.3 精确强度校核计算

轴强度的精确校核是在轴的结构及尺寸确定后进行的，通常采用安全系数校核法。轴的安全系数校核计算包括两个方面：疲劳强度安全系数和静强度安全系数校核。

疲劳强度安全系数校核的目的是校核轴对疲劳破坏的抵抗能力，它是在经过轴的初步计算和结构设计后，根据其实际尺寸，承受的弯矩、转矩图，考虑应力集中、表面状态、尺寸影响等因素及轴材料的疲劳极限，计算轴的危险截面处的安全系数值是否满足许用安全系数值。轴的疲劳强度是根据长期作用在轴上的最大变载荷（其载荷循环次数不小于 10^4）来计算的，危险截面应是受力较大、截面较小且应力集中较严重的即实际应力较大的若干个截面。同一个截面上有几个应力集中源，计算时应选取对轴影响最大的应力源。

轴的精确强度校核计算见表 11-10～表 11-18。

表 11-10 危险截面安全系数 s 的校核公式

公式	$s=\dfrac{s_\sigma s_\tau}{\sqrt{s_\sigma^2+s_\tau^2}}\geqslant s_D$	
	$s_\sigma=\dfrac{\sigma_{-2}}{\dfrac{K_\sigma}{\beta\varepsilon_\sigma}\sigma_\sigma+\psi_\sigma\sigma_m}$	$s_\tau=\dfrac{\tau_{-2}}{\dfrac{K_\tau}{\beta\varepsilon_\tau}\tau_t+\psi_\tau\tau_m}$
说明	s_σ——只考虑弯矩作用时的安全系数 s_τ——只考虑扭矩作用时的安全系数 s_{II}——按疲劳强度计算的许用安全系数 σ_{-2}——对称循环应力下的材料弯曲疲劳极限，MPa τ_{-1}——对称循环应力下的材料扭转疲劳极限，MPa K_σ，K_τ——弯曲和扭转时的有效应力集中系数 β——表面质量系数 ε_σ，ε_τ——弯曲和扭转时的尺寸影响系数 ψ_σ，ψ_τ——材料拉伸和扭转的平均应力折算系数 σ_m，σ_τ——弯曲应力的应力幅和平均应力，MPa τ_m，τ_σ——扭转应力的应力幅和平均应力，MPa	

表 11-11 应力幅及平均应力计算公式

循环特性	应力名称	弯曲应力	扭转应力
对称循环	应力幅	$\sigma_a=\sigma_{max}=\dfrac{M}{W}$	$\tau_a=\tau_m=\dfrac{T}{W_\tau}$
	平均应力	$\sigma_m=0$	$\tau_m=0$
脉动循环	应力幅	$\sigma_a=\dfrac{\sigma_{max}}{2}=\dfrac{M}{2W}$	$\tau_a=\tau_{max}=\dfrac{T}{2W_T}$
	平均应力	$\sigma_m=\sigma_a$	$\tau_m=\tau_a$
说明	M，T——轴危险截面上的弯矩和扭矩，N·m W，W_T——轴危险截面的抗弯和抗扭截面系数，cm^3		

表 11-12 许用安全系数 s_V

条件		s_V
材料力学的力学性能符合标准规定(或有实验数据)，加工质量能满足设计要求	载荷确定精确，应力计算准确	1.3～1.5
	载荷确定不够精确，应力计算较近似	1.5～1.8
	载荷确定不精确，应力计算较粗略或轴径较大($d\geqslant$200mm)	1.8～2.5
	脆性材料制造的轴	2.5～3

表 11-13 各种截面抗弯抗扭计算公式

截面积	截面系数	截面积	截面系数
	$W=\frac{\pi}{32}d^2\approx0.1d^2$ $W_T=\frac{\pi}{16}d^2\approx0.2d^2$	矩形花键	$W=\frac{\pi d^4+bz(D-d)(D+d)^2}{32D}$ $W_T=\frac{\pi d^4+bz(D-d)(D+d)^2}{16D}$ z——花键齿数
	$W=\frac{\pi}{32}d^2(1-\alpha^4)$ $W_T=\frac{\pi}{16}d^2(1-\alpha^4)$ $\alpha=\frac{d_2}{d}$	渐开线花键轴	$W\approx\frac{\pi}{32}d^2$ $W_T\approx\frac{\pi}{16}d^2$
	$W=\frac{\pi}{32}d^2-\frac{bt(d-t)^2}{2d}$ $W_T=\frac{\pi}{16}d^2-\frac{bt(d-t)^2}{2d}$		
	$W=\frac{\pi}{32}d^2-\frac{bt(d-t)^2}{d}$ $W_T=\frac{\pi}{16}d^2-\frac{bt(d-t)^2}{d}$		$W\approx\frac{\pi}{32}d^2\left(1-1.54\frac{d_0}{d}\right)$ $W_T\approx\frac{\pi}{16}d^2\left(1-\frac{d_0}{d}\right)$

表 11-14 螺纹、键槽、花键及横孔的有效应力集中系数 k_σ 和 k_τ 值

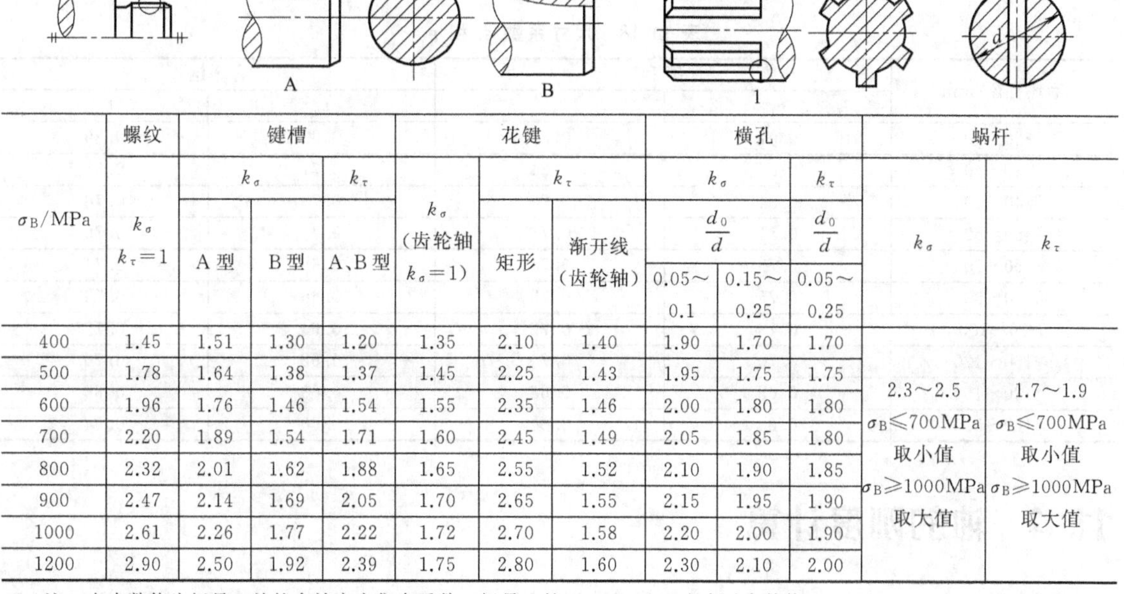

σ_B/MPa	螺纹	键槽			花键			横孔			蜗杆	
	k_σ ($k_\tau=1$)	k_σ		k_τ	k_σ (齿轮轴 $k_\sigma=1$)	k_τ		k_σ		k_τ	k_σ	k_τ
		A型	B型	A、B型		矩形	渐开线(齿轮轴)	$\frac{d_0}{d}$ 0.05～0.1	$\frac{d_0}{d}$ 0.15～0.25	$\frac{d_0}{d}$ 0.05～0.25		
400	1.45	1.51	1.30	1.20	1.35	2.10	1.40	1.90	1.70	1.70	2.3～2.5 $\sigma_B\leqslant$700MPa 取小值 $\sigma_B\geqslant$1000MPa 取大值	1.7～1.9 $\sigma_B\leqslant$700MPa 取小值 $\sigma_B\geqslant$1000MPa 取大值
500	1.78	1.64	1.38	1.37	1.45	2.25	1.43	1.95	1.75	1.75		
600	1.96	1.76	1.46	1.54	1.55	2.35	1.46	2.00	1.80	1.80		
700	2.20	1.89	1.54	1.71	1.60	2.45	1.49	2.05	1.85	1.80		
800	2.32	2.01	1.62	1.88	1.65	2.55	1.52	2.10	1.90	1.85		
900	2.47	2.14	1.69	2.05	1.70	2.65	1.55	2.15	1.95	1.90		
1000	2.61	2.26	1.77	2.22	1.72	2.70	1.58	2.20	2.00	1.90		
1200	2.90	2.50	1.92	2.39	1.75	2.80	1.60	2.30	2.10	2.00		

注：表中数值为标号 1 处的有效应力集中系数，标号 2 处 $k_\sigma=1$，k_τ＝表中对应数值。

表 11-15 配合零件的综合影响系数

直径/mm		≤30			50			≥100		
配合		r6	k6	h6	r6	k6	h6	r6	k6	h6
材料强度 σ_B/MPa	400	2.25	1.69	1.46	2.75	2.06	1.80	2.95	2.22	1.92
	500	2.5	1.88	1.63	3.05	2.28	1.98	3.29	2.46	2.13
	600	2.75	2.06	1.79	3.36	2.52	2.18	3.60	2.70	2.34
	700	3.0	2.25	1.95	3.66	2.75	2.38	3.94	2.96	2.56
	800	3.25	2.44	2.11	3.96	2.97	2.57	4.25	3.20	2.76
	900	3.5	2.63	2.28	4.28	3.20	2.78	4.60	3.46	3.00
	1000	3.75	2.82	2.44	4.60	3.45	3.00	4.90	3.98	3.18
	1200	4.25	3.19	2.76	5.20	3.90	3.40	5.60	4.20	3.64

表 11-16 强化表面的表面状态系数 β 值

表面强化方法	心部材料的强度 σ_B/MPa	表面系数 β		
		光轴	有应力集中的轴	
			$k_\sigma \leqslant 1.5$	$k_\sigma \geqslant 1.8 \sim 2$
高频淬火	600～800	1.5～1.7	1.6～1.7	2.4～2.8
	800～1100	1.3～1.5	—	—
渗氮	900～1200	1.1～1.25	1.5～1.7	1.7～2.1
渗碳淬火	400～600	1.8～2.0	3	—
	700～800	1.4～1.5	—	—
	1000～1200	1.2～3	2	—
喷丸处理	600～1500	1.1～1.25	1.5～16	1.7～2.1
滚子辗压	600～1500	1.1～1.3	1.3～1.5	1.6～2.0

表 11-17 加工表面的表面状态系数 β 值

加工方法	材料强度 σ_B/MPa		
	400	800	1200
磨光(Ra 为 0.4～0.2μm)	1	1	1
车光(Ra 为 3.2～0.8μm)	0.95	0.90	0.80
粗加工(Ra 为 25～6.3μm)	0.85	0.8	0.65
未加工表面(氧化铁层等)	0.75	0.65	0.45

表 11-18 尺寸系数 ε_σ 和 ε_τ

毛坯直径/mm	碳钢		合金钢	
	ε_σ	ε_τ	ε_σ	ε_τ
>20～30	0.91	0.89	0.83	0.89
>30～40	0.88	0.81	0.77	0.81
>40～50	0.84	0.78	0.73	0.78
>50～60	0.81	0.76	0.70	0.76
>60～70	0.78	0.74	0.68	0.74
>70～80	0.75	0.73	0.66	0.73
>80～100	0.73	0.72	0.64	0.72
>100～120	0.70	0.70	0.62	0.70
>120～150	0.68	0.68	0.60	0.68
>150～500	0.60	0.54	0.60	0.54

11.4 轴的刚度计算

轴在载荷的作用下会产生弯曲和扭转变形，当这些变形超过某个允许值时，会使机器的零部件工作状况恶化，甚至使机器无法正常工作，故对精密机器的传动和对刚度要求高的轴，要进行刚度校核，以保证轴的正常工作。轴的刚度分为扭转刚度和弯曲刚度两种，前者是用扭转角来度量（表 11-19），后者以挠度和偏转角来度量（表 11-20）。

表 11-19 轴的许用扭转角

适用范围	每米轴长的扭转角$[\varphi]$/[(°)/m]
一般传动	0.5～1
较精密传动	0.25～0.5
重要传动	<0.25

表 11-20 轴的许用挠度、许用偏转角

适用范围	挠度$[y]$/mm	适用范围	偏转角$[\theta]$/rad
一般用途的轴	$(0.0003\sim0.0005)l$	滑动轴承处	0.001
刚度要求较高的轴	$0.0002l$	深沟球轴承处	0.005
电动机的轴	0.1Δ	调心球轴承处	0.05
安装齿轮的轴	$(0.01\sim0.05)m_n$	圆柱滚子轴承处	0.0025
安装蜗轮的轴	$(0.02\sim0.05)m_t$	圆锥滚子轴承处	0.0016
l——轴的跨距，mm；Δ——电动机定子与转子间的间隙；m_n——齿轮法向模数，mm；m_t——蜗轮的端面模数，mm		安装齿轮处	0.001～0.002

11.5 图例

当轴经过必要的强度、刚度等校核之后，即可修改和细化轴系部件的结构和尺寸，在完成装配图的基础上绘制轴的零件图（图 11-2）。

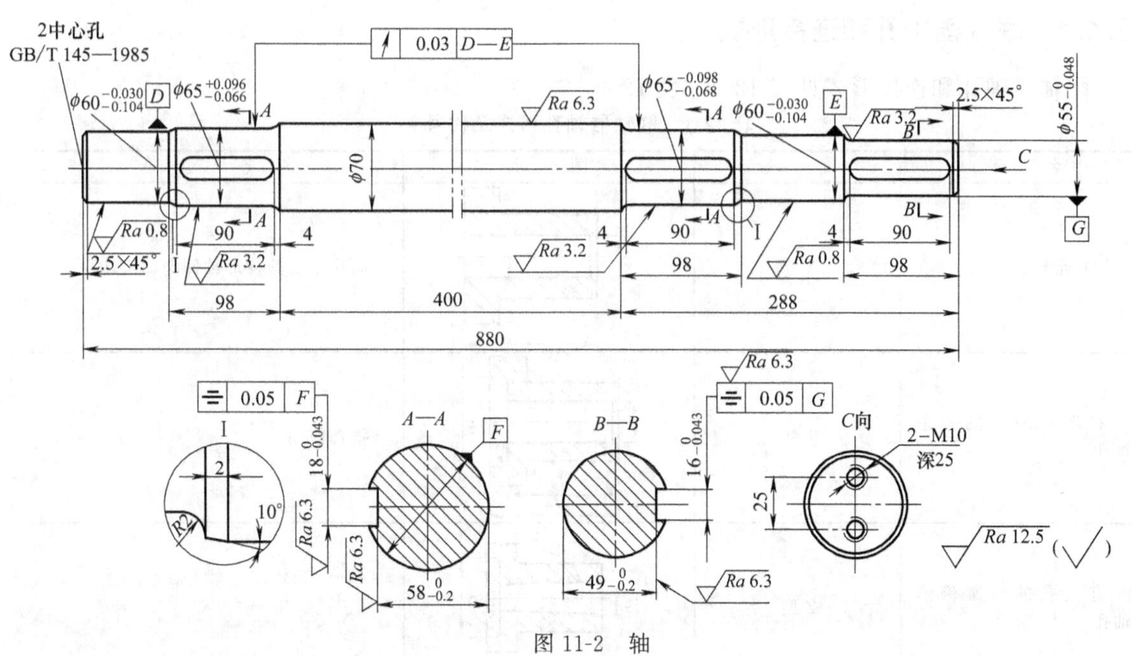

图 11-2 轴

第⑫章 联轴器和离合器

12.1 联轴器

联轴器是用于连接两轴或轴与回转件，以传递转矩和运动，并在传动过程中不能分开的一种机械装置。联轴器可分为刚性联轴器和挠性联轴器。刚性联轴器是不能补偿两轴间有相对位移的联轴器。挠性联轴器是能适当补偿两轴间相对位移的联轴器。挠性联轴器可分为无弹性元件挠性联轴器和有弹性元件挠性联轴器两类。无弹性元件挠性联轴器是没有起缓冲作用的弹性连接件的挠性联轴器。有弹性元件挠性联轴器是利用弹性元件的弹性变形以实现补偿两轴间相对位移、缓和冲击和吸收振动的挠性联轴器。此外，具有过载保护功能的联轴器，称为安全联轴器。

12.1.1 联轴器轴孔和连接形式

联轴器轴孔和连接形式见表 12-1～表 12-4。

表 12-1 联轴器轴孔形式及代号

名　称	代　号	图　示	备　注
圆柱形轴孔	Y 型	d, L	限用于长圆柱形轴伸电动机端
有沉孔的短圆柱形轴孔	J 型	d_1, R, L, L_1	推荐使用
有沉孔的长圆锥形轴孔	Z 型	1:10, d_z, d_1, R, L, L_3	
圆锥形轴孔	Z_1 型	1:10, L	

表 12-2 联轴器连接形式及代号

名称	代号	连接形式图示
平键单键槽	A 型	
120°布置平键双键槽	B 型	
180°布置平键双键槽	B_1 型	
圆锥形轴孔平键单键槽	C 型	
圆柱形轴孔普通切向键键槽	D 型	
矩形花键	符合 GB/T 1144—2001	
圆柱直齿渐开线花键	符合 GB/T 3478.1—2008	

表 12-3 圆柱形轴孔和键槽尺寸

mm

直径 d(H7)	长度 L 长系列	长度 L 短系列	长度 L_1	沉孔尺寸 d_1	沉孔尺寸 R	A、B、B_1 型键槽 b(P9)	A、B、B_1 型键槽 t 公称尺寸	A、B、B_1 型键槽 t 极限偏差	A、B、B_1 型键槽 t_1 公称尺寸	A、B、B_1 型键槽 t_1 极限偏差	D 型键槽 t_3 公称尺寸	D 型键槽 t_3 极限偏差	D 型键槽 b_1
6、7	18	—	—	—	—	2	7、8	+0.1 0	8、9	+0.2 0	—	—	—
8	22					2	9		10				
9						3	10.4		11.8				
10	25	22	—				11.4		12.8				
11						4	12.8		14.6				
12	32	27	—				13.8		15.6				
14						5	16.3		18.6				
16	42	30	42	38	1.5		18.3		20.6				
18、19						6	20.8、21.8		23.6、24.6				
20、22	52	38	52				22.8、24.8		25.6、27.6				
24						8	27.3	+0.2 0	30.6	+0.4 0			
25、28	62	44	62	48			28.3、31.3		31.6、34.6				
30	82	60	82	55			33.3		36.6				
32、35					2	10	35.3、38.3		38.6、41.6				
38				65			41.3		44.6				
40、42	112	84	112			12	43.3、45.3		46.6、48.6				
45、48				80		14	48.8、51.8		52.6、55.6				
50				95			53.8		57.6				
55、56					2.5	16	59.3、60.3		63.6、64.6				
60、63、65	142	107	142	105		18	64.4、67.4、69.4		68.8、71.8、73.8		7	0 −0.2	19.3、19.8、20.1
70				120		20	74.9		79.8				21.0
71、75							75.9、79.9		80.8、84.8		8		22.4、23.2
80	172	132	172	140	3	22	85.4		90.8				24.0
85							90.4		95.8				24.8
90				160		25	95.4		100.8				25.6
95							100.4		105.8		9		27.8
100、110	212	167	212	180	3	28	106.4、116.4	+0.2 0	112.8、122.8	+0.4 0	9	0 −0.2	28.6、30.1
120				210		32	127.4		134.8		10		33.2
125							132.4		139.8				33.9
130	252	202	252	235	4		137.4		144.8				34.6
140						36	148.4	+0.3 0	156.8	+0.6 0	11		37.7
150							158.4		166.8				39.1
160、170	302	242	302	265		40	169.4、179.4		178.8、188.8		12		42.1、43.5
180						45	190.4		200.8				44.9
190、200	352	282	352	330	5		200.4、210.4		210.8、220.8		14		49.6、51.0
220						50	231.4		242.8		16		57.1
240	410	330	410	—	—	56	252.4		264.8				59.9
250、260							262.4、272.4		274.8、284.8		18		64.6、66.0
280	470	380	470	—	—	63	292.4	+0.3 0	304.8	+0.6 0	20	0 −0.3	72.1
300						70	314.4		328.8				74.8
320							334.4		348.8		22		81.0
340	550	450	550				355.4		370.8				83.6
360、380						80	375.4、395.4		390.8、410.8		26		93.2、95.9
400	650	540	650			90	417.4		434.8				98.6
420、440							437.4、457.4		454.8、474.8		30		108.2、110.9
450							469.5		489.0				112.3
460、480、500						100	479.5、499.5、519.5		499.0、519.0、539.0		34		120.1、123.1、125.9
530、560	800	680	800			110	552.2、582.2		574.4、604.4		38		136.7、140.8
600、630						120	624.5、654.8		646.7、677.0		42		153.1、157.1

注：1. 一小格中 t、t_1、b_1 有 2～3 个数值时，分别与同一横行中 d 的 2～3 个值相对应。

2. 轴孔长度推荐选用 J 型和 J_1 型，Y 型限用于长圆柱形轴伸电动机端。

3. 键槽宽度 b 的极限偏差，也可采用 GB/T 1095《平键、键和键槽的剖面尺寸》中规定的 js9。

4. 沉孔亦可制成 d_1 为小端直径、锥度为 30°的锥形孔。

表 12-4 圆锥形轴孔和键槽尺寸 mm

直径 d(H8)	长度			沉孔尺寸		C型键槽			
	L		L_1	d_1	R	b(P9)	t_2		
	Z、Z_1 型	Z_2、Z_3 型					长系列	短系列	极限偏差
6、7	12	—	—	—	—	—	—	—	—
8、9	14								
10	17								
11						2	6.1		+0.1 0
12	20		32				6.5		
14						3	7.9		
16	30	18	42	38	1.5		8.7	9.0	
18、19						4	10.1、10.6	10.4、10.9	
20、22	38	24	52				10.9、11.9	11.2、12.2	
24						5	13.4	13.7	+0.2 0
25、28	44	26	62	48			13.7、15.2	14.2、15.7	
30	60	38	82	55			15.8	16.4	
32、35					2.0	6	17.3、18.8	17.9、19.4	
38				65			20.3	20.9	
40、42	84	56	112			10	21.2、22.2	21.9、22.9	
45、48				80		12	23.7、25.2	24.4、25.9	
50							26.2	26.9	
55				95	2.5	14	29.2	29.9	
56							29.7	30.4	
63、63、65	107	72	142	105		16	23.7、25.2、34.2	32.5、34.0、35.0	
70、71、75				120		18	36.8、37.3、39.3	37.6、38.1、40.1	
80	132	92	172	140	3.0	20	41.6	42.6	
85							44.1	45.1	
90、95				160		22	47.1、49.6	48.1、50.6	
100、110	167	122	212	180		25	51.3、56.3	52.4、57.4	
120				210		28	62.3	63.4	
125							64.8	65.9	
130	202	152	252	235	4.0		66.4	67.6	
140						32	72.4	73.6	
150				265			77.4	78.6	
160、170	242	182	302			36	82.4、87.4	83.9、88.9	+0.3 0
180				330		40	93.4	94.9	
190、200	282	212	352		5.0		97.4、102.4	99.9、104.1	
220						45	113.4	115.1	

注：1. 一小格中 t_2 有几个数值时，分别与同一横行中 d_2 的几个值相对应。

2. 键槽宽度 b 的极限偏差，也可采用 GB/T 1095（平键、键和键槽的剖面尺寸）中规定的 js9。

12.1.2 刚性联轴器

这类联轴器结构简单、成本低，但其零件间不能作相对运动且零件都是刚性的，故无法补偿两轴间的相对位移，并且缺乏缓冲吸振能力，所以这种联轴器常用于无冲击、轴对中良好的场合。常用的固定式联轴器有凸缘联轴器和套筒联轴器。

(1) 凸缘联轴器

凸缘联轴器的基本参数和尺寸见表 12-5。

(2) 套筒联轴器

套筒联轴器的主要技术参数和尺寸见表 12-6～表 12-8。

表 12-5 凸缘联轴器的基本参数和尺寸（GB/T 5843—2003） mm

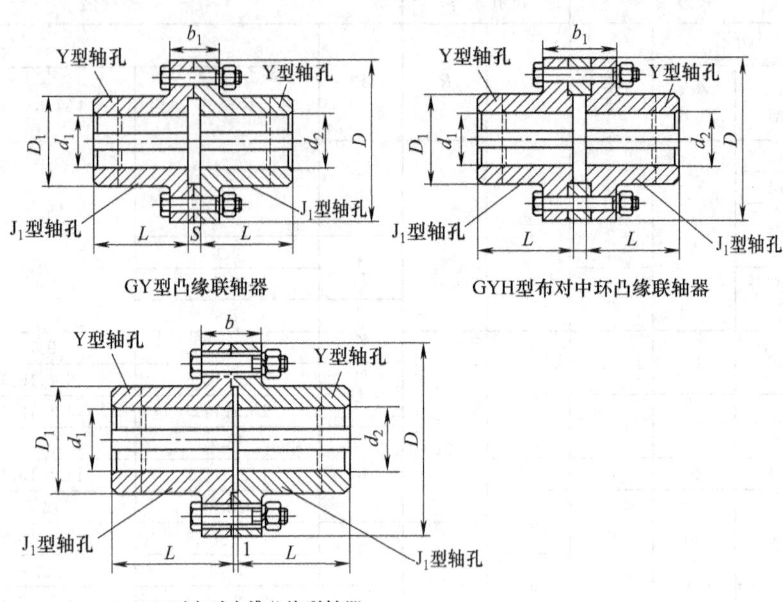

<table>
<tr><th rowspan="2">型号</th><th rowspan="2">公称转矩
/N·m</th><th rowspan="2">许用转速
/(r/min)</th><th rowspan="2">轴孔直径
d_1、d_2</th><th colspan="2">轴孔长度 L</th><th rowspan="2">D</th><th rowspan="2">D_1</th><th rowspan="2">b</th><th rowspan="2">b_1</th><th rowspan="2">S</th><th rowspan="2">转动惯量
I/kg·m²</th><th rowspan="2">质量
/kg</th></tr>
<tr><th>Y 型</th><th>J_1 型</th></tr>
<tr><td rowspan="5">GY1
GYS1
GYH1</td><td rowspan="5">25</td><td rowspan="5">12000</td><td>12</td><td rowspan="2">32</td><td rowspan="2">27</td><td rowspan="5">80</td><td rowspan="5">30</td><td rowspan="5">26</td><td rowspan="5">42</td><td rowspan="5">6</td><td rowspan="5">0.0008</td><td rowspan="5">1.16</td></tr>
<tr><td>14</td></tr>
<tr><td>16</td><td rowspan="3">42</td><td rowspan="3">30</td></tr>
<tr><td>18</td></tr>
<tr><td>19</td></tr>
<tr><td rowspan="7">GY2
GYS2
GYH2</td><td rowspan="7">63</td><td rowspan="7">10000</td><td>16</td><td rowspan="3">42</td><td rowspan="3">30</td><td rowspan="7">90</td><td rowspan="7">40</td><td rowspan="7">28</td><td rowspan="7">44</td><td rowspan="7">6</td><td rowspan="7">0.0015</td><td rowspan="7">1.72</td></tr>
<tr><td>18</td></tr>
<tr><td>19</td></tr>
<tr><td>20</td><td rowspan="3">52</td><td rowspan="3">38</td></tr>
<tr><td>22</td></tr>
<tr><td>24</td></tr>
<tr><td>25</td><td>62</td><td>44</td></tr>
<tr><td rowspan="5">GY3
GYS3
GYH3</td><td rowspan="5">112</td><td rowspan="5">9500</td><td>20</td><td rowspan="3">52</td><td rowspan="3">38</td><td rowspan="5">100</td><td rowspan="5">45</td><td rowspan="5">30</td><td rowspan="5">46</td><td rowspan="5">6</td><td rowspan="5">0.0025</td><td rowspan="5">2.38</td></tr>
<tr><td>22</td></tr>
<tr><td>24</td></tr>
<tr><td>25</td><td rowspan="2">62</td><td rowspan="2">44</td></tr>
<tr><td>28</td></tr>
<tr><td rowspan="5">GY4
GYS4
GYH4</td><td rowspan="5">224</td><td rowspan="5">9000</td><td>25</td><td rowspan="2">62</td><td rowspan="2">44</td><td rowspan="5">105</td><td rowspan="5">55</td><td rowspan="5">32</td><td rowspan="5">48</td><td rowspan="5">6</td><td rowspan="5">0.003</td><td rowspan="5">3.15</td></tr>
<tr><td>28</td></tr>
<tr><td>30</td><td rowspan="3">82</td><td rowspan="3">60</td></tr>
<tr><td>32</td></tr>
<tr><td>35</td></tr>
<tr><td rowspan="6">GY5
GYS5
GYH5</td><td rowspan="6">400</td><td rowspan="6">8000</td><td>30</td><td rowspan="4">82</td><td rowspan="4">60</td><td rowspan="6">120</td><td rowspan="6">68</td><td rowspan="6">36</td><td rowspan="6">52</td><td rowspan="6">8</td><td rowspan="6">0.007</td><td rowspan="6">5.43</td></tr>
<tr><td>32</td></tr>
<tr><td>35</td></tr>
<tr><td>38</td></tr>
<tr><td>40</td><td rowspan="2">112</td><td rowspan="2">84</td></tr>
<tr><td>42</td></tr>
</table>

续表

型号	公称转矩 /N·m	许用转速 /(r/min)	轴孔直径 d_1、d_2	轴孔长度 L		D	D_1	b	b_1	S	转动惯量 I/kg·m^2	质量 /kg
				Y 型	J_1 型							
GY6 GYS6 GYH6	900	6800	38	82	60	140	80	40	56	8	0.015	7.59
			40	112	84							
			42									
			45									
			48									
			50									
GY7 GYS7 GYH7	1600	6000	48	112	84	160	100	40	56	8	0.031	13.1
			50									
			55									
			56									
			60	142	107							
			63									
GY8 GYS8 GYH8	3150	4800	60	142	107	200	130	50	68	10	0.103	27.5
			63									
			65									
			70									
			71									
			75									
			80	172	132							
GY9 GYS9 GYH9	6300	3600	75	142	107	260	160	66	84	10	0.319	47.8
			80	172	132							
			85									
			90									
			95									
			100	212	167							
GY10 GYS10 GYH10	10000	3200	90	172	132	300	200	72	90	10	0.720	82.0
			95									
			100	212	167							
			110									
			120									
			125									
GY11 GYS11 GYH11	25000	2500	120	212	167	380	260	80	98	10	2.278	162.2
			125									
			130	252	202							
			140									
			150									
			160	302	242							
GY12 GYS12 GYH12	50000	2000	150	252	202	460	320	92	112	12	5.923	285.6
			160	302	242							
			170									
			180									
			190	353	282							
			200									
GY13 GYS13 GYH13	100000	1000	190	352	282	590	400	110	130	12	19.978	611.9
			200									
			220									
			240	410	330							
			250									

注：质量、转动惯量是按 GY 型联轴器 Y/J_1 型轴孔组合形式和最小轴孔直径计算的。

表 12-6　圆锥销套筒联轴器的主要技术参数和尺寸　　mm

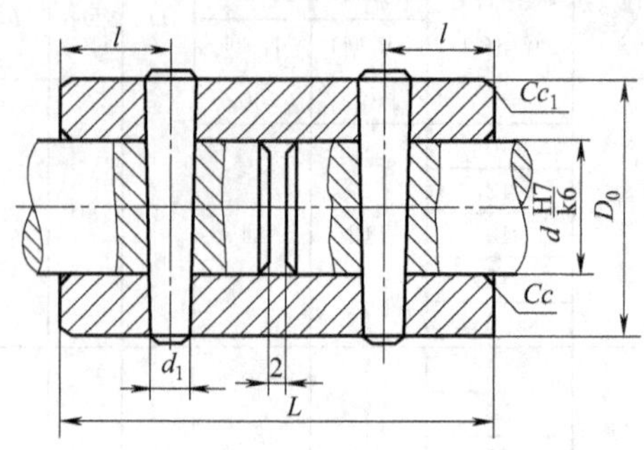

<table>
<tr><th>轴孔直径
d(H7)</th><th>D_0</th><th>L</th><th>d_1</th><th>l</th><th>c</th><th>c_1</th><th>圆锥销尺寸
GB/T 117—2000</th><th>许用转矩
/N·m</th><th>质量/kg</th></tr>
<tr><td>4</td><td>8</td><td>15</td><td>1.0</td><td>3</td><td rowspan="4">0.3</td><td rowspan="4">0.3</td><td>1×8</td><td>0.3</td><td>0.004</td></tr>
<tr><td>5</td><td>10</td><td>20</td><td>1.5</td><td>5</td><td>1.5×10</td><td>0.8</td><td>0.01</td></tr>
<tr><td>6</td><td>12</td><td>25</td><td>1.5</td><td rowspan="2">6</td><td>1.5×12</td><td>1.0</td><td>0.02</td></tr>
<tr><td>8</td><td>15</td><td>30</td><td>2.0</td><td>2×16</td><td>2.2</td><td>0.03</td></tr>
<tr><td>10</td><td>18</td><td>35</td><td>2.5</td><td rowspan="2">8</td><td rowspan="5">0.5</td><td rowspan="5">0.5</td><td>2.5×18</td><td>4.5</td><td>0.06</td></tr>
<tr><td>12</td><td>22</td><td>40</td><td>3.0</td><td>3×22</td><td>7.5</td><td>0.09</td></tr>
<tr><td>14</td><td>25</td><td rowspan="2">45</td><td>4.0</td><td rowspan="2">10</td><td>4×25</td><td>16</td><td>0.13</td></tr>
<tr><td>16</td><td>28</td><td rowspan="2">5.0</td><td>5×28</td><td>28</td><td>0.16</td></tr>
<tr><td>18</td><td>32</td><td>55</td><td>12</td><td>5×32</td><td>32</td><td>0.25</td></tr>
<tr><td>20</td><td rowspan="2">35</td><td>60</td><td rowspan="3">6.0</td><td rowspan="3">15</td><td rowspan="5">1.0</td><td rowspan="7">1.0</td><td rowspan="2">6×35</td><td>50</td><td>0.31</td></tr>
<tr><td>22</td><td>65</td><td>56</td><td>0.35</td></tr>
<tr><td>25</td><td>40</td><td>75</td><td>8×40</td><td>112</td><td>0.47</td></tr>
<tr><td>28</td><td rowspan="2">45</td><td>80</td><td rowspan="2">8.0</td><td rowspan="2">20</td><td rowspan="2">8×45</td><td>127</td><td>0.63</td></tr>
<tr><td>30</td><td>90</td><td>132</td><td>0.65</td></tr>
<tr><td>35</td><td>50</td><td>105</td><td rowspan="2">10.0</td><td rowspan="2">25</td><td rowspan="4">1.2</td><td>10×50</td><td>250</td><td>0.84</td></tr>
<tr><td>40</td><td>60</td><td>120</td><td>10×60</td><td>280</td><td>1.52</td></tr>
<tr><td>45</td><td>70</td><td>140</td><td rowspan="3">12.0</td><td rowspan="3">35</td><td rowspan="3">1.0</td><td>12×70</td><td>530</td><td>2.58</td></tr>
<tr><td>50</td><td>80</td><td>150</td><td>12×80</td><td>600</td><td>3.71</td></tr>
<tr><td>55</td><td>90</td><td>160</td><td rowspan="6">1.8</td><td>12×90</td><td>630</td><td>5.15</td></tr>
<tr><td>60</td><td>100</td><td>180</td><td rowspan="2">16.0</td><td rowspan="2">45</td><td rowspan="5">2.0</td><td>16×100</td><td>1060</td><td>7.50</td></tr>
<tr><td>70</td><td>110</td><td>200</td><td>16×110</td><td>1250</td><td>9.15</td></tr>
<tr><td>80</td><td>120</td><td>220</td><td rowspan="2">20.0</td><td rowspan="2">50</td><td>20×120</td><td>2240</td><td>11.30</td></tr>
<tr><td>90</td><td>130</td><td>240</td><td>20×130</td><td>2500</td><td>13.60</td></tr>
<tr><td>100</td><td>140</td><td>280</td><td>25.0</td><td>60</td><td>25×140</td><td>4000</td><td>17.60</td></tr>
</table>

表 12-7　平键套筒联轴器的主要技术参数和尺寸　　mm

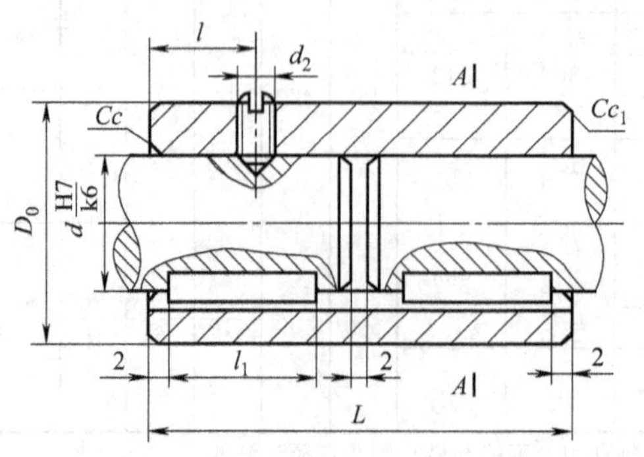

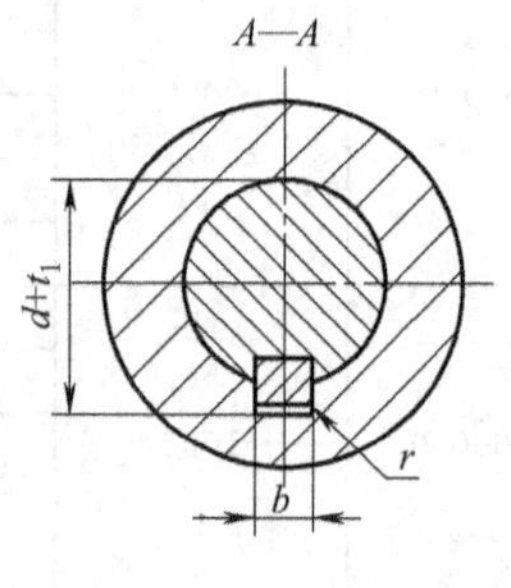

续表

轴孔直径 d(H7)	D_0	L	l	键槽宽度 b 公称尺寸	键槽宽度 b 极限偏差	键槽深度 t_1 公称尺寸	键槽深度 t_1 极限偏差	r	c	c_1	紧定螺钉 GB/T 73—2000	许用转矩 /N·m	质量/kg
20	35	60	15	6	±0.015	2.5	+0.1 0	0.3	1.0	1.0	M6×10	71	0.3
22		65										90	0.3
25	40	75	20	8	±0.018	3.3	+0.2 0					125	0.46
28	45	80									M8×12	170	0.62
30		90										212	0.73
35	50	105	25	10					1.2			355	0.84
40	60	120		12	±0.0215							450	1.5
45	70	140	35	14		3.8		0.5			M10×18	710	2.52
50	80	150									M12×18	850	3.64
55	90	160		16		4.3			1.8		M12×22	1060	5.07
60	100	180	45	18		4.4				2.0	M12×25	1500	7.21
70	110	200		20	±0.026	4.9					M16×25	2240	9.0
80	120	220	50	22		5.4						3150	11.1
90	130	240		25								4000	13.3
100	140	280	60	28		6.4		0.8			M20×25	5600	16.7

注：键槽对套筒中心线的对称度根据使用要求，按 GB/T 1184—1996 对称度公差选取 7～9 级。

表 12-8 半圆键套筒联轴器的主要技术参数和尺寸 mm

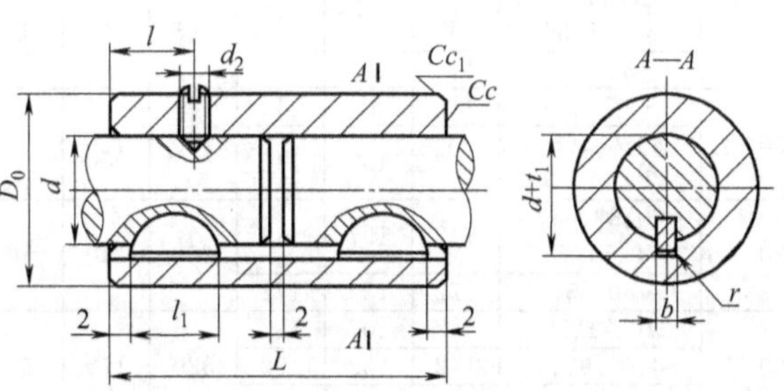

轴孔直径 d(H7)	D_0	L	l	键槽宽度 b 公称尺寸	键槽宽度 b 极限偏差	键槽深度 t_1 公称尺寸	键槽深度 t_1 极限偏差	r	c	c_1	紧定螺钉 GB/T 73—2000	许用转矩 /N·m	质量/kg
10	18	35	8	3	±0.012	1.4	+0.1 0	0.2	0.5	0.5	M4×8	8	0.05
12	22	40										20	0.09
14	25	45	10	4	±0.015	1.8					M5×8	28	0.13
16	28											40	0.16
18	32	55	12	5		2.3					M5×10	56	0.25
20	35	60	15					0.3	1.0 1.2	1.0	M6×10	90	0.3
22		65										110	
25	40	75	20	6		2.8						160	0.47
28	45	80									M8×12	220	0.63
30		90		8	±0.018	3.3						280	0.65
35	50	105	25	10								450	0.86

12.1.3 非金属弹性元件的挠性联轴器

非金属弹性元件的挠性联轴器的基本参数见表 12-9 和表 12-10。

表 12-9 弹性柱销联轴器的基本参数

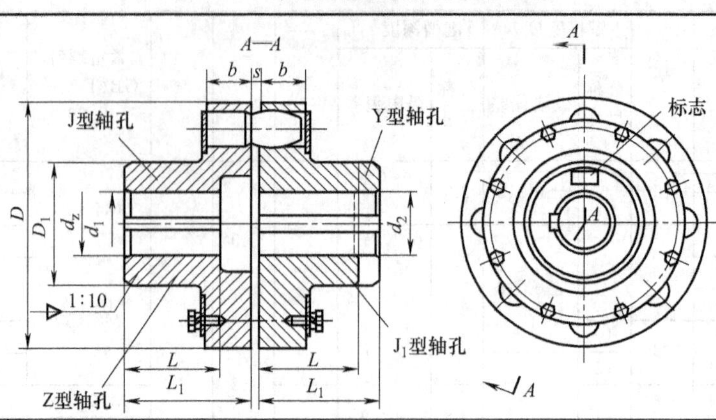

型号	公称转矩/N·m	许用转速/(r/min)	轴孔直径 d_1、d_2、d_z	轴孔长度 Y型 L	轴孔长度 J、J_1、Z型 L	轴孔长度 J、J_1、Z型 L_1	D	D_1	b	S	转动惯量/kg·m²	质量/kg
LX1	250	8500	12、14	32	27	—	90	40	20	2.5	0.002	2
			16、18、19	42	30	42						
			20、22、24	52	38	52						
LX2	560	6800	20、22、24	52	38	52	120	55	28	2.5	0.009	5
			25、28	62	44	62						
			30、32、35	82	60	82						
LX3	1250	4750	30、32、35、38	82	60	82	160	75	36	2.5	0.026	8
			40、42、45、48	112	84	112						
LX4	2500	3870	40、42、45、48、50、55、56	112	84	112	195	100	45	3	0.109	22
			60、63	142	107	142						
LX5	3150	3450	50、55、56	112	84	112	220	120	45	3	0.191	30
			60、63、65、70、71、75	142	107	142						
LX6	6300	2720	60、63、65、70、71、75	142	107	142	280	140	56	4	0.543	53
			80、85	172	132	172						
LX7	11200	2360	70、71、75	142	107	142	320	170	56	4	1.314	98
			80、85、90、95	172	132	172						
			100、110	212	167	212						
LX8	16000	2120	80、85、90、95	172	132	172	360	200	56	5	2.023	119
			100、110、120、125	212	167	212						
LX9	22500	1850	100、110、120、125	212	167	212	410	230	63	5	4.386	197
			130、140	252	202	252						
LX10	35500	1600	110、120、125	212	167	212	480	280	75	6	9.760	322
			130、140、150	252	202	252						
			160、170、180	302	242	302						

表 12-10 弹性套柱销联轴器

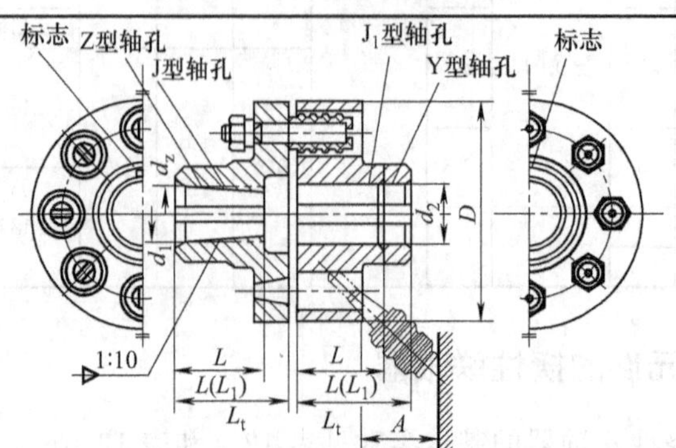

续表

型号	公称转矩/N·m	许用转速/(r/min) 铁	许用转速/(r/min) 钢	轴孔直径 d_1、d_2、d_z 铁	轴孔直径 d_1、d_2、d_z 钢	轴孔长度 Y型 L	轴孔长度 J、J_1、Z型 L_1	轴孔长度 J、J_1、Z型 L	$L_{推荐}$	D	A	转动惯量/kg·m²	质量/kg
LT1	6.3	6600	8800	9		20	14	—	25	71	18	0.0005	0.82
				10、11		25	17						
				12	12、14	32	20						
LT2	16	5500	7600	12、14					35	80		0.0008	1.20
				16	16、18、19	42	30	42					
LT3	31.5	4700	6300	16、18、19					38	95	35	0.0023	2.20
				20	20、22	52	38	52					
LT4	63	4200	5700	20、22、24					40	106		0.0037	2.84
				—	25、28	62	44	62					
LT5	125	3600	4600	25、28					50	130	45	0.012	6.05
				30、32	30、32、35	82	60	82					
LT6	250	3300	3800	32、35、38					55	160		0.028	9.75
				40	40、42	112	84	112					
LT7	500	2800	3600	40、42、45	40、42、45、48				65	190		0.055	14.01
LT8	710	2400	3000	45、48、50、55					70	224	65	0.340	23.12
				—	56								
				—	60、63	142	107	142					
LT9	1000	2100	2850	50、55、56		112	84	112	80	250		0.213	30.69
				60、63		142	107	142					
				—	65、70、71								
LT10	2000	1700	2300	63、65、70、71、75					100	315	80	0.660	61.40
				80、85	80、85、90、95	172	132	172					

12.1.4 金属弹性元件挠性联轴器

金属弹性元件挠性联轴器的基本参数见表12-11～表12-14。

表12-11 H型6杆联轴器的基本参数

型号	额定转矩 T/kN·m	静扭转刚度 C_a/(MN·m/rad)	弯曲刚度 C_b/(kN·m/rad)	轴向刚度 C_k/(N/mm)	最高转速 n_{max}/(r/min)	参数/mm i	参数/mm k	许用角向补偿量/rad β	许用角向补偿量/rad β_{max}
H25	4.7	5.7	9	1020	10700	135	25	9×10^{-3}	11×10^{-3}
H28	6.7	8.1	11	1140	9500	150	28		
H31.5	9.5	11.4	14	1280	8500	170	31		
H35.5	13.4	16.1	18	1440	7500	190	35		
H40	18.9	22.7	23	1620	6700	210	39		
H45	26.7	32.1	28	1810	5900	240	44		
H50	37.7	45.3	36	2040	5300	270	49		
H56	53.3	64.0	45	2280	4800	300	55		
H63	75.3	90.0	57	2560	4200	335	62		
H71	106.5	128.0	71	2870	3800	375	70		
H80	150.0	180.0	90	3230	3300	420	78		
H90	212.0	255.0	113	3600	3000	470	88		
H100	300.0	360.0	143	4050	2700	530	98		
H112	423.0	508.0	180	4550	2400	600	110		
H125	598.0	720.0	226	5100	2100	670	124		
H140	845.0	1010.0	285	5700	1900	750	139		
H160	1190.0	1430.0	358	6400	1700	840	156		
H180	1680.0	2020.0	450	7200	1500	945	175		

注：许用角向补偿量的β为连续工作状态，β_{max}为瞬时工作状态。i、k是依联轴器型号而定的参数（GB/T 14653—2008）。

表 12-12 H 型 8 杆联轴器的基本参数

型号	额定转矩 T/kN·m	静扭转刚度 C_a/(MN·m/rad)	弯曲刚度 C_b/(kN·m/rad)	轴向刚度 C_k/(N/mm)	最高转速 n_{max}/(r/min)	参数/mm		许用角向补偿量/rad	
						i	k	β	β_{max}
H25	6.3	6.9	11	1080	10700	135	25	6×10^{-3}	9×10^{-3}
H28	9.0	8.8	14	1210	9500	150	28		
H31.5	12.6	12.7	17	1350	8500	170	31		
H35.5	17.8	18.6	22	1520	7500	190	35		
H40	25.2	26.5	27	1710	6700	210	39		
H45	35.6	37.3	34	1920	5900	240	44		
H50	50.3	52.0	43	2150	5300	270	49		
H56	71.1	73.5	54	2410	4800	300	55		
H63	100.5	104.0	68	2710	4200	335	62		
H71	142.0	147.0	86	3040	3800	375	70		
H80	200.0	208.0	108	3410	3300	420	78		
H90	283.0	295.0	136	3830	3000	470	88		
H100	400.0	415.0	171	4300	2700	530	98		
H112	565.0	586.0	215	4800	2400	600	110		
H125	798.0	825.0	271	5400	2100	670	124		
H140	1128.0	1170.0	341	6050	1900	750	139		
H160	1590.0	1650.0	430	6800	1700	840	156		
H180	2250.0	2330.0	540	7650	1500	945	175		

表 12-13 T 型连接挠性杆联轴器的主要尺寸、转动惯量和质量

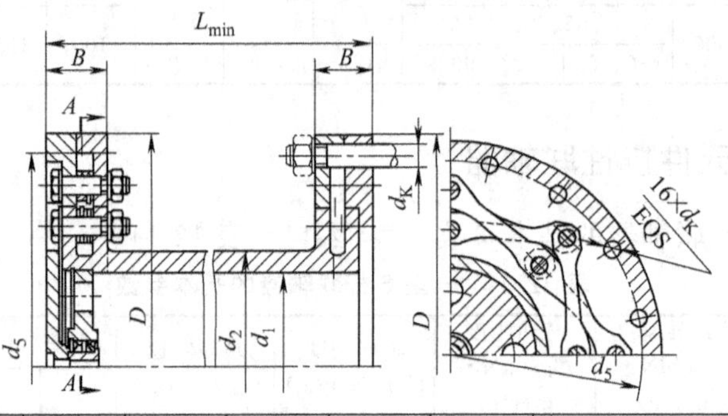

型号	D	B	d_5	d_K	d_1	d_2	L_{min}	总质量		转动惯量 J		
								单个	100mm	内部	外部	100mm
	mm							kg		kg·m²		
S(H)25	301	49	271	17	119	147	146	18	4.6	0.03	0.18	0.02
S(H)28	337	54	304	19	134	165	168	25	5.7	0.06	0.32	0.03
S(H)31.5	378	61	341	21	150	185	185	34	7.2	0.09	0.57	0.05
S(H)35.5	425	68	382	23	169	208	209	48	9.1	0.16	1.01	0.08
S(H)40	476	75	429	25	189	233	232	69	11.5	0.28	1.80	0.13
S(H)45	535	85	481	28	212	262	262	97	14.6	0.50	3.20	0.21
S(H)50	600	93	540	31	238	294	289	135	18.4	1.13	5.70	0.33
S(H)56	673	104	606	34	267	330	319	191	23.2	1.54	10.10	0.53
S(H)63	755	116	680	40	300	370	364	269	28.9	2.71	18.00	0.82
S(H)71	847	134	763	43	337	415	402	380	36.1	4.80	32.00	1.29
S(H)80	950	147	856	50	378	466	450	537	45.8	8.70	57.00	2.06
S(H)90	1066	165	961	54	424	523	500	761	57.8	20.00	101.00	3.30
S(H)100	1197	182	1078	62	475	586	566	1033	72.6	34.00	180.00	5.20
S(H)112	1343	208	1209	66	533	658	622	1516	91.8	48.00	320.00	8.20
S(H)125	1506	230	1357	74	599	738	702	2084	114.6	82.00	570.00	12.90
S(H)140	1690	257	1522	82	672	828	776	2995	144.3	143.00	1012.00	20.50
S(H)160	1896	287	1708	93	754	929	868	4207	181.6	275.00	1800.00	32.50
S(H)180	2128	321	1917	104	846	1043	972	5950	229.5	490.00	3200.00	51.70

表 12-14 F型连接挠性杆联轴器的主要尺寸、转动惯量和质量

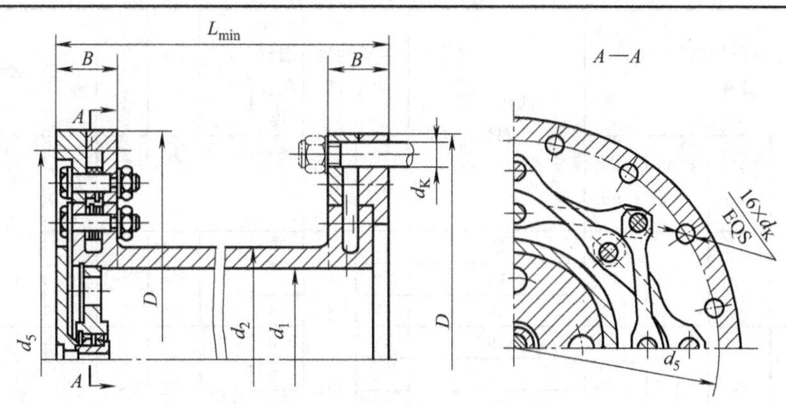

型号	D	B	d_5	d_K	D_1	d_1	L	总质量	转动惯量	
									内部	外部
	mm							/kg	kg·m²	
S(H)25	301	49	271	17	147	107	147	24.7		0.18
S(H)28	337	54	304	19	165	120	165	34.5	0.11	0.32
S(H)31.5	378	61	341	21	185	135	185	47.3	0.18	0.57
S(H)35.5	425	68	382	23	208	151	207	67.0	0.32	1.01
S(H)40	476	75	429	25	233	170	233	96.0	0.56	1.80
S(H)45	535	85	481	28	262	190	261	135.0	1.00	3.20
S(H)50	600	93	540	31	294	213	292	189.0	2.00	5.70
S(H)56	673	104	606	34	330	239	328	267.0	3.10	10.10
S(H)63	755	116	680	40	370	269	369	376.0	5.50	18.00
S(H)71	847	134	763	43	415	301	314	531.0	9.80	32.00
S(H)80	950	147	856	50	466	338	464	751.0	17.60	57.00
S(H)90	1066	165	961	54	523	379	520	1065.0	35.80	101.00
S(H)100	1197	182	1078	62	586	425	585	—	—	—
S(H)112	1343	208	1209	66	658	478	655	—	—	—
S(H)125	1506	230	1357	74	738	535	735	—	—	—
S(H)140	1690	257	1522	82	828	600	820	—	—	—
S(H)160	1896	287	1708	93	929	675	920	—	—	—
S(H)180	2128	321	1917	104	1043	755	—	—	—	—

12.1.5 安全联轴器

AQ 型、AQZ 型钢球式节能安全联轴器的基本参数和主要尺寸见表 12-15。

表 12-15 AQ 型、AQZ 型钢球式节能安全联轴器（离心离合器）的基本参数和主要尺寸（JB/T 5987—1992）

mm

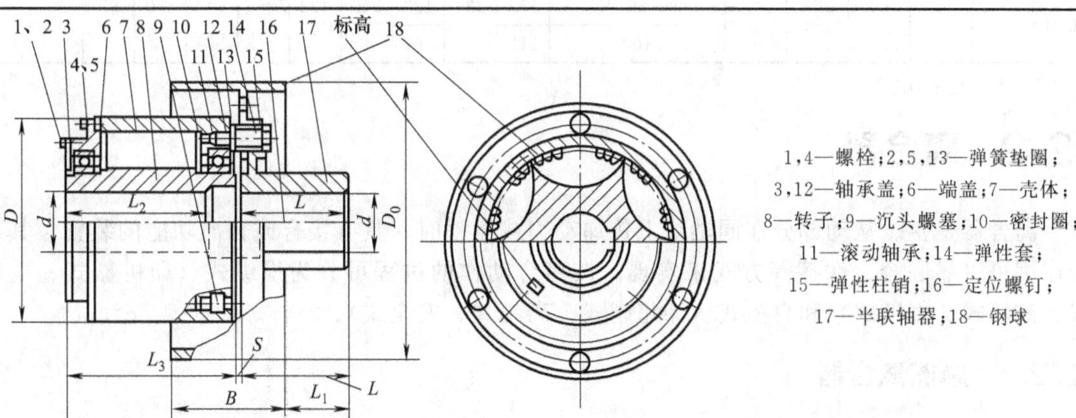

续表

型号	各种转速下能传递的功率/kW					轴孔直径 dH7	主动端轴孔长度	从动端轴孔长度	D	L_0 <	S	AQZ 型			许用转速/(r/min)	
	600 r/min	750 r/min	1000 r/min	1500 r/min	3000 r/min		L_2	L_3	L			D_0	B	L_1	铁	钢
AQ1	—	—	—	0.5	4	19	42	100	30	80	166	3～4	160	70	30	7160	9550
						24	52		38								
AQZ1						28	62		44							3580	4770
AQ2	—	—	—	1	7.5	19	42	110	30	100	176	3～4	160	70	30	5730	7640
						24	52		38								
						28	62		44							3580	4770
AQZ2						38	82		60								
AQ3	—	—	0.87	3	24	24	52	150	38	130	238	3～4	160	70	47	4410	5880
						28	62		44								
AQZ3						38	82		60							3580	4770
						42、45	112		84								
AQ4	—	—	1.3	4.5	36	28	62	150	44	150	238	3～4	200	85	47	3820	5090
AQZ24						38	82		60							2060	3020
						42、48、55	112		84								
AQ5	—	—	3.6	12	96	38	82	150	60	180	262	4～5	250	105	42	3180	4240
AQZ5						42、48、55	112		84							2290	3060
						60、65	142		107								
AQ6	—	2.53	6	20	162	38	82	150	60	200	262	4～5	250	105	47	2860	3820
AQ Z6						42、48、55	112		84							2290	3060
						60、65、70、75	142		107								
AQ7	—	6.0	14.6	49	393	42、48、55	112	210	84	220	322	4～5	250	105	57	2600	3470
AQZ7						60、65、70、75	142		107							2290	3060
AQ8	—	10	24	80	644	48、55	112	210	84	250	347	4～5	315	135	72	2290	3060
AQZ8						60、65、70、75	142		107							1820	2430
						80、85	172		132								
AQ9	—	21	51	173	1380	60、65、70、75	142	250	107	280	387	4～5	400	170	72	2140	2850
AQZ9						90、95	172		132							1430	1910
AQ10	—	25	60	200	1600	60、65、70、75	142	250	107	300	423	5～6	400	170	97	1830	2240
AQZ10						80、85、90	172		132							1430	1910
						100	212		167								

12.2 离合器

离合器是主、从动部分在同轴线上传递动力或运动时，具有接合或分离功能的装置，其离合作用可以靠嵌合、摩擦等方式来实现。按离合动作的过程可分为操纵式（如机械式、电磁式、液压式、气动式）和自控式（如超越式、离心式、安全式）。

12.2.1 摩擦离合器

摩擦离合器的主要技术参数和尺寸见表 12-16 和表 12-17。

表 12-16 杠杆式多盘摩擦式离合器的主要技术参数和尺寸（参考） mm

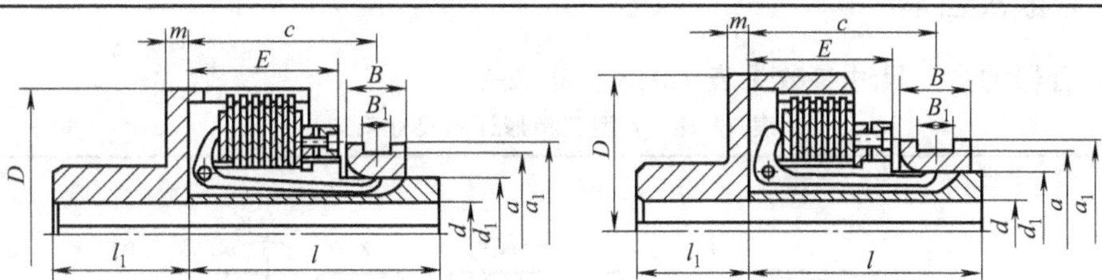

形式Ⅰ 形式Ⅱ

许用转矩/N·m		形式Ⅰ								形式Ⅱ		
		20	40	80	160	200	320	450	640	900	1400	2300
轴径 d	max	15	22	32	45	45	48	60	68	70	80	100
尺寸	D	70	90	100	125	135	150	170	195	210	260	315
	d_1	35	50	60	72	72	72	102	102	102	120	153
	a	45	60	70	85	85	85	120	120	120	145	175
	a_1	55	75	85	100	100	100	140	140	140	170	205
	l	56	83	83	98	98	108	148	148	175	205	230
	l_1	25	35	35	50	50	50	70	70	80	80	90
	c	37	60	60	70	70	76	103	103	125	148	160
	E	28	46	46	52.5	52.5	58	77.5	76	94	111	119
	m	4	6	6	10	10	10	13	13	15	15	20
	B	18	24	24	32	32	32	50	50	50	55	70
	B_1	10	10	10	15	15	15	26	26	26	26	30
摩擦面对数		6	10	10	10	8	10	10	8	10	6	6
摩擦面直径	外径	54	67	78	98	108	123	141	162	178	225	270
	内径	34	50	60	72	78	84	102	118	132	155	189
接合力/N		100	120	180	250	250	300	300	350	400	700	900
压紧力/N		1260	1430	1940	3250	9000	6250	6900	10400	10800	20500	27600

表 12-17 带滚动轴承的多片摩擦片离合器的特性参数和主要尺寸（参考）

(a) 整体式外壳

(b) 组合式外壳

(c) 带滚子接合杠杆

图号	许用转矩/N·m	质量/kg	转动惯量/kg·m² 内部	转动惯量/kg·m² 外部	接合力/N	脱开力/N
(a)	20	1.6	0.00025	0.00025	80	50
	60	3.0	0.001	0.0018	130	80
	80	4.2	0.0025	0.0028	130	80
	120	4.7	0.0035	0.0050	170	100
	160	6.5	0.0043	0.0068	200	120
	200	7.2	0.0048	0.010	250	150
	320	10.4	0.0075	0.018	300	180
	450	22.5	0.0275	0.043	400	250
	600	29.5	0.0350	0.0725	500	300
(b)	900	38.5	0.060	0.078	600	360
	1400	64	0.160	0.230	800	500
	3600	157	0.680	1.250	1500	900
(c)	5400	247	1.350	2.750	2000	1200
	7500	325	2.45	4.50	2800	1700
	16000	495	9.13	19.75	3750	2250

12.2.2 牙嵌离合器

牙嵌离合器的主要尺寸参数见表 12-18～表 12-21。

表 12-18 A 型三角形牙的尺寸系列 mm

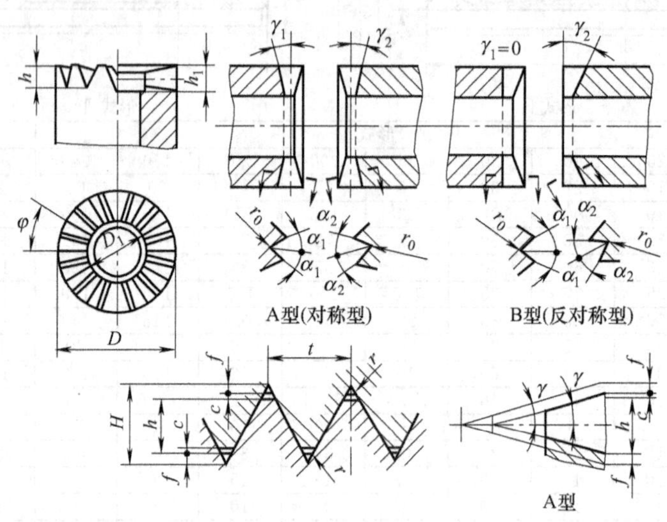

正三角形牙径向牙形的组合形式

$r_0=0.2;0.5;0.8\quad r=r_0/\cos\gamma\approx r_0\quad \alpha_2=30^\circ\quad c=0.5r\quad f=r$

$\alpha_2=45^\circ\quad c=0.3r;f=0.4r\quad h=H-(2f+c)$

牙形角 $2\alpha=60^\circ, r=0.2$mm															
D	D_2	h_2	普通牙						细牙						
			z	Y	t	H	h	许用转矩/N·m	z	Y	t	H	h	许用转矩/N·m
32	22	5	24	6°31′	4.19	3.62	3.07	45	48	3°10′	2.09	1.81	1.26	36
40	28				5.24	4.53	3.98	90			2.62	2.27	1.72	76
45	32				5.89	5.10	4.55	120			2.94	2.55	2.00	108
55	40		36	4°20′	4.80	4.15	3.60	210	72	2°10′	2.39	2.07	1.52	150
60	45				5.24	4.53	3.98	250			2.62	2.27	1.72	190
65	50				5.67	4.91	4.36	305			2.83	2.45	1.90	227
75	55	8	48	3°15′	4.91	4.25	3.70	520	96	1°37′	2.45	2.12	1.57	377
85	60				5.56	4.81	4.26	830			2.78	2.40	1.85	620
90	65				5.89	5.10	4.55	950			2.95	2.55	2.00	720
100	70				6.54	5.66	5.11	1400			3.27	2.83	2.28	1070
110	80				7.20	6.23	4.68	1440			3.60	3.12	2.57	1350
120	90				5.24	4.53	3.98	1350			2.62	2.27	1.72	1000
125			72	2°10′	5.45	4.72	4.17	2170	144	1°05′	2.73	2.36	1.81	1570
140	100				6.11	5.28	4.73	3140			3.05	2.64	2.09	2320
145					6.33	5.47	4.92	3750			3.16	2.74	2.19	2790
160	120				6.98	6.05	5.50	4260			3.49	3.03	2.48	3200
180	140				7.85	6.80	6.25	5540			3.93	3.39	2.84	4200
200	150		96	1°37′	6.54	5.66	5.11	8250	192	0°50′	3.27	2.83	2.28	6140
220	170				7.20	6.23	5.68	10220			3.60	3.12	2.57	7710
250	190				8.18	7.08	6.53	15900			4.09	3.54	2.99	12140
280	220				9.16	7.93	7.38	20440			4.58	3.97	3.42	15780

续表

D	D_1	h_1	普通牙 z	普通牙 γ	普通牙 t	普通牙 H	普通牙 h	普通牙 许用转矩 /N·m	细牙 z	细牙 γ	细牙 t	细牙 H	细牙 h	细牙 许用转矩 /N·m
牙形角 $2\alpha=90°$，$r=0.2$mm														
32	22	5	24	3°45′	4.19	2.10	1.81	26	48	1°52′	2.10	1.05	0.76	20
40	28				5.24	2.62	2.33	50			2.62	1.31	1.02	45
45	32				5.89	2.95	2.66	72			2.95	1.48	1.19	60
55	40		36	2°30′	4.80	2.40	2.11	120	72	1°15′	2.40	1.20	0.91	90
60	45				5.24	2.62	2.33	150			2.62	1.31	1.02	110
65	50				5.67	2.84	2.55	180			2.84	1.42	1.13	135
75	55	8	48	1°52′	4.91	2.46	2.17	305	96	0°57′	2.46	1.23	0.94	225
85	60				5.56	2.78	2.49	480			2.78	1.39	1.10	370
90	65				5.89	2.95	2.66	560			2.95	1.48	1.19	430
100	70				6.54	3.27	2.98	820			2.95	1.48	1.19	430
110	80				7.20	3.60	3.31	1020			3.60	1.80	1.51	800
120	90				5.24	2.62	2.33	790			2.62	1.31	1.02	600
125	90		72	1°15′	5.45	2.73	2.44	1270	144	0°37′	2.73	1.37	1.08	940
140	100				6.11	3.06	2.77	1840			3.06	1.53	1.24	1380
145					6.33	3.17	2.88	2200			3.17	1.58	1.29	1640
160	120				6.98	3.49	3.20	2480			3.49	1.75	1.46	1890
180	140				7.85	3.93	3.64	3230			3.93	1.97	1.68	2480
200	150		96	0°57′	6.54	3.27	2.98	4820	192	0°28′	3.27	1.64	1.35	3640
220	170				7.20	3.60	3.31	5960			3.60	1.80	1.51	4530
250	190				8.18	4.09	3.80	9260			4.09	2.05	1.76	7150
280	220				9.16	4.58	4.29	11880			4.58	2.29	2.00	9230

注：1. 表中许用转矩值是按照低速时接合，由牙工作面压强条件确定的，对于静止状态接合的情况，表值应乘以 1.75。

2. D_1、h_1 尺寸根据结构尺寸选择，表值仅供参考。

表 12-19　矩形牙、正梯形牙的尺寸系列　mm

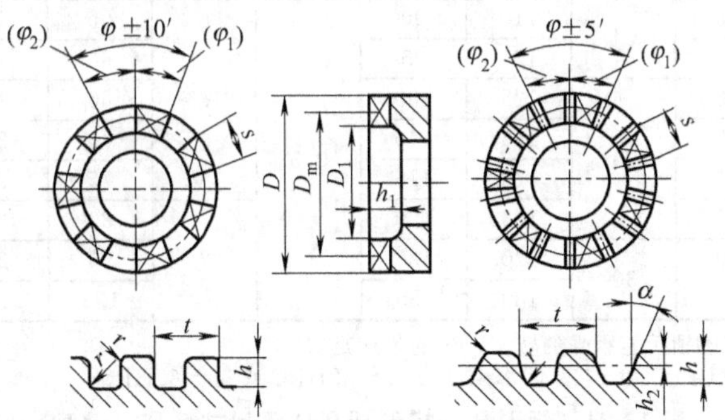

D	D_1	牙数	矩形牙 $\varphi\pm10'$	矩形牙 φ_1	矩形牙 φ_2	矩形牙 s	正梯形牙 $\varphi\pm5'$	正梯形牙 $\varphi_1{}^{+20'}_{-40'}$	正梯形牙 $\varphi_2{}^{+40'}_{+20'}$	正梯形牙 s	h	h_1	h_2	接合时要求同时接触牙数
40	28	5	72°	35°	37°	12.03	72°	36°	36°	12.36	5	6	2.1	3
60	45	7	51°28′	24°43′	26°43′	12.84	51°26′	25°43′	25°43′	13.35	6	8	2.6	4
70	50					14.98				13.57				
80	60					17.12				17.80				
90	65					19.26				20.03				
100	75					21.40				22.25				

续表

D	D_1	牙数	矩形牙				正梯形牙				h	h_1	h_2	接合时要求同时接触牙数
			$\varphi\pm10'$	φ_1	φ_2	s	$\varphi\pm5'$	$\varphi_1{}^{+20'}_{-40'}$	$\varphi_2{}^{+40'}_{+20'}$	s				
120、140	90、100	9	40°	18°30′	21°30′	19.29、22.50	40°	20°	20°	20.84、24.31	8	10	3.6	5
160	120	11	32°44′	14°22′	18°22′	20.01	32°14′	16°22′	16°22′	22.77				6
180	130					22.51				25.62				
200	150					25.01				28.47				

表 12-20　α＝30°、α＝45°三角形齿牙嵌盘尺寸系列　　mm

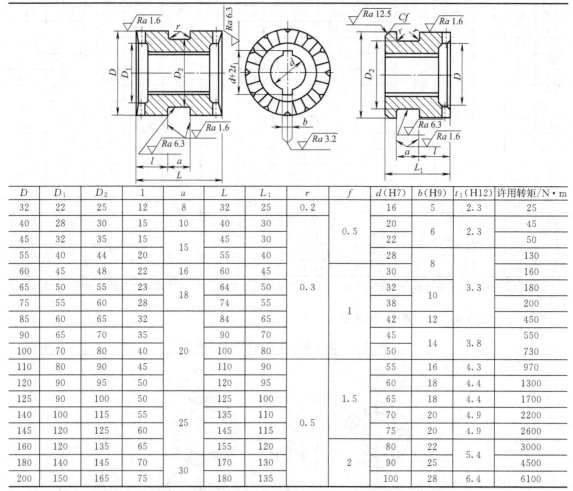

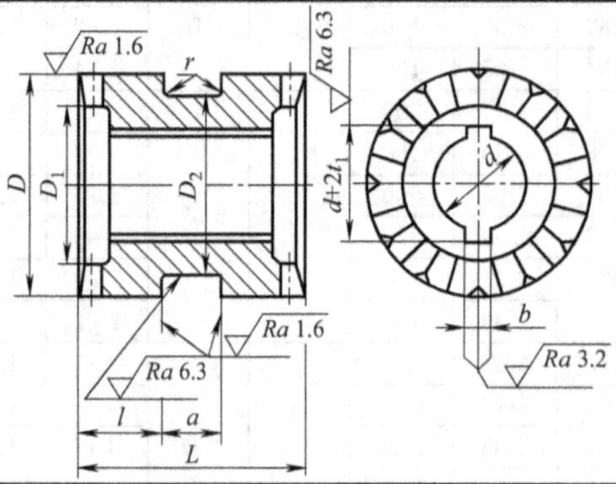

D	D_1	D_2	1	a	L	L_1	r	f	d(H7)	b(H9)	t_1(H12)	许用转矩/N·m
32	22	25	12	8	32	25	0.2		16	5	2.3	25
40	28	30	15	10	40	30		0.5	20	6	2.3	45
45	32	35	15	15	45	30			22			50
55	40	44	20		55	40			28	8		130
60	45	48	22	16	60	45			30			160
65	50	55	23	18	64	50	0.3		32	10	3.3	180
75	55	60	28		74	55			38			200
85	60	65	32		84	65		1	42	12		450
90	65	70	35		90	70			45	14	3.8	550
100	70	80	40	20	100	80			50			730
110	80	90	45		110	90			55	16	4.3	970
120	90	95	50		120	95			60	18	4.4	1300
125	90	100	50		125	100		1.5	65	18	4.4	1700
140	100	115	55	25	135	110	0.5		70	20	4.9	2200
145	120	125	60		145	115			75	20	4.9	2600
160	120	135	65		155	120			80	22	5.4	3000
180	140	145	70	30	170	130		2	90	25		4500
200	150	165	75		180	135			100	28	6.4	6100

注：1. 表中许用转矩为双键轴所能承受的转矩，牙的强度足够。
2. 半离合器材料为45、40Cr或20Cr，其牙部硬度为48～52HRC或58～62HRC。

表 12-21　矩形牙、梯形牙牙嵌盘尺寸系列（参考）　　mm

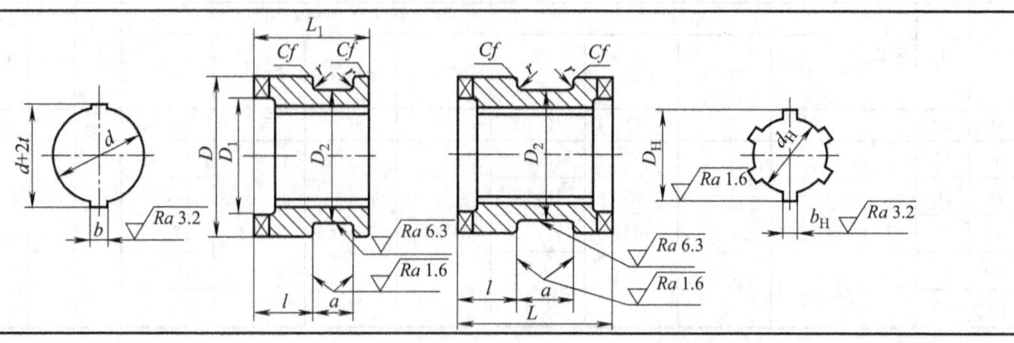

续表

<table>
<tr><th rowspan="2">D</th><th rowspan="2">D_1</th><th rowspan="2">牙数</th><th rowspan="2">D_2</th><th rowspan="2">l</th><th rowspan="2">a</th><th rowspan="2">双向
L</th><th rowspan="2">单向
L_1</th><th rowspan="2">r</th><th rowspan="2">f</th><th colspan="3">双键孔</th><th colspan="4">花键孔</th><th rowspan="2">许用转矩
/N·m</th></tr>
<tr><th>d
(H7)</th><th>b
(H9)</th><th>t
(H12)</th><th>花键齿个数
N</th><th>d
(H7)</th><th>D
(H10)</th><th>b
(H9)</th></tr>
<tr><td>40</td><td>28</td><td rowspan="2">5</td><td>30</td><td>15</td><td>10</td><td>40</td><td>30</td><td>0.5</td><td rowspan="2">0.5</td><td>20</td><td>6</td><td>2.3</td><td rowspan="3">6</td><td>18</td><td>22</td><td>5</td><td>77.1</td></tr>
<tr><td>50</td><td>35</td><td>38</td><td>20</td><td>12</td><td>50</td><td>38</td><td>0.8</td><td>25</td><td>8</td><td>3.2</td><td>21</td><td>25</td><td>5</td><td>120</td></tr>
<tr><td>60</td><td>45</td><td rowspan="5">7</td><td>48</td><td>22</td><td rowspan="2">16</td><td>60</td><td>45</td><td rowspan="2">1.0</td><td rowspan="5">1.0</td><td>32</td><td rowspan="2">10</td><td rowspan="3">3.3</td><td>28</td><td>34</td><td>7</td><td>246</td></tr>
<tr><td>70</td><td>50</td><td>54</td><td>28</td><td>70</td><td>50</td><td>35</td><td rowspan="5">8</td><td>32</td><td>38</td><td>6</td><td>375</td></tr>
<tr><td>80</td><td>60</td><td>60</td><td>30</td><td rowspan="4">20</td><td>80</td><td>60</td><td rowspan="3">1.2</td><td>40</td><td>12</td><td>36</td><td>42</td><td>8</td><td>437</td></tr>
<tr><td>90</td><td>65</td><td>70</td><td>35</td><td>90</td><td>70</td><td>45</td><td>14</td><td>3.8</td><td>42</td><td>48</td><td>9</td><td>605</td></tr>
<tr><td>100</td><td>75</td><td>80</td><td>40</td><td>100</td><td>80</td><td>50</td><td>16</td><td>3.8</td><td>46</td><td>54</td><td>10</td><td>644</td></tr>
<tr><td>120</td><td>90</td><td rowspan="2">9</td><td>100</td><td>50</td><td>120</td><td>100</td><td rowspan="5">1.5</td><td rowspan="5">1.5</td><td>60</td><td>18</td><td>4.4</td><td>56</td><td>65</td><td>12</td><td>1700</td></tr>
<tr><td>140</td><td>100</td><td>115</td><td>55</td><td rowspan="4">25</td><td>140</td><td>110</td><td>70</td><td>20</td><td>4.9</td><td>62</td><td>72</td><td>12</td><td>2580</td></tr>
<tr><td>160</td><td>120</td><td rowspan="3">11</td><td>135</td><td>65</td><td>160</td><td>120</td><td>80</td><td>22</td><td rowspan="2">5.4</td><td rowspan="3">10</td><td>72</td><td>82</td><td>12</td><td>3630</td></tr>
<tr><td>180</td><td>130</td><td>150</td><td>75</td><td>180</td><td>130</td><td>90</td><td>25</td><td rowspan="2">82</td><td rowspan="2">92</td><td rowspan="2">12</td><td>5020</td></tr>
<tr><td>200</td><td>150</td><td>160</td><td>85</td><td>200</td><td>140</td><td>100</td><td>28</td><td>6.4</td><td>5670</td></tr>
</table>

注：1. 表中许用转矩是按低速运转时接合，按牙工作面压强条件计算得出的值，对于静止接合的情况，许用转矩值可乘以 1.75 倍。

2. 牙嵌盘材料为 45 钢，硬度为 48～52HRC；材料为 20Cr，硬度为 58～62HRC。

12.2.3 超越离合器

超越离合器的基本参数和主要尺寸见表 12-22～表 12-24。

表 12-22 CKA 系列单向模块超越离合器的基本参数和主要尺寸 mm

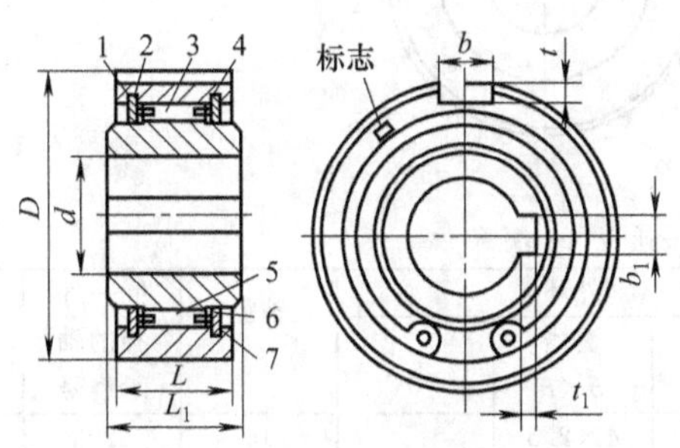

1—外环；2—内环；3—楔块；4—弹簧；5—滚柱；6—端盖；7—挡圈

<table>
<tr><th rowspan="2">型号</th><th rowspan="2">公称转矩
/N·m</th><th rowspan="2">超越时的极限转速
/(r/min)</th><th colspan="3">外环</th><th colspan="3">内 环</th><th rowspan="2">质量
/kg</th></tr>
<tr><th>D(h7)</th><th>键槽
b×t</th><th>L</th><th>d(H7)</th><th>键槽
$b_1 \times t_1$</th><th>L_1</th></tr>
<tr><td>CKA1</td><td>31.5</td><td>2500</td><td>50</td><td>3×1.8</td><td rowspan="3">22</td><td>12</td><td>3×1.4</td><td rowspan="3">24</td><td>0.24</td></tr>
<tr><td>CKA2</td><td>50</td><td>2250</td><td>55</td><td>4×2.5</td><td>18</td><td>4×1.8</td><td>0.28</td></tr>
<tr><td>CKA3</td><td>63</td><td>2000</td><td>60</td><td rowspan="3">6×3.5</td><td>20</td><td rowspan="3">6×2.8</td><td>0.33</td></tr>
<tr><td>CKA4</td><td>100</td><td rowspan="2">1800</td><td rowspan="2">65</td><td>24</td><td rowspan="2">24</td><td>26</td><td>0.38</td></tr>
<tr><td>CKA5</td><td>140</td><td>30</td><td>32</td><td>0 48</td></tr>
<tr><td>CKA6、CKA7</td><td>180</td><td rowspan="2">1500</td><td>70</td><td rowspan="2">8×4.0</td><td rowspan="2">30</td><td>25、28</td><td rowspan="2">8×3.3</td><td rowspan="2">32</td><td>0.63</td></tr>
<tr><td>CKA8、CKA9</td><td>200</td><td>80</td><td>25、30</td><td>0.90</td></tr>
</table>

续表

型号	公称转矩/N·m	超越时的极限转速/(r/min)	外环			内　环			质量/kg
			D(h7)	键槽 $b\times t$	L	d(H7)	键槽 $b_1\times t_1$	L_1	
CKA10	315	1250	100	10×5.0	32	35	8×3.3	32	1.34
CKA11、CKA12	315					38、40	10×3.3	34	1.28
CKA13、CKA14	400	1000	110			35、40			1.81
CKA15、CKA16	630		130	14×5.5	36	45、50	14×3.8	38	3.11
CKA17	1250	800	140		52	55		55	5.27
CKA18				16×6.0			16×4.3		5.10
CKA19	2000		160						6.96
CKA20				18×7.0		60	18×4.4		6.78
CKA21、CKA22	2240		170			60、65			7.80
CKA23、CKA24	2500		180			60、65			8.87
CKA25	2800		200			65			11.02
CKA26	2800		200	20×7.5		70	20×4.9		10.82

注：1. 同一单元格中 d、m 有两个数值时，分别与同一行中两个型号相对应。
2. 离合器代号：CKA□-$D\times L\times d$。
3. 离合器的安装方向应与主机要求的旋转方向一致。
4. 离合器的外环与机壳的配合，以及离合器的内环与轴的配合，均应是间隙配合。
5. 组装离合器时，应保证模块的正确装配方向，并注入适量润滑油或 2 号锂基润滑脂。
6. 离合器长期在高速状态下运行时，应有相应的冷却措施。
7. 离合器的内环与轴均采用键连接。

表 12-23　CKB 系列无内环单向模块超越离合器的基本参数和主要尺寸　mm

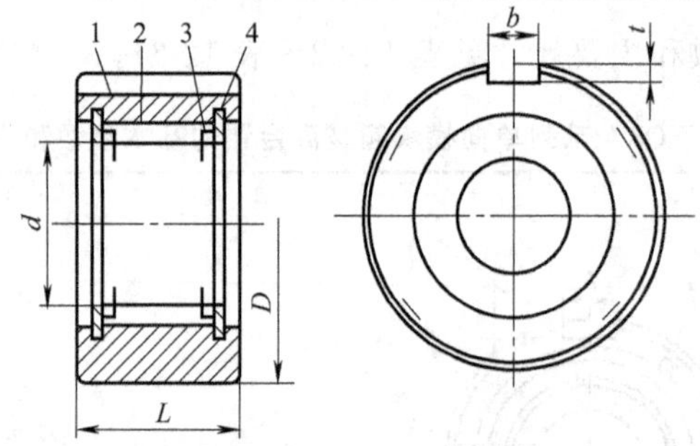

1—外环；2—楔块；3—弹簧；4—端盖

型号	代号	公称转矩/N·m	轴最高超越转速/(r/min)	外环			轴径 $d_{-0.025}^{\ 0}$	同一外径的轴承型号	质量/kg
				Dh7	键槽 $b\times t$	L			
CKB1	CKB1-40×25-16	35.5	2000	40	4×2.5	25	16	6203	0.21
CKB2	CKB2-47×25-18	56	2000	47	5×3.0		18	6204	0.29
CKB3	CKB3-52×25-24	90	1800	52	5×3.0		24	6205	0.33
CKB4	CKB4-62×28-30	200	1800	62	6×3.5	28	30	6206	0.51
CKB5	CKB5-62×28-32						32		0.48
CKB6	CKB6-62×28-35						35		0.45
CKB7	CKB7-72×28-40	315		72			40	6207	0.61
CKB8	CKB8-72×28-42						42		0.59
CKB9	CKB9-80×32-45	500	1600	80	8×4.0	32	45	6208	0.75
CKB10	CKB10-80×32-48						48		0.80
CKB11	CKB11-90×32-50	560		90	8×4.0		50	6209	0.94
CKB12	CKB12-90×32-55	630	1200		10×5.0		55	6210	1.00
CKB13	CKB13-100×42-60	710					60	6211	1.26
CKB14	CKB14-110×42-65	1000		100		42	65	6212	2.04
CKB15	CKB15-120×42-70	1120	1000	120			70	6213	2.46
CKB16	CKB16-125×42-80	1250		125	12×5.0		80	6214	2.40

表 12-24 CKF 系列单向模块超越离合器的基本参数和主要尺寸 mm

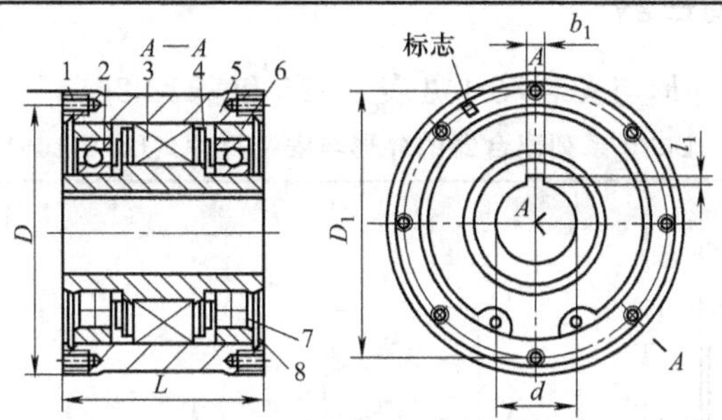

1—外环；2—内环；3—模块；4—固定挡环；5—挡环；6—端盖；7—轴承；8—挡圈

型号	公称转矩/N·m	螺钉拧紧力矩/N·m	非接触转速/(r/min)	最高转速/(r/min)	外环				内环			质量/kg
					D (h8)	两端各螺纹孔数×直径×深	螺栓分布直径	宽 L js9	内径 d (H7)	键槽 $b_1 \times t_1$	宽 L_1 js9	
CKF1	400	10	480	1500	165	8×M8×20	145	125	25	8×3.3	125	20.51
CKF2、CKF3	500	12	470		170		150	130	25、30		130	22.68、22.46
CKF4	600	14	450		175		155		30			23.84
CKF5									35	10×3.3		23.58
CKF6	800	18	430		185	8×M10×25	162					26.46
CKF7									40	12×3.3		26.16
CKF8、CKF9	1000	22	420	1500	190	8×M10×25	168	135	32、38	10×3.3	135	28.13、27.79
CKF10、CKF11									40、42	12×3.3		27.67、27.54
CKF12、CKF13									45、50	14×3.8		27.33、26.95
CKF14	1250	25	400		195		172	145	40	12×3.3	145	32.59
CKF15、CKF16									45、50	14×3.8		32.21、31.78
CKF17									55	16×4.3		31.31
CKF18	1400	26			205	8×M10×25	182		40	12×3.3		36.61
CKF19、CKF20									45、50	14×3.8		35.78、35.34
CKF21									55	16×4.3		34.81
CKF22、CKF23	600	27			208		185	150	45、48	14×3.8	150	38.16、37.90
CKF24									50			37.72
CKF25									55	16×4.3		37.24
CKF26									60	18×4.4		36.71
CKF27	2000	30			220		195		50	14×3.8		42.48
CKF28									55	16×4.3		41.99
CKF29、CKF30									60、65	18×4.4		41.46、40.88
CKF31	2500	32	390		230	12×M10×25	205	150	50	14×3.8	150	46.65
CKF32									55	16×4.3		46.16
CKF33、CKF34									60、65	18×4.4		45.63、45.05
CKF35									70、75	20×4.9		44.42
CKF36、CKF37	4000	52	380		245	12×M12×25	218	160	80	22×5.4	160	55.70、55.09
CKF38、CKF39									70、75	20×4.9		55.42、53.70
CKF40									80、85	22×5.4		52.93
CKF41、CKF42	6300	95	370		260	12×M14×25	230		90	22×5.4		61.90、61.18
CKF43、CKF44									80、85	22×5.4		60.42、59.60
CKF45									90、95	22×5.4		58.74
CKF46、CKF47	8000	110			275		245	170	100	28×5.4	170	72.61、71.75
CKF48、CKF49									90、95	25×5.4		70.83、69.86
CKF50									100、110	28×6.4		68.33
CKF51、CKF52	10000	140			295	12×M16×30	260	185	100、110	28×6.4	185	90.09、89.03
CKF53、CKF54									120、130	32×7.4		87.92、85.46
CKF55、CKF56	12500	170	350		330		295	200	110	28×6.4	200	121.95、119.36
CKF57、CKF58									120、130	32×7.4		116.53、113.44
CKF59	16000	215			360	12×M18×30	320	215	110	28×6.4	215	155.75
CKF60、CKF61									120、130	32×7.4		152.70、149.39
CKF62									140	36×8.4		145.81
CKF63、CKF64	20000	230			410	16×M12×30	360	225	120、130	32×7.4	225	213.21、209.75
CKF65、CKF66									140、150	36×8.4		206.00、201.98
CKF67	25000	240	310	1000	440		390	235	130	32×7.4	235	256.01
CKF68、CKF69									140、150	36×8.4		252.10、247.90
CKF70									160	40×9.4		243.41

12.2.4 牙嵌式电磁离合器

牙嵌式电磁离合器的外形与安装尺寸见表 12-25 和表 12-26。

表 12-25 DLY0 系列离合器的外形与安装尺寸（JB/T 10611—2006） mm

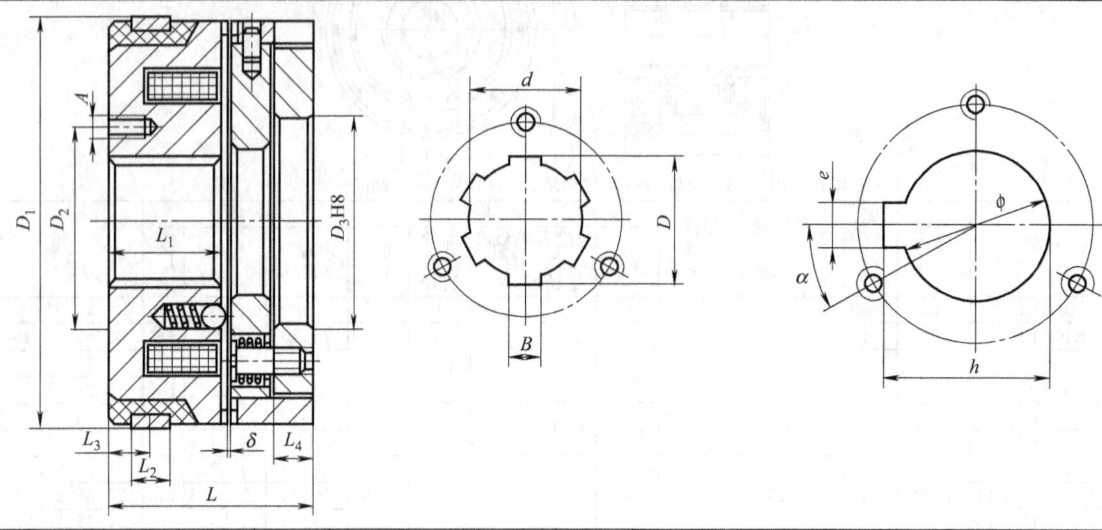

规格代号	D_1	D_2	D_3	L	L_1	L_2	L_3	L_4	α	A	δ	电刷型号
1.2	61	27.5	30	36	19.2	7	6.5	6	30°	3×M4 深 8	0.2	DS-002
2.5	73	34	35	36	19.2	8	7	6	30°	3×M4 深 8	0.3	DS-002
5	87	41	45	44	24.2	8	9	8	30°	3×M4 深 8	0.3	DS-002
10	94	50	45	45	25.2	8	9	8	30°	3×M4 深 10	0.5	DS-002
16	104	55	60	50	29.2	8	9	8	30°	3×M5 深 10	0.5	DS-002
25	125	70	75	52.5	31	9	8.5	9	30°	3×M5 深 10	0.6	DS-001
40	140	75	80	62	35	10	8	10	60°	3×M6 深 10	0.6	DS-001

注：D_2、L 为用户参考尺寸。

表 12-26 DLY3 系列离合器的外形与安装尺寸 mm

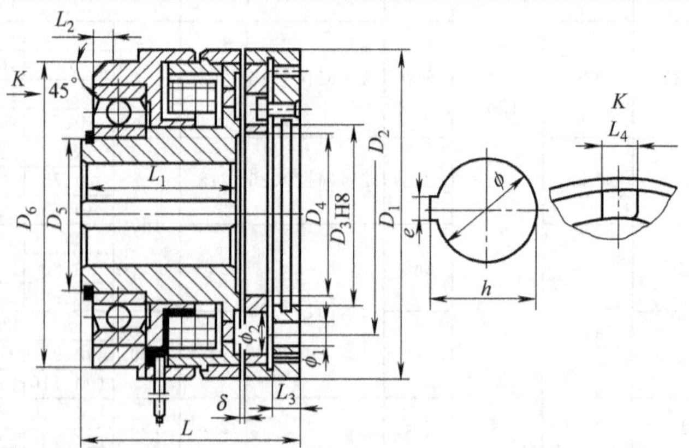

规格代号	D_1	D_2	D_3	D_4	D_5	D_6	L	L_1	L_2	L_3	L_4	ϕ_1	ϕ_2	δ
5	82	58	42	36	35	75	55	42	6	5.5	8	3×ϕ4.5	3×ϕ10	0.3
10	95	70	52	46	45	90	63	45	6	7.5	10	3×ϕ5.5	3×ϕ10	0.4
16	105	75	55	50	50	96	66.5	48.5	6	7.5	10	3×ϕ6.5	3×ϕ12	0.4
25	115	80	62	55	55	105	70	50.8	6	7.5	10	3×ϕ6.5	3×ϕ12	0.5
40	134	95	72	68	70	127	83	61	7	9.5	10	6×ϕ8.5	6×ϕ15	0.6
63	145	95	72	65	65	127	85.6	64.5	7	10	10	6×ϕ8.5	6×ϕ15	0.7
100	166	120	90	80	85	152	95	68	10	12.5	12	6×ϕ8.5	6×ϕ15	0.7

注：D_2、L 为用户参考尺寸。

12.2.5 安全离合器

(1) 剪销式安全离合器

销材料的比例系数 k_0 见表 12-27。

表 12-27 销材料的比例系数 k_0

销直径 /mm	销材料伸长率/%			
	12～20	22～30	24～25	29.5～31.4
	圆柱销		V形切槽销	
2～3	0.78～0.80	0.80～0.81	—	—
4～5	0.68～0.72	0.75～0.76	0.86～0.95	0.92～1.06
6～8	0.68～0.72	0.75～0.78	0.86～0.95	0.92～1.10

注：1. 销材料为 T8A、T10A、45 和 50 钢。

2. 表值适用于轴向分布销，径向分布时，k_0＝表值×(1.05～1.10)。

剪销式安全离合器的主要尺寸见表 12-28。

表 12-28 剪销式安全离合器的主要尺寸 mm

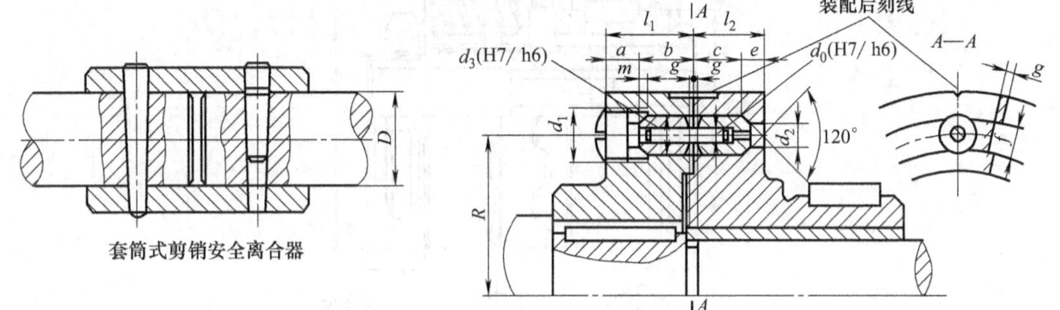

套筒式剪销安全离合器

d_0(H7/h6)	d_1	d_2	d_3(H7/h6)	l_1	l_2	a	b	c	e	m	g	最小剪断力/N
1.5	M16	5	10	22	16	10	12	11	5	8	1.5	700
2												1300
3	M20	8	15	30	25	12	18	17	8	10	2	2900
4												5200
5												8100
6	M30	12	25	50	45	22	28	26	19	16	2.5	12000
8												21000
10												33000
16	M48	18	40	75	64	33	42	39	25	28	3	55000
18												83400
20												130000

(2) 牙嵌式安全离合器

牙嵌式安全离合器的主要尺寸见表 12-29 和表 12-30。

表 12-29 牙嵌式安全离合器的主要尺寸（一） mm

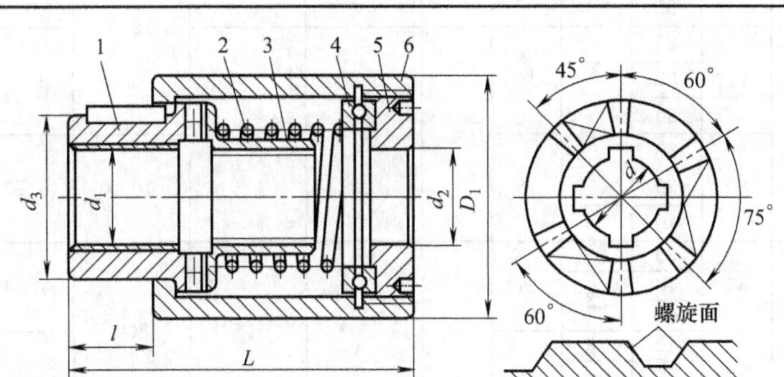

1，3—半离合器；2—弹簧；4—推力轴承；5—调节螺母；6—套杯

续表

花键孔 $N\times d\times D\times b$	D_1	d_1	d_2	d_3	L	l	弹簧尺寸 $d\times D\times H$	轴承型号	螺旋面的螺距	极限转矩 /N·m
6×21×25×5	70	25	25	45	110	25	4×50×100	51107	125.6	6 10 13
6×26×32×6	80	30	30	50	120	30	5×55×100	51109	157	16 20 25
8×36×40×7	100	40	40	65	130	35	7×65×70	51111	196.2	32 40 50

表 12-30 牙嵌式安全离合器的主要尺寸（二） mm

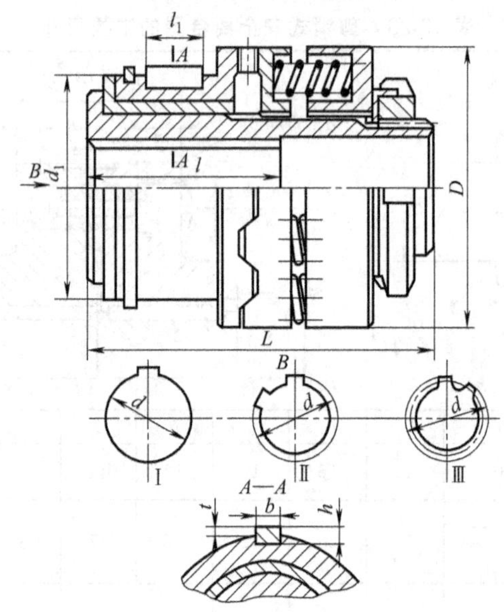

<table>
<tr><th rowspan="2">极限转矩 /N·m</th><th colspan="3">d(H7)</th><th rowspan="2">d1</th><th rowspan="2">D</th><th rowspan="2">L</th><th colspan="2">l(h14)</th><th rowspan="2">l1</th><th rowspan="2">b</th><th rowspan="2">h(h11)</th><th rowspan="2">t(h12)</th><th rowspan="2">最高转速 /(r/min)</th><th rowspan="2">质量 /kg</th></tr>
<tr><th>Ⅰ型</th><th>Ⅱ型</th><th>Ⅲ型</th><th>Ⅰ型</th><th>Ⅱ和Ⅲ型</th></tr>
<tr><td rowspan="3">4</td><td>8</td><td rowspan="3">—</td><td rowspan="3">—</td><td rowspan="3">32</td><td rowspan="3">36</td><td rowspan="6">63</td><td rowspan="2">20</td><td rowspan="3">—</td><td rowspan="3">12</td><td rowspan="3">3</td><td rowspan="3">3</td><td rowspan="3">1.8</td><td rowspan="3">1600</td><td rowspan="3">0.32</td></tr>
<tr><td>9</td></tr>
<tr><td>10</td><td>23</td></tr>
<tr><td rowspan="3">6.3</td><td>9</td><td rowspan="3">—</td><td rowspan="3">—</td><td rowspan="3">38</td><td rowspan="3">48</td><td>20</td><td rowspan="3">—</td><td rowspan="3">14</td><td rowspan="3">4</td><td rowspan="3">4</td><td rowspan="3">2.5</td><td rowspan="6">1250</td><td rowspan="3">0.50</td></tr>
<tr><td>10</td><td>23</td></tr>
<tr><td>11</td><td>23</td></tr>
<tr><td rowspan="3">10</td><td>11</td><td>—</td><td>—</td><td rowspan="6">48</td><td rowspan="6">56</td><td rowspan="3">75</td><td>23</td><td>—</td><td rowspan="3">16</td><td rowspan="6">5</td><td rowspan="6">5</td><td rowspan="6">3.0</td><td rowspan="3">0.86</td></tr>
<tr><td>12</td><td>—</td><td>12</td><td>30</td><td rowspan="4">25</td></tr>
<tr><td>14</td><td>14</td><td>13</td><td>30</td></tr>
<tr><td rowspan="3">16</td><td>12</td><td>—</td><td>12</td><td rowspan="3">80</td><td>30</td><td rowspan="3">18</td><td rowspan="3">1000</td><td rowspan="3">0.90</td></tr>
<tr><td>14</td><td>14</td><td>13</td><td>30</td></tr>
<tr><td>16</td><td>16</td><td>15</td><td>40</td><td>28</td></tr>
<tr><td rowspan="3">25</td><td>14</td><td>14</td><td>13</td><td rowspan="6">56</td><td rowspan="6">71</td><td rowspan="3">85</td><td>30</td><td>25</td><td rowspan="3">21</td><td rowspan="6">6</td><td rowspan="6">6</td><td rowspan="6">3.5</td><td rowspan="6">800</td><td rowspan="3">4.60</td></tr>
<tr><td>16</td><td>16</td><td>15</td><td>40</td><td rowspan="2">28</td></tr>
<tr><td>18</td><td>—</td><td>17</td><td>40</td></tr>
<tr><td rowspan="3">40</td><td>18</td><td>—</td><td>17</td><td rowspan="3">105</td><td>40</td><td>28</td><td rowspan="3">24</td><td rowspan="3">1.80</td></tr>
<tr><td>20</td><td>20</td><td>20</td><td>50</td><td rowspan="2">36</td></tr>
<tr><td>22</td><td>22</td><td>22</td><td>50</td></tr>
</table>

续表

极限转矩/N·m	d(H7)			d_1	D	L	l(h14)		l_1	b	h(h11)	t(h12)	最高转速/(r/min)	质量/kg
	Ⅰ型	Ⅱ型	Ⅲ型				Ⅰ型	Ⅱ和Ⅲ型						
63	20	20	20	65	85	110	50	36	28	8	7	4.0	630	2.50
	22	22	22				50							
	25	25	25				60	42						
100	25	25	25	80	100	140	60	42	32	10	8	5.0	500	5.00
	28	28	28											
	—	—	30				80	58						
160	28	28	28		125	160	60	42	36					7.50
	—	—	30				80	58						
	32	32	32											
250	32	32	32	90	140	180	80	58	42	12			400	10.00
	36	—	35											
	—	38	38											
	40	—	40				110	82						
400	—	38	38	105	180	190	80	58	48	14	9	5.5	315	16.00
	40	—	40				110	82						
	—	42	42											
	50	—	45											

12.2.6 ALY液压安全离合器

表 12-31 DZ型低速式轴连接安全联轴器

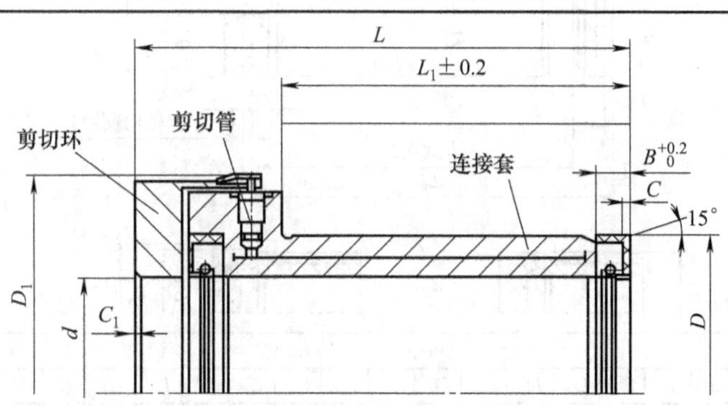

标记示例：
AYL50DZ型低速式轴连接安全联轴器
标记为：AYL50DZ 联轴器 JB/T 7355—2007

型号	滑动转矩/kN·m	尺寸/mm								转动惯量/kg·m²	质量/kg
		d	D	D_1	L	L_1	B	C	C_1		
AYL30DZ	0.315～0.630	30	40	107	82	40	4	2	1.5	0.002	2.2
AYL35DZ	0.500～1.000	35	45	112	87	45	4	2	1.5	0.003	2.4
AYL40DZ	0.710～1.400	40	52	118	94	52	5	2	1.5	0.004	2.8
AYL45DZ	0.900～1.800	45	58	124	102	60	7	2	1.5	0.005	3.1
AYL50DZ	1.25～2.5	50	65	130	109	65	8	2	1.5	0.007	3.6
AYL60DZ	2.00～4.00	60	75	140	117	73	8	2	1.5	0.009	4.2
AYL70DZ	3.55～7.10	70	90	152	130	82	8	2	1.5	0.016	5.8
AYL80DZ	4.5～9.0	80	100	162	146	98	8	2	1.5	0.021	6.6
AYL90DZ	5.6～11.2	90	110	173	158	110	8	2	1.5	0.029	7.7

续表

型号	滑动转矩 /kN·m	尺寸/mm								转动惯量 /kg·m²	质量 /kg
		d	D	D_1	L	L_1	B	C	C_1		
AYL100DZ	9.0～18.0	100	125	186	180	120	12	3	2	0.050	11.1
AYL110DZ	11.2～22.4	110	140	200	179	121	12	3	2	0.071	13.3
AYL120DZ	140～28.0	120	150	209	205	145	12	3	2	0.093	15.6
AYL130DZ	18.0～35.5	130	160	219	214	156	12	3	2	0.112	16.8
AYL140DZ	22.4～45	140	170	229	225	165	13	3	2	0.140	18.7
AYL150DZ	25～50	150	180	239	235	175	13	3	2.5	0.169	20.4
AYL160DZ	40～80	160	200	252	260	195	15	4	2.5	0.263	28.1
AYL170DZ	45～90	170	210	262	256	191	15	4	2.5	0.302	29.1
AYL180DZ	56～112	180	225	275	256	191	15	4	2.5	0.386	33.5
AYL190DZ	71～140	190	240	288	302	236	15	4	2.5	0.563	44.4
AYL200DZ	80～160	200	250	298	302	236	15	4	2.5	0.641	46.4
AYL220DZ	100～200	220	270	318	302	236	15	4	2.5	0.818	50.4

注：表中的滑动转矩是当环境温度为 0℃以上时的值；若环境温度低于 0℃，则温度每降低 1℃，滑动转矩降低 1.5%。

表 12-32 GZ 型高速式轴连接安全联轴器

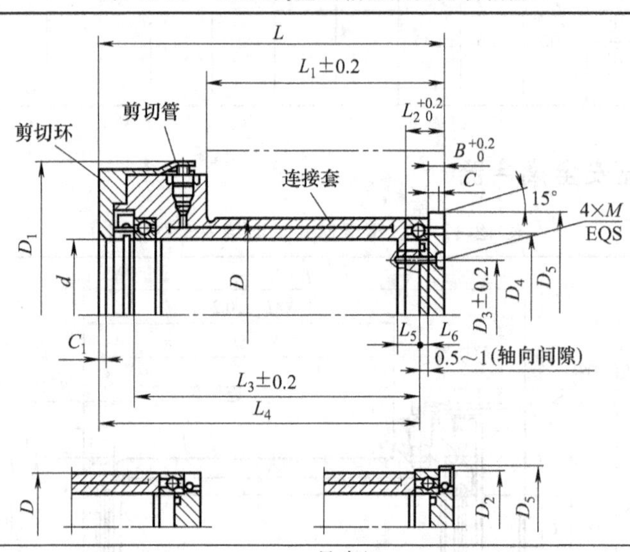

型号	滑动转矩 /kN·m	尺寸/mm																	转动惯量 /kg·m²	质量 /kg
		d	D	D_1	D_2	D_3	D_4	D_5	L	L_1	L_2	L_3	L_4	L_5	L_6	B	M	C	C_1		
AYL60GZ	2.00～4.00	60	75	140	78	40	70	90	137	83	18	106	128	13	1	8	M6	2	1.5	0.014	5.4
AYL70GZ	3.55～7.10	70	90	152	90	50	80	100	150	92	18	115.5	140.5	13	1.5	8	M6	2	1.5	0.022	6.9
AYL80GZ	4.5～9.0	80	100	162	100	50	90	11	166	108	18	131.5	156.6	13	1.5	8	M6	2	1.5	0.031	8.3
AYL90GZ	5.6～11.2	90	110	173	115	65	100	125	184	123	25	145	170	18	2	12	M8	3	1.5	0.042	9.9
AYL100GZ	9.0～18.0	100	125	186	125	70	110	140	206	133	25	156	191	18	3	12	M8	3	1.5	0.065	12.9
AYL110GZ	11.2～22.4	110	140	200	140	80	120	150	208	137	28	167	193	18	3	12	M8	3	2	0.093	15.7
AYL120GZ	14.0～28.0	120	150	209	150	90	130	160	237	161	28	189	221	18	3	12	M8	3	2	0.121	18.3
AYL130GZ	18.0～33.5	130	160	219	165	100	140	170	250	174	31	201	234	18	3	13	M8	3	2	0.149	20.3
AYL140GZ	2.4～45.0	140	170	229	175	105	150	180	261	183	31	212	245	23	3	13	M10	3	2	0.185	22.7
AYL150GZ	25～50	150	180	239	190	115	160	190	275	195	35	222	257	23	3	15	M10	3	2	0.230	25.6
AYL160GZ	40～80	160	200	252	200	120	170	200	300	215	35	247	282	23	3	15	M10	3	2.5	0.341	32.7
AYL170GZ	45～90	170	210	262	215	130	180	215	300	213	37	247	282	23	3	15	M10	4	2.5	0.395	34.6
AYL180GZ	56～112	180	225	275	225	135	190	225	300	213	37	247	282	23	3	15	M10	4	2.5	0.500	38.7
AYL190GZ	71～140	190	240	288	240	145	200	250	350	260	39	297	332	23	3	15	M10	4	2.5	0.723	50.3
AYL200GZ	80～160	200	250	298	250	150	220	250	350	260	39	297	332	23	3	15	M10	4	2.5	0.833	53.6
AYL220GZ	100～200	220	270	320	270	175	240	270	350	260	39	297	332	23	3	15	M10	4	2.5	1.070	59.4

第⑬章

滚动轴承

13.1 常用滚动轴承的类型、特点及应用

13.1.1 滚动轴承的类型

常用滚动轴承的类型、特点及应用见表13-1。

表13-1 常用滚动轴承的类型、特点及应用

轴承名称及类型代号	结构简图	承载方向	极限转速	允许角偏差	特点及应用
双列角接触球轴承 0	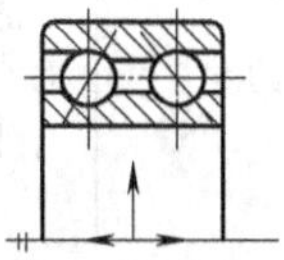		中	—	能同时承受径向和双向轴向载荷，接触角为30°
调心球轴承 1	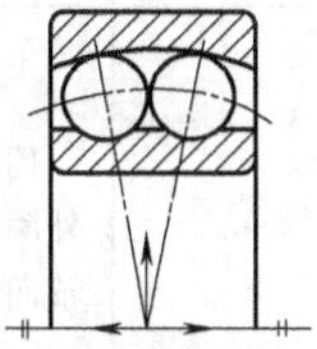		中	3°	双排钢球，外圈滚道为内球面形。具有自动调心性能，主要承受径向力
调心滚子轴承 2	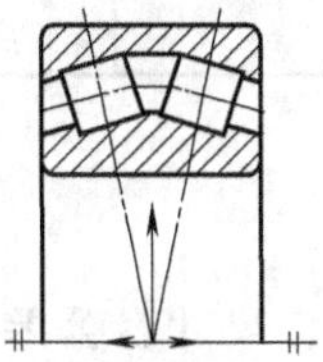		低	1°～2.5°	与调心球轴承相似，有较高的承载力
圆锥滚子轴承 3	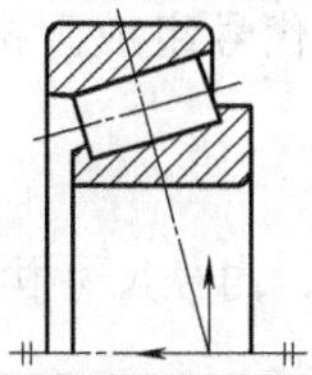		中	2°	能同时承受径向和单向轴向载荷，承载能力大，通常成对使用
滚针轴承 NA	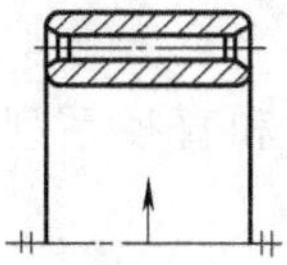		低	不允许	只能承受径向载荷，承载能力大，径向尺寸特小，一般无保持架

续表

轴承名称及类型代号	结构简图	承载方向	极限转速	允许角偏差	特点及应用
推力球轴承 5	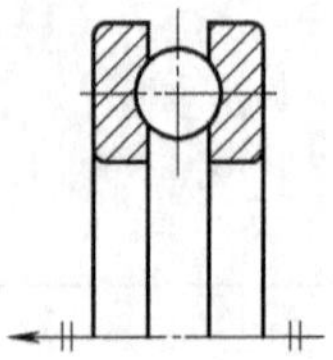		低	约 0°	只能承受轴向载荷，极限转速低，套圈可分离
深沟球轴承 6	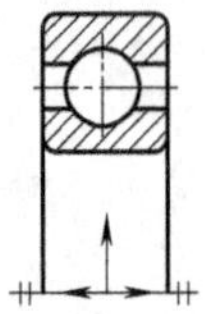		高	8′～16′	结构简单，主要受径向载荷，也可承受一定的双向轴向载荷；摩擦因数小，廉价，应用范围最广
角接触球轴承 7	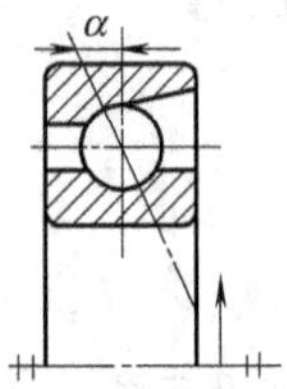		高	2′～10′	能同时承受径向和单向轴向载荷，接触角有 15°、25°和 45°三种
推力圆柱滚子轴承 8	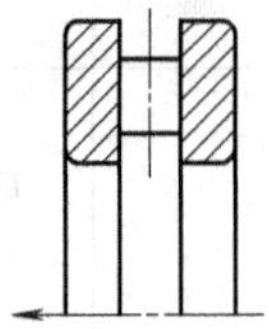		低	约 0°	能承受较大的单向轴向载荷，轴向刚度高，极限转速低，不允许轴与外圈轴线有倾斜
圆柱滚子轴承 N	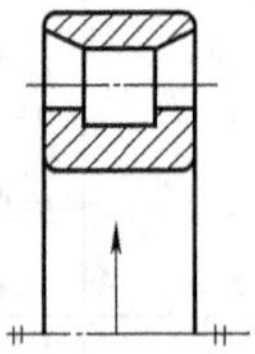		高	2′～4′	用以承受较大的径向载荷。内、外圈可作自由轴向移动，不能承受轴向载荷

13.1.2 滚动轴承的代号

滚动轴承代号使用字母和数字来表示滚动轴承的结构、尺寸、公差等级、技术性能等特征的产品符号。常用轴承代号由基本代号、前置代号和后置代号组成。排列格式为：前置代号、基本代号、后置代号。

(1) 基本代号

除滚针轴承外，基本代号由轴承类型、尺寸系列代号、内径尺寸构成。排列格式为：

类型代号、尺寸系列代号、内径代号。

滚动轴承类型代号见表 13-2。

滚动轴承尺寸系列代号由轴承的高（宽）度系列代号和直径系列代号组合而成。向心轴承、推力轴承尺寸系类代号见表 13-3。

表 13-2 滚动轴承类型代号

轴承类型	代号	
	新标准	旧标准
双列角接触球轴承	0	6
调心球轴承	1	1
调心滚子轴承	2	3
推力调心滚子轴承	2	9
圆锥滚子轴承	3	7
双列深沟球轴承	4	0
推力球轴承	5	8
深沟球轴承	6	0
角接触球轴承	7	6
推力圆柱滚子轴承	8	9
圆柱滚子轴承	N①	2
外球面球轴承	U	0
四点接触球轴承	Qf	6

① 双列或多列用字母 NN 表示。

表 13-3 滚动轴承的尺寸系列代号

直径系列代号	向心轴承								推力轴承			
	宽度系列代号								高度系列代号			
	8	0	1	2	3	4	5	6	7	9	1	2
	尺寸系列代号											
7	—	—	17	—	37	—	—	—	—	—	—	—
8	—	08	18	28	38	48	58	68	—	—	—	—
9	—	09	19	29	39	49	59	69	—	—	—	—
0	—	00	10	20	30	40	50	60	20	90	10	—
1	—	01	11	21	31	41	51	61	71	91	11	—
2	82	02	12	22	32	42	52	62	72	92	12	22
3	83	03	13	23	33	—	—	—	73	93	13	23
4	—	04	—	24	—	—	—	—	74	94	14	24
5	—	—	—	—	—	—	—	—	—	95	—	—

滚动轴承的内径代号见表 13-4。

表 13-4 滚动轴承的内径代号

轴承公称内径/mm		内径代号	示例
10～17	10	00	深沟球轴承 6200 $d=10$mm
	12	01	
	15	02	
	17	03	
20～480 (22,28,32 除外)		公称内径除以 5 的商数。若商数为个位数,需在商数左边加“0”,如 08	调心滚子轴承 23208 $d=40$mm
大于等于 500 以及 22,28,32		用公称内径毫米数直接表示与尺寸系列之间用“/”分开	调心滚子轴承 230/500 $d=500$mm,深沟球轴承 62/22 $d=22$mm

(2) 前置代号

前置、后置代号是轴承在结构形状、尺寸、公差、技术要求等有改变时，在其基本代号左右添加的补充代号。前置、后置代号的排列见表 13-5。前置代号含义见表 13-6。

表 13-5 前置、后置代号的排列

轴承代号									
前置代号	基本代号	后置代号(组)							
		1	2	3	4	5	6	7	8
成套轴承分部件		内部结构	密封与防尘套圈变型	保持架及其材料	轴承材料	公差等级	游隙	配置	其他

表 13-6 轴承前置代号

代号	含义	示例
L	可分离轴承的可分离内圈或外圈	LNU207,表示 NU207 轴承内圈
R	不带可分离内圈或外圈的轴承(滚针轴承仅适用于 NA 型)	RNU207,表示无内圈的 NU207 轴承;RNA6904,表示无内圈的 NA6904 轴承
K	滚子和保持架组件	K81107,表示 81107 轴承的滚子与保持架组件
WS	推力圆柱滚子轴承轴圈	WS81107,表示 81107 轴承轴圈
GS	推力圆柱滚子轴承座圈	GS81107,表示 81107 轴承座圈

(3) 后置代号

后置代号各部分含义见表 13-7～表 13-13。

表 13-7 内部结构代号及含义

代号	含义	示例
A	内部结构改变	626A,外圈无挡边的深沟球轴承
B	标准设计,其含义随不同类型、结构而异	7210B,公称接触角 $\alpha=40°$的角接触球轴承 32310B,接触角加大的圆锥滚子轴承
C	公称接触角	7210C,公称接触角 $\alpha=15°$的角接触球轴承 23122C,C 型调心滚子轴承
E①	调心滚子类型	NU207E,加强型内圈无挡边圆柱滚子轴承
AC	角接触球轴承,公称接触角 $\alpha=25°$	7210AC,公称接触角 $\alpha=25°$的角接触球轴承
D	剖分式轴承	K50×55×20D
ZW	滚针保持架组件,双列	K20/25×40ZW,双列滚针保持架组件

① 加强型，即内部结构设计改进，增大轴承承载能力。

表 13-8 保持架结构、材料改变的代号及含义

类别	代号	含义	类别	代号	含义
保持架材料	F	钢、球墨铸铁或粉末冶金实体保持架	保持架材料	TN3	聚酰亚胺
	F1	碳钢		TN4	聚碳酸酯
	F2	石墨钢		TN5	聚甲醛
	F3	球墨铸铁		J	钢板冲压保持架
	F4	粉末冶金		Y	铜板冲压保持架
	Q	青铜实体保持架		SZ	保持架由弹簧丝或弹簧制造
	Q1	铝铁锰青铜	保持架结构形式及表面处理	H	自锁兜孔保持架
	Q2	硅铁锌青铜		W	焊接保持架
	Q3	硅镍青铜		R	铆接保持架(用于大型轴承)
	Q4	铝青铜		E	磷化处理保持架
	M	黄铜实体保持架		D	碳氮共渗保持架
	L	轻合金实体保持架		D1	渗碳保持架
	L1	LY11CZ		D2	渗氮保持架
	L2	LY12CZ		C	有镀层的保持架(C1—镀银)
	T	酚醛层布管实体保持架		A	外圈引导
	TH	玻璃纤堆增强酚醛树脂保持架(筐形)		B	内圈引导
	TN	工程塑料模柱保持架		P	由内圈或外圈引导的拉孔或冲孔的窗形保持架
	TN1	尼龙		S	引导面有润滑槽
	TN2	聚砜		V	满装滚动体(无保持架)

注：1. 本表摘自 JB/T 2974—2004。

2. 标记示例：JA—钢板冲压保持架，外圈引导；FE—经磷化处理的钢制实体保持架。

表 13-9 轴承材料改变的代号及含义

代号		含义	示例
新标准	旧标准		
/HE	—	套圈、滚动体和保持架或仅是套圈和滚动体由电渣重熔轴承钢(军用钢)ZGCr15 制造	6204/HE
/HA	—	套圈、滚动体和保持架或仅是套圈和滚动体由真空冶炼轴承钢制造	6204/HA
/HU	X2	套圈、滚动体和保持架或仅是套圈和滚动体由不可淬硬不锈钢 1Cr18Ni9Ti 制造	6004/HU
/HV	X	套圈、滚动体和保持架或仅是套圈和滚动体由可淬硬不锈钢(/HV—9Gr18;/HV 1—9Cr18Mo)制造	6014/HV
/HN	N	套圈、滚动体由耐热钢(/HN—Cr4 Mo4 V;/HN1—Cr14Mo4;/IN2—CrISMo4V;/H. N3—W18Cr4 V)制造	NU208/HN
/HC	S	套圈和滚动体或仅是套圈由渗碳钢(/HN—20Cr2Mn2MoA;/HC2—15Mn)制造	—
/HP	P	套圈和滚动体由铁青铜或其他防磁材料制造,材料有变化时,用附加数字表示	—
/HQ	V	套圈和滚动体由不常用的材料(/HQ—塑料;/HQ1—陶瓷合金)制造	—
/HG	G	套圈和滚动体或仅是套圈由其他轴承钢(/HG—5CrMnMo;/HG1—55SiMoVA)制造	—

注：本表摘自 JB/T 2974—2004。

表 13-10 密封、防尘与外部形状变化代号及含义

代号	含义	示例
K	圆锥孔轴承锥度 1∶12(外球面球轴承除外)	1210 K:有圆锥孔调心球轴承 23220K:有圆锥孔调心球轴承 23220K:有圆锥孔调心滚针轴承
K30	圆锥孔轴承锥度 1∶30	24122K30:有圆锥孔(1∶30)调心滚子轴承
R	轴承外圈有止动挡边(凸缘外圈)(不适用于内径小于10mm 的深沟球轴承)	30307R:凸缘外圈圆锥滚子轴承
N	轴承外圈上有止动槽	6210N:外圈上有止动槽的深沟球轴承
NR	轴承外圈上有止动槽,并带止动环	6210NR:外圈上有止动槽并带止动环的深沟球轴承
—RS	轴承一面带骨架式橡胶密封圈(接触式)	6210-RS:一面带密封圈(接触式)的深沟球轴承
—2RS	轴承两面带骨架式橡胶密封圈(接触式)	6210-2RS:两面带密封圈(接触式)的深沟球轴
—RZ	轴承一面带骨架式橡胶密封圈(非接触式)	6210-RZ:一面带密封圈(非接触式)的深沟球轴承
—2RZ	轴承两面带骨架式橡胶密封圈(非接触式)	6210-2RZ:两面带密封圈(非接触式)的深沟球轴承
—Z	轴承一面带防尘盖	6210-Z:一面带防尘盖的深沟球轴承
—2Z	轴承两面带防尘盖	6210-2Z:两面带防尘盖的深沟球轴承
—RSZ	轴承一面带骨架式橡胶密封圈(接触式),一面带防尘盖	6210-RSZ:一面带密封圈(接触式),另一面带防尘盖的深沟球轴承
—RZZ	轴承一面带骨架式橡胶密封圈(非接触式),一面带防尘盖	6210-RZZ:一面带密封圈(非接触式),另一面带防尘盖的深沟球轴承
—ZN	轴承一面带防尘盖,另一面外圈有止动槽	6210-ZN:一面带防尘盖,另一面外圈有止动槽的深沟球轴承
—2ZN	轴承两面带防尘盖,外圈有止动槽	6210-2ZN:两面带防尘盖,外圈有止动槽的深沟球轴承
—ZNR	轴承一面带防尘盖,同一面外圈有止动槽并带止动环	6210-ZNR:一面带防尘盖,另一面外圈有止动槽并带止动环的深沟球轴承
—ZNB	轴承一面带防尘盖,同一面外圈有止动槽	6210-ZNB:防尘盖和止动槽在同一面上的深沟球轴承
U	有调心座圈的外调心推力球轴承	53210U:有调心座圈的外调心推力球轴承

表 13-11 公差等级代号

代号	含义	示例
/P0①	公差等级符合标准规定的 0 级	6203:公差等级为 0 级的深沟球轴承
/P6	公差等级符合标准规定的 6 级	6203/P6:公差等级为 6 级的深沟球轴承
/P6x	公差等级符合标准规定的 6x 级	30210/P6x:公差等级为 6x 级的圆锥滚子轴承
/P5	公差等级符合标准规定的 5 级	6203/P5:公差等级为 5 级的深沟球轴承
/P4	公差等级符合标准规定的 4 级	6203/P4:公差等级为 4 级的深沟球轴承
/P2	公差等级符合标准规定的 2 级	6203/P2:公差等级为 2 级的深沟球轴承

① 代号中省略不表示。

表 13-12 游隙代号

代号	含义	示例
/C1	游隙符合标准规定的 1 组	NN3006/C1：径向游隙为 1 组的双列圆柱滚子轴承
/C2	游隙符合标准规定的 2 组	6210/C2：径向游隙为 2 组的深沟球轴承
—	游隙符合标准规定的 0 组	6210：径向游隙为 0 组的深沟球轴承
/C3	游隙符合标准规定的 3 组	6210/C3：径向游隙为 3 组的深沟球轴承
/C4	游隙符合标准规定的 4 组	NN3006K/C4：径向游隙为 4 组的圆锥孔双列圆柱滚子轴承
/C5	游隙符合标准规定的 5 组	NNU4920K/C5：径向游隙为 5 组的圆锥孔内圈无挡边的双列圆柱滚子轴承

注：1. 公差等级代号与游隙代号需同时表示时，可进行简化。取公差等级代号加上游隙组号（0 组不表示）组合表示。例：/P63 表示轴承公差等级为 P6 级，径向游隙为 3 组。

2. 摘自 JB/T 2974—2004。

3. /CN 与字母 H、M 或 L 组合，表示游隙范围减半，或与 P 组合表示游隙范围偏移。如：/CNH 表示 0 组游隙减半，位于上半部；/CNM 表示 0 组游隙减半，位于中部；/CML 表示 0 组游隙减半，位于下半部；/CNP 表示游隙范围位于 0 组的上半部及 C3 级的下半部。

表 13-13 配置代号

代号	含义	示例
/DB	成对背对背安装	7210 C/DB：背对背成对安装的角接触球轴承
/DF	成对面对面安装	7210 C/DF：面对面成对安装的角接触球轴承
/DT	成对串联安装	7210 C/DT：串联成对安装的角接触球轴承
/TBT	串联和背对背排列组装的 3 套轴承	7210 C/TBT：两套串联和一套背对背排列组装的角接触球轴承
/TFT	串联和面对面排列组装的 3 套轴承	7210 C/TFT：两套串联和一套面对面排列组装的角接触球轴承
/TT	串联排列组装的 3 套轴承	7210 C/TT：3 套串联组装的角接触球轴承

13.1.3 常用滚动轴承的类型选择

通常选择滚动轴承时，主要考虑以下几个因素。

(1) 载荷情况

通常根据载荷的大小、方向和性质选择轴承。一般来说，滚子轴承适合承受较大载荷，球轴承适合承受轻、中等载荷；纯径向力载荷，宜选用深沟球轴承、圆柱滚子轴承或滚针轴承，也可考虑调心轴承。轴向载荷，适合选用推力球轴承或推力滚子轴承。在径向载荷和轴向载荷联合作用条件下，应采用角接触球轴承或圆锥滚子轴承。若径向载荷很大而轴向载荷很小时也可考虑选择深沟球轴承和内、外圈均有挡边的圆柱滚子轴承。若轴向载荷很大而径向载荷很小时可考虑选择推力角接触球轴承和推力圆锥滚子轴承；有冲击载荷时，宜选用滚子轴承。

(2) 高速性能

高速时优先考虑球轴承。径向载荷小时选用深沟球轴承，径向载荷大时选择圆柱滚子轴承。对联合载荷，载荷小时采用角接触球轴承；载荷大时采用圆锥滚子轴承或圆柱滚子轴承与角接触球轴承组合。

(3) 调心性能

当轴两端轴承孔同轴性差（制造或安装误差造成），或轴的刚度小、变形大以及多支点支撑轴时，应选用调心球轴承或调心滚子轴承。

(4) 安装与拆卸方便

轴承使用寿命一般都难以等同主机寿命，在实际使用中轴承作为易损件要经常装拆。因此，在选择轴承结构类型时应要求装拆方便。

13.2 滚动轴承的承载能力计算

13.2.1 基本概念

(1) 寿命

寿命是指一套轴承中一个套圈（或垫圈）或滚动体的材料出现第一个疲劳扩展迹象之前这

个套圈（或垫圈）相对另一个套圈（或垫圈）的转数。

(2) 可靠性

轴承寿命的可靠性用可靠度指标衡量，指一组在同一条件下运转的、近于相同的滚动轴承所期望达到或超过规定寿命的百分率。单个滚动轴承的可靠度为该轴承达到或超过规定寿命的概率。

(3) 基本额定寿命

对于一套滚动轴承或一组在同一条件下运转的近于相同的滚动轴承，其基本额定寿命是指在 90%的可靠度、常用的材料和加工质量以及常规运转条件下的寿命。

(4) 基本额定动载荷

表征轴承在转速 $n>10\mathrm{r/min}$ 时的承载能力。

① 径向基本额定动载荷。系指一套滚动轴承的基本额定寿命为一百万转时假想能承受的恒定径向载荷。对于单列角接触轴承，该载荷指引起轴承套圈相互间产生纯径向位移的载荷的径向分量。

② 轴向基本额定动载荷。系指一套滚动轴承的基本额定寿命为一百万转时假想能承受的恒定中心轴向载荷。

(5) 当量动载荷

系指一大小和方向恒定的载荷。在这一载荷作用下的轴承寿命与在实际载荷作用下的寿命相等。

① 径向当量动载荷。系指一恒定的径向载荷。

② 轴向当量动载荷。系指一恒定的中心轴向载荷。

(6) 基本额定静载荷

表征轴承在静止或缓慢旋转（转速 $n\leqslant 10\mathrm{r/min}$）时的承载能力。

① 径向基本额定静载荷。系指滚动轴承在静止或缓慢旋转状态下，其最大载荷滚动体与滚道接触中心处引起与下述接触应力相当的假想径向静载荷。

4600MPa 调心球轴承。

4200MPa 所有其他的向心球轴承。

4000MPa 所有的向心滚子轴承。

对于单列角接触球轴承。其径向基本额定静载荷是指使轴承套圈间仅产生相对纯径向位移的载荷的径向分量。

② 轴向基本额定静载荷。系指滚动轴承在静止或缓慢旋转状态下，其最大载荷滚动体与滚道接触中心处引起与下列接触应力相当的假想中心轴向静载荷。

4200MPa 推力球轴承。

40200MPa 所有的推力滚子轴承。

(7) 当量静载荷

① 径向当量静载荷。系指在最大载荷滚动体与滚道接触中心处引起与实际载荷条件下相同接触应力的径向静载荷。

② 轴向当量静载荷。系指在最大载荷滚动体与滚道接触中心处引起与实际载荷条件下相同接触应力的中心轴向静载荷。

13.2.2 滚动轴承寿命计算

(1) 疲劳寿命计算公式

根据 GB/T 6391—2010，滚动轴承的基本额定寿命 L_{10} 可由式（13-1）计算：

$$L_{10}=\left(\frac{C}{P}\right)^{\varepsilon} \tag{13-1}$$

式中，L_{10}为轴承的基本额定寿命，10^6 r；P 为当量动载荷；C 为基本额定动载荷；ε 为寿命指数，球轴承 $\varepsilon=3$，滚子轴承 $\varepsilon=\frac{10}{3}$。

以时间（h）作为轴承的寿命单位的公式为：

$$L_{10}=\frac{10^6}{60n}\left(\frac{f_t C}{f_p P}\right)^{\varepsilon} \tag{13-2}$$

式中，n 为轴承转速；f_t 为温度系数；f_p 为载荷系数。

（2）疲劳寿命计算相关资料

疲劳寿命计算相关资料见表 13-14～表 13-18。

表 13-14　温度系数 f_t

轴承工作温度/℃	≤120	125	150	175	200	225	250	300	350
f_t	1.00	0.95	0.90	0.85	0.80	0.75	0.70	0.60	0.50

表 13-15　载荷系数 f_p

载荷性质	应用举例	f_p
平稳运转或轻微冲击	电动机、通风机、水泵等	1.0～1.2
中等冲击或中等惯性力	减速器、车辆、机床、起重机、造纸机、冶金机械、动力机械等	1.2～1.8
强烈冲击	破碎机、轧钢机、振动筛、钻探机等	1.8～3.0

表 13-16　计算当量动载荷 p

承受纯径向载荷轴承	承受纯轴向载荷轴承	承受径向和轴向载荷轴承
$p=F_R$ F_R：轴承的径向载荷	$p=F_A$ F_A：轴承的轴向载荷	$p=XF_R+YF_A$ X：径向动载荷系数 Y：轴向动载荷系数

表 13-17　单列轴承径向动载荷系数和轴向动载荷系数 Y

轴承类型		$\frac{F_A}{C_0}$	e	$\frac{F_A}{F_R}>e$		$\frac{F_A}{F_R}\leqslant e$	
				Y	X	Y	X
深沟球轴承（60000）		0.014	0.19	2.30	0.56	0	1
		0.028	0.22	1.99			
		0.056	0.26	1.71			
		0.084	0.28	1.55			
		0.110	0.30	1.45			
		0.170	0.34	1.31			
		0.280	0.38	1.15			
		0.420	0.42	1.04			
		0.560	0.44	1.00			
角接触球轴承	7000C（$\alpha=15°$）	0.015	0.38	1.47	0.44	0	1
		0.029	0.40	1.40			
		0.058	0.43	1.30			
		0.087	0.46	1.23			
		0.120	0.47	1.19			
		0.170	0.50	1.12			
		0.290	0.55	1.02			
		0.440	0.56	1.00			
		0.580	0.56	1.00			
	7000AC（$\alpha=25°$）	—	0.68	0.87	0.41	0	1
		—	1.14	0.57	0.35	0	1

续表

轴承类型	$\frac{F_A}{C_0}$	e	$\frac{F_A}{F_R}>e$		$\frac{F_A}{F_R}\leqslant e$	
			Y	X	Y	X
圆锥滚子轴承（30000）	—	表13-31	表13-31	0.40	0	1

注：1. C_0为轴承基本额定静载荷，查表13-28、表13-29、表13-31。
2. e为系数X和Y不同值时F_A/F_R适用范围的界限值。
3. 对于F_A/C_0的其他中间值，其e和Y值可由线性内插法求得。

表13-18 角接触向心轴承内部轴向力 F_s

角接触球轴承			圆锥滚子轴承
7000C	7000AC	7000B	30000
约0.4F_R	0.68F_R	1.14F_R	$\frac{F_R}{2Y}$

注：式中Y值是$F_A/F_R>e$时的轴向动载荷系数，e、Y值查表13-28。

(3) 静强度寿命计算公式

轴承在静止或缓慢工作或承受间断的较大冲击载荷时，应对轴承进行静强度寿命计算。额定静载荷计算公式为：

$$P_0\leqslant\frac{C_0}{S_0} \tag{13-3}$$

式中，P_0为当量静载荷；C_0为基本额定静载荷；S_0为安全系数，见表13-19。

$$P_0=X_0F_R+Y_0F_A \tag{13-4}$$

式中，X_0为径向静载荷系数，见表13-20；Y_0为轴向静载荷系数，见表13-20。

静强度计算相关资料见表13-19和表13-20。

表13-19 静强度安全系数 S_0

工作条件		S_0	
		球轴承	滚子轴承
旋转轴承	对旋转精度及平稳性要求高，或受冲击载荷	1.5～2	2.5～4
	正常使用	0.5～2	1～3.5
	对旋转精度及平稳性要求较低，无冲击载荷	0.5～2	1～3
静止或摆动轴承	水坝闸门装置，附加载荷小的大型起重吊钩	≥1	
	吊桥，附加载荷大的小型起重吊钩	≥1.5～1.6	

表13-20 单列轴承径向静载荷系数 X_0和轴向静载荷系数 Y_0

轴承类型		X_0	Y_0
深沟球轴承		0.6	0.5
角接触球轴承	7000C	0.5	0.46
	7000AC		0.38
	7000B		0.26
圆锥滚子轴承		0.5	表13-31

13.3 滚动轴承的组合设计

13.3.1 轴承的安装方式与支撑结构

(1) 两端固定配置

两端固定配置轴承见图13-1。

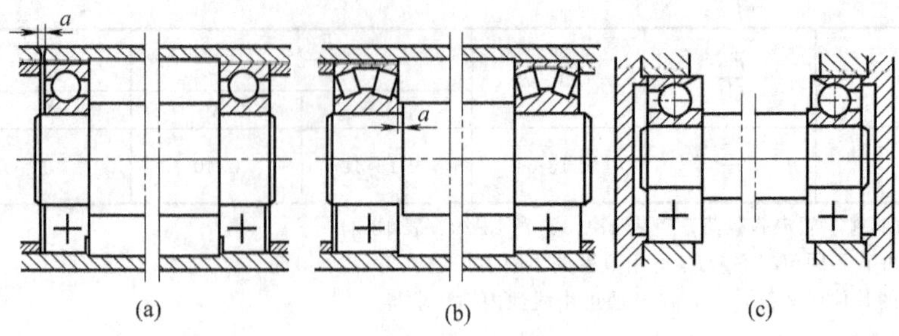

图 13-1 两端固定配置轴承

(2) 固定-游动配置

一端固定一端游动配置轴承见图 13-2。

(3) 两端游动配置

两端游动配置轴承见图 13-3。

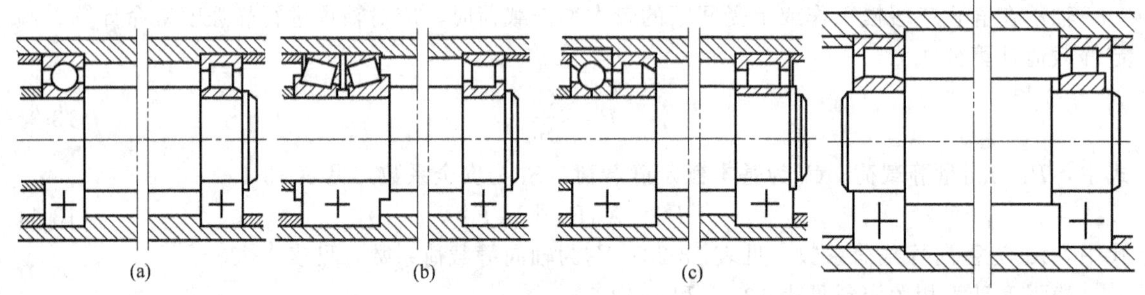

图 13-2 一端固定一端游动配置轴承

图 13-3 两端游动配置轴承

13.3.2 滚动轴承的公差与配合

滚动轴承的公差与配合见表 13-21～表 13-25。

表 13-21 滚动轴承的公差选择

精度等级	轴承与轴		轴承与外壳孔		
	过渡配合	过盈配合	间隙配合	过渡配合	过盈配合
0 级	h9 h8 g6、h6、j6、js6 g5、h5、j5	r7 k6、m6、n6、p6、r6 k5、m5	H8 G7、H7 H6	J7、JS7、K7、M7、N7 J6、JS6、K6、M6、N6	P7 P6
6 级	g6、h6、j6、js6 g5、h5、j5	r7 k6、m6、n6、p6、r6	H8 G7、H7 H6	J7、JS7、K7、M7、N7 J6、JS6、K6、M6、N6	P7 P6
5 级	h5、j5、js5	k6、m6 k5、m5	G6、H6	JS6、K6、M6 JS5、K5、M5	
4 级	h5、js5 h4、js4	k5、m5 k4	H5	K6、 JS5、K5、M5	
2 级	h3、js3		H4	JS4、K4	

注：1. 孔 N6 与 0 级精度轴承（外径 D<150mm）和 6 级精度轴承（外径 D<315mm）的配合为过渡配合。

2. 轴 r5 用于内径 d>120～500mm，轴 r7 用于内径 d>180～500mm。

表 13-22　与向心轴承配合的轴的公差带　　mm

运转状态		载荷状态	深沟球轴承、调心球轴承和角接触球轴承	圆柱滚子轴承和圆锥滚子轴承	调心滚子轴承	公差带
说明	举例		轴承公称内径			
圆柱孔轴承						
旋转的内圈载荷及摆动载荷	一般通用机械、电动机、机床主轴、泵、内燃机、齿轮传动、铁路机车车辆轴箱、破碎机等	轻载荷	≤18 >18～100 >100～200 —	— ≤40 >40～100 >100～200	— ≤40 >40～100 >100～200	h5 j6① k6① m6①
		正常载荷	≤18 >18～100 >100～140 >140～200 >200～280 — —	— ≤40 >40～100 >100～140 >140～200 >200～400 —	— ≤400 >40～65 >65～100 >100～140 >140～280 >280～500	j5　js5 k5② m5② m6 n6 p6 r6
		重载荷		>50～140 >140～200 >200	>50～100 >100～140 >140～200 >200	n6 p6③ r6 r7
固定的内圈载荷	静止轴上的各种轮、张紧轮、绳轮、振动筛、惯性振动器	所有载荷	所有尺寸			f6 g6① h6 j6
仅有轴向载荷		所有尺寸				j6,js6
圆锥孔轴承						
所有载荷	铁路机车车辆轴箱	装在退卸套上的所有尺寸				h8(IT6)④⑤
	一般机械传动	装在紧定套上的所有尺寸				h9(IT7)④⑤

① 凡对精度有较高要求的场合，应用 j5、k5、…代替 j6、k6、…。

② 圆锥滚子轴承、角接触球轴承配合，对游隙影响不大，可用 k6、m6 代替 k5、m5。

③ 重载荷下轴承游隙应选大于 0 组。

④ 凡有较高精度或转速要求的场合，应选用 h7（IT5）代替 h8（IT6）等。

⑤ IT6、IT7 表示圆柱度公差数值。

表 13-23　与向心轴承配合的孔的公差带

运转状态		载荷状态	其他状况	公差带①	
说明	举例			球轴承	滚子轴承
固定的外圈载荷	一般机械、铁路机车车辆轴箱、电动机、泵、曲轴主轴承	轻、正常、重	轴向易移动，可采用剖分式外壳	H7、G7②	
		冲击	轴向能移动，可采用整体或剖分式外壳	J7、JS7	
摆动载荷		轻、正常			
		正常、重	轴向不移动，采用整体式外壳	K7	
		冲击		M7	
旋转的外圈载荷	张紧滑轮、轮毂轴承	轻		J7	K7
		正常		K7、M7	M7、N7
		重		—	N7、P7

① 并列公差带随尺寸的增大从左至右选择，对旋转精度有较高要求时，可相应提高一个公差等级。

② 不适用于剖分式外壳。

表 13-24 与推力轴承配合的轴的公差带

运转状态	载荷状态	推力球轴承和推力滚子轴承	推力调心滚子轴承②	公差带
		轴承公称内径/mm		
仅有轴向载荷		所有尺寸		j6、js6
固定的轴圈载荷	径向和轴向联合载荷	— —	≤250 >250	j6 js6
旋转的轴圈载荷或摆动载荷		— — —	≤200 >200～400 >400	k6① m6 n6

① 要求较小过盈时，可分别用 j6、k6、m6 代替 k6、m6、n6。

② 也包括推力圆锥滚子轴承和推力角接触球轴承。

表 13-25 与推力轴承配合的孔的公差带

运转状态	载荷状态	轴承类型	公差带	备注
仅有轴向载荷		推力球轴承	H8	
		推力圆柱滚子轴承、推力圆锥滚子轴承	H7	
		推力调心滚子轴承		外壳孔与座圈间隙为 0.001D（D 为轴承公称外径）
固定的座圈载荷	径向与轴向联合载荷	推力角接触球轴承、推力调心滚子轴承、推力圆锥滚子轴承	H7	
旋转的座圈载荷或摆动载荷			K7	普遍使用条件
			M7	有较大径向载荷时

13.3.3 滚动轴承的润滑和密封

滚动轴承的润滑和密封见表 13-26 和表 13-27。

表 13-26 滚动轴承润滑方式的选择

轴承类型	dn/(mm · r/min)				
	浸油润滑、飞溅润滑	滴油润滑	喷油润滑	油雾润滑	脂润滑
深沟球轴承	$\leqslant 2.5\times10^5$	$\leqslant 4\times10^5$	$\leqslant 6\times10^5$	$>6\times10^5$	$\leqslant(2\sim3)\times10^5$
角接触球轴承					
圆柱滚子轴承					
圆锥滚子轴承	$\leqslant 1.6\times10^5$	$\leqslant 2.3\times10^5$	$\leqslant 3\times10^5$	—	
推力球轴承	$\leqslant 0.6\times10^5$	$\leqslant 1.2\times10^5$	$\leqslant 1.5\times10^5$	—	

表 13-27 滚动轴承的密封

密封方法	接触式密封	
	毡圈密封（$v<5$m/s）	密封圈密封（$v<4\sim12$m/s）
示意图		
特点	结构简单，压紧力不大	使用方便，密封可靠。耐油橡胶密封和塑料密封有多种形式，加弹簧箍效果更好

续表

密封方法	非接触式密封	
	迷宫式密封(v≤30m/s)	立轴综合密封
示意图	只用于剖分结构	
特点	油润滑、脂润滑均适合	为防止立轴漏油，一般采用两种以上综合密封形式

密封方法	非接触式密封		
	油沟密封(v<5～6m/s)	挡圈密封	甩油密封
示意图			
特点	结构简单，沟内填脂，用于脂润滑或低速油润滑。盖与轴的间隙为0.1～0.3mm，沟槽宽3～4mm	挡圈随轴旋转，利用离心力甩掉油和杂物，最好与其他密封方式联合使用	甩油环靠离心力甩油，再通过导油槽将油导回油箱

密封方法	组合密封
	毛毡加迷宫密封
示意图	
特点	可充分发挥各种密封方式的优点，多用于密封要求高的场合

13.4　常用滚动轴承主要尺寸和性能

13.4.1　深沟球轴承

深沟球轴承的主要尺寸和性能见表13-28。

表 13-28　深沟球轴承（GB/T 276—2013）

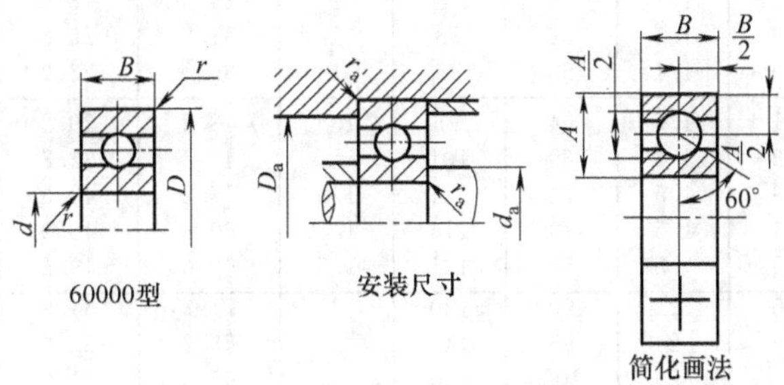

标记示例：滚动轴承 6210 GB/T 276—1994

续表

F_r/C_0	e	Y	径向当量动载荷	径向当量静载荷
0.014	0.19	2.88	当$\frac{F_a}{F_r}\leqslant e, P_r=F_r$ 当$\frac{F_a}{F_r}>e, P_r=0.56F_r+YF_a$	$P_{0r}=F_r$ $P_{0r}=0.6F_r+0.5F_a$ 取上两式计算结果的较大值
0.028	0.22	1.99		
0.056	0.26	1.71		
0.084	0.28	1.55		
0.11	0.30	1.45		
0.17	0.34	1.31		
0.28	0.38	1.15		
0.42	0.42	1.04		
0.56	0.44	1.00		

轴承代号	基本尺寸/mm				安装尺寸/mm			基本额定动载荷 C /kN	基本额定静载荷 C_0 /kN	极限转速/(r/min)		原轴承代号
	d	D	B	r_a min	d_a min	D_a max	r_a max			脂润滑	油润滑	
(1)0尺寸系列												
6000	10	26	8	0.3	12.4	23.6	0.3	4.58	1.98	20000	28000	100
6001	12	28	8	0.3	14.4	25.6	0.3	5.10	2.38	19000	26000	101
6002	15	32	9	0.3	17.4	29.6	0.3	5.58	2.85	18000	24000	102
6003	17	35	10	0.3	19.4	2.6	0.3	6.00	3.25	17000	22000	103
6004	20	42	12	0.6	25	37	0.6	9.88	5.02	15000	19000	104
6005	25	47	12	0.6	30	42	0.6	10.0	5.85	13000	17000	105
6006	30	55	13	1	36	49	1	13.2	8.80	10000	14000	106
6007	35	62	14	1	41	56	1	16.2	10.5	9000	12000	107
6008	40	68	15	1	46	62	1	17.0	11.8	8500	11000	108
6009	45	75	16	1	51	69	1	21.0	14.8	8000	10000	109
6010	50	80	16	1	56	74	1	22.0	16.2	7000	9000	110
6011	55	90	18	1.1	62	83	1	30.2	21.8	6300	8000	111
6012	60	95	18	1.1	67	88	1	31.5	24.2	6000	7500	112
6013	65	100	18	1.1	72	93	1	32.0	24.5	5600	7000	113
6014	70	110	20	1.1	77	103	1	38.5	30.5	5300	6700	114
6015	75	115	20	1.1	82	108	1	40.2	38.2	5000	6800	115
6016	80	125	22	1.1	87	118	1	47.5	39.5	4800	6000	116
6017	85	130	22	1.1	92	128	1	50.8	42.8	4500	5600	117
6018	90	140	24	1.5	99	131	1.5	58.0	49.8	4300	5800	118
6019	95	145	24	1.5	104	136	1.5	57.8	50.0	4000	5000	119
6020	100	150	24	1.5	109	141	1.5	64.5	56.2	3800	4800	120
(0)2尺寸系列												
6200	10	30	9	0.6	15	25	0.6	5.10	2.88	19000	26000	200
6201	12	32	10	0.6	17	27	0.6	6.82	3.05	18000	24000	201
6202	15	35	11	0.6	20	30	0.6	7.65	3.72	17000	22000	202
6203	17	40	12	0.6	22	35	0.6	9.58	4.78	16000	20000	203
6204	20	47	14	1	26	41	1	12.8	6.65	14000	18000	204
6205	25	52	15	1	31	46	1	14.0	7.88	12000	16000	205
6206	30	62	16	1	36	56	1	19.5	11.5	9500	13000	206
6207	35	72	17	1.1	42	65	1	25.5	15.2	8500	11000	207
6208	40	80	18	1.1	47	78	1	29.5	18.0	8000	10000	208
6209	45	85	19	1.1	52	78	1	31.5	20.5	7000	9000	209
6210	50	90	20	1.1	57	88	1	35.0	23.2	6700	8500	210
6211	55	100	21	1.5	64	91	1.5	43.2	29.2	6000	7500	211
6212	60	110	22	1.5	69	101	1.5	47.8	32.8	5500	7000	212
6213	65	120	23	1.5	74	111	1.5	57.2	40.0	5000	6300	213
6214	70	125	24	1.5	79	116	1.5	60.8	45.0	4800	6000	214
6215	75	130	25	1.5	84	121	1.5	66.0	49.5	4500	5600	215
6216	80	140	26	2	90	130	2	71.5	54.2	4300	5300	216
6217	85	150	28	2	95	140	2	83.2	63.8	4000	5000	217
6218	90	160	30	2	100	150	2	95.8	71.5	3800	4800	218
6219	95	170	32	2.1	107	158	2.1	110	82.8	3600	4500	219
6220	100	180	34	2.1	112	168	2.1	122	92.8	3400	4300	220

续表

轴承代号	基本尺寸/mm				安装尺寸/mm			基本额定动载荷 C /kN	基本额定静载荷 C_0 /kN	极限转速/(r/min)		原轴承代号
	d	D	B	r_a min	d_a min	D_a max	r_a max			脂润滑	油润滑	
(0)3 尺寸系列												
6300	10	35	11	0.6	15	30	0.6	7.65	3.48	18000	24000	300
6301	12	37	12	1	18	31	1	9.72	5.08	17000	22000	301
6302	16	42	13	1	21	35	1	11.5	5.42	16000	20000	302
6303	17	47	14	1	23	41	1	13.5	6.58	15000	19000	303
6304	20	52	15	1.1	27	45	1	15.8	7.88	13000	17000	304
6305	25	62	17	1.1	32	55	1	22.2	11.5	10000	14000	305
6306	30	72	19	1.1	37	65	1	27.0	15.2	9000	12000	306
6307	35	80	21	1.5	44	71	1.5	33.2	19.2	8000	10000	307
6308	40	90	23	1.5	49	81	1.5	40.8	24.0	7000	9000	308
6309	41	100	25	1.5	54	91	1.5	52.8	31.8	6300	8000	309
6310	50	110	27	2	60	100	2	61.8	38.0	6000	7500	310
6311	55	120	29	2	65	110	2	71.5	44.8	5300	6700	311
6312	60	130	31	2.1	72	118	2.1	81.8	51.8	5000	6300	312
6313	65	140	33	2.1	77	128	2.1	92.8	60.5	4500	5600	313
6314	70	150	35	2.1	82	138	2.1	105	68.0	4300	5300	314
6315	75	160	37	2.1	87	148	2.1	112	76.8	4000	5000	315
6316	80	170	39	2.1	92	158	2.1	122	85.5	3800	4800	316
6317	85	180	41	3	99	166	2.5	132	96.5	3500	1500	317
6318	90	190	43	3	104	176	2.5	145	108	3400	1300	318
6319	95	200	45	3	109	186	2.5	155	122	3200	4000	319
6320	100	215	47	3	114	201	2.5	172	140	2800	3600	320
(0)4 尺寸系列												
6403	17	62	17	1.1	24	55	1	22.5	10.8	11000	15000	403
6404	20	72	19	1.1	27	65	1	81.0	15.2	9500	18000	404
6405	25	80	21	1.5	34	71	1.5	38.2	19.2	8500	11000	405
6406	30	90	23	1.5	39	81	1.5	47.5	24.5	8000	10000	406
6407	35	100	26	1.5	44	91	1.5	56.8	29.5	6700	8500	407
6408	40	110	27	2	50	100	2	65.5	37.5	6300	8000	408
6409	45	120	29	2	55	110	2	77.5	45.5	5600	7000	409
6410	50	130	31	2.1	62	118	2.1	92.2	55.2	5300	6700	410
6411	55	140	33	2.1	67	128	2.1	100	62.5	4800	6000	411
6412	60	150	35	2.1	72	138	2.1	108	70.0	4500	5000	412
6413	65	160	37	2.1	77	148	2.1	118	78.5	4300	5300	413
6414	70	180	42	3	84	166	2.5	140	99.5	3800	4800	414
6415	75	190	45	3	89	176	2.5	155	115	3600	4500	415
6416	80	200	48	3	94	186	2.5	162	125	3400	4300	416
6417	85	210	52	4	103	192	3	175	138	3200	4000	417
6418	90	225	54	4	108	207	3	192	158	2800	3600	418
6420	100	250	58	4	118	232	3	222	195	2400	3200	420

注：表中C_r值适用于轴承为真空脱气轴承钢材料的情况。如为普通电炉钢，C_r值降低；如为真空重熔或电渣重熔轴承钢，C_r值提高。

13.4.2 角接触球轴承

角接触球轴承的主要尺寸和性能见表13-29。

表13-29 角接触球轴承

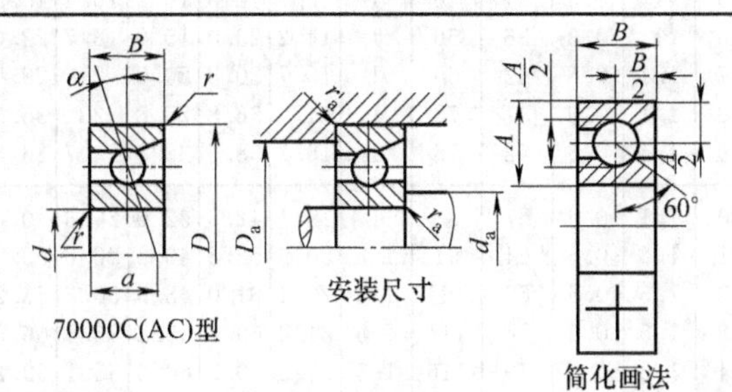

续表

iF_a/C_0	e	Y	70000C 型	70000AC 型
0.015	0.38	1.47	径向当量动载荷 当 $F_a/F_r \leqslant e$，$P_r=F_r$ 当 $F_a/F_r>e$，$P_r=0.44F_r+YF_a$	径向当量动载荷 $F_a/F_r \leqslant 0.68$，$P_r=F_r$ $F_a/F_r>0.68$，$P_r=0.41F_r+0.87F_a$
0.029	0.40	1.40		
0.058	0.43	1.30		
0.087	0.46	1.23		
0.12	0.47	1.19	径向当量静载荷 $P_{0r}=0.5F_r+0.46F_a$ 当 $P_{0r}<F_r$，取 $P_{0r}=F_r$	径向当量静载荷 $P_{0r}=0.5F_r+0.38F_a$ 当 $P_{0r}<F_r$，取 $P_{0r}=F_r$
0.17	0.50	1.12		
0.29	0.55	1.02		
0.44	0.56	1.00		
0.58	0.56	1.00		

轴承代号		基本尺寸/mm					安装尺寸/mm			70000AC ($\alpha=15°$)			70000AC ($\alpha=25°$)			极限转速/(r/min)		原轴承代号	
											基本额定			基本额定					
		d	D	B	r	r_1	d_a min	D_a	r_a	a /mm	动载荷 C /kN	静载荷 C_0 /kN	a /mm	动载荷 C /kN	静载荷 C_0 /kN	脂润滑	油润滑		
					min			max											
(1)0 尺寸系列																			
7000C	7000AC	10	26	8	0.3	0.15	12.4	23.6	0.3	6.4	4.92	2.25	8.2	4.75	2.12	19000	28000	36100	46100
7001C	7001AC	12	28	8	0.3	0.15	14.4	25.6	0.3	6.7	5.42	2.65	8.7	5.20	2.55	18000	26000	36101	46101
7002C	7002AC	15	32	9	0.3	0.15	17.4	29.6	0.3	7.6	6.25	3.42	10	5.95	3.25	17000	24000	36102	46102
7003C	7003AC	17	35	10	0.3	0.15	19.4	32.6	0.3	8.5	6.60	3.85	11.1	6.30	3.68	16000	22000	36103	46103
7004C	7004AC	20	42	12	0.6	0.15	25	37	0.6	10.2	10.5	6.08	13.2	10.0	5.78	14000	19000	36104	46104
7005C	7005AC	25	47	12	0.6	0.15	30	42	0.6	10.8	11.5	7.45	14.4	11.2	7.08	12000	17000	36105	46105
7006C	7006AC	30	55	13	1	0.3	36	49	1	12.2	15.2	10.2	16.4	14.5	9.85	9500	14000	36106	46106
7007C	7007AC	35	62	14	1	0.3	41	56	1	13.5	19.5	14.2	18.3	18.5	13.5	8500	12000	36107	46107
7008C	7008AC	40	68	15	1	0.3	46	62	1	14.7	20.0	15.2	20.1	19.0	14.5	8000	11000	36108	46108
7009C	7009AC	45	75	16	1	0.3	51	69	1	16	25.8	20.5	21.9	25.8	19.5	7500	10000	36109	46109
7010C	7010AC	50	80	16	1	0.3	56	74	1	16.7	26.5	22.0	23.2	25.2	21.0	6700	9000	36110	46110
7011C	7011AC	55	90	18	1.1	0.6	62	83	1	18.7	37.2	30.5	25.9	35.2	29.2	6000	8000	36111	46111
7012C	7012AC	60	95	18	1.1	0.6	67	88	1	19.4	38.2	32.8	27.1	36.2	31.5	5600	7500	36112	46112
7013C	7013AC	65	100	18	1.1	0.6	72	93	1	20.1	40.0	35.5	28.2	38.0	33.8	5300	7000	36113	46113
7014C	7014AC	70	110	20	1.1	0.6	77	103	1	22.1	48.2	43.5	30.9	45.8	41.5	5000	6700	36114	46114
7015C	7015AC	75	115	20	1.1	0.6	82	108	1	22.7	49.5	46.5	32.2	46.8	44.2	4800	6300	36115	46115
7016C	7016AC	80	125	22	1.5	0.6	89	116	1.5	24.7	58.5	55.8	34.9	55.5	53.2	4500	6000	36116	46116
7017C	7017AC	85	130	22	1.5	0.6	94	121	1.5	25.4	62.5	60.2	36.1	50.2	57.2	4300	5600	36117	46117
7018C	7018AC	90	140	24	1.5	0.6	99	131	1.5	27.4	71.5	69.8	38.8	67.5	66.5	4000	5300	36118	46118
7019C	7019AC	95	145	24	1.5	0.6	104	136	1.5	28.1	73.5	73.2	40	69.5	69.8	3800	5000	36119	46119
7020C	7020AC	100	150	24	1.5	0.6	109	141	1.5	28.7	79.2	78.5	41.2	75	74.8	3800	5000	36120	46120
(0)2 尺寸系列																			
7200C	7200AC	10	30	9	0.6	0.15	15	25	0.6	7.2	5.82	2.95	9.2	5.58	2.62	18000	26000	36200	46200
7201C	7201AC	12	32	10	0.6	0.15	17	27	0.6	8	7.35	3.52	10.2	7.10	3.35	17000	24000	36201	46201
7202C	7202AC	15	35	11	0.6	0.15	20	30	0..6	8.9	8.68	4.62	11.4	8.35	4.40	16000	22000	36202	46202
7203C	7203AC	17	40	12	0.6	0.3	22	35	0.6	9.9	10.8	5.95	12.8	10.5	5.65	15000	24000	36203	46203
7204C	7204AC	20	47	14	1	0.3	26	41	1	11.5	14.5	8.22	14.9	14.0	7.82	13000	18000	36204	46204
7205C	7205AC	25	52	15	1	0.3	31	46	1	12.7	16.5	10.5	16.4	15.8	9.88	11000	16000	36205	46205
7206C	7206AC	30	62	16	1	0.3	36	56	1	14.2	23.0	15.0	18.7	22.0	14.2	9000	13000	36206	46206
7207C	7207AC	35	72	17	1.1	0.6	42	65	1	15.7	30.5	20.0	21	29.0	19.2	8000	11000	36207	46207
7208C	7208AC	40	80	18	1.1	0.6	47	73	1	17	36.8	25.8	23	35.2	24.5	7500	10000	36208	46208
7209C	7209AC	45	85	19	1.1	0.6	52	78	1	18.2	38.5	28.5	24.7	36.8	27.2	6700	9000	36209	46209
7210C	7210AC	50	90	20	1.1	0.6	57	83	1	19.4	42.8	32.0	26.3	40.8	30.5	6300	8500	36210	46210
7211C	7211AC	55	100	21	1.5	0.6	64	91	1.5	20.9	52.8	40.5	28.6	50.5	38.5	5600	7500	36211	46211
7212C	7212AC	60	110	22	1.5	0.6	69	101	1.5	22.4	61.0	48.5	30.8	58.2	46.2	5300	7000	36212	46212
7213C	7213AC	65	120	23	1.5	0.6	74	111	1.5	24.2	69.8	55.2	33.5	66.5	52.5	4800	6300	36213	46213
7214C	7214AC	70	125	24	1.5	0.6	79	116	1.5	25.3	70.2	60.0	35.1	69.2	57.5	4500	6000	36214	46214

续表

轴承代号		基本尺寸/mm					安装尺寸/mm			70000AC ($\alpha=15°$)			70000AC ($\alpha=25°$)			极限转速/(r/min)		原轴承代号	
											基本额定			基本额定					
		d	D	B	r	r_1	d_a	D_a	r_a	a /mm	动载荷 C /kN	静载荷 C_0 /kN	a /mm	动载荷 C_0 /kN	静载荷 C_0 /kN	脂润滑	油润滑		
					min		min	max											
7215C	7215AC	75	130	25	1.5	0.6	84	121	1.5	26.4	79.2	65.8	36.6	75.2	63.0	4300	5600	36215	46215
7216C	7216AC	80	140	26	2	1	90	130	2	27.7	89.5	78.2	38.9	85.0	74.5	4000	5300	36216	46216
7217C	7217AC	85	150	28	2	1	95	140	2	29.9	99.8	85.0	41.6	94.8	81.5	3800	5000	36217	46217
7218C	7218AC	90	160	30	2	1	100	150	2	31.7	122	105	44.2	118	100	3600	4800	36218	46218
7219C	7219AC	95	170	35	2.1	1.1	107	158	2.1	33.8	135	115	46.9	128	108	3400	4500	36219	46219
7220C	7220AC	100	180	34	2.1	1.1	112	168	2.1	35.8	148	128	49.7	142	122	3200	4300	36220	46220
(0)3 尺寸系列																			
7301C	7301AC	12	37	12	1	0.3	18	31	1	8.6	8.10	5.22	12	8.08	4.88	16000	22000	36301	46301
7302C	7302AC	15	42	13	1	0.3	21	36	1	9.6	9.38	5.95	13.5	9.08	5.58	15000	20000	36302	46302
7303C	7303AC	17	47	14	1	0.3	23	41	1	10.4	12.8	8.62	14.8	11.5	7.08	14000	19000	36303	46303
7304C	7304AC	20	52	15	1.1	0.6	27	45	1	11.3	14.2	9.68	16.8	13.8	9.10	12000	17000	36304	46304
7305C	7305AC	25	62	17	1.1	0.6	32	55	1	13.1	21.5	15.8	19.1	20.8	14.8	9500	14000	36305	46305
7306C	7306AC	30	72	19	1.1	0.6	37	65	1	15	26.5	19.8	22.2	25.2	18.5	8500	12000	30306	46306
7307C	7307AC	35	80	21	1.5	0.6	44	71	1.5	16.6	34.2	26.8	24.5	32.8	24.8	7500	10000	30307	46307
7308C	7308AC	40	90	23	1.5	0.6	49	81	1.5	18.5	40.2	32.3	27.5	38.5	30.5	6700	9000	36308	46308
7309C	7309AC	45	100	25	1.5	0.6	54	91	1.5	20.2	49.2	39.8	30.2	47.5	37.2	6000	8000	30309	46309
7310C	7310AC	50	110	27	2	1	60	100	2	22	53.5	47.2	33	55.5	44.5	5600	7500	30310	46310
7311C	7311AC	55	120	29	2	1	65	110	2	23.8	70.5	60.5	35.8	67.2	56.8	5000	6700	36311	46311
7312C	7312AC	60	130	31	2.1	1.1	72	118	2.1	25.6	80.5	70.2	38.7	77.8	65.8	4800	6300	36312	46312
7313C	7313AC	65	140	33	2.1	1.1	77	128	2.1	27.4	91.5	80.5	41.5	89.8	75.5	4300	5600	36313	46313
7314C	7314AC	70	150	35	2.1	1.1	82	138	2.1	29.2	102	91.5	44.3	98.5	86.0	4000	5300	36314	46314
7315C	7315AC	75	160	37	2.1	1.1	87	148	2.1	31	112	105	47.2	108	97.0	3800	5000	36315	46315
7316C	7316AC	80	170	39	2.1	1.1	92	158	2.1	32.8	122	118	50	118	108	3600	4800	36316	46316
7317C	7317AC	85	180	41	3	1.1	99	166	2.5	34.6	132	128	52.8	125	122	3400	4500	36317	46317
7318C	7318AC	90	190	43	3	1.1	104	176	2.5	36.4	142	142	55.6	135	135	3200	4300	36318	46318
7319C	7319AC	95	200	45	3	1.1	109	186	2.5	38.2	152	158	58.5	145	148	3000	4000	36319	46319
7320C	7320AC	100	215	47	3	1.1	114	201	2.5	40.2	162	175	61.9	165	178	2600	3600	36320	46320
(0)4 尺寸系列																			
	7406AC	30	90	23	1.5	0.6	39	81	1				26.1	42.5	32.2	7500	10000		46406
	7407AC	35	100	25	1.5	0.6	44	91	1.5				29	53.8	42.5	6300	8500		46407
	7408AC	40	110	27	2	1	50	100	2				31.8	62.0	49.5	6000	8000		46408
	7409AC	45	120	29	2	1	55	110	2				34.6	66.8	52.8	5300	7000		46409
	7410AC	50	130	31	2.1	1.1	62	118	2.1				37.4	76.5	64.2	5000	6700		46410
	7412AC	60	150	35	2.1	1.1	72	138	2.1				43.1	102	90.8	4300	5600		46412
	7414AC	70	180	42	3	1.1	84	166	2.5				51.5	125	125	3600	4800		46414
	7416AC	80	200	48	3	1.1	94	186	2.5				58.1	152	162	3200	4300		46416

注：表中C值，对（1）0、（0）2系列为真空脱气轴承钢的负荷能力；对（0）3、（0）4系列为电炉轴承钢的负荷能力。

13.4.3 圆柱滚子轴承

圆柱滚子轴承的主要尺寸和性能见表13-30。

表13-30 圆柱滚子轴承

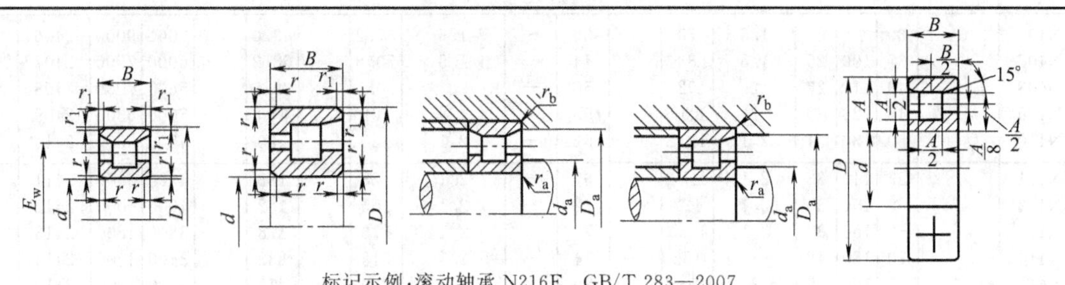

标记示例：滚动轴承 N216E GB/T 283—2007

续表

径向当量动载荷		径向当量静载荷
$P_r=F_r$	对轴向承载的轴承（NF 型 2、3 系列） $P_r=F_r+0.3F_a(0\leqslant F_a/F_r\leqslant 0.12)$ $P_r=0.94F_r+0.8F_a(0.12\leqslant F_a/F_r\leqslant 0.3)$	$P_{0r}=F_r$

轴承代号		尺寸/mm							安装尺寸/mm				基本额定动载荷 C/kN		基本额定静载荷 C_0/kN		极限转速/(r/min)		原轴承代号	
		d	D	B	r	r_1	E_w		d_a	D_a	r_a	r_b	N 型	NF 型	N 型	NF 型	脂润滑	油润滑		
					min		N 型	NF 型	min		max									
(0)2 尺寸系列																				
N204E	NF204	20	47	14	1	0.6	41.5	40	25	42	1	0.6	25.8	12.5	24.0	11.0	12000	16000	2204E	12204
N205E	NF205	25	52	15	1	0.6	46.5	45	30	47	1	0.6	27.5	14.2	26.8	12.8	10000	14000	2205E	12205
N206E	NF206	30	62	16	1	0.6	55.5	53.5	36	56	1	0.6	36.0	19.5	35.5	18.2	8500	11000	2206E	12206
N207E	NF207	35	72	17	1.1	0.6	64	61.8	42	64	1	0.6	46.5	28.5	48.0	28.0	7500	9500	2207E	12207
N208E	NF208	40	80	18	1.1	1.1	71.5	70	47	72	1	1	51.5	37.5	53.0	38.2	7000	9000	2208E	12208
N209E	NF209	45	85	19	1.1	1.1	76.5	75	52	77	1	1	58.5	39.8	63.8	41.0	6300	8000	2209E	12209
N210E	NF210	50	90	20	1.1	1.1	81.5	80.4	57	83	1	1	61.2	43.2	69.2	48.5	6000	7500	2210E	12210
N211E	NF211	55	100	21	1.5	1.1	90	88.5	64	91	1.5	1	80.2	52.8	95.5	60.2	5300	6700	2211E	12211
N212E	NF212	60	110	22	1.5	1.5	100	97	69	100	1.5	1.5	89.8	62.8	102	73.5	5000	6300	2212E	12212
N213E	NF213	65	120	23	1.5	1.5	108.5	105.5	74	108	1.5	1.5	102	73.2	118	87.5	4500	5600	2213E	12213
N214E	NF214	70	125	24	1.5	1.5	113.5	110.5	79	114	1.5	1.5	112	73.2	135	87.5	4300	5300	2214E	12214
N215E	NF215	75	130	25	1.5	1.5	118.5	118.3	84	120	1.5	1.5	125	89.0	155	110	4000	5000	2215E	12215
N216E	NF216	80	140	26	2	2	127.3	125	90	128	2	2	132	102	165	125	3800	4800	2216E	12216
N217E	NF217	85	150	28	2	2	136.5	135.5	95	137	2	2	158	115	192	145	3600	4500	2217E	12217
N218E	NF218	90	160	30	2	2	145	143	100	146	2	2	172	142	215	178	3400	4300	2218E	12218
N219E	NF219	95	170	32	2.1	2.1	154.5	151.5	107	155	2.1	2.1	208	152	262	190	3200	4000	2219E	12219
N220E	NF220	100	180	34	2.1	2.1	163	160	112	164	2.1	2.1	235	168	302	212	3000	3800	2220E	12220
(0)3 尺寸系列																				
N304E	NF304	20	52	15	1.1	0.6	45.5	44.5	26.5	47	1	0.6	29.0	18.0	25.5	15.0	11000	15000	2304E	12304
N305E	NF305	25	62	17	1.1	1.1	54	53	31.5	55	1	1	38.5	25.5	35.8	22.5	9000	12000	2305E	12305
N306E	NF306	30	72	19	1.1	1.1	62.5	62	37	64	1	1	49.2	33.5	48.2	31.5	8000	10000	2306E	12306
N307E	NF307	35	80	21	1.5	1.1	70.2	68.2	44	71	1.5	1	62.0	41.0	63.2	39.2	7000	9000	2307E	12307
N308E	NF308	40	90	23	1.5	1.5	80	77.5	49	80	1.5	1.5	76.8	48.8	77.8	47.5	6300	8000	2308E	12308
N309E	NF309	45	100	25	1.5	1.5	88.5	86.5	54	89	1.5	1.5	93.0	66.8	98.0	66.8	5600	7000	2309E	12309
N310E	NF310	50	110	27	2	2	97	95	60	98	2	2	105	76.0	112	79.5	5300	6700	2310E	12310
N311E	NF311	55	120	29	2	2	106.5	104.5	65	107	2	2	128	97.8	138	105	4800	6000	2311E	12311
N312E	NF312	60	130	31	2.1	2.1	115	113	72	116	2.1	2.1	142	118	155	128	4500	5600	2312E	12312
N313E	NF313	65	140	33	2.1		124.5	121.5	77	125	2.1		170	125	188	135	4000	5000	2313E	12313
N314E	NF314	70	150	35	2.1		133	130	82	134	2.1		195	145	220	162	3800	4800	2314E	12314
N315E	NF315	75	160	37	2.1		143	139.5	87	143	2.1		228	165	260	188	3600	4500	2315E	12315
N316E	NF316	80	170	39	2.1		151	147	92	151	2.1		245	175	282	200	3400	4300	2316E	12316
(0)3 尺寸系列																				
N317E	NF317	85	180	41	3		160	156	99	160	2.5		280	212	332	242	3200	4000	2317E	12317
N318E	NF318	90	190	43	3		169.5	165	104	169	2.5		298	228	348	265	3000	3800	2318E	12318
N319E	NF319	95	200	45	3		177.5	173.5	109	178	2.5		315	245	380	288	2800	3600	2319E	12319
N320E	NF320	100	215	47	3		191.5	185.5	114	190	2.5		365	282	425	340	2600	3200	2320E	12320
(0)4 尺寸系列																				
N406		30	90	23	1.5		73		39	—	1.5		57.2		53.0		7000	9000	2406	
N407		35	100	25	1.5		83		44	—	1.5		70.8		68.2		6000	7500	2407	
N408		40	110	27	2		92		50	—	2		90.5		89.8		5600	7000	2408	
N409		45	120	29	2		100.5		55	—	2		102		100		5000	6300	2409	
N410		50	130	31	2.1		110.8		62	—	2.1		120		120		4800	6000	2410	
N411		55	140	33	2.1		117.2		67	—	2.1		128		132		4300	5300	2411	
N412		60	150	35	2.1		127		72	—	2.1		155		162		4000	5000	2412	
N413		65	160	37	2.1		135.3		77	—	2.1		170		178		3800	4800	2413	
N414		70	180	42	3		152		84	—	2.5		215		232		3400	4300	2414	
N415		75	190	45	3		160.5		89		2.5		250		272		3200	4000	2415	

续表

轴承代号		尺寸/mm							安装尺寸/mm				基本额定动载荷 C/kN		基本额定静载荷 C_0 /kN		极限转速 /(r/min)		原轴承代号
		d	D	B	r	r_1	E_w		d_a	D_a	r_a	r_b							
					min		N型	NF型	min		max		N型	NF型	N型	NF型	脂润滑	油润滑	
N416		80	200	48	3		170		94	—	2.5		285		315		3000	3800	2416
N417		85	210	52	4		179.5		103	—	3		312		345		2800	3600	2417
N418		90	225	54	4		191.5		108	—	3		352		392		2400	3200	2418
N419		95	240	55	4		201.5		113	—	3		378		428		2200	3000	2419
N420		100	250	58	4		211		118	—	3		418		480		2000	2800	2420
22尺寸系列																			
N2204E		20	47	18	1	0.6	41.5		25	42	1	0.6	30.8		30.0		12000	16000	2504E
N2205E		25	52	18	1	0.6	46.5		30	47	1	0.6	32.8		33.8		11000	14000	2505E
N2206E		30	62	20	1	0.6	55.5		36	56	1	0.6	45.5		48.0		8500	11000	2506E
N2207E		35	72	23	1.1	0.6	64		42	64	1	0.6	57.5		63.0		7500	9500	2507E
N2208E		40	80	23	1.1	1.1	71.5		47	72	1	1	67.5		75.2		7000	9000	2508E
N2209E		45	85	23	1.1	1.1	76.5		52	77	1	1	71.0		82.0		6300	8000	2509E
N2210E		50	90	23	1.1	1.1	81.5		57	83	1	1	74.2		88.8		6000	7500	2510E
N2210E		55	100	25	1.1	1.1	90		64	91	1.5	1	94.8		118		5300	6700	2511E
N2212E		60	110	28	1.5	1.5	100		69	100	1.5	1.5	122		152		5000	6300	2512E
N2213E		65	120	31	1.5	1.5	108.5		74	108	1.5	1.5	142		180		4500	5000	2513E
N2214E		70	125	31	1.5	1.5	113.5		79	114	1.5	1.5	148		192		4300	5300	2514E
N2215E		75	130	31	1.5	1.5	118.5		84	120	1.5	1.5	155		205		4000	5000	2515E
N2216E		80	140	33	2		127.3		90	128	2	2	178		242		3800	4800	2516E
N2217E		85	150	36	2		136.5		95	137	2	2	205		272		3600	4500	2517E
N2218E		90	160	40	2		145		100	146	2	2	230		312		3400	4300	2518E
N2219E		95	170	43	2.1		154.5		107	155	2.1	2.1	275		368		3200	4000	2519E
N2220E		100	180	46	2.1		163		112	164	2.1	2.1	318		440		3000	3800	2520E

注：后缀带E为加强型圆柱滚子轴承，应优先选用。

13.4.4 圆锥滚子轴承

圆锥滚子轴承的主要尺寸和性能见表13-31。

表13-31　圆锥滚子轴承

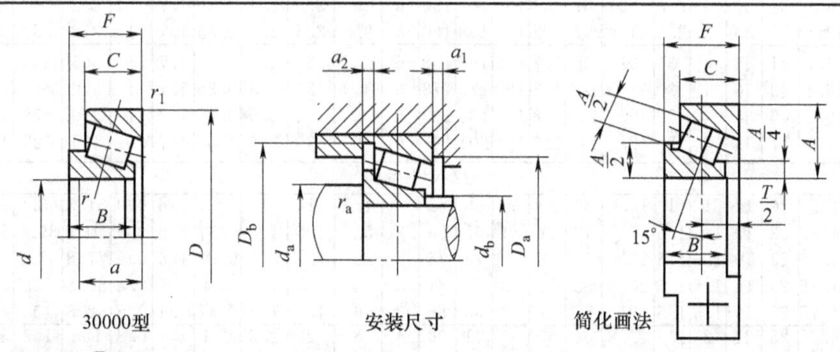

30000型　　安装尺寸　　简化画法

径向当量动载荷：当$\frac{F_a}{F_r}\leqslant e$时，$P_r=F_r$

当$\frac{F_a}{F_r}>e$时，$P_r=0.4F_r+YF_a$

径向当量静负荷：

$$P_{0r}=F_r$$

$$P_{0r}=0.5F_r+Y_0F_a$$

取上列两式计算结果的较大值

续表

轴承代号	尺寸/mm								安装尺寸/mm										计算系数			基本额定载荷		极限转速/(r/min)		原轴承代号
	d	D	T	B	C	r min	r_1 min	a ≈	d_a min	d_b min	D_a min	D_a max	D_b min	a_1 min	a_2 min	r_a max	r_b max	e	Y	Y_0	动载荷 C /kN	静载荷 C_0 /kN	脂润滑	油润滑	
02尺寸系列																									
30203	17	40	13.25	12	11	1	1	9.9	23	23	34	34	37	2	2.5	1	1	0.35	1.7	1	20.8	21.8	9000	12000	7203E
30204	20	47	15.25	14	12	1	1	11.2	26	27	40	41	43	2	3.5	1	1	0.35	1.7	1	28.2	30.5	8000	10000	7204E
30205	25	52	16.25	15	13	1	1	12.5	31	31	44	46	48	2	3.5	1	1	0.37	1.6	0.9	32.2	37.0	7000	9000	7205E
30206	30	62	17.25	16	14	1	1	13.8	36	37	53	56	58	2	3.5	1	1	0.37	1.6	0.9	43.2	50.5	6000	7500	7206E
30207	35	72	18.25	17	15	1.5	1.5	15.3	42	44	62	65	67	3	3.5	1.5	1.5	0.37	1.6	0.9	54.2	63.5	5300	6700	7207E
30208	40	80	19.75	18	16	1.5	1.5	16.9	47	49	69	73	75	3	4	1.5	1.5	0.37	1.6	0.9	63.0	74.8	5000	6300	7208E
30209	45	85	20.75	19	16	1.5	1.5	18.6	52	53	74	78	80	3	5	1.5	1.5	0.4	1.5	0.8	67.8	83.5	4500	5600	7209E
30210	50	90	21.75	20	17	1.5	1.5	20	57	58	79	83	86	3	5	1.5	1.5	0.42	1.4	0.8	73.2	92.8	4300	5300	7210E
30211	55	100	22.75	21	18	2	1.5	21	64	64	88	91	95	4	5	2	1.5	0.4	1.5	0.8	90.8	115	3800	4800	7211E
30212	60	110	23.75	22	19	2	1.5	22.3	69	69	96	101	103	4	5	2	1.5	0.4	1.5	0.8	102	130	3600	4500	7212E
30213	65	120	24.75	23	20	2	1.5	23.85	74	77	106	111	114	4	5	2	1.5	0.4	1.5	0.8	120	152	3200	4000	7213E
30214	70	125	26.25	24	21	2	1.5	25.8	79	81	110	116	119	4	5.5	2	1.5	0.42	1.4	0.8	132	175	3000	3800	7214E
30215	75	130	27.25	25	22	2	1.5	27.4	84	85	115	121	125	4	5.5	2	1.5	0.44	1.4	0.8	138	185	2800	3600	7215E
30216	80	140	28.25	26	22	2.5	2	28.1	90	90	124	130	133	4	6	2.1	2	0.42	1.4	0.8	160	212	2600	3400	7216E
30217	85	150	30.5	28	24	2.5	2	30.3	95	96	132	140	142	5	6.5	2.1	2	0.42	1.4	0.8	178	238	2400	3200	7217E
30218	90	160	32.5	30	26	2.5	2	32.3	100	102	140	150	151	5	6.5	2.1	2	0.42	1.4	0.8	200	270	2200	3000	7218E
30219	95	170	34.5	32	27	3	2.5	34.2	107	108	149	158	160	5	7.5	2.5	2.1	0.42	1.4	0.8	228	308	2000	2800	7219E
30220	100	180	37	34	29	3	2.5	36.4	112	114	157	168	169	5	8	2.5	2.1	0.42	1.4	0.8	255	350	1900	2600	7220E
03尺寸系列																									
30302	15	42	14.25	13	11	1	1	9.6	21	22	36	36	38	2	3.5	1	1	0.29	2.1	1.2	22.8	21.5	9000	12000	7302E
30303	17	47	15.25	14	12	1	1	10.4	23	25	40	41	43	3	3.5	1	1	0.29	2.1	1.2	28.2	27.2	8500	11000	7303E
30304	20	52	16.25	15	13	1.5	1.5	11.1	27	28	44	45	48	3	3.5	1.5	1.5	0.3	2	1.1	33.0	33.2	7500	9500	7304E
30305	25	62	18.25	17	15	1.5	1.5	13	32	34	54	55	58	3	3.5	1.5	1.5	0.3	2	1.1	46.8	48.0	6300	8000	7305E
30306	30	72	20.75	19	16	1.5	1.5	15.3	37	40	62	65	66	3	5	1.5	1.5	0.31	1.9	1.1	59.0	63.0	5600	7000	7306E
30307	35	80	22.75	21	18	2	1.5	16.8	44	45	70	71	74	3	5	2	1.5	0.31	1.9	1.1	75.2	82.5	5000	6300	7307E
30308	40	90	25.25	23	20	2	1.5	19.5	49	52	77	81	84	3	5.5	2	1.5	0.35	1.7	1	90.8	108	4500	5600	7308E
30309	45	100	27.25	25	22	2	1.5	21.3	54	59	86	91	94	3	5.5	2	1.5	0.35	1.7	1	108	130	4000	5000	7309E
30310	50	110	29.25	27	23	2.5	2	23	60	65	95	100	103	4	6.5	2	2	0.35	1.7	1	130	158	3800	4800	7310E
30311	55	120	31.5	29	25	2.5	2	24.9	65	70	104	110	112	4	6.5	2.5	2	0.35	1.7	1	152	188	3400	4300	7311E
30312	60	130	33.5	31	26	3	2.5	26.6	72	76	112	118	121	5	7.5	2.5	2.1	0.35	1.7	1	170	210	3200	4000	7312E
30313	65	140	36	33	28	3	2.5	28.7	77	83	122	128	131	5	8	2.5	2.1	0.35	1.7	1	195	242	2800	3600	7313E
30314	70	150	38	35	30	3	2.5	30.7	82	89	130	138	141	5	8	2.5	2.1	0.35	1.7	1	218	272	2600	3400	7314E
30315	75	160	40	37	31	3	2.5	32	87	95	139	148	150	5	9	2.5	2.1	0.35	1.7	1	252	318	2400	3200	7315E
30316	80	170	42.5	39	33	3	2.5	34.4	92	102	148	158	160	5	9.5	2.5	2.1	0.35	1.7	1	278	352	2200	3000	7316E
30317	85	180	44.5	41	34	4	3	35.9	99	107	156	166	168	6	10.5	3	2.5	0.35	1.7	1	305	388	2000	2800	7317E
30318	90	190	46.5	43	36	4	3	37.5	104	113	165	176	178	6	10.5	3	2.5	0.35	1.7	1	342	440	1900	2600	7318E
30319	95	200	49.5	45	38	4	3	40.1	109	118	172	186	185	6	11.5	3	2.5	0.35	1.7	1	370	478	1800	2400	7319E
30320	100	215	51.5	47	39	4	3	42.2	114	127	184	201	199	6	12.5	3	2.5	0.35	1.7	1	405	525	1600	2000	7320E
22尺寸系列																									
32206	30	62	21.25	20	17	1	1	15.6	36	36	52	56	58	3	4.5	1	1	0.37	1.6	0.9	51.8	63.8	6000	7500	7506E
32207	35	72	24.25	23	19	1.5	1.5	17.9	42	42	61	65	68	3	5.5	1.5	1.5	0.37	1.6	0.9	70.5	89.5	5300	6700	7507E
32208	40	80	24.75	23	19	1.5	1.5	18.9	47	48	68	73	75	3	6	1.5	1.5	0.37	1.6	0.9	77.8	97.2	5000	6300	7508E
32209	45	85	24.75	23	19	1.5	1.5	20.1	52	53	73	78	81	3	6	1.5	1.5	0.4	1.5	0.8	80.8	105	4500	5600	7509E
32210	50	90	24.75	23	19	1.5	1.5	21	57	57	78	83	86	3	6	1.5	1.5	0.42	1.4	0.8	82.8	108	4300	5300	7010E
32211	55	100	26.75	25	21	2	1.5	22.8	64	62	67	91	96	4	6	2	1.5	0.4	1.5	0.8	108	142	3800	4800	7511E
32212	60	110	29.75	28	24	2	1.5	25	69	68	95	101	105	4	6	2	1.5	0.4	1.5	0.8	132	180	3600	4500	7512E
32213	65	120	32.75	31	27	2	1.5	27.3	74	75	104	111	115	4	6	2	1.5	0.4	1.5	0.8	160	222	3200	4000	7513E
32214	70	125	33.25	31	27	2	1.5	28.8	79	79	108	116	120	4	6.5	2	1.5	0.42	1.4	0.8	168	238	3000	3800	7514E
32215	75	130	33.25	31	27	2	1.5	30	84	84	115	121	126	4	6.5	2	1.5	0.44	1.4	0.8	170	242	2800	3600	7515E
32216	80	140	35.25	33	28	2.5	2	31.4	90	89	122	130	135	5	7.5	2.1	2	0.42	1.4	0.8	198	278	2600	3400	7516E
32217	85	150	38.5	36	30	2.5	2	33.9	95	95	130	140	143	5	8.5	2.1	2	0.42	1.4	0.8	228	325	2400	3200	7517E
32218	90	160	42.5	40	34	2.5	2	36.8	100	101	138	150	153	5	8.5	2.1	2	0.42	1.4	0.8	270	395	2200	3000	7518E
32219	95	170	45.5	43	37	3	2.5	39.2	107	106	145	158	163	5	8.5	2.5	2.1	0.42	1.4	0.8	302	448	2000	2800	7519E
32220	100	180	49	46	39	3	2.5	41.9	112	113	154	168	172	5	10	2.5	2.1	0.42	1.4	0.8	340	512	1900	2600	7520E

续表

轴承代号	尺寸/mm d	尺寸/mm D	尺寸/mm T	尺寸/mm B	尺寸/mm C	尺寸/mm r min	尺寸/mm r_1 min	尺寸/mm a ≈	安装尺寸/mm d_a min	安装尺寸/mm d_b min	安装尺寸/mm D_a min	安装尺寸/mm D_a max	安装尺寸/mm D_b min	安装尺寸/mm a_1 min	安装尺寸/mm a_2 min	安装尺寸/mm r_a max	安装尺寸/mm r_b max	计算系数 e	计算系数 Y	计算系数 Y_0	基本额定载荷/kN 动载荷 C	基本额定载荷/kN 静载荷 C_0	极限转速/(r/min) 脂润滑	极限转速/(r/min) 油润滑	原轴承代号
23尺寸系列																									
32303	17	47	20.25	19	16	1	1	12.3	23	24	39	41	43	3	4.5	1	1	0.29	2.1	1.2	35.2	36.2	8500	11000	7603E
32304	20	52	22.25	21	18	1.5	1.5	13.6	27	26	43	45	48	3	4.5	1.5	1.5	0.3	2	1.1	42.8	46.2	7500	9500	7604E
32305	25	62	25.25	24	20	1.5	1.5	15.9	32	32	52	55	58	3	5.5	1.5	1.5	0.3	2	1.1	61.5	68.8	6300	8000	7605E
32306	30	72	28.75	27	23	1.5	1.5	18.9	37	38	59	65	66	4	6	1.5	1.5	0.31	1.9	1.1	81.5	96.5	5600	7000	7606E
32307	35	80	32.75	31	25	2	1.5	20.4	44	43	66	71	74	4	8.5	2	1.5	0.31	1.9	1.1	99.0	118	5000	6300	7607E
32308	40	90	35.25	33	27	2	1.5	23.3	49	49	73	81	83	4	8.5	2	1.5	0.35	1.7	1	115	148	4500	5600	7608E
32309	45	100	38.25	36	30	2	1.5	25.6	54	56	82	91	93	4	8.5	2	1.5	0.35	1.7	1	145	188	4000	5000	7609E
32310	50	110	42.25	40	33	2.5	2	28.2	60	61	90	100	102	5	9.5	2	2	0.35	1.7	1	178	235	3800	4800	7610E
32311	55	120	45.5	43	35	2.5	2	30.4	65	66	99	110	111	5	10	2.5	2	0.35	1.7	1	202	270	3400	4300	7611E
32312	60	130	48.5	46	37	3	2.5	32	72	72	107	118	122	6	11.5	2.5	2.1	0.35	1.7	1	228	302	3200	4000	7612E
32313	65	140	51	48	39	3	2.5	34.3	77	79	117	128	131	6	12	2.5	2.1	0.35	1.7	1	260	350	2800	3600	7613E
32314	70	150	54	51	42	3	2.5	36.5	82	84	125	138	141	6	12	2.5	2.1	0.35	1.7	1	298	408	2600	3400	7614E
32315	75	160	58	55	45	3	2.5	39.4	87	91	133	148	150	7	13	2.5	2.1	0.35	1.7	1	348	482	2400	3200	7615E
32316	80	170	61.5	58	48	3	2.5	42.1	92	97	142	158	160	7	13.5	2.5	2.1	0.35	1.7	1	388	542	2200	3000	7616E
32317	85	180	63.5	60	49	4	3	43.5	99	102	150	166	168	8	14.5	3	2.5	0.35	1.7	1	422	592	2000	2800	7617E
32318	90	190	67.5	64	53	4	3	46.2	104	107	157	178	178	8	14.5	3	2.5	0.35	1.7	1	478	682	1900	2600	7618E
32319	95	200	71.5	67	55	4	3	49	109	114	166	186	187	8	16.5	3	2.5	0.35	1.7	1	515	738	1800	2400	7619E
32320	100	215	77.5	73	60	4	3	52.9	114	122	177	201	201	8	17.5	3	2.5	0.35	1.7	1	600	872	1600	2000	7620E

13.5 滚动轴承的寿命计算实例

【例】 图示斜齿轮轴系，两端正装两个圆锥滚子轴承 30205，两轴承径向载荷均为 $F_r=1500N$，轴上载荷 $F_x=500N$，$f_p=1.2$。求：轴承的当量动载荷 P_{r1}，P_{r2}，并判断危险轴承。(注：$e=0.37$，当 $F_a/F_r\leqslant e$ 时，$X=1$，$Y=0$；当 $F_a/F_r>e$ 时，$X=0.4$，$Y=1.6$)

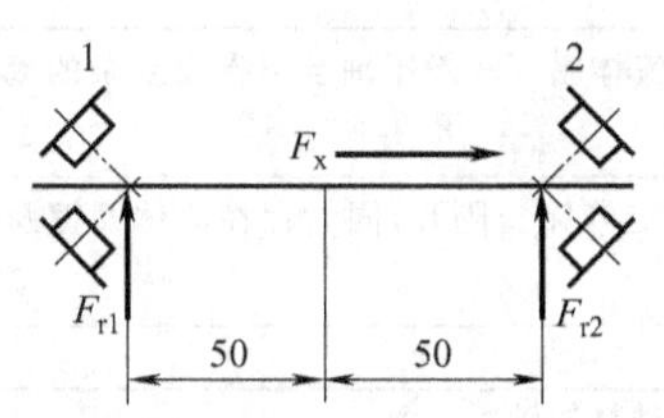

解：

(1) 径向力

$F_{r1}=F_{r2}=1500$ (N)

(2) 计算附加轴向力 F_S

$F_S=F_r/(2Y)$，取：$Y=1.6$

$F_{S1}=F_{S2}=F_{r1}/(2Y)=1500/(2\times1.6)$

$=468.7$ (N)

(3) 计算轴向载荷

$F_{S1}+F_A=468.7+500=968.7\ (N)>F_{S2}=468.7N$

轴承 1 放松：$F_{a1}=F_{S1}=468.7$ (N)

轴承 2 压紧：$F_{a2}=F_A+F_{S1}=968.7$ (N)

(4) 计算当量动载荷

因 $F_{a1}/F_{r1}=468.7/1500=0.312<e=0.37$

有 $X_1=1$，$Y_1=0$

因 $F_{a2}/F_{r2}=968.7/1500=0.646>e$

有 $X_2=0.4$，$Y_2=1.6$

$P_{r1}=f_p(X_1F_{r1}+Y_1F_{a1})=1.2\times1500=1800$ (N)

$P_{r2}=f_p(X_2F_{r2}+Y_2F_{a2})=1.2\times(0.4\times1500+1.6\times968.7)=2150$ (N)

故轴承 2 危险。

第14章 滑动轴承

14.1 常用数据

14.1.1 滑动轴承的类型和应用特点

滑动轴承的类型和应用特点见表 14-1。

表 14-1 滑动轴承的类型及应用特点

分类原则	类型		应用特点
载荷方向	径向轴承		只承受径向载荷
	止推轴承		只承受轴向载荷
	径向止推轴承		同时承受径向及轴向载荷
摩擦状态	流体摩擦	静压轴承	外加压力流体承受外载。刚度及精度较高,寿命长,速度范围广,但结构复杂,维护比较困难
		动压轴承	由轴颈与轴瓦的相对运动形成承载流体膜。较静压轴承可省去复杂的流体压力系统和节流装置
		混合润滑轴承	流体膜不足以将轴颈与轴瓦表面粗糙峰完全隔开,同时存在流体摩擦及边界摩擦状态
	边界摩擦	边界润滑轴承	不能形成流体膜,用于不重要场合
	干摩擦	干摩擦轴承	包括固体润滑轴承及轴瓦为自润滑材料的轴承
	其他	静电轴承,磁轴承	利用电场或磁场力承受外载,控制系统复杂
润滑剂种类	液体润滑轴承		常用润滑油作润滑剂,也可用水、液态金属等
	气体润滑轴承		采用空气或氢、氩、氮等作润滑剂。摩擦损失极低,适用温度范围广,但加工精度要求高
	脂润滑轴承		采用油脂润滑,维护简单,用于低速、不重要场合
	固体润滑轴承		用二硫化钼、石墨等作润滑剂
载荷大小	轻载轴承		平均压强低于 1MPa
	中载轴承		平均压强为 1～10MPa
	重载轴承		平均压强高于 10MPa
速度高低	低速轴承		轴颈圆周速度低于 5m/s
	中速轴承		轴颈圆周速度为 5～60m/s
	高速轴承		轴颈圆周速度高于 60m/s

14.1.2 一般设计资料

滑动轴承的一般设计资料见表 14-2～表 14-4。

表 14-2 不同润滑状态滑动轴承的性能比较

项目		轴承类型				
		动压轴承	静压轴承	含油轴承	固体润滑轴承	滚动轴承
运转性能	启动转矩	中～大	最小	大	最大	小
	摩擦功耗	小～大。与润滑剂黏度、转速成正比	最小～中。与润滑剂黏度、转速成正比，另有泵功耗	较大。与载荷有较大关系	最大。与轴瓦材料或润滑剂有较大关系	较小
	旋转精度	高	最高	中	低	高
	运转噪声	很小	轴承本身很小但泵还有噪声	很小	稳定载荷下很小	小～中
	抗震性	好		一般		
环境适应性能	高温	一般。可以在润滑剂或轴瓦材料温度极限下运转		差。温度受润滑剂氧化的限制	好。可以在轴瓦材料温度极限以下运转	温度限制决定于轴承零件材料
	低温	好。温度限制决定于启动转矩		一般。温度限制决定于启动转矩	优。温度限制决定于轴瓦材料	
	真空	一般。但要用专用润滑剂	差	好。但要用专滑剂	优	一般。但要用专用润滑剂
	潮湿	好			好。轴承材料需耐腐蚀	一般。需注意密封
	尘埃	一般。需注意密封和润滑剂过滤	好。需注意润滑系统密封和润滑剂过滤	必须密封	好。需注意密封	一般。需注意密封
制造维护性能	误差敏感性	差	中	好		中
	标准化程度	较差	最差	好	较好	最好
	润滑	循环润滑，润滑剂用量多，润滑装置复杂	循环润滑，润滑剂用量最多，装置复杂	简单，润滑剂用量少	运转期间不需润滑及润滑装置	大多数简单润滑剂且用量有限
	维护	需经常检查，定期清洗润滑系统和更换润滑油		定时补充润滑剂	不需维护	定期清洗和更换润滑油
成本		制造成本高，运转成本决定于润滑系统		较低	最低	低

表 14-3 滑动轴承设计资料

机器名称	轴承	许用压力 P/MPa	许用速度 v_p/(m/s)	$(pv)_p$ /(MPa·m/s)	适宜黏度 η/Pa·s	$\left(\frac{\eta n}{p}\right)_{min}$	相对轴承间隙 ψ	相对轴承宽度 B^*
金属切削机床	主轴承	0.5～5.0	—	1～5	0.04	2.5	<0.001	1～3
传动装置	轻载轴承 重载轴承	0.15～0.3 0.5～1.0	—	1～2	0.025～0.06	230 66	0.001	1～2
减速器	所有轴承	0.5～4.0	1.5～6.0	3～20	0.03～0.05	83	0.001	1～3
轧钢机	轧辊轴承	5～30	0.5～30	50～80	0.05	23	0.0015	0.8～1.5
冲压机和剪床	主轴承 曲柄轴承	28 55	—	—	0.1	—	0.001	1～2
铁路车辆	货车轴承 客车轴承	3～5 3～4	1～3	10～15	0.1	116	0.001	1.4～2.0

续表

机器名称	轴承	许用压力 P/MPa	许用速度 v_p/(m/s)	$(pv)_p$ /(MPa·m/s)	适宜黏度 η/Pa·s	$\left(\frac{\eta n}{p}\right)_{min}$	相对轴承间隙 ψ	相对轴承宽度 B^*
发动机、电动机、离心压缩机	转子轴承	1～3	—	2～3	0.025	416	0.0013	0.8～1.5
汽轮机	主轴承	1～3	5～60	85	0.002～0.016	250	0.001	0.8～1.25
活塞式压缩机和泵	主轴承	2～10	—	2～3	0.03～0.08	66	0.001	0.8～2
	连杆轴承	4～10		3～4		46	<0.001	0.9～2
	活塞销轴	7～13		5		23	<0.001	1.5～2
精纺机	锭子轴承	0.01～0.02	—	—	0.002	25000	0.005	—
汽车发动机	主轴承	6～15	6～8	>50	0.007～0.008	33	0.001	0.35～0.7
	连杆轴承	6～20	6～8	>80		23	0.001	0.5～0.8
	活塞销轴	18～40	—	—		16	<0.001	0.8～1.0

表 14-4 几种机床及通用设备滑动轴承的配合

设备类别	配合
磨床与车床分度头主轴承	H7/g6
铣床、钻床及车床的轴承，汽车发动机曲轴的主轴承及连杆轴承，齿轮减速器及蜗杆减速器轴承	H7/f7
电动机、离心泵、风扇及惰齿轮轴的轴承，蒸汽机与内燃机曲轴的主轴承和连杆轴承	H9/f9
农业机械用的轴承	H11/b11 H11/d11
汽轮发电机轴、内燃机凸轮轴、高速转轴、刀架丝杠、机车多支点轴等的轴承	H7/e8

14.2 滑动轴承的设计

14.2.1 动压润滑径向滑动轴承

(1) 基本参数

普通径向滑动轴承见图 14-1。

轴承的主要参数有：轴颈直径 d_3；轴瓦孔径 D；轴承宽度 B；轴承半径间隙 C_r，$D-d=2C_r$；轴承轴颈中心与轴瓦孔中心之间的距离，偏心距 e；轴承上的作用力 F；轴颈转速 n 和润滑剂黏度 η。

(2) 润滑状态与承载能力计算

F^* 和 ε 的关系曲线见图 14-2。

流体动力润滑条件：$h_{min} \geqslant h_{lim}$。其中：$h_{min}$为最小油膜厚度，$h_{min}=C_r(1-\varepsilon)$，$\varepsilon=e/C_r$。$\varepsilon$ 为偏心率。h_{lim}为最小极限油膜厚度，可按接触两表面粗糙度的轮廓峰高度之和确定。

动压轴承运转特性参数计算如下。

$$F^*=\frac{\overline{p}\varphi^2}{\eta n} \tag{14-1}$$

式中，$\overline{p}$ 为轴承平均压力，$\overline{p}=\dfrac{F}{B\times D}$，$B\times D$ 为投影面积；φ 为相对轴承间隙，$\varphi=\dfrac{2C_r}{d}$。

根据已知条件，选择轴承参数，计算出轴承载荷特性参数 F^*，查图 14-2，若与相对轴承宽度曲线 $B^*\left(B^*=\dfrac{B}{D}\right)$值的交点落在Ⅴ区，则根据曲线确定出偏心率 ε，计算出 h_{min}为最小油膜厚度，轴承有完整的动压油膜，属动压轴承。反之，根据 h_{lim}可计算出最大 ε 值，再从图

14-2 查出最大的 F^*，即可确定出动压轴承的承载能力。

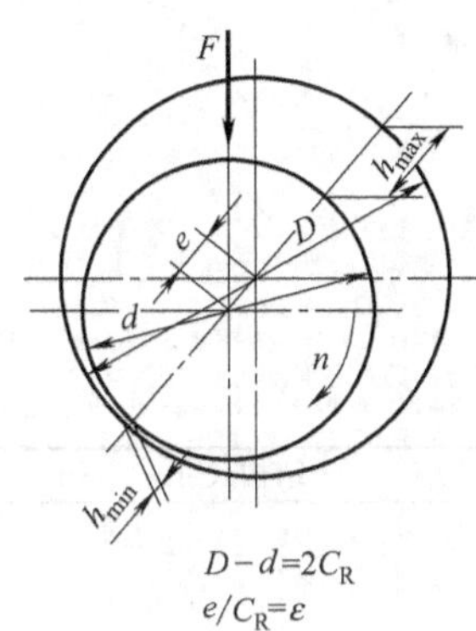

图 14-1 普通径向滑动轴承示意图

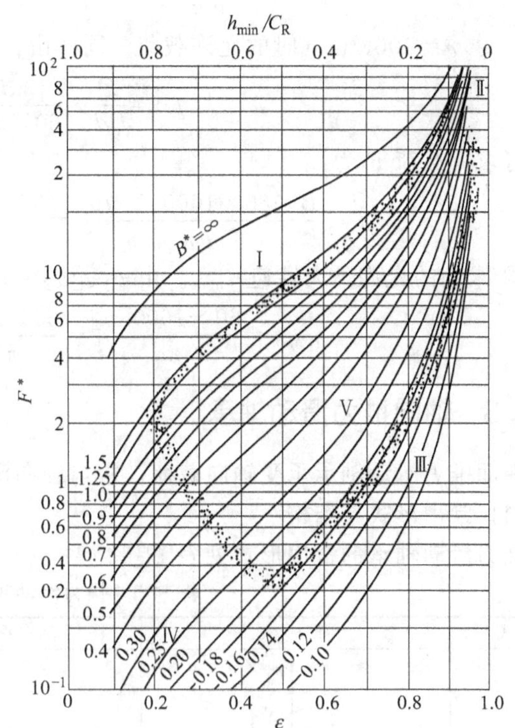

图 14-2 F^* 和 ε 关系曲线

Ⅰ—轴承过宽；Ⅱ—载荷过大；Ⅲ—轴承过窄；Ⅳ—涡动不稳定；Ⅴ—适宜使用区

14.2.2 混合润滑径向滑动轴承计算实例

一混合摩擦向心滑动轴承的轴颈直径 $d=60\text{mm}$，轴承宽度 $B=60\text{mm}$，轴瓦材料为 ZCuAl10Fe3，试求：

① 当载荷 $F=36000\text{N}$、转速 $n=150\text{r/min}$ 时，校核轴承是否满足非液体润滑轴承的使用条件。

② 当载荷 $F=36000\text{N}$ 时，轴的允许转速 n。

③ 当轴的转速 $n=900\text{r/min}$ 时的允许载荷 F。

④ 轴的允许最大转速 $n_{\max}$。

解： ① 根据轴承材料，查表可得：$[p]=15\text{MPa}$，$[v]=4\text{m/s}$，$[pv]=12\text{MPa}\cdot\text{m/s}$。

$$v=\frac{\pi dn}{60\times1000}=\frac{\pi\times60\times150}{60\times1000}=0.47(\text{m/s})<[v]$$

$$p=\frac{F}{dB}=\frac{36000}{60\times60}(\text{MPa})<[p]$$

$$pv=10\times0.47=4.7(\text{MPa}\cdot\text{m/s})<[pv]$$

故满足使用要求。

② 求 $F=36000\text{N}$ 时轴的允许转速 n。由：

$$pv=\frac{F}{Bd}\ \frac{\pi dn}{60\times1000}\leqslant[pv]$$

可求得速度 n 为：

$$n \leqslant \frac{B \times 60 \times 1000 \times [pv]}{F\pi} = \frac{60 \times 60 \times 1000 \times 12}{36000\pi} = 382(\text{r/min})$$

③ 求 $n=900\text{r/min}$ 时的允许载荷。同样由：

$$pv = \frac{F}{Bd} \times \frac{\pi dn}{60 \times 1000} \leqslant [pv]$$

可求得载荷 F 为：

$$F \leqslant \frac{B \times 60 \times 1000 \times [pv]}{n\pi} = \frac{60 \times 60 \times 1000 \times 12}{900 \times \pi} = 15287(\text{N})$$

④ 求轴的允许最大转速 $n_{\max}$。由 $v \leqslant [v] = 4\text{m/s}$ 可求得转速 $n_{\max}$ 为：

$$n_{\max} = \frac{60 \times 1000 [v]}{\pi d} = \frac{60 \times 1000 \times 4}{\pi \times 60} = 1274(\text{r/min})$$

14.2.3 轴向推力滑动轴承

平面推力滑动轴承承受轴向载荷，常与径向滑动轴承一起使用。

(1) 常用形式与结构

推力滑动轴承的常用形式见表 14-5。

表 14-5 推力滑动轴承的常用形式

形式	简　图	基本特点及应用	结构尺寸
实心推力轴承	F_a; d_2	在接触面上压力分布极不均匀，中心处压力(理论上)可达无限大，对润滑极为不利	d_2 由轴颈结构决定
空心推力轴承	F_a; d_1; d_2	接触面上压力分布比较均匀，润滑条件有所改善	d_2 由轴颈结构决定。若结构上无限制，取 $d_1=0.5d_2$ 一般可取 $d_1=(0.4\sim0.6)d_2$
环形推力轴承	F_a; d_2; d_1	可利用轴套的端面止推。结构简单，润滑方便，广泛用于低速、轻载条件	d_1、d_2 由轴的结构设计拟定
	F_a; d_2; d_1; h; b		d_1 由结构设计拟定 $b=(0.1\sim0.3)d_1$ $h=(0.2\sim0.15)d_1$ $d_2=(1.2\sim1.6)d_1$

(2) 平面推力滑动轴承的验算

① 验算轴承平均压力：

$$p=\frac{F_a}{z\ \frac{\pi}{4}(d_2^2-d_1^2)}\leqslant[p]$$

式中 F_a——轴向载荷，N；

z——环形接触面的数目；

$[p]$——轴承材料的许用平均压力，MPa。

平面推力滑动轴承接触面上压力分布不均匀，润滑条件较差，故轴承压力等许用值较低，如表 14-6 所示。

② 验算轴承 pv_m 值：

$$pv_m=\frac{F_a n}{6000bz}\leqslant[pv]$$

式中 b——轴颈环形接触面工作宽度，mm；

v_m——平均直径 $d_m=(d_1+d_2)/2$处的速度；

$[pv]$——轴承 pv 许用值，MPa·m/s，如表 14-6 所示。

表 14-6 推力滑动轴承的 $[p]$，$[pv]$ 值

轴（轴环端面、凸缘）	轴承	$[p]$ /MPa	$[pv]$ /(MPa·m/s)
未淬火钢	铸铁	2.0～2.5	1～2.5
	青铜	4.0～5.0	
	轴承合金	5.0～6.0	
淬火钢	青铜	7.5～8.0	1～2.5
	轴承合金	8.0～9.0	
	淬火钢	12～15	

14.3 常用轴承材料及性能

常用轴承材料及性能见表 14-7～表 14-9。

表 14-7 滑动轴承材料的物理性能

轴承材料	抗拉强度 /MPa	弹性模量 /GPa	硬度 (HBW)	密度 /(kg/m³)	热导率 /[W/(m·K)]	线胀系数 /$10^{-6}K^{-1}$
锡基轴承合金	79	52	25	7400	35～45	23
铅基轴承合金	69	29	26	10100	24	25
锡青铜	200	110	70	8800	50～90	18
铅青铜	230	97	60	8900	47	18
铝合金	150	71	45	2900	210	24
银	160	76	25	10500	410	20
铸铁	240	160	180	7200	52	10
多孔青铜	120	—	40	6400	29	19
多孔铁	170	—	50	6100	28	12
尼龙	79	2.8	M79HR	1140	0.24	170
醛缩醇	69	2.8	M94HR	1420	0.22	80
聚四氟乙烯	21	0.4	D60HS	2170	0.24	170
酚醛树脂	69	6.9	M100HR	1360	0.28	28
聚酰亚胺	73	3.2	E52HS	1430	0.43	50
碳-石墨	14	14	75HS	1700	17	3.1
木	8	12	—	680	0.19	5
橡胶	—	—	—	1200	0.16	77
碳化钨	900	560	A91HR	14200	70	6
三氧化二铝	210	340	A85HR	1900	2.8	15

表 14-8　常用金属轴瓦材料的性能和许用值

轴瓦材料		许用值①			最高工作温度/℃	硬度②(HBW)	性能比较③				备注
		[p]/MPa	[v]/(m/s)	[pv]/(MPa·m/s)			抗胶合性	顺应性、嵌藏性	耐蚀性	抗疲劳强度	
锡基轴承合金	ZSnSb12Pb10Cu4 ZSnSb11Cu6 ZSnSb8Cu4 ZSnSb4Cu4	平稳载荷			150	20～30 (150)	1	1	1	5	用于制造高速、重载下工作的重要轴承。变载下易疲劳，价贵
		25 (40)	80	20(100)							
		冲击载荷									
		20	60	15							
铅基轴承合金	ZSnSb16Sn16Cu2 ZSnSb15Sn5Cd2 ZSnSb15Sn10	12 5 20	12 8 15	10 (50) 5 15	150	15～30 (150)	1	1	3	5	用于制造中速、中载轴承。不宜受显著冲击，可作为锡基轴承合金的代用品
铸造铜合金	ZCuSn10P1 ZCuPb5Sn5Zn5	15 8	10 3	15(25) 15	280	50～100 (200)	5	3	1	1	用于制造中速、重载及受变载的轴承，也可用于制造中速、中载轴承
铸造铜合金	ZCuPb10Sn10 ZCuPb30	平稳载荷			280	40～280 (300)	3	4	4	2	用于制造高速、重载轴承，能承受变载和冲击载荷
		25	12	30(90)							
		冲击载荷									
		15	8	60							
铸造铜合金	ZCuAl10Fe5Ni5	15(30)	4(10)	12(60)	280	100～120 (200)	5	5	5	2	最宜用于制造润滑充分的低速重载轴承
黄铜	ZCuZn38Mn2Pb2 ZCuZn16Si4	10 12	1 2	10 10	200	80～150 (200)	3	5	1	1	用于制造低速中载轴承，耐蚀、耐热
铝基轴承合金	20 高锡铝合金铝硅合金	28～35	14		140	45～50 (300)	4	3	1	2	用于制造高速中载的变载荷轴承
三元电镀合金	如铝-硅-镉镀层	14～35			170	(200～300)	1	2	2	2	在钢背上镀铅锡青铜作中间层，再镀 10～30μm 三元减摩层。疲劳强度高，顺应性、嵌藏性好
铸铁	HT150、 HT200、HT250	2～4	0.5～1	1～4	150	160～180 (200～250)	4	5	1	1	用于制造低速轻载的不重要轴承，价廉

① 括号内的数值为极限值，其余为一般值（润滑良好）。对于液体动压轴承，限制 [pv] 值没有什么意义（因其与散热等条件关系很大）。

② 括号外的数值为合金硬度，括号内的数值为最小轴颈硬度。

③ 性能比较：1—最佳；2—良好；3—较好；4——般；5—最差。

表 14-9　常用非金属轴承材料的许用值

轴瓦材料	许用值			最高工作温度 t/℃	备　注
	[p]/MPa	[v]/(m/s)	[pv]/(MPa·m/s)		
酚醛树脂	41	13	0.18	120	由棉织物、石棉等填料经酚醛树脂粘接而成。抗咬合性好，强度、抗震性也极好，能耐酸碱，导热性差，重载时需用水或油充分润滑，易膨胀，轴承间隙宜取大些
尼龙	14	3	0.11(0.05m/s) 0.09(0.5m/s) <0.09(5m/s)	90	摩擦因数低，耐磨性好，无噪声。金属瓦上覆以尼龙薄层，能受中等载荷。加入石墨、二硫化钼等填料可提高其力学性能、刚性和耐磨性，加入耐热成分的尼龙可提高工作温度

续表

轴瓦材料	许用值			最高工作温度 t/℃	备注
	$[p]$ /MPa	$[v]$ /(m/s)	$[pv]$ /(MPa·m/s)		
聚碳酸酯	7	5	0.03(0.05m/s) 0.01(0.5m/s) <0.01(5m/s)	105	聚碳酸酯、乙缩醛、聚酰亚胺等都是较新的塑料。物理性能好，易于喷射成形，比较经济，乙缩醛和聚碳酸酯稳定性好，填充石墨的聚酰亚胺温度可达280℃
乙缩醛	14	3	0.1	100	
聚酰亚胺	—	—	4(0.05m/s)	260	
聚四氟乙烯(PTFE)	3	1.3	0.04(0.05m/s) 0.06(0.5m/s) <0.09(5m/s)	250	摩擦因数很低，自润滑性能好，能耐任何化学药品的侵蚀，适用温度范围宽(>280℃时，有少量有害气体放出)。但成本高，承载能力低，用玻璃丝、石墨及其他惰性材料为填料，则承载能力和 pv 值可大为提高
PTFE织物	400	0.8	0.9	250	
填充PTFE	17	5	0.5	250	
碳-石墨	4	13	0.5(干) 5.25(润滑)	400	有自润滑性，高温稳定性好，耐蚀能力强，常用于要求清洁的机器中
木材	14	10	0.5	70	有自润滑性。能耐酸、油及其他强化学药品。用于制造要求清洁工作的轴承
橡胶	0.34	5	0.53	65	橡胶能隔振、降低噪声、减小动载、补偿误差。导热性差，需加强冷却，常用于水、泥浆等工业设备中，温度高易老化

14.4 滑动轴承座结构

滑动轴承座结构见表14-10～表14-13。

表14-10 整体有衬正滑动轴承座形式与尺寸（JB/T 2560—2007） mm

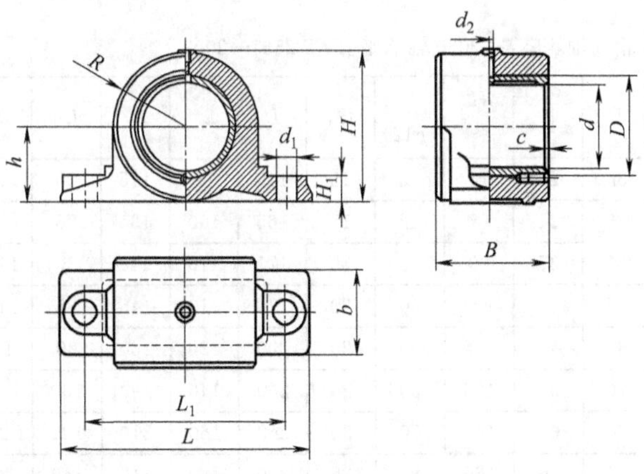

标记示例：

d=30mm的轴承座：HZ030轴承座 JB/T 2560—2007

型号	d (H8)	D	R	B	b	L	L_1	H	h (h12)	H_1	d_1	d_2	c	质量/kg≈
HZ020	20	28	26	30	25	105	80	50	30	14	12	M10×1	1.05	0.6
HZ025	25	32	30	40	35	125	95	60	35	16	14.5	M10×1	1.5	0.9
HZ030	30	38	30	50	40	150	110	70	35	20	18.5	M10×1	1.5	1.7
HZ040	35	45	38	55	45	160	120	84	42	20	18.5	M10×1	2.0	1.9
HZ035	40	50	40	60	50	165	125	88	45	20	18.5	M10×1	2.5	2.4
HZ045	45	55	45	70	60	185	140	90	50	25	24	M10×1	2.0	3.6

续表

型号	d (H8)	D	R	B	b	L	L_1	H	h (h12)	H_1	d_1	d_2	c	质量 /kg≈
HZ050	50	60	45	75	65	185	140	100	50	25	24	M10×1	2.0	3.8
HZ060	60	70	55	80	70	225	170	120	60	30	28	M14×1.5	2.5	6.5
HZ070	70	85	65	100	80	245	190	140	70	30	28	M14×1.5	2.5	9.0
HZ080	80	95	70	100	80	255	200	155	80	30	28	M14×1.5	2.5	10.0
HZ090	90	105	75	120	90	285	220	165	85	40	35	M14×1.5	3.0	13.2
HZ100	100	115	85	120	90	305	240	180	90	40	35	M14×1.5	3.0	15.5
HZ110	110	125	90	140	100	315	250	190	95	40	35	M14×1.5	3.0	21.0
HZ120	120	135	100	150	110	370	290	210	105	45	42	M14×1.5	3.0	27.0
HZ140	140	160	115	170	130	400	320	240	120	45	42	M14×1.5	3.0	38.0

注：1. 轴承座壳体和轴套可单独订货，但需要在订货时说明。

2. 工作环境温度为－20～80℃。

表 14-11　对开式二螺柱正滑动轴承座

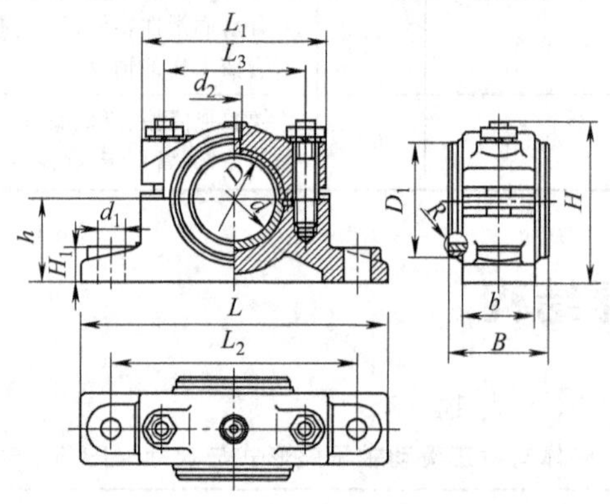

标记示例：

d＝50mm 的对开式二螺柱正滑动轴承座：H 2050 轴承座 JB/T 2561—2007

型号	d (H8)	D	D_1	B	b	H ≈	h (h12)	H_1	L	L_1	L_2	L_3	d_1	d_2	R	质量 /kg≈
H2030	30	38	48	34	22	70	35	15	140	85	115	60	10	M10×1	1.5	0.8
H2035	35	45	55	45	28	87	42	18	165	100	135	75	12	M10×1	2.0	1.2
H2040	40	50	60	50	35	90	45	20	170	110	140	80	14.5	M10×1	2.0	1.8
H2045	45	55	65	55	40	100	50	20	175	110	145	85	14.5	M10×1	2.0	2.3
H2050	50	60	70	60	40	105	50	25	200	120	160	90	185	M10×1	2.0	2.9
H2060	60	70	80	70	50	125	60	25	240	140	190	100	24	M14×1.5	2.5	4.6
H2070	70	85	95	80	60	140	70	30	260	160	210	120	24	M14×1.5	2.5	7.0
H2080	80	95	110	95	70	160	80	35	290	180	240	140	28	M14×1.5	2.5	10.5
H2090	90	105	120	105	80	170	85	35	300	190	250	150	28	M14×1.5	3.0	12.5
H2100	100	115	130	115	90	185	90	40	340	210	280	160	35	M14×1.5	3.0	17.5
H2110	110	125	140	125	100	190	95	40	350	220	290	170	35	M14×1.5	3.0	19.5
H2120	120	135	150	140	110	205	105	45	370	240	310	190	35	M14×1.5	3.0	25.0
H2140	140	160	175	160	120	230	120	50	390	260	330	210	35	M14×1.5	4	33.5
H2160	160	180	200	180	140	250	130	50	410	280	350	230	35	M14×1.5	4	45.5

注：1. 工作环境温度为－20～80℃。

2. 轴肩直径不小于轴瓦肩部外径时，允许承受的轴向载荷不大于径向载荷的 30%。

3. 与轴承座配合的轴颈表面应进行硬化处理。

表 14-12 对开式四螺柱正滑动轴承座形式与尺寸（JB/T 2562—2007） mm

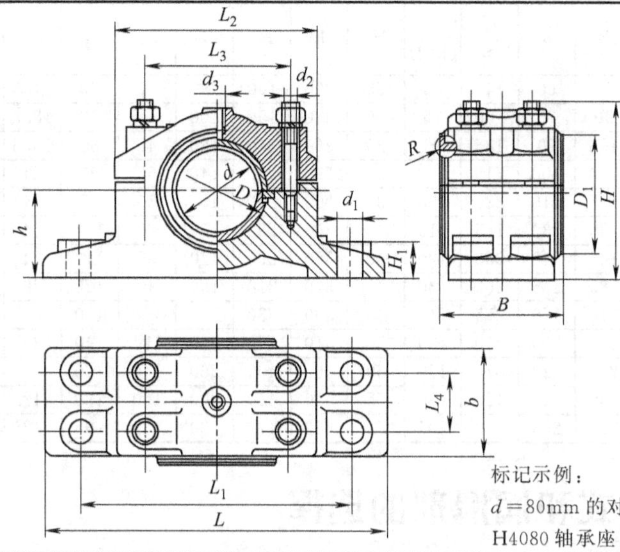

标记示例：

d＝80mm 的对开式四螺柱正滑动轴承座：

H4080 轴承座 JB/T 2562—2007

型号	d (H8)	D	D_1	B	b	H ≈	h (h12)	H_1	L	L_1	L_2	L_3	L_4	d_1	d_2	R	质量/kg≈
H4050	50	60	70	75	60	105	50	25	200	160	120	90	30	14.5	M10×1	2.5	4.2
H4060	60	70	80	90	75	125	60	25	240	190	140	100	40	18.5	M10×1	2.5	6.5
H4070	70	85	95	105	90	135	70	30	260	210	160	120	45	18.5	M14×1.5	2.5	9.5
H4080	80	95	110	120	100	160	80	35	290	240	180	140	55	24	M14×1.5	2.5	14.5
H4090	90	105	120	135	115	165	85	35	300	250	190	150	70	24	M14×1.5	3	18.0
H4100	100	115	130	150	130	175	90	40	350	280	210	160	80	24	M14×1.5	3	23.0
H4110	110	125	140	165	140	185	95	40	350	290	220	170	85	24	M14×1.5	3	30.0
H4120	120	135	150	180	155	200	105	40	370	310	240	190	90	28	M14×1.5	3	41.5
H4140	140	160	175	210	170	230	120	45	390	330	260	210	100	28	M14×1.5	4	51.0
H4160	160	180	200	240	200	250	130	50	410	350	280	230	120	28	M14×1.5	4	59.5
H4180	180	200	220	270	220	260	140	50	460	400	320	260	140	35	M14×1.5	4	73.0
H4200	200	230	250	300	245	295	160	55	520	440	360	300	160	42	M14×1.5	5	98.0
H4220	220	250	270	320	265	360	170	60	550	470	390	330	180	42	M14×1.5	5	125.0

表 14-13 对开式四螺柱斜滑动轴承座形式与尺寸（JB/T 2563—2007） mm

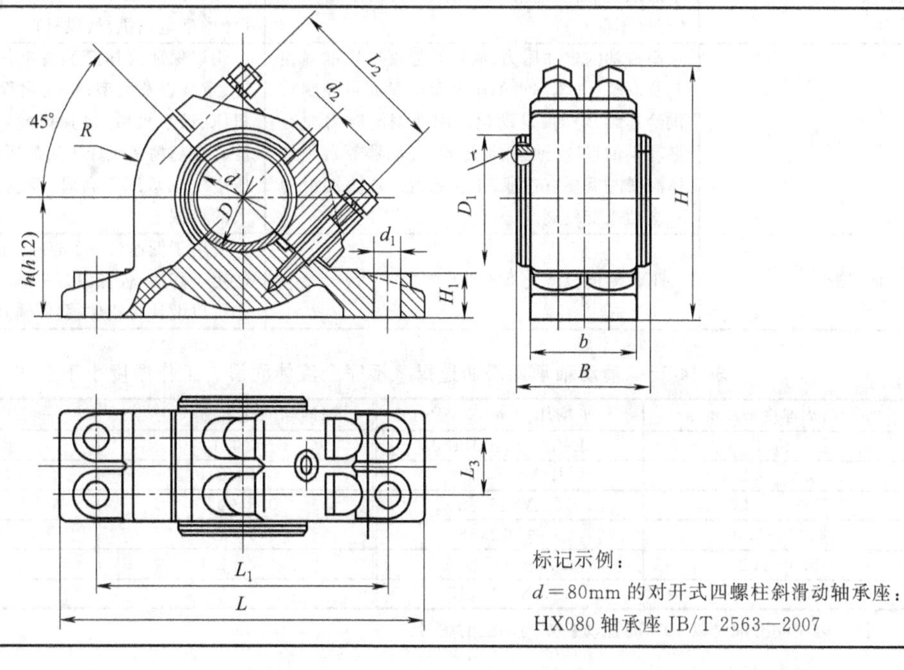

标记示例：

d＝80mm 的对开式四螺柱斜滑动轴承座：

HX080 轴承座 JB/T 2563—2007

续表

型号	d (H8)	D	D_1	B	b	H ≈	h (h12)	H_1	L	L_1	L_2	L_3	R	d_1	d_2	r	质量/kg≈
HX050	50	60	70	75	60	140	65	25	200	160	90	30	60	14.5	M10×1	2.5	5.10
HX060	60	70	80	90	75	160	75	25	240	190	100	40	70	18.5	M10×1	2.5	8.10
HX070	70	85	95	105	90	185	90	30	260	210	120	45	80	18.5	M14×1.5	2.5	12.50
HX080	80	95	110	120	100	215	100	35	290	240	140	55	90	24	M14×1.5	2.5	17.50
HX090	90	105	120	135	115	225	105	35	300	250	150	70	95	24	M14×1.5	3	21.0
HX100	100	115	130	150	130	175	115	40	340	280	160	80	105	24	M14×1.5	3	29.50
HX110	110	125	140	165	140	250	120	40	350	290	170	85	110	24	M14×1.5	3	32.50
HX120	120	135	150	180	155	260	130	40	370	310	190	90	120	28	M14×1.5	3	40.5
HX140	140	160	175	210	170	275	140	45	390	330	210	100	130	28	M14×1.5	4	53.50
HX160	160	180	200	240	200	300	150	50	410	350	230	120	140	28	M14×1.5	4	76.50
HX180	180	200	220	270	220	375	170	50	460	400	260	140	160	35	M14×1.5	4	94.0
HX200	200	230	250	300	245	425	190	55	520	440	300	160	180	42	M14×1.5	5	120.0
HX220	220	250	270	320	265	440	205	60	550	470	330	180	195	42	M14×1.5	5	140.0

14.5 润滑方式和润滑剂的选择

润滑方式和润滑剂的选择见表 14-14～表 14-16。

表 14-14 混合润滑滑动轴承常用润滑方式的特点及应用

润滑方法	特点	应用
滴油、油绳、油垫	利用油的重力或毛细管或虹吸作用供油。供油量很少,且不可调或调整量有限。虽能自动供油,但供油器需要监视并维持一定的油面。是消耗性的,结构简单,价廉。润滑油不能回收	适用于低速(小于 3～5m/s),轻载或中载的不重要机器或机构。一般用于边界或不完全润滑,还可用于流体膜润滑
油浴或溅油	轴承全部或部分浸在油中,或利用高速转动的零件如齿轮将油甩起,进入轴承。自动供油工作温度不能高,润滑机构需封闭	用于立式机械(水轮发电机等)的推力轴承(油浴)及低速的内燃机。中小功率的低速齿轮箱溅油齿轮线速度低于 15m/s,一般为流体膜润滑
油环、油盘、油链、油勺	利用浸在油中的油环、油盘、油勺或油链在旋转时将油从油池带入轴承,长期工作可靠。不需照料,需要有相当大的空间,轴承箱体需密封(不漏)	油链可供给较多的润滑油,但它只能用于低速。油环、油盘适用于中、低速(20m/s)及中等以下载荷(200MPa 以下),大多用于卧式的不移动机器(如中型电动机、鼓风机),一般为流体膜润滑
压力润滑	润滑油的供油压力、流量及温度可以准确控制及调整(气体润滑的压力及流量亦可控制)。供给连续、均匀、自动化。用油润滑时需要有循环供油系统(油泵、加热器、过滤器等);用气体润滑时需要有过滤、干燥系统。压力润滑的一次性投资较高	用以保证流体膜润滑工作状态。用于精密、高速、重载以及大型、自动化程度高的重要机器(如机床、透平机械、高速齿轮箱),常为流体动力润滑。在超精密机床上用静压空气轴承很成功。高压空气轴承用于高温、轻载、超高速、辐射等条件下的机械
脂润滑	工作温度范围比润滑油广	适用于低速(1～2m/s 以下)、中等及重载荷,不适用于高速、较低温。一般为边界或不完全润滑,亦可以设计为流体膜(厚膜)润滑

表 14-15 滑动轴承润滑油选择(不完全液体润滑、工作温度小于 609℃)

轴颈圆周速度 v/(m/s)	平均压力 $p<3$MPa	轴颈圆周速度 v/(m/s)	平均压力 $p=3\sim7.5$MPa
<0.1	L-AN68,100,150	<0.1	L-AN150
0.1～0.3	L-AN68,100	0.1～0.3	L-AN100,150
0.3～0.25	L-AN46,68	0.3～0.6	L-AN100
0.25～5.0	L-AN32,46	0.6～1.2	L-AN68,100
5.0～9.0	L-AN15,22,32	1.2～2.0	L-AN68
>9.0	L-AN7,10,15		

注:表中润滑油是以 40℃时运动黏度为基础的牌号。

表 14-16 滑动轴承润滑脂的选择

选择原则	平均压力/MPa	圆周速度/(m/s)	最高工作温度/℃	选用润滑脂
①轴承的载荷大、转速低时，润滑脂的针入度应该小些，反之，针入度应该大些 ②润滑脂的滴点一般应在工作温度20～30℃以上 ③滑动轴承如在水淋或潮湿环境里工作时，应选用钙基或铝基润滑脂，如在环境温度较高的条件下，可选用钙-钠基润滑脂 ④具有较好的黏附性能	1≤	>1	75	3号钙基脂
	1～6.5	0.5～5	55	2号钙基脂
	≥6.5	>0.5	75	3号钙基脂
	≥6.5	0.5～5	120	2号钠基脂
	≥6.5	>0.5	110	1号钙-钠基脂
	1～6.5	>1	50～100	锂基脂
	≥6.5	0.5	60	2号压延机脂

注：1. 在潮湿环境中，温度在75～120℃的条件下，应考虑用钙-钠基润滑脂。

2. 在潮湿环境中，工作温度在75℃以下，没有3号钙基脂也可以用铝基脂。

3. 工作温度为110～120℃时可用锂基脂或钡基脂。

4. 集中润滑时，稠度要小些。

第15章 弹簧

15.1 常用弹簧的主要类型

常用弹簧的类型、特点和应用见表 15-1。

表 15-1 常用弹簧的类型、特点和应用

类型	结构简图	特性线	特性和应用场合
圆形截面圆柱螺旋压缩弹簧	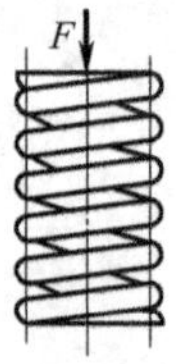 F	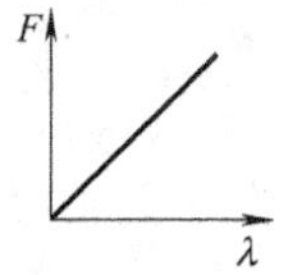 F λ	特性线为直线，刚度稳定。结构简单，制造方便。应用最广
不等节距圆柱螺旋压缩弹簧	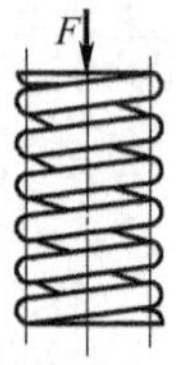 F	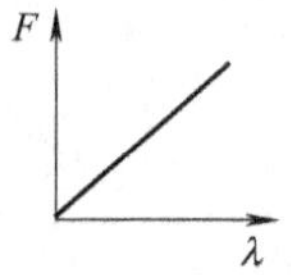 F λ	当弹簧压缩到有一部分簧圈开始接触后，特性线变为非线性，刚度及自振频率均为变值，利于消除或缓和共振的影响。可用于支承高速变载机构
圆柱螺旋拉伸弹簧	 F F	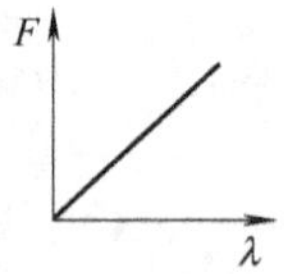 F λ	特性线为直线，刚度稳定。结构比较简单，应用广泛
圆柱螺旋扭转弹簧	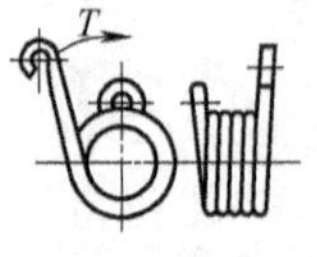 T	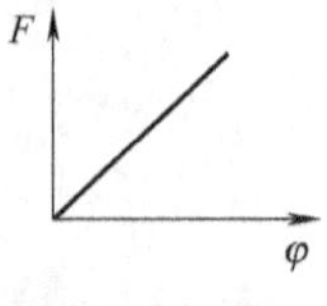 F φ	主要作为压紧或储能或传递转矩的弹性环节
板弹簧		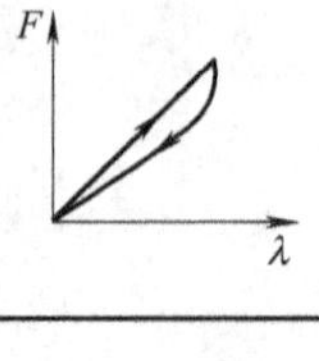 F λ	板与板之间在工作时有摩擦力，加载与卸载持性线不重合，减振能力强，多用于车辆的悬挂装置

续表

类型	结构简图	特性线	特性和应用场合
片弹簧	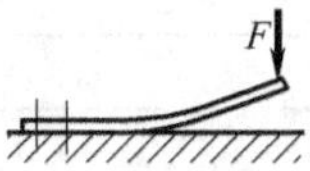 F	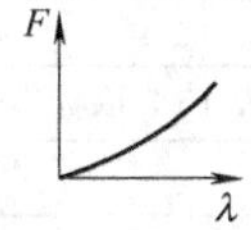 F λ	弹簧厚度一般不超过 4mm，根据具体要求确定其结构形状。多用于仪表的弹性元件
扭杆弹簧	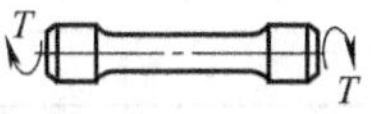 T T	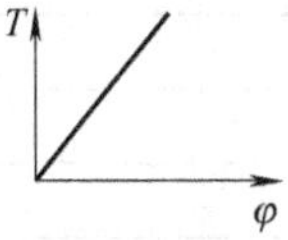 T φ	结构简单，但材料与制造精度要求高。单位体积变形能大。主要用于车辆的悬挂装置
碟形弹簧	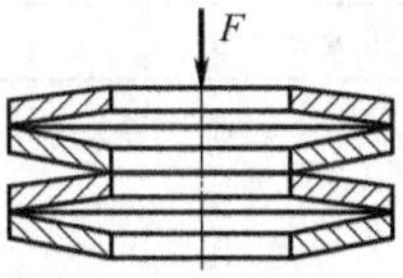 F	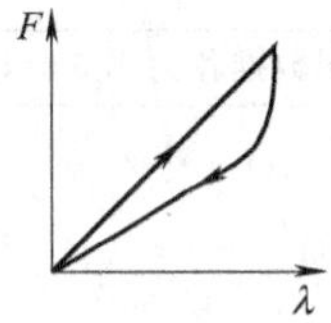 F λ	缓冲和减振能力强。采用不同的组合（叠合或对合）可以得到不同的特性线。多用于重型机械的缓冲及减振装置
平面蜗卷弹簧	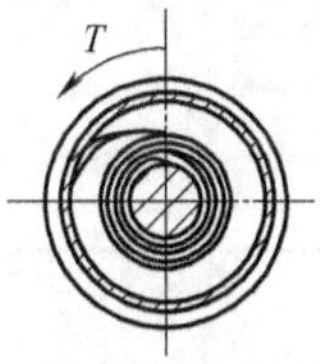 T	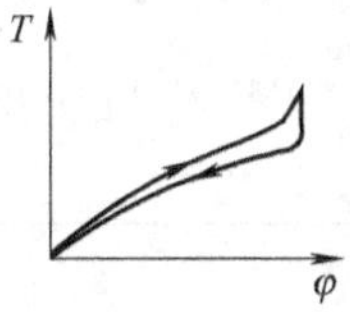 T φ	圈数多，变形角大，能储存的能量大。多用作压紧弹簧和仪器、钟表中的储能弹簧
环形弹簧	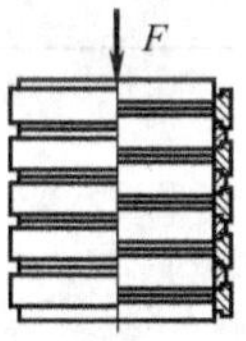 F	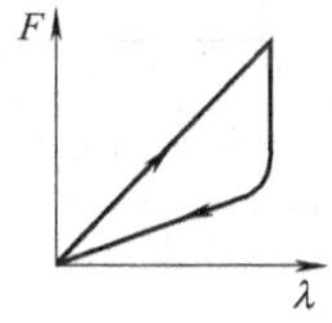 F λ	减振能力很强，用于重型设备的缓冲装置
空气弹簧	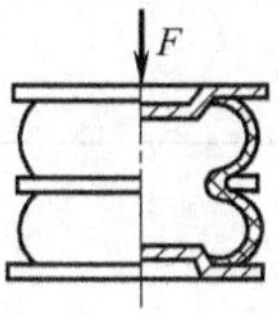 F	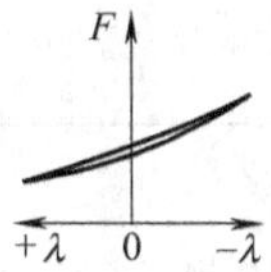 F +λ 0 −λ	可按需要设计特性曲线和调节高度，多用于车辆悬挂装置
橡胶弹簧	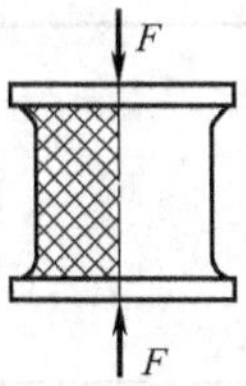 F F	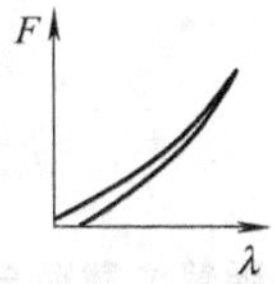 F λ	橡胶的弹性模量小，易于得到所需要的非线性特性。外形不受限制，各向刚度可自由选择。可承受来自多方面的载荷

注：特性线是表示载荷与变形关系的曲线。图中 F 表示拉伸弹簧或压缩弹簧的轴向受力；T 表示扭转弹簧所受转矩；λ 表示拉、压弹簧的轴向变形量；φ 表示扭转弹簧的扭转变形量。

15.2 普通圆柱螺旋弹簧

15.2.1 圆柱螺旋弹簧的基本参数

(1) 圆柱螺旋弹簧的几何参数

圆柱螺旋弹簧的几何参数见表 15-2。

表 15-2 圆柱螺旋弹簧的几何参数

名　称	符 号	计算公式与说明
弹簧丝直径	d	按表 15-4 选取
弹簧中径	D_2	根据结构要求估计，再按表 15-5 取标准值
弹簧内径	D_1	$D_1=D_2-d$
弹簧外径	D	$D=D_2+d$
压缩弹簧间隙	δ	$\delta=t-d$
压缩弹簧余隙	δ_1	$\delta_1\geqslant 0.1d$，$\delta_1\geqslant 0.2\text{mm}$
弹簧有效工作圈数	n	$n\geqslant 2$
压缩弹簧死圈数	n_2	$n_2=1.5\sim 2.5$
弹簧总圈数	n_1	压缩弹簧 $n_1=n+n_2$，尾数推荐为 0.5 圈，拉伸弹簧 $n_1=n$
弹簧节距	t	压缩弹簧： 最小值 $t_{min}=d+\frac{\lambda_2^{①}}{n}+\lambda_1$ 常用值 $t=\left(\frac{1}{3}\sim\frac{1}{2}\right)D_2$ 强压处理时，$t=d+\frac{\lambda_{lim}^{①}}{n}+\delta_1$，$\delta_1$ 由强压要求确定 拉伸弹簧：$t=d$
弹簧螺旋角	α	$\alpha=\arctan\frac{t}{\pi D_2}$ 压缩弹簧：$\alpha=5^\circ\sim 9^\circ$
弹簧自由高度	H_0	压缩弹簧： 两端并紧并磨平 $H_0=nt+(n_2-0.5)d$ 两端并紧不磨平 $H_0=nt+(n_2+1)d$ 拉伸弹簧： $H_0=nd$＋挂钩尺寸
压缩弹簧并紧高度	H_b	两端并紧并磨平 $H_b=(n_1-0.5)d$ 两端并紧不磨平 $H_b=(n_1+1)d$
弹簧丝长度	L	压缩弹簧 $L=\frac{\pi D_2 n_2}{\cos\alpha}$ 拉伸弹簧 $L=\pi D_2 n_1$＋挂钩展开长度
弹簧指数(旋绕比)	C	$C=D_2/d$，C 值越大，弹簧刚度越小

① λ_2、λ_{lim}分别为最大变形量和极限变形量，见表 15-3。

(2) 圆柱螺旋弹簧的载荷与变形参数

圆柱螺旋弹簧的载荷与变形参数见表 15-3。

表 15-3 圆柱螺旋弹簧的载荷与变形参数

名　称	符号	公式及说明
最小工作载荷(安装载荷)	F_1	$F_1\geqslant(0.1\sim 0.5)F_2$
最大工作载荷	F_2	$F_2\leqslant 0.8F_{lim}$，F_2 为与许用应力对应的载荷
极限载荷	F_{lim}	在极限载荷作用下，簧丝内的应力达到材料的弹性极限
拉伸弹簧的预拉力	F_0	$F_0=(0.75\sim 0.85)F_1$，或当 $d<5\text{mm}$ 时，$F_0\approx(1/3)F_{lim}$；$d\geqslant 5\text{mm}$ 时，$F_0=(1/4)F_{lim}$
拉伸弹簧的预变形	λ_0	
最小变形	λ_1	
最大变形	λ_2	
工作行程	λ	$\lambda=\lambda_2-\lambda_1$
极限变形	λ_{lim}	弹簧变形为 λ_{lim}时，簧丝内的应力达到材料的弹性极限
弹簧刚度	k	$k=\frac{dF}{d\lambda}$(拉、压弹簧)

15.2.2 圆柱螺旋弹簧的标准尺寸系列（摘自 GB/T 1358—1993）

(1) 弹簧丝直径系列

弹簧丝直径系列见表 15-4。

表 15-4 弹簧丝直径 d 系列 mm

第一系列	第二系列
0.1 0.12 0.14 0.16 0.2 0.25 0.3 0.35 0.4 0.45 0.5 0.6 0.7 0.8 0.9 1 1.2 1.6 2 2.5 3 3.5 4 4.5 5 6 8 10 12 16 20 25 30 35 40 45 50 60 70 80	0.08 0.09 0.18 0.22 0.28 0.32 0.55 0.65 1.4 1.8 2.2 2.8 3.2 5.5 6.5 7 9 11 14 18 22 28 32 38 42 55 65

注：优先采用第一系列。

(2) 螺旋弹簧中径系列

螺旋弹簧中径系列见表 15-5。

表 15-5 螺旋弹簧中径 D_2 系列 mm

0.4	0.5	0.6	0.7	0.8	0.9	1	1.2	1.4	1.6	1.8	2	2.2	2.5	2.8	3
3.2	3.5	3.8	4	4.2	4.5	4.8	5	5.5	6	6.5	7	7.5	8	8.5	9
10	12	14	16	18	20	22	25	28	30	32	38	42	45	48	50
52	55	58	60	65	70	75	80	85	90	95	100	105	110	115	120
125	130	135	140	145	150	160	170	180	190	200	210	220	230	240	250
260	270	280	290	300	320	340	360	380	400	450	500	550	600	650	700

(3) 弹簧的有效圈数

弹簧的有效圈数见表 15-6 和表 15-7。

表 15-6 拉伸弹簧的有效圈数 n

2 3 4 5 6 7 8 9 10 11 12 13 14 15 16 17 18 19 20 22 25 28 30 35 40 45 50 55 60 65 70 80 90 100

表 15-7 压缩弹簧有效圈数 n

2 2.25 2.5 2.75 3 3.25 3.5 3.75 4 4.25 4.5 4.75 5 5.5 6 6.5 7 7.5 8 8.5 9 9.5 10 10.5 11.5 12.5 13.5 14.5 15 16 18 20 22 25 28 30

(4) 弹簧高度尺寸系列

弹簧高度尺寸系列见表 15-8。

表 15-8 压缩弹簧自由高度 H_0 尺寸系列 mm

4 5 6 7 8 9 10 12 14 16 18 22 25 28 30 32 35 38 40 42 45 48 50 52 55 58 60 65 70 75 80 85 90 95 100 105 110 115 120 130 140 150 160 170 180 190 200 220 240 260 280 300 320 340 360 380 400 420 450 480 500 520 550 580 600 620 650 680 700 720 750 780 800 850 900 950 1000

(5) 弹簧旋绕比

弹簧旋绕比见表 15-9。

表 15-9 弹簧指数（旋绕比）C 的推荐值（GB/T 1239—1992）

d/mm	0.2～0.4	0.5～1.0	1.2～2.2	2.5～6	7～16	18～50
C	7～14	5～12	5～10	4～9	4～8	4～16

15.2.3 圆柱螺旋弹簧的端部结构

圆柱螺旋弹簧的端部结构见表 15-10。

表 15-10 圆柱螺旋弹簧的端部结构形式及代号（GB/T 1239—1992）

类型	简　图	端部结构	代号
冷卷压缩弹簧(Y)	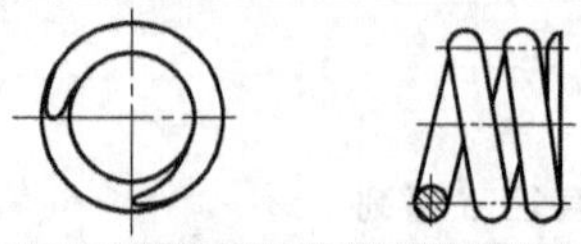	两端圈并紧并磨平 $n_2=1\sim2.5$	YⅠ
	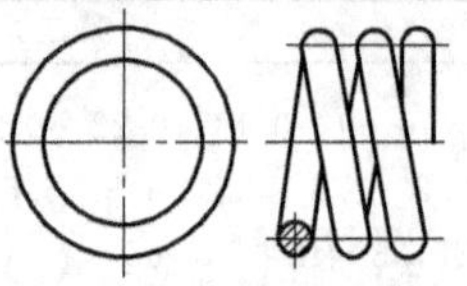	两端圈并紧不磨 $n_2=1.5\sim2$	YⅡ
	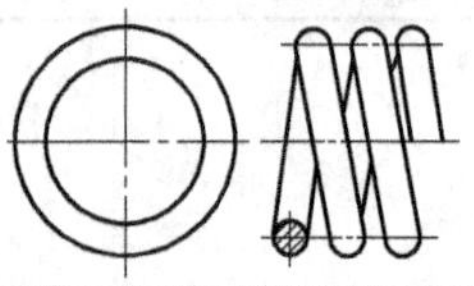	两端圈不并紧 $n_2=0\sim1$	YⅢ
热卷压缩弹簧(RY)	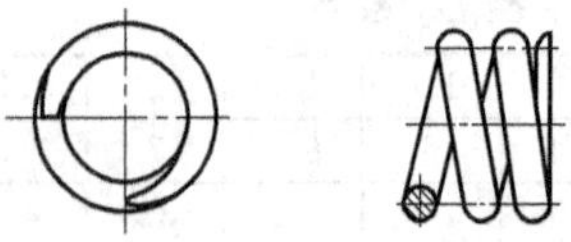	两端圈并紧并磨平 $n_2=1.5\sim2.5$	RYⅠ
	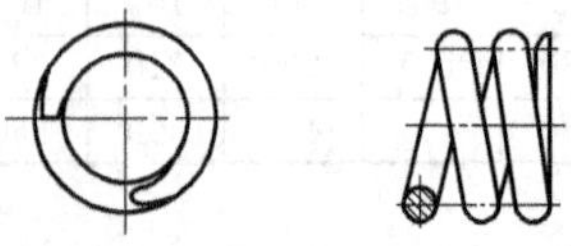	两端圈制扁并紧磨平或不磨 $n_2=1.5\sim2.5$	RYⅡ
冷卷拉伸弹簧(L)	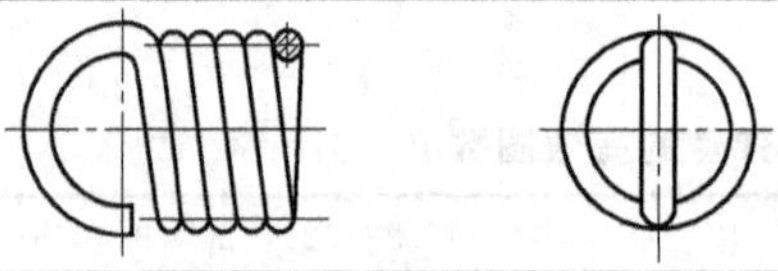	半圆钩环	LⅠ
	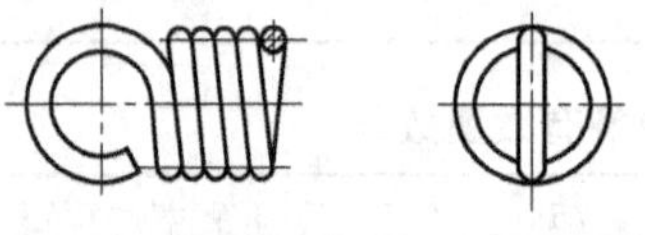	圆钩环	LⅡ
	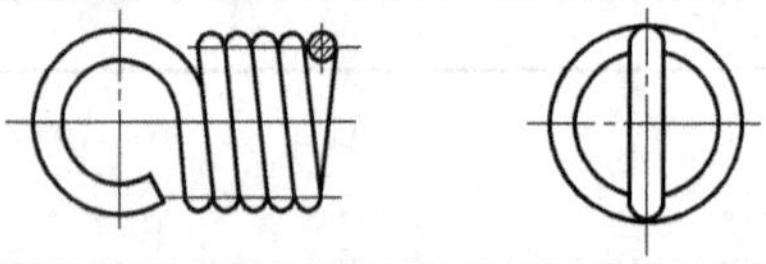	圆钩环压中心	LⅢ
	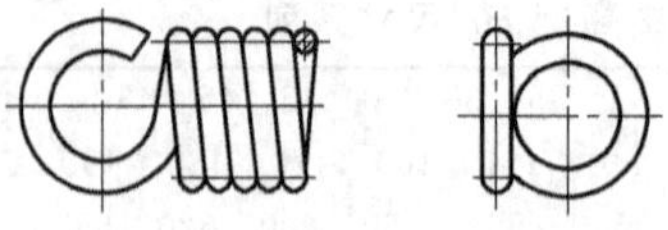	偏心圆钩环	LⅣ
冷卷拉伸弹簧(L)	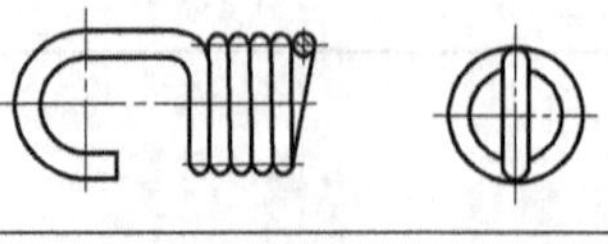	长臂半圆钩环	LⅤ
	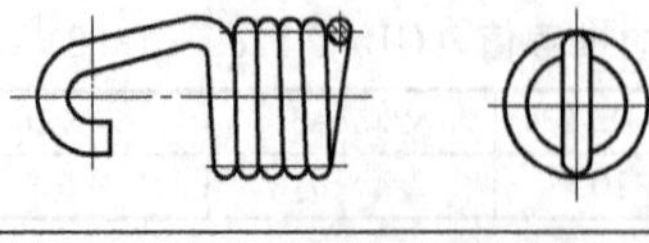	长臂小圆钩环	LⅥ
	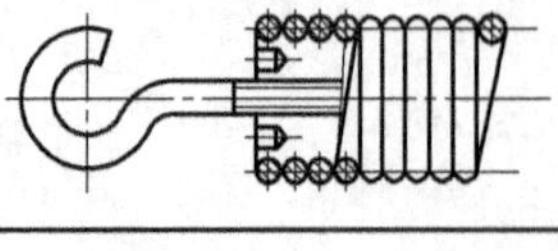	可调式拉簧	LⅦ

续表

类型	简图	端部结构	代号
冷卷拉伸弹簧（L）	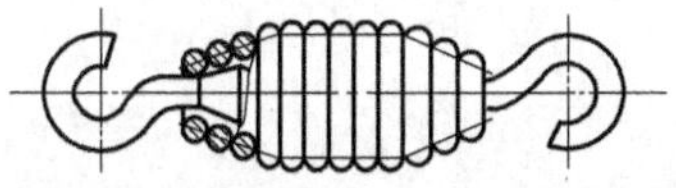	两端具有可转钩环	LⅧ
热卷拉伸弹簧（RL）	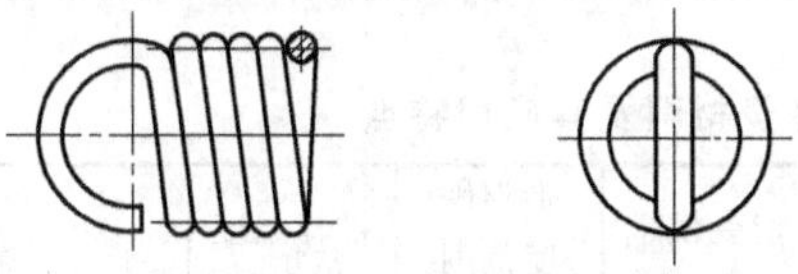	半圆钩环	RLⅠ
	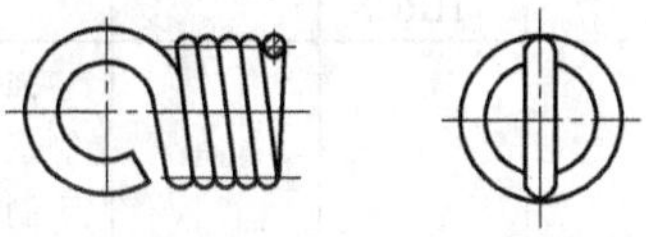	圆钩环	RLⅡ
	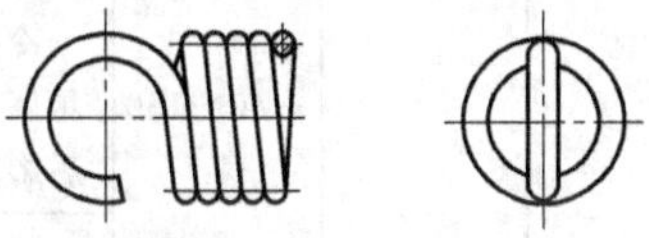	圆钩环压中心	RLⅢ
扭转弹簧（N）	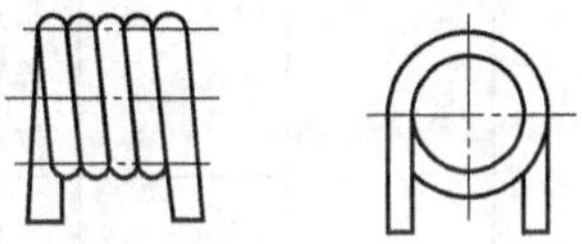	外臂扭转弹簧	NⅠ
	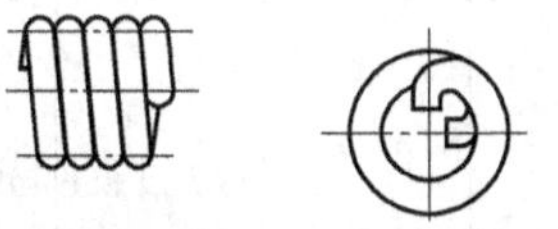	内臂扭转弹簧	NⅡ
	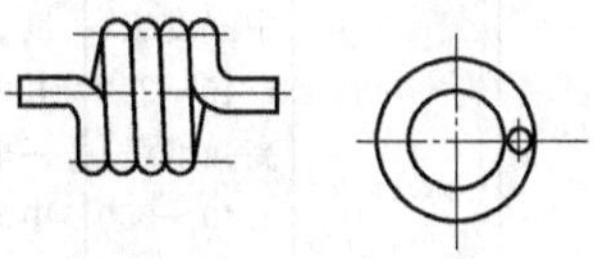	中心臂扭转弹簧	NⅢ
	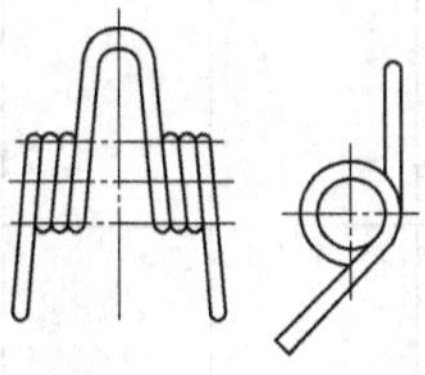	平列双扭弹簧	NⅣ
	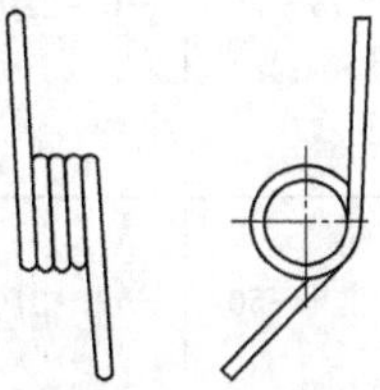	直臂扭转弹簧	NⅤ
	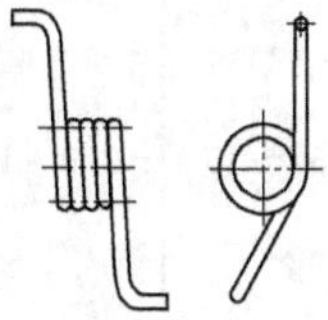	单臂弯曲扭转弹簧	NⅥ

15.3 常用弹簧材料

15.3.1 常用弹簧材料及其应用特点

常用弹簧材料及其应用特点见表 15-11。

表 15-11 常用弹簧材料及其应用特点

<table>
<tr><th>名　称</th><th>牌　号</th><th>直径规格
/mm</th><th>切变模量
G/MPa</th><th>推荐硬
度范围
(HRC)</th><th>推荐温度
范围/℃</th><th>特点与应用</th></tr>
<tr><td>碳素弹簧钢丝
(GB/T 4357—2009)</td><td>25～80
40Mn～70Mn</td><td>B 级 0.08～13.0
C 级 0.08～13.0
D 级 0.08～6.0</td><td rowspan="3">79×10³</td><td rowspan="3">—</td><td rowspan="2">−40～130</td><td>强度高，性能好，B 级用于制造一般用途弹簧；C 级用于制造较低应力弹簧；D 级用于制造较高应力弹簧
冷拉至成品尺寸，表面质量好，有残留应力，低温回火后影响尺寸精度</td></tr>
<tr><td>重要用途碳
素弹簧钢丝
(YB/T 5311—2010)</td><td>65Mn
70 钢
T9A
T8MnA</td><td>E 组：0.08～6.00
F 组：0.08～6.00
G 组：1.00～6.00</td><td>强度高、韧性好，主要用于制造具有高应力、阀门弹簧等重要用途的不经热处理或仅经低温回火的弹簧</td></tr>
<tr><td>油淬火-回火弹簧钢丝
(GB/T 18983—2003)</td><td>低强度级：
65
70
65Mn
中强度级：
50CrVA
60Si2Mn
60Si2 MnA
67CrV
高强度级：
55CrSi</td><td>静态类：
0.50～17.00
中疲劳类：
0.50～17.00
高疲劳类：
0.50～10.00</td><td>低强度级：
−40～150
中强度级：
−40～200
高强度级：
−40～250</td><td>本标准适用于各种机械弹簧用碳素和低合金油淬火-回火圆形截面钢丝
本组弹簧钢丝按工作状态分为静态、中疲劳和高疲劳三类；按抗拉强度分为低强度、中强度和高强度三级。其中静态的钢丝适用于制造一般用途弹簧，用 FD 表示；中疲劳级钢丝用于制造离合器、悬架等的弹簧，用 TD 表示；高疲劳级钢丝用于剧烈运动的场合，如阀门弹簧等，用 VD 表示</td></tr>
<tr><td>合金弹簧钢丝
(YB/T 5318—2010)</td><td>50CrVA
55CrSiA
60Si2MnA</td><td>0.50～14.0</td><td rowspan="2">79×10³</td><td>45～50</td><td>−0～210</td><td>适用于承受中、高应力条件的机械合金弹簧钢丝。钢丝强度高且高温下强度性能稳定，适用于制造高疲劳工作条件下的弹簧，如内燃机阀门弹簧等</td></tr>
<tr><td>阀门用铬钒弹簧钢丝
(YB/T 5136—1993)</td><td>50CrVA</td><td>0.5～12.0</td><td>45～50</td><td>−40～210</td><td>高温时强度性能稳定，用于较高温度下的高疲劳工作条件，如内燃机阀门弹簧</td></tr>
<tr><td>铍青铜线
(YS/T 571—2009)</td><td>QBe2</td><td>0.03～6.00</td><td>44×10³</td><td>37～40</td><td>−200～120</td><td>较高的耐磨损、耐腐蚀、防磁和导电性能。用于制造电器或仪表等用精密弹性元件
低温下随温度下降强度增大，而伸长率和冲击韧度变化不大，较可靠</td></tr>
</table>

15.3.2 常用弹簧钢丝的力学性能

(1) 油淬火-回火弹簧钢丝的力学性能（GB/T 18983—2003）

各种机械弹簧常用碳素和低合金油淬火-回火圆形截面钢丝的抗拉强度和端面收缩率应符合表 15-12 和表 15-13 的规定。

表 15-12 静态级、中疲劳级钢丝的力学性能

直径范围/mm	抗拉强度/MPa					断面收缩率[①]/%≥	
	FDC TDC	FDCrV-A TDCrV-A	FDCrV-B TDCrV-B	FDSiMn TDSiMn	FDCrSi TDCrSi	FD	TD
0.50～0.80	1800～2100	1800～2100	1900～2200	1850～2100	2000～2250	—	
>0.80～1.00	1800～2060	1780～2080	1860～2160	1850～2100	2000～2250	—	
>1.00～1.30	1800～2010	1750～2010	1850～2100	1850～2100	2000～2250	45	45
>1.30～1.40	1750～1950	1750～1990	1840～2070	1850～2100	2000～2250	45	45
>1.40～1.60	1740～1890	1710～1950	1820～2030	1850～2100	2000～2250	45	45
>1.60～2.00	1720～1890	1710～1890	1790～1970	1820～2000	2000～2250	45	45
>2.00～2.50	1670～1820	1670～1830	1750～1900	1800～1950	1970～2140	45	45
>2.50～2.70	1640～1790	1660～1820	1720～1870	1780～1930	1950～2120	45	45
>2.70～3.00	1620～1770	1630～1780	1700～1850	1760～1910	1930～2100	45	45
>3.00～3.20	1600～1750	1610～1760	1680～1830	1740～1890	1910～2080	40	45
>3.20～3.50	1580～1730	1600～1750	1660～1810	1720～1870	1900～2060	40	45
>3.50～4.00	1550～1700	1560～1710	1620～1770	1710～1860	1870～2030	40	45
>4.00～4.20	1540～1690	1540～1690	1610～1760	1700～1850	1860～2020	40	45
>4.20～4.50	1520～1670	1520～1670	1590～1740	1690～1840	1850～2000	40	45
>4.50～4.70	1510～1660	1510～1660	1580～1730	1680～1830	1840～1990	45	45
>4.70～5.00	1500～1650	1500～1650	1560～1710	1670～1820	1830～1980	40	45
>5.00～5.60	1470～1620	1460～1610	1540～1690	1660～1810	1800～1950	35	40
>5.60～6.00	1460～1610	1440～1590	1520～1670	1650～1800	1780～1930	35	40
>6.00～6.50	1440～1590	1420～1570	1510～1660	1640～1790	1760～1910	35	40
>6.50～7.00	1430～1580	1400～1550	1500～1650	1630～1780	1740～1890	35	40
>7.00～8.00	1400～1550	1380～1530	1480～1630	1620～1770	1710～1860	35	40
>8.00～9.00	1380～1530	1370～1520	1470～1620	1610～1760	1700～1850	30	35
>9.00～10.00	1360～1510	1350～1500	1450～1600	1600～1750	1660～1810	30	35
>10.00～12.00	1320～1470	1320～1470	1430～1580	1580～1730	1660～1810	30	—
>12.00～14.00	1280～1430	1300～1450	1420～1570	1560～1710	1620～1770	30	—
>14.00～15.00	1270～1420	1290～1440	1410～1560	1550～1700	1620～1770	—	
>15.00～17.00	1250～1400	1270～1420	1400～1550	1540～1690	1580～1730		

① FDSiMn 和 TDSiMn 直径≤5.00mm 时，断面收缩率应≥35%；直径>5.00～14.00mm 时，断面收缩率应≥30%。

注：钢丝代号对应常用代表性牌号：FDC、TDC、VDC—65、70、65Mn；FDCrV-A、TDCrV-A、VDCrV-A—50CrVA；FDSiMn、TDSiMn—60Si2Mn、60Si2MnA；FDCrSi、TDCrSi、VDCrSi—55CrS；FDCrV-B、TDCrV-B、VDCrV-B—67CrV。

表 15-13 高疲劳级钢丝的力学性能

直径范围/mm	抗拉强度/MPa				端面收缩率/%≥
	VDC	VDCrV-A	VDCrV-B	VDCrSi	
0.5～0.8	1700～2000	1750～1950	1910～2060	2030～2230	—
>0.8～1.0	1700～1950	1730～1930	1880～2030	2030～2230	—
>1.00～1.30	1700～1900	1700～1900	1860～2010	2030～2230	45
>1.30～1.40	1700～1850	1680～1860	1840～1990	2030～2230	45
>1.40～1.60	1670～1820	1660～1860	1820～1970	2000～2180	45
>1.60～2.00	1650～1800	1640～1800	1770～1920	1950～2110	45

续表

直径范围 /mm	抗拉强度/MPa				端面收缩率/% ≥
	VDC	VDCrV-A	VDCrV-B	VDCrSi	
>2.00~2.50	1630~1780	1620~1770	1720~1860	1900~2060	45
>2.50~2.70	1610~1760	1610~1760	1690~1840	1890~2040	45
>2.70~3.00	1590~1740	1600~1750	1660~1810	1880~2030	45
>3.00~3.20	1570~1720	1580~1730	1640~1790	1870~2020	45
>3.20~3.50	1550~1700	1560~1710	1620~1770	1860~2010	45
>3.50~4.00	1530~1680	1540~1690	1570~1720	1840~1990	45
>4.20~4.50	1510~1660	1520~1670	1540~1690	1810~1960	45
>4.70~5.00	1490~1640	1500~1650	1520~1670	1780~1930	45
>5.00~5.60	1470~1620	1480~1630	1490~1640	1750~1900	40
>5.60~6.00	1450~1600	1470~1620	1470~1620	1730~1890	40
>6.00~6.50	1420~1570	1440~1590	1440~1590	1710~1860	40
>6.50~7.00	1400~1550	1420~1570	1420~1570	1690~1840	40
>7.00~8.00	1370~1520	1410~1560	1390~1540	1660~1810	40
>8.00~9.00	1350~1500	1390~1540	1370~1520	1640~1790	35
>9.00~10.00	1340~1490	1370~1520	1340~1490	1620~1770	35

(2) 其他常用弹簧材料的抗拉强度

其他常用弹簧材料的抗拉强度下限值见表 15-14。

表 15-14 其他常用弹簧材料的抗拉强度下限值 MPa

钢丝直径 /mm	GB/T 4357 碳素弹簧钢丝			GB/T 4358 重要用途碳素弹簧钢丝			YB/T 11 弹簧用不锈钢丝		
	B级	C级	D级	E组	F组	G组	A组	B组	C组
0.08	2400	2740	2840	2330	2710	—	1618	2157	—
0.09	2350	2690	2840	2320	2700	—	1618	2157	—
0.10	2300	2650	2790	2310	2690	—	1618	2157	—
0.12	2250	2600	2740	2300	2680	—	1618	2157	—
0.14	2200	2550	2740	2290	2670	—	1618	2157	1961
0.16	2150	2500	2690	2280	2660	—	1618	2157	1961
0.18	2150	2450	2690	2270	2650	—	1618	2157	1961
0.20	2150	2400	2690	2260	2650	—	1618	2157	1961
0.22	2110	2350	2690	2240	2620	—	—	—	—
0.23	—	—	—	—	—	—	1569	2059	1961
0.25	2060	2300	2640	2220	2600	—	—	—	—
0.26	—	—	—	—	—	—	1569	2059	1912
0.28	2010	2300	2640	2220	2600	—	—	—	—
0.29	—	—	—	—	—	—	1569	2059	1912
0.30	2010	2300	2640	2210	2600	—	—	—	—
0.32	1960	2250	2600	2210	2590	—	1569	2059	1912
0.35	1960	2250	2600	2210	2590	—	1569	2059	1912
0.40	1910	2250	2600	2200	2580	—	1569	2059	1912
0.45	1860	2200	2550	2190	2570	—	1569	1961	1814
0.50	1860	2200	2550	2180	2560	—	1569	1961	1814
0.55	1810	2150	2500	2170	2550	—	1569	1961	1814
0.60	1760	2110	2450	2160	2540	—	1569	1961	1814
0.63	1760	2110	2450	2140	2520	—	—	—	—
0.65	—	—	—	—	—	—	1569	1961	1814
0.70	1710	2060	2450	2120	2500	—	1569	1961	1814
0.80	1710	2010	2400	2110	2490	—	1471	1863	1765
0.90	1710	2010	2350	2060	2390	—	1471	1863	1765

续表

钢丝直径/mm	GB/T 4357 碳素弹簧钢丝			GB/T 4358 重要用途碳素弹簧钢丝			YB/T11 弹簧用不锈钢丝		
	B级	C级	D级	E组	F组	G组	A组	B组	C组
1.00	1660	1960	2300	2020	2350	1850	1471	1863	1765
1.20	1620	1910	2250	1920	2270	1820	1373	1765	1667
1.40	1620	1860	2150	1870	2200	1780	1373	1765	1667
1.60	1570	1810	2110	1830	2160	1750	1324	1667	1569
1.80	1520	1760	2010	1800	2060	1700	1324	1667	1569
2.0	1470	1710	1910	1760	1970	1670	1324	1667	1569
2.2	1420	1660	1810	1720	1870	1620	—	—	—
2.3	—	—	—	—	—	—	1275	1569	1471
2.5	1420	1660	1760	1680	1770	1620	—	—	—
2.6	—	—	—	—	—	—	1275	1569	1471
2.8	1370	1620	1710	1630	1720	1570	—	—	—
2.9	—	—	—	—	—	—	1177	1471	1373
3.0	1370	1570	1710	1610	1690	1570	—	—	—
3.2	1320	1570	1660	1560	1670	1570	1177	1471	1373
3.5	1320	1570	1660	1520	1620	1470	1177	1471	1373
4.0	1320	1520	1620	1480	1570	1470	1177	1471	1373
4.5	1320	1520	1620	1410	1500	1470	1079	1373	1275
5.0	1320	1470	1570	1380	1480	1420	1079	1373	1275
5.5	1270	1470	1570	1330	1440	1400	1070	1373	1275
6.0	1220	1420	1520	1320	1420	1350	1079	1373	1275
6.5	1220	1420	—	—	—	—	981	1275	—
7.0	1170	1370	—	—	—	—	981	1275	—
8.0	1170	1370	—	—	—	—	981	1275	—
9.0	1130	1320	—	—	—	—	—	1128	—
10.0	1130	1320	—	—	—	—	—	981	—
11.0	1080	1270	—	—	—	—	—	—	—
12.0	1080	1270	—	—	—	—	—	883	—
13.0	1030	1220	—	—	—	—	—	—	—

15.3.3 弹簧材料的许用应力

弹簧材料的许用应力根据弹簧所受载荷类型在不同范围内选取。其中载荷类型分为三类。

① Ⅰ类载荷——受变载荷作用次数在 1×10^6 次以上的弹簧。

② Ⅱ类载荷——受变载荷作用次数在 $1\times10^3\sim1\times10^6$ 次范围内的弹簧，或受冲击载荷作用的弹簧。

③ Ⅲ类载荷——受变载荷以及变载荷作用次数在 1×10^3 次以下的弹簧。

弹簧材料的许用应力见表 15-15～表 15-17。

表 15-15 圆柱螺旋压缩弹簧材料的许用切应力 MPa

钢丝类型或材料	许用切应力		
	Ⅰ类载荷	Ⅱ类载荷	Ⅲ类载荷
油淬火-回火钢丝①	$(0.35\sim0.40)\sigma_b$	$(0.40\sim0.47)\sigma_b$	$0.55\sigma_b$
碳素钢丝①	$(0.30\sim0.38)\sigma_b$	$(0.38\sim0.45)\sigma_b$	$0.50\sigma_b$
不锈钢丝①	$(0.28\sim0.34)\sigma_b$	$(0.34\sim0.38)\sigma_b$	$0.45\sigma_b$
青铜丝	$(0.25\sim0.30)\sigma_b$	$(0.30\sim0.35)\sigma_b$	$0.40\sigma_b$
65Mn	340	455	570

续表

钢丝类型或材料	许用切应力		
	Ⅰ类载荷	Ⅱ类载荷	Ⅲ类载荷
55Si2Mn 55Si2MnB 60Si2Mn 60Si2MnA 50CrVA	445	590	740
55CrMnA 60CrMnA	430	570	710

① 不适用于 d<1.0mm 的钢丝。

表 15-16 圆柱螺旋拉伸弹簧材料的许用切应力 MPa

钢丝类型或材料	许用切应力[τ]		
	Ⅰ类负荷	Ⅱ类负荷	Ⅲ类负荷
油淬火-回火钢丝①	$(0.28\sim0.32)\sigma_b$	$(0.32\sim0.38)\sigma_b$	$0.44\sigma_b$
碳素钢丝①	$(0.24\sim0.30)\sigma_b$	$(0.30\sim0.36)\sigma_b$	$0.40\sigma_b$
不锈钢丝①	$(0.22\sim0.27)\sigma_b$	$(0.27\sim0.30)\sigma_b$	$0.36\sigma_b$
青铜丝	$(0.20\sim0.24)\sigma_b$	$(0.24\sim0.28)\sigma_b$	$0.32\sigma_b$
65Mn	285	325	380
55Si2Mn 55Si2MnB 60Si2MnA 60Si2Mn 55CrVA	310	420	495
55CrMnA 60CrMnA	360	405	475

① 不适用于 d<1.0mm 的钢丝。

表 15-17 圆柱螺旋扭转弹簧材料的许用弯曲应力 MPa

钢丝类型或材料	许用弯曲应力		
	Ⅰ类负荷	Ⅱ类负荷	Ⅲ类负荷
油淬火-回火钢丝 碳素钢丝	$(0.50\sim0.60)\sigma_b$	$(0.60\sim0.68)\sigma_b$	$0.80\sigma_b$
不锈钢丝①	$(0.45\sim0.55)\sigma_b$	$(0.55\sim0.65)\sigma_b$	$0.75\sigma_b$
青铜丝	$(0.45\sim0.55)\sigma_b$	$(0.55\sim0.65)\sigma_b$	$0.75\sigma_b$
65Mn	455	570	710
55Si2Mn 55Si2MnB 60Si2Mn 60Si2MnA 50CrVA	590	740	925
55CrMnA 60CrMnA	570	710	890

① 不适用于 d<1.0mm 的钢丝。

15.3.4 弹簧丝工作极限应力的选取原则

对于压缩弹簧，其工作极限应力 τ_{lim} 应根据负载类型控制在下述范围内：Ⅰ类负载 $\tau_{lim}\leqslant$

1.67[τ]；Ⅱ类负载，$\tau_{\lim}\leqslant 1.26[\tau]$；Ⅲ类负载，$\tau_{\lim}\leqslant 1.12[\tau]$。拉伸弹簧的工作极限应力应控制在压缩弹簧的工作极限应力的80%以内。对于扭转弹簧，其工作极限弯曲应力应按负载类型控制在以下范围内：Ⅱ类负载$\sigma_{\lim}\leqslant 0.625\sigma_b$；Ⅲ类负载$\sigma_{\lim}\leqslant 0.8\sigma_b$。

15.4 圆柱螺旋压缩（拉伸）弹簧的设计

15.4.1 几何参数计算

圆柱螺旋压缩（拉伸）弹簧的主要几何尺寸有簧丝直径d、弹簧中径D_2、内径D_1、外径D、节距t及有效圈数n等，可按表15-2所示公式进行设计计算。

15.4.2 强度计算

圆柱螺旋压缩弹簧和拉伸弹簧在工作时，弹簧丝受力情况是完全一样的。下面以压缩弹簧为例进行说明。

（1）弹簧丝截面切应力

工作时弹簧的受力分析如图15-1所示。其截面应力如图15-2所示。在m点处受到最大切应力为：

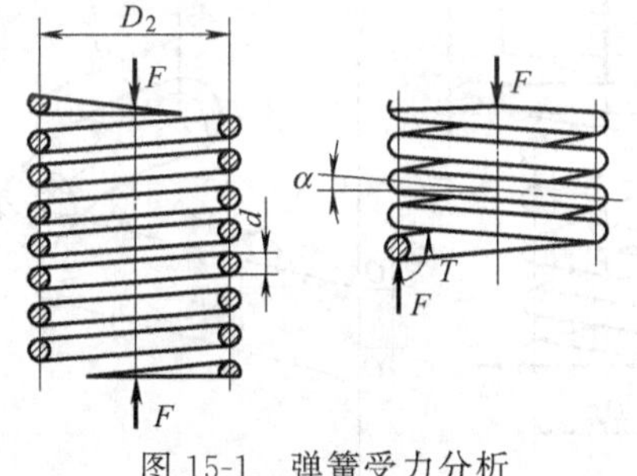

图15-1 弹簧受力分析

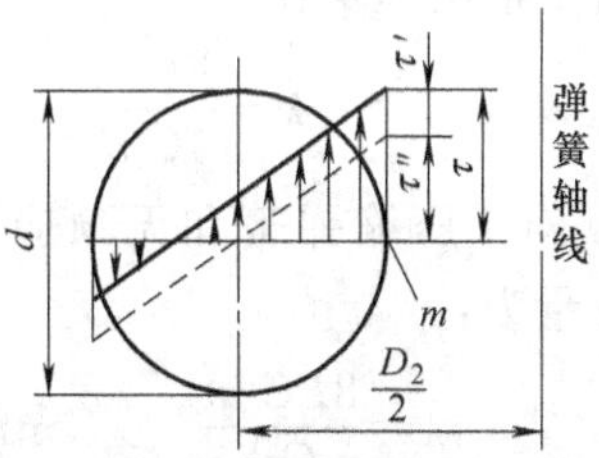

图15-2 弹簧丝截面应力分布

$$\tau=\tau'+\tau''=\frac{4F}{\pi d^2}+\frac{8FD_2}{\pi d^3}=\frac{8FD_2}{\pi d^3}\left(1+\frac{1}{2C}\right)=\frac{8FD_2}{\pi d^3}K_s \tag{15-1}$$

式中 K_s——理论曲度系数。

（2）弹簧丝截面应力实际分布

计入弹簧螺旋角α的影响，切应力分析截面应为椭圆截面，引入修正曲度系数K_1：

$$K_1=\frac{4C-1}{4C+1}+\frac{0.615}{C} \tag{15-2}$$

弹簧丝截面实际切应力τ的分布情况如图15-3（a）所示，修正曲度系数K_1的值可由图15-3（b）查取。

弹簧丝的剪切扭转强度条件为：

$$\tau=K_1\frac{8FC}{\pi d^2}\leqslant[\tau]\qquad(\text{MPa}) \tag{15-3}$$

（3）弹簧丝直径d的计算

按弹簧丝截面的剪切、扭转强度条件确定弹簧丝最小直径的计算公式为：

$$d\geqslant 1.6\sqrt{\frac{K_1FC}{[\tau]}}\qquad(\text{mm}) \tag{15-4}$$

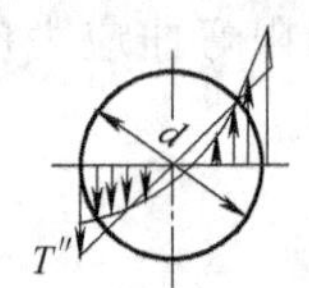

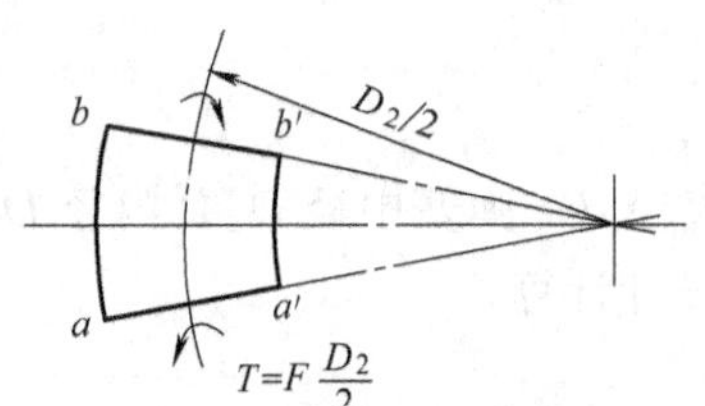

(a) 弹簧丝截面的切应力实际分布图

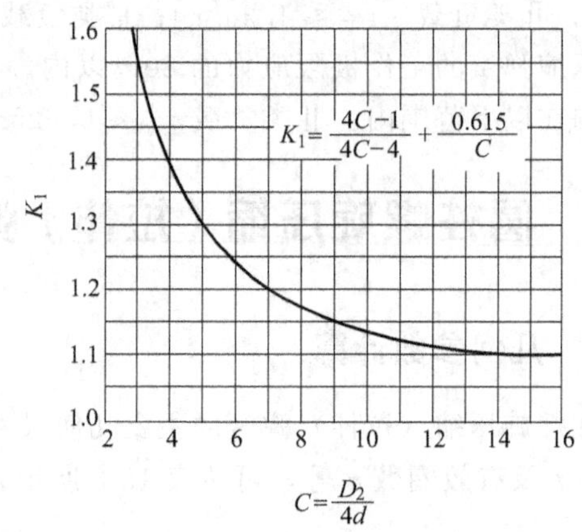

(b) 修正曲度系数K_1 曲线

图 15-3 弹簧丝截面的切应力实际分布与修正曲度系数曲线

15.4.3 压缩（拉伸）弹簧的刚度和变形计算

圆柱螺旋压缩（拉伸）弹簧受载后的轴向变形量λ如图 15-4 所示，可由下式求得：

$$\lambda=\frac{8FD_2^3n}{Gd^4}=\frac{8FC^3n}{Gd} \qquad (15\text{-}5)$$

对于钢制弹簧：

$$\lambda=\frac{FC^3n}{10^4d}$$

① 对于压缩弹簧和无预应力的拉伸弹簧，其变形量为：

$$\lambda=\frac{8FC^3n}{Gd} \quad (\mathrm{mm}) \qquad (15\text{-}6)$$

② 对于有预应力的拉伸弹簧，其变形量为：

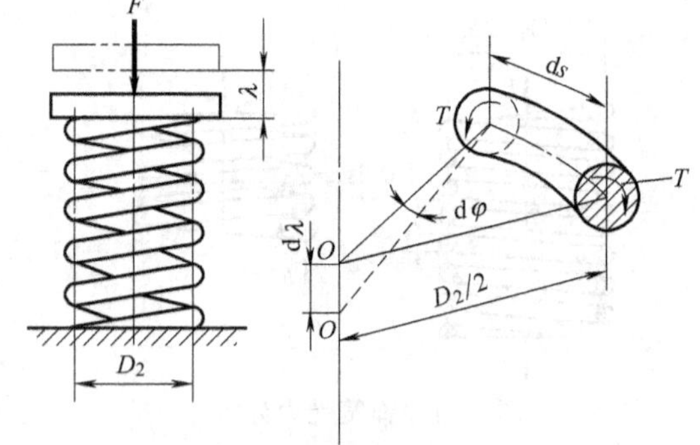

图 15-4 弹簧的变形

$$\lambda=\frac{8(F-F_0)C^3n}{Gd} \quad (\mathrm{mm}) \qquad (15\text{-}7)$$

15.4.4 压缩弹簧的稳定性校核

为了便于制造和避免失稳现象，一般压缩弹簧的细长比$b=H_0/D_2$值按下列情况选取：当两端固定时，取$b<5.3$；当一端固定，另一端自由转动时，取$b<3.7$；当两端自由转动时，取$b<2.6$。当b值大于上述推荐值时，应进行稳定性验算，使

$$F_{\max}<F_c=C_nkH_0$$

式中 $F_{\max}$——最大工作载荷，N；

F_c——稳定临界载荷，N；

C_n——不稳定系数，如图 15-5 所示；

H_0——弹簧自由高度，mm；

k——弹簧刚度，N/mm。

若稳定性条件不满足，则应重取参数，改变b值，保证稳定性条件。如果条件所限不能改变参数时，应加装导杆（导套）装置，如图 15-6 所示。其中间隙值c见表 15-18。

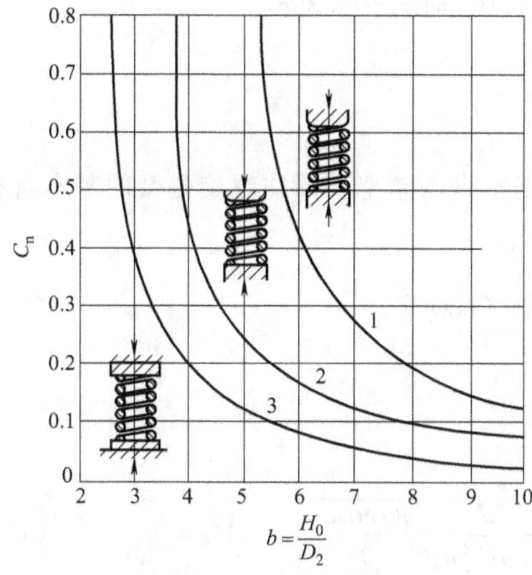

图 15-5 不稳定曲线图

1—两端固定；2——一端固定，一端自由转动；3—两端自由转动

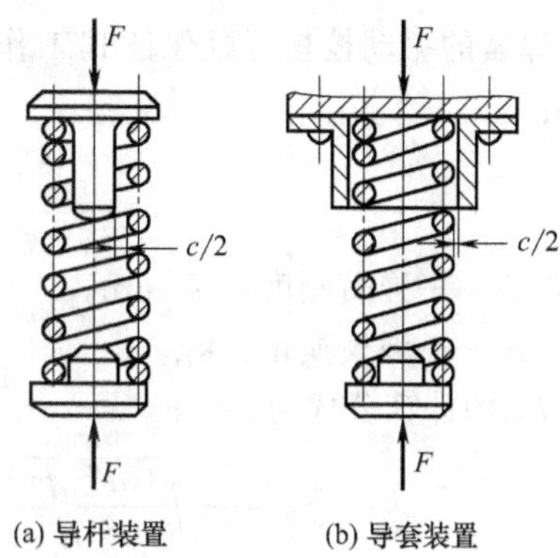

图 15-6 弹簧稳定导向装置

表 15-18 导杆（导套）与弹簧间的间隙 mm

中径 D_2	≤5	5～10	10～18	18～30	30～50	50～80	80～120	120～150
间隙 c	0.6	1	2	3	4	5	6	7

15.4.5 弹簧的强度校核

弹簧所受交变载荷作用次数 $N\leqslant10^3$ 或载荷变化幅度不大时，通常只进行静强度校核。

(1) 静强度校核

静强度安全系数计算式及强度条件为：

$$S_s=\frac{\tau_s}{\tau_{\max}}\geqslant[S_s] \tag{15-8}$$

式中 τ_s——弹簧材料的剪切屈服极限；

$[S_s]$——许用静强度安全系数，当弹簧设计计算精度高时取 $[S_s]=1.3\sim1.7$，当精确度低时取 $[S_s]=1.8\sim2.2$。

(2) 疲劳强度校核

假设弹簧的自由高度为 H_0，安装时安装载荷为 $F_{\min}$，相应的变形为 $\lambda_{\min}$，高度由 H_0 变化为 H_1。若工作时的最大载荷为 $F_{\max}$，相应的变形为 $\lambda_{\max}$，高度为 H_2，则工作行程为 $h=\lambda_{\max}-\lambda_{\min}$。当交变载荷 F 在 $F_{\max}$ 和 $F_{\min}$ 之间循环变化时，弹簧材料内部产生的最大和最小循环切应力为：

$$\tau_{\min}=\frac{8K_1C}{\pi d^2}F_{\min},\tau_{\max}=\frac{8K_1C}{\pi d^2}F_{\max} \tag{15-9}$$

弹簧的安全系数计算公式及疲劳强度条件为：

$$S=\frac{\tau_0+0.75\tau_{\min}}{\tau_{\max}}\leqslant[S] \tag{15-10}$$

式中 τ_0——弹簧材料的脉动剪切疲劳极限，根据应力循环次数 N 确定，$N=10^5$ 时 $\tau_0=$

$0.35\sigma_b$，$N=10^6$ 时 $\tau_0=0.33\sigma_b$，$N=10^7$ 时 $\tau_0=0.30\sigma_b$；

$[S]$——许用安全系数，取值同 $[S_s]$。

15.4.6 弹簧的振动校核

弹簧的振动校核可以保证其工作频率远离其基本自振频率。圆柱螺旋弹簧的基本自振频率为：

$$f_b=\frac{1}{2}\sqrt{\frac{k}{m}} \qquad (\text{Hz}) \tag{15-11}$$

式中 k——弹簧刚度，N/mm；

m——弹簧质量，kg。

f_b 的计算公式为：

$$f_b=\frac{1}{2}\sqrt{\frac{Gd^2}{8D_2^3n}\Big/\frac{\pi^2d^2D_2n_1\gamma}{4\cos\alpha}}\approx\frac{d}{8.9D_2^2n_1}\sqrt{\frac{G\cos\alpha}{\gamma}} \qquad (\text{Hz}) \tag{15-12}$$

式中 γ——材料密度，对于各类弹簧钢 $\gamma=7700\text{kg/m}^3$，对于铍青铜 $\gamma=8100\text{kg/m}^3$；

n_1——弹簧总圈数。

其余符号含义见表 15-2。

弹簧的基本自振频率 f_b 应不低于其工作频率 f_w 的 15～20 倍，即：

$$f_b\geqslant(15\sim20)f_w \tag{15-13}$$

15.5 圆柱螺旋扭转弹簧的设计

15.5.1 扭转弹簧的强度计算

扭转弹簧的载荷分布如图 15-7 所示。弹簧丝任一截面上作用有弯矩 $M=T\cos\alpha$ 和转矩 $T'=T\sin\alpha$。因 α 很小，所以弹簧丝上的载荷为 $M\approx T$，$T'=0$，其强度条件为：

$$\sigma_{max}=\frac{K_1M_{max}}{W}=\frac{K_1T_{max}}{0.1d^3}\leqslant[\sigma]_b \qquad (\text{MPa}) \tag{15-14}$$

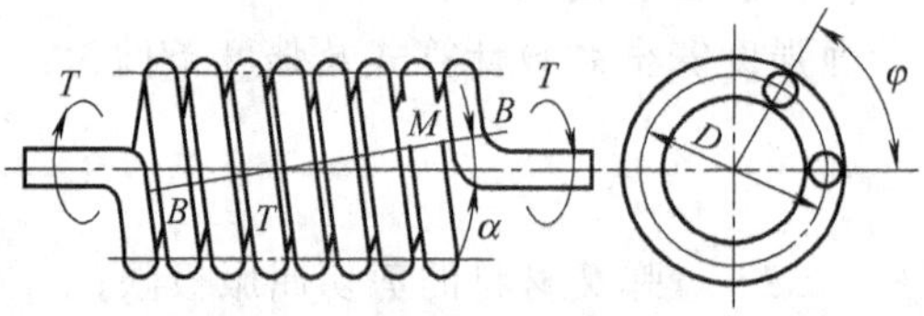

图 15-7 扭转弹簧的载荷分析

式中 W——弹簧丝圆截面的抗弯截面系数，

$$W=\frac{\pi d^3}{32}\approx0.1d^3,\ \text{mm}^3；$$

K_1——扭转弹簧的修正曲度系数，$K_1=\frac{4C-1}{4C-4}$，$C\approx4\sim16$；

$[\sigma]_b$——弹簧丝的许用弯曲应力，查表 15-17。

15.5.2 扭转弹簧的变形量与刚度计算

弹簧受转矩 T 作用所产生的扭转变形量为扭转角 φ：

$$\varphi=\frac{3667D_2Tn}{Ed^4} \qquad (^\circ) \tag{15-15}$$

弹簧的刚度为 k_T：

$$k_T=\frac{T}{\varphi}=\frac{Ed^4}{3667TD_2n} \quad [\mathrm{N \cdot mm/(°)}] \tag{15-16}$$

式中，E 为材料弹性模量，MPa。

15.5.3 扭转弹簧其他参数的确定

① 弹簧的有效圈数 n：

$$n=\frac{Ed^4\varphi}{3667TD_2} \tag{15-17}$$

② 受载荷后的内径 D_1'：

$$D_1'=D_2\frac{n}{n+\frac{\varphi_{\mathrm{lim}}}{360}}-d \tag{15-18}$$

扭转弹簧在工作时内径要缩小。在极限工作转矩 T_{lim} 下，内径缩小后应按式（15-18）计算。

相邻弹簧圈的间距 δ 一般取 0.5mm，节距 $t=d+\delta=d+0.5\mathrm{mm}$。

第16章

润滑与密封

16.1 润滑剂

16.1.1 润滑脂

常用润滑脂的牌号、性能及应用见表16-1。

表16-1 常用润滑脂的牌号、性能及应用

名　称	牌号（或代号）	滴点/℃不低于	工作锥入度/(1/10mm)	应　用
钙基润滑脂（GB/T 491—2008）	1	80	310～340	适用于汽车、拖拉机、冶金、纺织等机械设备的润滑。使用温度范围为－10～60℃
	2	85	265～295	
	3	90	220～250	
	4	95	175～205	
石墨钙基润滑脂（SH/T 0369—1992）		80		适用于压延机的人字齿轮，汽车弹簧，起重机齿轮转盘，矿山机械，绞车和钢丝绳、高载荷、低转速的粗糙机械的润滑
复合钙基润滑脂（SH/T 0370—1995）	1	200	310～340	适用于工作温度在－10～150℃范围内及潮湿条件下的机械设备的润滑
	2	210	265～295	
	3	230	220～250	
钠基润滑脂（GB/T 492—1989）	2	140	265～295	2#、3#均适用于工作温度不超过120℃的机械摩擦部位的润滑。4#适用于工作温度不超过130℃的重载荷机械设备的润滑。不能用于与潮湿空气或水接触的部位的润滑
	3	140	220～250	
	4	150	175～205	
钙钠基润滑脂（SH/T 0368—1992）	2	120	250～290	适用于铁路机车和列车的滚动轴承、小电动机和发电机的滚动轴承以及其他高温轴承等的润滑
	3	135	200～240	
通用锂基润滑脂（GB/T 7324—2010）	1	170	310～340	适用于工作温度在－20～120℃范围内的各种机械设备的滚动轴承和滑动轴承及其他摩擦部位的润滑
	2	175	265～295	
	3	180	220～250	
极压锂基润滑脂（GB/T 7323—2008）	00	165	400～430	适用于工作温度在－20～120℃范围内的高载荷机械设备的轴承及齿轮的润滑，也可用于集中润滑系统
	0	170	355～385	
	1	170	310～340	
	2	170	265～295	
汽车通用锂基润滑脂（GB/T 5671—2014）		180	265～295	适用于工作温度在－30～120℃范围内的汽车轮毂轴承、底盘、水泵和发电机等摩擦部位的润滑

续表

名　　称	牌号（或代号）	滴点/℃不低于	工作锥入度/(1/10mm)	应　　用
极压复合锂基润滑脂（SH/T 0535—1993）	1	260	310～340	适用于工作温度在－20～160℃范围内的高载荷机械设备润滑
	2	260	265～295	
	3	260	220～250	
铝基润滑脂（SH/T 0371—1992）		75	230～280	用于航运机器摩擦部分的润滑及金属表面的防蚀
复合铝基润滑脂（SH/T 0378—1992）	0	235	355～385	1#用于高温并有集中供脂系统的润滑设备。2#用于没有集中供脂系统的润滑设备，其适用温度范围为－20～150℃
	1	235	310～340	
	2	235	265～295	
极压复合铝基润滑脂（SH/T 0534—1993）	0	235	355～385	适用于工作温度在－20～160℃范围内的高载荷机械设备及集中润滑系统
	1	240	310～340	
	2	240	265～295	
钡基润滑脂（SH/T 0379—1992）		135	200～260	适用于船舶推进器、抽水机的润滑
膨润土润滑脂（SH/T 0536—1993）	1	270	310～340	适用于工作温度在0～160℃范围内的中低速机械设备的润滑
	2	270	265～295	
	3	270	220～250	
极压膨润土润滑脂（SH/T 0537—1993）	1	270	310～340	适用于工作温度在－20～180℃范围内的高载荷机械设备的润滑
	2	270	265～295	
精密机床主轴润滑脂（SH/T 0382—1992）	2	180	265～295	主要用于精密机床、磨床和高速磨头主轴的长期润滑
	3	180	220～250	
7407#齿轮润滑脂（SH/T 0469—1994）		160	（1/4锥入度）75～90	适用于各种低速，中、重载荷齿轮、链轮和联轴器等部位的润滑，适宜采用涂刷润滑方式。使用温度范围为－10～120℃
二硫化钼极压锂基润滑脂（SH/T 0587—1994）	0	170	355～385	适用于工作温度范围为－20～120℃的轧钢机械、矿山机械、重型起重机械等重载荷齿轮和轴承的润滑，并能使用于有冲击载荷的部件
	1	170	310～340	
	2	175	265～295	

16.1.2 润滑油

常用润滑油的牌号、性能及应用见表16-2。

表16-2　常用润滑油的牌号、性能及应用

名　　称		牌号（或黏度等级）	运动黏度/(mm^2/s)		黏度指数不小于	闪点（开口）/℃不低于	倾点/℃不高于	主要用途
			40℃	100℃				
L-AN全损耗系统用油（GB 443—1989）		5	4.14～5.06			80	－5	主要适用于对润滑油无特殊要求的全损耗润滑系统，不适用于循环润滑系统
		7	6.12～7.48			110		
		10	9～11			130		
		15	13.5～16.5			150		
		22	19.8～24.2			150		
		32	28.8～35.2			150		
		46	41.4～50.6			160		
		68	61.2～74.8			160		
		100	90～110			180		
		150	135～165			180		
工业闭式齿轮油（GB 5903—2011）	L-CKB	100	90～110		90	180	－8	在轻载荷下运转的齿轮的润滑
		150	135～165			200		
		220	198～242					
		320	288～352					

续表

名称		牌号（或黏度等级）	运动黏度/(mm²/s) 40℃	100℃	黏度指数不小于	闪点(开口)/℃不低于	倾点/℃不高于	主要用途
工业闭式齿轮油(GB 5903—2011)	L-CKC	68	61.2～74.8		90	180	−8	保持在正常或中等恒定油温和重载荷下运转的齿轮的润滑
		100	90～110					
		150	135～165			200		
		220	198～242					
		320	288～352					
		460	414～506					
		680	612～748				−5	
	L-CKD	100	90～110		90	180	−8	在高的恒定油温和重载荷下运转的齿轮的润滑
		150	135～165			200		
		220	198～242					
		320	288～352					
		460	414～506					
		680	612～748				−5	
普通开式齿轮油(SH/T 0363—1992)		68		60～750		200		适用于开式齿轮、链条和钢丝绳的润滑
		100		90～110				
		150		135～165				
		220		200～245		210		
		320		290～350				
4403#合成齿轮油(NB/SH/T 0467—2010)			153～187		190	230	−35	适用于闭式工业齿轮和蜗轮蜗杆传动装置的润滑，特别适用于由不同材料(如钢-铜)制成的摩擦副的长期润滑。使用温度范围为−35～150℃
蜗轮蜗杆油(SH/T 0094—1991)	L-CKE	220	198～242		90		−6	复合型蜗轮蜗杆油，主要用于铜-钢配对的圆柱型和双包络等类型的承受轻载荷、传动中平稳无冲击的蜗杆副，包括该设备的齿轮及滑动轴承、气缸、离合器等部件的润滑，及在潮湿环境下工作的其他机械设备的润滑，在使用过程中应防止局部过热和油温在100℃以上时长期工作
		320	288～352					
		460	414～506					
		680	612～748					
		1000	900～1100					
	L-CKE/P	220	198～242		90		−6	极压型蜗轮蜗杆油，主要用于铜-钢配对的圆柱型承受重载荷、传动中有振动和冲击的蜗杆副，包括该设备的齿轮和直齿圆柱齿轮等部件的润滑，及其他机械设备的润滑
		320	288～352					
		460	414～506					
		680	612～748					
		1000	900～1100					
普通车辆齿轮油(SH/T 0350—1992)		80W/90		15～19	—	170	−28	适用于中等速度和载荷比较苛刻的手动变速器和螺旋圆锥齿轮的驱动桥
		85W/90		15～19	—	180	−18	
		90		15～19	90	190	−10	
重载荷车辆齿轮油(GL-5)(GB 13895—1992)		75W		≥4.1	报告	150	报告	适用于在高速冲击载荷、高速低转矩和低速高转矩工况下使用的车辆齿轮，特别是客车和其他各种车辆的准双曲面齿轮驱动桥。也可用于手动变速器
		80W/90		13.5～24.0	报告	165	报告	
		85W/90		13.5～24.0	报告	165	报告	
		85W/140		24.0～41.0	报告	180	报告	
		90		13.5～24.0	75	180	报告	
		140		24.0～41.0	75	200	报告	

续表

名　　称		牌号（或黏度等级）	运动黏度/(mm²/s) 40℃	100℃	黏度指数不小于	闪点(开口)/℃不低于	倾点/℃不高于	主要用途
导轨油（SH/T 0361—1998）		32	28.8～35.2		报告	150	－9	主要适用于机床滑动导轨的润滑
		46	41.1～50.6			160		
		68	61.2～74.8			180		
		100	90～110					
		150	135～165					
		220	198～242				－3	
		320	288～352					
轴承油（SH/T 0017—1990）	L-FC	2	1.98～2.42		—	70(闭口)	－18	L-FC为抗氧防锈型油，L-FD为抗氧防锈抗磨型油。适用于锭子、轴承、液压系统、齿轮和汽轮机等工业机械设备，L-FC还可用于有关离合器
		3	2.88～3.52			80(闭口)		
		5	4.14～5.06			90(闭口)		
		7	6.12～7.48		报告	115		
		10	9.00～11.0			140		
		15	13.5～16.5				－12	
		22	19.8～24.2					
		32	28.8～35.2			160		
		46	41.4～50.6			80		
		68	61.2～74.8					
		100	90～110				－6	
	L-FD	2	19.8～2.42		—	70(闭口)	－12	
		3	2.88～3.52			80(闭口)		
		5	4.14～5.06			90(闭口)		
		7	6.12～7.48		报告	115		
		10	9.00～11.0			140		
		15	13.5～16.5					
		22	19.8～24.2					
汽油机油（GB 11121—2006）	SC	5W/20		5 .6～<9.3		200	－35	用于货车、客车或其他汽油机以及要求使用APISC级油的汽油机。可控制汽油机的高、低温沉积物及磨损、锈蚀和腐蚀
		10W/30		9.3～<12.5		205	－30	
		15W/40		12.5～<16.3		215	－23	
		30		9.3～<12.5	75	220	－15	
		40		12.5～<16.3	80	225	－10	
	SD	5W/30		9.3～<12.5		200	－35	用于货车、客车和某些轿车的汽油机以及要求使用AP1SD、SC级油的汽油机。此种油品控制汽油机高、低温沉积物、磨损、锈蚀和腐蚀的性能优于SC，并可代替SC
	(SD/CC)	10W/30		9.3～<12.5		205	－30	
		15W/40		12.5～<16.3		215	－23	
		20/20W		5 .6～<9.3		210	－18	
		30		9.3～<12.5	75	220	－15	
		40		12.5～<16.3	80	225	－10	
	SE (SE/CC)	5W/30		9.3～<12.5		200	－35	用于轿车和某些货车的汽油机以及要求使用APISE、SD级油的汽油机。此种油品的抗氧化性能及控制汽油机高温沉积物、锈蚀和腐蚀的性能优于SD或SC，并可代替SD或SC
		10W/30		9.3～<12.5		205	－30	
		10W/30		12.5～<16.3		215	－23	
		20/20W		5 .6～<9.3		210	－18	
		30		9.3～<12.5	75	220	－15	
		40		12.5～<16.3	80	225	－10	
	SF (SF/CD)	5W/30		9.3～<12.5		200	－35	用于轿车和某些货车的汽油机以及要求使用APISF、SE及SC级油的汽油机。此种油品的抗氧化和抗磨损性能优于SE，还有控制汽油机沉积、锈蚀和腐蚀的性能，并可代替SE、SD或SC
		10W/30		9.3～<12.5		205	－30	
		15W/40		12.5～<16.3		215	－23	
		30		9.3～<12.5	75	220	－15	
		40		12.5～<16.3	80	225	－10	

续表

名称		牌号（或黏度等级）	运动黏度/(mm²/s) 40℃	运动黏度/(mm²/s) 100℃	黏度指数不小于	闪点(开口)/℃不低于	倾点/℃不高于	主要用途
柴油机油（GB 11122—2006）	CC	5W/30		9.3～<12.5		200	−35	用于在中、重载荷下运行的非增压、低增压或增压式柴油机，并包括一些重载荷汽油机。对于柴油机具有控制高温沉积物和轴瓦腐蚀的性能，对于汽油机具有控制锈蚀、腐蚀和高温沉积物的性能，并可代替CA、CB
		5W/40		12.5～<16.3		200	−35	
		10W/30		9.3～<12.5		205	−30	
		10W/40		12.5～<16.3		205	−30	
		15W/40		12.5～<16.3		215	−23	
		20W/40		12.5～<16.3	75	215	−18	
		30		9.3～<12.5	80	220	−15	
		40		12.5～<16.3	80	225	−10	
		50		16.3～<21.9		230	−5	
	CD	5W/30		9.3～<12.5		200	−35	用于需要高效控制磨损及沉积物或使用包括高硫燃料的非增压、低增压及增压式柴油机以及国外要求使用APICD级油的柴油机。具有控制轴承腐蚀和高温沉积物的性能，并可代替CC
		5W/40		12.5～<16.3		200	−35	
		10W/30		9 .3～<12.5		205	−30	
		10W/40		12.5～<16.3		205	−30	
		15W/40		12.5～<16.3		215	−23	
		20W/40		12.5～<16.3	75	215	−18	
		30		9 .3～<12.5	80	220	−15	
		40		12.5～<16.3		225	−10	
矿物油型和合成烃型液压油（GB 11118.1—2011）	L-HL	15	13.5～16.5		95	140	−12	常用于低压液压系统，也可适用于要求换油期较长的轻载荷机械的油浴式非循环润滑系统。无本产品时可用L-HM油或用其他抗氧防锈型润滑油
		22	19.8～24.2				−9	
		32	28.8～35.2			160	−6	
		46	41.4～50.6			180		
		68	61.2～74.8					
		100	90.0～100		90			
	L-HM	15	13.5～16.5		95	140	−18	适用于低、中、高压液压系统，也可用于其他中等载荷机械润滑部位。对油有低温性能要求或无本产品时，可选用L-HV和L-HS油
		22	19.8～24.2				−15	
		32	28.8～35.2			160		
		46	41.4～50.6			180	−9	
		69	61.2～74.8					
	L-HG	32	28.8～35.2			160	−6	适用于液压和导轨润滑系统合用的机床，也可适用于其他要求油有良好黏附性的机械润滑部位
		68	61.2～74.8			180		
	L-HV	10	9.0～11.0		130	100	−39	适用于环境温度变化较大和工作条件恶劣的（指野外工程和远洋船舶等）低、中、高压液压系统和其他中等载荷的机械润滑部位。对油有更好的低温性能要求或无本产品时，可选用L-HS油
		15	13.5～16.5			120	−36	
		22	19.8～24.2		150	140		
		32	28.8～35.2			160	−33	
		46	41.4～50.6					
		68	61.2～74.8				−30	
		100	90.0～100				−21	
空气压缩机油（GB 12691—1990）	L-DAA	32	28.8～35.2	报告		175	−9	适用于有油润滑的活塞式和滴油回转式空气压缩机。L-DAA用于轻载荷空气压缩机；L-DAB用于中载荷空气压缩机
		46	41.6～50.6			185		
		68	61.2～74.8			195		
		100	90.0～110			205		
		150	135～165			215	−3	
	L-DAB	32	28.8～35.2	报告		175	−9	
		46	41.6～50.6			185		
		68	61.2～74.8			195		
		100	90.0～110			205		
		150	135～165			215	−3	

续表

名称	牌号（或黏度等级）	运动黏度/(mm²/s) 40℃	100℃	黏度指数不小于	闪点(开口)/℃ 不低于	倾点/℃ 不高于	主要用途
L-TSA 汽轮机油（GB 11120—2011）	32	28.8～35.2		90	180	−7	适用于电力、船舶及其他工业汽轮机组、水轮机组的润滑
	46	41.4～50.6					
	68	61.2～74.8			195		
	100	90.0～110.0					
10# 仪表油（SH/T 0138—1994）		9～11			130	−52	适用于控制测量仪表（包括低温下操作）的润滑

16.1.3 固体润滑剂

(1) 固体润滑剂的特点

固体润滑剂的材料有无机化合物（石墨、二硫化钼等）、有机化合物（蜡、酚醛树脂等）和金属以及金属化合物，其中以石墨和二硫化钼应用最广。固体润滑剂的主要特点如下。

① 使用温度高、范围宽。石墨可用到426℃，二硫化钨可用到510℃。

② 承载能力强。二硫化钨可承载2100MPa，二硫化钼的承载能力可达2800～3200MPa。

③ 边界润滑性优异。最高凸峰顶边界油膜厚0.1～0.4μm，与油分子相比，二硫化钼分子要比油分子大3.2～4.8倍，对边界润滑有益，且易生成硫化铁化学反应膜。

④ 防黏滑性好，抗爬性强，耐化学腐蚀性好，无油污沾染，抗辐射，真空润滑性好，有较宽的电导率范围。

⑤ 固体润滑剂的缺点为导热散热性不好，不能带走热量起冷却作用；覆盖膜寿命有限；摩擦因数大。

(2) 常用固体润滑材料使用方法

① 二硫化钼　作为润滑用的二硫化钼粉必须纯净到98%以上，其使用方法如下。

a. 直接把二硫化钼粉涂擦在摩擦表面上，或添加到各种润滑油、润滑脂中使用。

b. 用1%～5%（质量分数）的胶体二硫化钼粉添加到尼龙、聚四氟乙烯等聚合物中去，制成各种工程塑料制品，如轴承、自润滑齿轮等；亦可添加到金属粉末中去，制成粉末冶金自润滑件与摩擦片。

c. 二硫化钼粉末与挥发性溶剂（如乙醇）或树脂黏合剂等混合后刷或喷到工件上，亦可与环氧树脂、金属粉末等混合后修补机床导轨等摩擦表面的擦伤与缺陷。

d. 安装机械时，可将二硫化钼粉剂擦在装配表面上以提高安装效率，检修时也易于装拆。

e. 做锻模、锻芯润滑剂以提高锻件质量，延长锻模、锻芯的使用寿命。

② 石墨　常用的石墨材料使用方法如下。

a. 添加到润滑油、润滑脂中，增加其抗压性、高温性和润滑性。

b. 作为润滑剂常与二硫化钼混合使用，相互补充摩擦因数、对金属的吸附能力等性能。

③ 二硫化钨　其使用方法基本上与二硫化钼相同。二硫化钨的突出特点是耐高温、耐辐射，尤其在高真空条件下使用性能要优于二硫化钼，但其抗压强度不及二硫化钼，其他各项指标与二硫化钼相似。我国钨蕴藏量大，成本低，二硫化钨发展前景好。

④ 耐磨自润滑材料　指聚四氟乙烯和在它基础上加入青铜粉制成的青铜复合材料，耐磨和自润滑性好，但制造成本高。MC尼龙通过加入不同填料改性，可用于低速重载、有水和多外界杂质下工作的冶金设备中润滑困难的摩擦副，但不宜用于转速高、配合精度要求高的摩擦副。

16.1.4 添加剂

在润滑剂中添加特定性能的添加剂可用于改善润滑油、润滑脂的性能，达到某种特定需求。常见的添加剂类型、名称、代号、作用和应用范围见表 16-3。

表 16-3 润滑油、润滑脂常用添加剂的类型、名称、代号、作用和应用范围

类型	名称		代号	作用	应用范围
	化学名称	统一命名			
清净分散剂浮游剂①	中灰分石油磺酸钙	101 清净分散剂	T101	①清净分散作用：清净分散剂具有表面活性剂作用，可吸附在润滑油或燃料的氧化物（胶质）上，使其悬浮于油中，防止这些氧化产物在油中产生沉淀和在活塞、气缸形成积炭而堵塞油路 ②中和作用：中和润滑油在氧化过程中所形成的有机酸，避免机器零部件的腐蚀	主要用于汽油机油、柴油机油和船用气缸油中。一般汽油机油和柴油机油中，清净分散剂的使用量为 3%左右，船用气缸油的使用量为 20%～30%。在使用过程中，常将各种具有不同特性的清净剂复合使用
	高灰分石油磺酸钙	102 清净分散剂	T102		
	高碱度石油磺酸钙	103 清净分散剂	T103		
	烷基酚钡与烷基酚硫磷锌盐	104 清净分散剂	T104		
	烷基酚钡盐	105 清净分散剂	T105		
	硫磷化聚异丁烯钡盐	108 清净分散剂	T108		
	烷基水杨酸钙	109 清净分散剂	T109		
	烷基酚钙	110 清净分散剂	T110		
抗氧化、抗腐蚀剂	硫磷烷基酚锌盐	201 抗氧抗腐剂	7201	①抗氧化作用：延缓润滑油脂在储存期的氧化变质和抑制在使用过程中的氧化反应，从而提高润滑油、润滑脂的抗氧化安全性 ②抗腐蚀作用：分解润滑油脂由于受热氧化产生的过氧化物，以减少有害酸性物质的生成；钝化金属表面，减缓腐蚀	用于机床液压油、压缩机油、变压器油、汽油机油、柴油机油、透平油、仪表油及某些润滑脂中，一般用量为 0.3%～1%
	二烷基二硫代磷酸锌	202 抗氧抗腐剂	T202		
	硫磷化烯烃钙盐	203 抗氧抗腐剂	T203		
	硫磷化脂肪醇锌盐	204 抗氧抗腐剂	T204		
	2,6-二叔丁基对甲酚	501 抗氧防胶剂	T501		
	仲丁基对苯二胺	502 抗氧防胶剂	T502		
油性剂	硫化鲸鱼油	401 油性剂	T401	油性添加剂是由极性非常强的分子组成，可吸附在金属表面上形成边界润滑层，防止金属表面直接接触，从而降低摩擦、减少磨损	用于汽车双曲线齿轮油、工业齿轮油、极压工业齿轮油、金属加工油（切削油、轧制油等）、导轨油、抗磨液压油、极压透平油等
	硫化棉籽油	404 油性剂	T404		
	油酸或硫化油酸				
	硬脂酸铝				
	醇、胺、酯类				
极压剂	氯化石蜡	301 极压抗磨剂	T301	极压添加剂是在高温工作条件下，分解出活性元素与金属表面起化学反应，生成一种固体无机薄膜层，可防止金属因干摩擦或边界摩擦条件下而引起的黏着现象，有良好的抗磨作用	用于润滑脂以及其他耐高温、高载荷的润滑油中。用量一般为 0.5%～10%，有的甚至在 20%以上。在使用中，有单独使用的，也有复合使用的，主要根据各种油品的性能要求来确定
	二苄基二硫化物	302 极压抗磨剂	T302		
	硫化烯烃	303 极压抗磨剂	T303		
	硫化油脂				
	亚磷酸正丁酯	304 极压抗磨剂	T304		
	三甲苯基磷酸酯				
	环烷酸铅				
	二烷基二硫代磷酸锌	202 抗氧抗腐剂	T202		
	胶体石墨				
	二硫化钼或二硫化钨				

续表

类型	名称		代号	作用	应用范围
	化学名称	统一命名			
增黏剂	聚正丁基乙烯基醚	601 增黏剂	T601	①改善润滑油的黏温特性 ②对轻质润滑油起增稠作用	用于液压油、冷冻机油、导轨油、汽油机油、柴油机油等，用量一般为 0.5%～10%
	聚甲基丙烯酸酯	602 增黏剂	T602		
	聚异丁烯	603 增黏剂	T603		
防锈剂	石油磺酸钡	701 防锈剂	T701	防锈添加剂对金属表面能形成有很强附着力的吸附膜，或与金属表面产生化合作用而形成牢固的保护膜(钝化膜)，防止金属与腐蚀介质接触，从而起到防锈、保护作用	广泛应用于金属零部件、工具、机械、发动机及各种武器的封存防锈油脂和在使用中要求一定防锈性能的各种润滑油脂(如透平油：齿轮油、机床用油、液压油、导轨油、切削油、仪表油、防锈油膏等)，以及工序间防锈油脂等。用量随防锈性能的要求不同而不同，为 0.01%～2.0%，甚至更高
	石油磺酸钠	702 防锈剂	T702		
	烯基丁二酸咪唑啉盐	703 防锈剂	T703		
	环烷酸锌	704 防锈剂	T704		
	二壬基萘磺酸钡	705 防锈剂	T705		
	苯并三氮唑	706 防锈剂	T706		
	氧化石油脂钡皂	743 防锈剂	T743		
	烯基丁二酸	746 防锈剂	T746		
	山梨糖醇单油酸酯		司本-80		
	羊毛脂及其皂				
降凝剂	烷基萘(巴拉弗洛)	801 降凝剂	T801	降凝剂是降低润滑油凝固点的添加剂。润滑油凝固是由于温度下降时，油中的石蜡形成网状结构而把油包在其中之故。降凝剂可与油中石蜡产生结晶阻止其形成网状结构，从而起到降凝作用	广泛应用于各种润滑油，如液压油，主轴油、机械油、汽轮机油、齿轮油、冷冻机油、变压器油、柴油机油等。用量为 0.1%～1.5%
	醋酸乙烯酯、乙烯与 α-烯烃共聚物	802 降凝剂(抗泡剂)	T802		
	聚甲基丙烯酸酯	602 增黏剂(也有降凝作用)	T602		
	烷基酚(山陀普尔)				
抗泡剂	二甲基硅油			润滑油在循环使用过程中，吸收空气，形成泡沫。抗泡剂能降低表面张力，防止形成泡沫	用于各种循环使用的润滑油，用量一般为百万分之几
	醋酸乙烯酯、乙烯与 α-烯烃共聚物	802 降凝剂(抗泡剂)	T802		

① 清净分散剂分为有灰清净分散剂和无灰清净分散剂两大类。表列 8 种清净分散剂均为有灰清净分散剂。由于内燃机工业的发展，润滑油的工作条件越来越苛刻，因而对油品清净分散性能的要求就越来越高，油品中清净分散剂的添加量也越来越大，这就使油品中的总灰分越来越多，这样会在内燃机的燃烧室内生成坚硬的积炭和固体颗粒，从而引起严重磨损并影响燃料的正常燃烧。因此，有些种类的润滑油宁可不加添加剂，也不加有灰添加剂。为了解决这个问题，近年来开发了无灰清净分散剂。一种是高相对分子质量无灰清净分散剂，如甲基丙烯酸高元醇（如十二醇）酯和甲基丙烯酸二乙胺基乙酯的共聚物；另一种是低相对分子质量无灰清净分散剂，如丁二酰亚胺型和酚-醛-胺型无灰添加剂。目前丁二酰亚胺型无灰清净分散剂在国外已得到广泛应用。

16.1.5 润滑剂的选用原则

(1) 润滑剂类型的选用

一般情况多选用润滑油润滑，但对橡胶、塑料制成的零件（轴瓦）宜用水润滑。润滑脂常用于不易加油或重载低速的场合。固体润滑剂一般用于不宜使用润滑油或润滑脂的特殊条件下，如高温、高压、极低温、真空、强辐射、不允许污染及无法给油等的场合，或作为润滑油或润滑脂的添加剂以及与金属或塑料等混合制成自润滑复合材料。

(2) 润滑剂牌号的选用

在润滑剂类型确定后，牌号的选用可从以下几方面考虑。

① 工作载荷　润滑油的黏度越高，其油膜承载能力越大，故工作载荷大时，应选用黏度高且油性和极压性好的润滑油。对受冲击载荷或往复运动的零件，因不易形成液体油膜，故应采用黏度大的润滑油或锥入度小的润滑脂，或用固体润滑剂。

② 运动速度　低速时不易形成动压油膜，宜选用黏度高的润滑油或锥入度小的润滑脂；高速时为减小功率损失，宜选用黏度低的润滑油或锥入度大的润滑脂。

③ 工作温度　低温下工作时采用黏度小、凝点低的润滑油；极低温下工作，当采用抗凝剂也不能满足要求时，宜采用固体润滑剂；高温下工作宜采用黏度大、闪点高及抗氧化性好的润滑油；工作温度变化大时宜选用黏温特性好、黏度指数高的润滑油。

④ 工作表面粗糙度和间隙大小　表面粗糙度大，要求使用黏度大的润滑油或锥入度小的润滑脂；间隙小，要求使用黏度小的润滑油。

16.2 润滑方式及润滑装置

16.2.1 机械设备常见润滑方式

润滑方式的类型及特点见表16-4。

表 16-4　润滑方式的类型及特点

<table>
<tr><th colspan="3">润滑方法</th><th>适用范围</th><th>供油质量</th><th>结构复杂性</th><th>冷却作用</th><th>可靠性</th><th>耗油量</th><th>初始成本</th><th>维修工作量</th><th>劳务费</th></tr>
<tr><td rowspan="7">润滑油润滑</td><td rowspan="7">全损耗性润滑</td><td>手工加油润滑</td><td>轻载、低速、间歇运转的一般轴承、开式导轨及齿轮</td><td>差</td><td>低</td><td>差</td><td>差</td><td>大</td><td>很低</td><td>小</td><td>高</td></tr>
<tr><td>滴油润滑</td><td>轻、中载荷与低、中速的一般轴承、导轨及齿轮</td><td>中</td><td>中</td><td>差</td><td>中</td><td>大</td><td>低</td><td>中</td><td>中</td></tr>
<tr><td>油绳或油垫润滑</td><td>轻、中载荷与低、中速的一般轴承及导轨</td><td>中</td><td>中</td><td>差</td><td>中</td><td>中</td><td>低</td><td>中</td><td>低</td></tr>
<tr><td>压力强制润滑</td><td>中、重载荷与中、高速的各种轴承、导轨及齿轮</td><td>好</td><td>高</td><td>好</td><td>好</td><td>中</td><td>中至高</td><td>中</td><td>中</td></tr>
<tr><td>集中润滑</td><td>各种场合广泛应用</td><td>好</td><td>高</td><td>优</td><td>好</td><td>中</td><td>高</td><td>中</td><td>中</td></tr>
<tr><td>油雾润滑</td><td>高速、高温滚动轴承，电机，泵，成套设备</td><td>优</td><td>高</td><td>优</td><td>好</td><td>小</td><td>中至高</td><td>大</td><td>中至高</td></tr>
<tr><td>油气润滑</td><td>高速、高温条件下的滚动轴承、导轨、齿轮，电机，泵，成套设备</td><td>优</td><td>高</td><td>优</td><td>好</td><td>小</td><td>中至高</td><td>大</td><td>中至高</td></tr>
</table>

续表

润滑方法			适用范围	供油质量	结构复杂性	冷却作用	可靠性	耗油量	初始成本	维修工作量	劳务费
润滑油润滑	循环润滑	飞溅或油浴润滑	从低速到高速的普通轴承、齿轮箱、密闭机构	好	中	好	好	小	低	小	低
		油环、油轮或油链润滑	轻、中载荷普通轴承	好	中	中	好	小	低	小	低
		喷油润滑	封闭齿轮、机构	好	中	好	好	中	中至高	中	中
		压力循环润滑	滑动轴承、滚动轴承、导轨、齿轮箱	优	高	优	好	中	高	中	中
		集中润滑	机床、自动化设备、自动生产	优	高	中	优	中	高	小	中
润滑脂润滑	全损耗性润滑	填装脂封闭式(终生)润滑	滚动轴承、小型轴套,亦可用于精密轴承	中	低	差	中	中	低	无	低
		手工补充脂润滑	滚动轴承、导轨、含油轴承	中	低	差	中	低	低	中	高
		手工集中补充脂润滑	滚动轴承、导轨、含油轴承	好	高	差	好	中	中	小	中
		自动集中补充脂润滑(单线式、双线式、多线式、递进式)	连续运转的重要轴承、高精度滚动轴承、导轨	好	高	中	好	中	中至高	小	中

16.2.2 常见润滑装置

常见润滑装置见表16-5～表16-12。

表 16-5 直通式压注油杯 (JB/T 7940.1—1995) mm

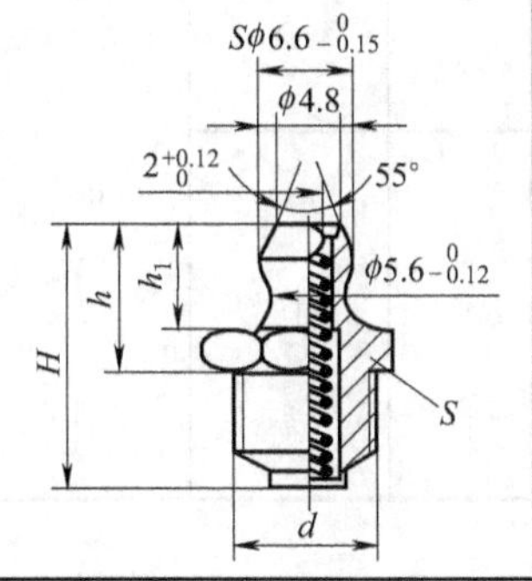

d	H	h	h_1	S 基本尺寸	S 极限偏差	钢球(按 GB 308)
M6	13	8	6	8	0 −0.22	3
M8×1	16	9	6.5	10		
M10×1	18	10	7	11		

标记示例:
连接螺纹 M10×1,直通式压注油杯的标记:油杯 M10×1 JB/T 7940.1

表 16-6 接头式压注油杯 (JB/T 7940.2—1995) mm

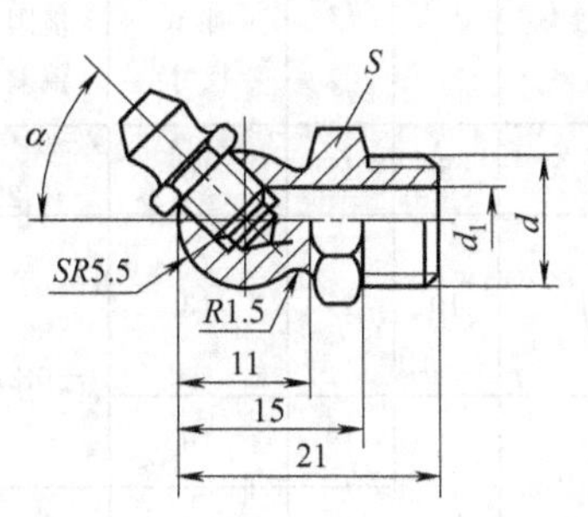

d	d_1	α	S 基本尺寸	S 极限偏差	直通式压注(JB/T 7940.1)
M6	3	45°,90°	11	0 −0.22	M6
M8×1	4				
M10×1	5				

标记示例:
连接螺纹 M10×1,45°接头式压注油杯的标记:油杯 45°M 10× 1 JB/T 7940.2

表 16-7 旋盖式油杯（JB/T 7940.3—1995） mm

最小容量/cm³	d	l	H	h	h_1	d_1	D A型	D B型	L_{max}	S 基本尺寸	S 极限偏差
1.5	M8×1	8	14	22	7	3	16	18	33	10	0 −0.22
3	M10×1		15	23	8	4	20	22	35	13	0 −0.27
6			17	26			26	28	40		
12	M14×1.5	12	20	30	10	5	32	34	47	18	
18			22	32			36	40	50		
25			24	34			41	44	55		
50	M16×1.5		30	44	16	6	51	54	70	21	0 −0.33
100			38	52			68	68	85		
200	M24×1.5	16	48	64			—	86	105	30	—

标记示例：

最小容量 25cm³ 时，A 型旋盖式油杯的标记：油杯 A25JB/T 7940.3

表 16-8 弹簧盖油杯 A（JB/T 7940.5—1995） mm

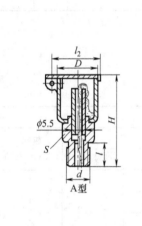

最小容量/cm³	d	H ≤	D ≤	l_2 ≈	l	S 基本尺寸	S 极限偏差
1	M8×1	38	16	21	10	10	0 −0.22
2		40	18	23			
3	M10×1	42	20	25		11	
6		45	25	30			
12	M14×1.5	55	30	36	12	18	0 −0.27
18		60	32	38			
25		65	35	41			
50		68	45	51			

表 16-9 弹簧盖油杯 B（JB/T 7940.5—1995） mm

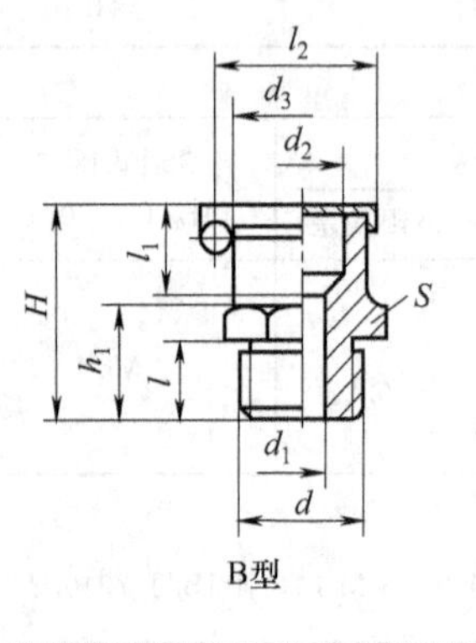

d	d_1	d_2	d_3	H	h_1	l	l_1	l_2	S 基本尺寸	S 极限偏差
M6	3	6	10	18	9	6	8	15	10	0 −0.22
M8×1	4	8	12	24	12	8	10	17	13	0 −0.27
M10×1	5									
M12×1.5	6	10	14	26	14	10	12	19	16	
M16×1.5	8	12	18	28				23	21	0 −0.33

表 16-10 弹簧盖油杯 C（JB/T 7940.5—1995） mm

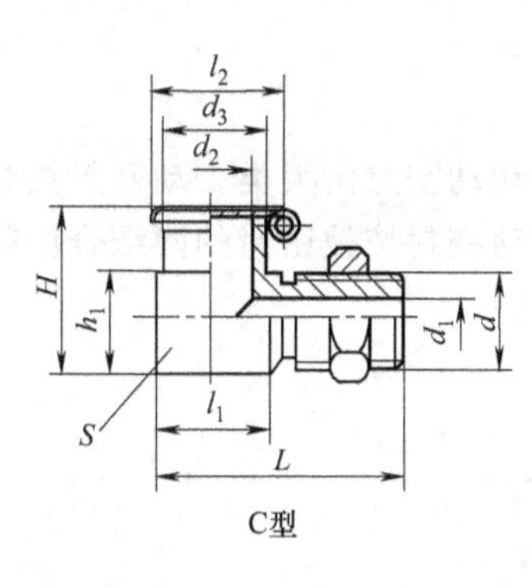

d	d_1	d_2	d_3	H	h_1	L	l_1	l_2	螺母（按 GB/T 6172）	S 基本尺寸	S 极限偏差
M6	3	6	10	18	9	25	12	15	M6	13	0 −0.27
M8×1	4	8	12	24	12	28	14	17	M8×1		
M10×1	5					30	16		M10×1		
M12×1.5	6	10	14	26	14	34	19	19	M12×1.5	16	
M16×1.5	8	12	18	30	18	37	23	23	M16×1.5	21	0 −0.33

标记示例：
最小容量 3cm³，A 型弹簧盖油杯的标记：油杯 A3 JB/T 7940.5
连接螺纹 M10×1，B 型弹簧盖油杯的标记：油杯 BM 10×1 JB/T 7940.5

表 16-11 针阀式注油杯（JB/T 7940.6—1995） mm

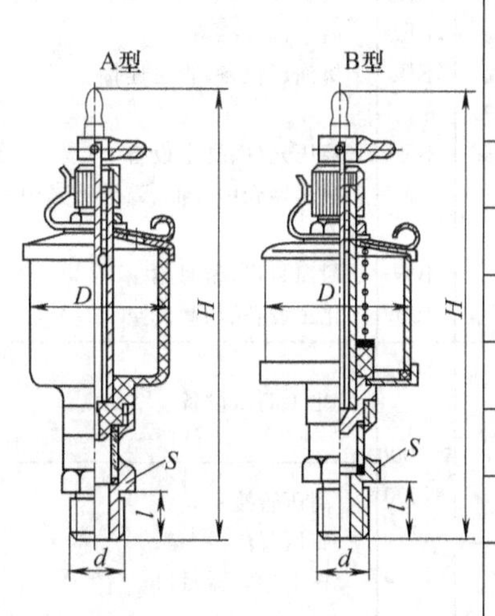

最小容量/cm³	d	l	H	D	S 基本尺寸	S 极限偏差	螺母（GB 6172）
16	M10×1	12	105	32	13	0 −0.27	M8×1
25	M14×1.5		115	36	18		
50			130	45			M8×1
100			140	55			
200	M16×1.5	14	170	70	21	0 −0.33	
400			190	85			

标记示例：
最小容量 25cm³，A 型针阀式油杯的标记：油杯 A25 JB/T 7940.6

表 16-12 压配式压注油杯（JB/T 7940.4—1995） mm

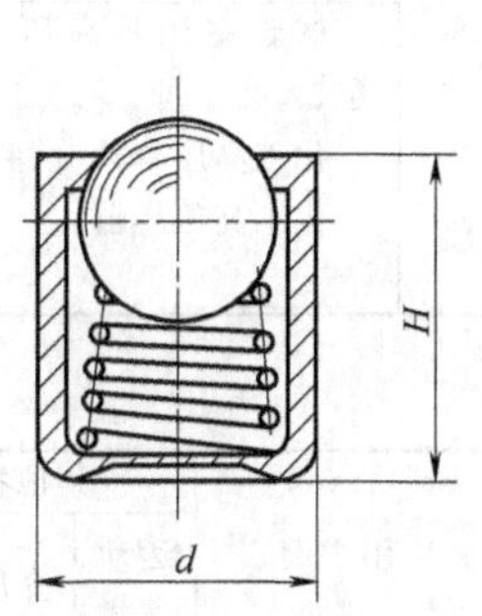

d 基本尺寸	d 极限偏差	H	钢球（GB 308）
6	+0.040 +0.028	6	4
8	+0.049 +0.034	10	5
10	+0.058 +0.040	12	6
16	+0.063 +0.045	20	11
25	+0.085 +0.064	30	13

标记示例：
d=6mm，压配式压注油杯的标记：油杯 6 JB/T 7940.4

16.3 密封

按被密封的两结合面之间是否有相对运动，密封分为静密封和动密封两大类。动密封按相对运动类型的不同可分为旋转式动密封和移动式动密封。旋转式动密封按被密封的两结合面间是否有间隙，又分为接触型旋转动密封和非接触型旋转动密封两种。

16.3.1 常用密封类型

常用密封的类型和特性见表 16-13 和表 16-14。

表 16-13 常用静密封特性

种类			真空/Pa	压力/MPa	温度/℃	适用流体类型	尺寸范围/mm	典型用例
强制压紧类	塑性垫片	纤维质垫片	13.3	2.5	200(450)	油、水、气、酸、碱	不限	设备法兰、管法兰
		橡胶垫片	1.33×10^{-4}	1.6	−70～200	真空、油、水、气	不限	真空设备
		塑料垫片	13.3	0.6	−180～250	酸、碱	不限	酸管线
		金属包垫片		6.4	450(600)	油、蒸气、燃气	不限	内燃机气缸垫
		金属缠绕垫片		100	450(600)	油、蒸气、燃气	不限	炼油厂设备、管道连接
		橡胶O形环	13.3×10^{-4}		−70～200	油、水、气、酸、碱	不限	液压元件、真空设备
		密封胶				油、水、气	不限	减速器壳中分面、鼓风机壳中分面
		密封条、带					不限	门窗封口、密封舱
		金属平垫片	1.33×10^{-8}	20	600	油、合成原料气	100	化工设备、超高真空
	弹性线接触	金属椭圆及八角形环		>6.4	600	油、合成原料气	800	化工高压设备
		卡扎里密封		32	350		>1000	
		单锥密封		150	350		<500	高压管接头
		金属透镜垫		16、32、300	350		<250	高压管法兰
		金属中空O形环		300	600	放射性、高压气	<600	核电站容器封口
	研合	研合密封面		10^{-2}～100	550	油、水、气	不限	闸板、气缸中分面
自紧类	自紧密封环	双锥密封		70	350	合成原料气等	1300	化工高压容器
		三角垫密封		32	350			
		C形环密封		32	350			
		B形环密封		300	350	聚乙烯原料气等	<1000	
	自紧顶盖	平垫自紧密封		100	350	合成氨原料气	350	试验室用超高压容器、汽包、人孔
		楔形垫密封		32	350		1000	化工高压容器、试验室设备
		组合式密封(伍德)		32	350		1000	化工高压容器

表 16-14 常用动密封的特性

种类①		真空/Pa	压力/MPa	工作温度/℃	线速度/(m/s)	漏泄/(cm^3/h)	平均寿命	应用举例	其他特点		
									运动方式	介质	润滑
接触型	软填料密封	1333	32	−240～600	20	10～10000	每周紧2～3次	清水离心泵、柱塞泵、阀杆密封	往复、旋转	气、液	干、半、全

续表

种类①			真空/Pa	压力/MPa	工作温度/℃	线速度/(m/s)	漏泄/(cm³/h)	平均寿命	应用举例	其他特点 运动方式	介质	润滑
接触型	成形填料	挤压型	0.13	100	−45～230	10	0.001～0.1	6月～1年	液压缸	往复、旋转	气、液	半、半
		唇型	1.3×10⁻³	100	−45～230		0.1～10	6月～1年	液压缸			
	橡胶油封	油封	—	0.3	−30～150	12		3月～6月	轴承油封与防尘	旋转	气、液、粉	干、半
		防尘油封										半、干
	硬填料密封	往复	—	300	−45～400①	12		3月～1年	活塞杆密封	往复	气、液	半
		旋转				—		6月～1年	航空发动机轴封	旋转		半、全
	胀圈密封	往复	1333	300		12	0.2%～1%吸气容积	3月～1年	汽油机、柴油机压缩机、油缸、航空发动机轴封	往复		半
		旋转		0.2						旋转		半、非
	机械密封	普通型	0.13	8	−196～400①	30	0.1～150	3月～1年	化工用、电厂用、炼油厂用的离心泵	旋转		干、半、全
		液膜	—	32	−30～150	30～100	100～5000	1年以上	透平压缩机			全
		气膜	—	2	不限	不限	—	1年以上	航空发动机		气	全
非接触型	迷宫密封		13	20	600	不限	大	3年以上	蒸汽轮机、燃气轮机、迷宫活塞压缩机		气、液、粉	非
	间隔填料	液膜浮环	—	32	—	80	内漏	1年以上	泵、化工透平	往复、旋转	气、液	全
		气体浮环	—	1	−30～150	70	<200L/d	1年左右	制氧机	往复、旋转	气	非
		套筒密封	—	1000	−30～100	2		1年左右	油泵、高压泵	往复、旋转	气、液	半、全
	动力密封 离心密封	背叶轮	1333	0.25	0～50	30		1年以上	矿浆泵	旋转	液、粉	非
		甩油环 油封/防尘	—	0.01	不限	不限		非易损件	轴承封油与防尘	旋转	液、粉	非
	动力密封 螺旋密封	螺旋密封	1333	2.5	−30～100	30		取决于轴承寿命	轴承封油、鼓风机封油、锅炉给水泵辅密封	旋转	气、液	非
		螺旋迷宫密封	—	2.5	−30～100	70					液	非

① 凡使用橡胶件者，适用温度同成形填料。

16.3.2 常用密封材料

常用密封材料见表16-15。

表 16-15 常用密封材料

材料类别	材料名称	用途	适用范围与特性
液体材料	多为高分子材料，如液态密封胶、厌氧胶、热熔型胶等		适用于静密封
纤维材料	植物纤维，如棉、麻、纸、软木等	软填料、垫片、防尘密封件、夹布胶木密封件	适用于−40～90℃，耐油，弱酸
	动物纤维，如毛、皮革	垫片、软填料、成形填料、油封、防尘密封件	耐油，不可用于酸性或碱性介质
	矿物纤维，如石棉	垫片、软填料	适用于<450℃，耐酸、油、碱
	人造纤维，如有机合成纤维、玻璃纤维、碳纤维、陶瓷纤维等	软填料、夹布橡胶密封件	

续表

材料类别	材料名称	用途	适用范围与特性
弹塑性体	橡胶类①，包括天然橡胶、合成橡胶（丁腈橡胶、氯丁橡胶、硅橡胶、氟橡胶和聚氨酯橡胶等）	垫片、成形填料、油封、软填料、防尘密封圈、全密闭密封件	合成橡胶适用于－55～200℃，耐酸、耐碱、耐油；天然橡胶适用于－40～100℃，耐酸、碱、油
	塑料，包括氟塑料、尼龙、聚乙烯、酚醛塑料、氯化聚醚、聚苯硫醚等	垫片、成形填料、油封、软填料、硬填料、活塞环，以及机械密封、防尘密封件、全封闭密封件	聚氯乙烯适用于－40～60℃；聚四氟乙烯适用于－100～300℃，耐酸、碱、油
无机材料	柔性石墨，天然石墨	垫片、软填料、密封件	适用于－200～800℃，耐酸、碱
	碳石墨，包括焙烧碳、电化石墨	机械密封、硬填料、动力密封、间隙密封	适用于－200～800℃，耐酸、碱
	工程陶瓷，如氧化铝瓷、滑石瓷、金属陶瓷、氧化硅、硼化铬等	同碳石墨	适用于－200～800℃
金属材料	有色金属，如铜、铝、铅、锌、锡及其合金等	垫片，迷宫密封，软、硬填料，机械密封，间隙密封	适用于100～450℃
	黑色金属，如碳钢、铸铁、不锈钢、堆焊合金、喷涂粉末等	垫片、硬填料、机械密封、活塞环、间隙密封、防尘密封件、全封闭密封件、成形填料	适用于<450 ℃
	硬质合金，如钨钴硬质合金、钨钴钛硬质合金等	机械密封	适用于<500 ℃
	贵金属，如金、银、铟、钽	高真空密封、高压密封、低温密封	

① 常用的橡胶密封材料分为三组：Ⅰ组—耐油通用胶料；Ⅱ组—耐油高温胶料；Ⅲ组—耐酸、碱胶料。Ⅱ组耐高温允许达200℃，Ⅰ组允许达100℃，Ⅲ组允许达80℃。

16.3.3 常用密封装置

常用密封装置见表16-16～表16-24。

表16-16 常用密封垫片

垫片		适用范围		
种类	材料	压力/MPa	温度/℃	介质
皮垫片	牛皮或浸油、蜡，合成橡胶，合成树脂牛皮	<0.4	－60～100	水、油、空气等
纸垫片	软钢纸板	<0.4	<120	燃料油、润滑油、水等
橡胶垫片	天然橡胶	1.3×10^{-10} ≤0.6	－60～100	水、海水、空气、惰性气体、盐类水溶液、稀盐酸、稀硫酸等
	合成橡胶板	≤0.6	－40～60	空气、水、制动液等
夹布橡胶垫片	夹布橡胶	≤0.6	－30～60	海水、淡水、空气、润滑油和燃料油等
软聚氯乙烯垫片	软聚氯乙烯板	≤1.6	<60	酸、碱稀溶液及氨，具有氧化性的蒸气及气体

续表

垫片		适用范围		
种类	材料	压力/MPa	温度/℃	介质
聚四氟乙烯垫片 聚四氟乙烯包垫片	聚四氟乙烯板，聚四氟乙烯薄膜包橡胶石棉板或橡胶板	≤3.0	−180～250	浓酸、碱、溶剂、油类
橡胶石棉垫片	高、中、低压橡胶石棉板	≤1.5～6.0	≤200～450	空气、压缩空气、惰性气体、蒸气、气态氮、变换气、焦炉气、裂解气、水、海水、液态氨、冷凝水、浓度≤980g/L的硫酸、浓度≤350g/L的盐酸、盐类、甲胺液、尿液、卡普隆生产介质、聚苯乙烯生产介质、烧碱、氟利昂、氢氰酸、青霉素、链霉素等
	耐油橡胶石棉板	≤4.0	≤400	油品（汽油、柴油、煤油、重油等）、油气、溶剂（包括丙烷、丙酮、苯、酚、糠醛、异丙醇）、浓度小于300g/L的尿素、氢气、硫化催化剂、润滑油、碱类等
O形橡胶圈	耐油、耐低温、耐高温橡胶	1.3×10^{-10}～32.0	−60～200	燃料油、润滑油、液压油、空气、水蒸气、热空气等
	耐酸、耐碱橡胶	<2.5	−25～80	浓度为200g/L的硫酸、盐酸、氢氧化钠、氢氧化钾
缠绕垫片	金属带：08F、0Cr13、0Cr18Ni9、铜、铝等；非金属带：石棉带、柔性石墨带、聚四氟乙烯带、陶瓷纤维等	≤6.4	约600	蒸汽、氢气、压缩空气、天然气、裂解气、变换气、油品、溶剂、渣油、蜡油、油浆、重油、丙烯、烧碱、熔融盐、载热体、酸、碱、盐溶液、液化气、水等
夹金属丝（网）石棉垫	铜（钢或不锈钢）丝和石棉交织而成			内燃机用
金属包平垫片 金属包波形垫片	金属板：镀锡薄钢板，镀锌薄钢板，08F，铜T2，铝L2，0Cr13，0Cr19Ni9 填充材料：石棉板，柔性石墨	≤6.4	约600	蒸汽、氢气、压缩空气、天然气、裂解气、变换气、油品、溶剂、渣油、蜡油、油浆、重油、丙烯、烧碱、熔融盐、载热体、酸、碱、盐溶液、液化气、水等
金属平垫片	退火铝，退火纯铜，10钢，铅，不锈钢，合金钢	1.3×10^{-6}～20.0	约600	根据垫片材料的不同，适用于多种介质
金属齿形垫片	08F，0Cr13，铝，合金钢	≥4.0	约600	根据垫片材料的不同，可适用于多种介质

续表

垫片		适用范围		
种类	材料	压力/MPa	温度/℃	介质
金属八角垫 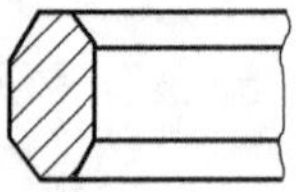 金属椭圆垫 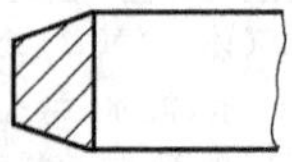 金属透镜垫 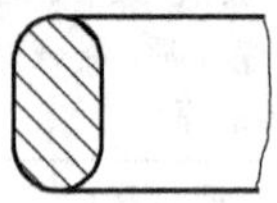	纯铁、低碳钢、合金钢、不锈钢	≥6.4	约 600	根据垫片材料的不同,可适用于多种介质
金属空心O形圈 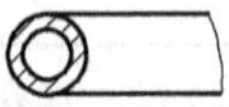	铜、低碳钢、不锈钢、合金钢	真空-高压	低温～高温	根据垫片材料的不同,可适用于多种介质
金属丝垫 	铜丝、无氧铜丝、高纯铝丝、金丝、银丝、铟丝	1.3×10^{-6}	−196～450	多用于高真空条件下
印刷垫片 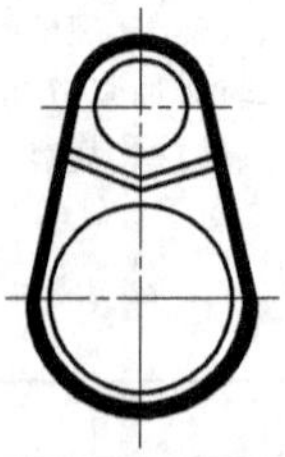	印刷垫片胶、纸基垫、钢片、聚酯基垫	纸基垫片<10,钢基垫片<55	−30～80	采用丝网漏印法,将印刷垫片橡胶印刷到纸、聚酯、钢片上,硫化后形成不同宽度、厚度和形状复杂的密封垫片。常用于多通道的平面密封,如多通道集成阀门、汽车、机床等

表 16-17 毡圈油封尺寸 mm

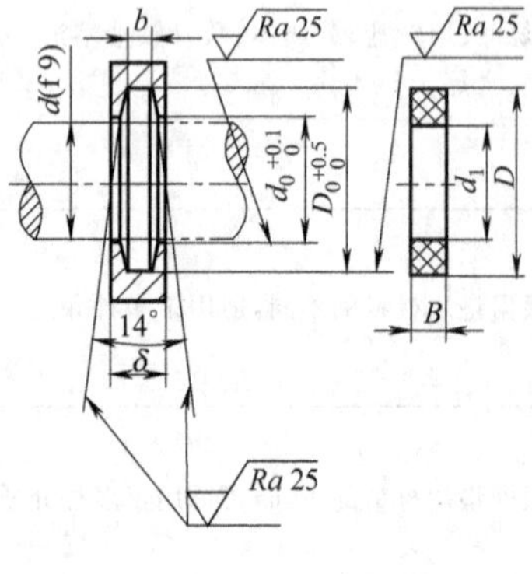

结构图	轴径 d	毡圈				槽				
		D	d_1	B	质量/kg	D_0	d_0	b	δ min 用于钢	δ min 用于铸铁
b; Ra 25; d(f9); $d_0{}^{+0.1}_{0}$; $D_0{}^{+0.5}_{0}$; d_1; D; B; 14°; δ	15	29	14	6	0.0010	28	16	5	10	12
	20	33	19		0.0012	32	21			
	25	39	24	7	0.0018	38	26	6	12	15
	30	45	29		0.0023	44	31			
	35	49	34		0.0023	48	36			
	40	53	39		0.0026	52	41			
	45	61	44	8	0.0040	60	46	7		
	50	69	49		0.0054	68	51			
	55	74	53		0.0060	72	56			
	60	80	58		0.0069	78	61			
	65	84	63		0.0070	82	66			
	70	90	68		0.0079	88	71			
	75	94	73		0.0080	92	77			

续表

结构图	轴径 d	毡圈 D	毡圈 d_1	毡圈 B	毡圈 质量/kg	槽 D_0	槽 d_0	槽 b	槽 δ min 用于钢	槽 δ min 用于铸铁
	80	102	78	9	0.011	100	82	8	15	18
	85	107	83		0.012	105	87			
	90	112	88		0.012	110	92			
	95	117	93	10	0.014	115	97			
	100	122	98		0.015	120	102			
	105	127	103		0.016	125	107			
	110	132	108		0.017	130	112			
	115	137	113		0.018	135	117			
	120	142	118		0.018	140	122			
	125	147	123		0.018	145	127			
	130	152	128	12	0.030	150	132	10	18	20
	135	157	133		0.030	155	137			
	140	162	138		0.032	160	143			
	145	167	143		0.033	165	148			
	150	172	148		0.034	170	153			
	155	177	153		0.035	175	158			
	160	182	158		0.035	180	163			
	165	187	163		0.037	185	168			
	170	192	168		0.038	190	173			
	175	197	173		0.038	195	178			
	180	202	178		0.038	200	183			
	185	207	183		0.039	205	188			
	190	212	188		0.039	210	193			
	195	217	193	14	0.041	215	198	12	20	22
	200	222	198		0.042	220	203			
	210	232	208		0.044	230	213			
	220	242	218		0.046	240	223			
	230	252	228		0.048	250	233			
	240	262	238		0.051	260	243			

表 16-18 液压气动用 O 形橡胶密封圈（GB/T 3452.1—2005） mm

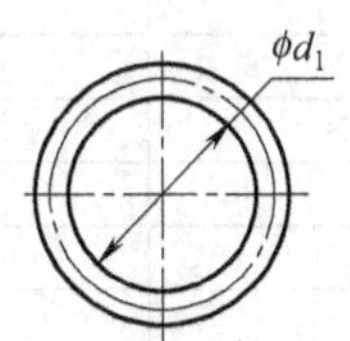

标记示例：

O 形圈内径 d_1=50mm，截面直径 d_2=1.8mm，G 系列，S 级：

O 形圈 50×1.8-G-S GB/T 3452.1—2005

内径 d_1 尺寸	内径 d_1 公差 ±	截面直径 d_2 1.8±0.08	2.65±0.09	3.55±0.10	5.3±0.13
1.8	0.13	×			
2	0.13	×			
2.24	0.13	×			
2.5	0.13	×			
2.8	0.13	×			
3.15	0.14	×			
3.55	0.14	×			
3.75	0.14	×			
4	0.14	×			

续表

内径 d_1		截面直径 d_2			
尺寸	公差±	1.8±0.08	2.65±0.09	3.55±0.10	5.3±0.13
4.5	0.15	×			
4.75	0.15	×			
4.87	0.15	×			
5	0.15	×			
5.15	0.15	×			
5.3	0.15	×			
5.6	0.16	×			
6	0.16	×			
6.3	0.16	×			
6.7	0.16	×			
6.9	0.16	×			
7.1	0.16	×			
7.5	0.17	×			
8	0.17	×			
8.5	0.17	×			
8.75	0.18	×			
9	0.18	×			
9.5	0.18	×			
9.75	0.18	×			
10	0.19	×			
10.6	0.19	×	×		
11.2	0.20	×	×		
11.6	0.20	×	×		
11.8	0.19	×	×		
12.1	0.21	×	×		
12.5	0.21	×	×		
12.8	0.21	×	×		
13.2	0.21	×	×		
14	0.22	×	×		
14.5	0.22	×	×		
15	0.22	×	×		
15.5	0.23	×	×		
16	0.23	×	×		
17	0.24	×	×		
18	0.25	×	×	×	
19	0.25	×	×	×	
20	0.26	×	×	×	
20.6	0.26	×	×	×	
21.2	0.27	×	×	×	
22.4	0.28	×	×	×	
23	0.29	×	×	×	
23.6	0.29	×	×	×	
24.3	0.30	×	×	×	
25	0.30	×	×	×	
25.8	0.31	×	×	×	
26.5	0.31	×	×	×	
27.3	0.32	×	×	×	
28	0.32	×	×	×	
29	0.33	×	×	×	
30	0.34	×	×	×	

续表

内径 d_1		截面直径 d_2			
尺寸	公差±	1.8±0.08	2.65±0.09	3.55±0.10	5.3±0.13
31.5	0.35	×	×	×	
32.5	0.36	×	×	×	
33.5	0.36	×	×	×	
34.5	0.37	×	×	×	
35.5	0.38	×	×	×	
36.5	0.38	×	×	×	
37.5	0.39	×	×	×	
38.7	0.40	×	×	×	
40	0.41	×	×	×	×
41.2	0.42	×	×	×	×
42.5	0.43	×	×	×	×
43.7	0.44	×	×	×	×
45	0.44	×	×	×	×
46.2	0.45	×	×	×	×
47.5	0.46	×	×	×	×
48.7	0.47	×	×	×	×
50	0.48	×	×	×	×
51.5	0.49		×	×	×
53	0.50		×	×	×
54.5	0.51		×	×	×
56	0.52		×	×	×
58	0.54		×	×	×
60	0.55		×	×	×
61.5	0.56		×	×	×
63	0.57		×	×	×
65	0.58		×	×	×
67	0.60		×	×	×
69	0.61		×	×	×
71	0.63		×	×	×
73	0.64		×	×	×
75	0.65		×	×	×
77.5	0.67		×	×	×
80	0.69		×	×	×
82.5	0.71		×	×	×
85	0.72		×	×	×
87.5	0.74		×	×	×
90	0.76		×	×	×
92.5	0.77		×	×	×
95	0.79		×	×	×
97.5	0.81		×	×	×
100	0.82		×	×	×

内径 d_1		截面直径 d_2			
尺寸	公差±	2.65±0.09	3.55±0.10	5.3±0.13	7±0.15
103	0.85	×	×	×	
106	0.87	×	×	×	
109	0.89	×	×	×	×
112	0.91	×	×	×	×
115	0.93	×	×	×	×
118	0.95	×	×	×	×
122	0.97	×	×	×	×

续表

内径 d_1		截面直径 d_2			
尺寸	公差±	2.65±0.09	3.55±0.10	5.3±0.13	7±0.15
125	0.99	×	×	×	×
128	1.01	×	×	×	×
132	1.04	×	×	×	×
136	1.07	×	×	×	×
140	1.09	×	×	×	×
142.5	1.11	×	×	×	×
145	1.13	×	×	×	×
147.5	1.14	×	×	×	×
150	1.16	×	×	×	×
152.5	1.18		×	×	×
155	1.19		×	×	×
157.5	1.21		×	×	×
160	1.23		×	×	×
162.5	1.24		×	×	×
165	1.26		×	×	×
167.5	1.28		×	×	×
170	1.29		×	×	×
172.5	1.31		×	×	×
175	1.33		×	×	×
177.5	1.34		×	×	×
180	1.36		×	×	×
182.5	1.38		×	×	×
185	1.39		×	×	×
187.5	1.41		×	×	×
190	1.43		×	×	×
195	1.46		×	×	×
200	1.49		×	×	×
203	1.51			×	×
206	1.53			×	×
212	1.57			×	×
218	1.61			×	×
224	1.65			×	×
227	1.67			×	×
230	1.69			×	×
236	1.73			×	×
239	1.75			×	×
243	1.77			×	×
250	1.82			×	×
254	1.84			×	×
258	1.87			×	×
261	1.89			×	×
265	1.91			×	×
268	1.92			×	×
272	1.96			×	×
276	1.98			×	×
280	2.01			×	×
283	2.03			×	×
286	2.05			×	×
290	2.08			×	×
295	2.11			×	×

续表

内径 d_1		截面直径 d_2			
尺寸	公差±	2.65±0.09	3.55±0.10	5.3±0.13	7±0.15
300	2.14			×	×
303	2.16			×	×
307	2.19			×	×
311	2.21			×	×
315	2.24			×	×
320	2.27			×	×
325	2.30			×	×
330	2.33			×	×
335	2.36			×	×
340	2.40			×	×
345	2.43			×	×
350	2.46			×	×
355	2.49			×	×
360	2.52			×	×
365	2.56			×	×
370	2.59			×	×
375	2.62			×	×
379	2.64			×	×
383	2.67			×	×
387	2.70			×	×
391	2.72			×	×
395	2.75			×	×
400	2.78			×	×
406	2.82				×
412	2.85				×
418	2.89				×
425	2.93				×
429	2.96				×
433	2.99				×
437	3.01				×
443	3.05				×
450	3.09				×
456	3.13				×
462	3.17				×
466	3.19				×
470	3.22				×
475	3.25				×
479	3.28				×
483	3.30				×
487	3.33				×
493	3.36				×
500	3.41				×
508	3.46				×
515	3.50				×
523	3.55				×
530	3.60				×
538	3.65				×
545	3.69				×
553	3.74				×
560	3.78				×

续表

内径 d_1		截面直径 d_2			
尺寸	公差±	2.65±0.09	3.55±0.10	5.3±0.13	7±0.15
570	3.85				×
580	3.91				×
590	3.97				×
600	4.03				×
608	4.08				×
615	4.12				×
623	4.17				×
630	4.22				×
640	4.28				×
650	4.34				×
660	4.40				×
670	4.47				×

注：1. 表中“×”表示包括的规格。

2. 本表所列为一般应用的O形圈（G系列）。

表 16-19 旋转轴唇形密封圈基本尺寸 mm

轴的基本直径 d_1	基本外径 D	基本宽度 b	轴的基本直径 d_1	基本外径 D	基本宽度 b
6	16	7	60	80、85	8
6	22		65	85、90	10
7	22		70	90、95	
8	22		75	95、100	
8	24		80	100、110	
9	22		90	120	12
10	22、25		95	120	
12	24、25、30		100	125	
15	26、30、35		(105)①	130	
16	30		110	140	
(16)①	35		120	150	
18	30、35		130	160	
20	35、40		140	170	15
(20)①	45		150	180	
22	35、40、47		160	190	
25	40、47、52		170	200	
28	40、47、52		180	210	
30	42、47、52		190	220	
(30)①	50		200	230	
32	45、47、52	8	220	250	
35	50、52、55		240	270	
38	52、58、62		(250)①	290	
40	55、62		260	300	20
(40)①	60		280	320	
42	55、62		300	340	
45	62、65		320	360	
50	68、72		340	380	
(50)①	70		360	400	
55	72、80		380	420	
(55)①	75		400	440	

① 考虑到国内实际情况，除全部采用国际标准的基本尺寸外，还补充了若干种国内常用的规格，并加括号加以示区别。

表 16-20 旋转轴唇形密封圈轴、腔体的尺寸、公差及表面粗糙度 mm

轴

导入倒角尺寸				直径公差	表面粗糙度
轴直径 d_1	d_1-d_2	轴直径 d_1	d_1-d_2	按 GB 1801 规定，不得超过 h11	按 GB 1031 规定与密封圈唇口接触的轴表面：$Ra=0.2\sim0.63\mu m$，$R_{max}=0.8\sim2.5\mu m$
$d_1\leqslant10$	1.5	$50<d_1\leqslant70$	4.0		
$10<d_1\leqslant20$	2.0	$70<d_1\leqslant95$	4.5		
$20<d_1\leqslant30$	2.5	$95<d_1\leqslant130$	5.5		
$30<d_1\leqslant40$	3.0	$130<d_1\leqslant240$	7.0		
$40<d_1\leqslant50$	3.5	$240<d_1\leqslant400$	11.0		

腔体

内孔尺寸				内孔公差	表面粗糙度
基本宽度	最小内孔深度	倒角长度	最大圆角半径	按 GB 1801 规定，不得超过 H8	按 GB 1031 规定内孔表面粗糙度：$Ra\leqslant3.2\mu m$，$R_{max}\leqslant12.5\mu m$
≤10	$b+0.9$	0.70～1.00	0.50		
>10	$b+1.2$	1.20～1.50	0.75		

密封圈

宽度 b	公差	基本外径 D	外径公差		基本外径 D	外径公差	
			外露骨架型	内包骨架型		外露骨架型	内包骨架型
$b\leqslant10$	±0.3	$D\leqslant50$	$^{+0.20}_{+0.08}$	$^{+0.30}_{+0.15}$	$120<D\leqslant180$	$^{+0.28}_{+0.12}$	$^{+0.45(0.50)}_{+0.25}$
		$50<D\leqslant80$	$^{+0.23}_{+0.09}$	$^{+0.35}_{+0.20}$	$180<D\leqslant300$	$^{+0.35}_{+0.15}$	$^{+0.45(0.55)}_{+0.25}$
$b\geqslant10$	±0.4	$80<D\leqslant120$	$^{+0.25}_{+0.10}$	$^{+0.35(0.45)}_{+0.20}$	$300<D\leqslant440$	$^{+0.45}_{+0.20}$	$^{+0.55(0.65)}_{+0.30}$

表 16-21 油沟式密封槽 mm

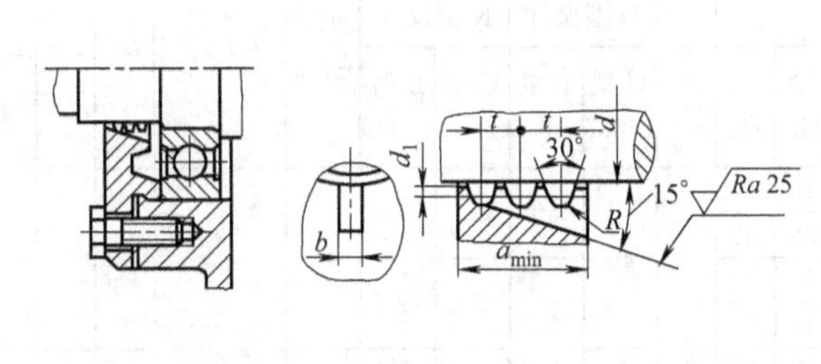

轴径 d	25～80	>80～120	>120～180	>180
R	1.5	2	2.5	3
t	4.5	6	7.5	9
b	4	5	6	7
d_1	$d+1$			
a_{min}	$nt+R$			

注：1. 表中 R、t、b 尺寸，在个别情况下可用于与表中不相对应的轴径上。

2. 一般油沟数 $n=2\sim4$，使用 3 个的较多。

表 16-22 迷宫密封 mm

轴径 d	10～50	50～80	80～110	110～180
e	0.2	0.3	0.4	0.5
f	1	1.5	2	2.5

表 16-23　机械密封的型式、主要尺寸（GB/T 6556—1994）　　mm

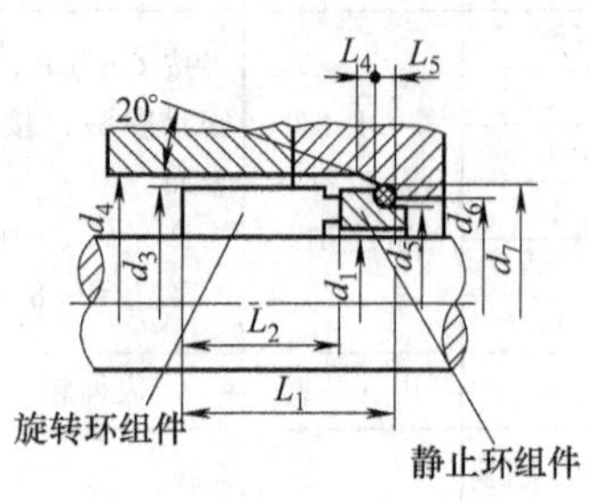

U型：非平衡式单端面机械密封

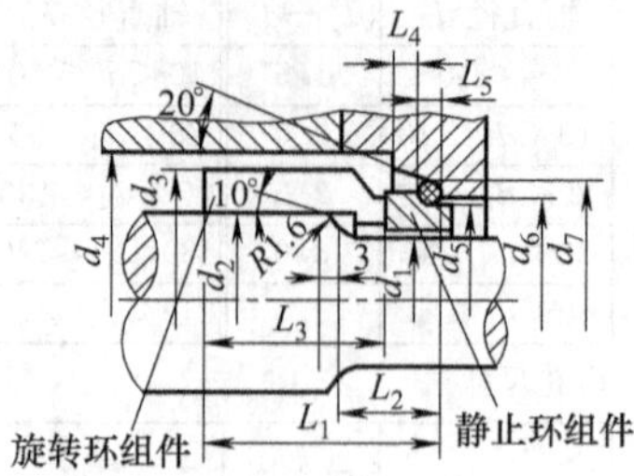

B型：平衡式单端面机械密封

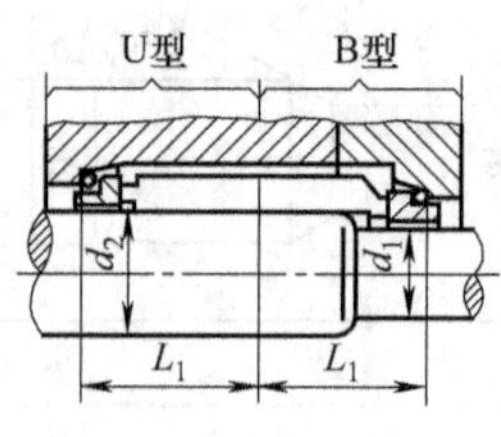

双端面机械密封：由U型、B型可组成UU型、BB型、UB型

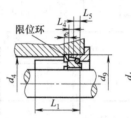

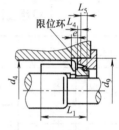

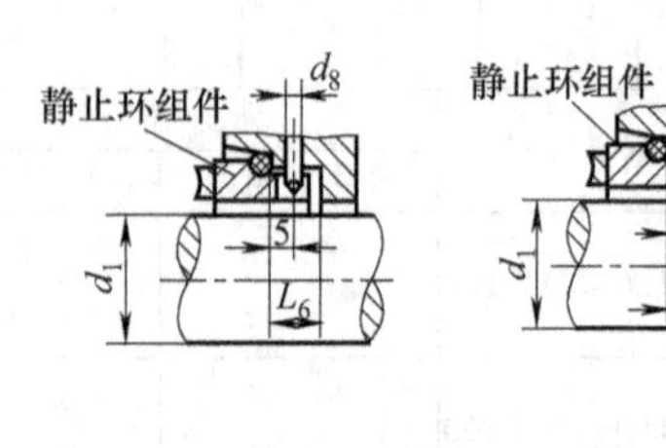

(a) 径向位置销钉结构　(b) 轴向位置销钉结构

静止环防转结构

(a) 非平衡式　(b) 平衡式

静止环轴向限位结构

公称直径 d_1 U型(h6)	公称直径 d_1 B型	d_2 h6	最大尺寸 d_3 U型	最大尺寸 d_3 B型	最小尺寸 d_4 U型	最小尺寸 d_4 B型	d_5 h8	d_6 h11	d_7 H8	d_8	d_9 U型 H8	d_9 B型 H8	e	最大尺寸 L_1 N型设计 U型 ±0.5	最大尺寸 L_1 N型设计 B型 ±0.5	最大尺寸 L_1 K型设计 U型 ±0.5	最大尺寸 L_1 K型设计 B型 ±0.5	L_2 ±0.5	L_3	L_4	L_5	L_6
10		14	20	24	22	26	此尺寸不作规定，各制造厂可以根据有关资料选取	17	21	3	26	30	4	40	50	32.5	40	18	此尺寸不作规定，各制造厂可以根据有关资料选取	1.5	4	8.5
12		16	22	26	24	28		19	23		28	32										
14		18	24	32	26	34		21	25		30	38			55	35	42.5					
16		20	26	34	28	36		23	27		32	40										
18		22	32	36	34	38		27	33		38	42		45		37.5	45	20		2	5	9
20		24	34	38	36	40		29	35		40	44			60							
22		26	36	40	38	42		31	37		42	46				40	47.5					
24		28	38	42	40	44		33	39		44	48		50								
25		30	39	44	41	46		34	40		45	50										
28		33	42	47	44	49		37	43		48	53			65	42.5	50					
30		35	44	49	46	51		39	45		50	55										
32		38	46	54	48	58		42	48		52	62		55								
33		38	47	54	49	58		42	48		53	62										
35		40	49	56	51	60		44	50		56	65										
38		43	54	59	58	63		49	56	4	63	68	6		75	45	52.5	23			6	
40		45	56	61	60	65		51	58		65	70										
43		48	59	64	63	68		54	61		68	73		60								
45		50	61	66	65	70		56	63		70	75										
48		53	64	69	68	73		59	66		73	78			85							
50		55	66	71	70	75		62	70		75	80				47.5	57.5	25		2.5		

续表

公称直径 d_1 U型(h6)	公称直径 d_1 B型	d_2 h6	最大尺寸 d_3 U型	最大尺寸 d_3 B型	最小尺寸 d_4 U型	最小尺寸 d_4 B型	d_5 h8	d_6 h11	d_7 H8	d_8	d_9 U型 H8	d_9 B型 H8	e	最大尺寸 L_1 N型设计 U型 ±0.5	最大尺寸 L_1 N型设计 B型 ±0.5	最大尺寸 L_1 K型设计 U型 ±0.5	最大尺寸 L_1 K型设计 B型 ±0.5	L_2 ±0.5	L_3	L_4	L_5	L_6
53		58	69	78	73	83	此尺寸不作规定，各制造厂可以根据有关资料选取	65	73	4	78	88	6	70	85	47.5	57.5	25	此尺寸不作规定，各制造厂可以根据有关资料选取	2.5	6	9
55		60	71	80	75	85		67	75		80	90										
58		63	78	83	83	88		70	78		88	93				52.5	62.5					
60		65	80	85	85	90		72	80		90	95			95							
63		68	83	88	88	93		75	83		93	98										
65		70	85	90	90	95		77	85		95	100		80								
68		75	88	95	93	100		81	90		98	105						28		3	7	
70		75	90	99	95	104		83	92		100	109				60	70					
75		80	99	104	104	109		88	97		110	115			105							
80		85	104	109	109	114		95	105		115	120		90								
85		90	109	114	114	119		100	110		120	125					75					
90		95	114	119	119	124		105	115		125	130				65						
95		100	119	124	124	129		110	120		130	135										
100		105	124	129	129	134		115	125		135	140										
110		115	138	143	144	149		125	136		150	155										
120		125	148	153	154	159		135	146		160	165										

注：为了保证旋转环与密封腔体之间有一个安全间隙，推荐 d_3 为最大尺寸、d_4 为最小尺寸。

表 16-24 液压气动用 O 形橡胶密封圈沟槽尺寸、公差及表面粗糙度（GB/T 3452.3—2005）

mm

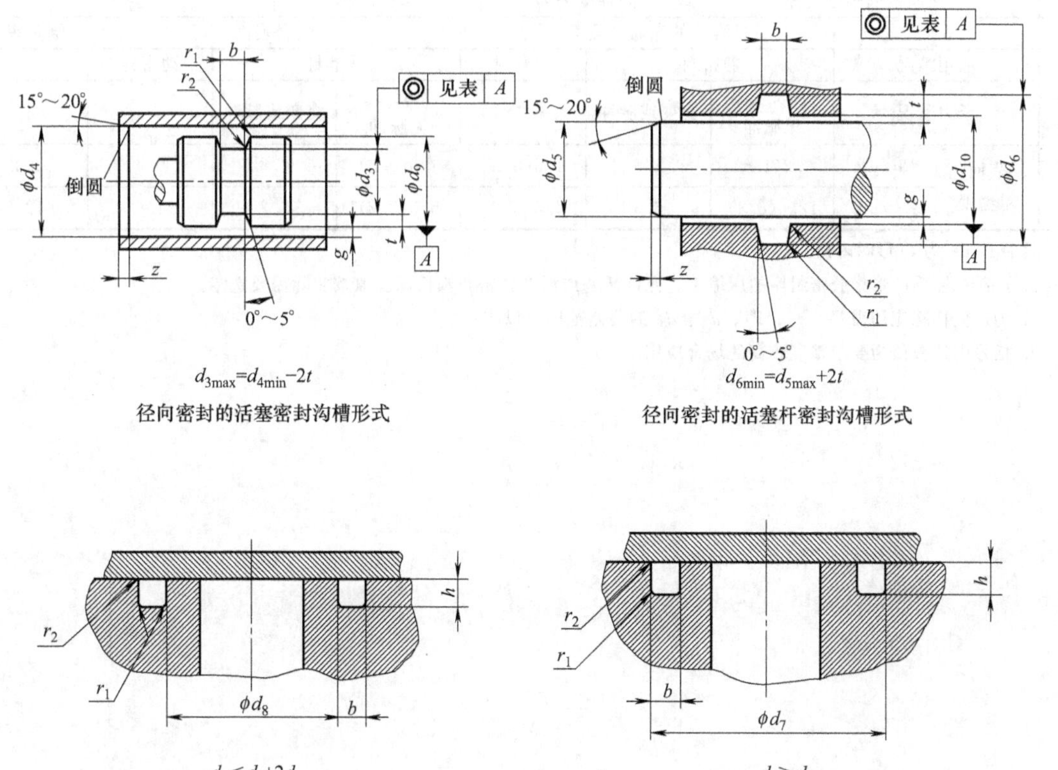

$d_{3max}=d_{4min}-2t$

径向密封的活塞密封沟槽形式

$d_{6min}=d_{5max}+2t$

径向密封的活塞杆密封沟槽形式

$d_7 \leqslant d_1+2d_2$

轴向密封受内部压力的沟槽形式

$d_8 \geqslant d_1$

轴向密封受外部压力的沟槽形式

续表

沟槽尺寸	O形圈截面直径 d_2				1.80	2.65	3.55	5.30	7.00
	径向密封	沟槽宽度 b	气动动密封		2.2	3.4	4.6	6.9	9.3
			液压动密封或静密封		2.4	3.6	4.8	7.1	9.5
		沟槽深度 t	计算 d_3 或 d_6 用	液压动密封	1.35	2.10	2.85	4.35	5.85
				气动动密封	1.4	2.15	2.95	4.5	6.1
				静密封	1.32	2.0	2.9	4.31	5.85
		最小倒角长度 z_{min}			1.1	1.5	1.8	2.7	3.6
	轴向密封	沟槽宽度 b			2.6	3.8	5.0	7.3	9.7
		沟槽深度 h			1.28	1.97	2.75	4.24	5.72
	沟槽底圆角半径 r_1				0.2～0.4		0.4～0.8		0.8～1.2
	沟槽棱圆角半径 r_2				0.1～0.3				
沟槽尺寸公差及同轴度公差	O形圈截面直径 d_2				1.80	2.65	3.55	5.30	7.00
	轴向密封时沟槽深度 h				$^{+0.05}_{0}$			$^{+0.10}_{0}$	
	缸内径 d_4				H8				
	沟槽槽底直径(活塞密封) d_3				h9				
	活塞直径 d_9				f7				
	活塞杆直径 d_5				f7				
	沟槽槽底直径(活塞杆密封) d_6				H9				
	活塞杆配合孔直径 d_{10}				H8				
	轴向密封时沟槽外径 d_7				H11				
	轴向密封时沟槽内径 d_8				H11				
	O形圈沟槽宽度 b				$^{+0.25}_{0}$				
	直径 d_{10} 和 d_6，d_9 和 d_3 之间的同轴度公差		直径尺寸		≤50		>50		
			同轴度公差		≤ϕ0.025		≤ϕ0.05		
表面粗糙度	表面		沟槽的底面和侧面			配合表面			倒角表面
	应用情况		静密封		动密封	静密封		动密封	
	压力状况		无交变、无脉冲	交变或脉冲		无交变、无脉冲	交变或脉冲		
	表面粗糙度	$Ra/\mu m$	3.2(1.6)	1.6	1.6(0.8)	1.6(0.8)	0.8	0.4	3.2
		$Ry/\mu m$	12.5(6.3)	6.3	6.3(3.2)	6.3(3.2)	3.2	1.6	12.5

注：1. d_1 为O形圈内径。

2. t 值考虑了O形橡胶密封圈的压缩率，允许活塞或活塞杆密封沟槽深度值按实际需要选定。

3. 为适应特殊应用需要，d_3、d_4、d_5、d_6 的公差范围可以改变。

4. 括号内的数值为要求精度较高的场合应用。

第17章

常用液压元件

17.1 基础标准

17.1.1 液压系统及常用元件的公称压力系列（GB/T 2346—2003）

液压系统及常用元件的公称压力系列见表17-1。

表17-1 液压系统及常用元件的公称压力系列 MPa

0.01	0.1	1.0	10.0	100
			12.5	
0.016	0.16	1.6	16.0	
	(0.20)		20.0	
0.025	0.25	2.5	25.0	
			31.5	
0.04	0.4	4.0	40.0	
			50.0	
0.063	0.63	6.3	63.0	
	(0.80)	(8.0)	80.0	

注：1. 括号内公称压力值为非优先选用值。

2. 公称压力超出100MPa时，应按GB/T 321—2005《优先数和优先数系》中R10数系选用。

17.1.2 液压泵及液压马达公称排量系列（GB/T 2347—1980）

液压泵及液压马达公称排量系列见表17-2。

表17-2 液压泵及液压马达公称排量系列 mL/r

0.1	1.0	10	100	1000
			(112)	(1120)
	1.25	12.5	125	1250
		(14)	(140)	(1400)
0.16	1.6	16	160	1600
		(18)	(180)	(1800)
	2.0	20	200	2000
		(22.4)	(224)	(2240)
0.25	2.5	25	250	2500
		(28)	(280)	(2800)
	3.15	31.5	315	3150

续表

		(35.5)	(355)	(3550)
0.4	4.0	40	400	4000
		(45)	(450)	(4500)
	5.0	50	500	5000
		(56)	(560)	(5600)
0.63	6.3	63	630	6300
		(71)	(710)	(7100)
	8.0	80	800	8000
		(90)	(900)	(9000)

注：1. 括号内公称排量值为非优先选用值。

2. 公称排量超出 9000mL/r 时，应按 GB/T 321—2005《优先数和优先数系》中 R10 数系选用。

17.1.3 液压缸内径及活塞外径系列（GB/T 2348—1993）

液压缸内径及活塞外径系列见表 17-3 和表 17-4。

表 17-3 液压缸的缸筒内径尺寸系列 mm

8	40	125	(280)
10	50	(140)	320
12	63	160	(360)
16	80	(180)	400
20	(90)	200	(450)
25	100	(220)	500
32	(110)	250	

注：括号内数值为非优先选用值。

表 17-4 液压缸的活塞外径尺寸系列 mm

4	18	45	110	280
5	20	50	125	320
6	22	56	140	360
8	25	63	160	
10	28	70	180	
12	32	80	200	
14	36	90	220	
16	40	100	250	

注：直径超出本系列时，应按 GB/T 321—2005《优先数和优先数系》中 R20 数系选用。

17.1.4 液压缸活塞行程系列（GB/T 2349—1980）

液压缸活塞行程系列见表 17-5～表 17-7。

表 17-5 液压缸活塞行程系列（一） mm

25	50	80	100	125	160	200	250	320	400
500	630	800	1000	1250	1600	2000	2500	3200	4000

表 17-6 液压缸活塞行程系列（二） mm

	40			63		90	110	140	180
220	280	360	450	550	700	900	1100	1400	1800
2200	2800	3600							

表 17-7 液压缸活塞行程系列（三） mm

240	260	300	340	380	420	480	530	600	650
750	850	950	1050	1200	1300	1500	1700	1900	2100
2400	2600	3000	3400	3800					

注：1. 液压缸活塞行程参数依优先次序按表 17-5～表 17-7 选用。

2. 活塞行程超出本系列（>4000mm）时，应按 GB/T 321—2005《优先数和优先数系》中 R10 数系选用；如不能满足要求时，允许按 R40 系列选用。

17.1.5 液压元件的油口螺纹连接尺寸（GB/T 2878—2011）

液压元件的油口螺纹连接尺寸见表 17-8。

表 17-8 液压元件的油口螺纹连接尺寸 mm

M5×0.8	M8×1	M10×1	M12×1.5	M14×1.5
M16×1.5	M18×1.5	M20×1.5	M22×1.5	M27×2
M32×2	M42×2	M50×2	M60×2	

17.1.6 液压泵站油箱公称容量系列（JB/T 7938—2010）

液压泵站油箱公称容量系列见表 17-9。

表 17-9 液压泵站油箱公称容量系列 L

			1250
	16	160	1600
			2000
2.5	25	250	2500
		315	3150
4.0	40	400	4000
		500	5000
6.3	63	630	6300
		800	
10	100	1000	

注：油箱公称容量超出本系列（>6300L）时，应按 GB/T 321—2005《优先数和优先数系》中 R10 数系选用。

17.1.7 液压系统用硬管外径和软管外径（GB/T 2351—2005）

液压系统用硬管外径和软管外径见表 17-10。

表 17-10 液压系统用硬管外径和软管外径 mm

硬管外径	4,5,6,8,10,12,(14),16,(18),20,(22),25,(28),32,(34),38,40,(42),50
软管外径	2.5,3.2,5,6.3,8,10,12.5,16,19,20,(22),25,31.5,38,40,50,51

注：括号内数值为非优选尺寸。

17.1.8 液压阀油口、底板、控制装置和电磁铁的标识（GB/T 17490—1998）

液压阀油口、底板、控制装置和电磁铁的标识见表 17-11。

表 17-11 液压阀油口、底板、控制装置和电磁铁的标识

主油口数		2		3	4
阀的类型		溢流阀	其他阀	流量控制阀	方向控制阀和功能块
主油口	进油口	P	P	P	P
	第 1 出油口	—	A	A	A
	第 2 出油口	—	—	—	B
	回油箱油口	T	—	T	T
辅助油口	第 1 液控油口	—	X	—	X
	第 2 液控油口	—	—	—	Y
	液控油口(低压)	V	V	V	—
	泄油口	L	L	L	L
	取样点油口	M	M	M	M

注：1. 本表格不适用于 GB/T 8100、GB/T 8089 和 GB/T 8101 中标准化的元件。

2. 主级或先导级的电磁铁应该与靠它们动作而有压力的油口有相一致的标识。

17.2 液压传动系统的形式与选用

17.2.1 液压传动系统的形式和设计步骤

(1) 液压传动系统的形式

按液流循环方式的不同，液压传动系统可分为开式和闭式两种。

在开式系统中，液压泵从油箱吸油，供入液动机后，再排回油箱。其结构简单，散热良好，油液能在油箱内澄清，因而应用较普遍。但油箱较大，空气与油液的接触机会较多，容易渗入。

在闭式系统中，液压泵进油管直接与液动机的排油管相通，形成一个闭合循环。为了补偿系统的泄漏损失，因而常需设一只小型辅助补偿液压泵和油箱。闭式系统结构较复杂，散热条件较差，要求有较高的过滤精度，因此应用较少。但油箱体积很小，结构紧凑；空气进入油液的机会少，工作较平稳；同时液压泵能直接控制液流方向，并能允许能量反馈。

(2) 液压传动系统的主要组成

① 液压原动机（液压缸、液压马达）。

② 液压泵。

③ 控制调节装置。包括各种压力、流量及方向的控制阀，用以控制和调节液流的压力、速度和方向，以满足机械的工作性能要求和实现各种不同的工作循环。

④ 辅助装置。如油箱、冷却器、滤油器、蓄能器、管道、管件以及控制仪表等。

(3) 液压传动的特点

液压传动与机械传动和电气传动方式相比，具有如下特点。

① 同样的功率，液压传动装置的重量轻，结构紧凑，惯性小。

② 能在很大的调整范围内，实现无级调速。

③ 运动平稳，便于实现频繁及平稳的换向。易于吸收冲击力，自动防止过载。

④ 与电气控制系统或压缩空气相配合，可以实现多种自动控制。

⑤ 系统内全部机构都在油内工作，能自行润滑，经久耐用。

⑥ 液压元件易于实现通用化和标准化。

(4) 液压传动的缺点

① 液压传动的泄漏难以避免，这会影响工作效率和运动的平稳性，而且不适用于要求较

高的定比传动。为了防止漏油，要求配合件的制造精度较高。

② 油液的温度及黏度变化，会影响传动机构的工作性能。在低温或高温条件下，难以采用液压传动。

③ 油液中如渗有空气，会产生噪声并使运动不平稳。

④ 液压元件的制造及系统的调整均需较高的技术水平。

⑤ 确定故障产生的原因以及消除这些原因都比较困难。

(5) 液压传动系统的设计步骤

在设计液压传动系统之前，应充分了解机械的工艺要求、技术特性，从技术、经济等各方面进行考虑和比较，是否应当采用液压传动，或哪些部件应当采用液压传动，以及它们的自动化程度等。液压传动系统的设计，大致可以分为下列几个步骤。

① 确定系统的工作压力和流量。

② 初步拟定液压传动系统图。

③ 液压件的选择或设计。

④ 液压传动系统的计算。

⑤ 绘出正式的液压传动系统图及装配图。

在必要时，需要验证液压传动系统的有关性能要求，如调速特性、工作平稳性等。

17.2.2 液压件的选择

(1) 液压原动机的选择

根据已知的液压系统工作压力、液压马达的每转流量或液压缸的活塞面积以及工作要求，进行液压原动机的选择。

(2) 液压泵的容量计算和选择

液压泵的压力：

$$p_0 \geqslant p_1 + \sum \Delta p \qquad (\mathrm{N/mm^2}) \tag{17-1}$$

式中，p_0 为液压原动机的最大工作压力，$\mathrm{N/mm^2}$；$\sum\Delta p$ 为主压力油路中的总压力损失，$\mathrm{N/mm^2}$。

考虑到液压系统的动态压力及液压泵的使用寿命等，通常选择液压泵的规格时，其额定压力宜比系统压力大 25%～60%，即：$p_0 \geqslant (1.25 \sim 1.60)(p_1 + \sum\Delta p)$。

液压泵的流量：

① 在没有储能器的液压系统中，根据系统的最大工作流量选取：

$$Q_0 \geqslant K Q_{\max} \qquad (\mathrm{L/min}) \tag{17-2}$$

式中，$Q_{\max}$为同时动作的液压原动机的最大总工作流量，L/min，一般将同时动作的液压原动机的最大工作流量相加而得；K 为考虑液压系统油漏损的系数，一般为 1.1～1.3。

② 在装有蓄能器的系统中，根据系统在一个工作周期中的平均工作流量选取：

$$Q_0 \geqslant \sum_{i=1}^{n} \frac{VK}{T} \times 60 \qquad (\mathrm{L/min}) \tag{17-3}$$

式中，K 为考虑系统油漏损的系数，平均 $K=1.2$；T 为机组的工作周期，s；V 为液压原动机在工作周期中的总耗油量，L；i 为液压原动机的个数。

若一个液压系统同时供应多个机组，则油泵的流量为各机组的平均工作流量之和。根据液压泵的 p_0、Q_0 及系统工作条件、工作制度、稳定程度以及其他条件，即可以确定液压泵的结构形式、型号及台数。

液压泵驱动功率：液压泵在额定压力和流量下的驱动功率，一般在产品样本说明书中可以直接查到，而在其他压力和流量下的驱动功率需要计算求得；如果液压泵的驱动功率是变化的，则要采用均方根计算方法求出其驱动电动机的功率。

(3) 各种控制阀的选择

根据系统的调整压力（即泵的最大工作压力 p_0）、液压油流过管道的压力损失以及流过该阀门的最大流量，即可进行各种阀门的选择与计算。

在系统中，往往有很多分支油路，即液压元件（包括阀门）在系统中有串联的，也有并联的。在串联时，整个通路上流量是不变的（Q=常数），压力则沿着管路长度变化而变化；在并联时，每个分支油路的压力差是一样的，而其流量则与其阻力的平方根成反比。

17.3 液压泵和液压马达

17.3.1 液压泵和液压马达的类型

常用的液压泵和液压马达产品资料，列于表 17-12（液压泵）和表 17-13（液压马达），供选用时检索用。

表 17-12 液压泵产品一览表

类别		型号	符号	工作压力/MPa	流量/(L/min)	用途
齿轮泵	单级齿轮泵	CB-B	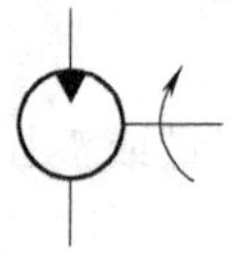	25×10^{3}	2.5～200	用于机床及其他液压系统
		YBC		80×10^{3}	12～45	体积小、重量轻、容积效率高，可广泛应用
		CB		100×10^{3}	32～98	适用于工程、运输、矿山、农业等机械
		CB-※	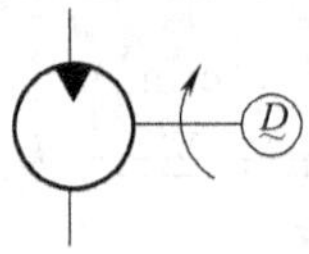	100～140×10^{3}	9.84～87.9	用于一般液压系统
		CBZ		25×10^{3}	18～125	用于低压液压系统，或用于输送油液
	多联齿轮泵	2CB	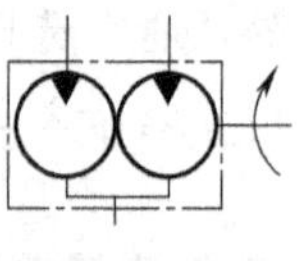	140×10^{3}	11.27～25.36	适用于工程、建筑、起重、矿山等机械
		3CB	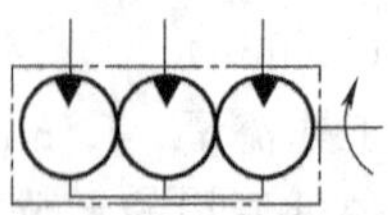			
叶片泵	单级叶片泵	YB	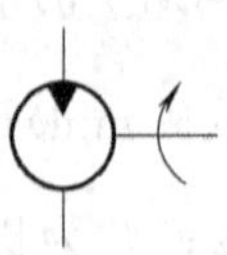	63×10^{3}	4～200	脉动及噪声较小，适用于一般机床的主传动及控制用，也可以用于其他机械的液压系统
		YB-※		70×10^{3}	5.1～178.4	
		车辆用YB-※		105×10^{3}	15.6～171.3	适用于起重运输车辆、行走机械或一般工业设备的液压系统
	双级叶片泵	Y2B-※	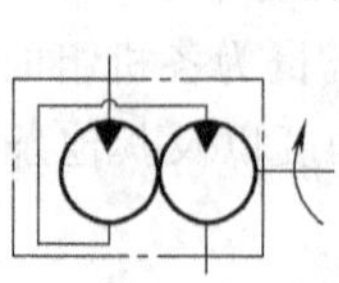	140×10^{3}	4.85～173	由两个单级叶片泵的油路串联组成，工作压力为单级叶片泵的2倍。可用于各种机械传动和控制油路

续表

类别		型号	符号	工作压力/MPa	流量/(L/min)	用途
叶片泵	双联叶片泵	YB		63×10^3	4～100	由两个单级叶片泵用同轴传动组合而成,可获得多种流量。适用于机床、塑料注射机、油压机或其他机械的液压系统
		YYB-※		70×10^3	5.1～103.9	
	复合叶片泵	YB1-※		70×10^3	5.1～103.9/5.1～32.3	由双联泵加上控制阀门组合而成。适用于机床、油压机、塑料注射机及其他设备的液压系统
		YB2-※				
	变量叶片泵	YBN-※		7～18～20～70×10^3	12.5～30	用于机床及其他设备上。可降低工作油的发热和电动机的功率消耗
柱塞泵	径向柱塞泵	JB-86-300			86	适用于矿山、工程、起重、运输机械
	轴向柱塞泵	ZDB		100×10^3 160×10^3	16～452	适用于冶金、锻压、矿山及起重运输机械的液压传动
		ZB		210×10^3	0～481mL/r、1～1790mL/r	
		CCY14-1		320×10^3	10～250	适用于机床、锻压机械、行走机械及其他机械的液压系统
		YCY14-1				
		MCY14-1				

续表

类别		型号	符号	工作压力/MPa	流量/(L/min)	用途
柱塞泵	轴向柱塞泵	ZBD		210×10^3	9.5～160 mL/r	适用于机床、锻压及起重、运输等机械的液压系统
		ZBP				
		ZM		140×10^3 210×10^3	0～227 mL/r	

表 17-13 液压马达产品一览表

类别	型号	符号	工作压力/MPa	单位排量/(mL/r)	流量/(L/min)	用途
齿轮液压马达	CM-※		100×10^3 140×10^3	10.93～213.75	1.74～33.9	转矩较小、转速高，适用于工程机械、农业机械及林业机械
叶片液压马达	YM-※		60×10^3	19～102	1.1～7.2	转速高，惯性小，适用于一般低扭矩高转速的工作场合
径向柱塞液压马达	JMD		160×10^3	126～8600	29.4～2010	具有低转速、大转矩的特点，适用于冶金、锟压、矿山及起重运输机械的液压系统
轴向柱塞液压马达	DZM		160×10^3	5.867～19.36	93～370	适用于转速要求很低、转矩要求大而均匀的场合

17.3.2 液压泵和液压马达的选用

液压泵和液压马达在结构上并无多大差异。一般常用的液压泵有齿轮泵、螺杆泵、叶片泵、柱塞泵。按泵的流量特性，可分为定量泵和变量泵两种类型。前者是指当液压泵转速不变时，不能调节流量；后者是指当液压泵转速不变时，通过变量机构的调节，能使液压泵的流量改变。调节流量的方式有手动、电动、液动、随动和压力补偿变量等形式。

液压泵传动轴与电动机传动轴之间，一般应当采用弹性联轴器连接。

(1) 齿轮泵

① 齿轮泵分外啮合和内啮合两种。前者构造简单，价格便宜，应用广泛。后者制造复杂，采用较少，但由于其体积小、重量轻、流量均匀、效率高、寿命较长，因而适于某些体积要求紧凑、重量要求很轻的机器上。为了提高泵的流量均匀性和运转稳定性，可采用螺旋齿轮或人字齿轮。在结构上能够做成单级泵、双级泵及双联泵。

② 齿轮泵构造简单、价格便宜、工作可靠、维护方便、对冲击负荷适应性好、旋转部分惯性小，但漏油较多，轴承负荷较大，磨损较剧烈。

③ 与叶片泵、柱塞泵相比，齿轮泵效率最低。吸油高度一般不大于500mm。

④ 由于效率较低，压力不高、流量不大，因而多用于速度中等、作用力不大的简单液压

系统中，有时也用来作辅助泵。一般工程机械、矿山机械、农业机械及机床等行业均可应用。

(2) 叶片泵

①叶片泵分单作用非卸荷式（即转子转一圈，只有一次吸油与压油过程）和双作用卸荷式（即转子转一圈，有两次吸油与压油过程）两种。前者转子及轴受单向力，承受较大弯矩，故称非卸荷式。后者，泵的吸油孔与压油孔都是径向相对的，轴只受转矩，不受弯矩，故称卸荷式。

单作用式叶片泵，由于可以采用改变定子和转子间偏心距的方法来调节流量，所以一般适宜做成变量泵；但相对运动部件多，泄漏较大，调节不便，不适于高压。双作用叶片泵，只能做成定量泵；压力较高，输油较均匀，应用广泛。定量叶片泵可以制成单级的，双级的（两个泵的油路串连，压力为单级泵的 2 倍），双联的（两个泵的油路并联，采用共同轴传动，可获得多种流量），以及复合叶片泵（双联叶片泵加上控制阀组合而成）。

② 叶片泵结构紧凑，外形尺寸小，运转平稳，输油量均匀，脉动及噪声较小，耐久性好，使用寿命长。价格较柱塞泵便宜。

③ 叶片泵效率一般比齿轮泵高。吸油高度一般不大于 500mm。

④ 叶片泵一般用于中、快速度，作用力中等的液压系统中，中、小流量的叶片泵常用在节流调节的液压系统里；大流量的叶片泵，为了避免过大损失，只用在非调节的液压系统里。常见的工作场合有机床、油压机、起重运输机械、工程机械、塑料注射机等。

(3) 柱塞泵

① 柱塞泵分轴向柱塞泵和径向柱塞泵两种。前者较后者有如下的优点：当功率和转速相同时，径向尺寸小、结构紧凑，因而有较小的惯性矩，单位功率所消耗的金属少。

柱塞泵具有转速高、压力大、效率较高、泵的径向作用力小、变量调节方便等特点。但其轴向尺寸大，轴向作用力大，使止推轴承构造复杂，加工工艺复杂，制造困难。

② 径向柱塞泵有两种结构。一种是常见的，柱塞装在转子中的径向柱塞泵，它可以通过移动定子与转子间偏心距来调节流量，改变偏心距的方向，即可改变输油方向，因此可以做成定量泵，也可以做成单向或双向变量泵。

另一种是柱塞装在定子中的径向柱塞泵，其工作原理与前者相似。根据作用次数的不同，可分为单排柱塞和多排柱塞的径向柱塞泵。

③ 轴向柱塞泵在结构上有倾斜盘式和倾斜缸式两种。改变其倾斜角，就可以改变柱塞在缸体内的行程，从而改变泵的流量（但倾斜角小时效率变低），因此倾斜角固定者为定量泵，可以改变者为变量泵。倾斜盘式与倾斜缸式比较，前者尺寸较小，结构较简单，重量较轻，转速较高，是一种新发展的型式，但强度较低，工作条件要求较高，排量范围小；后者应用较早，泵的强度高，排量范围大，但结构较复杂。

④ 柱塞泵结构紧凑，寿命长，噪声小，单位重量功率（功率/重量）大，即体积、重量与产生同样功率的泵比较起来显得优越，易于实现流量的调节及油流方向的改变；但结构复杂，价格较贵。

⑤ 与齿轮泵、叶片泵相比，柱塞泵效率最高。

⑥ 柱塞泵，尤其是轴向柱塞泵可以得到高压（达 400000MPa 或更大）、大流量（达 400L/min 或更大），且流量可调，因而当要求压力高、流量大及需要调节时，往往采用柱塞泵，特别是轴向柱塞泵，广泛地用于大功率的液压系统中。为了提高效率，在应用时通常用齿轮泵或叶片泵作辅助泵，用来给油、弥补漏损及保持油路中有压力。

(4) 螺杆泵

螺杆泵实质上也是一种齿轮泵，它的特点是结构简单、重量轻、流量及压力的脉动小、输送均匀、无紊流、无搅动、很少产生气泡，工作可靠、噪声小、运转比齿轮泵及叶片泵平稳，容积效率高、寿命长、吸入扬程高、真空度高（达 4.5～6mH_2O 水柱，1mmH_2O＝9.80665Pa）；但加工困难，不能改变流量，效率中等。适用于机床或精密机械设备的液压系统。

一般应用两螺杆泵或三螺杆泵，有立式和卧式两种安装方式，船用螺杆泵都要求立式。

(5) 液压马达

液压马达和液压泵一样，有齿轮式、叶片式和柱塞（径向及轴向）式。齿轮式液压马达一般功率、转矩都较小，适于小功率的传动，能用于 3000r/min 以上的高速回转，但最低转速在 150～400r/min 之间；不能用于低速是其缺点。叶片式液压马达也不适用于 50～150r/min 以下的低速回转，其功率与转矩比齿轮液压马达略大一些。上述两种液压马达结构简单、惯性小、价格便宜，适用于低转矩、高转速的工作场合。

柱塞式液压马达的功率范围很大，可达 1～200hp（1hp＝745.700W），转矩的范围也很大，转速的调节范围很广，可以从 1r/min 到 4000r/min。轴向柱塞液压马达与径向柱塞式液压马达比较，一般前者的转矩较小，转速较高，适于低转矩、高转速的工作场合。而后者则相反，适用于低转速、大转矩的工作场合，尤其是内曲线多作用径向柱塞液压马达更具有这种低转速、大转矩的特点。

液压马达与液压泵在结构上无太大区别，多数液压泵若通入高压油，即可作液压马达使用。由于电动机价廉，而且供应方便，所以只有在特殊情况下才选用液压马达，如需要无级调速，速度的调节范围要求很大，而占地又须特别紧凑的场合。液压马达给出的能量是液压马达的转矩与转速，其大小取决于液压马达的工作容积、压力及流量，工作容积越大，压力越高，则转矩越大。工作容积越小，输入油量越多，则转速越高。

为了保证液压系统的正常运转和泵的使用寿命，一般在固定设备系统中，泵的正常工作压力应为其额定压力的 80%左右；对于要求工作可靠性高的系统或运动设备（如车辆），泵的正常工作压力应为其额定压力的 60%左右。泵的流量要大于系统工作的最大流量。为了延长泵的工作寿命，泵的最高压力和最高转速不宜同时使用。

液压泵与液压马达的技术参数、外形尺寸及安装尺寸等见生产厂家的产品目录。

17.4 液压缸

液压缸属于液压系统中的执行元件，能够将液压能转变为机械能，使机械实现直线往复运动或小于 360°的摆动运动。它基本上由缸筒和缸盖、活塞和活塞杆、密封装置、缓冲装置和排气装置组成。

17.4.1 液压缸的分类

液压缸的分类见表 17-14。

表 17-14 液压缸的分类

名称			简图	符号	说明
推力液压缸	单作用液压缸	活塞液压缸			活塞仅单向运动，由外力使活塞反向运动

续表

名称				简图	符号	说明
推力液压缸	单作用液压缸	柱塞液压缸		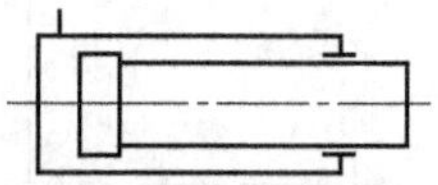	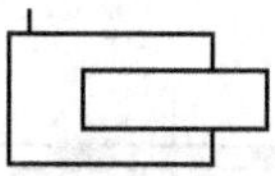	活塞仅单向运动,由外力使活塞反向运动
		伸缩式套筒液压缸		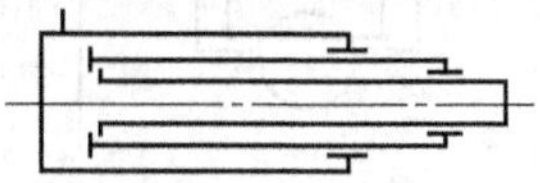	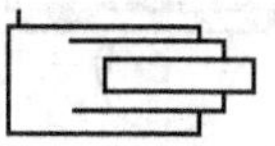	有多个互相联动的活塞液压缸,其行程可改变。由外力使活塞返回
	双作用液压缸	单活塞杆	液压缸	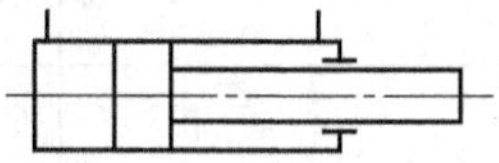	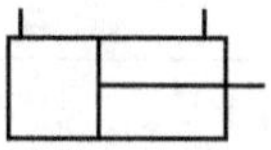	活塞双向运动,活塞在行程终了时缓冲
			带不可调缓冲式液压缸		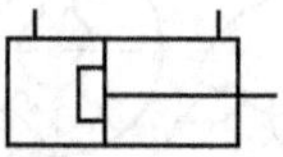	活塞在行程终了时缓冲
			带可调缓冲式液压缸		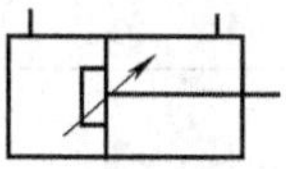	活塞在行程终了时缓冲,但缓冲可调节
			差动液压缸	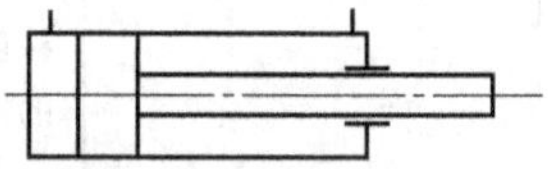	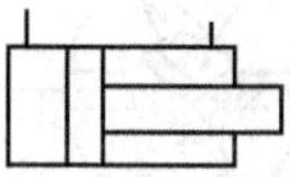	活塞两端的面积差较大,使液压缸往复的作用力和速度差较大,对系统的工作特性有明显的作用
		双活塞杆	等行程、等速液压缸	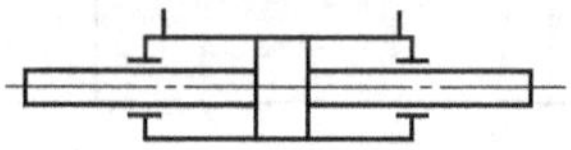	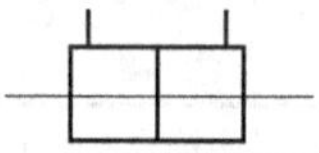	活塞左右移动速度和行程皆相等
			双向液压缸	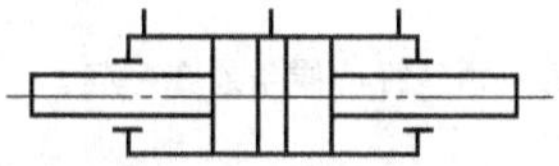	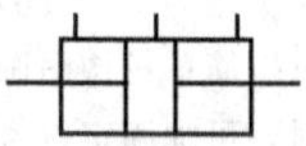	两个活塞同时向相反方向运动
		伸缩式套筒液压缸		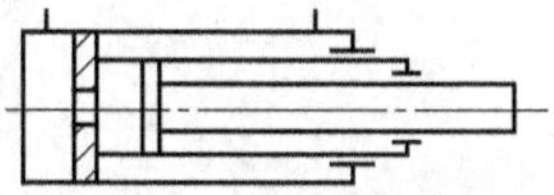	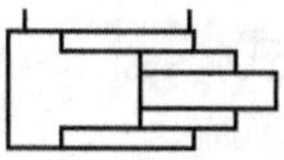	有多个互相联动的活塞的液压缸其行程可变。活塞可双向运动
	组合液压缸	弹簧复位液压缸		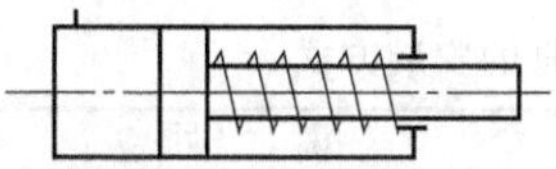	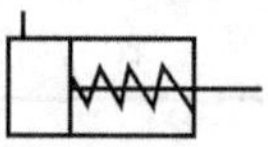	活塞单向作用,由弹簧使活塞复位
		串联液压缸		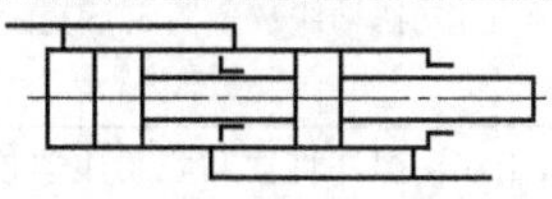	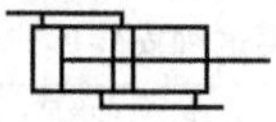	当液压缸直径受限制,而长度不受限制时,用以获得大的推力
		增压液压缸(增压器)		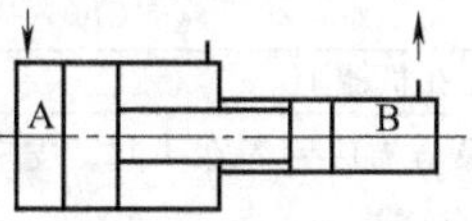 A B	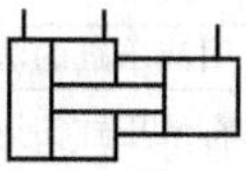	由两个不同的压力室 A 和 B 组成。为了提高 B 室中液体的压力
		多位液压缸		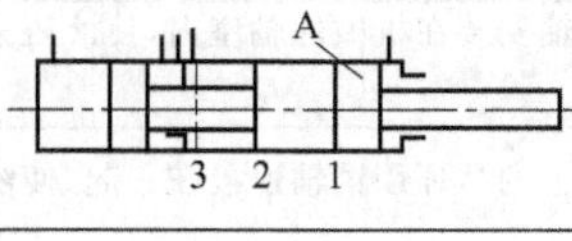 A 3 2 1	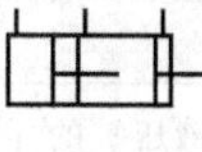	活塞 A 有三个位置
		齿条传动活塞液压缸		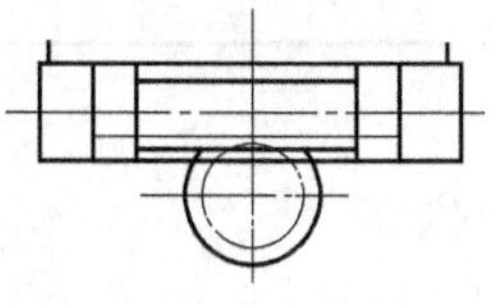	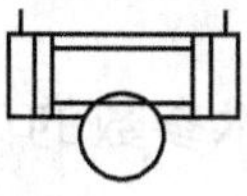	活塞经齿条带动小齿轮使产生回转运动

续表

名称			简图	符号	说明
推力液压缸	组合液压缸	齿条传动柱塞液压缸	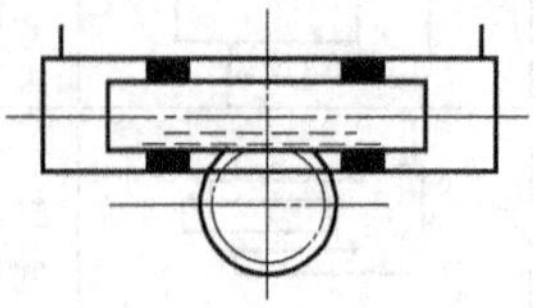	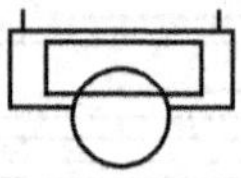	活塞经齿条带动小齿轮使产生回转运动
摆动液压缸	单叶片摆动液压缸		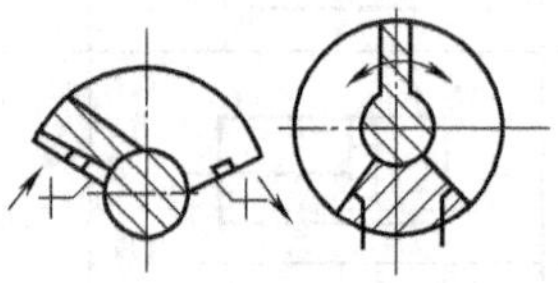	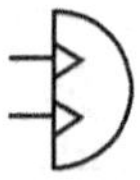	摆动液压缸也叫摆动马达。把液压能变为回转运动的机械能。输出轴只能做小于360°的摆动运动
	双叶片摆动液压缸		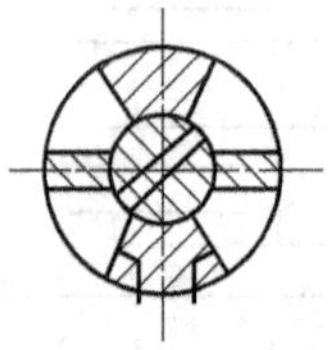		把液压能变为回转运动的机械能。输出轴只能做小于360°的摆动运动

注：1. 表中液压缸符号见液压系统图形符号 CB/T 786.1—2009。

2. 液压缸符号在制图时，一般取长宽比为（2～25）∶1。

3. 液压缸活塞杆上附有撞块时，可按简单机构图画出，与表示活塞杆的线条连在一起。

4. 液压缸缸体或活塞杆固定不动时，可加固定符号表示。

17.4.2 液压缸的安装方式

液压缸的安装方式见表17-15。

表 17-15 液压缸的安装方式

序号	安装方式		说明
1	轴线固定类		这类安装形式的液压缸在工作时，轴线位置固定不变。机床上的液压缸绝大多数采用这种安装形式
2	通用拉杆式		在两端缸盖上钻出通孔，用双头螺杆将缸和安装座连接拉紧。一般用于短行程、压力低的液压缸
3	法兰式		用液压缸的法兰将其固定在机器上
4	支座式		将液压缸头尾两端的凸缘与支座紧固在一起。支座可置于液压缸左右的径向、切向，也可置于轴向底部的前、后端
5	轴线摆动类	耳轴式	将固定在液压缸上的绞轴安装在机械的轴座内，使液压缸轴线能在某个平面内自由摆动
		耳环式	将液压缸的耳环与机械上的耳环用销轴连接在一起，使液压缸能在某个平面内自由摆动

17.4.3 液压缸的主要技术参数的计算

液压缸主要技术参数的计算见表17-16。

表 17-16 液压缸主要技术参数的计算

<table>
<tr><th>参数</th><th>计算公式</th><th>说明</th></tr>
<tr><td>压力</td><td>
油液作用在单位面积上的压强：

$$p=\frac{F}{A}\quad(\mathrm{Pa})$$

由上式可知，压力值的建立是由载荷的存在而产生的。在同一个活塞的有效工作面积上，载荷越大，克服载荷所需要的压力就越大。换句话说，如果活塞的有效工作面积一定，油液压力越大，活塞产生的作用力就越大

额定压力（公称压力）PN，是液压缸能用以长期工作的压力，应符合或接近右表规定的数值

最高允许压力 $p_{\max}$，也是动态试验压力，是液压缸在瞬间所能承受的极限压力。各国规范通常规定为：

$$p_{\max}\leqslant 1.5PN$$

耐压试验压力 p_r，是检查液压缸质量时需承受的试验压力，即在此压力下不出现变形、裂缝或破裂。各国规范多数规定为：

$$p_r\leqslant 1.5PN$$

军品规范规定为：

$$p_r=(2\sim2.5)PN$$
</td><td>
F——作用在活塞上的载荷，N

A——活塞的有效工作面积，m^2

在液压系统中，为便于选择液压元件和管路的设计，将压力分为下列等级：

<table>
<tr><th>级别</th><th>压力范围/MPa</th></tr>
<tr><td>低压</td><td>0～2.5</td></tr>
<tr><td>中压</td><td>>2.5～8</td></tr>
<tr><td>中高压</td><td>>8～16</td></tr>
<tr><td>高压</td><td>>16～32</td></tr>
<tr><td>超高压</td><td>>32</td></tr>
</table>
</td></tr>
<tr><td>流量</td><td>
单位时间内油液通过缸筒有效截面的体积称为流量：

$$Q=\frac{V}{t}\quad(\mathrm{L/min})$$

由于 $V=vAt\times10^3(\mathrm{L})$

则 $Q=vA=\frac{\pi}{4}D^2v\times10^3(\mathrm{L/min})$

对于单活塞杆液压缸：

当活塞伸出时：$Q=\frac{\pi}{4\eta_V}D^2v\times10^3$

当活塞缩回时：$Q=\frac{\pi}{4\eta_V}(D^2-d^2)v\times10^3$

当活塞差动伸出时：$Q=\frac{\pi}{4\eta_V}d^2v\times10^3$
</td><td rowspan="2">
V——液压缸活塞一次行程中所消耗的油液体积，L

t——液压缸活塞一次行程所需时间，min

D——液压缸内径，m

d——活塞杆直径，m

v——活塞杆运动速度，m/min

η_V——液压缸容积效率。当活塞密封为弹性密封材料时 $\eta_V=1$，当活塞密封为金属环时 $\eta_V=0.98$

v/(m/s)
$v_{\max}$
S_a
S_i
t_a
t_i
t/s
</td></tr>
<tr><td>活塞的运动速度</td><td>
单位时间内压力油液推动活塞（或柱塞）移动的距离。运动速度可表示为：

$$v=\frac{Q}{A}(\mathrm{m/min})$$

当活塞伸出时：$v=\frac{4Q\eta_V}{\pi D^2}\times10^{-3}$

当活塞缩回时：$v=\frac{4Q\eta_V}{\pi(D^2-d^2)}\times10^{-3}$

当 Q=常数时，v=常数。但实际上，活塞在行程两端各有一个加、减速阶段，如右图，故上述公式中计算的数值均为活塞的最高运动速度

活塞的最高运动速度 $v_{\max}$ 受到活塞和活塞杆密封以及行程末端缓冲机构所能承受的动能的限制

受活塞与活塞密封件摩擦力和加工精度的影响，活塞的最低运动速度 $v_{\min}$ 不能太低，以免产生爬行，一般 $v_{\min}>0.1\sim0.2\mathrm{m/min}$
</td></tr>
<tr><td>速比</td><td>
液压缸活塞往复运动时的速度比：

$$\varphi=\frac{v_2}{v_1}=\frac{A_1}{A_2}=\frac{\frac{\pi}{4}D^2}{\frac{\pi}{4}(D^2-d^2)}=\frac{D^2}{D^2-d^2}$$

计算速比主要是为确定活塞杆的直径和是否要设置缓冲装置。速比不宜过大或过小，以免产生过大的背压或因活塞杆太细导致稳定性不好。可参考下表选定

<table>
<tr><th>公称压力/MPa</th><th>≤10</th><th>12.5～20</th><th>>20</th></tr>
<tr><td>φ</td><td>1.33</td><td>1.46，2</td><td>2</td></tr>
</table>
</td><td>
v_1——活塞杆的伸出速度，m/min

v_2——活塞杆的缩回速度，m/min

D——液压缸活塞直径，m

d——活塞杆直径，m
</td></tr>
</table>

续表

参数	计算公式	说明
行程时间	活塞在缸体内完成全部行程所需要的时间： $t=\frac{60V}{Q}$ 当活塞杆伸出时：$t=\frac{15\pi D^2 S}{Q}$ 当活塞杆缩回时：$t=\frac{15\pi(D^2-d^2)S}{Q}$ 上述时间的计算公式只适用于长行程或活塞速度较低的情况，对于短行程、高速度时的行程时间（缓冲段除外），除和流量有关外，还与负载、惯性、阻力等有直接关系	V——液压缸容积，$V=AS\times10^3$，L S——活塞行程，m Q——流量，L/min D——缸筒内径，m d——活塞杆直径，m
活塞的理论推力和拉力	油液作用在活塞上的液体压力，对于双作用单活塞杆液压缸来说，活塞的受力如下图所示： 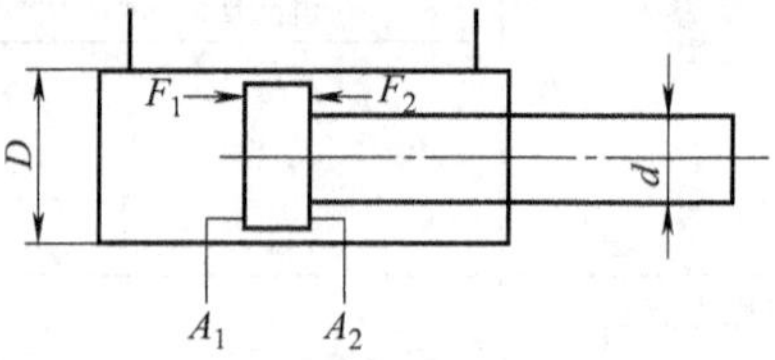 活塞杆伸出时的理论推力为： $F_1=A_1p\times10^6=\frac{\pi}{4}D^2p\times10^6$ 活塞杆缩回时的理论拉力为： $F_2=A_2p\times10^6=\frac{\pi}{4}(D^2-d^2)p\times10^6$ 当活塞差动前进时（即活塞的两侧同时进压力相同的油液）的理论推力为： $F_3=(A_1-A_2)p\times10^6=\frac{\pi}{4}d^2p\times10^6$	A_1——活塞无杆侧有效面积，m^2 A_2——活塞有杆侧有效面积，m^2 p——供油压力（工作油压），MPa D——活塞直径（即液压缸内径），m d——活塞杆直径，m
活塞的最大允许行程	活塞行程S，在初步确定时，主要是按实际工作需要的长度来考虑，但这一工作行程并不一定是液压缸的稳定性所允许的行程 为计算行程，应首先计算出活塞杆的最大允许计算长度L_k。因为，活塞杆一般为细长杆件，当$L_k\geqslant(10\sim15)d$时，由欧拉公式推导出： $L_k=\sqrt{\frac{\pi^2EI}{F_k}}$　（mm） 将右列数据代入并化简后，得： $L_k\approx320\frac{d^2}{\sqrt{F_k}}$　（mm） 对于各种安装导向条件的液压缸计算长度： $L=\sqrt{n_k}L_k$ 为了计算方便，可将F_k用液压缸工作压力p和液压缸直径D表示。根据液压缸的各种安装形式和欧拉公式所确定的活塞杆计算及导出的许用行程计算公式见表17-17 一般情况下，液压缸的纵向压缩力F是已知量，根据活塞杆、液压缸的计算长度即可大概地求出液压缸的最大允许行程。然而，这样确定的行程很可能与设计的活塞杆直径矛盾，达不到稳定性要求。这时，就应该对活塞杆的直径进行修正。修正了活塞杆直径后，再核算稳定性是否满足要求。满足要求了再按实际工作行程选取与其相近似的标准行程	F_k——活塞杆弯曲失稳临界压缩力，N，$F_k\geqslant P_{nk}$ n_k——安全系数，通常$n_k=3.5\sim6$ E——材料的弹性模量，钢材$E=2.1\times10^5$MPa I——活塞杆横截面惯性矩，mm^4，圆截面$I=\frac{\pi d^4}{64}=0.049d^4$ d——活塞杆直径，mm n——液压缸末端条件系数（安装及导向系数），见表17-17

续表

参数	计算公式	说明
液压缸的功和功率	液压缸所做的功为： $W=FS$ (J) 功率为： $N=\frac{W}{t}=\frac{FS}{t}=Fv$ (W) 由于 $F=pA$、$v=Q/A$，代入上式则： $N=Fv=pA\ \frac{Q}{A}pQ$ 即液压缸的功率等于压力与流量的乘积	F——液压缸的载荷(推力或拉力)，N S——活塞行程，m t——活塞运动时间，s v——活塞运动速度，m/s p——工作压力，Pa Q——输入流量，m^3/s
液压缸的总效率	液压缸的总效率由以下效率组成 ①机械效率 η_m：由活塞及活塞杆密封处的摩擦阻力所造成的摩擦损失。在额定压力下，通常可取： $\eta_m=0.9\sim0.95$ ②容积效率 η_V：由各密封件泄漏所造成，如前述。通常取： 当活塞密封为弹性材料时，$\eta_V=1$ 当活塞密封为金属环时，$\eta_V=0.98$ ③作用力效率 η_d：由油液排出口背压所产生的反向作用力造成 当活塞杆伸出时： $\eta_d=\frac{p_1A_1-p_2A_2}{p_1A_1}$ 当活塞杆缩回时： $\eta_d=\frac{p_2A_2-p_1A_1}{p_2A_2}$ ④液压缸的总效率 η_t： $\eta_t=\eta_m\eta_V\mu_d$	p_1——当活塞杆伸出时为进油压力，当活塞杆缩回时为排油压力，MPa p_2——当活塞杆伸出时为排油压力，当活塞杆缩回时为进油压力，MPa
活塞作用力	液压缸工作时，活塞作用力 F 计算如下： $F=F_a+F_b+F_c\pm F_d$ (N) 式中 F_a——外载荷阻力(包括外摩擦阻力) F_b——回油阻力，当油无阻碍回油箱时 $F_b\approx0$，当回油有阻力(背压)时，F_b 则为作用在活塞承压面上的液压阻力 F_c——密封圈摩擦阻力，$F_c=f\Delta p\pi(Db_Dk_D+db_dk_d)\times10^6$ F_d——活塞在启动、制动时的惯性力	f——密封件的摩擦因数，按不同润滑条件，可取 $f=0.05\sim0.2$ Δp——密封件两侧的压力差，MPa D——液压缸内径，m d——液压缸的活塞杆直径，m b_D——活塞密封件宽度，m b_d——活塞杆密封件宽度，m k_D——活塞密封件的摩擦修正系数，O形密封圈 $k_D\approx0.15$，带唇边密封圈 $k_D\approx0.25$，压紧型密封圈 $k_D\approx0.2$ k_d——活塞杆密封件的摩擦修正系数，取值同 k_D

表 17-17 许用行程 S 与计算长度的关系

欧拉载荷条件(末端条件)	图示	液压缸安装型式	由欧拉公式确定的 L_k 值	L 与 L_k 的关系式	许用行程 S 的确定
两端铰接，刚性导向 $n=1$	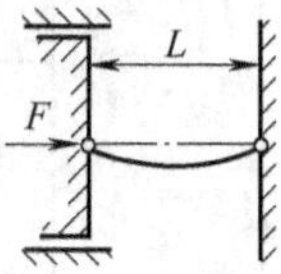 F L	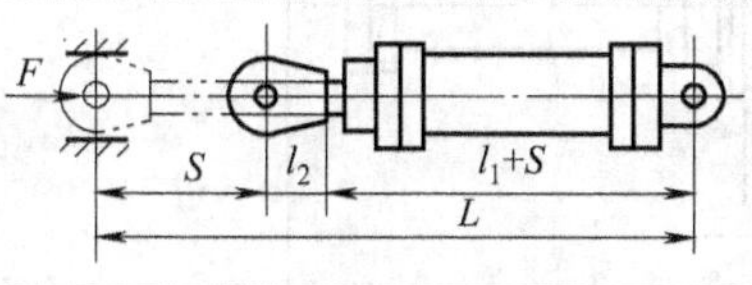 F S l_2 l_1+S L	$L_k=\frac{192.4d^2}{D\sqrt{p}}$ 式中 L_k——最大计算长度，mm D——液压缸内径，mm d——活塞杆直径，mm p——工作压力，MPa (注：上式为安全系数 $n_k=3.5$ 时)	$L=L_k$	$S=\frac{1}{2}(L-l_1-l_2)$
		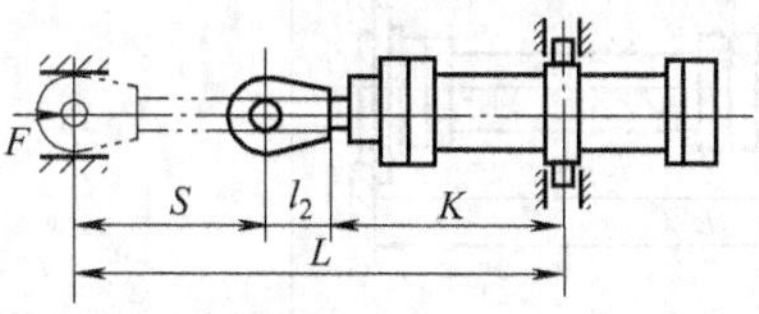 F S l_2 K L			$S=L-l_2-K$

续表

欧拉载荷条件(末端条件)	图示	液压缸安装型式	由欧拉公式确定的 L_k 值	L 与 L_k 的关系式	许用行程 S 的确定
一端铰接,刚性导向,另一端刚性固定 $n=2$	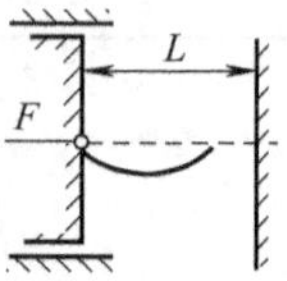	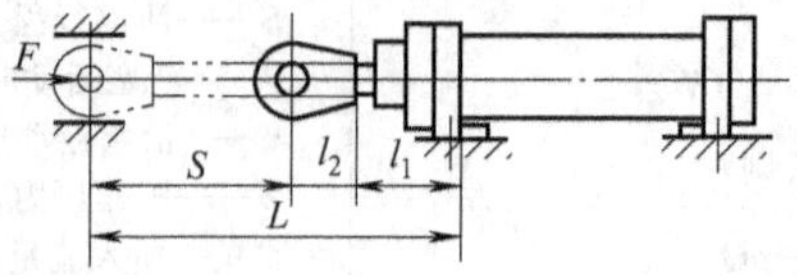	$L_k=\dfrac{192.4d^2}{D\sqrt{p}}$ 式中 L_k——最大计算长度,mm; D——液压缸内径,mm; d——活塞杆直径,mm; p——工作压力,MPa (注:上式为安全系数 $n_k=3.5$ 时)	$L=\sqrt{2}L_k$	$S=L-l_1-l_2$
		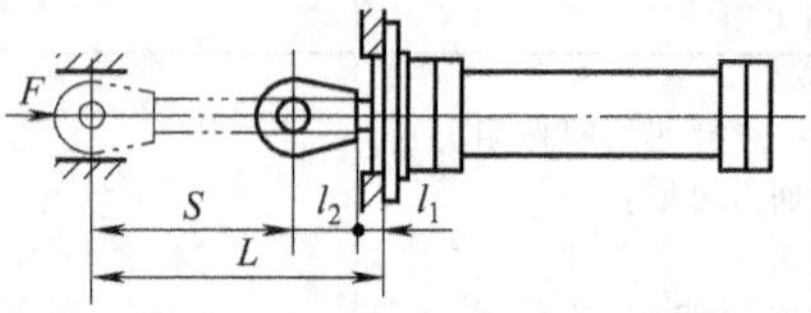			$S=L-l_1-l_2$
		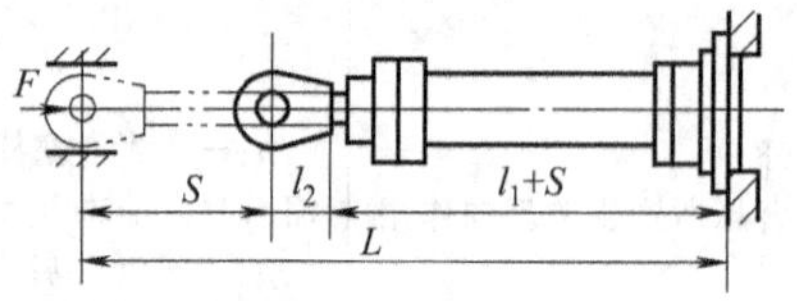			$S=\frac{1}{2}(L-l_1-l_2)$
两端刚性固定,刚性导向 $n=4$	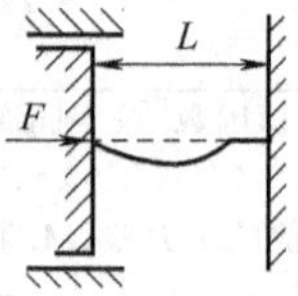	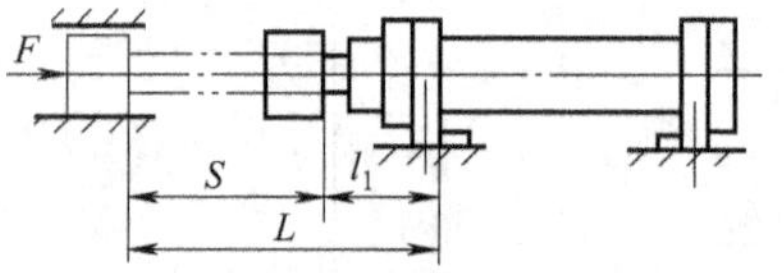		$L=2L_k$	$S=L-l_1$
		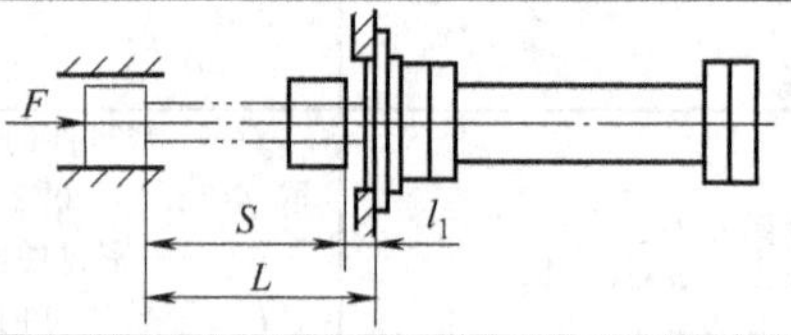			$S=L-l_1$
		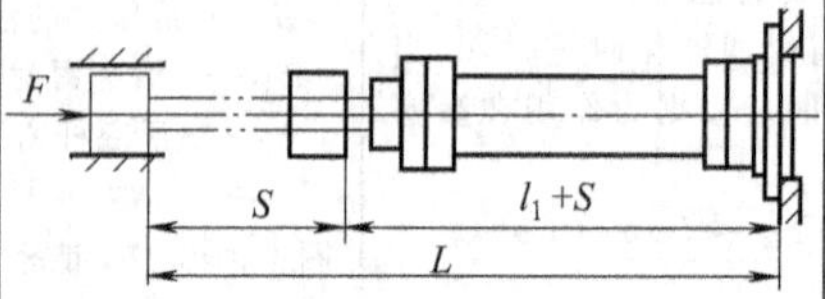			$S=\frac{1}{2}(L-l_1)$
一端刚性固定,另一端自由 $n=1/4$	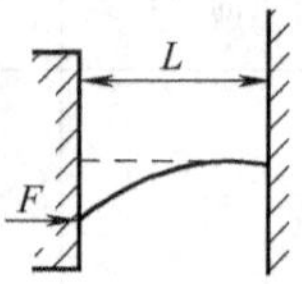	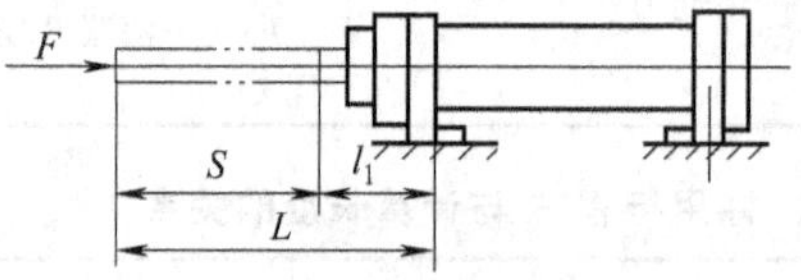		$L=L_k/2$	$S=L-l_1$
		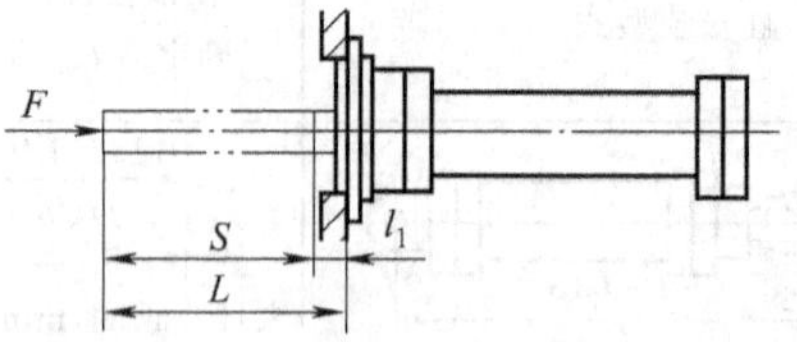			$S=L-l_1$
		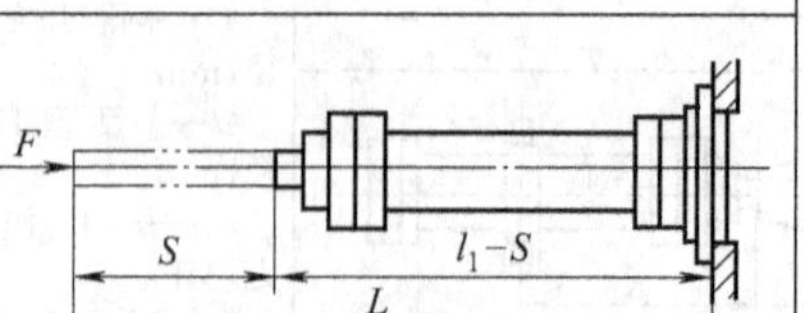			$S=\frac{1}{2}(L-l_1)$

17.4.4 液压缸的设计选用

(1) 液压缸主要参数的选定

额定工作压力 PN，一般取决于整个液压系统，因此液压缸的主要参数就是缸筒内径 D 和活塞杆直径 d。通过计算确定尺寸后，最后必须选用符合国家标准 GB/T 2348—1993 的数值（表 17-3），这样才便于选用标准密封件和附件。

(2) 使用工况

① 工作中有剧烈冲击时，液压缸的缸筒、端盖不能用脆性的材料，如铸铁。

② 排气阀需装在液压缸油液空腔的最高点，以便排除空气。

③ 采用长行程液压缸时，需综合考虑选用足够刚度的活塞和安装中隔圈。

④ 当工作环境污染严重，有较多的灰尘、砂、水分等杂质时，需采用活塞杆防护套。

(3) 缓冲机构的选用

一般认为普通液压缸在工作压力＞10MPa、活塞速度＞0.1m/s 时，应当采用缓冲装置或其他缓冲方法。这只是一个参考条件，还要根据具体情况和液压缸的用途等来决定。例如要求速度变化缓慢的液压缸，当活塞速度为 0.05～0.12m/s 时，也得采用缓冲装置。

对缸外制动机构，当 $v_m \geqslant 1\sim4.5$m/s 时，缸内缓冲机构不可能吸收全部动能，必须在缸外加制动机构，如下。

① 外部加装行程开关。当开始进入缓冲阶段时，开关即切断供油，使液压能等于零，但仍可能形成压力脉冲。

② 在活塞杆与负载之间加装减振器。

③ 在液压缸出口加装液控节流阀。

此外，可按工作过程对活塞线速度变化的要求，确定缓冲机构的形式，如下。

① 减速过渡过程要求十分柔和，如砂型操作、易碎物品托盘操作、精密磨床进给等，宜选用近似恒减速型缓冲机构，如多孔缸筒或多孔柱塞型以及自调节流型。

② 减速过程允许微量脉冲，如普通机床、粗轧机等，可采用铣槽型、阶梯型缓冲机构。

③ 减速过程允许承受一定的脉冲，可采用圆锥形或双圆锥形甚至圆柱形柱塞的缓冲机构。

(4) 密封装置的选用

有关密封方面的详细内容，请参阅本手册第 16 章润滑与密封。

(5) 工作介质的选用

按照环境温度可初步选定工作介质品种。

① 在常温（－20～60℃）下工作的液压缸，一般采用石油型液压油。

② 在高温（＞60℃）下工作的液压缸，必须采用难燃液及特殊结构液压缸。

液压缸按不同结构对工作介质的黏度和过滤精度有不同要求。

① 工作介质黏度要求：大部分生产厂要求其生产的液压缸所用的工作介质黏度范围为 12～280mm²/s，个别生产厂（如意大利的 ATOS 公司）允许到 2.8～380mm²/s。

② 工作介质过滤精度要求：用一般弹性物密封件的液压缸，20～25μm；伺服液压缸，10μm；用活塞环的液压缸，200μm。

(6) 液压缸装配、试验及检验

单、双作用液压缸的设计、装配质量、试验方法及检验规则应按 JB/T 10205—2010《液压缸》，并配合使用 GB/T 7935—2005《液压元件通用技术条件》、GB/T 15622—2005《液压缸试验方法》等标准。

17.5 控制阀

液压控制阀的种类繁多，这里只介绍最适宜在常用机械设计中采用的压力控制阀、流量控制阀、方向控制阀，其类型及用途见表17-18。具体产品的形状、尺寸及安装形式等见生产厂家的产品样本。

表17-18 液压控制阀的类型及用途

类别		图形符号及型号	工作压力范围/MPa	额定流量/(L/min)	主要用途
压力控制阀	溢流阀	直动型溢流阀 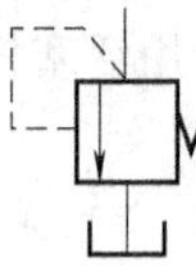	0.5～63	2～350	①作定压阀，保持系统压力的恒定 ②作安全阀，保证系统的安全 ③使系统卸载，节省能量消耗 ④远程调压阀用于系统高、低压力的多级控制
		先导型溢流阀 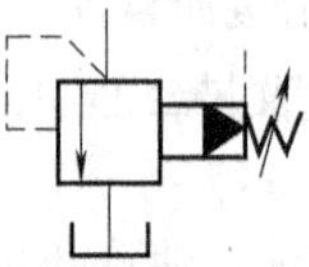	0.3～35	40～1250	
		卸荷溢流阀 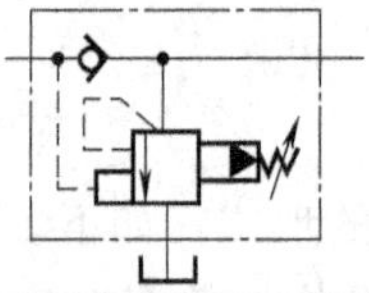	0.6～32	40～250	
		电磁溢流阀 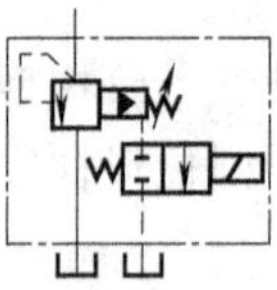 常闭(或常开)	0.3～35	100～600	
	减压阀	先导型减压阀 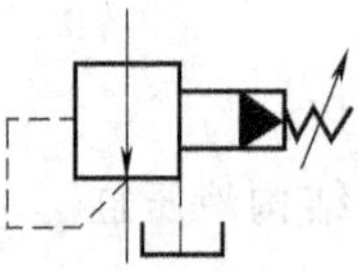	6.3～35	20～300	用于将出口压力调节到低于进口压力，并能自动保持出口压力的恒定
		单向减压阀 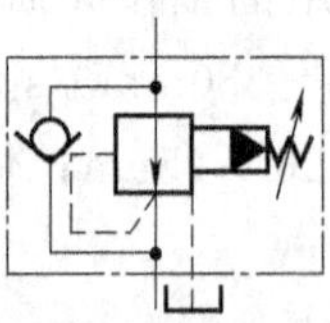	6.3～21	20～300	
	溢流减压阀	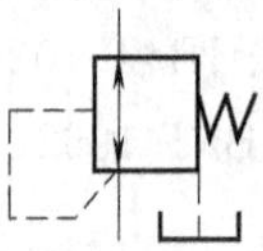	6.3	25～63	主要用于机械设备配重平衡系统中，兼有溢流阀和减压阀的功能

续表

类别		图形符号及型号	工作压力范围/MPa	额定流量/(L/min)	主要用途
压力控制阀	顺序阀	直动型顺序阀	1～21	50～250	利用油路本身的压力控制执行元件顺序动作，以实现油路的自动控制 若将阀的出口直接连通油箱，可作卸荷阀使用 单相顺序阀又称平衡阀，用以防止执行机构因其自重而自行下滑，起平衡作用 改变阀上、下盖的方位，可以组成七种不同功能的阀
		直动型单向顺序阀	1～21	50～250	
		先导型顺序阀	0.5～31.5	20～500	
		先导型单向顺序阀	6.3～31.5	20～500	
	平衡阀		31.5	80～560	用在起重液压系统中，使执行元件速度稳定。在管路损坏或制动失灵时，可防止重物下降
	载荷相关背压阀		6.3～10	25～63	可使背压随载荷变化而变化。利用此阀可组成一个载荷增大、背压自动降低，反之载荷减小、背压增加的系统，运动平稳，系统效率高
	压力继电器		10～50	—	将油压信号转换为电气信号。有的型号能发出高、低压力两个控制信号
流量控制阀	节流阀	节流阀	14～31.5	2～400	通过改变节流口的大小来控制油液的流量，以改变执行元件的速度

续表

类别		图形符号及型号	工作压力范围/MPa	额定流量/(L/min)	主要用途
流量控制阀	节流阀	单向节流阀  双单向 	14～31.5	3～400	通过改变节流口的大小来控制油液的流量，以改变执行元件的速度
	调速阀	调速阀 	6.3～31.5	0.015～50	能准确地调节和稳定油路的流量，以改变执行元件的速度 单向调速阀可以使执行元件获得正、反两方向不同的速度
		单向调速阀 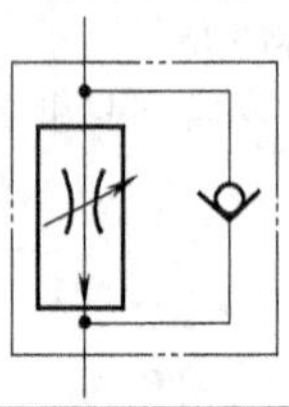			
		电磁调速阀 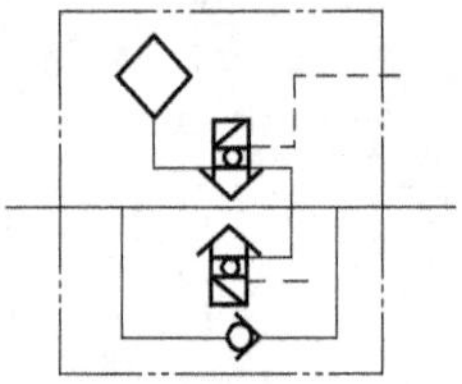	21～31.5	10～240	调节量可通过遥控传感器变成电信号或使用传感电位计进行控制
		流向调速阀 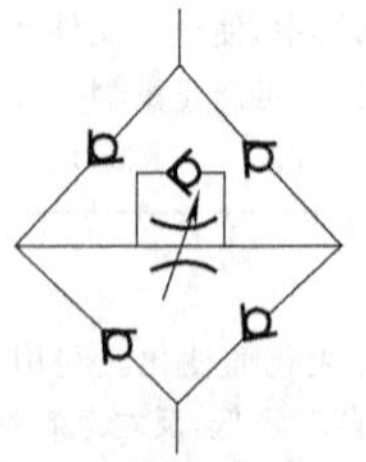	21～31.5	15～160	必须同 2FRM、2FRW 型叠加在一起使用，这样调速阀可以在两个方向上起稳定流量的作用
	行程控制器	单向行程节流阀 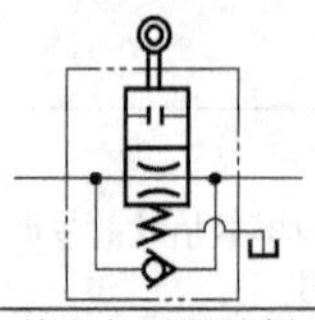	20	100	可依靠碰块或凸轮来自动调节执行元件的速度。液流反向流动时，经单向阀迅速通过，执行元件快速运动
		单向行程调整阀 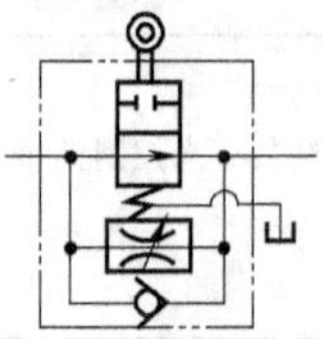	20	0.07～50	

续表

类别		图形符号及型号	工作压力范围/MPa	额定流量/(L/min)	主要用途
流量控制阀	分流集流阀	分流阀	31.5	40～100	用于控制同一系统中的2～4个执行元件同步运行
		单向分流阀			
		分流集流阀	20～31.5	2.5～330	
方向控制阀	单向阀	单向阀	16～31.5	10～1250	用于液压系统中使油流从一个方向通过，而不能反向流动
		液控单向阀	16～31.5	40～1250	可利用控制油压开启单向阀，使油流在两个方向上自由流动
	换向阀	电磁换向阀	16～35	6～120	
		液动换向阀	31.5	6～300	是实现液压油流的接通、切断和换向，以及压力卸载和顺序动作控制的阀门
		电液换向阀	6.3～35	300～1100	
		机动换向阀	31.5	30～100	

续表

类别		图形符号及型号	工作压力范围/MPa	额定流量/(L/min)	主要用途
方向控制阀	换向阀	手动换向阀 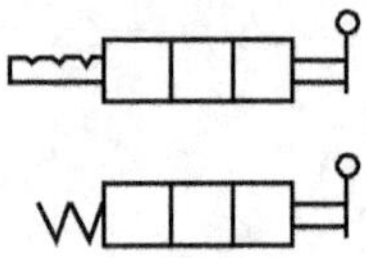	35	20～500	是实现液压油流的接通、切断和换向，以及压力卸载和顺序动作控制的阀门
	压力表开关		16～34.5	—	切断或接通压力表和油路的连接
二通插装阀			31.5～42	80～16000	用于大流量、较复杂或高水基介质的液压系统中，进行压力、流量、方向的控制
截止阀			20～31.5	40～1200	切断或接通油路

第18章 减速器

18.1 常用减速器简介

减速器是用于原动机和工作机之间的独立传动装置，其主要功能是减速增力，以带动低速大转矩的工作机。减速器类型很多，大都已成为标准化产品。目前减速器有两大类产品：一种是作为独立传动装置的各类减速器；另一类则是与电动机直连的一体化产品。

18.1.1 常用减速器的类型、特点及应用

表 18-1 常用减速器的类型、特点及应用

名称		运动简图	推荐传动比范围	特点及应用
单级圆柱齿轮减速器			$i<8\sim10$	轮齿可做成直齿、斜齿或人字齿，直齿用于速度较低（$v<8$m/s）或负荷较轻的传动；斜齿或人字齿用于速度较高或负荷较重的传动。箱体通常用铸铁做成，有时也采用焊接结构或铸钢件。轴承通常采用滚动轴承，只在重型或特高速时，才采用滑动轴承。其他形式的减速器也与此类同
两级圆柱齿轮减速器	展开式		$i=8\sim60$	结构简单，但齿轮相对轴承的位置不对称，因此要求轴有较大的刚度。高速级齿轮布置在远离转矩的输入端，这样，轴在转矩作用下产生的扭转变形将能减弱轴在弯矩作用下产生弯曲变形所引起的载荷沿齿宽分布不均匀的现象。建议用于载荷比较平稳的场合，高速级可做成斜齿，低速级可做成直齿或斜齿
	同轴式		$i=8\sim60$	减速器长度较短，两对齿轮浸入油中深度大致相等，但减速器的轴向尺寸及重量较大；高速级齿轮的承载能力难以充分利用；中间轴较长，刚性差，载荷沿齿宽分布不均匀；仅能有一个输入和输出轴端，限制了传动布置的灵活性
单级锥齿轮减速器			$i<6\sim8$	用于输入轴和输出轴两轴线垂直相交的传动，可做成卧式或立式。由于锥齿轮制造较复杂，仅在传动布置需要时才采用
圆锥-圆柱齿轮减速器			$i<8\sim22$	特点同单级锥齿轮减速器。锥齿轮应布置在高速级，以使锥齿轮的尺寸不致过大，否则加工困难。锥齿轮可以做成直齿、斜齿或曲线齿，圆柱齿轮可做成直齿或斜齿

续表

名称		运动简图	推荐传动比范围	特点及应用
蜗杆减速器	蜗杆下置式		$i=10\sim80$	蜗杆布置在蜗轮的下边，啮合处的冷却和润滑都较好，同时蜗杆轴承的润滑也较方便，但当蜗杆圆周速度太大时，油的搅动损失较大，一般用于蜗杆圆周速度 $v<10\text{m/s}$ 的情况
	蜗杆上置式		$i=10\sim80$	蜗杆布置在蜗轮的上边。装拆方便，蜗杆的圆周速度允许高一些，但蜗杆轴承的润滑不太方便，需采取特殊的结构措施

18.1.2 常见的减速器结构

同一类减速器的结构不尽相同，而且在不断地改进、创新。这里只介绍比较普通的典型结构。

图 18-1 所示为两级圆柱齿轮减速器，采用斜齿圆柱齿轮。箱体为铸铁铸造（材料一般为 HT200），上、下箱体用螺栓紧固，结合面涂密封胶。轴承采用球轴承，重载减速器多用圆锥滚子轴承。轴承端盖为嵌入式，与轴承间有调整垫片。伸出轴用油沟式密封槽密封。小齿轮与滚动轴承间在轴上装有挡油盘。图 18-2 所示为圆锥-圆柱齿轮减速器。小锥齿轮轴为一边支承，刚性较低。轴承用油润滑，齿轮将箱内油甩向箱盖内壁，经箱体上的油沟流向轴承。

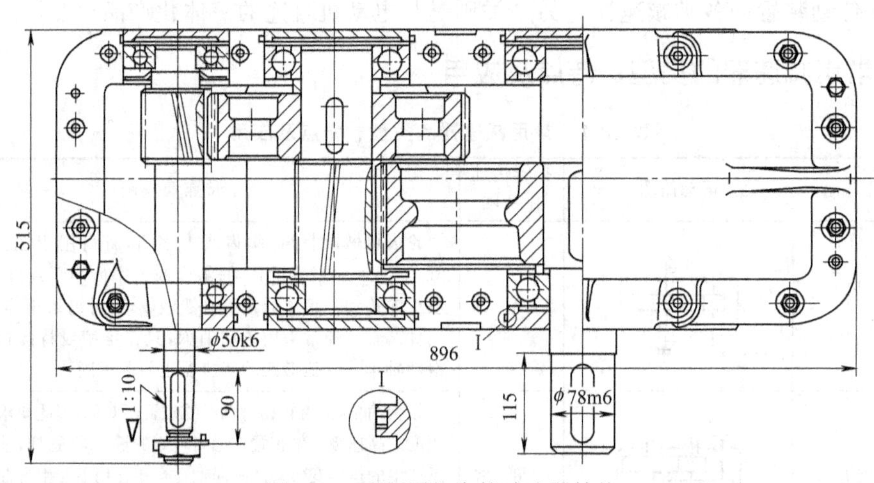

图 18-1　两级圆柱齿轮减速器结构

图 18-3 所示为蜗杆减速器，蜗杆上置，设有风扇和散热片以利散热。蜗杆传动和轴承均用箱内润滑油润滑。刮油板的作用是刮下蜗轮带上的油，使油沿下箱体上的油槽流向蜗轮轴轴承。通气器孔的作用是使箱内外空气相通，防止箱内空气因温升而膨胀所导致的各密封处漏油。上、下箱体用两个圆锥销定位。垫片（两端）的作用是调整蜗杆传动的啮合状况和轴承的间隙。

图 18-4 所示为 NAD 型单级行星减速器，太阳轮带动三个行星轮。为补偿制造及装配误差的影响，使各行星轮较均匀地分担载荷，采用了太阳轮浮动的均载机构。因太阳轮轻而惯性小，浮动灵敏，机构简单，易于制造，是一种常用的均载机构形式。太阳轮由双齿式联轴器驱动。箱顶装有通气器。输入轴轴承靠甩油润滑。

常见的几种减速器的立体图如图 18-5～图 18-7 所示。减速器的箱体一般由铸铁材料铸造而成，分为上箱体和下箱体，箱体上设有定位销孔以安装定位；设有螺栓孔以安装连接上、下箱体的螺栓；设有地脚螺钉孔以将箱体安装在地基上。为了提高轴承座的支撑刚度，通常在上、下箱体的轴承座孔上下与箱体的连接处设有加强肋。

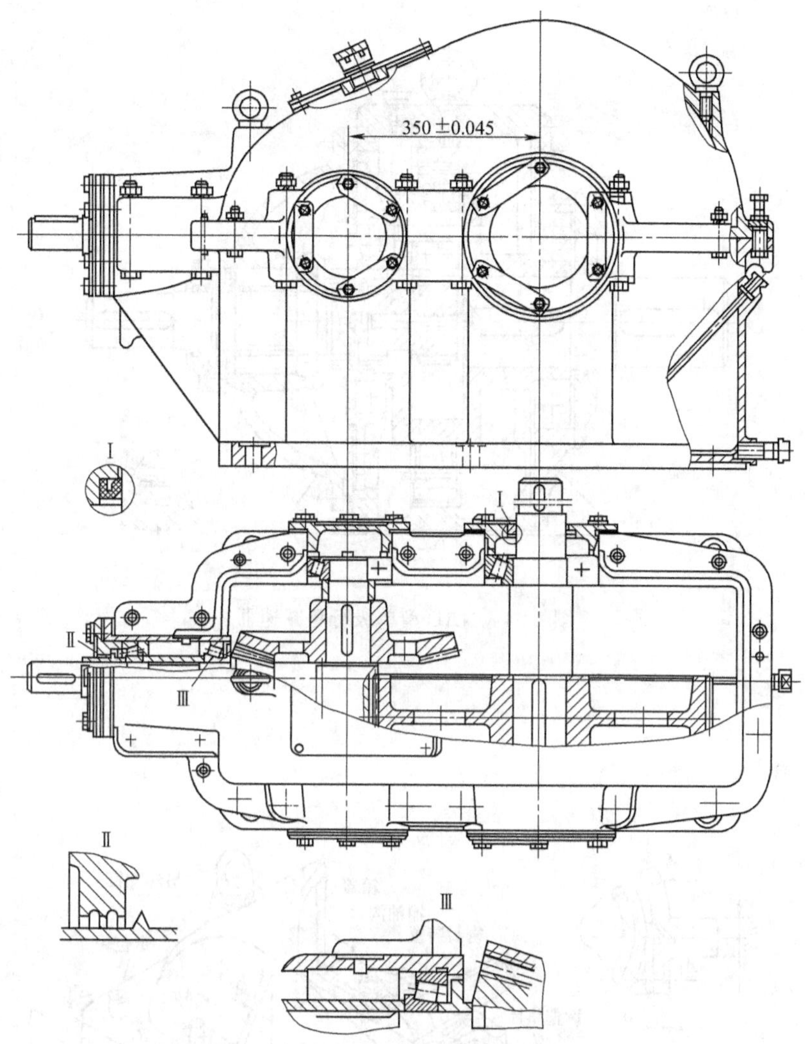

图 18-2 圆锥-圆柱齿轮减速器结构

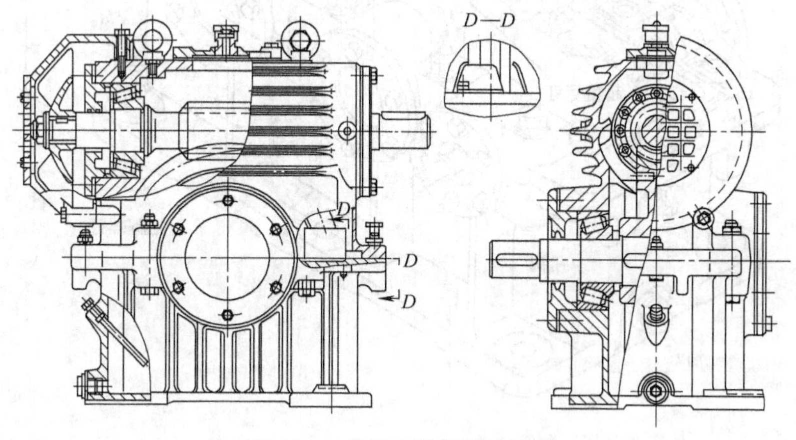

图 18-3 单级上置蜗杆减速器

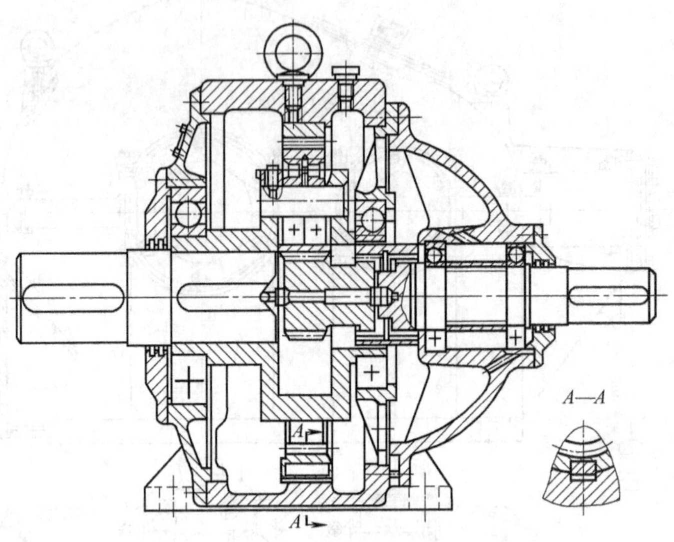

图 18-4　NAD 型单级行星减速器

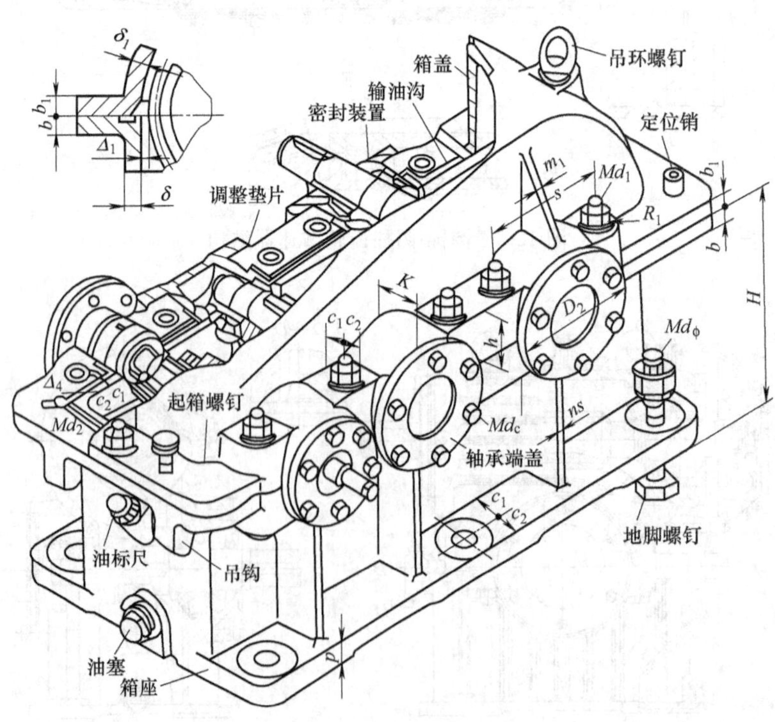

图 18-5　二级圆柱齿轮减速器的立体图

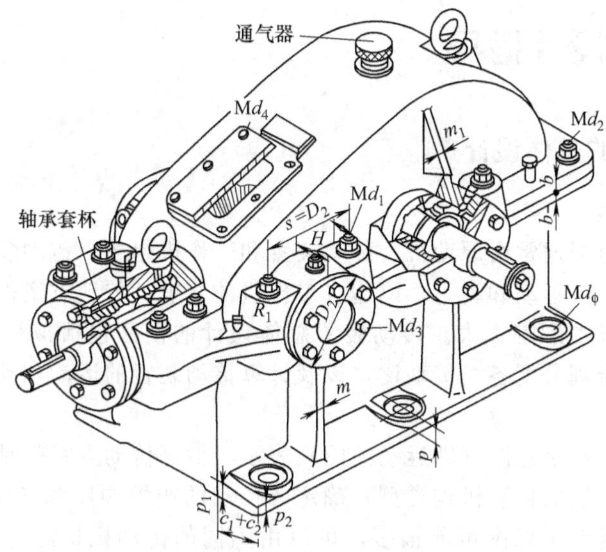

图 18-6 圆锥-圆柱齿轮减速器的立体图

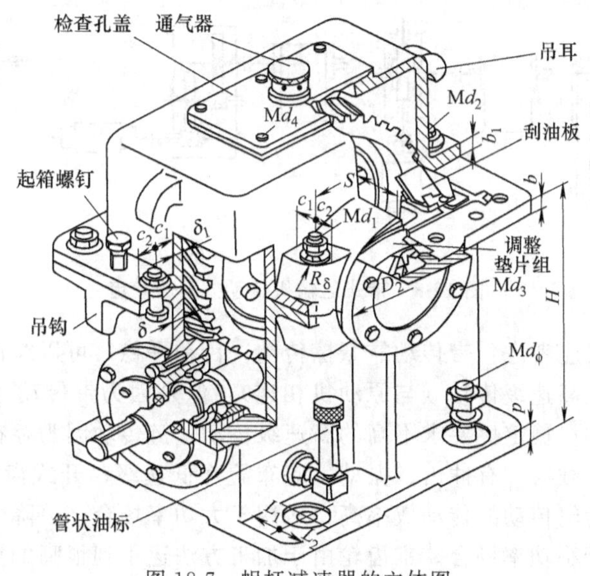

图 18-7 蜗杆减速器的立体图

常见的减速器附件及其作用见表 18-2。

表 18-2 减速器附件及其作用

名称	作用
窥视孔和视孔盖	为了便于检查箱内传动零件的啮合情况以及将润滑油注入箱体内，在减速器箱体的箱盖顶部设有窥视孔。为防止润滑油飞溅出来和污物进入箱体内，在窥视孔上应加设视孔盖
通气器	减速器工作时箱体内温度升高，气体膨胀，箱内气压增大。为了避免由此引起密封部位的密封性下降造成润滑油向外渗漏，多在视孔盖上设置通气器，使箱体内的热膨胀气体能自由逸出，保持箱内压力正常，从而保证箱体的密封性
油面指示器	用于检查箱内油面高度，以保证传动件的润滑。一般设置在箱体上便于观察、油面较稳定的部位
定位销	为了保证每次拆装箱盖时，仍保持轴承座孔的安装精度，需在箱盖与箱座的连接凸缘上配装两个定位销
起盖螺钉	为了保证减速器的密封性，常在箱体剖分接合面上涂有水玻璃或密封胶。为便于拆卸箱盖，在箱盖凸缘上设置 1～2 个起盖螺钉。拆卸箱盖时，拧动起盖螺钉，便可顶起箱盖
起吊装置	为了搬运和装卸箱盖，在箱盖上装有吊环螺钉，或铸出吊耳、吊钩。为了搬运箱座或整个减速器，在箱座两端连接凸缘处铸出吊钩
放油孔及螺塞	为了排出油污，在减速器箱座最底部设有放油孔，并用放油螺塞和密封垫圈将其堵住

18.2 减速器设计指导

18.2.1 传动装置的总体设计

(1) 确定传动方案

任何一台完整的机器通常由原动机、传动装置和工作机组成。传动装置位于原动机和工作机之间，用来传递、转换运动和动力，以适应工作机的要求。传动方案得合理与否对机器的性能、尺寸、重量以及成本影响很大。传动装置总体设计的任务包括拟订传动方案、选择电动机、确定总传动比、合理分配各级传动比，以及计算传动装置的运动和动力参数，为后续工作做准备。

传动方案通常用传动示意图（即运动简图）表示。拟订传动方案就是根据工作机的功能要求和工作条件，选择合适的传动机构类型，确定各传动的布置顺序和各组成部分的连接方式。绘制出的传动方案的传动示意图可能很多，可以由不同的传动机构经过不同的布置顺序来实现。图 18-8 列出了带式运输机设计的几种传动方案。

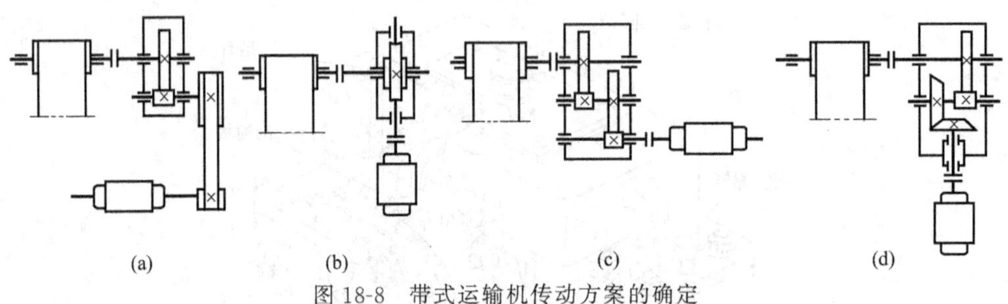

图 18-8 带式运输机传动方案的确定

在考虑传动方案时应考虑：带传动靠摩擦传动，传动平稳，可以缓冲、吸振和具有过载保护作用，因此通常放在高速级传动（与原动机相连），但是因为带传动存在弹性滑动，传动比不准确，多布置在传动比稳定性要求不高的高速级传动；链传动因为存在多边形效应，因此具有运动的不均匀性和动载荷，有冲击、振动，应布置在低速级；开式齿轮传动的工作条件差，一般布置在低速级。齿轮传动的传动效率高，适用于大功率场合，以降低功率损失；蜗杆传动的传动效率低，多用于小功率场合。锥齿轮由于加工方法达不到很高的精度，尺寸大时精度更低，因此通常放到高速级传动以得到较小的尺寸。另外，还需考虑载荷因素，如：载荷变化较大或出现过载的可能性较大时，应该选择有过载保护和有吸振功能的传动形式，如带传动；在传动比要求严格时，可选用齿轮传动或蜗杆传动；在粉尘、潮湿、易燃、易爆场合，应该选择闭式传动或链传动等。

(2) 选择电动机

① 确定电动机的类型及结构形式　电动机是专业工厂生产的标准机器，设计时要根据工作机的工作特性，工作环境特点以及载荷大小、性质（变化性质、过载情况等），启动性能，启动，制动、正反转的频繁程度以及电源种类（交流或直流）选择电动机的类型、结构、容量（功率）和转速，并在产品目录或手册中选择其具体型号和尺寸。电动机分交流电动机和直流电动机。由于我国的电动机用户多采用三相交流电源，因此，无特殊要求时均应选用三相交流电动机，其中以三相异步交流电动机应用最广泛。

Y 系列笼型三相异步电动机是一般用途的全封闭自扇冷式电动机，由于其结构简单、价格低廉、工作可靠、维护方便，广泛应用于不易燃、不易爆、无腐蚀性气体和无特殊要求的机械上，如金属切削机床、运输机、风机、搅拌机等。常用的 Y 系列三相异步电动机的技术数据和外形尺寸见相关手册。对于经常启动、制动和正反转频繁的机械（如起重、提升设备等），要求电动机具有较小的转动惯量和较大的过载能力，应选用冶金及起重用 YZ（笼型）或 YZR 型（绕线型）三相异步电动机。

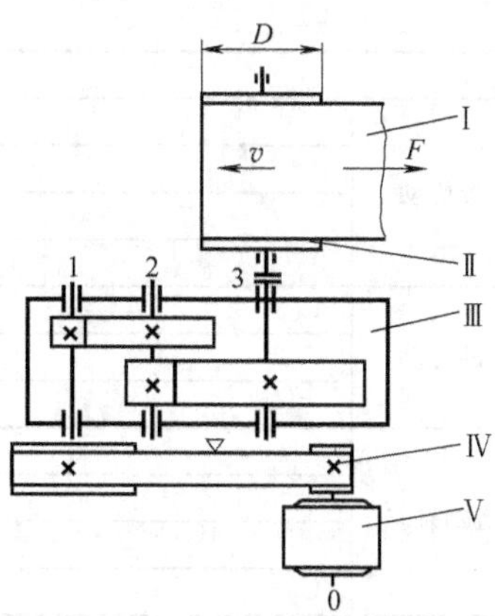

图 18-9 带式运输机传动装置

② 确定电动机的功率 电动机的容量（功率）主要根据电动机所要带动的机械系统的功率来决定。对于载荷比较稳定、长期连续运行的机械（如运输机），只要所选电动机的额定功率 $P_{额定}$ 大于等于工作机所需的电动机功率 P_0 即可，即 $P_{额定} \geqslant P_0$。这样选择的电动机一般可以安全工作，不会过热，因此通常不必校验电动机的发热和启动转矩。

图 18-9 所示的带式运输机，其电动机所需的工作功率为：

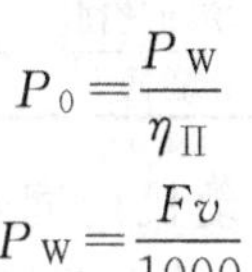

$$P_0 = \frac{P_W}{\eta_{Ⅱ}}$$

$$P_W = \frac{Fv}{1000}$$

式中 P_W——工作机的输出功率，kW；

F——输送带的有效拉力，N；

v——输送带的线速度，m/s；

$\eta_{Ⅱ}$——电动机到工作机输送带间的总效率，它为组成传动装置和工作机的各运动副或传动副的效率的乘积，包括齿轮传动、蜗杆传动、带传动、链传动、输送带及卷筒、轴承、联轴器等的效率。

$$\eta_{Ⅱ} = \prod_{i=1}^{n} \eta_i$$

式中，n 为产生效率的运动副、传动及联轴器的总数。

常见机械传动效率值见表 18-3。

表 18-3 常见机械传动效率值

种类		效率 η
圆柱齿轮传动	经过跑合的 6 级精度和 7 级精度齿轮传动(油润滑)	0.98～0.99
	8 级精度的一般齿轮传动(油润滑)	0.97
	9 级精度的齿轮传动(油润滑)	0.96
	加工齿的开式齿轮传动(脂润滑)	0.94～0.96
	铸造齿的开式齿轮传动	0.90～0.93
锥齿轮传动	经过跑合的 6 级和 7 级精度的齿轮传动(油润滑)	0.97～0.98
	8 级精度的一般齿轮传动(油润滑)	0.94～0.97
	加工齿的开式齿轮传动(脂润滑)	0.92～0.95
	铸造齿的开式齿轮传动	0.88～0.92
蜗杆传动	自锁蜗杆(油润滑)	0.40～0.45
	单头蜗杆(油润滑)	0.70～0.75
	双头蜗杆(油润滑)	0.75～0.82
	三头和四头蜗杆(油润滑)	0.80～0.92
联轴器	弹性联轴器	0.99～0.995
	十字滑块联轴器	0.97～0.99
	齿轮联轴器	0.99
	万向联轴器($\alpha > 3°$)	0.95～0.99
	万向联轴器($\alpha \leqslant 3°$)	0.97～0.98

续表

种类		效率 η
带传动	平带无张紧轮的传动	0.98
	平带有张紧轮的传动	0.97
	平带交叉传动	0.90
	V带传动	0.96
链传动	片式销轴链	0.95
	滚子链	0.96
	齿形链	0.97
滑动轴承	润滑不良	0.94(一对)
	润滑正常	0.97(一对)
	润滑很好(压力润滑)	0.98(一对)
	液体摩擦润滑	0.99(一对)
滚动轴承	球轴承	0.99(一对)
	滚子轴承	0.98(一对)
丝杠传动	滑动丝杠	0.30～0.60
	滚动丝杠	0.85～0.95
	卷筒	0.94～0.97

③ 确定电动机的转速　三相异步电动机的同步转速（即磁场转速）通常是750r/min、1000r/min、1500r/min、3000r/min四种。电动机同步转速越高，电动机价格越低，但是在工作机转速相同的情况下，电动机同步转速越高，传动比越大，传动装置的尺寸越大，传动装置的制造成本越高；反之电动机同步转速越低，则电动机结构尺寸越大，电动机价格越高，但是传动装置的总传动比小，传动装置尺寸也小，传动装置的价格低。所以，一般应该分析比较，综合考虑。计算时从工作机的转速出发，考虑各种传动的传动比范围，计算出要选择电动机的转速范围。电动机常用的同步转速为1000r/min、1500r/min。

设输送机卷筒的工作转速为 n_w，则：

$$n_w=\frac{1000\times 60v}{\pi d}$$

$$n_0=n_w i_{\Pi}=n_w\prod_{j=1}^{k} i_j$$

式中　v——输送带的线速度，m/s；

d——卷筒直径，mm；

i_{Π}——总传动比；

i_j——第 j 个传动机构的传动比；

n_0——应该选用的电动机满载转速的计算值，r/min。

各种机械传动的传动比见表18-4。

表18-4　各种机械传动的传动比

传动类型	传动比	传动类型	传动比
平带传动	≤5	圆锥齿轮传动：	
V带传动	≤7	①开式	≤5
同步带传动	≤10	②单级减速器	≤3
圆柱齿轮传动：		蜗杆传动：	
①开式	≤8	①开式	15～60
②单级减速器	4～6	②单级减速器	10～40
③单级行星减速器	3～9	链传动	≤6
		摩擦轮传动	≤5

(3) 分配各级传动比

传动装置总传动比 i_{II} 由已经选定的电动机满载转速 n_d 和工作机的工作转速确定，即：

$$i_{\mathrm{II}}=n_d/n_w$$

由于传动装置的传动比等于各级传动的传动比的连乘积，即：

$$i_{\mathrm{II}}=\prod_{j=1}^{k} i_j$$

因此，在总传动比一定的条件下，各级传动比 i_1、i_2、i_3、…、i_k 可以有无穷多组解。所以，必须进行各级传动比的分配，以使各级传动比均在合理范围内。分配传动比时需注意如下事项。

① 各级传动比均应在推荐值范围内，以符合各种传动形式的特点，并使结构紧凑。

② 各级传动比的选值应使传动系统中总体尺寸协调，结构匀称合理。例如传动装置由普通 V 带传动和齿轮减速器组成时，带传动的传动比如分配过大，会使大带轮的外圆半径大于齿轮减速器的中心高，造成尺寸不合理，不易安装，如图 18-10 所示。

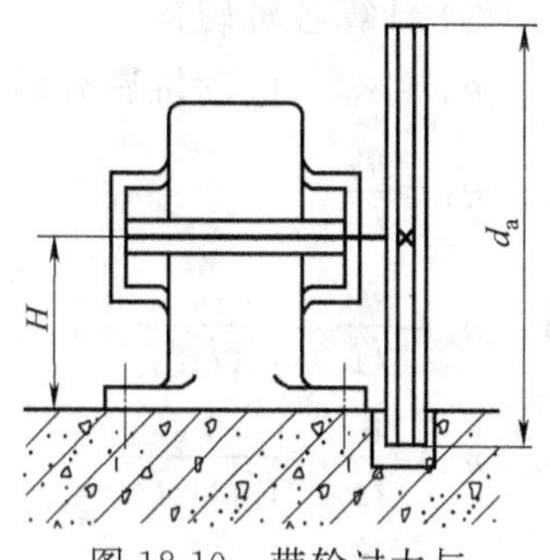

图 18-10 带轮过大与地基相碰

③ 各级传动比的选值应使各传动件及轴彼此不发生干涉。例如在两级圆柱齿轮减速器中，若高速级传动比过大，会使高速级的大齿轮外圆与低速级输出轴相干涉，如图 18-11 所示。

④ 各级传动比的选值应使各级大齿轮浸油深度合理，低速级大齿轮浸油稍深，高速级大齿轮浸油约一个齿高。如在展开式两级圆柱齿轮减速器中，为使两大齿轮的直径相近便于润滑，应使高速级齿轮传动比大于低速级齿轮的传动比，如图 18-12 所示。

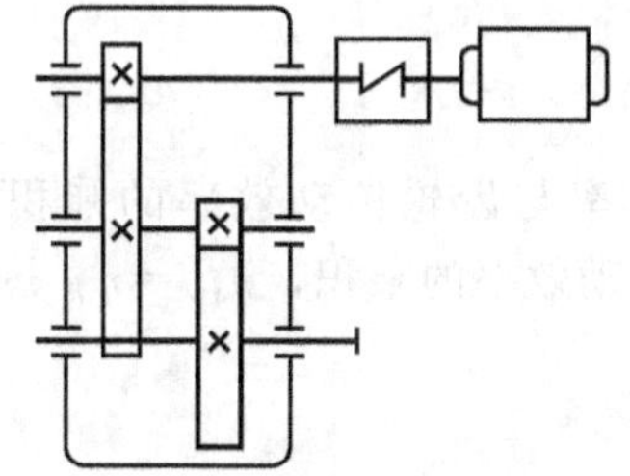

图 18-11 高速轴齿轮与低速轴干涉图

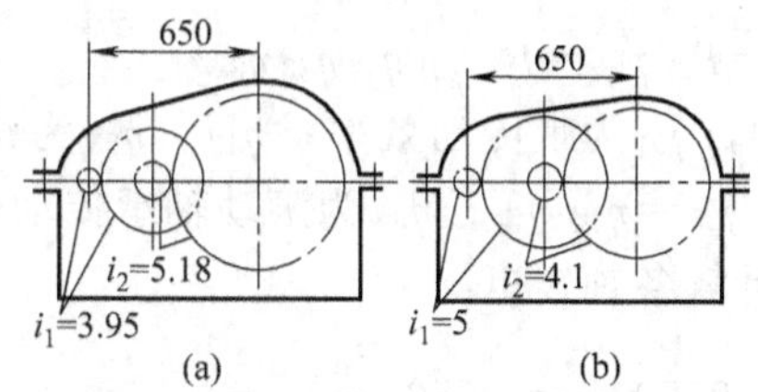

图 18-12 两级齿轮传动比分配例

根据上述分析，可总结如下传动比分配规律以供参考。

① 对展开式两级圆柱齿轮减速器，可取 $i_1\approx(1.2\sim1.3)\ i_2$，其中 i_1 为高速级传动比，i_2 为低速级传动比。

② 对同轴式两级圆柱齿轮减速器，可取 $i_1=i_2$。

③ 对圆锥-圆柱齿轮减速器，可取锥齿轮传动的传动比 $i_1\approx0.25i_{\mathrm{II}}$，以保证大锥齿轮尺寸不致过大，便于加工，同时也避免大锥齿轮与低速轴干涉。

④ 对于蜗杆-齿轮减速器，可取齿轮传动的传动比 $i_1\approx(0.03\sim0.06)\ i_{\mathrm{II}}$。

⑤ 对于齿轮-蜗杆减速器，可取齿轮传动的传动比 $i_1<2\sim2.5$，以使结构紧凑。

⑥ 对两级蜗杆减速器，可取 $i_1=i_2=\sqrt{i_{\mathrm{II}}}$。

应该强调指出，这样分配的各级传动比只是初步选定的数值，实际传动比要由传动件参数计算确定。实际传动比与由电动机到工作机计算出来的传动系统要求的传动比会有一定的误差，一般机械传动中，传动比误差要求在±5% 的范围之内。

(4) 传动零件的运动、动力参数计算

传动装置的运动、动力参数包括各个轴的转速、功率、转矩等。现以图 18-9 所示的两级圆柱齿轮减速传动装置为例，说明运动和动力参数的计算。

设 n_0、n_1、n_2、n_3、n_w 分别为 0、1、2、3 轴及工作机轴的转速，单位为 r/min；P_0、P_1、P_2、P_3、P_w分别为 0、1、2、3 轴及工作机轴传递的功率，单位为 kW；T_0、T_1、T_2、T_3、T_w分别为 0、1、2、3 轴及工作机轴传递的转矩，单位为 N·m；i_{01}、i_{12}、i_{23}、i_{3w}分别为电动机到 1 轴、1 轴到 2 轴、2 轴到 3 轴、3 轴到工作机轴的传动比；η_{01}、η_{12}、η_{23}、η_{3w}分别为电动机到 1 轴、1 轴到 2 轴、2 轴到 3 轴、3 轴到工作机轴的传动效率。

应该注意：通用机械中常以电动机的额定功率作为设计功率，专用机械或者工况一定的机械则以工作机的功率（电动机的实际输出功率）作为设计功率。设计时应具体情况具体分析。

① 计算各轴转速：

$n_0=n_m$（电动机满载转速）

$$n_1=\frac{n_m}{i_{01}}$$

$$n_2=\frac{n_1}{i_{12}}=\frac{n_m}{i_{01}i_{12}}$$

$$n_3=\frac{n_2}{i_{23}}=\frac{n_m}{i_{01}i_{12}i_{23}}$$

$$n_w=\frac{n_3}{i_{3w}}=\frac{n_m}{i_{01}i_{12}i_{23}i_{3w}}$$

② 计算各轴输入功率：

$$P_1=P_0\eta_{01}$$

$$P_2=P_1\eta_{12}=P_0\eta_{01}\eta_{12}$$

$$P_3=P_2\eta_{23}=P_0\eta_{01}\eta_{12}\eta_{23}$$

$$P_w=P_3\eta_{3w}=P_0\eta_{01}\eta_{12}\eta_{23}\eta_{3w}$$

式中，η_{01}为带传动效率；η_{12}、η_{23}为滚动轴承传动效率与齿轮传动效率的乘积，$\eta_{12}=\eta_{滚}\eta_{齿}$、$\eta_{23}=\eta_{滚}\eta_{齿}$；$\eta_{3w}$为滚动轴承传动效率与联轴器传动效率的乘积，$\eta_{3w}=\eta_{滚}\eta_{联}$。

③ 计算各轴转矩：

$$T_1=9550\frac{P_1}{n_1}=9550\frac{P_0}{n_m}i_{01}\eta_{01}$$

$$T_2=9550\frac{P_2}{n_2}=9550\frac{P_0}{n_m}i_{01}i_{12}\eta_{01}\eta_{12}$$

$$T_3=9550\frac{P_3}{n_3}=9550\frac{P_0}{n_m}i_{01}i_{12}i_{23}\eta_{01}\eta_{12}\eta_{23}$$

$$T_w=9550\frac{P_w}{n_w}=9550\frac{P_0}{n_m}i_{01}i_{12}i_{23}i_{3w}\eta_{01}\eta_{12}\eta_{23}\eta_{3w}$$

18.2.2 传动零件的设计计算

(1) 减速器外传动零件设计要点

传动零件的设计计算，包括确定传动零件的材料、热处理方法、参数、尺寸和主要结构。传动装置运动及动力参数计算得出的数据及设计任务书给定的工作条件，即为传动零件设计计算的原始数据。设计时先设计减速器以外的传动零件，待准确的传动比确定后，再重新求得减速器内零件的传动比，从而减小总传动比误差。减速器以外的传动零件一般为带传动、链传动或开式齿轮传动，设计时需要注意这些传动零件与其他部件的协调问题。

① 带传动　设计带传动时，应注意检查带轮尺寸与传动装置外廓尺寸的相互关系，例如小带轮外圆半径是否大于电动机中心高，大带轮外圆半径是否过大造成带轮与机器底座相干涉等。要注意带轮轴孔尺寸与电动机轴或减速器输入轴尺寸是否相适应。如图 18-13 中所示带轮的 D_e 和 B 都过大。带轮直径确定后，应验算带传动实际传动比和大带轮转速，并以此修正减速器传动比和输入转矩。

② 链传动　链轮外廓尺寸及轴孔尺寸应与传动装置中其他部件相适应。当采用单排链使传动尺寸过大时，应改用双排链或多排链，并记录选定的润滑方式和润滑剂牌号以备查。

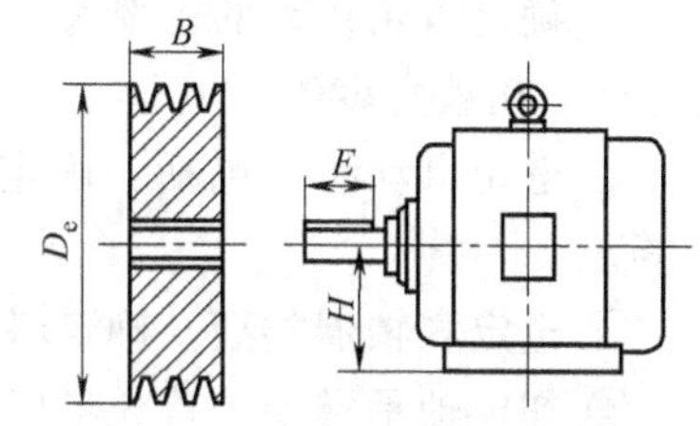

图 18-13　带轮尺寸和电动机尺寸不协调

③ 开式齿轮传动　开式齿轮传动一般布置在低速级，常选用直齿。因灰尘大，润滑条件差，磨损失效较严重，一般只需计算轮齿的弯曲强度。选用材料时，要注意耐磨性能和大、小齿轮材料的配对。由于支承刚度较小，齿宽系数应取小些。应注意检查大齿轮的尺寸与材料及毛坯制造方法是否相应，例如齿轮直径超过 500mm 时，一般应采用铸造毛坯，材料应是铸铁或铸钢。还应检查齿轮尺寸与传动装置总体尺寸及工作机尺寸是否相称，有没有与其他零件相干涉等。开式齿轮传动设计完成后，要由选定的大、小齿轮齿数计算实际传动比。

(2) 减速器内传动零件设计要点

减速器内传动零件设计计算方法及结构设计均可依据本手册前述各章所述方法，此外还应注意以下几点。

① 材料的选择　所选齿轮材料应考虑毛坯制造方法，并检查是否与齿轮尺寸大小相适应。例如，齿轮直径较小（小于 450～500mm）时，多用锻造毛坯；小齿轮分度圆直径 d 与轴的直径相差很小时，可将齿轮与轴做成一体，称为齿轮轴，因此所选材料应兼顾轴的要求；同一减速器中各级传动的小齿轮（或大齿轮）的材料，没有特殊情况应选用相同牌号，以减少材料品种和工艺要求。

② 齿面硬度的选择　锻钢齿轮分软齿面（≤350HBW）和硬齿面（>350HBW）两种，应按工作条件和尺寸要求来选择齿面硬度。大、小齿轮的齿面硬度差一般为：

软齿面齿轮 $HBW_1 - HBW_2 \approx 30 \sim 50$

硬齿面齿轮 $HRC_1 = HRC_2$（脚注 1 为小齿轮，脚注 2 为大齿轮）

③ 有关计算所得参数与几何尺寸的圆整　齿轮传动的尺寸与参数的取值，有些应取标准值，有些应圆整，有些则必须求出精确数值。例如：模数应取标准值；齿宽和其他结构尺寸应尽量圆整；为便于制造、安装及测量，齿轮传动中心距 a 最好取个位数为“0”或“5”的数；而啮合尺寸（分度圆、齿顶圆、齿根圆、螺旋角等）则必须求出精确值，其尺寸应精确到微米（μm），角度应精确到秒（″）；直齿锥齿轮的节锥距 R 不要求圆整，按模数和齿数精确计算到微米（μm），节锥角 δ 应精确到秒（″）。

18.2.3 减速器装配草图的设计

减速器装配图表达了减速器的设计构思、工作原理和装配关系，也表达出各零部件间的相互位置、尺寸及结构形状，它是绘制零件工作图、部件组装、调试及维护等的技术依据。设计减速器装配工作图时要综合考虑工作要求、材料、强度、刚度、磨损、加工、装拆、调整、润滑和维护以及经济性诸因素，并要用足够的视图表达清楚。由于设计装配工作图所涉及的内容较多，既包括结构设计又有校验计算，因此设计过程较为复杂，常常是边画、边算、边改，即“算、画结合”的过程。

(1) 画草图前的准备工作

在画草图之前，应深入了解减速器各零部件的功用、结构和相互关系，对草图设计过程做到心中有数，具体准备工作如下。

① 确定齿轮传动的主要尺寸。包括：确定齿轮传动的中心距、分度圆和齿顶圆直径、齿轮宽度、轮毂宽度等。

② 选定电动机。包括：确定电动机安装尺寸，如轴伸直径 D、轴伸长度 E 及中心高度 H 等。

③ 选定联轴器类型，确定联轴器外伸端直径。

④ 初定轴承类型。首先考虑性价比较高的轴承类型如深沟球轴承，然后再根据载荷性质及其他要求选择其他类轴承。

⑤ 初步确定滚动轴承润滑方式。当浸浴在油池中的传动零件的圆周速度 $v>2\sim3\text{m/s}$ 时，可采用齿轮转动时飞溅出来的润滑油来润滑轴承（简称油润滑）；当 $v\leqslant2\text{m/s}$ 时，可采用润滑脂润滑轴承（简称脂润滑）。然后可根据轴承的润滑方式和工作环境条件（清洁或多尘）选定轴承的密封形式。

⑥ 确定减速器箱体的结构形式。减速器箱体多采用剖分式，剖分面一般在水平位置并与齿轮或蜗轮轴线平面相重合。由于箱体的结构形状比较复杂，对箱体的强度和刚度进行计算极为困难，故箱体的各部分尺寸多借助于经验公式来确定。图 18-5～图 18-7 所示为目前常见的铸造箱体结构，其各部分尺寸详见表 18-5。

表 18-5 减速器铸造箱体结构尺寸 mm

<table>
<tr><td>名　称</td><td>代号</td><td colspan="3">荐用尺寸关系</td></tr>
<tr><td rowspan="2">下箱座壁厚</td><td rowspan="2">δ</td><td colspan="3">两级齿轮减速器</td></tr>
<tr><td colspan="2">$\delta=0.025a+3\geqslant8$</td><td>$\delta=0.04a+3\geqslant8$</td></tr>
<tr><td>上箱座壁厚</td><td>δ_1</td><td colspan="2">$\delta_1=0.9\delta\geqslant8$</td><td>蜗杆在下：
$\delta_1=0.85\delta\geqslant8$
蜗杆在上：
$\delta_1=\delta\geqslant8$</td></tr>
<tr><td>下箱座剖分面处凸缘厚度</td><td>b</td><td colspan="3">$b=1.5\delta$</td></tr>
<tr><td>上箱座剖分面处凸缘厚度</td><td>b_1</td><td colspan="3">$b_1=1.5\delta_1$</td></tr>
<tr><td>地脚螺栓底脚厚度</td><td>p</td><td colspan="3">$p=2.5\delta$</td></tr>
<tr><td>箱座上的肋厚</td><td>m</td><td colspan="3">$m>0.85\delta$</td></tr>
<tr><td>箱盖上的肋厚</td><td>m_1</td><td colspan="3">$m_1>0.85\delta_1$</td></tr>
<tr><td rowspan="4" colspan="2">名　称</td><td colspan="3">两级圆柱 a_1+a_2　圆锥-圆柱 $R+a$</td></tr>
<tr><td>$\leqslant300$</td><td>$\leqslant400$</td><td>$\leqslant600$</td></tr>
<tr><td colspan="3">蜗杆 a</td></tr>
<tr><td>$\leqslant200$</td><td>$\leqslant250$</td><td>$\leqslant350$</td></tr>
<tr><td>地脚螺栓直径</td><td>d_ϕ</td><td>M16</td><td>M20</td><td>M24</td></tr>
<tr><td>地脚螺栓通孔直径</td><td>d'_ϕ</td><td>20</td><td>25</td><td>30</td></tr>
<tr><td>地脚螺栓沉头座直径</td><td>D_0</td><td>45</td><td>48</td><td>60</td></tr>
<tr><td rowspan="2">地脚凸缘尺寸(扳手空间)</td><td>L_1</td><td>27</td><td>32</td><td>38</td></tr>
<tr><td>L_2</td><td>25</td><td>30</td><td>35</td></tr>
<tr><td rowspan="2">地脚螺栓数目</td><td rowspan="2">n</td><td>两级齿轮</td><td colspan="2">6</td></tr>
<tr><td>蜗杆</td><td colspan="2">4</td></tr>
<tr><td>轴承旁连接螺栓(螺钉)直径</td><td>d_1</td><td>M12</td><td>M16</td><td>M20</td></tr>
</table>

续表

名　　称		两级圆柱 a_1+a_2　圆锥-圆柱 $R+a$		
		≤300	≤400	≤600
		蜗杆 a		
		≤200	≤250	≤350
轴承旁连接螺栓通孔直径	d'_1	13.5	17.5	22
轴承旁连接螺栓沉头座直径	D_0	26	32	40
剖分面凸缘尺寸(扳手空间)	c_1	20	24	28
	c_2	16	20	24
上下箱连接螺栓(螺钉)直径	d_2	M10	M12	M16
上下箱连接螺栓通孔直径	d'_2	11	13.5	17.5
上下箱连接螺栓沉头座直径	D_0	24	26	32
箱缘尺寸(扳手空间)	c_1	18	20	24
	c_2	14	16	20
轴承盖螺钉直径	d_3	见表 18-35		
检查孔盖连接螺栓直径	d_4	$d_4=0.4d\geqslant 6$		
圆锥定位销直径	d_5	$d_5=0.8d_2$		
减速器中心高	H	$H=1\sim1.12$①		
轴承旁凸台高度	h	根据低速轴轴承座外径 D_2 和 Md_1 扳手空间 c_1 的要求，由结构确定		
轴承旁凸台半径	R_δ	$R_\delta\approx c_2$		
轴承端盖(即轴承座)外径	D_2	$D_2=$轴承孔直径 $D+(5\sim5.5)d_3$		
轴承旁连接螺栓距离	S	以螺栓 Md'_1 和螺钉 Md_2 互不干涉为准尽量靠近，一般取 $S\approx D_2$		
箱体外壁至轴承座端面的距离	K	$K=c_1+c_2+(5\sim8)$mm		
轴承座孔长度(即箱体内壁至轴承座端面的距离)		$K+\delta$		
大齿轮顶圆与箱体内壁间距离	Δ_1	$\Delta_1\geqslant1.2\delta$		
齿轮端面与箱体内壁间距离	Δ_2	$\Delta_2\geqslant\delta$		

① 多级传动时，取低速级中心距的值。

(2) 草图设计第一阶段

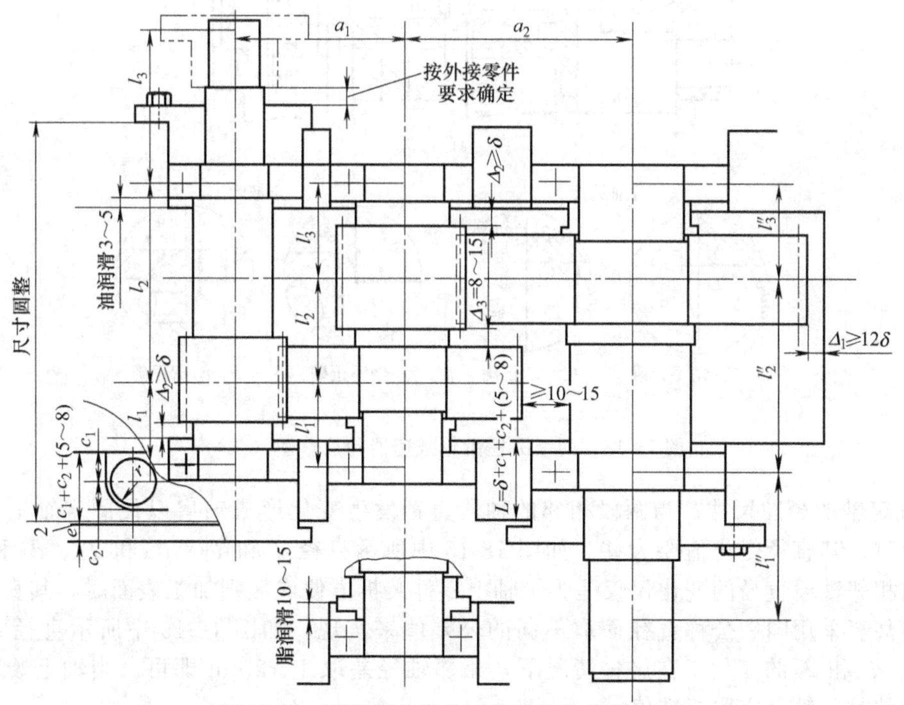

图 18-14　两级圆柱齿轮减速器初绘草图（一）

此阶段主要步骤如下。

① 选择合适比例布置图面　减速器装配图一般多用三个视图（必要时另加剖视图或局部视图）来表达。布置好图面后，将中心线（基准线）画出。

② 确定传动零件位置及外廓尺寸　在俯视图上画出齿轮的轮廓尺寸，如齿顶圆和齿宽等；当设计两级齿轮传动时，必须保证传动零件间不发生干涉，一般可取 $\Delta_3=8\sim15\text{mm}$。

③ 画箱体内壁线　注意此时沿箱体宽度方向高速级小齿轮一侧的内壁线暂不画出，留待完成草图阶段在主视图上用作图法确定。

④ 初步估算轴径　轴径估算采用下述公式：

$$d \geqslant C\sqrt[3]{\frac{P}{n}}$$

式中　C——与轴材料有关的系数，通常取 $C=110\sim160$，当材料好、轴伸处弯矩较小时取小值，反之取大值；

P——轴传递的功率，kW；

n——轴的转速，r/min。

当轴上有键槽时，应适当增大轴径：单键增大 3%～5%，双键增大 7%～10%，并圆整成标准直径。

⑤ 轴的结构设计　轴的结构设计是在上述初定轴的直径的基础上进行的。轴的结构主要取决于轴上所装的零件、轴承的布置和轴承密封种类。

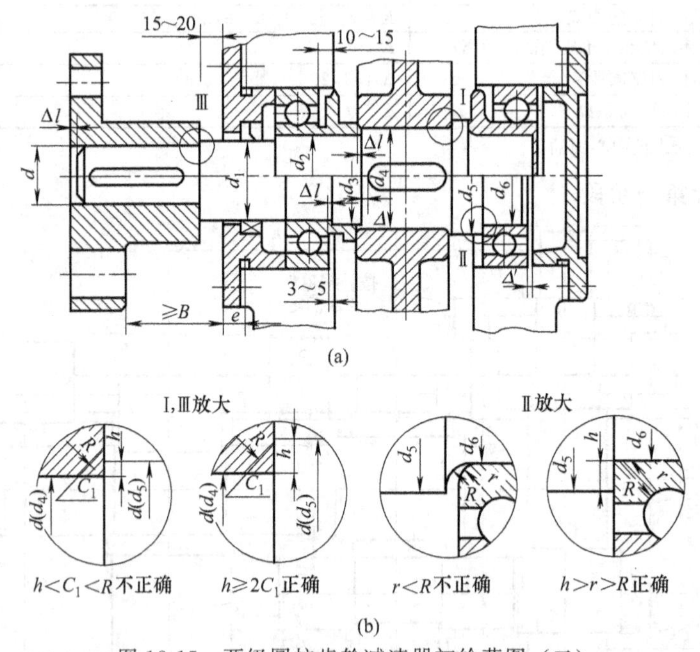

图 18-15　两级圆柱齿轮减速器初绘草图（二）

a. 确定轴的径向尺寸。当两段相邻的轴段直径发生变化形成轴肩以便固定轴上零件或承受轴向力时，其直径变化值要大些，如图 18-15 中所示直径 d 和 d_1、d_4 和 d_5、d_5 和 d_6 的变化；当两相邻轴段直径的变化仅仅是为了轴上零件装拆方便或区别加工表面时，其直径变化值应较小，甚至采用同一公称直径而取不同的公差值来实现，如图 18-15 中所示直径 d_1 和 d_2、d_2 和 d_3、d_3 和 d_4 的变化。在这种情况下，相邻轴径差取 1～3mm 即可。当轴上装有滚动轴承等标准件时，轴径应取标准值。

b. 确定轴的轴向尺寸。轴上安装零件的各轴段长度，由其上安装的零件宽度及其他结构要求来确定。当轴段上安装的轴上零件（如齿轮、蜗轮等）需要用套筒等零件轴向顶紧时，该段轴的长度应略小于轴上零件的轮毂宽度，以保证不致由于加工误差而造成轴上零件固定不可靠。

轴上装有平键时，键的长度应略小于零件与轴接触宽度，一般平键长度比轮毂长度短5～10mm，并圆整为标准值。键端距轮毂装入侧轴端的距离不宜过大，以便装配时轮毂键槽容易对准键，一般取$\Delta \leqslant 2 \sim 5$mm（图18-15）。

轴伸出箱体外的轴伸长度和与密封装置相接触的轴段长度，需要在轴承、轴承座孔处的箱缘宽度、轴承透盖、轴伸上所装的零件等的位置确定之后才能定出。

⑥ 轴承型号及尺寸确定　一根轴上的轴承一般选同样型号，使轴承座孔尺寸相同，可一次镗孔保证两轴有较高的同轴度。然后再由轴承润滑方式定出轴承在箱体座孔内的位置（图18-14和图18-15），画出轴承外廓。

⑦ 确定轴承座孔宽度　轴承座孔的宽度取决于轴承旁螺栓Md_1所要求的扳手空间尺寸c_1和c_2，c_1+c_2即为安装螺栓所需要的凸台宽度。轴承座孔外端面由于要进行切削加工，故应由凸台再向外凸出5～8mm。这样就得出轴承座孔总长度为$L=\delta+c_1+c_2+(5 \sim 8)$mm。

⑧ 确定轴承端盖尺寸　根据轴承尺寸画出相应的轴承透盖、闷盖的外廓及其连接螺栓（完整地画出一个连接螺栓即可，其余画中心线）。

⑨ 确定轴的外伸长度　轴的外伸长度与外接零件及轴承端盖的结构有关。如轴端装有联轴器，则必须留有足够的装配尺寸，例如弹性圆柱销联轴器［图18-16（a）］就要求有装配尺寸A。采用不同的轴承端盖结构，将影响轴外伸的长度。当用凸缘式端盖［图18-16（b）］时，轴外伸长度必须考虑拆卸端盖螺钉所需的足够长度L，以便在不拆卸联轴器的情况下可以打开减速器机盖。如外接零件的轮毂不影响螺钉的拆卸［图18-16（c）］或采用嵌入式端盖，则L可取小些，满足相对运动表面间的距离要求即可。

⑩ 轴上传动零件受力点及轴承支点的确定　按以上步骤初绘草图后，即可从草图上确定出轴上传动零件受力点位置和轴承支点间的距离，见图18-14。然后便可进行轴和轴承的校核计算。

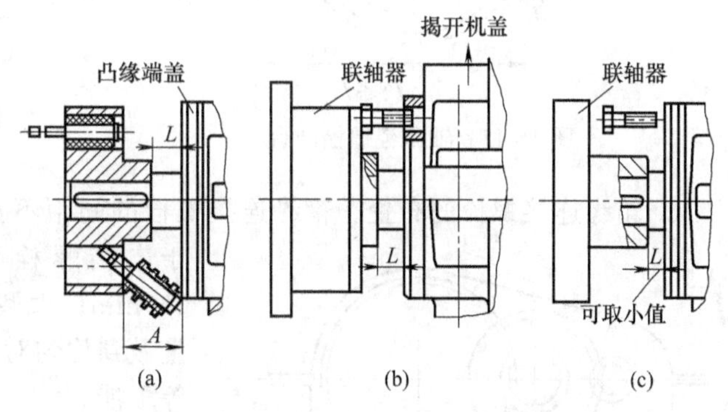

图18-16　轴上外装零件与端盖间距离

（3）校核轴、轴承和键

① 轴的强度校核　对轴进行受力分析、绘制弯矩图、绘制转矩图及当量弯矩图，然后确定危险截面进行强度校核。校核后如果强度不足，应加大轴径；如强度足够且计算应力或安全系数与许用值相差不大，则以轴结构设计时确定的轴径为准，除有特殊要求外，一般不再修改。

② 轴承的校核计算　滚动轴承的寿命应按各种设备轴承预期寿命的推荐值或减速器的检修期（一般为8000～12000h，或按2～3年大修期）为设计寿命，如果算得的寿命不能满足规定的要求（寿命太短或过长），一般先考虑选用另一种直径系列或宽度系列的轴承，其次考虑改变轴承类型。

③ 键的强度校核　键连接强度的校核计算主要是验算挤压应力。一般是轮毂材料最弱。如果计算应力超过许用应力，可通过改变键长、改用双键、采用花键、加大轴径、改选较大剖面的键等途径，来满足强度要求。

（4）完成减速器装配图的设计

这一阶段的主要工作内容是设计轴系部件、箱体及减速器附件的具体结构。其设计步骤大致如下。

① 轴系部件的结构设计　包括：画出箱体内齿轮、滚动轴承的轴承端盖及轴承密封件的具体结构。

② 圆柱齿轮减速器箱体的结构设计　在进行草图阶段的箱体结构设计时，有些尺寸（如轴承旁螺栓凸台高度 h、箱座高度 H 和箱缘连接螺栓的布置等）常需根据结构和润滑要求确定。下面分别阐述确定这些结构尺寸的原则和方法。

a. 轴承旁连接螺栓凸台高度 h 的确定。如图 18-17 所示，为了尽量增大剖分式箱体轴承座的刚度，轴承旁连接螺栓在不与轴承盖连接螺栓相干涉的前提下，其螺钉间距 S 应尽可能地缩小，通常取 $S \approx D_2$，D_2 为轴承盖的外径。在轴承尺寸最大的那个轴承旁螺栓中心线确定后，根据螺栓直径 D_1 确定扳手空间 c_1 和 c_2 值。在满足 c_1 的条件下，用作图法确定出凸台的高度 h。为了制造方便，一般凸台高度均按最大的 D_2 值所确定的高度取齐。

b. 小齿轮端盖外表面圆弧 R 的确定。如图 18-18 所示，一般最好使小齿轮轴承旁螺栓凸台位于圆弧之内，即 $R > R'$。在主视图上小齿轮端箱盖结构确定之后，将有关部分再投射到俯视图上，便可画出箱体内壁、外壁和箱缘等的结构。

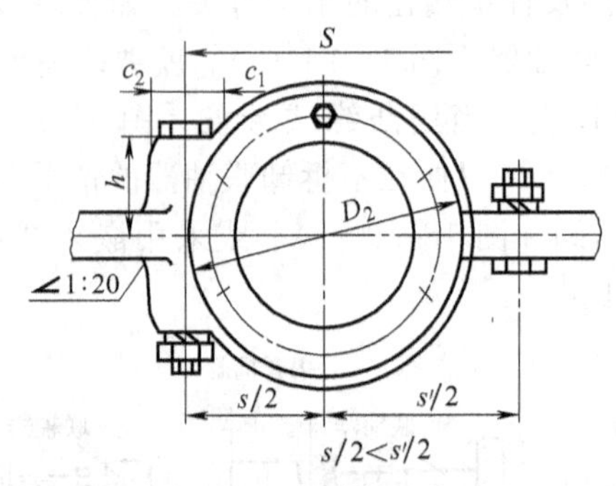

图 18-17　轴承旁螺栓凸台

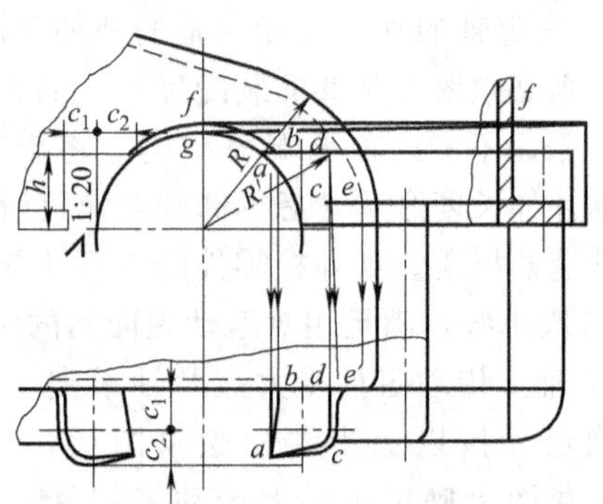

图 18-18　小齿轮端盖圆弧 R

c. 箱缘连接螺栓的布置。箱缘连接螺栓的间距不宜过大，对于中、小型减速器来说，由于连接螺栓数目较少，间距一般不大于 100～150mm；大型减速器可取 150～200mm。在布置上尽量做到均匀对称，并注意不要与吊耳、吊钩和定位销等干涉。

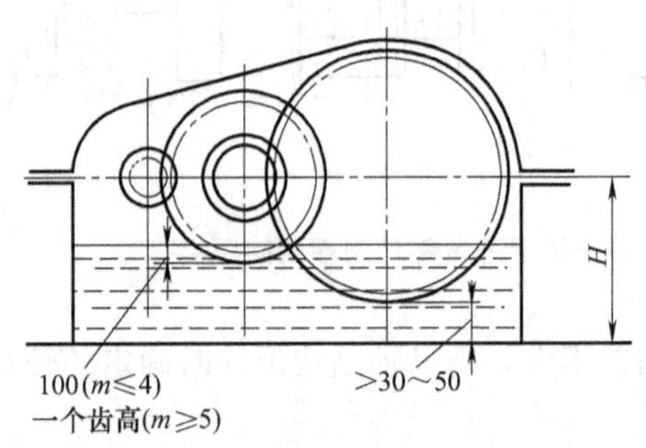

图 18-19　减速器油面及油池深度

d. 油面及箱座高度 H 的确定。箱座高度 H 通常先按结构需要确定。然后再验算油池容积是否满足按传递功率所确定的需油量，如不满足则应适当加高箱座高度。为避免传动件回转时将油池底部沉积的污物搅起，大齿轮的齿顶圆到油池底面的距离应不小于 30～50mm（图 18-19）。

e. 箱缘输油沟的结构形式和尺寸。当轴承利用齿轮飞溅起来的润滑油润滑时，应在箱座的箱缘上开设输油沟，使溅起来的油沿箱盖内壁经斜面流入输油沟里，再经轴承盖上的导油槽流入轴承（图 18-20）。

输油沟有机械加工油沟［图 18-20（b）］和铸造油沟［图 18-20（c）］两种。机械加工的油沟容易制造、工艺性好，故一般多用；铸造油沟由于工艺性不好，用得较少。

f. 箱体结构的工艺性。

• 箱体结构的铸造工艺性。设计铸造箱体时，应注意铸造生产中的工艺要求，在采用砂型铸造时，箱体上铸造表面相交处应设计成圆角过渡，以便于液态金属的流动，铸造圆角半径可查阅有关标准。设计铸件结构时，还应注意起模方向和起模斜度，便于造型时的起模。相关数值可查阅有关标准。

• 箱体结构的机械加工工艺性。设计箱体结构形状时，应尽可能减少机械加工面，以提高生产率和减少刀具的磨损。同一轴心线上的轴承座孔的直径、精度和表面粗糙度尽可能一致，以便一次镗出，这样既可缩短工时又能保证精度。箱体上各轴承座的端面应位于同一平面内，且箱体两侧轴承座端面应与箱体中心平面对称，以便加工和检验。箱体上任何一处加工表面与非加工表面必须严格分开，不要使它们处于同一表面上，或凸出或凹入则根据加工方法而定。

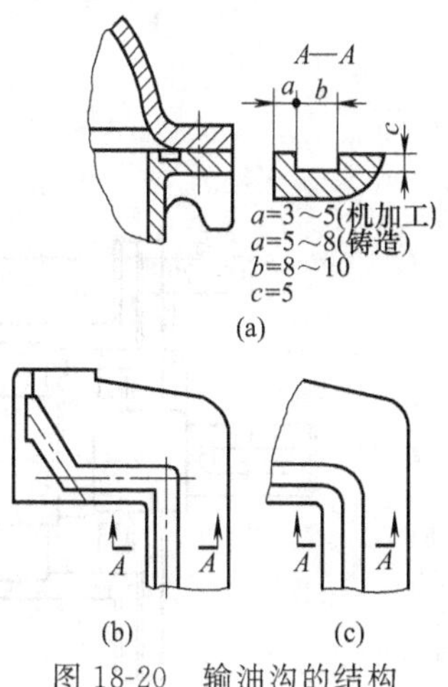

图 18-20 输油沟的结构

③ 减速器附件设计

a. 窥伺孔及检查孔盖。检查孔的位置应开在传动件啮合区的上方，并应有适宜的大小，以便手能伸入进行检查。

b. 油面指示装置。油面指示装置的种类很多，有油标尺（杆式油标）、圆形油标、长形油标和管状油标等。在难以观察到的地方，应采用油标尺。若采用油标尺，设计时要注意放置在箱体的适当部位及倾斜角度（一般与水平面成45°或大于45°）。

c. 通气器。通气器常用的有通气螺塞和网式通气器两种。清洁环境可选用构造简单的通气螺塞；多尘环境应选用有过滤灰尘作用的网式通气器。

d. 放油孔及放油螺栓。放油孔在设置时应能保证把减速器箱底的油全部放出。放油螺塞有圆柱细牙螺纹和圆锥螺纹两种，圆柱细牙螺纹螺塞自身不能防止漏油，因此在螺塞下面要放置一个封油垫片，垫片用石棉橡胶纸板或皮革制成。圆锥螺纹螺塞能形成密封连接，因此它不需附加密封。

e. 起吊装置。起吊装置有吊钩、吊耳和吊环螺钉等。当减速器重量较小时，箱盖上的吊耳或吊环螺钉允许用来吊运整个减速器；当减速器重量较大时，箱盖上的吊耳或吊环螺钉只允许吊运箱盖，而箱座上的吊钩可用来吊运下箱座或整个减速器。

f. 起盖螺钉。起盖螺钉的直径一般与箱体凸缘连接螺栓直径相同，其长度应大于箱盖连接凸缘的厚度 b_1。起盖螺钉的螺钉杆端部应制成圆柱端或锥端，以免反复旋动时将杆端螺纹损坏。

g. 定位销。在确定定位销的位置时，应使两定位销到箱体对称轴线的距离不等，并尽量远些，以提高定位精度，此外还要装拆方便，并避免与其他零件（如上、下箱连接螺栓，油标尺，吊耳，吊钩等）相干涉。

(5) 圆锥-圆柱齿轮减速器装配草图设计

圆锥-圆柱齿轮减速器装配草图的设计内容和绘图步骤与两级圆柱齿轮减速器大同小异，因此在设计时应仔细阅读本章有关两级圆柱齿轮减速器装配草图设计的全部内容。

① 俯视图的绘制。如图 18-21 所示，在俯视图绘制过程中，应使小锥齿轮的轴线为对称线，画出箱体沿小锥齿轮轴线长度方向的另一侧内壁线。在画出大、小圆柱齿轮轮廓后，应检验一下大锥齿轮与大圆柱齿轮的间距是否大于5～10mm，若小于5～10mm，则应将箱体适当加宽。主视图中应使大圆柱齿轮的齿顶圆与箱体内壁之间的距离 $\Delta_1 \geqslant 1.2\delta$。

② 锥齿轮的固定与调整。为保证锥齿轮传动的啮合精度，装配时必须保证两齿轮锥顶点重合，为此小锥齿轮常装在套杯内，通过用套杯凸缘端面与轴承座外端面之间的一组垫片 m 调节小锥齿轮的轴向位置（图 18-22）。采用套杯结构也便于固定轴承，固定轴承外圈的凸肩高度应不小于轴承的规定值。套杯厚度可取8～10mm。大、小锥齿轮轴的轴承一般常采用圆锥滚子轴承。当小锥齿轮轴采用圆锥滚子轴承时，轴承有两种布置方案：一种是正装（图 18-

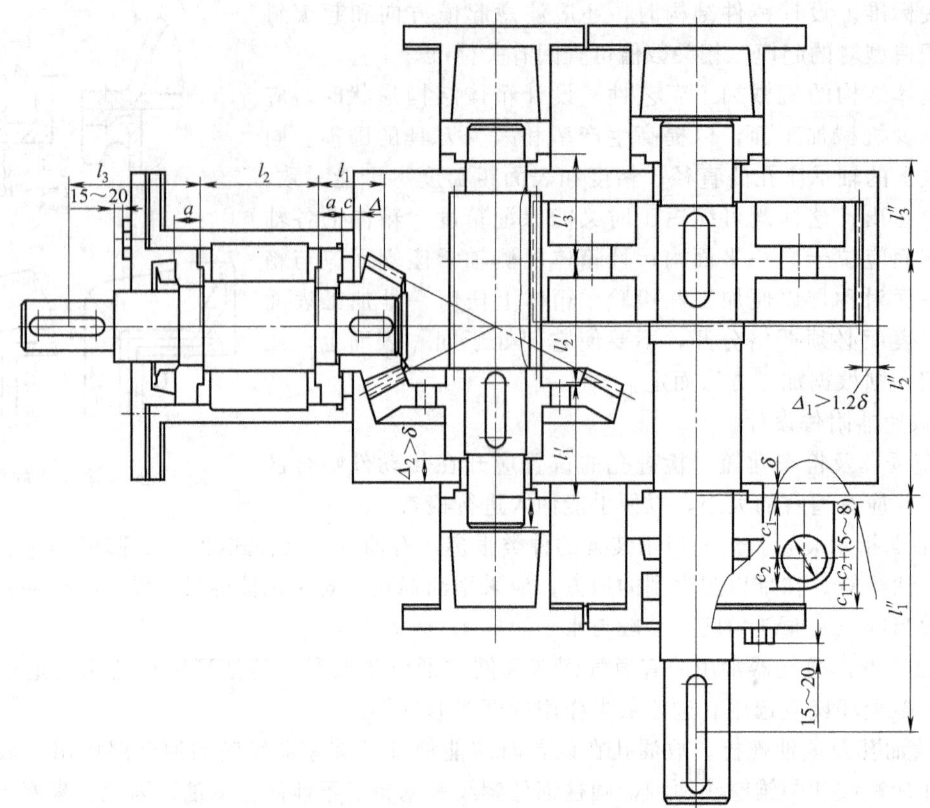

图 18-21　圆锥-圆柱齿轮减速器初绘草图

22)，另一种是反装（图 18-23）。两种布置方案轴的刚度不同，轴承的固定方法也不同，反装方案轴的刚度较大。

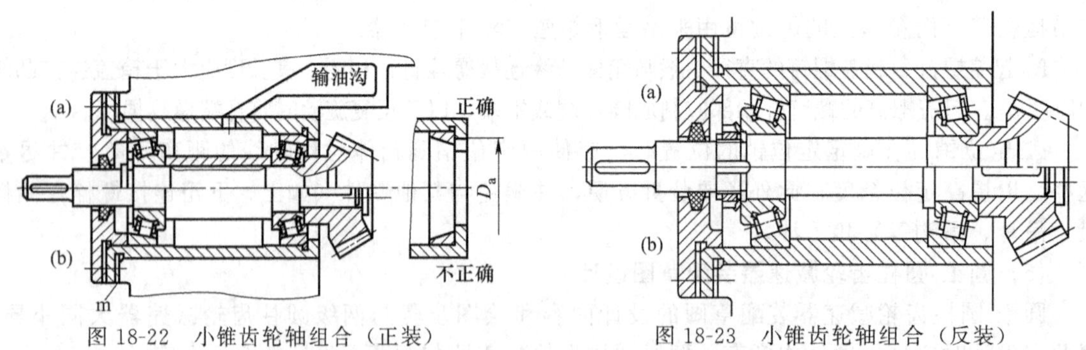

图 18-22　小锥齿轮轴组合（正装）　　图 18-23　小锥齿轮轴组合（反装）

正装方案，轴承固定方法根据小锥齿轮与轴的结构关系而定。图 18-22（a）所示的是齿轮轴结构的轴承固定方法，这种结构方案适用于小锥齿轮大端齿顶圆直径小于套杯凸肩孔径 D_a 的场合。图 18-22（b）所示的是齿轮与轴分开的结构时轴承的固定方法，这种结构方案轴承安装方便。两种方案的轴承游隙都是借助于轴承盖与套杯间的垫片来进行调整的。

反装方案，轴承固定和游隙调整方法也和轴与齿轮的结构有关。这种反装结构的缺点是轴承安装不便，轴承游隙靠圆螺母调整也很麻烦，故应用较少。

③ 小锥齿轮悬臂长与相关支承距离的确定。小锥齿轮多采用悬臂安装结构，如图 18-24 所示，悬臂长 l_1 可这样确定：根据结构定出 M（M 为锥齿轮宽度中点到大端最远处距离）；按 $\Delta=10\sim12\text{mm}$ 定出箱体内壁；轴承外圈宽边一侧距内壁距离（即套杯凸肩厚）$C=8\sim$

12mm；从轴承外圈宽边再定出尺寸 a（a 值可根据有关轴承型号确定），然后从图上量出悬臂长度 l_1。

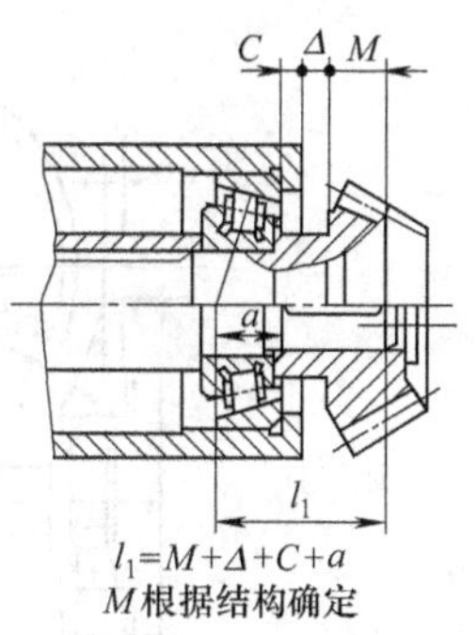

图 18-24 小锥齿轮悬臂长 l_1 的确定

为使小锥齿轮轴具有较大的刚度，两轴承支点距离 l_2 不宜过小（图 18-21），通常取 $l_2=2.5d$ 或 $l_2=(2\sim2.5)\ l_1$，d 为轴径的直径。

④ 确定小锥齿轮处的轴承套杯及轴承盖的轮廓尺寸。

⑤ 确定小锥齿轮轴外伸段长度。画出小锥齿轮轴的结构，根据外伸端所装零件的轮毂尺寸定出轴的外伸长度，确定出外伸端所装零件作用于轴上力的位置。

⑥ 确定中间轴和低速轴结构。滚动轴承端面至箱体内壁间距离的原则同两级圆柱齿轮减速器，轴承采用油润滑时取 3～5mm，脂润滑时取 10～15mm，然后画出中间轴和低速轴轴承的轮廓。

⑦ 确定轴承座孔长度。在俯视图上根据箱体壁厚和螺栓的配置尺寸（即能容纳下扳手的空间）确定轴承孔的总长度为 $l=\delta+c_1+c_2+(5\sim8)$mm（图 18-21）。然后画出中间轴和低速轴轴承盖的轮廓。根据低速轴外伸端所装零件确定轴伸长度，并画出轴的其他各部分结构。

⑧ 确定轴上受力点与支点，校核轴、轴承和键的强度。

⑨ 完成装配草图设计。根据本章前述的内容完成装配草图设计。在画主视图时，若采用圆弧形的箱盖造型，还需检验一下小锥齿轮与箱盖内壁间的距离 Δ_1 是否大于 $1.2\delta_1$，δ_1 为箱盖壁厚（图 18-25），如果 $\Delta_1<1.2\delta_1$，则需修改箱内壁的位置直到满足要求为止。

图 18-26 所示为大锥齿轮在油池中的浸油深度，一般应将整个齿宽或至少 0.7 倍齿宽浸入油中。对于圆锥-圆柱齿轮减速器，一般按保证大锥齿轮有足够的浸油深度来确定油面位置，然后检验低速级大齿轮浸油深度，浸油深度不应超过（1/6～1/3）分度圆半径。

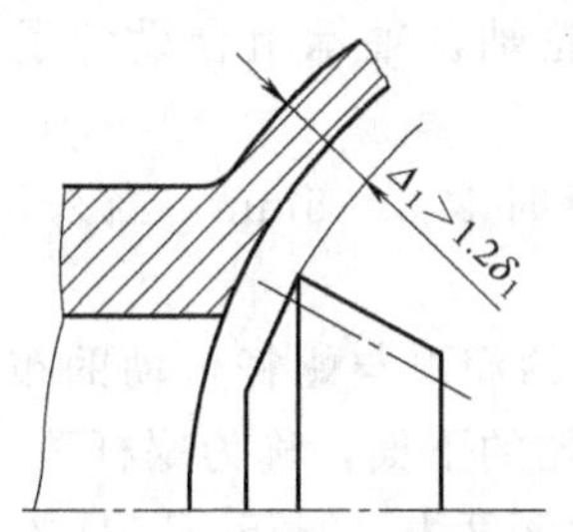

图 18-25 小锥齿轮与箱壁间隙

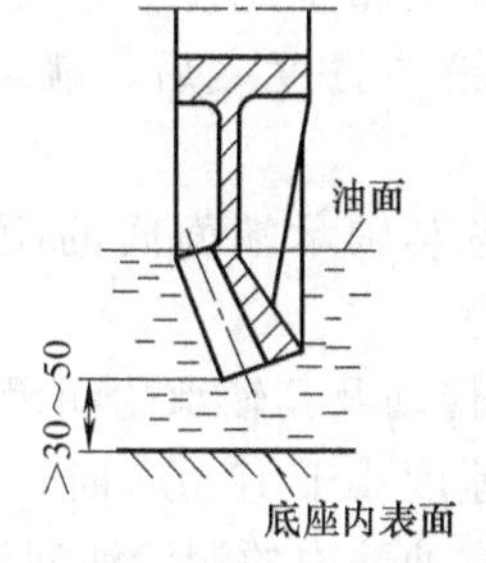

图 18-26 锥齿轮油面的确定

依据以上原则绘出箱体全部结构，完成装配草图。

(6) 蜗杆减速器装配草图设计

因为蜗杆和蜗轮的轴线呈空间交错，所以不可能在一个视图上画出蜗杆和蜗轮轴的结构。画装配草图时需主视图和左视图同时绘制。以单级蜗杆减速器为例说明其绘图步骤。

① 传动零件位置及轮廓的确定。如图 18-27 所示，在各视图中定出蜗杆和蜗轮的中心线位置。画出蜗杆的节圆、齿顶圆、齿根圆、长度及蜗轮的节圆、外圆以及蜗轮的轮廓，画出蜗杆轴的结构。

② 蜗杆轴轴承座位置的确定。为了提高蜗杆轴的刚度，应尽量缩小其支点间的距离。为此轴承座体常伸到箱体内部，如图 18-28 所示，内伸部分的外径 D_1 一般近似等于螺钉连接式轴承盖外径 D_2，即 $D_1\approx D_2$。在内伸部分确定之后，应注意使轴承座与蜗轮外圆之间的距离

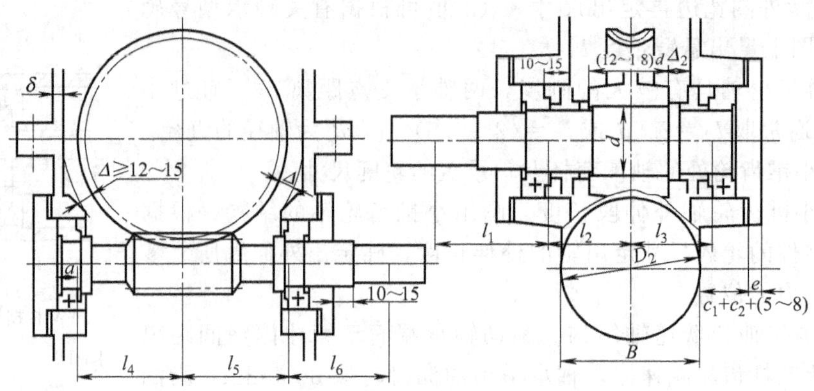

图 18-27 单级蜗杆减速器初绘草图

$\Delta \geqslant 12 \sim 15\text{mm}$，这样就可以确定出轴承座内伸部分端面 A 的位置及主视图中箱体内壁的位置。为了增加轴承座的刚度，在内伸部分的下面还应加支承肋。

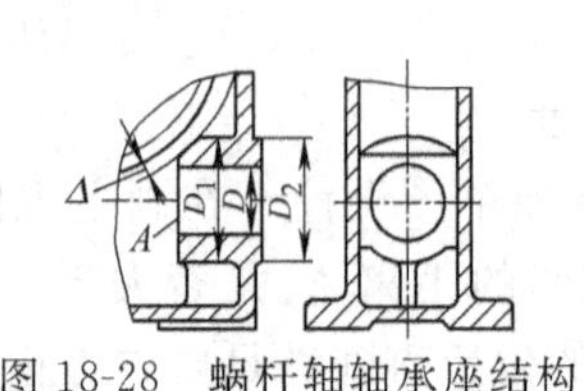

图 18-28 蜗杆轴轴承座结构

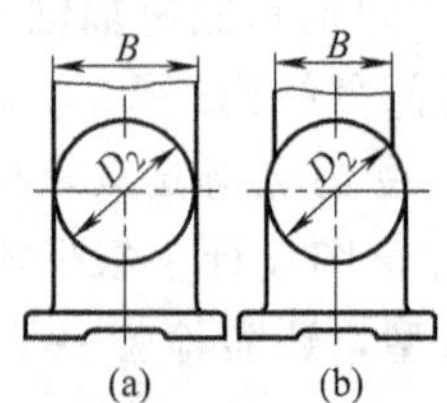

图 18-29 蜗杆减速器箱体宽度

③ 确定轴上受力点及支点位置。通过轴及轴承组合的结构设计，可确定出蜗轮、蜗杆轴上各受力点及支点间的距离，如图 18-29 所示。箱体宽度 $B \approx D_2$，D_2 为蜗杆轴轴承盖外径。有时为了提高蜗轮轴刚度，也可设计成如图 18-29（b）所示的箱体结构，此时，B 略小于 D_2。在确定箱体宽度之后，就可以在侧视图中进行蜗轮轴及轴承组合设计了，如图 18-27 所示。

箱体内壁与轴承端面间的距离：当轴承采用油润滑时取 3～5mm；当采用脂润滑时取 10～15mm。

④ 蜗杆传动及其轴承的润滑。蜗杆减速器轴承组合的润滑与蜗杆传动的布置方案有关。当蜗杆圆周速度小于 10m/s 时，通常采用蜗杆布置在蜗轮的下面，称为蜗杆下置式。这时蜗杆轴承组合靠油池中的润滑油润滑，比较方便。蜗杆浸油深度为（0.75～1.0）h，h 为蜗杆的螺牙高或全齿高。当蜗杆轴承的浸油深度已达到要求，而蜗杆尚未浸入油中或浸油深度不够时，可在蜗杆轴上设溅油环，如图 18-30 所示，利用溅油环飞溅的油来润滑传动零件及轴承，这样也可防止蜗杆轴承浸油过深。蜗杆置于蜗轮上面称为上置式，这种结构用于蜗杆圆周速度大于 10m/s 的传动。由于蜗轮速度低，故搅油损失小，油池中杂质和磨料进入啮合处的可能性小，但蜗杆在上，其轴承组合的润滑比较困难，此时可采用脂润滑或设计特殊的导油结构。

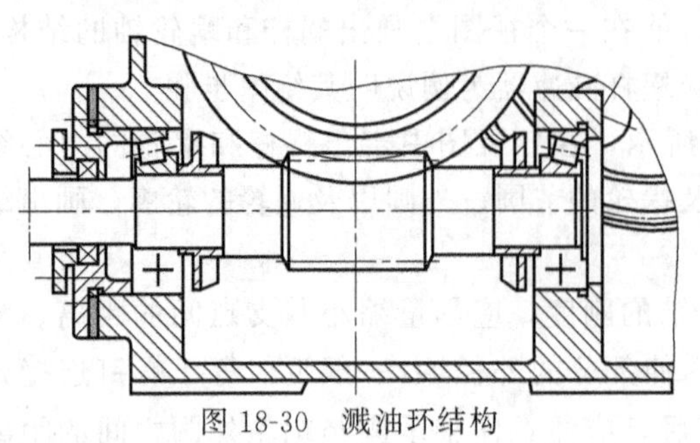
图 18-30 溅油环结构

⑤ 轴承游隙的调整。轴承游隙的调整通常靠箱体轴承座与轴承盖间的垫片或套杯与轴承盖间的垫片来实现。

⑥ 蜗杆传动的密封。对于蜗杆下置式减速器，蜗杆轴应采用较可靠的密封装置，例如橡胶圈密封或混合密封。

⑦ 蜗杆减速器箱体形式。大多数蜗杆减速器都采用沿蜗轮轴线的水平面剖分的箱体结构，这种结构可使蜗轮轴的安装调整比较方便，中心距较小的蜗杆传动减速器也有采用整体式大端盖箱体结构的，其结构简单、紧凑、重量轻，但蜗轮及蜗轮轴的轴承调整不便。

⑧ 蜗杆传动的热平衡计算。蜗杆传动效率较低，发热量较大，因此对于连续工作的蜗杆减速器需进行热平衡计算，当热平衡计算满足不了要求时，应增大箱体散热面积和增设散热片。若仍不满足要求时可考虑在蜗杆轴头上加设风扇等强迫冷却的方法，以加强散热。

⑨ 根据 18.2.3 (4) 中所述各点完成装配草图设计。

18.2.4 减速器装配图的设计

完整的减速器装配图内容包括减速器结构的各个视图、尺寸、技术要求、技术特性表、零件编号、明细栏和标题栏等。

(1) 标注尺寸

减速器中应标注的尺寸如下。

① 特性尺寸　指传动零件的中心距。

② 配合尺寸　主要零件的配合处都应标出尺寸、配合性质和精度等级。配合性质和精度等级的选择对减速器的工作性能、加工工艺及制造成本等有很大影响，应根据手册中有关资料认真确定。配合性质和精度也是选择装配方法的依据。

③ 安装尺寸　机体底面尺寸（包括长、宽、厚），地脚螺栓孔中心的定位尺寸，地脚螺栓孔之间的中心距和直径，减速器中心高，主动轴与从动轴外伸端的配合长度和直径以及轴外伸端面与减速器某基准轴线的距离等。

④ 外形尺寸　减速器总长、总宽、总高等。它是表示减速器大小的尺寸，以便考虑所需空间大小及工作范围等，供车间布置及装箱运输时参考。

标注尺寸时，应使尺寸的布置整齐清晰，多数尺寸应布置在视图外面，并尽量集中在反映主要结构的视图上。

(2) 编写技术条件和减速器特性

① 编写技术条件　装配工作图的技术要求是用文字说明在视图上无法表达的有关装配、调整、检验、润滑、维护等方面的内容，正确制订技术条件将能保证减速器的工作性能。技术条件主要包括以下几方面。

a. 对润滑剂的要求。润滑剂对减少运动副间的摩擦、降低磨损和散热、冷却起着重要作用。技术条件中应写明传动件及轴承的润滑剂品种、用量及更换时间。

选择传动件的润滑剂时，应考虑传动特点、载荷性质、大小及运转速度。例如重型齿轮传动可选用黏度高、油性好的齿轮油；蜗杆传动由于不利于形成油膜，可选用既含有极压添加剂又含有油性添加剂的工业齿轮油；对轻载、高速、间歇工作的传动件可选黏度较低的润滑油；对开式齿轮传动可选耐蚀、抗氧化及减摩性好的开式齿轮油。

当传动件与轴承采用同一润滑剂时，应优先满足传动件的要求，并适当兼顾轴承要求。

对多级传动，应按高速级和低速级对润滑剂要求的平均值来选择润滑剂。

对于圆周速度 $v<2\mathrm{m/s}$ 的开式齿轮传动和滚动轴承，常采用润滑脂，具体牌号根据工作温度、运转速度、载荷大小和环境情况选择。

传动件和轴承所用润滑剂的选择方法参看机械设计教材。换油时间一般为半年左右。

b. 滚动轴承轴向游隙及其调整方法。对于固定间隙的向心球轴承，一般留有 $\Delta=0.25\sim0.4\mathrm{mm}$ 的轴向间隙。这些轴向间隙（游隙）值应标注在技术要求中。

图 18-31 所示是用垫片调整轴向间隙，先用端盖将轴承完全顶紧，则端盖与箱体端面之间

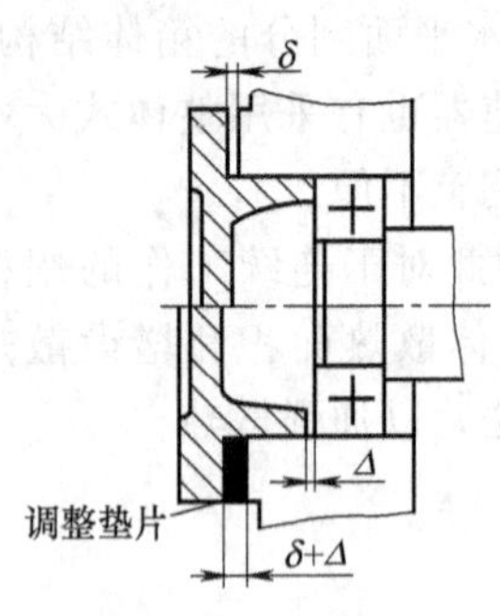

图 18-31 用垫片调整轴向间隙

有间隙 δ，用厚度为 $\delta+\Delta$ 的一组垫片置于端盖与箱体端面之间，即可得到需要的间隙 Δ（图 18-31 的下半部分）。也可用螺纹件调整轴承游隙，可将螺钉或螺母拧紧至基本消除轴向游隙，然后再退转到留有需要的轴向游隙位置，最后锁紧螺纹。

c. 传动侧隙。齿轮副的侧隙用最小极限偏差与最大极限偏差来规定，最小、最大极限偏差应根据齿厚极限偏差和传动中心距极限偏差等通过计算确定。检查侧隙的方法可用塞尺测量，或将铅丝放进传动件啮合的间隙中，然后测量铅丝变形后的厚度即可。

d. 接触斑点。检查接触斑点的方法是在主动件齿面上涂色，并将其转动，观察从动件齿面的着色情况，由此分析接触区位置及接触面积大小。若侧隙和接触斑点不符合要求，可调整传动件的啮合位置或对齿面进行跑合。对于圆锥齿轮减速器，可通过垫片调整大、小锥齿轮位置，使两轮锥顶重合。对于蜗杆减速器，可调整蜗轮轴承端盖与箱体轴承座之间的垫片，使蜗轮中间平面与蜗杆中心面重合，以改善接触状况。

e. 减速器的密封。在箱体剖分面、各接触面及密封处均不允许漏油。剖分面上允许涂密封胶或水玻璃，但不允许塞入任何垫片或填料。轴伸处密封应涂上润滑油。

f. 对试验的要求。减速器装配好后应作空载试验，正反转各 1h，要求运转平稳、噪声小，连接固定处不得松动。做负载试验时，油池温升不得超过 35℃，轴承温升不得超过 40℃。

g. 外观、包装和运输的要求。箱体表面应涂漆，外伸轴及零件需涂油并包装严密，运输及装卸时不可倒置。

② 减速器技术特性　应在装配图上适当位置写出减速器的技术特性，包括：输入功率和转速、传动效率、总传动比及各级传动比、传动特性（如各级传动件的主要几何参数、精度等级）等。也可在装配图上列表表示。

(3) 零件编号、标题栏和明细栏

① 零件编号　零件编号要完全，不得重复。图上相同零件只能有一个零件编号，对于标准件，也可分开单独编号。编号引线不应相交，并尽量不与剖面线平行。独立组件（如滚动轴承、通气器）可作为一个零件编号。对装配关系清楚的零件组（如螺栓、螺母及垫圈）可利用公共引线。编号应按顺时针或逆时针方向顺次排列，编号的数字高度应比图中所注尺寸的数字高度大一号。

② 编制明细栏和标题栏　明细栏是减速器所有零件的详细目录，对每个编号的零件都应在明细栏内列出，编制明细栏的过程也是最后确定材料及标准件的过程。因此，填写时应考虑到节约材料，特别是贵重材料，还应注意减少标准件的品种和规格。标准件必须按照规定标记，完整地写出零件名称、材料、规格及标准代号。

③ 检查装配图　完成装配工作图后，应对此阶段的设计再进行一次检查，主要内容如下。

a. 视图的数量是否足够，是否能清楚地表达减速器的工作原理和装配关系。

b. 尺寸标注是否正确，配合和精度的选择是否适当。

c. 技术条件和技术性能是否完善、正确。

d. 零件编号是否齐全，标题栏和明细栏是否符合要求，有无多余或遗漏。

e. 所有文字和数字是否清晰，是否按制图规定写出。图样经检查并修改后，待画完零件工作图再加深。

18.2.5 零件工作图的设计

(1) 零件工作图的设计要求

零件工作图是制造、检验和制定零件工艺规程的基本技术文件，它是在装配工作图的基础上拆绘和设计而成的，既要反映设计者的意图，又要考虑到制造、装拆的可能性和结构的合理性。零件工作图应包括制造和检验零件所需的全部详细内容，零件工作图的设计应注意以下几点。

① 合理选择与安排视图　对于每个零件必须单独绘制在一张标准图幅中，合理选择与安排视图，视图及剖视图的数量应尽量减少，但需完整而清楚地表达出零件内部、外部的结构形式和尺寸大小。零件的基本结构与主要尺寸，均应根据装配来绘制，不得随意改动，如果必须改动时则应对装配图作相应的修改。

② 标注尺寸要全面

a. 从保证设计要求及便于加工制造出发，正确选择尺寸基准。

b. 图面上应有供加工测量用的足够尺寸，尽量避免加工时做任何计算。

c. 大部分尺寸应尽量集中标注在最能反映零件特征的视图上。

d. 对配合尺寸及要求精确的几何尺寸（如轴孔配合尺寸、键配合尺寸、体孔中心距等），均应注出尺寸的极限偏差。

e. 零件工作图上的尺寸必须与装配工作图中的尺寸一致。

③ 零件的所有表面都应标注表面粗糙度值　零件的所有表面都应注明表面粗糙度的数值，如较多平面具有同样的粗糙度，可在图样右下角统一标注。表面粗糙度的选择，可参考相关资料，在不影响正常工作的情况下，尽量取较大的表面粗糙度值。

④ 标出必要的几何公差　零件工作图上应标注必要的几何公差，这也是评定零件加工质量的重要指标之一。不同零件的工作性能要求不同，所需标注的几何公差项目及等级也不相同。普通减速器零件的几何公差等级可选用 6～8 级，特别重要的地方，例如滚动轴承孔配合的轴径处，按 6 级选择，其余大多数按 8 级选择。

⑤ 标出技术要求　对于零件在制造时必须保证的技术要求，当不便用图形或符号表示时，可用文字简明扼要地书写在技术条件中。

⑥ 标出标题栏　标题栏尺寸严格按标准设计，应布置在图幅的右下角，用以说明该零件的名称、材料、数量、图号、比例以及责任者姓名等。

(2) 轴零件工作图的设计

① 视图　根据轴零件的结构特点，只需画一个视图，即将轴线水平横置，且使键槽朝上，以便能表达轴类零件的外形和尺寸，再在键槽、圆孔等处加画辅助的剖面图。对于零件的细部结构，如退刀槽、砂轮越程槽、中心孔等处，必要时可画局部放大图。

② 尺寸标注　轴的零件图主要是标注各段直径尺寸和轴向长度尺寸。标注直径尺寸时，各段直径都要逐一标注，若是配合直径，还需标出尺寸偏差。各段之间的过渡圆角或倒角等结构的尺寸也应标出（或在技术条件中加以说明）。标注轴向长度尺寸时，为了保证轴上所装零件的轴向定位，应根据设计和工艺要求确定主要基准和辅助基准，并选择合理的标注形式。标注的尺寸应反映加工工艺及测量的要求，还应注意避免出现封闭的尺寸链。通常使轴中最不重要的一段轴向尺寸作为尺寸的封闭环而不标注。此外在标注键槽尺寸时，除标注键槽长度尺寸外，还应注意标注键槽的定位尺寸。

图 18-32 所示为齿轮减速器输出轴的直径和长度尺寸的标注示例。图中Ⅰ基面为主要基

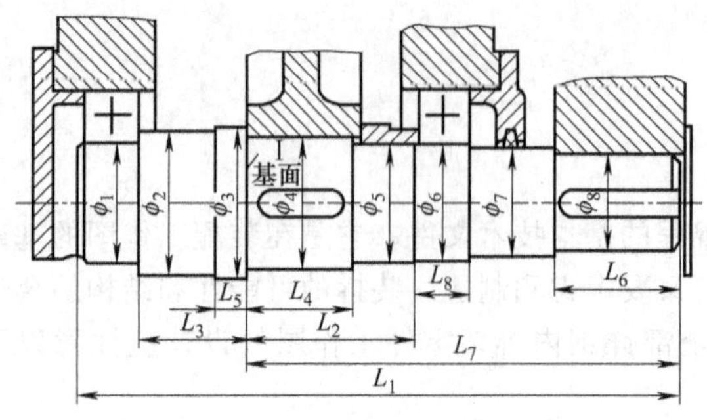

图 18-32 减速器输出轴尺寸标注

准。图中 L_2、L_3、L_4、L_5 和 L_7 等尺寸都以Ⅰ基面作为基准注出，以减少加工误差。标注 L_2 和 L_4 是考虑到齿轮固定及轴承定位的可靠性，而 L_3 则和控制轴承支点的跨距有关。L_6 涉及开式齿轮的固定，L_5 为次要尺寸。左轴承的轴段长度误差不影响装配及使用，故作为封闭环不注尺寸，使加工误差积累在该轴段上，避免了封闭的尺寸链。表 18-6 列出了该轴的主要加工过程。

表 18-6 轴的主要加工过程

工序号	工序名称	工序草图	所需尺寸	工序号	工序名称	工序草图	所需尺寸
1	下料，车外圆，车端面，钻中心孔	ϕ_3, L_1	L_1，ϕ_3	5	量 L_6，车 ϕ_8	ϕ_8, L_6	L_6，ϕ_8
2	卡住一头，量 L_7，车 ϕ_4	ϕ_4, L_7	L_7，ϕ_4	6	量 L_8，车 ϕ_7	ϕ_7, L_8	L_8，ϕ_7
3	量 L_4，车 ϕ_5	ϕ_5, L_4	L_4，ϕ_5	7	调头，量 L_5，车 ϕ_2	ϕ_2, L_5	L_5，ϕ_2
4	量 L_2，车 ϕ_6	ϕ_6, L_2	L_2，ϕ_6	8	量 L_3，车 ϕ_1	ϕ_1, L_3	L_3，ϕ_1

③ 公差及表面粗糙度的标注　轴的重要尺寸（如安装齿轮、链轮及联轴器部位的直径）均应依据装配工作图上所选定的配合性质查出公差值标注在零件图上；轴上装轴承部位直径公差应根据轴承与轴的配合性质查公差表后加以标注；键槽尺寸及公差也应依据键连接公差的规定进行标注。

轴类零件图除需标注上述各项尺寸公差外，还需标注必要的几何公差，以保证轴的加工精度和轴的装配质量。表 18-7 给出了轴的几何公差推荐标注项目和精度等级。由于轴的各部分精度不同，加工方法不同，表面粗糙度也不相同。表面粗糙度的荐用值选择见表 18-8。

表 18-7 轴的几何公差推荐标注项目和精度等级

类别	标注项目	符号	精度等级	对工作性能的影响
形状公差	与滚动轴承相配合的直径的圆柱度	⌭	7～8	影响轴承与轴配合的松紧程度及对中性，也会改变轴承内圈跑道的几何形状，缩短轴承寿命
位置公差	与滚动轴承相配合的轴颈表面对中心线的圆跳动	↗	6～8	影响传动件及轴承的运转偏心
	轴承的定位端面相对轴心线的端面圆跳动	↗	6～7	影响轴承的定位，造成轴承套圈歪斜；改变跑道的几何形状，恶化轴承的工作条件

续表

类别	标注项目	符号	精度等级	对工作性能的影响
位置公差	与齿轮等传动零件相配合表面对中心线的圆跳动	↗	6～8	影响传动件的运转(偏心)
	齿轮等传动零件的定位端面对中心线的垂直度或端面圆跳动	↗	6～8	影响齿轮等传动零件的定位及其受载均匀性
	键槽对轴中心线的对称度(要求不高时可不注)	⌯	7～9	影响键受载均匀性及装拆的难易程度

表 18-8　轴加工表面粗糙度 *Ra* 荐用值　μm

<table>
<tr><th>加工表面</th><th colspan="4">表面粗糙度 Ra</th></tr>
<tr><td>与传动件及联轴器等轮毂相配合的表面</td><td colspan="4">3.2，1.6～0.8，0.4</td></tr>
<tr><td>与滚动轴承相配合的表面</td><td colspan="4">1.0(轴承内径 d≤80mm),1.6(轴承内径 d>80mm)</td></tr>
<tr><td>与传动件及联轴器相配合的轴肩端面</td><td colspan="4">6.3,3.2,1.6</td></tr>
<tr><td>与滚动轴承相配合的轴肩端面</td><td colspan="4">2.0(d≤80mm),2.5(d>80mm)</td></tr>
<tr><td>平键键槽</td><td colspan="4">6.3～3.2(工作面),12.5～6.3(非工作面)</td></tr>
<tr><td rowspan="4">密封处的表面</td><td>毡圈式</td><td colspan="2">橡胶密封式</td><td>油沟及迷宫式</td></tr>
<tr><td colspan="3">与轴接触处的圆周速度/(m/s)</td><td rowspan="3">6.3,3.2,1.6</td></tr>
<tr><td>≤3</td><td>>3～5</td><td>>5～10</td></tr>
<tr><td>3.2,1.6,0.8</td><td>1.6,0.8,0.4</td><td>0.8,0.4,0.2</td></tr>
</table>

④ 技术条件　轴类零件图上的技术条件包括以下内容。

a. 对材料和表面性能的要求，如所选材料牌号及热处理方法，热处理后应达到的硬度值等。

b. 中心孔的类型尺寸应写明。如果零件图上未画中心孔，应在技术条件中注明中心孔的类型及国家标准代号，或在图上作指引线标出。

c. 对图中未注明的圆角、倒角尺寸及其他特殊要求的说明等。

(3) 齿轮零件工作图的绘制

齿轮零件包括圆柱齿轮、锥齿轮和蜗轮蜗杆，其设计包括以下内容。

① 视图　齿轮类零件图一般用两个视图即可表达清楚。选择主视图时，常把齿轮的轴线水平横置，且用全剖或半剖视图表示孔、键槽、轮毂、轮辐及轮缘的结构；左或右侧视图可以全部画出，也可以只表示轴孔和键槽的形状和尺寸，而绘成局部视图。总之，齿轮零件工作图的视图安排与轴类零件工作图很相似。

② 尺寸、公差及表面粗糙度的标注　齿轮零件工作图上的尺寸按回转体尺寸的标注方法进行。以轴线为基准线，端面为齿宽方向的尺寸基准，既不要遗漏（如各圆角、倒角、斜度、锥度、键槽尺寸等），又要注意避免重复。

齿轮的分度圆直径是设计计算的基本尺寸，齿顶圆直径、轮毂直径、轮辐（或辐板）等尺寸，都是加工中不可缺少的尺寸，都应标注在图样上。而齿根圆直径则是根据其他尺寸参数加工的结果，按规定不予标注。

齿轮零件工作图上所有配合尺寸或精度要求较高的尺寸，均应标注尺寸公差、几何公差及表面粗糙度。齿轮的毛坯公差对齿轮的传动精度影响很大，也应根据齿轮的精度等级进行标注。齿轮的轴孔是加工、检验和装配时的重要基准，其直径尺寸精度要求较高，应根据装配工作图上选定的配合性质和公差精度等级查公差表，标出各极限偏差值。

齿轮的几何公差还包括：键槽两个侧面对于中心线的对称度公差，可按 7～9 级精度选取。

此外，还要标注齿轮所有表面相应的表面粗糙度参数值，见表 18-9。

表 18-9 齿（蜗）轮加工表面粗糙度 **Ra** 荐用值 μm

加工表面		表面粗糙度			
		齿轮精度等级			
		6	7	8	9
齿轮工作面	圆柱齿轮	1.6～0.8	3.2～0.8	3.2～1.6	6.3～3.2
	锥齿轮		1.6～0.8		
	蜗杆及蜗轮				
齿顶圆		12.5～3.2			
轴孔		3.2～1.6			
与轴肩相配合的端面		6.3～3.2			
平键键槽		6.3～3.2(工作面),12.5～6.3(非工作面)			
其他加工表面		12.5～6.3			

③ 啮合特性表 齿轮的啮合特性表应布置在齿轮零件工作图幅的右上角，标明加工齿轮和检测齿轮所必需的参数。其内容包括：齿轮的基本参数（模数、齿数、压力角及斜齿轮的螺旋角)、精度等级和相应各检验项目的公差值。

(4) 箱体零件工作图的设计

① 视图 箱体零件的结构较复杂，为了把它的各部分结构表达清楚，通常不能少于三个视图，另外还应增加必要的剖视图、向视图和局部放大图。

② 标注尺寸 标注尺寸时应注意以下各点。

a. 选好基准。最好采用加工基准作为标注尺寸的基准，这样便于加工和测量。如箱座和箱盖的高度方向尺寸最好以剖分面（加工基准面）为基准；箱体宽度方向尺寸应采用宽度对称中心线作为基准；箱体长度方向尺寸可取轴承孔中心线作为基准。

b. 机体尺寸可分为形状尺寸和定位尺寸。形状尺寸是箱体各部位形状大小的尺寸，如壁厚、圆角半径、槽的深宽、箱体的长宽高、各种孔的直径和深度及螺纹孔的尺寸等，这类尺寸应直接标出，而不应有任何运算。定位尺寸是确定箱体各部位相对于基准的位置尺寸，如孔的中心线、曲线的中心位置及其他有关部位的平面及基准的距离等，对这类尺寸都应从基准（或辅助基准）直接标注。

c. 对于影响机械工作性能的尺寸（如箱体轴承座孔的中心距及其偏差）应直接标出，以保证加工准确性。

d. 配合尺寸都应标出其偏差。标注尺寸时应避免出现封闭尺寸链。

e. 所有圆角、倒角、起模斜度等都必须标注，或在技术条件中加以说明。

③ 几何公差 箱体几何公差推荐标注项目见表 18-10。

表 18-10 箱体几何公差推荐标注项目

类别	标注项目名称	符号	荐用精度等级	对工作性能的影响
形状公差	轴承座孔的圆柱度	⌭	6～7	影响箱体与轴承的配合性能及对中性
	分箱面的平面度	▱	7～8	影响箱体剖分面的防渗漏性能及密合性
位置公差	轴承座孔中心线相互间的平行度	//	6～7	影响传动零件的接触精度及传动的平稳性
	轴承座孔的端面对其中心线的垂直度	⊥	7～8	影响轴承固定及轴向受载的均匀性
	锥齿轮减速器轴承座孔中心线相互间的垂直度	⊥	7	影响传动零件的传动平稳性和载荷分布的均匀性
	两轴承座孔中心线的同轴度	◎	7～8	影响减速器的装配及传动零件载荷分布的均匀性

④ 表面粗糙度　箱体加工表面粗糙度的荐用值见表 18-11。

表 18-11　箱体加工表面粗糙度 *Ra* 荐用值　μm

加工表面	表面粗糙度	加工表面	表面粗糙度
箱体剖分面	3.2～1.6	油沟及检查孔的接触面	12.5～6.3
与滚动轴承相配合的孔	1.6(轴承孔径 $D\leqslant 80$mm)	螺栓孔、沉头座	25～12.5
	3.2(轴承孔径 $D>80$mm)	圆锥销孔	3.2～1.6
轴承座外端面	6.3～3.2	轴承盖及套杯的其他配合面	6.3～3.2
箱体底面	12.5～6.3		

⑤ 技术条件

a. 清砂及时效处理。

b. 箱盖与箱座的轴承孔应在连接并装入定位销后镗孔。

c. 箱盖与箱座合箱后边缘的平齐性及错位量允许值。

d. 剖分面上的定位销孔加工，应将箱盖和箱座固定配钻、配铰。

e. 铸件斜度及圆角半径。

f. 箱体内表面需用煤油清洗，并涂防腐漆。

18.2.6 编写设计计算说明书

设计计算说明书应写出全部计算过程、所用各种参数选择依据及最后结论，并且还应该有必要的草图。设计计算说明书的内容视设计任务而定，对于以减速器为主的机械传动装置设计，其内容大致包括以下几方面。

① 目录（标题及页次）。

② 设计任务书。

③ 传动方案的分析和拟定，包括传动方案简图。

④ 选择电动机。

⑤ 传动装置的运动和动力参数计算（分配各级传动比，计算各轴的转速、功率和转矩）。

⑥ 传动零件的设计计算（包括必要的结构草图和计算简图）。

⑦ 轴的设计计算。

⑧ 滚动轴承的选择和计算。

⑨ 键连接的选择和验算。

⑩ 联轴器的选择。

⑪ 润滑方式、润滑油牌号及密封装置的选择。

⑫ 设计小结（对课程设计的心得体会，该设计的优缺点及改进意见等）。

⑬ 参考资料（资料编号、作者、书名、版次、出版地、出版社及年份）。

18.2.7 减速器参考图例

(1) 减速器装配图

① 两级圆柱齿轮减速器装配图见图 18-33。

② 圆锥-圆柱齿轮减速器见图 18-34。

③ 蜗杆减速器见图 18-35。

(2) 零件工作图例

① 箱体类零件工作图见图 18-36 和图 18-37。

② 轴类零件图见图 18-38。

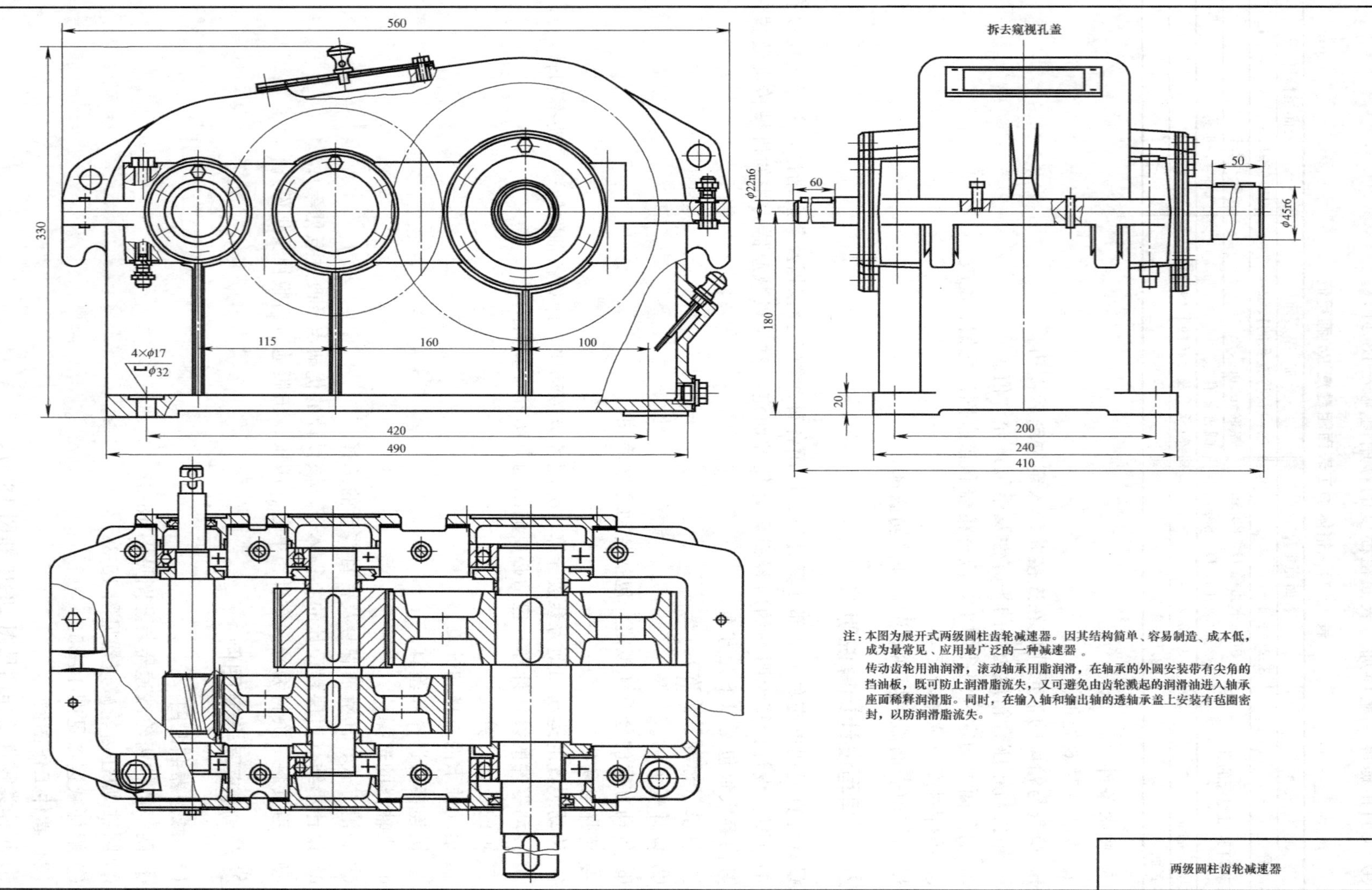

图 18-33　两级圆柱齿轮减速器

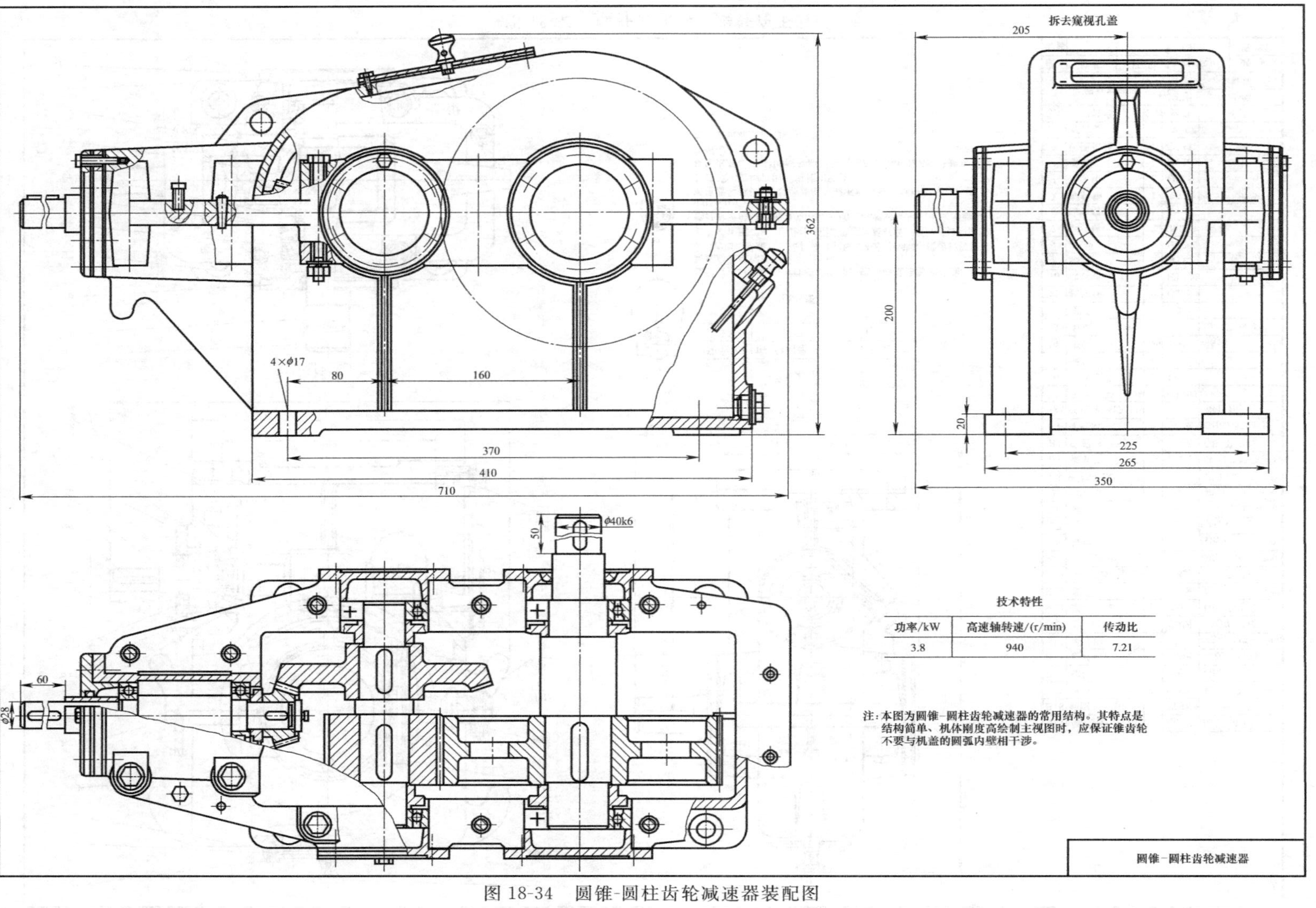

技术特性

功率/kW	高速轴转速/(r/min)	传动比
3.8	940	7.21

注：本图为圆锥-圆柱齿轮减速器的常用结构。其特点是结构简单、机体刚度高绘制主视图时，应保证锥齿轮不要与机盖的圆弧内壁相干涉。

图 18-34 圆锥-圆柱齿轮减速器装配图

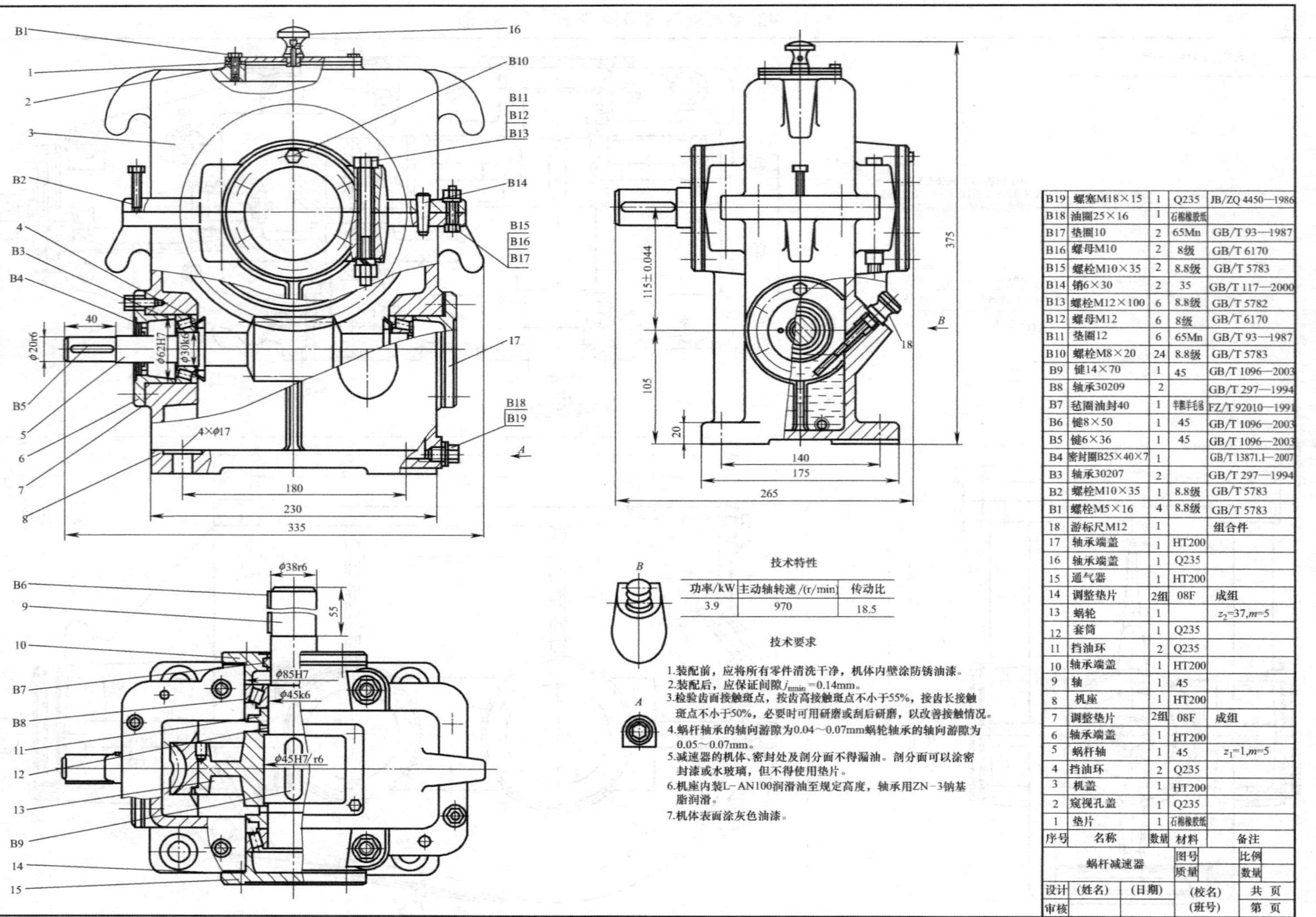

技术特性
功率/kW 主动轴转速/(r/min) 传动比
3.9 970 18.5
技术要求
1.装配前，应将所有零件清洗干净，机体内壁涂防锈油漆。
2.装配后，应保证间隙j_{nmin}=0.14mm。
3.检验齿面接触斑点，按齿高接触斑点不小于55%，接齿长接触斑点不小于50%，必要时可用研磨或刮后研磨，以改善接触情况。
4.蜗杆轴承的轴向游隙为0.04～0.07mm蜗轮轴承的轴向游隙为0.05～0.07mm。
5.减速器的机体、密封处及剖分面不得漏油。剖分面可以涂密封漆或水玻璃，但不得使用垫片。
6.机座内装L-AN100润滑油至规定高度，轴承用ZN-3钠基脂润滑。
7.机体表面涂灰色油漆。
B19 螺塞M18×15 1 Q235 JB/ZQ 4450—1986
B18 油圈25×16 1 石棉橡胶纸
B17 垫圈10 2 65Mn GB/T 93—1987
B16 螺母M10 2 8级 GB/T 6170
B15 螺栓M10×35 2 8.8级 GB/T 5783
B14 销6×30 2 35 GB/T 117—2000
B13 螺栓M12×100 6 8.8级 GB/T 5782
B12 螺母M12 6 8级 GB/T 6170
B11 垫圈12 6 65Mn GB/T 93—1987
B10 螺栓M8×20 24 8.8级 GB/T 5783
B9 键14×70 1 45 GB/T 1096—2003
B8 轴承30209 2 GB/T 297—1994
B7 毡圈油封40 1 半粗羊毛毡 FZ/T 92010—1991
B6 键8×50 1 45 GB/T 1096—2003
B5 键6×36 1 45 GB/T 1096—2003
B4 密封圈B25×40×7 1 GB/T 13871.1—2007
B3 轴承30207 2 GB/T 297—1994
B2 螺栓M10×35 1 8.8级 GB/T 5783
B1 螺栓M5×16 4 8.8级 GB/T 5783
18 游标尺M12 1 组合件
17 轴承端盖 1 HT200
16 轴承端盖 1 Q235
15 通气器 1 HT200
14 调整垫片 2组 08F 成组
13 蜗轮 1 z_2=37,m=5
12 套筒 1 Q235
11 挡油环 2 Q235
10 轴承端盖 1 HT200
9 轴 1 45
8 机座 1 HT200
7 调整垫片 2组 08F 成组
6 轴承端盖 1 HT200
5 蜗杆轴 1 45 z_1=1,m=5
4 挡油环 2 Q235
3 机盖 1 HT200
2 窥视孔盖 1 Q235
1 垫片 1 石棉橡胶纸
序号 名称 数量 材料 备注
蜗杆减速器 图号 比例 质量 数量
设计 (姓名) (日期) (校名) 共 页
审核 (班号) 第 页

图 18-35 蜗杆减速器（蜗杆在下）

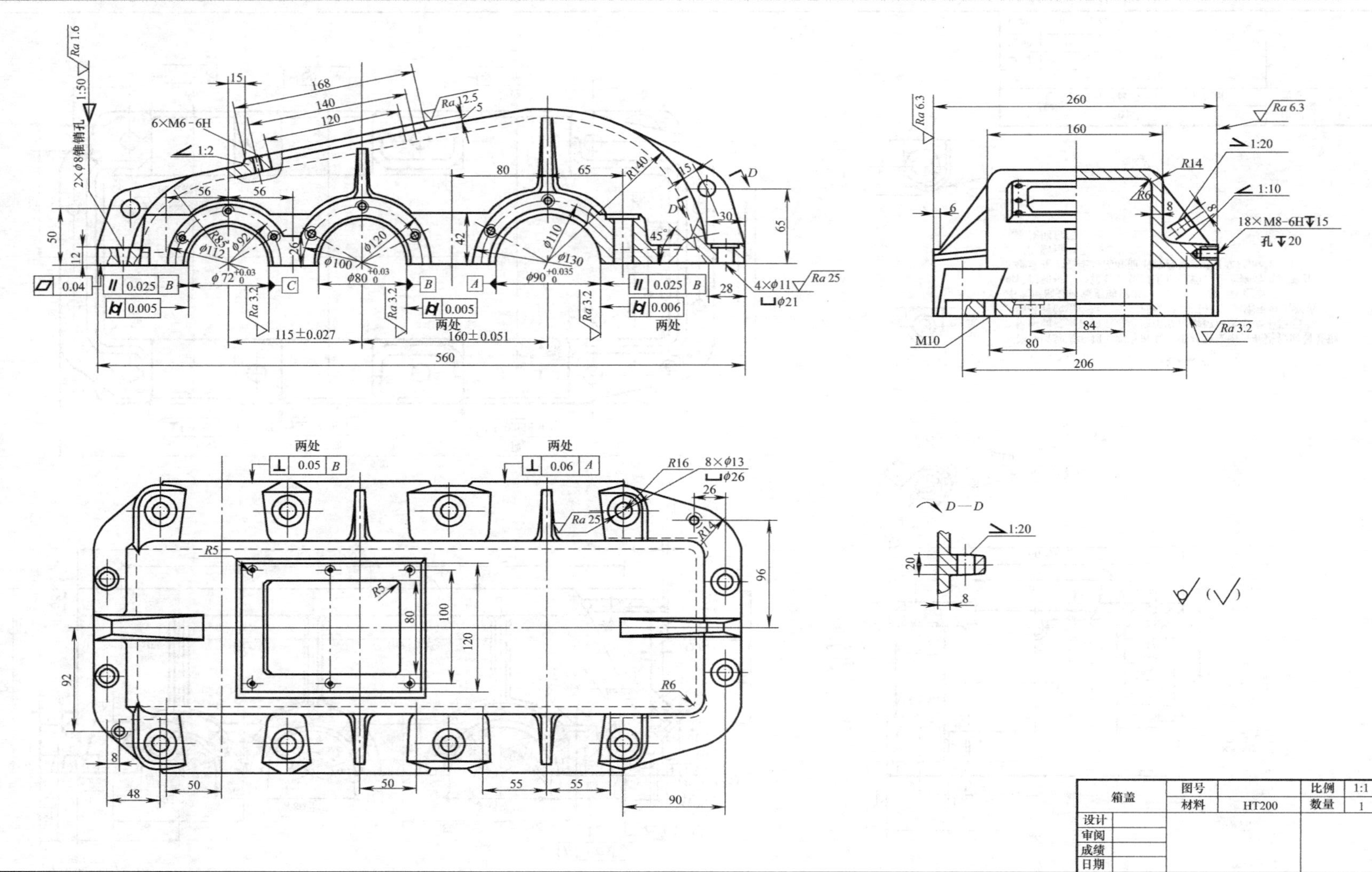

2×ϕ8锥销孔
6×M6-6H
两处
D—D
4×ϕ11
ϕ21
8×ϕ13
ϕ26
18×M8-6H↧15
孔↧20
M10
箱盖
图号
材料
HT200
比例
1:1
数量
1
设计
审阅
成绩
日期

图 18-36 箱盖零件图

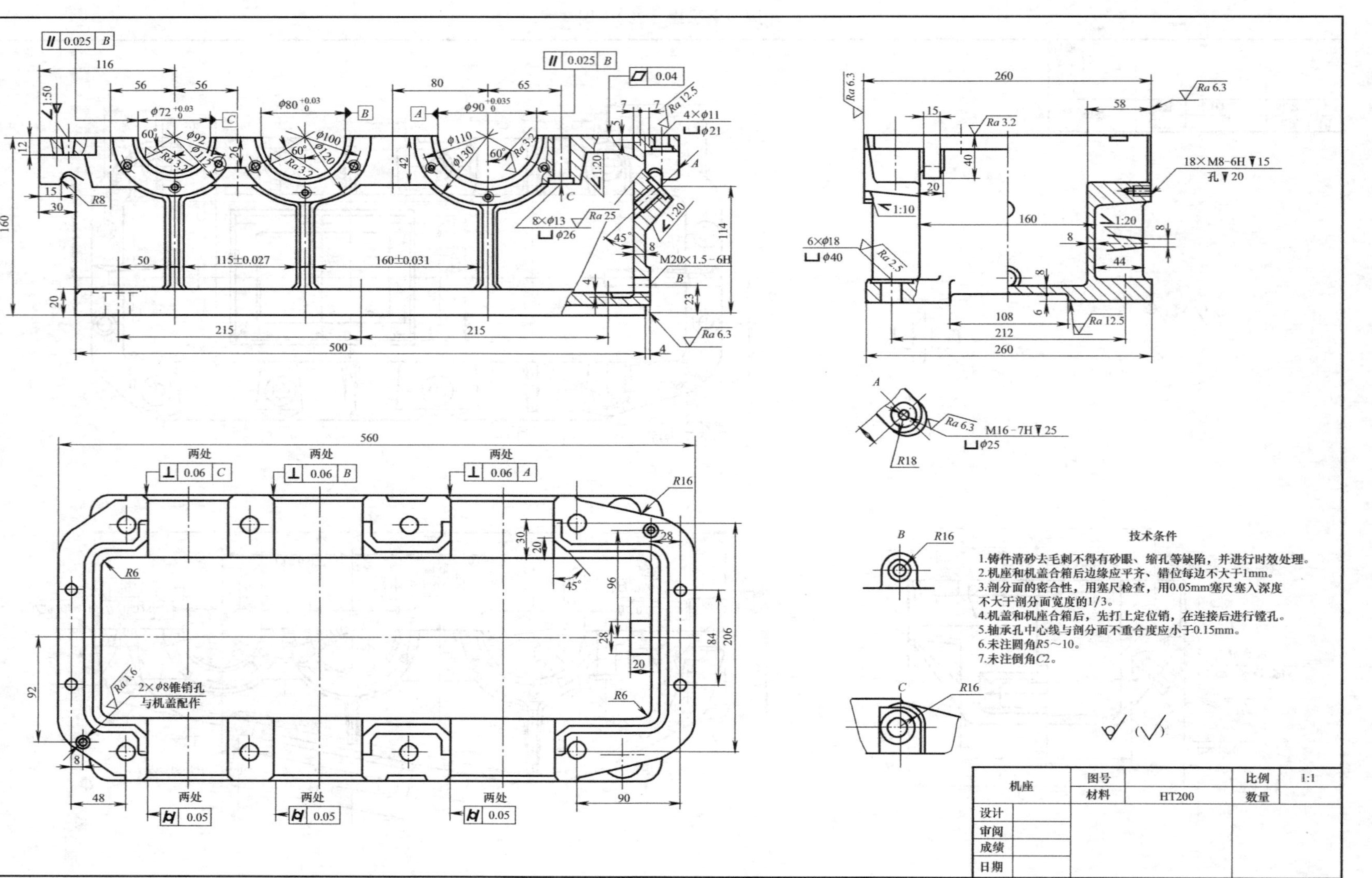
技术条件
1.铸件清砂去毛刺不得有砂眼、缩孔等缺陷，并进行时效处理。
2.机座和机盖合箱后边缘应平齐、错位每边不大于1mm。
3.剖分面的密合性，用塞尺检查，用0.05mm塞尺塞入深度不大于剖分面宽度的1/3。
4.机盖和机座合箱后，先打上定位销，在连接后进行镗孔。
5.轴承孔中心线与剖分面不重合度应小于0.15mm。
6.未注圆角R5～10。
7.未注倒角C2。
机座
图号
材料
HT200
比例
1:1
数量
设计
审阅
成绩
日期
2×φ8锥销孔
与机盖配作
两处
18×M8-6H▼15
孔▼20
M16-7H▼25
M20×1.5-6H

图 18-37 机座零件图

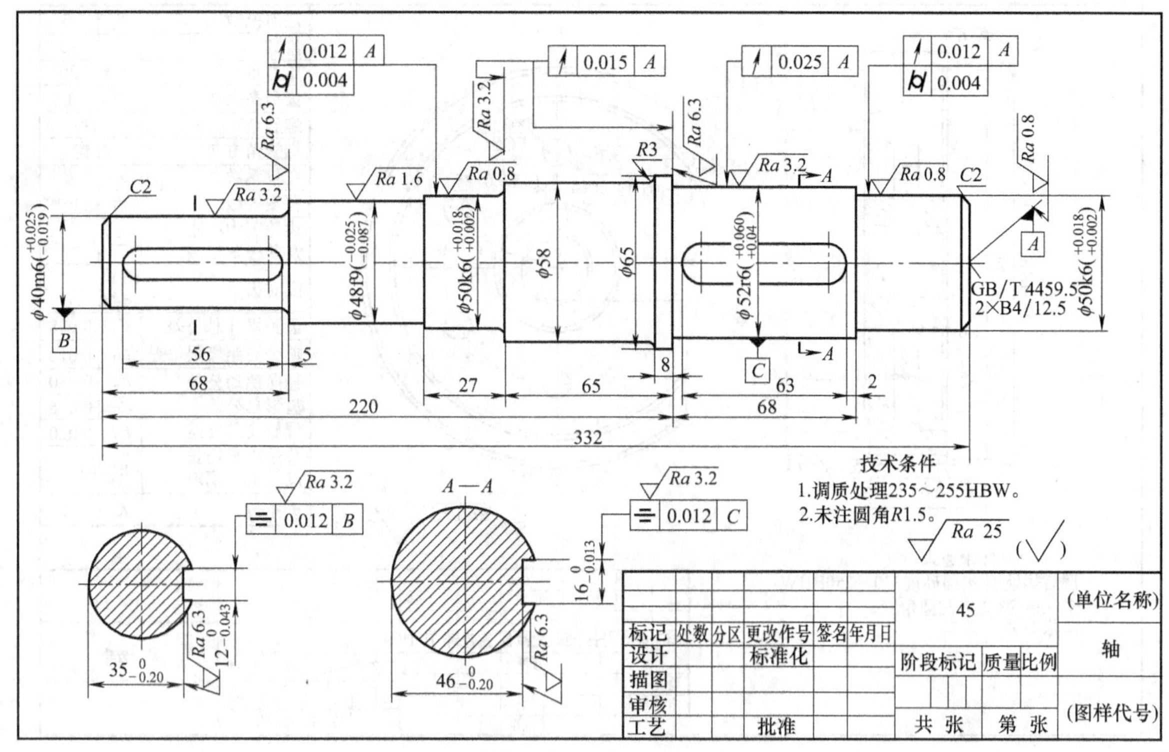

图 18-38 轴零件图

③ 齿轮类零件图见图 18-39～图 18-42。

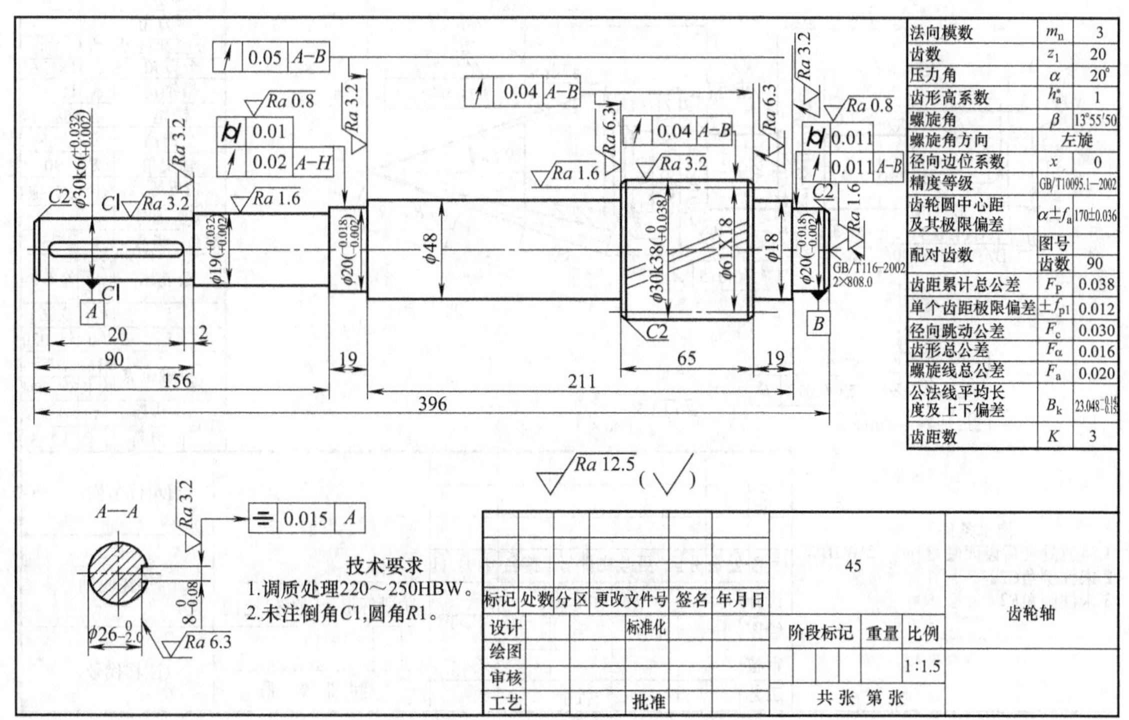

图 18-39 圆柱齿轮轴零件图

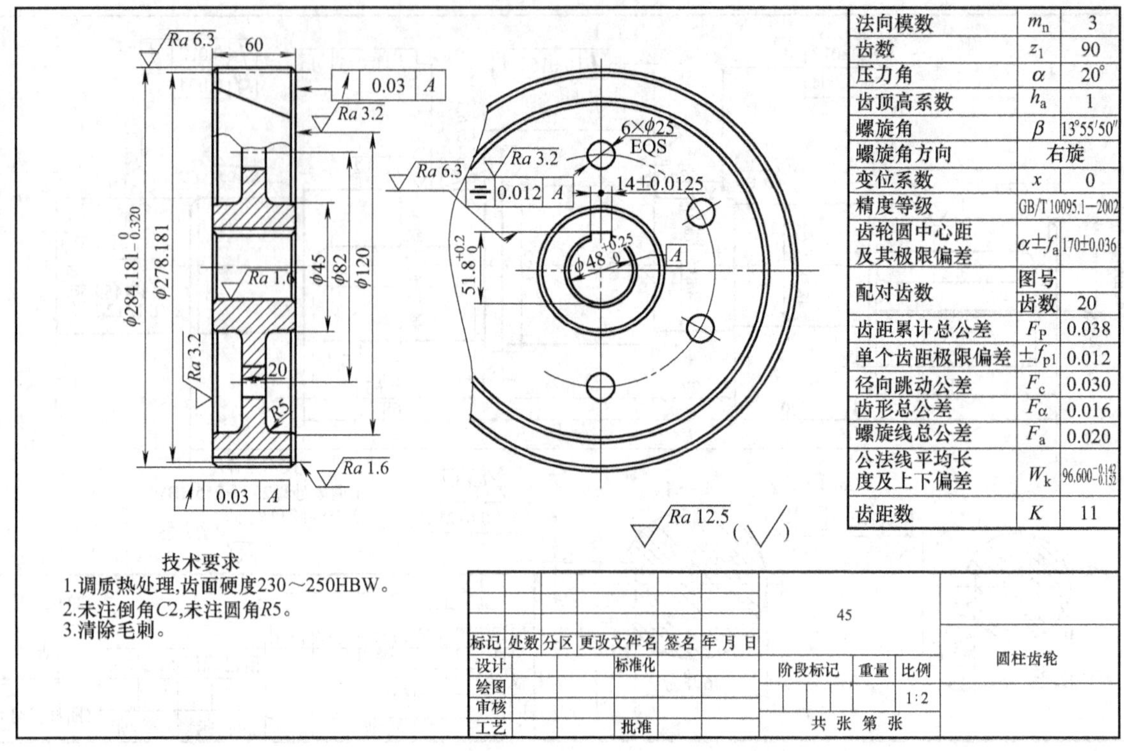

法向模数 m_n 3
齿数 z_1 90
压力角 α 20°
齿顶高系数 h_a 1
螺旋角 β 13°55′50″
螺旋角方向 右旋
变位系数 x 0
精度等级 GB/T 10095.1—2002
齿轮圆中心距及其极限偏差 $\alpha\pm f_a$ 170±0.036
配对齿数 图号 齿数 20
齿距累计总公差 F_P 0.038
单个齿距极限偏差 $\pm f_{p1}$ 0.012
径向跳动公差 F_c 0.030
齿形总公差 F_α 0.016
螺旋线总公差 F_a 0.020
公法线平均长度及上下偏差 W_k $96.600_{-0.152}^{-0.142}$
齿距数 K 11
技术要求
1.调质热处理,齿面硬度230～250HBW。
2.未注倒角C2,未注圆角R5。
3.清除毛刺。
45
标记 处数 分区 更改文件名 签名 年 月 日
设计 标准化 阶段标记 重量 比例
绘图 1:2
审核
工艺 批准 共 张 第 张
圆柱齿轮

图 18-40 圆柱齿轮零件图

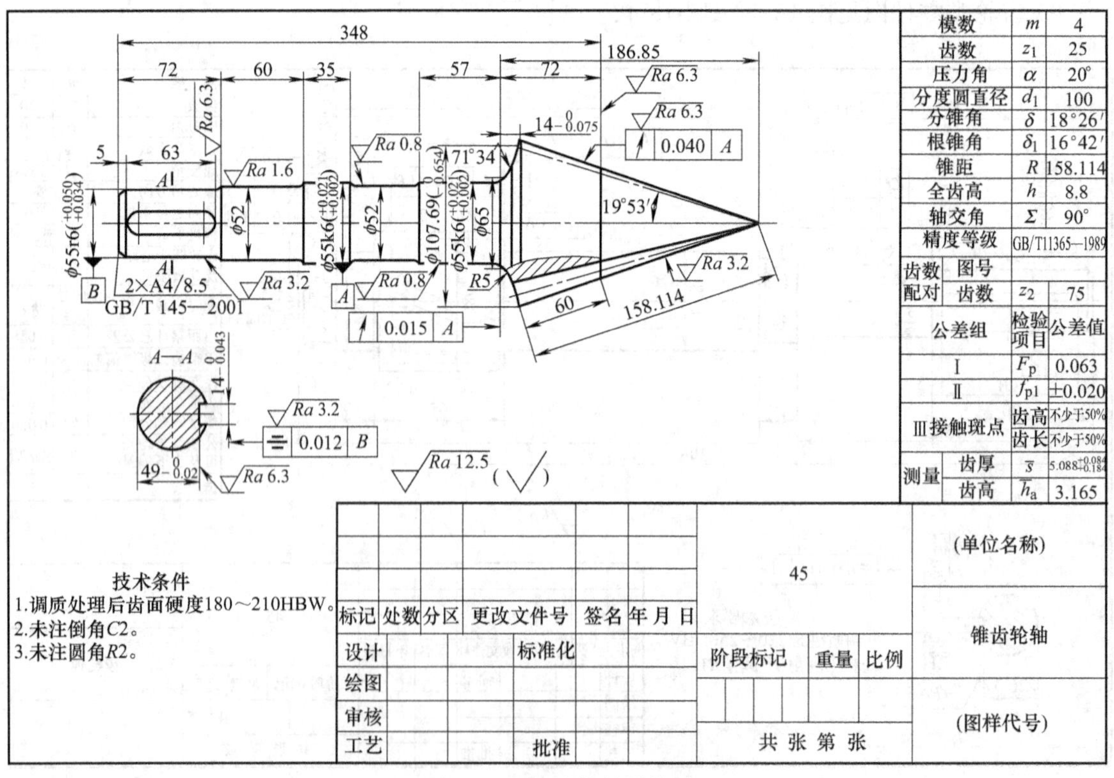

模数 m 4
齿数 z_1 25
压力角 α 20°
分度圆直径 d_1 100
分锥角 δ 18°26′
根锥角 δ_1 16°42′
锥距 R 158.114
全齿高 h 8.8
轴交角 Σ 90°
精度等级 GB/T11365—1989
齿数配对 图号 齿数 z_2 75
公差组 检验项目 公差值
Ⅰ F_p 0.063
Ⅱ f_{p1} ±0.020
Ⅲ接触斑点 齿高 不少于50% 齿长 不少于50%
测量 齿厚 $\bar{s}$ $5.088_{+0.184}^{+0.084}$
齿高 $\bar{h}_a$ 3.165
技术条件
1.调质处理后齿面硬度180～210HBW。
2.未注倒角C2。
3.未注圆角R2。
45
标记 处数 分区 更改文件号 签名 年 月 日
设计 标准化 阶段标记 重量 比例
绘图
审核
工艺 批准 共 张 第 张
(单位名称)
锥齿轮轴
(图样代号)

图 18-41 锥齿轮轴零件图

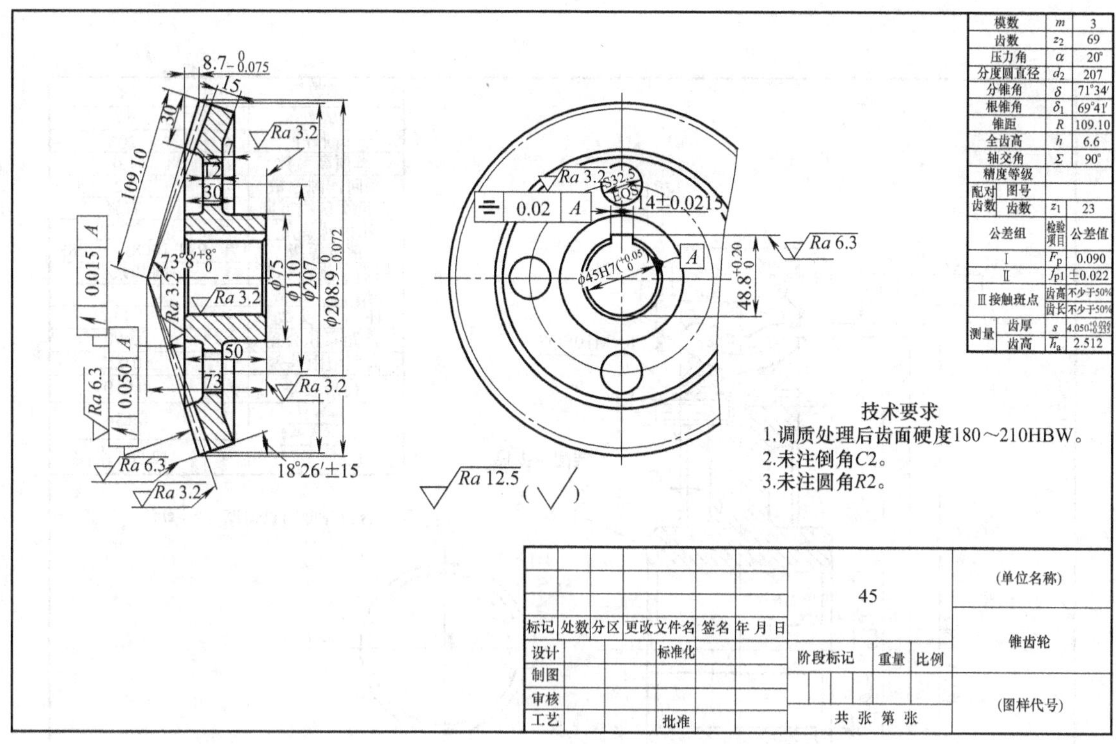

图 18-42 锥齿轮零件图

④ 蜗杆、蜗轮类零件工作图见图 18-43～图 18-46。

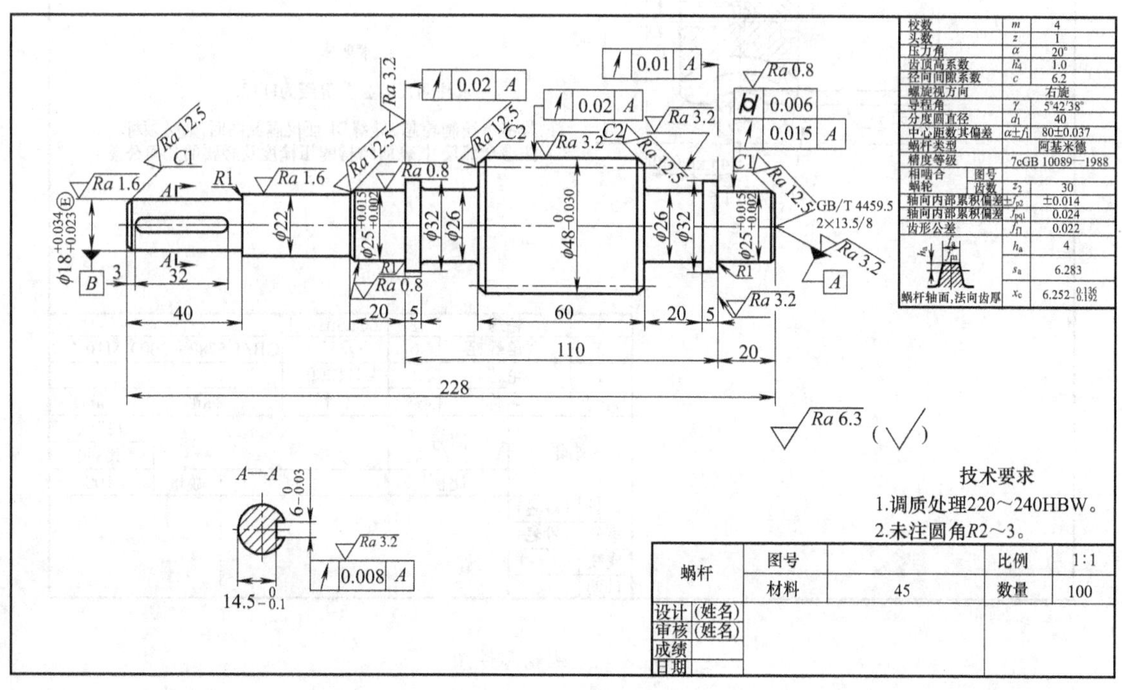

图 18-43 蜗杆零件图

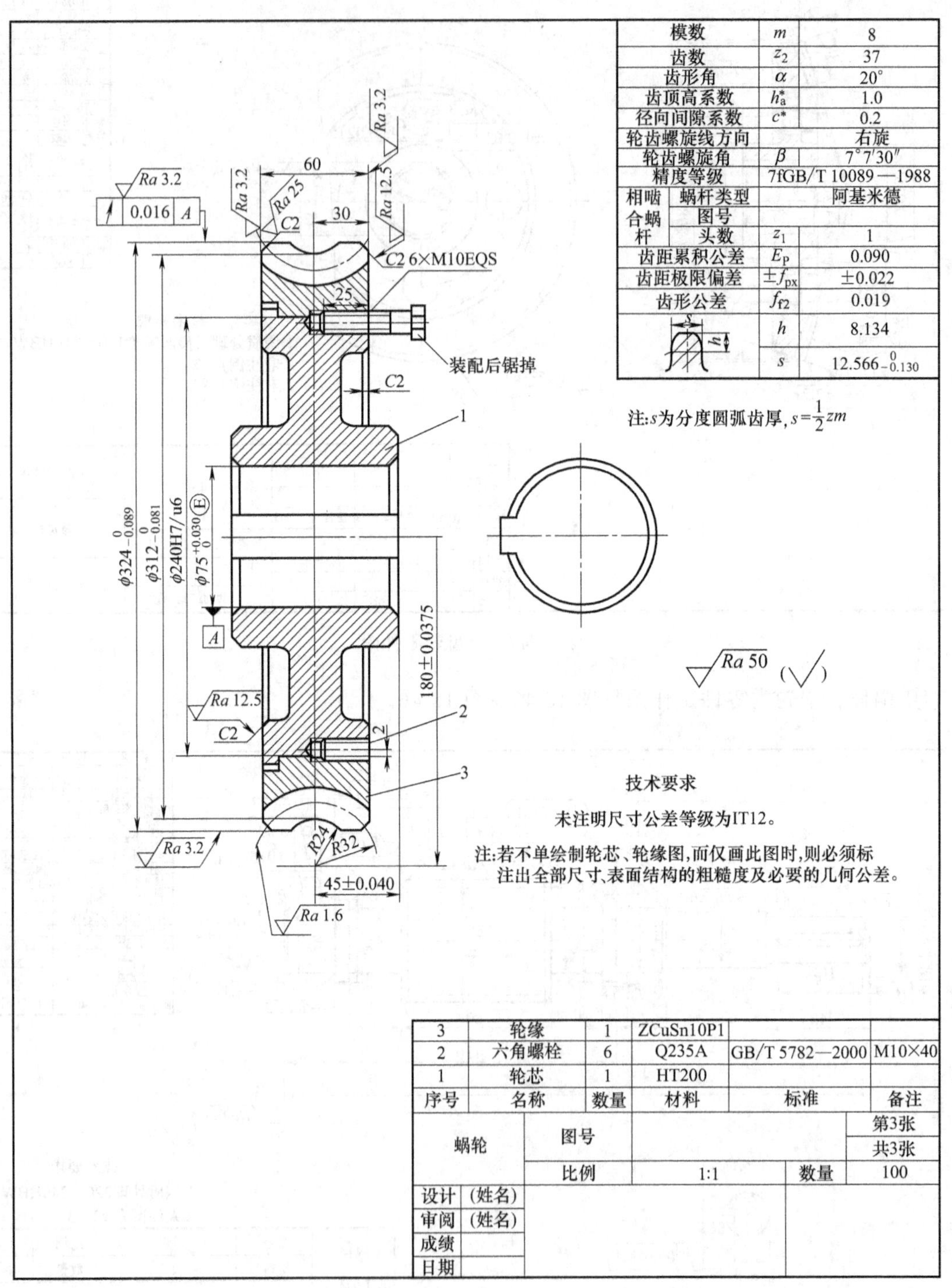

模数	m	8
齿数	z_2	37
齿形角	α	20°
齿顶高系数	h_a^*	1.0
径向间隙系数	c^*	0.2
轮齿螺旋线方向		右旋
轮齿螺旋角	β	7°7′30″
精度等级		7fGB/T 10089—1988
相啮合蜗杆 蜗杆类型		阿基米德
相啮合蜗杆 图号		
相啮合蜗杆 头数	z_1	1
齿距累积公差	E_P	0.090
齿距极限偏差	$\pm f_{px}$	±0.022
齿形公差	f_{f2}	0.019
(齿形简图 s, h)	h	8.134
	s	$12.566_{-0.130}^{0}$

注:s为分度圆弧齿厚, $s=\frac{1}{2}zm$

技术要求

未注明尺寸公差等级为IT12。

注:若不单绘制轮芯、轮缘图,而仅画此图时,则必须标注出全部尺寸、表面结构的粗糙度及必要的几何公差。

序号	名称	数量	材料	标准	备注
3	轮缘	1	ZCuSn10P1		
2	六角螺栓	6	Q235A	GB/T 5782—2000	M10×40
1	轮芯	1	HT200		

蜗轮	图号		第3张
			共3张
	比例	1:1	数量 100
设计	(姓名)		
审阅	(姓名)		
成绩			
日期			

图 18-44　蜗轮零件图

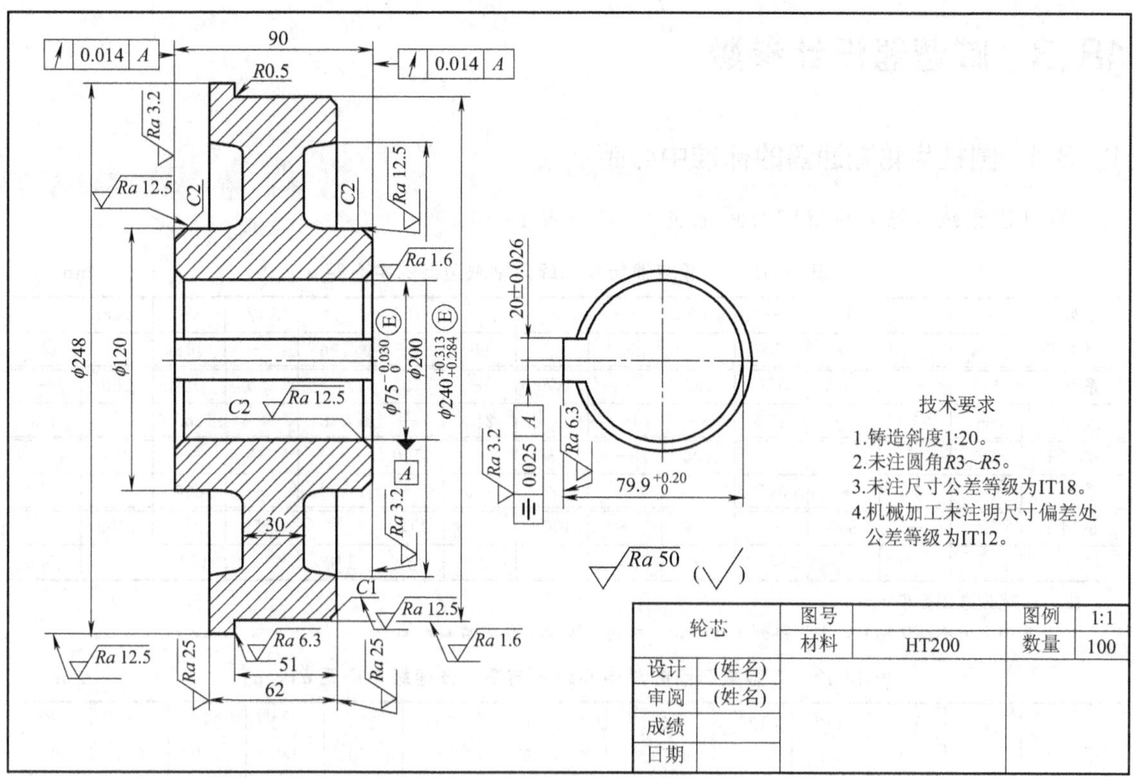

图 18-45 蜗轮轮芯零件图

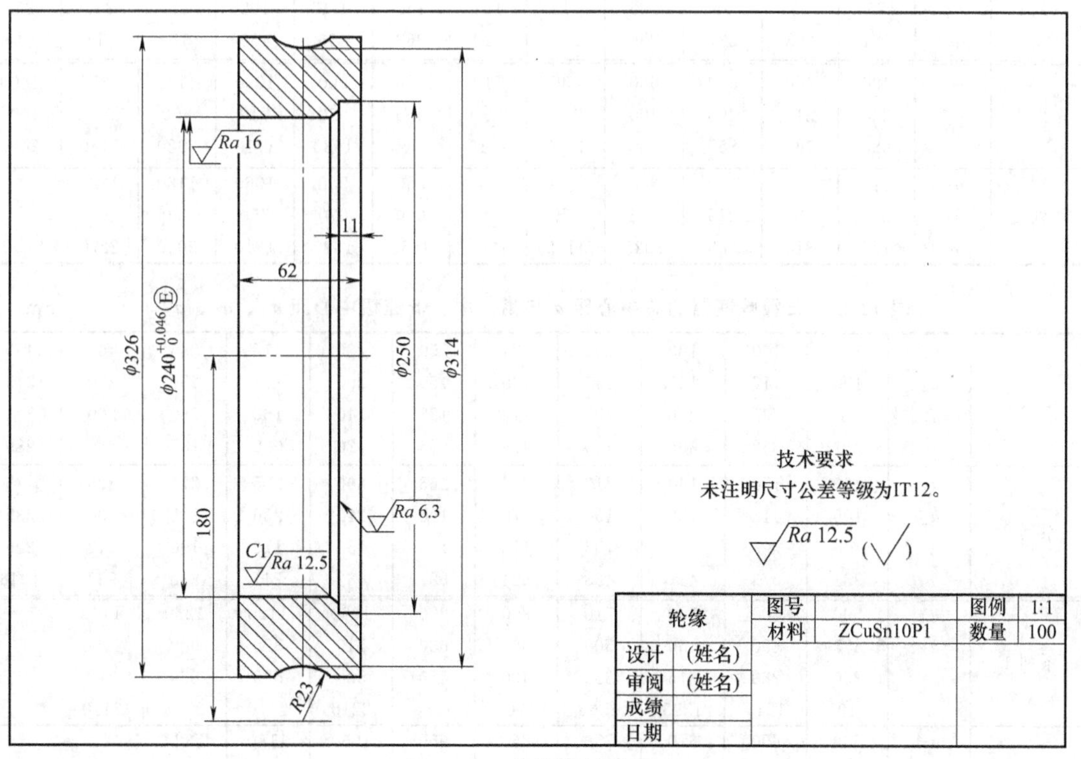

图 18-46 蜗轮轮毂零件图

18.3 减速器设计参数

18.3.1 圆柱齿轮减速器的标准中心距

圆柱齿轮减速器的标准中心距见表 18-12～表 18-14。

表 18-12 一级减速器和二级同轴减速器的中心距 a mm

系列 1	63	—	71	—	80	—	90	—	100	—	112	—	125	—
系列 2	—	67	—	75	—	85	—	95	—	106	—	118	—	132
系列 1	140	—	160	—	180	—	200	—	224	—	250	—	280	—
系列 2	—	150	—	170	—	190	—	212	—	236	—	265	—	300
系列 1	315	—	335	—	400	—	450	—	500	—	560	—	630	—
系列 2	—	335	—	375	—	425	—	475	—	530	—	600	—	670
系列 1	710	—	800	—	900	—	1000	—	1120	—	1250	—	1400	—
系列 2	—	750	—	850	—	950	—	1060	—	1180	—	1320	—	1500

注：1. 优先选用系列 1。

2. 当表中数值不够选用时，允许系列 1 按 R20、系列 2 按 R40 优先数系延伸。

表 18-13 二级减速器的总中心距 a 与高、低速级中心距 a_1、a_2 mm

系列 1	a_2	100	112	125	140	160	180	200	224	250	280	315	355
	a_1	71	80	90	100	112	125	140	160	180	200	224	250
	a	171	192	215	240	272	305	340	384	430	480	539	605
系列 2	a_2	106	118	132	150	170	190	212	236	265	300	335	375
	a_1	75	85	95	106	118	132	150	170	190	212	236	265
	a	181	203	227	256	288	322	362	406	455	512	571	640
系列 1	a_2	400	450	500	560	630	710	800	900	1000	1120	1250	1400
	a_1	280	315	355	400	450	500	560	630	710	800	900	1000
	a	680	765	855	960	1080	1210	1360	1530	1710	1920	2150	2400
系列 2	a_2	425	475	530	600	670	750	850	950	1060	1180	1320	
	a_1	300	353	375	425	475	530	600	670	750	850	950	
	a	725	810	905	1025	1145	1280	1450	1620	1810	2030	2270	

表 18-14 三级减速器的总中心距 a 与高、中、低速级中心距 a_1、a_2、a_3 mm

系列 1	a_3	140	160	180	200	224	250	280	315	355	400	450
	a_2	100	112	125	140	160	180	200	224	250	280	315
	a_1	71	80	90	100	112	125	140	160	180	200	224
	a	311	352	395	440	496	555	620	699	785	880	989
系列 2	a_3	150	170	190	212	236	265	300	335	275	425	475
	a_2	106	118	132	150	170	190	212	236	265	300	335
	a_1	75	85	95	106	118	132	150	170	190	212	236
	a	331	373	417	468	524	587	662	741	830	937	1046
系列 1	a_3	500	560	630	710	800	900	1000	1120	1250	1400	
	a_2	355	400	450	500	560	630	710	800	900	1000	
	a_1	250	280	315	355	400	450	500	560	630	710	
	a	1105	1240	1395	1565	1760	1980	2210	2480	2780	3110	
系列 2	a_3	530	600	670	750	850	950	1060	1180	1320		
	a_2	375	425	475	530	600	670	750	850	950		
	a_1	265	300	335	375	425	475	530	600	670		
	a	1170	1325	1480	1655	1875	2095	2340	2630	2940		

18.3.2 减速器主要零件的公差配合

减速器主要零件的公差配合见表18-15。

表18-15 减速器主要零件的公差配合

配合零件	荐用配合	装拆方法
大、中型减速器的低速级齿轮(蜗轮)与轴的配合,轮缘与轮芯的配合	$\frac{H7}{r6}$、$\frac{H7}{s6}$	用压力机或温差法(中等压力的配合,小过盈配合)
一般齿轮、蜗轮、带轮、联轴器与轴的配合	$\frac{H7}{r6}$	用压力机(中等压力的配合)
要求对中性良好及很少装拆的齿轮、蜗轮、联轴器与轴的配合	$\frac{H7}{n6}$	用压力机(较紧的过渡配合)
小锥齿轮及较常装拆的齿轮、联轴器与轴的配合	$\frac{H7}{m6}$、$\frac{H7}{k6}$	锤子打入(过渡配合)
滚动轴承内孔与轴的配合(内圈旋转)	j6(轻负荷) k6,m6(中等负荷)	用压力机(实际为过盈配合)
滚动轴承外圈与机体的配合(外圈不转)	H7,H6(精度高时要求)	木锤或徒手装拆
轴套、挡油盘、溅油轮与轴的配合	$\frac{D11}{k6}$、$\frac{F9}{k6}$、$\frac{F9}{m6}$、$\frac{H8}{h7}$、$\frac{H9}{h8}$	
轴承套杯与机孔的配合	$\frac{H7}{js6}$、$\frac{H7}{h6}$	
轴承盖与箱体孔(或套杯孔)的配合	$\frac{H7}{d11}$、$\frac{H7}{h8}$	
嵌入式轴承盖的凸缘厚与箱体孔凹槽之间的配合	$\frac{H11}{h11}$	
与密封件相接触轴段的公差带	F9、h11	

18.3.3 减速器的润滑与密封

(1) 常用润滑剂

常用润滑剂的主要性质及用途见表18-16和表18-17。

表18-16 常用润滑油的主要性质及用途

名称	代号		运动黏度/cSt			倾点/℃ 不高于	闪点(开口)/℃ 不低于	主要用途
			40℃	50℃	100℃			
全损耗系统用油(GB 443—1989)	L-AN5		4.14~5.06	—	—	−5	80	L-AN5和L-AN7用于高速低载荷的机械、车床、磨床、纺织纱锭的润滑和冷却 L-AN32和L-AN46可用于普通机床的液压油 L-AN15,L-AN22,L-AN32和L-AN46可供一般要求的齿轮、滑动轴承用 L-AN68用作重型机床导轨润滑油 L-AN100和L-AN150供矿山机械、锻压和铸造等重型设备之用
	L-AN7		6.12~7.48				110	
	L-AN10		9.0~11.00				130	
	L-AN15		13.5~16.5				150	
	L-AN22		19.8~24.2				150	
	L-AN32		28.8~35.2				150	
	L-AN46		41.4~50.6				160	
	L-AN68		61.2~74.8				160	
	L-AN100		90.0~110				180	
	L-AN150		135~165				180	
工业闭式齿轮油(GB 5903—2011)	L-CKC L-CKB L-CKD	100	90.0~110	—	—	−8	180	L-CKC:极压型中负荷工业齿轮油 L-CKB:抗氧化防锈型普通工业齿轮油 L-CKD:极压型重负荷工业齿轮油
		150	135~165				200	
		220	198~242					
		320	288~352					

表 18-17 常用润滑脂的主要性质及用途

名　　称	代号	滴点/℃ 不低于	工作锥入度 (25℃,150g) /(1/10mm)	主要用途
钙基润滑脂 (GB/T 491—2008)	1号	80	310～340	有耐水性能,用于工作温度低于55～60℃的各种工农业、交通运输机械设备的轴承润滑,特别是有水或潮湿处
	2号	85	265～295	
	3号	90	220～250	
	4号	95	175～205	
钠基润滑脂 (GB/T 492—1989)	2号	160	265～295	不耐水。用于工作温度在－10～110℃的一般中负荷机械设备轴承润滑
	3号	160	220～250	
	ZGN-2	135	200～240	
石墨钙基润滑脂 (SH/T 0369—1992)	ZG-S	80	—	人字齿轮、起重机、挖掘机的底盘齿轮、矿山机械、绞车钢丝绳等高负荷、高压力、低速度的粗糙机械润滑及一般开式齿轮润滑,耐潮湿
通用锂基润滑脂 (GB/T 7324—2010)	1号	170	310～340	适用于－20～120℃温度范围内各种机械的滚动轴承、滑动轴承及其他摩擦部位的润滑
	2号	175	265～295	
	3号	180	220～250	

(2) 常用密封装置

常用密封装置的基本尺寸参数及选用见表18-18～表18-29。

表 18-18 毡圈油封及槽尺寸　　mm

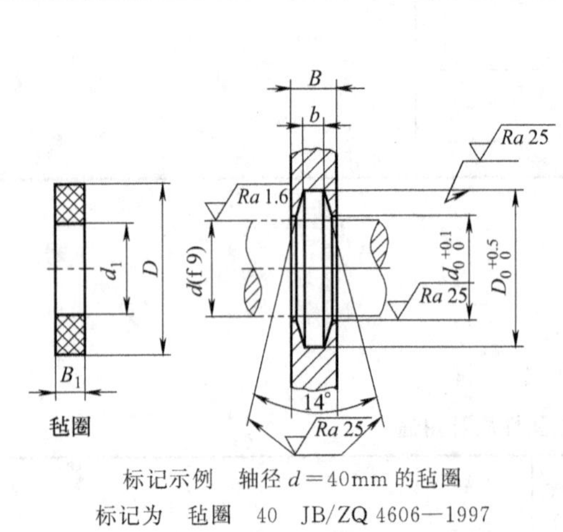

标记示例　轴径 d=40mm 的毡圈

标记为　毡圈　40　JB/ZQ 4606—1997

轴径	毡圈			槽				
d	D	d_1	B_1	D_0	d_0	b	Bmin 钢	Bmin 铸铁
15	29	14	6	28	16	5	10	12
20	33	19		32	21			
25	39	24	7	38	26	6	12	15
30	45	29		44	31			
35	49	34		48	36			
40	53	39		52	41			
45	61	44	8	60	46	7		
50	69	49		68	51			
55	74	53		72	56			
60	80	58		78	61			
65	84	63		82	66			
70	90	68		82	66			
75	94	73		92	77			
80	102	78	9	100	82	8	15	18

表 18-19 旋转轴唇形密封圈（GB/T 9877—2008）

基本结构

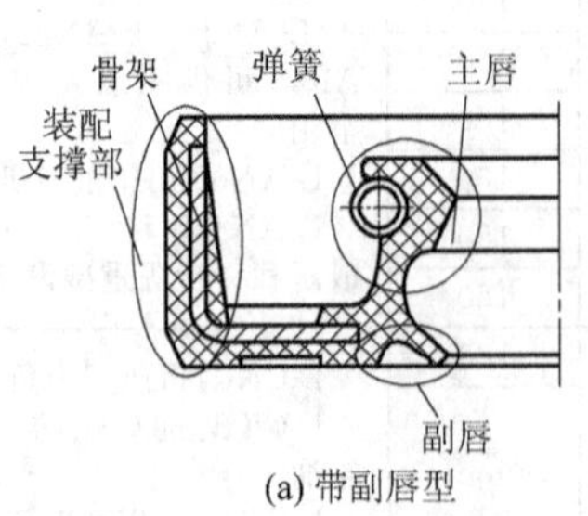

(a) 带副唇型

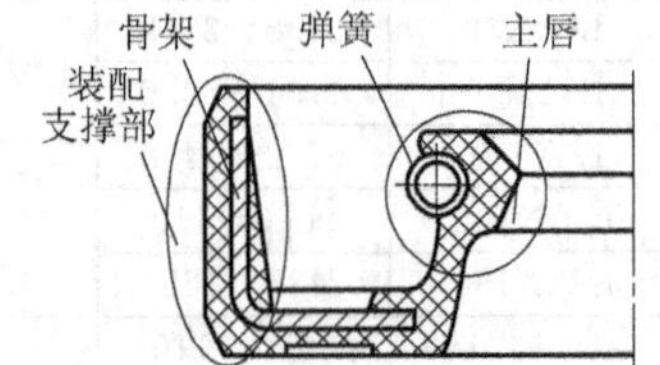

(b) 无副唇型

续表

基本类型

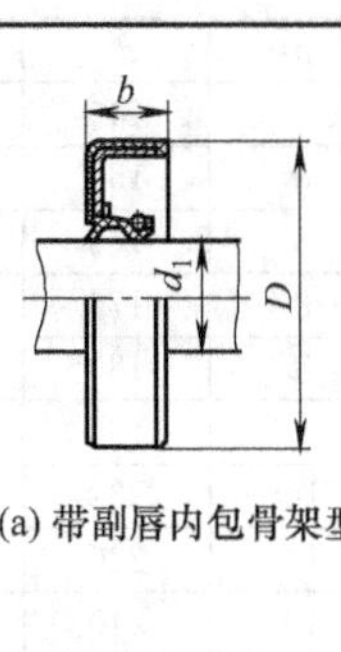

(a) 带副唇内包骨架型

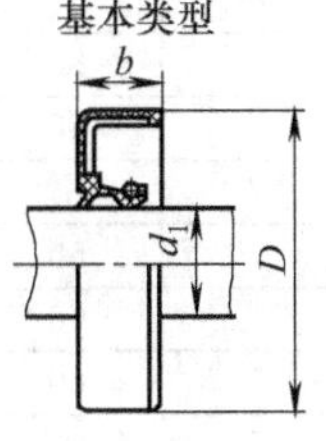

(b) 带副唇外露骨架型

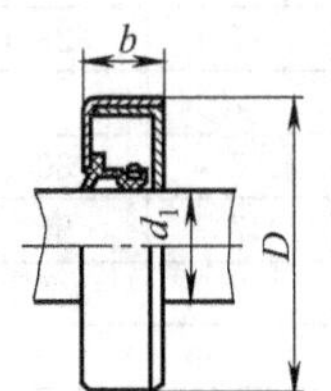

(c) 带副唇装配型

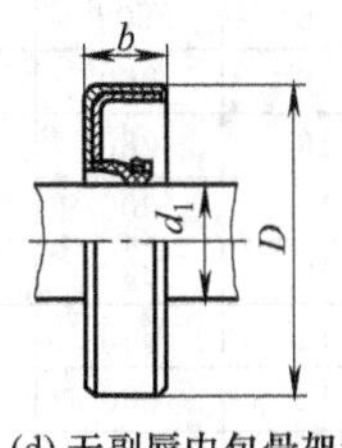

(d) 无副唇内包骨架型

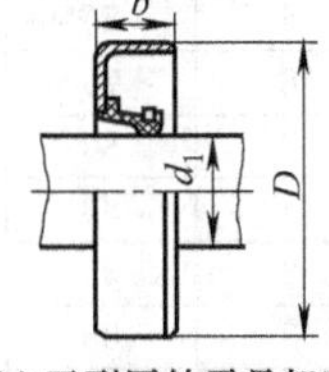

(e) 无副唇外露骨架型

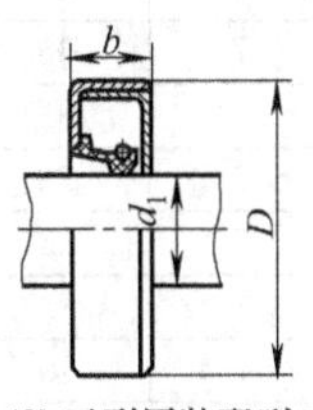

(f) 无副唇装配型

各部位参数代号

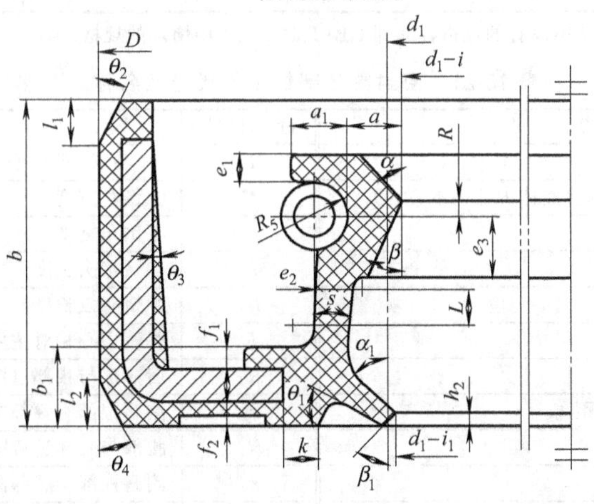

装配支承部典型结构

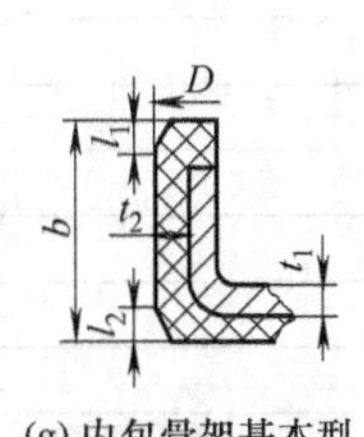

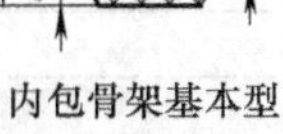
(g) 内包骨架基本型

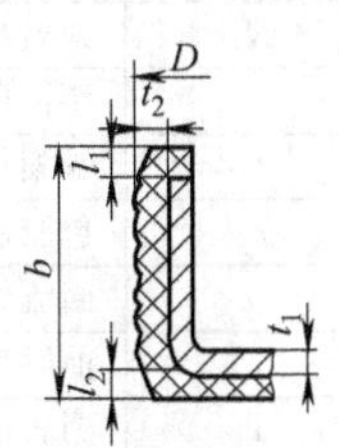

(h) 内包骨架波浪型

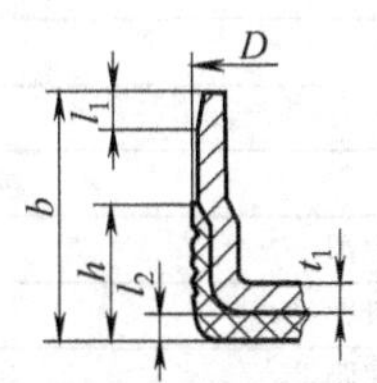

(i) 半外露骨架型

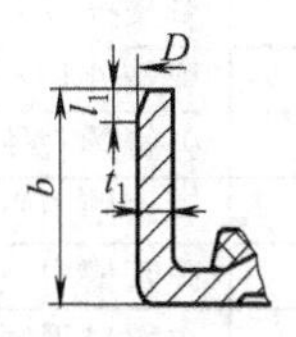

(j) 外露骨架型

表 18-20　基本尺寸　mm

d_1	D	b	d_1	D	b	d_1	D	b	d_1	D	b
6	16	7	25	40	7	45	62	8	105①	130	12
6	22	7	25	47	7	45	65	8	110	140	12
7	22	7	25	52	7	50	68	8	120	150	12
8	22	7	28	40	7	50①	70	8	130	160	12

续表

d_1	D	b	d_1	D	b	d_1	D	b	d_1	D	b
8	24	7	28	47	7	50	72	8	140	170	15
9	22	7	28	52	7	55	72	8	150	180	15
10	22	7	30	42	7	55①	75	8	160	190	15
10	25	7	30	47	7	55	80	8	170	200	15
12	24	7	30①	50	7	60	80	8	180	210	15
12	25	7	30	52	7	60	85	8	190	220	15
12	30	7	32	45	8	65	85	10	200	230	15
15	26	7	32	47	8	65	90	10	220	250	15
15	30	7	32	52	8	70	90	10	240	270	15
15	35	7	35	50	8	70	95	10	250①	290	15
16	30	7	35	52	8	75	95	10	260	300	20
16①	35	7	35	55	8	75	100	10	280	320	20
18	30	7	38	55	8	80	100	10	300	340	20
18	35	7	38	58	8	80	110	10	320	360	20
20	35	7	38	62	8	85	110	12	340	380	20
20	40	7	40	55	8	85	120	12	360	400	20
20	45	7	40①	60	8	90①	115	12	380	420	20
22	35	7	40	62	8	90	120	12	400	440	20
22	40	7	42	55	8	95	120	12			
22	47	7	42	62	8	100	125	12			

① 国内用而 ISO 6194-1—2007 中没有的规格，亦即 GB/T 13871.1 中增加的规格。

表 18-21 密封圈各部位字母代号及名称

字母代号	说明	字母代号	说明
d_1	轴的基本直径	L	R_1 与 R_2 的中心距
D	密封圈支承基本直径(腔体内孔基本直径)	l_1	上倒角宽度
b	密封圈基本宽度	l_2	下倒角宽度
δ	圆度公差	l_s	弹簧接头长度
i	主唇口过盈量	L_s	弹簧有效长度
i_1	副唇口过盈量	R	弹簧中心相对主唇口位置
e_1	弹簧壁厚度	R_1	唇冠部与腰部过渡圆角半径
a	唇口到弹簧槽底部距离	r_1	副唇根部与腰部圆角半径
a_1	弹簧包箍壁宽度	R_2	腰部与底部过渡圆角半径
b_1	底部厚度	r_2	副唇根部与底部圆角半径
b_2	骨架宽度	r_3	弹簧壁圆角半径
D_1	骨架内壁直径	R_3	骨架弯角半径
D_2	骨架内径	R_a	弹簧槽半径
D_3	骨架外径	s	腰部厚度
D_5	弹簧外径	t_1	骨架材料厚度
d_8	弹簧丝直径	t_2	包胶层厚度
e_2	弹簧槽中心到腰部距离	w	回流纹间距
e_3	弹簧槽中心到主唇口距离	α	前唇角
e_4	主唇口下倾角与腰部距离	α_1	副唇前角
e_p	模压前唇宽度	β	后唇角
f_1	底部上胶层厚	β_1	副唇后角
f_2	底部下胶层厚	β_2	回流纹角度
h	半外露骨架型包胶宽	ε	腰部角度
h_1	唇口宽	θ_1	副唇外角
h_2	副唇宽	θ_2	上倒角
h_a	回流纹在唇口部的高度	θ_3	外径内壁倾角(可选择设计)
k	副唇根部与骨架距离	θ_4	下倒角

表 18-22 密封圈的外径及宽度公差 mm

基本直径 D	基本直径公差		圆度公差 δ		宽度 b	
	外露骨架型	内包骨架型	外露骨架型	内包骨架型	$b<10$	$b\geqslant10$
$D\leqslant50$	$+0.20$ $+0.08$	$+0.30$ $+0.15$	0.18	0.25	±0.3	±0.4
$50<D\leqslant80$	$+0.23$ $+0.09$	$+0.35$ $+0.20$	0.25	0.35		
$80<D\leqslant120$	$+0.25$ $+0.10$	$+0.35$ $+0.20$	0.30	0.50		
$120<D\leqslant180$	$+0.28$ $+0.12$	$+0.45$ $+0.25$	0.40	0.65		
$180<D\leqslant300$	$+0.35$ $+0.15$	$+0.45$ $+0.25$	0.25%D	0.80		
$300<D\leqslant440$	$+0.45$ $+0.20$	$+0.55$ $+0.30$	0.25%D	1.00		

注：1. 圆度等于间距相同的 3 处或 3 处以上测得的最大直径和最小直径之差。

2. 外径等于在相互垂直的两个方向上测得的尺寸的平均值。

表 18-23 包胶层厚度参数 mm

基本直径 D	t_2	基本直径 D	t_2
$D\leqslant50$	0.55～1.0	$120<D\leqslant200$	0.55～1.5
$50<D\leqslant80$	0.55～1.3	$200<D\leqslant300$	0.75～1.5
$80<D\leqslant120$	0.55～1.3	$300<D\leqslant440$	1.20～1.50

表 18-24 倒角宽度及角度参数 mm

密封圈基本宽度 b	l_1	l_2	θ_2	θ_4
$b\leqslant4$	0.4～0.6	0.4～0.6	15°～30°	15°～30°
$4<b\leqslant8$	0.6～1.2	0.6～1.2		
$8<b\leqslant11$	1.0～2.0	1.0～2.0		
$11<b\leqslant13$	1.5～2.5	1.5～2.5		
$13<b\leqslant15$	2.0～3.0	2.0～3.0		
$b>15$	2.5～3.5	2.5～3.5		

注：1. 内包骨架密封圈的基本外径表面允许为波浪形及半外露骨架形式，其外径公差可由需方与制造商商定。

2. 内包骨架密封圈采用除了丁腈橡胶以外的其他材料时，可能会要求不同的公差，可由需方与制造商商定。

3. 包胶层厚度按表 18-23 选取。

表 18-25 油沟式密封槽 mm

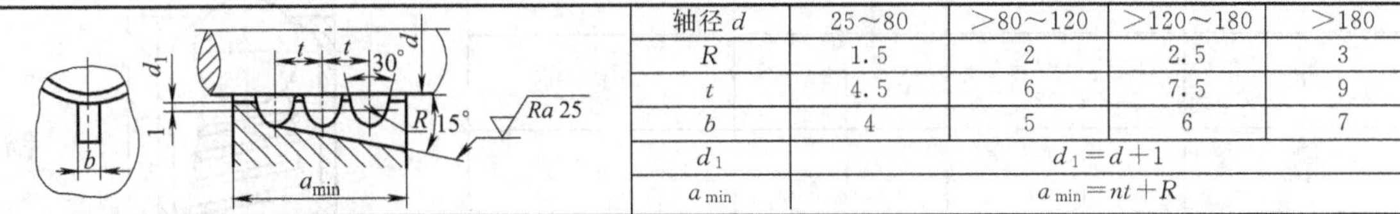

轴径 d	25～80	>80～120	>120～180	>180
R	1.5	2	2.5	3
t	4.5	6	7.5	9
b	4	5	6	7
d_1	$d_1=d+1$			
$a_{\min}$	$a_{\min}=nt+R$			

注：1. 表中 R、t、b 尺寸在个别情况下可用于与表中不相对应的轴径上。

2. 一般油沟数 $n=2$～4 个，多使用 3 个。

表 18-26 迷宫式密封 mm

d	10～50	>50～80	>80～110	>110～180
e	0.2	0.3	0.4	0.5
f	1	1.5	2	2.5

表 18-27 直通式油杯（JB/T 7940.1—1995） mm

d	H	h	h_1	S 基本尺寸	S 偏差	钢球(按 GB/T 308)
M6	13	8	6	8	0 −0.22	3
M8×1	16	9	6.5	10		
M10×1	18	10	7	11		

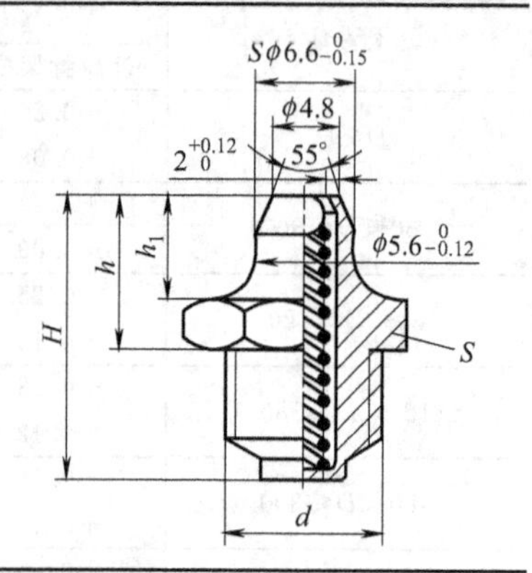

表 18-28 旋盖式油杯（JB/T 7940.3—1995） mm

最小容量/cm³	d	l	h	H	h_1	d_1	D	l_{max}	S 基本尺寸	S 偏差
1.5	M8×1	8	14	22	7	3	16	33	10	0 −0.22
3	M10×1		15	23	8	4	20	35	13	−0.27
6			17	26			26	40		
12	M14×1.5	12	20	30	10	5	32	47	18	
18			22	32			36	50		
25			24	34			41	55		
50	M16×1.5		30	44			51	70	21	
100			38	52			68	85		
200	M24×1.5	16	48	64	16	6	—	105	30	—

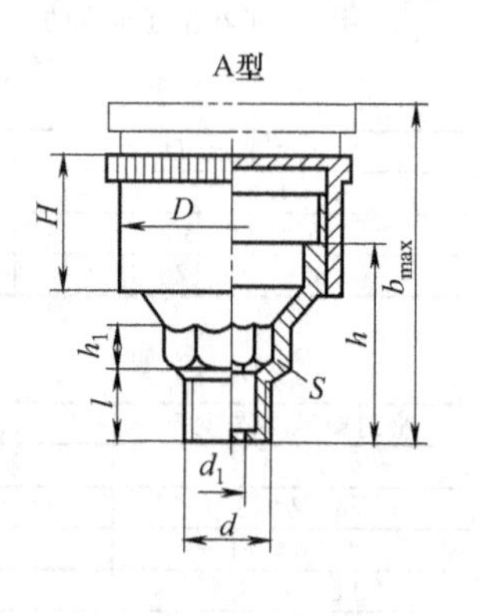

表 18-29 压配式注油杯（JB/T 7940.4—1995） mm

d 基本尺寸	d 极限偏差	H	钢球(按 GB/T 308)
6	+0.040 +0.028	6	4
8	+0.049 +0.034	10	5
10	+0.058 +0.040	12	6
16	+0.063 +0.045	20	11
25	+0.085 +0.064	30	13

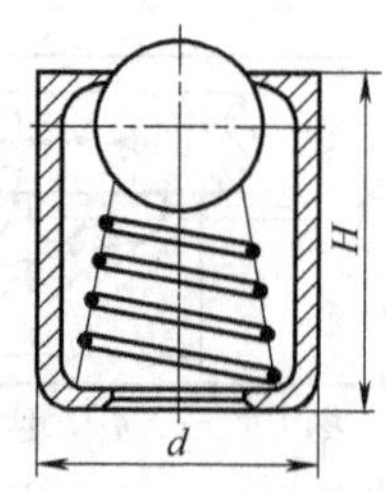

18.3.4 减速器附件

(1) 窥伺孔及窥伺孔盖

窥伺孔及窥伺孔盖的尺寸参数见表 18-30。

(2) 通气器

通气器的尺寸参数见表 18-31～表 18-33。

表 18-30 窥伺孔及窥伺孔盖 mm

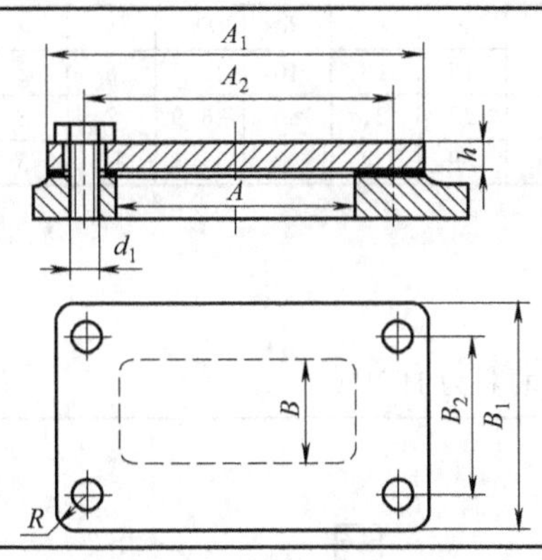

A	100,120,150,200
A_1	$A+(5\sim6)d_1$
A_2	$(A+A_1)/2$
B	$B_1-(5\sim6)d_1$
B_1	箱体宽－(15～20)
B_2	$(B+B_1)/2$
d_1	M6～M8,螺钉 4～6 个
R	5～10
h	3～5

表 18-31 通气塞 mm

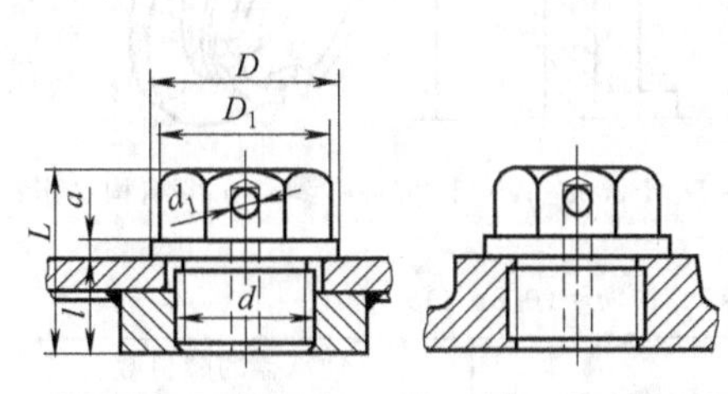

d	D	D_1	L	l	a	d_1
M12×1.25	18	16.5	19	10	2	4
M16×1.5	22	19.6	23	12	2	5
M20×1.5	30	25.4	28	15	4	6
M22×1.5	32	25.4	29	15	4	7
M27×1.5	38	31.2	34	18	4	8
M30×2	42	36.9	36	18	4	8
M33×2	45	36.9	38	20	4	8
M36×3	50	41.6	46	25	5	8

表 18-32 通气器 mm

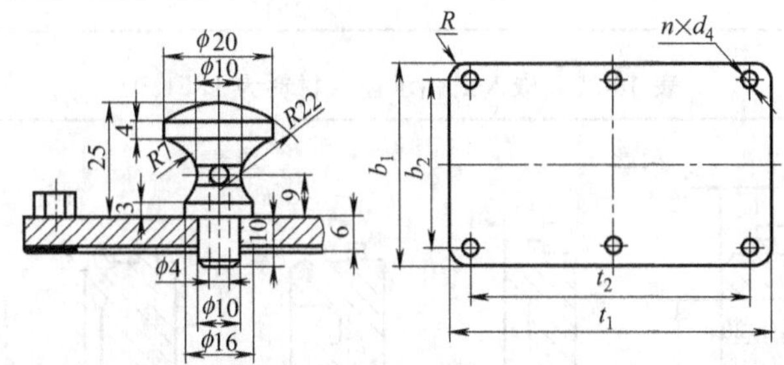

减速器中心距	检查孔尺寸	b_1	l_1	b_2	l_2	R	孔径 d_4	孔数 n
100～150	(50～60)×(90～100)	80～90	120～140	$(b+b_1)/2$	$(l+l_1)/2$	5	6.5	4
150～200	(60～75)×(110～130)	90～105	140～160					
250～400	(75～110)×(130～180)	105～140	160～210				9	6

注：1. 二级减速器中心距按总中心距计，并应取偏大值。

2. 检查孔盖用钢板制作时，厚度取 6mm，材料为 Q235。

表 18-33 带过滤网的通气器 mm

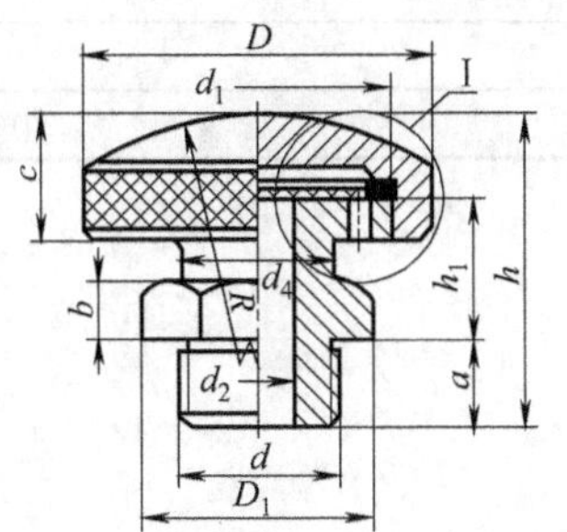

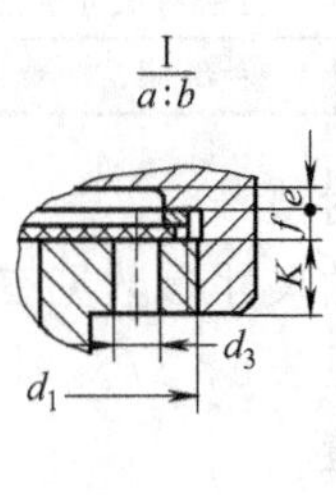

续表

d	d_1	d_2	d_3	d_4	D	h	a	b	c	h_1	R	D_1	K	e	f
M18×1.5	M33×1.5	8	3	16	40	40	12	7	16	18	40	25.4	6	2	2
M27×1.5	M48×1.5	12	4.5	24	60	54	15	10	22	24	60	36.9	7	2	2
M36×1.5	M64×1.5	16	6	30	80	70	20	13	28	32	80	53.1	10	3	3

(3) 轴承盖

轴承盖的尺寸参数见表 18-34 和表 18-35。

表 18-34　螺钉连接外装式轴承盖（材料为 HT150）　mm

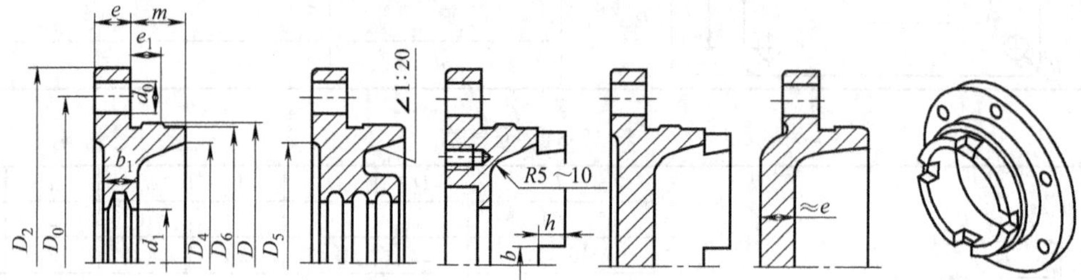

$d_0=d_3+1$（d_3 为端盖连接螺栓直径，尺寸如下）；$D_1=D+2.5d_3$；$D_2=D_0+2.5d_3$；$e=1.2d_3$；$e_1\geqslant e$；m 由结构确定；$D_4=D-(10\sim15)$；

$D_5=D_0-3d_3$；$D_6=D-(2\sim4)$；d_1、b_1 由密封尺寸确定；b（进油孔宽）$=5\sim10$，$h=(0.8\sim1)b$

轴承外径 D	螺钉直径 d_3	轴承盖的螺钉数
45～65	6	6
70～100	8	
110～140	10	
150～230	12～16	

表 18-35　嵌入式轴承盖（材料为 HT150）　mm

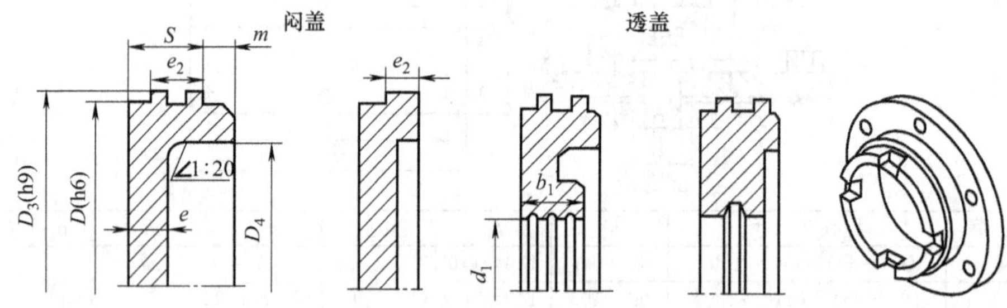

定位台肩长度 e_2	$e_2=5\sim8$，用 O 形圈时 $e_2=8\sim12$（详见 GB/T 3452.1—2005）
轴承端盖厚度 S	$S=10\sim15$，用 O 形圈时 $S=15\sim20$
止推套筒长度 m	m 由结构确定
轴承端盖外径 D_3	$D_3=D+e_2$，装有 O 形圈时，$D_3\approx D+(10\sim15)$
通孔处尺寸 d_1、b_1	由密封尺寸确定
盖厚 e	$e=8\sim12$

(4) 放油螺栓及密封垫

放油螺栓及密封垫的尺寸参数见表 18-36。

挡油板的尺寸参数见表 18-37。

(5) 减速器起吊装置

减速器上的起吊结构见表 18-38。

表 18-36 放油螺栓及密封垫（JB/ZQ 4450—1997）

mm

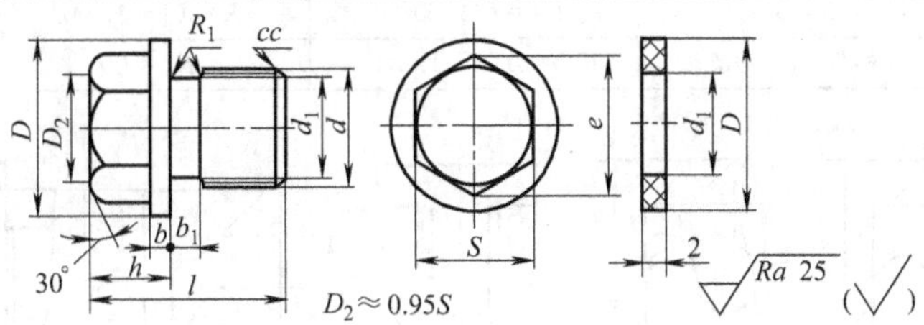

标记示例：

d 为 M20×1.5 的外六角螺栓标记为：油塞 M20×1.5 JB/ZQ 4450—1997

<table>
<tr><th rowspan="2">d</th><th rowspan="2">d1</th><th rowspan="2">D</th><th rowspan="2">e</th><th colspan="2">S</th><th rowspan="2">l</th><th rowspan="2">h</th><th rowspan="2">b</th><th rowspan="2">b1</th><th rowspan="2">c</th><th rowspan="2">可用减速器的中心距</th></tr>
<tr><th>基本尺寸</th><th>极限偏差</th></tr>
<tr><td>M14×1.5</td><td>11.8</td><td>23</td><td>20.8</td><td>18</td><td rowspan="6">0
−0.28</td><td>25</td><td>12</td><td rowspan="2">3</td><td rowspan="4">3</td><td rowspan="3">1.0</td><td>单级≤100</td></tr>
<tr><td>M18×1.5</td><td>15.8</td><td>28</td><td rowspan="2">24.2</td><td rowspan="2">21</td><td>27</td><td rowspan="3">15</td><td rowspan="4">单级≤300
两级≤425
三级≤450</td></tr>
<tr><td>M20×1.5</td><td>17.8</td><td>30</td><td rowspan="2">30</td><td rowspan="4">4</td></tr>
<tr><td>M22×1.5</td><td>19.8</td><td>32</td><td>27.7</td><td>24</td><td rowspan="6">1.5</td></tr>
<tr><td>M24×2</td><td>21</td><td>34</td><td>31.2</td><td>27</td><td>32</td><td>16</td><td rowspan="5">4</td></tr>
<tr><td>M27×2</td><td>24</td><td>38</td><td>34.6</td><td>30</td><td>35</td><td>17</td><td rowspan="4">单级≤450
两级≤750
三级≤950</td></tr>
<tr><td>M30×2</td><td>27</td><td>42</td><td>29.3</td><td>34</td><td rowspan="3">0
−0.34</td><td>38</td><td>18</td></tr>
<tr><td>M33×2</td><td>30</td><td>45</td><td>41.6</td><td>36</td><td>42</td><td>20</td><td rowspan="2">5</td></tr>
<tr><td>M42×2</td><td>39</td><td>56</td><td>53.1</td><td>46</td><td>50</td><td>25</td></tr>
</table>

注：密封垫材料为耐油橡胶、工业用革；螺塞材料为 Q235。

表 18-37 挡油板

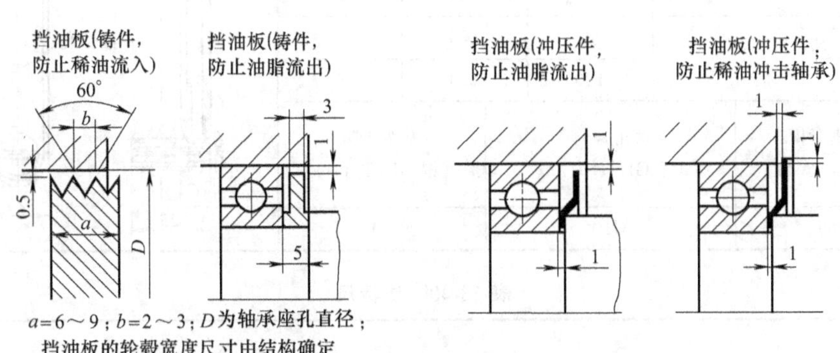

a=6～9；b=2～3；D为轴承座孔直径；挡油板的轮毂宽度尺寸由结构确定

表 18-38 减速器上的起吊结构

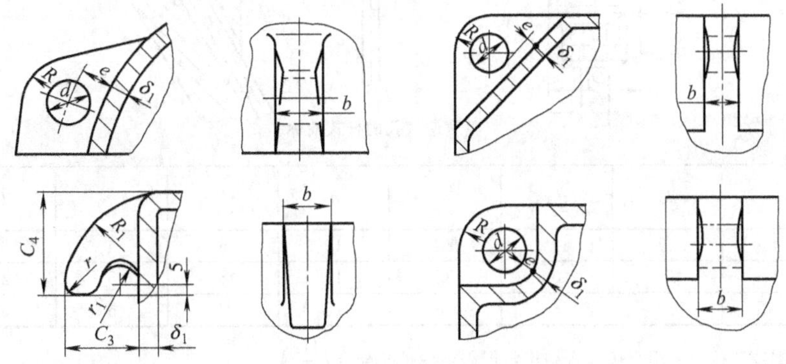

续表

δ_1—机盖壁厚度	$b=d$	$C_3=(4\sim5)\delta_1$	$R\approx(1\sim1.2)d$	$r\approx0.25C_3$
$d\approx(1.8\sim2.5)\delta_1$	$e\approx(0.8\sim1)d$	$C_4=(1.3\sim1.5)C_3$	$R_1=C_4$	$r_1=0.2C_3$

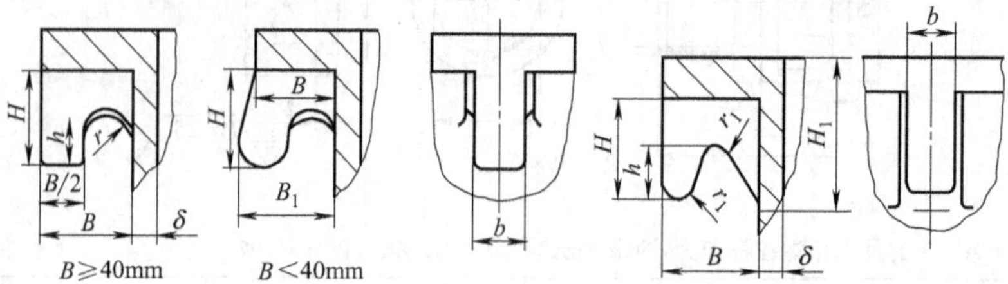

δ_1—机盖壁厚度	C_1、C_2—机座与机盖凸缘连接螺栓的扳手空间	
$B=C_1+C_2$	$B_1=B$(当 $B\geqslant40$mm 时)	$r\approx0.25B$
$H=(0.8\sim1.2)B$	$B_1=40$mm(当 $B<40$mm 时)	$r_1\approx B/6$
$b=(1.2\sim2.5)\delta$	$h=(0.5\sim0.6)H$	H_1按结构确定

(6) 油标及油标尺

油标及油标尺的尺寸参数见表 18-39～表 18-41。

表 18-39 长形油标 mm

H 基本尺寸	H 极限偏差	H_1	L	n（条数）
80	±0.17	40	110	2
100		60	130	3
125	±0.20	80	155	4
160		120	190	6

O形橡胶密封圈（按 GB/T 3452.1）	六角螺母（按 GB/T 6172）	弹性垫圈（按 GB/T 861）
10×2.65	M10	10

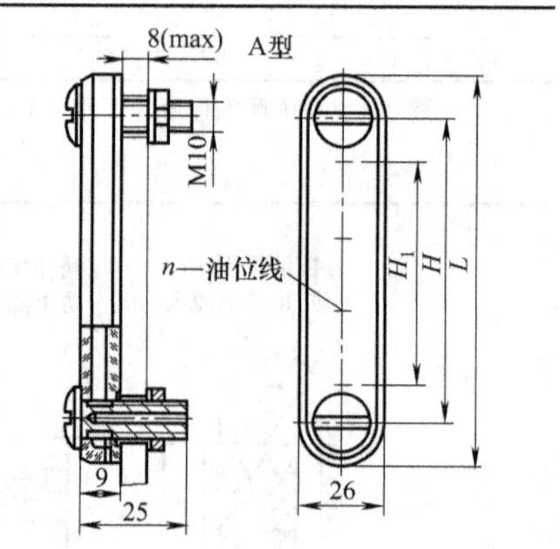

表 18-40 油标尺 mm

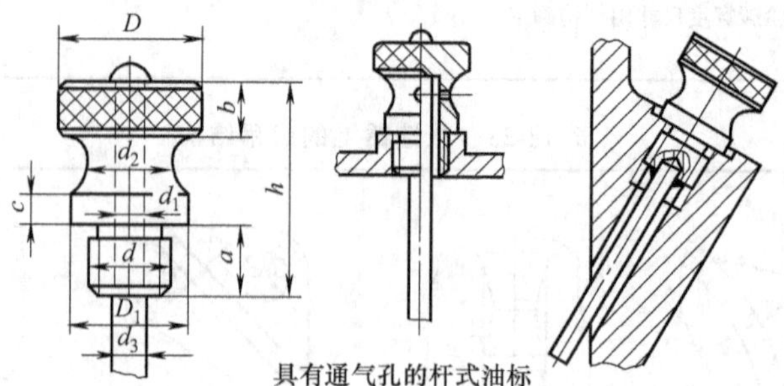

具有通气孔的杆式油标

$d\left(\frac{H9}{h9}\right)$	d_1	d_2	d_3	h	a	b	c	D	D_1
M12	4	12	6	28	10	6	4	20	16
M16	4	16	6	35	12	8	5	26	22
M20	6	20	8	42	15	10	6	32	26

注：也可不用螺纹连接而采用直接插入结构，但需标注轴孔配合$\left(\frac{H9}{h9}\right)$。

表 18-41 管状油标（JB/T 7941.4—1995） mm

A型	H	O形橡胶密封圈（按 GB/T 3452.1）	六角螺母（按 GB/T 6172）	弹性垫圈（按 GB/T 861）
M16×15, H, M/2, 26, 8(max), 45	80,100,125 160,200	11.8×2.65	M12	12

第19章 电动机

19.1 电动机的分类及用途

19.1.1 电动机的分类

电动机是机械传动及控制系统中的重要组成部分，广泛应用于社会生产各部门和社会生活各方面。电动机按功能的不同，分为功率电动机、控制电动机和信号电动机三种。在机械系统中，功率电动机是比较强壮的大功率电动机，用来驱动机器设备；控制电动机是很精确的控制器，在系统中充当执行装置；信号电动机则在系统中担任通信员的角色，本质上就是传感器。因此，对于一个机械工程技术人员来说，熟悉各种电动机的类型及性能是很重要的一件事情。

(1) 功率电动机

① 异步电动机　异步电动机是基于气隙旋转磁场与转子绕组感应电流相互作用产生电磁转矩而实现能量转换的一种交流电动机，具有结构简单，制造、使用和维护方便，运行可靠以及质量较小、成本较低等优点。且异步电动机有较高的运行效率和较好的工作特性，从空载到满载范围内接近恒速运行，能满足大多数工农业生产机械的传动要求，广泛应用于驱动机床、水泵、鼓风机、压缩机、起重卷扬设备、矿山机械、轻工机械、农副产品加工机械等大多数工农生产机械以及家用电器和医疗器械等。

在异步电动机中较为常见的是单相异步电动机和三相异步电动机，其中三相异步电动机是异步电动机的主体；而单相异步电动机一般用于三相电源不方便的地方，大部分是微型和小容量的电动机，在家用电器中应用比较多。

异步电动机一般为系列产品，品种规格繁多，应用最为广泛，需求量最大。目前，在电力传动中大约有90%的机械使用交流异步电动机。

② 直流电动机　直流电动机分为有换向器的和无换向器的两大类，它具有调速性能好、启动容易、能够载重启动等优良的控制特性。因此，直流电动机的应用仍很广泛，尤其在可控硅直流电源出现以后。

③ 同步电动机　同步电动机就是在交流电的驱动下，转子与定子的旋转磁场同步运行的电动机。同步电动机的转子有“凸极式”和“隐极式”两种。凸极式转子的同步电动机结构简单、制造方便，但是机械强度较低，适用于低速运行场合；隐极式同步电动机制造工艺复杂，但机械强度高，适用于高速运行场合。

同步电动机主要用于大型机械，如鼓风机、水泵、球磨机、压缩机、轧钢机以及小型、微型仪器设备，或者充当控制元件；其中三相同步电动机是其主体。

(2) 控制电动机

① 步进电动机　步进电动机就是一种将电脉冲转化为角位移的执行机构，通过控制脉冲的个数来控制电动机的角位移量，通过控制脉冲频率来控制电动机转动的速度和加速度。常用的步进电动机包括反应式步进电动机（VR）、永磁式步进电动机（PM）、混合式步进电动机（HB）和单相式步进电动机等。

目前，步进电动机在控制精度、速度变化范围、低速性能方面都不如传统闭环控制的直流伺服电动机，主要应用在精度要求不是特别高的场合。但步进电动机具有结构简单、可靠性高和成本低的特点，因而广泛应用在数控机床制造等各个领域。

② 伺服电动机　伺服电动机广泛应用于各种控制系统中，能将输入的电压信号转换为电动机轴上的机械输出量，拖动被控制元件，从而达到控制目的。

伺服电动机分为直流和交流两种。直流伺服电动机在机械特性上能够很好地满足控制系统的要求，但是由于换向器的存在而有许多的不足；交流伺服电动机本质上是一种两相异步电动机，其控制方法主要有三种：幅值控制、相位控制和幅相控制。

一般要求伺服电动机的转速要受所加电压信号的控制，转速能够随着所加电压信号的变化而连续变化，电动机的反应要快、体积要小、控制功率要小。伺服电动机主要应用在各种运动控制系统中，尤其是随动系统。

③ 力矩电动机　力矩电动机是一种扁平型多极永磁直流电动机，分为直流力矩电动机和交流力矩电动机两种。其中，直流力矩电动机的自感电抗很小，所以响应性很好；其输出力矩与输入电流成正比，与转子的速度和位置无关；它可以在接近堵转状态下直接和负载连接低速运行而不需要齿轮减速，所以在负载的轴上能产生很高的力矩对惯性比，并能消除由于使用减速齿轮而产生的系统误差。

交流力矩电动机分为同步和异步两种，目前常用的是笼型异步力矩电动机，它具有低转速和大力矩的特点，其工作原理、结构和单相异步电动机的相同；但是由于笼型转子的电阻较大，所以其机械特性较软。

④ 无刷直流电动机　无刷直流电动机（BLDCM）分为无刷速率电动机和无刷力矩电动机，采用梯形波或正弦波电流驱动。

无刷直流电动机为了减少转动惯量，一般采用细长结构，在重量和体积上要比有刷直流电动机小得多，相应的转动惯量可以减少40%～50%。

无刷直流电动机的机械特性和调节特性的线性度好，调速范围广，寿命长，维护方便，噪声小，不存在因电刷而引起的一系列问题，所以这种电动机在控制系统中有很大的应用潜力。但因永磁材料加工的限制致使无刷直流电动机的容量一般都在100kW以下。

⑤ 开关磁阻电动机　开关磁阻电动机是一种新型调速电动机，结构极其简单且坚固，成本低，调速性能优异，是传统控制电动机的强有力竞争者，具有强大的市场潜力。

(3) 信号电机

① 位置信号电机　位置信号电机主要有旋转变压器、感应同步器和自整角机。

旋转变压器实质上是能任意改变一次绕组和二次绕组耦合程度的变压器。当一次绕组励磁以后，二次绕组的输出电压和转子的转角成正弦、余弦、线性或者其他函数关系，可以用于计算装置中的坐标变换和三角运算，还可以在控制系统中作为角度数据传输和作为移相器使用。感应同步器是一种高精度的位置或角度检测元件，有圆盘式和直线式两种。圆盘式感应同步器用来测量转角位置；而直线式感应同步器用来测量线位移。自整角机是一种感应式机电元件，广泛地应用于随动系统中，作为角度传输、变换和指示的装置。

② 速度信号电机　速度信号电机实质上是一种将转速变换为电信号的机电磁元件，使其输出电压与转速成正比，在控制系统中主要作为阻尼元件、微分元件、积分元件和测速元件来使用，通称为测速发电机。

测速发电机有直流和交流两类。直流测速发电机分为他励和永磁两种，交流测速发电机有同步和异步之分。

19.1.2 常用电动机的特点及用途

常用电动机的特点及用途见表19-1。

表19-1 常用电动机的特点及用途

类别	系列名称	主要性能及结构特点	容量范围/kW	用途	使用条件	安装型式	型号及含义
一般异步电动机	Y系列(IP44)封闭式三相异步电动机	效率高、耗电少、性能好、噪声低、振动小、重量轻、运行可靠、使用维修方便，为B级绝缘 结构为全封闭、自扇冷式，能防止灰尘、铁屑、水滴或其他杂物落入电动机内部，冷却方式为IC411	0.55～160	适用于灰尘多、土扬飞溅的场合，如农业机械、矿山机械、搅拌机、碾米机、磨粉机等，为一般用途的电动机	①海拔不超过1000m ②环境温度不超过+40℃，最低温度为-15℃，轴承允许温度不超过95℃ ③最湿月的月平均最高湿度为90%，同时该月的月平均最低温度不大于25℃ ④额定电压为380V，额定频率为50Hz ⑤3kW以下为Y形接法，4kW及以上为三角形接法 ⑥工作方式为连续使用	R3 B5 B35	Y132S2-2 Y—异步电动机 132—中心高，mm S2—机座长（短机座，2号铁芯长） 2—极数
	Y系列(IP23)防护式笼型三相异步电动机	为一般用途防滴式电动机，可防止直径大于12mm的小固体异物进入机壳内，并防止沿垂直线成60°的淋水对电动机的影响。同样机座号的IP23比IP44提高一个功率等级，主要性能同IP44。绝缘等级为B级，冷却方式为IC01	11～250	适用于驱动无特殊要求的各种机械设备，如金属切削机床、鼓风机、水泵、运输机械等	①定子绕组为三角形接法 ②其他同Y系列(IP44)	B3	Y160L2-2 Y—异步电动机 160—中心高，mm L2—机座长（长机座，2号铁芯长） 2—极数
	YR系列(IP44)绕线转子三相异步电动机	电动机有良好的密封性，广泛用于机械工业粉尘多、环境恶劣的场所 电动机冷却方式为自扇冷却IC0141，B级绝缘	4～132	适用于矿山、冶金等机械工业	①定子绕组为三角形接法（3kW时为Y形接法），转子绕组为Y形接法 ②其他同Y系列(IP44)	B3 B35 V1	YR250M2—8 R—绕组转子
	YR系列(IP23)绕线转子三相异步电动机	电动机转子采用绕线型绕组，使电动机能在较小的启动电流下提供较大的转矩，并在一定范围内调速 冷却方式为IC01，B级绝缘	7.5～132	适用于不含易燃、易爆或腐蚀性气体的场所，如压缩机、卷扬机、拔丝机、传输带、印刷机等	①定子绕组为三角形接法 ②其他同Y系列(IP44)	B3	YR160L1-4 R—绕组转子

续表

类别	系列名称	主要性能及结构特点	容量范围/kW	用途	使用条件	安装型式	型号及含义
一般异步电动机	YH 系列高转差率三相异步电动机	为Y(IP44)派生系列，转差率高、启动转矩大、启动电流小、机械特性软、能承受冲击载荷 电动机转子采用高电阻铝合金制造，冷却方式为IC0141，B级绝缘	0.75～90	适用于传动转动惯量较大和冲击负荷，以及反转次数较多的金属加工机床，如锤击机、剪切机、冲击机、锻床等	①工作方式为S3，负载持续率为15%、25%、40%、60%(每一工作周期为10min) ②其他同Y系列(IP44)	B3 B5 B35	H—高转差率
	YEJ 系列电磁铁制动三相异步电动机	为全封闭、自扇冷、鼠笼型转子具有附加预案盘型直流电磁铁制动的三相异步电动机，是Y系列电动机附加上直流电磁铁制动器组合而成的产品，可使配套主机快速停机和准确定位	0.55～45	适用于要求快速停止、准确定位的场合，如起重运输、食品、轻工、包装、印刷、建筑、木工、化工、机床等方面，广泛用于自动生产线上，不用于各种单机配套	①同Y系列(IP44)，但电磁制动防护等级为IP23 ②电磁制动的额定电压为直流170V(中心高112mm以上者)、直流90V(中心高100mm及以下者)	B3 B5 B6 B7 B8 B35	YEJ100L2-4 E—制动 J—附加电磁制动器
	YEP 系列制动三相异步电动机	YEP系列制动电动机是在Y系列电动机基础上附加一个制动器组成的。电动机接通三相交流电源，产生一个旋转磁场，由于分磁铁结构限制，转子部分磁通产生轴向磁拉力，使制动盘与刹车圈脱离，电动机运转。断电后，在弹簧力作用下制动，电动机停转	0.55～11	同YEJ系列电动机	①工作方式为S3，负载持续率为25%(每一工作周期为10min) ②其他同Y系列(IP44)	B3 B5 B6 B7 B8 B35	YEP132S-4 EP—旁磁制动
	YD2 系列变极多速三相异步电动机	改变Y系列(IP44)电动机定子绕组的接线方式，以改变极数，得到多种转速 绝缘等级为B，冷却方式同Y系列	0.45～92	适用于机床、矿山、冶金、纺织等需要变速的各种场合	①工作方式为S1 ②其他同Y系列(IP44)	B3 B5 B6 B7 B8 B35 V1 V3 V5 V6 V15 V32	YD100L2-6/4 D—多速 6/4—极速比
	YCJ 系列齿轮减速三相异步电动机	是Y系列(IP44)派生系列，由同轴式减速器和全封闭自冷式电动机构成一个整体 输出转速低、转矩大、体积小、噪声小、运行可靠 B级绝缘，IC0141冷却方式	0.55～15	适用于驱动低转速传动机械，可供矿山、冶金、制糖、造纸、橡胶等行业设备配套使用	①工作方式为S1 ②其他同Y系列(IP44)	B5 B6 B7 B8 V1 V5	YCJ 132-1.5-35 CJ—齿轮减速 132—输出轴中心高，mm 1.5—电动机额定功率，kW 35—输出轴转速，r/min

续表

类别	系列名称	主要性能及结构特点	容量范围/kW	用途	使用条件	安装型式	型号及含义
变速和减速异步电动机	YCT、YCTD系列电磁调速三相异步电动机	由电磁转差离合器、拖动电动机、测速发电机组成，配上专用控制器可进行恒转矩无级调速，并有速度负反馈的自动调节系统。在最高转速时传递效率高。用在驱动离心式水泵、风机等负载场合下，节能效果显著，拖动电动机为4级笼型Y系列电动机。YCTD系列与YCT系列相比，相同功率的电动机要缩小1～2个机座号，额定最高转速平均提高4.2% B级绝缘，空气冷却	0.55～90	适用于装载机械、化纤、无线电缆、造纸、印刷、水泥、橡胶、电力、水泵、风机等要求无级变速的机械设备中	①户内使用 ②介质中不含有铁磁性物质，尘埃，或腐蚀金属、破坏绝缘的气体 ③控制器电源为220V、50Hz ④环境温度－15～40℃ ⑤海拔1000m以下	B3	YCTD112-4A(B) C—电磁 T—调速 D—低电阻端环 112—中心高，mm 4—拖动电动机级数 A(B)—拖动电动机功率等级
起重及冶金用电动机	YZR、YZ系列起重及冶金用三相异步电动机	YZR系列为绕线转子电动机，YZ系列为笼型转子电动机。有较高的机械强度及过载能力，转动惯量小，适合频繁快速启动及反转频繁的制动场合 绝缘为F、H级，冷却方式为IC410、IC411	YZ1.5～30 YZR1.5～200	适用于室内外多尘环境及启动、逆转次数频繁的启重机械和冶金设备等	①工作方式为S3 ②户外电动机 ③海拔不超过1000m ④环境温度不超过40℃(F级)、60℃(H级) ⑤轴承允许温升95℃(F级)、115℃(H级)	IM1001 IM1002 IM1003 IM1004 IM3001 IM3003 IM3011 IM3013	YZR132M1-6 Z—起重及冶金用 R—绕线转子(鼠笼型转子无R)
防爆异步电动机	YB隔爆异步电动机	为全封闭自扇冷式隔爆笼型电动机，是Y系列(IP44)接线盒，为IP54的派生产品。其外壳、端盖、接线盘座、接线盒盖等零件组成外部防爆外壳，接线盒具有良好的防爆性能，位于电动机顶部。改变接线盒的位置可从4个方向进线 电动机冷却方式为IC0141，绝缘等级为F级	0.55～160	广泛用于爆炸性气体混合物存在的场所，用作一般用途驱动电动机	①环境空气温度不超过40℃ ②海拔不超过1000m ③频率50Hz，电压380V、220V或380V/660V、220V/380V ④工作方式S1	B3、V1	YZR355S2-2-W B—隔爆型 W—气候防护(W—户外，TH—湿热带)
振动异步电动机	YZO系列振动异步电动机	为各类振动机械通用型激振源，全封闭结构设计，保证电动机在无爆炸性场所工作。调节两块偏心块夹角的大小可实现振动电动机激振力的无级调节 B级绝缘，防护等级为IP54	0.09～10	广泛用于电力、建材、煤炭、矿山、冶金、化工、轻工及铸造等行业，作为振动给料机、振动筛分机、振动落砂机等设备的振源	①环境温度不超过40℃ ②海拔不超过1000m ③相对湿度不超过95% ④电源为三相交流50Hz、380V	B3 V1	YZO-10-2A YZO-普通型振动电机 10—额定激振力，kN 2—电动机极数 A—结构代号，底脚与端盖相连(B—底脚与机座相连)
小功率电动机	YS系列三相异步电动机	体积小，重量轻，结构简单，运行可靠，维修方便。两个端盖式轴承 绝缘级为E级，防护等级IP44，冷却方式：机座号63以上为IC0141；56以下为IC0041	10～2200W	广泛应用在机械传动设备上，如小型机床、冶金、化工、纺织、医疗器械及日用电器	①环境温度不超过40℃，最低－15℃ ②相对湿度不超过90% ③海拔不超过1000m ④电源频率50Hz，电压220/380V ⑤工作方式为S1	B3 B5 B14 B34 B35	—

续表

类别	系列名称	主要性能及结构特点	容量范围/kW	用途	使用条件	安装型式	型号及含义
小功率电动机	YU 系列电阻启动异步电动机	冷却方式为 IC0141，其他同 YS 系列	60～1100W	适用于不需要较高的启动转矩而启动电流允许较大的一般机械传动，如小型机床、鼓风机、医疗器械、工业缝纫机、排风扇等	①额定电压 220V ②其他同 YS 系列	同 YS 系列	—
	YC 系列电容启动异步电动机	同 YU 系列	120～3700W	适用于启动转矩不高、启动电流不大的一般机械传动；功率较大的电动机适用于小型机床、水泵、冷冻机、空气压缩机、木工机械等	同 YU 系列	同 YS 系列	—
	YY 系列电容运转异步电动机	同 YS 系列	10～2200W	用于要求平稳及启动转矩小的传动设备上，如录音机、风扇、记录仪表等	同 YU 系列	同 YS 系列	—
	Z4 系列直流电动机	Z4 系列直流电动机可用直流电源供电，更适用于静止整流电源供电，转动惯量小，有较好的动态性能，能承受高负载变化，适用于需平滑调速、效率高、自动稳速、反应灵敏的控制系统 外壳防护等级为 IP21S，冷却方式为 IC06，绝缘等级为 F 级	1.5～55	广泛用于轻工机械、纺织、造纸、冶金工业等调速要求高的自动化传动系统	① 额定电压 160V，在单相桥式整流供电下一般需带电抗器工作。440V 电动机不接电抗器 ② 海拔不超过 1000m ③环境温度不超过 40℃ ④工作方式为 S1		Z4-112/2-J Z—直流电动机 4—设计序号 112—机座中心高为 112mm 2—极数 1—1 号铁芯长度 Z4-160/2J 160—机座中心高为 160mm 2—2 号铁芯长 1—1 号端盖

注：本表内容主要摘自中国电力出版社 2003 年出版的金续曾编的《电动机选型及应用》。

19.2 电动机的选择

19.2.1 选择电动机的基本原则和方法

选择电动机的基本原则有以下两点。

① 考虑电动机的主要性能（启动、过载及调速等）、额定功率大小、额定转速及结构形式等方面要满足生产机械的要求。

② 在以上前提下优先选用结构简单、运行可靠、维护方便又价格合理的电动机。

选择电动机的方法和主要步骤如图 19-1 所示。

19.2.2 电动机类型的选择

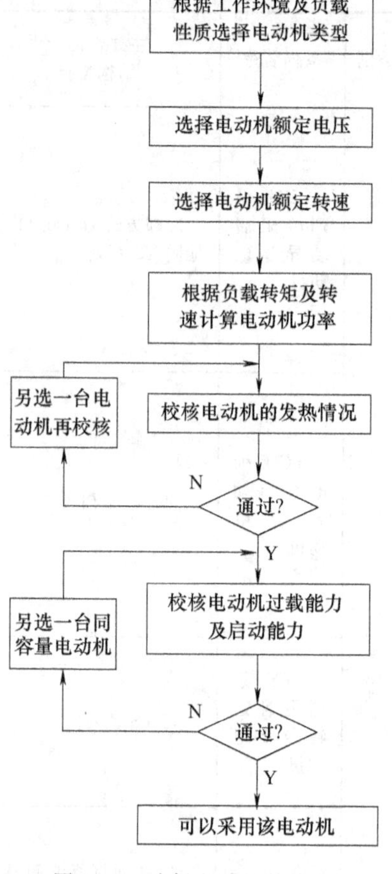

图 19-1 选择电动机的流程

(1) 根据电动机的工作环境选择电动机类型

① 安装方式的选择 电动机安装方式有卧式和立式两种，卧式电动机的价格较立式的便宜，所以通常情况下多选用卧式电动机，一般只在为简化传动装置且必须垂直运转时才选用立式电动机。

② 防护形式的选择 电动机防护形式有开启式、封闭式、防护式和防爆式四种。

a. 开启式电动机在定子两侧与端盖上有较大的通风口，散热条件好，价格便宜，但水气、尘埃等杂物容易进入，因此只在清洁、干燥的环境下使用。

b. 封闭式电动机又可分为自扇冷式、他扇冷式和密封式三种。前两种可在潮湿、多尘埃、高温、有腐蚀性气体或易受风雨的环境中工作，第三种可浸入液体中使用。

c. 防护式电动机在机座下方开有通风口，散热较好，能防止水滴、铁屑等杂物从上方落入电动机，但不能防止尘埃和潮气入侵，所以适用于较清洁干净的环境中。

d. 防爆式电动机适用于有爆炸危险的环境中，如油库、矿井等。

(2) 根据机械设备的负载性质选择电动机类型

① 一般调速要求不高的生产机械应优先选用交流电动机。负载平稳，长期稳定工作的设备，如切削机床、水泵、通风机、轻工业用器械及其他一般机械设备，应采用一般笼型三相异步电动机。

② 启动、制动较频繁及启动、制动转矩要求较大的生产机械，如起重机、矿井提升机、不可逆轧钢机等，一般选用绕线转子异步电动机。

③ 对要求调速不连续的生产机械，可选用多速笼型电动机。

④ 要求调速范围大、调速平滑、位置控制准确、功率较大的机械设备，如龙门刨床、高精度数控机床、可逆轧钢机、造纸机等，多选用他励直流电动机。

⑤ 要求启动转矩大、恒功率调速的生产机械，应选用串励或复励直流电动机。

⑥ 要求恒定转速或改善功率因数的生产机械，如大、中容量空气压缩机及各种泵等，可选用同步电动机。

⑦ 特殊场合下使用的电动机，如有易燃易爆气体存在或尘埃较多时，宜选用防护等级相宜的电动机。

⑧ 要求调速范围很宽、调速平滑性不高时，选用机电结合的调速方式比较经济合理。

19.2.3 电动机额定电压的选择

电动机额定电压一般选择与供电电压一致。普通工厂的供电电压为 380V 或 220V，因此中、小型交流电动机的额定电压大都是 380V 或 220V。大、中容量的交流电动机可以选用 3kV 或 6kV 的高压电源供电，这样可以减小电动机体积并可以节省铜材。

直流电动机无论是由直流发电机供电，还是由晶闸管变流装置直接供电，其额定电压都应与供电电压相匹配。普通直流电动机的额定电压有 440V、220V、110V 三种，新型直流电动机增设了1600V的电压等级。

19.2.4 电动机额定转速的选择

电动机的额定转速要根据生产机械的具体情况来选择。

① 不要求调速的中、高转速生产机械应尽量不采用减速装置，而应选用与生产机械相应转速的电动机直接传递转矩。

② 要求调速的生产机械上使用的电动机额定转速的选择应结合生产机械转速的要求，选取合适传动比的减速装置。

③ 低转速的生产机械一般选用适当偏低转速的电动机，再经过减速装置传动；大功率的生产机械中需要低速传动时，注意不要选择高速电动机，以减少减速器的能量损耗。

④ 一些低速重复、短时工作的生产机械应尽量选用低速电动机直接传动，而不用减速器。

⑤ 要求重复、短时、正反转工作的生产机械，除应选择满足工艺要求的电动机额定转速外，还要保证生产机械达到最大的加、减速度的要求而选择最恰当的传动装置，以达到最大生产率或最小损耗的目标。

19.2.5 电动机容量的选择

确定电动机额定功率的方法和步骤如下。

① 根据生产机械的静负载功率或负载图或其他给定条件计算负载功率 P_L。

② 参照电动机的技术数据表预选电动机型号，使其额定功率 $P_N \geqslant P_L$，并且使 P_N 尽量接近于 P_L。

③ 校核预选电动机的发热情况、过载能力及启动能力，直到合适为止。

(1) 按生产机械的工作方式预选电动机额定功率

计算出负载功率后，电动机额定功率的计算方法见表19-2。

(2) 电动机的发热校核

计算出电动机的额定功率后，通常要对选择的电动机进行发热校核，即限制电动机的温升(电机温度与环境温度之差)，以保证电动机的寿命及安全。

$$\tau_m = \theta_m - \theta_0 = \tau_{max} = \theta_{max} - \theta_0$$

式中 τ_m——电动机温升；

θ_m——电动机温度；

θ_0——标准环境温度，$\theta_0 = 40℃$；

τ_{max}——电动机绝缘的最高允许温升；

θ_{max}——电动机最高允许温度。

电动机发热校核的具体方法见表19-4。

表19-2 电动机额定功率的计算方法

序号	工作方式及负载性质	计算公式	校核情况
1	长期工作方式恒定负载	$P_N \geqslant P_L$	实际运行条件符合标准散热条件和标准环境温度时，不进行发热校核
2	长期工作方式周期性变化负载	$P_N \geqslant (1.1 \sim 1.6) P_{LAV}$ 式中 P_{LAV}——平均负载功率	进行发热校核
3	短时工作方式短时工作制	$P_N \geqslant P_L \sqrt{\frac{t_g}{t_{gb}}}$ 式中 t_g——电动机实际工作时间 t_{gb}——电动机标准工作时间(30min、60min、90min)	不用发热校核

续表

序号	工作方式及负载性质	计算公式	校核情况
4	短时工作方式长期工作制	$P_N \geqslant P_L \sqrt{\dfrac{1-e^{-\frac{t_g}{T_\theta}}}{1+\alpha e^{-\frac{t_g}{T_\theta}}}}$ 式中 T_θ——电动机发热时间常数 α——电动机额定运行时的比值，普通直流电动机 $\alpha=1.0\sim1.5$，普通三相笼型电动机 $\alpha=0.5\sim0.7$，小型三相绕接转子异步电动机 $\alpha=0.45\sim0.6$	进行过载能力和启动能力校核
5	周期性断续工作方式周期性断续工作制	$P_N=(1.1\sim1.6)\dfrac{\sum_{i=1}^{n}P_{Li}t_i}{t_g}\sqrt{\dfrac{FC(\%)}{FCB(\%)}}$ 式中 t_g——总工作周期 t_i——每段工作周期 P_{Li}——每段工作周期内的负载功率 $FC(\%)$——负载持续率 $FCB(\%)$——标准负载持续率	进行发热校核

表 19-3 各种电动机的转矩过载倍数 λ_m

电动机类型	直流电动机	绕线转子异步电动机	笼型异步电动机	同步电动机
转矩过载倍数 λ_m	1.5～2 (特殊型 3～4)	2～2.5 (特殊型 3～4)	1.8～2 (双笼型 2.7)	2～2.5 (特殊型 3～4)

表 19-4 电动机的发热校核

方法	已知条件	计算公式	备注
平均损耗法	平均损耗图 $\Delta p=f(t)$	$\Delta p_{AV}\leqslant p_N$ 式中 Δp_{AV}——平均损耗功率，$\Delta p_{AV}=\dfrac{1}{t_z}\sum_{i=1}^{n}\Delta p_i t_i$ t_z——负载变化周期，$t_z=t_1+t_2+\cdots+t_n$ p_N——额定功率损耗	不满足条件时应重选功率大些的电动机，重新校核至满足
等效电流法	电流负载图 $I=f(t)$	$I_{eq}\leqslant I_N$ 式中 I_{eq}——等效电流，$I_{eq}=\sqrt{\dfrac{1}{t_z}\sum_{i=1}^{n}\Delta I_i^2 t_i}$ I_N——电动机额定电流	经常启动、制动的异步电动机及深槽式、双笼型异步电动机不能采用该方法校核，只能采用平均损耗法
等效转矩法	转矩负载图 $T=f(t)$	$T_{eq}\leqslant T_N$ 式中 T_{eq}——等效转矩，$T_{eq}=\sqrt{\dfrac{1}{t_z}\sum_{i=1}^{n}\Delta T_i^2 t_i}$ T_N——电动机额定转矩	不能采用等效电流法校核的情况及串励直流电动机等磁通变化时，均不能采用此方法
等效功率法	功率负载图 $P=f(t)$	$P_{eq}\leqslant P_N$ 式中 P_{eq}——等效功率，$P_{eq}=\sqrt{\dfrac{1}{t_z}\sum_{i=1}^{n}\Delta P_i^2 t_i}$ P_N——电动机额定功率	不能采用等效转矩法校核的情况和电动机转速有变化的情况，都不能采用此方法

19.3 常用电动机规格

19.3.1 Y 系列（IP23）防护式笼型三相异步电动机

Y 系列（IP23）防护式笼型三相异步电动机见表 19-5～表 19-7。

表 19-5 Y系列（IP23）防护式笼型三相异步电动机技术数据

型号	额定功率/kW	转速/(r/min)	定子电流/A	效率/%	功率因数 cosφ	最大转矩/额定转矩	堵转转矩/额定转矩	堵转电流/额定电流	噪声级/dB	质量/kg
Y160M-2	15	2928	29.3	88	0.88	2.2	1.7	7.0	85	160
Y160L1-2	18.5	2929	35.2	89	0.89	2.2	1.8	7.0	85	
Y160L2-2	22	2928	41.8	89.5	0.89	2.2	2.0	7.0	85	
Y180M-2	30	2938	56.7	89.5	0.89	2.2	1.7	7.0	88	220
Y180L-2	37	2938	69.2	90.5	0.89	2.2	1.9	7.0	88	
Y200M-2	45	2952	84.4	91	0.89	2.2	1.9	7.0	90	310
Y200L-2	55	2950	100.8	91.5	0.89	2.2	1.9	7.0	90	
Y225M-2	75	2953	137.9	91.5	0.89	2.2	1.8	7.0	92	380
Y250S-2	90	2966	164.9	92	0.89	2.2	1.7	7.0	97	465
Y250M-2	110	2965	199.4	92.5	0.90	2.2	1.7	7.0	97	
Y280M-2	132	2967	238	92.5	0.90	2.2	1.6	7.0	99	750
Y160M-4	11	1459	22.4	87.5	0.85	2.2	1.9	7.0	76	160
Y160L1-4	15	1458	29.9	88	0.86	2.2	2.0	7.0	80	
Y160L2-4	18.5	1458	36.5	89	0.86	2.2	2.0	7.0	80	
Y180M-4	22	1467	43.2	89.5	0.86	2.2	1.9	7.0	80	230
Y180L-4	30	1467	57.9	90.5	0.87	2.2	1.9	7.0	87	
Y200M-4	37	1473	71.1	90.5	0.87	2.2	2.0	7.0	87	310
Y200L-4	45	1475	85.5	91	0.87	2.2	2.0	7.0	89	
Y225M-4	55	1476	103.6	91.5	0.88	2.2	1.8	7.0	89	380
Y250S-4	75	1480	140.1	92	0.88	2.2	2.0	7.0	93	490
Y250M-4	90	1480	167.2	92.5	0.88	2.2	2.2	7.0	93	
Y280S-4	110	1482	202.4	92.5	0.88	2.2	1.7	7.0	93	820
Y280M-4	132	1483	241.3	93	0.88	2.2	1.8	7.0	96	
Y160M-6	7.5	971	16.3	85	0.79	2.0	2.0	6.5	78	150
Y160L-6	11	971	23.9	86.5	0.78	2.0	2.0	6.5	78	
Y180M-6	15	974	31	88	0.81	2.0	1.8	6.5	81	215
Y180L-6	18.5	975	37.8	88.5	0.83	2.0	1.8	6.5	81	
Y200M-6	22	978	43.7	89	0.85	2.0	1.7	6.5	81	295
Y200L-6	30	975	58.6	89.5	0.85	2.0	1.7	6.5	84	
Y225M-6	37	982	70.2	90.5	0.87	2.0	1.8	6.5	84	260
Y250S-6	45	983	86.2	91	0.86	2.0	1.8	6.5	87	465
Y250M-6	55	983	104.2	91	0.87	2.0	1.8	6.5	87	
Y280S-6	75	986	140.8	91.5	0.87	2.0	1.8	6.5	90	820
Y280M-6	90	986	160.8	92	0.88	2.0	1.8	6.5	90	
Y160M-8	5.5	723	13.5	83.5	0.73	2.0	2.0	6.0	72	150
Y160L-8	7.5	723	18.0	85	0.73	2.0	2.0	6.0	75	
Y180M-8	11	727	25.1	86.5	0.74	2.0	1.8	6.0	75	215
Y180L-8	15	726	34.0	87.5	0.76	2.0	1.8	6.0	83	
Y200M-8	18.5	728	40.2	88.5	0.78	2.0	1.7	6.0	83	295
Y200L-8	22	729	47.7	89	0.78	2.0	1.8	6.0	83	
Y225M-8	30	734	61.7	89.5	0.81	2.0	1.7	6.0	86	360
Y250S-8	37	735	76.3	90	0.81	2.0	1.6	6.0	86	465
Y250M-8	45	736	92.8	90.5	0.79	2.0	1.8	6.0	88	
Y280S-8	55	740	112.4	91	0.80	2.0	1.8	6.0	88	820
Y280M-8	75	740	151	91.5	0.81	2.0	1.8	6.0	88	

表 19-6 B3、B6、B8 及 V6 安装形式的电动机尺寸 mm

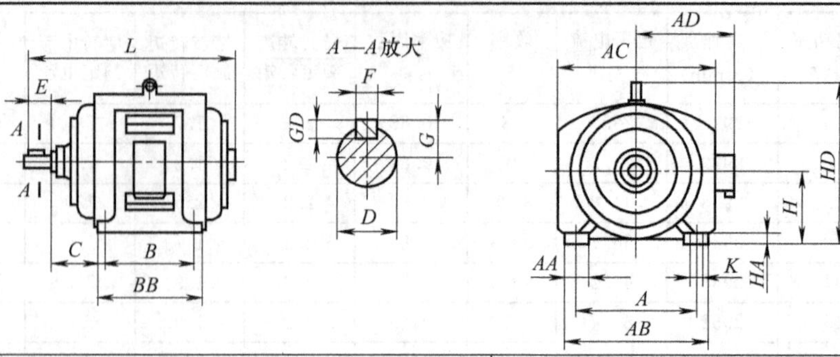

<table>
<tr><th rowspan="3">机座号</th><th colspan="9">安装尺寸</th><th colspan="9">外形尺寸</th></tr>
<tr><th rowspan="2">A</th><th rowspan="2">B</th><th rowspan="2">C</th><th colspan="2">D</th><th colspan="2">E</th><th rowspan="2">H</th><th rowspan="2">K</th><th rowspan="2">AA</th><th rowspan="2">AB</th><th rowspan="2">AC</th><th rowspan="2">AD</th><th rowspan="2">BB</th><th rowspan="2">HA</th><th rowspan="2">HD</th><th colspan="2">L</th></tr>
<tr><th>2 极</th><th>4 极及以上</th><th>2 极</th><th>4 极及以上</th><th>2 极</th><th>4 极及以上</th></tr>
<tr><td>160M</td><td rowspan="2">254</td><td>210</td><td rowspan="2">108</td><td rowspan="2" colspan="2">48</td><td rowspan="2" colspan="2">110</td><td rowspan="2">160</td><td rowspan="2">15</td><td rowspan="2">70</td><td rowspan="2">330</td><td rowspan="2">380</td><td rowspan="2">290</td><td>270</td><td rowspan="2">20</td><td rowspan="2">405</td><td colspan="2">540</td></tr>
<tr><td>160L</td><td>254</td><td>315</td><td colspan="2">585</td></tr>
<tr><td>180M</td><td rowspan="2">279</td><td>241</td><td rowspan="2">121</td><td rowspan="2" colspan="2">55</td><td rowspan="2" colspan="2">110</td><td rowspan="2">180</td><td rowspan="2">15</td><td rowspan="2">70</td><td rowspan="2">350</td><td rowspan="2">420</td><td rowspan="2">325</td><td>315</td><td rowspan="2">22</td><td rowspan="2">445</td><td colspan="2">595</td></tr>
<tr><td>180L</td><td>279</td><td>350</td><td colspan="2">635</td></tr>
<tr><td>200M</td><td rowspan="2">318</td><td>267</td><td rowspan="2">133</td><td rowspan="2" colspan="2">60</td><td rowspan="2" colspan="2">140</td><td rowspan="2">200</td><td rowspan="2">19</td><td rowspan="2">80</td><td rowspan="2">400</td><td rowspan="2">465</td><td rowspan="2">350</td><td>355</td><td rowspan="2">25</td><td rowspan="2">495</td><td colspan="2">675</td></tr>
<tr><td>200L</td><td>305</td><td>395</td><td colspan="2">710</td></tr>
<tr><td>225M</td><td>356</td><td>311</td><td>149</td><td>60</td><td>65</td><td colspan="2">140</td><td>225</td><td>19</td><td>90</td><td>450</td><td>520</td><td>395</td><td>395</td><td>28</td><td>545</td><td colspan="2">750</td></tr>
<tr><td>250S</td><td rowspan="2">406</td><td>311</td><td rowspan="2">168</td><td rowspan="2">65</td><td rowspan="2">75</td><td rowspan="2" colspan="2">140</td><td rowspan="2">250</td><td rowspan="2">24</td><td rowspan="2">100</td><td rowspan="2">510</td><td rowspan="2">550</td><td rowspan="2">410</td><td>420</td><td rowspan="2">30</td><td rowspan="2">600</td><td colspan="2">785</td></tr>
<tr><td>250M</td><td>349</td><td>455</td><td colspan="2">825</td></tr>
<tr><td>280S</td><td rowspan="2">457</td><td>368</td><td rowspan="2">190</td><td rowspan="2">65</td><td rowspan="2">80</td><td rowspan="2">140</td><td rowspan="2">170</td><td rowspan="2">280</td><td rowspan="2">24</td><td rowspan="2">110</td><td rowspan="2">570</td><td rowspan="2">610</td><td rowspan="2">450</td><td>530</td><td rowspan="2">35</td><td rowspan="2">655</td><td>—</td><td>920</td></tr>
<tr><td>280M</td><td>419</td><td>585</td><td>940</td><td>970</td></tr>
</table>

注：尺寸 $F \times GD$、G 按 GB/T 1095、GB/T 1096 查得。

表 19-7 B5（卧式）和 V1（立式）安装形式的电动机尺寸 mm

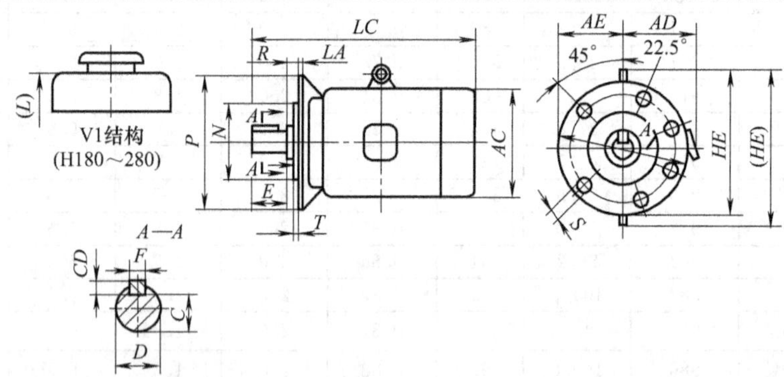

<table>
<tr><th rowspan="3">机座号</th><th colspan="2">D</th><th colspan="2">E</th><th rowspan="3">T</th><th rowspan="3">M</th><th rowspan="3">N</th><th rowspan="3">P</th><th rowspan="3">R</th><th rowspan="3">S</th><th rowspan="3">AD</th><th rowspan="3">AE</th><th rowspan="3">AC</th><th rowspan="3">LA</th><th rowspan="3">HE</th><th colspan="2">L</th></tr>
<tr><th colspan="4">极数</th><th colspan="2">极数</th></tr>
<tr><th>2</th><th>4、6、8</th><th>2</th><th>4、6、8</th><th>2</th><th>4、6、8</th></tr>
<tr><td>180M</td><td colspan="2">48</td><td colspan="2">110</td><td>5</td><td>300</td><td>250</td><td>350</td><td>0</td><td>4×ϕ19</td><td>285</td><td>180</td><td>360</td><td>18</td><td>430(500)</td><td colspan="2">670(730)</td></tr>
<tr><td>180L</td><td colspan="2">48</td><td colspan="2">110</td><td>5</td><td>300</td><td>250</td><td>350</td><td>0</td><td>4×ϕ19</td><td>285</td><td>180</td><td>360</td><td>18</td><td>430(500)</td><td colspan="2">710(770)</td></tr>
<tr><td>200L</td><td colspan="2">55</td><td colspan="2">110</td><td>5</td><td>350</td><td>300</td><td>400</td><td>0</td><td>4×ϕ19</td><td>310</td><td>205</td><td>400</td><td>18</td><td>480(560)</td><td colspan="2">775(350)</td></tr>
<tr><td>225S</td><td>55</td><td>60</td><td>110</td><td>140</td><td>5</td><td>400</td><td>350</td><td>450</td><td>0</td><td>4×ϕ19</td><td>345</td><td>225</td><td>445</td><td>20</td><td>536(610)</td><td></td><td>820(910)</td></tr>
<tr><td>225M</td><td>55</td><td>60</td><td>110</td><td>140</td><td>5</td><td>400</td><td>350</td><td>450</td><td>0</td><td>4×ϕ19</td><td>345</td><td>225</td><td>445</td><td>20</td><td>535(610)</td><td>815(905)</td><td>845(935)</td></tr>
<tr><td>250M</td><td>60</td><td>65</td><td colspan="2">140</td><td>5</td><td>500</td><td>400</td><td>550</td><td>0</td><td>4×ϕ19</td><td>335</td><td>280</td><td>500</td><td>22</td><td>(650)</td><td colspan="2">(1035)</td></tr>
<tr><td>280S</td><td>65</td><td>75</td><td colspan="2">140</td><td>5</td><td>500</td><td>400</td><td>550</td><td>0</td><td>4×ϕ19</td><td>410</td><td>280</td><td>560</td><td>22</td><td>(720)</td><td colspan="2">(1120)</td></tr>
<tr><td>280M</td><td>65</td><td>75</td><td colspan="2">140</td><td>5</td><td>500</td><td>400</td><td>550</td><td>0</td><td>8×ϕ19</td><td>410</td><td>280</td><td>560</td><td>22</td><td>(720)</td><td colspan="2">(1170)</td></tr>
</table>

注：尺寸 $F \times GD$、G 按 GB/T 1095、GB/T 1096 查得。

19.3.2 Y系列(IP44)封闭式笼型三相异步电动机

Y系列(IP44)封闭式笼型三相异步电动机见表19-8~表19-12。

表19-8 Y系列(IP44)封闭式笼型三相异步电动机技术数据

型号	额定功率/kW	转速/(r/min)	电流/A	效率/%	功率因数 cosφ	最大转矩/额定转矩	堵转转矩/额定转矩	堵转电流/额定电流	转子转动惯量/kg·m²	质量/kg
Y801-2	0.75	2830	1.81	75	0.84	2.2	7.0	2.2	0.00075	16
Y802-2	1.1	2830	2.52	77	0.86	2.2	7.0	2.2	0.00090	17
Y90S-2	1.5	2840	3.44	78	0.85	2.2	7.0	2.2	0.0012	22
Y90L-2	2.2	2840	4.74	82	0.86	2.2	7.0	2.2	0.0014	25
Y100L-2	3.0	2870	6.39	82	0.87	2.2	7.0	2.2	0.0029	33
Y112M-2	4.0	2890	8.17	85.5	0.87	2.2	7.0	2.2	0.0055	45
Y132S$_1$-2	5.5	2900	11.1	85.5	0.88	2.2	7.0	2.0	0.0109	64
Y132S$_2$-2	7.5	2900	15.0	86.2	0.88	2.2	7.0	2.0	0.0126	70
Y160M$_1$-2	11	2930	21.8	87.2	0.88	2.2	7.0	2.0	0.0377	117
Y160M$_2$-2	15	2930	29.4	88.2	0.88	2.2	7.0	2.0	0.0449	125
Y160L-2	18.5	2930	35.5	89	0.89	2.2	7.0	2.0	0.0550	147
Y180M-2	22	2940	42.2	89	0.89	2.2	7.0	2.0	0.075	180
Y200L$_1$-2	30	2950	56.9	90	0.89	2.2	7.0	2.0	0.124	240
Y200L$_2$-2	37	2950	69.8	90.5	0.89	2.2	7.0	2.0	0.139	255
Y220M-2	45	2970	83.9	91.5	0.89	2.2	7.0	2.0	0.23	309
Y250M-2	55	2970	103	91.5	0.89	2.2	7.0	2.0	0.312	403
Y280S-2	75	2970	140	91.5	0.89	2.2	7.0	2.0	0.597	544
Y280M-2	90	2970	167	92	0.89	2.2	7.0	2.0	0.675	620
Y310S-2	110	2980	203	92.5	0.89	2.2	7.0	1.8	1.18	980
Y315M$_1$-2	132	2980	242	93	0.89	2.2	7.0	1.8	1.82	1080
Y315M$_2$-2	160	2980	292	93.5	0.89	2.2	7.0	1.8	2.08	1160
Y801-4	0.55	1390	1.51	73	0.76	2.2	6.5	2.2	0.018	17
Y802-4	0.75	1390	2.01	74.5	0.76	2.2	6.5	2.2	0.0021	18
Y90S-4	1.1	1400	2.75	78	0.78	2.2	6.5	2.2	0.0021	22
Y90L-4	1.5	1400	3.65	79	0.79	2.2	6.5	2.2	0.0027	27
Y100L$_1$-4	2.2	1430	5.03	81	0.82	2.2	7.0	2.2	0.0054	34
Y100L$_2$-4	3.0	1430	6.82	82.5	0.81	2.2	7.0	2.2	0.0067	38
Y112M-4	4.0	1440	8.77	84.5	0.82	2.2	2.2	7.0	0.095	43
Y132S-4	5.5	1440	11.6	85.5	0.84	2.2	2.2	7.0	0.214	68
Y132M-4	7.5	1440	15.4	87	0.85	2.2	2.2	7.0	0.296	81
Y160M-4	11	1460	12.6	88	0.84	2.2	2.2	7.0	0.747	123
Y160L-4	15	1460	30.3	88.5	0.85	2.2	2.2	7.0	0.918	144
Y180M-4	18.5	1470	35.9	91	0.86	2.2	2.0	7.0	1.39	182
Y180L-4	22	1470	42.5	91.5	0.86	2.2	2.0	7.0	1.58	190
Y200L-4	30	1470	56.8	92.2	0.87	2.2	2.0	7.0	2.62	270
Y225S-4	37	1480	69.8	91.8	0.87	2.2	1.9	7.0	4.06	284
Y225M-4	45	1480	84.2	92.3	0.88	2.2	1.9	7.0	4.89	320
Y250M-4	55	1480	103	92.6	0.88	2.2	2.0	7.0	6.6	427
Y280S-4	75	1480	140	92.7	0.88	2.2	1.9	7.0	11.2	562
Y280M-4	90	1490	164	93.5	0.89	2.2	1.9	7.0	14.6	667
Y315S-4	110	1490	201	93.5	0.89	2.2	1.8	6.8	31.1	1000
Y315M$_1$-4	132	1490	240	94	0.89	2.2	1.8	6.8	36.2	1100
Y315M$_2$-4	160	1490	289	94.5	0.89	2.2	1.8	6.8	41.3	1160
Y315L-4	200	1490	362	94.5	0.89	2.2	1.8	6.8	47.9	1270
Y90S-6	0.75	910	2.25	72.5	0.70	2.0	2.0	6.0	0.029	23
Y90L-6	1.1	910	3.15	73.5	0.72	2.0	2.0	6.0	0.035	25

续表

型号	额定功率/kW	转速/(r/min)	电流/A	效率/%	功率因数 cosφ	最大转矩/额定转矩	堵转转矩/额定转矩	堵转电流/额定电流	转子转动惯量/kg·m²	质量/kg
Y100L-6	1.5	940	3.97	77.5	0.74	2.0	2.0	6.0	0.069	33
Y112M-6	2.2	940	5.61	80.5	0.74	2.0	2.0	6.0	0.138	45
Y132S-6	3.0	960	7.23	83	0.76	2.0	2.0	6.5	0.286	63
Y132M$_1$-6	4.0	960	9.40	84	0.77	2.0	2.0	6.5	0.357	73
Y132M$_2$-6	5.5	960	12.6	85.3	0.78	2.0	2.0	6.5	0.449	84
Y160M-6	7.5	970	17.0	86	0.78	2.0	2.0	6.5	0.881	119
Y160L-6	11	970	24.6	87	0.78	2.0	2.0	6.5	1.16	147
Y180L-6	15	970	31.4	89.5	0.81	2.0	1.8	6.5	2.07	195
Y200L$_1$-6	18.5	970	37.7	89.8	0.83	2.0	1.8	6.5	3.15	220
Y200L$_2$-6	22	970	44.6	90.2	0.85	2.0	1.8	6.5	3.60	250
Y225M-6	30	980	59.6	90.2	0.86	2.0	1.7	6.5	5.47	292
Y250M-6	37	980	72	90.8	0.87	2.0	1.8	6.5	8.34	408
Y280S-6	45	980	85.4	92	0.87	2.0	1.8	6.5	13.9	536
Y280M-6	55	980	104	92	0.87	2.0	1.8	6.5	16.5	595
Y315S-6	75	990	141	92.8	0.87	2.0	1.6	6.5	41.1	990
Y315M$_1$-6	90	990	169	93.2	0.87	2.0	1.6	6.5	47.8	1080
Y315M$_2$-6	110	990	206	93.5	0.87	2.0	1.6	6.5	65.5	1150
Y315M$_3$-6	132	990	246	93.8	0.87	2.0	1.6	6.5	61.2	1210
Y132S-8	2.2	710	5.81	81	0.71	2.0	2.0	5.5	0.314	63
Y132M-8	3.0	710	7.72	82	0.72	2.0	2.0	5.5	0.395	79
Y160M$_1$-8	4.0	720	9.91	84	0.73	2.0	2.0	6.0	0.753	118
Y160M$_2$-8	5.5	720	13.3	85	0.74	2.0	2.0	6.0	0.931	119
Y100L-8	7.5	720	17.7	86	0.75	2.0	1.7	5.5	1.26	145
Y180L-8	11	730	25.1	86.5	0.77	2.0	1.8	5.5	2.03	184
Y200L-8	15	730	34.1	88	0.76	2.0	1.7	6.0	3.39	250
Y225S-8	18.5	730	41.3	89.5	0.76	2.0	1.8	6.0	4.91	266
Y225M-8	22	740	47.6	90	0.78	2.0	1.8	6.0	5.47	292
Y250M-8	30	740	63.0	90.5	0.80	2.0	1.8	6.0	8.34	405
Y280S-8	37	740	78.2	91	0.79	2.0	1.8	6.0	13.9	520
Y280M-8	45	740	93.2	91.7	0.80	2.0	1.8	6.0	16.5	592
Y315S-8	55	740	114	92	0.80	2.0	1.6	6.5	47.9	1000
Y315M-8	75	740	152	92.5	0.81	2.0	1.6	6.5	55.8	1100
Y315L$_1$-8	90	740	179	93	0.82	2.0	1.6	6.5	63.7	1160
Y315L$_2$-8	110	740	218	93.9	0.82	2.0	1.6	6.5	72.3	1230
Y315S-10	45	590	101	91.5	0.74	2.0	1.4	6.0	47.9	990
Y315M-10	55	590	123	92	0.74	2.0	1.4	6.0	63.7	1150
Y315L$_2$-10	75	590	164	92.5	0.75	2.0	1.4	6.0	71.5	1220

表 19-9 B3 安装形式的电动机尺寸 mm

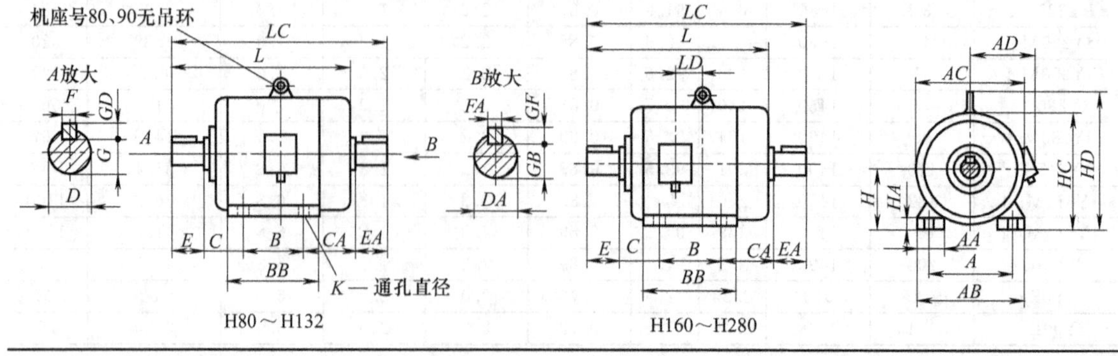

续表

机座号	国际标准机号 2极	国际标准机号 4、6、8、10极	A	AA	AB	AC	AD	B	BB	C	CA	H	HA	HC	HD	K	L 2极	L 4、6、8、10极	LC 2极	LC 4、6、8、10极	LD
80	80-19		125	37	165	165	150	100	135	50	100	$80_{-0.5}^{0}$	13	170	—	10	285		332		—
90S	90S24		140	37	180	155	155	100	135	56	110	$90_{-0.5}^{0}$	13	190	—	10	310		368		—
90L	90L24		140	37	180	155	155	125	160	56	110	$90_{-0.5}^{0}$	13	190	—	10	335		393		—
100L	100L28		160	42	205	180	180	140	180	66	120	$100_{-0.5}^{0}$	15	—	245	12	380		445		—
112M	112M28		190	52	245	230	190	140	185	70	131	$112_{-0.5}^{0}$	17	—	265	12	400		463		—
132S	132S38		216	63	280	270	210	—	205	89	168	$132_{-0.5}^{0}$	20	—	315	12	475		559		—
132M	132M38		216	63	280	270	210	178	243	89	168	$132_{-0.5}^{0}$	20	—	315	12	515		597		—
160M	160M42		254	73	330	325	255	210	275	106	177	$160_{-0.5}^{0}$	22	—	385	15	600		717		55
160L	160L42		254	73	330	325	255	254	320	106	177	$160_{-0.5}^{0}$	22	—	385	15	645		761		55
180M	180M48		279	73	355	360	285	241	315	121	199	$180_{-0.5}^{0}$	24	—	430	15	670		783		86
180L	180L48		279	73	355	360	285	279	353	121	199	$180_{-0.5}^{0}$	24	—	430	15	710		821		105
200L	200L55		318	73	395	400	310	305	378	133	221	$200_{-0.5}^{0}$	27	—	475	19	775		881		102
225S	—	225S60	356	83	435	450	345	286	282	149	247	$225_{-0.5}^{0}$	27	—	530	19	—	820	—	934	103
225M	225M55	225M60	356	83	435	450	345	311	407	149	247	$225_{-0.5}^{0}$	27	—	530	19	815	845	929	959	116
250M	250M60	250M65	406	88	490	495	385	340	458	166	267	$250_{-0.5}^{0}$	33	—	575	24	930		1036		131
280S	280S65	280S75	457	93	550	555	410	368	530	149	307	$280_{-0.5}^{0}$	38	—	640	24	1000		1117	1147	168
280M	280M65	280M75	457	93	550	555	410	419	586	149	307	$280_{-0.5}^{0}$	38	—	640	24	1050		1168	1198	194
315S	315S65	315S80	508	120	744	645	576	406	610	216	398	$315_{-1.0}^{0}$	45	—	865	28	1190	1220	1302	1362	213
315M	315M65	315M80	508	120	744	645	576	457	660	216	402	$315_{-1.0}^{0}$	45	—	865	28	1240	1270	1357	1417	238

注：第二轴伸肩到风扇罩距离约为 8mm，表中 L、LC 等外形尺寸为最大值。

表 19-10　B5 安装形式的电动机尺寸　　mm

机座号80～132(机座号80、90无吊环)　　机座号160～225

机座号	国际标准机号 2极	国际标准机号 4、6、8、10极	AC	AD	LA	L 2极	L 4、6、8、10极	D	E	LC 2极	LC 4、6、8、10极	M	N	P	R	S	T	HF
80	19F165		165	150	12	285		19	10	—		165	130j6	200	0	4×ϕ12	3.5	185
90S	24F165		175	155	12	310		24	50	—		165	130j6	200	0	4×ϕ12	3.5	195
90L	24F165		175	155	12	335		24	50	—		165	130j6	200	0	4×ϕ12	3.5	195
100L	28F215		205	180	14	380		28	60	—		215	180j6	250	0	4×ϕ15	4	245
112M	28F215		230	190	14	400		28	60	463		215	180j6	250	0	4×ϕ15	4	265
132S	38F265		270	210	14	470		38	80	557		265	230j6	300	0	4×ϕ15	4	315
132M	38F265		270	210	14	508		38	80	595		265	230j6	300	0	4×ϕ15	4	315
160M	42F300		325	255	16	600		42	110	722		300	250j6	350	0	4×ϕ19	5	385
160L	42F300		325	255	16	645		42	110	766		300	250j6	350	0	4×ϕ19	5	385
180M	48F300		360	285	18	670		48	110	785		300	250j6	350	0	4×ϕ19	5	430
180L	48F300		360	285	18	710		48	110	823		300	250j6	350	0	4×ϕ19	5	430
200L	55F350		400	310	18	770		55	110	882		350	300js6	400	0	4×ϕ19	5	475
225S	—	60F400	450	345	20	—	815	60	140	—	964	400	350js6	450	0	8×ϕ19	5	530
225M	F0	60F400	450	345	20	810	840	60	140	929	989	400	350js6	450	0	8×ϕ19	5	530

注：第二轴伸肩到风扇罩距离约为 8mm，表中 L、LC 等外形尺寸为最大值。

表 19-11　B35 安装形式的电动机尺寸

mm

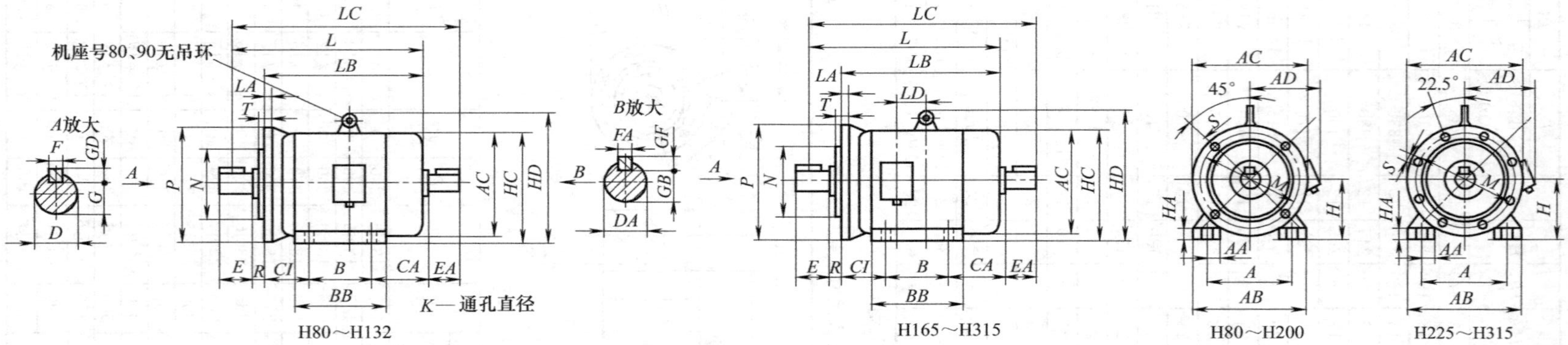

机座号80、90无吊环

H80～H132　　K—通孔直径

H165～H315

H80～H200

H225～H315

机座号	国际标准机号		A	AA	AB	AC	AD	B	BB	CI	CA	H	HA	HC	HD	K	L		LC		LA	LB	M	N	P	R	S	T	LD
	2 极	4、6、8、10 极															2 极	4、6、8、10 极	2 极	4、6、8、10 极									
80	80-19F165		125	37	165	165	150	100	135	50	100	$80_{-0.5}^{0}$	13	170	—	10	285		332		13	245	165	130j6	200	0	4×ϕ12	3.5	—
90S	90S24F165		140	37	180	175	155	100	135	56	110	$90_{-0.5}^{0}$	13	190	—	10	310		368		13	260	165	130j6	200	0	4×ϕ12	3.5	—
90L	90L24F165		140	37	180	175	155	125	160	56	110	$90_{-0.5}^{0}$	13	190	—	10	335		393		13	285	165	130j6	200	0	4×ϕ12	3.5	—
100L	100L28F215		160	42	205	205	180	140	180	63	120	$100_{-0.5}^{0}$	15	—	245	12	380		445		15	320	215	180j6	250	0	4×ϕ15	4	—
112M	112M28F215		190	52	245	230	190	140	185	70	131	$112_{-0.5}^{0}$	17	—	265	12	400		463		15	340	215	180j6	250	0	4×ϕ15	4	—
132S	132S38F265		216	63	280	270	210	140	205	89	168	$132_{-0.5}^{0}$	20	—	315	12	475		559		16	395	265	230j6	300	0	4×ϕ15	4	—
132M	132M38F265		216	63	280	270	210	178	243	89	168	$132_{-0.5}^{0}$	20	—	315	12	515		597		16	435	265	230j6	300	0	4×ϕ15	4	—
160M	160F42F300		254	73	330	325	255	210	275	108	177	$160_{-0.5}^{0}$	22	—	385	15	600		717		18	490	300	250j6	350	0	4×ϕ19	5	55
160L	160L42F300		254	73	330	325	255	254	320	108	177	$160_{-0.5}^{0}$	22	—	385	15	645		761		18	535	300	250j6	350	0	4×ϕ19	5	55
180M	180M48F300		279	73	355	360	285	241	315	121	199	$180_{-0.5}^{0}$	24	—	430	15	670		783		20	560	300	250j6	350	0	4×ϕ19	5	86
180L	180L48F300		279	73	355	360	285	279	353	121	199	$200_{-0.5}^{0}$	24	—	430	15	710		821		20	600	300	250j6	350	0	4×ϕ19	5	105
200L	200L55F350		318	73	395	400	310	305	378	133	221	$200_{-0.5}^{0}$	27	—	475	19	775		881		22	665	350	300js6	400	0	4×ϕ19	5	102

续表

机座号	国际标准机号 2极	国际标准机号 4、6、8、10极	A	AA	AB	AC	AD	B	BB	CI	CA	H	HA	HC	HD	K	L 2极	L 4、6、8、10极	LC 2极	LC 4、6、8、10极	LA	LB	M	N	P	R	S	T	LD
225S	—	225S60F400	356	83	435	450	345	286	382	149	247	$225_{-0.5}^{0}$	27	—	530	19	—	820	—	934	22	680	400	350js6	450	0	4×ϕ19	5	103
225M	225M55F440	225M60F400	356	83	435	450	345	311	407	149	247	$225_{-0.5}^{0}$	27	—	530	19	815	845	929	959	22	705	400	350js6	450	0	8×ϕ19	5	103
250M	250M60F500	250M65F500	406	88	490	495	385	349	458	168	267	$250_{-0.5}^{0}$	33	—	575	24	930		1036		24	790	550	450js6	550	0	8×ϕ19	5	116
280S	280S65F500	280S75F100	457	93	550	555	410	386	535	190	307	$280_{-0.5}^{0}$	38	—	640	24	1000		1117	1147	24	860	550	450js6	550	0	8×ϕ19	5	131
280M	280M65F500	280M75F500	457	93	550	555	410	419	586	190	307	$280_{-0.5}^{0}$	38	—	640	24	1050		1168	1198	24	910	550	450js6	550	0	8×ϕ24	6	194
315S	315S65F600	315S30F600	506	120	744	660	576	406	610	216	398	$315_{-0.5}^{0}$	45	—	865	28	1190	1220	1302	1362	—	1060	600	550js6	660	0	8×ϕ24	6	213
315M	315M65F600	315M80F600	506	120	744	660	576	457	660	216	402	$315_{-0.5}^{0}$	45	—	865	28	1240	1270	1357	1417	—	1080	600	550js6	660	0	8×ϕ24	6	223

注：第二轴伸肩到风扇罩距离约为8mm，表中L、LC等外形尺寸为最大值。

表 19-12 B5 型 V1 安装形式的电动机尺寸

mm

机座号	国际标准机号 2极	国际标准机号 4、6、8、10极	AC	AD	L 2极	L 4、6、8、10极	LA	LB	D 2极	D 4、6、8、10极	E 2极	E 4、6、8、10极	F 2极	F 4、6、8、10极	G 2极	G 4、6、8、10极	GD 2极	GD 4、6、8、10极	HE	M	N	P	R	S	T	LD
180M	48F300		360	285	730		20	620	48k6		110		14		42.5		9		500	300	250j6	350	0	4×ϕ19	5	86
180L	48F300		360	285	770		20	660	48k6		110		14		42.5		9		500	300	250j6	350	0	4×ϕ19	5	105
200L	55F350		400	310	850		22	740	55m6		—	140	16		49		10		550	350	300j6	400	0	4×ϕ19	5	102
225S	—	60F400	450	345	—	910	22	770	—	60m6	—	140	—	18	—	53	—	11	610	400	350js6	450	0	8×ϕ19	5	103
225M	F0	60F400	450	345	905	935	22	795	55m6	60m6	11	140	16	18	49	53	10	11	610	400	350js6	450	0	8×ϕ19	5	116
250M	60F500	65F500	495	385	1035		24	895	60m6	65m6	140		18		43	58	11		650	500	450js6	550	0	8×ϕ19	5	131
280S	65F500	75F500	555	410	1120		24	980	65m6	75m6	140		18	20	58	67.5	11	12	720	500	450js6	550	0	8×ϕ19	5	168
280M	65F500	75F500	555	410	1170		24	1030	65m6	75m6	140		18	20	58	67.5	11	12	720	500	450js6	550	0	8×ϕ19	5	194
315S	65F600	80F600	645	576	1310	1340	—	—	65m6	80m6	140	170	18	20	58	71	11	14	900	600	550js6	600	0	8×ϕ24	5	213
315M	65F600	80F600	645	576	1360	1390	—	—	65m6	80m6	140	170	18	20	58	71	11	14	900	600	550js6	600	0	8×ϕ24	5	238

19.3.3 YR(IP23)系列防护式绕线型三相异步电动机

YR (IP23) 系列防护式绕线型三相异步电动机见表 19-13 和表 19-14。

表 19-13 YR (IP23) 系列防护式绕线型三相异步电动机技术数据

型号	额定功率/kW	转速/(r/min)	电流(380V)/A	效率/%	功率因数 cosφ	最大转矩/额定转矩	转子电压/V	转子电流/A	转子转动惯量/N·m²	质量/kg
YR160M-4	7.5	1421	16.0	84	0.84	2.8	260	19	3.871	100
YR160L₁-4	11	1434	22.6	86.5	0.85	2.8	275	26	4.763	100
YR160L₂-4	15	1444	30.2	87	0.85	2.8	260	37	5.851	335
YR180M-4	18.5	1426	36.1	87	0.88	2.8	191	61	9.8	335
YR180L-4	22	1434	42.5	88	0.88	3.0	232	61	10.682	335
YR200M-4	30	1439	57.7	89	0.88	3.0	255	76	17.836	335
YR200L-4	37	1448	70.2	89	0.88	3.0	310	74	21.658	335
YR225M₁-4	45	1442	86.7	89	0.88	2.5	240	120	25.48	420
YR225M₂-4	55	1448	104.7	90	0.88	2.5	288	121	28.42	420
YR250S-4	75	1453	141.1	90.5	0.89	2.6	449	105	52.43	590
YR250M-4	90	1457	167.9	91	0.89	2.6	524	107	58.8	590
YR280S-4	110	1458	201.3	91.5	0.89	3.0	349	190	89.18	830
YR280M-4	132	1463	239.0	92.5	0.89	3.0	419	194	101.822	830
YR160M-6	5.5	949	12.7	82.5	0.77	2.5	279	13	5.606	160
YR160L-6	7.5	949	16.9	83.5	0.78	2.5	260	19	6.419	160
YR180M-6	11	940	24.2	84.5	0.78	2.8	146	50	12.25	315
YR180L-6	15	947	32.6	85.5	0.79	2.8	187	53	14.504	315
YR200M-6	18.5	949	39.0	86.5	0.81	2.8	187	65	21.266	315
YR200L-6	22	955	45.5	87.5	0.82	2.8	224	63	24.99	315
YR225M₁-6	30	955	59.4	87.5	0.85	2.2	227	86	31.723	400
YR225M₂-6	37	964	72.1	89	0.85	2.2	287	82	36.613	400
YR250S-6	45	966	88.0	89	0.85	2.2	307	95	5.978	575
YR250M-6	55	967	105.7	89.5	0.86	2.2	359	97	14.896	575
YR280S-6	75	969	141.8	90.5	0.88	2.3	392	121	112.896	880
YR280M-6	90	972	166.7	91	0.89	2.3	481	118	137.69	880
YR160M-8	4	705	10.5	81	0.71	2.2	262	11	5.557	160
YR160L-8	5.5	705	14.2	81.5	0.71	2.2	243	15	6.350	160
YR180M-8	7.5	692	18.4	82	0.73	2.2	105	49	12.113	315
YR180L-8	11	699	26.8	83	0.73	2.2	140	53	14.406	315
YR200M-8	15	706	36.1	85	0.73	2.2	153	64	20.992	315
YR200L-8	18.5	712	44.0	86	0.73	2.2	187	64	24.696	315
YR225M₁-8	22	710	48.6	86	0.78	2.2	161	90	50.607	400
YR225M₂-8	30	713	65.3	87	0.79	2.2	200	97	55.115	400
YR250S-8	37	715	78.9	87.5	0.79	2.2	218	110	62.916	515
YR250M-8	45	720	95.5	88.5	0.79	2.2	204	109	73.794	515
YR280S-8	55	723	114	89	0.82	2.2	219	125	101.43	850
YR280M-8	75	725	152.1	90	0.82	2.2	359	133	134.358	850

表 19-14 YR (IP23) 系列电动机的外形和安装尺寸 mm

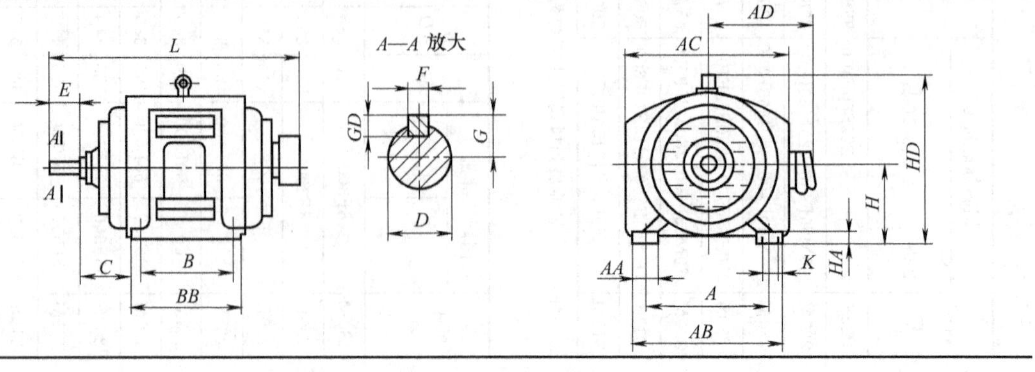

续表

机座号	安装尺寸										外形尺寸							
	A	*B*	*C*	*D*	*E*	*F*	*GD*	*G*	*H*	*K*	*AA*	*AB*	*AC*	*AD*	*BB*	*HA*	*HD*	*L*
160M	254	210	108	48	110	14	9	42.5	160	15	70	530	380	290	270	20	405	750
160L	254	254	108	48	110	14	9	42.5	160	15	70	530	380	290	315	20	405	790
180M	279	241	121	55	110	14	10	49	180	15	70	350	420	320	315	22	445	895
180L	279	279	121	55	110	14	10	49	180	15	70	350	420	320	350	22	445	935
200M	318	287	133	60	140	18	11	53	200	19	80	400	465	350	355	25	455	920
200L	318	305	133	60	140	18	11	53	200	19	80	400	465	350	395	25	455	960
225M	356	311	149	65	140	18	11	58	225	19	90	450	520	395	395	28	545	1060
250S	400	311	168	75	140	20	12	67.5	250	24	100	510	550	410	420	30	600	1110
250M	400	349	168	75	140	20	12	67.5	250	24	100	510	550	410	455	30	600	1150
280S	457	368	190	80	170	22	14	71	280	24	110	570	610	450	530	35	655	1260
280M	457	419	190	80	170	22	14	71	280	24	110	570	610	450	585	35	655	1310

19.3.4 YR(IP44)三相封闭式绕线转子异步电动机

YR（IP44）三相封闭式绕线转子异步电动机见表 19-15～表 19-18。

表 19-15 YR（IP44）三相封闭式绕线转子异步电动机技术数据

型号	额定功率/kW	转速/(r/min)	电流(380V)/A	效率/%	功率因数 cosφ	最大转矩/额定转矩	转子电压/V	转子电流/A	转子转动惯量/N·m²	噪声级/dB	质量/kg
YR132M1-4	4	1440	9.3	84.5	0.77	3.0	230	11.5	3.58	82	80
YR132M2-4	5.5	1440	12.6	86.0	0.77	3.0	272	13.0	4.17	82	95
YR160M-4	7.5	1460	15.7	87.5	0.83	3.0	250	19.5	9.51	86	130
YR160L-4	11	1460	22.5	89.5	0.83	3.0	276	25.0	11.74	86	155
YR180L-4	15	1465	30.0	89.5	0.85	3.0	278	34.0	19.70	90	205
YR200L1-4	18.5	1465	36.7	89.0	0.86	3.0	247	47.5	31.99	90	265
YR200L2-4	22	1465	43.2	90.0	0.86	3.0	393	47.0	34.47	90	290
YR225M2-4	30	1475	57.6	91.0	0.87	3.0	360	51.5	63.14	92	380
YR250M1-4	37	1480	71.4	91.5	0.86	3.0	289	79.0	86.60	92	440
YR250M2-4	45	1480	85.9	91.5	0.87	3.0	340	81.0	94.68	94	490
YR280S-4	55	1480	103.8	91.5	0.88	3.0	485	70.0	163.6	94	670
YR280M-4	75	1480	140.0	92.5	0.88	3.0	354	128.0	201.7	98	800
YR132M1-6	3	955	8.2	80.5	0.69	2.8	206	9.5	5.08	81	80
YR132M2-6	4	955	10.7	82.0	0.69	2.8	230	11.0	5.92	81	95
YR160M-6	5.5	970	13.4	84.5	0.74	2.8	244	14.5	12.01	81	135
YR160L-6	7.5	970	17.0	86.0	0.74	2.8	266	18.0	14.39	85	155
YR180-6	11	975	23.6	87.5	0.81	2.8	310	22.5	27.04	85	205
YR200L1-6	15	975	31.8	88.5	0.81	2.8	198	48.0	42.99	88	280
YR225M1-6	18.5	980	38.3	88.5	0.83	2.8	187	62.5	64.67	88	335
YR225M2-6	22	980	45.0	89.5	0.83	2.8	224	61.0	70.70	88	365
YR250M1-6	30	980	60.3	90.0	0.84	2.8	282	66.0	120.1	91	450
YR250M2-6	37	980	73.9	90.5	0.84	2.8	331	69.0	129.8	91	490
YR280S-6	45	985	87.9	91.5	0.85	2.8	362	76.0	217.9	94	680
YR280M-6	55	985	106.9	92.0	0.85	2.8	423	80.0	241.1	94	730
YR160M-8	4	715	10.7	82.5	0.69	2.4	216	12.0	11.91	79	135
YR160L-8	5.5	715	14.2	83.0	0.71	2.4	230	15.5	14.26	79	155
YR180L-8	7.5	725	18.4	85.0	0.73	2.4	255	19.0	24.95	82	190
YR200L1-8	11	725	26.6	86.0	0.73	2.4	152	46.0	42.66	82	280
YR225M1-8	15	735	34.5	88.0	0.75	2.4	169	56.0	69.83	85	365
YR225M2-8	18.5	735	42.1	89.0	0.75	2.4	211	54.0	79.09	85	390
YR250M1-8	22	735	48.1	88.0	0.78	2.4	210	65.5	118.4	85	450
YR250M2-8	30	735	66.1	89.5	0.77	2.4	270	69.0	133.1	88	500
YR280S-8	37	735	78.2	91.0	0.79	2.4	281	81.5	214.8	88	680
YR280M-8	45	735	92.9	92.0	0.80	2.4	359	76.0	262.4	90	800

表 19-16 B3 型电动机的外形和安装形式尺寸 mm

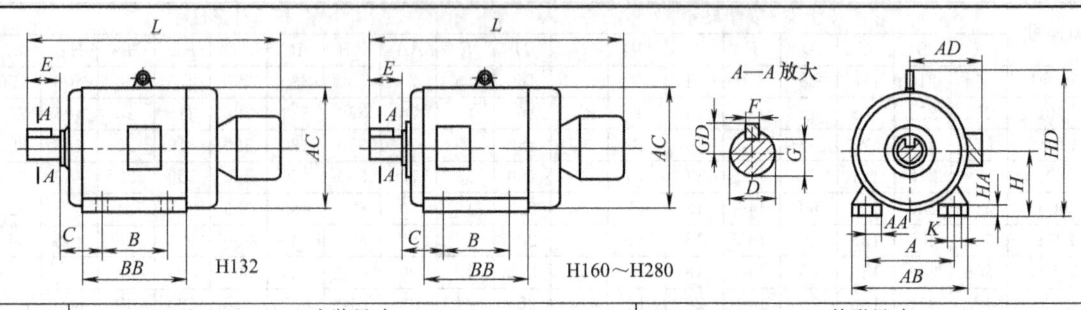

机座号	安装尺寸										外形尺寸							
	A	B	C	D	E	F	GD	G	H	K	AA	AB	AC	AD	BB	HA	HD	L
132M	216	178	89	38	80	10	8	33	132	12	60	280	280	210	238	18	315	745
160M	254	210	108	42	110	12	8	37	160	15	70	330	335	255	270	20	385	820
160L	254	254	108	42	110	12	8	37	160	15	70	330	335	255	314	20	385	865
180L	279	279	121	48	110	14	8	42.5	180	15	70	355	375	285	349	22	430	920
200L	318	305	133	55	110	16	10	49	200	19	70	395	425	310	379	25	475	1045
225M	356	311	140	60	140	18	11	53	225	19	75	435	470	345	393	28	530	1115
250M	406	340	168	65	140	18	11	58	250	24	80	490	515	385	455	30	575	1250
280S	457	368	190	75	140	20	12	67.5	280	24	85	550	575	410	530	35	640	1355
280M	457	410	190	75	140	20	12	67.5	280	24	85	550	575	410	581	35	640	1405

表 19-17 B35 型电动机的外形和安装形式尺寸 mm

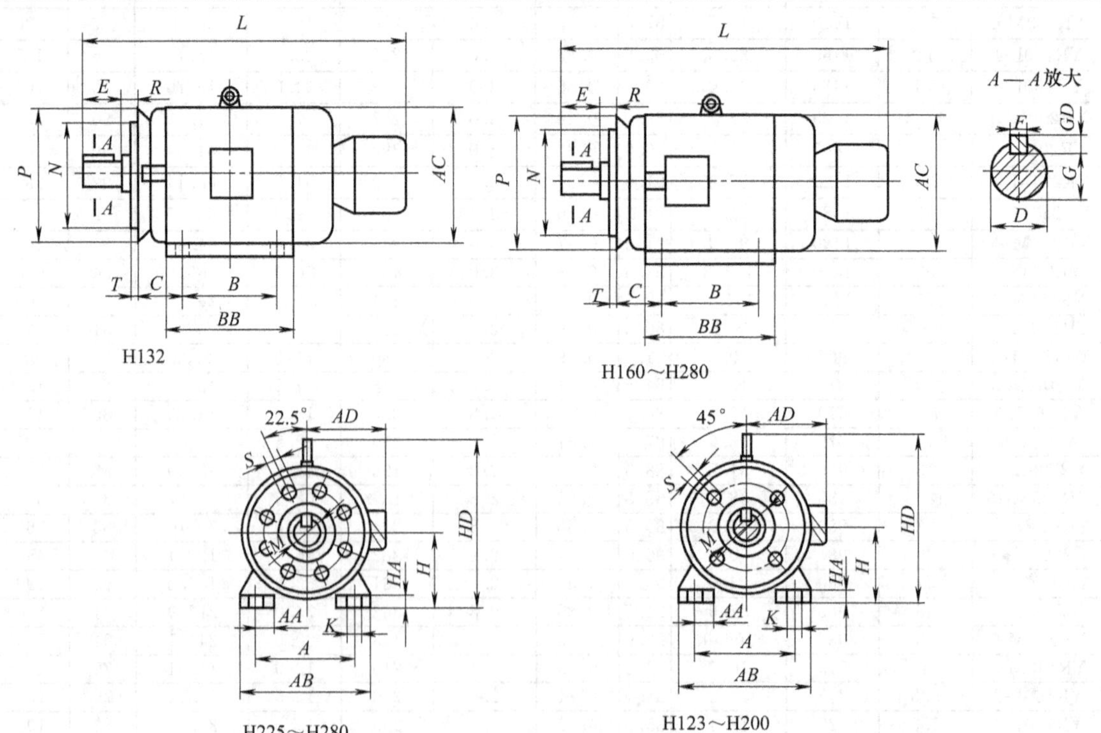

机座号	安装尺寸														
	A	B	C	D	E	F	GD	G	H	K	T	M	N	P	R	S
132M	216	178	66	38	80	10	8	33	132	12	4	265	230	300	0	4×ϕ15
160M	254	210	108	42	110	12	8	37	160	15	5	300	250	350	0	4×ϕ19
160L	254	254	108	42	110	12	8	37	160	15	5	300	250	350	0	4×ϕ19
180L	279	279	121	48	110	14	9	42.5	180	15	5	300	250	350	0	4×ϕ19

续表

机座号	安装尺寸															
	A	B	C	D	E	F	GD	G	H	K	T	M	N	P	R	S
200L	318	305	133	55	110	16	10	49	200	19	5	350	300	400	0	4×ϕ19
225M	356	311	149	60	140	18	11	53	225	19	5	400	350	450	0	8×ϕ19
250M	406	349	168	65	140	18	11	58	250	24	5	500	450	550	0	8×ϕ19
280S	457	368	190	70	140	20	12	67.5	280	24	5	500	450	550	0	8×ϕ19
280M	457	410	190	70	140	20	12	67.5	280	24	5	500	450	550	0	8×ϕ19

机座号	外形尺寸							
	AA	AB	AC	AD	BB	HA	HD	L
132M	60	280	230	210	288	18	315	745
160M	70	330	335	255	270	20	335	820
160L	70	330	335	255	314	20	335	865
180L	70	355	375	285	349	22	430	920
200L	70	395	425	310	379	25	475	1045
225M	75	435	470	345	393	28	530	1115
250M	80	490	515	385	455	30	575	1260
280S	85	550	575	410	530	35	640	1135
280M	85	550	575	410	581	35	640	1405

表 19-18 B135 型电动机的外形和安装形式尺寸 mm

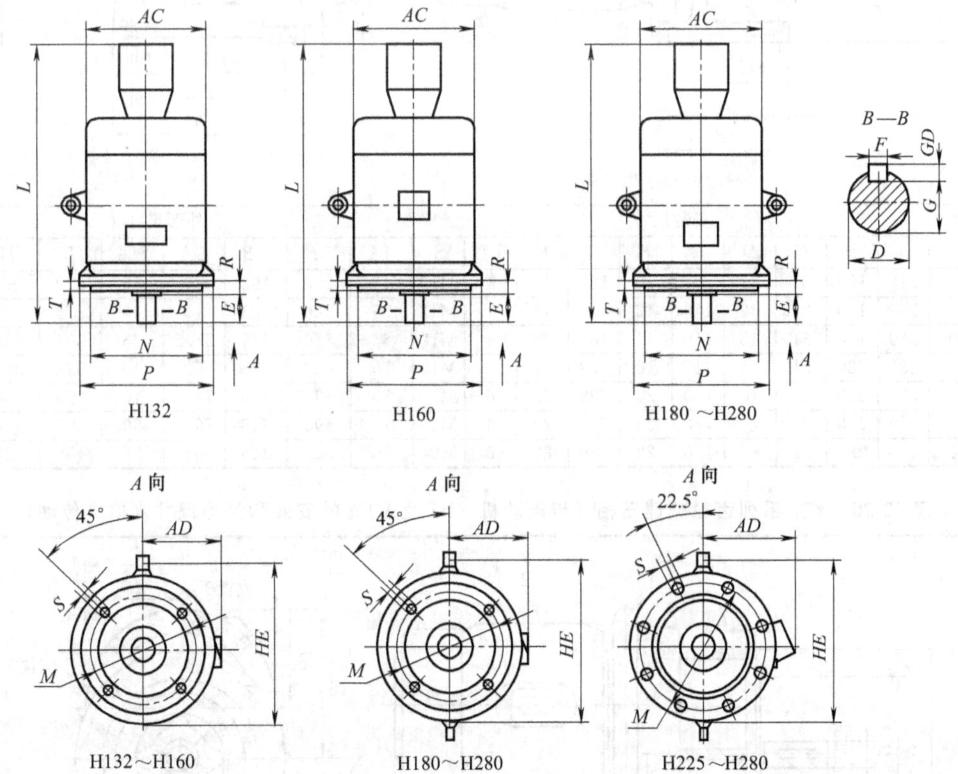

机座号	安装尺寸								外形尺寸			
	E	GD	G	T	M	N	P	R	S	AD	AC	HE	L
132M	10	8	33	4	265	230	300	0	4×ϕ15	210	280	315	745
160M	12	8	37	5	300	250	350	0	4×ϕ19	255	335	385	820
160L	12	8	37	5	300	250	350	0	4×ϕ19	255	335	385	865
180L	14	9	42.5	5	300	250	350	0	4×ϕ19	285	375	500	920

续表

机座号	安装尺寸									外形尺寸			
	E	GD	G	T	M	N	P	R	S	AD	AC	HE	L
200L	16	10	49	5	350	300	400	0	4×ϕ19	310	425	550	1045
225M	18	11	53	5	400	350	450	0	8×ϕ19	345	470	610	1115
250M	18	11	53	5	500	450	550	0	8×ϕ19	385	515	650	1260
280S	20	12	67.5	5	500	450	550	0	8×ϕ19	410	575	720	1355
280M	20	12	67.5	5	500	450	550	0	8×ϕ19	410	575	720	1405

19.3.5 YCJ系列齿轮减速异步电动机

YCJ 系列齿轮减速异步电动机见表 19-19～表 19-21。

表 19-19 YCJ 系列齿轮减速三相异步电动机（B3、B6、B7、B8 及 V5）的安装和外形尺寸 mm

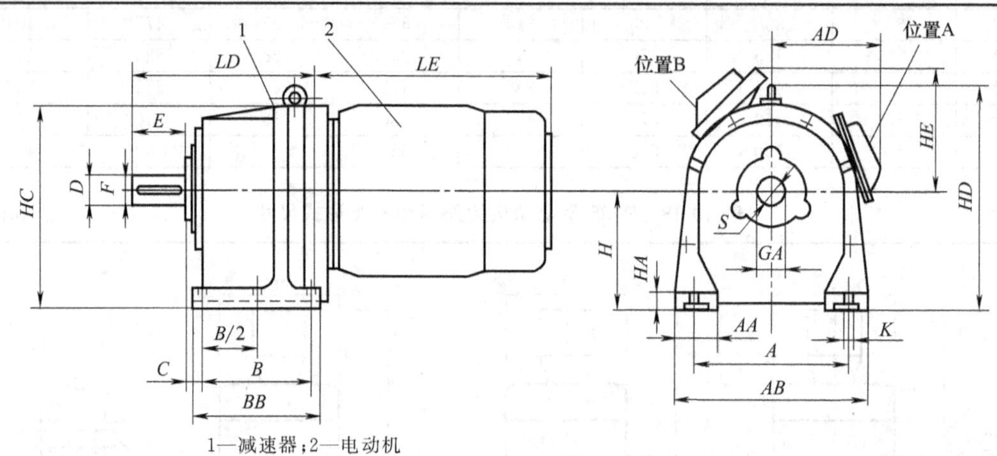

1—减速器；2—电动机

机座号	安装尺寸										外形尺寸							
	A	B	C	D	E	F	H	K	孔数	S	AA	AB	BB	GA	HA	HC	HD	LD
YCJ132	215	150	37	32	80	10	132	14	4	M10	40	260	192	35	25	229	—	298
YCJ160	260	160	43.5	42	110	12	160	18	4	M12	55	320	208	45	30	273	310	354
YCJ180	300	190	31	48	110	14	180	22	4	M12	65	370	248	51.5	35	303	350	372
YCJ200	330	220	31	55	110	16	200	22	4	M16	70	400	278	59	40	333	380	401
YCJ225	360	240	31	70	140	20	225	22	6	M20	70	430	298	74.5	45	373	430	454
YCJ250	420	260	31	75	140	20	250	22	6	M20	70	490	318	79.5	50	405	470	468
YCJ280	450	280	32	85	170	22	280	22	6	M20	80	520	340	90	55	458	522	520

表 19-20 YCJ 系列齿轮减速三相异步电动机（B5 及 V1）的安装和外形尺寸（单级传动） mm

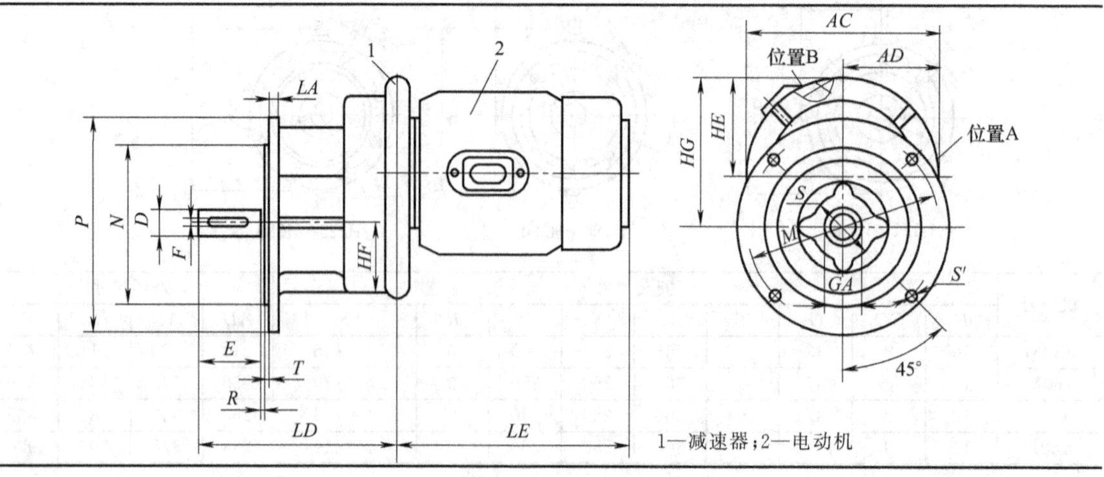

1—减速器；2—电动机

续表

机座号	安装尺寸											外形尺寸				
	D	E	F	M	N	P	R	S	T	孔数	S′	AC	GA	HF	HG	LA
YCJ71	28	60	8	165	130	200	0	12	3.5	4	M8	176	31	69.5	159	1
YCJ80	32	80	10	215	180	250	0	15	4	4	M10	214	35	78	187	10
YCJ100	42	110	12	265	230	300	0	15	4	4	M12	238	45	98	216	13
YCJ112	48	110	14	300	250	350	0	19	5	4	M12	268	51.5	110	261	20

表 19-21 YCJ 系列齿轮减速三相异步电动机（B5 及 V1）的安装和外形尺寸（两级或三级传动）

mm

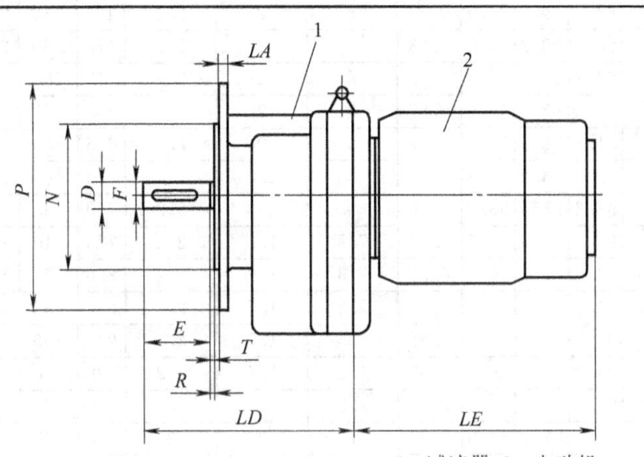

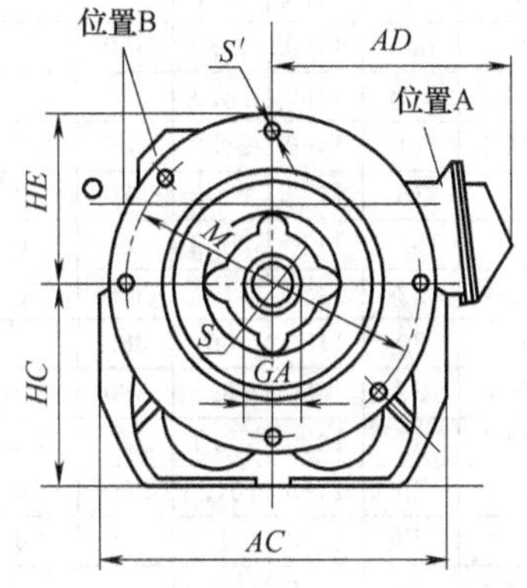

1—减速器；2—电动机

机座号	安装尺寸											外形尺寸				
	D	E	F	M	N	P	R	S	T	孔数	S′	AC	GA	HC	LA	LD
YCJ132	32	80	10	215	180	250	0	15	4	4	M10	232	35	130.5	14	298
YCJ160	42	110	12	265	230	300	0	15	4	4	M12	278	45	158	16	354
YCJ180	48	110	14	265	230	300	0	15	4	4	M12	310	51.5	178	16	372
YCJ200	55	110	16	300	250	350	0	19	5	4	M16	342	59	198	20	401
YCJ225	70	140	20	350	300	400	0	19	5	8	M20	374	74.5	222	20	454
YCJ250	75	140	20	400	350	450	0	19	5	8	M20	420	79.5	247	22	468
YCJ280	85	170	22	450	400	500	0	19	5	8	M20	446	90	277	22	520

19.3.6 YX 系列高效三相异步电动机

YX 系列高效三相异步电动机技术数据见表 19-22。

表 19-22 YX 系列高效三相异步电动机技术数据

型号	额定功率/kW	转速/(r/min)	电流/A	电压/V	频率/Hz	效率(输出功率/额定功率)/%			功率因数 cosφ	堵转电流/额定电流	堵转转矩/额定转矩	最大转矩/额定转矩	外形尺寸/mm			质量/kg
						100%	75%	50%					长	宽	高	
YX100L-2	3	2880	5.9	380	50	86.5	86.8	86.3	0.89	8	2	2.2	380	205	245	36
YX112M-2	4	2910	7.7	380	50	88.3	88.6	88.0	0.89	8	2	2.2	430	245	265	48
$YX132S_1$-2	5.5	2920	10.6	380	50	88.6	89.0	88.2	0.89	8	1.8	2.2	515	280	315	65
$YX132S_2$-2	7.5	2920	14.3	380	50	89.7	90.2	89.4	0.89	8	1.8	2.2	515	280	315	70
$YX160M_1$-2	11	2950	20.9	380	50	90.8	91.2	90.4	0.88	8	1.8	2.2	645	330	385	115
$YX160M_2$-2	15	2950	27.8	380	50	92.0	92.4	91.6	0.89	8	1.8	2.2	645	330	385	125
YX160L-2	18.5	2950	34.3	380	50	92.0	92.4	91.7	0.89	8	1.8	2.2	665	330	385	138
YX180M-2	22	2950	40.1	380	50	92.5	92.5	92.1	0.90	8	1.8	2.2	710	465	430	165
$YX200L_1$-2	30	2960	54.5	380	50	93.0	93.0	92.7	0.90	7.5	1.8	2.2	775	510	475	225
$YX200L_2$-2	37	2950	67.0	380	50	93.2	93.4	93.0	0.90	7.5	1.8	2.2	775	510	475	230

续表

型号	额定功率/kW	转速/(r/min)	电流/A	电压/V	频率/Hz	效率(输出功率/额定功率)/%			功率因数 cosφ	堵转电流/额定电流	堵转转矩/额定转矩	最大转矩/额定转矩	外形尺寸/mm			质量/kg
						100%	75%	50%					长	宽	高	
YX225M-2	45	2970	80.8	380	50	94.0	—	—	0.90	7.5	1.8	2.2	815	570	530	315
YX250S-2	55	2980	99.7	380	50	94.2	—	—	0.89	7.5	1.8	2.2	920	632.5	595	400
YX280S-2	75	2970	135.8	380	50	94.2	—	—	0.89	7.5	1.8	2.2	1000	687.5	640	535
YX280M-2	90	2980	162.6	380	50	94.5	—	—	0.89	7.5	1.8	2.2	1050	687.5	640	590
YX100L_1-4	2.2	1440	4.7	380	50	86.3	87.0	86.5	0.82	8	2	2.2	405	205	245	—
YX100L_2-4	3	1440	6.4	380	50	86.5	87.2	86.5	0.82	8	2	2.2	405	205	245	—
YX112M-4	4	1460	8.3	380	50	88.3	89.0	88.5	0.83	8	2	2.2	430	245	265	—
YX132S-4	5.5	1460	11.2	380	50	89.5	90.2	89.5	0.83	8	2	2.2	475	280	315	69
YX132M-4	7.5	1460	14.8	380	50	90.3	90.7	90.3	0.85	8	2	2.2	515	280	315	84
YX160M-4	11	1460	20.9	380	50	91.8	92.0	91.6	0.87	8	2	2.2	600	330	385	130
YX160L-4	15	1470	28.5	380	50	91.8	92.2	91.7	0.87	8	2	2.2	645	330	385	141
YX180M-4	18.5	1470	35.2	380	50	93.0	93.2	92.8	0.86	8	1.8	2.2	670	465	430	180
YX180L-4	22	1480	41.7	380	50	93.2	93.5	93.0	0.86	8	1.8	2.2	710	465	430	198
YX200L-4	30	1480	56	380	50	93.5	93.8	93.5	0.87	7.5	1.8	2.2	775	510	475	255
YX225S-4	37	1480	68.9	380	50	93.8	—	—	0.87	7.5	1.7	2.2	820	435	530	303
YX250M-4	45	1480	83.1	380	50	94.1	—	—	0.87	7.5	1.7	2.2	845	435	530	338
YX250L-4	55	1490	101.3	380	50	94.5	—	—	0.88	7.5	1.7	2.2	930	490	575	425
YX280S-4	75	1490	138.4	380	50	94.7	—	—	0.88	7.5	1.7	2.2	1000	550	640	550
YX280M-4	90	1490	162.7	380	50	95.0	—	—	0.89	7.5	1.7	2.2	1050	550	640	630
YX100L-6	1.5	960	3.8	380	50	82.4	82.8	82.0	0.72	7	2	2	380	205	245	—
YX112M-6	2.2	970	5.3	380	50	85.3	85.8	84.8	0.74	7	2	2	400	245	265	—
YX132S-6	3	980	6.9	380	50	87.2	87.5	86.8	0.76	7	2	2	475	280	315	65
YX132M_1-6	4	970	9	380	50	88.0	88.4	87.6	0.77	7	2	2	515	280	315	76
YX132M_2-6	5.5	970	12.1	380	50	88.5	88.8	88.3	0.78	7	2	2	515	280	315	85
YX160M-6	7.5	980	16	380	50	90.0	90.4	89.6	0.79	7	2	2	600	330	385	125
YX160L-6	11	980	23.4	380	50	90.4	91.0	90.2	0.79	7	2	2	645	330	385	140
YX180L-6	15	980	30.7	380	50	91.7	92.2	91.5	0.81	7	1.8	2	710	456	430	185
YX200L_1-6	18.5	980	36.9	380	50	91.7	92.2	91.5	0.83	7	1.8	2	775	510	475	235
YX200L_2-6	22	980	43.2	380	50	92.1	92.5	91.8	0.84	7	1.8	2	775	510	475	250
YX225M-6	30	990	57.7	380	50	93.0	—	—	0.85	7	1.8	2	845	570	530	303
YX250M-6	37	990	70.8	380	50	93.4	—	—	0.85	7	1.8	2	930	632.5	570	403
YX280S-6	45	990	84	380	50	93.6	—	—	0.87	7	1.8	2	1000	687.5	640	525
YX280M-6	55	990	102.4	380	50	93.8	—	—	0.87	7	1.8	2	1050	687.5	640	535

19.3.7 YH系列高转差率三相异步电动机

YH系列高转差率三相异步电动机技术数据见表19-23和表19-24。

表19-23 YH系列高转差率三相异步电动机技术数据

型号	额定功率/kW	转速/(r/min)	电流/A	负载持续率/%	转差率/%	效率/%	功率因数 cosφ	堵转电流/额定电流	堵转转矩/额定转矩	最大转矩/额定转矩	转子转动惯量/N·m²	质量/kg
YH801-2	0.75	2670	1.87	60	11	71	0.86	5.5	2.7	2.7	0.0075	16
YH802-2	1.1	2670	2.63	60	11	73	0.87	5.5	2.7	2.7	0.0090	17
YH90S-2	1.5	2670	2.67	40	11	73	0.85	5.5	2.7	2.7	0.012	22
YH90L-2	2.2	2670	5.15	40	11	75.5	0.86	5.5	2.7	2.7	0.014	25
YH100L-2	3.0	2700	6.89	40	10	76	0.87	5.5	2.7	2.7	0.029	33
YH112M-2	4.0	2730	8.81	40	9	77.5	0.89	5.5	2.7	2.7	0.055	45
YH132S_1-2	5.5	2730	11.9	40	9	78	0.90	5.5	2.7	2.7	0.109	64

续表

型号	额定功率/kW	转速/(r/min)	电流/A	负载持续率/%	转差率/%	效率/%	功率因数 cosφ	堵转电流/额定电流	堵转转矩/额定转矩	最大转矩/额定转矩	转子转动惯量/N·m²	质量/kg
YH132S₂-2	7.5	2730	16.0	25	9	78.5	0.91	5.5	2.7	2.7	0.126	70
YH160M₁-2	11	2760	22.9	25	8	81	0.90	5.5	2.7	2.7	0.377	117
YH160M₂-2	15	2760	30.5	25	8	82	0.91	5.5	2.7	2.7	0.449	125
YH160L-2	18.5	2760	37.4	25	8	82.5	0.91	5.5	2.7	2.7	0.550	147
YH801-4	0.55	1305	1.65	60	13	66.5	0.76	5.5	2.7	2.7	0.018	17
YH802-4	0.75	1305	2.18	60	13	68	0.77	5.5	2.7	2.7	0.021	18
YH90S-4	1.1	1305	2.88	60	13	70	0.80	5.5	2.7	2.7	0.021	22
YH90L-4	1.5	1305	3.96	60	13	72	0.80	5.5	2.7	2.7	0.027	27
YH100L₁-4	2.2	1305	5.52	40	13	73	0.83	5.5	2.7	2.7	0.054	34
YH100L₂-4	3.0	1305	7.42	40	13	74	0.83	5.5	2.7	2.7	0.067	38
YH112M-4	4.0	1335	9.51	40	11	77	0.83	5.5	2.7	2.7	0.095	43
YH132S-4	5.5	1350	12.5	40	10	77.5	0.86	5.5	2.7	2.7	0.214	86
YH132M-4	7.5	1350	17.0	40	10	78	0.87	5.5	2.7	2.7	0.296	81
YH160M-4	11	1365	24.3	25	9	80	0.86	5.5	2.6	2.6	0.747	123
YH160L-4	15	1380	32.3	25	8	82	0.86	5.5	2.6	2.6	0.918	144
YH180M-4	18.5	1380	38.5	25	8	82	0.89	5.5	2.6	2.6	1.39	182
YH180L-4	22	1380	45.2	25	8	83	0.89	5.5	2.6	2.6	1.58	190
YH200L-4	30	1380	61	25	8	84	0.89	5.5	2.6	2.6	2.62	270
YH225S-4	37	1395	74.4	25	7	84	0.90	5.5	2.6	2.6	4.06	284
YH225M-4	45	1395	88.9	25	7	84.5	0.91	5.5	2.6	2.6	4.69	320
YH250M-4	55	1395	108	25	7	86	0.90	5.5	2.6	2.6	6.6	427
YH280S-4	75	1395	144	15	7	86	0.92	5.5	2.6	2.6	11.2	562
YH280M-4	90	1395	172	15	7	86.5	0.92	5.5	2.6	2.6	14.6	667
YH90S-6	0.75	870	2.48	60	13	66.5	0.69	5	2.7	2.7	0.0029	23
YH90L-6	1.1	870	3.46	60	13	67	0.72	5	2.7	2.7	0.0035	25
YH100L-6	1.5	880	4.28	40	12	70	0.76	5	2.7	2.7	0.0069	33
YH112M-6	2.2	880	6.02	40	12	73	0.76	5	2.7	2.7	0.0138	45
YH132S-6	3.0	900	7.69	40	10	76	0.78	5	2.7	2.7	0.0286	63
YH132M₁-6	4.0	900	10	40	10	77	0.79	5	2.7	2.7	0.0357	73
YH132M₂-6	5.5	900	13.6	40	10	78	0.79	5	2.7	2.7	0.0449	84
YH160M-6	7.5	890	17.8	25	11	79	0.81	5	2.5	2.5	0.0881	119
YH160L-6	11	890	25.8	25	11	80	0.81	5	2.5	2.5	0.116	147
YH180L-6	15	910	33.5	25	9	82	0.83	5	2.5	2.5	0.207	195
YH200L₁-6	18.5	920	39.8	25	8	82	0.86	5	2.5	2.5	0.315	220
YH200L₂-6	22	920	46.6	25	8	82.5	0.87	5	2.5	2.5	0.36	250
YH225M-6	30	920	62.7	25	8	83	0.87	5.5	2.5	2.5	0.547	292
YH250M-6	37	930	75.2	25	7	84	0.69	5.5	2.7	2.7	0.834	408
YH280S-6	45	930	90.9	25	7	84.5	0.89	5.5	2.5	2.5	13.9	536
YH280M-6	55	930	110	25	7	85	0.89	5.5	2.5	2.5	16.5	595
YH132S-8	2.2	660	6.27	60	12	73	0.73	4.5	2.6	2.6	0.311	63
YH132M-8	3.0	660	8.21	60	12	74	0.75	4.5	2.6	2.6	0.395	79
YH160M₁-8	4.0	670	10.5	60	11	77	0.75	4.5	2.4	2.4	0.753	118
YH160M₂-8	5.5	670	13.9	60	11	78	0.77	4.5	2.4	2.4	0.931	119
YH160L-8	7.5	670	18.5	60	11	79	0.78	4.5	2.4	2.4	1.26	145
YH180L-8	11	675	27.3	25	10	76.5	0.8	4.5	2.4	2.4	2.03	184
YH200L-8	15	683	36.6	25	9	77.5	0.8	4.5	2.4	2.4	3.39	250
YH225S-8	18.5	683	45	25	9	80	0.78	4.5	2.4	2.4	4.91	266
YH225M-8	22	683	51.6	25	9	81	0.8	4.5	2.4	2.4	5.47	292
YH250M-8	30	690	67.4	25	8	81.5	0.83	4.5	2.4	2.4	8.34	405
YH280S-8	37	690	84.6	25	8	82	0.81	4.5	2.4	2.4	13.9	520
YH280M-8	45	690	99.8	25	8	82.5	0.83	4.5	2.4	2.4	16.5	592

表 19-24 YH 系列电动机在不同 FC 下输出功率技术数据

型号	在下列 FC 下的输出功率/kW					型号	在下列 FC 下的输出功率/kW				
	15%	25%	40%	60%	100%		15%	25%	40%	60%	100%
YH801-2	1.0	0.9	0.8	0.75	0.65	YH280M-4	90	79	70	62	54
YH802-2	1.5	1.3	1.2	1.1	1	YH90S-6	1.0	0.9	0.8	0.75	0.6
YH90S-2	1.8	1.6	1.5	1.3	1.1	YH90L-6	1.5	1.3	1.2	1.1	0.9
YH90L-2	2.7	2.4	2.2	2	1.8	YH100L-6	1.9	1.7	1.5	1.3	1.1
YH100L-2	3.8	3.3	3	2.7	2.4	YH112M-6	2.7	2.4	2.2	1.9	1.7
YH112M-2	5	4.4	4	3.6	3.2	YH132S-6	3.7	3.2	3	2.6	2.3
YH132S_1-2	7	6	5.5	5	4.4	YH132M_1-6	5	4.3	4	3.5	3
YH132S_2-2	8.5	7.5	6.7	6	5.3	YH132M_2-6	6.5	6	5.5	4.5	4
YH160M_1-2	12.5	11	9.8	8.8	7.8	YH160M-6	8.5	7.5	7	6	5
YH160M_2-2	17	15	13.5	12	10.6	YH160L-6	12.5	11	10	8.5	7.5
YH160L-2	21	18.5	16.5	14.5	13	YH180L-6	17	15	13.5	11.5	10
YH801-4	0.75	0.65	0.6	0.55	0.48	YH200L_1-6	21	18.5	17	14.5	12.5
YH802-4	1	0.9	0.8	0.75	0.66	YH200L_2-6	25	22	20	17	15
YH90S-4	1.5	1.4	1.2	1.1	1	YH225M-6	34	30	27	23	20
YH90L-4	2	1.8	1.6	1.5	1.3	YH250M-6	42	37	34	29	25
YH100L_1-4	2.8	2.5	2.2	2	0.8	YH280S-6	51	45	41	35	31
YH100L_2-4	3.8	3.3	3	2.7	2.4	YH280M-6	62	55	50	42	37
YH112M-4	5	4.5	4	3.6	3.2	YH132S-8	3.2	2.8	2.7	2.2	1.9
YH132S-4	7	6	5.5	5	4.3	YH132M-8	4.4	3.8	3.7	3	2.6
YH132M-4	9.5	8.4	7.5	6.6	6	YH160M_1-8	6	5.1	5	4	3.4
YH160M-4	12.5	11	9.8	8.8	7.6	YH160M_2-8	8.1	7.1	6.5	5.5	4.7
YH160L-4	16	15	13	11.5	10	YH160L-8	10.1	8.7	8.5	7.5	6.5
YH180M-4	21	18.5	16.5	14.8	13	YH180L-8	12.5	11	10.5	8.5	7.2
YH180L-4	25	22	20	17.8	15.8	YH200L-8	17	15	14	11.5	10
YH200L-4	34	30	27	24	21	YH225S-8	21	18.5	18	14.5	12.5
YH225S-4	42	37	33	29	25	YH225M-8	25	22	21	17	14.5
YH225M-4	51	45	40	35	30	YH250M-8	34	30	29	23	20
YH250M-4	62	55	49	43	37	YH280S-8	42	37	35	28	24
YH280S-4	75	66	59	52	45	YH280M-8	52	45	43	34	29

注：表中各 FC 下的输出功率为近似计算值；FC 为 100%，则表示电动机作为连续工作制（SI）运行。

19.3.8 YEJ 系列电磁制动三相异步电动机

YEJ 系列电磁制动三相异步电动机技术数据见表 19-25。

表 19-25 YEJ 系列电磁制动三相异步电动机技术数据

型号	额定功率/kW	满载时				堵转电流/额定电流	堵转转矩/额定转矩	最大转矩/额定转矩	励磁直流电压/V	静制动力矩/N·m	空载制动时间/s	转子飞轮矩/N·m²	外形尺寸/mm			质量/kg
		转速/(r/min)	电流/A	效率/%	功率因数cosφ								长	宽	高	
YEJ801-2	0.75	2830	1.81	75.0	0.84	7	2.2	2.2	99	7.5	0.2	0.0095	375	165	170	22
YEJ802-2	1.1	2830	2.52	77.0	0.86	7	2.2	2.2	99	7.5	0.2	0.011	375	165	170	23
YEJ90S-2	1.5	2840	3.44	78.0	0.85	7	2.2	2.2	99	15	0.25	0.0154	400	180	190	30
YEJ90L-2	2.2	2840	4.74	80.5	0.86	7	2.2	2.2	99	15	0.25	0.0174	425	180	190	33
YEJ100L-2	3	2870	6.3	82.0	0.87	7	2.2	2.2	99	30	0.3	0.0337	465	205	245	40
YEJ112M-2	4	2890	8.17	85.5	0.87	7	2.2	2.2	170	40	0.35	0.0674	495	245	265	55
YEJ132S-2	5.5	2900	11.1	85.5	0.88	7	2	2.2	170	75	0.4	0.143	575	280	315	84
YEJ132L-2	7.5	2900	15	86.2	0.88	7	2	2.2	170	75	0.4	0.16	615	280	315	89
YEJ801-4	0.55	1390	1.51	73.0	0.76	6.5	2.2	2.2	99	7.5	0.2	0.02	375	165	170	23
YEJ802-4	0.75	1390	2.01	74.5	0.76	6.5	2.2	2.2	99	7.5	0.2	0.023	375	165	170	24

续表

型号	额定功率/kW	满载时				堵转电流/额定电流	堵转转矩/额定转矩	最大转矩/额定转矩	励磁直流电压/V	静制动力矩/N·m	空载制动时间/s	转子飞轮矩/N·m²	外形尺寸/mm			质量/kg
		转速/(r/min)	电流/A	效率/%	功率因数 cosφ								长	宽	高	
YEJ90S-4	1.1	1400	2.75	78.0	0.78	6.5	2.2	2.2	99	15	0.25	0.0244	400	180	190	30
YEJ90L-4	1.5	1400	3.65	79.0	0.79	6.5	2.2	2.2	99	15	0.25	0.0304	425	180	190	35
YEJ100L1-4	2.2	1430	5.03	81.0	0.82	7	2.2	2.2	99	30	0.3	0.0587	465	205	245	41
YEJ100L2-4	3	1430	6.82	82.5	0.81	7	2.2	2.2	99	30	0.3	0.0717	465	205	245	45
YEJ112M-4	4.3	1440	8.77	84.5	0.82	7	2.2	2.2	170	40	0.35	0.107	495	245	265	59
YEJ132S-4	5.5	1440	11.6	85.5	0.84	7	2.2	2.2	170	75	0.4	0.248	575	280	315	84
YEJ132M-4	7.5	1440	15.4	87.0	0.85	7	2.2	2.2	170	75	0.4	0.33	615	280	315	93
YEJ90S-6	0.75	910	2.25	72.5	0.70	6	2	2	99	15	0.25	0.0324	400	180	190	31
YEJ90L-6	1.1	910	3.15	73.5	0.72	6	2	2	99	15	0.25	0.0384	425	180	190	33
YEJ100L-6	1.5	940	3.97	77.5	0.74	6	2	2	99	30	0.3	0.0737	465	205	245	40
YEJ112M-6	2.2	940	5.61	80.5	0.74	6	2	2	170	40	0.35	0.15	495	245	265	55
YEJ132S-6	3	961	7.23	83.0	0.76	6.5	2	2	170	40	0.35	0.32	575	280	315	81
YEJ132M_1-6	4	961	9.4	84.0	0.77	6.5	2	2	170	75	0.4	0.391	615	280	315	91
YEJ132M_2-6	5.5	961	12.6	85.3	0.78	6.5	2	2	170	75	0.4	0.483	615	280	315	98
YEJ132S-8	2.2	710	5.81	80.5	0.71	5.5	2	2	170	75	0.4	0.384	575	280	315	81
YEJ132M-8	3	710	7.72	82.0	0.72	5.5	2	2	170	75	0.4	0.429	615	280	315	97

19.3.9 电动机轴的中心高度

电动机轴中心高系列见表 19-26。

表 19-26 电动机轴中心高系列 mm

36	40	45	50	56	63	71	89	90	100	112	132	150	180	200
225	250	280	315	355	400	450	500	560	630	710	800	900	1000	

19.3.10 步进电动机

(1) 步进电动机的类型及特点

步进电动机的类型及特点见表 19-27。

表 19-27 步进电动机的类型及特点

类型	结构形式	特点
反应式步进电动机(VR)	定子和转子不含永久磁铁，定子上嵌有绕组线圈，线圈轮流通电时，便产生一个旋转的磁场，吸引转子一步一步地转动	①绕组线圈一旦断电，磁场即消失，所以断电后不自锁 ②结构简单，材料成本低，驱动容易 ③定子和转子加工方便，步距角较小 ④动态性能较差，容易出现低频振荡现象，电动机温升较高，噪声大
永磁式步进电动机(PM)	转子由永久磁铁制成，定子采用软磁钢，定子上的绕组轮流通电，建立的磁场与永久磁钢的恒定磁场相互吸引与排斥产生转矩	①绕组线圈在换相连电时，不需要太大的电流，绕组断电时具有自锁能力，可用作定位驱动 ②动态性能好、驱动电流小，电动机不易发热 ③与 VR 电动机相比，输出转矩大，但转子惯量也较大 ④步距角较大，与之配套的驱动电源一般要求具有细分功能
混合式步进电动机(HB)	集中了永磁式和反应式结构上的特点，转子上嵌有永久磁铁既有永久磁铁也有励磁源，气隙部分为可变磁阻结构	①输出转矩大，步距角小，效率高 ②动态性能好，驱动电源电流小，功耗低 ③成本相对较高，但性价比高

(2) 步进电动机的选型及参数选择

① 步进电动机的选型原则

a. 电动机的矩频特性能满足机械系统的负载转矩要求，并有一定的余量保证其运行可靠。

b. 步距角要与机械系统匹配，这样可以得到被驱动装置所需的脉冲当量。

c. 机械系统的负载惯量和被驱动装置要求的启动频率，要与步进电动机的惯性频率特性相匹配并有一定的余量，使之最高连续工作频率能满足被驱动装置快速移动的需要。

② 步进电动机的参数选择

a. 相数。相数是指产生不同对极 N、S 磁场的励磁线圈对数，即电动机内部的线圈组数，目前常用的有二相、三相、四相、五相步进电动机。电动机相数不同，其步距角也不同，在没有细分驱动器时，用户主要靠选择不同相数的步进电动机来满足自己步距角的要求。

b. 拍数。完成一个磁场周期性变化所需脉冲数或导电状态，或指电动机转过一个齿距角所需脉冲数，以四相电动机为例，有四相四拍运行方式（AB—BC—CD—DA—AB）和四相八拍运行方式。

c. 步距角。步距角是指对应一个脉冲信号，电动机转子转过的角位移。

d. 定位转矩。定位转矩是指电动机在不通电状态下，电动机转子自身的锁定力矩（由磁场齿形的谐波以及机械误差造成的）。由于反应式步进电动机的转子不是永磁材料，所以它没有定位转矩，如果允许被控对象处于自由状态，则可选用反应式步进电动机，如果不允许被控对象处于自由状态，则应选用永磁式或混合式步进电动机。

e. 最大静转矩（或保持转矩）。指电动机在通电状态下，电动机不作旋转运动时，电动机转轴的锁定力矩，即定子锁住转子的力矩。它反映了步进电动机承受外加转矩的特性，此转矩是衡量电动机几何尺寸的标准，与驱动电压及驱动电源等无关。

通常步进电动机在低速时的力矩接近保持转矩。由于步进电动机的输出力矩随速度的增大而不断衰减，输出功率也随速度的增大而变化，所以保持转矩就成了衡量步进电动机最重要的参数之一。

f. 启动转矩。启动转矩是指步进电动机单相绕组励磁时所能带动的极限负载转矩。它可以通过最大静转矩进行折算，如表 19-28 所示。

表 19-28　步进电动机的启动转矩与最大静转矩的关系

电动机相数	3		4		5	
运行拍数	3	6	4	8	5	10
启动转矩/最大静转矩	0.5	0.866	0.707	0.707	0.809	0.951

g. 矩频特性。步进电动机的输出转矩随着运行频率的升高而逐渐下降，输出转矩与频率的关系称作矩频特性。步进电动机的矩频特性有两种，一种是启动矩频特性，另一种是运行矩频特性。

h. 启动频率。启动频率是指步进电动机空载时的极限启动频率。电动机带载后，启动频率要下降。启动频率主要取决于负载的转动惯量，二者之间的关系可以用启动惯频特性曲线来描述。要根据厂家提供的启动惯频特性曲线来决定带载时的启动频率。

i. 连续运行频率。步进电动机启动后，不失步地连续升速，所能达到的最高频率，称作连续运行频率。产品样本所提供的极限运行频率，是指电动机在空载时的最高运行频率。带载后的连续运行频率需要根据负载转矩的大小，从矩频特性曲线上查找。

(3) BF 系列磁阻式步进电动机

BF 系列磁阻式步进电动机见表 19-29、表 19-30。

表 19-29 BF 系列磁阻式步进电动机技术数据

型号	相数	步距角 α/(°)	电压 U/V	相电流 I/A	最大静转矩 M/N·m	空载启动频率 /(step/s)	空载运行频率 /(step/s)	电感 L/mH	电阻 R/Ω	分配方式	外形尺寸 L/mm	质量 m/kg
28BF001	3	3	27	0.8	0.0245	1800	12000	10	2.7	三相六拍	ϕ28×30	<0.1
36BF002-Ⅱ	3	3	27	0.6	0.049	1900	12000		6.7	三相六拍	ϕ36×42	<0.2
36BF003	3	1.5	27	1.5	0.078	3100	12000	15.4	1.6	三相六拍	ϕ36×43	<0.22
45BF003-Ⅱ	3	1.5	60	2	0.196	3700	12000	15.8	0.94	三相六拍	ϕ45×82	0.38
45BF005-Ⅱ	3	1.5	27	2.5	0.196	3000	12000	15.8	0.94	三相六拍	ϕ45×58	0.4
55BF001	3	1.5	27	2.5	0.245	850	16000	27.6	1.2	三相六拍	ϕ55×60	0.65
75BF001	3	1.5	24	3	0.392	1750	16000	19.0	0.62	三相六拍	ϕ75×53	1.1
75BF003	3	1.5	30	4	0.882	1250	16000	35.5	0.82	三相六拍	ϕ75×75	1.58
90BF001	4	0.9	80	7	3.92	2000	8000	17.4	0.3	四相八拍	ϕ90×145	4.5
90BF006	5	0.36	24	3	2.156	2400			0.76	五相十拍	ϕ90×65	2.2
110BF003	3	0.75	80	6	7.84	1500	7000	35.5	0.37	三相六拍	ϕ110×160	6
110BF004	3	0.75	30	4	4.9	500		56.5	0.72	三相六拍	ϕ110×110	5.5
130BF001	5	0.75	80/12	10	9.31	3000	16000		0.162	五相十拍	ϕ130×170	9.2
150BF002	5	0.75	80/12	13	13.72	2800	8000		0.121	五相十拍	ϕ150×155	14
150BF003	5	0.75	80/12	13	15.68	2600	8000		0.127	五相十拍	ϕ150×178	16.5
200BF001	5	0.16	24	4	14.7	1300	8000		0.77	五相十拍	ϕ200×93	16

表 19-30 步进电动机外形尺寸及安装尺寸 mm

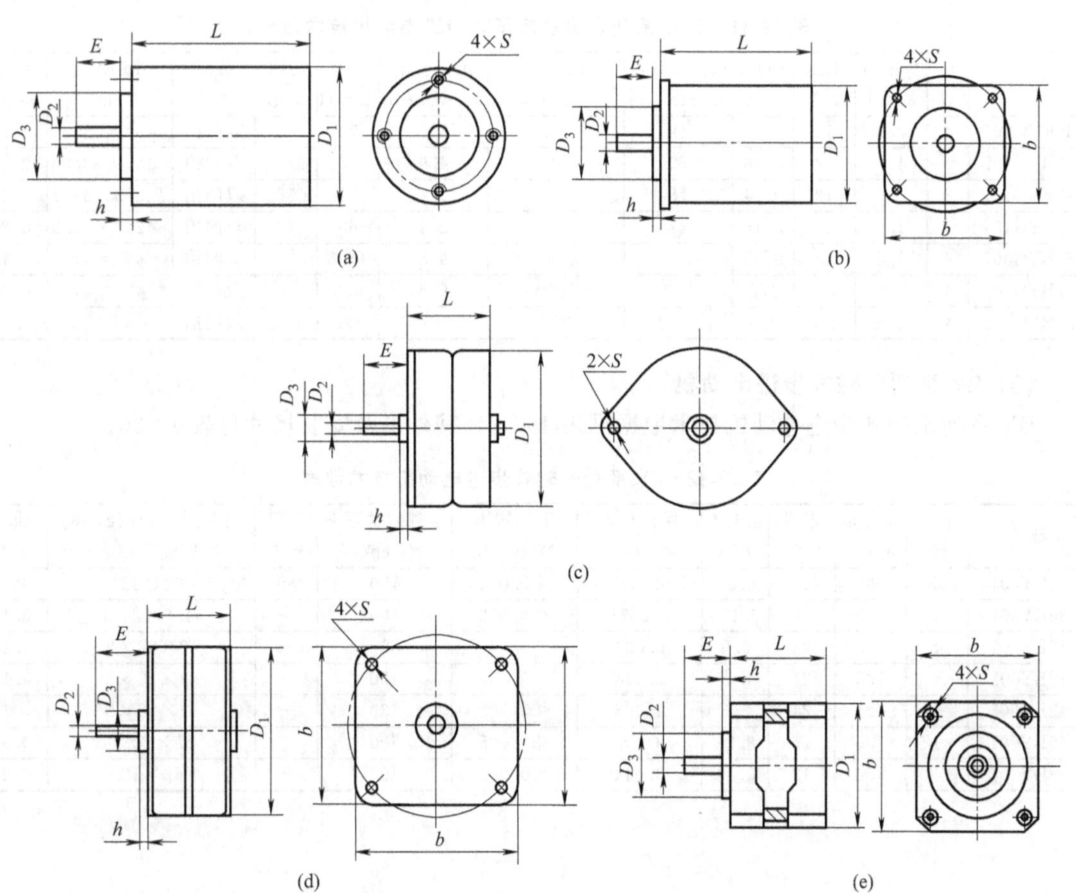

续表

电动机种类	机座号	外形及安装尺寸								引出线最小长度	图示
		D_1	D_2	E	D_3	h	S	b	L		
磁阻式步进电动机	28	28	3	10	18	1.5	M2.5	—	30	150	图(a)
	36	36	4	12	22	2.5	M3	—	43		
	45	45	4	12	25	2.5	M3	—	58～82		
	55	55	6	18	42	2.5	ϕ4.5	58	60～70		图(b)
	70	70	8	22	54	3	ϕ5.5	72	63～88		
	90	90	9	22	70	3	ϕ6.6	92	65～145		
	110	110	11	25	85	4	ϕ9	112	110～160		
	130	130	14	32	100	5	ϕ11	134	165		
永磁式步进电动机	20	20	1.5	9	6	1	M2	—	15～20	150	图(a)
	35	35	1.5	9	8	1.5	ϕ3.2	—	22		图(c)
	42	42	3	10	10	1.5	ϕ3.5	42	22	300	图(d)
	55	55	3	12	10	2	ϕ5	—	29		图(c)
永磁感应式步进电动机	40	40	5	15	22	2	M3	40	32	200	图(e)
	42	42	5	12,28	22	2	M3	42	34		
	57	57	6.3	20	38	1.5	ϕ5	57	32～84	450	
	86	86	9.5	30	73	3.3	ϕ6	86	64～135	200	
	110	110	15.8	35	55.5	2	ϕ7	110	120～240		

(4) BYG 系列永磁感应子式步进电动机

BYG 系列永磁感应子式步进电动机技术数据见表 19-31，其外形及安装尺寸见表 19-30。

表 19-31　BYG 系列永磁感应子式步进电动机技术数据

型号	相数	步距角 α/(°)	电压 U/V	相电流 I/A	最大静转矩 M/mN·m	空载启动频率 /(step/s)	定位转矩 M/mN·m	电感 L/mH	电阻 R/Ω	分配方式	外形尺寸 L/mm	质量 m/kg
39BYG001	4	3.6	12	0.16	49	500	5.8	70	75	双四拍	ϕ39×33.5	0.24
39BYG002	4	1.8	12	0.16	59	800	4.9	65	75	双四拍	ϕ39×33.5	0.24
42BYG111	2	0.9	12	0.24	78	800	2.4	22	38	双四拍	ϕ42.3×33.5	0.27
42BYG131	4	1.8	12	0.16	47	500	2.4	65	75	双四拍	ϕ42.3×33.5	0.27
57BYG007	4	1.8	13	0.38	245	650	9.8	46.5	32	双四拍	ϕ57×41	0.45
57BYG008	4	1.8	4.5	1.3	343	1000	9.8	6.5	3	双四拍	ϕ57×41	0.59
86BYG001	4	1.8	28	4.5	1170	950	78	1.9	0.52	双四拍	ϕ86×53	1.4

(5) BY 系列永磁式步进电动机

BY 系列永磁式步进电动机技术数据见表 19-32，其外形及安装尺寸见表 19-30。

表 19-32　BY 系列永磁式步进电动机技术数据

型号	相数	步距角 α/(°)	电压 U/V	相电流 I/A	保持转矩 M/N·m	定位转矩 M/N·m	空载启动频率 /(step/s)	电阻 R/Ω	外形尺寸(外径×长度×轴径)/mm	质量 m/kg
32BY001	2	90	15	0.12	0.0039	<0.001	150	80	32×32	0.2
36BY001	4	7.5	10	0.175	0.0078	<0.003	700	—	34.8×24.7	0.15
42BY001	4	7.5	24	0.5	0.034	<0.003	600	—	42×22×3	0.18
42BY002	4	7.5	24	0.17	0.044	<0.003	450	—	42×22×3	0.18
42BY003	4	7.5	24	0.3	0.026	<0.003	430	—	42×22×3	0.18
55BY001	4	7.5	16	0.22	0.78	<0.005	300	—	55×22.4	0.30
68BY001	4	1.8	12	0.14	0.044	<0.002	400	—	68×12	0.25

参考文献

[1] 闻邦椿. 机械设计手册［M］. 第5版. 北京：机械工业出版社，2012.
[2] 成大先. 机械设计手册［M］. 第5版. 北京：化学工业出版社，2013.
[3] 秦大同，谢里阳. 现代机械设计手册［M］. 北京：化学工业出版社，2011.
[4] 张黎骅，郑严. 机械设计手册［M］. 北京：人民邮电出版社，2008.
[5] 机械设计手册编委会. 机械设计手册. 第4版［M］. 北京：机械工业出版社，2007.
[6] 中国农业机械化科学研究院. 实用机械设计手册［M］. 北京：中国农业机械出版社，1985.
[7] 朱龙根. 简明机械零件设计手册［M］. 北京：机械工业出版社，1997.
[8] 金续曾. 电动机选型及应用［M］. 北京：中国电力出版社，2003.
[9] 吴宗泽. 机械零件设计手册［M］. 北京：机械工业出版社，2003.
[10] 于惠力，于霁厚. 简明机械设计手册. 学生版［M］. 北京：机械工业出版社，2014.
[11] 杨黎明，杨志勤. 机械设计简明手册［M］. 北京：国防工业出版社，2008.
[12] 杨可桢，程光蕴，李仲生. 机械设计基础［M］. 第6版. 北京：高等教育出版社，2013.
[13] 濮良贵，纪名刚. 机械设计［M］. 第8版. 北京：高等教育出版社，2011.
[14] 邱宣怀. 机械设计［M］. 第4版. 北京：高等教育出版社，2010.
[15] 张策. 机械原理与机械设计［M］. 第2版. 北京：机械工业出版社，2011.
[16] 孔晓玲. 公差与测量技术［M］. 北京：北京大学出版社，2009.
[17] 胡凤兰. 互换性与测量技术基础［M］. 第2版. 北京：高等教育出版社，2011.
[18] 毛平淮. 互换性与测量技术基础［M］. 第2版. 北京：机械工业出版社，2010.
[19] 廖念钊. 互换性与技术测［M］. 第5版. 北京：中国计量出版社，2007.
[20] 韩进宏. 互换性与技术测量［M］. 北京：机械工业出版社，2004.
[21] 王伯平. 互换性与测量技术基础［M］. 北京：机械工业出版社，2000.
[22] 何铭新，钱可强，徐祖茂. 机械制图［M］. 第6版. 北京：高等教育出版社，2000.
[23] 大西清著，津村利光 阅序. 机械设计制图便览［M］. 第10版. 东京：理工学社，2001.
[24] GB/T 700—2006. 碳素结构钢［S］.
[25] GB/T 699—1999. 优质碳素结构钢［S］.
[26] GB/T 1591—2008. 低合金高强度结构钢［S］.
[27] GB/T 3077—1999. 合金结构钢［S］.
[28] GB/T 708—2006. 冷轧钢板和钢带的尺寸、外形、重量及允许偏差［S］.
[29] GB/T 1222—2007. 弹簧钢［S］.
[30] GB/T 18254—2002. 高碳铬轴承钢［S］.
[31] GB/T 1298—2008. 碳素工具钢［S］.
[32] GB/T 1299—2000. 合金工具钢［S］.
[33] GB/T 1220—2007. 不锈钢棒［S］.
[34] GB/T 11352—2009. 一般工程用铸造碳钢［S］.
[35] GB/T 9439—2010. 灰铸铁件［S］.
[36] GB/T 1348—2009. 球墨铸铁件［S］.
[37] GB/T 9440—2010. 可锻铸铁件［S］.
[38] GB/T 1176—2013. 铸造铜及铜合金［S］.
[39] GB/T 1173—2013. 铸造铝合金［S］.
[40] GB/T 4457.4—2002. 机械制图　图样画法　图线［S］.
[41] GB/T 4457.5—2013. 机械制图　剖面区域的表示法［S］.
[42] GB/T 4458.1—2002. 机械制图　图样画法　视图［S］.
[43] GB/T 4458.2—2003. 机械制图　装配图中零件、部件序号及其编排方法［S］.
[44] GB/T 4458.4—2003. 机械制图　尺寸标注［S］.
[45] GB/T 4458.5—2003. 机械制图　尺寸公差与配合标注［S］.
[46] GB/T 4458.6—2002. 机械制图　图样画法、剖视图和断面图［S］.
[47] GB/T 4459.1—1995. 机械制图　螺纹及螺纹紧固件表示法［S］.
[48] GB/T 4459.2—2003. 机械制图　齿轮表示法［S］.

[49] GB/T 4459.3—2000. 机械制图 花键表示法 [S].
[50] GB/T 4459.4—2003. 机械制图 弹簧表示法 [S].
[51] GB/T 4459.5—1999. 机械制图 中心孔表示法 [S].
[52] GB/T 4459.7—1998. 机械制图 滚动轴承表示法 [S].
[53] GB/T 4459.8—2009. 机械制图 动密封圈 第1部分：通用简化表示法 [S].
[54] GB/T 4459.9—2009. 机械制图 动密封圈 第2部分：特征简化表示法 [S].
[55] GB/T 4460—2013. 机械制图 机构运动简图用图形符号 [S].